AutoCAD 中文版 从入门到精通 2013

郭克景 孙亚婷 尚晓明 / 编著

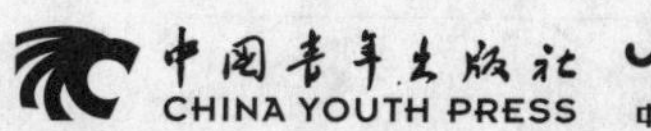

中国青年出版社 CHINA YOUTH PRESS 中青雄狮

律师声明

北京市中友律师事务所李苗苗律师代表中国青年出版社郑重声明：本书由著作权人授权中国青年出版社独家出版发行。未经版权所有人和中国青年出版社书面许可，任何组织机构、个人不得以任何形式擅自复制、改编或传播本书全部或部分内容。凡有侵权行为，必须承担法律责任。中国青年出版社将配合版权执法机关大力打击盗印、盗版等任何形式的侵权行为。敬请广大读者协助举报，对经查实的侵权案件给予举报人重奖。

侵权举报电话

全国"扫黄打非"工作小组办公室
010-65233456 65212870
http://www.shdf.gov.cn

中国青年出版社
010-59521012
E-mail: editor@cypmedia.com

图书在版编目（CIP）数据

AutoCAD 2013 中文版从入门到精通 / 郭克景，孙亚婷，尚晓明编著 . 一 2 版 .
一 北京：中国青年出版社，2015.3
ISBN 978-7-5153-3115-7
I. ①A… II. ①郭… ②孙… ③尚… III. ①AutoCAD 软件 IV. ①TP391.72
中国版本图书馆 CIP 数据核字（2015）第 017057 号

AutoCAD 2013 中文版从入门到精通

郭克景 孙亚婷 尚晓明 编著

出版发行：中国青年出版社
地　　址：北京市东四十二条 21 号
邮政编码：100708
电　　话：（010）59521188 / 59521189
传　　真：（010）59521111
企　　划：北京中青雄狮数码传媒科技有限公司

策划编辑：张　鹏
责任编辑：刘冰冰
封面制作：六面体书籍设计　孙素锦

印　　刷：中国农业出版社印刷厂
开　　本：787 × 1092　1/16
印　　张：27.25
版　　次：2015 年 5 月北京第 2 版
印　　次：2015 年 5 月第 1 次印刷
书　　号：ISBN 978-7-5153-3115-7
定　　价：59.90 元（附赠 1 光盘，含教学视频与海量素材）

本书如有印装质量等问题，请与本社联系　电话：(010) 59521188 / 59521189
读者来信：reader@cypmedia.com　投稿邮箱：author@cypmedia.com
如有其他问题请访问我们的网站：http://www.cypmedia.com

"北大方正公司电子有限公司"授权本书使用如下方正字体。
封面用字包括：方正粗雅宋简体，方正兰亭黑系列。

前言

随着计算机技术的飞速发展，AutoCAD 技术已经广泛应用于建筑、机械、电子、纺织、化工等行业，它以友好的用户界面、丰富的命令和强大的功能，逐渐赢得了各行各业的青睐，成为国内外最受欢迎的计算机辅助设计软件。

Autodesk 公司自 1982 年推出 AutoCAD 软件以来，先后经历了十多次的版本升级，目前最新版本为 AutoCAD 2013。新版本的界面根据用户需求做了更多的优化，旨在使用户更快完成常规 CAD 任务、更轻松地找到更多常用命令。为了使广大读者能够在短时间内熟练掌握该版本的所有操作，我们特意组织了几位一线教师编写了本书，书中全面、详细地介绍了 AutoCAD 2013 的新增功能、使用方法和技巧。

本书内容展示

全书共 4 大部分 18 章，依次为新手入门篇、技能提高篇、高手进阶篇和实战案例篇。

分　篇	章　节	内容概述
新手入门篇	第 1 章 ~ 第 4 章	本篇主要介绍了 AutoCAD 2013 软件的应用、安装、界面操作、图层管理，以及辅助绘图功能的使用等知识
技能提高篇	第 5 章 ~ 第 10 章	本篇主要介绍了二维图形的绘制与编辑、图块的的应用、文本的编辑、表格的创建、尺寸标注的设置等内容
高手进阶篇	第 11 章 ~ 第 14 章	本篇主要介绍了 AutoCAD 2013 中的三维绘图功能，如基本三维实体的绘制与编辑、材质贴图的设置、灯光的运用，以及三维渲染等
实战案例篇	第 15 章 ~ 第 18 章	本篇以综合案例的形式介绍了 AutoCAD 软件在常见领域中的应用，其中包括建筑施工图、机械零件图、园林景观图以及电气设计图

附赠超值光盘

为了帮助读者更加直观地学习 AutoCAD，本书赠送的光盘中包括如下内容。

（1）书中全部实例涉及的工程原始和最终图形文件，方便读者高效学习。

（2）6 小时多媒体语音教学视频，手把手教你学，如有任何疑问和操作困难，可随时查看，以得到最及时的帮助。

（3）赠送海量常用 CAD 图块，即插即用，极大地提高工作效率。

（4）赠送 100 个建筑设计图纸，帮助读者施展拳脚。

适用读者群体

本书既可以作为了解AutoCAD各项功能和最新特性的应用指南，又可以作为提高用户设计和创新能力的指导。本书适用于以下读者。

- 大中专院校相关专业的师生
- 参加计算机辅助设计培训的学员
- 建筑、机械、园林设计行业的相关设计师
- 想快速掌握AutoCAD软件并应用于实际工作的初学者

本书由郭克景、孙亚婷、尚晓明编著，此外任海峰、顾乐敏、刘松云、王国胜、王梦迪、张素花、任海香、孟倩、魏砚雨、张双双等人也参与了本书的编写、校对与光盘制作工作，在此表示感谢。本书力求严谨细致，但由于时间有限，疏漏之处在所难免，望广大读者批评指正。

编者

目录

CHAPTER 01 AutoCAD 2013 入门

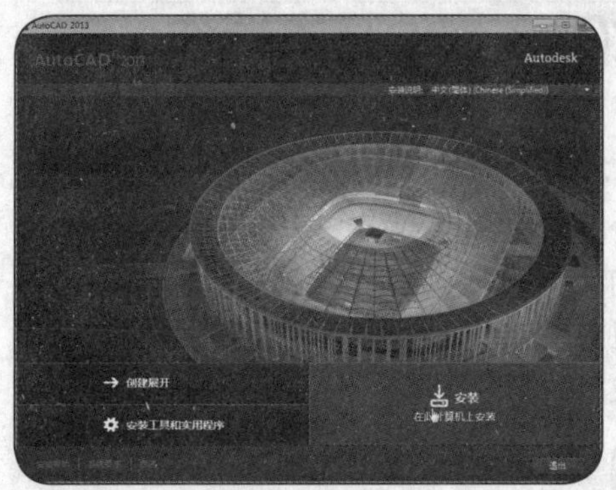

◉ 安装AutoCAD 2013软件

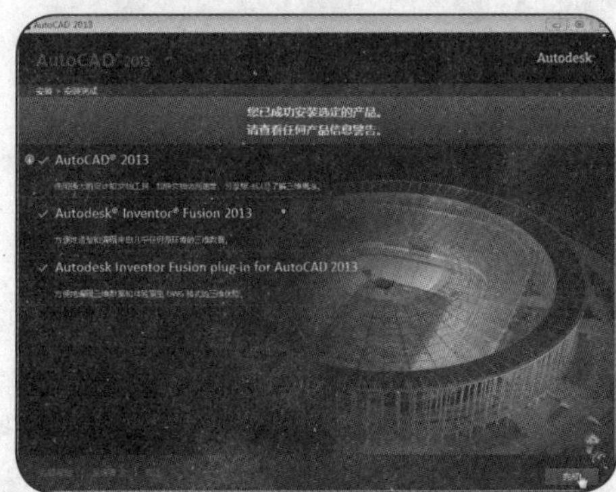

◉ 完成AutoCAD 2013的安装

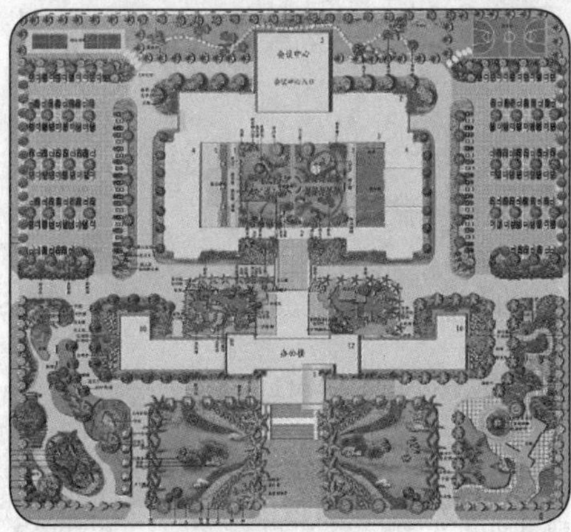

◉ 利用AutoCAD绘制的园林图

◉ Inventor Fusion启动界面

CHAPTER 02 AutoCAD 2013 软件基本操作

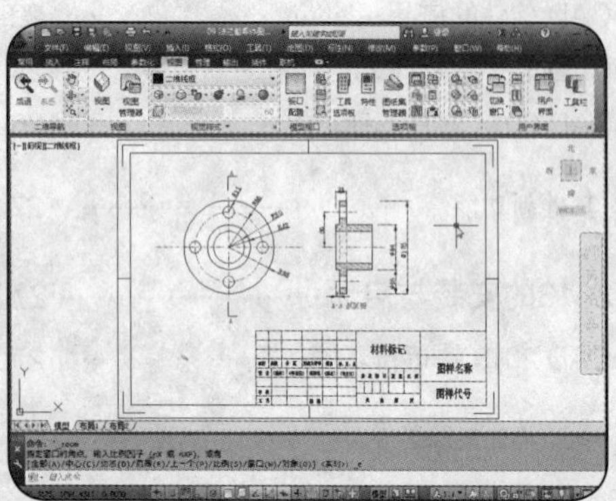
◉ 范围缩放效果

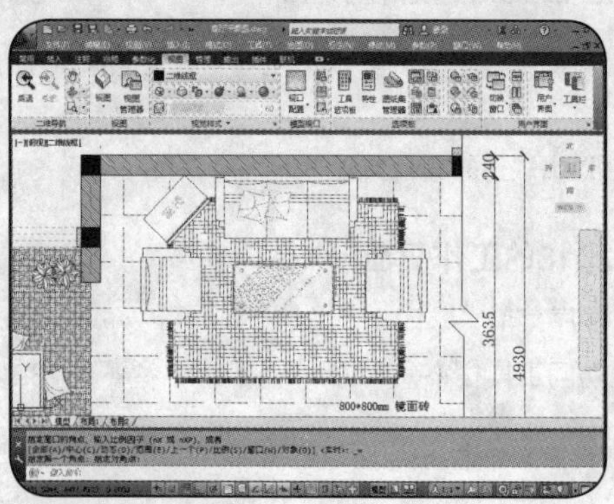
◉ 窗口缩放效果

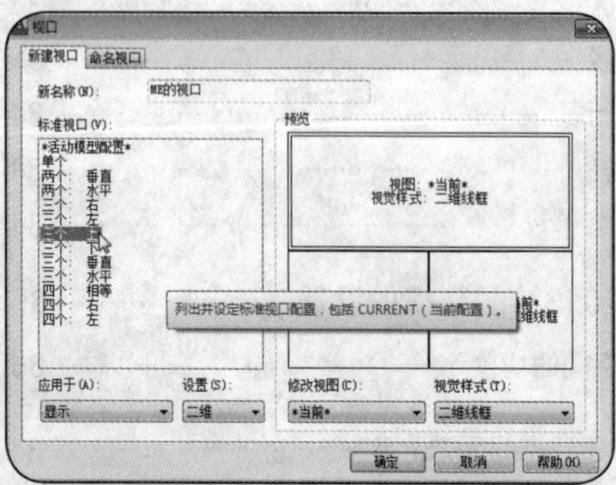

◉ “视口”对话框

CHAPTER 03 图层的设置与管理

◉ 输出图层文件

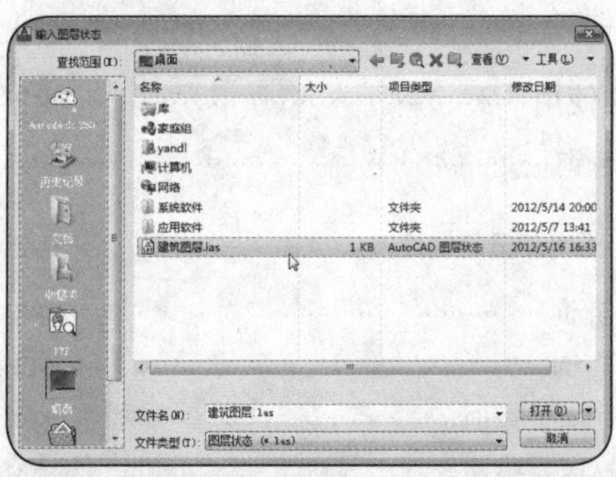

◉ 输入图层文件

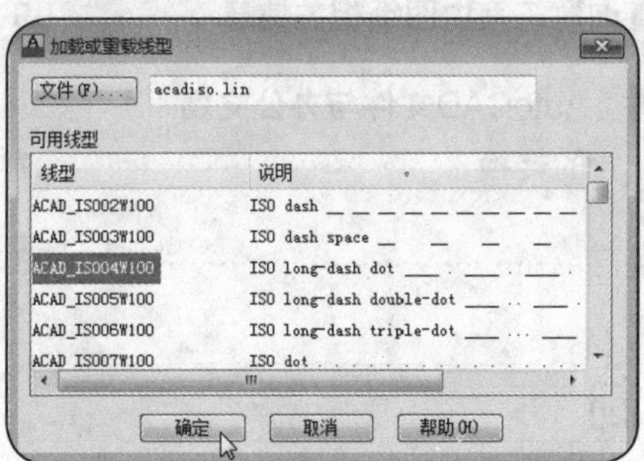

◉ 加载线型

CHAPTER 04 图形辅助功能的使用

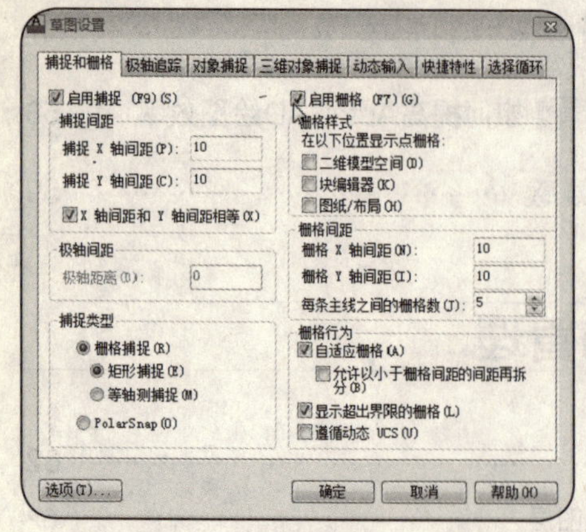
"捕捉和栅格"选项卡

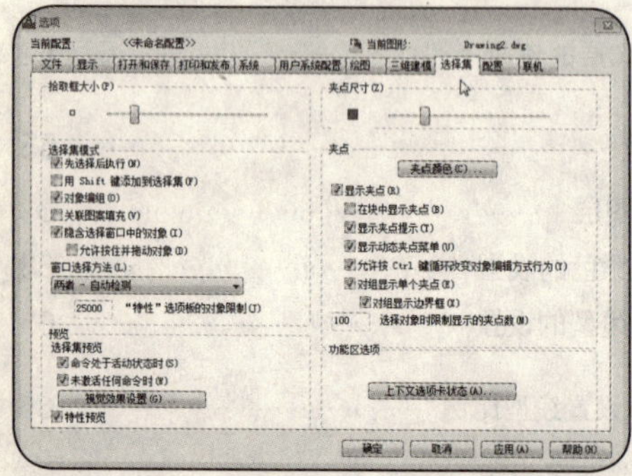
设置夹点

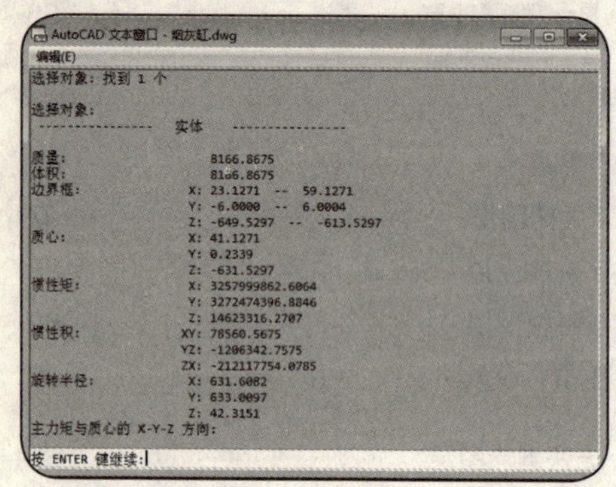
面域/质量查询结果

CHAPTER 05 二维图形的绘制

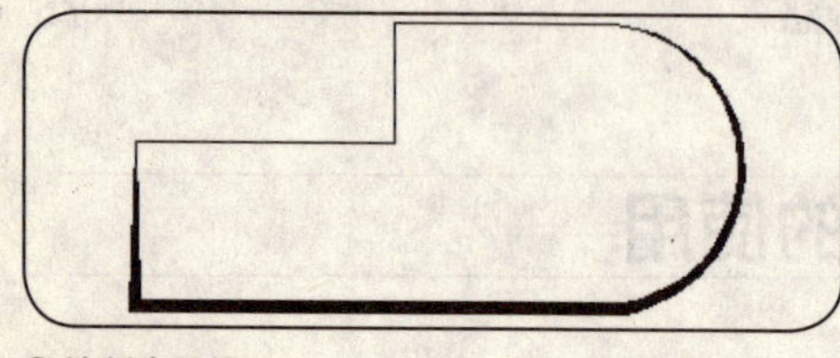
绘制多段线

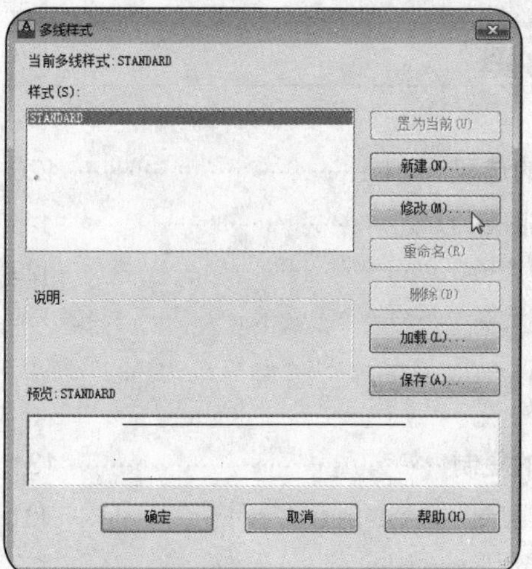

◉ "多线样式"设置面板

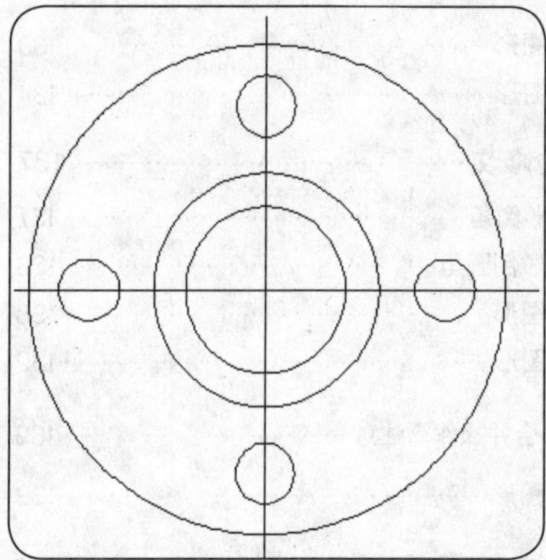

◉ 绘制法兰盘

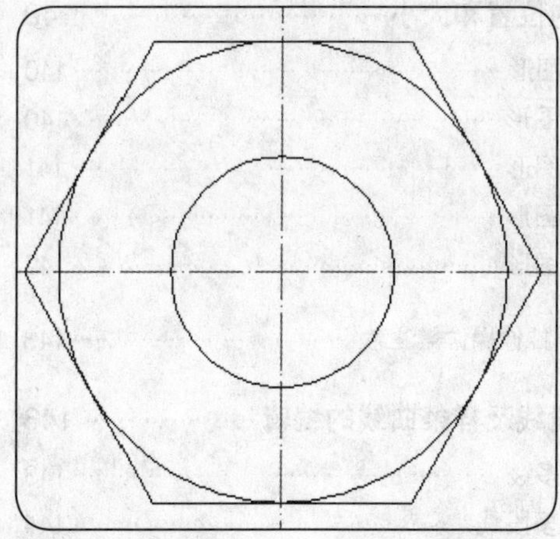

◉ 绘制正六边形

 CHAPTER 06 二维图形的编辑

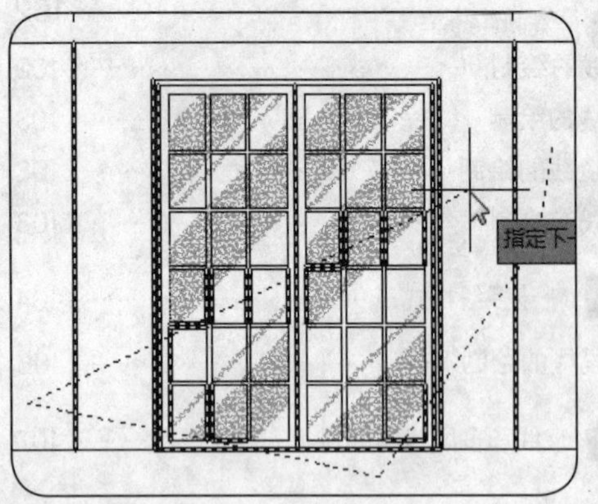

◉ 栏选图形

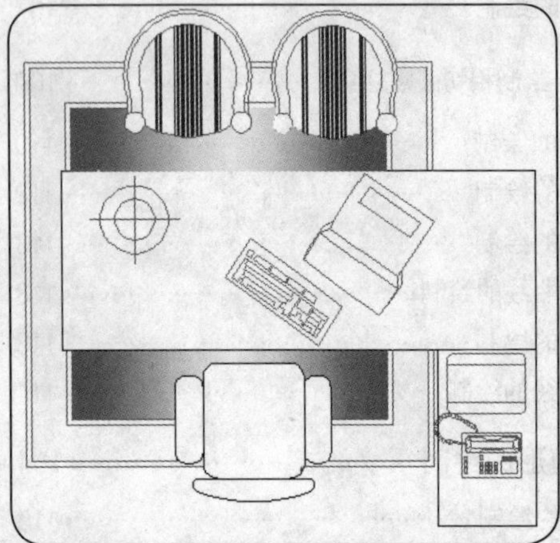
◉ 渐变色填充

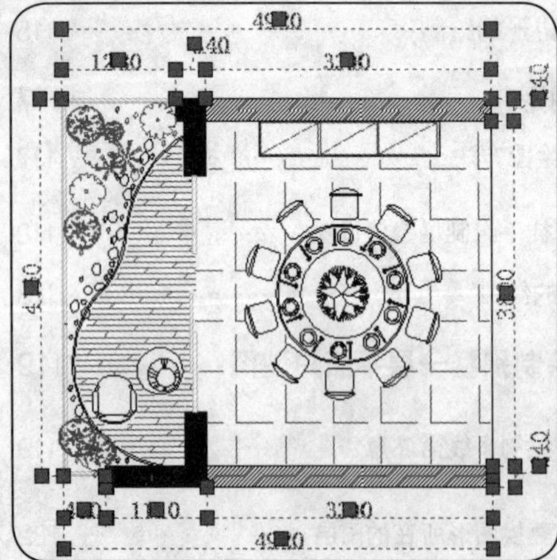
◉ 快速选择

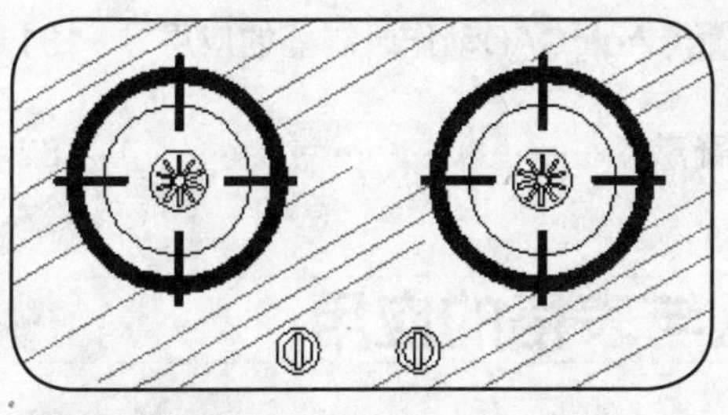

◉ 绘制炉灶平面图

CHAPTER 07 图块、外部参照及设计中心的应用

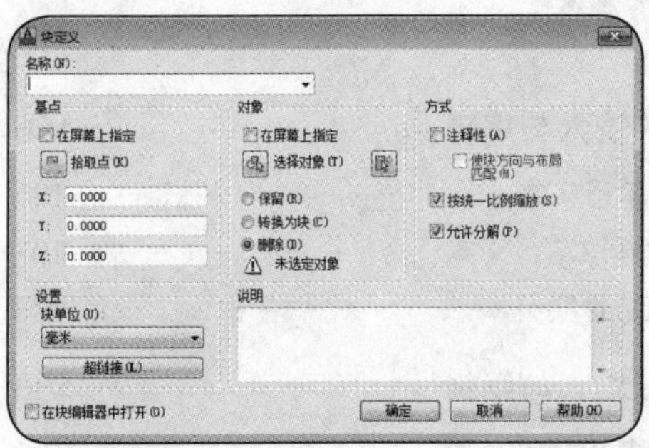

◉ 创建内部图块

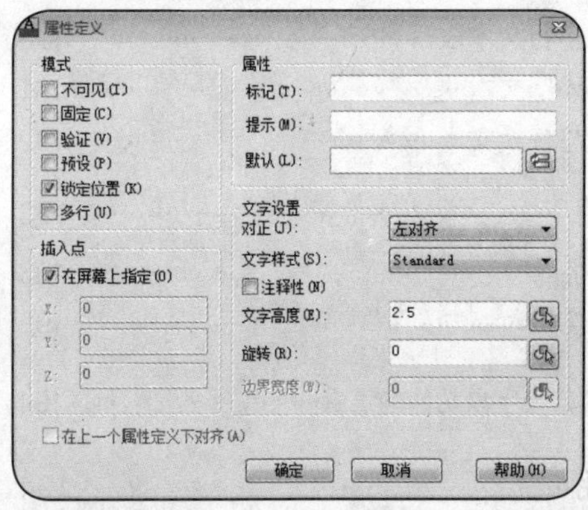

◉ 创建属性图块

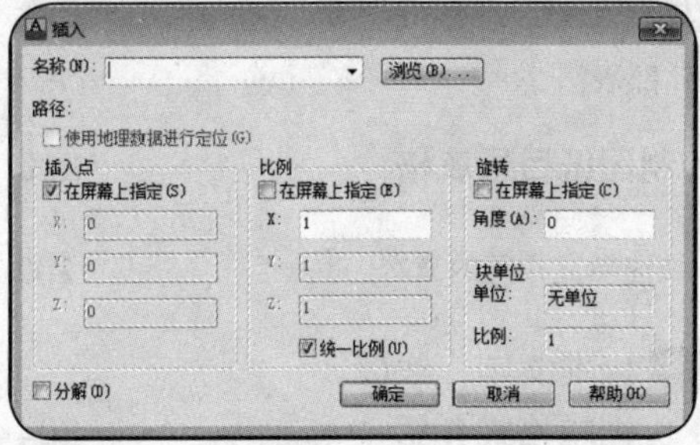

◉ 插入图块

 CHAPTER 08 图形文本输入与表格的应用

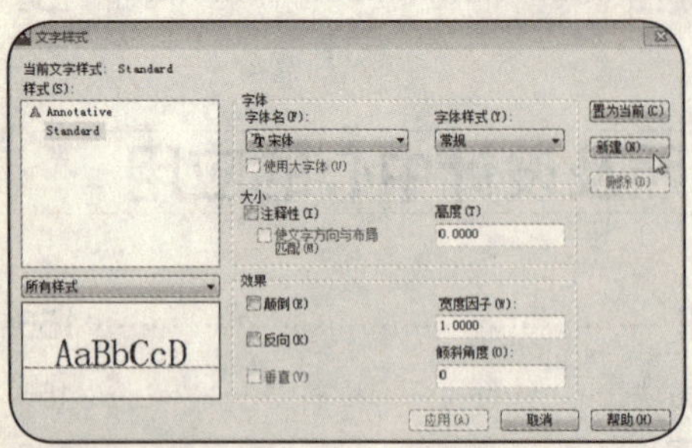

◉ 设置文字样式

客厅经过精心布置。与电视背景相对的一面特意设计了展示柜，展示柜采用乳白色，使浅橘色为主的客厅显得活泼生动，更通过突出饰品自身的魅力展示主人的富足和品位：地面及部分墙面运用了天然大理石做饰面，显示豪气尊贵，而贴金箔的镂空雕花与水晶珠帘的相映成趣，以及精致的沙发、欧式的茶几、个性化的台灯，足以把路易十四时期的盛世再现。

◉ 编辑文本段落

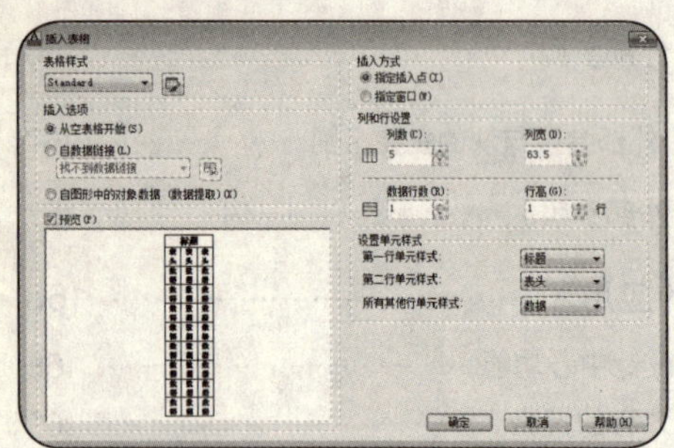

◉ "插入表格"对话框

装修图纸目录				
序号	名称	图号	图纸规格	备注
1	图纸目录		A4	
2	设计说明		A4	
3	原始结构图		A4	
4	更改后结构图		A4	
5	总平面图		A4	
6	地面布置图		A4	
7	顶棚布置图		A4	

◉ 调用外部表格

CHAPTER 09 图形标注尺寸的设置与应用

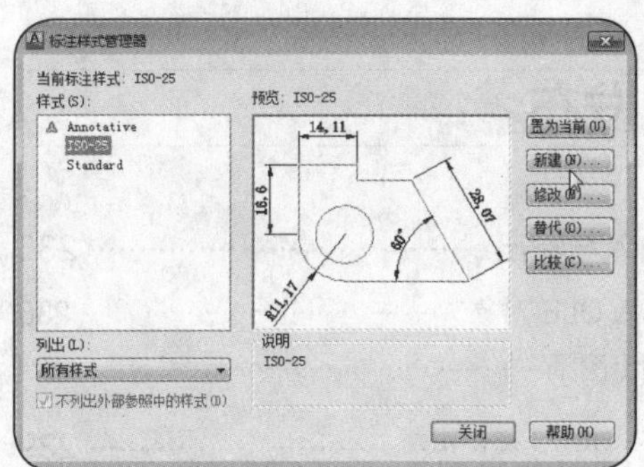

◉ 标注样式管理器

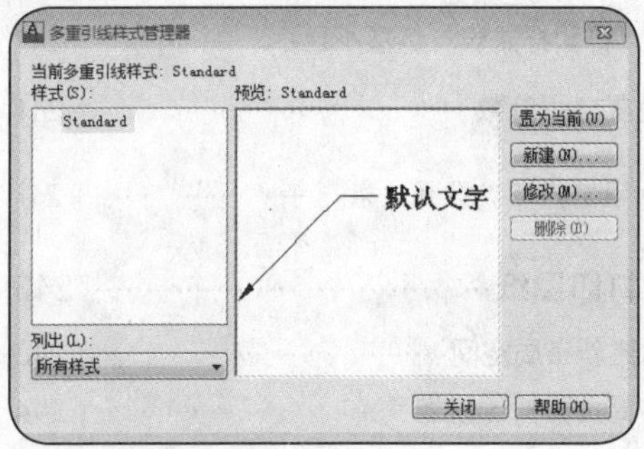

◉ 设置多重引线样式

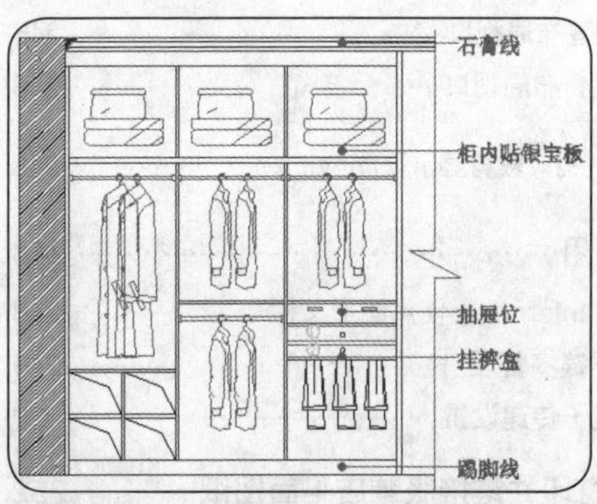

◉ 对齐引线标注

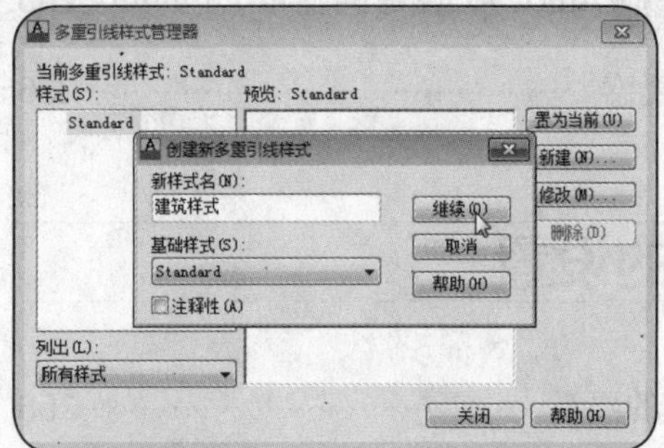

◉ 输入新样式名称

CHAPTER 10 图形的输出与发布

图纸的输出操作

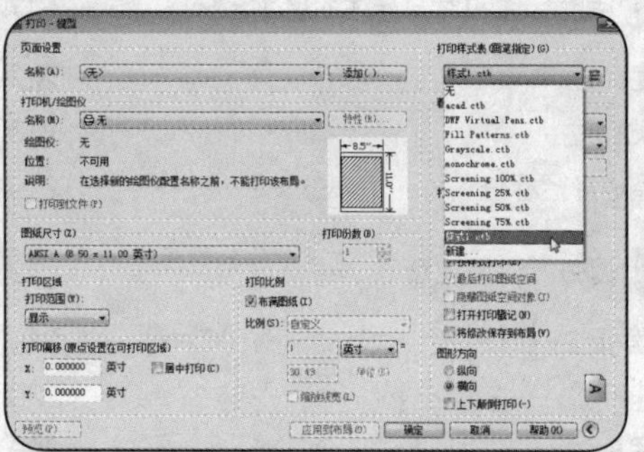
设置打印样式

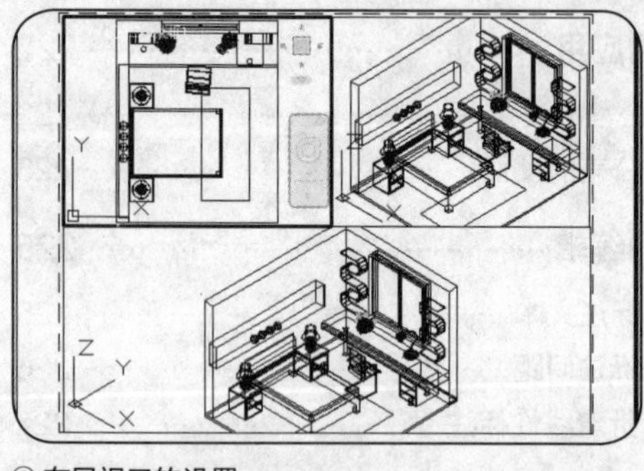
布局视口的设置

CHAPTER 11 三维绘图环境的设置

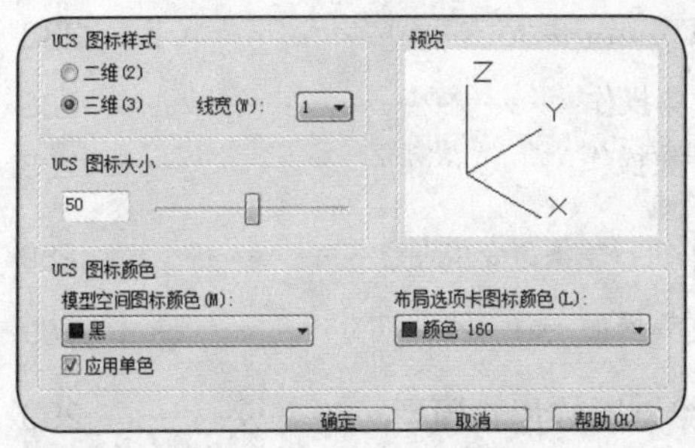

◉ 设置UCS坐标

◉ 三维视点的切换

CHAPTER 12 三维模型的绘制

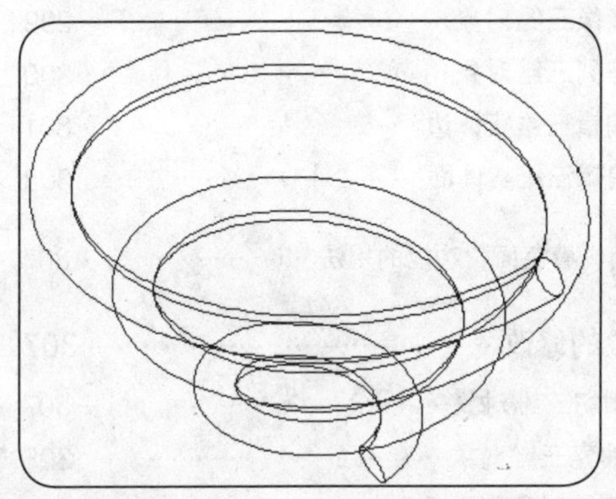

◉ 扫琼三维实体

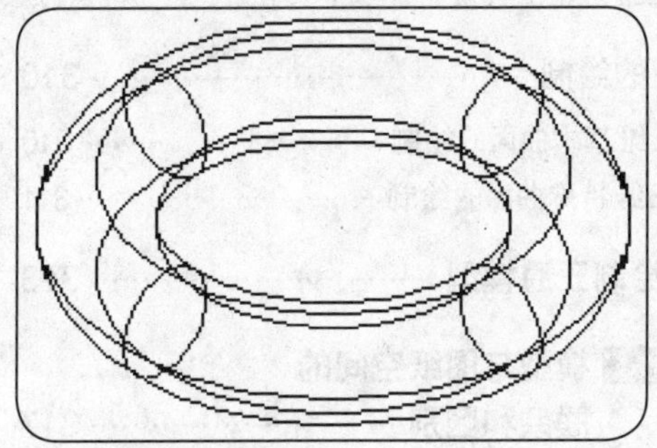

◉ 创建圆环体

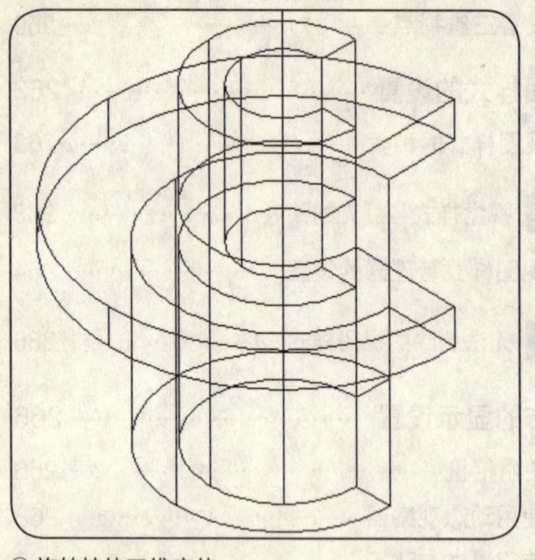
◉ 旋转拉伸三维实体

CHAPTER 13 三维模型的编辑

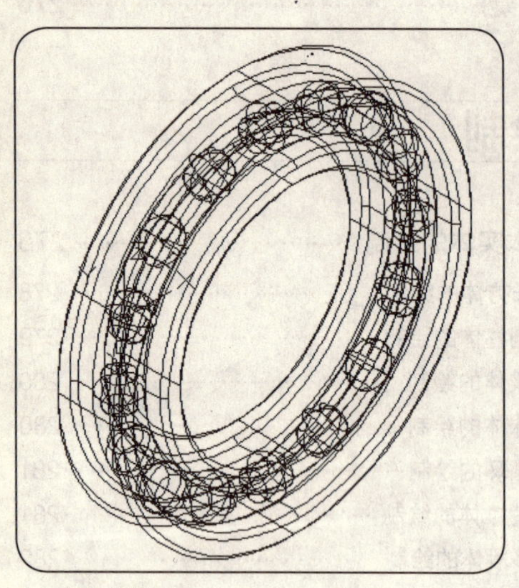
◉ 三维旋转操作

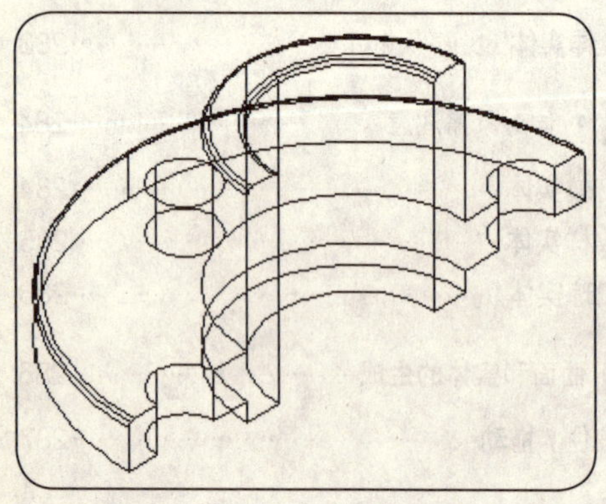
◉ 剖切三维实体

CHAPTER 14 三维模型的渲染

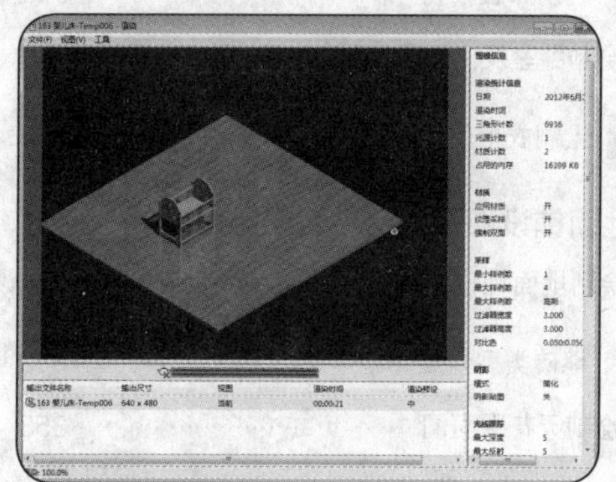

◉ 渲染窗口预览

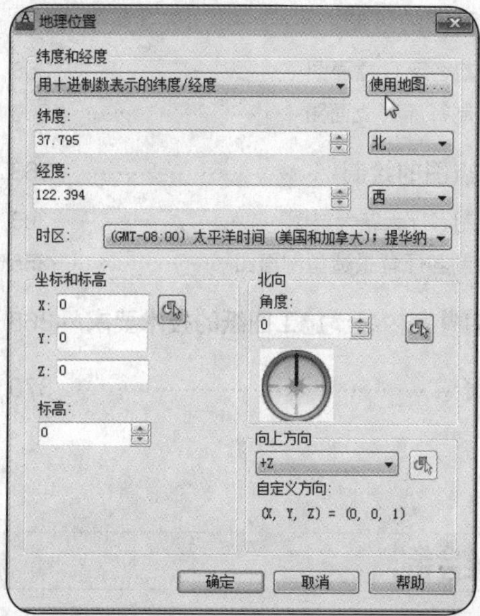

◉ 设置地理位置

CHAPTER 15 室内施工图的绘制

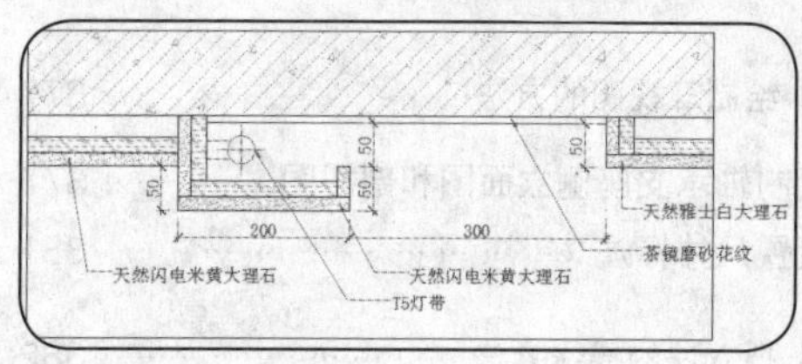

◉ 文字注释的添加

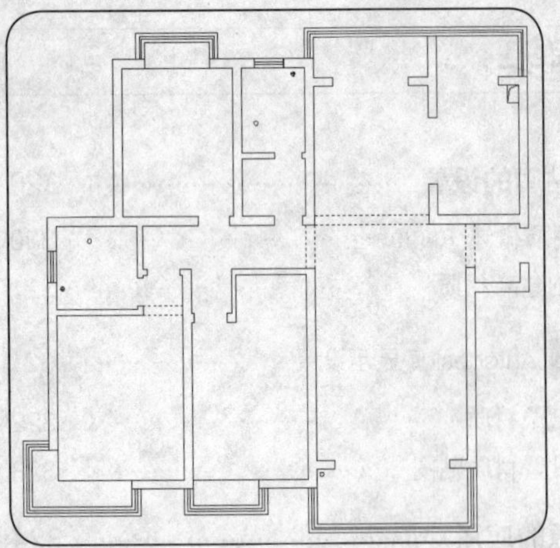
◉ 原始户型图

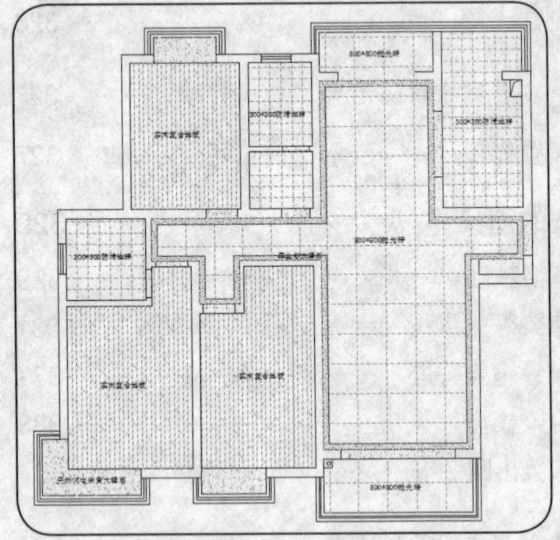
◉ 三居室地面铺设图

CHAPTER 16 机械零件图的绘制

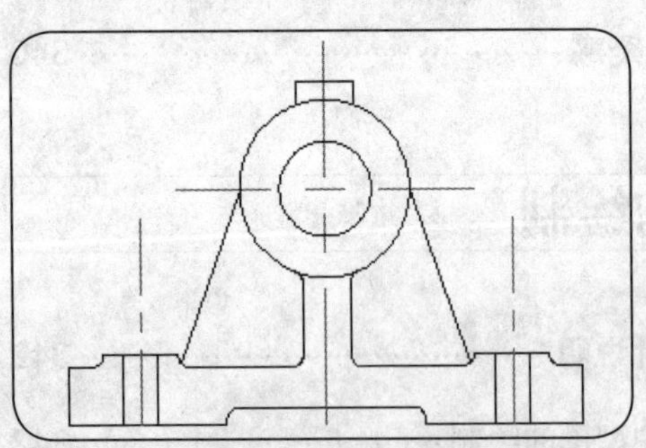
◉ 轴承支座正视图

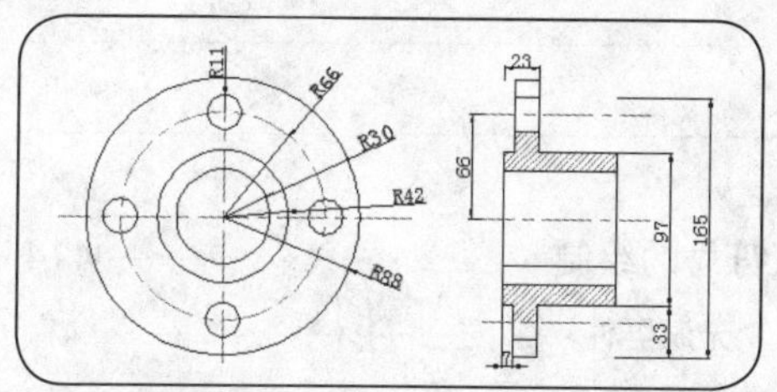

◉ 添加尺寸标注

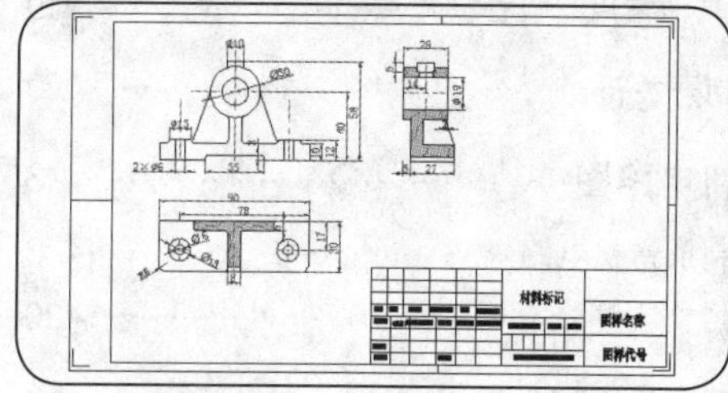
◉ 轴承支座三视图

CHAPTER 17 园林图形的绘制

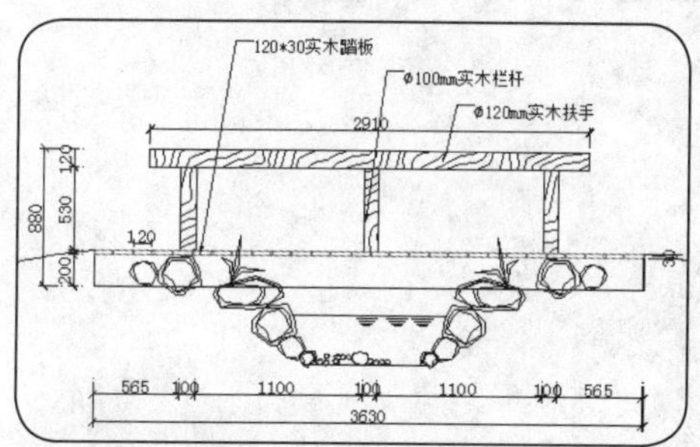

◉ 园林木桥立面图

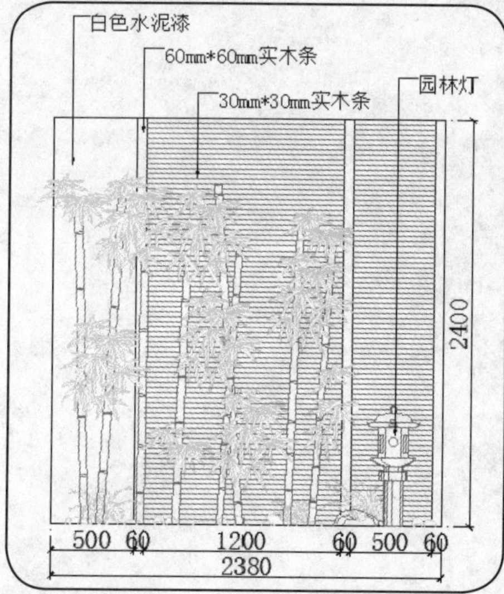

◉ 园林小景立面图

CHAPTER 18 电气图的绘制

◉ 插入电气元件

AutoCAD 2013

CHAPTER 01

AutoCAD 2013入门

为了跟上科技发展的脚步，AutoCAD软件已升级到2013版本。在最新版本中，用户可体会到新功能带来的便利。例如命令行的改进、外部参照管理器的改进以及圈选图形的改进等。这些新功能将会在本章中介绍。当然，除了介绍软件新功能外，本章还将向用户介绍一些关于AutoCAD 2013安装及工作界面的基本知识，使用户加深对AutoCAD 2013软件的了解。

学完本章您可以掌握如下知识点

知识点序号	知识点难易指数	知识点
1	★	AutoCAD 2013 的新功能
2	★★	AutoCAD 2013 的安装与启动
3	★★★	AutoCAD 2013 工作界面的基本操作

本章内容图解链接

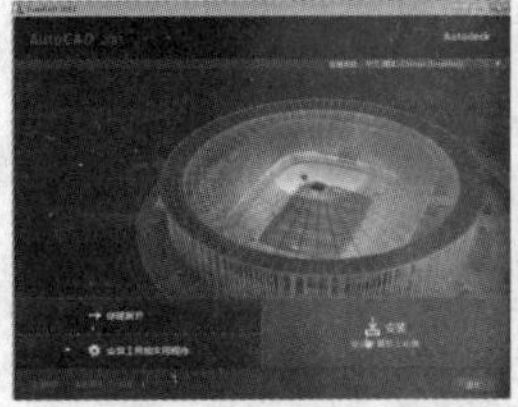

◎ 安装AutoCAD 2013软件

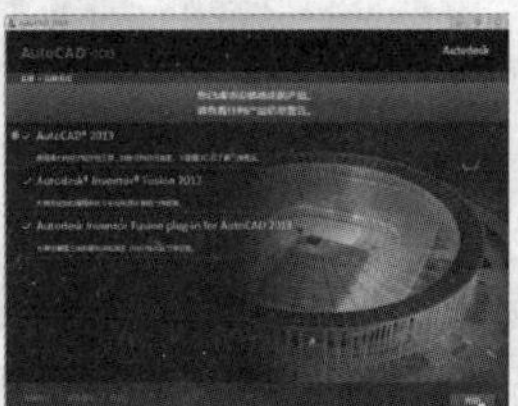

◎ 完成AutoCAD 2013的安装

◎ AutoCAD 2013欢迎界面

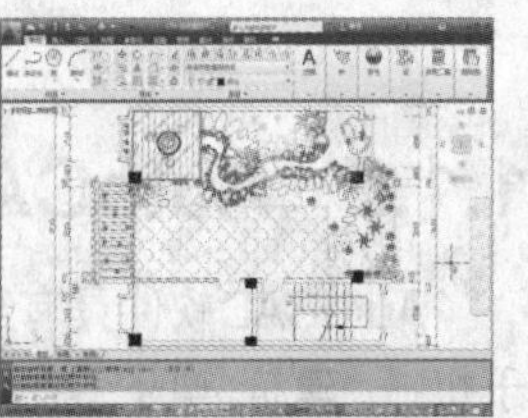

◎ AutoCAD 2013操作界面

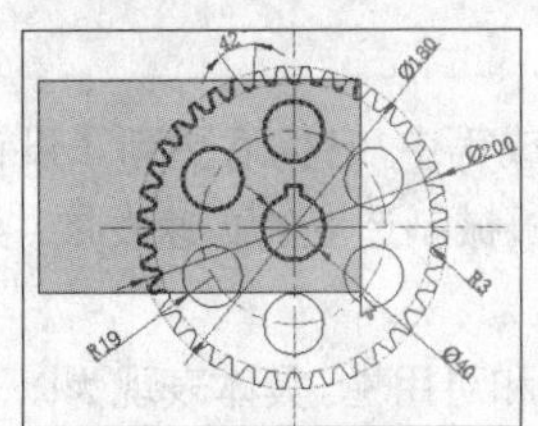

◎ 圈选图形以高亮显示

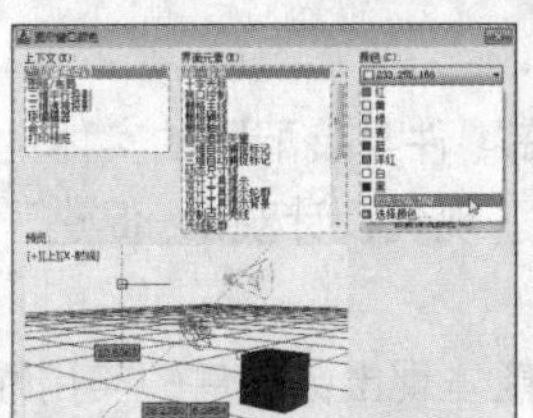

◎ 选择背景颜色

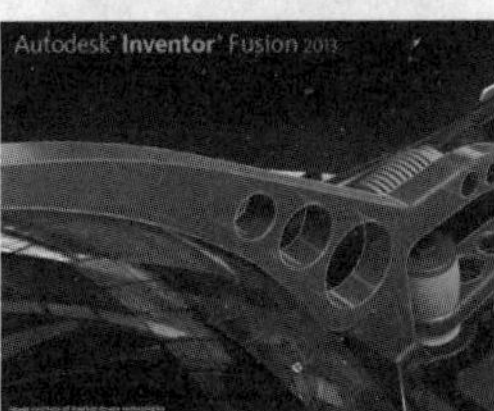

◎ Inventor Fusion 启动界面

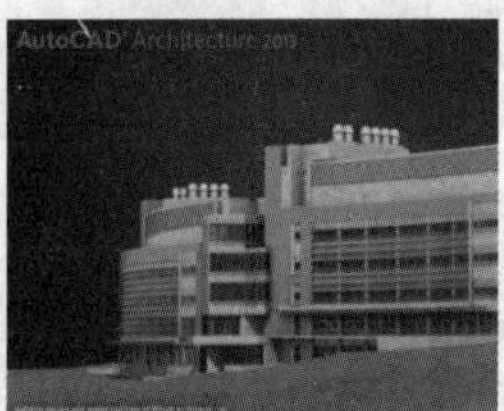

◎ Architecture 启动界面

1.1 AutoCAD概述

对于一些工程设计人员来说，AutoCAD软件是再熟悉不过的了。该软件操作起来非常方便，绘制出的图纸不仅漂亮、工整，而且精度很高。该软件应用的范围很广泛。下面将大概介绍AutoCAD软件的应用、基本功能以及2013版本的新功能。

1.1.1 关于 AutoCAD

AutoCAD即自动计算机辅助设计，它利用计算机及其图形设备帮助设计人员进行设计工作，是美国Autodesk公司于1982年推出的一款软件。利用该软件，并结合设计人员的设计思路，即可轻松绘制出漂亮精确的图纸。

传统手绘图纸是利用各种绘图仪器和工具来绘图的，劳动强度相当大，如果其中数据有误，修改起来相当麻烦。而使用AutoCAD软件绘图，绘图效率会事半功倍。设计人员只需边制图边修改，直到绘制出满意的结果，然后利用图形输出设备将其打印出来，即可完工。如果发现图纸数据有误，则只需动一下鼠标或键盘，即可完成修改。如图1-1所示为手绘图，如图1-2所示为AutoCAD制图。

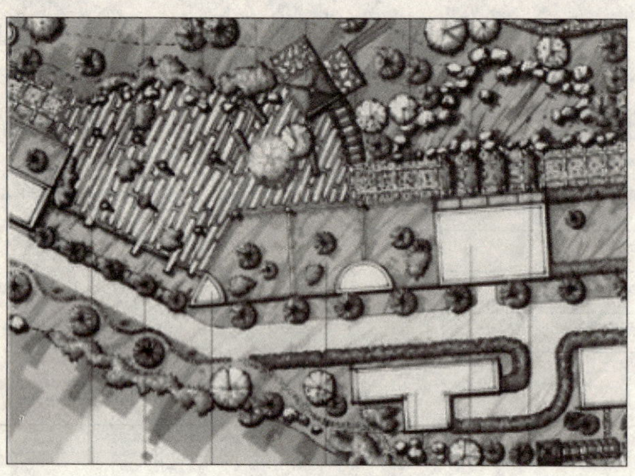
图1-1　手绘园林图

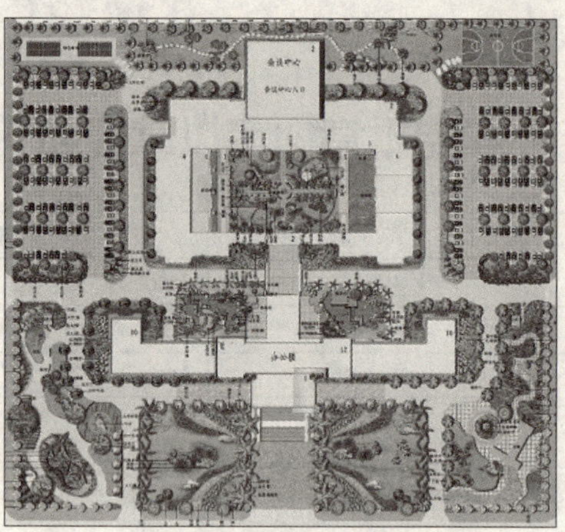
图1-2　AutoCAD绘制园林图

1.1.2 AutoCAD 软件的应用

AutoCAD软件具有绘制二维图形、三维图形、标注图形、协同设计和图纸管理等功能，被广泛应用于机械、建筑、电子、航天、石油、化工和地质等领域，是目前世界上使用最为广泛的计算机绘图软件。下面将介绍AutoCAD在几种常用领域中的应用。

1. AutoCAD 在机械领域中的应用

AutoCAD技术在机械设计中的应用主要集中在零件与装配图的实体生成等中。它彻底更新了设计手段和设计方法，摆脱了传统设计模式的束缚，引进了现代设计观念，促进了机械制造业的高速发展。如图1–3和图1–4所示。

在绘制机械三维图时，AutoCAD的三维功能更能体现出该软件的实用性和可用性，具体表现为以下4点。

- 零件的设计更快捷。
- 装配零件更加直观可视。

- 缩短了机械设计的周期。
- 提高了机械产品的技术含量和质量。

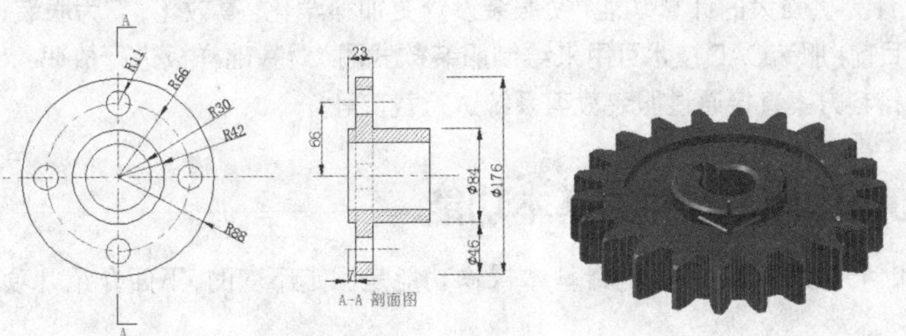

图1-3　法兰盘零件图　　图1-4　圆柱齿轮模型

2. AutoCAD 在建筑工程领域中的应用

通常来说，在绘制建筑工程图纸时，一般要用到三种以上的制图软件，例如AutoCAD、3ds Max、Photoshop软件等。其中AutoCAD软件是建筑制图的核心制图软件。设计人员通过该软件，可以轻松表现出他们需要的设计效果，如图1-5和图1-6所示。

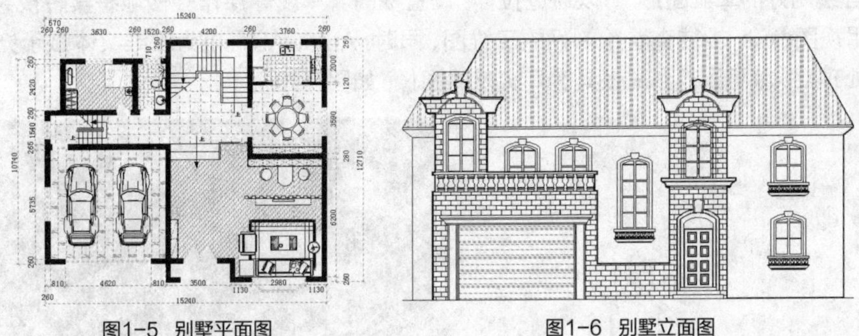

图1-5　别墅平面图　　图1-6　别墅立面图

3. AutoCAD 在电气工程领域中的应用

在电气设计中，AutoCAD主要被应用在制图和进行一部分辅助计算。电气设计的最终产品是图纸，作为设计人员，需要基于功能或美观方面的要求创作出新产品，并且需要具备一定设计能力，从而利用AutoCAD软件绘制出设计图纸，如图1-7和图1-8所示。

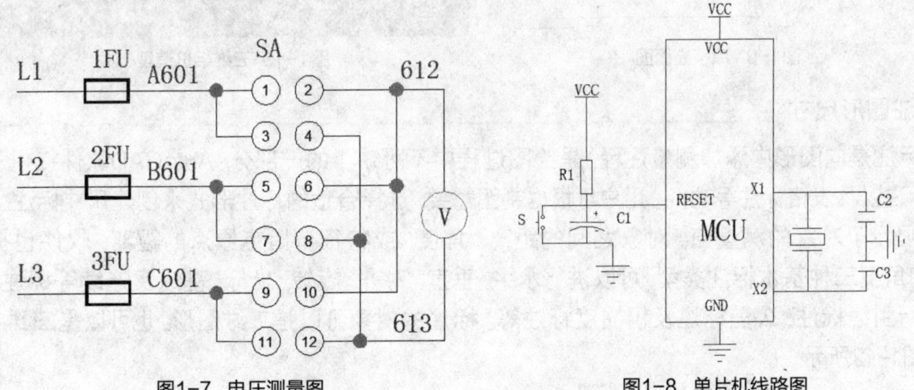

图1-7　电压测量图　　图1-8　单片机线路图

4. AutoCAD 在服装领域中的应用

随着科技的发展，服装行业也逐渐应用起AutoCAD设计技术。该技术融合了设计师的设计理念和技术经验，通过计算机强大的计算功能，使服装设计更加科学化、高效化。它为服装设计师提供了一种现代化的工具。目前，服装CAD技术可用来绘制服装款式图、对基础样板进行放码、对完成的衣片进行排料、对完成的排料方案直接通过服装裁剪系统进行裁剪等。

1.1.3 AutoCAD 软件的基本功能

无论版本如何升级，AutoCAD的最基本操作功能是固定不变的。下面介绍几项AutoCAD的基本功能。

1. 创建与编辑图形

绘图功能是AutoCAD软件的核心功能。该软件提供了丰富的绘图命令，用户使用这些命令，可以绘制直线、圆、矩形、多边形、椭圆等基本二维图形，也可以将绘制的图形转换成面域，并对其进行填充等，如图1-9所示。同时该软件还提供了强大的图形编辑和修改功能，利用这些功能可对绘制好的二维图形进行编辑和修改操作。

对于一些绘制好的二维图形，可以通过拉伸、设置标高和厚度等操作轻松地将其转换为三维图形，并且还可运用视图命令，旋转查看绘制好的三维图。同时，AutoCAD可以为三维实体赋予光源和材质，再通过渲染处理后，就可以得到一张具有真实感的图像，如图1-10所示。

图1-9 凉亭立面图

图1-10 三维相机造型

2. 标注图形尺寸

尺寸标注是向图形中添加测量注释，是绘图过程中不可缺少的一部分。AutoCAD软件提供了文字标注、尺寸标注以及表格标注等功能。用户可根据制图需要，选择合适的标注形式来创建尺寸标注。

标注显示了对象的测量值，对象之间的距离、角度，或特征与指定原点的距离。软件也提供了线性、半径和角度三种基本标注类型，可以进行水平、垂直、对齐、旋转、坐标、基线及连续等标注。此外，还可以进行引线标注、公差标注及粗糙度标注等。标注的对象可以是二维图形，也可以是三维图形，如图1-11和图1-12所示。

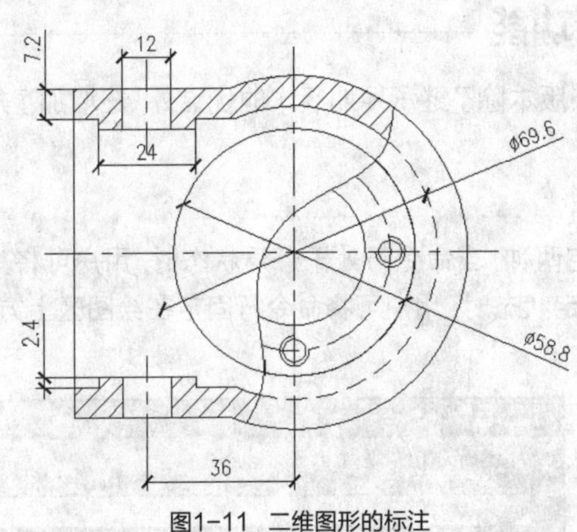

图1-11 二维图形的标注

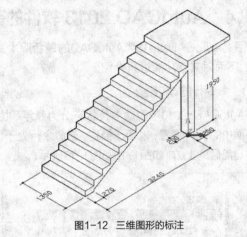

图1-12 三维图形的标注

3. 输出与打印图形

AutoCAD不仅允许用户将绘制的图形通过绘图仪或打印机输出，还能将不同格式的图形导入AutoCAD软件或将AutoCAD图形以其他格式输出。这样使得AutoCAD在图形输出方面的灵活性大大增强。

4. 图形显示控制

在AutoCAD中，用户可以方便地以多种方式放大或缩小图形。对于三维图形，可以利用“缩放”功能改变当前视口中的图形视觉尺寸，以便清晰地查看图形的全部或某一部分细节。三维视图控制功能可通过选择视点和投影方向，并实现三维动态显示等。用户也可将绘图窗口分成多个视口，从而实现在各个视口中以不同视点显示同一图形，如图1-13和图1-14所示。

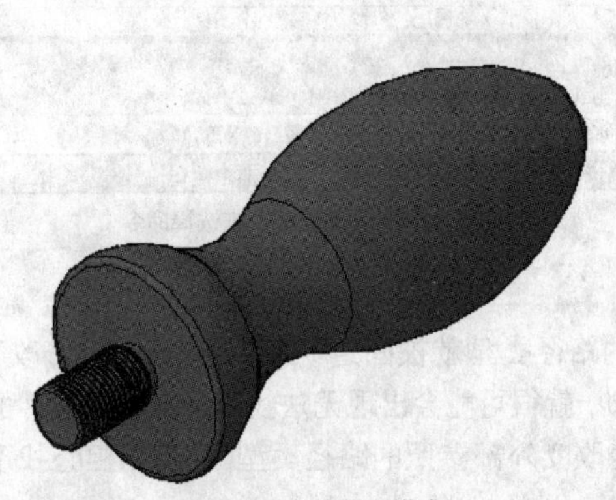
图1-13 概念显示模式

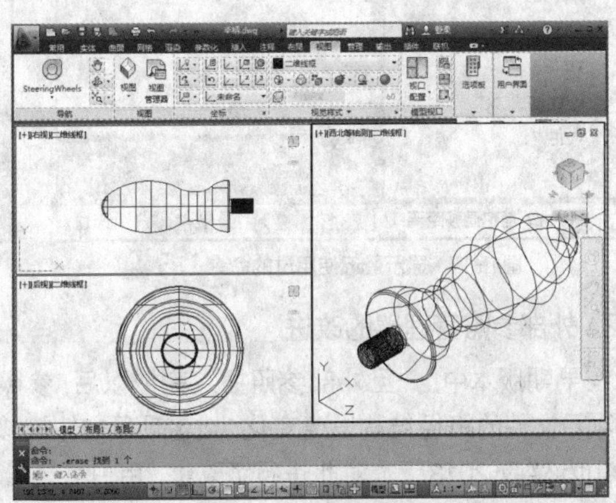
图1-14 多视口显示模式

5. Internet 功能

利用AutoCAD强大的Internet工具，可以在网络上发布、访问和存取图形，为用户之间共享资源和信息，同步设计、讨论、演示，以及获得外界消息等提供了极大的帮助。

电子传递功能可以把AutoCAD图形及相关文件打包或制成可执行文件，然后将其以单个数据包的形式传递给客户和工作组成员。

AutoCAD的超级链接功能可以将图形对象与其他对象建立链接关系。此外，AutoCAD提供了一种既安全又适于在网上发布的DWF文件格式，用户可以使用Autodesk DWF Viewer来查看或打印DWF文件的图形集，查看DWF文件中包含的图层信息、图纸和图纸集特性、块信息和属性，以及自定义特性等信息。

1.1.4 AutoCAD 2013 软件的新功能

目前AutoCAD 2013为AutoCAD的最新版本。该版本除了继承早期版本的优点外，还增加了几项新功能。下面对其新功能进行介绍。

1. 命令行的改进

AutoCAD 2013中的命令行状态分为悬浮和固定两种。当命令行处于悬浮状态时，用户可将其锁定到界面中的任何位置，以便于操作。当命令行处于固定状态时，用户可将命令行固定在绘图区上方、下方或者功能区的上方，如图1-15和图1-16所示。

图1-15 命令行处于悬浮状态

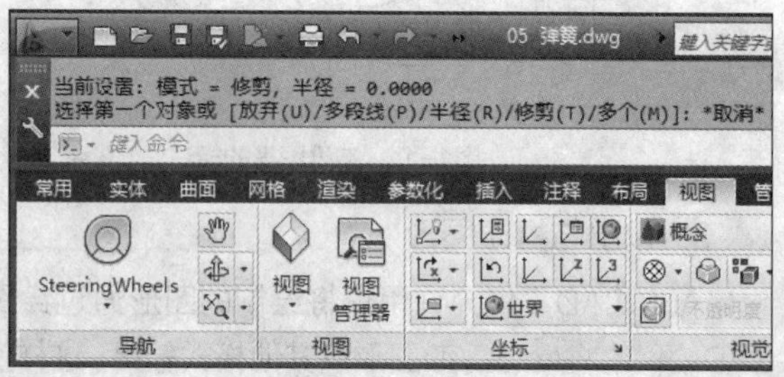

图1-16 命令行固定在功能区上方

无论命令行处于什么状态，单击命令行左侧下拉箭头，在打开的下拉列表中，会显示最近使用过的命令，单击所需命令即可执行，如图1-17所示。在命令执行过程中，对于在命令行中显示的相关命令，用户可以使用鼠标单击选择命令来执行，无需使用键盘输入，如图1-18所示。

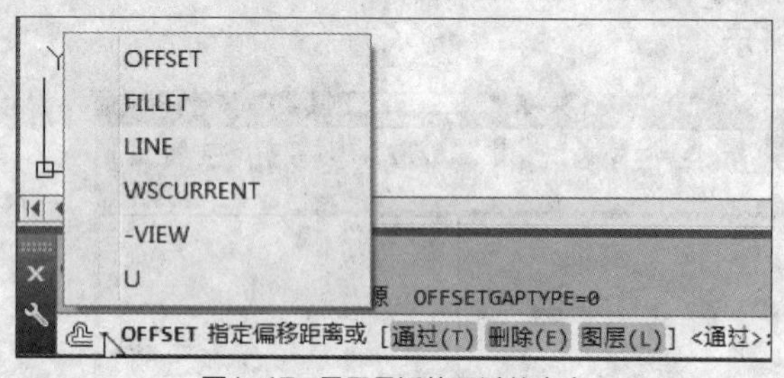

图1-17 显示最近使用过的命令

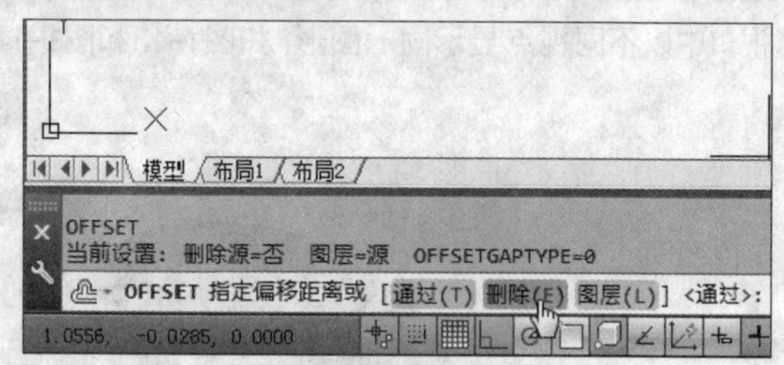

图1-18 利用鼠标单击选择命令

2. 外部参照管理器的改进

在早期版本中，一旦外部参照插入完成以后，参照的路径类型就被固定下来，难以再进行修改了。如果项目文件的路径结构发生变化，或者项目文件被移动，就很可能会出现无法找到外部参照文件的问题。AutoCAD 2013版本对此进行了改进，用户可轻松地改变外部参照的路径类型，而不用担心找不到项目文件了。

3. 多段线反转

多段线反转功能主要解决复合线型多段线的显示问题。在早期版本中，如果多段线的绘制方向错误，复合线型中的线型可能就会反转显示。很多时候，用户要按特定方向绘制才觉得方便。而在AutoCAD 2013版本中，添加了一个名为"PLINEREVERSEWIDTHS"的新变量，当这个变量值为1时，被操作的多段线在方向上会发生反转变化，而当变量值为0时，多段线无变化。

4. 圈选图形的改进

在早期版本中，如果想选择某图形时，通常都会使用圈选的方法。在圈选的时候，一般被选中的图形不会发生变化。而在AutoCAD 2013版本中，被选中的图形会以高亮显示，这样相对降低了错选或误选发生的几率，如图1-19所示。

5. 填充编辑器的改进

在AutoCAD 2013中，用户可快速轻松地编辑多个图案填充对象。即使在选择多个图案填充对象时，也会自动显示上下文"图案填充编辑器"功能区选项卡。同样，当需要修改填充的图案时，可实现多个图案同时编辑，这样一来，极大地提高了作图效率，如图1-20所示。

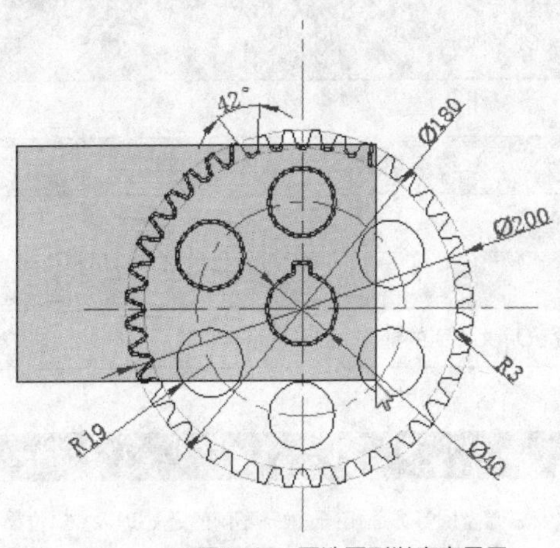

图1-19 圈选图形以高亮显示

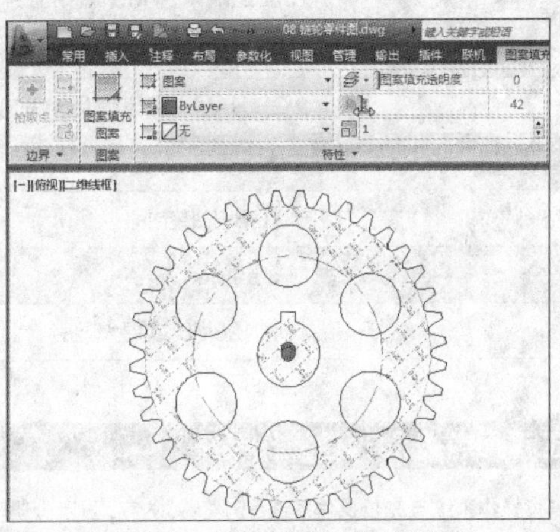
图1-20 同时编辑多个填充图案

工程师点拨：其他新功能

AutoCAD 2013在点云方面也有比较大的改进。首先是可以支持的点云数据格式增加了，现在支持的格式有：General ASCIII XYZ, TXT, ASC; Leica PTG, PTS, PTX; Faro FLS, FWS, XYB; LIDAR data exchange LAS; Topcon CLR, CL3 。其次是可以支持点云的强度分析。在AutoCAD 2013里可以对点云进行裁剪，还可以反转裁剪区域。

1.2 AutoCAD 2013的安装与启动

在学习AutoCAD 2013软件的操作前，需要了解该软件对计算机安装配置的要求，掌握安装该软件的步骤，这样才能确保顺利使用软件。

1.2.1 AutoCAD 2013 的运行环境

目前AutoCAD 2013软件按操作系统可分为32位和64位。32位的计算机不能安装64位的AutoCAD软件，但64位的计算机可以安装32位的AutoCAD软件。

下面以32位操作系统为例，介绍安装AutoCAD 2013软件时需要的配置，如表1-1所示。

表1-1 软件和硬件的要求

系统名称	配置要求
操作系统	Microsoft Windows XP Professional Microsoft Windows XP Home Microsoft Windows 7 Professional Microsoft Windows 7 Ultimate Microsoft Windows 7 Home Premium Microsoft Windows 7 Enterprise

（续表）

系统名称	配置要求
浏览器	Internet Explorer 7.0 或更高版本
处理器	Windows XP：Intel Pentium 4 或 AMD Athlon™ 双核，1.6GHz 或更高，采用 SSE2 技术 Windows 7：Intel Pentium 4 或 AMD Athlon 双核，3.0GHz 或更高，采用 SSE2 技术
内存	2 GB RAM（建议使用 4GB）
显示屏分辨率	1024 x 768 真彩色（建议使用 1600 × 1050 或更高）
磁盘空间	6.0 GB 安装空间
定点设备	MS-Mouse 兼容
显卡	具有 128MB 或更大显存，且支持 Direct3D 的显卡

工程师点拨：64位操作系统

64位操作系统与32位操作系统在浏览器、内存、显示分辨率以及磁盘空间等方面相同，惟一不同的是处理器。64位操作系统需要的处理器为：AMD Athlon64，采用SSE2技术；或者AMD Opteron™，采用SSE2技术；或者Inter Xeon®，具有Intel EM64T支持并采用SSE2技术。只有装上64位操作系统的电脑才能安装64位的软件。

1.2.2 AutoCAD 2013 的安装

AutoCAD 2013软件在任何操作系统下的安装方法都基本相同。下面介绍如何在Windows7操作系统中安装32位的AutoCAD 2013软件。

Step 01 将AutoCAD 2013安装光盘放置在光驱内，打开安装文件夹，显示如图1-21所示的界面。

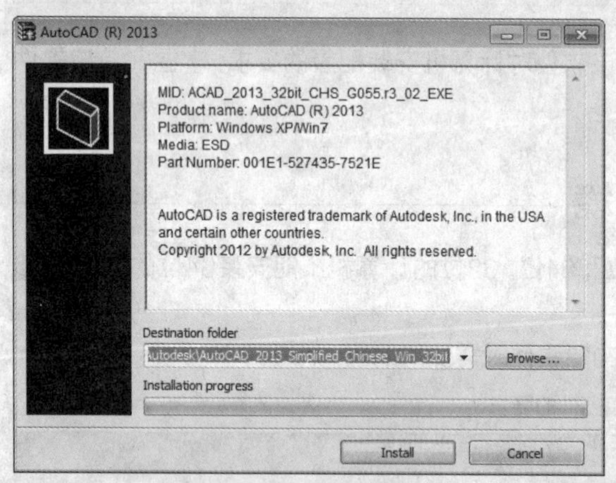

图1-21 安装文件包界面

Step 02 单击Install按钮，解压AutoCAD 2013安装文件包，如图1-22所示。

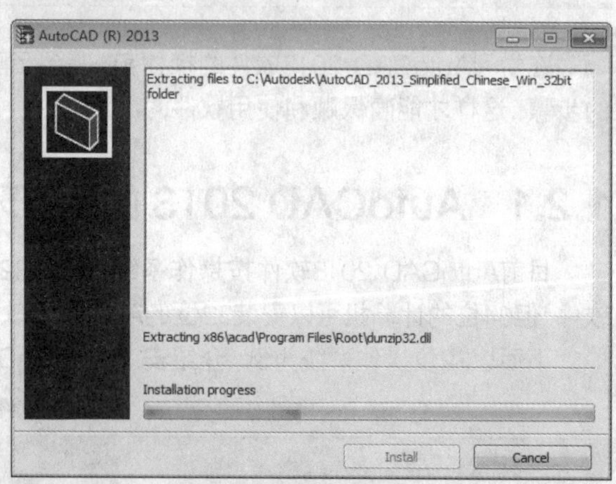

图1-22 解压安装文件包

Step 03 解压完毕后，系统自动打开安装界面，单击“安装”按钮，如图1-23所示。

Step 04 在打开的“安装>许可协议”界面中，阅读完许可协议后，单击“我接受”单选按钮，再单击“下一步”按钮，如图1-24所示。

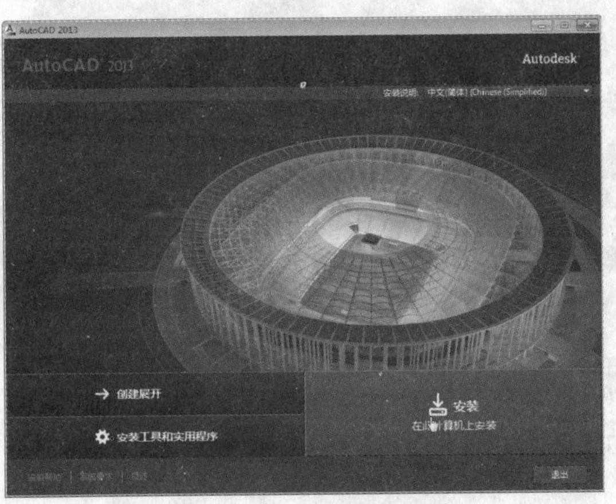
图1-23 安装界面

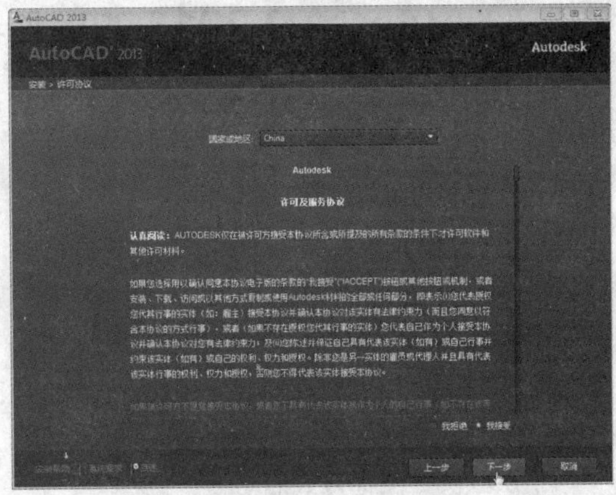
图1-24 “许可协议”界面

Step 05 在打开的“安装>产品信息”界面中，输入“序列号”和“产品密钥”，然后单击“下一步”按钮，如图1-25所示。

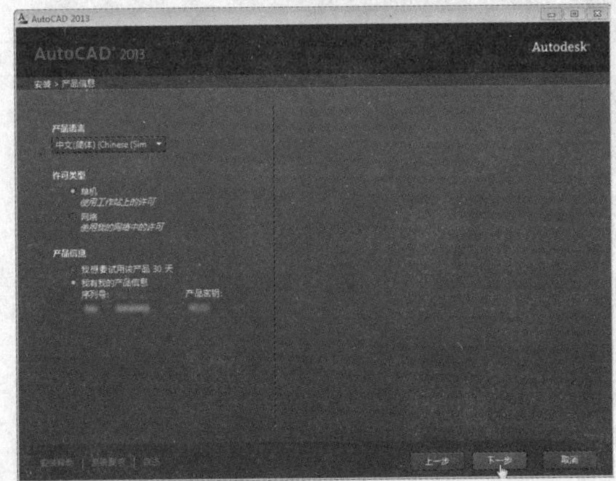
图1-25 “产品信息”界面

Step 06 在打开的“安装>配置安装”界面中，根据需要，勾选相应的插件选项，设置好安装路径，然后单击“安装”按钮，如图1-26所示。

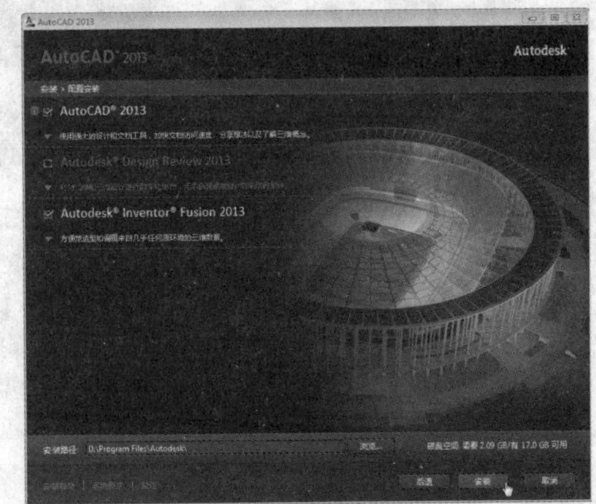
图1-26 “配置安装”界面

Step 07 在“安装>安装进度”界面中，显示系统正在安装，用户需稍等片刻，如图1-27所示。

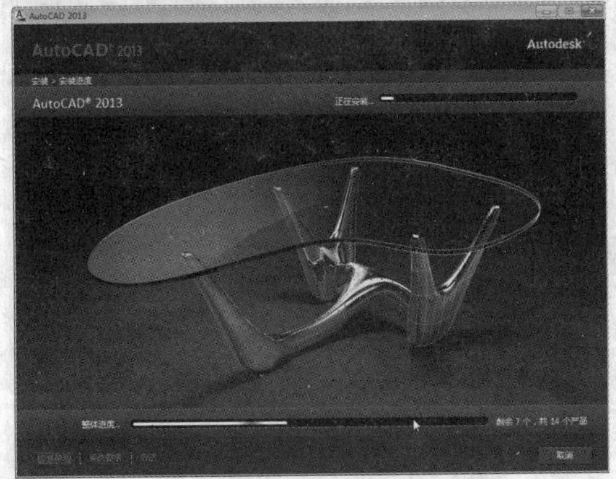
图1-27 正在安装程序

Step 08 完成后，在“安装>安装完成”界面中单击“完成”按钮即可，如图1-28所示。

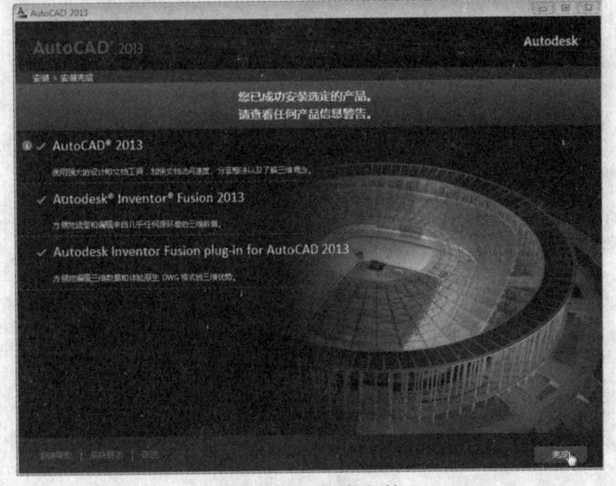
图1-28 完成安装

1.2.3 AutoCAD 2013 的启动与退出

安装软件完成后，就可以启动软件并进行绘图操作了。下面将简单介绍如何启动和退出AutoCAD 2013。

1. 启动AutoCAD 2013软件

启动软件的方法有两种，分别为通过"开始"菜单命令启动和双击快捷方式图标启动。下面介绍具体操作步骤。

(1) 通过"开始"菜单命令启动

单击"开始>所有程序>Autodesk>AutoCAD 2013–简体中文（Simplified Chinese）>AutoCAD 2013–简体中文（Simplified Chinese）"命令，即可启动软件，如图1-29所示。

(2) 双击快捷图标方式启动

在桌面上，双击AutoCAD 2013软件的快捷图标，同样可启动该软件，如图1-30所示。

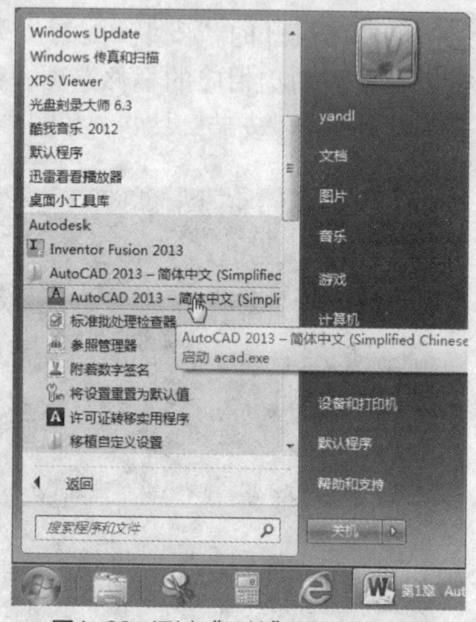

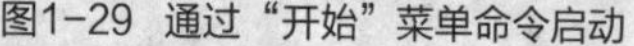
图1-29 通过"开始"菜单命令启动

图1-30 双击快捷方式图标启动

首次启动AutoCAD 2013软件时，系统会自动打开"欢迎"界面，如图1-31所示。在该界面中，用户可新建文件，还可以对软件进行简单的了解。单击"关闭"按钮，即可进入AutoCAD 2013操作界面，如图1-32所示。

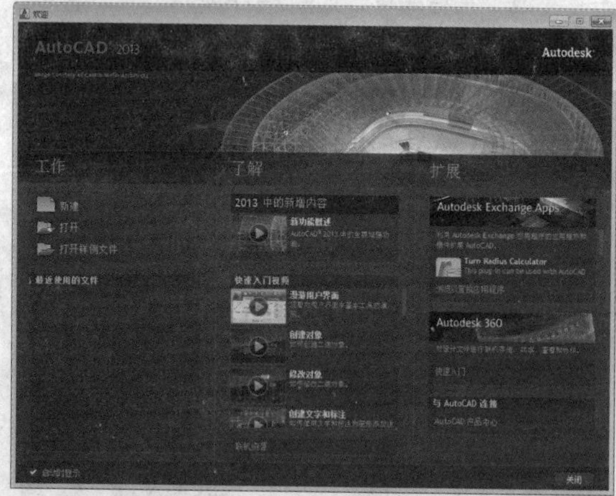

图1-31 欢迎界面

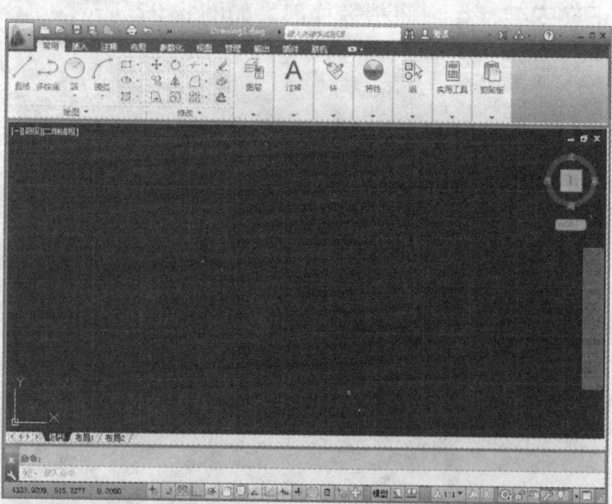

图1-32 AutoCAD 2013操作界面

工程师点拨：取消显示欢迎界面

默认情况下，每次启动AutoCAD 2013后，系统都会显示欢迎界面。若想取消显示该界面，只需取消勾选该界面左下角的"启动时显示"复选框，并单击"关闭"按钮即可。此时再次启动该软件，将不再显示欢迎界面。

2. 退出 AutoCAD 2013 软件

退出该软件的方法有三种，下面分别对其操作进行介绍。

(1) 单击"关闭"按钮退出

在AutoCAD 2013运行的状态下，单击界面右上角的"关闭"按钮即可退出，如图1-33所示。

(2) 通过应用程序菜单退出

在AutoCAD 2013中，单击"应用程序菜单"按钮，然后单击"退出应用程序AutoCAD 2013"按钮即可退出，如图1-34所示。

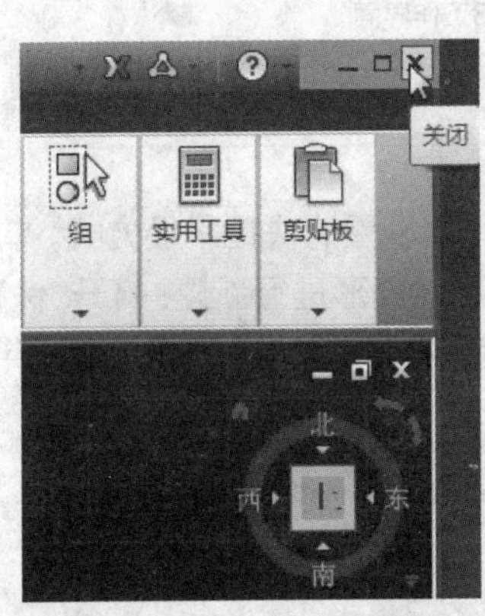

图1-33 单击"关闭"按钮

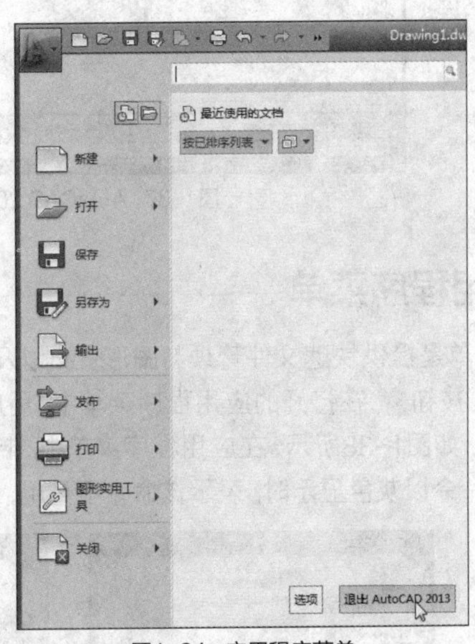

图1-34 应用程序菜单

(3) 通过在命令行中输入命令退出

在AutoCAD 2013命令行中，输入命令QUIT后，按Enter键即可，如图1-35所示。

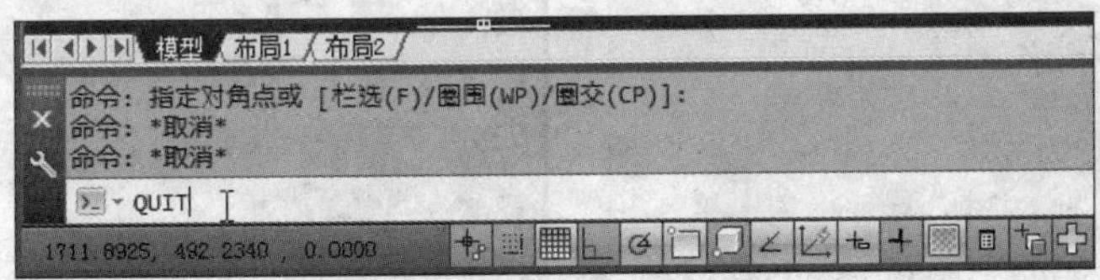

图1-35 在命令行中输入命令

工程师点拨：退出软件的其他方法

除了以上介绍的三种退出方法外，还可以通过以下两种操作退出软件。第一种：使用Alt+F4组合键即可快速退出；第二种：在桌面状态栏中，右击AutoCAD 2013软件图标，在弹出的快捷菜单中，选择"关闭窗口"命令，也可退出软件，如图1-36所示。

图1-36 选择"关闭窗口"命令

1.3 AutoCAD 2013的工作界面

AutoCAD 2013的工作界面与AutoCAD 2012的相似，包括标题栏、应用程序菜单、快速访问工具栏、功能区、绘图区、命令窗口、快捷菜单和状态栏等，如图1-37所示。

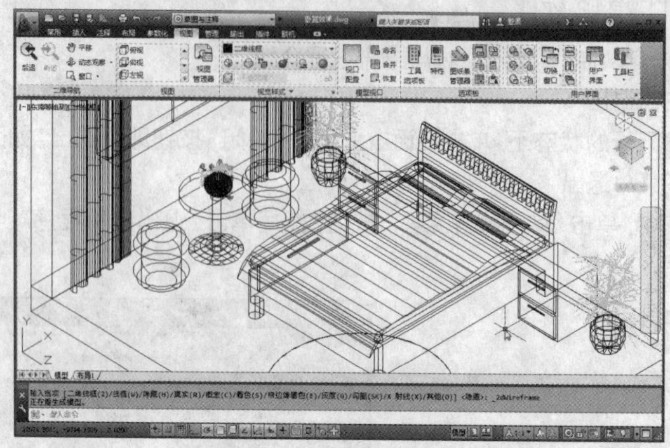

图1-37 AutoCAD 2013工作界面

1.3.1 应用程序菜单

应用程序菜单是提供快速文件管理与图形发布以及选项设置的快捷路径方式。单击工作界面左上角的"应用程序"按钮，在打开的应用程序菜单中，用户可对图形进行新建、打开、保存、输出、发布、打印及关闭操作，如图1-38所示。在应用程序菜单中，带有▶符号的命令，表示该命令带有级联菜单，如图1-39所示。当命令以灰色显示时，表示该命令不可用。

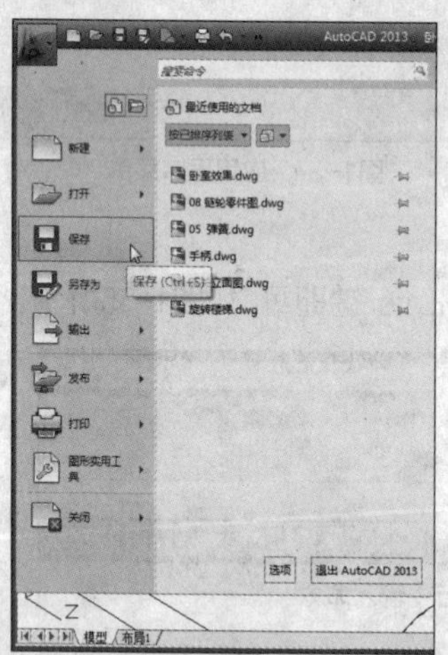

图1-38 应用程序菜单

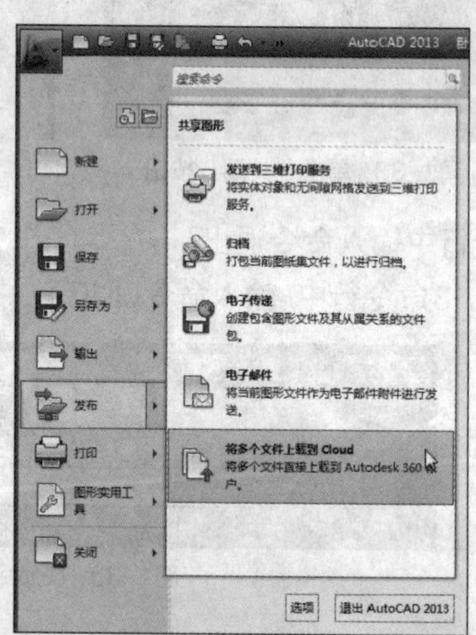

图1-39 级联菜单

1.3.2 快速访问工具栏

快速访问工具栏默认位于工作界面的左上方。在该工具栏中放置了一些常用命令的快捷方式，例如"新建"、"打开"、"保存"、"打印"及"放弃"等快捷按钮。单击"工作空间"下拉按钮，可在下拉菜单中选择需要的绘图环境，如图1-40所示。

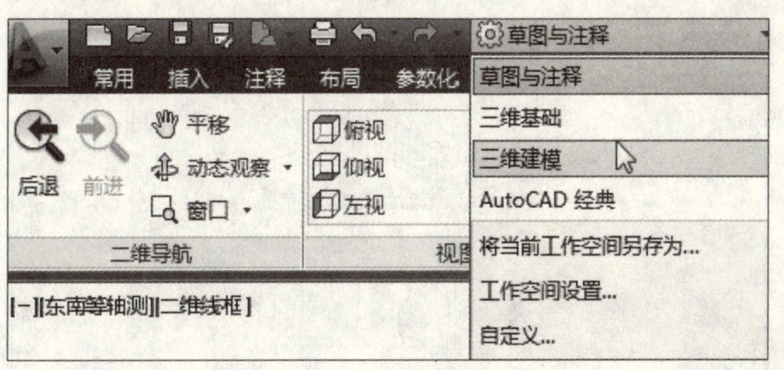

图1-40 选择绘图环境

工程师点拨：自定义快速访问工具栏

在AutoCAD 2013中，用户可以根据需求自定义快速访问工具栏中的命令选项。单击"工作空间"右侧"自定义快速访问工具栏"下拉按钮，在打开的下拉列表中，只需勾选所需的命令选项，即可在该工具栏中显示该命令的快捷按钮。相反，若取消勾选某命令，则该命令的快捷按钮将在工具栏中取消显示。在该列表中，选择"在功能区上（下）方显示"选项，可自定义工具栏的位置。

1.3.3 标题栏

标题栏位于工作界面的顶端。标题栏左侧依次显示的是"应用程序"按钮、快速访问工具栏和工作空间切换下拉列表；标题栏中间则显示当前运行程序的名称和文件名等信息；在标题栏右侧依次显示的是"搜索"、"登录"、"交换"、"保持连接"、"帮助"以及窗口控制按钮，如图1-41所示。

图1-41 AutoCAD 2013标题栏

1.3.4 功能区

AutoCAD 2013的功能区位于标题栏下方、绘图区上方，它集中了AutoCAD软件的所有绘图命令选项。分别为"常用"、"插入"、"注释"、"布局"、"参数化"、"视图"、"管理"、"输出"、"插件"和"联机"选项卡。单击标签，会切换至相应的选项卡，并显示该命令包含的面板。用户可在这些面板中选择要执行的操作命令，如图1-42所示。

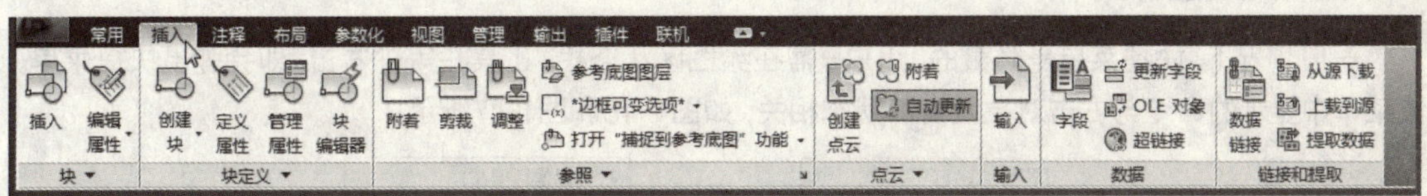

图1-42 AutoCAD 2013功能区

1.3.5 绘图区

绘图区是用户绘图的工作区域，它占据了屏幕绝大部分空间。所有图形的绘制都是在该区域完成的。该区域位于功能区的下方，命令行的上方。绘图区的左下方为用户坐标系（UCS）；左上方显示当前视图名称及视觉样式名称；而在右侧显示导航工具 ViewCube 及导航栏，如图1-43所示。

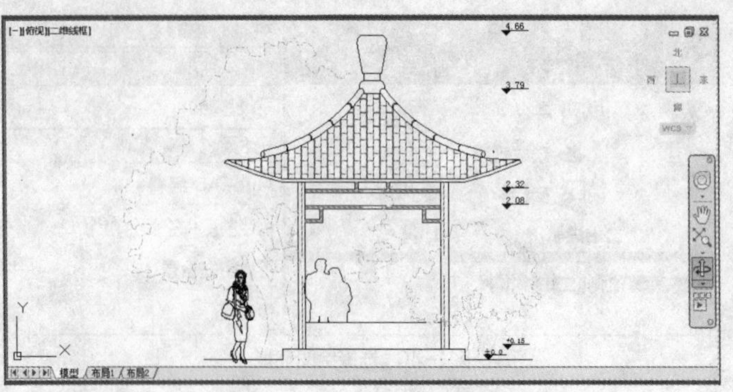

图1-43 AutoCAD 2013绘图区

1.3.6 命令行

默认情况下，AutoCAD 2013的命令行位于绘图区下方。用户也可根据需要将其移至其他合适的位置处。命令行用于输入系统命令或显示命令提示信息，如图1-44所示。

图1-44 AutoCAD 2013的命令行

1.3.7 状态栏

状态栏位于命令行的下方，操作界面的最底端。它用于显示当前用户的工作状态，如图1-45所示。在状态栏左侧显示光标所在的坐标点，以及一些绘图辅助工具，分别为“推断约束”、“捕捉模式”、“栅格显示”、“正交模式”、“极轴追踪”、“对象捕捉”、“三维对象捕捉”、“对象捕捉追踪”、“允许/禁止动态UCS”、“动态输入”、“显示/隐藏线宽”、“显示/隐藏透明度”、“快捷特性”等；该栏最右侧为“全屏显示”按钮，若单击该按钮，则操作界面将以全屏显示。

图1-45 AutoCAD 2013的状态栏

1.3.8 快捷菜单

一般情况下，快捷菜单是隐藏的，用户只需在绘图区状态栏、工具栏等处右击，即会弹出快捷菜单。该菜单中显示的命令与右击对象及当前状态相关，如图1-46和图1-47所示。

图1-46 右击绘图区弹出的快捷菜单 图1-47 右击状态栏弹出的快捷菜单

1.4 AutoCAD 2013绘图环境的设置

在默认情况下，绘图环境是无需设置的，用户可以直接进行绘图操作。考虑到每个用户绘图习惯有所不同，绘图前用户可以对绘图环境进行一番设置，以便准确地使用该软件。下面介绍一些常用绘图环境的设置操作。

1.4.1 工作空间的切换

工作空间是用户在绘制图形时使用到的各种工具和功能面板的集合。AutoCAD 2013软件提供了4种工作空间，分别为"草图与注释"、"三维基础"、"三维建模"及"AutoCAD 经典"。"草图与注释"为默认工作空间。下面分别介绍这几种工作空间。

1. 草图与注释

该工作空间主要用于绘制二维草图，是最常用的工作空间。在该工作空间中，系统提供了常用的绘图工具、图层、图形修改等各种命令选项，如图1-48所示。

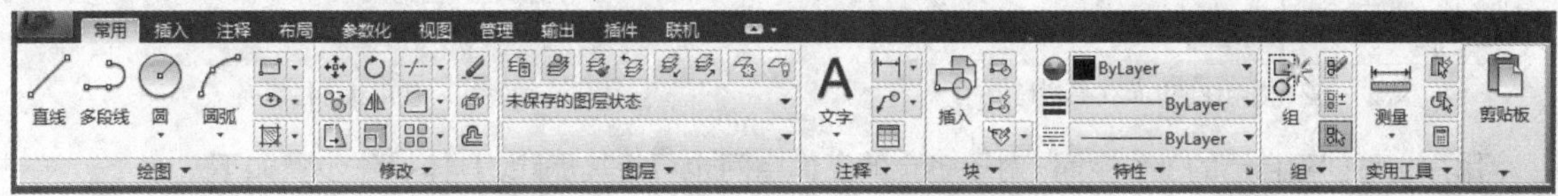

图1-48 "草图与注释"工作空间功能区

2. 三维基础

该工作空间只限于绘制三维模型。用户可运用系统提供的建模、编辑和渲染等各种命令，创建出三维模型，如图1-49所示。

图1-49 "三维基础"工作空间功能区

3. 三维建模

该工作空间与"三维基础"相似，但其功能区中增添了"网格"和"曲面"选项卡。在该工作空间中，也可运用二维命令来创建三维模型，如图1-50所示。

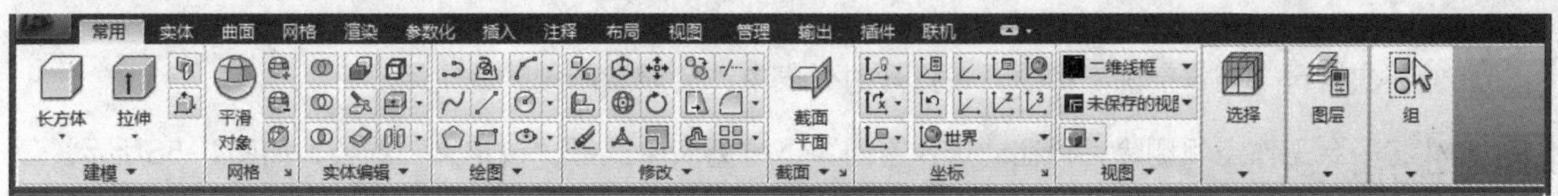

图1-50 "三维建模"工作空间功能区

4. AutoCAD 经典

该工作空间保留了AutoCAD早期版本的界面风格，突出实用性和可操作性，扩大了绘图区的空间，如图1-51所示。

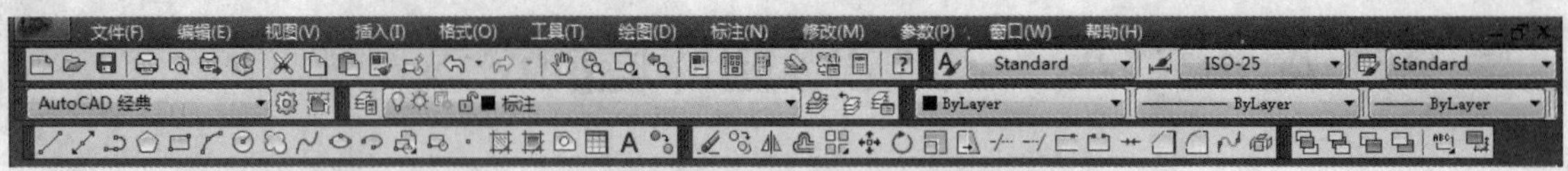
图1-51 “AutoCAD经典”工作空间功能区

实际绘图时，用户可根据绘图要求切换工作空间。单击快速访问工具栏中“工作空间”下拉按钮，在打开的下拉列表中选择所需的空间，即可完成工作空间的切换，如图1-52所示。用户在状态栏右侧单击“切换工作空间”按钮，在打开的列表中选择所需空间，同样也可完成切换，如图1-53所示。

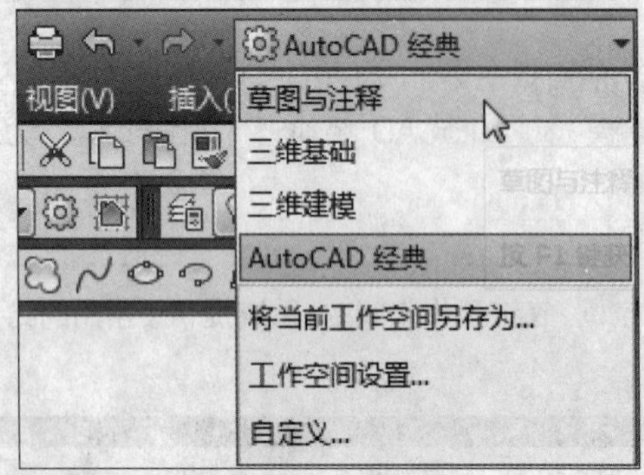

图1-52 使用快速访问工具栏切换

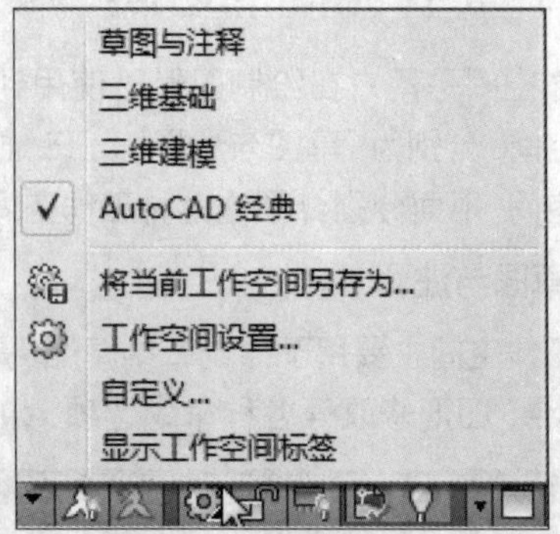

图1-53 使用状态栏切换

用户也可创建自己的工作空间，对于多余的工作空间也可将其删除，具体操作步骤如下。

Step 01 在“工作空间”下拉列表中，选择“将当前工作空间另存为”选项，如图1-54所示。

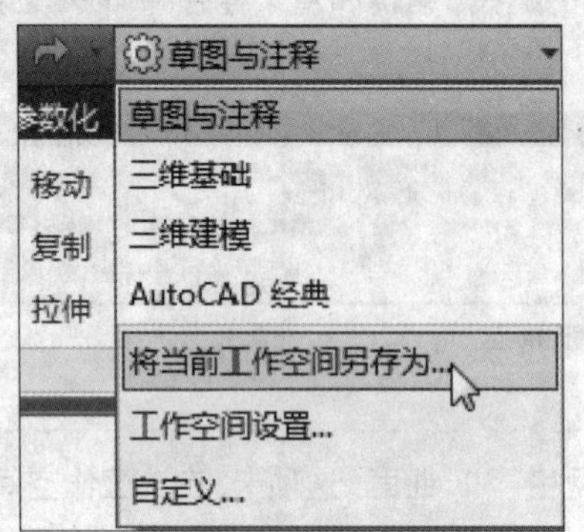

图1-54 选择相关选项

Step 02 在“保存工作空间”对话框中，输入所要保存的空间名称，然后单击“保存”按钮，即可完成当前工作空间的保存，如图1-55所示。

图1-55 设置工作空间名称

Step 03 再次执行“工作空间”命令，在打开的列表中，会显示刚创建的空间。

Step 04 将多余工作空间删除，可在“工作空间”下拉列表中选择“自定义”选项，如图1-56所示。

Step 05 在“自定义用户界面”对话框中，右击所要删除的工作空间名称，在快捷菜单中选择“删除”命令，即可将其删除，如图1-57所示。

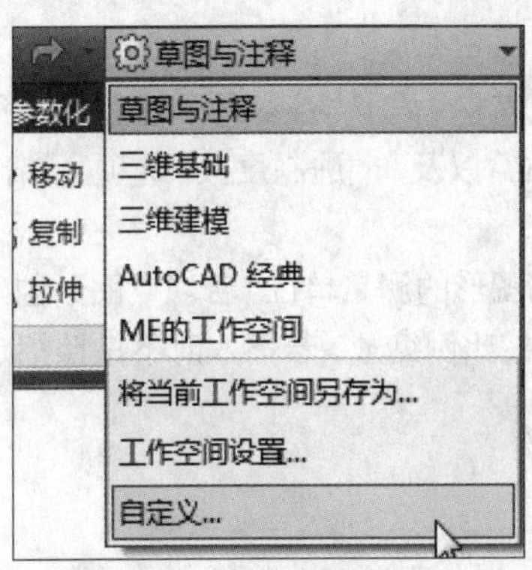

图1-56 选择“自定义”选项

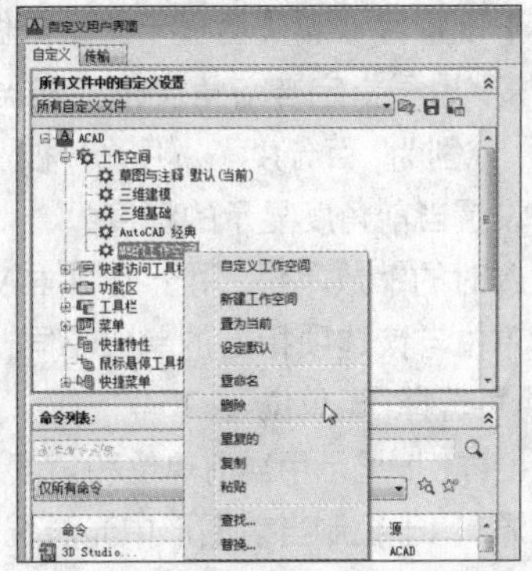
图1-57 删除工作空间

工程师点拨：工作空间无法删除

在操作过程中，有时会遇到工作空间无法删除的情况，这有可能是因为该空间是当前正使用的空间。用户只需将当前空间切换至其他空间，再进行删除操作即可。

1.4.2 绘图单位的设置

在绘图之前，设置绘图单位是很有必要的。任何图形都有其大小、精度以及所采用的单位，各个行业的绘图要求不同，其单位也会随之改变。下面介绍如何设置绘图单位。

Step 01 在菜单栏中执行“格式>单位”命令，如图1-58所示。

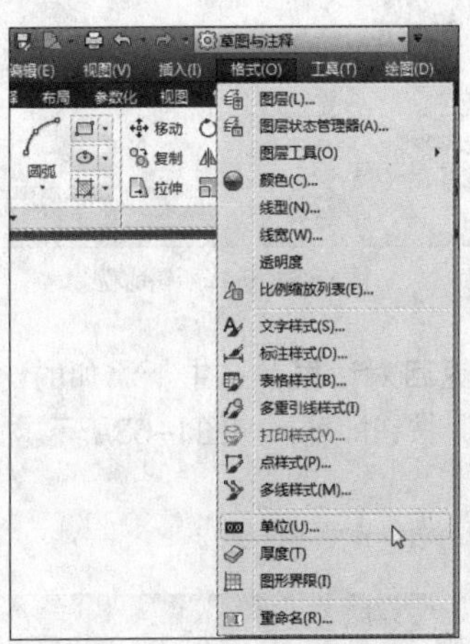
图1-58 选择“单位”命令

Step 02 在弹出的“图形单位”对话框中，根据需要，设置“长度”、“角度”以及“插入时的缩放单位”选项组中的参数，如图1-59所示。

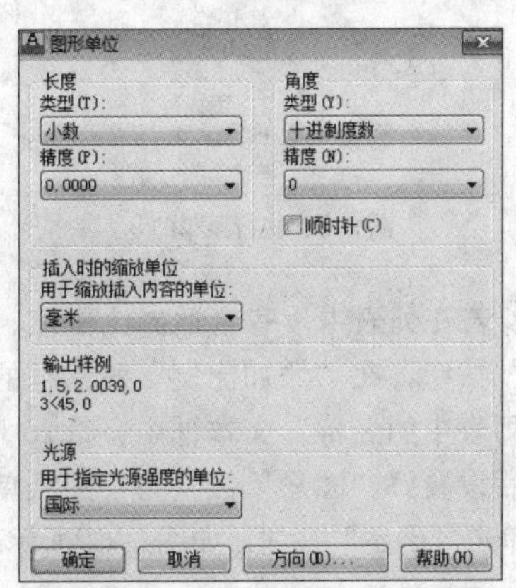

图1-59 设置“图形单位”对话框

Step 03 用户也可在命令行中输入UNITS后按Enter键，同样可打开“图形单位”对话框。

下面对“图形单位”对话框中的各选项组进行说明。

- 长度：用于指定测量的当前单位及当前单位的精度。其中“类型”参数用于设置测量单位的当前格式，包括“分数”、“工程”、“建筑”、“科学”以及“小数”选项。参数“工程”和“建筑”格式提供英尺和英寸显示，并假定每个图形单位表示一英寸。其他格式则表示任何真实世界单位。“精度”

用于设置线性测量值显示的小数位数或分数大小。

- 角度：用于指定当前角度格式和当前角度显示的精度。其中"类型"参数用于设置当前角度的格式，分别为"百分度"、"度/分/秒"、"弧度"、"勘测单位"以及"十进制度数"选项。"精度"则用于设置当前角度显示的精度。
- 插入时的缩放单位：用于控制插入至当前图形中的块和图形的测量单位。若块或图形创建时使用的单位与该选项指定的单位不同，则在插入时，将对其按比例缩放；若插入时不按照指定单位缩放，可选择"无单位"。
- 输出样例：显示用当前单位和角度设置的例子。
- 光源：用于控制当前图形中光源强度的测量单位。

1.4.3 绘图比例的设置

绘图比例与绘制图形的精确度有很大关系。比例设置得越大，绘图精度越精确，在制图前需要调整好绘图比例值。下面介绍如何设置绘图比例。

Step 01 在菜单栏中执行"格式>比例缩放列表"命令，如图1-60所示。

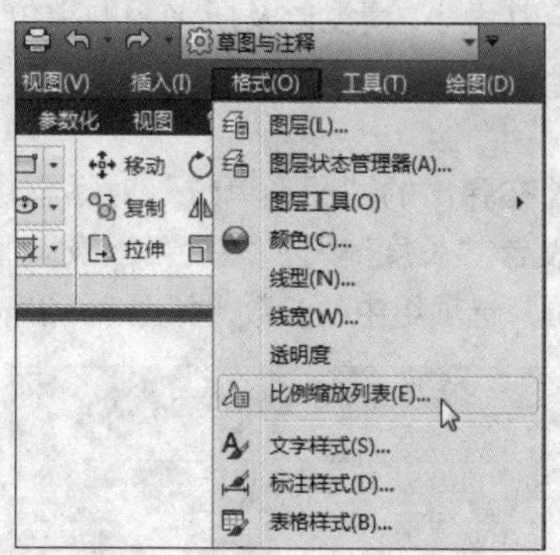

图1-60 执行菜单命令

Step 02 在弹出的"编辑图形比例"对话框的"比例列表"列表中，选择所需比例值，然后单击"确定"按钮即可，如图1-61所示。

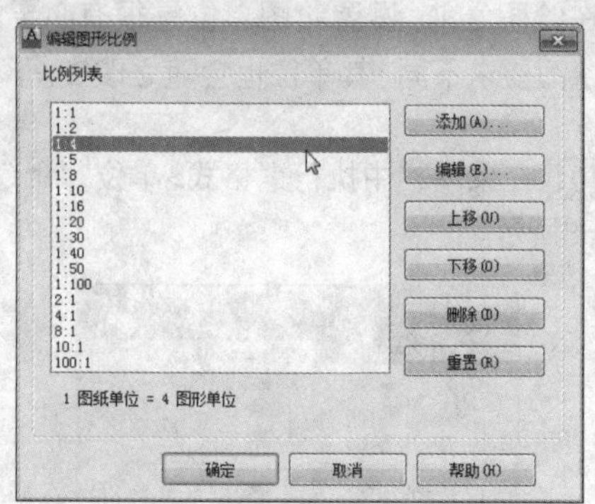

图1-61 选择所需比例

Step 03 若在列表中没有合适的比例值，可单击"添加"按钮，在"添加比例"对话框的"显示在比例列表中的名称"文本框中，输入所需比例值。然后设置好"图形单位"与"图纸单位"比例，并单击"确定"按钮，如图1-62所示。

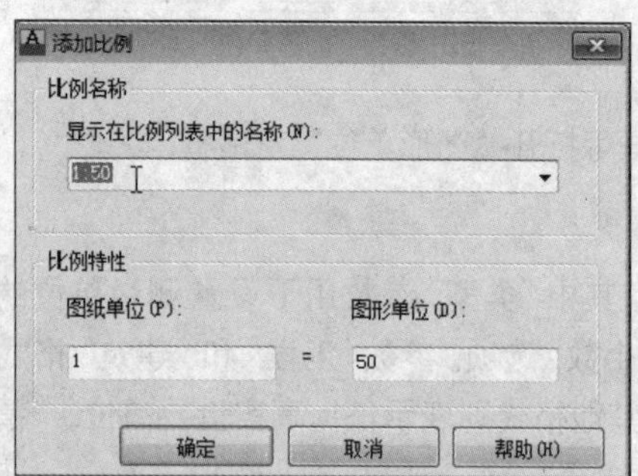

图1-62 添加比例值

Step 04 返回对话框，选中新添加的比例值，单击"确定"按钮即可，如图1-63所示。

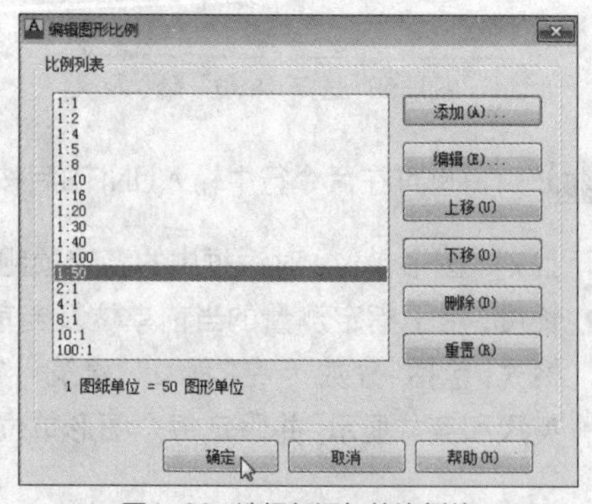

图1-63 选择新添加的比例值

1.4.4 基本参数的设置

每个用户的绘图习惯都不相同，绘图前对一些基本参数进行正确的设置能够提高制图效率。

在应用程序菜单中单击“选项”按钮，在打开的“选项”对话框中，用户可对所需参数进行设置，如图1-64和图1-65所示。

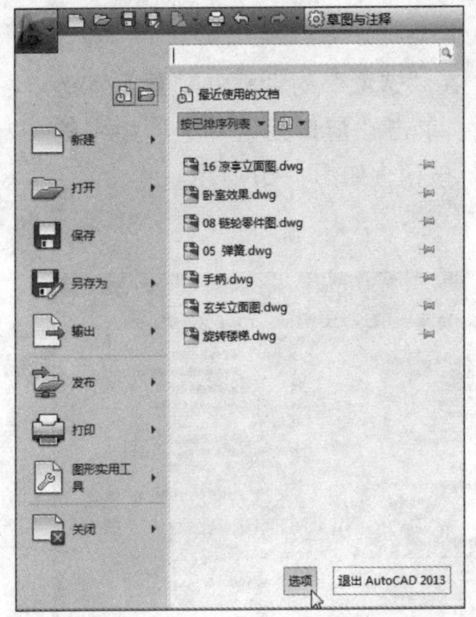

图1-64 单击“选项”按钮

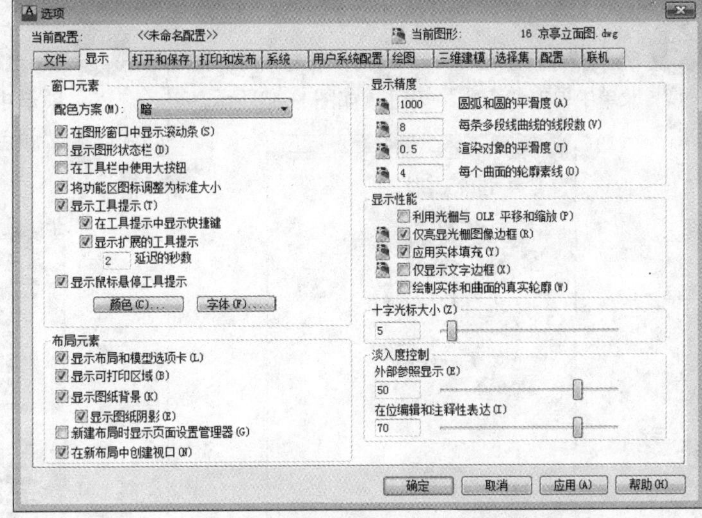

图1-65 设置“选项”对话框各参数

下面将对“选项”对话框中的各选项卡进行说明。

- 文件：该选项卡用于确定系统搜索支持文件、驱动程序文件、菜单文件和其他文件。
- 显示：该选项卡用于设置窗口元素、显示精度、显示性能、十字光标大小和参照编辑的颜色等参数。
- 打开和保存：该选项卡用于设置系统保存文件类型、自动保存文件的时间以及维护日志等参数。
- 打印和发布：该选项卡用于设置打印输出设备。
- 系统：该选项卡用于设置三维图形的显示特性、定点设备以及常规等参数。
- 用户系统配置：该选项卡用于设置系统的相关选项，包括“Windows标准操作”、“插入比例”、“坐标数据输入的优先级”、“关联标注”以及“超链接”等选项组。
- 绘图：该选项卡用于设置绘图对象的相关操作，包括“自动捕捉设置”、“自动捕捉标记大小”、“AutoTrack设置”以及“靶框大小”等选项组。
- 三维建模：该选项卡用于创建三维图形时的参数设置。包括“三维十字光标”、“三维对象”、“在视口中显示工具”以及“三维导航”等选项组。
- 选择集：该选项卡用于设置与对象选项相关的特性。包括“拾取框大小”、“夹点尺寸”、“选择集模式”、“夹点”“预览”以及“功能区选项”等选项组。
- 配置：该选项卡用于设置系统配置文件的创建、重命名以及删除等操作。
- 联机：在该选项卡中选择登录后，可进行联机方面的设置，用户可将AutoCAD的有关设置保存到云上，这样无论在家庭或是办公室，都可保证AutoCAD的设置包括模板文件、界面、自定义选项等总是一致的。

综合实例 自定义绘图环境

在前几节中对AutoCAD的绘图环境进行了大概介绍，下面以设置命令行字体以及绘图区背景色为例，介绍如何自定义设置绘图环境。

Step01 启动 AutoCAD 2013，在应用程序菜单中单击“选项”按钮，如图1-66所示。

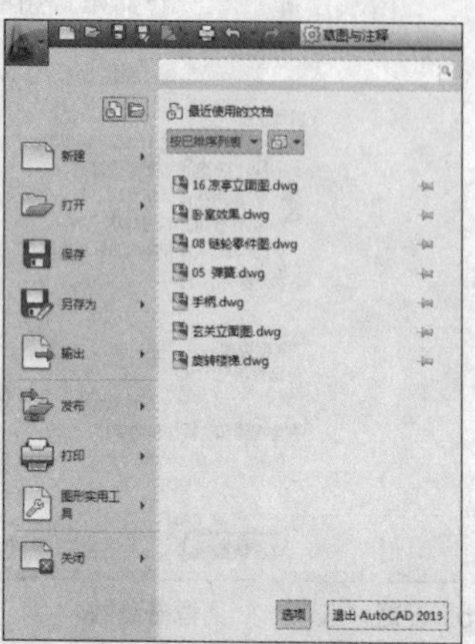

图1-66 单击“选项”按钮

Step02 在“选项”对话框的“显示”选项卡中，单击“窗口元素”选项组中的“颜色”按钮，如图1-67所示。

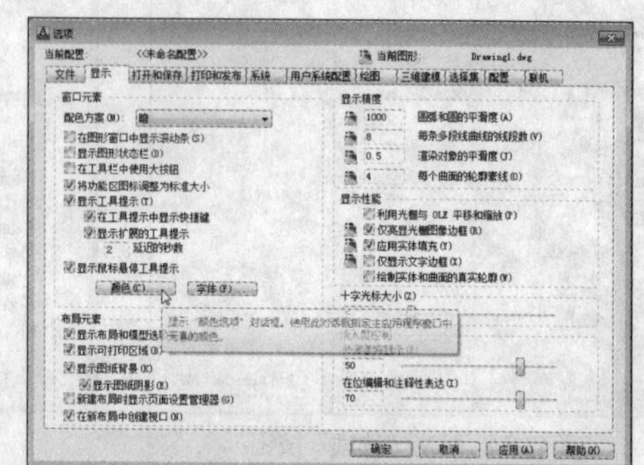

图1-67 单击“颜色”按钮

Step03 在“图形窗口颜色”对话框中的“界面元素”下拉列表框中，选择“统一背景”，并在“颜色”下拉列表中，选择合适的颜色，如图1-68所示。

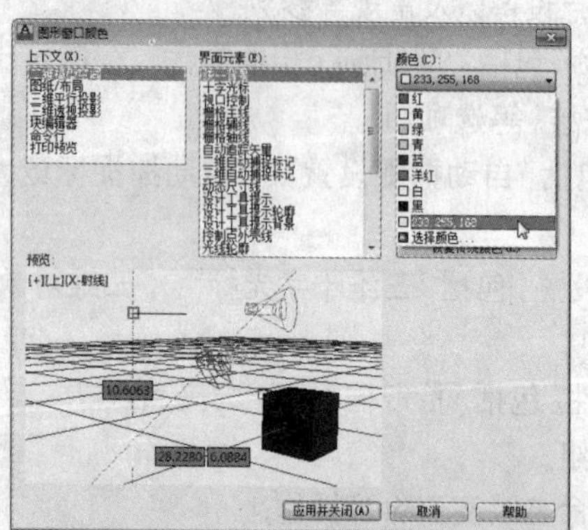

图1-68 选择背景颜色

Step04 单击“应用并关闭”按钮。然后在“选项”对话框中，单击“字体”按钮。在“命令行窗口字体”对话框中，设置好字体样式，单击“应用并关闭”按钮，如图1-69所示。

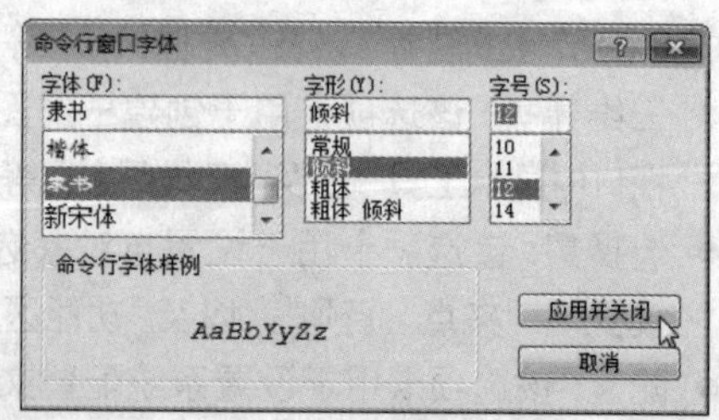

图1-69 设置命令行字体

Step05 设置完成后，单击“确定”按钮，关闭“选项”对话框。此时用户可查看到当前绘图窗口的变化，如图1-70所示。

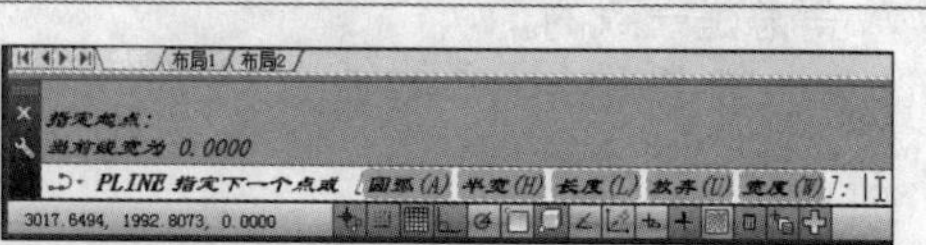

图1-70 设置命令行字体的效果

高手应用秘籍 AutoCAD系列产品的应用

AutoCAD软件被广泛运用于各个领域，例如土木工程建筑、装饰装潢、城市规划、园林设计、电子电路、机械设计、服装鞋帽、航空航天以及轻工化工等诸多领域。由于不同领域的制图要求不同，其所运用的AutoCAD软件产品也不相同。

❶ Autodesk Inventor Fusion

该软件用于3D概念设计，现已纳入AutoCAD软件中。它既拥有基于历史的参数化建模所具备的强大功能和控制能力，又兼具无历史约束的直接建模的易用特点和效率优势。AutoCAD与Inventor Fusion的整合也促进了各个应用程序之间乃至与其他3D、CAD环境的快速转换，如图1–71所示。

❷ AutoCAD Architecture

这是一款专门为建筑师量身打造的AutoCAD软件，如图1–72所示。该软件借助专门面向建筑师的工具，更加高效地创建建筑设计和文档。自动执行繁琐的绘图任务，并减少错误的发生。借助熟悉的AutoCAD工作方法和直观的用户环境，该软件可以立即提高工作效率，使用户能够根据自身进度灵活地学习。

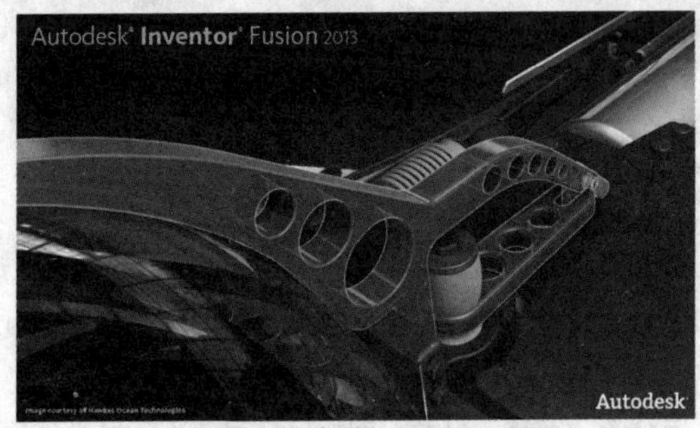

图1–71 Inventor Fusion启动界面

图1–72 AutoCAD Architecture启动界面

❸ AutoCAD MEP

该软件是一款专为水暖电（MEP）设计师和绘图师开发的AutoCAD软件，提供专门面向机电系统和暖通空调系统（HVAC）设计的工具。它拥有直观的系统和设计工具，能够轻松快捷地做出最终设计变更，极大地提高绘图效率。

❹ AutoCAD Electrical

AutoCAD Electrical是面向电气控制设计师的一款软件，专门用于创建和修改电气控制系统图档。该软件除包含AutoCAD的全部功能外，还增加了一系列用于自动完成电气控制工程设计任务的工具，如创建原理图，导线编号，生成物料清单等。

该软件提供了一个含有650,000多个电气符号和元件的数据库，具有实时错误检查功能，使电气设计团队与机械设计团队能够通过使用Autodesk Inventor软件创建的数字样机模型进行高效协作。AutoCAD Electrical帮助电气控制设计师节省了大量时间。

❺ AutoCAD Mechanical

AutoCAD Mechanical 是适用于制造业的AutoCAD软件，专为加速机械设计流程而开发。它不仅具备AutoCAD的所有功能，还拥有丰富的标准零件数据库，以及可将一般设计工作自动化的工具，不但可大幅提高生产力，还有助于节省大量的设计时间。

秒杀 工程疑惑

在进行AutoCAD的操作时，用户经常会遇见各种各样的问题，下面将针对本章知识总结一些常见问题并进行解答，包括图形显示精度、设置默认保存格式以及AutoCAD文件加密等操作。

问　题	解　答
打开 CAD 图形后，发现绘制的曲线变成折线，绘制的圆形变为多边形，如何修改?	遇到该情况，一般是图形显示精度出现了问题，用户只需修改其精度值，即可得到正确的图形。精度值越大，图形越平滑；精度值越小，平滑度越低。具体操作如下 ❶ 在应用程序菜单中单击“选项”按钮，打开“选项”对话框 ❷ 选择“显示”选项卡，在“显示精度”选项组中，设置“圆弧和圆的平滑度”参数值 ❸ 单击“应用”和“确定”按钮，完成设置
怎么样更改 AutoCAD 2013 的默认保存格式?	一般情况下，AutoCAD 2013 软件默认保存格式为 DWG 格式。若想设置为其他格式，可在保存类型中选择。如果要更改默认保存格式，可进行以下操作 ❶ 在应用程序菜单中单击“选项”按钮，打开“选项”对话框 ❷ 选择“打开和保存”选项卡，在“文件保存”选项组中的“另存为”下拉列表中，选择所需的保存格式 ❸ 选择完成后，单击“确定”按钮即可
如何将 CAD 图形文件加密?	完成制图后，若不想让其他人查看该图形，可对当前 CAD 图纸进行加密，其操作步骤如下 ❶ 在应用程序菜单中执行“另存为”命令，打开“图形另存为”对话框 ❷ 单击“工具”下拉按钮，选择“安全选项”，打开相应的对话框 ❸ 选择“密码”选项卡，输入密码，并勾选“加密图形特性”复选框，单击“确定”按钮，打开“确认密码”对话框 ❹ 再次输入密码，单击“确定”按钮，保存好文件，即可完成加密操作

AutoCAD 2013

CHAPTER

AutoCAD 2013软件基本操作

在对AutoCAD 2013软件有所了解后，就可对该软件进行一些基本的操作了，例如命令的调用、文件的基本管理以及视图的显示等。这些操作是AutoCAD软件最基本的操作。熟练掌握这些操作，对以后的绘图将会有很大的帮助。

学完本章您可以掌握如下知识点

知识点序号	知识点难易指数	知识点
1	★	AutoCAD 2013 命令的调用
2	★	AutoCAD 2013 图形文件的管理
3	★★	AutoCAD 2013 坐标系的应用
4	★★	AutoCAD 2013 控制视图的显示

本章内容图解链接

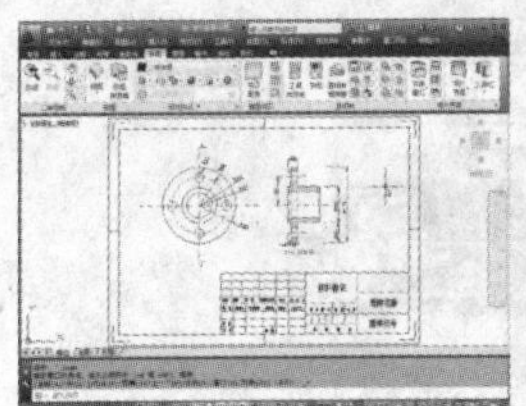

◎范围缩放效果

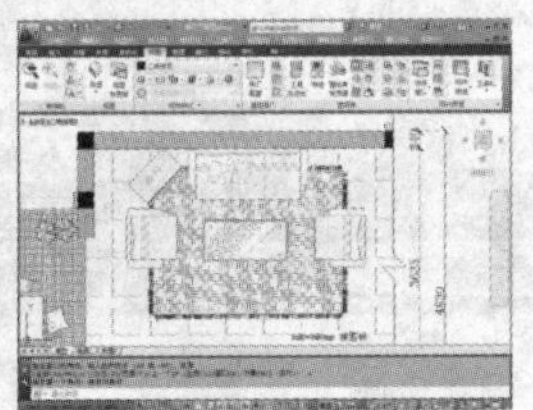

◎窗口缩放效果

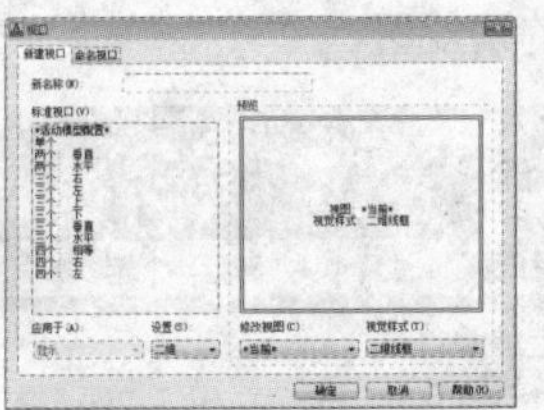

◎新建视口

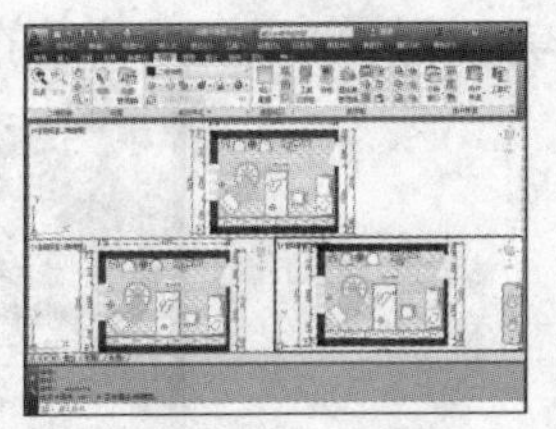

◎完成视口创建

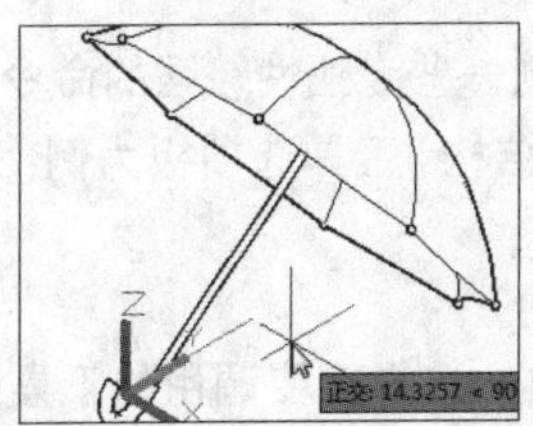

◎指定坐标轴方向

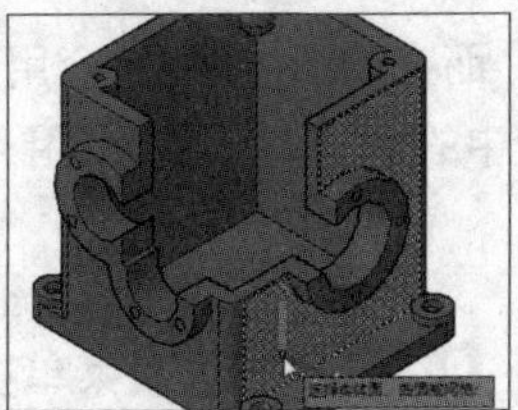

◎选择面为坐标平面

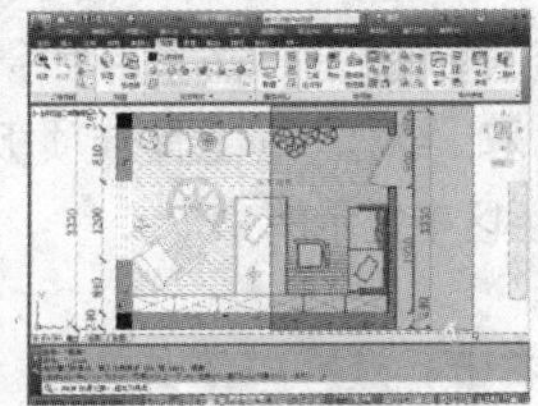

◎对象缩放

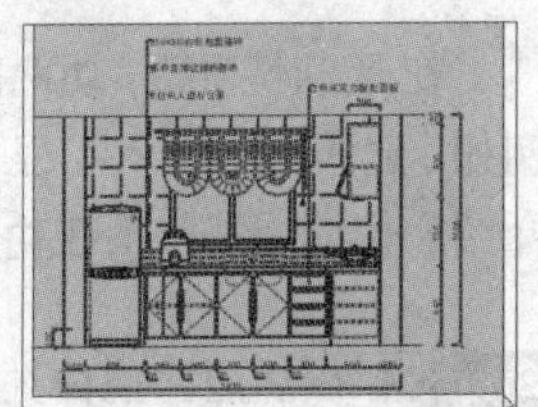

◎保存图形为JPG文件

2.1 AutoCAD 2013命令的调用方法

在AutoCAD软件中，调用命令的方法大致分为三种，分别为：通过功能区调用、使用命令行调用以及通过菜单栏调用。下面分别对其进行介绍。

2.1.1 通过功能区调用命令

功能区是该软件所有绘图命令集中所在的区域。在执行绘图命令时，用户直接单击功能区中相应面板上的命令即可。例如，要调用“直线”命令时，则单击“常用”选项卡“绘图”面板中的“直线”按钮，如图2-1所示。此时，在命令行中会显示直线命令的相关提示信息，用户可根据该信息绘制直线，如图2-2所示。

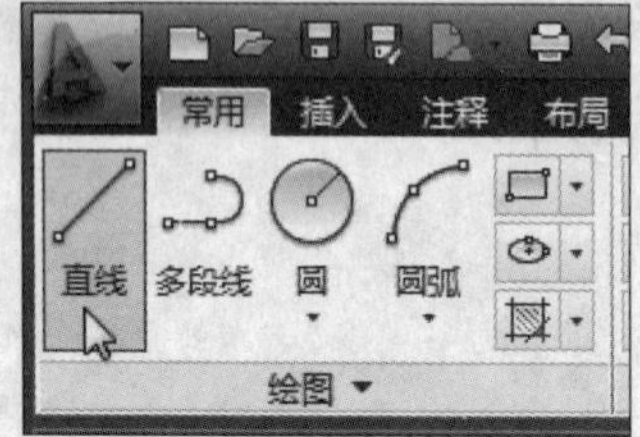

图2-1 单击“直线”按钮

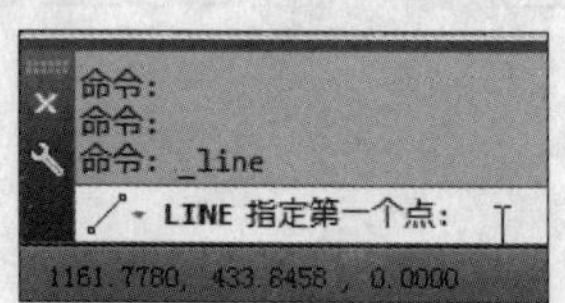

图2-2 直线命令提示信息

单击功能区右侧“最小化”按钮，可最小化或隐藏功能区，从而扩大绘图区的空间。当功能区处于显示状态时，单击该按钮，功能区将会最小化显示，如图2-3所示。

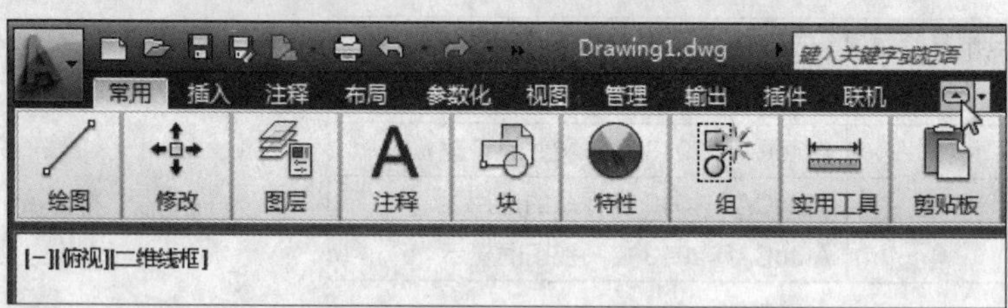

图2-3 功能区最小化

若再次单击该按钮，则功能区最小化为标题，如图2-4所示；再单击该按钮，则隐藏功能区；第四次单击该按钮，则显示完整的功能区。

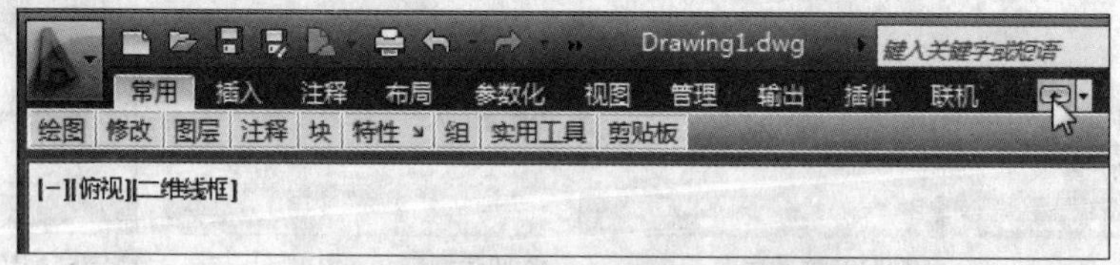

图2-4 最小化为标题

在默认情况下，功能区显示的是一些常用命令。而在制图过程中，会用到一些专业性较强的命令，例如“建筑”、“土木工程”和“结构”等工具选项板中的命令。下面以调用“结构”工具选项板为例，来介绍如何调用那些不在功能区中显示的命令。

Step 01 在功能区空白处右击，选择“工具选项板组”命令，如图2-5所示。

Step 02 在级联菜单中，选择需要调用的工具选项板名称，这里选择“结构”，如图2-6所示。

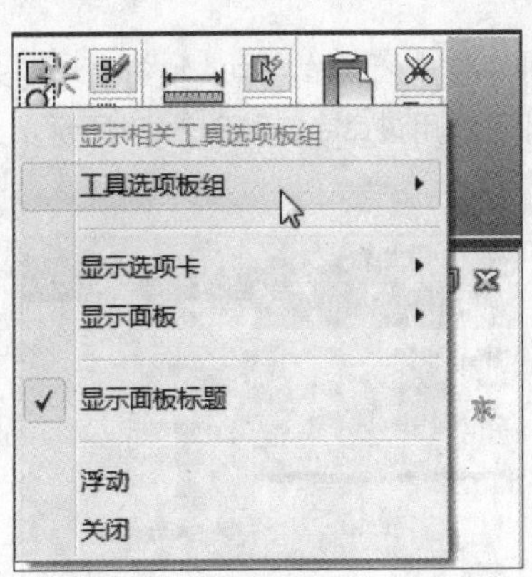

图2-5 选择相关命令

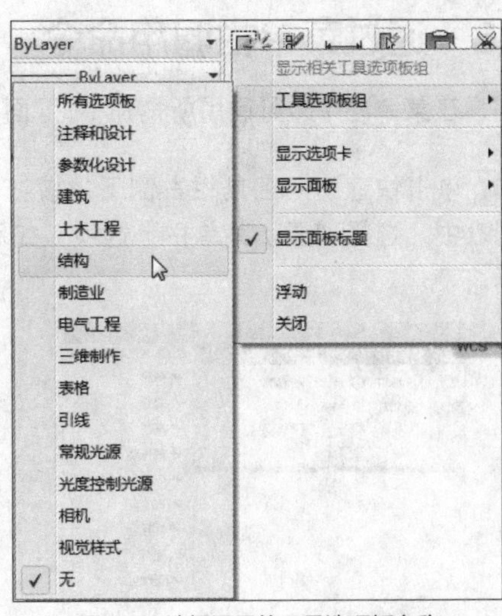

图2-6 选择调用的工具选项板名称

Step 03 再次右击功能区空白处，选择“显示相关工具选项板组”选项，如图2-7所示。

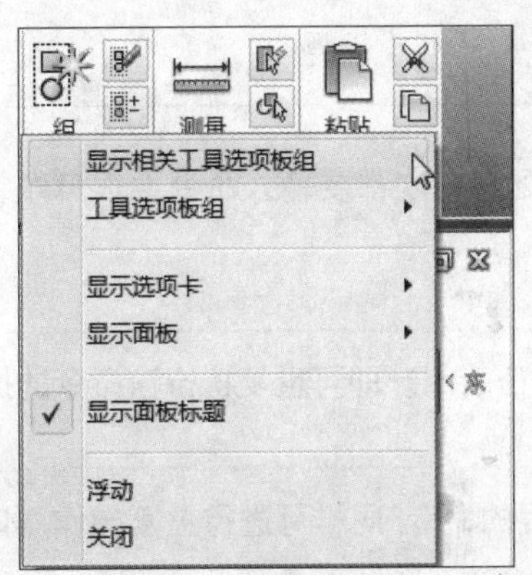

图2-7 显示工具选项板

Step 04 此时，系统将自动调出“结构”工具选项板。用户可在该选项板中选择相关命令，如图2-8所示。

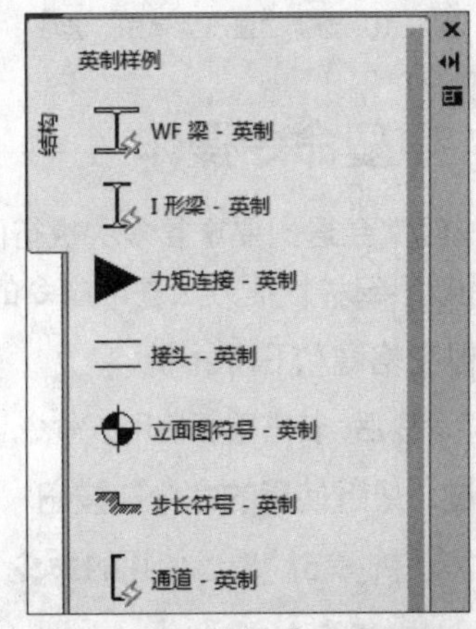

图2-8 调出“结构”工具选项板

2.1.2 使用命令行调用命令

对于一些习惯用快捷键来绘图的用户来说，使用命令行执行相关命令非常方便。在命令行中，输入所需执行的命令，例如，输入O（偏移命令的开头字母）后，按Enter键，此时在命令行中会显示当前命令的操作信息，按照该提示信息即可执行操作，如图2-9所示。

在命令行中，单击“最近使用的命令”按钮，在打开的列表中，用户同样可以调用命令。

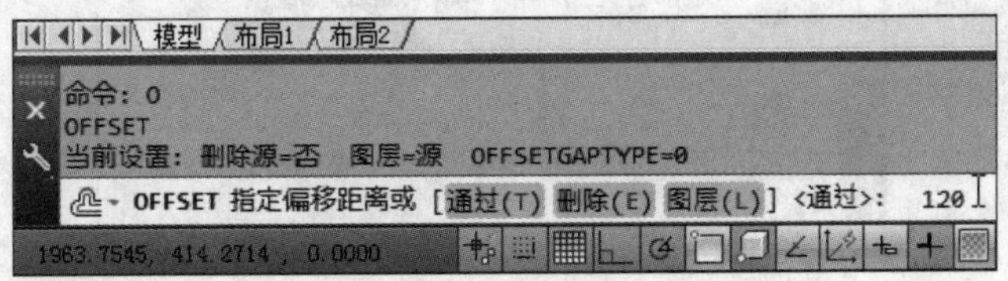

图2-9 命令行中显示命令操作信息

2.1.3 通过菜单栏调用命令

用户在菜单栏中也可调用所需命令。下面以调用“矩形”命令为例介绍如何通过菜单栏调用命令。

Step 01 单击快速访问工具栏右侧下拉按钮，在下拉列表中，选择“显示菜单栏”选项，如图2-10所示。

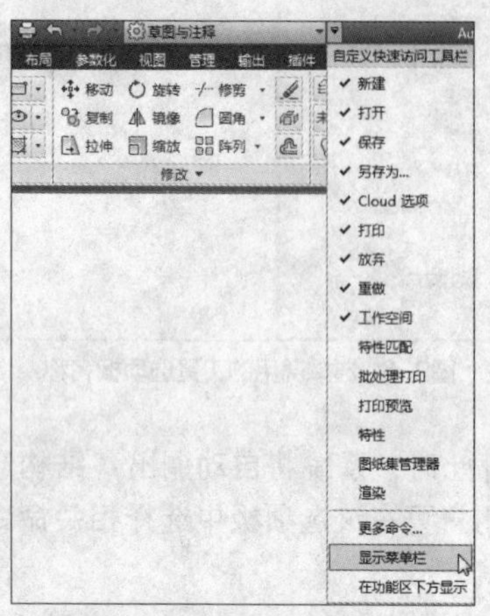

图2-10 选择“显示菜单栏”选项

Step 02 在显示的菜单栏中，执行“绘图>矩形”命令，即可调用该命令，如图2-11所示。

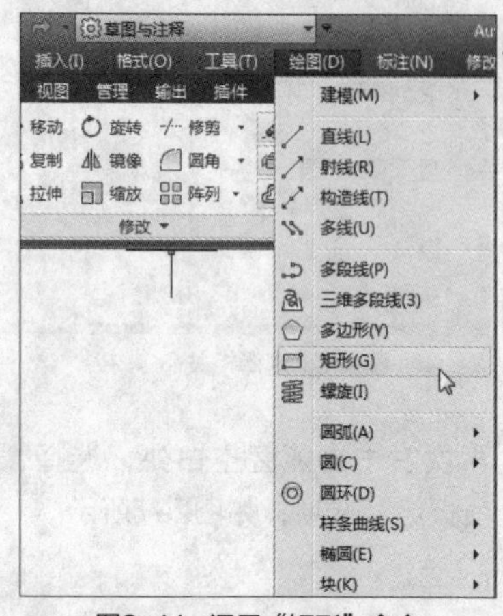

图2-11 调用“矩形”命令

2.1.4 重复命令操作

绘图时经常会遇到要重复多次执行同一个命令的情况，如果每次都要输入命令会很麻烦。此时用户可以使用以下三种快捷方法进行命令的重复操作。

1. 通过空格键和 Enter 键

执行某命令后，若需重复使用该命令，用户只需按空格键或Enter键，即可重复执行该命令的操作。

2. 通过“最近使用的命令”按钮

在命令行中，单击“最近使用的命令”按钮，选择所需重复的命令，同样可进行重复操作，如图2-12所示。

3. 使用快捷菜单

在绘图区空白处，单击鼠标右键，在打开的快捷菜单中选择“重复（命令名称）”选项，即可重复执行操作，如图2-13所示。需要注意的是，使用第一种和第三种方法时，只限于重复最近一次使用过的命令。

图2-12 选择最近使用命令

图2-13 快捷菜单重复操作

工程师点拨：关于MULTIPLE命令

在命令行中输入MULTIPLE后，按Enter键，然后根据命令行的提示信息，输入所要重复执行的命令即可。MULTIPLE命令可以与任何绘图、修改和查询命令组合使用，只有PLOT命令除外。另外，因为MULTIPLE命令只是重复命令名，所以每次都必须重新指定命令的所有参数。

2.1.5 透明命令操作

在AutoCAD中，透明命令是指当一个命令还没结束时，中间插入另一个命令，执行后再继续完成前一个命令。此时，插入的命令被称为透明命令。插入透明命令是为了更方便地完成第一个命令。

常见的透明命令有"视图缩放"、"视图平移"、"系统变量设置"、"对象捕捉"、"正交"及"极轴"命令等。下面以绘制矩形中线为例，介绍如何使用透明命令。

Step 01 执行"直线"命令，单击状态栏中的"对象捕捉"按钮，使其处于开启状态，如图2-14所示。

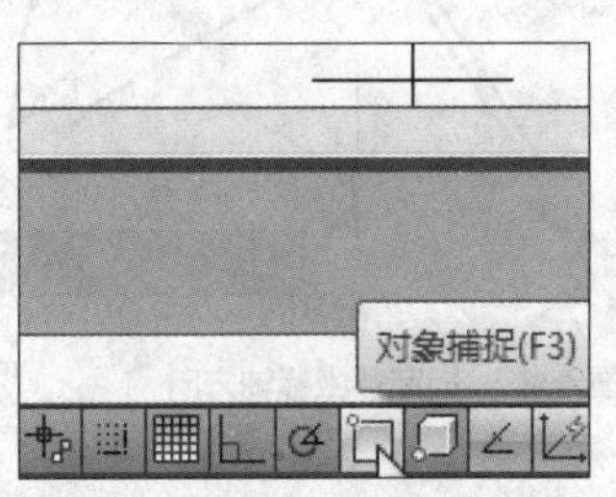

图2-14 开启"对象捕捉"模式

Step 02 将光标移至绘制好的矩形内，捕捉矩形两侧的中点分别为直线的起点和端点，完成中线的绘制，如图2-15所示。

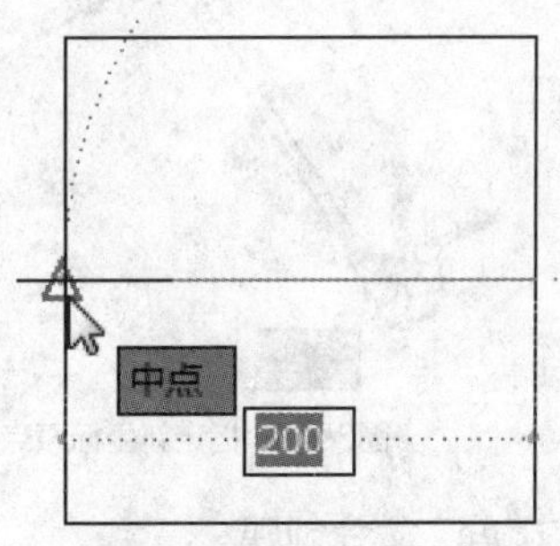

图2-15 捕捉矩形两侧中点

2.2 坐标系的应用

用户使用坐标系进行绘图，可以精确定位图形对象，以便找准拾取点的位置。AutoCAD坐标系分世界坐标系和用户坐标系，默认情况下为世界坐标系，用户可通过UCS命令来进行坐标系的转换。

2.2.1 坐标系概述

坐标系分为世界坐标系和用户坐标系两种。世界坐标系为AutoCAD默认坐标系。下面分别对其进行介绍。

世界坐标系称为WCS坐标系，它是AutoCAD中默认的坐标系。一般情况下世界坐标系与用户坐标系是重合在一起的，且世界坐标系不能更改。在二维图形中，世界坐标系的X轴为水平方向，Y轴为垂直方向，世界坐标系的原点为X轴与Y轴的交点位置，如图2-16所示。

用户坐标系也称为UCS坐标系，该坐标系是可以更改的，主要为绘制图形时提供参考。可以通过在菜单栏中执行相关命令来创建用户坐标系，也可以通过在命令行中输入命令UCS来创建，如图2-17所示。

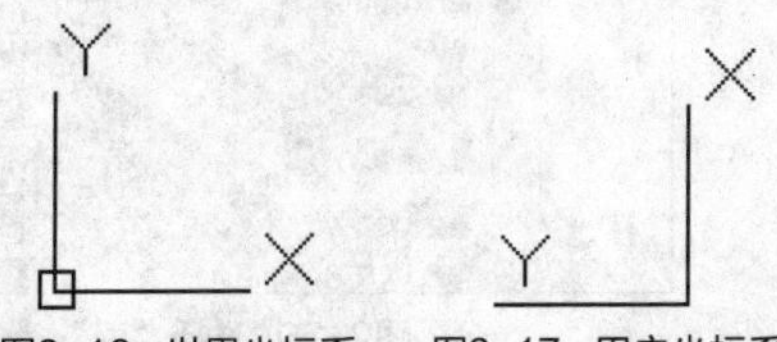

图2-16 世界坐标系　图2-17 用户坐标系

2.2.2 创建新坐标

在绘制图形时，用户可以根据制图要求创建所需的坐标系。在AutoCAD软件中，可使用三种方法进行创建。下面分别对其操作进行介绍。

1. 通过输入原点创建

执行菜单栏中的"工具>新建UCS>原点"命令，根据命令行中的提示信息，在绘图区中指定新的坐标原点，或者输入原点的X、Y、Z坐标值，按Enter键，即可完成创建。

2. 通过确定坐标轴方向创建

在命令行中输入UCS后按下Enter键，在绘图区中指定新坐标的原点，如图2-18所示，然后再根据需要指定X、Y、Z坐标轴的方向，即可完成新坐标的创建，如图2-19所示。

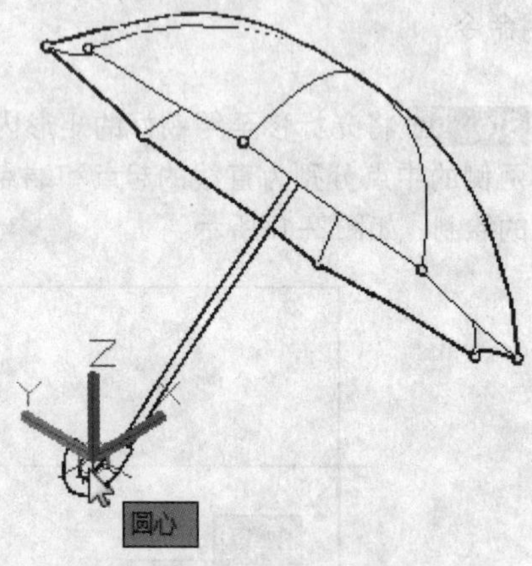

图2-18　指定新坐标原点

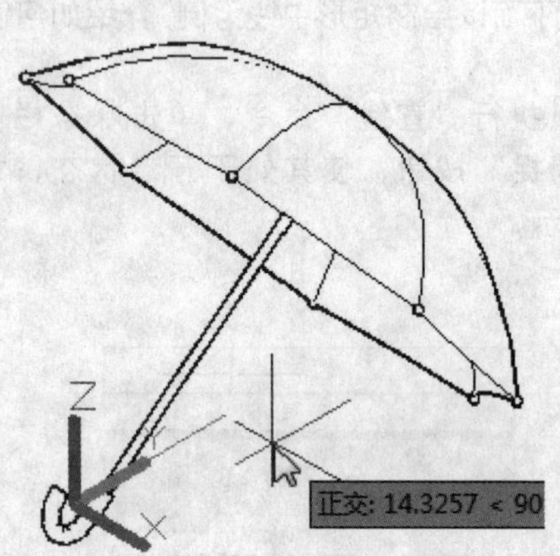

图2-19　指定各坐标轴方向

3. 通过"面"命令创建

执行菜单栏中的"工具>新建UCS>面"命令，如图2-20所示，指定对象的一个面为用户坐标平面，如图2-21所示，然后根据命令行中的提示信息，指定新坐标轴的方向即可。

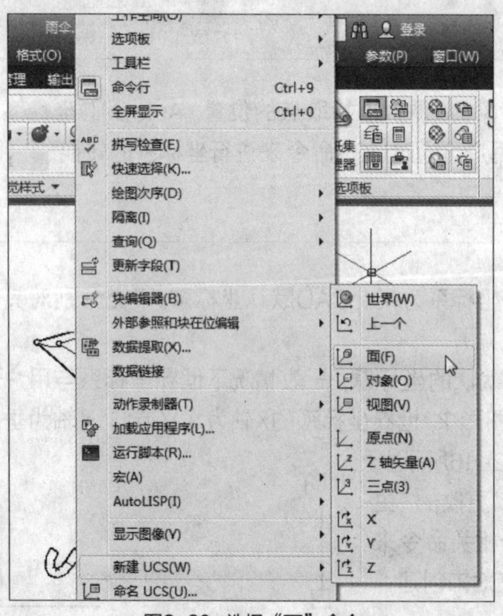

图2-20　选择"面"命令

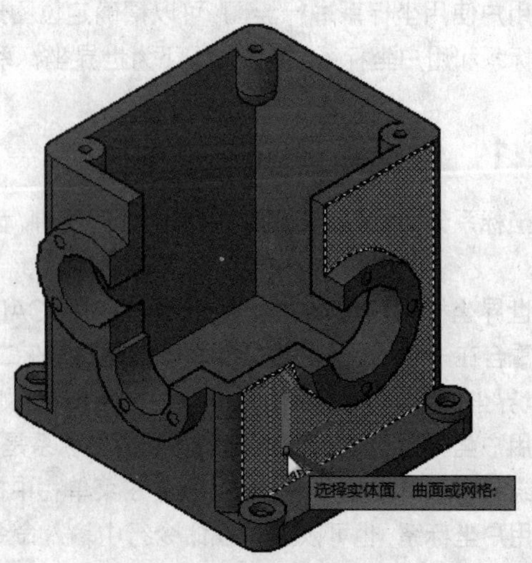

图2-21　选择面为坐标平面

2.3 图形文件的管理

为了避免误操作导致图形文件意外丢失，在操作过程中，需随时对当前文件进行保存。下面将介绍AutoCAD图形文件的基本操作与管理。

2.3.1 新建图形文件

启动AutoCAD 2013后，系统将自动新建一个空白文件。通常新建文件的方法有三种，下面分别进行介绍。

1. 通过应用程序菜单新建文件

在应用程序菜单中执行"新建>图形"命令，如图2-22所示，在打开的"选择样板"对话框中，选择好样本文件，单击"打开"按钮即可，如图2-23所示。

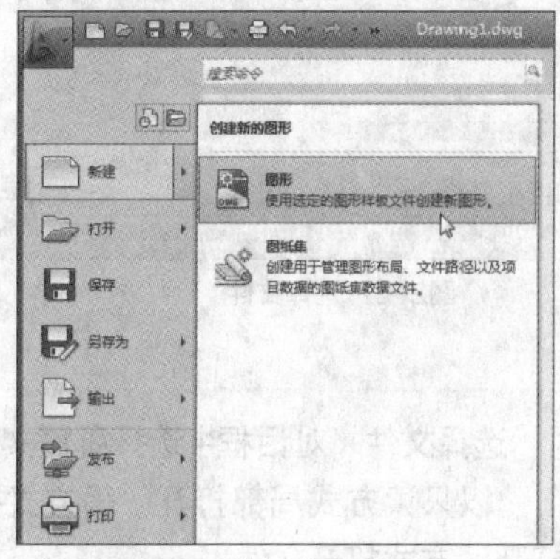

图2-22 选择"图形"命令

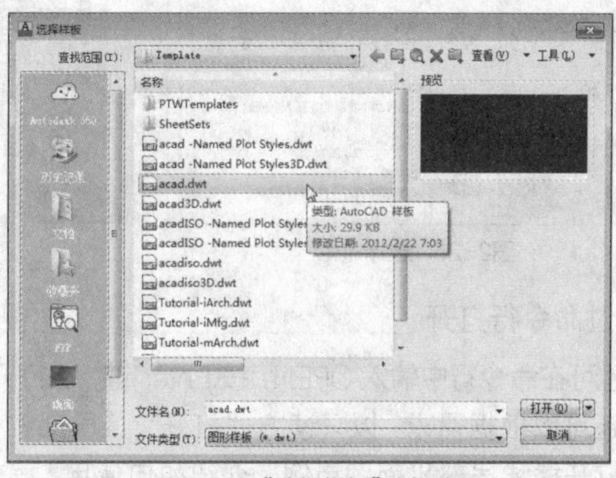

图2-23 "选择样板"对话框

2. 利用快速访问工具栏新建

在快速访问工具栏中单击"新建"按钮，如图2-24所示，即可打开"选择样板"对话框，并完成新建操作。

3. 利用命令行新建

在命令行中输入NEW后按Enter键，在"选择样板"对话框中完成文件的新建操作，如图2-25所示。

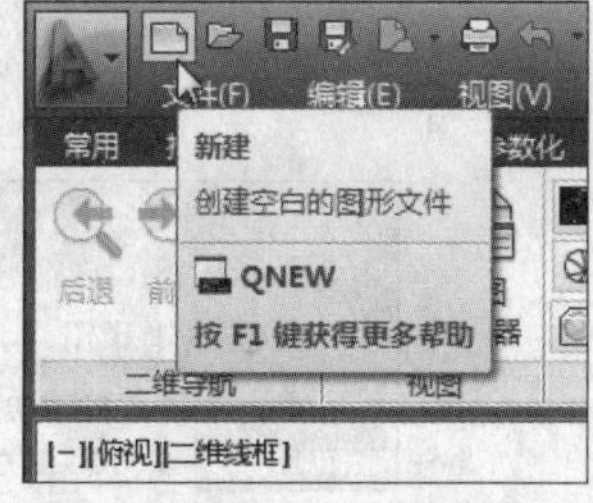

图2-24 单击"新建"按钮

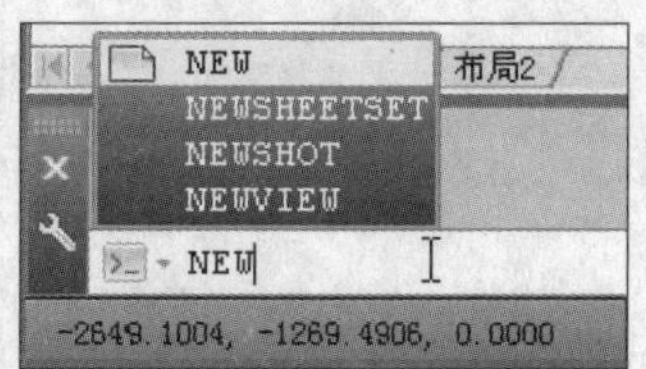

图2-25 利用命令行新建

工程师点拨：使用其他方法新建文件

除了以上三种常用的方法外，用户还可以在菜单栏中执行"文件 > 新建"命令，新建空白文件。用户也可使用快捷键Ctrl+N新建文件。

2.3.2 打开图形文件

在 AutoCAD 2013 中打开文件的方法有以下两种，分别为通过应用程序菜单打开和通过命令行打开，下面将具体介绍。

1. 通过应用程序菜单打开

在应用程序菜单中执行“打开 > 图形”命令，在“选择文件”对话框中选择所需文件，单击“打开”按钮即可，如图 2-26 和图 2-27 所示。

图2-26 选择命令

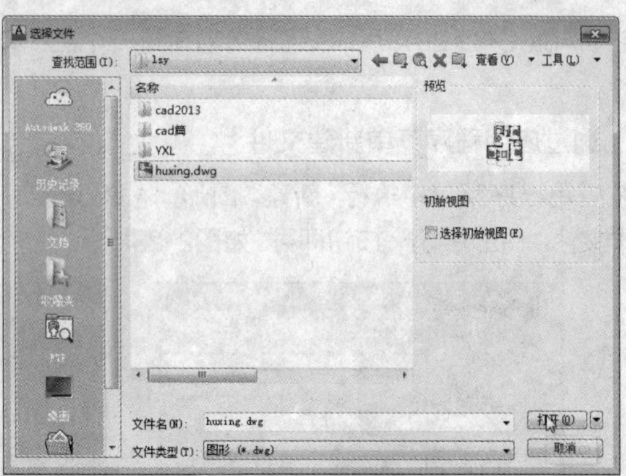

图2-27 选择文件

2. 通过命令行打开

用户也可在命令行中输入 OPEN，按 Enter 键，在打开的“选择文件”对话框中选择所需文件并打开。

用户还可以根据需求“以只读方式打开”、“局部打开”、“以只读方式局部打开”等方式打开文件。下面将以打开楼梯局部平面图为例，介绍如何使用“局部打开”方式打开文件。

Step 01 启动AutoCAD 2013，在应用程序菜单中执行“打开”命令，打开“选择文件”对话框，选中所需文件，如图2-28所示。

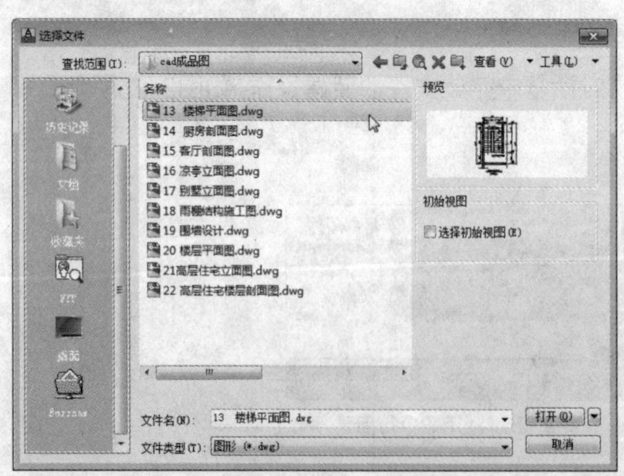

图2-28 选择文件

Step 02 单击“打开”右侧下拉按钮，在下拉列表中，选择“局部打开”选项，如图2-29所示。

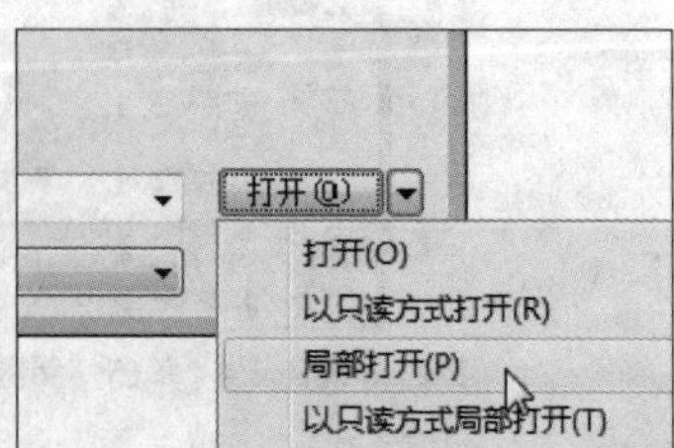

图2-29 选择“局部打开”选项

Step 03 在“局部打开”对话框“要加载几何图形的图层”列表框中，勾选要打开的图层，这里选择“0层”和“墙体”图层，如图2-30所示。

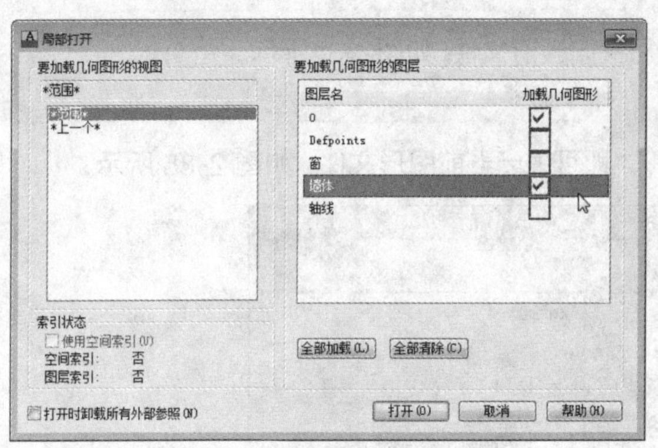

图2-30 选择打开的图层

Step 04 选择完成后，单击“打开”按钮，关闭对话框。此时被选中的图层已显示在绘图区中，如图2-31所示。

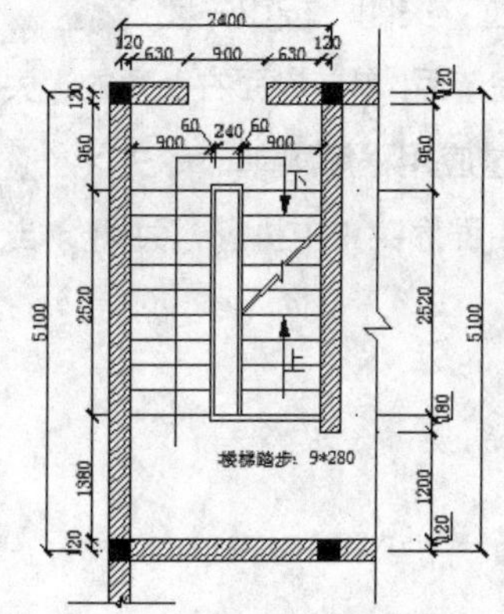

图2-31 打开局部图形文件

2.3.3 保存图形文件

在AutoCAD 2013中，保存图形文件的命令有两种，分别为“保存”和“另存为”。

对于新建的图像文件，在应用程序菜单中执行“保存”命令，或在快速访问工具栏中单击“保存”按钮，将弹出“图形另存为”对话框，指定文件的名称和保存路径后单击“保存”按钮，即可将文件保存，如图 2-32 和图 2-33 所示。

对于已经存在的图形文件在改动后只需执行应用程序菜单中的“保存”命令，即可用当前的图形文件替换早期的图形文件。如果要保留原来的图形文件，可以执行应用程序菜单中的“另存为”命令，此时将生成一个副本文件，副本文件为当前文件改动后的图形文件，原图形文件将被保留。

图2-32 执行“保存”命令

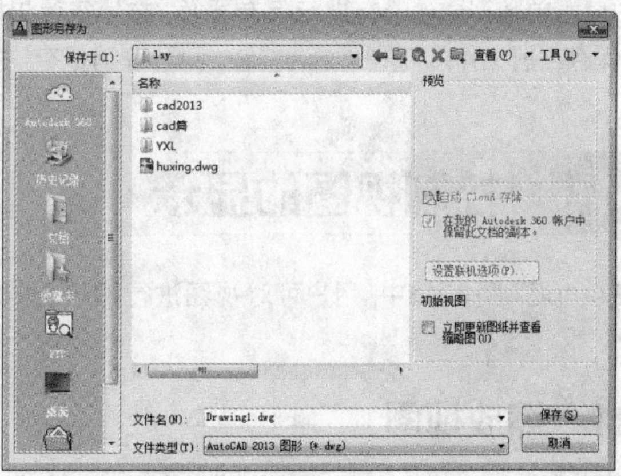

图2-33 设置“另存为”对话框

工程师点拨：图形文件另存为

为了便于在AutoCAD早期版本中打开在AutoCAD 2013中绘制的图形文件，在保存图形文件时，可以保存为较早的格式类型。在“图形另存为”对话框中，单击“文件类型”下拉按钮，在打开的下拉列表中包含有14种类型的保存方式，用户可以选择其中较早的一种文件类型，并单击“保存”按钮即可。

2.3.4 关闭图形文件

在AutoCAD 2013中，用户可使用以下方法关闭文件。

1. 通过“关闭”按钮关闭

绘图完毕后，单击界面右上角的“关闭”按钮，即可关闭当前文件，如图2-34所示。

2. 通过应用程序菜单命令关闭

在应用程序菜单中执行“关闭 > 当前图形”命令，即可关闭当前图形文件，如图 2-35 所示。

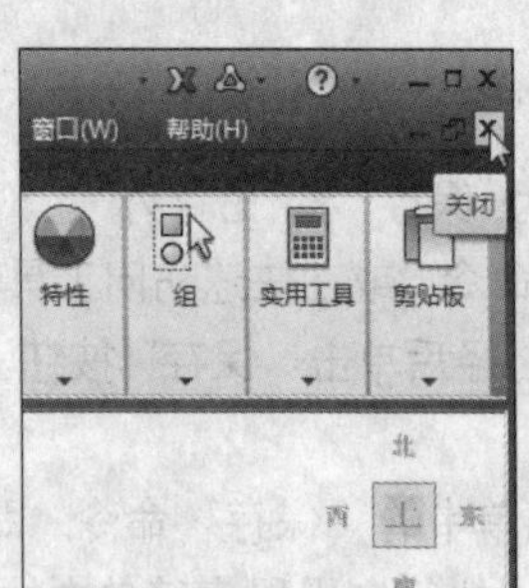

图2-34 单击“关闭”按钮

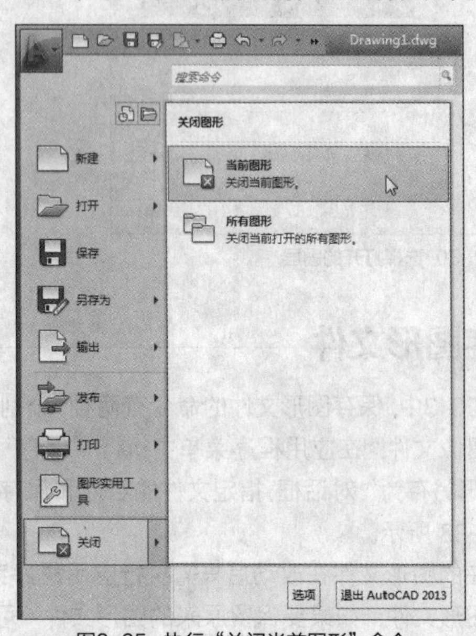

图2-35 执行“关闭当前图形”命令

如果当前图形文件没有进行保存操作，在执行关闭操作时，系统将自动打开提示框，单击“是”按钮，即保存当前文件；若单击“否”按钮，则可取消保存，并关闭当前文件。

2.4 控制视图的显示

在AutoCAD 2013中，用户可对视图进行缩小、放大以及平移等操作，以便能快捷地显示并绘制图形。

2.4.1 缩放视图

单击“视图”选项卡“二维导航”面板中“范围”下拉按钮，在下拉列表中，用户根据需要选择相应的缩放选项，即可进行视图的缩放操作。

1. 范围缩放

范围缩放是将所有图形对象最大限度地显示在绘图窗口中。在“视图”选项卡的“二维导航”面板中单击“范围”按钮，即可进行该操作，效果如图 2-36 和图 2-37 所示。

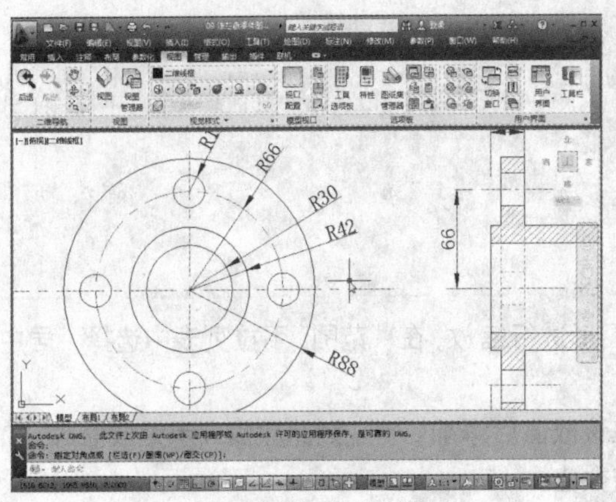

图2-36 范围缩放之前

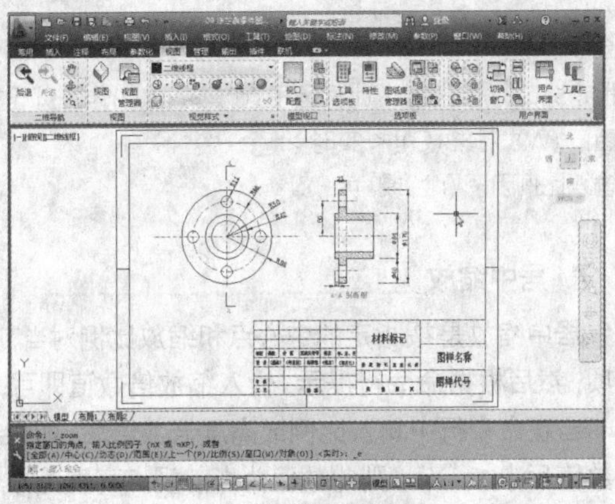

图2-37 范围缩放之后

2. 窗口缩放

窗口缩放功能将矩形窗口内选择的图形对象最大化显示。在“二维导航”面板的“范围”下拉列表中选择“窗口”选项，根据命令行提示，选中需要放大的图形，即可进行窗口缩放操作，效果如图 2-38 和图 2-39 所示。

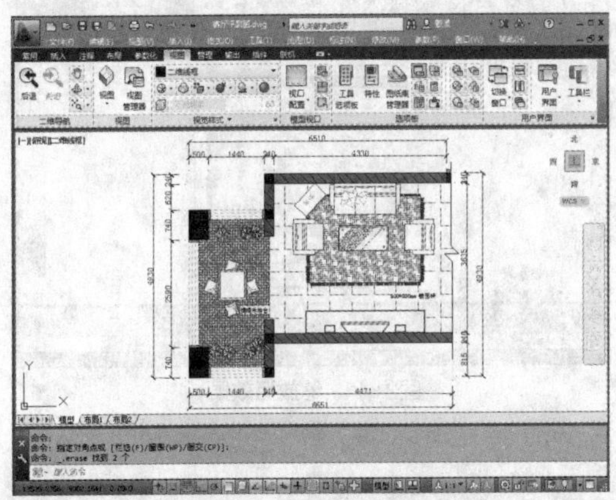

图2-38 窗口缩放前

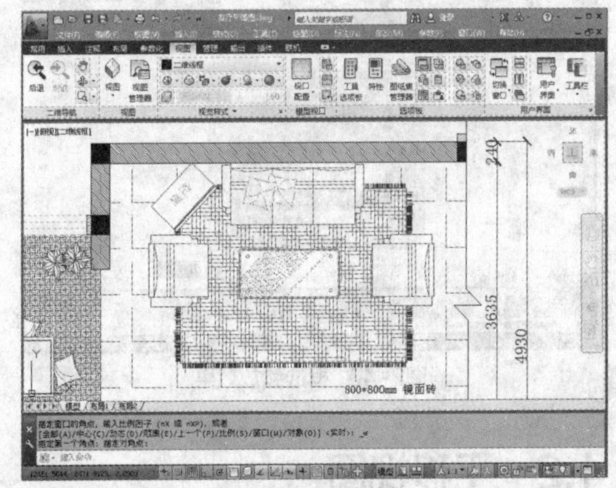

图2-39 窗口缩放后

3. 实时缩放

实时缩放功能则是根据绘图需要，将图纸随时进行放大或缩小操作。在“范围”下拉列表中选择“实时”选项，此时按住鼠标左键并向上拖动图形被放大；按住鼠标左键并向下拖动，则被缩小。

4. 全部缩放

全部缩放功能是按指定的比例对当前图形整体进行缩放。在“范围”下拉列表中选择“全部”选项，即可调用全部“缩放”命令。

5. 动态缩放

动态缩放功能是以动态方式缩放视图。在“范围”下拉列表中选择“动态”选项即可。

6. 比例缩放

比例缩放是按指定的比例对当前图形进行缩放操作。在“范围”下拉列表中选择“比例”选项，按照命令行提示信息输入缩放倍数，即可进行缩放操作。

命令行提示如下。

命令：'_zoom
指定窗口的角点，输入比例因子 (nX 或 nXP)，或者 [全部(A)/ 中心(C)/ 动态(D)/ 范围(E)/ 上一个(P)/ 比例(S)/ 窗口(W)/ 对象(O)] <实时>: _s
输入比例因子 (nX 或 nXP): 输入缩放值

7. 居中缩放

居中缩放是按指定的中心点和缩放比例对当前图形进行缩放。在"范围"下拉列表中选择"居中"选项，然后根据命令行提示，输入缩放倍数值即可。

当在命令行中输入比例或高度倍数值后，如果在该数值后添加"X"，则此数值表示缩放倍数；如果该数值后未加"X"，则此数值为当前视点高度缩放倍数值。

8. 对象缩放

对象缩放是将所选择的对象最大化显示在绘图区域中。在"范围"下拉列表中选择"居中"选项，根据命令行提示，选择需放大的图形对象，按Enter键即可，如图2-40和图2-41所示。

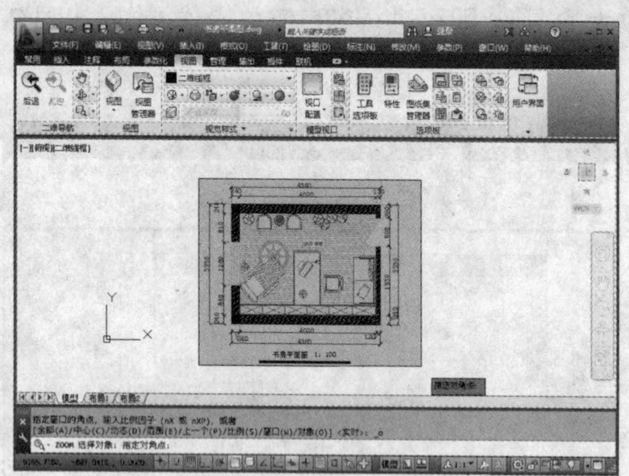

图2-40 框选缩放效果

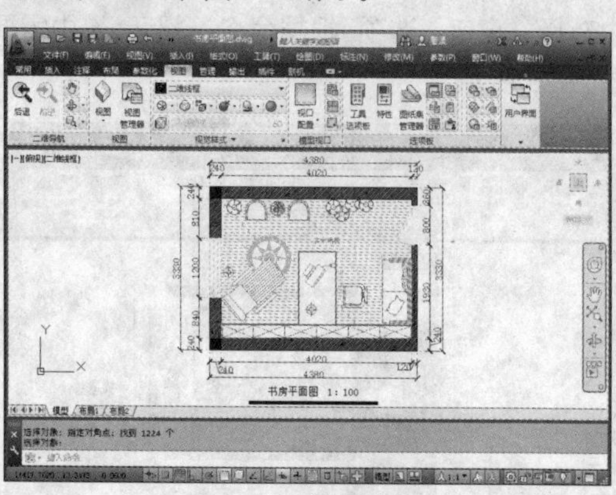

图2-41 缩放后效果

2.4.2 平移视图

平移视图功能可将当前图形进行平移操作，方便用户查看图形的其他部分。用户可使用以下方法进行视图平移操作。

1. 利用功能区命令操作

在"视图"选项卡"二维导航"面板中单击"平移"按钮，光标转换成手形图标，按住鼠标左键并拖动鼠标，将图形拖至合适位置处释放鼠标即可。

2. 使用鼠标中键操作

除了使用"平移"命令外，用户可直接按住鼠标中键，拖动鼠标至合适位置，释放中键即可完成平移操作。

2.4.3 重画与重生视图

在绘制过程中，有时视图中会出现一些残留的光标点，为了擦除这些多余的光标点，用户可使用重画与重生成功能。下面对重画与重生成功能进行介绍。

1. 重画

重画用于从当前窗口中删除编辑命令留下的点标记，同时还可以编辑图形留下的点标记，是对当前视图中图形的刷新操作。

用户只需在命令行中输入REDRAW或REDRAWALL，然后按Enter键，即可进行重画操作。

工程师点拨：REDRAW和REDRAWALL的区别

REDRAW命令是从当前视口中删除编辑命令留下来的点标记，而REDRAWALL命令是从所有视口中删除编辑命令留下来的点标记。

2. 重生成

重生成功能用于在视图中进行图形的重生成操作，包括生成图形、计算坐标以及创建新索引等。在当前视口中重生成整幅图形并重新计算所有对象的坐标、重新创建图形数据库索引，从而优化显示和对象选择的性能。

在命令行中输入REGEN或REGENALL后按Enter键，即可进行操作。输入REGEN命令后，会在当前视口中重生成整个图形并重新计算所有对象的坐标。而输入REGENALL后，则在所有视口中重生成整个图形并重新计算所有对象的屏幕坐标。

3. 自动重新生成图形

自动重新生成图形功能用于自动生成整个图形，它与重生成图形功能不相同。编辑图形时，在命令行中输入 REGENAUTO 命令后，按 Enter 键，即可自动再生成整个图形，确保屏幕上的显示能反映图形的实际状态，保持视觉的真实度。

2.5 视口显示

视口是显示模型不同视图的区域，AutoCAD 2013中包含12种类型的视口样式，用户可以选择不同的视口样式以便从各个角度来观察模型。

2.5.1 新建视口

用户可根据需要创建视口，并将创建好的视口保存，便于下次使用。具体操作如下。

Step 01 在菜单栏中，执行“视图>视口>新建视口”命令，打开“视口”对话框，如图2-42所示。

Step 02 在“新建视口”选项卡“新名称”文本框中，输入视口名称，并选择视口样式，如图2-43所示。

工程师点拨：模型视口与布局视口的区别

在AutoCAD中视口有两种类型，分别为模型视口和布局视口。模型视口主要用来绘图，且只有矩形视口。例如一个视口可显示整体，另一视口用来局部放大以便观察或修改，或者在绘制立体图形时分别显示立面图、平面图和侧面图等。而布局视口主要用来组织图形方便出图，可以有多边形视口。例如可在同一张图纸的不同部分显示立体图形不同角度的视图，也可在同一张图纸的不同部分显示不同比例的整体或局部。

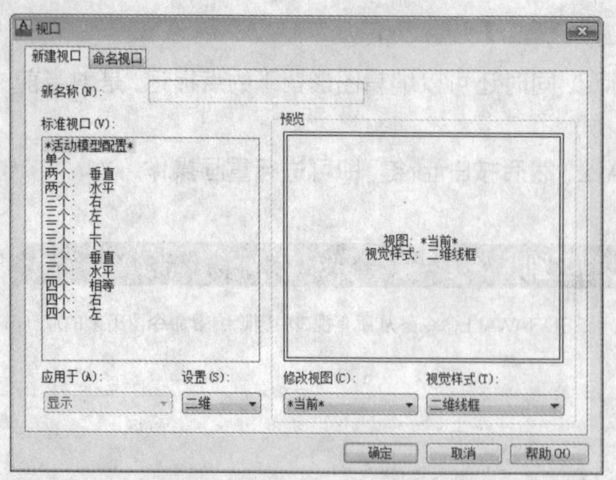
图2-42 打开"视口"对话框

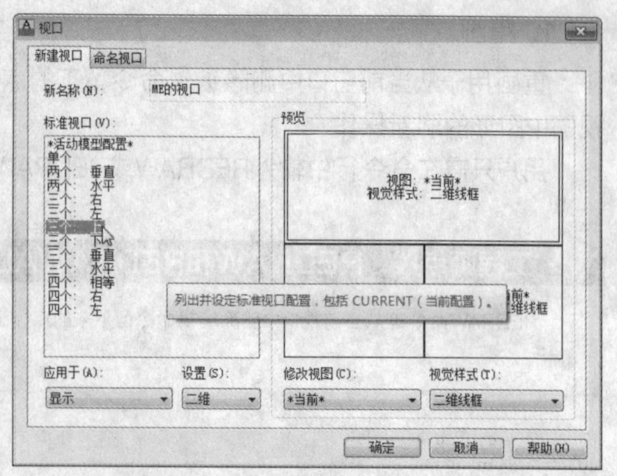
图2-43 设置"视口"对话框

Step 03 单击"确定"按钮，此时在绘图区中，系统将自动按照用户要求进行视口分隔，如图2-44所示。

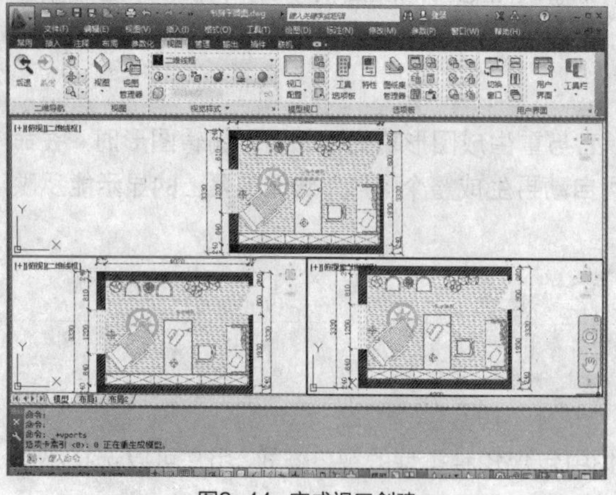
图2-44 完成视口创建

Step 04 单击各视口左上角的视图名称选项，在下拉列表中，选择需要的视图名称，即可更改当前视图，如图2-45所示。

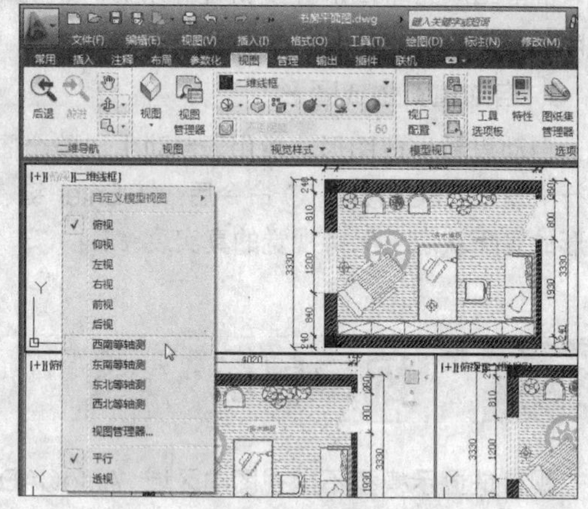
图2-45 更改视图

在"视口"对话框中，包括"新建视口"和"命名视口"两个选项卡。在"新建视口"选项卡中，可对新建的视口命名。若没有命名，则新建的视口配置只能应用而无法保存。而在"命名视口"选项卡中，显示任意已保存的视口配置。在选择视口配置时，已保存配置的布局会显示在"预览"列表框中。在已命名的视口名称上单击鼠标右键，选择"重命名"命令可修改视口的名称。

2.5.2 合并视口

在AutoCAD 2013中，可将多个视口进行合并。用户只需执行"视图>视口>合并"命令，再选择两个要合并的视口，即可完成合并。

命令行提示如下。

```
命令：_-vports
输入选项 [保存 (S)/ 恢复 (R)/ 删除 (D)/ 合并 (J)/ 单一 (SI)/?/2/3/4/ 切换 (T)/ 模式 (MO)] <3>: -j
选择主视口 < 当前视口 >:                    // 按 Enter 键
选择要合并的视口：                          // 选择需合并的视口
```

综合实例 将CAD文件保存为JPG格式

绘制好的CAD图形文件，可根据用户需求将其保存为其他格式的文件，例如PDF、JPG、DXF等格式。下面介绍如何将CAD文件保存为JPG文件格式。

Step01 打开要保存的图形文件，在命令行中输入JPGOUT，如图2-46所示。

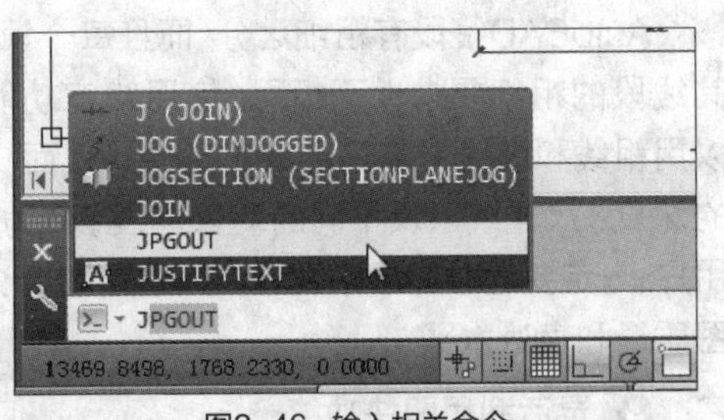

图2-46 输入相关命令

Step02 输入完成后，按Enter键，打开“创建光栅文件”对话框，如图2-47所示。

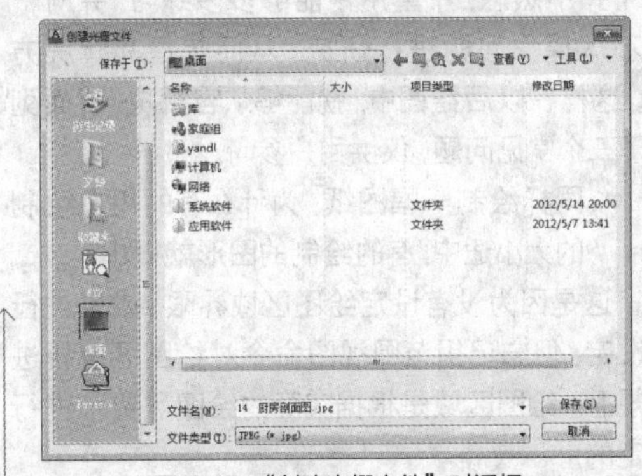

图2-47 “创建光栅文件”对话框

Step03 在该对话框中，设置好保存路径以及保存的文件名，单击“保存”按钮，如图2-48所示。

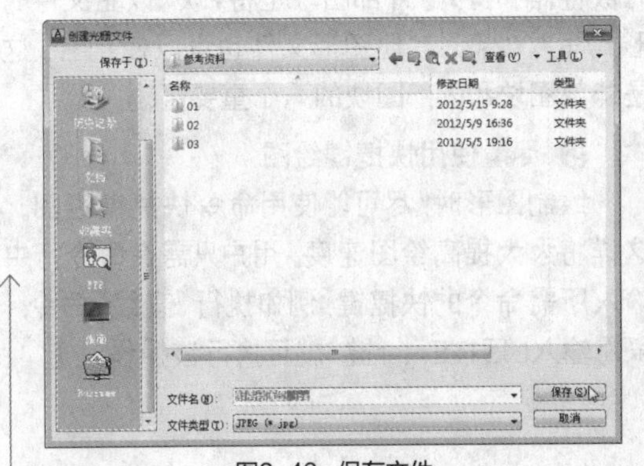

图2-48 保存文件

Step04 完成后，在绘图区中，框选所需保存的图形文件后按Enter键，即可完成图形的保存操作，如图2-49所示。

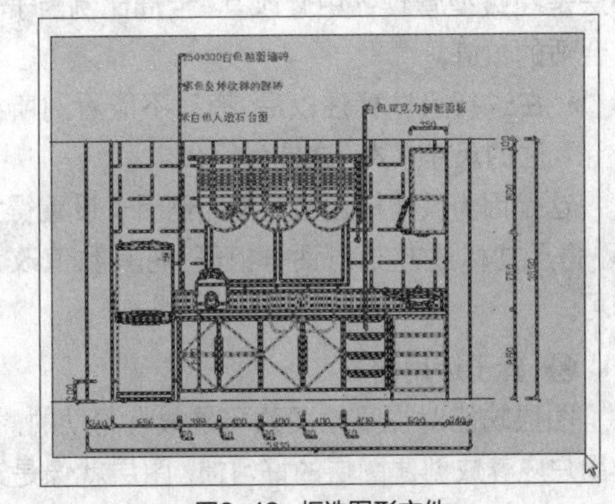

图2-49 框选图形文件

工程师点拨：保存为其他格式

除了JPG格式，用户还可以将图形文件保存为其他格式。例如在命令行中输入BMPOUT后，将图形保存为BMP格式。使用该方法的特点是简单高效，但缺点是像素较低，显示不清楚，较适合线条简单，仅为说明问题的情况。

用户还可以通过在键盘上按下Print Screen键，将当前屏幕中的图形保存到Windows剪贴板中，然后在图片编辑软件中进行适当的剪裁，最后将剪裁后的图形保存为需要的图片格式即可。

高手应用秘籍 如何提高AutoCAD绘图效率

对于刚接触AutoCAD的用户来说，养成良好的绘图习惯尤为重要。有了好的绘图习惯，在绘图时就能得心应手。下面归纳了几点绘图建议，希望能够对用户有所帮助。

❶ 掌握常见问题的解决方法

由于刚刚接触到AutoCAD软件，对一些基本操作并不熟悉，希望用户能够多多练习，并对一些基本操作问题进行研究，从而掌握其解决方法。这样在以后绘图中，就能够从容解决。下面列举了三个常见问题，仅供用户参考。

- 同样绘制一幅图纸，为什么有的用户绘制的大小适中，有的绘制的图形就很小?

这是因为没有设定绘图区域界限，或虽进行了设定，但忘记用范围视图命令对绘图区重新进行规整。绘图区域是根据实际的绘图需要来进行设定的。

- 有的用户用名称为HIDDEN的线型画线段，但画出的线段看上去像是实线，这是什么原因?

这是由于"线型比例"不合适引起的，也就是说"线型比例"太大，也可能是太小。解决问题的办法是在线型管理器中修改其"全局比例因子"至合适的数值。

- 在进行尺寸标注以后，有时不能看到所标注的尺寸文本，这是为什么?

这是因为尺寸标注的整体比例因子设置得太小，将尺寸标注方式对话框打开，将其数值改大即可。

❷ 善于运用图层

图层功能对提高绘图效率是很有帮助的，初学用户应养成创建图层的好习惯。图层就像是透明的覆盖图，运用它可以很好地组织不同类型的图形信息。在学习过程中，有的用户图省事，直接在0层上绘制图形，这样的习惯很不好。用户应严格做到图层层次分明，规范作图。

❸ 粗细要清楚

AutoCAD线段有粗细之分，而且每个领域对其线段的粗细要求也不相同。使用线宽功能，可以用粗线和细线清楚地展现出部件的截面，标高的深度，尺寸线以及不同的对象厚度。作为初学用户，一定要通过图层来设置，从而提高自己的绘图质量和表达水平。

❹ 灵活利用图块功能

充分利用"块"以及属性功能，可以大大提高绘图效率。

"块"有内部图块与外部图块之分。内部图块是在一个文件内定义的图块，可以在该文件内部自由使用。内部图块一旦被定义，它就和文件同时被存储和打开。外部图块是将"块"以主文件的形式写入磁盘，其他图形文件也可以使用它。这是外部图块和内部图块的一个重要区别。

❺ 尽量使用快捷键绘图

绘制图形时，尽可能使用命令快捷键绘图。这样将大大提高绘图速度。用户只需在命令行中输入所需命令的快捷键，例如执行"直线"命令，只需输入L后按Enter键，就可执行该操作。

秒杀 工程疑惑

在AutoCAD中操作时，用户经常会遇见各种各样的问题，下面针对本章相关知识总结一些常见问题进行解答，包括修复损坏的文件、创建和恢复备份文件以及当打开文件失败时的操作。

问　题	解　答
如何修复损坏的图形文件?	如果绘图时系统突然发生故障，要求保存图形，那么该图形文件将标记为损坏。如果只是轻微损坏，有时只需打开图形便可将其修复。具体操作方法如下 ❶ 在应用程序菜单中执行“图形实用工具 > 修复 > 修复”命令 ❷ 在打开的“选择文件”对话框中，选择所需修复的图形文件，单击“打开”按钮，可尝试打开图形文件，并显示核查结果
如何创建和恢复备份文件?	创建和恢复备份文件的操作如下 ❶ 在应用程序菜单中单击“选项”按钮，打开“选项”对话框，选择“打开和保存”选项卡 ❷ 在“文件安全措施”选项组中，勾选“每次保存时均创建备份副本”复选框，就可指定在保存图形时创建备份文件 完成操作后，每次保存图形时，图形的早期版本将保存为具有相同名称并带有扩展名为 .bak 的文件。而该备份文件与图形文件会位于同一个文件夹中
在打开 AutoCAD 文件时，提示“图形文件无效”，怎么办?	该问题说明当前使用的 AutoCAD 版本过低，需要安装与文件同等版本的 AutoCAD 软件才可打开。因为高版本软件可以打开低版本文件，但是低版本软件不能打开高版本的图形文件。用户需在之前保存 AutoCAD 文件时，保存成相应的版本以避免此类问题，其操作如下 ❶ 打开要保存的 AutoCAD 文件，在应用程序菜单中执行“另存为”命令 ❷ 在打开的“图形另存为”对话框中，单击“文件类型”下拉按钮，在打开的下拉列表中选择所需版本类型，单击“保存”按钮即可

AutoCAD 2013

CHAPTER

图层的设置与管理

在使用AutoCAD软件制图时，通常需要创建不同类型的图层。用户可通过图层来编辑和调整图形对象。本章将详细介绍图层的设置与管理操作，包括新建图层、设置图层特性以及管理图层等内容。通过图层绘制图形，不仅可提高绘图效率，也能更好地保证图形质量。

学完本章您可以掌握如下知识点

知识点序号	知识点难易指数	知识点
1	★	了解图层的功能特性
2	★★	图层的设置
3	★★	图层的管理

本章内容图解链接

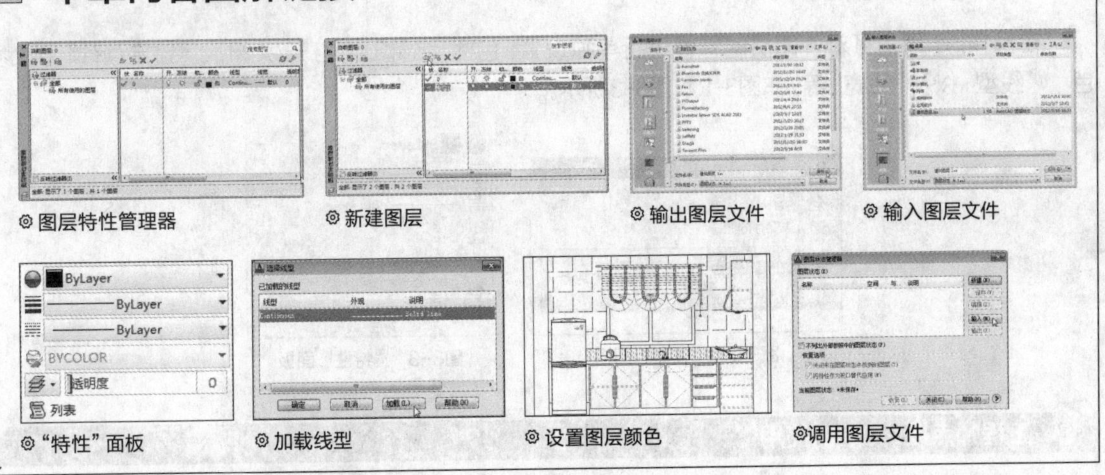

◎图层特性管理器 ◎新建图层 ◎输出图层文件 ◎输入图层文件

◎"特性"面板 ◎加载线型 ◎设置图层颜色 ◎调用图层文件

3.1 图层概述

图层可比做绘图区中的一层透明薄片。一张图纸中可包含多个图层，各个图层之间完全对齐，并相互叠加。下面将详细介绍图层。

3.1.1 认识图层

在AutoCAD中，出现在绘图区的几何图形可能包含许多对象（如图线、文字、符号等），并且个对象的性质（如线宽、线型颜色等）也可能不同。如果有若干张透明的图纸，在画图时，把不同性质的对象花在不同的透明的纸上，画完后把各张纸整齐地叠在一起，就能得到一张完整的图形，这样既可以对图形对象进行分类，又便于图形的修改和使用，这就是我们所说的图层。

在图层特性管理器中可对图层的特性进行计算、修改等操作。图层特性管理器如图3-1所示。

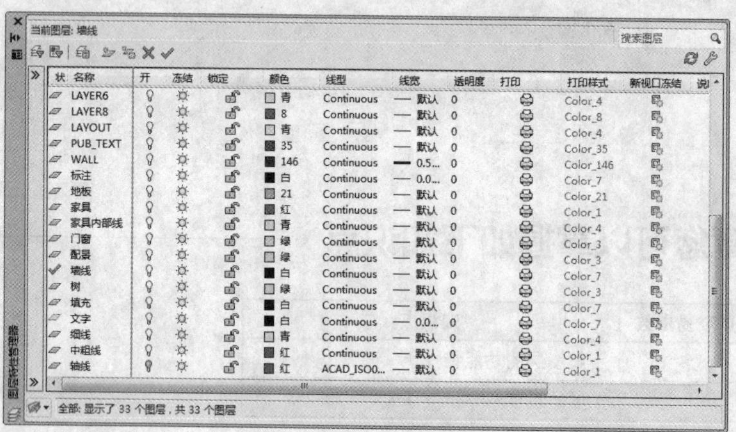

图3-1　图层特性管理器

3.1.2 图层特性

在操作时，用户可对各图层的特性进行单独设置，包括"名称"、"打开/关闭"、"锁定/解锁"、"颜色"、"线型"以及"线宽"等，如图3-2和图3-3所示。

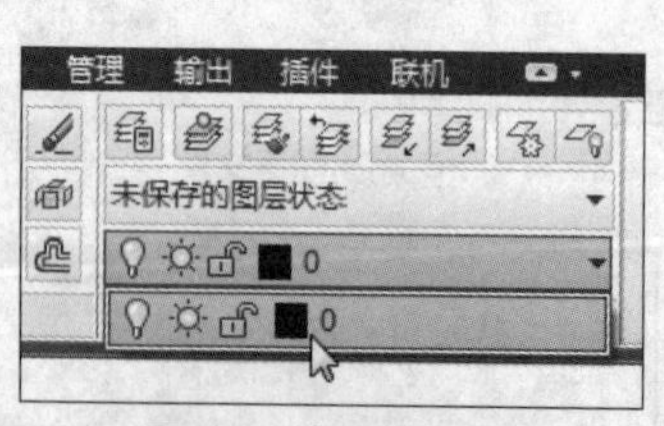

图3-2　"图层"面板

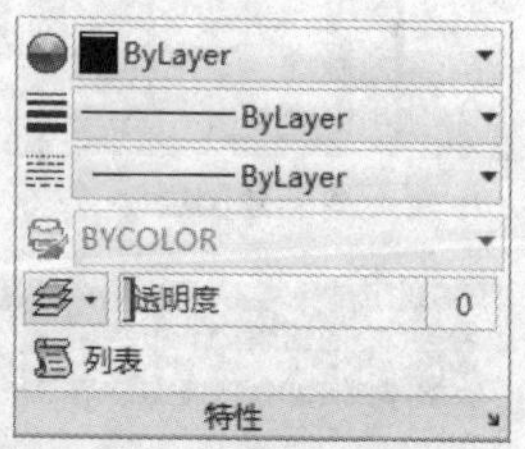

图3-3　"特性"面板

工程师点拨：0层的使用

默认情况下，系统只有一个0层。而在0层上是不可以绘制任何图形的。0层主要是用来定义图块的。定义图块时，先将所有图层均设为0层，然后再定义块，这样在插入图块时，插入时当前图层是哪个层，图块就属于哪个层。

3.2 图层的设置

上一节向用户大概介绍了AutoCAD软件中的图层概念及其特性。本节将介绍如何对图层进行设置，例如创建图层、设置图层特性等。

3.2.1 新建图层

在绘制图纸之前，需要创建新图层。绘制图形时根据用户需要会设置不同的颜色和线型等，这就需要通过不同的图层来控制。下面将举例介绍创建图层的操作方法。

Step 01 在“常用”选项卡的“图层”面板中单击“图层特性”按钮，打开图层特性管理器，如图3-4所示。

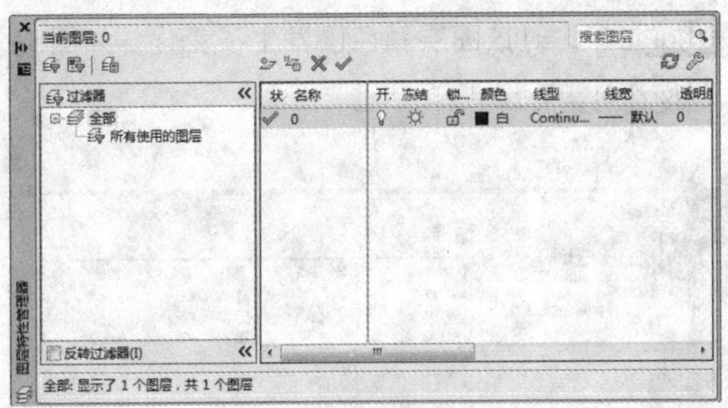

图3-4 图层特性管理器

Step 02 单击“新建图层”按钮，此时在图层列表中显示新建的图层“图层1”，如图3-5所示。

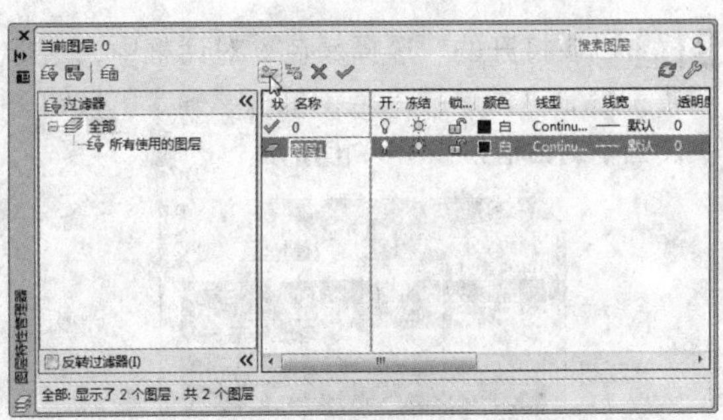

图3-5 新建图层1

Step 03 单击“图层1”，将其设为可编辑状态，输入所需图层新名称，例如输入“墙体”，如图3-6所示。

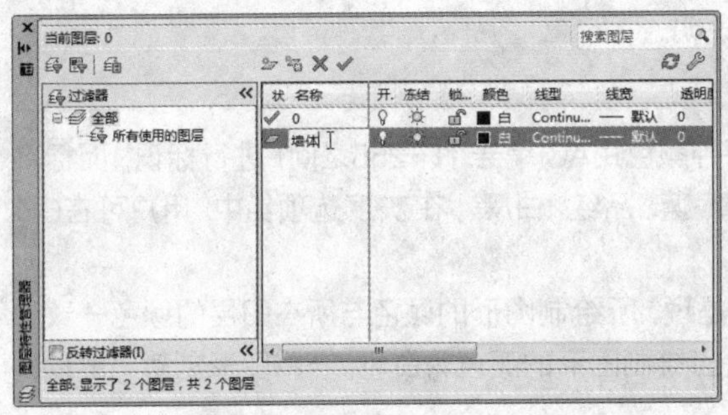

图3-6 重命名为“墙体”图层

Step 04 按照同样的操作方法，创建其他所需图层，例如创建“轴线”图层，如图3-7所示。

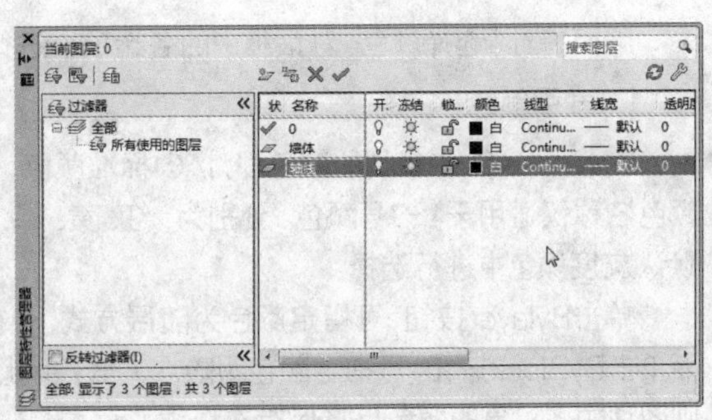

图3-7 创建“轴线”图层

用户也可在命令行中输入LA，然后按Enter键，同样可打开图层特性管理器。然后再在其中创建所需图层。

3.2.2 图层颜色的设置

为了区别于其他图层，通常需要为不同图层设置不同颜色。默认情况下，AutoCAD为用户提供了7种标准颜色，用户可根据绘图习惯进行选择、设置。下面举例介绍图层颜色的设置方法。

Step 01 在“常用”选项卡的“图层”面板中单击“图层特性”按钮，打开图层特性管理器，在图层列表中选择要设置的图层，这里选择“墙体”图层，如图3-8所示。

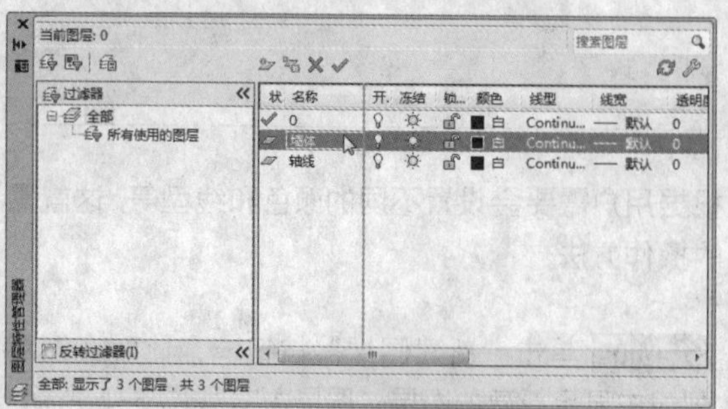

图3-8 选择“墙体”图层

Step 02 单击颜色图标■白，如图3-9所示。

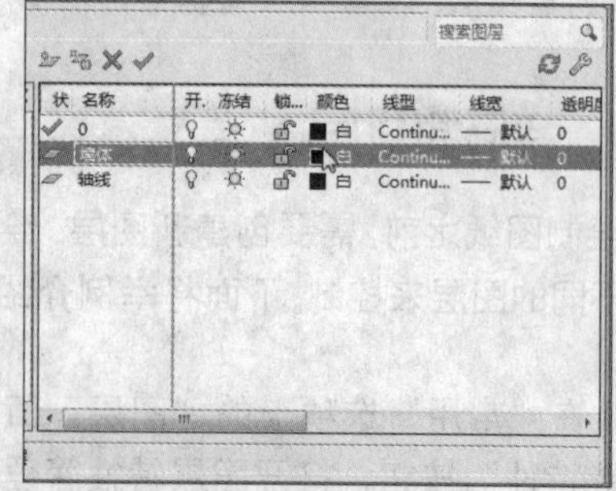

图3-9 单击“颜色”图标

Step 03 在打开的“选择颜色”对话框中，选择所需颜色，这里选择绿色，单击“确定”按钮，关闭当前对话框，如图3-10所示。

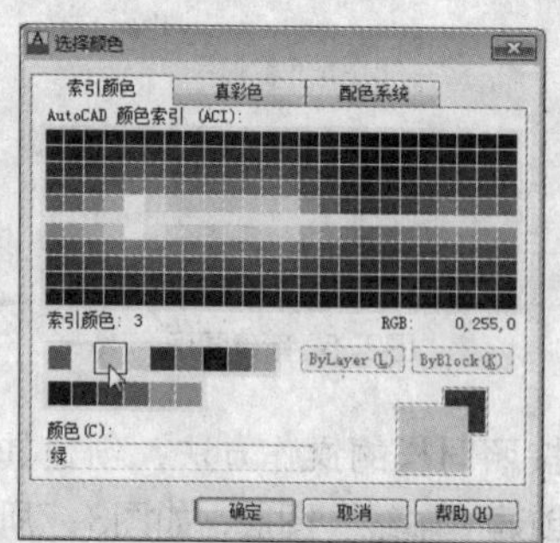

图3-10 选择颜色

Step 04 此时该图层颜色已发生了变化，如图3-11所示。

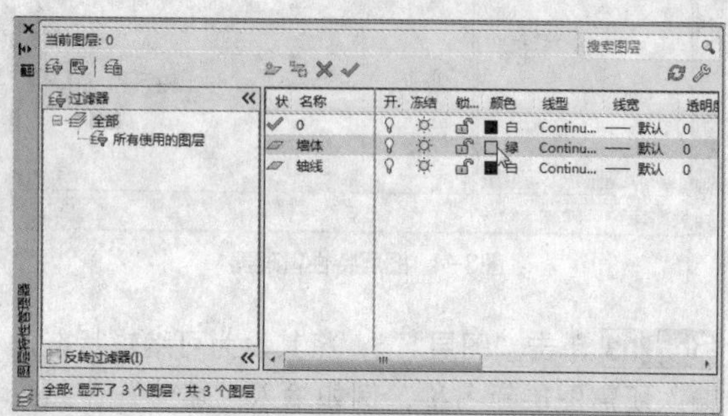

图3-11 完成图层颜色设置

下面将对“选择颜色”对话框中的各选项卡进行说明。

1. 索引颜色

在AutoCAD 中使用的颜色都为ACI标准颜色。每种颜色用ACI编号（1~255之间）进行标识。而标准颜色名称仅适用于1~7号颜色，分别为：红、黄、绿、青、蓝、品红、白/黑。在灰度选项组中，用户可在6种默认灰度颜色中进行选择。

单击Bylayer按钮，可指定颜色为随层方式，也就是说，所绘制图形的颜色与所在图层的颜色一致；而单击ByBlock按钮，可指定颜色为随块方式，也就是当绘制图形的颜色为白色，若将图形创建为图块，则图块中各对象的颜色也将保存在块中。

将颜色设置为随层方式时，若将图块插入当前图形的图层，则块的颜色也将使用当前层的颜色。

2. 真彩色

真彩色使用24位颜色定义显示1600多万种颜色。在选择某色彩时，可以使用RGB颜色模式或HSL颜色模式。选择RGB颜色模式，可设置颜色的红、绿、蓝参数值；选择HSL颜色模式，可设置颜色的色调、饱和度和亮度，如图3-12和3-13所示。

3. 配色系统

AutoCAD 包括多个标准Pantone配色系统。用户也可载入其他配色系统，例如，DIC颜色指南或RAL颜色集。载入用户定义的配色系统可以进一步扩充可供使用的颜色，如图3-14所示。

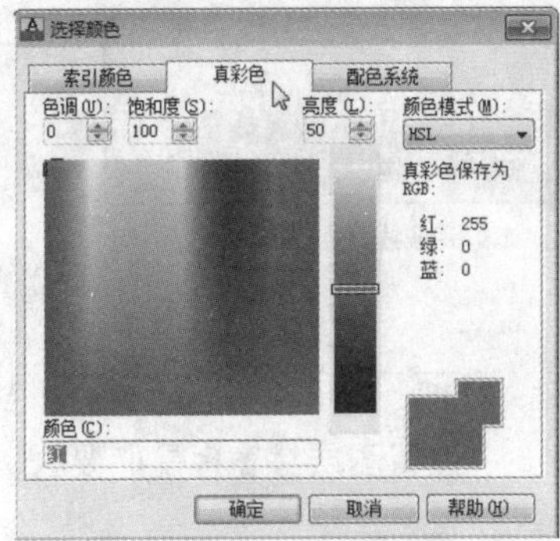

图3-12 HSL颜色模式

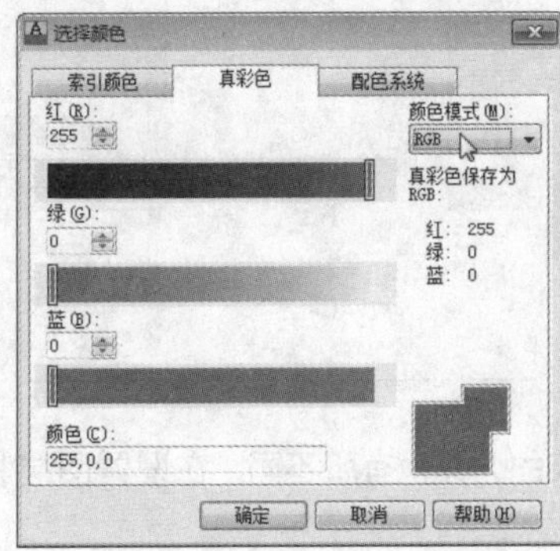

图3-13 RGB颜色模式

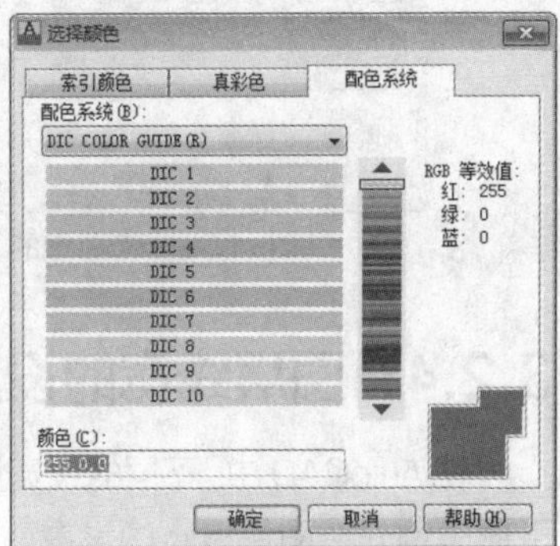

图3-14 配色系统

3.2.3 图层线型的设置

在绘制过程中，用户可对每个图层的线型样式进行设置。不同的线型表示的含义也不同。系统默认线型为Continuous线型。下面举例介绍如何更改图层线型。

Step 01 打开“图层特性管理器”，选择所需图层，例如选择“轴线”图层，然后单击“线型”下的Continuous图标，如图3-15所示。

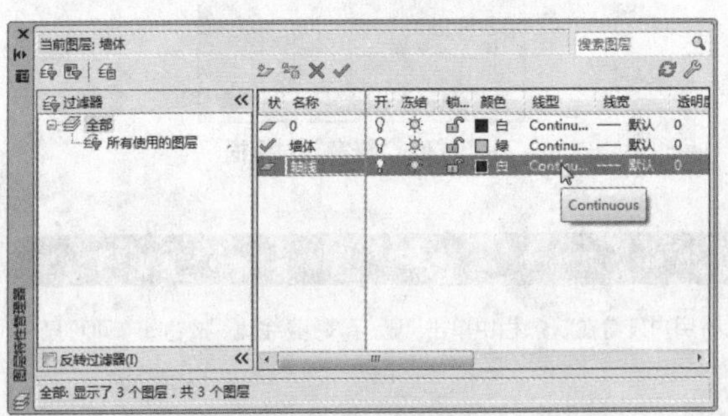

图3-15 单击图标

Step 02 在打开的“选择线型”对话框中，单击“加载”按钮，如图3-16所示。

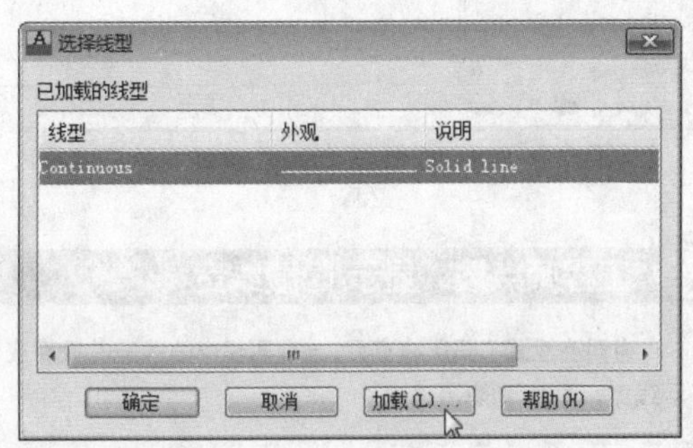

图3-16 单击“加载”按钮

Step 03 在“加载或重载线型”对话框的“可用线型”列表框中，选择所需线型样式，如图 3-17 所示。

Step 04 选择完成后，单击“确定”按钮，返回至“选择线型”对话框。

Step 05 选中刚加载的线段，单击“确定”按钮，关闭该对话框，即可完成线型更改，如图 3-18 所示。

工程师点拨：设置线型比例

若设置好线型后，显示的还是默认线型，可能是因为线型比例未调整所致。只需选中需要进行设置的线型，在命令行中输入CH后按Enter键，在打开的“特性”面板中选择“线型比例”选项，并输入比例值即可。

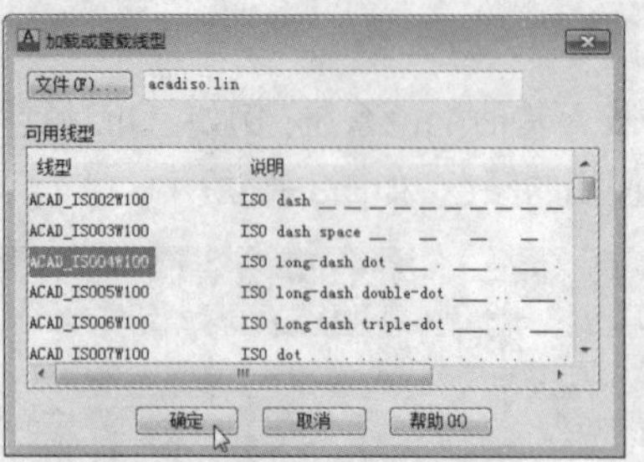

图3-17 选择新加载的线型

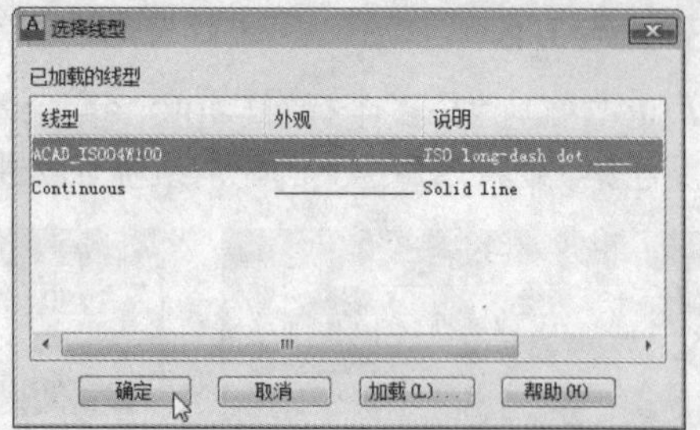

图3-18 完成线型更改

3.2.4 图层线宽的设置

在 AutoCAD 中，不同的线宽代表的含义也有所不同。在设置图层特性时，设置图层线宽也是必要的。下面举例介绍图层线宽的设置。

Step 01 打开“图层特性管理器”，在其中选择所需图层，单击“线宽”下的默认图标，如图3-19所示。

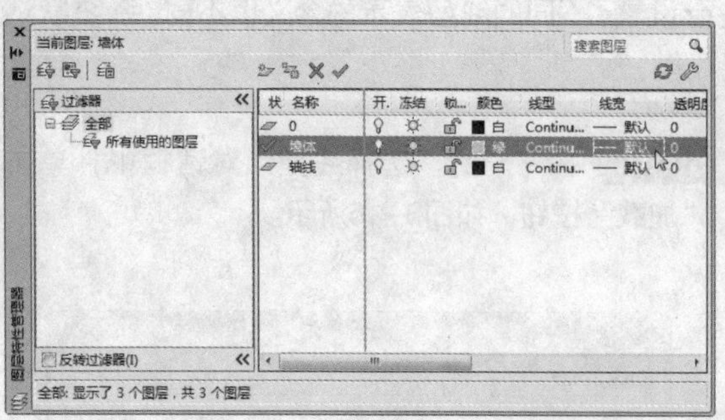

图3-19 选择“线宽”选项

Step 02 在“线宽”对话框中，选择所需的线宽，单击“确定”按钮，关闭该对话框即可，如图3-20所示。

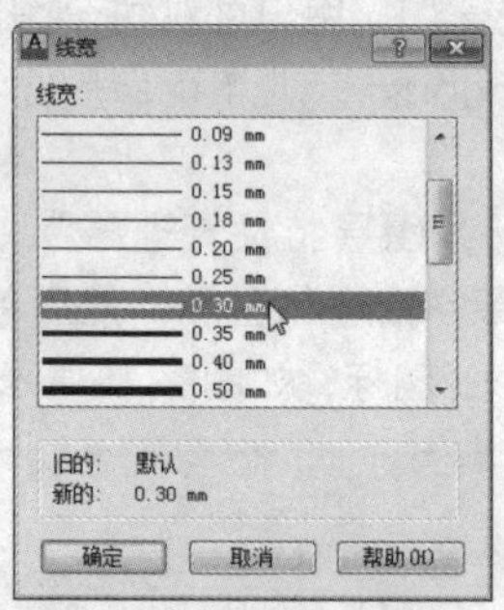

图3-20 “线宽”对话框

工程师点拨：显示/隐藏线宽

有时在设置了图层线宽后，当前图像中的线宽并没有变化。此时用户只需在状态栏中单击“显 示/隐藏线宽”按钮，即可显示线宽。反之，则隐藏线宽。

3.3 图层的管理

在图层特性管理器中，用户不仅可创建图层、设置图层特性，还可以对创建好的图层进行管理，如锁定图层、关闭图层、过滤图层以及删除图层等。

3.3.1 置为当前层

置为当前层是将选定的图层设置为当前图层，并在当前图层上创建对象。在AutoCAD中设置当前层有以下4种方法。

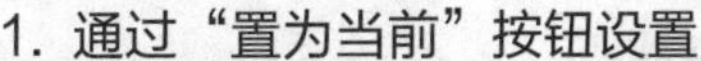

1. 通过“置为当前”按钮设置

在图层特性管理器中，选中所需图层，单击“置为当前”按钮即可。

2. 通过双击鼠标设置

在图层特性管理器中，双击所需图层，即可将该图层设为当前图层。

3. 通过快捷菜单设置

在图层特性管理器中，选中所需图层，单击鼠标右键，在打开的快捷菜单中选择“置为当前”命令即可，如图3-21所示。

4. 使用图层面板设置

在“常用”选项卡“图层”面板的“图层”下拉列表中，选择所需图层，即可将其设为当前层，如图3-22所示。

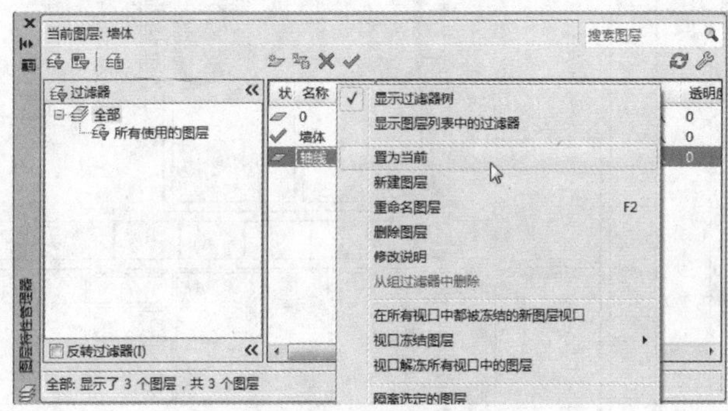

图3-21 鼠标右键设置

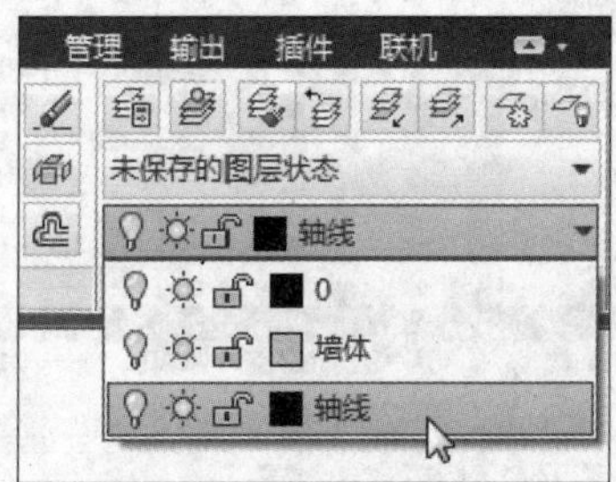

图3-22 “图层”下拉列表

3.3.2 打开/关闭图层

系统默认的图层都处于打开状态。若将某图层关闭，则该图层中所有的图形不可见，且不能被编辑和打印。图层的打开与关闭可通过以下两种方法实现。

1. 通过图层特性管理器操作

打开图层特性管理器，单击所需图层中的“开”按钮💡，将其变为灰色，如图3-23所示。此时该层被关闭，而且该层中所有的图形不可见，如图3-24所示。反之，再次单击该按钮，使其为高亮状态显示，则打开了该图层。

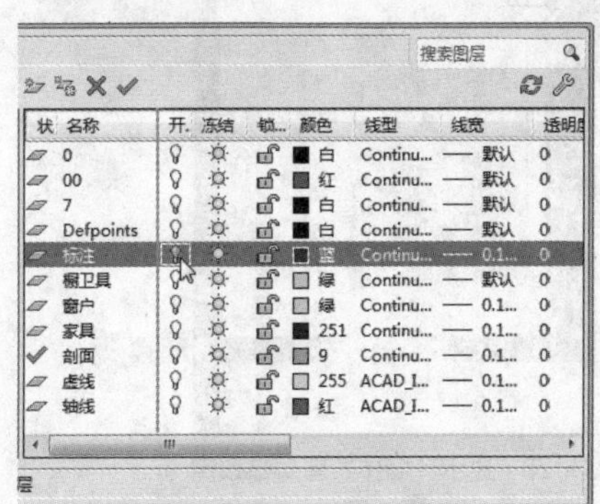

图3-23 关闭“标注”图层

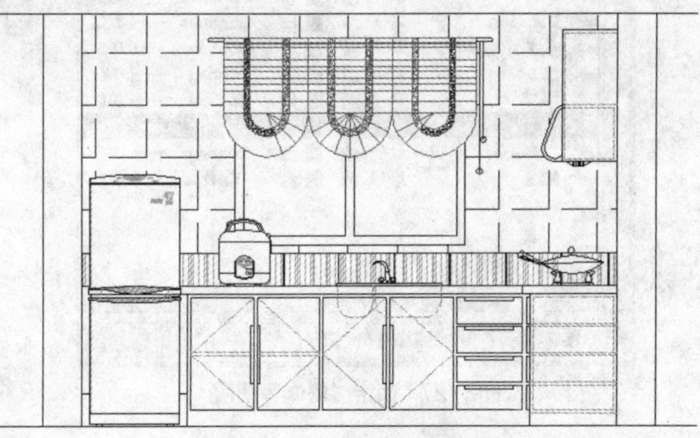

图3-24 图形标注不可见

2. 通过“图层”面板操作

在“常用”选项卡“图层”面板中的“图层”下拉列表中，单击所需图层的“开/关图层”按钮，同样可以打开或关闭该图层。需要注意的是，当该图层为当前层时，无法对其进行此操作。

3.3.3 冻结/解冻图层

冻结图层有利于减少系统重生成图形的时间，冻结图层中的图形文件将不会显示在绘图区中。在图层特性管理器中选择所需的图层，单击“冻结☼”按钮，即可完成图层的冻结，如图3-25和图3-26所示。反之，则为解冻操作。

当然，使用“图层”面板同样也可进行相关操作。

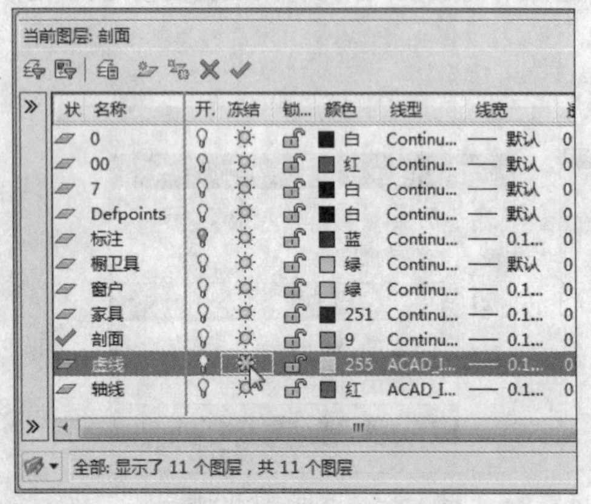

图3-25 冻结“虚线”图层

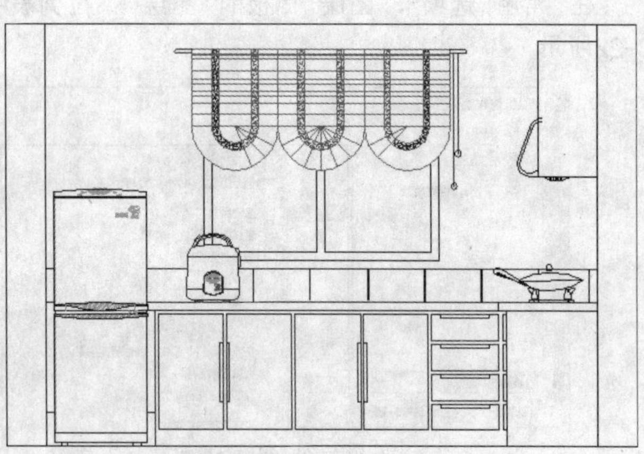

图3-26 虚线图形不显示

3.3.4 锁定/解锁图层

当某图层被锁定后，该图层上的所有图形将无法被修改或编辑，这样一来，可以降低意外修改对象的可能性。用户在图层特性管理器中选中所需图层，单击“锁定/解锁”按钮🔓，即可将其锁定。再次单击，则为其解锁。当光标移至被锁定的图形上时，光标右下角会显示锁定符号，如图3-27和图3-28所示。

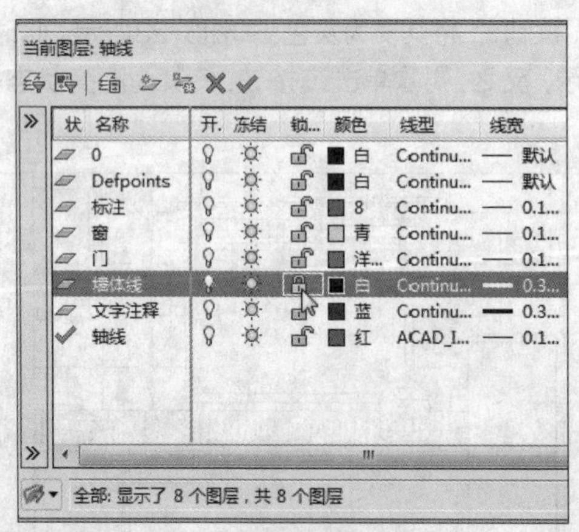

图3-27 锁定“墙体”图层

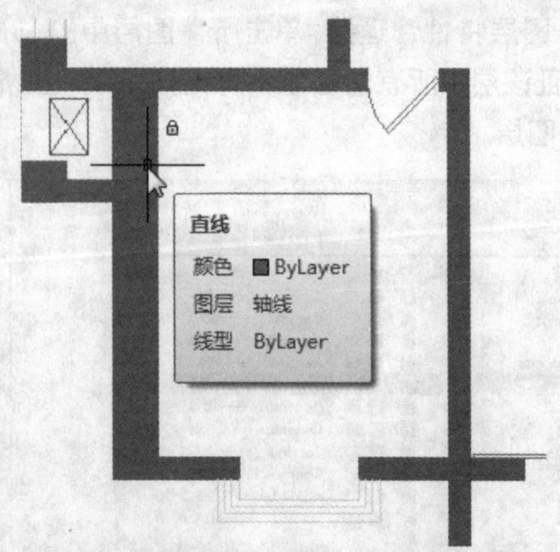

图3-28 显示“墙体”图层被锁定

3.3.5 删除图层

若想将多余的图层删除，可单击图层特性管理器中的“删除图层”按钮来完成。即在图层特性管理器中，选中要删除的图层，除当前图层外。单击“删除图层”按钮✖即可，如图3-29所示。

用户还可使用右键快捷菜单命令进行删除操作。在图层特性管理器中，选中所需图层，单击鼠标右键，在快捷菜单中选择“删除图层”命令即可，如图3-30所示。

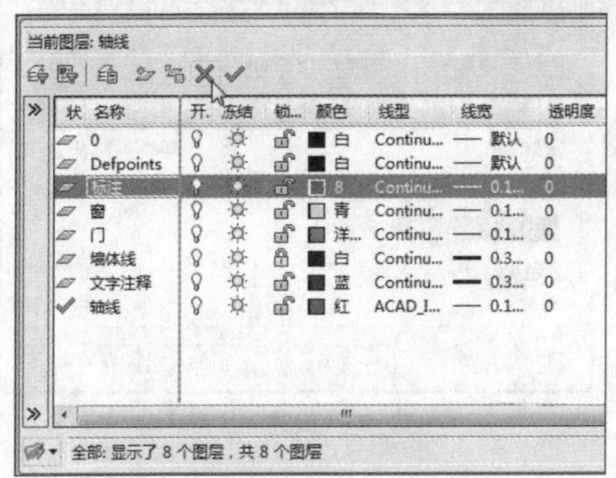

图3-29 单击“删除图层”按钮

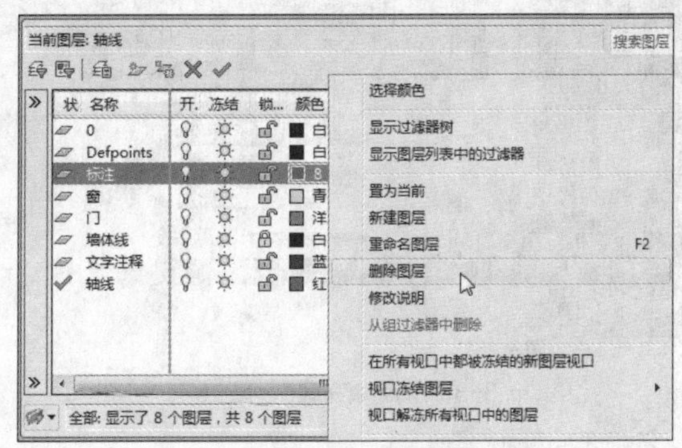

图3-30 通过快捷菜单删除

工程师点拨：无法删除图层

删除选定图层时只能删除未被参照的图层，被参照的图层不能被删除，其中包括图层0、包含对象的图层、当前图层以及依赖外部参照的图层。还有一些局部打开图形中的图层也被视为已参照而不能删除。

3.3.6 隔离图层

隔离图层与锁定图层在用法上相似。图层隔离只将选中的图层进行修改操作，而其他未被选中的图层都为锁定状态，无法进行编辑；锁定图层只是将当前选中的图层锁定，使其无法被编辑。下面将以更改图层颜色为例，介绍图层隔离的操作方法。

Step 01 打开所需设置的图形文件，在菜单栏中执行“格式>图层工具>图层隔离”命令，如图3-31所示。

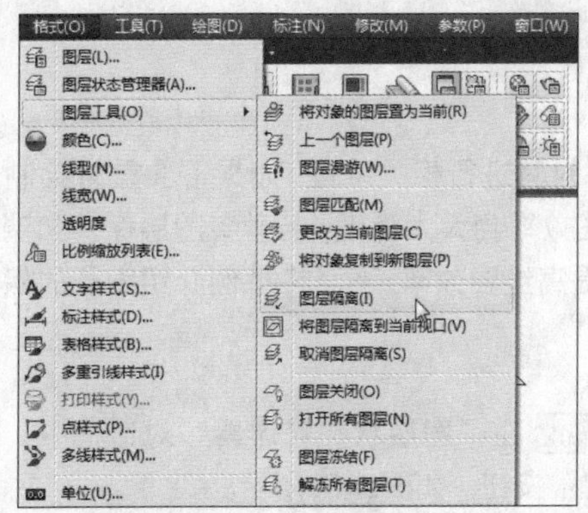

图3-31 执行“图层隔离”命令

Step 02 根据命令行提示，选择所需隔离图层上的图形对象，这里选择“填充”图形，如图3-32所示。

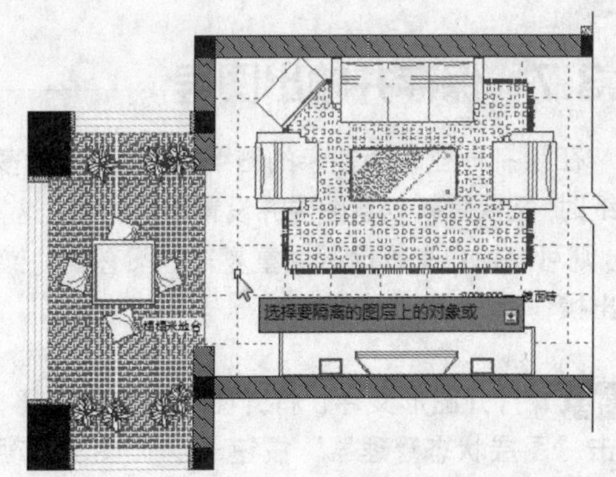

图3-32 选择“填充”图形

Step 03 选择完成后，按Enter键，即可将填充图形隔离。此时填充图形可被选中，但其他图形为锁定状态，如图3-33所示。

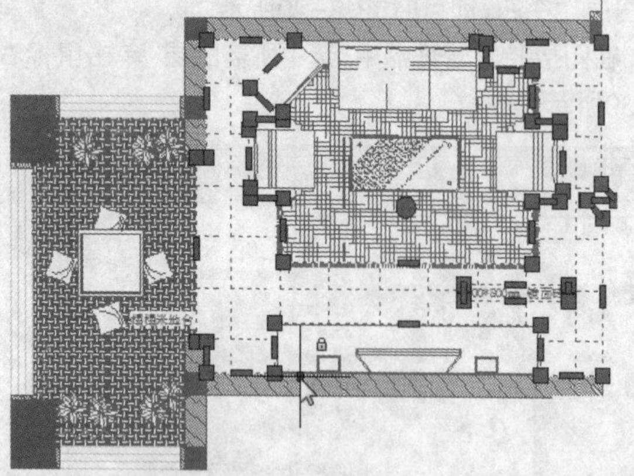
图3-33 隔离填充层

Step 04 打开图层特性管理器，选择“填充”图层，并更改该图形颜色，如图3-34所示。

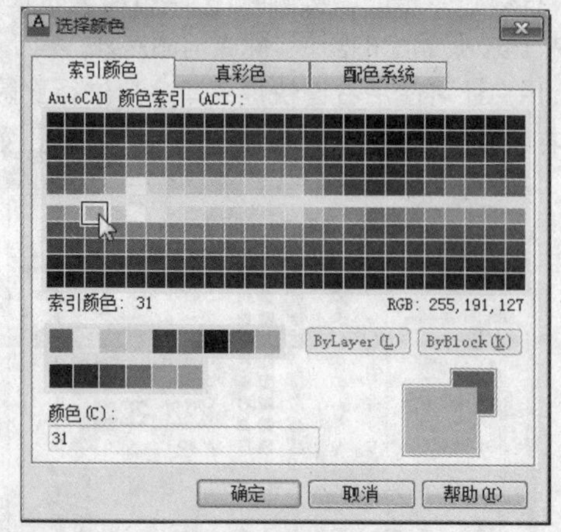

图3-34 设置图层颜色

Step 05 设置完成后，关闭图层特性管理器，此时发现被隔离的图层颜色发生了变化，如图3-35所示。

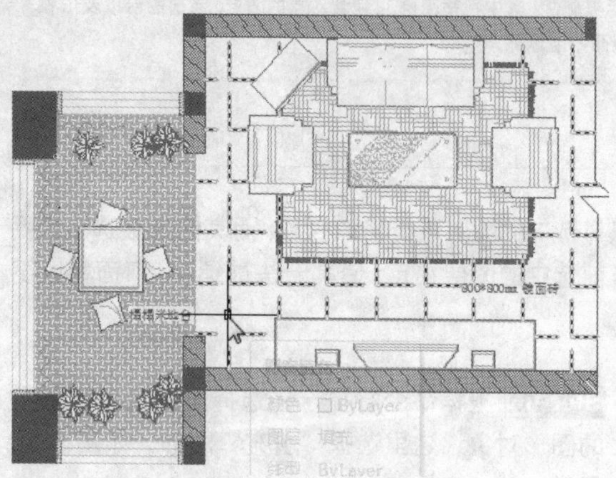
图3-35 更改填充层颜色

Step 06 执行“格式>图层工具>取消图层隔离”命令，则可解锁其他图层上的图形，如图3-36所示。

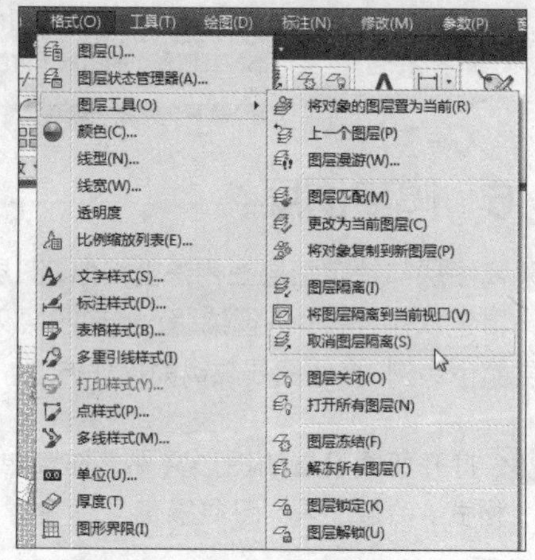

图3-36 取消图层隔离

3.3.7 保存并输出图层

在绘制一些较为复杂的图纸时，需要创建多个图层并对其进行相关设置。如果下次重新绘制这些图纸时，又要重新创建图层并设置图层特性，这样一来绘图效率会大大降低。若学会图层保存和调用功能，则可使用户有效地避免重复一些不必要的操作，从而提高绘图效率。下面将举例介绍图层的保存及输出操作。

Step 01 打开图形文件，打开图层特性管理器，单击“图层状态管理器”按钮，如图3-37所示。

Step 02 在“图层状态管理器”对话框中，单击“新建”按钮，如图3-38所示。

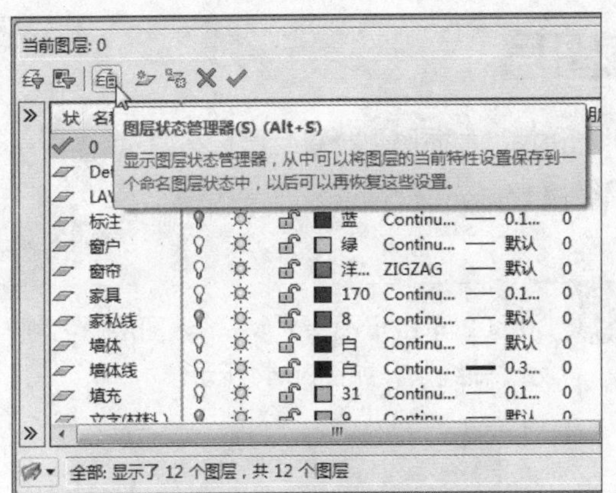

图3-37 单击相关按钮

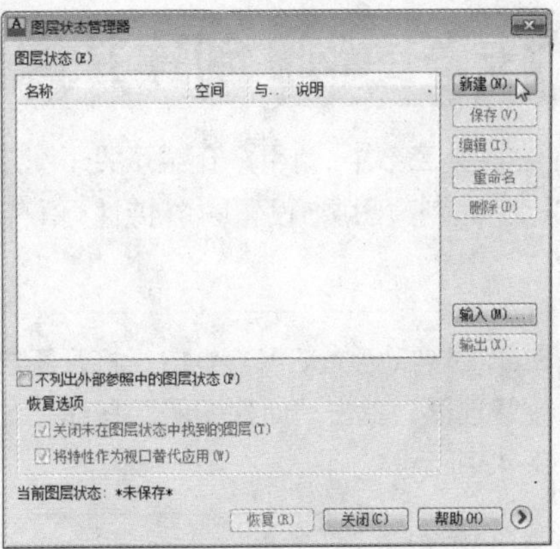

图3-38 单击“新建”按钮

Step 03 在“要保存的新图层状态”对话框中，输入新图层状态名称，单击“确定”按钮，返回上一层对话框，单击“输出”按钮，如图3-39和图3-40所示。

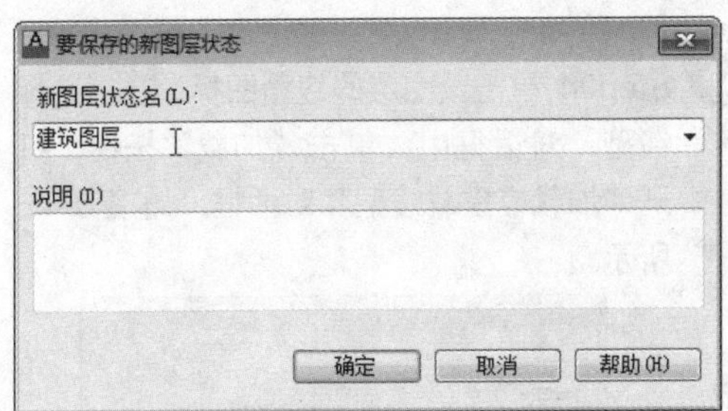

图3-39 设置新建图层状态名称

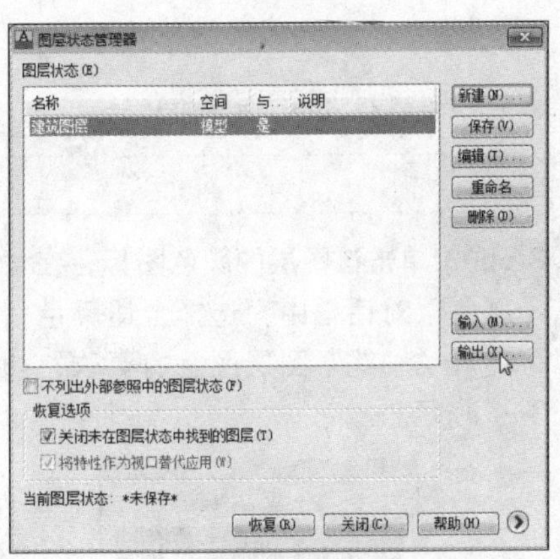

图3-40 单击“输出”按钮

Step 04 在“输出图层状态”对话框中，选择好输出路径，单击“保存”按钮，即可完成图层的保存输出操作，如图3-41所示。

图3-41 输出图层文件

Step 05 若在“图层状态管理器”对话框中，单击“输入”按钮，在弹出的“输入图层状态”对话框中选择保存好的图层文件，即可调用该图层文件，如图3-42所示。

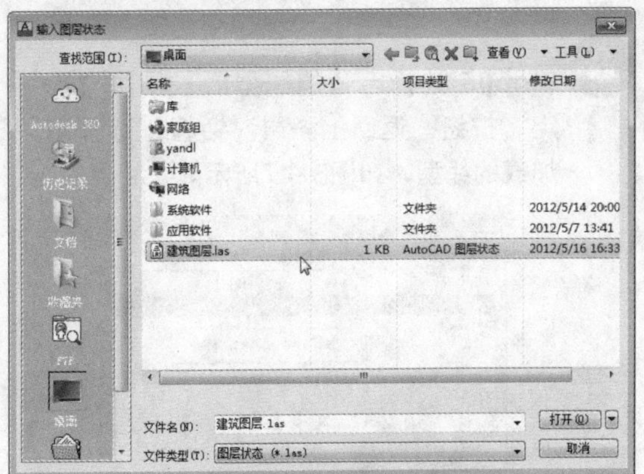

图3-42 调用图层文件

综合实例 创建并保存建筑图层

在以上章节中，为用户介绍了关于图层设置的一些知识点。下面以创建建筑图层为例，巩固所学知识点，如创建图层、设置图层特性、保存与调用图层等。

Step01 启动AutoCAD 2013，打开图层特性管理器，单击“新建图层”按钮，如图3-43所示。

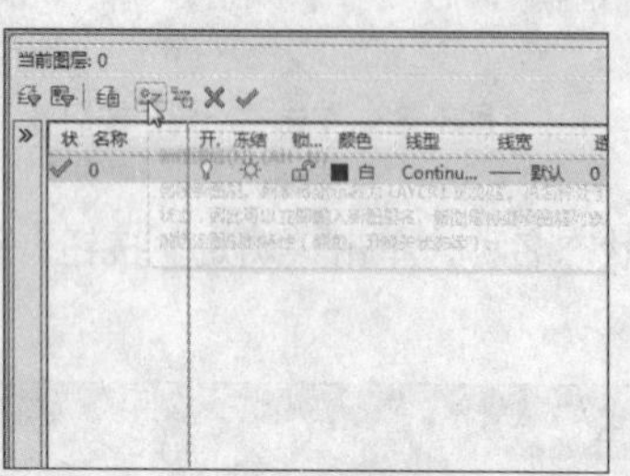

图3-43 单击“新建图层”按钮

Step02 单击“图层1”，输入图层新名称为“轴线”，如图3-44所示。

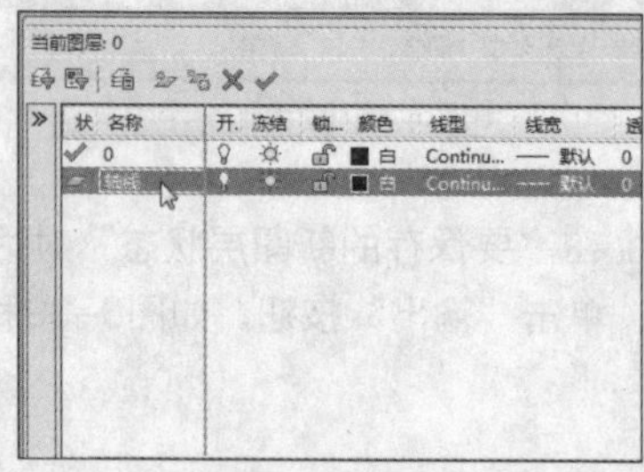

图3-44 输入图层名称

Step03 单击该图层的颜色图标，在“选择颜色”对话框中，选择合适颜色，即可完成“轴线”图层颜色的更改，如图3-45所示。

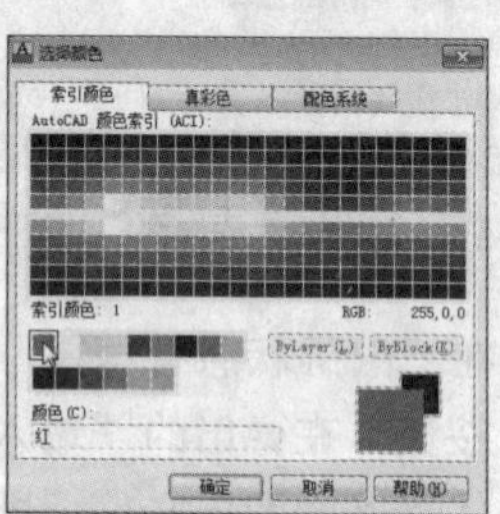

图3-45 更改图层颜色

Step04 单击该图层的线型图标，在“选择线型”对话框中，单击“加载”按钮，打开“加载或重载线型”对话框，如 图3-46所示。

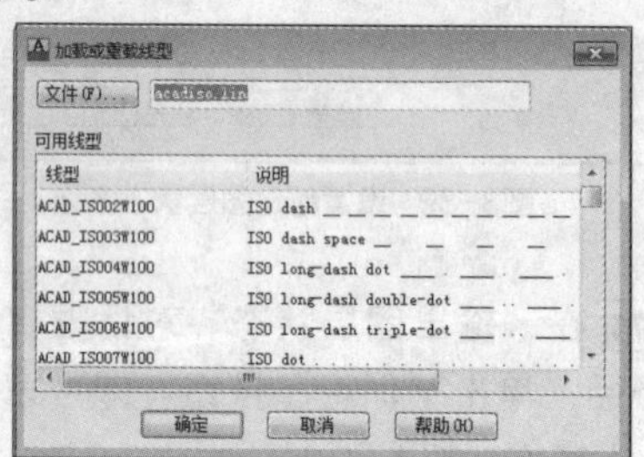

图3-46 “加载线型”对话框

Step05 选择合适的线型后，单击“确定”按钮，返回上一层对话框，选择刚加载的线型，如图3-47所示。

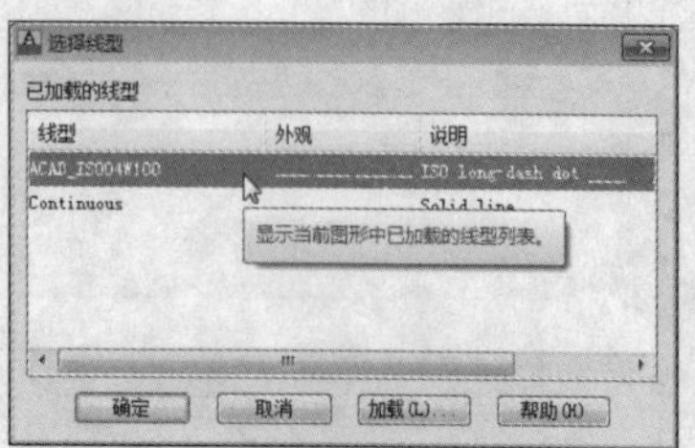

图3-47 选择加载的线型

Step06 选择完成后，单击“确定”按钮，即可完成“轴线”图层线型的更改，如图3-48所示。

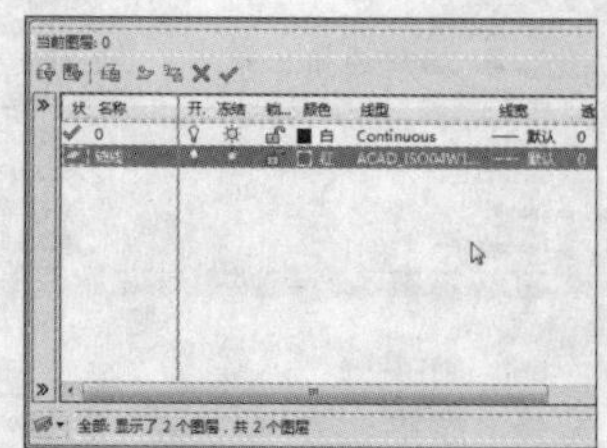

图3-48 更改线型

Step07 单击“新建图层”按钮，创建“墙体”图层，如图3-49所示。

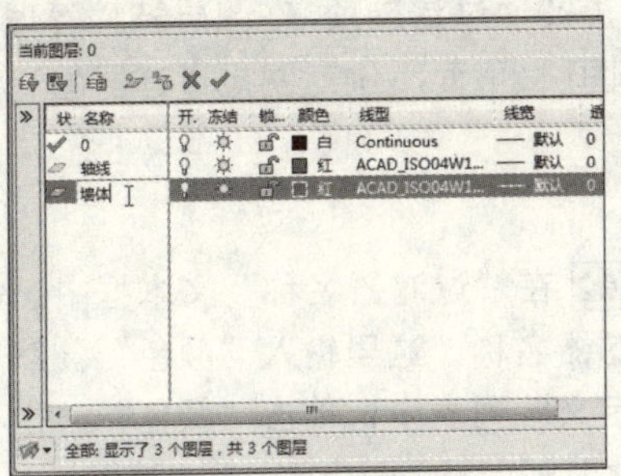

图3-49 创建“墙体”图层

Step08 将“墙体”图层的颜色设置为黑色，将其线型设为默认，并将其线宽设为0.3mm，如图3-50所示。

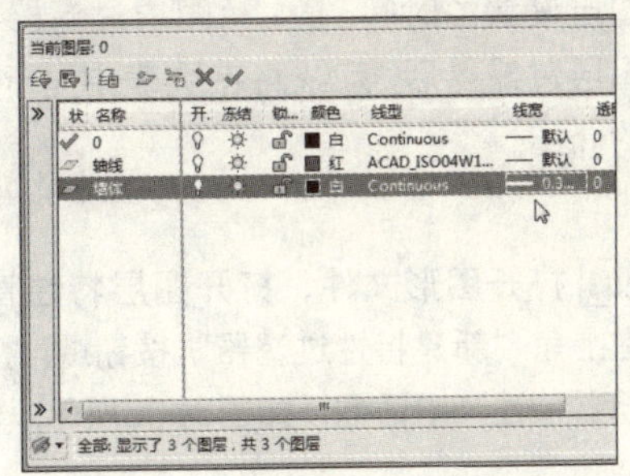

图3-50 设置“墙体”图层特性

Step09 按照同样操作，创建“门窗”、“填充”、“标注”、“文字注释”、“其他设施”图层，并分别设置其图层特性，如图3-51所示。

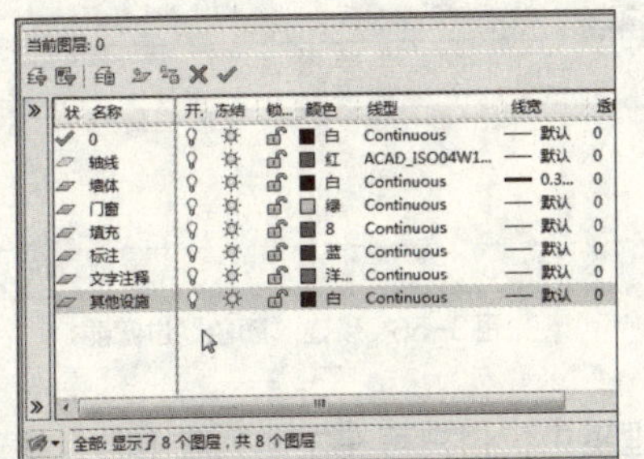

图3-51 创建其他图层

Step10 单击“图层状态管理器”按钮，打开相应对话框，单击“新建”按钮，在打开的对话框中，输入“建筑楼层图层”名称，单击“确定”按钮，如图3-52所示。

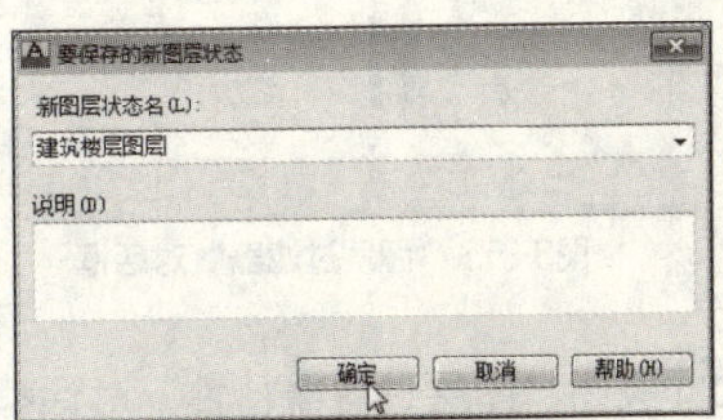

图3-52 新建保存图层名称

Step11 单击“输出”按钮，在打开的对话框中，选择好保存位置，单击“保存”按钮，即可完成图层的输出保存，如图3-53所示。

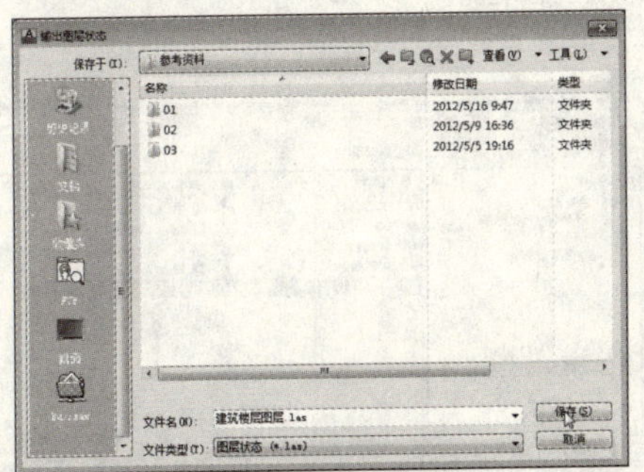

图3-53 保存输出图层

Step12 需要调用图层文件时，在“图层状态管理器”对话框中单击“输入”按钮，选择要调用的图层文件即可，如图3-54所示。

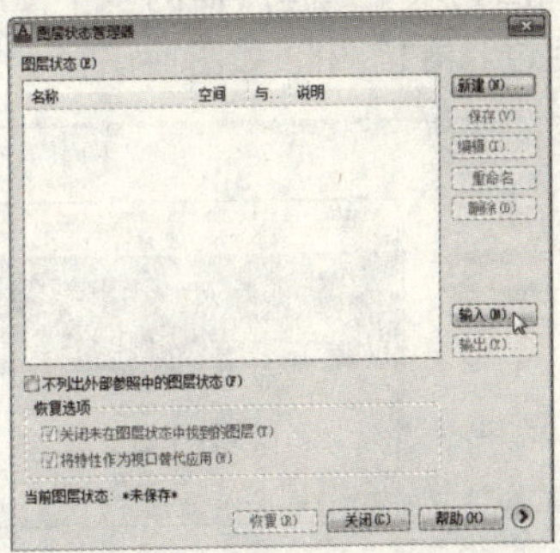

图3-54 调用图层文件

高手应用秘籍 图层过滤器的运用

当图层比较多时，利用图层过滤器可以在图层管理器中显示满足条件的图层，缩短查找和修改图层设置的时间。通过"图层过滤器"对话框，可以设置条件过滤选项，在图层特性管理器中设置图层过滤器后，系统将在列表中显示符合过滤条件的图层。下面举例对图层过滤器的运用做简单的介绍。

Step 01 打开图形文件，打开图层特性管理器。单击左上角"新建特性过滤器"按钮，打开"图层过滤器特性"对话框，如图3-55所示。

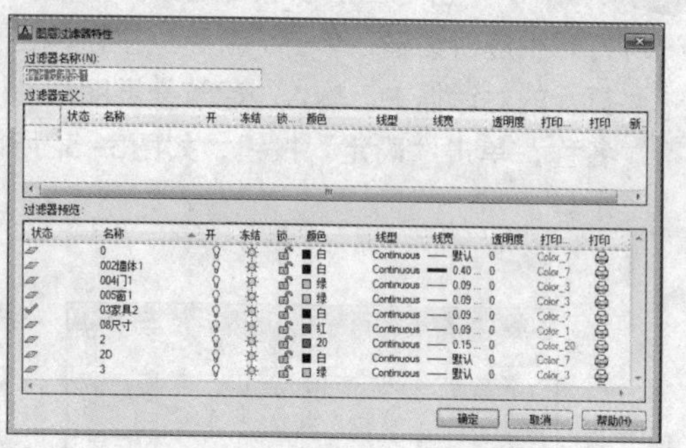

图3-55 "图层过滤器"对话框

Step 02 在"过滤器名称"文本框中，命名新建的过滤器名称，这里输入"颜色"。然后在"过滤器定义"列表中，单击"颜色"一栏下方矩形框，此时则会显示图标，单击该图标，在打开的"选择颜色"对话框中，选择所需过滤的颜色，这里选择"绿"色。此时，在"过滤器预览"列表中只显示出颜色为"绿"色的图层，如图3-56所示。

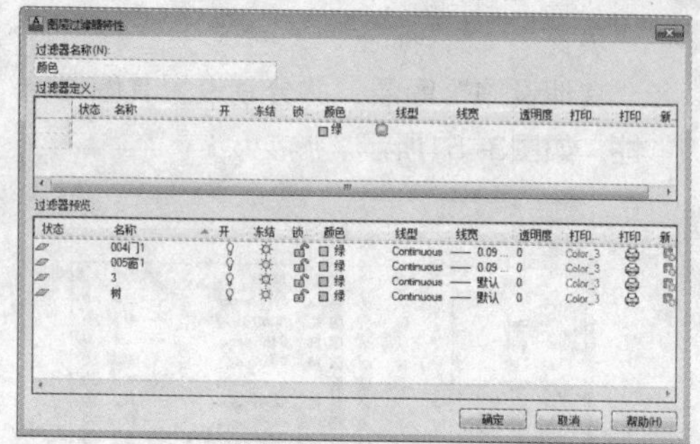

图3-56 新建"颜色"过滤器

Step 03 关闭"图层过滤器特性"对话框，在图层特性管理器中，用户可在左侧列表中看到新建的"颜色"图层特性过滤器，并在右侧的列表中显示出该图层过滤器所过滤出的图层。

以上介绍的是如何新建特性过滤器，下面介绍如何新建组过滤器。

Step 01 在图层特性管理器中，单击"新建组过滤器"按钮。此时在左侧列表中显示"组过滤器1"选项，单击该选项可重命名。单击"全部"选项，在图层列表中选择所需的多个图层选项，并拖入"组过滤器1"中，如图3-57所示。

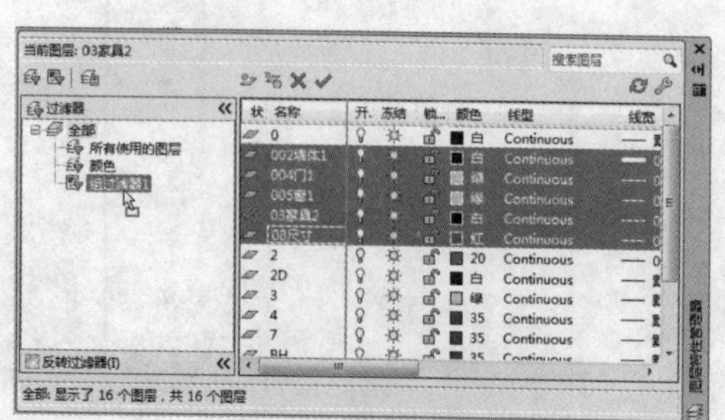

图3-57 新建组过滤器

Step 02 单击"组过滤器1"，在图层列表中可看到该组过滤器已经过滤的图层，如图3-58所示。勾选"反转过滤器"复选框，可显示除过滤层之外的所有图层。

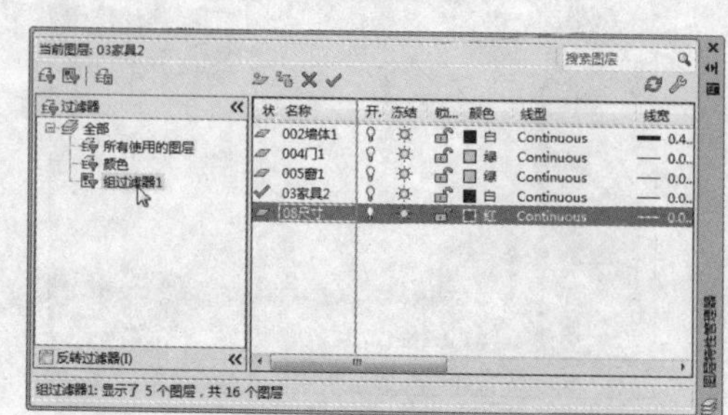

图3-58 显示过滤图层

秒杀 工程疑惑

在设置和管理图层时，用户经常会遇见各种各样的问题，下面针对本章总结一些常见问题并进行解答，包括删除顽固图层、设置图层透明度、图层过滤器的作用等。

问　题	解　答
如何删掉 CAD 里的顽固图层?	在对图层进行操作时，有一些顽固图层总是无法删除。此时可使用以下操作进行删除 ❶ 在应用程序菜单中执行“图形实用工具 > 清理”命令 ❷ 在打开的“清理”对话框中，单击“全部清理”按钮即可 如果使用该方法仍无法删除的话，还可以使用复制图层的方法进行删除。其具体操作如下 ❶ 在图层特性管理器中，关闭所需删除的图层，在绘图区中，选中所有图形，按快捷键 Ctrl+C 复制 ❷ 打开一空白文件，按快捷键 Ctrl+V 将复制的图形粘贴至绘图区中，此时再次打开图层特性管理器时，会发现之前关闭的图层已被删除
如何来设置图层“透明度”的属性?	在图层特性中，透明度也是图层特性的一种。具体设置方法如下 ❶ 在“常用”选项卡的“特性”面板中，单击“透明度”数值框 ❷ 在其数值框中输入透明度数值即可。其数值范围为 0~90，数值越高，图层颜色越浅
图层特性过滤器的作用是什么?	在一些复杂的图纸中，一般都会有很多图层，要想控制好这些图层就需要其运用到图层特性过滤器功能。图层过滤功能简化了图层的操作，用户可根据图层的一个或多个特性创建图层过滤器
在更改图层颜色时，需要注意什么?	不同的图层一般需要不同的颜色来区别，在选择图层颜色时，应该根据打印时线宽的粗细来选择。打印时，线型越宽，其所在图层的颜色应越亮

AutoCAD 2013

CHAPTER 04

图形辅助功能的使用

使用AutoCAD软件绘图时，通常会运用到一些辅助功能，例如捕捉功能、夹点功能以及查询功能等。合理利用这些辅助功能能够轻松快捷地绘制出精确的图形。本章将着重介绍对象捕捉、极轴追踪、正交、栅格、夹点以及查询功能的操作方法，为以后的学习打下基础。

学完本章您可以掌握如下知识点

知识点序号	知识点难易指数	知识点
1	★	AutoCAD 2013 的捕捉功能
2	★	AutoCAD 2013 的夹点功能
3	★	改变 AutoCAD 2013 的图形特性
4	★★	AutoCAD 2013 的参数化功能
5	★★	AutoCAD 2013 的查询功能

本章内容图解链接

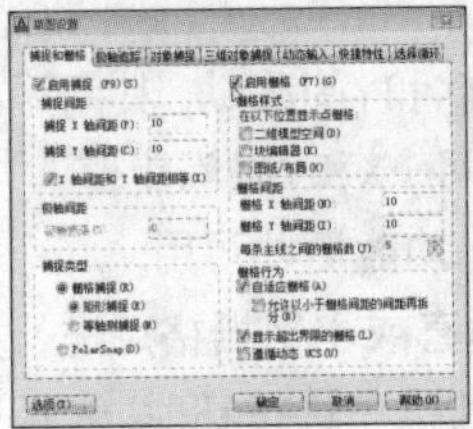

◎“捕捉和栅格”选项卡

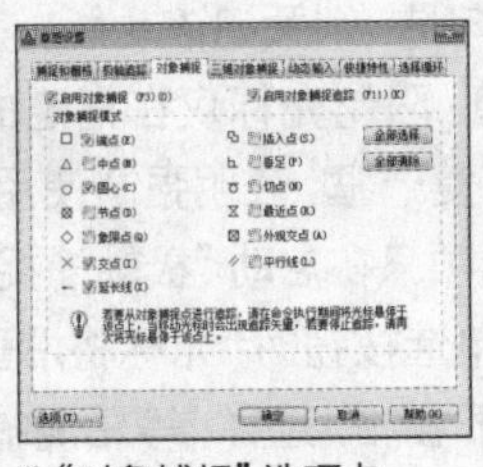

◎“对象捕捉”选项卡

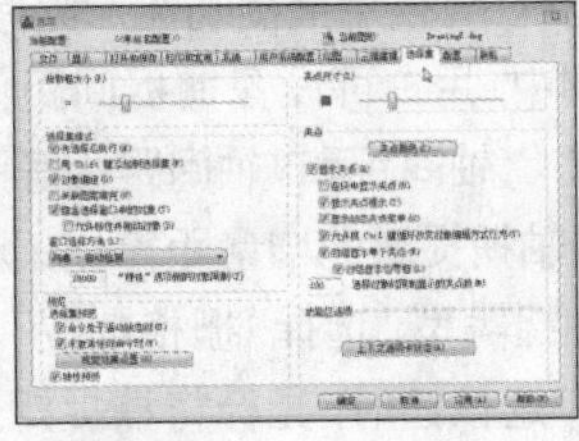

◎设置夹点

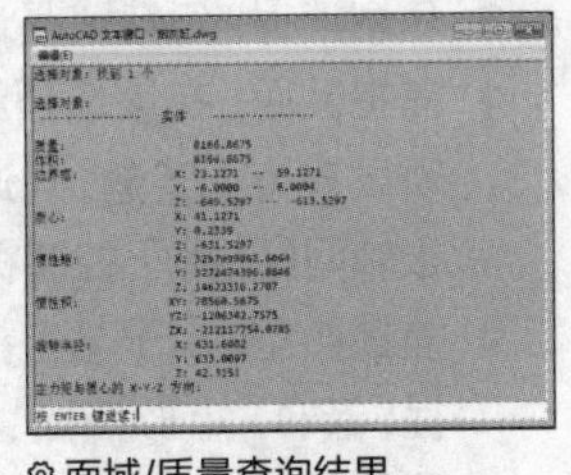

◎面域/质量查询结果

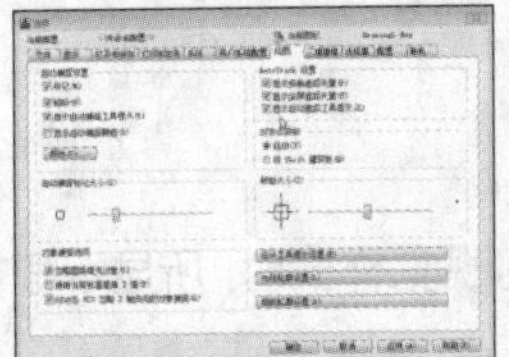

◎“绘图”选项卡

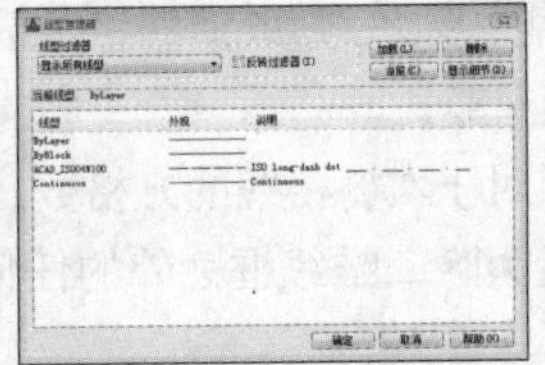

◎“线型管理器”对话框

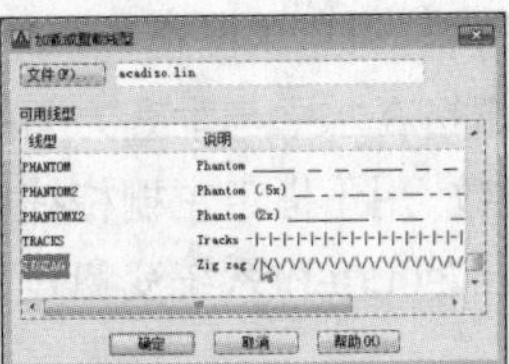

◎选择线型

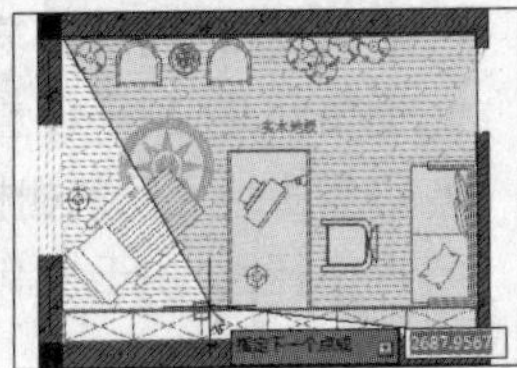

◎指定测量范围

4.1 图形定位功能的使用

使用捕捉工具能够精确、快速地绘制图纸。AutoCAD 2013提供了多种捕捉功能，包括对象捕捉、极轴追踪、栅格和正交等功能。下面分别对其进行讲解。

4.1.1 栅格和捕捉功能

利用捕捉工具，用户可在屏幕上创建一个隐含的栅格，使用它可以捕捉光标，约束光标只能落在某一栅格点上。用户可以通过设置来确定栅格距离。启动栅格显示功能可将隐藏的栅格显示出来。

在AutoCAD中，启动捕捉功能和栅格显示功能的方法有以下两种。

1. 通过菜单栏命令启动

在菜单栏中执行“工具>绘图设置”命令，打开“草图设置”对话框，切换至“捕捉和栅格”选项卡，勾选“启用捕捉”和“启用栅格”复选框即可，如图4-1所示。

2. 通过状态栏命令启动

在状态栏中，单击“捕捉模式”按钮和“栅格显示”按钮即可启动，如图4-2所示。

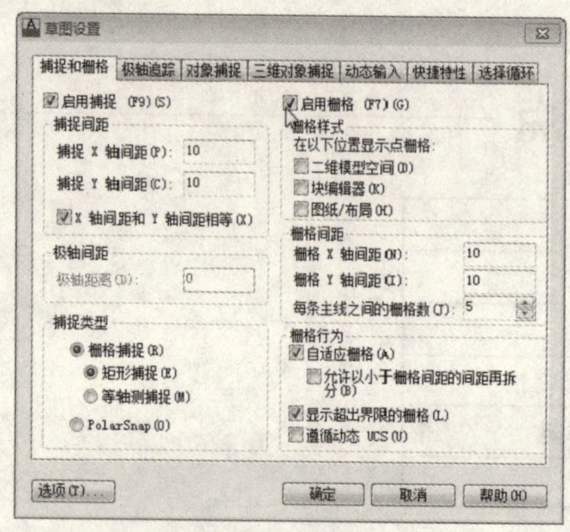

图4-1 勾选相应复选框

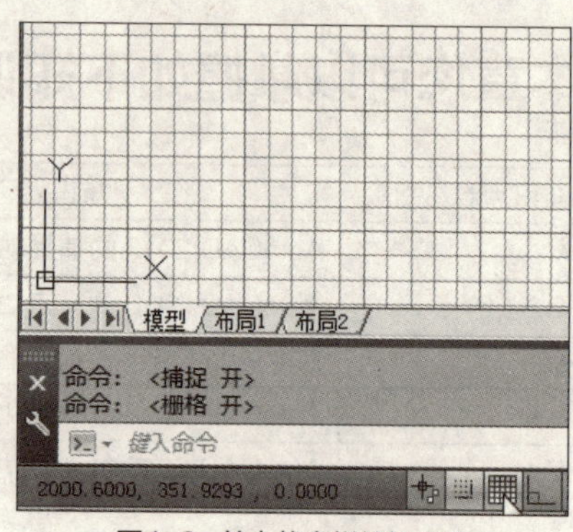

图4-2 单击状态栏按钮启动

“捕捉和栅格”选项卡中的各选项说明如下。

- 启用捕捉：勾选该复选框，可启用捕捉功能；取消勾选，则关闭该功能。
- 捕捉间距：在该选项组中，用户可设置捕捉间距值，限制光标仅在指定的X和Y间移动。其间距必须设置为正实数。勾选“X轴间距和Y轴间距相等”复选框，表明强制使用同一X和Y轴间距值。
- 极轴间距：用于控制极轴捕捉时的增量距离。该选项只在启动“极轴捕捉”功能后才可用。
- 捕捉类型：用于确定捕捉类型。选择“栅格捕捉”单选按钮时，光标将沿垂直或水平栅格点进行捕捉；选择“矩形捕捉”单选按钮时，光标将捕捉矩形栅格；选择“等轴测捕捉”单选按钮时，光标则捕捉等轴测栅格。
- 启用栅格：勾选该复选框，可启动栅格显示功能。反之，则取消栅格显示。
- 栅格间距：用于设置栅格在水平与垂直方向的间距。
- 每条主线之间的栅格数：用于指定主栅格线相对于次栅格线的方格数。
- 栅格行为：用于控制当Vscurrent系统变量设置为除二维线框之外的任何视觉样式时，所显示栅格线的外观。

4.1.2 对象捕捉功能

对象捕捉功能是在AutoCAD中绘图时必不可少的功能之一。通过对象捕捉功能，能够快速定位图形中点、垂点、端点、圆心、切点及象限点等。启动对象捕捉功能的方法有以下两种。

1. 通过"草图设置"对话框启动

右击状态栏中的"对象捕捉"按钮，在快捷菜单中选择"设置"命令，打开"草图设置"对话框，切换至"对象捕捉"选项卡，如图4-3所示，勾选所需捕捉的模式即可。

2. 通过快捷菜单命令启动

同样在状态栏中右击"对象捕捉"按钮，在打开的快捷菜单中，用户可选择所需的捕捉模式命令将其启动，如图4-4所示。

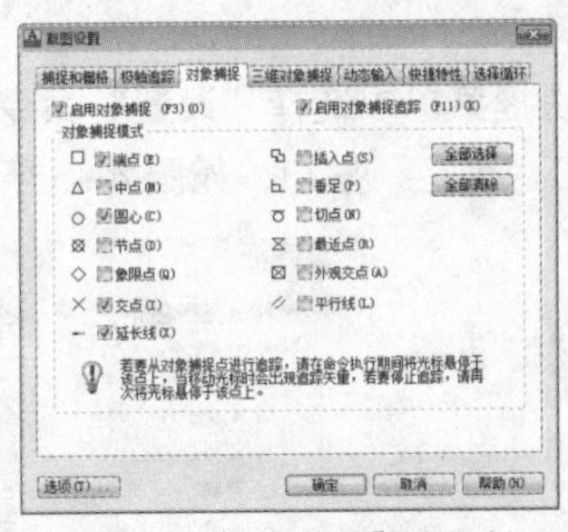

图4-3 "对象捕捉"选项卡

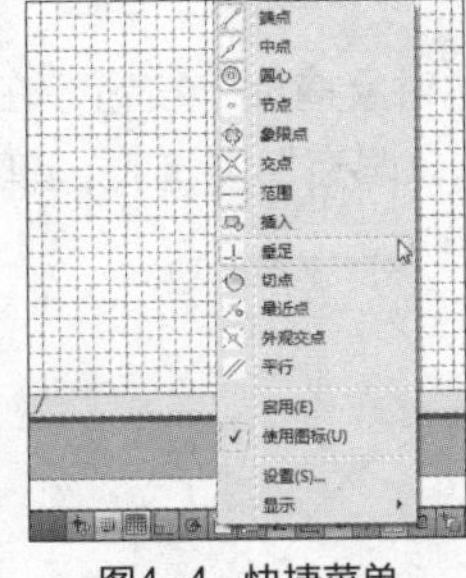

图4-4 快捷菜单

对象捕捉各模式的功能如表4-1所示。

表4-1 对象捕捉模式的功能

名 称	功 能
端点捕捉	捕捉到线段等对象的最近端点或角
中点捕捉	捕捉到线段等对象的中点
圆心捕捉	捕捉到圆、椭圆、椭圆弧或圆弧的中心点
节点捕捉	捕捉到线段等对象的节点
象限点捕捉	捕捉到圆或圆弧的象限点
交点捕捉	捕捉到各对象之间的交点
延长线捕捉	捕捉到直线或圆弧延长线上的点
插入点捕捉	捕捉块、图形、文字或属性的插入点
垂足捕捉	捕捉到垂直于线或圆上的点
切点捕捉	捕捉到圆或圆弧的切点
最近点捕捉	捕捉拾取点最近的线段、圆、圆弧或点等对象上的点
外观交点捕捉	捕捉两个对象外观上的交点
平行线捕捉	捕捉到与指定线平行的线上的点
临时追踪点	创建对象捕捉所使用的临时点
自	从临时参照点偏移

其中"临时追踪点"和"自"这两种捕捉模式只有在绘图过程中才能启用，属于透明命令的一种。

用户只需在绘制过程中单击鼠标右键，在快捷菜单中选择"捕捉替代"命令，既能在级联菜单中选择这两种捕捉功能。

下面以绘制内接圆半径为50mm的正五边形为例，介绍使用捕捉功能的操作方法。

Step 01 在"常用"选项卡的"绘图"面板中单击"圆"按钮，在绘图区中指定好圆心点，根据命令行中的提示信息，输入圆的半径值为 50，按 Enter 键，完成圆形的绘制，如图 4–5 所示。

命令行提示如下。

```
命令 : _circle
指定圆的圆心或 [ 三点 (3P)/ 两点 (2P)/ 切点、切点、半径 (T)]:              // 指定圆心点
指定圆的半径或 [ 直径 (D)] <50.0000>: 50                               // 输入圆半径值，按 Enter 键
```

Step 02 右击状态栏中的"对象捕捉"按钮，在快捷菜单中选择"设置"命令，打开"草图设置"对话框。分别勾选"圆心"和"象限点"复选框，单击"确定"按钮，如图 4–6 所示。

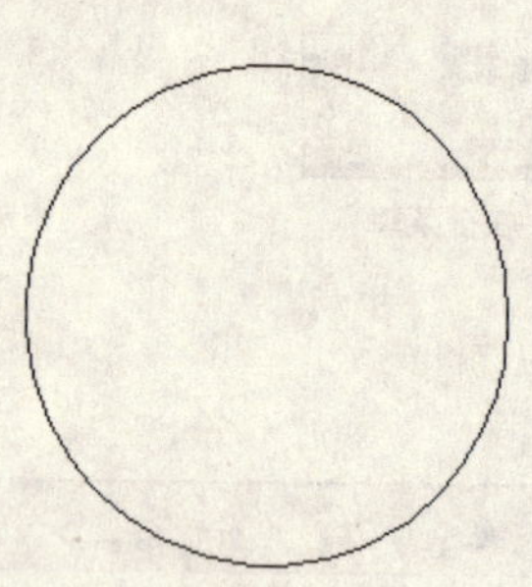

图4–5　绘制半径为50mm的圆

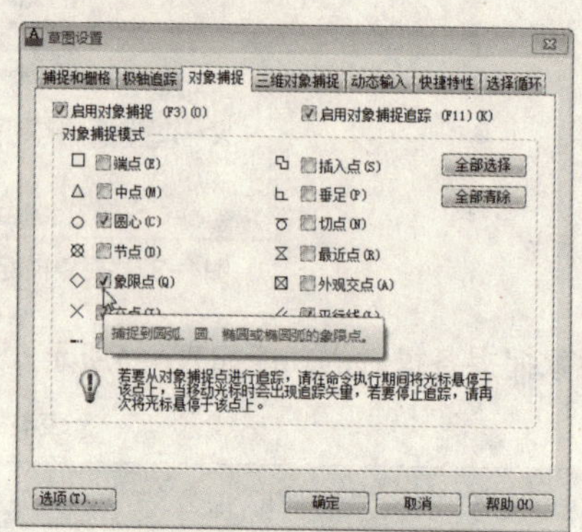

图4–6　启动捕捉功能

Step 03 在"常用"选项卡的"绘图"面板中单击"矩形"按钮，在下拉列表中选择"多边形"选项，根据命令行的提示，输入边数值为 5。然后在绘图区中捕捉圆心点，如图 4–7 所示。

Step 04 在光标右侧出现后"输入选项"列表中，选择"外切于圆"选项，如图 4–8 所示。

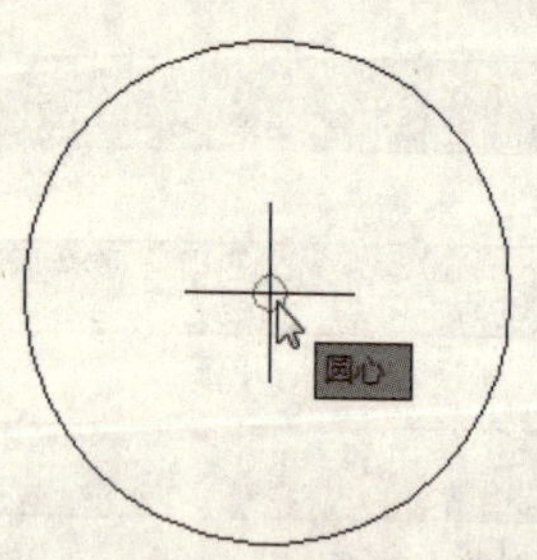

图4–7　捕捉圆心

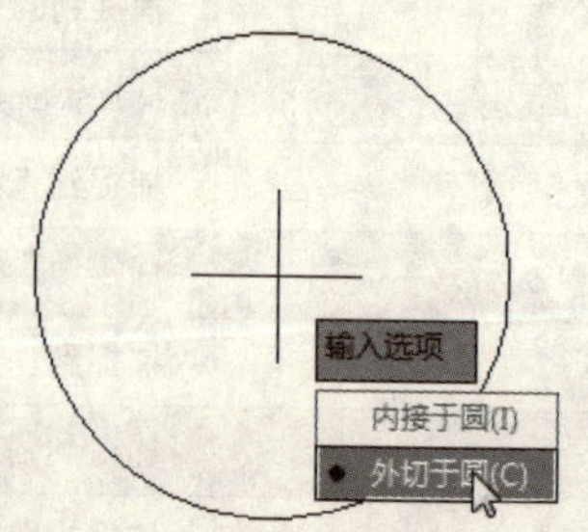

图4–8　外切于圆

Step 05 将光标向下移动，捕捉圆形的象限点，如图 4–9 所示，即可完成正五边形的绘制，如图 4–10 所示。

命令行提示如下。

```
命令 : _polygon 输入侧面数 <4>: 5                      // 输入多边形边数，按 Enter 键
指定正多边形的中心点或 [ 边 (E)]:                       // 捕捉圆心中心点
```

```
输入选项 [ 内接于圆 (I)/ 外切于圆 (C)] <C>: C            // 选择外切于圆
指定圆的半径：                                          // 捕捉圆形象限点
```

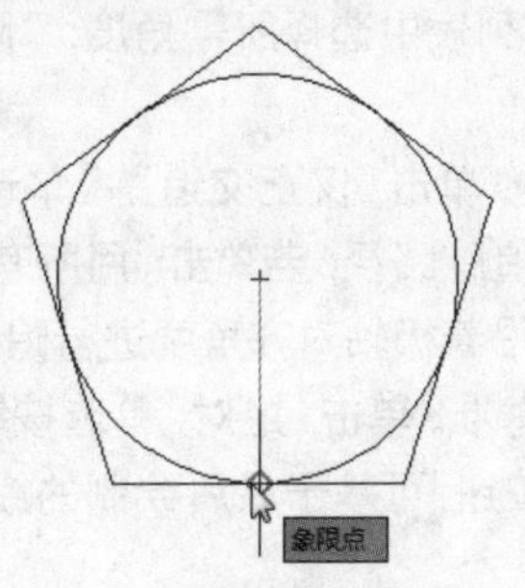

图4-9 捕捉圆形象限点

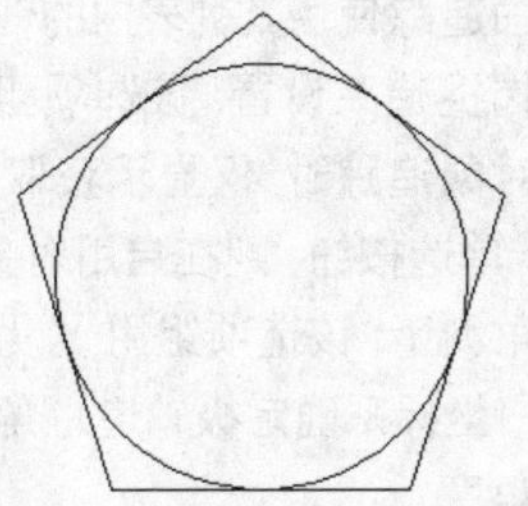

图4-10 完成正多边形的绘制

4.1.3 运行和覆盖捕捉模式

对象捕捉模式可分为运行捕捉模式和覆盖捕捉模式。下面分别对其模式进行简单的介绍。

(1) 运行捕捉模式

在状态栏中，右击"对象捕捉"按钮，在快捷菜单中选择"设置"选项，在打开的"草图设置"对话框中，被勾选的对象捕捉模式始终处于运行状态，直到撤消勾选为止。

(2) 覆盖捕捉模式

若在点命令的命令行提示信息下，输入MID、CEN、QUA等来执行相关捕捉功能，这样只是临时打开捕捉模式。相应模式只对当前捕捉点有效，完成该捕捉功能后则无效。

4.1.4 对象追踪功能

对象追踪功能是对象捕捉功能与追踪功能的结合，它是AutoCAD一个非常便捷的绘图功能。它按照指定角度或按与其他对象的指定关系来绘制对象。

1. 极轴追踪功能

极轴追踪功能可在系统要求指定一点时，按事先设置的角度增量显示一条无限延伸的辅助线，用户可沿辅助线追踪到指定点。

若要启动该功能，可在状态栏中右击"极轴追踪"按钮，选择"设置"选项，如图4-11所示。打开"草图设置"对话框，在"极轴追踪"选项卡中设置相关参数即可，如图4-12所示。

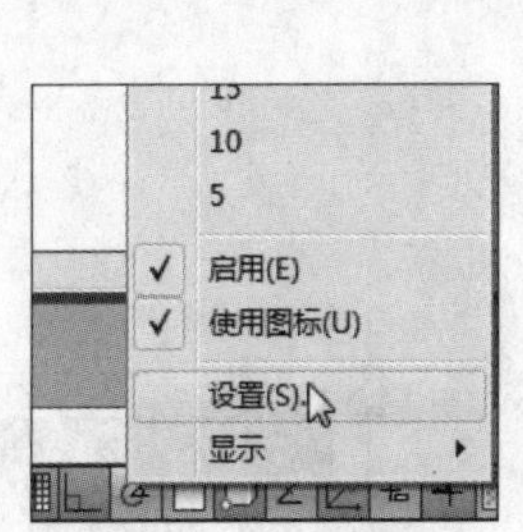

图4-11 选择快捷命令

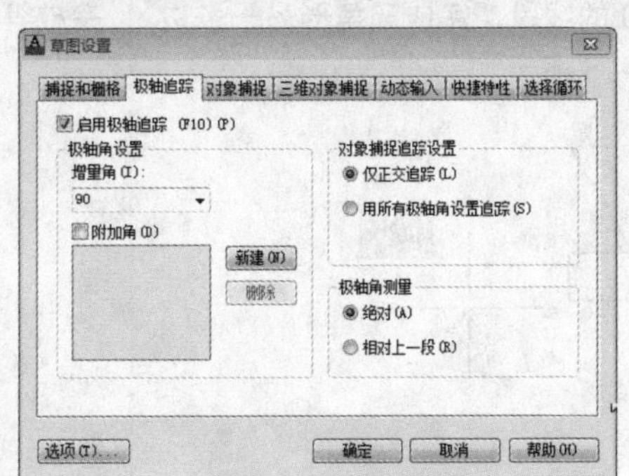

图4-12 设置相关参数

"极轴追踪"选项卡中的各选项说明如下。

- 启用极轴追踪：用于启动极轴追踪功能。
- 极轴角设置：该选项组用于设置极轴追踪的对齐角度；其中"增量角"用于设置显示极轴追踪对齐路径的极轴角增量，在此可输入任何角度，也可在其下拉列表中选择所需角度；"附加角"是指对极轴追踪使用其列表中的任何一种附加角度。
- 对象捕捉追踪设置：该选项组用于设置对象捕捉追踪选项。单击"仅正交追踪"单选按钮，则在启用对象追踪时，仅显示获取对象捕捉点的正交对象捕捉追踪路径；若单击"用所有极轴角设置追踪"单选按钮，则在启用对象追踪时，将从对象捕捉点起沿着极轴对齐角度进行追踪。
- 极轴角测量：该选项组用于设置极轴追踪对齐角度的测量基准。单击"绝对"单选按钮，可基于当前用户坐标系确定极轴追踪角度；单击"相对上一段"单选按钮，可基于最后绘制的线段确定极轴追踪角度。

下面以绘制等边三角形为例，介绍使用极轴追踪功能的操作方法。

Step 01 启动"极轴追踪"功能，在状态栏中右击"极轴追踪"按钮，选择"设置"命令，在打开的对话框中，将"增量角"设置为所需角度，这里设为 60，如图 4-13 所示。

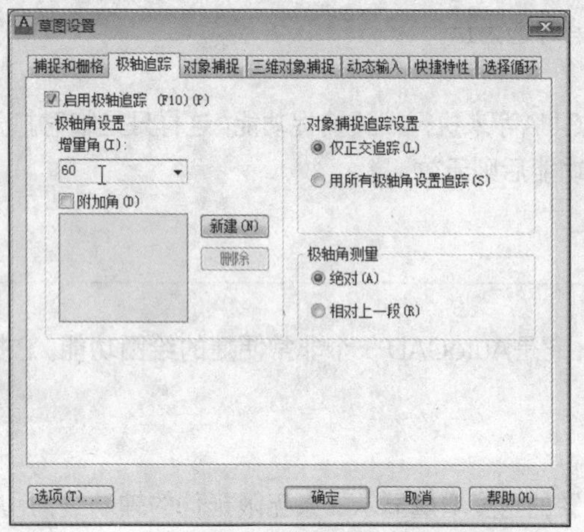

图4-13 设置增量角

Step 02 在"常用"选项卡的"绘图"面板中单击"直线"按钮，在绘图区中，指定线段起点，向上移动光标，此时在 60° 范围内，显示一条辅助虚线，将光标沿着这条辅助线移动，并输入线段长度值为 50，如图 4-14 所示。

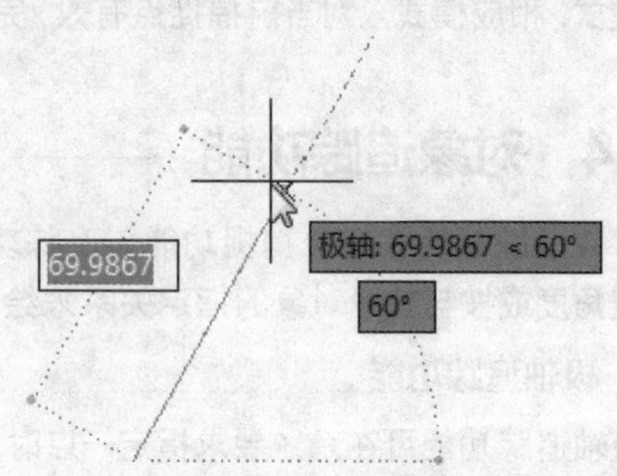

图4-14 绘制三角形一条边

Step 03 再将光标向下移动，并沿着 60° 角的延长线绘制一条长 50 的线段，完成三角形另一条边长的绘制，如图 4-15 所示。

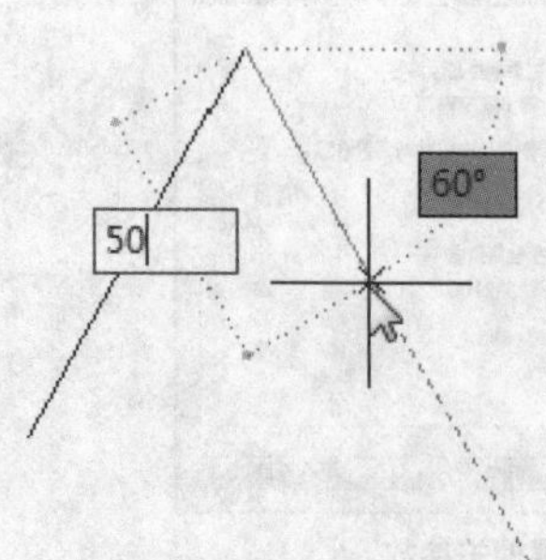

图4-15 绘制另一条边

Step 04 向左移动光标，捕捉第一条线段起点，完成等边三角形的绘制，如图 4-16 所示。

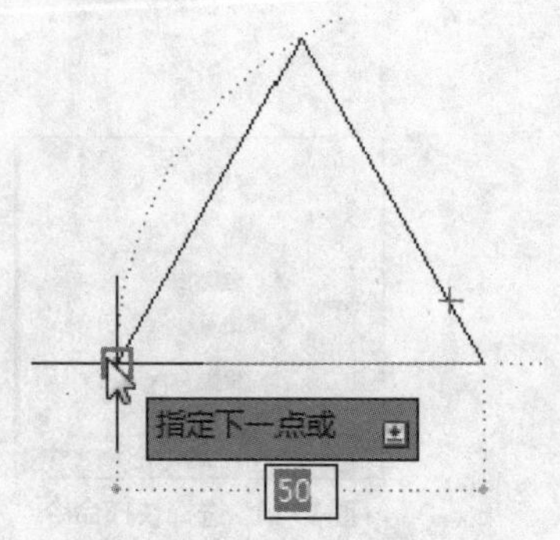

图4-16 完成等边三角形的绘制

2. 自动追踪功能

自动追踪功能可以帮助用户快速精确定位所需点。单击应用程序菜单中的“选项”按钮，打开“选项”对话框，切换至“绘图”选项卡，在“AutoTrack设置”选项组中进行设置即可，如图4-17所示。该选项组中各选项的说明如下。

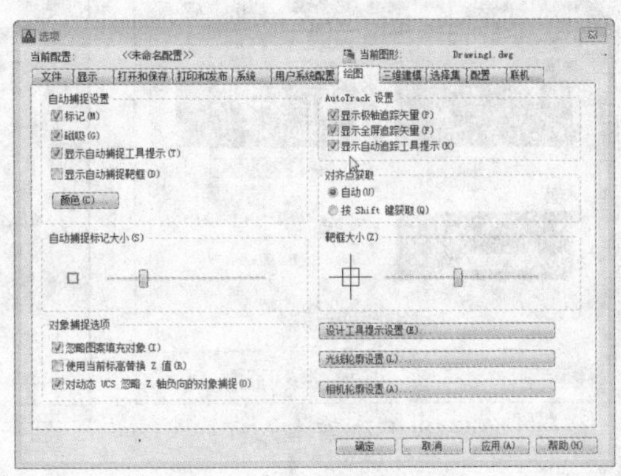

图4-17 设置“绘图”选项卡

- 显示极轴追踪矢量：该复选框用于设置是否显示极轴追踪的矢量数据。
- 显示全屏追踪矢量：该复选框用于设置是否显示全屏追踪的矢量数据。
- 显示自动追踪工具提示：该复选框用于设置在追踪特征点时，是否显示工具栏上相应按钮的提示文字。

4.1.5 使用“正交”模式

绘制图形时，有时需要绘制水平线或垂直线，此时就要用到正交功能。该功能为绘图提供了很大的便利。在状态栏中，单击“正交模式”按钮，即可启动该功能。用户也可通过按F8键来启动。

启动该功能后，光标只能限制在水平或垂直方向上移动，通过在绘图区中单击鼠标或输入线条长度来绘制水平线或垂直线。

4.1.6 使用动态输入

动态输入功能是指在执行某项命令时，在光标右侧显示的一个命令界面，即动态输入工具提示。它能帮助用户完成图形的绘制。该命令界面可根据光标的移动和操作而动态更新。

在状态栏中，单击“动态输入”按钮，即可启用动态输入功能。相反，再次单击该按钮，则将关闭该功能。下面对该功能做一个介绍。

1. 启用指针输入

在“草图设置”对话框中的“动态输入”选项卡中，勾选“启用指针输入”复选框来启动指针输入功能。单击“指针输入”选项组中的“设置”按钮，在打开的“指针输入设置”对话框中设置指针的格式和可见性，如图4-18和图4-19所示。

在执行某项命令时，启用指针输入功能后，在光标右侧的工具提示中会显示出当前的坐标点。此时可直接输入新坐标，而不用在命令行中输入。

2. 启用标注输入

在“动态输入”选项卡中，勾选“可能时启用标注输入”复选框，即可启用该功能。单击“标注输入”选项组中的“设置”按钮，在打开的“标注输入的设置”对话框中，设置标注输入的可见性，如图 4-20 所示。

工程师点拨：设置动态输入工具提示外观

若想对动态输入工具提示的外观进行设置时，需要在“动态输入”选项卡中单击“绘图工具提示外观”按钮，在打开的“工具提示外观”对话框中可设置工具提示的颜色、大小、透明度及应用范围。

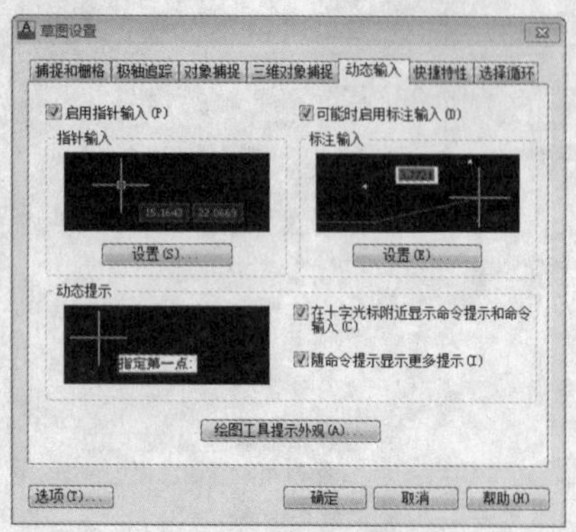

图4-18 启动指针输入

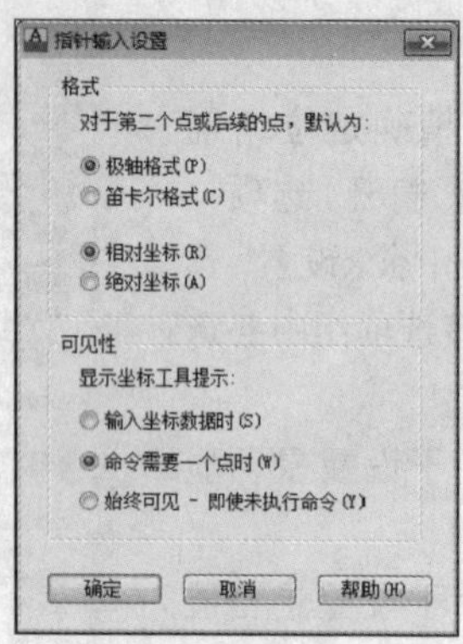

图4-19 设置指针输入

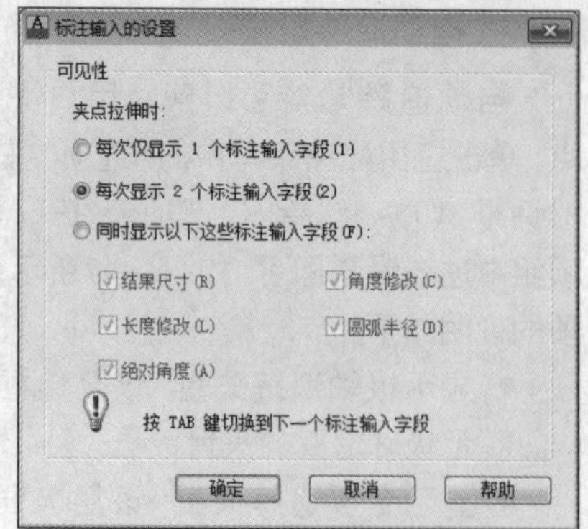

图4-20 设置标注输入

4.2 夹点功能的使用

在AutoCAD中，选择对象后，被选中的对象中会显示出夹点。夹点在默认情况下以蓝色小方块显示，如图4-21和图4-22所示。

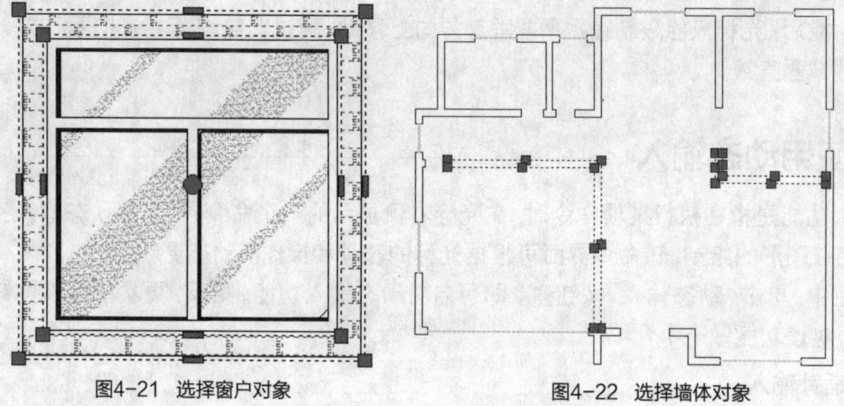

图4-21 选择窗户对象　　　　图4-22 选择墙体对象

4.2.1 夹点的设置

在AutoCAD中，用户可根据需要对夹点的大小和颜色等参数进行设置。用户只需打开“选项”对话框，切换至“选择集”选项卡，即可进行相关设置，如图4-23和图4-24所示。

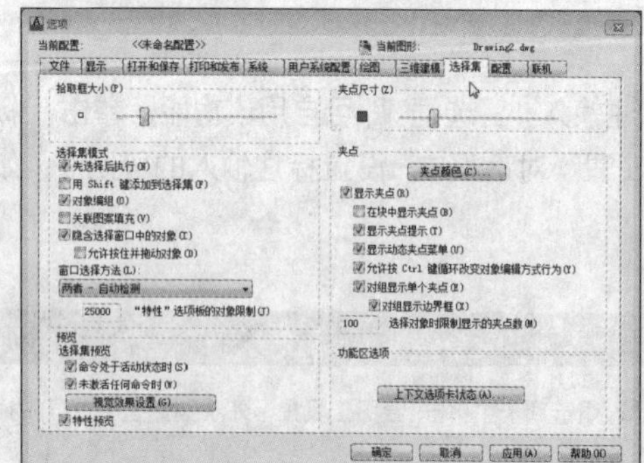

图4-23 在“选择集”选项卡中设置

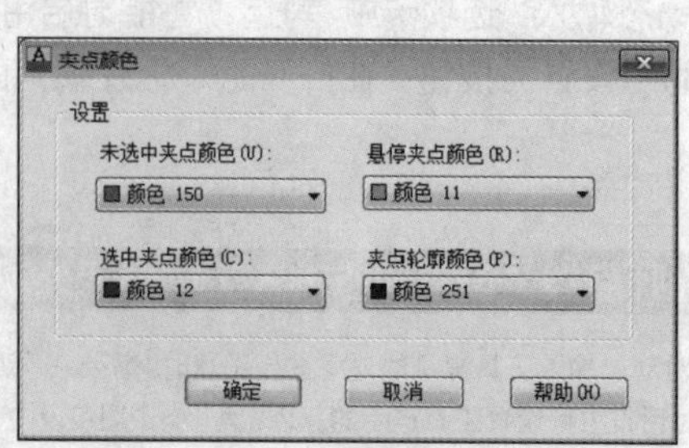

图4-24 设置夹点颜色

夹点设置的各选项说明如下。

- 夹点尺寸: 该参数用于控制显示夹点的大小。
- 夹点颜色: 单击该按钮, 打开"夹点颜色"对话框, 根据需要选择相应的选项, 然后在颜色列表中选择所需颜色即可。
- 显示夹点: 勾选该复选框, 选择对象后将显示夹点。
- 在块中显示夹点: 勾选该复选框, 系统将会显示块中每个对象的所有夹点; 若取消该勾选, 则在被选择的块中显示一个夹点。
- 显示夹点提示: 勾选该复选框, 当光标悬停在自定义对象的夹点上时, 将显示夹点的特定提示。
- 选择对象时限制显示的夹点数: 设定夹点显示数, 默认为100。若当前被选中的对象上的夹点数大于设定的数值, 此时对象的夹点将不显示。

4.2.2 夹点的编辑

当选中某夹点后, 用户可利用其夹点对图形进行编辑操作, 例如拉伸、旋转、缩放、移动以及镜像等。下面分别对其操作进行介绍。

1. 拉伸

当选择某图形对象后, 单击任意一夹点并拖动, 即可将图形拉伸, 如图4-25、图4-26和图4-27所示。命令行提示如下。

```
命令 :
** 拉伸 **
指定拉伸点或 [ 基点 (B)/ 复制 (C)/ 放弃 (U)/ 退出 (X)]:            // 选中图形拉伸基点, 输入拉伸距离
```

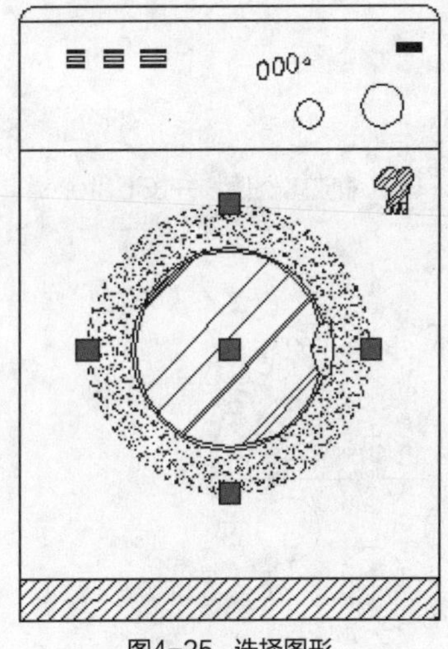

图4-25 选择图形

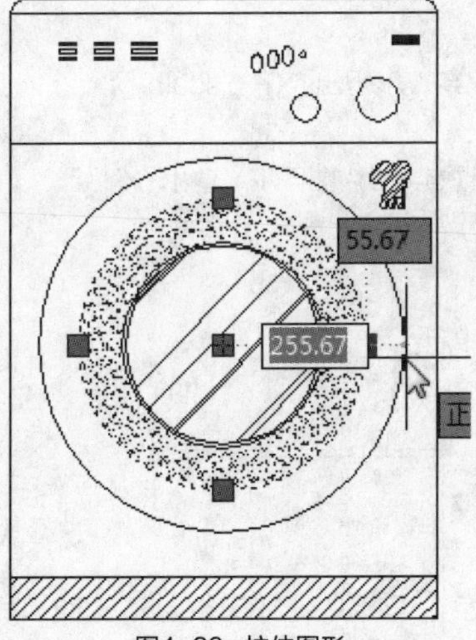

图4-26 拉伸图形

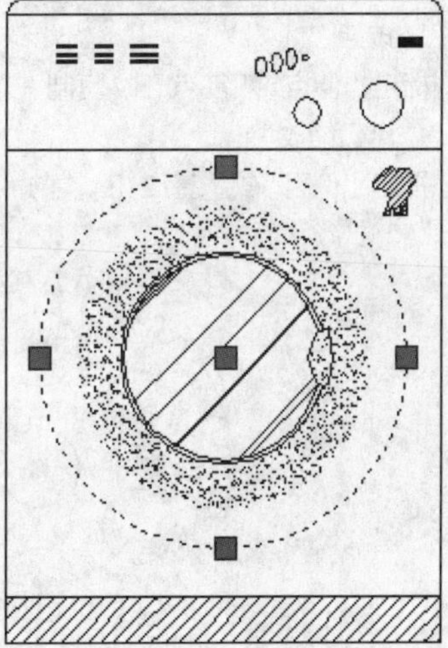

图4-27 完成拉伸

2. 旋转

旋转操作是将所选择的夹点作为旋转基准点进行旋转。选中夹点, 当该夹点变为红色时, 单击鼠标右键, 选择"旋转"命令, 然后输入旋转角度即可, 如图4-28、图4-29和图4-30所示。

命令行提示如下。

```
命令:
** 拉伸 **
指定拉伸点或 [基点 (B)/ 复制 (C)/ 放弃 (U)/ 退出 (X)]: _rotate
** 旋转 **
指定旋转角度或 [基点 (B)/ 复制 (C)/ 放弃 (U)/ 参照 (R)/ 退出 (X)]: 180        // 输入旋转值，并按 Enter 键
```

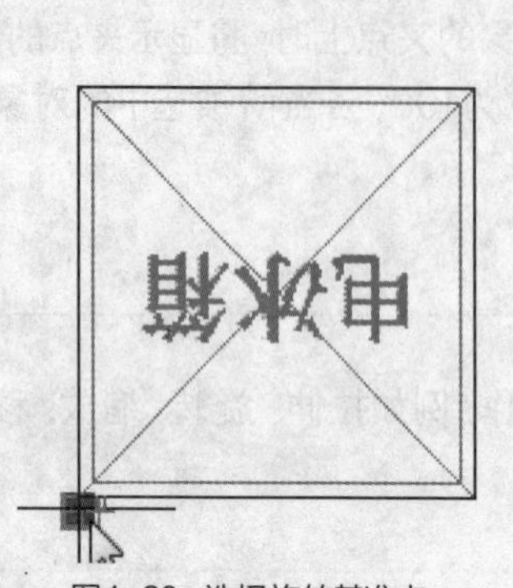

图4-28 选择旋转基准点

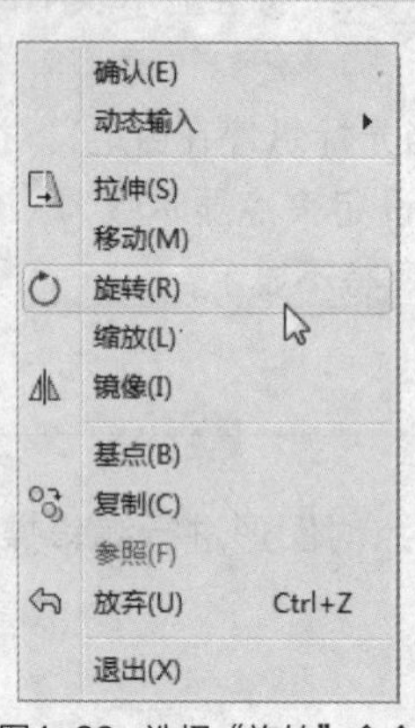

图4-29 选择“旋转”命令

图4-30 完成旋转

3. 缩放

选中需要缩放的图形，单击某个夹点，当该夹点为红色时，右击鼠标，选择“缩放”命令，并在命令行中输入缩放值，按Enter键即可，如图4-31和图4-32所示。

命令行提示如下。

```
命令:
** 拉伸 **
指定拉伸点或 [基点 (B)/ 复制 (C)/ 放弃 (U)/ 退出 (X)]: _scale
** 比例缩放 **
指定比例因子或 [基点 (B)/ 复制 (C)/ 放弃 (U)/ 参照 (R)/ 退出 (X)]: 2        // 输入缩放比例值，并按 Enter 键
```

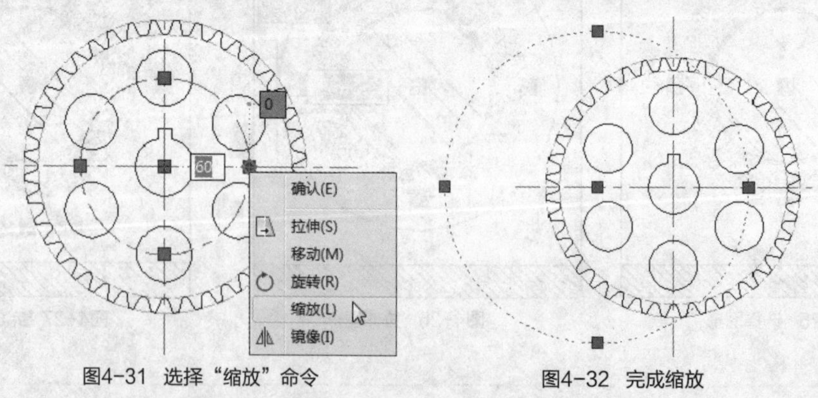

图4-31 选择“缩放”命令　　图4-32 完成缩放

4. 移动

移动的方法与上述操作相似。单击图形夹点，当其为红色时，右击鼠标，选择“移动”命令，输入移动距离或捕捉新位置即可，如图4-33和图4-34所示。

命令行提示如下。

```
命令：
** 拉伸 **
指定拉伸点或 [ 基点 (B)/ 复制 (C)/ 放弃 (U)/ 退出 (X)]: _move
** MOVE **
指定移动点 或 [ 基点 (B)/ 复制 (C)/ 放弃 (U)/ 退出 (X)]:                    // 捕捉新位置或输入移动距离
```

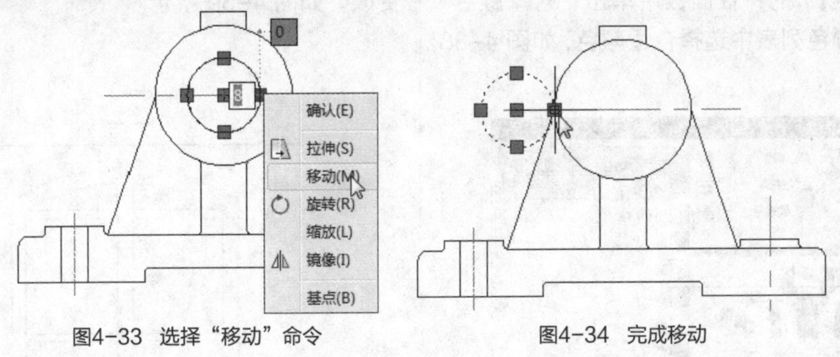

图4-33 选择“移动”命令　　图4-34 完成移动

5. 镜像

使用夹点进行镜像操作后，源图形对象会被删除。选中图形的夹点，当其变成红色时，单击鼠标右键，选择“镜像”命令，然后根据命令行提示，选择镜像线上的点来指定镜像线，即可完成镜像操作，如图4-35、图4-36和图4-37所示。

命令行提示如下。

```
命令：
** 拉伸 **
指定拉伸点或 [ 基点 (B)/ 复制 (C)/ 放弃 (U)/ 退出 (X)]:_mirror
** 镜像 **
指定第二点或 [ 基点 (B)/ 复制 (C)/ 放弃 (U)/ 退出 (X)]:                    // 选择镜像线上的另一点
```

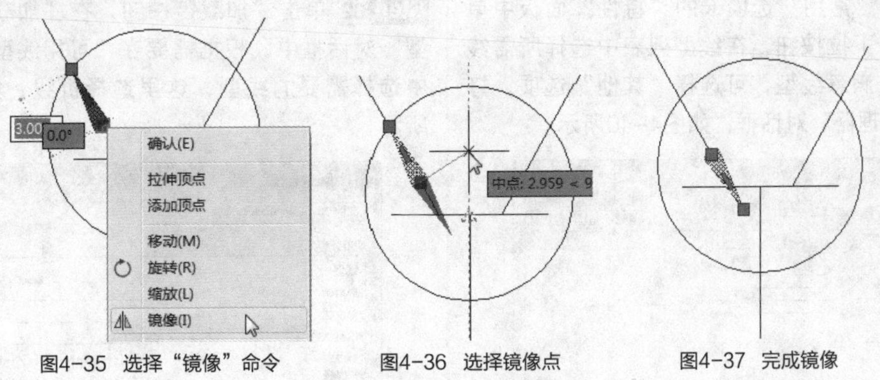

图4-35 选择“镜像”命令　　图4-36 选择镜像点　　图4-37 完成镜像

4.3 改变图形特性

在AutoCAD中，图形特性主要包括图形的颜色、线型样式以及线宽三种。除了通过“图层”功能更改图形特性外，还可以通过“特性”功能来更改。下面分别对其进行介绍。

4.3.1 图形颜色的改变

系统默认当前颜色为Bylayer，即随图层颜色改变当前颜色。若用户需将当前颜色进行更改，可以通过以下方法进行操作。

Step 01 打开图形文件，选中要更改的图形对象，在“常用”选项卡的特性面板中单击“对象颜色”下拉按钮，在颜色列表中选择合适颜色，如图 4-38 所示。

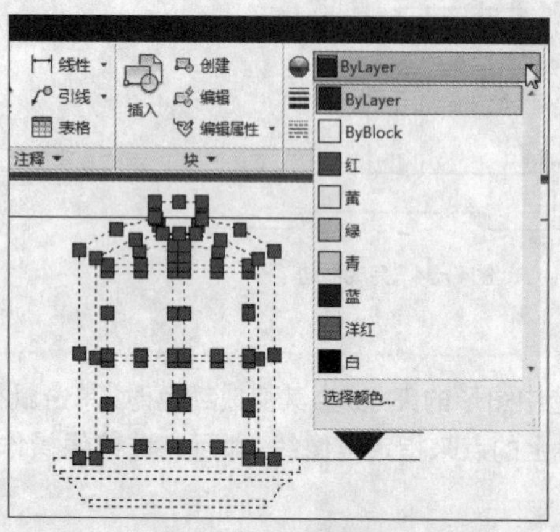

图4-38 选择所需颜色

Step 02 选择完成后，即可完成当前图形颜色的更改，如图 4-39 所示。

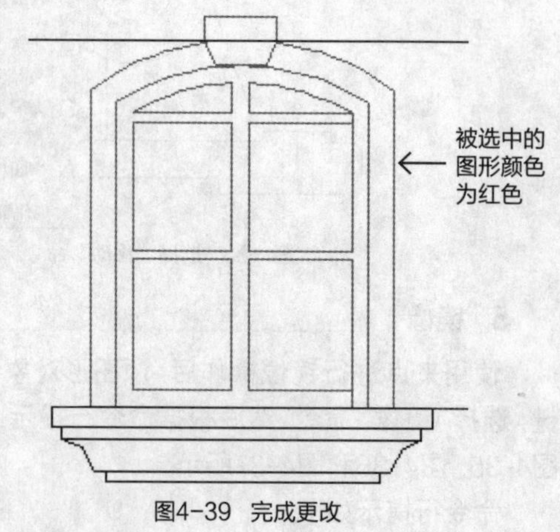

图4-39 完成更改

4.3.2 图形线型的改变

系统默认线型为Continuous实线。由于绘图要求不同，其线型要求也会有所改变。除了通过“图层”功能更改线型外，还可以使用“特性”功能来更改。具体操作步骤如下。

Step 01 在“常用”选项卡的“特性”面板中单击“线型”下拉按钮，在线型列表中选择所需线型。若没有满意线型，可选择“其他”选项，打开“线型管理器”对话框，如图4-40所示。

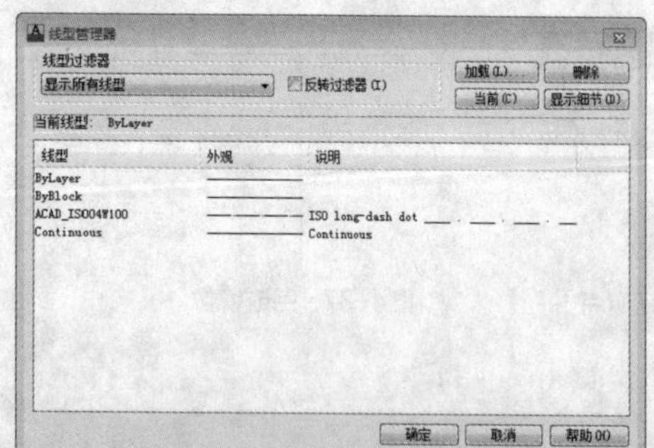

图4-40 “线型管理器”对话框

Step 02 单击“加载”按钮，在“加载或重载线型”对话框中，根据需要在“可用线型”列表框中选择需要的线型，这里选择折线，如图4-41所示。

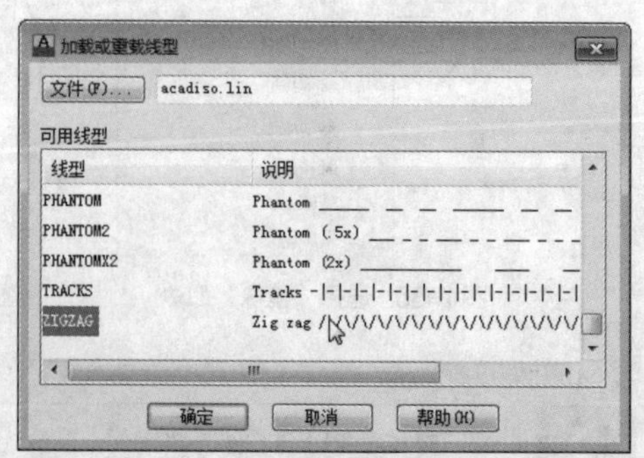

图4-41 选择线型

Step 03 单击“确定”按钮，返回上一层对话框。选择刚加载的折线，单击“确定”按钮，如图 4-42 所示。

Step 04 在绘图区中，选中要更改的线型，在“特性”面板的“线型”下拉列表中，选择刚加载的折线即可，如图 4-43 所示。

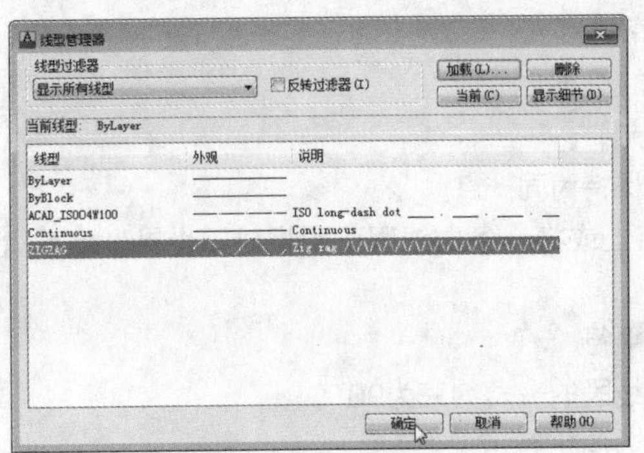
图4-42 加载线型

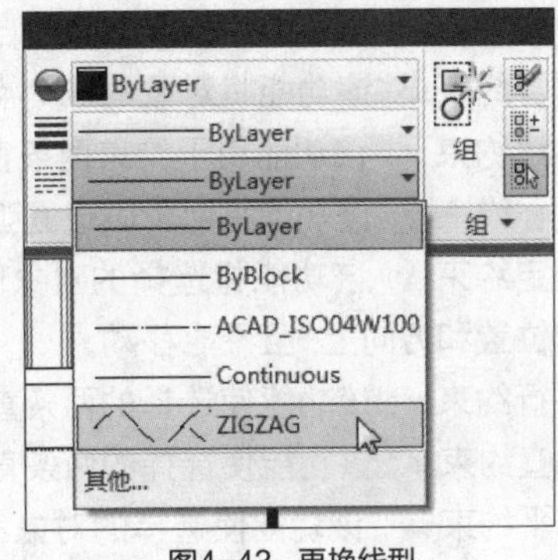

图4-43 更换线型

4.3.3 图形线宽的改变

在制图过程中，线宽可以清楚地表达出截面的剖切方式、标高的深度、尺寸线、小标记以及细节上的不同。下面介绍如何使用“特性”功能更改线宽。

Step 01 单击状态栏中的“显示/隐藏线宽”按钮，使其为显示状态，然后选择所需设置的线段，如图4-44所示。

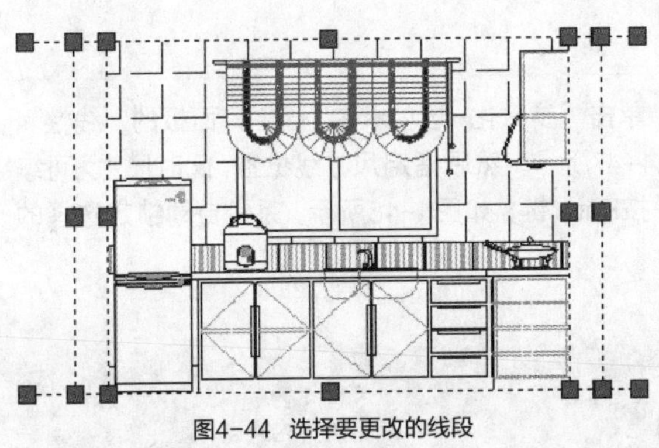
图4-44 选择要更改的线段

Step 02 在“常用”选项卡“特性”面板中“线宽”下拉菜单中，选择合适的线宽值，这里选择0.30mm，即可完成线宽设置，如图4-45所示。

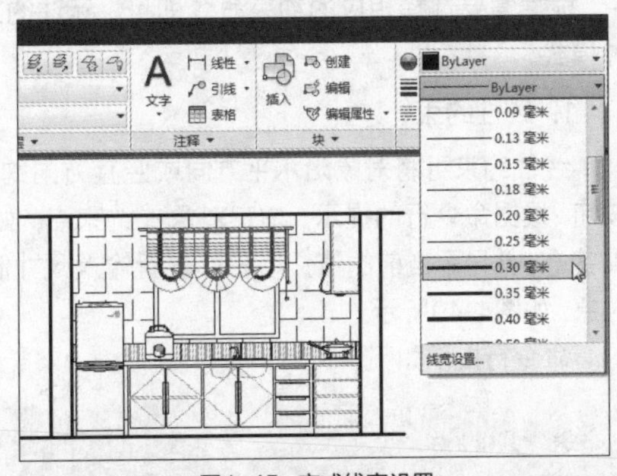
图4-45 完成线宽设置

4.4 参数化功能的使用

参数化功能是指利用几何约束方式来绘制图形。约束是指对选择的对象进行尺寸和位置的限制。参数化功能包括几何约束和标注约束两种模式。下面分别对其相关知识进行介绍。

4.4.1 几何约束

几何约束即为几何限制条件，主要用于限制二维图形或对象上的点位置。对象在几何约束后具有关联性，在没有溢出约束前是不能进行位置的移动的。在“参数化”选项卡的“几何”面板中，根据需要选择相应的约束命令，即可进行限制操作，如图 4-46 所示。

图4-46 “几何”面板

下面对该面板中的相关命令进行说明。

- 自动约束：程序根据选择对象将自动判断出约束的方式。
- 重合约束：该功能将对象的一个点与已经存在的点重合。
- 共线约束：该功能用于约束两条直线重合在一起。
- 同心约束◎：该功能将两个圆或圆弧对象的圆心保持为同一点。
- 固定约束：该功能将选择的对象固定在一个点上或将一条曲线固定到相对于世界坐标系指定的位置和方向上，且不能移动。
- 平行约束//：该功能使选择的两条直线保持相互平行。
- 垂直约束：该功能使选择的两条直线或多段线线段的夹角约束为90°。
- 水平约束：该功能使选择的对象约束为与水平方向平行。
- 竖直约束：该功能使选择的对象约束为与水平方向垂直。
- 相切约束：该功能约束两条曲线使其彼此相切或使其延长线相切。
- 平滑约束：该功能约束一条样条曲线，使其与其他样条曲线或直线之间保持平滑度。
- 对称约束：该功能使对象上的两条曲线或两个点关于的选定的直线保持对称。
- 相等约束=：该功能约束两条直线使其具有相同长度，也可约束圆弧或圆使其具有相同的半径值。

4.4.2 标注约束

标注约束主要通过约束尺寸来达到约束所选对象的位置上。在“参数化”选项卡的“标注”面板中，根据需要选择相应的约束命令即可。标注约束功能的操作与尺寸标注功能的类似，主要分为以下7种模式。

1. 线性约束

线性约束可将对象沿水平方向或竖直方向约束。单击“参数化”选项卡中“标注”面板的“线性”按钮，根据命令行的提示，指定对象或约束点，如图4-47所示。然后指定尺寸线位置，此时尺寸为可编辑状态，并显示当前的值，用户可重新输入尺寸值并按Enter键，如图4-48所示。系统自动锁定选择的对象，如图4-49所示。

命令行提示如下。

```
命令：_DcLinear
指定第一个约束点或 [ 对象 (O)] < 对象 >:        // 指定第一约束点
指定第二个约束点：                              // 指定第二约束点
指定尺寸线位置：                                // 指定尺寸线位置
标注文字 = 84                                  // 输入尺寸值，按 Enter 键
```

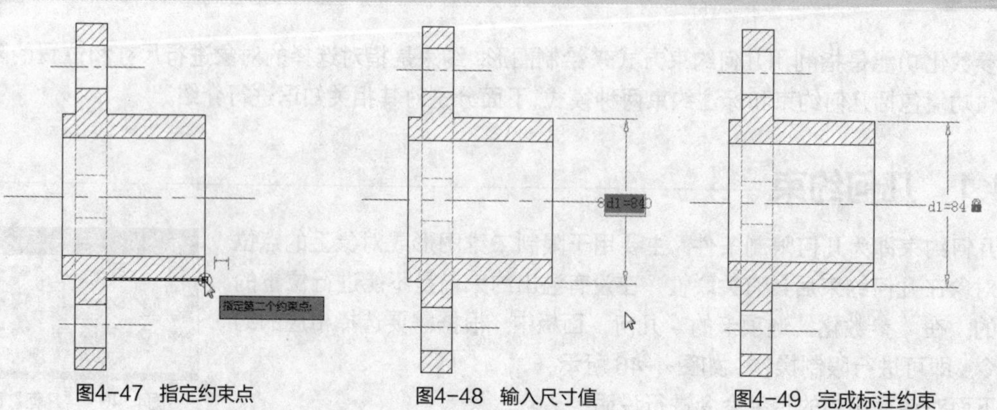

图4-47 指定约束点　　图4-48 输入尺寸值　　图4-49 完成标注约束

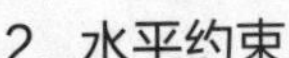

2. 水平约束

水平约束可以将所选对象沿水平方向进行移动，但不能沿竖直方向移动，其使用方法与线性约束相同，如图4-50图4-51和图4-52所示。

命令行提示如下。

```
命令：_DcHorizontal
指定第一个约束点或 [对象 (O)] < 对象 >:          // 指定水平位置第一约束点
指定第二个约束点：                              // 指定水平位置第二约束点
指定尺寸线位置：                                // 指定尺寸线位置
标注文字 = 75                                   // 输入尺寸值，按 Enter 键
```

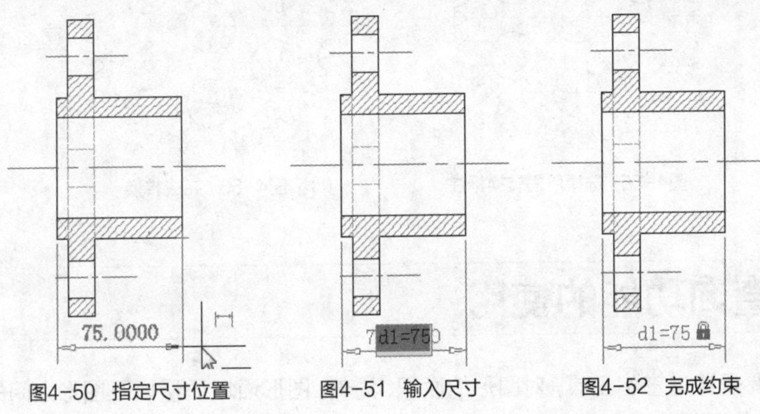

图4-50 指定尺寸位置　图4-51 输入尺寸　图4-52 完成约束

3. 竖直约束

竖直约束与水平约束正好相反，只能约束对象沿竖直方向移动，但不能沿水平方向移动，其操作步骤与上相同。

4. 对齐约束

对齐约束主要是对不在同一直线上的两个点对象进行约束。

5. 直径约束、半径约束和角度约束

直径约束用于约束圆的直径，如图4-53所示；半径约束则是约束圆或圆弧的半径值，如图4-54所示；角度约束用于约束两条直线之间的角度。

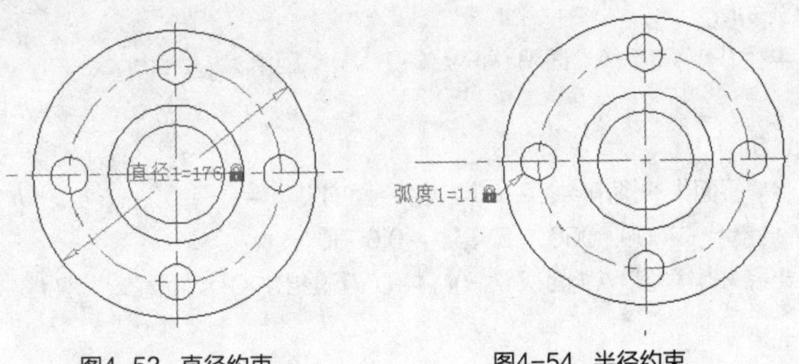

图4-53 直径约束　图4-54 半径约束

6. 转换

转换约束可将已经标注的尺寸转换为标注约束，如图4-55和图4-56所示。

命令行提示如下。

```
命令：_DcConvert
选择要转换的关联标注：找到 1 个                         // 选择所需转换的标注尺寸
选择要转换的关联标注：                                  // 按 Enter 键完成
转换了 1 个关联标注
无法转换 0 个关联标注
```

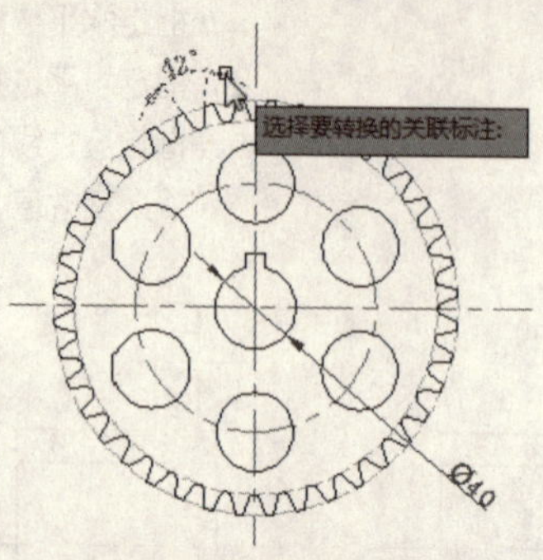

图4-55 选择所需转换标注

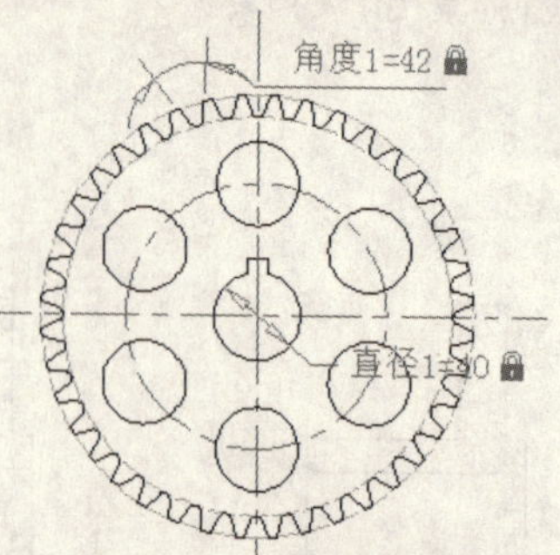

图4-56 完成转换

4.5 查询功能的使用

查询功能主要是通过查询工具，对图形的面积、周长、图形面域质量以及图形之间的距离等信息进行查询。使用该功能可帮助用户方便地了解当前绘制图形的所有相关信息，便于对图形进行编辑操作。

4.5.1 距离查询

距离查询是测量两个点之间最短连成的长度值，距离查询是最常用的查询方式。在使用距离查询工具的时候，只需要指定要查询的两个点，系统就将自动显示出两个点之间的距离。

在"常用"选项卡"实用工具"面板的"测量"下拉列表中选择"距离"选项，根据命令行提示，选择要测量图形的两个测量点，如图4-57所示，即可得出查询结果，如图4-58所示。

命令行提示如下。

```
命令：_MEASUREGEOM
输入选项 [ 距离 (D)/ 半径 (R)/ 角度 (A)/ 面积 (AR)/ 体积 (V)] < 距离 >: _distance
指定第一点：                                                    // 指定第一个测量点
指定第二个点或 [ 多个点 (M)]:                                   // 指定第二个测量点
距离 = 2000.0000，XY 平面中的倾角 = 270，与 XY 平面的夹角 = 0     // 按 Esc 键退出
X 增量 = 0.0000，Y 增量 = -2000.0000， Z 增量 = 0.0000
输入选项 [ 距离 (D)/ 半径 (R)/ 角度 (A)/ 面积 (AR)/ 体积 (V)/ 退出 (X)] < 距离 >: * 取消 *
```

工程师点拨：距离测量的快捷方法

除了使用功能区中的"测量"命令外，用户还可在命令行中输入命令DI并按Enter键，同样可启动"距离"查询功能，其操作方法与以上所介绍的相同。

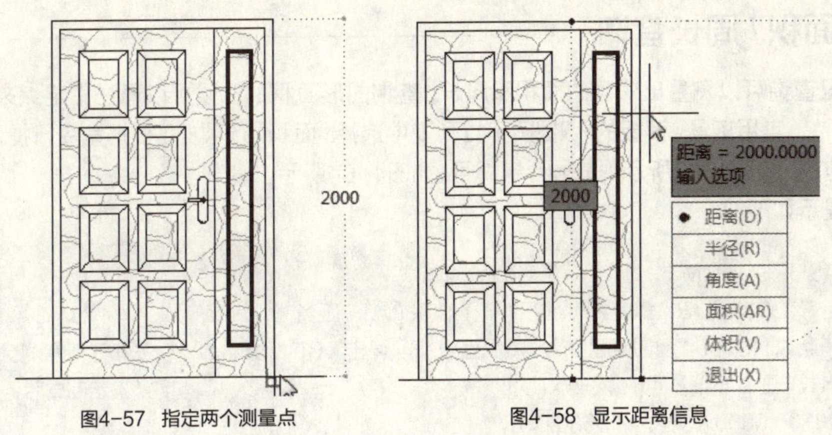

图4-57 指定两个测量点　　图4-58 显示距离信息

4.5.2 半径查询

半径查询主要用于查询圆或圆弧的半径或直径数值。在"实用工具"面板的"测量"下拉列表中选择"半径"选项，选择要查询的圆或圆弧曲线，如图4-59所示，此时，系统将自动查询出圆或圆弧的半径和直径值，如图4-60所示。

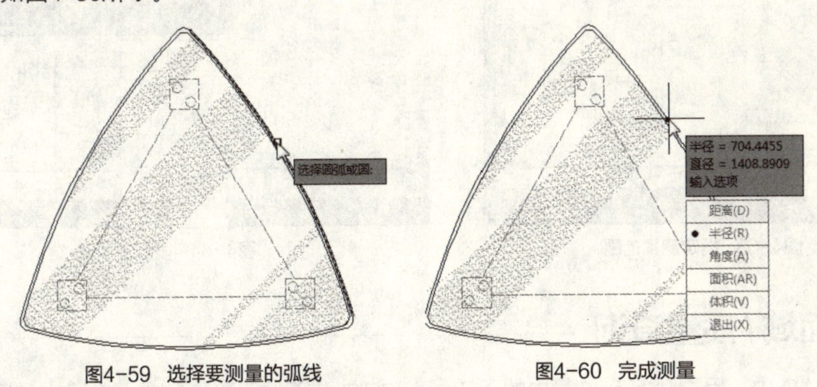

图4-59 选择要测量的弧线　　图4-60 完成测量

4.5.3 角度查询

角度查询用于测量两条线段之间的夹角度数。在"实用工具"面板的"测量"下拉列表中选择"角度"选项，在图形中分别选中要查询夹角的两条线段，如图4-61所示，此时，系统将自动测量出两条线段之间的夹角度数，如图4-62所示。

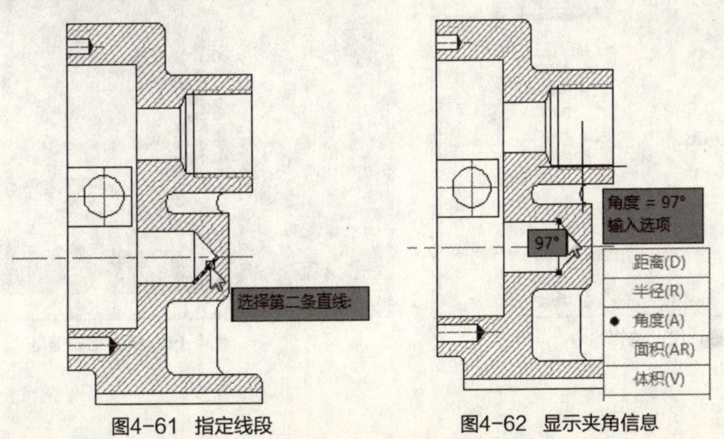

图4-61 指定线段　　图4-62 显示夹角信息

4.5.4 面积/周长查询

通过面积查询可以测量出对象的面积和周长。查询图形面积的时候可以通过指定点来选择要查询面积的区域。在"实用工具"面板的"测量"下拉列表中选择"面积"选项，根据命令行提示，框选出要查询的图形范围，如图4-63所示，按Enter键即可，如图4-64所示。

命令行提示如下。

```
命令：_MEASUREGEOM
输入选项 [距离(D)/半径(R)/角度(A)/面积(AR)/体积(V)] <距离>: _area
指定第一个角点或 [对象(O)/增加面积(A)/减少面积(S)/退出(X)] <对象(O)>:   //指定所需测量图形的范围
指定下一个点或 [圆弧(A)/长度(L)/放弃(U)]:                              //指定完成后，按Enter键
区域 = 11348300.0000，周长 = 13680.0707
输入选项 [距离(D)/半径(R)/角度(A)/面积(AR)/体积(V)/退出(X)] <面积>: *取消*  //按Esc键退出
```

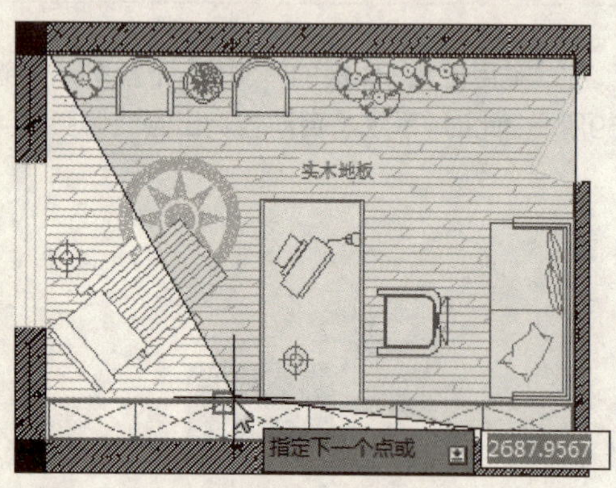

图4-63 指定测量范围

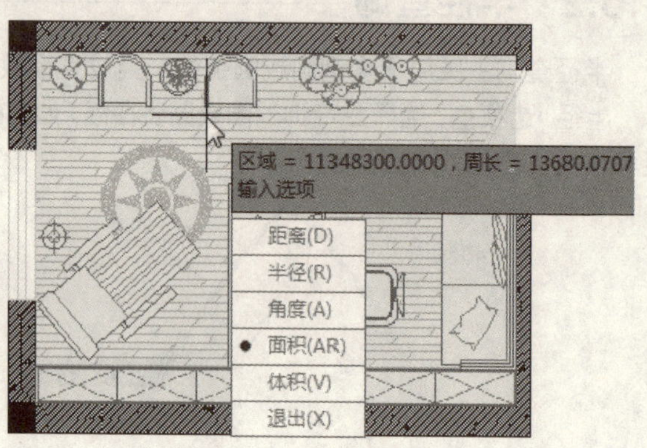

图4-64 显示测量信息

4.5.5 面域/质量查询

在AutoCAD中，用户执行菜单栏中的"工具>查询>面域/质量特性"命令，如图4-65所示，然后选中所需查询的实体面域，按Enter键，在打开的文本窗口中，即可查看其具体信息。按Enter键可继续读取相关信息，如图4-66所示。

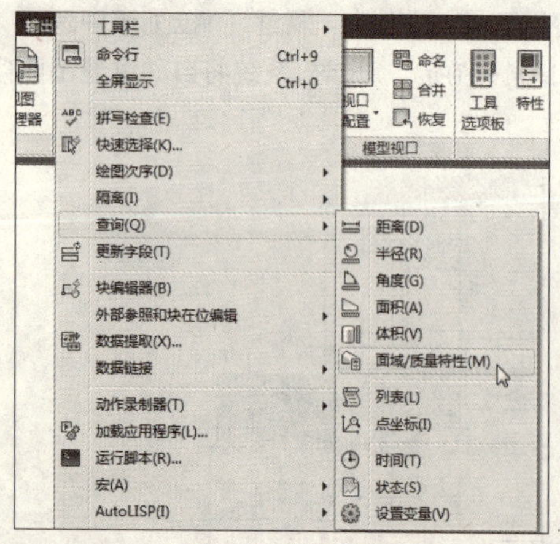

图4-65 选择命令

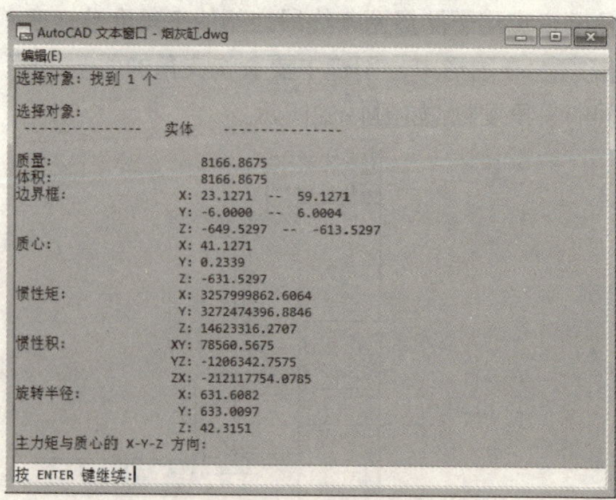

图4-66 查看相关信息

综合实例 查询建筑室内图纸相关信息

查询功能在装潢设计领域中经常用到。一般情况下，做完整套设计图纸后，为了能够核算出本次装潢所需费用，就需要计算出室内各房间的面积，从而准确计算出需要的材料数量及费用。下面以查询三居室各房间面积为例来介绍其具体操作方法。

Step01 启动 AutoCAD 2013，打开光盘中的素材文件“三居室户型图 .dwg”，如图 4-67 所示。

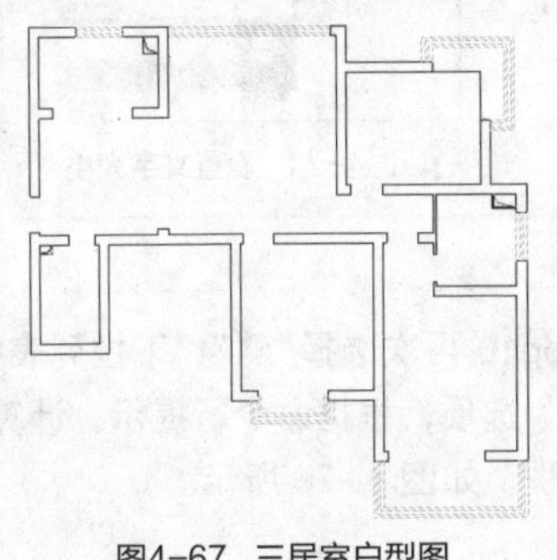

图4-67 三居室户型图

Step02 在“常用”选项卡“实用工具”的面板中“测量”下拉列表中选择“面积”选项，根据命令行提示，捕捉客厅的第一个测量点，如图 4-68 所示。

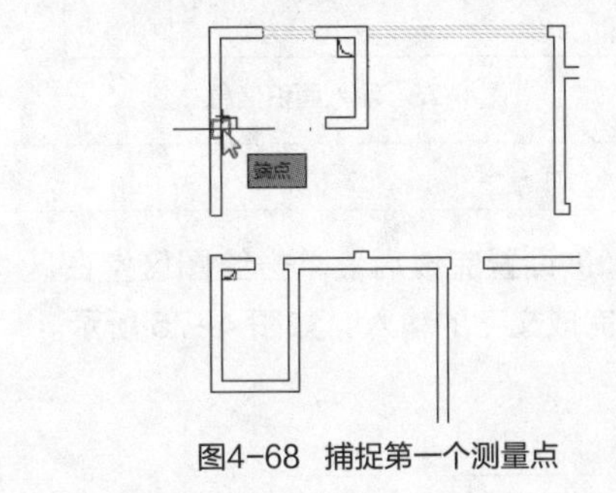

图4-68 捕捉第一个测量点

Step03 捕捉客厅第二个测量点，如图 4-69 所示。

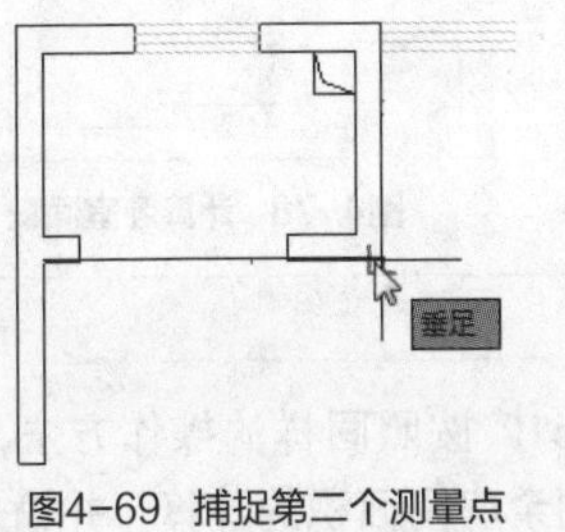

图4-69 捕捉第二个测量点

Step04 按照同样的方法，沿着客厅墙线，捕捉 3、4、5……测量点，直到完成客厅范围的选择为止，如图 4-70 所示。

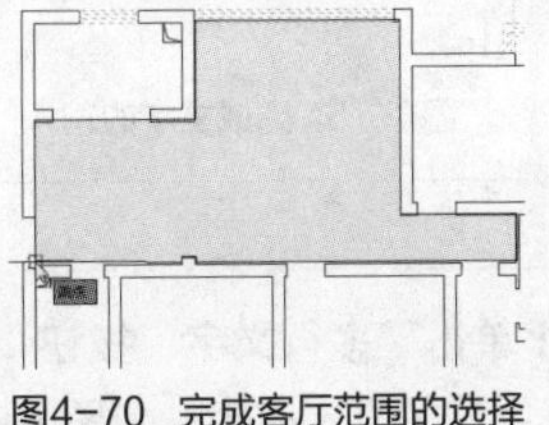

图4-70 完成客厅范围的选择

Step05 选择完成后，按 Enter 键，此时系统则显示出客厅面积及周长信息，如图 4-71 所示。

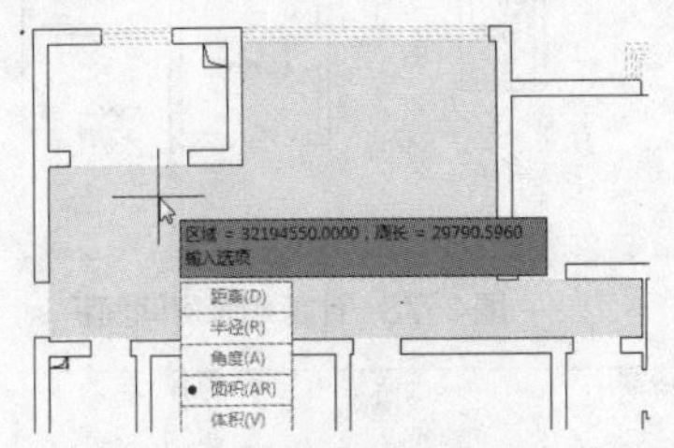

图4-71 计算客厅面积及周长

Step06 切换至“注释”选项卡，单击“多行文字”按钮A，在客厅任意区域中，按住鼠标左键，拖动出输入文字的范围，如图 4-72 所示。

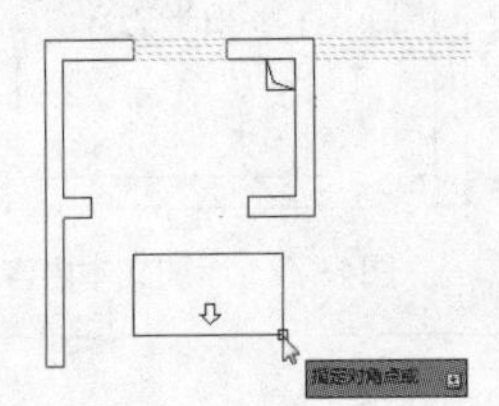

图4-72 设置文字输入的范围

Step07 完成后，系统即进入文字编辑状态，输入客厅面积信息，如图 4–73 所示。

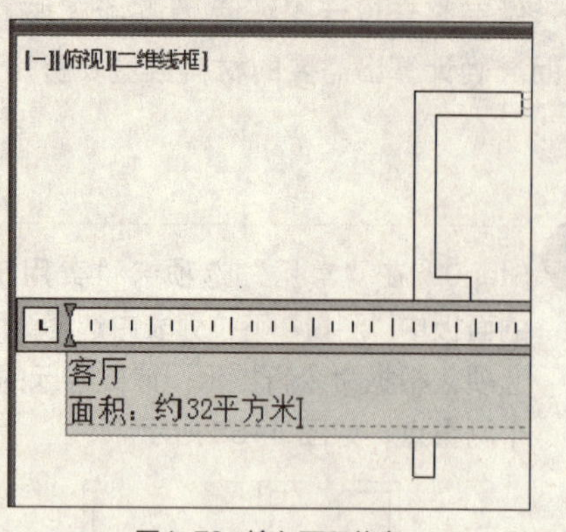

图4–73 输入面积信息

Step08 输入完成后，选中文字内容，在“文字编辑器”选项卡的“样式”面板中单击“注释性”按钮，再设置好文字大小，如图 4–74 所示。

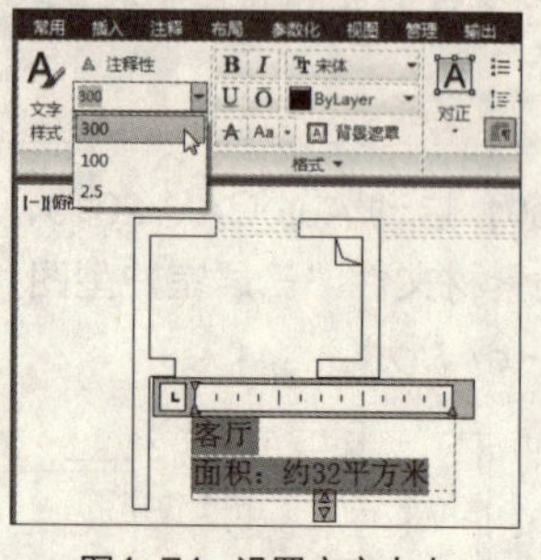

图4–74 设置文字大小

Step09 设置完成后，单击绘图区空白区域，完成文字的输入，如图 4–75 所示。

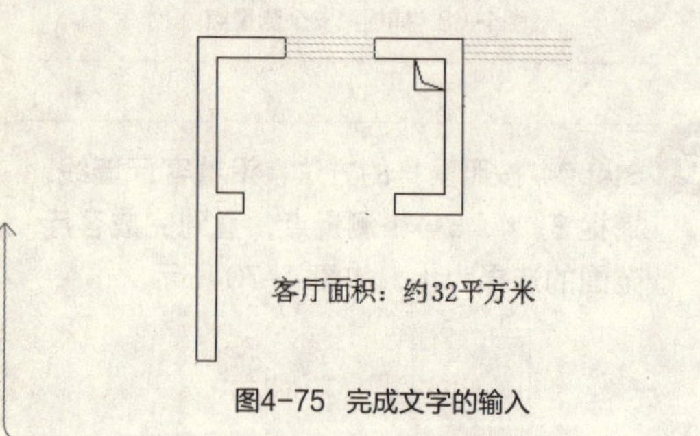

图4–75 完成文字的输入

Step10 再次选择“测量”下拉列表中的“面积”选项，根据命令行提示，计算出卧室面积，如图 4–76 所示。

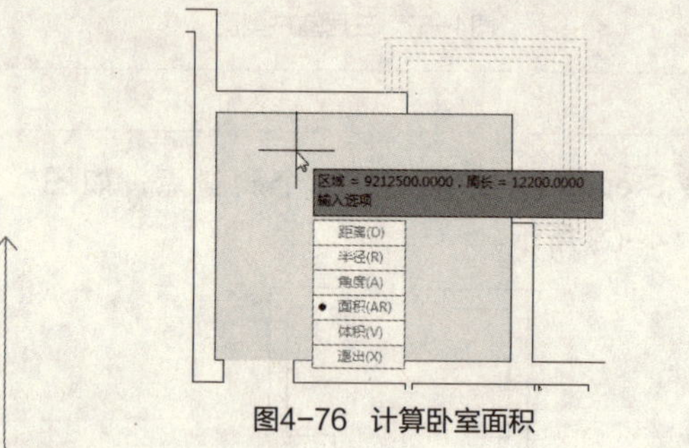

图4–76 计算卧室面积

Step11 单击“多行文字”按钮，在卧室合适位置中添加文本内容，如图 4–77 所示。

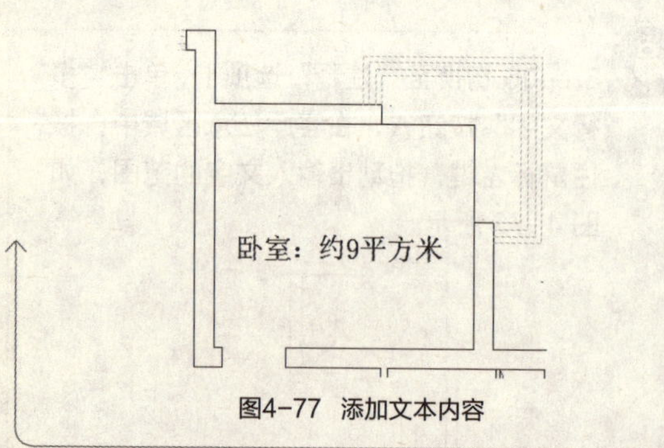

图4–77 添加文本内容

Step12 按照同样的操作方法，完成三居室剩余房间面积的计算，并输入相应的文本内容，如图 4–78 所示。

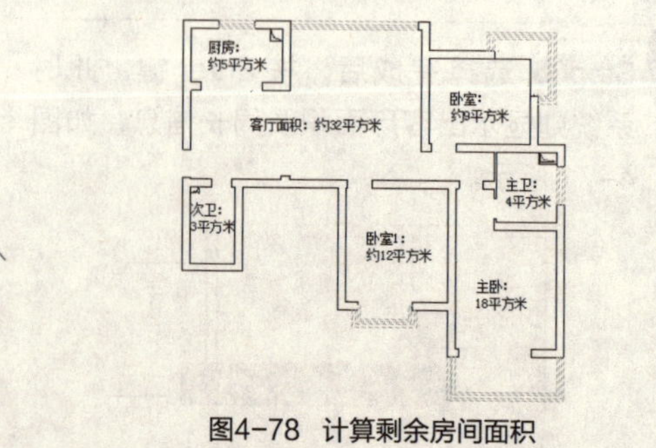

图4–78 计算剩余房间面积

高手应用秘籍 AutoCAD文件与办公文档的转换

在日常工作中，经常会遇到不同软件的文件相互转换的问题。例如，将AutoCAD转换成Word文档、Excel文件等。下面举例介绍其操作方法。

❶ 将AutoCAD文件转换成Word文档

若要实现AutoCAD与Word文档的转换，最简单的方法就是通过使用复制和粘贴功能。具体操作方法如下。

Step 01 打开 AutoCAD 文件，选择图形对象，按组合键 Ctrl+C 复制，如图 4-79 所示。

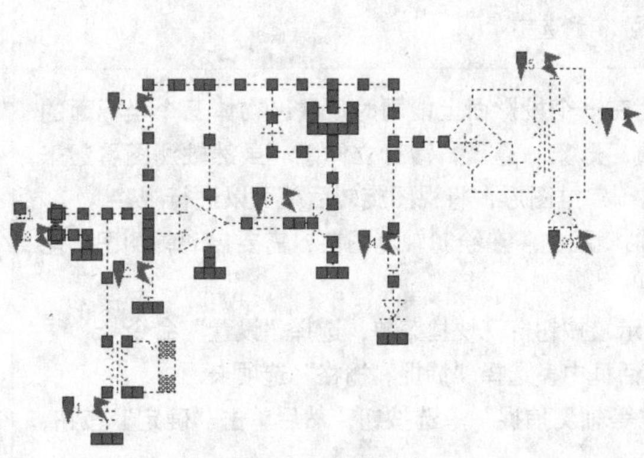

图4-79 复制图形

Step 02 启动 Word 软件，在文档中指定粘贴区域，按组合键 Ctrl+V，将复制的图形进行粘贴操作，即可完成，结果如图 4-80 所示。

图4-80 粘贴AutoCAD文件

除了以上方法外，还可先将AutoCAD文件转换成JPG文件，然后再将JPG文件插入Word文档中。其好处是可将插入的AutoCAD文件以图片形式进行裁剪和排版操作。将AutoCAD文件转换成Excel文件的方法与上述操作相同。

❷ 将Word文档或Excel文件转换成AutoCAD文件

在Word文档或Excel文件中，选择需要转换的文本或表格进行复制操作，如图4-81所示。然后在AutoCAD中，按组合键Ctrl+V进行粘贴操作，在打开的"OLE文字大小"对话框中，设置好表格字体大小和字体，单击"确定"按钮即可，如图4-82所示。

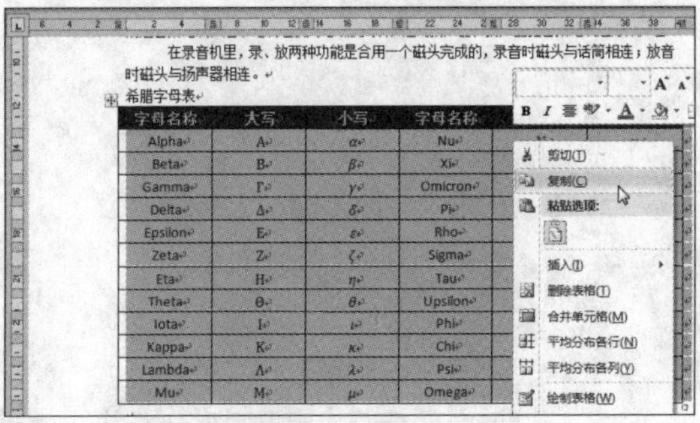

图4-81 复制表格

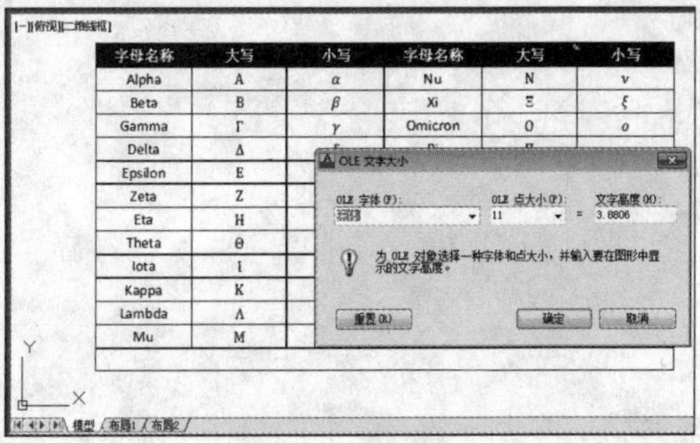

图4-82 粘贴表格

秒杀 工程疑惑

在利用图形辅助功能时，用户经常会遇见各种各样的问题，下面针对本章总结一些常见问题进行解答，包括圆弧长度的查询、精确指定光标位置以及设置轴测图功能等操作。

问 题	解 答
如何查询圆弧长度？	在 AutoCAD 中若想查询圆弧长度，可执行以下操作 ❶ 在命令行中，输入命令 List，按 Enter 键 ❷ 在绘图区中选择需查询的弧线 ❸ 按 Enter 键，在打开的文本窗口中即可读取数据
为什么有时光标无法准确指定某一点？	由于 AutoCAD 提供了捕捉与栅格功能，当“捕捉模式”开启时，光标可按照预设捕捉间距进行捕捉，所以在移动光标时，光标会自动指定到相应的栅格点。此时只需将该功能关闭，即可准确选中
什么是轴测图？使用 AutoCAD 能够绘制轴测图吗，如何启动该功能呢？	轴测图是一种单面投影图，在一个投影面上能同时反映出物体三个坐标面的形状，接近人们的视觉习惯，形象、逼真，富有立体感。虽然轴测图看起来近似于三维图，但其实它属于二维图形，将视图旋转后就可以进行观察 在 AutoCAD 中是可以绘制轴测图的。在绘制轴测图前，需要启动轴测图功能才可以。其操作步骤如下 ❶ 在状态栏中右击“栅格显示”按钮打开快捷菜单，选择“设置”命令 ❷ 在打开的“草图设置”对话框中，选择“捕捉和栅格”选项卡 ❸ 单击“捕捉类型”下的“等轴测捕捉”单选按钮，然后单击“确定”按钮，即可启动轴测图功能
在AutoCAD中有“特性匹配”功能吗？如何调用该功能？	在 AutoCAD 中有“特性匹配”功能，用户只需单击“常用”选项卡“剪贴板”面板的“特性匹配”按钮即可。当然，用户在命令行中输入命令 MA 后按 Enter 键，同样也可调用该功能

AutoCAD 2013

CHAPTER

二维图形的绘制

使用二维绘图命令绘制二维图形是AutoCAD软件中最基本的操作之一。利用二维绘图命令可以绘制出各种基本图形，如直线、矩形、圆、多段线及样条曲线等。本章将介绍各种二维绘图命令的使用方法，并结合实例来完成各种简单图形的绘制。

学完本章您可以掌握如下知识点

知识点序号	知识点难易指数	知识点
1	★★	线段的绘制方法
2	★★	曲线的绘制方法
3	★★	矩形的绘制方法
4	★★★	徒手绘图的方法

本章内容图解链接

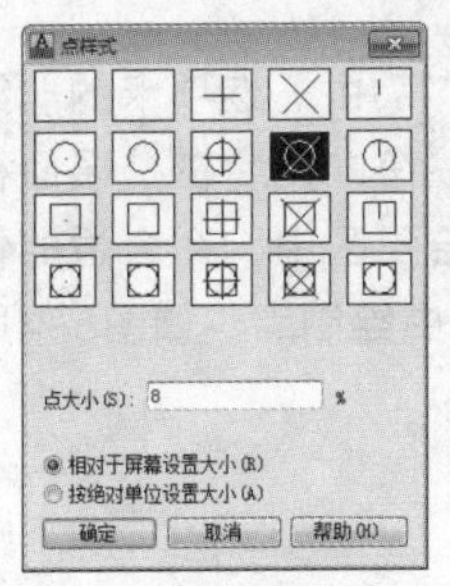

◎“点样式”对话框

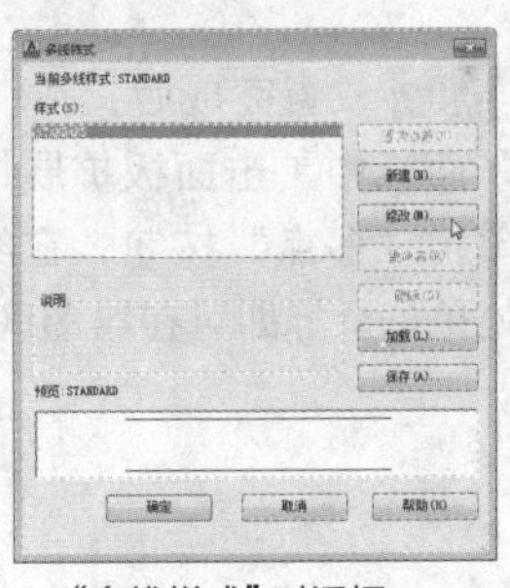

◎“多线样式”对话框

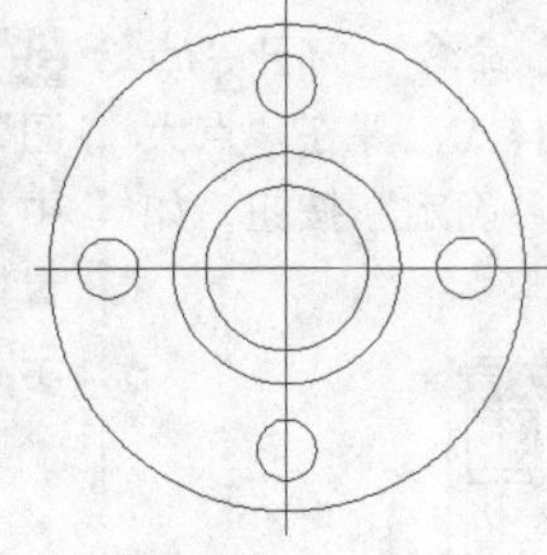

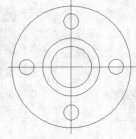

◎绘制法兰盘

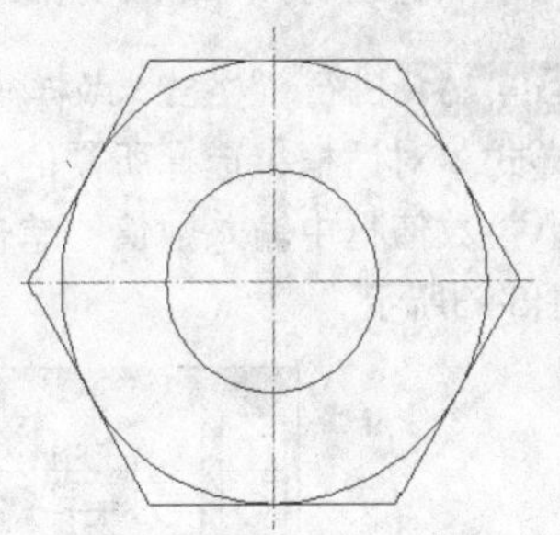

◎绘制正六边形

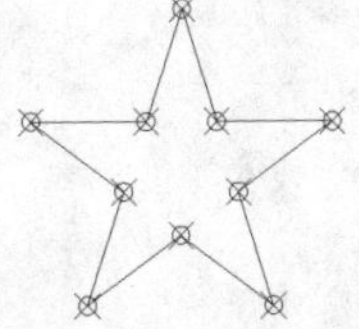

◎绘制点

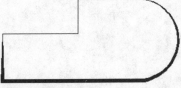

◎多段线的绘制

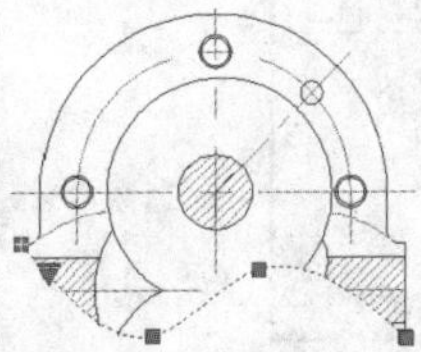

◎使用拟合点绘制

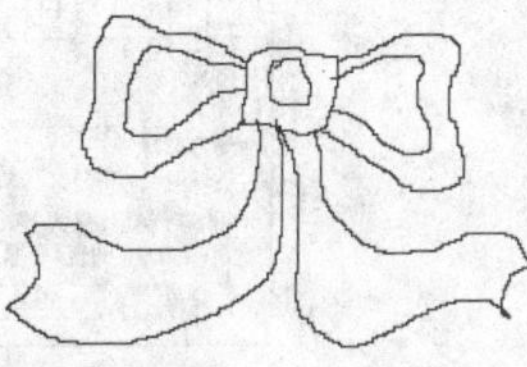

◎徒手绘制

5.1 点的绘制

无论是直线、曲线还是其他线段，都是由多个点连接而成的。所以点是组成图形最基本的元素。在AutoCAD软件中，点样式可以根据需要进行设置。

5.1.1 设置点样式

在默认情况下，点没有长度和大小，所以在绘图区中绘制一个点，用户很难看见。为了能够清晰地显示出该点的位置，用户可对点样式进行设置。

在菜单栏中，执行"格式>点样式"命令，如图5-1所示，打开"点样式"对话框，选择所需的点样式，并在"点大小"数值框中输入点的大小值，如图5-2所示。

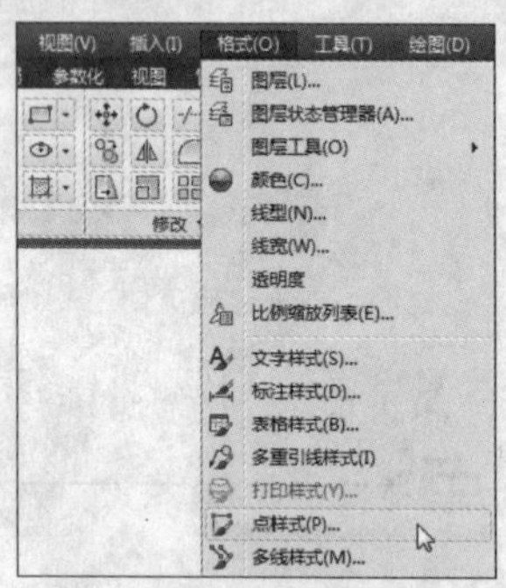

图5-1 执行"点样式"命令

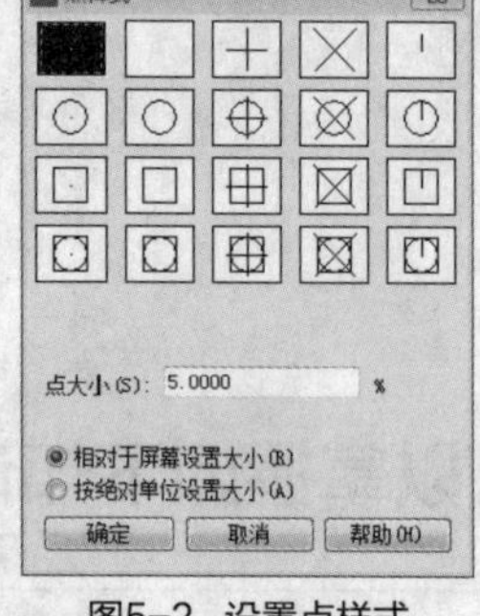

图5-2 设置点样式

用户在命令行中输入DDPTYPE，按Enter键，同样也可打开"点样式"对话框，并进行点样式的设置。

5.1.2 绘制点

完成点的设置后，在"常用"选项卡的"绘图"面板中单击"多点"按钮，然后在绘图区中指定位置完成点的绘制。下面举例介绍。

Step 01 执行"格式>点样式"命令，打开"点样式"对话框，选择所需的点样式，并在"点大小"数值框中输入数值，单击"确定"按钮，如图5-3所示。

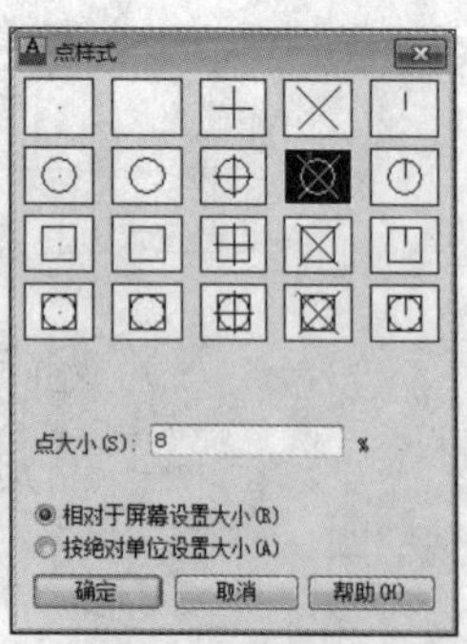

图5-3 设置点样式

Step 02 设置完成后，在"常用"选项卡的"绘图"面板中单击面板扩展按钮，然后在扩展面板中单击"多点"按钮，在绘图区中，在合适的位置处单击鼠标即可在绘图区中绘制点，如图5-4所示。

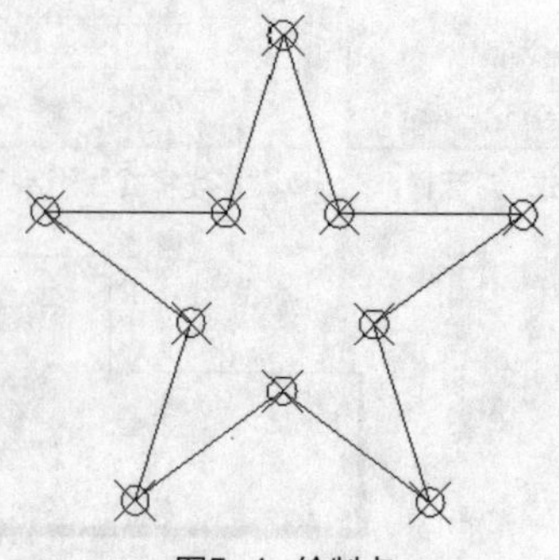

图5-4 绘制点

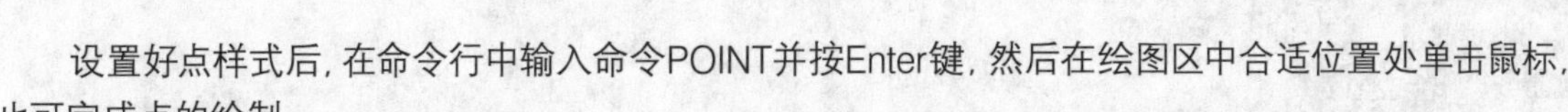

设置好点样式后，在命令行中输入命令POINT并按Enter键，然后在绘图区中合适位置处单击鼠标，也可完成点的绘制。

命令行提示如下。

```
命令：_point
当前点模式：PDMODE=35  PDSIZE=-8.0000
指定点：                                                    //指定点位置
```

5.1.3 定数等分

定数等分是将选择的曲线或线段按照指定的段数进行平均等分。在"常用"选项卡的"绘图"面板中单击"定数等分"按钮，根据命令行的提示，首先选择等分对象，然后输入等分数值，如图5-5所示，再按Enter键即可，如图5-6所示。

命令行提示如下。

```
命令：_divide
选择要定数等分的对象：                              // 选择等分对象
输入线段数目或 [ 块 (B)]: 4                         // 输入等分数值，按 Enter 键
```

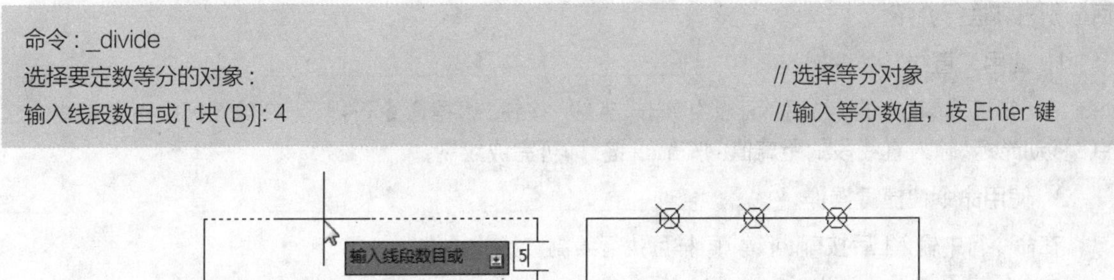

图5-5 设置等分段数　　图5-6 定数等分的结果

5.1.4 定距等分

定距等分命令则是在选定的对象上，按照指定的长度放置点的标记符号。在AutoCAD 2013中，"定距等分"命令的名称已更改为"测量"，但用法是一样的。在"常用"选项卡"绘图"面板中单击"测量"按钮，根据命令行提示，选择测量对象，并输入线段长度值，按Enter键即可，如图5-7和图5-8所示。

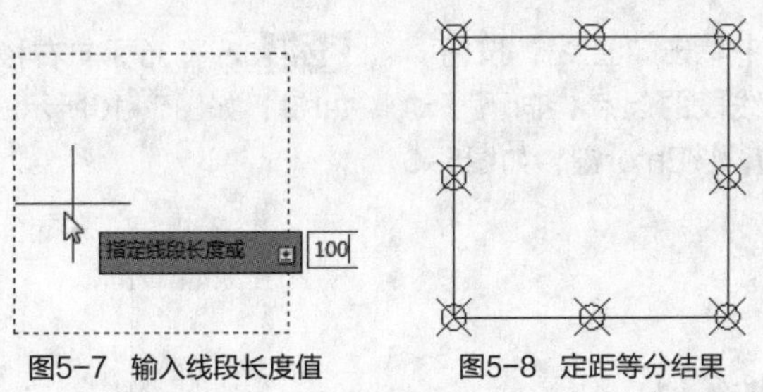

图5-7 输入线段长度值　　图5-8 定距等分结果

工程师点拨：使用"定数等分"或"定距等分"命令注意事项

定数等分对象时，由于输入的是等分段数，所以如果图形对象是封闭的，则生成点的数量等于等分的段数值。

无论"定数等分"或"定距等分"命令，都不是将图形分成独立的几段，而是在相应的位置上显示等分点，辅助其他图形的绘制。在使用"定距等分"功能时，如果当前线段长度是等分值的倍数时，其线段才可实现等分，否则该线段无法实现真正的等分。

命令行提示如下。

```
命令：_measure
选择要定距等分的对象：                          //选择对象
指定线段长度或[块(B)]: 50                       //输入线段长度值，按Enter键
```

5.2 线的绘制

在AutoCAD中，线分为多种类型，包括直线、射线、构造线、多线以及多段线等。线是绘制图形的基础。下面分别对其进行介绍。

5.2.1 直线的绘制

在AutoCAD中执行绘制直线命令的方法有两种：使用"直线"命令操作；使用命令快捷键操作。下面分别对其进行介绍。

1. 使用"直线"命令操作

在"常用"选项卡的"绘图"面板中单击"直线"按钮，根据命令行提示，在绘图区中指定直线的起点，移动光标，输入直线段的距离值，按Enter键，即可完成绘制。

2. 使用命令快捷键操作

在命令行中输入L后按Enter键，同样可执行绘制直线的操作。

命令行提示如下。

```
命令：_line
指定第一个点：                                  //指定直线起点
指定下一点或[放弃(U)]: <正交 开> 200             //输入起点距下一点距离值
指定下一点或[放弃(U)]:                          //按Enter键，完成操作
```

下面以绘制边长为400mm的正方形为例进行具体介绍。

Step 01 在"绘图"面板中单击"直线"按钮，根据命令行提示，指定直线段的起点，向下移动光标，并输入距离值为400，按Enter键，如图5-9所示。

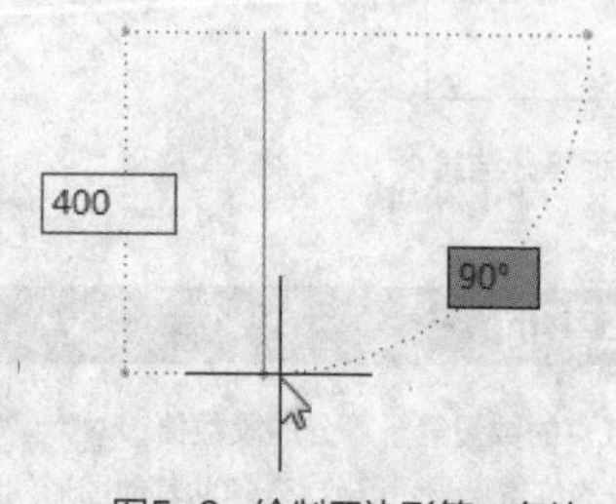

图5-9 绘制四边形第一条边

Step 02 将光标向右移动，再次输入400，按Enter键，如图5-10所示。

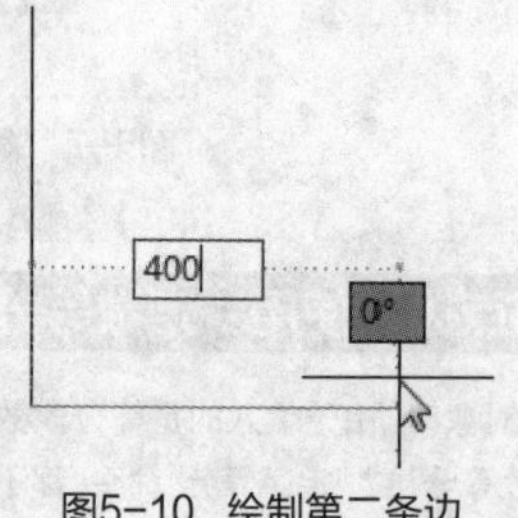

图5-10 绘制第二条边

Step 03 将光标向上移动，输入400，按Enter键，绘制第三条边，如图5-11所示。

Step 04 将光标向左移动，在命令行中输入C闭合图形，再次按Enter键完成操作，如图5-12所示。

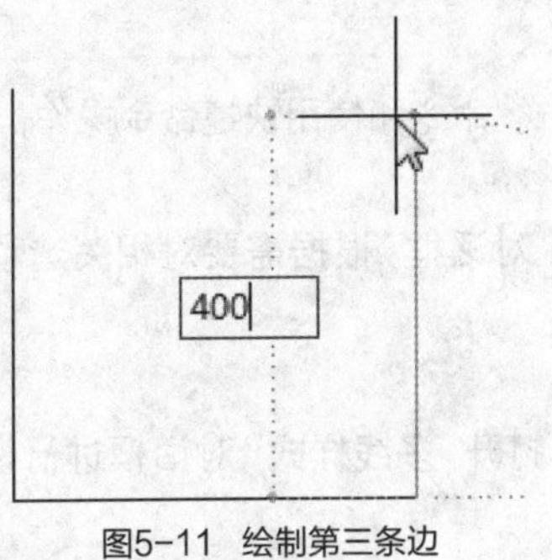

图5-11 绘制第三条边

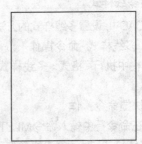

图5-12 完成正方形的绘制

5.2.2 射线的绘制

射线是以一个起点为端点，向某方向无限延伸的线。射线一般作为创建其他直线的参照。在"常用"选项卡"绘图"面板中单击"射线"选项，根据命令行提示，指定好射线的起始点，将光标移至所需位置来定位射线的方向，如图5-13所示，单击鼠标以指定好第二点，即可完成射线的绘制，如图5-14所示。

命令行提示如下。

```
命令：_ray 指定起点：                    //指定射线起点
指定通过点：                             //指定射线方向
```

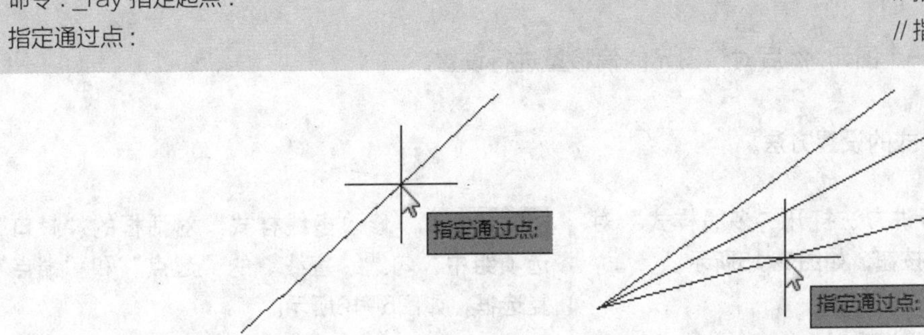

图5-13 指定起点和射线方向　　图5-14 完成射线的绘制

5.2.3 构造线的绘制

构造线是指无限延伸的线，也可以作为创建其他直线的参照。用户可创建出水平、垂直或具有一定角度的构造线。在"常用"选项卡的"绘图"面板中单击"构造线"按钮，在绘图区中，分别指定构造线的两个点，即可创建出构造线。

命令行提示如下。

```
命令：_xline
指定点或[水平(H)/垂直(V)/角度(A)/二等分(B)/偏移(O)]:     //指定构造线上的第一点
指定通过点：                                          //指定构造线第二点
```

5.2.4 多线的绘制

多线是由多条平行线组成的对象，平行线之间的间距和数目是可以设置的。多线主要用于绘制建筑平面图中的墙体图形。通常在绘制多线时，需要对多线样式进行设置。下面将介绍其相关知识。

1. 设置多线样式

在AutoCAD中，设置多线样式的方法有两种，即使用“多线样式”命令和使用快捷命令操作。

- 使用“多线样式”命令操作

在菜单栏中执行“格式>多线样式”命令，打开“多线样式”对话框，根据需要对相关选项进行设置即可。

- 使用快捷命令操作

用户可在命令行中输入命令MLSTYLE，按Enter键，同样可打开“多线样式”对话框进行设置。

“修改多线样式”对话框中的各选项说明如下。

- 封口：在该选项组中，用户可设置多线平行线段之间两端封口的样式，可设置起点和端点的样式。
- 直线：多线端点由垂直于多线的直线进行封口。
- 外弧：多线以端点向外凸出的弧形线封口。
- 内弧：多线以端点向内凹进的弧形线封口。
- 角度：设置多线封口处的角度。
- 填充：用户可设置封闭多线内的填充颜色，选择“无”表示使用透明色填充。
- 显示连接：显示或隐藏每条多线线段顶点处的连接。
- 图元：在该选项组中，用户可通过添加或删除来确定多线图元的个数，并设置相应的偏移量、颜色及线型。
- 添加：可添加一个图元，然后对该图元的偏移量进行设置。

下面介绍多线样式的设置方法。

Step 01 通过上述所讲方法打开“多线样式”对话框，单击“修改”按钮，如图5-15所示。

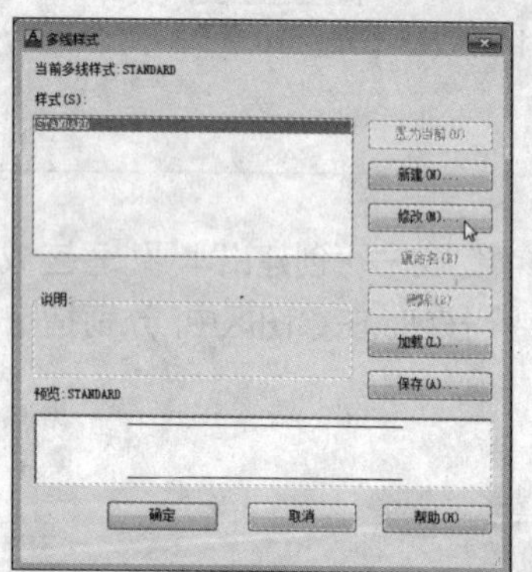

图5-15 单击“修改”按钮

Step 02 在“修改多线样式”对话框的“封口”选项组中，勾选“直线”的“起点”和“端点”复选框，如图5-16所示。

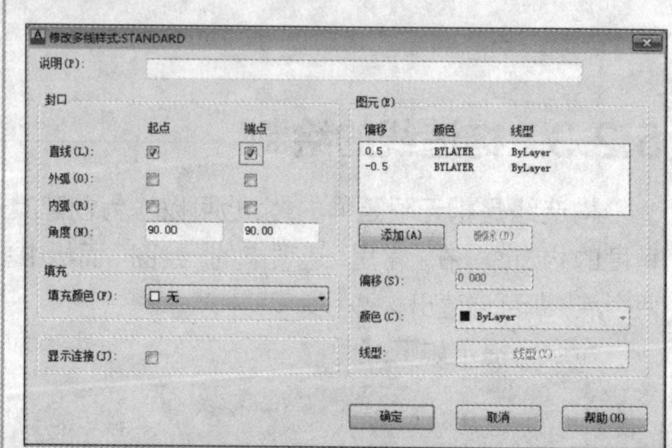

图5-16 设置相关选项

Step 03 设置完成后，单击“确定”按钮，返回上一层对话框，单击“确定”按钮即可。

工程师点拨：新建多线样式

在“多线样式”对话框中，默认样式为STANDARD。若要新建样式，可单击“新建”按钮，在“创建新的多线样式”对话框中，输入新样式的名称，单击“确定”按钮，然后在“修改多线样式”对话框中，根据需要进行设置，完成后返回上一层对话框。在“样式”列表中选择新建的样式，单击“置为当前”按钮即可。

- 删除：选中所需图元，将其删除。
- 偏移：设置多线元素从中线的偏移值。值为正，表示向上偏移；值为负，则表示向下偏移。
- 颜色：设置组成多线元素的线条颜色。
- 线型：设置组成多线元素的线条线型。

2. 绘制多线

完成多线设置后，需通过"多线"命令方能绘制。用户可通过以下两种方法操作。

- 使用"多线"命令操作

在菜单栏中，执行"绘图>多线"命令，根据命令行提示，设置多线比例和样式，然后指定多钱起点，并输入线段长度值即可。

- 使用快捷命令操作

设置完多线样式后，在命令行中输入命令ML并按Enter键即可。

命令行提示如下。

```
命令：ML                                              //输入"多线"快捷命令
MLINE
当前设置：对正 = 上，比例 = 20.00，样式 = STANDARD
指定起点或[对正(J)/比例(S)/样式(ST)]: s              //选择"比例"选项
输入多线比例 <20.00>: 240                            //输入比例值，按Enter键
当前设置：对正 = 上，比例 = 240.00，样式 = STANDARD
指定起点或[对正(J)/比例(S)/样式(ST)]: j              //选择"对正"选项
输入对正类型[上(T)/无(Z)/下(B)] <上>: Z               //选择对正类型
当前设置：对正 = 无，比例 = 240.00，样式 = STANDARD
指定起点或[对正(J)/比例(S)/样式(ST)]:                //指定多线起点
指定下一点或[闭合(C)/放弃(U)]:                       //绘制多线
```

下面举例介绍绘制多线的具体操作。

Step 01 在命令行中，输入命令ML后按Enter键。根据命令行提示，将多线比例设为240，将对正类型设为"无"。

Step 02 在绘图区中，指定好多线的起点，将光标向左移动，并在命令行中输入多线距离值为2000，按Enter键，如图5-17所示。

Step 03 将光标向上移动，并输入距离值为3500，按Enter键，如图5-18所示。

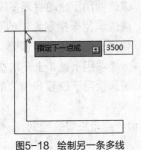

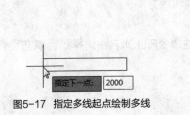

图5-17 指定多线起点绘制多线

图5-18 绘制另一条多线

Step 04 将光标向右移动，并输入距离值为3000，按Enter键，如图5-18所示。

Step 05 将光标向下移动，并输入数值3500，按Enter键，然后按照同样的操作，将光标向左移动，并输入300，按Enter键完成操作，如图5-20所示。

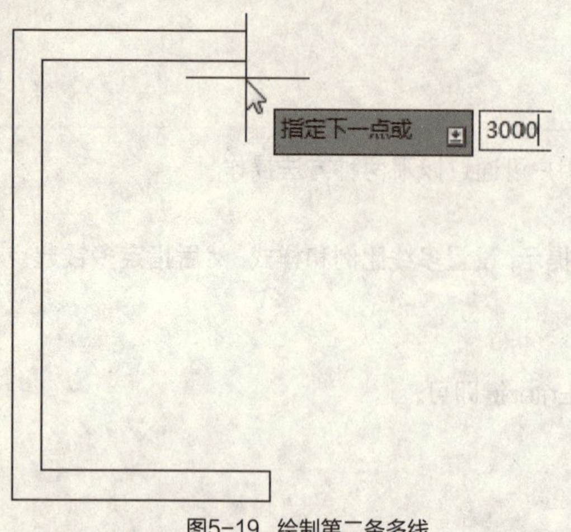

图5-19 绘制第二条多线

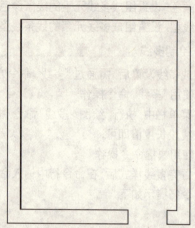

图5-20 完成多线的绘制

5.2.5 多段线的绘制

多段线由相连的直线和圆弧曲线组成。用户可以设置多段线的宽度，也可以在不同的线段中设置不同的线宽。此外，线段的始末端点也可以设置成不同的线宽。

在“常用”选项卡“绘图”面板中单击“多段线”按钮，根据命令行中的提示，指定线段起点和终点即可完成多段线的绘制。当然用户也可在命令行中输入PL后按Enter键，同样可以绘制多段线。

命令行提示如下。

```
命令：_pline
指定起点：                                                //指定多段线起点
当前线宽为 0.0000
指定下一个点或 [圆弧(A)/半宽(H)/长度(L)/放弃(U)/宽度(W)]:   //选择相应选项，可绘制弧形或继续绘制线段
```

命令行中各选项说明如下。

- 圆弧：在命令行中，输入A，则可进行圆弧的绘制。
- 半宽：该选项用于设置多线的半宽度。用户可分别指定绘制对象的起点半宽和端点半宽。
- 闭合：该选项用于自动封闭多段线，系统默认以多段线的起点作为闭合终点。
- 长度：该选项用于指定绘制的直线段的长度。在绘制时，系统将沿着上一段直线的方向接着绘制直线。如果上一段对象是圆弧，则方向为圆弧端点的切线方向。
- 放弃：该选项用于撤销上一次操作。
- 宽度：该选项用于设置多段线的宽度。用户也可通过命令FILL来自由选择是否填充具有宽度的多段线。

下面举例介绍多段线的绘制。

Step 01 在命令行中输入命令PL后按Enter键，在绘图区中指定多段线起点以及要绘制的直线段的端点位置，然后在命令行中输入A，切换至绘制圆弧状态，准备绘制圆弧，然后移动光标指定弧另一端点，如图5-21所示。

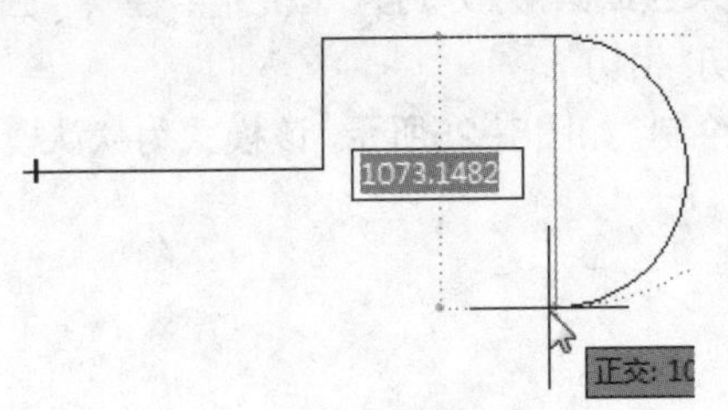

图5-21 绘制直线段

Step 02 在命令行中再输入W，设置后续多段线的宽度。将起点宽度设为0，终点宽度设为50，然后绘制圆弧。再次输入L，切换至绘制直线状态并绘制直线段，如图5-22所示。

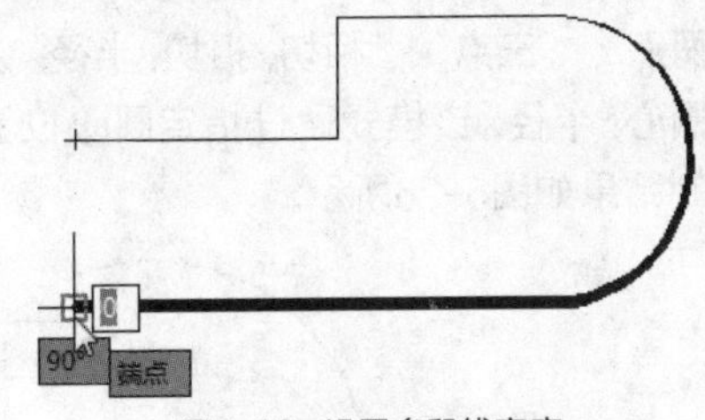

图5-22 设置多段线宽度

Step 03 在命令行中输入W，将起点宽度设为50，终点宽度设为0，如图5-23所示。最后，输入C闭合该图形，完成该图形的绘制，如图5-24所示。

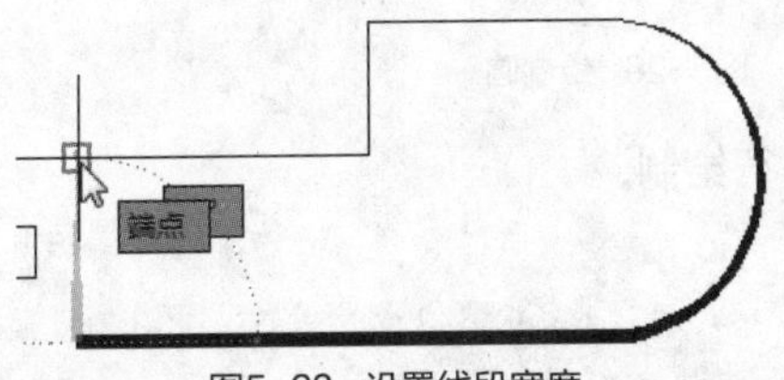

图5-23 设置线段宽度

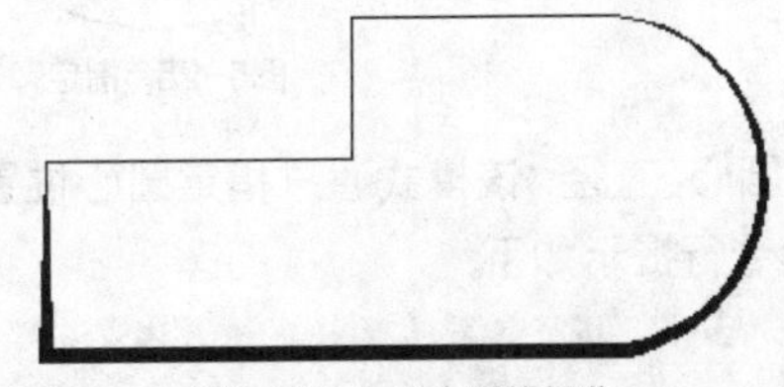

图5-24 完成多段线操作

工程师点拨：直线和多段线的区别

在AutoCAD中绘制的直线和多段线都可以是绘首尾相连的线段。它们的区别在于，直线段是一条条独立的线段；而多段线可以由直线和圆弧曲线共同组成，并且组成的这条多段线是一个独立的整体。

5.3 曲线的绘制

绘制曲线也是最常用的绘图操作之一。在AutoCAD中，曲线主要包括圆弧、圆、椭圆和椭圆弧等。下面分别对其进行介绍。

5.3.1 圆形的绘制

在制图过程中，经常要绘制圆形。用户可使用以下两种方法绘制圆形。

1. 使用“圆”命令绘制

在“常用”选项卡的“绘图”面板中单击“圆”按钮⊘，根据命令行提示，在绘图区中指定圆的圆心，其后输入圆半径值，即可创建圆。

2. 使用快捷命令绘制

用户在命令行中直接输入命令C后按Enter键，即可根据命令提示绘制。

命令行提示如下。

```
命令：_circle
指定圆的圆心或[三点(3P)/两点(2P)/切点、切点、半径(T)]:          //指定圆心点
指定圆的半径或[直径(D)]: 50                                      //输入圆半径值
```

在"绘图"面板的"圆"下拉列表中，共提供了6种模式来绘制圆形，分别为"圆心，半径"、"圆心，直径"、"两点"、"三点"、"相切，相切，半径"以及"相切，相切，相切"。

- 圆心，半径：该模式通过指定圆心位置和半径值来绘制，如图5-25所示。该模式为默认模式，绘制结果如图5-26所示。

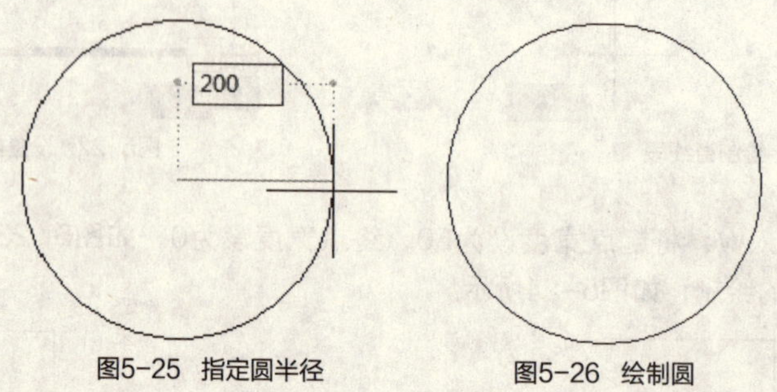

图5-25　指定圆半径　　图5-26　绘制圆

- 圆心，直径：该模式通过指定圆心位置和直径值来进行绘制。

命令行提示如下。

```
命令：_circle
指定圆的圆心或[三点(3P)/两点(2P)/切点、切点、半径(T)]:                    //指定圆心点
指定圆的半径或[直径(D)] <200.0000>: _d 指定圆的直径 <400.0000>: 200  //输入直径值，并按 Enter 键
```

- 两点：该模式通过指定圆周上两点进行绘制，如图5-27和图5-28所示。

命令行提示如下。

```
命令：_circle
指定圆的圆心或[三点(3P)/两点(2P)/切点，切点，半径(T)]: _2p 指定圆直径的第一个端点：// 指定圆的一个端点
指定圆直径的第二个端点：200                    // 指定第二个端点，或输入两端之间的距离值
```

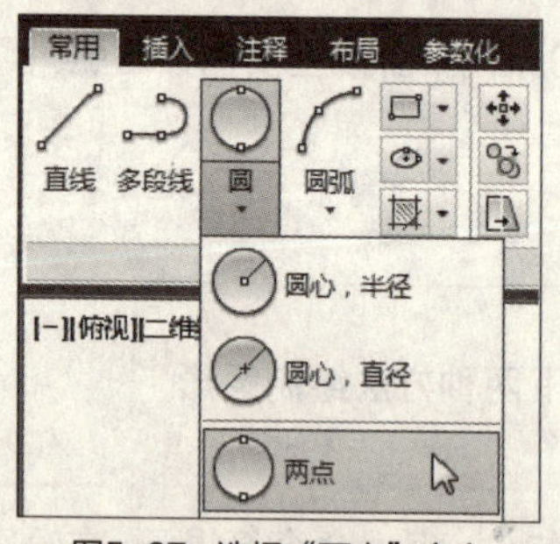

图5-27　选择"两点"命令

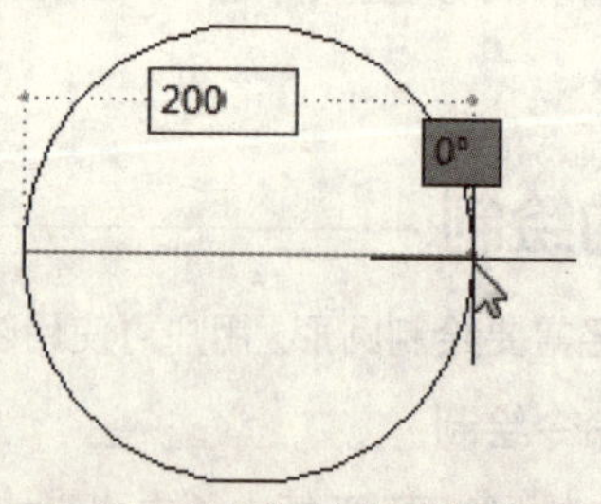

图5-28　利用"两点"圆命令绘制

- 三点：该模式通过指定圆周上的三点来绘制。如图5-29和图5-30所示。

命令行提示如下。

```
命令：_circle
指定圆的圆心或 [ 三点 (3P)/ 两点 (2P)/ 切点、切点、半径 (T)]: _3p 指定圆上的第一个点：//指定圆第一点
指定圆上的第二个点：                                              //指定圆第二点
指定圆上的第三个点：                                              //指定圆第三点
```

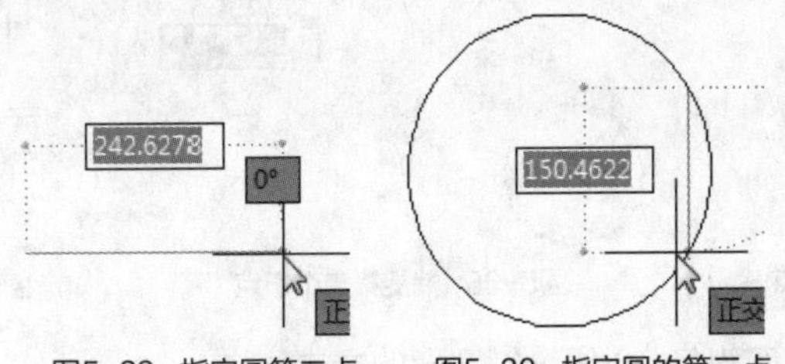

图5-29 指定圆第二点　　图5-30 指定圆的第三点

- 相切, 相切, 半径: 该模式通过先指定两个相切对象, 再指定半径值来进行绘制。使用该命令时, 所选相切对象必须是圆或圆弧曲线, 如图5-31至图5-33所示。

命令行提示如下。

```
命令：_circle
指定圆的圆心或 [ 三点 (3P)/ 两点 (2P)/ 切点，切点，半径 (T)]: _ttr
指定对象与圆的第一个切点：                          //捕捉第一个切点
指定对象与圆的第二个切点：                          //捕捉第二个切点
指定圆的半径 <34.2825>: 40                          //输入相切圆半径
```

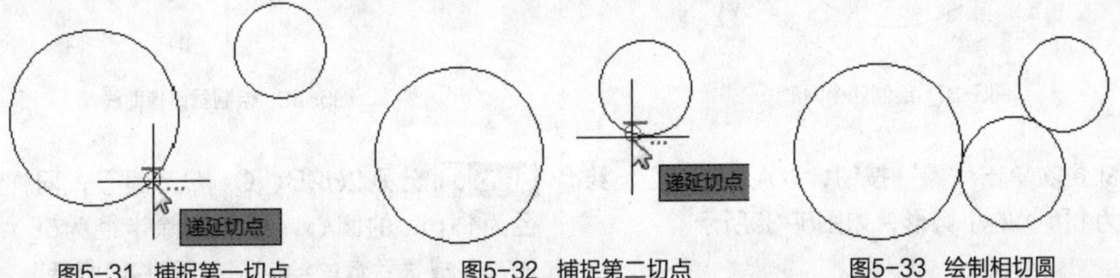

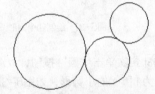

图5-31 捕捉第一切点　　图5-32 捕捉第二切点　　图5-33 绘制相切圆

工程师点拨：绘制相切圆需注意

使用"相切, 相切, 半径"模式绘制圆形时, 如果指定的半径太小, 无法满足相切条件, 则系统会提示该圆不存在。

- 相切, 相切, 相切: 该模式通过指定与已经存在的圆弧或圆对象相切的三个切点来绘制圆。分别在第一个、第二个、第三个圆或圆弧上指定切点后, 即可完成创建, 如图5-34至图5-36所示。

命令行提示如下。

```
命令：_circle
指定圆的圆心或 [ 三点 (3P)/ 两点 (2P)/ 切点、切点、半径 (T)]: _3p 指定圆上的第一个点：_tan 到
                                                    //捕捉第一个圆上的切点
指定圆上的第二个点：_tan 到                          //捕捉第二个圆上的切点
指定圆上的第三个点：_tan 到                          //捕捉第三个圆上的切点
```

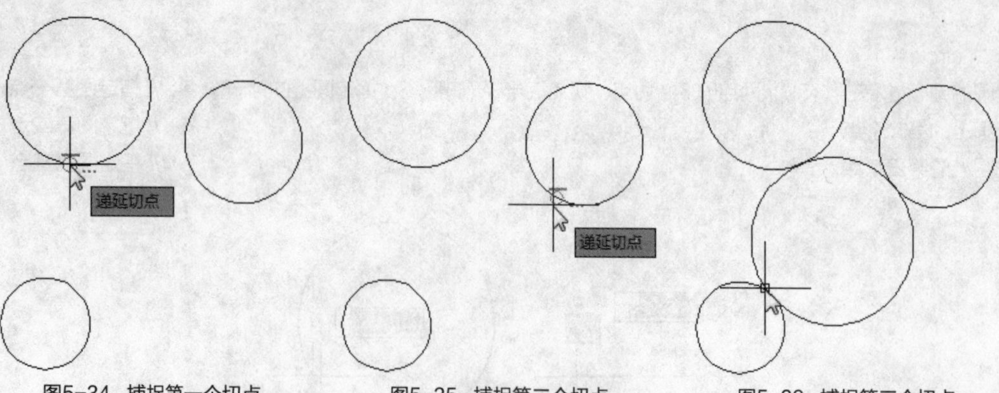

图5-34　捕捉第一个切点　　图5-35　捕捉第二个切点　　图5-36　捕捉第三个切点

下面以绘制法兰盘俯视图为例，介绍绘制圆形的方法。

Step 01 在“绘图”面板中单击“圆”按钮，指定好圆心点，分别绘制半径为30、42、66、88的四个同心圆形，如图5-37所示。

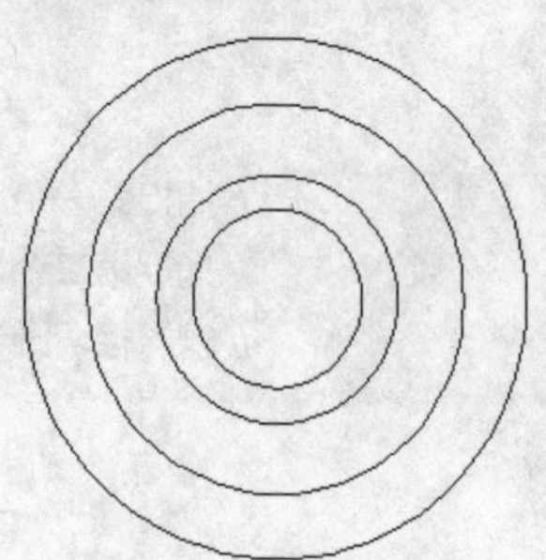

图5-37　绘制四个圆形

Step 02 单击“直线”按钮，通过圆心绘制两条垂直的辅助线，如图5-38所示。

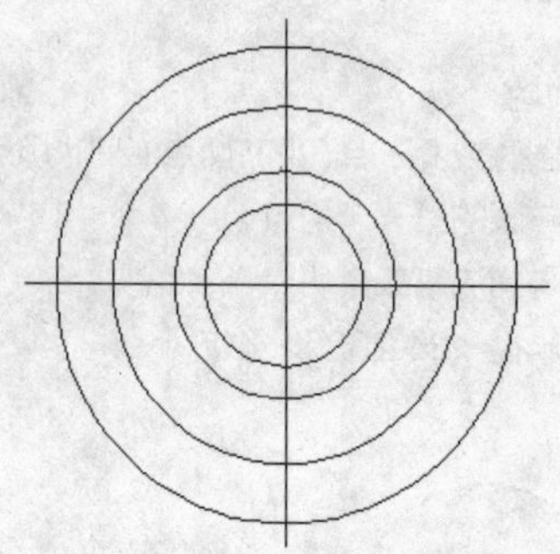

图5-38　绘制垂直辅助线

Step 03 再次单击“圆”按钮，以A点为圆心，绘制半径为11mm的小圆形，如图5-39所示。

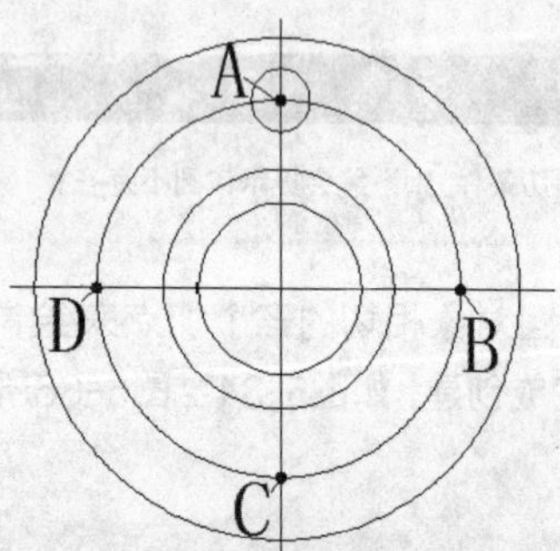

图5-39　绘制半径为11mm的圆

Step 04 分别以点B、C、D为圆心，同样绘制半径为11mm的圆心，最后删除半径为66mm的圆形，完成法兰盘的绘制，如图5-40所示。

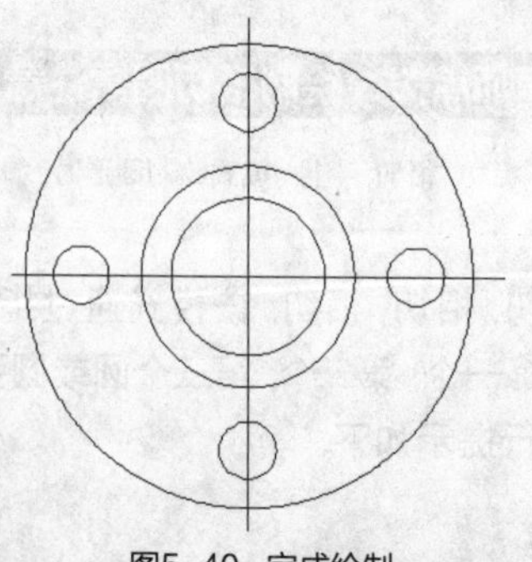

图5-40　完成绘制

5.3.2　圆弧的绘制

圆弧是圆的一部分，绘制圆弧一般需要指定三个点，即圆弧的起点、圆弧上的点和圆弧的终点。用户可使用以下两种方法绘制圆弧。

1. 使用"圆弧"命令绘制

在"常用"选项卡"绘图"面板中单击"圆弧"按钮，根据命令行提示信息，在绘图区中，指定好圆弧的三个点，即可创建圆弧。

2. 使用快捷命令绘制

用户在命令行中输入命令ARC后，按Enter键，即可执行圆弧操作。

命令行提示如下。

```
命令：_arc
指定圆弧的起点或[圆心(C)]:                         //指定圆弧起点
指定圆弧的第二个点或[圆心(C)/端点(E)]:              //指定圆弧第二点
指定圆弧的端点：                                   //指定圆弧第三点
```

在AutoCAD中，用户可通过多种模式绘制圆弧，包括"三点"、"起点，圆心，端点"、"起点，端点，角度"、"圆心，起点，端点"以及"连续"等多种模式，而"三点"模式为默认模式。

- 三点：该方式通过指定三个点来创建一条圆弧曲线，第一个点为圆弧的起点，第二个点为圆弧上的点，第三个点为圆弧的终点。
- "起点，圆心"系列模式：该方式通过指定圆弧的起点和圆心进行绘制。使用该方法绘制圆弧还需要指定它的端点、角度或长度。
- "起点，端点"系列模式：该方式通过指定圆弧的起点和端点进行绘制。使用该方法绘制圆弧还需要指定圆弧的半径、角度或方向。
- "圆心，起点"系列模式：该方式通过指定圆弧的圆心和起点进行绘制。使用该方法绘制圆弧还需要指定它的端点、角度或长度。
- 连续：使用该方法绘制的圆弧将与最近创建的对象相切。

下面举例介绍圆弧的绘制方法。

Step 01 在"绘图"面板的"圆弧"下拉列表中选择"圆心，起点，角度"选项，根据命令行提示，捕捉一个长方形右侧的边的中点和端点，并输入圆弧角度值，如图5-41所示。

命令行提示如下。

```
命令：_arc
指定圆弧的起点或[圆心(C)]:_c 指定圆弧的圆心：          //捕捉长方形一侧边线的中点
指定圆弧的起点：                                      //捕捉长方形边线的端点
指定圆弧的端点或[角度(A)/弦长(L)]:_a 指定包含角：180   //输入圆弧角度
```

Step 02 输入完成后，即可完成圆弧的绘制，如图5-42所示。

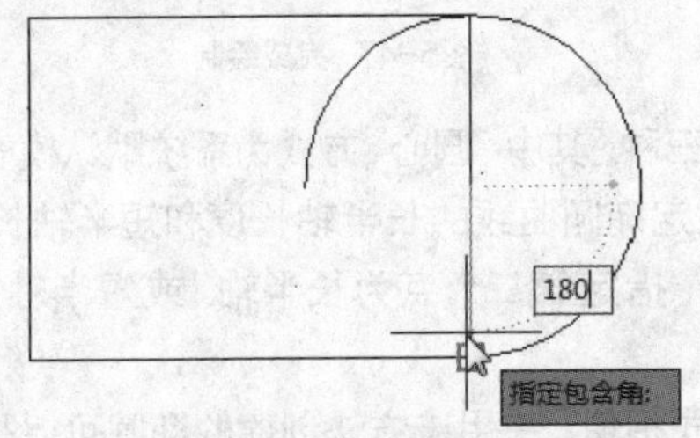

图5-41 输入圆弧角度值

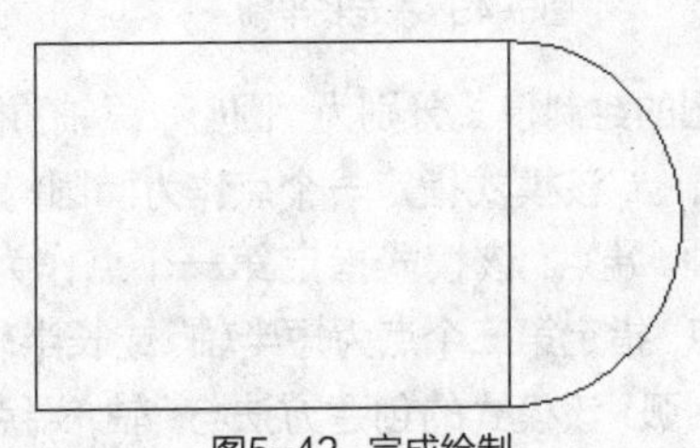
图5-42 完成绘制

Step 03 选择“起点，圆心，端点”选项，捕捉长方形左侧的边的端点和中点作为起点、圆心和端点，如图5-43所示。

命令行提示如下。

```
命令：_arc
指定圆弧的起点或 [圆心 (C)]:                                    // 捕捉长方形边的端点
指定圆弧的第二个点或 [圆心 (C)/ 端点 (E)]: _c 指定圆弧的圆心：        // 捕捉中点
指定圆弧的端点或 [角度 (A)/ 弦长 (L)]:                            // 捕捉另一个端点
```

Step 04 输入完成后即可完成圆弧的绘制。最后删除长方形两侧的边，如图5-44所示。

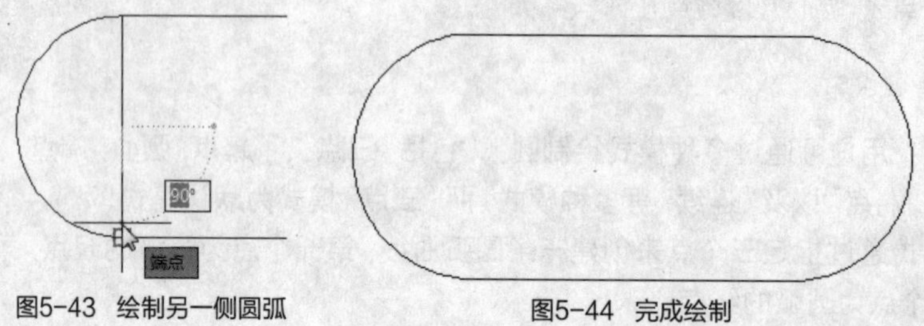

图5-43 绘制另一侧圆弧　　图5-44 完成绘制

5.3.3 椭圆的绘制

椭圆有长半轴和短半轴之分，长半轴与短半轴的值决定了椭圆曲线的形状，用户可以通过设置椭圆的起始角度和终止角度来绘制椭圆弧。

在“绘图”面板中单击“圆心”按钮，根据命令行提示信息，指定圆心点，然后移动光标，指定椭圆短半轴和长半轴的数值，即可完成椭圆的绘制，如图5-45至图5-47所示。

命令行提示如下。

```
命令：_ellipse
指定椭圆的轴端点或 [圆弧 (A)/ 中心点 (C)]: _c
指定椭圆的中心点：                                  // 指定椭圆圆点
指定轴的端点：100                                   // 指定长半轴长度
指定另一条半轴长度或 [旋转 (R)]: 50                   // 指定短半轴长度
```

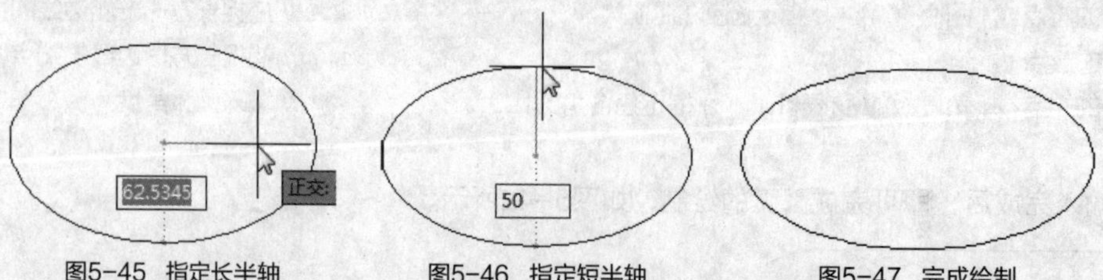

图5-45 指定长半轴　　图5-46 指定短半轴　　图5-47 完成绘制

椭圆的绘制模式分别为“圆心”、“轴，端点”和“椭圆弧”三种。其中“圆心”方式为系统默认模式。

- 圆心：该模式指定一个点作为椭圆的圆心，然后分别指定椭圆曲线的长半轴长度和短半轴长度。
- 轴，端点：该模式指定第一个点作为椭圆半轴的起点，指定第二个点为长半轴（或短半轴）的端点，指定第三个点为短半轴（或长半轴）的半径点。
- 圆弧：该模式的创建方法与“轴，端点”模式的创建方式相似。使用该方法创建的椭圆可以是完整的椭圆，也可以是其中的一段椭圆弧。

5.3.4 圆环的绘制

利用"圆环"命令可绘制任意大小的圆环图形。绘制圆环时，应首先指定圆环的内径、外径，然后再指定圆环的中心点，即可完成圆环的绘制。

在"常用"选项卡"绘图"面板中单击"圆环"按钮◎，根据命令行提示，指定好圆环的内、外径大小以及中心点，即可完成圆环的绘制。

命令行提示如下。

```
命令：_donut
指定圆环的内径 <25.8308>: 50                    //指定圆环内径值
指定圆环的外径 <50.0000>: 20                    //指定圆环外径值
指定圆环的中心点或 < 退出 >:                     //指定圆弧中心点位置
指定圆环的中心点或 < 退出 >: * 取消 *            //按 Esc 键退出
```

5.3.5 样条曲线的绘制

样条曲线是一种较为特别的线段。它通过一系列控制点生成光滑曲线，常用来绘制不规则的曲线图形，适用于表达各种具有不规则变化曲率半径的曲线。在AutoCAD 2013中，样条曲线有两种绘制模式，分别为"样条曲线拟合"和"样条曲线控制点"。

- 样条曲线拟合：该模式使用曲线拟合点来绘制样条曲线，如图5-48所示。
- 样条曲线控制点：该模式使用曲线控制点来绘制样条曲线。使用该模式绘制出的曲线较为平滑，如图5-49所示。

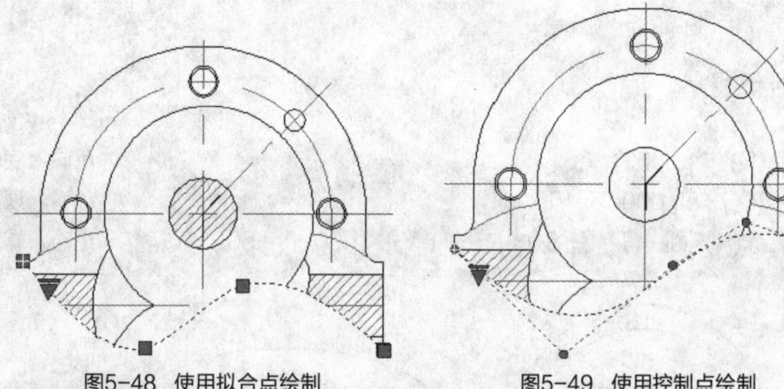

图5-48 使用拟合点绘制　　图5-49 使用控制点绘制

5.3.6 面域的绘制

面域是使用形成闭合环的对象创建的二维闭合区域。组成面域的对象必须闭合或通过与其他对象共享端点而形成闭合区域。

在"常用"选项卡"绘图"面板中单击"面域"按钮，根据命令行提示，选择要创建面域的线段，如图5-50所示，选择完成后按Enter键即可完成面域的创建，如图5-51所示。

命令行提示如下。

```
命令：_region
选择对象：指定对角点：找到 2 个                                    // 选中所有对象
选择对象：找到 6 个，总计 8 个
选择对象：                                                          // 按 Enter 键
已提取 1 个环。
已创建 1 个面域。
```

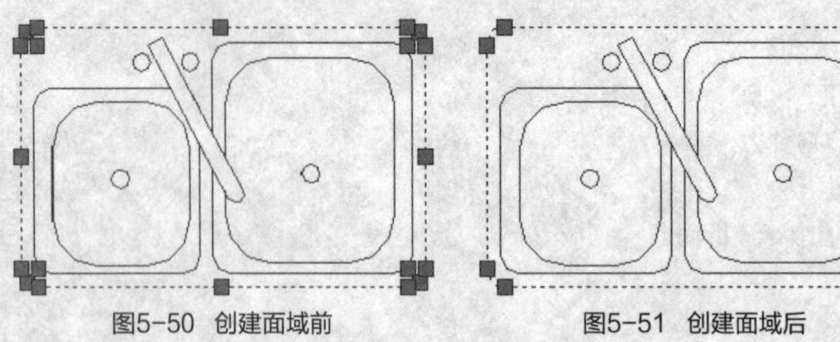
图5-50　创建面域前　　　　图5-51　创建面域后

5.3.7　螺旋线的绘制

"螺旋"命令常被用来创建具有螺旋特征的曲线，螺旋线的底面半径和顶面半径决定了螺旋线的形状，用户还可以控制螺旋线的圈间距。

在"常用"选项卡"绘图"面板中单击"螺旋"按钮，根据命令行提示，指定螺旋底面中心点，并输入底面半径值、螺旋顶面半径值以及螺旋线高度值，即可完成绘制，绘制结果如图5-52和图5-53所示。

命令行提示如下。

```
命令：_Helix
圈数 = 3.0000　 扭曲 =CCW
指定底面的中心点：
指定底面半径或 [ 直径 (D)] <1.0000>: 50                             // 输入底面半径值
指定顶面半径或 [ 直径 (D)] <50.0000>: 100                           // 输入顶面半径值
指定螺旋高度或 [ 轴端点 (A)/ 圈数 (T)/ 圈高 (H)/ 扭曲 (W)] <1.0000>: 50   // 输入螺旋高度值
```

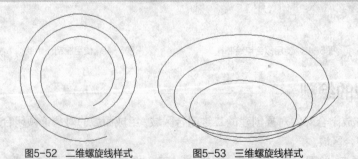

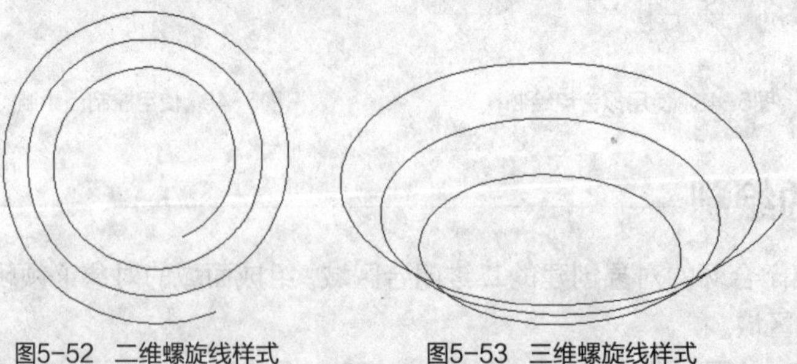
图5-52　二维螺旋线样式　　　　图5-53　三维螺旋线样式

5.4　矩形和多边形的绘制

在制图过程中，用户经常需要绘制矩形或多边形对象。下面分别讲解其绘制方法。

5.4.1 矩形的绘制

"矩形"命令是常用的命令之一，可通过两个角点来定义矩形。

在"常用"选项卡"绘图"面板中单击"矩形"按钮，在绘图区中指定一个点作为矩形的起点，如图5-54所示，再指定第二个点作为矩形的对角点，即可创建出一个矩形，如图5-55所示。

命令行提示如下。

```
命令 : _rectang
指定第一个角点或 [ 倒角 (C)/ 标高 (E)/ 圆角 (F)/ 厚度 (T)/ 宽度 (W)]:          // 指定矩形第一个角点
指定另一个角点或 [ 面积 (A)/ 尺寸 (D)/ 旋转 (R)]: @100,100               // 输入矩形长度和宽度值
```

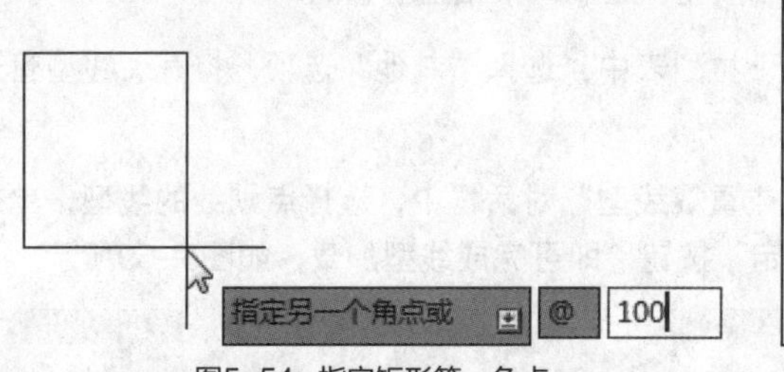

图5-54 指定矩形第一角点

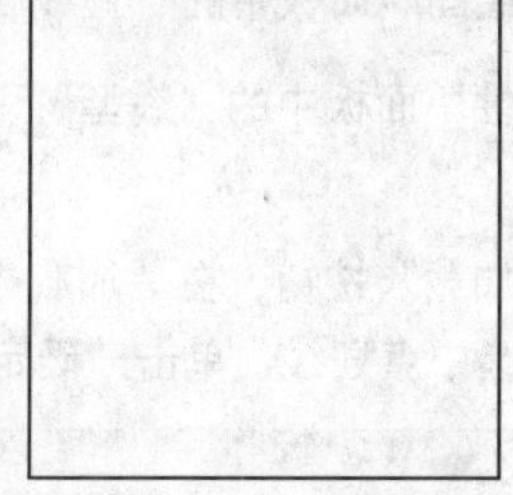
图5-55 绘制矩形

命令行各选项说明如下。

- 倒角：选择该选项可绘制一个带有倒角的矩形，这时必须指定两个倒角的距离。
- 标高：选择该选项可指定矩形所在的平面高度。
- 圆角：选择该选项可绘制一个带有圆角的矩形，这时需要输入倒角半径。
- 厚度：选择该选项可设置具有一定厚度的矩形。
- 宽度：选择该选项可设置矩形的线宽。

工程师点拨：绘制圆角或倒角矩形需注意

绘制带圆角或倒角矩形时，如果矩形的长和宽太小，以至于无法使用当前设置创建圆角或倒角矩形时，那么绘制出来的矩形将不进行圆角或倒角。

5.4.2 正多边形的绘制

正多边形是由多条边长相等的闭合线段组合而成的。各边相等并且各角也相等的多边形称为正多边形。在默认情况下，正多边形的边数为4。

在"常用"选项卡"绘图"面板中单击"多边形"按钮，根据命令行提示，输入边数值，指定多边形的中心点，并根据需要指定外切圆或内接圆的半径值，如图5-56所示，即可完成绘制，如图5-57所示。

命令行提示如下。

```
命令 : _polygon 输入侧面数 <4>: 5                          // 输入边数值
指定正多边形的中心点或 [ 边 (E)]:                          // 指定多边形中心点
输入选项 [ 内接于圆 (I)/ 外切于圆 (C)] <I>: I               // 选择圆类型
指定圆的半径 : 50                                           // 输入圆半径数值
```

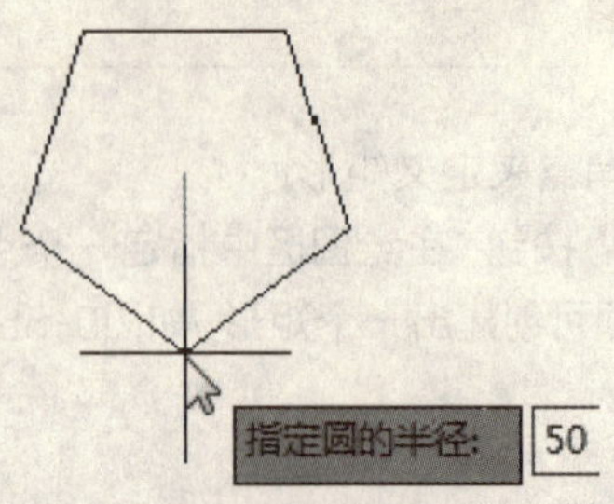

图5-56 输入圆半径值

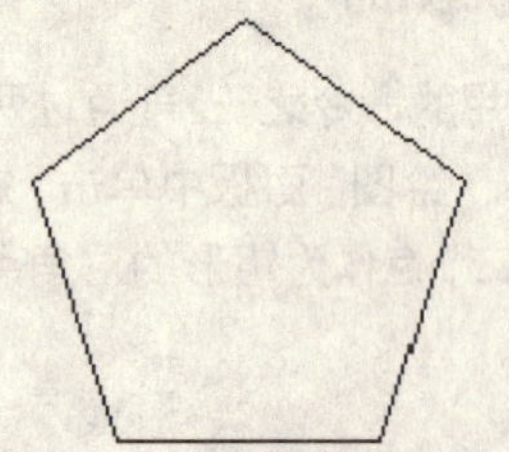

图5-57 完成正多边形的绘制

下面以绘制六角螺母俯视图为例介绍具体操作。

Step 01 单击“绘图”面板中的“直线”按钮，绘制两条相互垂直的辅助线。

Step 02 在“特性”面板中的“线型”下拉列表中，选择“其他”选项，打开“线型管理器”对话框，如图5-58所示。

Step 03 单击“加载”按钮，在“加载或重载线型”对话框中，选择点划线的线型，单击“确定”按钮返回。在列表中选中点划线，单击“确定”按钮，即可完成线型加载，如图5-59所示。

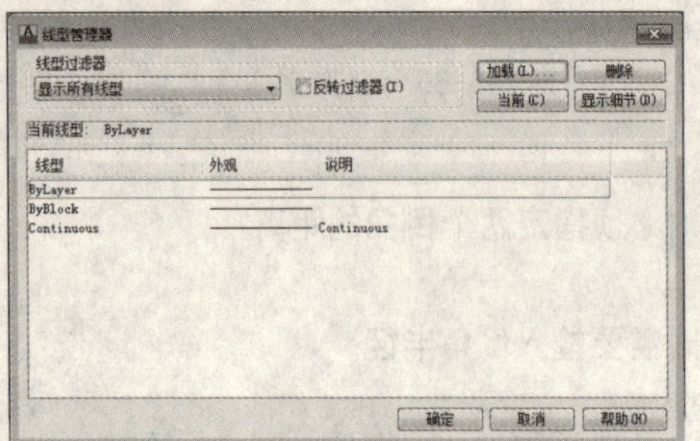

图5-58 打开“线型管理器”对话框

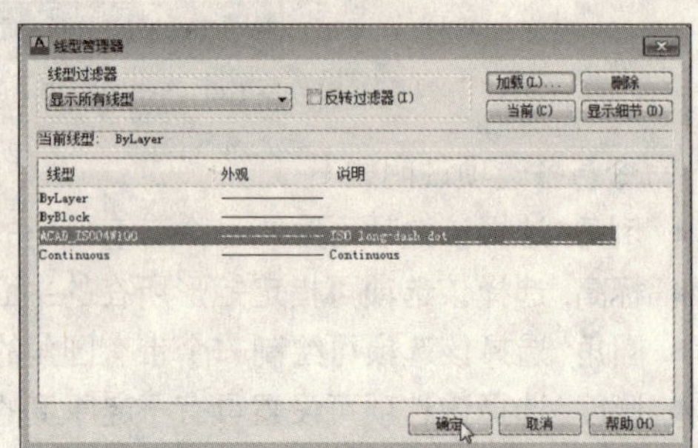

图5-59 完成线型加载

Step 04 选中之前绘制好的两条垂直线，“线型”下拉列表中，选择点划线，如图5-60所示。

Step 05 同样，在选中这两条直线的情况下，在“特性”面板中打开“对象颜色”下拉列表，在其中选择红色，完成颜色转换，如图5-61所示。

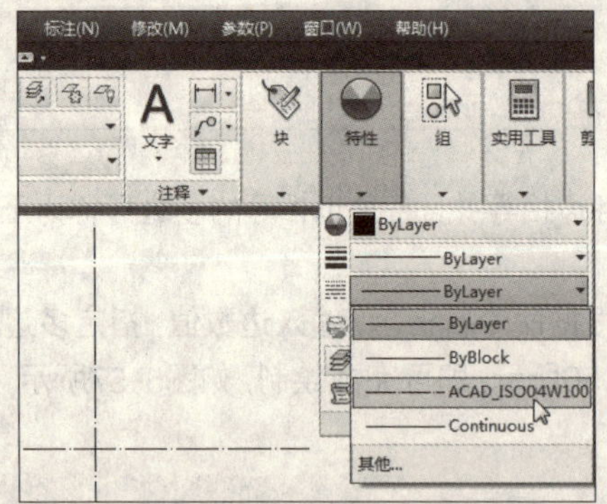

图5-60 选择加载线型

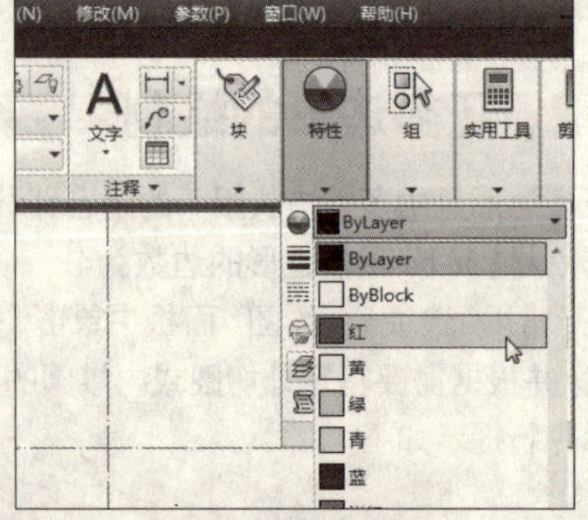

图5-61 选择线型颜色

Step 06 在“常用”选项卡的“绘图”面板中单击“多边形”按钮，根据命令行提示，输入多边形边数为6，然后捕捉两条垂直线的交点，并选择“外切于圆”选项，如图5-62所示。

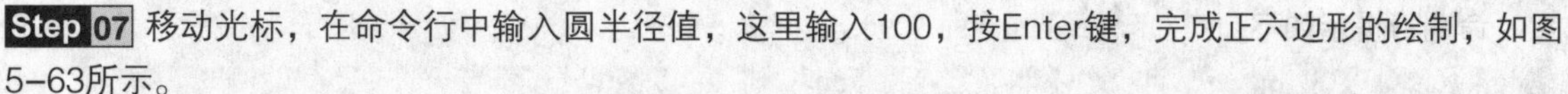

Step 07 移动光标，在命令行中输入圆半径值，这里输入100，按Enter键，完成正六边形的绘制，如图5-63所示。

命令行提示如下。

```
命令 : _polygon 输入侧面数 <4>: 6                    // 输入边数
指定正多边形的中心点或 [ 边 (E)]:                    // 捕捉垂直交点
输入选项 [ 内接于圆 (I)/ 外切于圆 (C)] <I>: C        // 选择圆类型
指定圆的半径 : 100                                   // 输入圆半径值
```

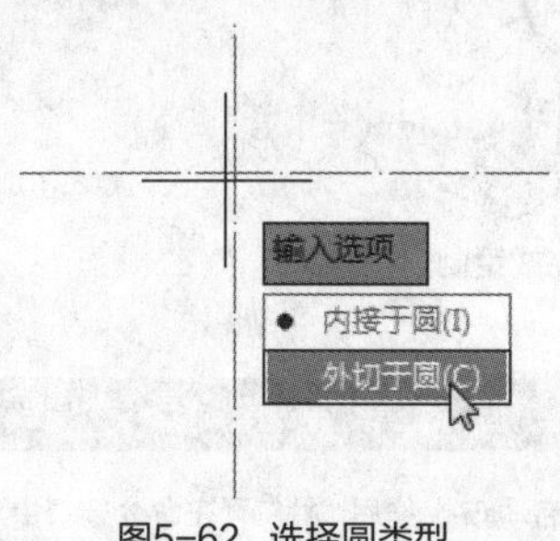

图5-62　选择圆类型

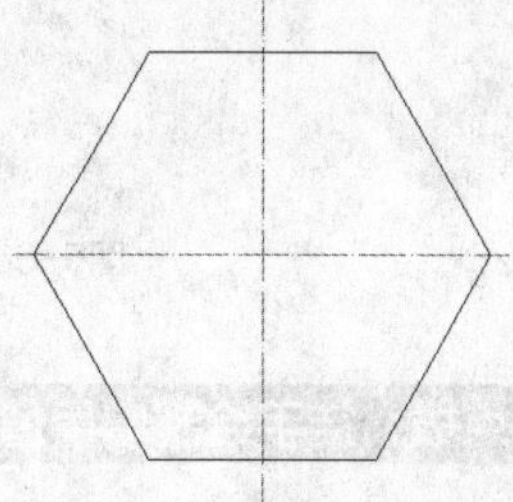

图5-63　完成正六边形的绘制

Step 08 单击“圆”按钮，捕捉垂直线交点作为圆心，绘制半径为100mm的圆，如图5-64所示。

Step 09 再次单击“圆”按钮，捕捉刚绘制的圆的圆心，绘制半径为50mm的圆，完成六角螺母俯视图的绘制，如图5-65所示。

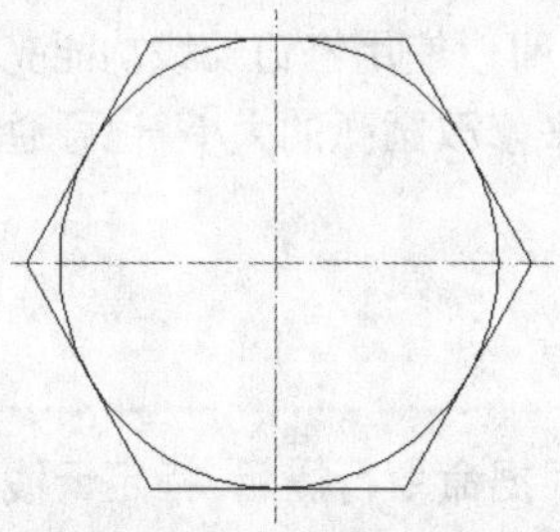

图5-64　绘制大圆

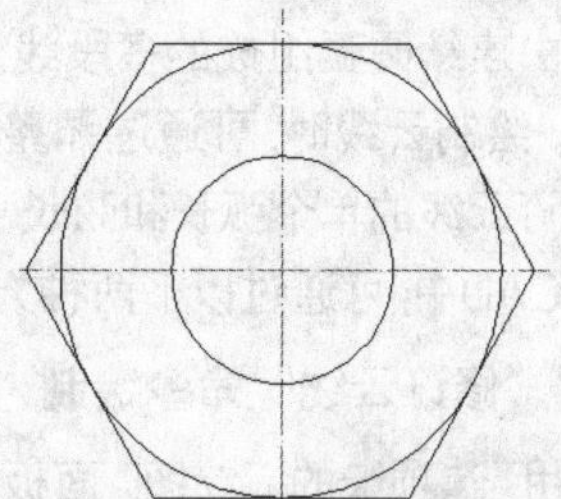

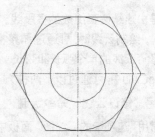

图5-65　完成绘制

5.5 徒手绘制图形

在 AutoCAD 中，除了标准绘图外，用户也可根据需要徒手绘制图形。徒手绘制出的图形较为随意，并带有一定的灵活性，有助于绘制一些较为个性的图形。在 AutoCAD 2013 中，徒手绘图的工具分为徒手绘图和云线两种。

5.5.1 徒手绘图方法

用户若要进行徒手绘图操作，则需在命令行中输入命令Sketch并按Enter键。在绘图区中，指定一点为图形起点，然后移动光标即可绘制图形，如图5-66所示。绘制完成后，单击鼠标左键退出。

若要再次绘制，可再次单击鼠标左键进行绘制。图形绘制完成后按Enter键，即可退出徒手绘图模式，如图5-67所示。

命令行提示如下。

```
命令：SKETCH
类型 = 直线  增量 = 1.0000  公差 = 0.5000
指定草图或 [ 类型 (T)/ 增量 (I)/ 公差 (L)]:                    // 指定绘图起点
指定草图：                                                    // 绘制图形
已记录 914 条直线。
```

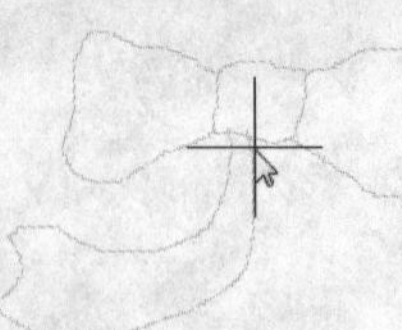
图5-66　徒手绘图

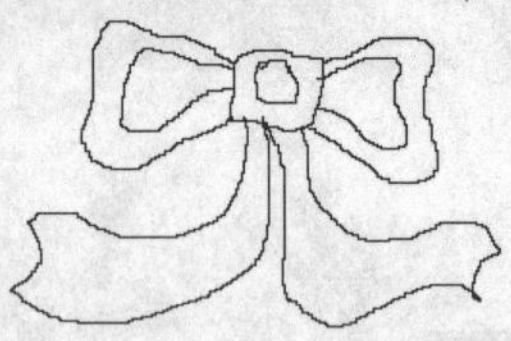
图5-67　完成绘制

工程师点拨：徒手绘制增量值设置

通常在徒手绘图前，需对其增量进行设置，徒手绘图的默认系统增量为0.1。启动该操作后，用户可在命令窗口中，输入i并按Enter键，然后输入新的增量值，即可完成设置。一般增量值越大，徒手绘制的图形越不平滑；增量值越小，绘制的图形则越平滑，但会大大增加系统读取数据的工作量。

5.5.2　云线的绘制

云线是由连续圆弧组成的多段线。在检查或用红线圈阅图时，可以使用修订云线功能亮显标记以提高工作效率。绘制云线时，可通过调整拾取点选择较短的弧线段来修改圆弧的大小，也可通过调整拾取点来编辑修订云线的单个弧长和弦长。

在AutoCAD中，可通过以下两种方法进行绘制。

1. 使用“修订云线”命令绘制

在“常用”选项卡的“绘图”面板中单击“修订云线”按钮，根据命令行提示，指定云线起点即可开始绘制。

2. 使用快捷命令绘制

在命令行中直接输入命令REVC后按Enter键，即可进行绘制。

命令行提示如下。

```
命令：REVCLOUD
最小弧长：0.5   最大弧长：0.5   样式：普通
指定起点或 [ 弧长 (A)/ 对象 (O)/ 样式 (S)] < 对象 >: o          // 选择“对象”选项
选择对象：                                                    // 选择转换的图形对象
反转方向 [ 是 (Y)/ 否 (N)] < 否 >: Y                          // 选择是否“反转”
修订云线完成。
```

命令行中的选项主要说明如下。

- 指定起点：在绘图区中指定线段起点，拖动鼠标绘制云线。
- 弧长：该选项用于指定云线的弧长范围。用户可根据需要对云线的弧长进行设置。
- 对象：该选项用于将选择的某个封闭的图形对象转换成云线。

综合实例 绘制别墅一层平面户型图

本章主要向用户介绍了一些基本二维绘图命令的操作方法。利用这些命令，则可轻松地绘制出简单的二维图形。下面结合所学来绘制别墅平面户型图，其中涉及到的知识点有图层设置、多线设置及绘制以及直线绘制等。

Step01 启动AutoCAD 2013，打开“别墅一层平面”素材文件，如图5-68所示。

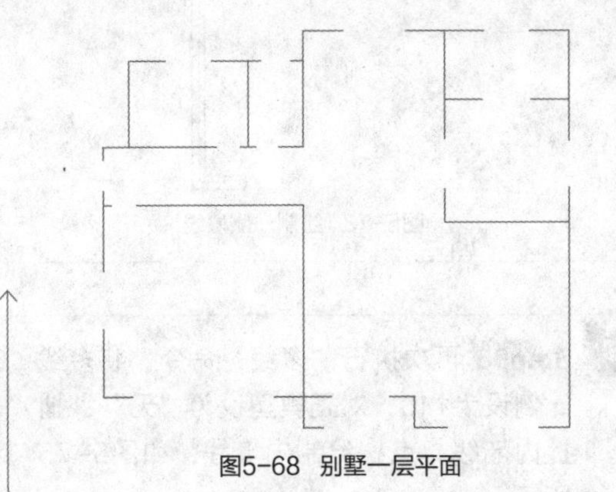

图5-68 别墅一层平面

Step02 单击“图层”面板中的“图层特性”按钮，打开图层特性管理器，新建“墙体”图层，并将其线宽设为0.3mm，如图5-69所示。

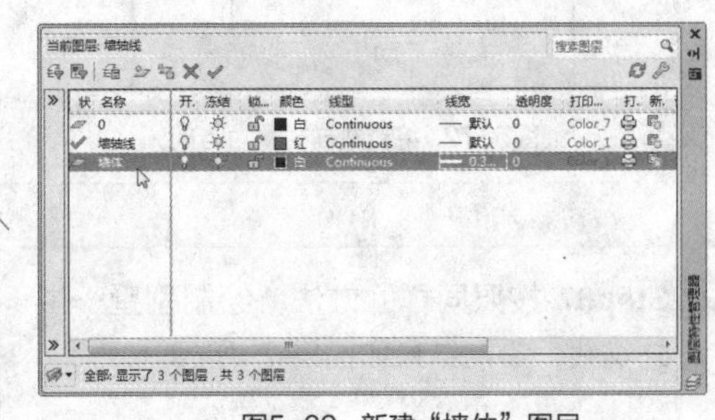

图5-69 新建“墙体”图层

Step03 双击“墙体”图层，将其设置当前层。执行菜单栏中的“格式>多线样式”命令，打开相应对话框，单击“新建”按钮，新建样式，如图5-70所示。

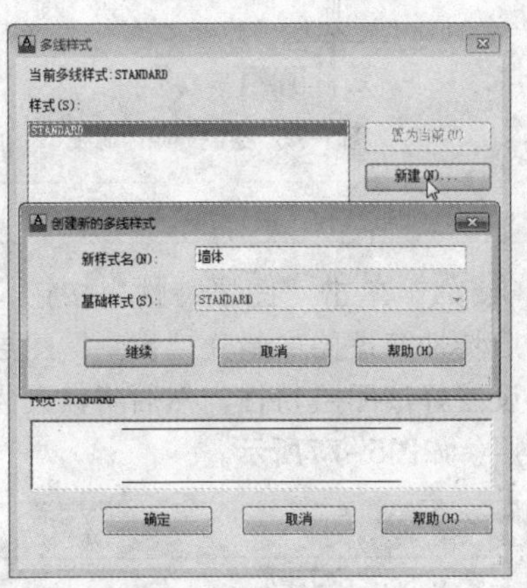

图5-70 新建多线样式

Step04 单击“继续”按钮，打开“新建多线样式”对话框，在“封口”选项组中，勾选“直线”中的“起点”和“端点”复选框，单击“确定”按钮，如图5-71所示。

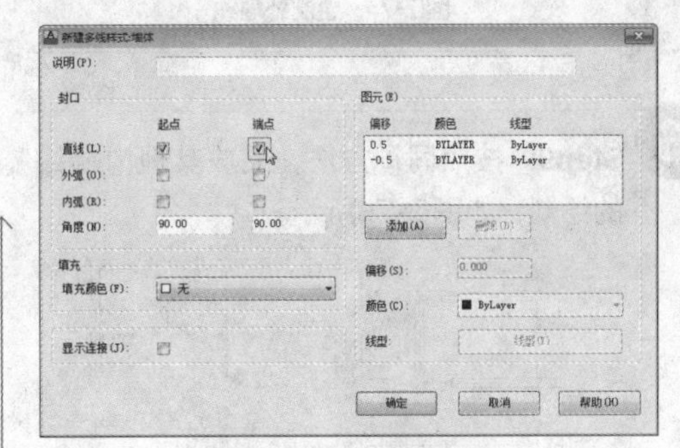

图5-71 设置多线样式

工程师点拨：绘制多线需注意

使用“多线”命令不能绘制弧线平行多线，只能绘制由直线段组成的平行多线。绘制完一条多线后，该多线是一个整体。

Step05 返回“多线样式”对话框，选择刚刚新建的多线样式，单击“置为当前”按钮，单击“确定”按钮，关闭对话框，完成多线设置，如图5-72所示。

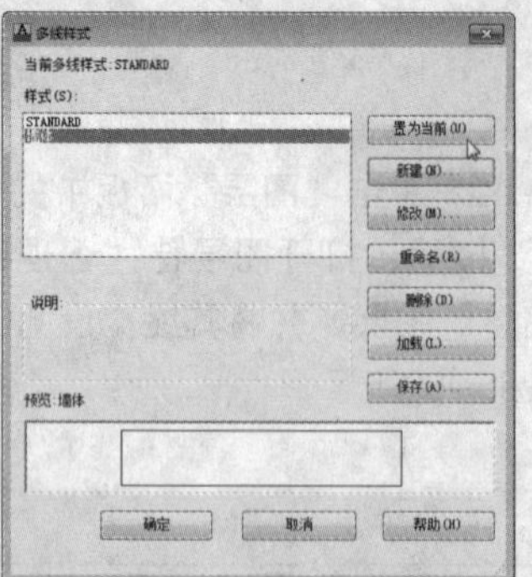

图5-72 将新建样式置为当前

Step06 在命令行中输入命令ML并按Enter键，将多线比例设为260，对正类型设为“无”，在绘图区中捕捉一段轴线起点和端点，绘制墙体线，如图5-73所示。

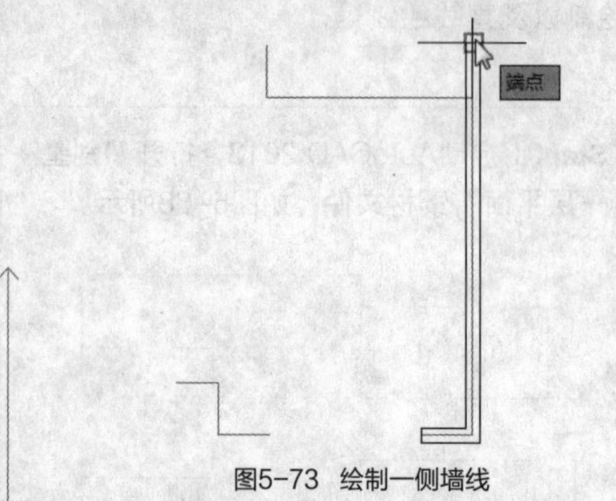

图5-73 绘制一侧墙线

Step07 按照同样的方法，绘制别墅一层外墙线，绘制结果如图5-74所示。

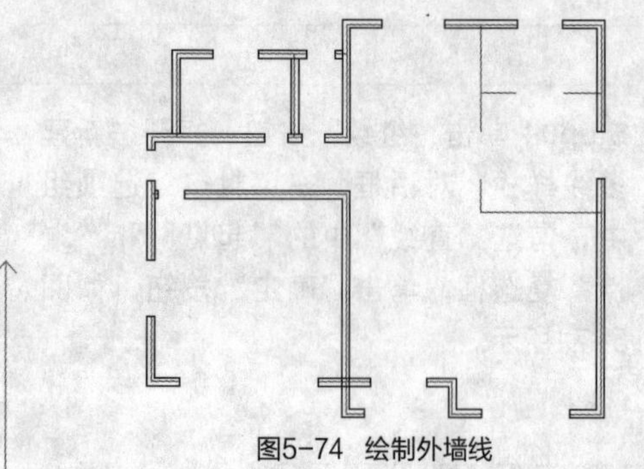

图5-74 绘制外墙线

Step08 再次执行“多线”命令，将多线比例设为140，对正类型设为“无”，捕捉内墙线起点，绘制内墙线，如图5-75所示。

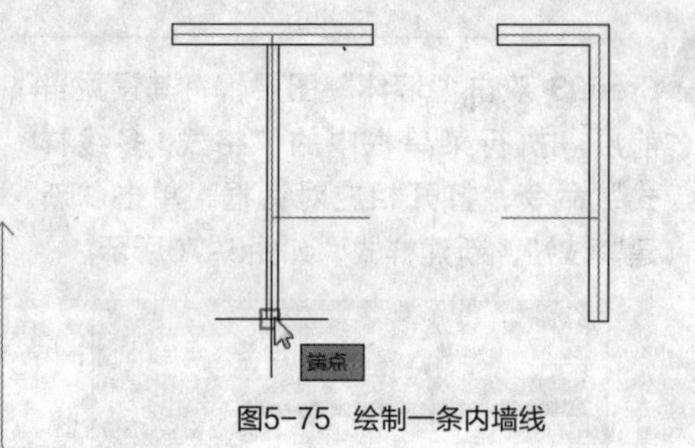

图5-75 绘制一条内墙线

Step09 按照同样方法，完成其他内墙线的绘制，如图5-76所示。

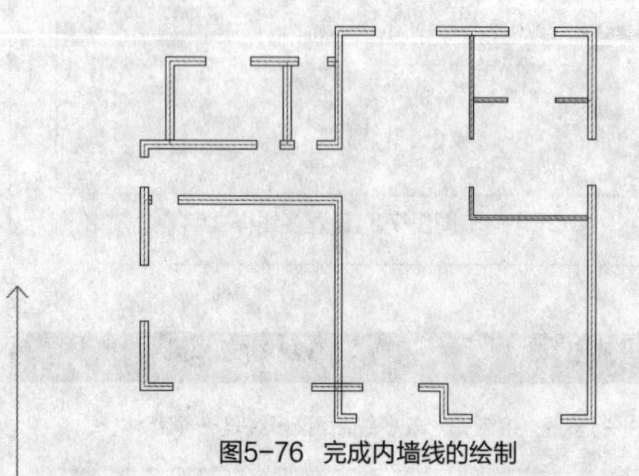

图5-76 完成内墙线的绘制

Step10 单击“图层特性”按钮，在图层特性管理器中新建“窗户”图层，并设置好该图层特性，然后将其设为当前层，如图5-77所示。

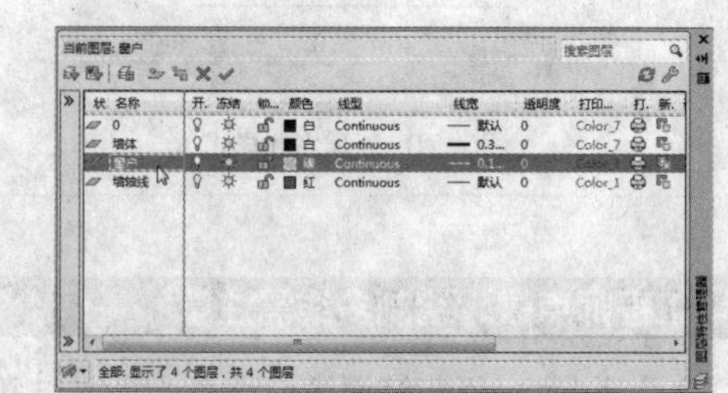

图5-77 创建“窗户”图层

Step11 在“绘图”面板中单击“矩形”按钮，根据命令行提示，捕捉矩形起点，然后在命令行中输入“@”，并输入矩形的长度和宽度“1500,260”,如图5-78所示。

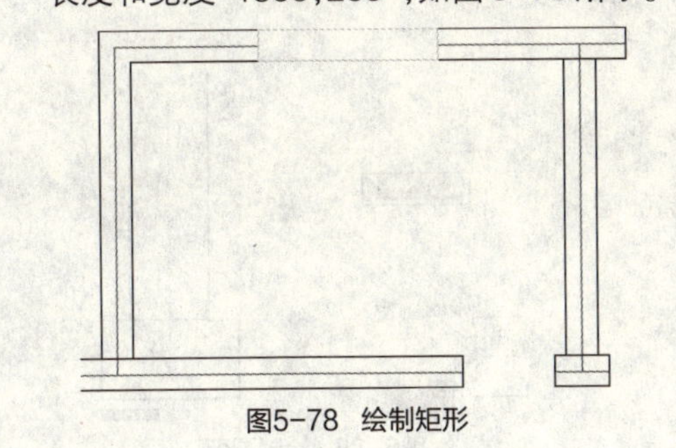

图5-78 绘制矩形

Step12 在命令行中，输入X按Enter键，执行“分解”命令。选中刚绘制的长方形，再次按Enter键，将其分解，如图5-79所示。

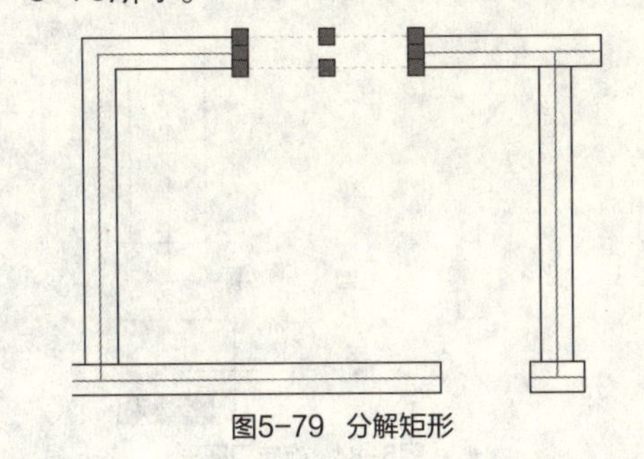

图5-79 分解矩形

Step13 单击“定数等分”按钮，选择长方形左侧边线，根据命令行提示，将其等分为三等分，单击“直线”命令，绘制等分线，如图5-80所示。

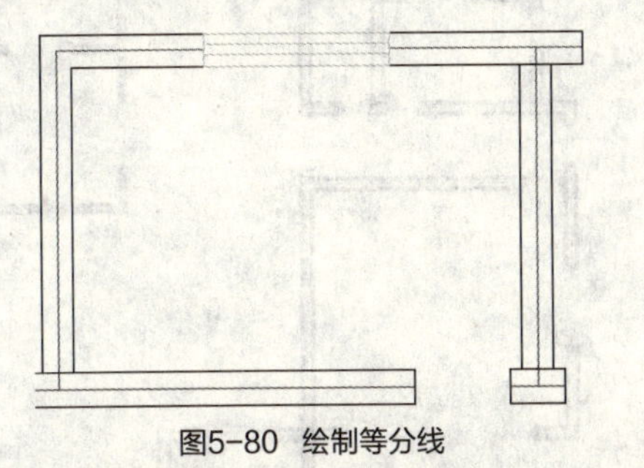

图5-80 绘制等分线

Step14 同样单击“矩形”按钮，绘制一个长1000mm，宽260mm的长方形，并依次执行“定数等分”、“分解”和“直线”命令，完成卫生间窗户的绘制，如图5-81所示。

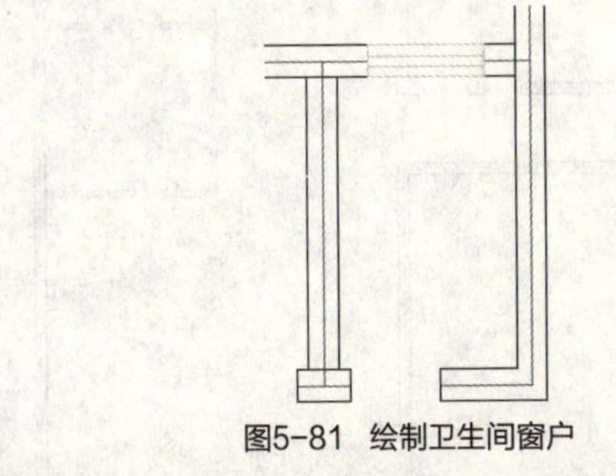

图5-81 绘制卫生间窗户

Step15 按照同样的方法，绘制其余的窗户图形，如图5-82所示。

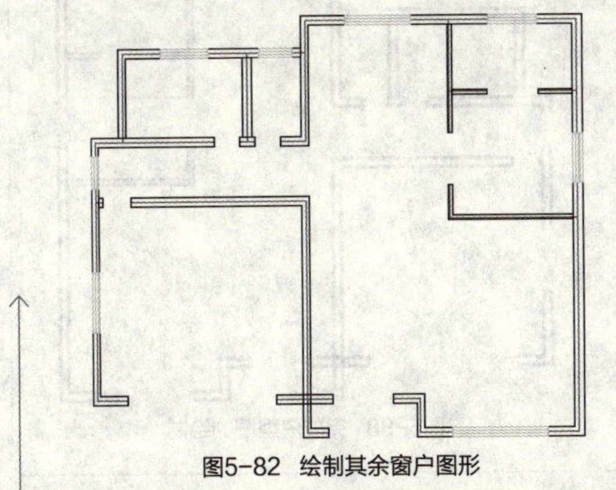

图5-82 绘制其余窗户图形

Step16 单击“矩形”按钮，绘制一个长780mm，宽40mm的长方形，放置在别墅一层客房门口位置作为门，如图5-83所示。

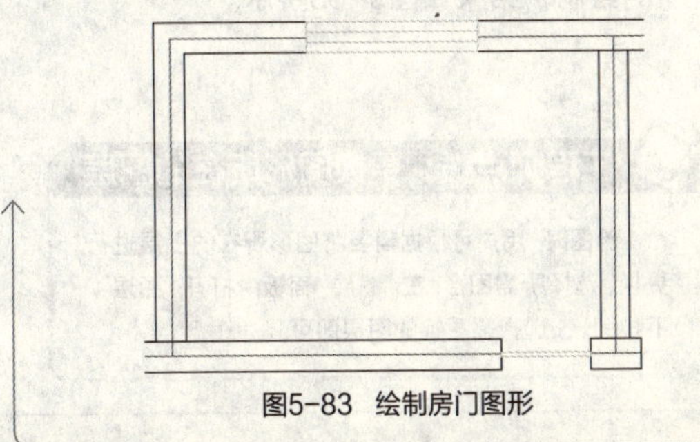

图5-83 绘制房门图形

Step17 选择绘制的客房门图形，单击图形右下角夹点，使其成为红色状态，右击该夹点，选择“旋转”命令，将其图形进行90°旋转，如图5-84所示。

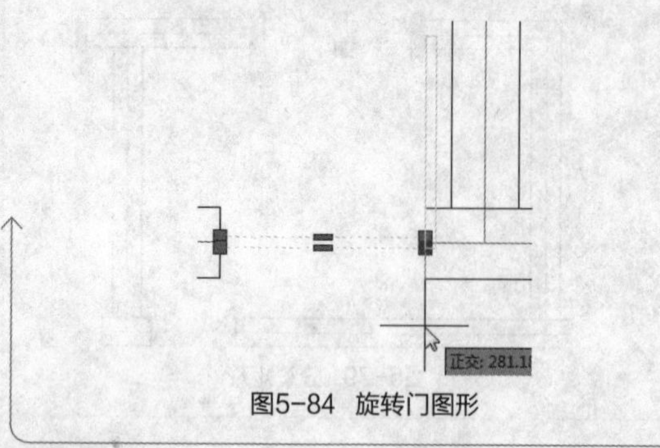

图5-84 旋转门图形

Step18 执行“圆弧”命令，根据命令行提示，指定门图形上方两端点和另一侧墙体轴线起点，绘制如图5-85所示的圆弧。

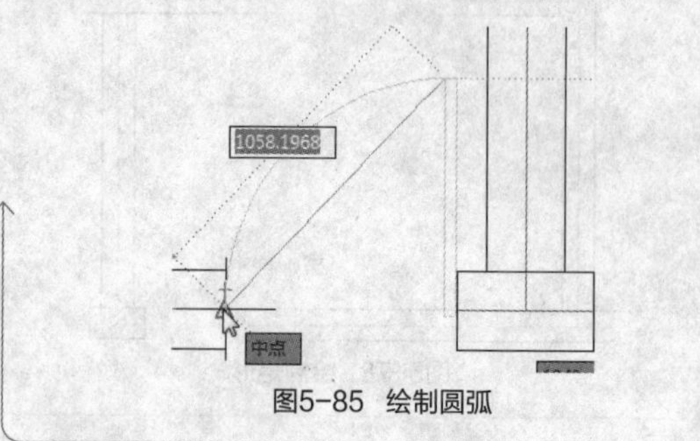

图5-85 绘制圆弧

Step19 按照同样的方法，根据门洞尺寸，绘制出别墅一层平面所有的房门图形，如图5-86所示。

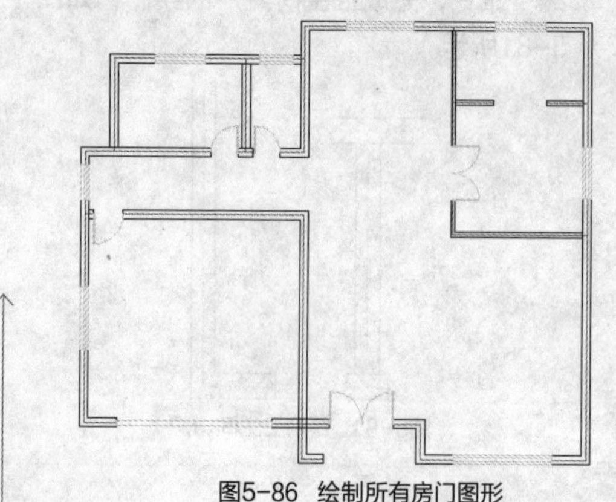

图5-86 绘制所有房门图形

Step20 单击状态栏中的“显示/隐藏线宽”按钮，显示当前墙体线宽，如图5-87所示。

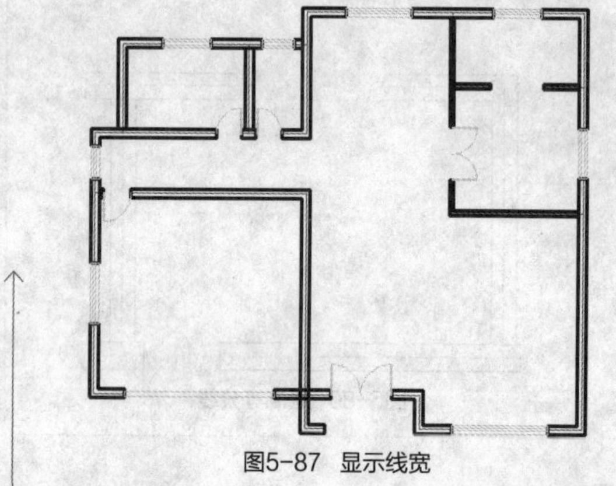

图5-87 显示线宽

Step21 打开图层特性管理器，关闭“墙轴线”图层，此时在绘图区中，墙轴线将不显示。至此已完成别墅一层平面户型图的绘制，结果如图5-88所示。

工程师点拨：更换图形所在的图层

绘图时，用户可根据需要将图形所在的图层进行更换。选择所需图形，在“图层”面板中打开“图层”下拉列表，选择需更换的图层即可。

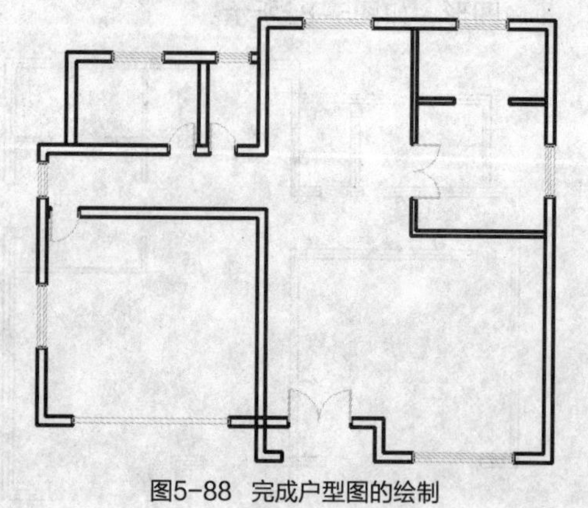

图5-88 完成户型图的绘制

高手应用秘籍 Wipeout功能的运用

简单的说，Wipeout功能称为擦除功能。它可在现有的图形对象上生成一个空白区域，用于添加注释或详细的蔽屏信息，当然，也可称之为区域覆盖，就是创建空白区域以覆盖图形对象。用户可打开这个区域进行编辑，也可关闭此区域进行打印。用户可通过以下操作来执行该功能。

❶ 使用“区域覆盖”命令操作

在“常用”选项卡的“绘图”面板中单击“区域覆盖”按钮，根据命令行提示，在绘图区中，绘制出需要覆盖的边框线，如图 5-89 所示，绘制完成后，按 Enter 键即可。此时在边框内的图形将被覆盖，如图 5-90 所示。

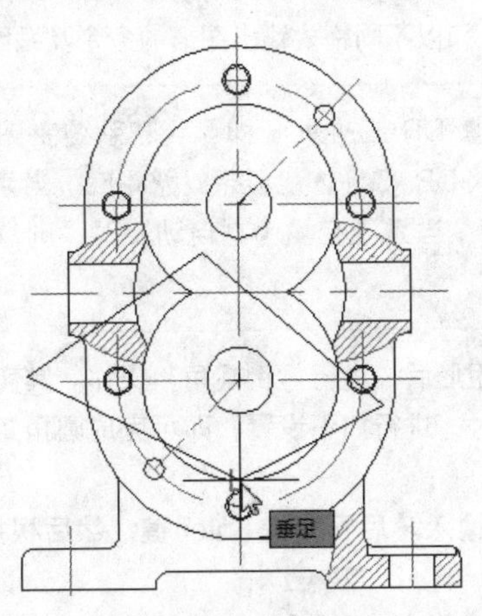

图5-89 绘制覆盖边框

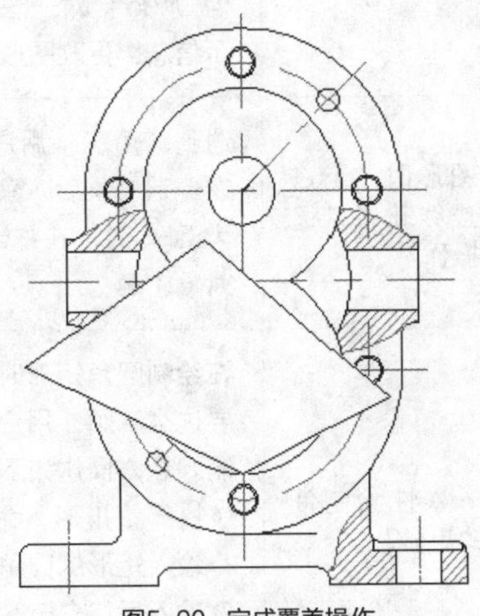

图5-90 完成覆盖操作

❷ 使用快捷命令操作

用户可在命令行中，输入命令Wip后按Enter键，同样可以根据命令提示进行覆盖操作。

命令行提示如下。

```
命令 : WIPEOUT
指定第一点或 [ 边框 (F)/ 多段线 (P)] < 多段线 >:
指定下一点 :
指定下一点或 [ 闭合 (C)/ 放弃 (U)]:// 绘制覆盖区域边框线
```

命令行中各选项说明如下。

- 边框：该选项用于确定是否显示区域覆盖对象的边界。
- 多段线：以封闭多段线创建的多边形作为区域覆盖对象的边界。

如果用户需更换覆盖区域，可执行“移动”命令，选中绘制的区域，将其移动至其他所需区域即可，此时原来被覆盖的图形将被显示。若要删除区域覆盖，只需选中覆盖边框，再按键盘上的Delete键删除即可。

秒杀 工程疑惑

在AutoCAD中进行操作时，用户经常会遇见各种各样的问题，下面针对本章总结一些常见问题并进行解答，包括撤回命令操作、视图显示问题、绘制圆角矩形以及绘制圆环等问题。

问　题	解　答
如何迅速取消之前的绘图操作？	如果使用“撤回”命令或快捷键 Ctrl+Z，一次次取消之前的操作较为麻烦。此时可使用 UNDO 命令，则可迅速取消。用户只需在命令行中输入 UNDO 并按 Enter 键，根据提示，输入要撤销命令的数量，即可迅速取消 但 Undo 会对一些命令和系统变量无效，包括打开、关闭或保存窗口或图形、显示信息、更改图形显示、重生成图形和以不同格式输出图形的命令及系统变量
选择图形时，无法显示虚线轮廓，该如何操作？	遇到该情况，用户只需修改系统变量 DRAGMODE 即可。若系统变量为 ON，在选定对象后，只能在命令行中输入 DRAG，才能显示对象轮廓；当系统变量为 OFF 时，在拖动时不会显示轮廓；当系统变量为“自动”时，则总是显示对象轮廓
如何一次性绘制带圆角的矩形？	在绘制圆角矩形时，通常在绘制完矩形后，进行“倒圆角”操作。其实没有必要这么麻烦，用户只需在绘制矩形时，进行如下设置，即可完成圆角矩形的绘制。具体操作如下 ❶ 执行“矩形”命令，在命令行中输入 F 后回车按 Enter 键，然后根据提示，输入矩形的圆角半径值 ❷ 输入后，按 Enter 键。在绘图区中，指定矩形的第一角点，并输入矩形长宽数值，即可完成绘制
如何利用“圆环”命令，绘制出实心填充圆和普通圆？	执行“圆环”命令，将圆环的内径设为 0，设置圆环外径数值大于 0，此时绘制出的圆环即为实心填充圆 如果将圆环的内径值与外径值设置为相同值，此时则绘制出的圆环则为普通圆

AutoCAD 2013

CHAPTER 06

二维图形的编辑

二维图形绘制完成后，还需要对所绘制的图形进行编辑和修改。AutoCAD软件提供了多种编辑命令，包括图形的选取、复制、分解、镜像、旋转、阵列、偏移以及修剪等。本章将详细介绍这些编辑命令的使用方法及应用技巧。

学完本章您可以掌握如下知识点

知识点序号	知识点难易指数	知识点
1	★★	选取图形的方法
2	★★	复制图形的方法
3	★★	修改图形的方法
4	★★★	多线、多段线和样条曲线的编辑方法
5	★★★	填充图形图案的方法

本章内容图解链接

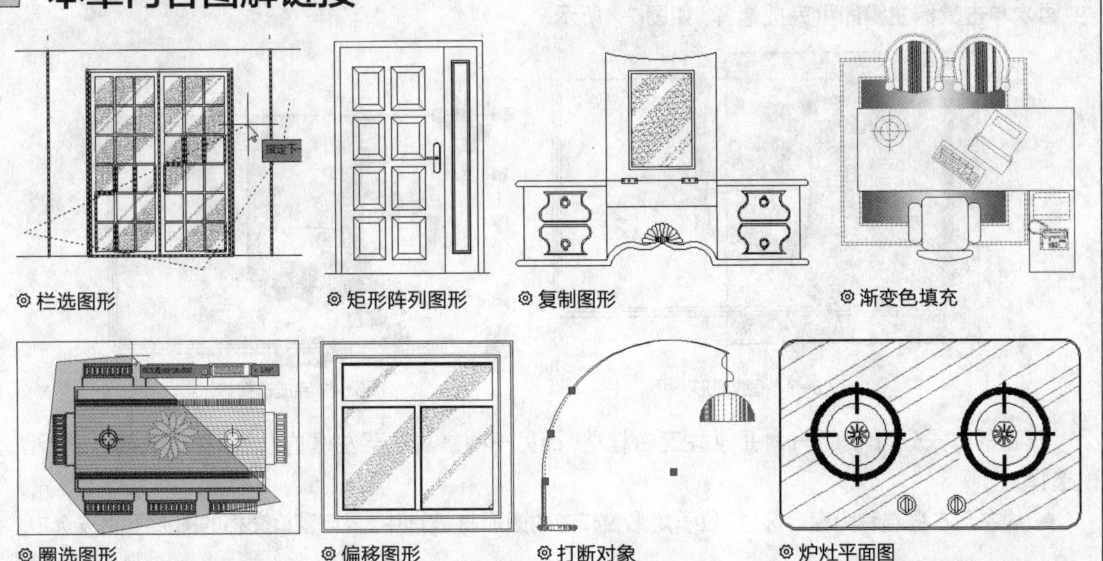

◎ 栏选图形　◎ 矩形阵列图形　◎ 复制图形　◎ 渐变色填充

◎ 圈选图形　◎ 偏移图形　◎ 打断对象　◎ 炉灶平面图

6.1 图形对象的选取

用户要编辑图形时，需要先选取图形。正确选取图形对象，可以提高作图效率。在AutoCAD中，图形的选取方式有多种，下面分别对其进行介绍。

6.1.1 选取图形的方式

在AutoCAD中，用户可通过4种方式来选取图形，分别为点选图形方式、框选图形方式、围选图形方式以及栏选图形方式。

1. 点选图形方式

点选方式较为简单，用户只需直接选择图形对象即可。当用户在选择某图形时，将光标放置在该图形上，单击该图形即可选中。当图形被选中后，会显示该图形的夹点，如图6-1所示。若要选择多个图形，只需再单击其他图形即可，如图6-2所示。

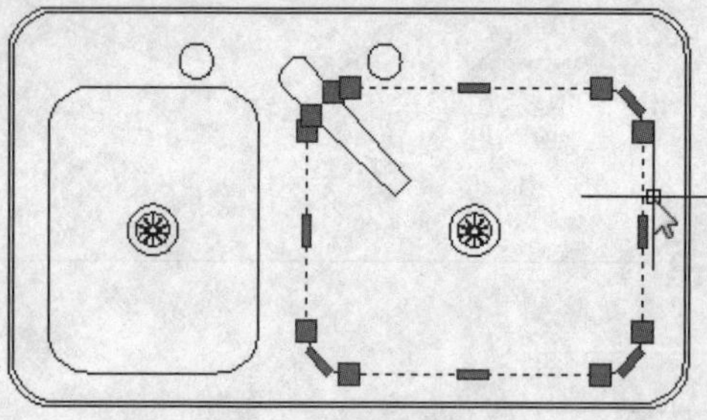

图6-1 点选一个图形

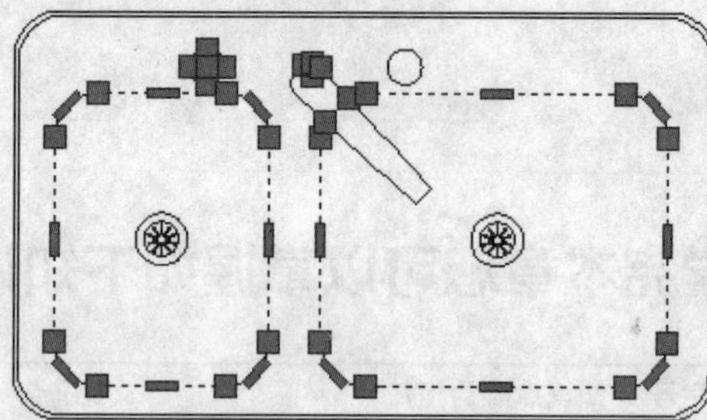

图6-2 点选多个图形

利用该方法选择图形较为简单直观，但精确度不高。如果在较为复杂的图形中进行选取操作，往往会出现误选或漏选现象。

2. 框选图形方式

在选择大量图形时，使用框选方式较为合适。用户只需在绘图区中指定框选起点，按住鼠标左键并拖动光标至合适位置，如图6-3所示。此时在绘图区中会显示一个矩形窗口，在该窗口内的图形将被选中，再次单击鼠标左键即可完成选择，如图6-4所示。

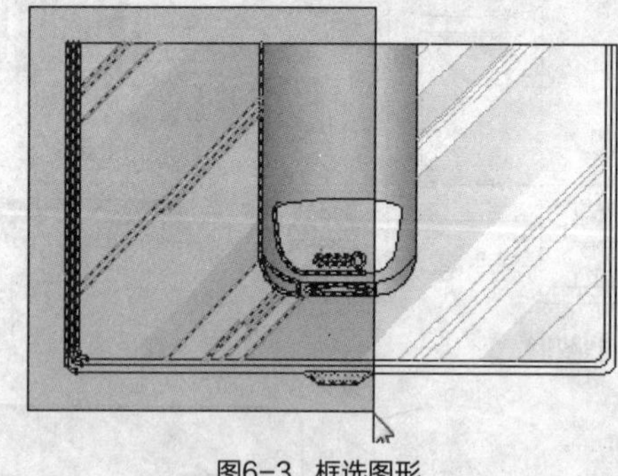

图6-3 框选图形

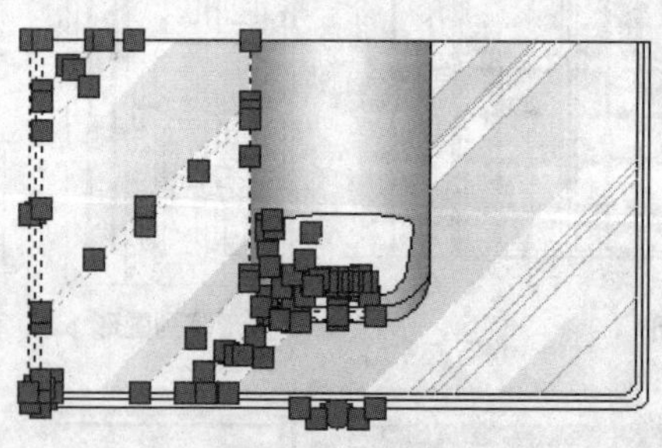

图6-4 完成选择

框选的方式分为两种，一种是从左至右框选，而另一种是从右至左框选。这两种方式都可进行图形的选择。

- 从左至右框选称为窗口选择，位于矩形窗口内的图形将被选中，只与窗口交相的图形不能被选中。

- 从右至左框选，称为窗交选择，其操作方法与窗口选择类似，它同样也可创建矩形窗口，并选中窗口内所有图形，如图6-5所示。与窗口方式不同的是，在进行框选时，与矩形窗口相交的图形也可被选中，如图6-6所示。

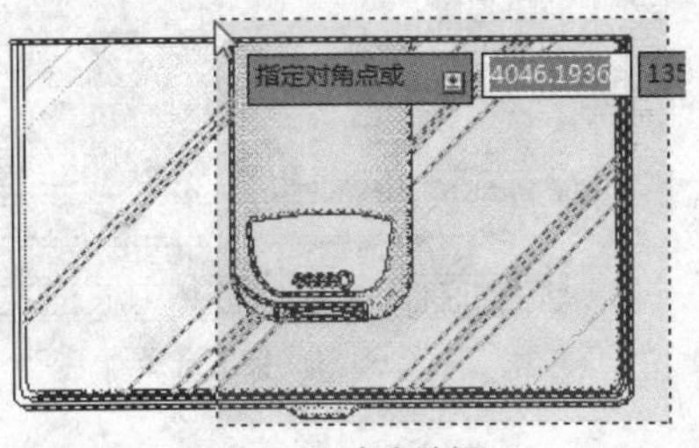

图6-5 窗交选择

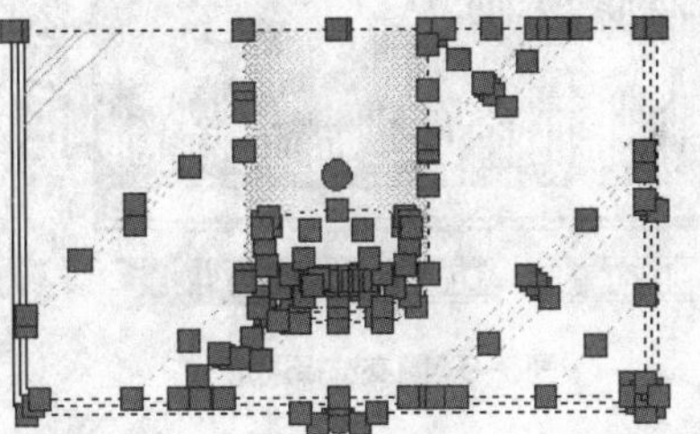

图6-6 完成选择

3. 围选图形方式

围选方式的灵活性较大。它通过不规则图形围选所需图形。而围选的方式可分为圈选和圈交两种。

- 圈选是一种多边形窗口的选择方法，其操作与窗口、窗交方式相似。用户在要选择图形的任意位置上指定一点，在命令行中输入WP并按Enter键，接着在绘图区中指定其他拾取点，通过不同的拾取点构成任意多边形，如图6-7所示。该多边形内的图形将被选中，按Enter键即可完成选择，如图6-8所示。

命令行提示如下。

```
命令：                                              // 指定圈选起点
指定对角点或 [ 栏选 (F)/ 圈围 (WP)/ 圈交 (CP)]: wp     // 输入 WP 指定圈围选项
指定直线的端点或 [ 放弃 (U)]:
指定直线的端点或 [ 放弃 (U)]:                          // 选择其他拾取点，按 Enter 键完成
```

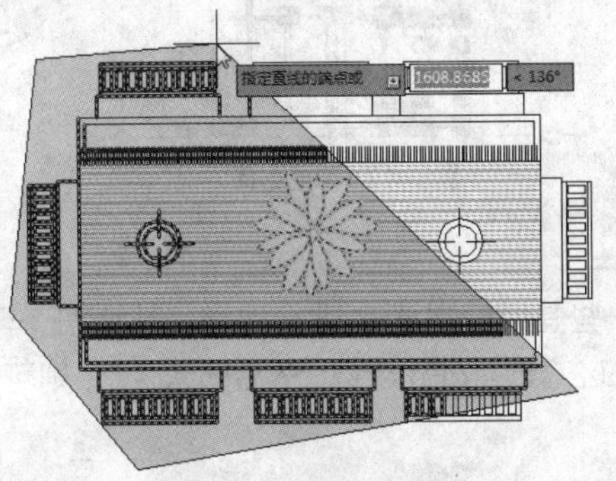

图6-7 选择圈选范围

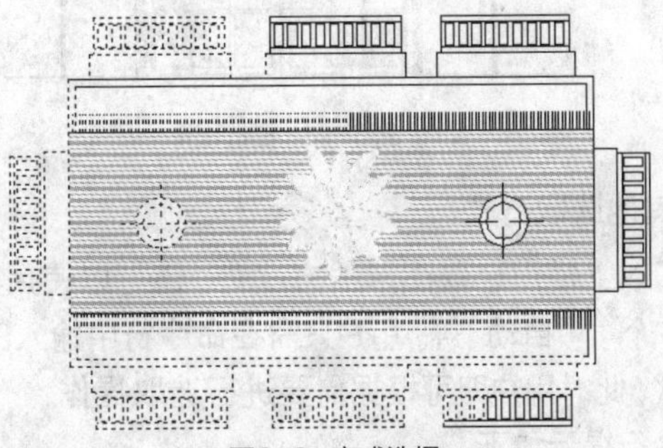

图6-8 完成选择

- 圈交与窗交方式相似。它是绘制一个不规则的封闭多边形作为交叉窗口来选择图形对象的。完全包围在多边形中的图形以及与多边形相交的图形将被选中。用户只需在命令行中输入CP按Enter键，即可进行选取操作，如图6-9和图6-10所示。

命令行提示如下。

```
命令：指定对角点或 [ 栏选 (F)/ 圈围 (WP)/ 圈交 (CP)]: cp    // 输入 CP 选择“圈交”
指定直线的端点或 [ 放弃 (U)]:                            // 圈选图形，按 Enter 键完成操作
```

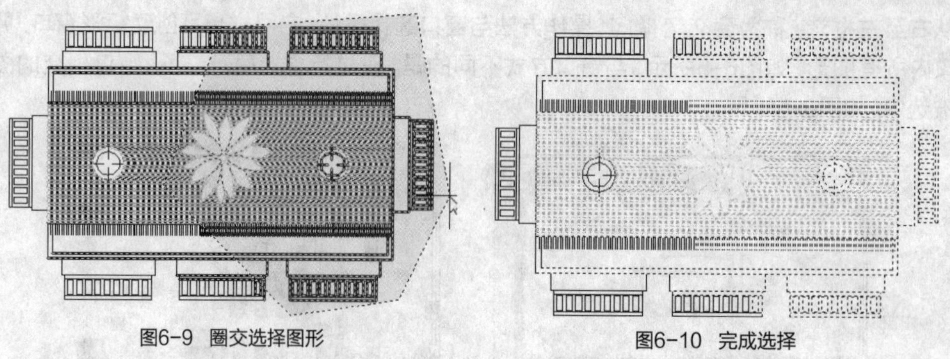

图6-9 圈交选择图形　　图6-10 完成选择

4. 栏选图形方式

栏选方式则是利用一条开放的多段线进行图形的选择，其所有与该线段相交的图形都会被选中。在对复杂图形进行编辑时，使用栏选方式可方便地选择连续的图形。用户只需在命令行中输入 F 并按 Enter 键，即可选择图形，如图 6-11 和图 6-12 所示。

命令行提示如下。

```
命令 : 指定对角点或 [ 栏选 (F)/ 圈围 (WP)/ 圈交 (CP)]: f          // 输入 F，选择“栏选”选项
指定下一个栏选点或 [ 放弃 (U)]:                                  // 选择下一个拾取点
```

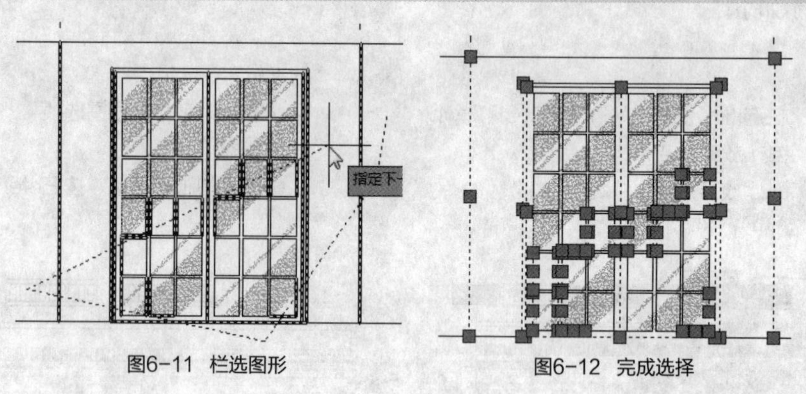

图6-11 栏选图形　　图6-12 完成选择

5. 其他选取方式

除了以上常用选取图形的方式外，还可以使用一些其他的方式来进行选取。例如"上一个"、"全部"、"多个"、"自动"等。用户只需在命令行中输入SELECT后按Enter键，然后输入"？"，则可显示多种选取方式，此时用户即可根据需要进行选取操作。

命令行提示如下。

```
命令 : SELECT
选择对象 : ?                                                    // 输入“? ”
* 无效选择 *
需要点或窗口 (W)/ 上一个 (L)/ 窗交 (C)/ 框 (BOX)/ 全部 (ALL)/ 栏选 (F)/ 圈围 (WP)/ 圈交 (CP)/ 编组 (G)/ 添加 (A)/ 删除 (R)/ 多个 (M)/ 前一个 (P)/ 放弃 (U)/ 自动 (AU)/ 单个 (SI)/ 子对象 (SU)/ 对象 (O ) // 选择所需选择的方式
```

命令行中主要的选取方式说明如下。

- 上一个：选择最近一次创建的图形对象。该图形需在当前绘图区中。

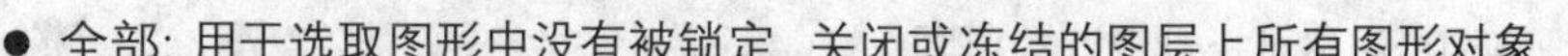

- 全部：用于选取图形中没有被锁定、关闭或冻结的图层上所有图形对象。
- 添加：可使用任何对象选择方式将选定对象添加到选择集中。
- 删除：可使用任何对象选择方式从当前选择集中删除图形。
- 前一个：该选项表示选择最近创建的选择集。
- 放弃：将放弃选择最近加到选择集中的图形对象。如果最近一次选择的图形对象多于一个，将从选择集中删除最后一次选择的图形。
- 自动：该选项将切换到自动选择，单击一个对象即可选择。单击对象内部或外部的空白区域，将形成框选方法定义的选择框的第一点。
- 多个：可单击选中多个图形对象。
- 单个：表示切换到单选模式，选择指定的第一个或第一组对象而不继续提示进一步选择。
- 子对象：该选项使用户逐个选择原始形状，这些形状是复合实体的一部分或三维实体上的顶点、边和面。
- 对象：该选项表示结束选择子对象的功能，使用户可使用对象选择方法。

6.1.2 快速选择

快速选择图形可使用户快速选择具有特定属性的图形对象，如具有相同颜色、线型或线宽等的对象。用户可根据图形的图层、颜色等特性创建选择集，有两种方法进行选择操作。

1. 使用“快速选择”命令操作

在“常用”选项卡“实用工具”面板中单击“快速选择”按钮，在“快速选择”对话框中，根据需要选择相关特性即可，如图6-13所示。

2. 使用右键菜单命令操作

单击绘图区的空白处，单击鼠标右键，在打开的快捷菜单中，选择“快速选择”命令，同样可以在“快速选择”对话框中进行设置操作，如图6-14所示。

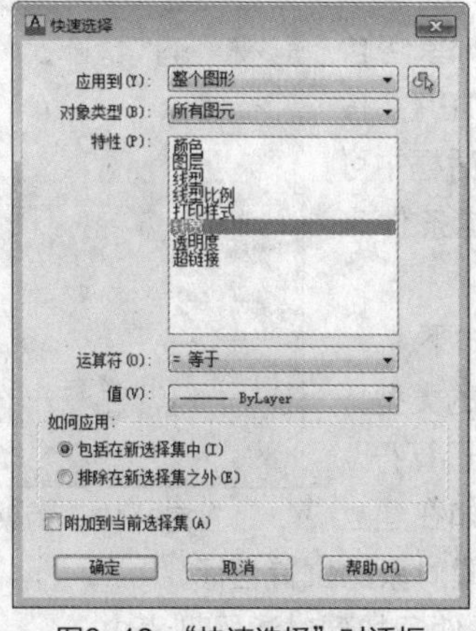

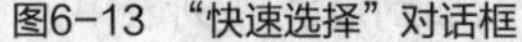

图6-13 “快速选择”对话框

图6-14 选择快捷命令

“快速选择”对话框中各主要选项说明如下。

- 应用到：在该下拉列表中用户可选择过滤条件的应用范围。例如整个图形、当前选择集。
- 对象类型：在该下拉列表中用户可执行要过滤的对象类型。若当前有一个选择集，则包含多选对象的对象类型，若没有选择集，则在下拉列表中包含所有可用的对象类型。
- 特性：该列表用于指定过滤条件的对象特性。

- 运算符：在该下拉列表中，用户可控制过滤的范围。
- 值：在该下拉列表中，用户可设置过滤的特性值。
- 如何应用：在该选项组中，用户可选择其中任意一个单选按钮。选择第一个，则由满足过滤条件的对象构成选择集；而选择第二个，则由不满足过滤条件的对象构成选择集。
- 附加到当前选择集：此复选框用于决定由选取方式所创建的选择集是追加到当前选择集中，还是替代当前选择集。

下面举例介绍快速选择的具体操作。

Step 01 打开要选择的图形文件，在“常用”选项卡的“实用工具”面板中单击“快速选择”按钮，打开相应对话框，单击“对象类型”下拉按钮，选择“转角标注”选项，如图6-15所示。

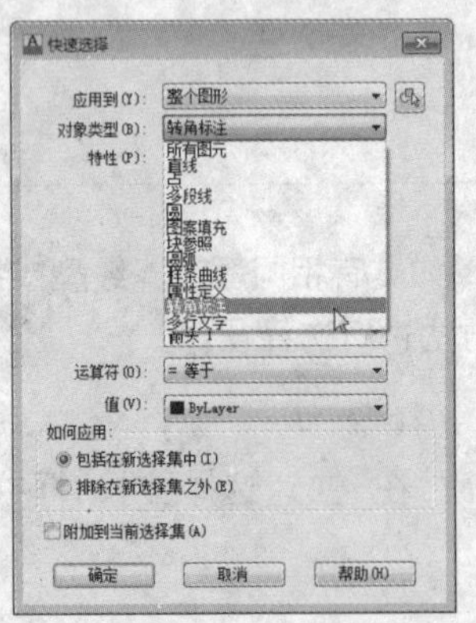

图6-15 选择对象类型

Step 02 选择完成后，单击“确定”按钮即可。此时该图形所有尺寸标注已都被选中，如图6-16所示。

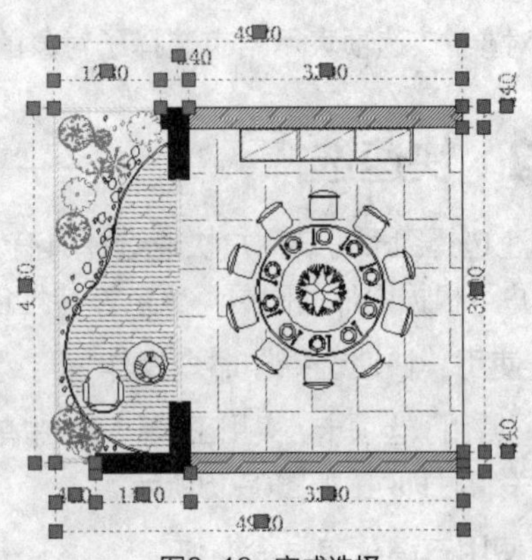

图6-16 完成选择

6.1.3 过滤选取

过滤选取功能利用对象特性或对象类型将对象包含在选择集中或排除对象。用户在命令行中输入FILTER并按Enter键，打开“对象选择过滤器”对话框。在该对话框中可以对象的类型、图层、颜色、线型等特性作为过滤条件来过滤选择符合条件的图形对象，如图6-17所示。

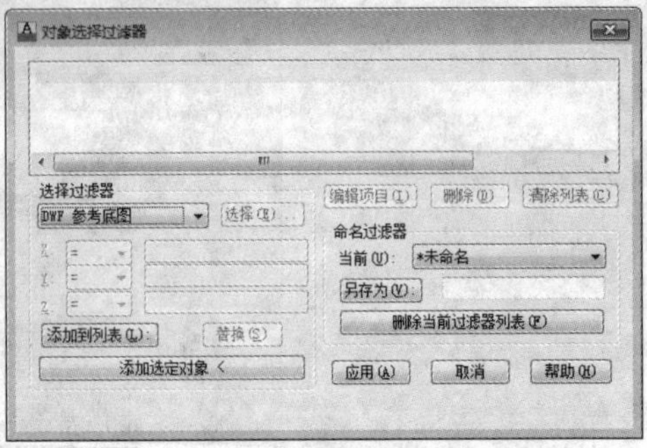

图6-17 “对象选择过滤器”对话框

在“对象选择过滤器”对话框中，各选项说明如下。

- 选择过滤器：该选项组用于设置选择过滤器的类型。
- X、Y、Z轴：用于设置与选择调节对应的关系运算符。关系运算符包括=、!=、<、<=、>、>=、*。如在建立“块位置”过滤器时，在对应的文本框中可设置对象的位置坐标。
- 添加到列表：用于将选择的过滤器及附加条件添加到过滤器列表中。
- 替换：用当前“选择过滤器”选项组中的设置替代列表框中选定的过滤器。
- 添加选定对象：单击该按钮将切换到绘图区，选择一个图形对象，系统会把选中的对象特性添加到过滤器列表框中。
- 编辑项目：编辑过滤器列表框中选定的项目。
- 删除：删除过滤器列表框中选定的项目。
- 清除列表：删除过滤器列表框中选中的所有项目。

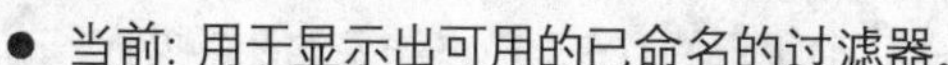

- 当前: 用于显示出可用的已命名的过滤器。
- 另存为: 可保存当前设置的过滤器。
- 删除当前过滤器列表: 该按钮可从Filter.nfl文件中删除当前的过滤器集。

工程师点拨: 取消选取操作

用户在选择图形的过程中, 可随时按Esc键, 终止目标图形对象的选择操作, 并放弃已选中的目标。在AutoCAD中, 如果没有进行任何编辑操作时, 按组合键Ctrl+A, 可以选择绘图区中的全部图形。

6.2 图形对象的复制

在AutoCAD中, 若想要快速绘制多个图形, 可以利用"复制"、"偏移"、"镜像"和"阵列"等命令进行绘制。灵活运用这些命令, 可提高绘图效率。

6.2.1 用"复制"命令复制图形

"复制"命令在制图中经常遇到。复制对象将原对象保留, 复制后的对象将继承原对象的属性。在AutoCAD中可单个复制, 也可根据需要连续复制。

在"常用"选项卡的"修改"面板中单击"复制"按钮, 根据命令行提示, 选择要复制的图形, 并指定复制基点, 然后移动光标, 将副本移至合适位置即可完成复制操作。

命令行提示如下。

```
命令 : _copy
选择对象 : 指定对角点 : 找到 30 个
选择对象 :                                                    // 选择所需复制的图形
当前设置 : 复制模式 = 多个
指定基点或 [ 位移 (D)/ 模式 (O)] < 位移 >:                      // 指定复制基点
指定第二个点或 [ 阵列 (A)] < 使用第一个点作为位移 >:              // 指定新位置, 完成
指定第二个点或 [ 阵列 (A)/ 退出 (E)/ 放弃 (U)] < 退出 >: * 取消 *
```

下面举例介绍复制命令的具体使用方法。

Step 01 在"常用"选项卡的"修改"面板中单击"复制"按钮, 根据命令行提示, 选择需复制的图形对象, 并按Enter键, 如图6-18所示。

图6-18 选择复制图形

Step 02 在绘图区中, 指定复制基点, 此处选择如图6-19所示的点A, 如图6-19所示。

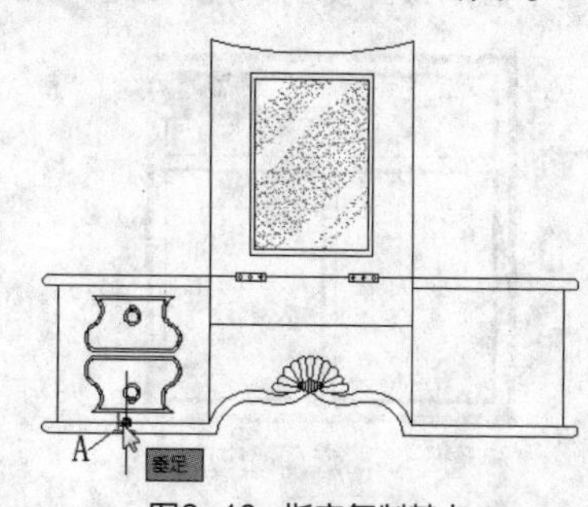

图6-19 指定复制基点

Step 03 选择完成后，指定图形的新位置，此处指定如图6-20所示的点B，最终结果如图6-21所示。

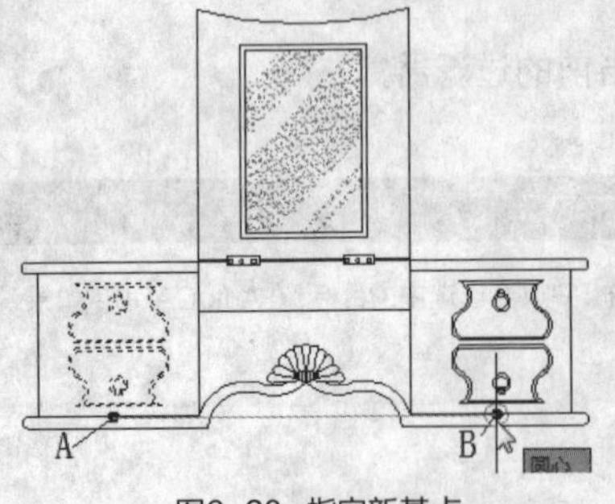

图6-20 指定新基点

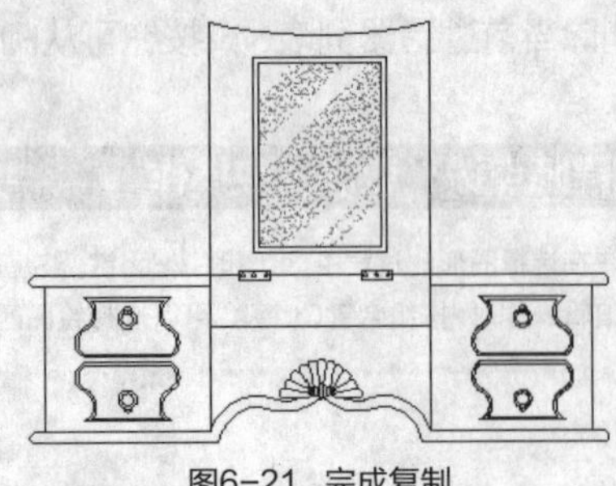
图6-21 完成复制

用户在命令行中直接输入CO后按Enter键，也可执行复制命令。

6.2.2 偏移图形

偏移命令是根据指定的距离或指定的某个特殊点，创建一个与选定对象类似的新对象，并将偏移对象放置在离原对象一定距离的位置上，同时保留原对象。偏移操作的对象可以为直线、圆弧、圆、椭圆、椭圆弧、二维多段线、构造线、射线或样条曲线组成的对象。

在"常用"选项卡的"修改"面板中单击"偏移"按钮，根据命令行提示，输入偏移距离，选择所需偏移的图形，然后在所需偏移方向上单击任意一点，即可完成偏移操作。

用户也可在命令行中直接输入O后按Enter键，也可执行偏移命令。

命令行提示如下。

```
命令：o
OFFSET
当前设置：删除源 = 否  图层 = 源  OFFSETGAPTYPE=0
指定偏移距离或 [ 通过 (T)/ 删除 (E)/ 图层 (L)] < 通过 >:  100                  // 输入偏移距离
选择要偏移的对象，或 [ 退出 (E)/ 放弃 (U)] < 退出 >:                            // 选择偏移对象
指定要偏移的那一侧上的点，或 [ 退出 (E)/ 多个 (M)/ 放弃 (U)] < 退出 >:          // 指定偏移方向上的一点
选择要偏移的对象，或 [ 退出 (E)/ 放弃 (U)] < 退出 >: * 取消 *
```

下面以绘制窗套图形为例，介绍偏移命令的使用方法。

Step 01 在"修改"面板中单击"偏移"按钮，根据命令行提示，输入偏移距离为100，按Enter键，然后选中窗户最外侧的边线，如图6-22所示。

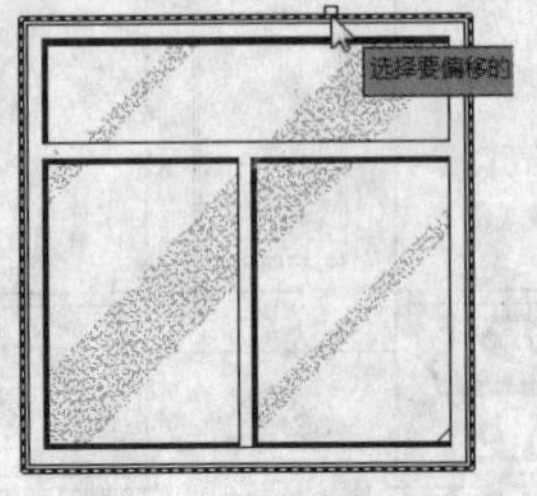

图6-22 选择窗户边线

Step 02 在绘图区空白区域中，任意单击一点，即可完成偏移操作，如图6-23所示。

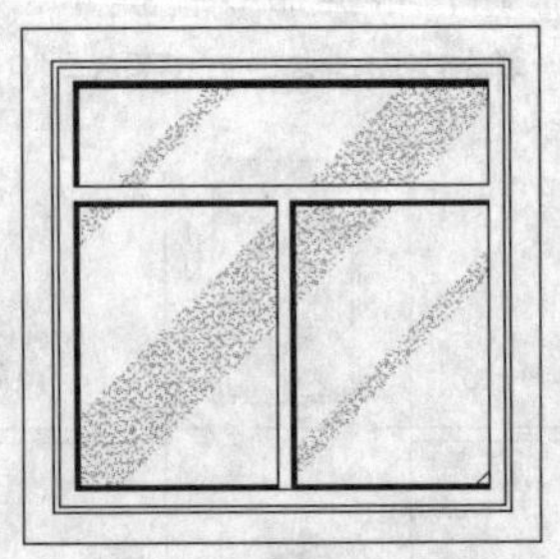
图6-23 偏移边线

Step 03 再次单击“偏移”按钮，将偏移距离设为20，然后选择刚刚偏移好的窗户边线，如图6-24所示。

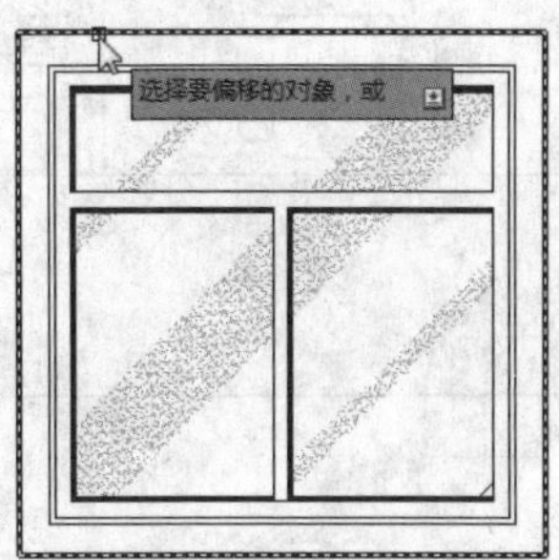

图6-24 选择偏移好的边线

Step 04 在绘图区中，单击窗户外侧任意点，则可完成窗套图形的绘制，如图6-25所示。

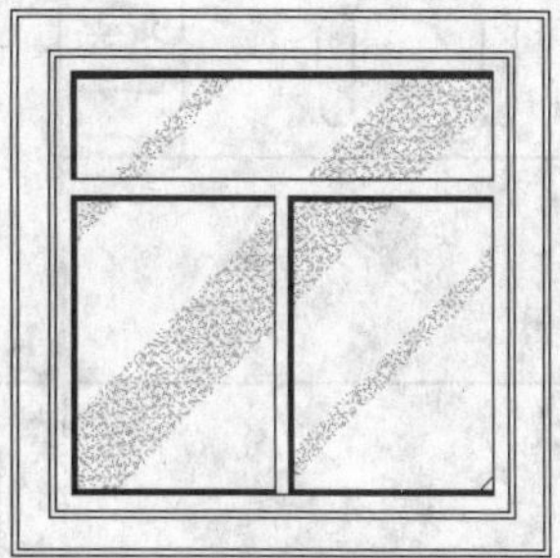

图6-25 完成窗套图形的绘制

工程师点拨：偏移图形类型需注意

使用“偏移”命令时，如果偏移的对象是直线，则偏移后的直线大小不变；如果偏移的对象是圆、圆弧或矩形，其偏移后的对象将被缩小或放大。

6.2.3 镜像图形

镜像图形是将选择的图形以两个点指定的轴线为镜像中心进行对称复制。在进行镜像操作时，用户需指定好镜像轴线，并根据需要选择是否删除或保留原对象。灵活运用“镜像”命令，可在很大程度上避免重复操作的麻烦。

在“常用”选项卡的“修改”面板中单击“镜像”按钮，根据命令行的提示，选择所需图形对象，然后指定好镜像轴线，并确定是否删除原图形对象，最后按Enter键，则可完成镜像操作。

命令行提示如下。

```
命令：_mirror
选择对象：指定对角点：找到 9 个                              // 选中需要镜像图形
选择对象： 指定镜像线的第一点：指定镜像线的第二点：            // 指定镜像轴的起点和终点
要删除源对象吗？ [是(Y)/否(N)] <N>:                          // 选择是否删除原对象
```

下面举例介绍镜像命令的使用方法。

Step 01 在“修改”面板中单击“镜像”按钮，根据命令行提示，选择需要镜像的图形对象后按Enter键，如图6-26所示。

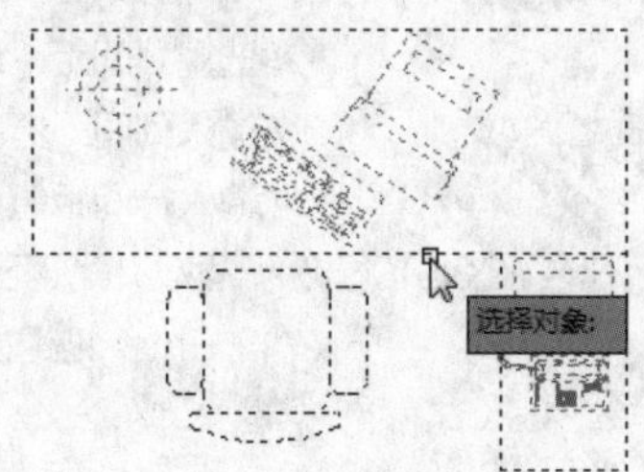

图6-26 选择镜像图形

Step 02 选择镜像轴线的起点，这里选择A点，如图6-27所示。

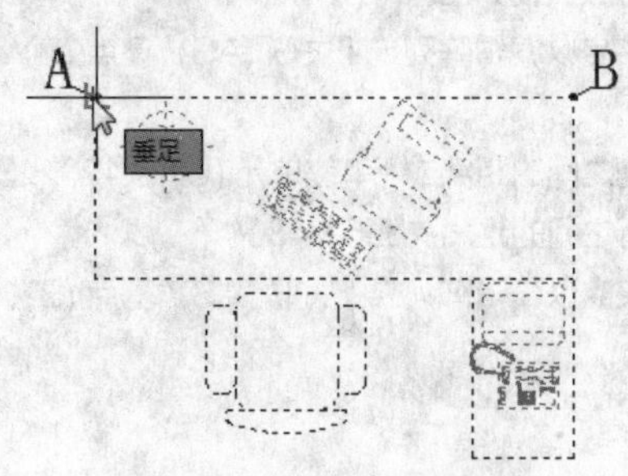

图6-27 选择镜像轴线起点

Step 03 选中镜像轴线的终点，这里选择B点，如图6-28所示，选择完成后按Enter键，完成镜像操作，结果如图6-29所示。

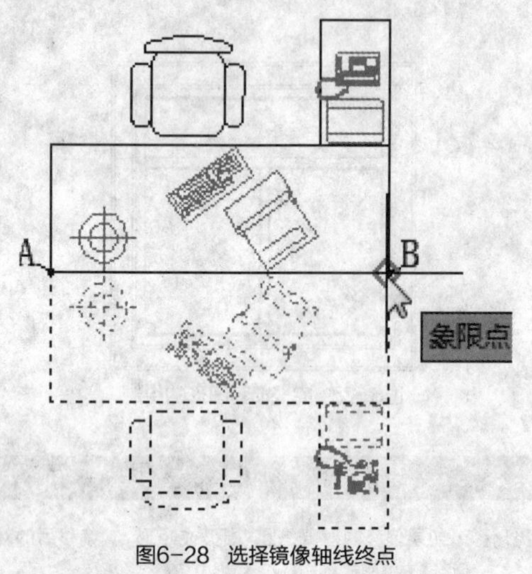

图6-28　选择镜像轴线终点

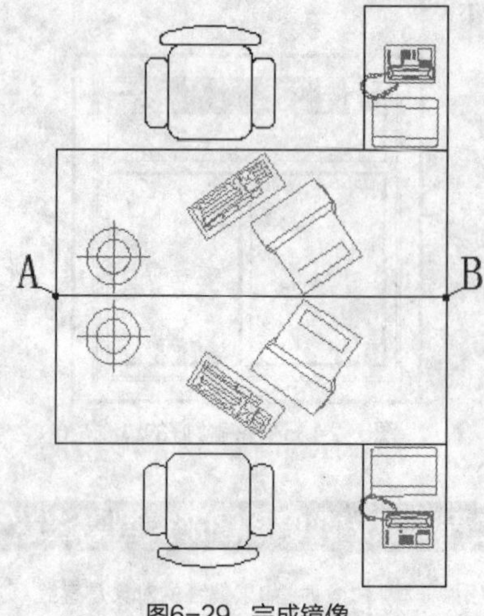

图6-29　完成镜像

6.2.4　阵列图形

"阵列"命令是一种有规则的复制命令，它可创建按指定方式排列的多个图形副本。如果用户要绘制一些有规则分布的图形时，就可以使用该命令来解决。AutoCAD软件提供了三种阵列选项，分别为矩形阵列、环形阵列以及路径阵列。

1. 矩形阵列

矩形阵列是通过设置行数、列数、行偏移和列偏移来对选择的对象进行复制。在"常用"选项卡的"修改"面板中的"阵列"下拉列表中选择"矩形阵列"选项▦，根据命令行提示，输入行数、列数以及间距值，按Enter键即可完成矩形阵列操作，如图6-30和图6-31所示。

命令行提示如下。

```
命令：_arrayrect
选择对象：指定对角点：找到 12 个
选择对象：                                                    // 选择阵列对象
类型 = 矩形  关联 = 是
选择夹点以编辑阵列或 [ 关联 (AS)/ 基点 (B)/ 计数 (COU)/ 间距 (S)/ 列数 (COL)/ 行数 (R)/ 层数 (L)/ 退出 (X)]
< 退出 >: cou                                                 // 选择"计数"选项
输入列数数或 [ 表达式 (E)] <4>: 2                             // 输入列数值
输入行数数或 [ 表达式 (E)] <3>: 4                             // 输入行数值
选择夹点以编辑阵列或 [ 关联 (AS)/ 基点 (B)/ 计数 (COU)/ 间距 (S)/ 列数 (COL)/ 行数 (R)/ 层数 (L)/ 退出 (X)]
< 退出 >: s                                                   // 选择"间距"选项
指定列之间的距离或 [ 单位单元 (U)] <420>: 340                 // 输入列间距值
指定行之间的距离 <555>:430                                    // 输入行间距值
选择夹点以编辑阵列或 [ 关联 (AS)/ 基点 (B)/ 计数 (COU)/ 间距 (S)/ 列数 (COL)/ 行数 ®/ 层数 (L)/ 退出 (X)] <
退出 >:                                                       // 按 Enter 键退出
```

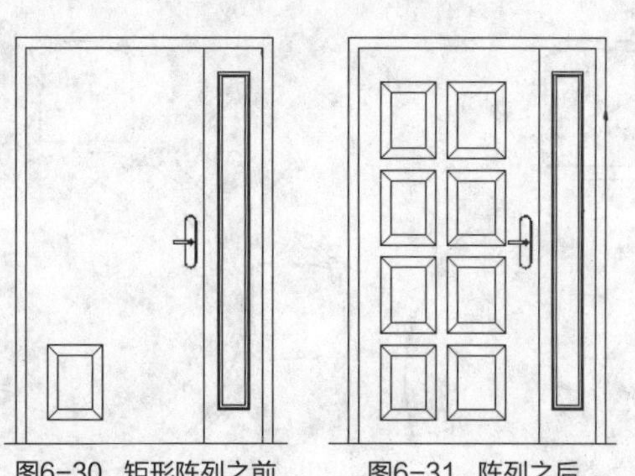

图6-30 矩形阵列之前　　图6-31 阵列之后

执行阵列操作后，再次选择阵列图标时，在功能区中会打开"阵列"选项卡，在该选项卡中，用户可对阵列后的图形进行编辑修改，如图6-32所示。

图6-32 "阵列"选项卡

"阵列"选项卡中各主要选项说明如下。

- 列：在该面板中，用户可设置列数、列间距以及列的总距离值。
- 行：在该面板中，用户可设置行数、行间距以及行的总距离值。
- 层级：在面板中，用户可设置层数、层间距以及级层的总距离。
- 基点：该选项可重新定义阵列的基点。
- 编辑来源：单击该按钮可编辑选定项的原对象或替换原对象。
- 替换项目：单击该按钮可引用原始源对象的所有项的原对象。
- 重置对象：恢复已删除项、并删除任何替代项。

2. 环形阵列

环形阵列是指阵列后的图形呈环形。使用环形阵列时也需要设定相关参数，其中包括中心点、方法、项目总数和填充角度。与矩形阵列相比，环形阵列创建出的阵列效果更灵活。在"常用"选项卡的"修改"面板中的"阵列"下拉列表中选择"环形阵列"选项，根据命令行提示，指定阵列中心，并输入阵列数目值即可完成环形阵列，如图6-33和图6-34所示。

命令行提示如下。

```
命令：_arraypolar
选择对象：指定对角点：找到 13 个
选择对象：                                                    （选中所需阵列的图形）
类型 = 极轴  关联 = 是
指定阵列的中心点或 [ 基点 (B)/ 旋转轴 (A)]:                      （指定阵列中心点）
选择夹点以编辑阵列或 [ 关联 (AS)/ 基点 (B)/ 项目 (I)/ 项目间角度 (A)/ 填充角度 (F)/ 行 (ROW)/ 层 (L)/ 旋转项
目 (ROT)/ 退出 (X)] < 退出 >: I                                 （选择"项目"选项）
输入阵列中的项目数或 [ 表达式 (E)] <6>: 8                          （输入阵列数目值）
选择夹点以编辑阵列或 [ 关联 (AS)/ 基点 (B)/ 项目 (I)/ 项目间角度 (A)/ 填充角度 (F)/ 行 (ROW)/ 层 (L)/ 旋转项
目 (ROT)/ 退出 (X)] < 退出 >:                                   （按回车键，完成操作）
```

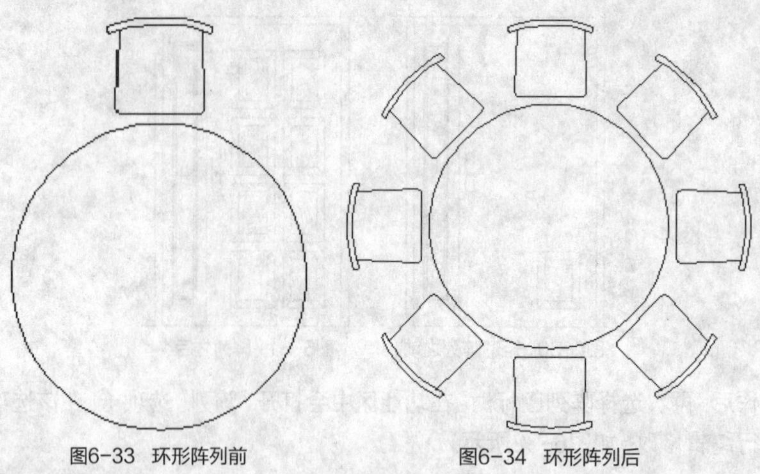

图6-33 环形阵列前　　　　图6-34 环形阵列后

环形阵列完成后，当选中阵列图形时，同样会打开“阵列”选项卡。在该选项卡中可对阵列后的图形进行编辑，如图6-35所示。

常用 插入 注释 布局 参数化 视图 管理 输出 插件 联机 阵列

类型	项目		行		层级		特性			选项			关闭
极轴	项目数:	6	行数:	1		1	基点	旋转项目	方向	编辑来源	替换项目	重置矩阵	关闭阵列
	介于:	60.00	介于:	10184.2722		1.0000							
	填充:	360.00	总计:	10184.2722		1.0000							

图6-35 “阵列”选项卡

在“阵列”选项卡中各主要选项说明如下。

- 项目：在该面板中，可设置阵列项目数、阵列角度以及指定阵列中第一项到最后一项之间的角度。
- 行：该面板可设置行数、行间距以及行的总距离值。
- 层级：该面板可设置层数、层间距以及级层的总距离。

3. 路径阵列

路径阵列是根据所指定的路径进行阵列，例如曲线、弧线、折线等所有开放型线段。在“常用”选项卡的“修改”面板中的“阵列”下拉列表中选择“路径阵列”选项，根据命令行提示，选择要阵列图形对象，然后选择阵列的路径曲线，并输入阵列数目即可完成路径阵列操作，如图6-36和图6-37所示。

命令行提示如下。

```
命令：_arraypath
选择对象：找到 1 个
选择对象：                                                    // 选择阵列对象
类型 = 路径  关联 = 是
选择路径曲线：                                                // 选择阵列路径
选择夹点以编辑阵列或 [关联(AS)/方法(M)/基点(B)/切向(T)/项目(I)/行(R)/层(L)/对齐项目(A)/Z 方向(Z)/
退出(X)] <退出>: I                                            // 选择“项目”选项
指定沿路径的项目之间的距离或 [表达式(E)] <310.4607>: 300       // 输入阵列间距值
最大项目数 = 6
指定项目数或 [填写完整路径(F)/表达式(E)] <6>:                  // 输入阵列数目
选择夹点以编辑阵列或 [关联(AS)/方法(M)/基点(B)/切向(T)/项目(I)/行(R)/层(L)/对齐项目(A)/Z 方向(Z)/
退出(X)] <退出>:                                              // 按 Enter 键，完成操作
```

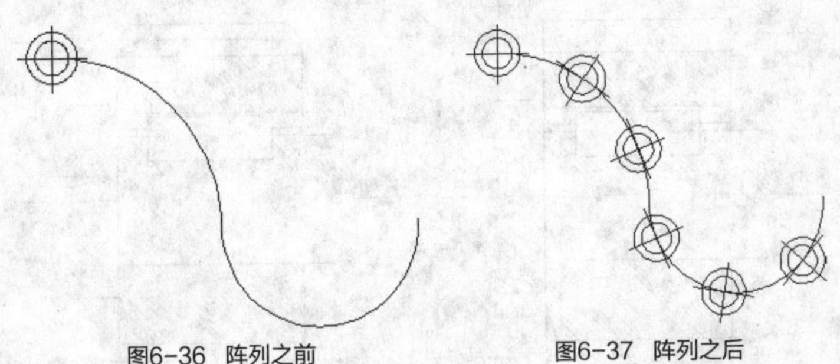

图6-36 阵列之前　　　　图6-37 阵列之后

同样，在完成路径阵列操作后，系统也会打开“阵列”选项卡。该选项卡与其他阵列选项卡相似，都可对阵列后的图形进行编辑操作，如图6-38所示。

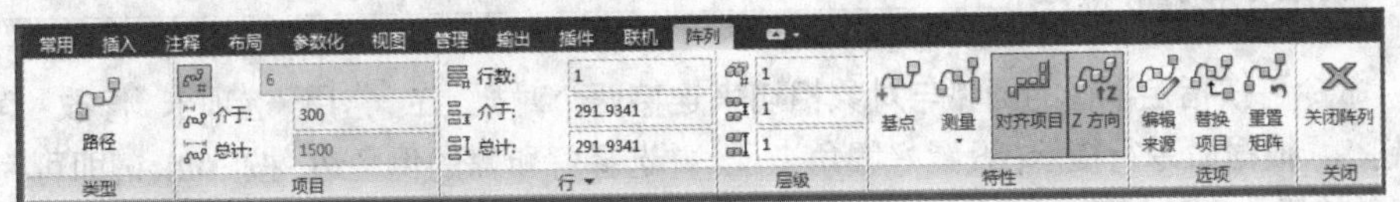

图6-38 “阵列”选项卡

该选项卡中各主要选项说明如下。

- 项目：设置项目数、项目间距、项目总间距。
- 测量：重新布置项目，以沿路径长度平均定数等分。
- 对其项目：指定是否对其每个项目以与路径方向相切。
- Z方向：控制是保持项的原始Z方向还是沿三维路径倾斜方向。

6.3 图形对象的修改

绘制图形完毕后，有时会根据需要再对图形进行修改。AutoCAD软件提供了多种图形修改命令，包括“倒角”、“倒圆角”、“分解”、“合并”以及“打断”等。下面将对这些命令的操作进行介绍。

6.3.1 为图形倒角

“倒角”命令将两个图形对象以平角或倒角的方式来连接。在实际的图形绘制中，通过“倒角”命令可将直角或锐角进行倒角处理。在“常用”选项卡的“修改”面板中单击“倒角”按钮，根据命令行的提示，设置两条倒角边距离，然后选择好所需的倒角边即可，倒角前后效果如图 6-39 和图 6-40 所示。

命令行提示如下。

```
命令：_chamfer
(“修剪”模式)当前倒角距离 1 = 0.0000，距离 2 = 0.0000
选择第一条直线或[放弃(U)/多段线(P)/距离(D)/角度(A)/修剪(T)/方式(E)/多个(M)]: d// 选择“距离”选项
指定 第一个 倒角距离 <0.0000>: 50                    // 输入第一条倒角距离值
指定 第二个 倒角距离 <50.0000>: 30                   // 输入第二条倒角距离值
选择第一条直线或[放弃(U)/多段线(P)/距离(D)/角度(A)/修剪(T)/方式(E)/多个(M)]:
选择第二条直线，或按住 Shift 键选择直线以应用角点或[距离(D)/角度(A)/方法(M)]:// 选择两条倒角边
```

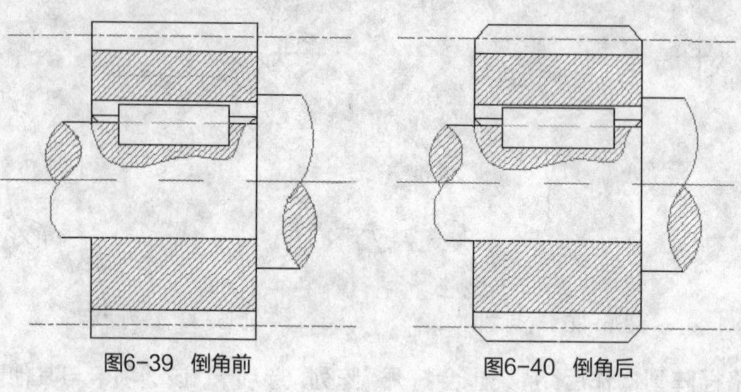

图6-39 倒角前　　图6-40 倒角后

6.3.2 为图形倒圆角

"圆角"命令可按指定半径的圆弧与对象相切来连接两个对象。在"常用"选项卡"修改"面板中单击"圆角"按钮，根据命令行提示，设置好圆角半径，并选择好所需的倒角边，按Enter键即可完成倒圆角操作，倒圆角前后效果图如图6-41和图6-42所示。

命令行提示如下。

```
命令：_FILLET
当前设置：模式 = 修剪，半径 = 0.0000
选择第一个对象或 [ 放弃 (U)/ 多段线 (P)/ 半径 (R)/ 修剪 (T)/ 多个 (M)]: r    // 选择半径选项
指定圆角半径 <0.0000>: 20                                                      // 输入圆角半径值
选择第一个对象或 [ 放弃 (U)/ 多段线 (P)/ 半径 (R)/ 修剪 (T)/ 多个 (M)]:      // 选择第一条倒角边
选择第二个对象，或按住 Shift 键选择对象以应用角点或 [ 半径 (R)]:              // 选择第二条倒角边，按 Enter 键即可
```

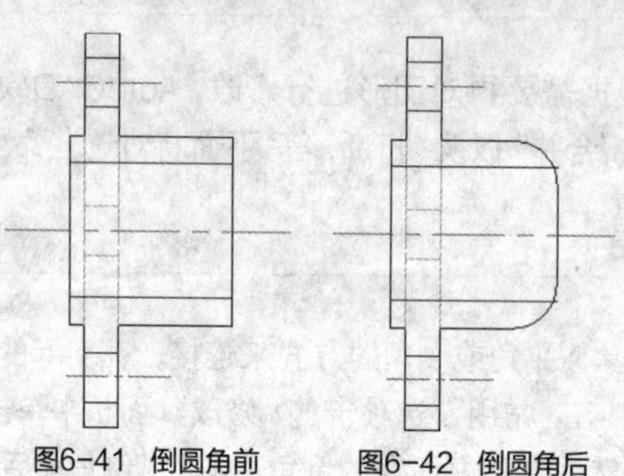

图6-41 倒圆角前　　图6-42 倒圆角后

6.3.3 分解图形

分解对象是将多段线、面域或块对象分解成独立的线段。在"常用"选项卡的"修改"面板中单击"分解"按钮，根据命令行的提示，选中所要分解的图形对象，按Enter键即可完成分解操作，分解前后的效果如图6-43和图6-44所示。

命令行提示如下。

```
命令：_explode
选择对象：指定对角点：找到 1 个        // 选择所要分解的图形
选择对象：                              // 按 Enter 键即可完成
```

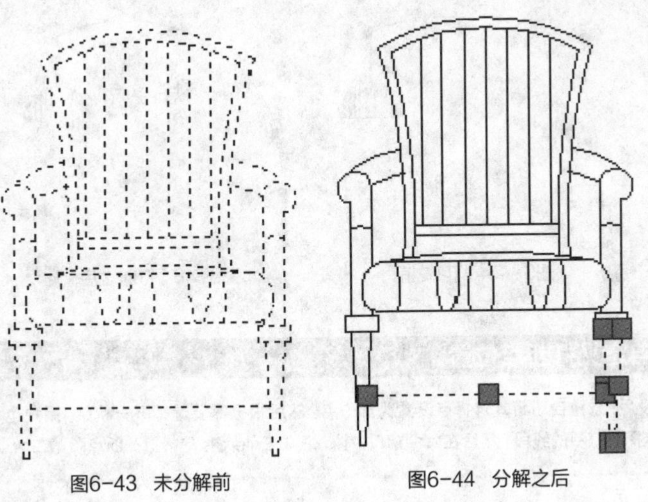

图6-43 未分解前　　图6-44 分解之后

6.3.4 合并图形

合并对象是将相似的对象合并为一个对象，例如将两条断开的直线段合并成一条直线段，可使用"合并"命令。但合并的对象必须位于相同的平面上。合并的对象可以为圆弧、椭圆弧、直线、多段线和样条曲线。在"常用"选项卡的"修改"面板中单击"合并"按钮 ，根据命令行提示，选中所需合并的线段，按Enter键即可完成合并操作。

命令行提示如下。

```
命令：_join
选择源对象或要一次合并的多个对象：找到 1 个
选择要合并的对象：找到 1 个，总计 2 个          //选择所需合并的图形对象
选择要合并的对象：                              //按 Enter 键，完成合并
2 条直线已合并为 1 条直线
```

工程师点拨：合并操作需注意

合并两条或多条圆弧时，将从源对象开始沿逆时针方向合并圆弧。合并直线时，要合并的所有直线必须共线，即位于同一无限长的直线上。合并多个线段时，其对象可以是直线、多段线或圆弧，但各对象之间不能有间隙，且必须位于同一平面上。

6.3.5 打断图形

"打断"命令可将直线、多段线、圆弧或样条曲线等图形分为两个图形对象，或将其中一部分删除。在"常用"选项卡的"修改"面板中单击"打断"按钮，根据命令行提示，选择一条要打断的线段，并选择两点作为打断点，即可完成打断操作，打断操作前后的效果如图6-45和图6-46所示。

命令行提示如下。

```
命令：_break
选择对象：                                      //选择打断对象
指定第二个打断点 或 [第一点 (F)]:               //指定打断点，完成操作
```

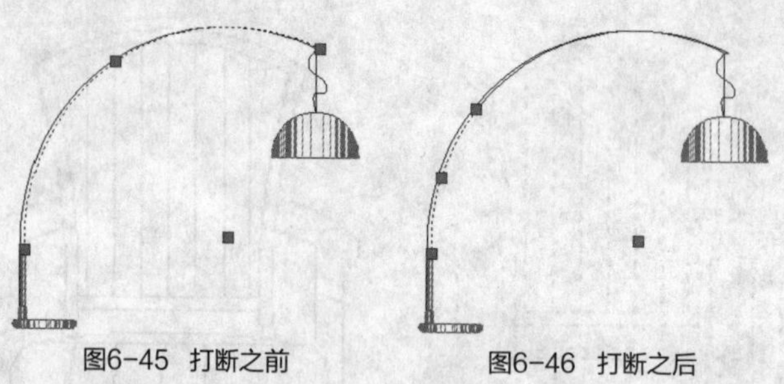

图6-45 打断之前　　图6-46 打断之后

工程师点拨：自定义打断点位置

默认情况下选择线段后，系统自动将其选择点设置为第一点，然后根据需要选择下一断点。用户也可以自定义第一、二断点位置。启动"打断"命令并选择要打断的线段，然后在命令窗口中输入F，按Enter键，选择第一断点和第二断点，即可完成打断操作。

6.4 改变图形的位置和大小

绘制图形时，有时会根据需要更改图形的大小和位置。此时可使用以下命令进行操作。

6.4.1 移动图形

移动图形是指在不改变对象方向和大小的情况下，按照指定的角度和方向进行移动操作。在"常用"选项卡的"修改"面板中单击"移动"按钮✥，根据命令行提示，选中需移动图形，并指定移动基点，即可将其移动至新位置，效果如图6-47和图6-48所示。

命令行提示如下。

```
命令：m
MOVE 找到 1 个                                  // 选择移动对象
指定基点或 [ 位移 (D)] < 位移 >:                  // 指定移动基点
指定第二个点或 < 使用第一个点作为位移 >:           // 指定新位置点或输入移动距离值即可
```

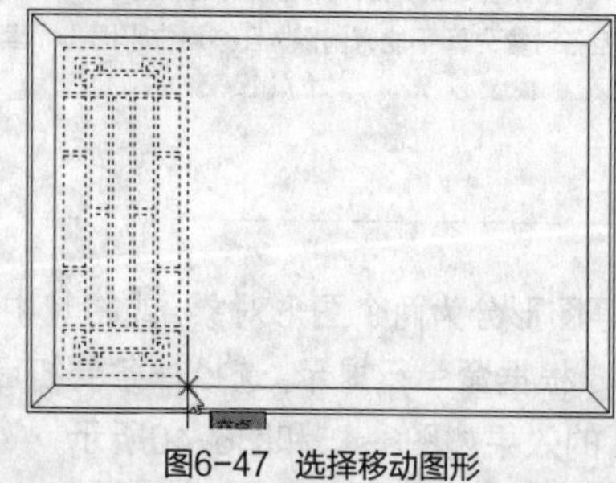

图6-47 选择移动图形

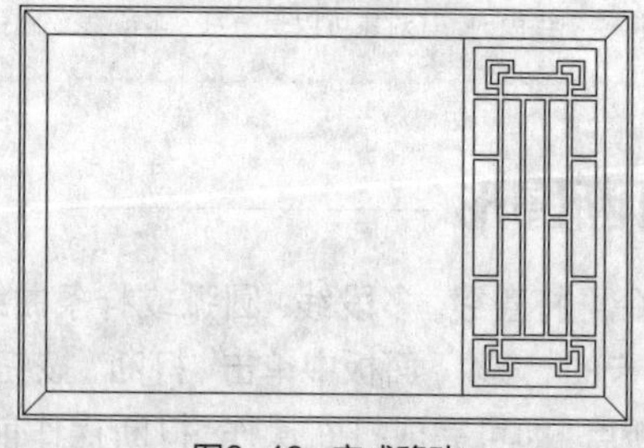

图6-48 完成移动

6.4.2 旋转图形

旋转对象是将图形对象按照指定的旋转基点进行旋转。在"常用"选项卡的"修改"面板中单击"旋转"按钮○，选择所需旋转的对象，指定旋转基点，如图6-49所示，输入旋转角度即可完成，如图6-50所示。

命令行提示如下。

```
命令 : _rotate
UCS 当前的正角方向 : ANGDIR= 逆时针  ANGBASE=0
选择对象 : 指定对角点 : 找到 1 个
选择对象 :                                                    // 选中图形对象
指定基点 :                                                    // 指定旋转基点
指定旋转角度，或 [ 复制 (C)/ 参照 (R)] <0>:  90               // 输入旋转角度
```

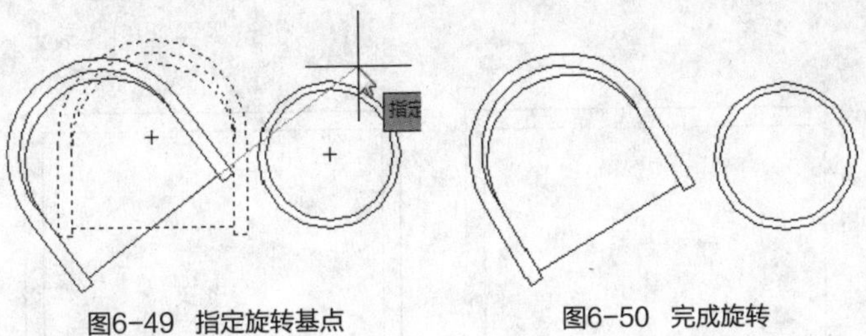

图6-49 指定旋转基点　　图6-50 完成旋转

6.4.3 修剪图形

"修剪"命令是将超过修剪边的线段修剪掉。在"常用"选项卡的"修改"面板中单击"修剪"按钮，根据命令提示选择修剪边，如图6-51所示，按Enter键后选择需修剪的线段即可，如图6-52所示。

命令行提示如下。

```
命令 : _trim
当前设置 : 投影 =UCS，边 = 无
选择剪切边 ...
选择对象或 < 全部选择 >:  找到 1 个                           // 选择修剪边线，按 Enter 键
选择对象 :
选择要修剪的对象，或按住 Shift 键选择要延伸的对象，或
[ 栏选 (F)/ 窗交 (C)/ 投影 (P)/ 边 (E)/ 删除 (R)/ 放弃 (U)]:   // 选择要修剪的线段
```

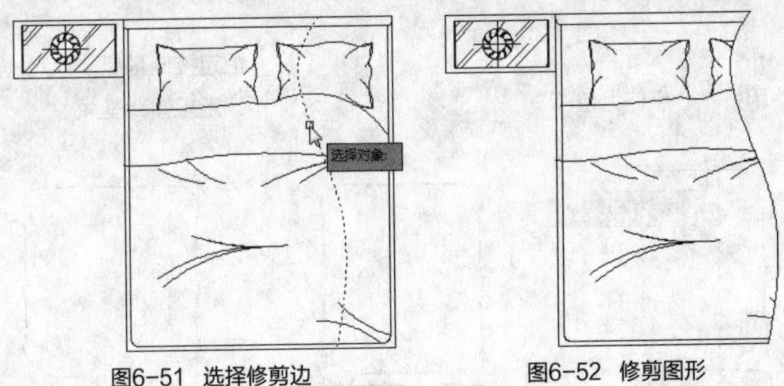

图6-51 选择修剪边　　图6-52 修剪图形

6.4.4 延伸图形

"延伸"命令是将指定的图形对象延伸到指定的边界。在"常用"选项卡"修改"面板中单击"延伸"按钮，根据命令行提示，选择所需延伸到的边界线，如图6-53所示，按Enter键，然后选择要延伸的线段即可，如图6-54所示。

命令行提示如下。

```
命令：_extend
当前设置：投影 =UCS，边 = 无
选择边界的边 ...
选择对象或 < 全部选择 >:  找到 1 个
选择对象：找到 1 个，总计 2 个                    // 选择所需延长到的线段，按 Enter 键
选择对象：
选择要延伸的对象，或按住 Shift 键选择要修剪的对象，或 [ 栏选 (F)/ 窗交 (C)/ 投影 (P)/ 边 (E)/ 放弃 (U)]:
                                                  // 选择要延长的线段
```

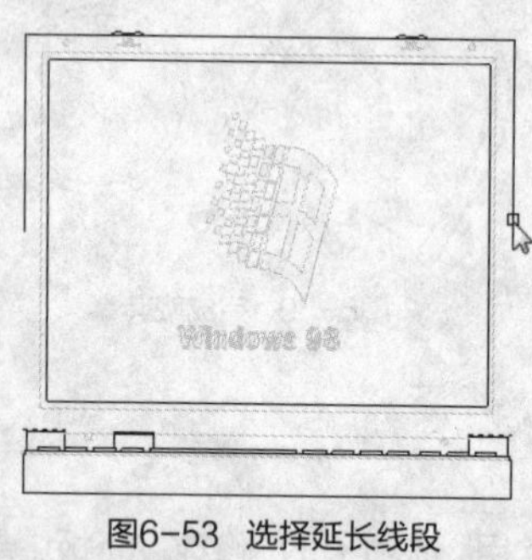

图6-53　选择延长线段

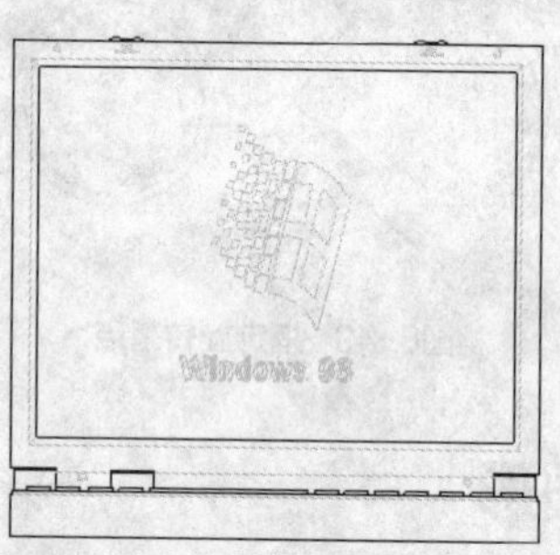

图6-54　完成延长操作

6.4.5　拉伸图形

拉伸是将对象沿指定的方向和距离进行延伸，拉伸后与原对象是一个整体，只是长度会发生改变。在“常用”选项卡的“修改”面板中单击“拉伸”按钮，根据命令行提示，选择要拉伸的图形对象，如图6-55所示，指定拉伸基点，如图6-56所示，输入拉伸距离或指定新基点即可完成，如图6-57所示。

命令行提示如下。

```
命令：_stretch
以交叉窗口或交叉多边形选择要拉伸的对象 ...
选择对象：指定对角点：找到 45 个                  // 选择所需拉伸的图形，使用窗交方式选择
选择对象：
指定基点或 [ 位移 (D)] < 位移 >:                  // 指定拉伸基点
指定第二个点或 < 使用第一个点作为位移 >:          // 指定拉伸新基点
```

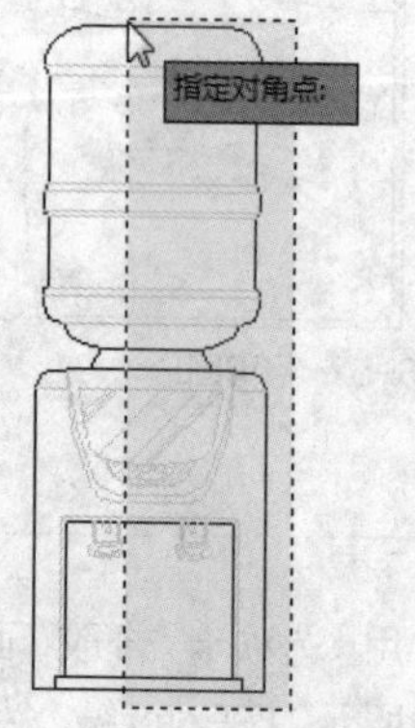

图6-55　窗交选择图形

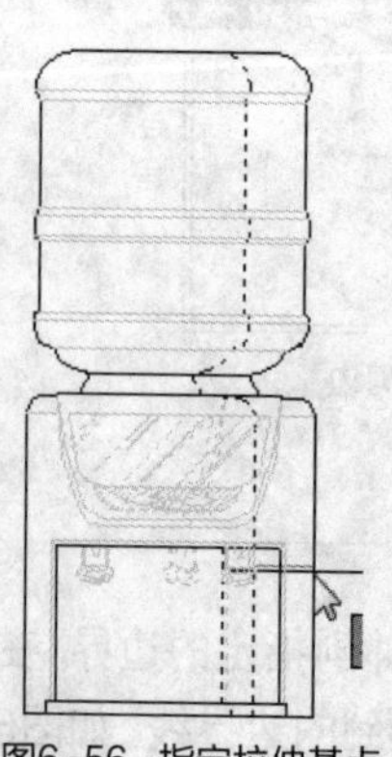
图6-56　指定拉伸基点

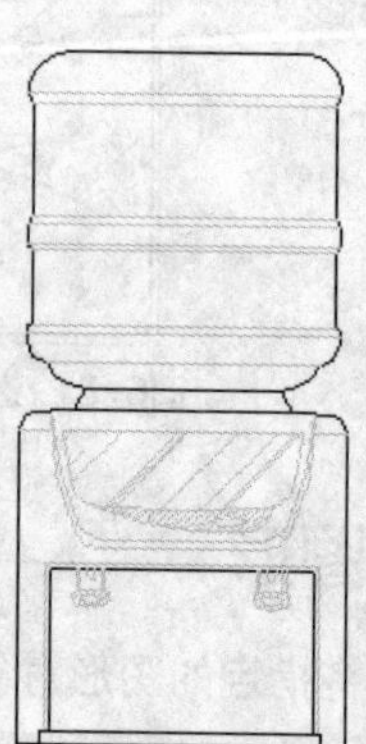
图6-57　指定新基点

工程师点拨：拉伸操作需注意

在进行拉伸操作时，矩形和块图形是不能被拉伸的。如要将其拉伸，需将其分解后才可进行拉伸操作。在选择拉伸图形时，通常需要通过窗交方式来选取图形。

6.5 多线、多段线及样条曲线的编辑

在上一章中向用户介绍了如何使用多线、多段线以及样条曲线来绘制图形。下面将介绍如何对这些特殊线段进行修改编辑操作。

6.5.1 编辑多线

AutoCAD 软件提供了多个多线编辑的工具。用户只需在菜单栏中，执行“修改 > 对象 > 多线”命令，如图 6-58 所示，打开“多线编辑工具”对话框，根据需要选择相关编辑工具即可编辑，如图 6-59 所示。

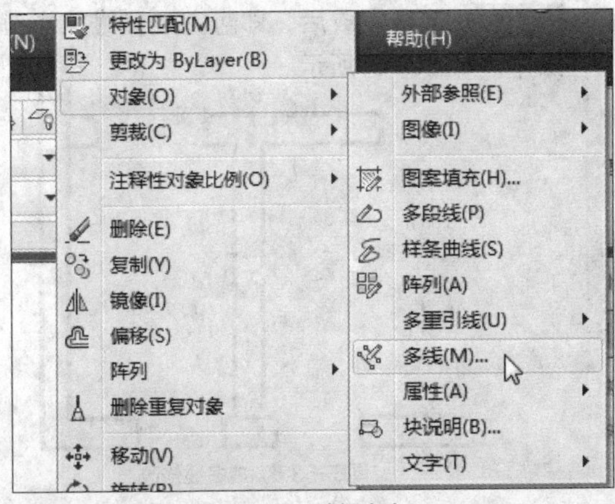

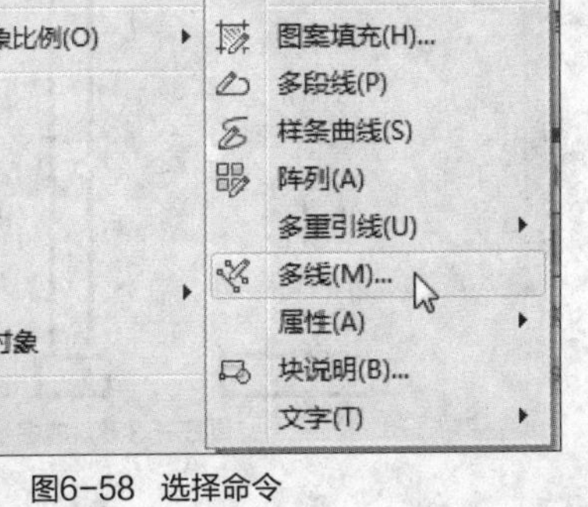

图6-58 选择命令

图6-59 多线编辑工具

用户也可双击所需编辑的多线，同样能够打开“多线编辑工具”对话框，并进行设置操作。

“多线编辑工具”对话框中的部分工具说明如下。

- 十字闭合：两条多线相交为闭合的十字交点。
- 十字打开：两条多线相交为合并的十字交点。
- T形闭合：两条多线相交为闭合的T形交点。
- T形打开：两条多线相交为打开的T形交点。
- T形合并：两条多线相交为合并的T形交点。
- 角点结合：两条多线相交为角点结合。
- 添加顶点：用于在多线上添加一个顶点。
- 删除顶点：用于将多线上的一个顶点删除。
- 单个剪切：通过指定两个点，使多线中的一条线打断。
- 全部剪切：通过指定两个点使多线的所有线打断。
- 全部接合：将被全部剪切的多线全部连接。

下面举例介绍多线编辑的操作方法。

Step 01 双击所需编辑的多线，如图6-60所示，打开“多线编辑工具”对话框。

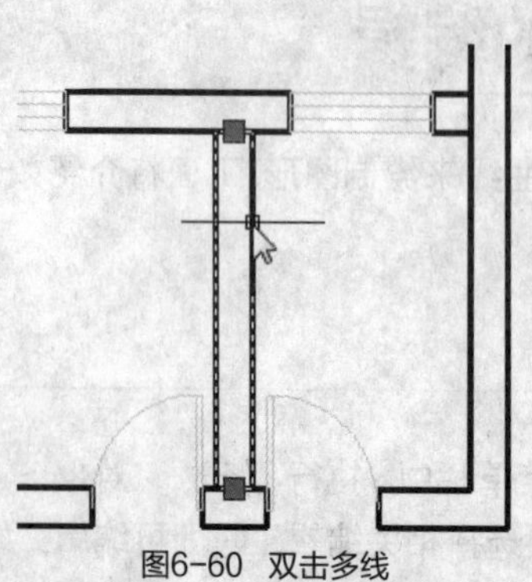

图6-60 双击多线

Step 02 根据需要选择“T形打开”选项，如图6-61所示。

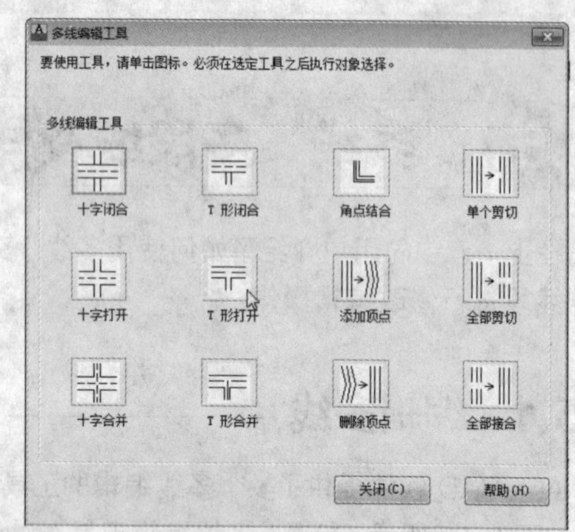

图6-61 选择相应编辑工具

Step 03 在绘图区中，根据命令行提示，选择两条所需修改的多线，如图6-62所示。

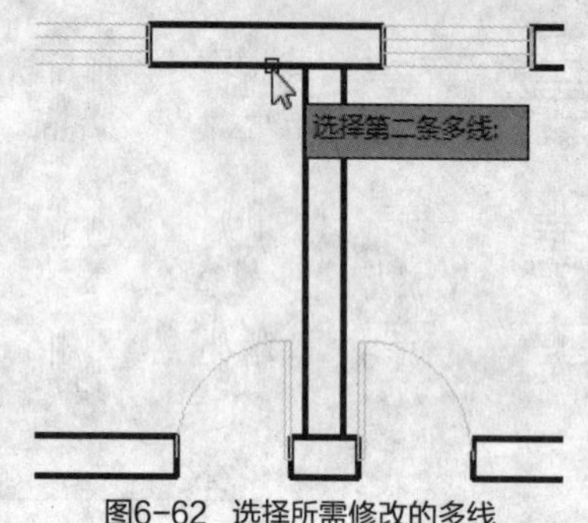

图6-62 选择所需修改的多线

Step 04 选择完成后，即可完成多线的修剪编辑操作，如图6-63所示。

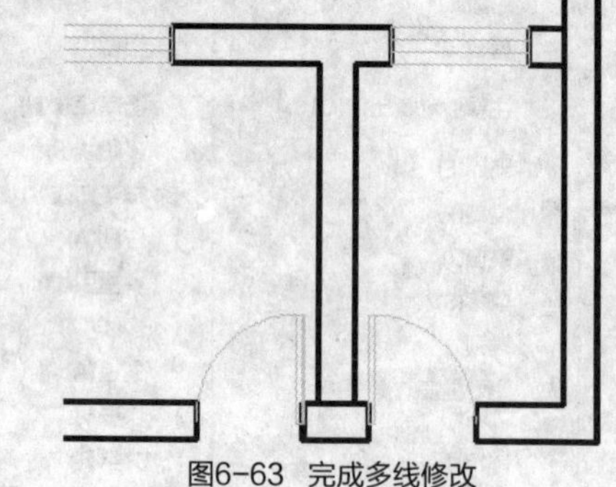

图6-63 完成多线修改

6.5.2 编辑多段线

编辑多段线的方式有多种，包括闭合、合并、线段宽度以及通过移动、添加或删除单个顶点来编辑多段线。用户只需双击要编辑的多段线，然后根据命令行提示，选择相关的编辑方式，即可执行相应操作。

命令行提示如下。

```
命令：_pedit
输入选项 [闭合(C)/合并(J)/宽度(W)/编辑顶点(E)/拟合(F)/样条曲线(S)/非曲线化(D)/线型生成(L)/反转(R)/放弃(U)]: * 取消 *
```

下面将对多段线的编辑方式进行说明。

- 闭合：用于闭合多段线。
- 合并：用于合并直线、圆弧或多段线，使所选对象成为一条多段线。合并的前提是各段对象首尾相连。

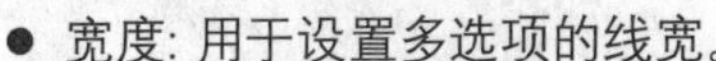

- 宽度：用于设置多选项的线宽。
- 拟合：将多段线的拐角用光滑的圆弧曲线进行连接。
- 样条曲线：用样条曲线拟合多段线。
- 线型生成：用于控制多段线的线型生成方式的开关。

6.5.3 编辑样条曲线

在AutoCAD中，不仅可对多段线进行编辑，也可对绘制完成的样条曲线进行编辑。编辑样条曲线的方法有两种，下面将对其操作进行介绍。

1. 使用“编辑样条曲线”命令操作

执行“修改>对象>样条曲线”命令，根据命令行提示，选择所需编辑的样条曲线，然后选择相关操作选项进行操作即可。

2. 双击样条曲线操作

双击所需编辑的样条曲线，在命令行的信息提示中，用户同样可选择相应的操作选项进行编辑。

命令行中各选项说明如下。

- 闭合：将开放的样条曲线的开始点与结束点闭合。
- 合并：将两条或两条以上的开放曲线进行合并操作。
- 拟合：在该选项中，有多项操作子命令，例如添加、闭合、删除、扭折、清理、移动、公差等。这些选项是针对于曲线上的拟合点进行的操作。
- 编辑顶点：其用法与编辑多段线中的相似。
- 转换为多段线：将样条曲线转换为多段线。
- 反转：反转样条曲线的方向。
- 放弃：放弃当前的操作，不保存更改。
- 退出：结束当前操作，退出该命令。

6.6 图形图案的填充

图案填充是一种使用图形图案对指定的图形区域进行填充的操作。用户可使用图案进行填充，也可使用渐变色进行填充。填充完毕后，还可对填充的图形进行编辑操作。

6.6.1 图案的填充

在“常用”选项卡的“绘图”面板中单击“图案填充”按钮，打开“图案填充创建”选项卡。在该选项卡中，用户可根据需要选择填充的图案，颜色以及其他设置选项，如图6-64所示。

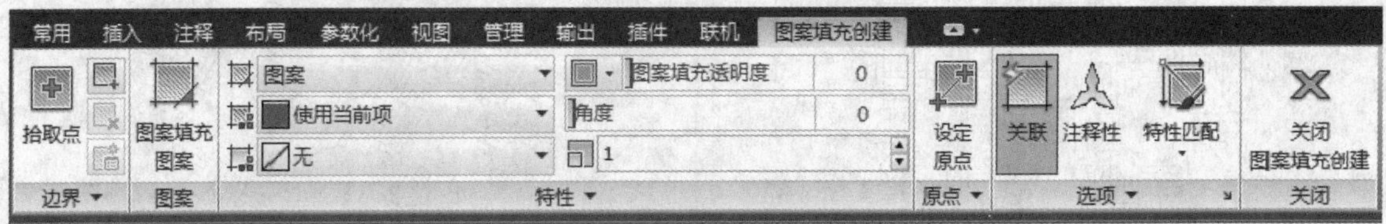

图6-64 “图案填充创建”选项卡

"图案填充创建"选项卡中的常用命令说明如下。

- 边界：用来选择填充的边界点或边界线段。
- 图案：在下拉列表中可以选择图案类型。
- 特性：用户根据需要设置填充的方式、填充颜色、填充透明度、填充角度以及填充比例值等功能。
- 原点：设置原点可使用户在移动填充图形时，方便与指定原点对齐。
- 选项：可根据需要选择是否自动更新图案、自动视口大小调整填充比例值以及填充图案属性的设置等。
- 关闭：退出该功能面板。

下面举例介绍如何对图形进行图案填充。

Step 01 打开所需图形，在"常用"选项卡的"绘图"面板中单击"图案填充"按钮，在打开的"图案填充创建"选项卡中，单击"图案"面板中的"图案填充图案"按钮，在其下拉列表中，选择合适的图案，如图6-65所示。

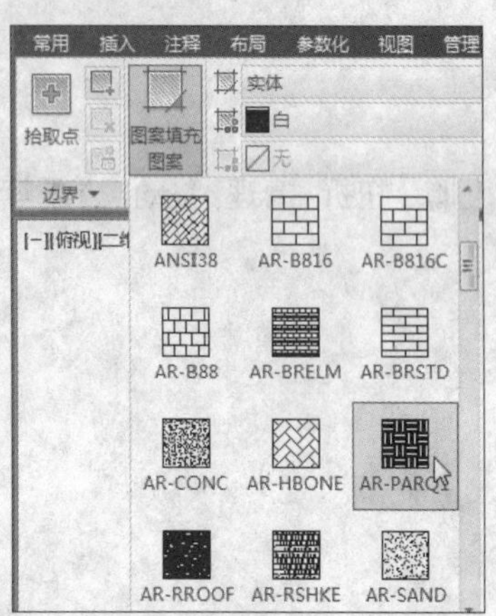

图6-65 选择填充的图案

Step 02 在绘图区中，指定要填充的区域，则可显示填充的图案，如图6-66所示。

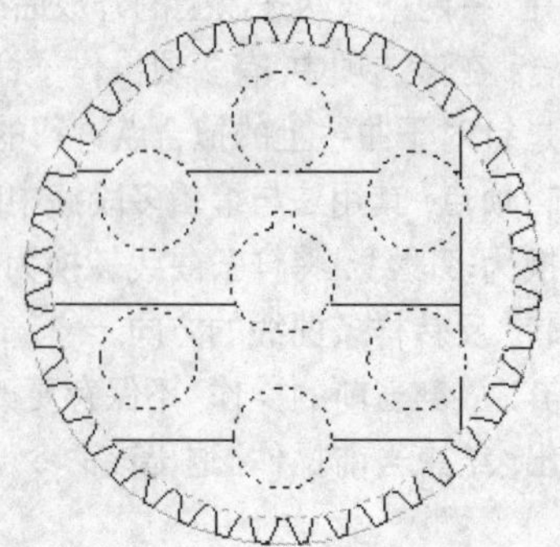

图6-66 显示填充图案

Step 03 按Enter键，完成图案填充。选中填充图案，单击"图案填充编辑器"选项卡"特性"面板中的"填充图案比例"文本框，设置图案比例，这里输入0.07，此时填充的图案已发生变化，结果如图6-67所示。

图6-67 设置图案填充比例

Step 04 同样选择要填充的图形，在"特性"面板中的"图案填充角度"数值框中，输入所需角度，可更改图案填充角度，如图6-68所示。

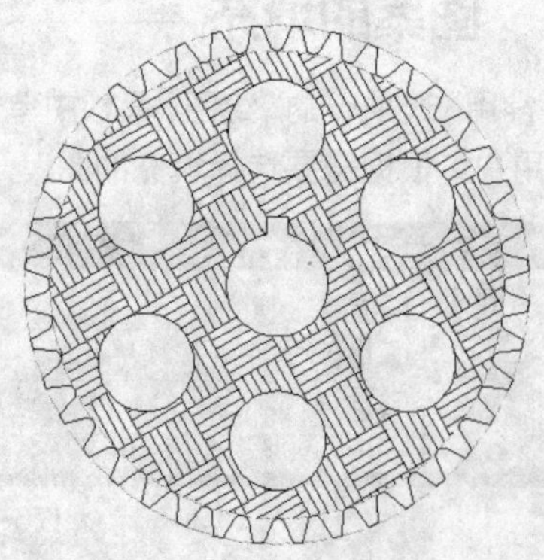

图6-68 设置图案填充角度

Step 05 选择填充的图形，在“特性”面板中的“图案填充颜色”下拉列表中选择所需颜色，可更改当前填充图形的颜色，如图6-69所示。

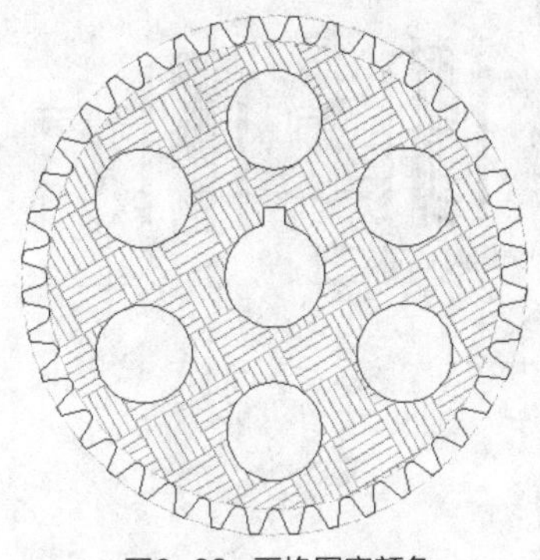

图6-69 更换图案颜色

Step 06 若想更改当前填充的图案，只需单击“图案”面板中的“图案填充图案”按钮，在下拉列表中，选择新图案即可，如图6-70所示。

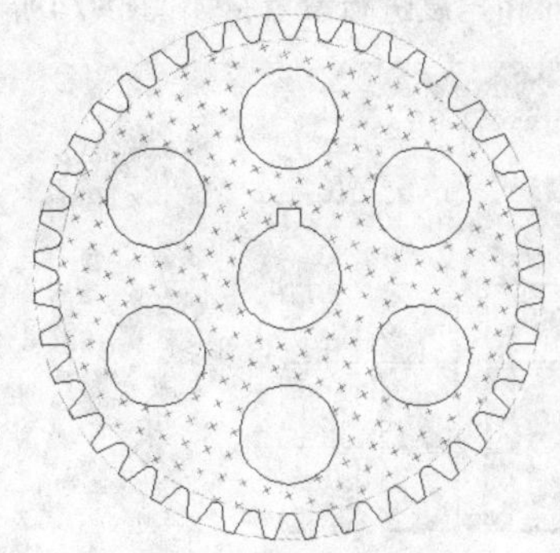

图6-70 更换填充的图案

6.6.2 渐变色的填充

在AutoCAD中，除了可对图形进行图案填充，也可对图形进行渐变色填充。在“常用”选项卡的“绘图”面板中单击“图案填充”下拉按钮，在其下拉列表中选择“渐变色”选项，打开“图案填充创建”选项卡，如图6-71所示。

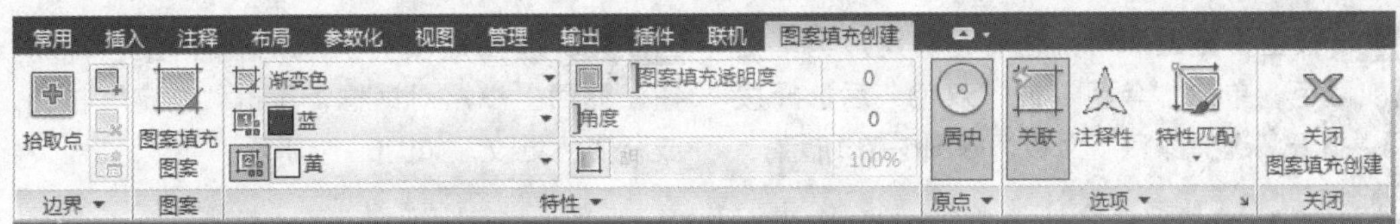

图6-71 渐变色填充的“图案填充创建”选项卡

下面举例介绍如何使用渐变色进行填充。

Step 01 在“常用”选项卡“绘图”面板中的“图案填充”下拉列表中选择“渐变色”选项，在打开的选项卡中，单击“渐变色1”下拉按钮，选择所需渐变颜色，如图6-72所示。

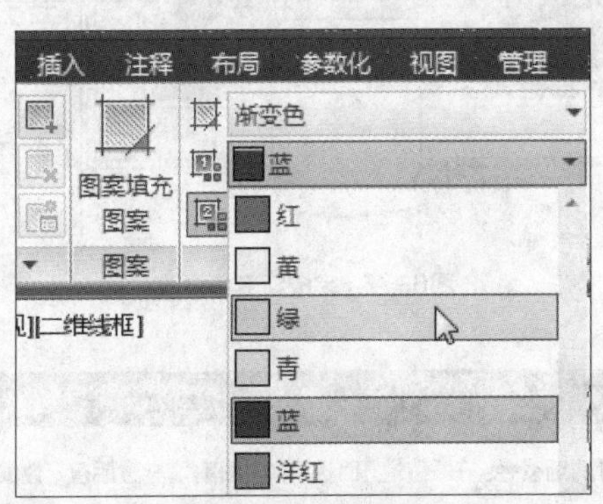

图6-72 选择渐变色

Step 02 按照同样的方法，单击“渐变色2”下拉按钮，选择第二种渐变色，选择完成后，单击所需填充的区域，则可显示渐变效果，如图6-73所示。

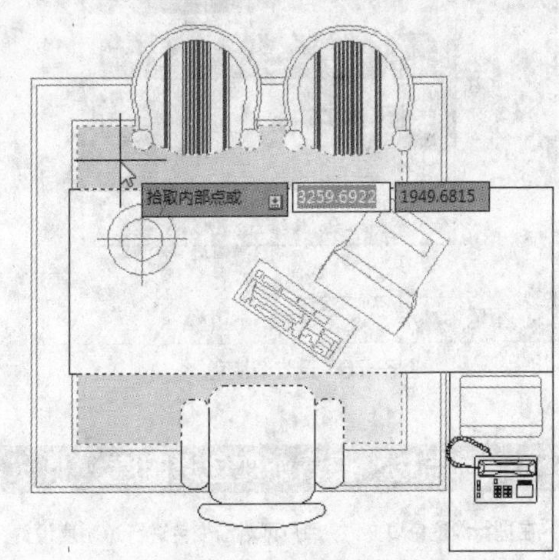

图6-73 填充渐变色

Step 03 按Enter键后完成填充操作。选中填充的渐变色，单击“选项”面板右下方箭头按钮，打开“图案填充编辑”对话框，此时用户可对渐变路径、方向和角度进行设置，如图6-74所示。

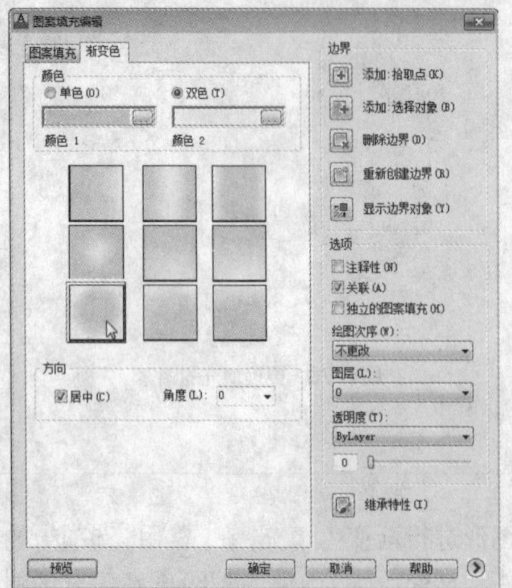

图6-74 设置渐变路径

Step 04 设置完成后，单击“预览”按钮，可进行填充预览，如图6-75所示。

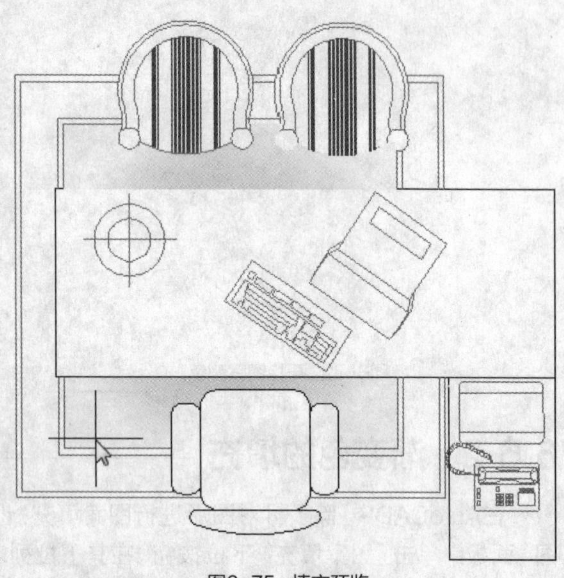

图6-75 填充预览

Step 05 按空格键返回对话框。此时用户也可更改渐变颜色，单击“单色”或“双色”后选择按钮…，打开“选择颜色”面板，如图6-76所示。

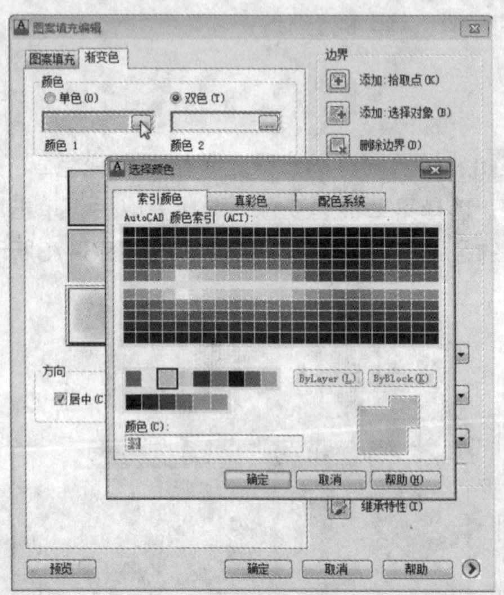

图6-76 更改渐变色

Step 06 选择好填充颜色后，单击“确定”按钮，返回上一层对话框，单击“确定”按钮，完成渐变色更改，如图6-77所示。

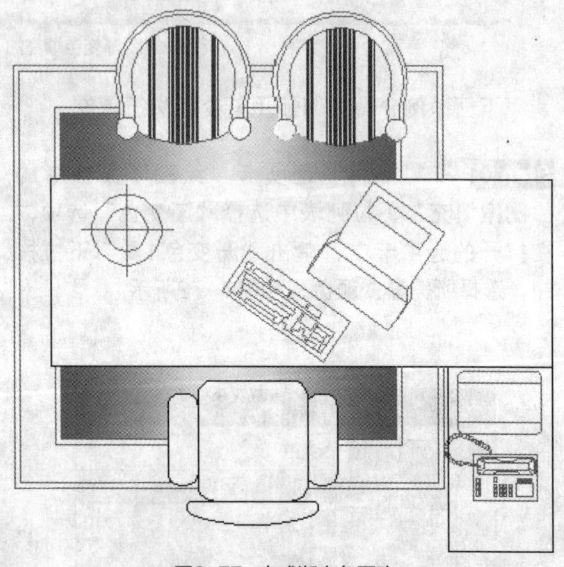

图6-77 完成渐变色更改

工程师点拨：设置渐变色透明度

在进行渐变色填充时，用户可对渐变色进行透明度设置。选中所需设置的渐变色，在“特性”面板中的“图案填充透明度”数值框中输入数值即可。数值越大，颜色越透明。

综合实例 绘制炉灶平面图

本章向用户介绍了编辑二维图形命令的使用方法。下面结合所学知识，绘制炉灶平面图。涉及到的编辑命令有圆角矩形、偏移、复制、镜像、旋转以及修剪等。

Step01 启动AutoCAD 2013，执行“绘图>矩形”命令，根据提示绘制一个长1000、宽600的圆角矩形，其中圆角半径设置为50，如图6-78所示。

图6-78 绘制圆角矩形

Step02 执行“修改>偏移”命令，将偏移距离设为5，选中圆角矩形，将其向外进行偏移操作，如图6-79所示。

图6-79 偏移圆角矩形

Step03 执行“绘图>直线”命令，捕捉长方形上下两条边线的中点，绘制垂直辅助线，如图6-80所示。

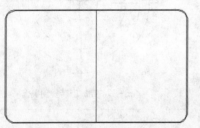

图6-80 绘制垂直辅助线

Step04 再次执行“绘图>直线”命令，捕捉长方形左边线的中点和垂直辅助线的中点，绘制水平辅助线，如图6-81所示。

图6-81 绘制水平辅助线

Step05 执行“绘图>圆>圆心、半径”命令，捕捉水平线辅助的中点为圆心，绘制半径为150mm的圆形，如图6-82所示。

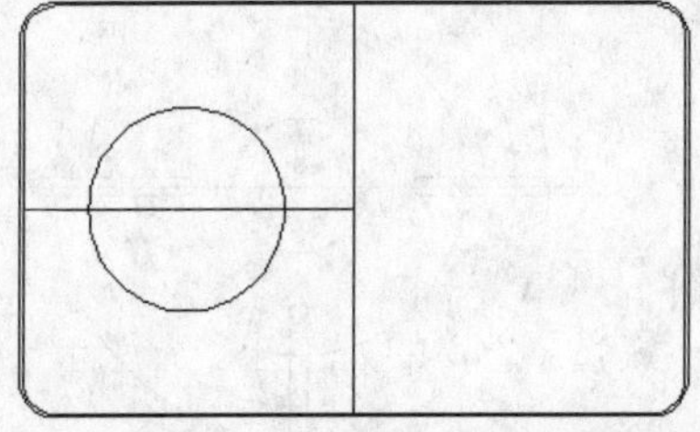

图6-82 绘制半径为150的圆

Step06 执行“修改>偏移”命令，将该圆形向内偏移20mm，如图6-83所示。

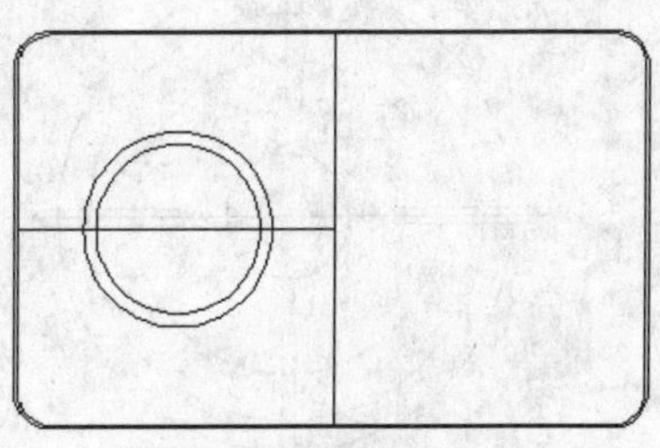

图6-83 向内偏移20mm

Step07 执行“修改>偏移”命令，将刚偏移的圆依次向内偏移30mm和60mm，结果如图6-84所示。

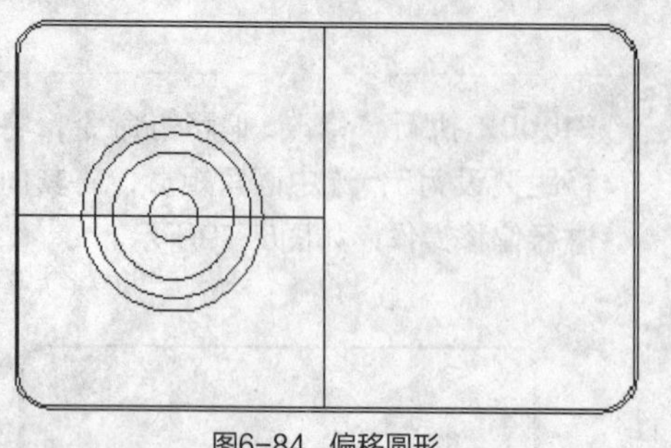

图6-84 偏移圆形

Step08 执行“绘图>矩形”命令，绘制一个长100mm、宽10mm、半径为5mm的圆角矩形，将其放置在图形合适的位置处，如图6-85所示。

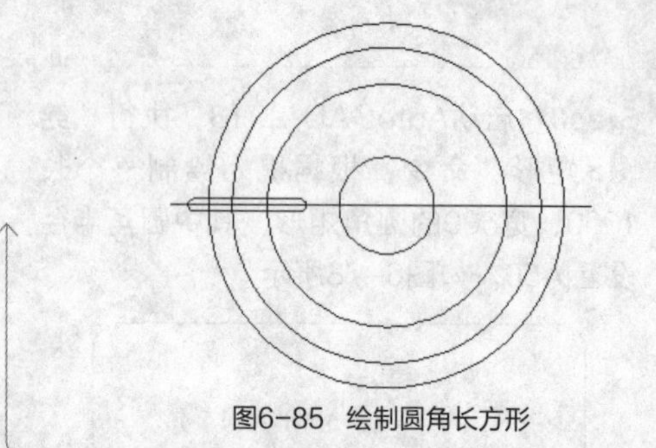

图6-85 绘制圆角长方形

Step09 单击“修改>旋转”命令，选择刚绘制的圆角长方形，指定圆心点为旋转基点，并在命令行中输入C，如图6-86所示。

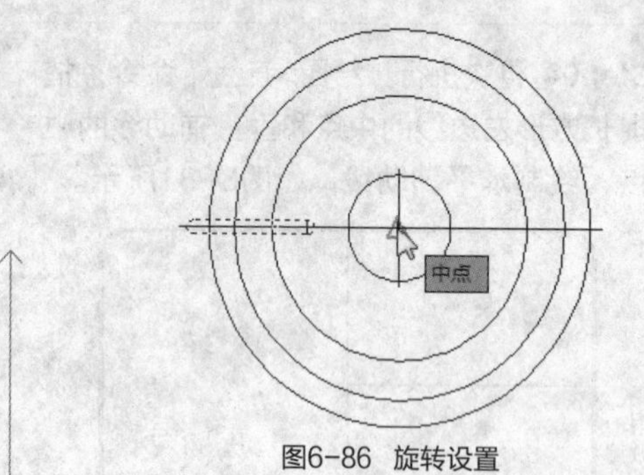

图6-86 旋转设置

Step10 将旋转角度设为90°，按Enter键，即可将该圆角矩形进行旋转复制操作，结果如图6-87所示。

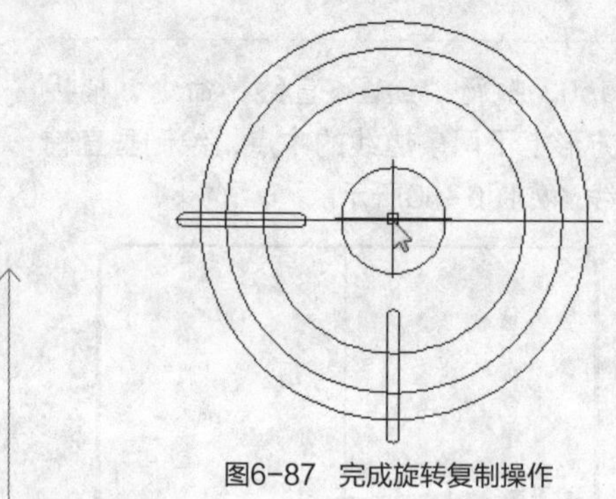

图6-87 完成旋转复制操作

Step11 同样执行“修改>旋转”命令，将刚绘制的两个圆角长方形，以圆心为旋转基点，进行180°旋转复制操作，结果如图6-88所示。

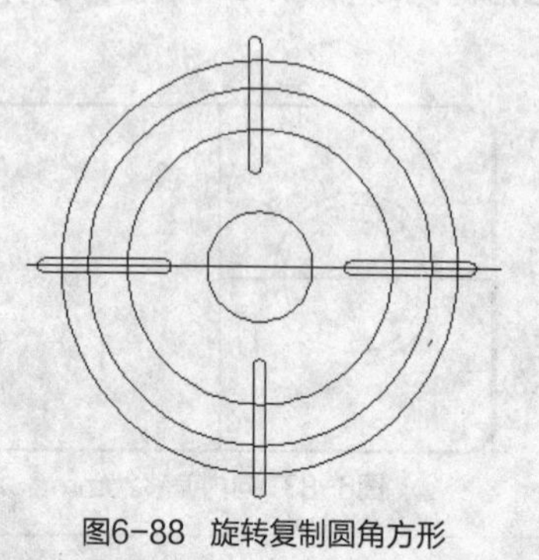

图6-88 旋转复制圆角方形

Step12 执行“绘图>矩形”命令，绘制长为25、宽为5、圆角半径为3的圆角矩形，作为炉灶的火眼，如图6-89所示。

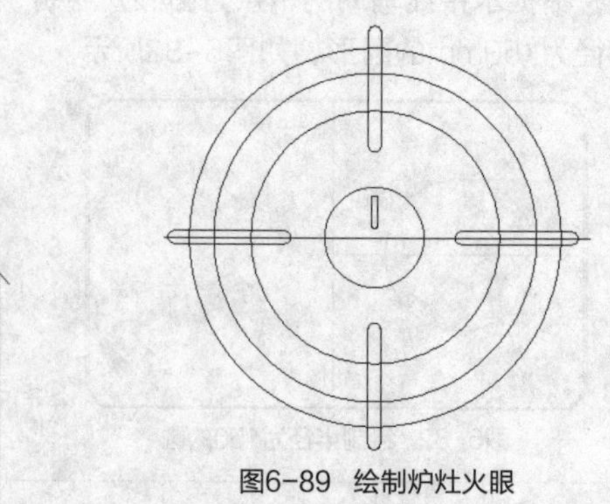

图6-89 绘制炉灶火眼

Step13 执行“修改>阵列>环形阵列”命令，根据命令行提示，选中火眼图形，以圆心为阵列中心，输入阵列数10，完成阵列，如图6-90所示。

图6-90 环形阵列图形

Step14 执行“修改>修剪”命令，先选中大圆角矩形，按Enter键，然后选中长方形内多余直线，将其删除，如图6-91所示。

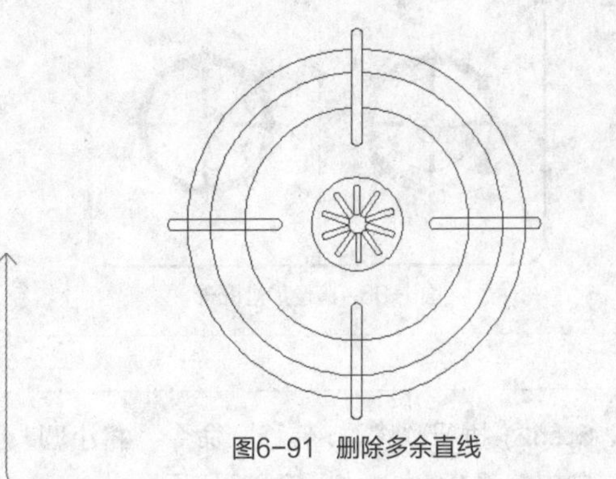

图6-91 删除多余直线

Step15 按照同样的操作，将圆角长方形内其他多余的线段删除，如图6-92所示。

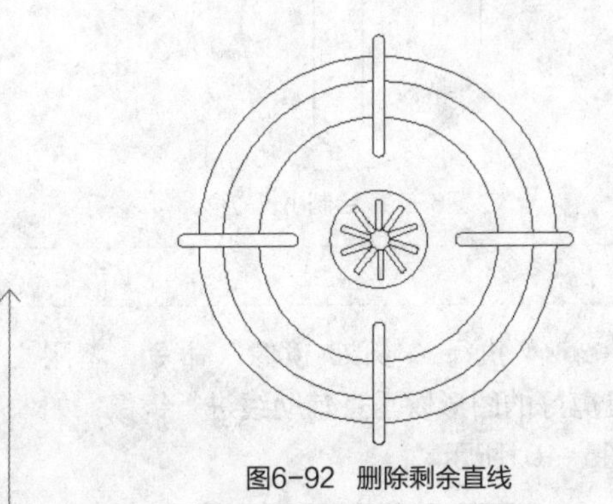

图6-92 删除剩余直线

Step16 执行“图案填充”命令，在“图案填充创建”选项卡中，选择合适填充图案，如图6-93所示。

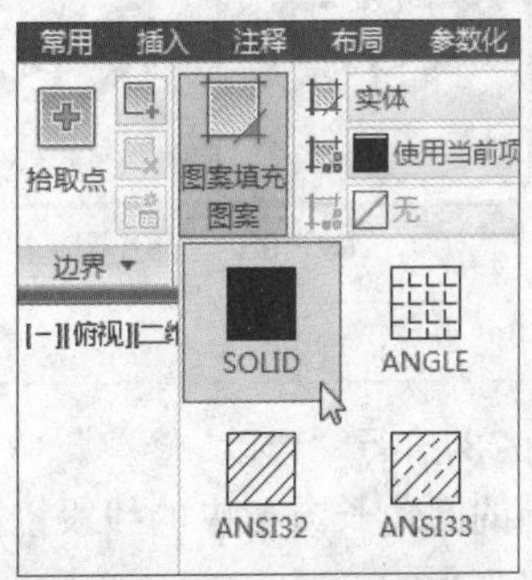

图6-93 选择填充图案

Step17 在绘图区中，选择好填充区域，即可完成填充操作，如图6-94所示。

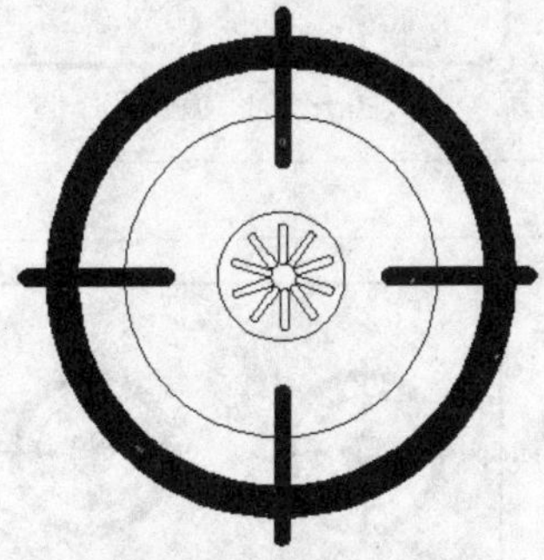

图6-94 图案填充操作

Step18 执行“修改>镜像”命令，根据命令行提示，选中绘制好的炉灶图形，如图6-95所示。

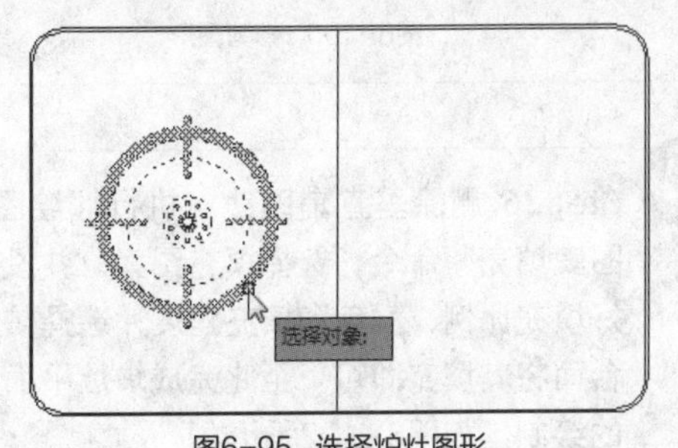

图6-95 选择炉灶图形

Step19 按Enter键，指定垂直辅助线为镜像轴线，再次按Enter键即可完成镜像操作，如图6-96所示。

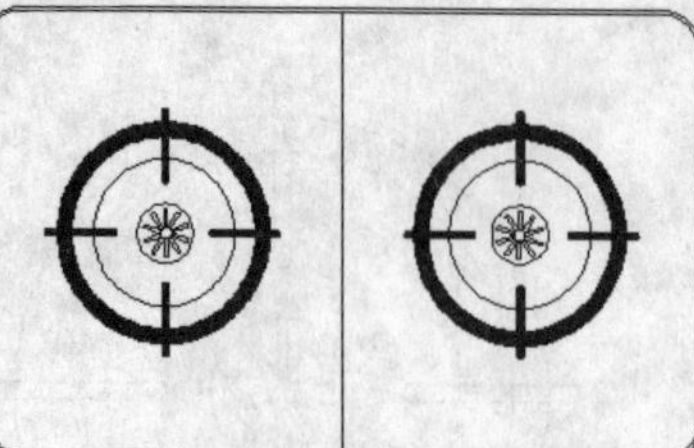

图6-96 镜像炉灶图形

Step20 执行“绘图>圆>圆心、半径”命令，绘制半径为30mm的圆，并将其放置合适位置处，如图6-97所示。

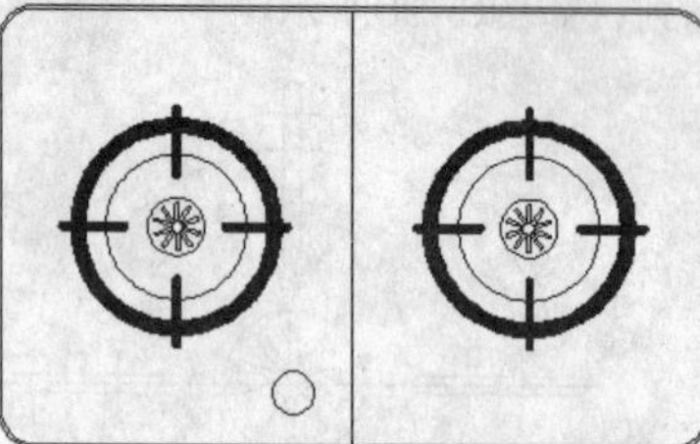

图6-97 绘制小圆

Step21 执行“修改>偏移”命令，将小圆向内偏移10mm，如图6-98所示。

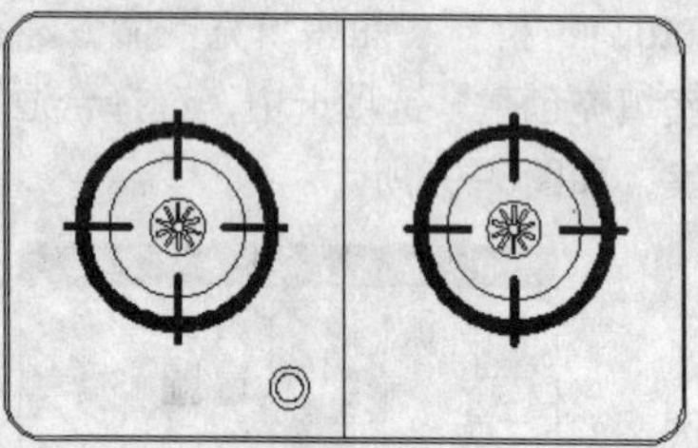

图6-98 偏移小圆

Step22 执行“绘图>矩形”命令，绘制长50、宽10、半径为5的圆角长方形，如图6-99所示。

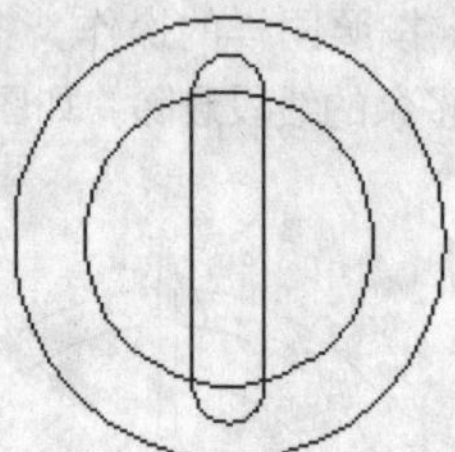

图6-99 绘制小长方形

Step23 执行“修改>修剪”命令，将刚绘制的圆角长方形中的线段修剪，如图6-100所示。

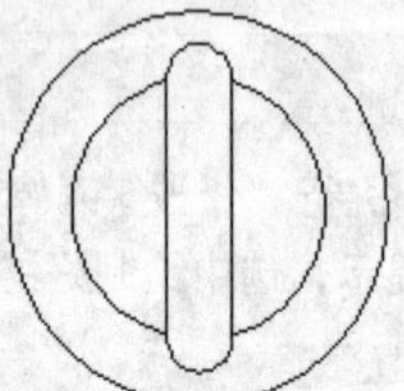

图6-100 修剪图形

Step24 执行“修改>镜像”命令，将刚修剪好的图形以垂直辅助线进行镜像，如图6-101所示。

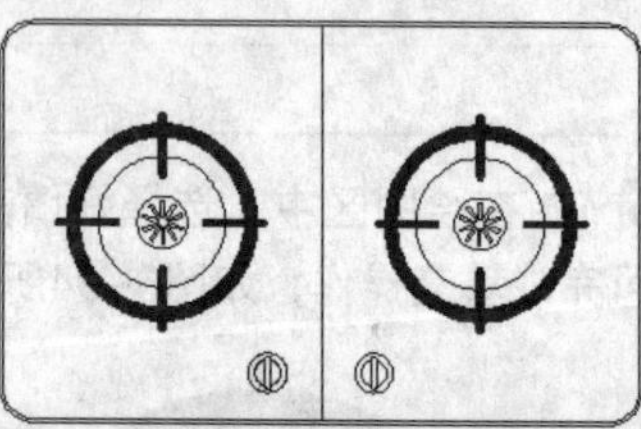

图6-101 镜像图形

Step25 删除垂直辅助线。执行“绘图>图案填充”命令，选择填充图案，并设置好填充比例、颜色和填充角度，选择炉灶台面将其填充即可。至此完成炉灶平面图的绘制，如图6-102所示。

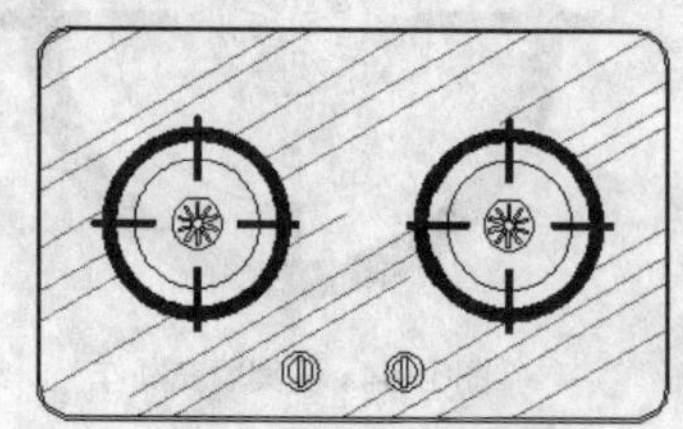

图6-102 完成绘制

高手应用秘籍 运用其他填充方式填充图形

在AutoCAD中进行填充操作时，除了使用本章中介绍的两种填充方式外，还可以运用其他方式来填充，包括边界填充和孤岛填充。下面分别对其操作进行简单的介绍。

❶ 边界填充

在填充图案时，用户可以通过为对象进行边界定义并指定内部点的操作方式来实现填充效果。在AutoCAD中，可通过以下两种方法来创建填充边界。

- 使用"拾取点"创建

在"图案填充创建"选项卡中，单击"边界"面板中的"拾取点"按钮，在图形中指定填充点，按Enter键，即可完成创建，如图6-103所示。

- 使用"选择边界对象"创建

同样在"图案填充创建"选项卡中，选择"边界"面板中的"选择"按钮，在绘图区中，选择所需填充的边界线段，按Enter键，即可进行填充，如图6-104所示。

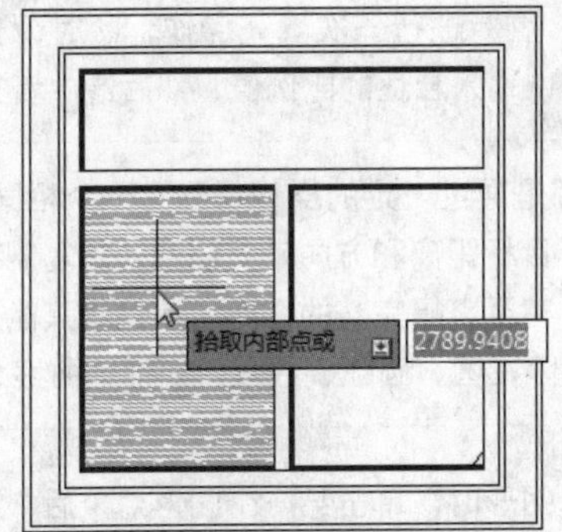

图6-103 拾取点创建

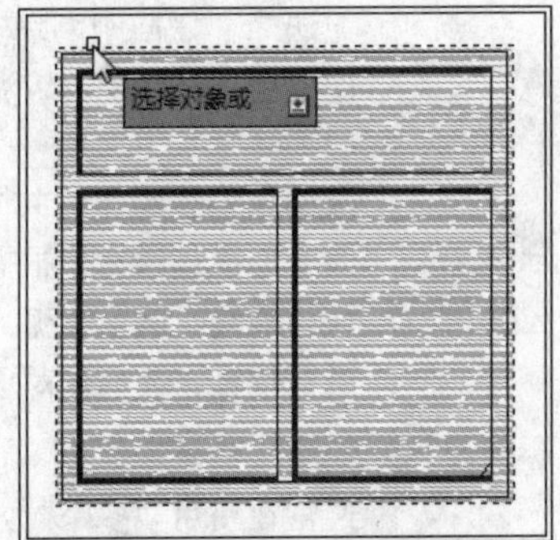

图6-104 选择边界线创建

❷ 孤岛填充

在一个封闭的图形内，还有一个或是多个封闭的图形，那么在这个封闭图形内的这一个或是多个图形的填充称为孤岛填充。该功能分为4种类型，分别为"普通孤岛检测"、"外部孤岛检测"、"忽略孤岛检测"和"无孤岛检测"，其中"普通孤岛检测"为系统默认类型。用户只需在"图案填充创建"选项卡中，单击"选项"面板的扩展按钮，在孤岛填充方式下拉列表中选择合适的选项即可。下面将对4种填充类型进行说明。

- 普通孤岛检测：选择该选项是将填充图案从外向里填充，在遇到封闭的边界时不显示填充图案，遇到下一个区域时才显示填充。
- 外部孤岛检测：将填充图案向里填充时，遇到封闭的边界将不再填充图案。
- 忽略孤岛检测：选择该选项填充时，图案将铺满整个边界内部，任何内部封闭边界都不能阻止。
- 无孤岛检测：选择该选项则是关闭孤岛检测功能，使用传统填充功能。

秒杀 工程疑惑

在AutoCAD中进行操作时，用户经常会遇见各种各样的问题，下面将总结一些常见问题进行解答，包括无法填充操作、填充显示的问题、复制和偏移的区别以及选择图形对象等问题。

问　题	解　答
在填充操作时，为什么总是显示找不到填充边界呢？	这种情况说明填充区域有缺口，它不是一个完整封闭的区域。此时用户需要检查该区域的缺口，并将其封闭 如果该填充的区域大而繁琐，用户可使用“直线”或“多段线”命令，将该区域划分成几小块进行填充即可
完成填充操作后，为什么无法看到填充图案？	填充好后，如果无法看到填充图案，说明填充图案比例太大，填充区域又小，所以无法显示。遇到该问题时，用户进行以下方法即可解决 方法一：选中填充图案，在“图案填充比例”中设置合适的填充比例即可 方法二：撤回刚刚填充步骤，重新进行一次填充操作，此时，在选择完填充图形后，在“图案填充比例”中输入合适的比例值，然后选中填充区域即可
复制操作和移操作的区别是什么？	复制和偏移操作的共同点，都是通过一定的操作得到另一个相同的图形对象。而复制操作通常是根据基点及目标距离和方向来复制的，其复制对象可以是图块、直线、圆、圆弧、方形，甚至整幅完整的图形；而偏移只能通过指定距离进行偏移，其操作对象只能局限在圆、圆弧、线段、矩形、曲线之间
使用“多个”方式选择图形时，为何被选中的图形以实线显示？	通常在使用“多个”方式选择图形时，单击某一个图形对象后，该对象仍然显示为实线，此时可在选择一个图形对象后，按Enter键，被选中的图形即可显示为虚线

AutoCAD 2013

CHAPTER 07

图块、外部参照及设计中心的应用

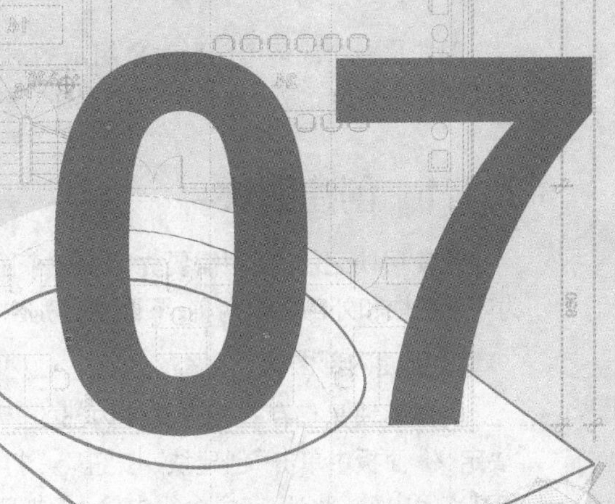

绘制图形时，经常要在不同文件中绘制一些相同的图形，如果靠手工绘制，会大大降低制图效率，此时如果将这些图形创建成图块接入，就会很方便。图块功能主要是将需要重复绘制的图形定义成块，然后再插入到图形中。当然用户还可以把已有的图形文件以参照的形式插入到当前图形中。本章将进行详细的介绍。

学完本章您可以掌握如下知识点

知识点序号	知识点难易指数	知识点
1	★★	图块的创建
2	★★	图块的插入与编辑
3	★★★	外部参照图块的使用
4	★★★	设计中心的使用
5	★★★	动态块的创建与设置

本章内容图解链接

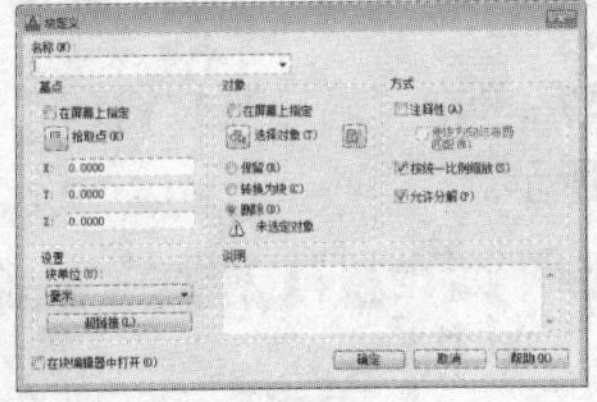

◎ 创建内部图块

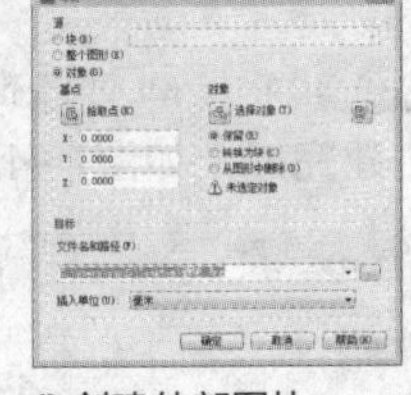

◎ 创建外部图块

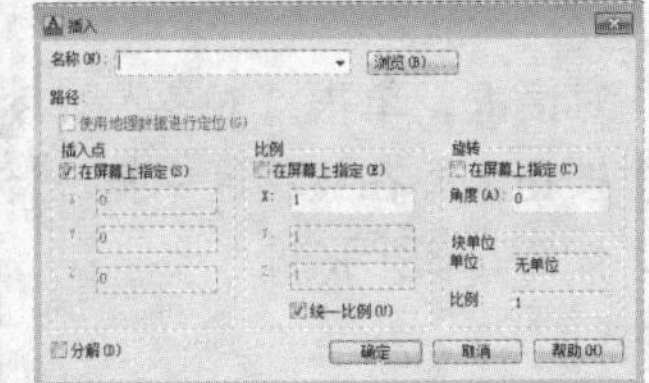

◎ 插入图块

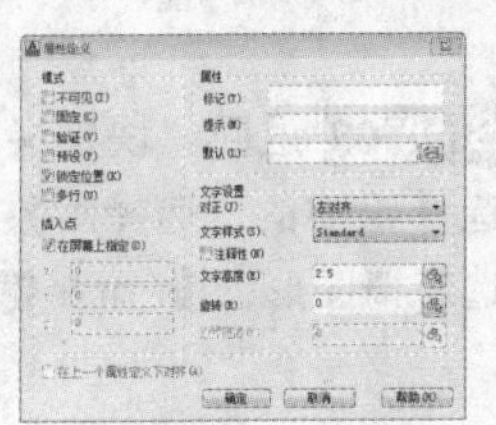

◎ 创建属性图块

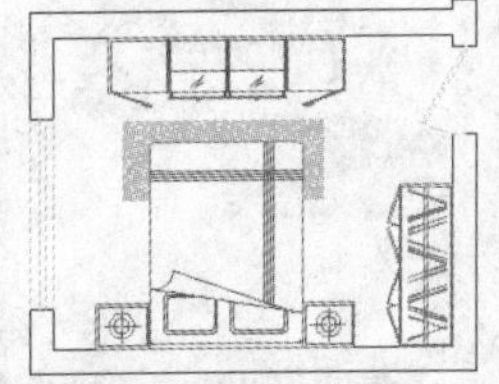

◎ 完成图块的接入

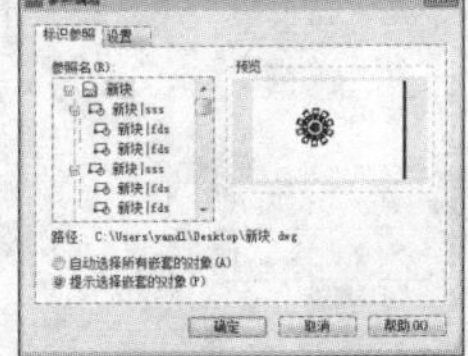

◎"参照编辑"对话框

◎"设计中心"选项板

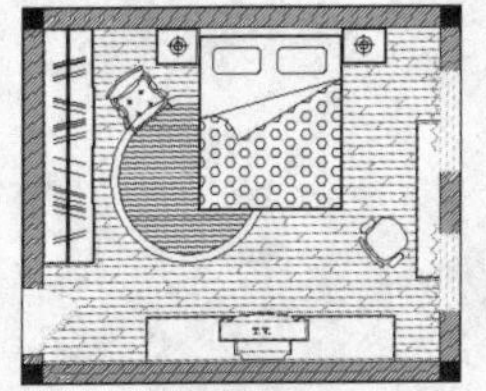

◎ 绘制卧室平面图

7.1 图块的应用

图块是一个或多个图形对象组成的对象集合，它是一个整体。经常用于绘制重复或复杂的图形。创建块的目的是为了减少大量重复的操作步骤，从而提高设计和绘图的效率。

7.1.1 创建图块

在使用块之前，用户需要先定义一个图块，然后利用插入命令将定义好的块插入图形中。图块可分为内部图块和外部图块两种。下面将分别对其创建方法进行介绍。

1. 创建内部图块

内部图块是储存在图形文件内部的，因此只能在打开该图形文件后才能使用。在"插入"选项卡的"块定义"面板中单击"创建块"按钮，打开"块定义"对话框。在该对话框中，用户可设置图块的名称和基点等内容。此外，在命令行中输入B按Enter键，也可打开"块定义"对话框。

下面将以创建座椅图块为例，来介绍具体创建步骤。

Step 01 在"插入"选项卡的"块定义"面板中单击"创建块"按钮，打开"块定义"对话框，如图7-1所示。

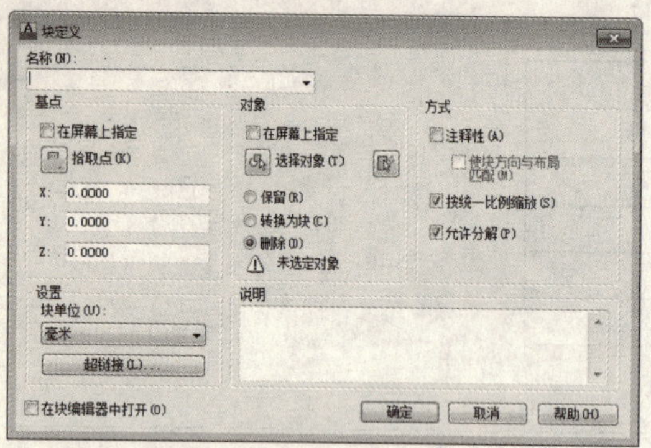

图7-1 "块定义"对话框

Step 02 在"名称"文本框中输入块名称，此处输入"座椅"。单击"基点"选择组中的"拾取点"按钮，在绘图区中捕捉座椅图形的插入基点，如图7-2所示。

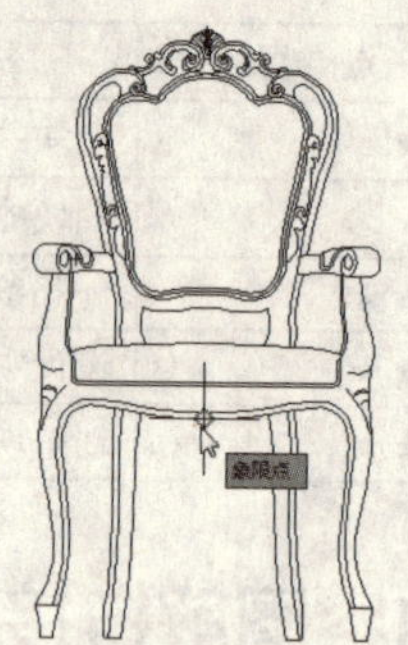

图7-2 创建插入基点

Step 03 返回"块定义"对话框，单击"对象"选择组中的"选择对象"按钮，并在绘图区中框选座椅图形，按Enter 键，如图7-3所示。

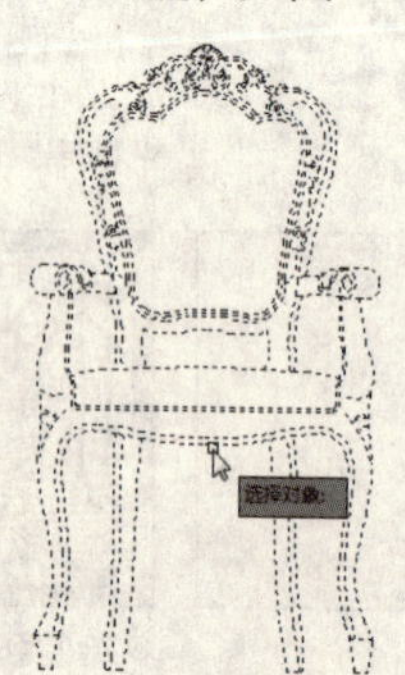

图7-3 选择座椅图形

Step 04 返回对话框后单击"确定"按钮，即可创建完成，如图7-4所示。

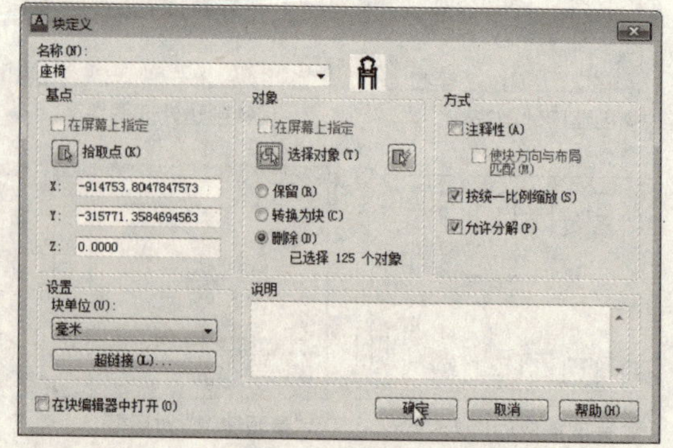

图7-4 完成创建

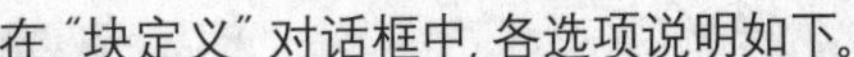

在“块定义”对话框中，各选项说明如下。

- 名称：输入所需创建图块的名称。
- 基点：用于确定块在插入时的基准点。基点可在屏幕中指定，也可通过拾取点方式指定。当指定完成后，在X、Y、Z的文本框中可显示相应的坐标点。
- 对象：用于选择创建块的图形对象。选择对象同样可在屏幕上指定，也可通过拾取点方式指定。单击“选择对象”按钮，可在绘图区中选择对象，此时用户可选择将图块删除、转换成块或保留。
- 方式：该选项组用于指定块的一些特定方式，如注释性、使块方向与布局匹配、按统一比例缩放、允许分解等。
- 设置：该选项组用于指定图块的单位。其中“块单位”用来指定块参照插入单位；“超链接”可将某个超链接与块定义相关联。
- 说明：可对所定义的块进行必要的说明。
- 在块编辑器中打开：勾选该复选框后，表示在块编辑器中打开当前的块定义。

2. 创建外部图块

外部图块其实就是一个新的、独立的图形，不依赖于当前图形，它可以在任意图形中调入并插入。在“块定义”面板中选择“写块”命令，在打开的“写块”对话框中，用户可将对象保存到文件或将块转换为文件。当然，在命令行中直接输入W后按Enter键，同样也可以打开该对话框。

下面以创建餐桌椅图块为例介绍具体创建方法。

Step 01 在“插入”选项卡的“块定义”面板中的“创建块”下拉列表中选择“写块”选项，打开“写块”对话框，如图7–5所示。

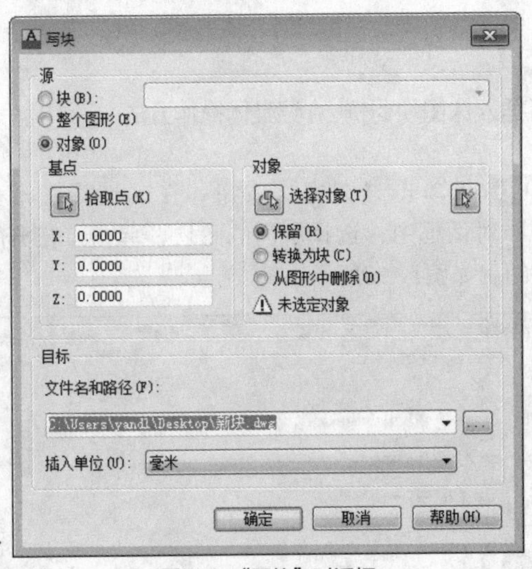

图7–5 “写块”对话框

Step 02 单击“基点”选项组中的“拾取点”按钮，在绘图区中单击指定餐桌图形的图块基点，如图7–6所示。

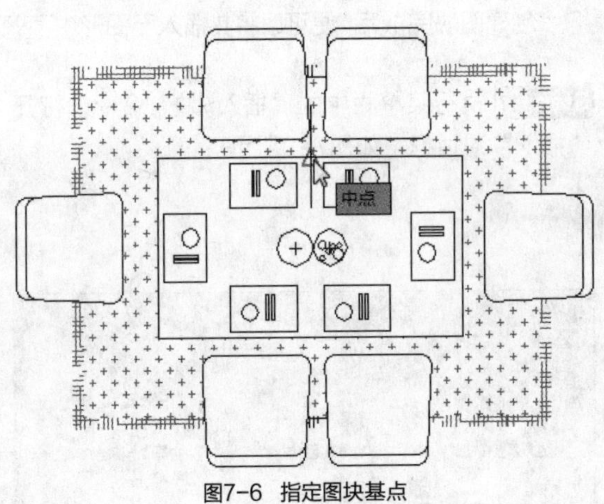

图7–6 指定图块基点

Step 03 返回对话框中，单击“对象”选项组中的“选择对象”按钮，在绘图区中框选餐桌图形，并按Enter键，如图7–7所示。

Step 04 单击“文件名和路径”后的“显示标准的文件选择对话框”按钮，打开“浏览图形文件”对话框，如图7–8所示。

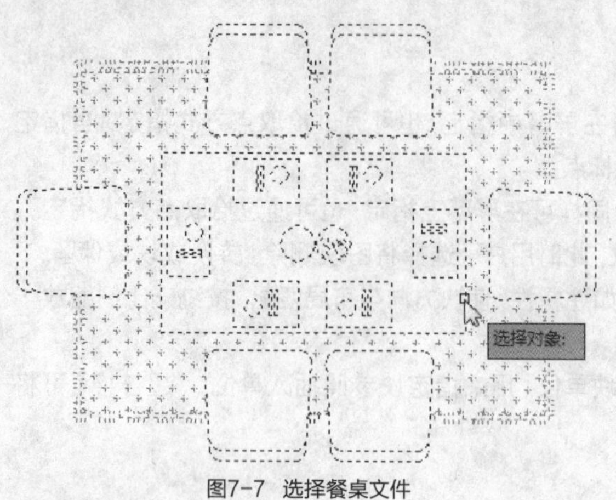

图7-7 选择餐桌文件

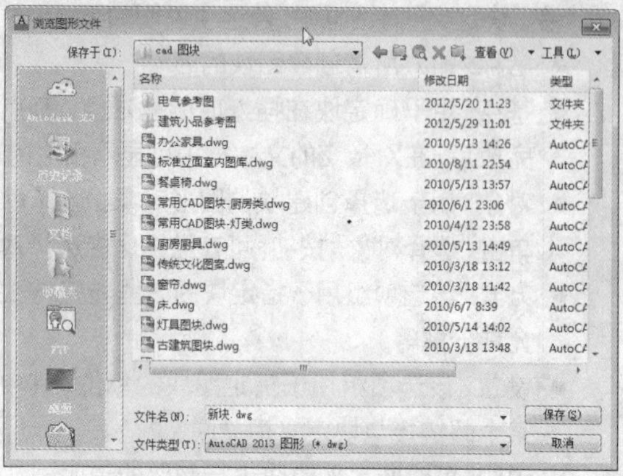

图7-8 “浏览图形文件”对话框

Step 05 为餐桌图块设置好保存路径和文件名，单击“保存”按钮，返回“写块”对话框，单击“确定”按钮完成外部图块的创建。

“写块”对话框中的各选项说明如下。

- 源：用来指定块和对象，将其保存为文件并指定插入点。其中“块”选项可将创建的内部图块作为外部图块来保存，用户可从下拉列表中选择需要的内部图块；“整个图形”选项用来将当前图形文件中的所有对象作为外部图块存盘；而“对象”选项用来将当前绘制的图形对象作为外部图块存盘。
- 基点：该选项组的作用与“块定义”对话框中的相同。
- 目标：用来指定文件的新名称和新位置，以及插入块时所用的测量单位。

7.1.2 插入图块

创建图块完成后，便可以将其插入至图形中了。下面以插入床图块为例，介绍具体操作方法。

Step 01 执行菜单栏中的“插入>块”命令，打开“插入”对话框，如图7-9所示。

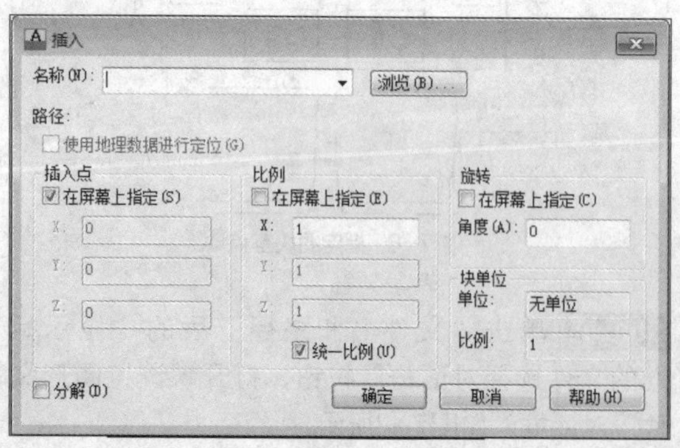

图7-9 “插入”对话框

Step 02 单击“浏览”按钮，在“选择图形文件”对话框中，选择所需的图块，单击“打开”按钮，如图7-10所示。

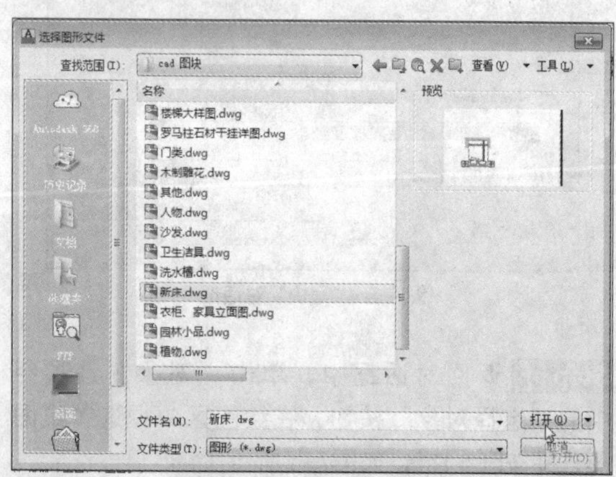

图7-10 选择床图块

Step 03 返回“插入”对话框，单击“确定”按钮，然后在绘图区中单击指定好床图块的插入点，如图7-11所示。

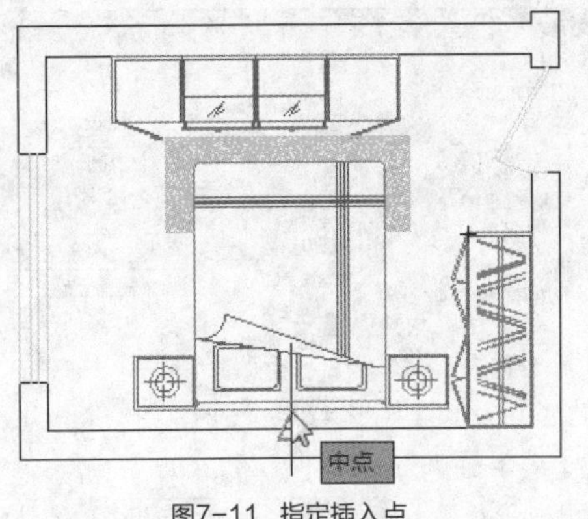

图7-11 指定插入点

Step 04 指定完成后，即可完成图块的插入操作，如图7-12所示。

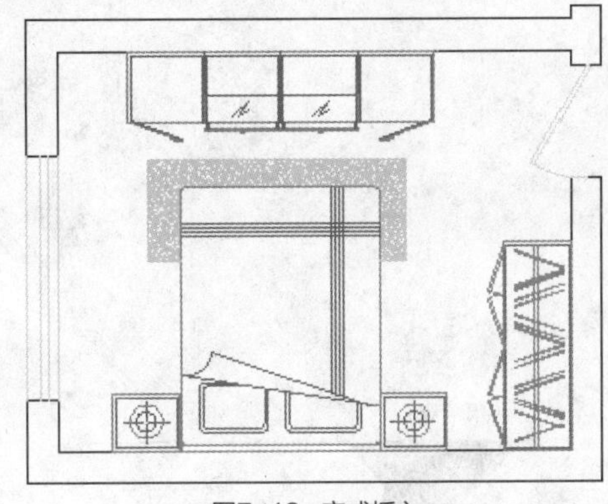

图7-12 完成插入

“插入”对话框中各选项说明如下。

- 名称：在该选项的下拉列表中可选择或直接输入插入图块的名称，单击“浏览”按钮，可在打开的对话框中选择所需图块。
- 插入点：该选项用于指定一个插入点以便插入块参照定义的一个副本。若取消“在屏幕上指定”选项，则在X、Y、Z文本框中输入图块插入点的坐标值。
- 比例：用于指定插入块的缩放比例。
- 旋转：用于设置块参照插入时的旋转角度。其角度无论是正值或负值，都是参照于块的原始位置。若勾选“在屏幕上指定”复选框，则表示用户可在屏幕上指定旋转角度。
- 块单位：该选项组用于显示有关图块单位的信息。其中“单位”选项用于指定插入块的INSUNITS值；而“比例”选项则显示单位比例因子。
- 分解：该复选框用于指定插入块时，是否将其进行分解操作。

工程师点拨：插入图块技巧

插入图块时，用户可使用“定数等分”或“测量”命令进行图块的插入。但这两种命令只能用于内部图块的插入，而无法对外部图块进行操作。

7.2 图块属性的编辑

块的属性是块的组成部分，是包含在块定义中的文字对象，定义块之前，要先定义块的每个属性，然后将属性和图形一起定义成块。属性是不能脱离块而存在的，删除图块时，其属性也会删除。

7.2.1 创建与附着图块属性

图块的属性包括属性模式、标记、提示、属性值、插入点和文字设置。打开“属性定义”对话框后便可根据提示信息进行创建。

下面以创建标高尺寸图块为例，介绍具体操作步骤。

Step 01 执行“绘图>直线”和“绘图>图案填充”命令，绘制出标高符号，如图7-13所示。

图7-13 绘制标高图形

Step 02 在“插入”选项卡的“块定义”面板中单击“定义属性”按钮，打开“属性定义”对话框，如图7-14所示。

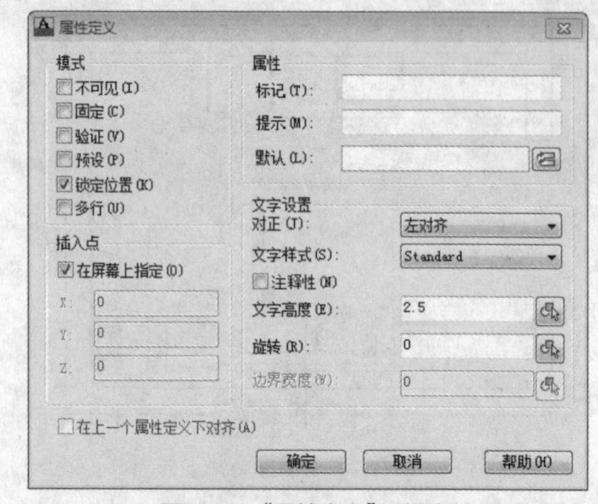

图7-14 “属性定义”对话框

Step 03 在“属性”选项组中的“标记”文本框中输入“标高”，在“提示”文本框中输入“标高数值”，并在“默认”文本框中输入“%%p0.00”。

Step 04 在“文字设置”选项组中的“对正”下拉列表中，选择“正中”选项，在“文字高度”文本框中输入100，如图7-15所示。

Step 05 设置完成后单击“确定”按钮，然后在绘图区中单击指定插入点，如图7-16所示。

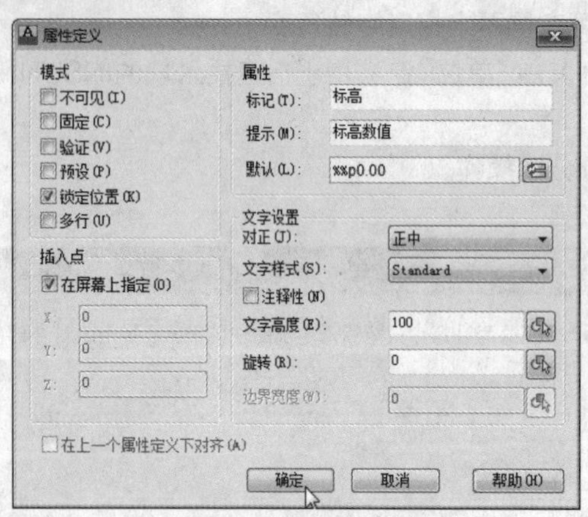

图7-15 设置相关选项

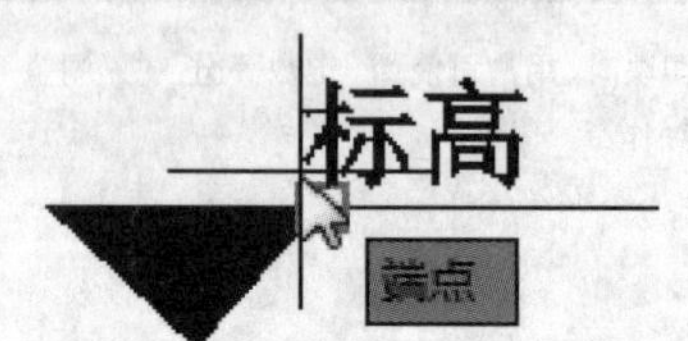

图7-16 指定插入点

Step 06 单击“创建块”按钮，在打开的“块定义”对话框中，单击“拾取点”按钮，指定标高图块的基点，如图7-17所示。

图7-17 指定图块基点

Step 07 单击“选择对象”按钮，框选标高图形，按Enter键，如图7-18所示。

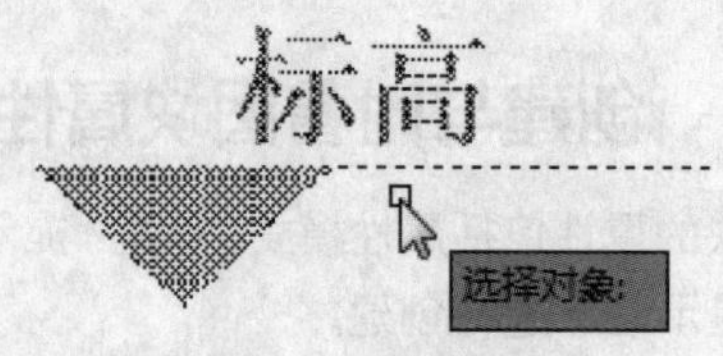

图7-18 框选图形

Step 08 在“块定义”对话框中，单击“确定”按钮完成创建。单击“插入块”按钮，选择刚设置的标高图块，单击“确定”按钮，如图7-19所示。

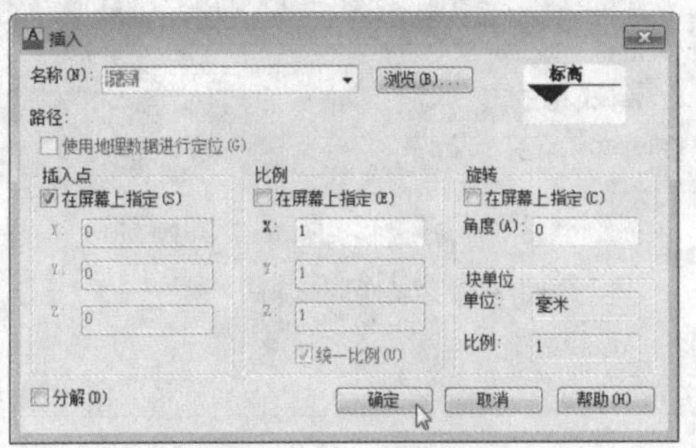

图7-19 插入标高图块

Step 09 此时在绘图区中指定好标高点，并根据命令行提示输入所需标高值即可，如图7-20所示。

图7-20 输入所需标高值

“属性定义”对话框中各选项说明如下。

- 模式：该选项组主要用于控制块中属性的行为，如属性在图形中是否可见、固定等。其中“不可见”表示插入图块并输入图块的属性值后，该属性值不在图中显示出来；“固定”表示定义的属性值是常量，在插入块时属性值保持不变；“验证”表示在插入块时系统将对用户输入的属性值等进行校验提示，以确认输入的属性值是否正确；“预设”表示在插入块时，将直接默认属性值插入；“锁定位置”表示锁定属性在图块中的位置；“多行”表示将激活“边界宽度”文本框，可设置多行文字的边界宽度。
- 属性：该选项组用于设置图块的文字信息。其中，“标记”用于设置属性的显示标记；“提示”则用于设置属性的提示信息；“默认”则用于设置默认的属性值。
- 文字设置：该选项组用于对属性值的文字大小、对齐方式、文字样式和旋转角度等参数进行设置。
- 插入点：该选项组用于指定插入属性图块的位置，默认为在绘图区中以拾取点的方式来指定。
- 在上一个属性定义下对齐：该选项将属性标记直接置于定义的上一个属性的下面。若之前没有创建属性定义，则该选项不可用。

7.2.2 编辑块的属性

插入带属性的块后，可以对已经附着到块和插入图形的全部属性的值及其他特性进行编辑。在“插入”选项卡“块”面板中单击“编辑属性”按钮，在打开的“增强属性编辑器”对话框中，选中一属性，即可更改该属性值，如图7-21所示。

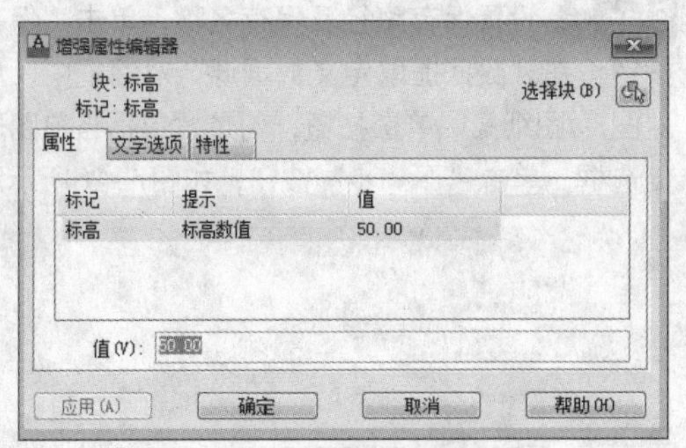

图7-21 “增强属性编辑器”对话框

“增强属性编辑器”对话框中各选项卡说明如下。

- 属性：该选项卡用来显示指定给每个属性的标记、提示和值。其中，标记名和提示信息不能修改，只能更改属性值。
- 文字选项：该选项卡用来设置定义属性文字在图形中的显示方式的特性，如图7-22所示。
- 特性：该选项卡用来定义属性所在的图层以及属性文字的线宽、线型和颜色。如果图形使用打印样式，则可使用“特性”选项卡为属性指定打印样式，如图7-23所示。

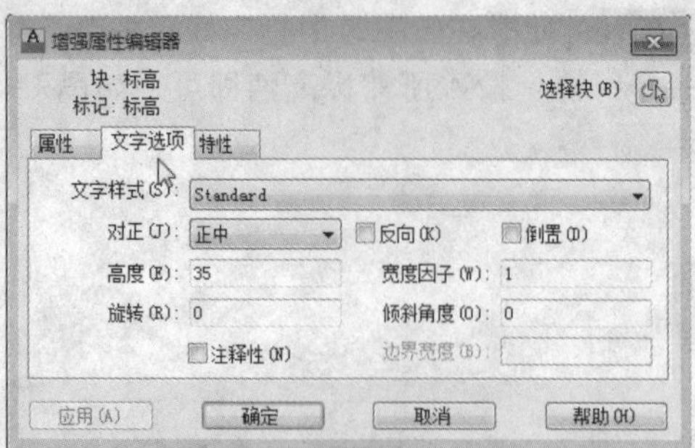

图7-22 “文字选项”选项卡

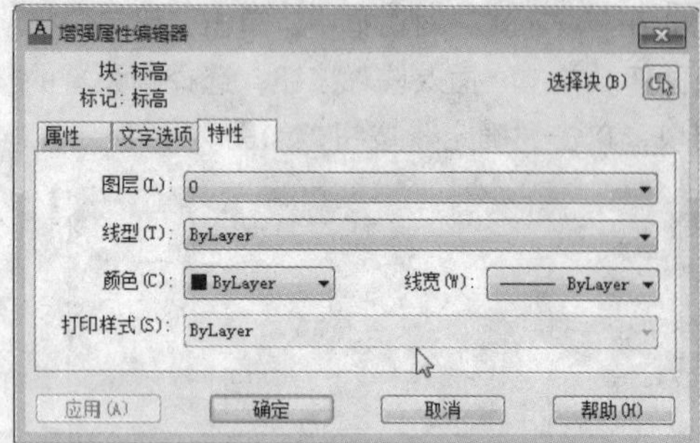

图7-23 “特性”选项卡

7.2.3 提取属性数据

在AutoCAD中，用户可查看在一个或多个图形中查询属性图块的属性信息，并将其保存到当前文件或外部文件中。

Step 01 打开图形文件，在“插入”选项卡的“链接和提取”面板中单击“提取数据”按钮，打开“数据提取-开始”对话框，如图7-24所示。

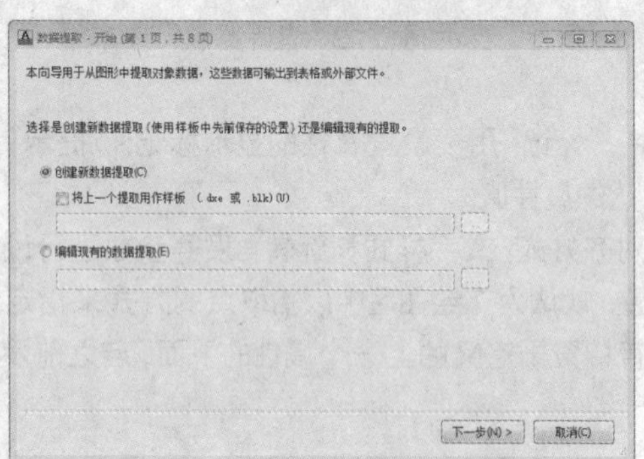

图7-24 “数据提取”对话框

Step 02 单击“创建新数据提取”单选按钮，单击“下一步”按钮，打开“将数据提取另存为”对话框，如图7-25所示。

图7-25 “将数据提取另存为”对话框

Step 03 设置保存路径及保存名称，单击“保存”按钮。在“数据提取定义数据源”对话框中，单击“图形/图纸集”单选按钮，勾选“包括当前图形”复选框，单击“下一步”按钮，如图7-26所示。

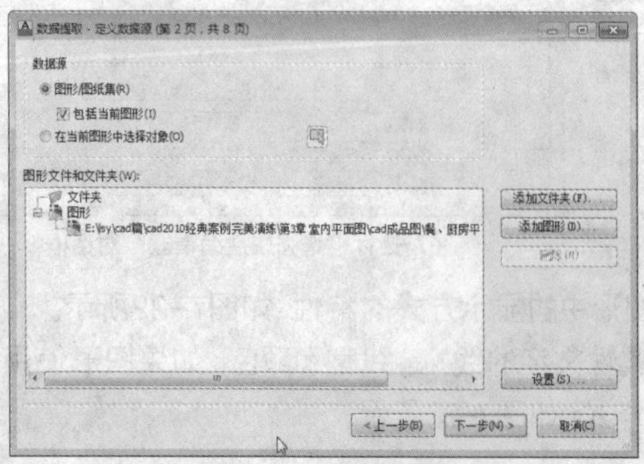

图7-26 “定义数据源”对话框

Step 04 稍等片刻，在“数据提取-选择对象”对话框中，勾选全部对象的复选框，单击“下一步”按钮，如图7-27所示。

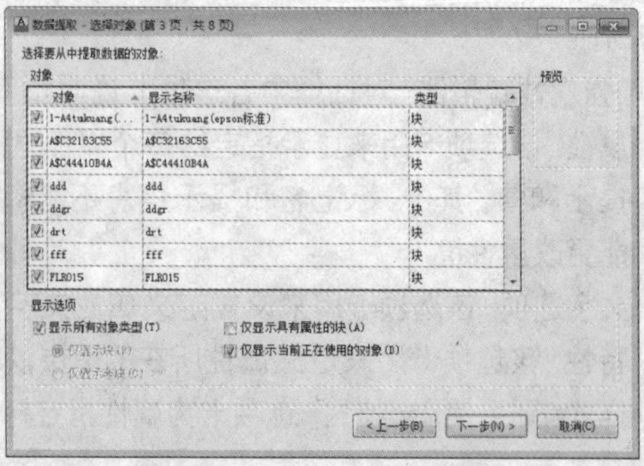

图7-27 “选择对象”对话框

Step 05 打开“数据提取-选择特性”对话框，根据需要勾选要显示的特性复选框，单击“下一步”按钮，如图7-28所示。

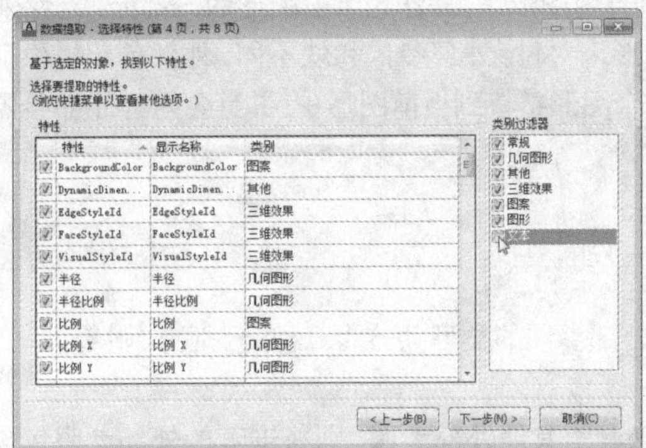

图7-28 “选择特性”对话框

Step 06 打开“数据提取-优化数据”对话框，单击“下一步”按钮，开始数据提取，如图7-29所示。

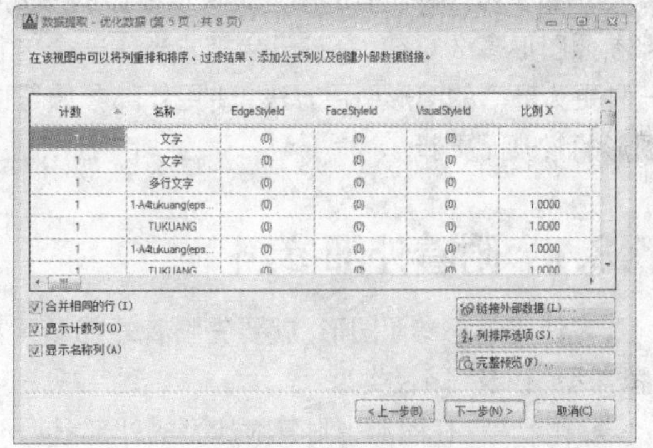

图7-29 “优化数据”对话框

Step 07 在“数据提取-选择输出”对话框中，勾选“将数据输出至外部文件”复选框，如图7-30所示。

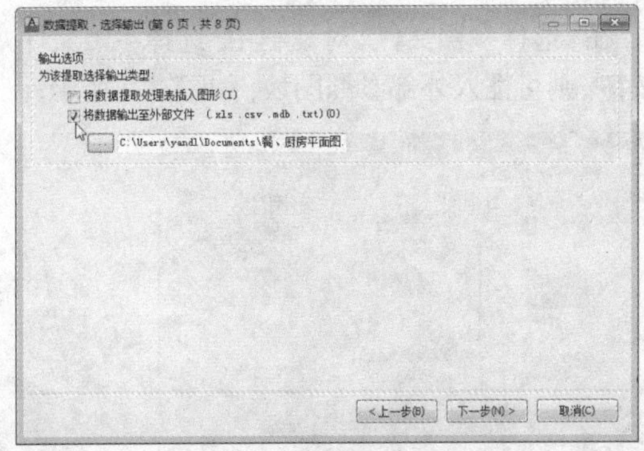

图7-30 “选择输出”对话框

Step 08 单击“浏览”按钮，在“另存为”对话框中，设置文件名和保存路径，如图7-31所示。

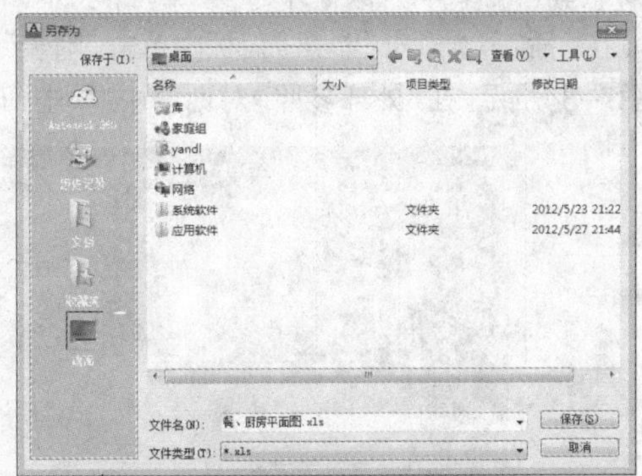

图7-31 “另存为”对话框

Step 09 设置完成后单击“保存”按钮返回上一对话框，再单击“下一步”按钮，打开“完成”对话框，如图7-32所示。

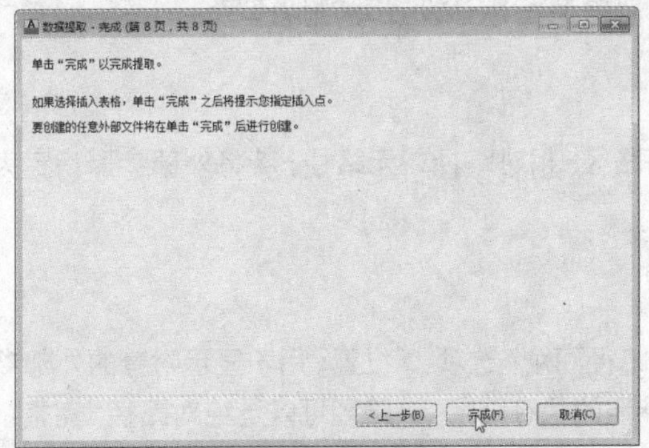

图7-32 完成数据提取

Step 10 单击“完成”按钮，启动Excel软件，打开所提取的块属性文件，从中可看到提取的数据信息，如图7-33所示。

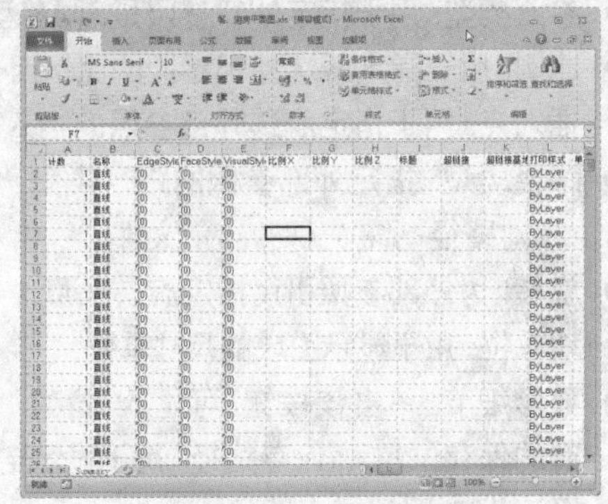

图7-33 查看数据信息

7.3 外部参照的使用

外部参照是将已有的图形文件以参照的形式插入到当前图形中，并作为当前图形的一部分。无论外部参照图形多么复杂，系统只会把它当作一个单独的图形来对付。外部参照和块不同，外部参照提供了一种更为灵活的图形引用方法。使用外部参照可以将多个图形链接到当前图形中，并且会随着外部参照图形的修改而更新。

7.3.1 附着外部参照

要使用外部参照图形，就要先附着外部参照文件。外部参照的类型共分为三种，分别为“附着型”、“覆盖型”以及“路径类型”。

- 附着型：在图形中附着附加型的外部参照时，若嵌套有其他外部参照，则将嵌套的外部参照包含在内。
- 覆盖型：在图形中附着覆盖型外部参照时，任何嵌套在其中的覆盖型外部参照都将被忽略，且本身也不能显示。
- 路径类型：设置是否保存外部参照的完整路径。如果选择该选项，外部参照的路径将保存到数据库中，否则将只保存外部参照的名称而不保存其路径。

在“插入”选项卡“参照”面板中单击“附着”按钮，在“选择参照文件”对话框中，选择参照文件，如图7-34所示，在“外部参照”对话框中，单击“确定”按钮，则可插入外部参照图块，如图7-35所示。

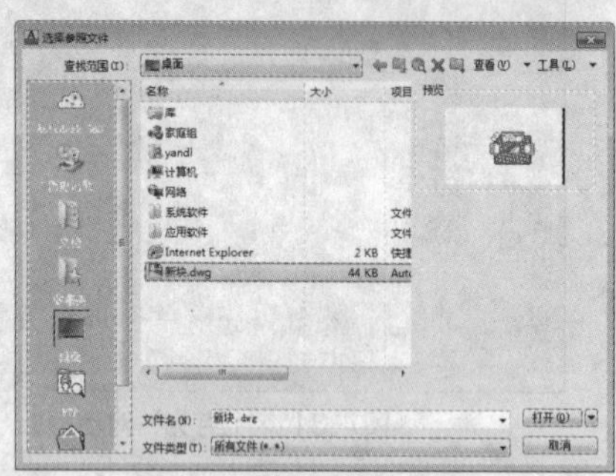

图7-34 选择参照文件

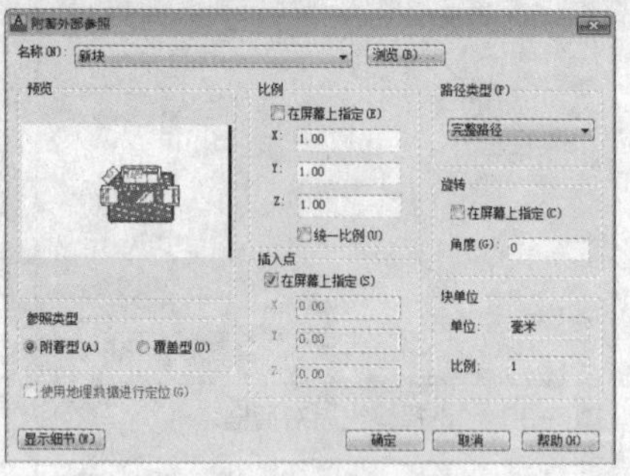

图7-35 插入外部参照图块

“附着外部参照”对话框中各选项说明如下。

- 预览：该显示区域用于显示当前图块。
- 参照类型：用于指定外部参照是“附着型”还是“覆盖型”，默认设置为“附着型”。
- 比例：用于指定所选外部参照的比例因子。
- 插入点：用于指定所选外部参照的插入点。
- 路径类型：指定外部参照的路径类型，包括完整路径、相对路径或无路径。若将外部参照指定为“相对路径”，需先保存当前文件。
- 旋转：为外部参照引用指定旋转角度。
- 块单位：用于显示图块的尺寸单位。
- 显示细节：单击该按钮，可显示“位置”和“保存路径”两个选项，“位置”用于显示附着的外部参照的保存位置；“保存路径”用于显示定位外部参照的保存路径，该路径可以是绝对路径（完整路径）、相对路径或无路径。

下面举例介绍如何插入附着外部参照图块。

Step 01 打开图形文件，在“插入”选项卡“参照”面板中单击“附着”按钮，在打开的“选择参照文件”对话框中，选择所需的图块，单击“打开”按钮，如图7-36所示。

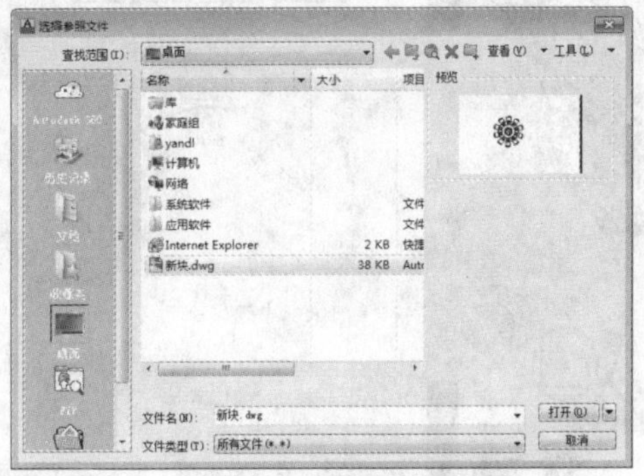

图7-36 选择图块文件

Step 02 在“附着外部参照”对话框中，根据需要设置图块比例、插入点或路径类型等参数，在此设置为默认值，单击“确定”按钮，如图7-37所示。

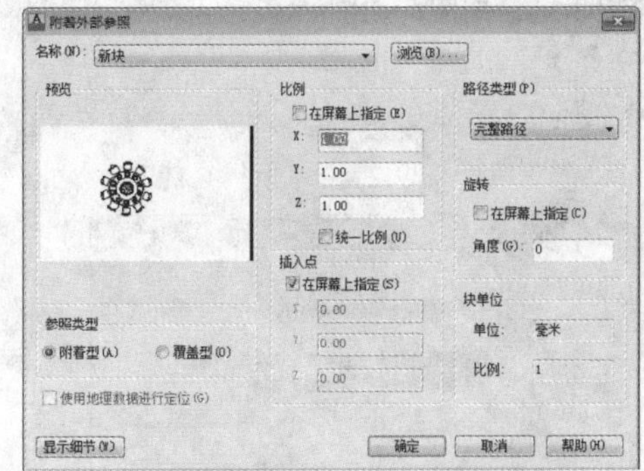

图7-37 设置图块相关参数

Step 03 在绘图区中，单击指定该图块的插入点，如图7-38所示。设置完成后的效果如图7-39所示。从图中可以看出，刚插入的图块以灰色显示。

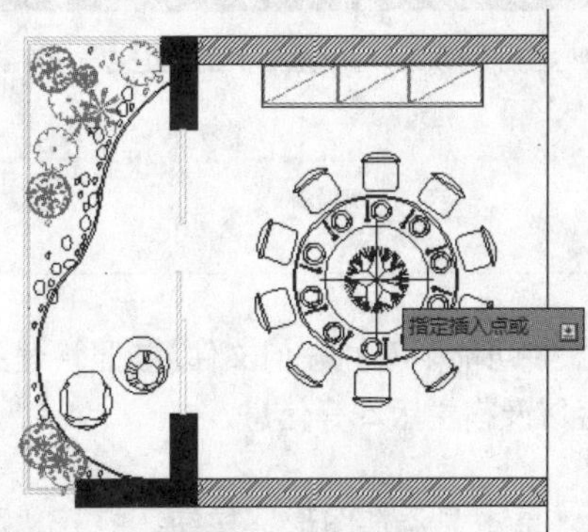

图7-38 指定插入点

图7-39 完成操作

Step 04 插入完成后，用户也可对参照的图块进行编辑设置。单击选中外部参照图块，此时在功能区中自动打开“外部参照”选项卡，在“编辑”面板中单击“在位编辑参照”按钮，打开“参照编辑”对话框，如图7-40所示。

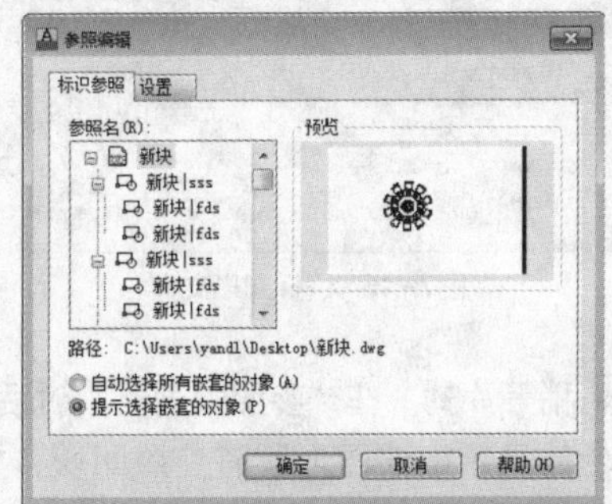

图7-40 “参照编辑”对话框

Step 05 在“参照名”列表框中，选择所需编辑的图块选项，或单击“提示选择嵌套的对象”单选按钮。在此选择后者。在绘图区中框选所需编辑的图形，如图7-41所示。

图7-41 选择编辑图形

Step 06 选择好后，按Enter键，进入可编辑状态，此时执行所需编辑命令进行编辑。这里将更改图形颜色。编辑完成后，在“插入”选项卡的“编辑参照”面板中的“保存修改”按钮，打开系统提示框，如图7-42所示。

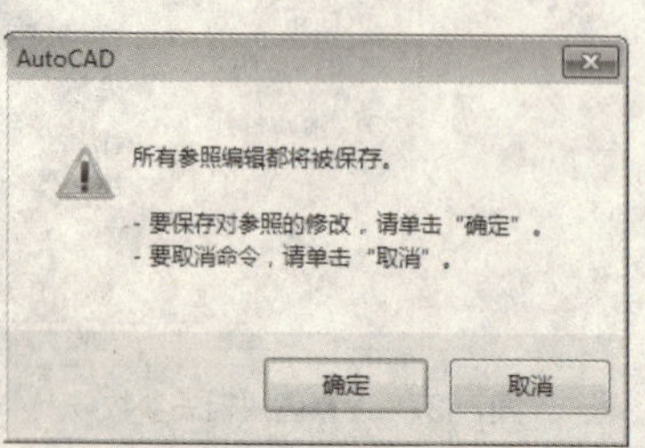

图7-42 确认保存修改

Step 07 单击“确定”按钮即可完成外部参照图块的编辑操作，如图7-43所示。

图7-43 完成编辑修改

工程师点拨：不能编辑打开的外部参照

在编辑外部参照的时候，外部参照文件必须处于关闭状态，如果外部参照处于打开状态，程序会提示图形上已存在文件锁。保存编辑外部照后的文件，外部参照也会一起更新。

7.3.2 管理外部参照

外部参照管理器是一种外部应用程序，它可以检查图形文件可能附着的任何文件。参照管理器的特性包括文件类型、状态、文件名、参照名、保存路径、找到路径以及宿主版本等信息。

Step 01 执行“开始>所有程序> Autodesk> AutoCAD 2013-简体中文> 参照管理器”命令，打开“参照管理器”对话框，如图7-44所示。

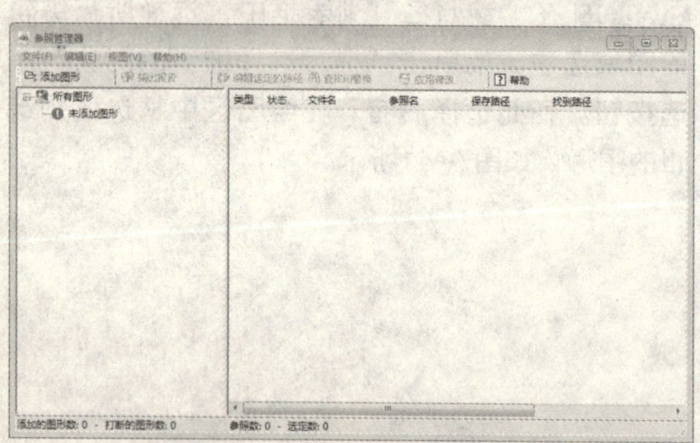

图7-44 “参照管理器”对话框

Step 02 单击“添加图形”按钮，打开“添加图形”对话框，选择需添加的图形文件，单击“打开”按钮，如图7-45所示。

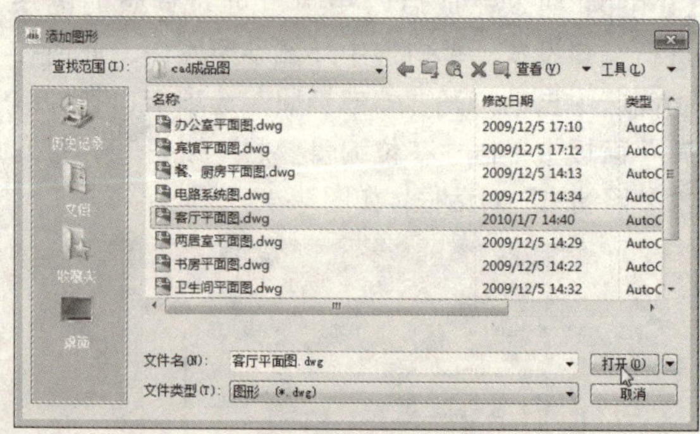

图7-45 选择图形文件

Step 03 在“参照管理器-添加外部参照”提示面板中，选择“自动添加所有外部参照，而不管嵌套级别”选项，如图7-46所示。

Step 04 稍等片刻，在“参照管理器”对话框中，系统将自动显示出该图形所有参照图块，如图7-47所示。

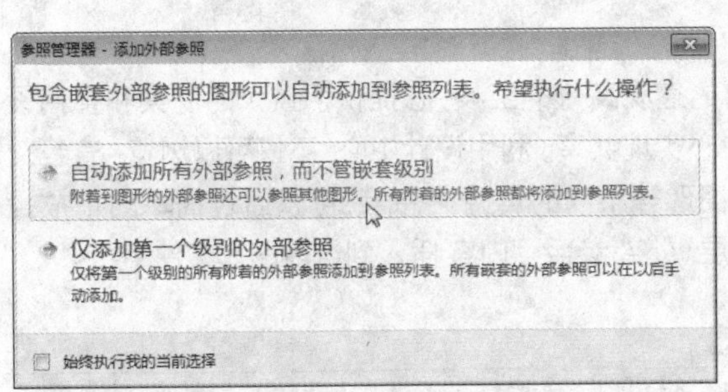

图7-46 选择相关选项

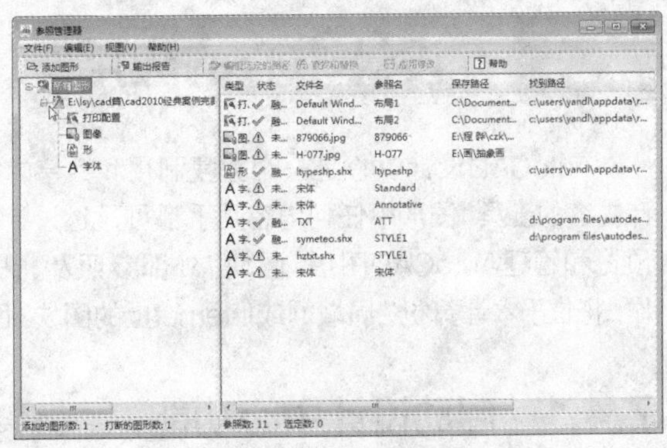

图7-47 显示所有参照图块

工程师点拨：外部参照与块的主要区别

插入块后，该图块将永久性地插入到当前图形中，成为图形的一部分。而以外部参照方式插入图块后，被插入图形文件的信息并不直接加入到当前图形中，当前图形只记录参照的关系。另外，对当前图形的操作不会改变外部参照文件的内容。

7.3.3 绑定外部参照

用户在对包含外部参照图块的图形进行保存时，有两种保存方式，一种是将外部参照图块与当前图形一起保存，另一种则是将外部参照图块绑定至当前图形中。如果选择第一种方式，参照图块与图形始终保持在一起，对参照图块的任何修改持续反映在当前图形中。为了防止修改参照图块时更新归档图形，通常都是将外部参照图块绑定到当前图形中。

绑定外部参照图块到图形上以后，外部参照将成为图形中固有的一部分，而不再是外部参照文件了。

选择外部参照图形，打开"外部参照"面板，右击选择外部参照文件，从快捷菜单中选择"绑定"命令，如图7-48所示。随后在打开的对话框中选择绑定类型，最后单击"确定"命令即可，如图7-49所示。

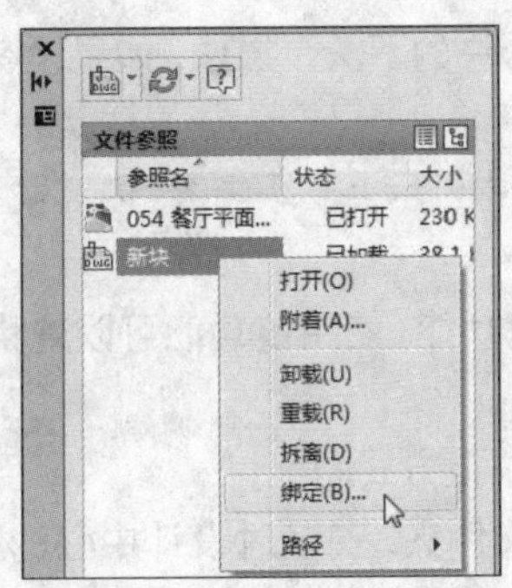

图7-48 选择"绑定"选项

图7-49 选择绑定类型

"绑定外部参照/DGN参考底图"对话框中各选项说明如下。

- 绑定：单击该单选按钮，将外部参照中的图形对象转换为块参照。命名对象定义将添加有n前缀的当前图形。
- 插入：单击该单选按钮，同样将外部参照中的图形转换为块参照，命名对象定义将合并到当前图形中，但不添加前缀。

7.4 设计中心的应用

AutoCAD设计中心是一个重复利用和共享内容的直观高效的工具，它提供了强大的观察和重用设计内容的工具，图形中任何内容几乎都可通过设计中心实现共享。利用设计中心，不仅可以浏览、查找、预览和管理AutoCAD图形、图块、外部参照及光栅图形等不同的资源文件，还可以通过简单的拖放操作，将位于本计算机、局域网或Internet上的图块、图层、外部参照等内容插入到当前图形文件中。

7.4.1 启动设计中心功能

在AutoCAD中启动设计中心的方法有三种，下面分别对其进行介绍。

1. 使用功能区命令启动

在"视图"选项卡"选项板"面板中单击"设计中心"按钮，打开"设计中心"选项板，用户可控制设计中心的大小、位置和外观，也可根据需要进行插入和搜索等操作。

2. 使用菜单栏命令启动

在菜单栏中，执行"工具>选项板>设计中心"命令，同样也可打开该面板。

3. 使用命令行操作

在命令行中直接输入ADCENTER后按Enter键，即可打开"设计中心"面板。

"设计中心"选项板被分为两部分，左侧为树状图，可浏览内容的源。右侧为内容显示区，显示了被选文件的所有内容，如图7-50所示。

在"设计中心"选项板的工具栏中，控制了树状图和内容区中信息的浏览和显示。需要注意的是，当设计中心的选项卡不同时略有不同，下面将分别进行简要说明。

- 加载：单击"加载"按钮将弹出"加载"对话框，通过对话框选择预加载的文件。
- 上一页：单击"上一页"按钮返回到前一步操作。如果没有上一步操作，则该按钮呈未激活的灰色状态，表示该按钮无效。
- 下一页：单击"下一页"按钮可以返回到设计中心中的下一步操作。如果没有下一步操作，则该按钮呈未激活的灰色状态，表示该按钮无效。
- 上一级：单击该按钮将会在内容窗口或树状视图中显示上一级内容、内容类型、内容源、文件夹、驱动器等内容。
- 搜索：单击该按钮，提供类似于Windows的查找功能，使用该功能可以查找内容源、内容类型及内容等。
- 收藏夹：单击该按钮，用户可以找到常用文件的快捷方式图标。
- 主页：单击"主页"按钮，设计中心返回到默认文件夹。安装时设计中心的默认文件夹被设置为"…\Sample\DesignCenter"。用户可以在树状结构中选中一个对象，右击该对象，在弹出的快捷菜单中选择"设置为主页"命令，即可更改默认文件夹。
- 树状图切换：单击"树状图切换"按钮可以显示或者隐藏树状图。如果绘图区域需要更多的空间，用户可以隐藏树状图。树状图隐藏后可以使用内容区域浏览器加载图形文件。树状图中的"历史记录"中，"树状图切换"按钮不可用。
- 预览：用于实现预览窗格打开或关闭的切换。如果选定项目没有保存的预览图像，则预览区域为空。
- 视图：确定控制板显示内容的不同格式，用户可以从视图列表中选择一种视图。

在"设计中心"选项板中，根据不同用途可分为文件夹、打开的图形和历史记录三个选项卡。下面将分别对其用途进行说明。

- 文件夹：该选项卡用于显示导航图标的层次结构。选择层次结构中的某一对象，在内容窗口、预览窗口和说明窗口中将会显示该对象的内容信息。利用该选项卡还可以向当前文档中插入各种内容，如图7-51所示。

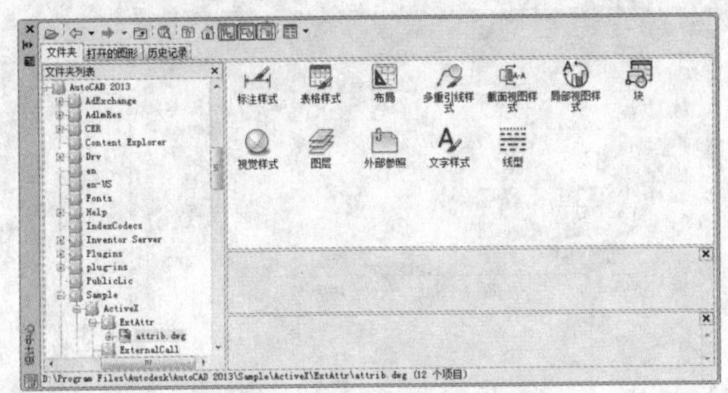

图7-50 "设计中心"选项板

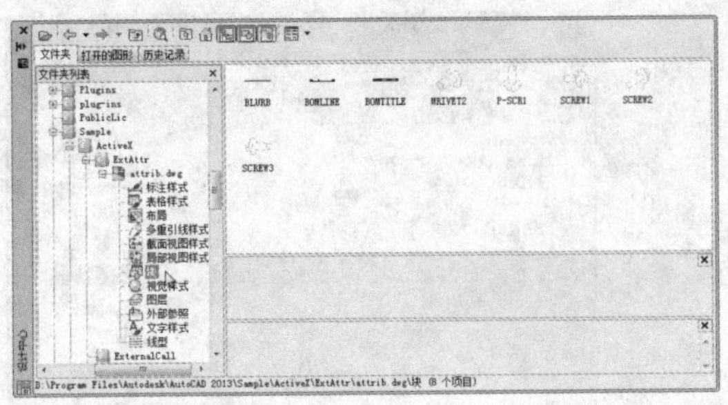

图7-51 "文件夹"选项卡

- 打开的图形：该选项卡用于在设计中心显示当前绘图区中打开的所有图形，其中包括最小化图形。选中某文件选项，可查看到该图形的有关设置，例如图层、线型、文字样式、块、标注样式等，如图7-52所示。
- 历史记录：该选项卡显示用户最近浏览的AutoCAD图形。显示历史记录后在文件上右击，在弹出的快捷菜单中选择"浏览"命令，可以显示该文件的信息，如图7-53所示。

图7-52 "打开的图形"选项卡

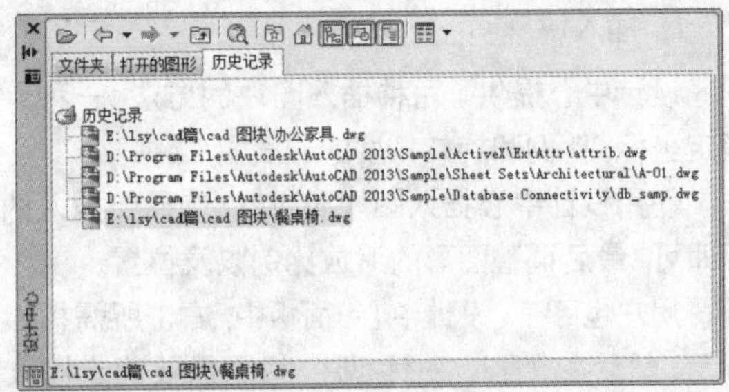

图7-53 "历史记录"选项卡

7.4.2 图形内容的搜索

"设计中心"的搜索功能类似于Windows的查找功能，它可在本地磁盘或局域网中的网络驱动器上按指定搜索条件在图形中插座图形、块或非图形对象。

在"设计中心"选项板的工具栏中单击"搜索"按钮，在"搜索"对话框中，单击"搜索"下拉按钮，选择搜索类型，指定好搜索路径，并根据需要设定搜索条件，单击"立即搜索"按钮即可，如图7-54所示。

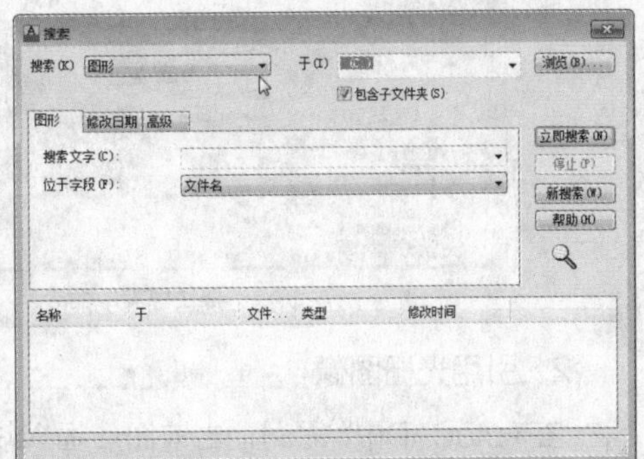

图7-54 "搜索"对话框

下面对"搜索"对话框中的各选项进行说明。

- 图形：该选项卡用于显示与"搜索"列表中指定的内容类型相对应的搜索字段。其中"搜索文字"用来指定在指定字段中搜索的字符串。使用"*"或"？"通配符可扩大搜索范围；而"位于字段"用来指定要搜索的特性字段。

- 修改日期：该选项卡用于查找在一段特定时间内创建或修改的内容。其中"所有文件"选项用来查找满足其他选项卡上指定条件的所有文件，不考虑创建或修改日期；"找出所有已创建的或已修改的文件"选项用于查找在特定时间范围内创建或修改的文件，如图7-55所示。
- 高级：该选项卡用于查找图形中的内容。其中，"包含"用于指定在图形中搜索的文字类型；"包含文字"用于指定搜索的文字；"大小"用于指定文件大小的最小值或最大值，如图7-56所示。

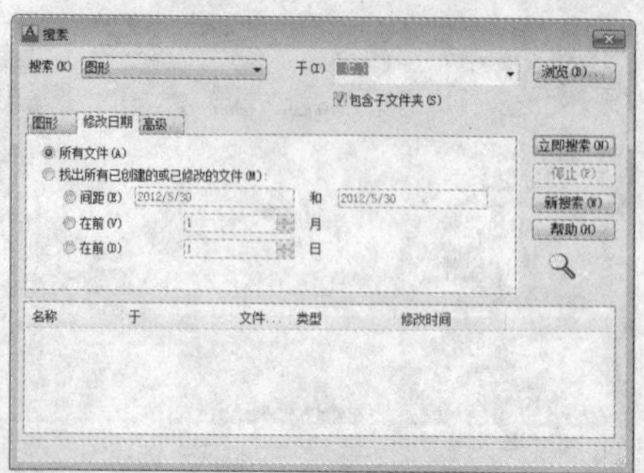

图7-55 使用修改日期搜索

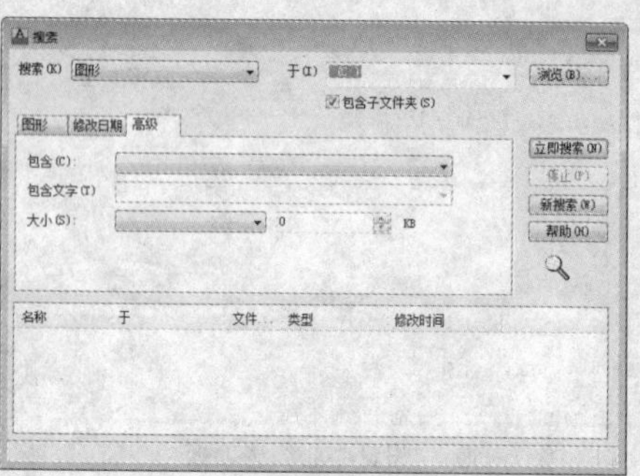

图7-56 使用"高级"搜索

7.4.3 插入图形内容

使用设计中心可以方便地在当前图形中插入块，引用光栅图和外部参照，并在图形之间复制图层、线型、文字样式和标注样式等各种内容。

1. 插入块

设计中心提供了两种插入图块的方法，一种为按照默认缩放比例和旋转的方式；而另一种则是精确指定坐标、比例和旋转角度的方式。

使用设计中心插入图块时，首先选择要插入的图块，然后按住鼠标左键，将其拖至绘图区后释放鼠标即可。最后调整图形的缩放比例以及位置。

用户也可在"设计中心"面板中，右击所需插入的图块，在快捷菜单中选择"插入块"选项，如图7-57所示。然后在"插入"对话框中，根据需要确定插入基点、插入比例等数值，最后单击"确定"按钮即可完成，如图7-58所示。

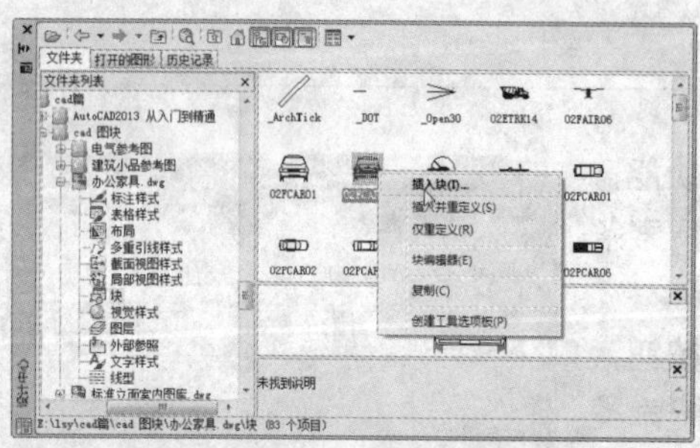

图7-57 选择快捷菜单命令

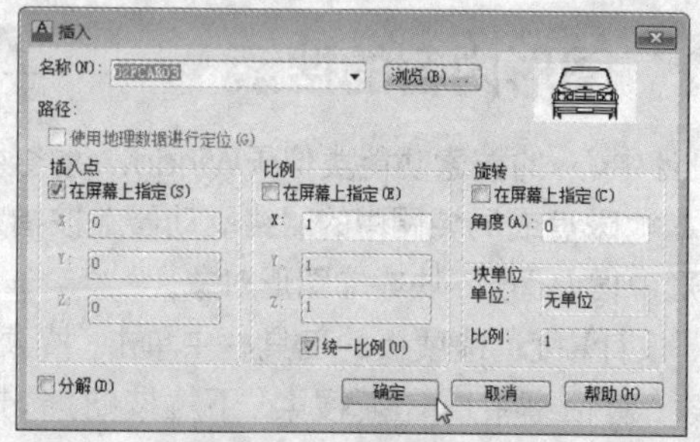

图7-58 设置插入图块

2. 引用光栅图像

在AutoCAD中除了可向当前图形插入块，还可以将数码照片或其他抓取的图像插入到绘图区中，光栅图像类似于外部参照，需按照指定的比例或旋转角度插入。

在"设计中心"面板左侧树状图中指定图像的位置，在右侧内容区域中右击所需图像，在弹出的快捷菜单中选择"附着图像"命令，如图7-59所示。在打开的对话框中根据需要设置插入比例等选项，最后单击"确定"按钮，在绘图区中指定好插入点即可，如图7-60所示。

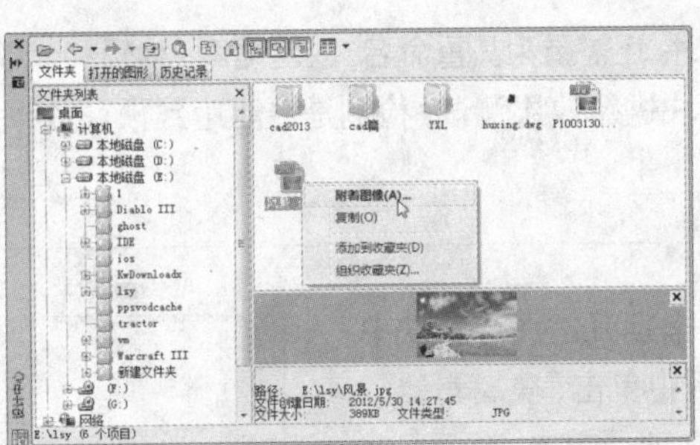

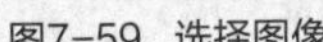
图7-59 选择图像

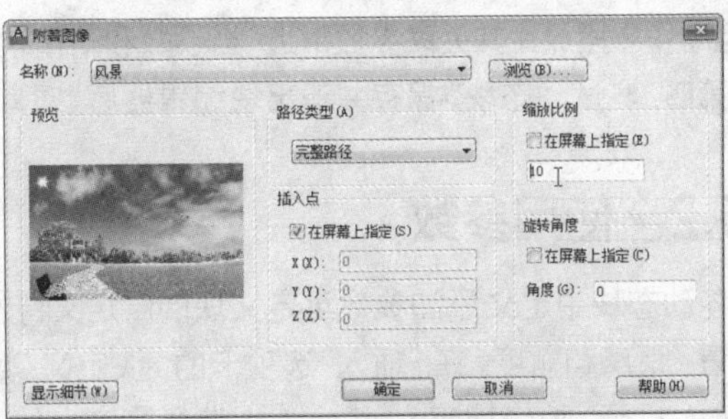

图7-60 设置插入比例

3. 复制图层

如果使用设计中心复制图层时，只需通过设计中心将预先定义好的图层拖放至新文件中即可。这样既节省了大量的作图时间，又能保证图形标准的要求，也保证了图形间的一致性。还可将图形的线型、尺寸样式、布局等属性进行复制操作。

用户只需在“设计中心”面板左侧树状图中，选择所需图形文件，切换至“打开的图形”选项卡，选择“图层”选项，在右侧内容显示区中选中所有的图层文件，如图7-61所示，按住鼠标左键并将其拖至新的空白文件中，最后释放鼠标即可。此时在该文件中，执行“图层特性”命令，在打开的图层特性管理器中，显示所复制的图层，如图7-62所示。

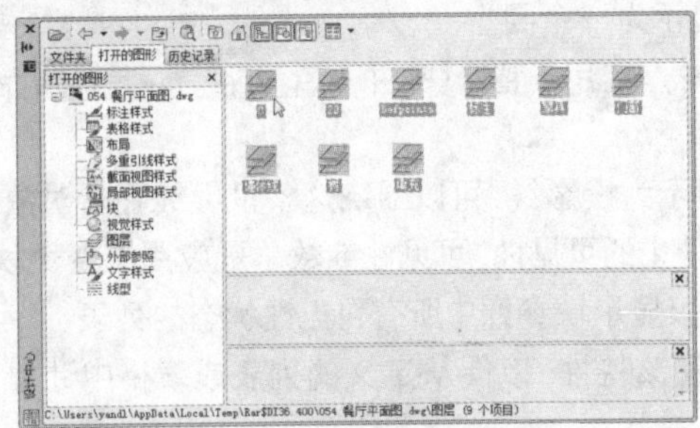

图7-61 选择复制的图层文件

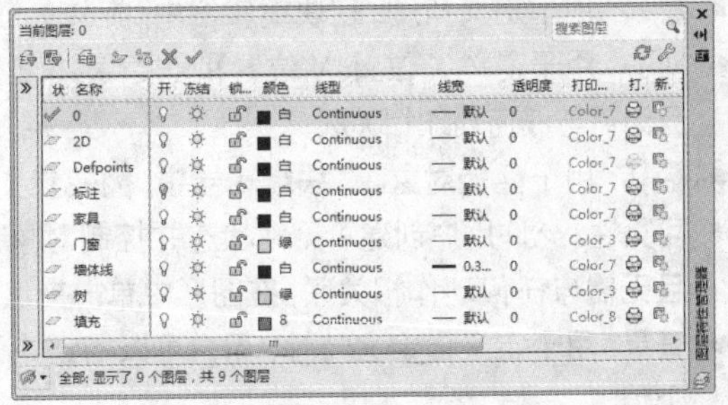

图7-62 完成图层的复制

7.5 动态图块的设置

动态块是带有一个或多个动作的图块，可以利用定义的移动、缩放、拉伸、旋转、翻转、陈列和查询等动作方便地改变块中元素的位置、尺寸和属性而保持块的完整性不变，动态图块可以反映出图块在不同方位的效果。

7.5.1 创建动态块

在创建动态图块时可选择现有的块为动态块，也可以新建动态块。为了得到高质量的动态块，提高块的编辑效率，避免重复修改，用户可以通过以下几个环节创建。

第一，规划。创建动态块之前，对动态块进行必要的规划，规划动态块要实现的功能、外观，在图形中的使用方式以及要实现预期功能需要使用哪些参数和动作。

第二，绘制几何图形。创建动态块中所包含的基本图形，这些图形也可以在块编辑器中绘制。

第三，添加参数和动作。该环节是创建过程中最主要的环节。参数和动作的编辑不但要考虑到动态块功能的实现，同时也要考虑到动态块的可读性及修改的方便性，尽可能将参数的作用点吸附在对应的图形上，且动作应摆放在其关联参数附近，当参数和动作较多时，还需要为其重命名，以便理解、编辑和修改。

第四，测试动态块。保存并退出块编辑器后，对动态块进行效果测试，检测是否能达到预期效果。

7.5.2 使用参数

向动态块中定义添加参数可定义块的自定义特性，指定几何图形在块中的位置、距离和角度。在"插入"选项卡的"块定义"面板中单击"块编辑器"按钮，打开"编辑块定义"对话框，选择需定义的块选项后单击"确定"按钮，打开块编写选项板，如图7-63所示。

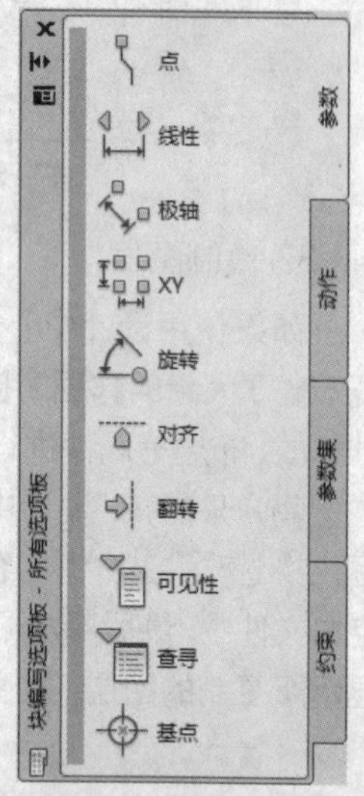

图7-63 块编写选项板面板

下面将对该选项板中的相关参数进行说明。

- 点：在图形中定义一个 X 和 Y 坐标。在块编辑器中，外观类似于坐标标注。
- 线性：线性参数显示两个目标点之间的距离，约束夹点沿预置角度进行移动。
- 极轴：极轴参数显示两个目标点之间的距离和角度，可以使用夹点和"特性"选项板来共同更改距离值和角度值。
- XY：XY 参数显示距参数基准点的 X 距离和 Y 距离。
- 旋转：用于定义角度。在块编辑器中，旋转参数显示为一个圆。
- 对齐：用于定义 X 位置、Y 位置和角度，对齐参数总是应用于整个块，并且无需与任何动作相关联。
- 翻转：用于翻转对象，在块编辑器中，翻转参数显示为投影线，可以围绕这条投影线翻转对象。
- 可见性：允许用户创建可见性状态并控制对象在块中的可见性。可见性参数总是应用于整个块，并且无需与任何动作相关联，在图形中单击夹点可以显示块参照中所有可见性状态的列表。
- 查寻：用于定义自定义特性，用户可以指定或设置该特性，以便从定义的列表或表格中计算出某个值。
- 基点：在动态块参照中相对于该块中的几何图形定义一个基准点。

7.5.3 使用动作

动作主要用于在图形中操作动态块参照的自定义特性时，定义该块参照的几何图形将如何移动或修改，动态块通常至少包含一个动作。在块编写选项板中的"动作"选项卡列举了可以向块中添加的动作类型，如图7-64所示。

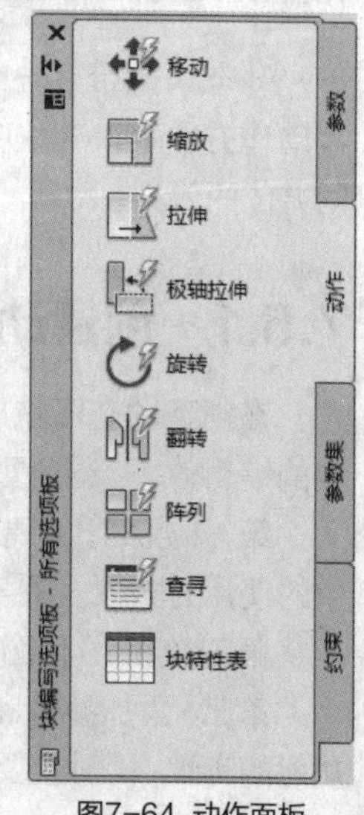

图7-64 动作面板

下面分别对其动作类型进行说明。

- 移动：移动动作与点参数、线性参数、极轴参数或XY参数关联时，将该动作添加到动态块定义中。
- 缩放：缩放动作与线性参数、极轴参数或XY参数关联时，将该动作添加到动态块定义中。
- 拉伸：将拉伸动作与点参数、线性参数、极轴参数或XY 参数关联时，将该动作添加到动态块定义中，拉伸动作将使对象在指定的位置移动和拉伸指定的距离。
- 极轴拉伸：极轴拉伸动作与极轴参数关联时将该动作添加到动态块定义中。当通过夹点或"特性"选项板更改关联的极轴参数上的关键点时，极轴

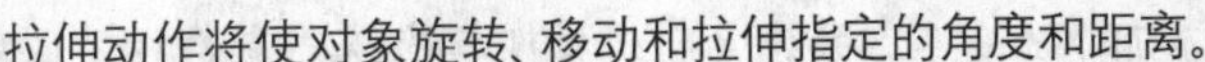

拉伸动作将使对象旋转、移动和拉伸指定的角度和距离。

- 旋转：旋转动作与旋转参数关联时将该动作添加到动态块定义中。旋转动作类似于ROTATE命令。
- 翻转：翻转动作与翻转参数关联时将该动作添加到动态块定义中。使用翻转动作可以围绕指定轴（称为投影线）翻转动态块参照。
- 阵列：阵列动作与线性参数、极轴参数或XY参数关联时将该动作添加到动态块定义中。通过夹点或"特性"选项板编辑关联的参数时，阵列动作将复制关联的对象并按矩形方式进行阵列。
- 查询：将查寻动作添加到动态块定义中，将其与查寻参数相关联。它将创建一个查寻表，可以使用查寻表指定动态块的自定义特性和值。

7.5.4 使用参数集

参数集是参数和动作的组合，在块编写选项板中的"参数集"选项卡中可以向动态块定义添加成对的参数和动作，其操作方法与添加参数和动作的方法相同。参数集中包含的动作将自动添加到块定义中，并与添加的参数相关联。

首次添加参数集时，每个动作旁边都会显示一个黄色警告图标。这表示用户需要将选择集与各个动作相关联。双击该黄色警示图标，然后按照命令提示将动作与选择集相关联，如图7-65所示。

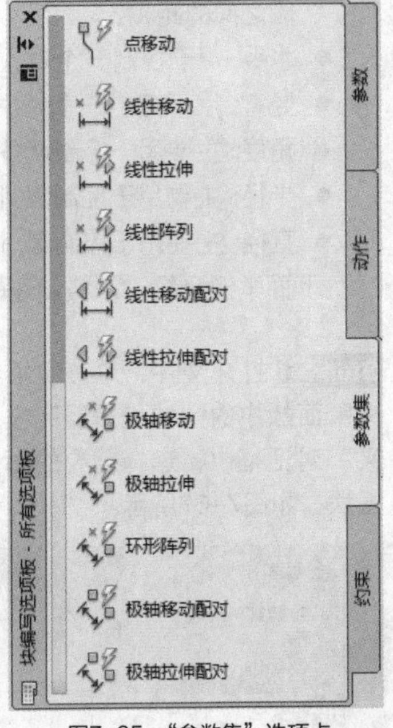

图7-65 "参数集"选项卡

下面将分别对参数集类型进行说明。

- 点移动：向动态块定义中添加一个点参数和相关联的移动动作。
- 线性移动：向动态块定义中添加一个线性参数和相关联的移动动作。
- 线性拉伸：向动态块定义中添加一个线性参数和关联的拉伸动作。
- 线性阵列：向动态块定义中添加一个线性参数和相关联的阵列动作。
- 线性移动配对：向动态块定义中添加一个线性参数。系统会自动添加两个移动动作，一个与基准点相关联，另一个与线性参数的端点相关联。
- 线性拉伸配对：向动态块定义添加带有两个夹点的线性参数和与每个夹点相关联的拉伸动作。
- 极轴移动：向动态块定义中添加一个极轴参数和相关联的移动动作。
- 极轴拉伸：将向动态块定义中添加一个极轴参数和相关联的拉伸动作。
- 环形阵列：向动态块定义中添加一个极轴参数和相关联的阵列动作。
- 极轴移动配对：向动态块定义中添加一个极轴参数，系统会自动添加两个移动动作，一个与基准点相关联，另一个与极轴参数的端点相关联。
- 极轴拉伸配对：向动态块定义中添加一个极轴参数，系统会自动添加两个拉伸动作，一个与基准点相关联，另一个与极轴参数的端点相关联。
- XY移动：向动态块定义中添加 XY 参数和相关联的移动动作。
- XY移动配对：向动态块定义添加带有两个夹点的XY参数和与每个夹点相关联的移动动作。
- XY移动方格集：向动态块定义添加带有四个夹点的XY参数和与每个夹点相关联的拉伸动作。

- XY阵列方格集：向动态块定义中添加 XY 参数，系统会自动添加与该 XY 参数相关联的阵列动作。
- 旋转集：选择旋转参数标签并指定一个夹点和相关联的旋转动作。
- 翻转集：选择翻转参数标签并指定一个夹点和相关联的翻转动作。
- 可见性集：添加带有一个夹点的可见性参数，无需将任何动作与可见性参数相关联。
- 查寻集：向动态块定义中添加带有一个夹点的查寻参数和查寻动作。

7.5.5 使用约束

约束参数是将动态块中的参数进行约束。用户可以在动态块中使用标注约束和参数约束，但是只有约束参数才可以编辑动态块的特性。约束后的参数包含参数信息，可以显示或编辑参数值，如图7-68所示。

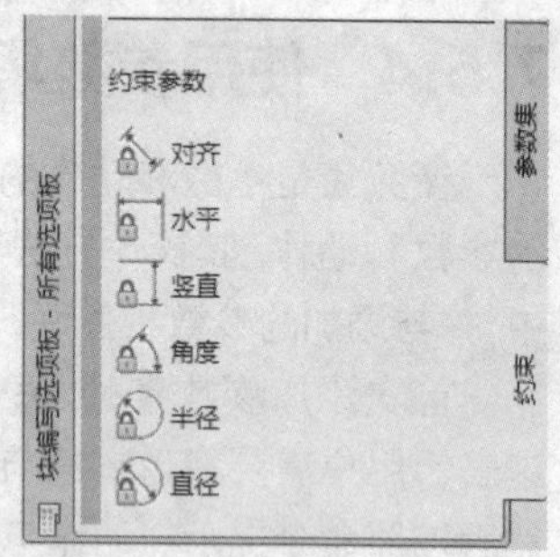

图7-66 “约束”选项卡

下面将分别对约束参数类型进行介绍。

- 对齐：用于控制一个对象上的两点、一个点与一个对象或两条直线段之间的距离。
- 水平：用于控制一个对象上的两点或两个对象之间的X方向距离。
- 竖直：用于控制一个对象上的两点或两个对象之间的Y方向距离。
- 角度：主要用于控制两条直线或多段线之间的圆弧夹角的角度值。
- 半径：主要用于控制圆、圆弧的半径值。
- 直径：主要用于控制圆、圆弧的直径值。

下面举例介绍动态块创建的具体操作。

Step 01 打开文件，单击“插入”选项卡“块定义”面板中的“块编辑器”按钮，在“编辑块定义”对话框中，选择需要的图块，这里选择箭头图块，如图7-67所示。

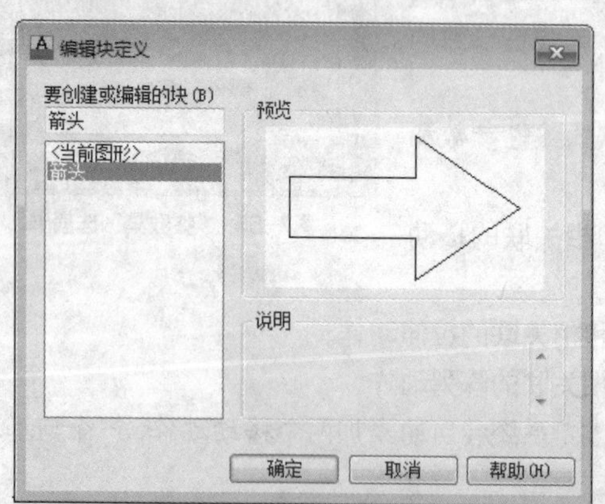

图7-67 选择箭头图块

Step 02 在“块编写选项板-所有选项板”中，切换至“参数”选项卡，选择“旋转”命令，根据命令提示，指定箭头图块的旋转基点，并指定旋转半径，将旋转默认角度设为0°，如图7-68所示。

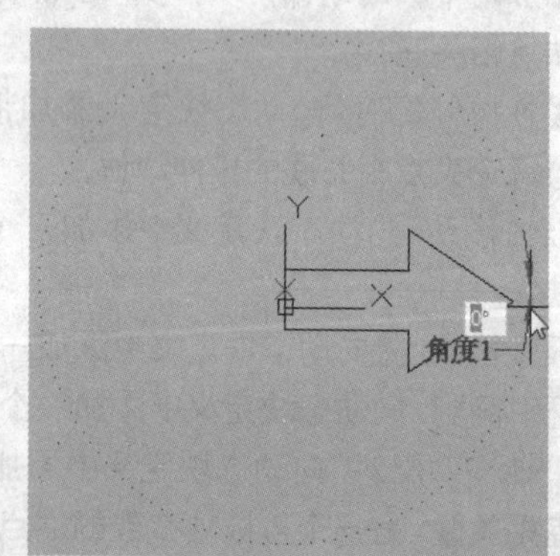

图7-68 指定旋转基点和半径

Step 03 右击选择刚设置的旋转基点，在快捷菜单中，选择“特性”命令，打开“特性”选项板，在“值集”选项组中将“角度类型”设置为“列表”，如图7-69所示。

Step 04 单击“角度值”选项后的按钮…，打开“添加角度值”对话框，在“要添加的角度”文本框中，输入旋转角度，按Enter键，即可添加至角度列表框中，如图7-70所示。

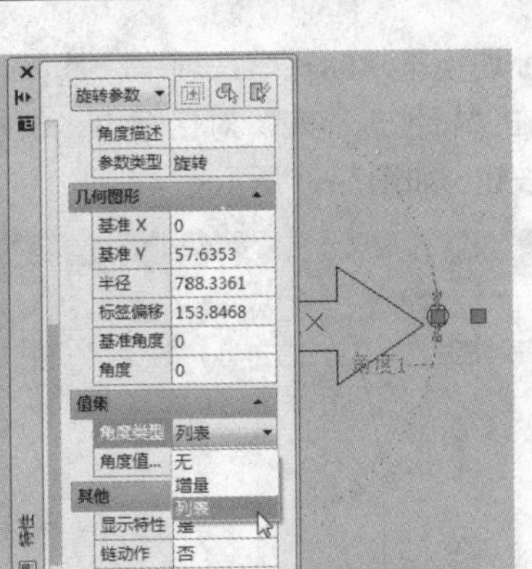

图7-69 设置角度类型

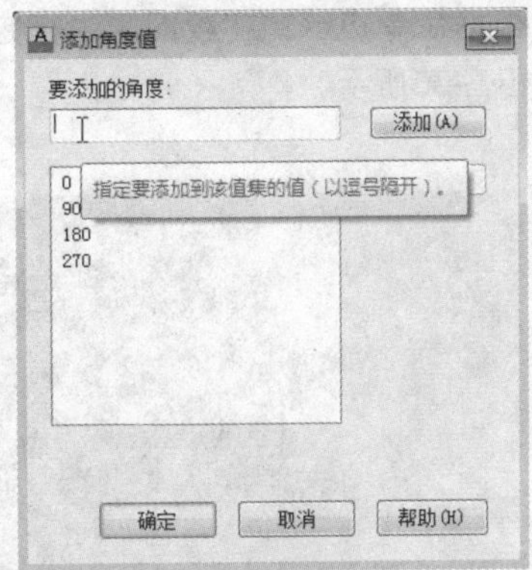

图7-70 添加旋转角度值

Step 05 输入完成后，单击“确定”按钮，此时在“特性”选项中，即可显示添加的角度值，如图7-71所示。

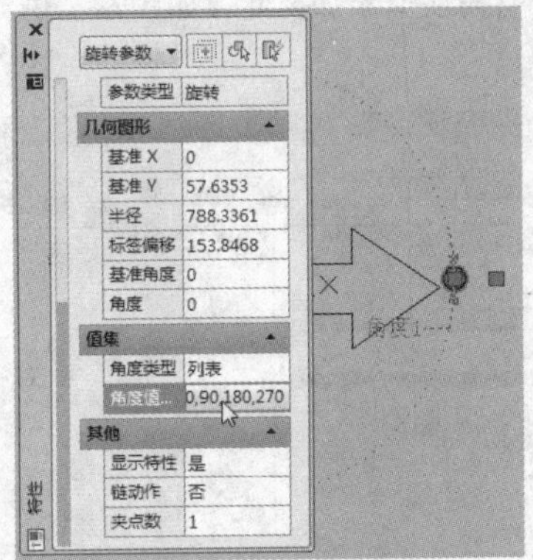

图7-71 完成角度值的添加

Step 06 关闭“特性”选项板，在“块编写选项板-所有选项板”中，切换至“动作”选项卡，并选择“旋转”命令，根据命令提示选择旋转参数和箭头图块，如图7-72所示。

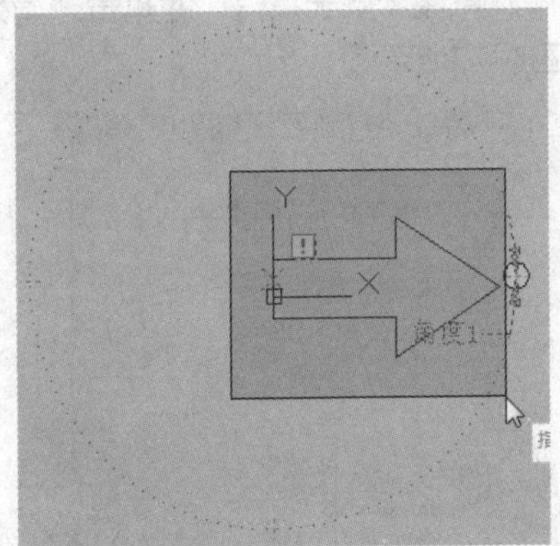

图7-72 创建旋转动作

Step 07 创建完成后，在箭头图块右侧则显示旋转动作图标，如图7-73所示。

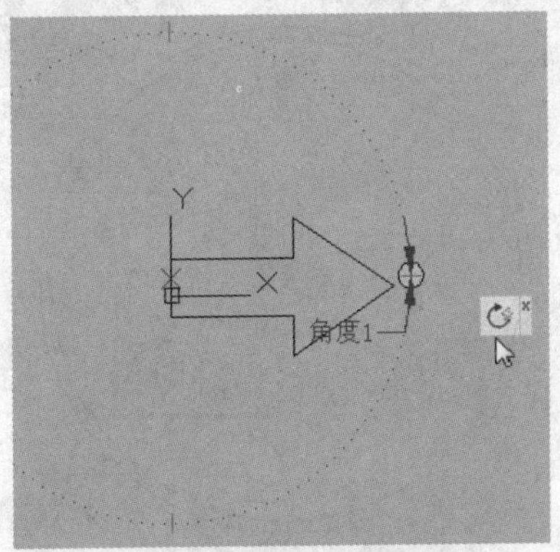

图7-73 完成旋转动作的创建

Step 08 在“块编写选项板-所有选项板”中，切换至“参数”选项卡，选择“查寻”命令，如图7-74所示。

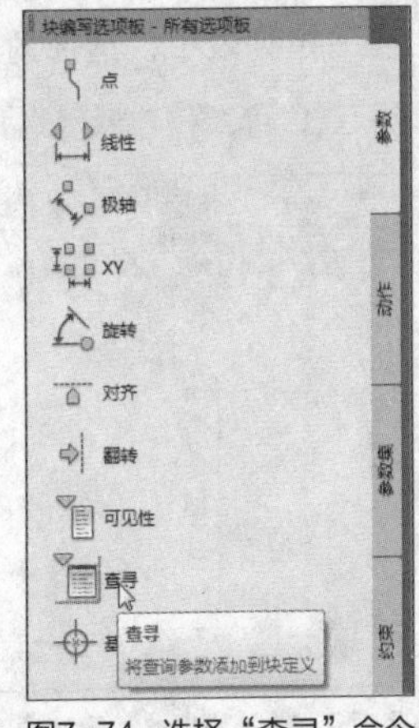

图7-74 选择“查寻”命令

Step 09 根据命令提示，在绘图区中指定查询参数点，如图7-75所示。

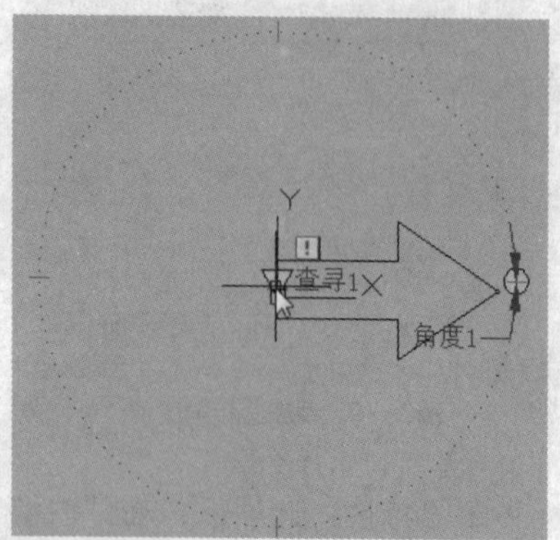

图7-75 指定查寻参数点

Step 10 切换至“动作”选项卡，选择“查询”命令，在“特性查寻表”对话框中，单击“添加特性”按钮，如图7-76所示。

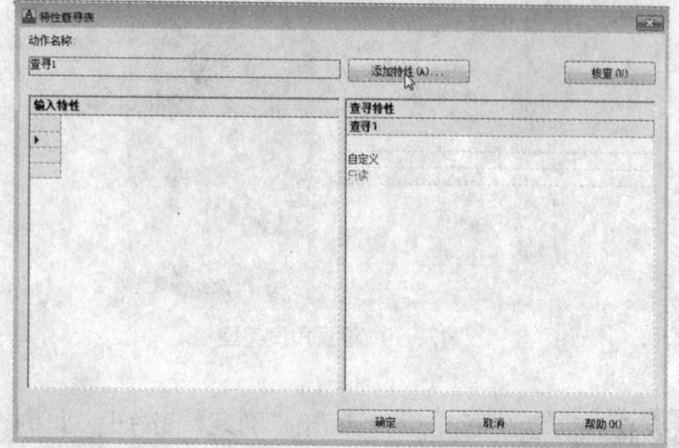

图7-76 添加特性

Step 11 在“添加参数特性”对话框中，勾选“添加输入特性”单选按钮，并单击“确定”按钮，如图7-77所示。

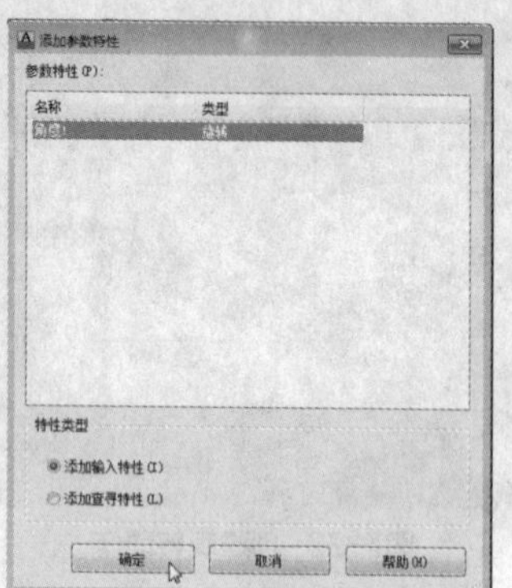

图7-77 设置相关选项

Step 12 激活“输入特性”文本框，在下拉列表中，将所有角度值添加至此，如图7-78所示。

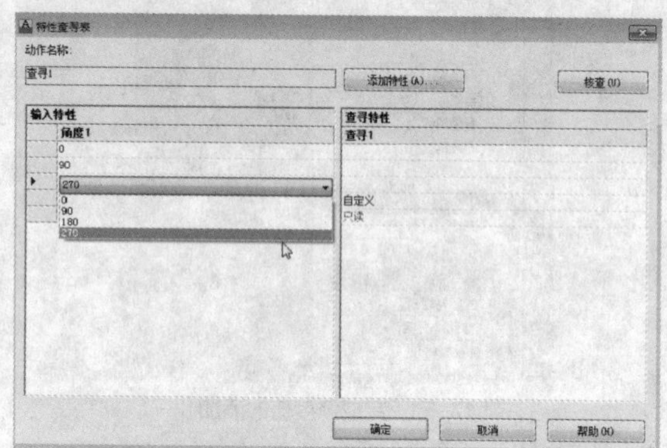

图7-78 添加角度值

Step 13 在“查寻特性”文本框中依次输入左侧旋转角度值，单击“确定”按钮，如图7-79所示。在“块编辑器”选项卡中单击“保存块”按钮，将动态块保存，关闭块编辑器。选中刚创建的动态块，单击“查寻”夹点，在下拉列表中，选择角度值，即可自动旋转，如图7-80所示。

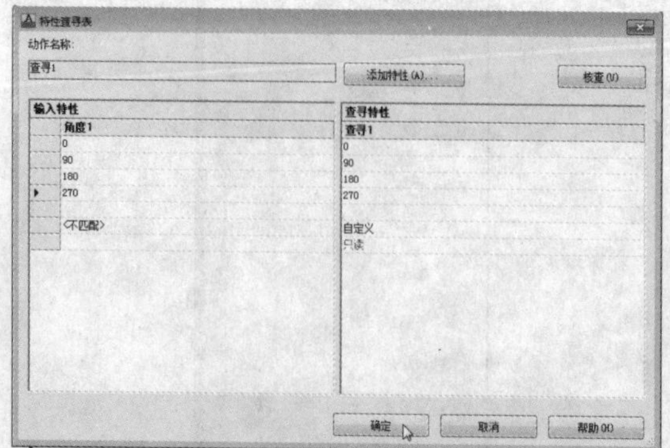

图7-79 输入“查寻”角度值

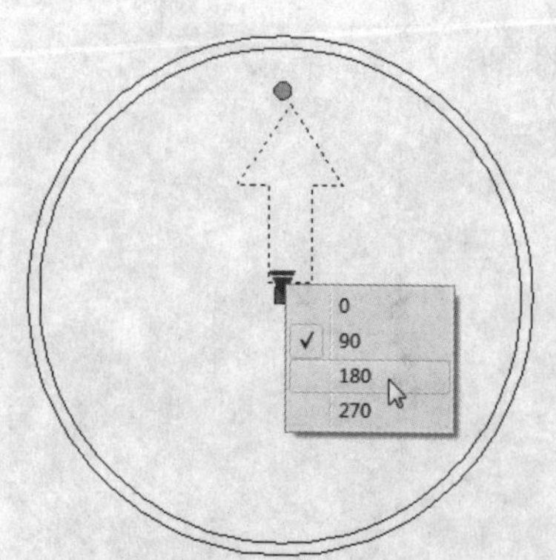

图7-80 完成动态块创建

综合实例 绘制卧室平面图

本章向用户介绍了图块创建、插入以及编辑图块等命令的使用方法。下面结合所学知识绘制床图块，并将其插入至卧室平面中。涉及到的图块命令有创建块、插入块等。

Step01 启动AutoCAD 2013，执行“绘图>矩形”命令，绘制一个长1800、宽2100的长方形，如图7-81所示。

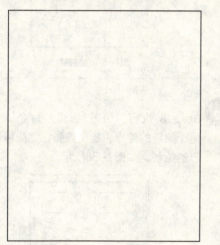

图7-81 绘制长方形

Step02 执行“修图>偏移”命令，将该长方形向内偏移20mm，结果如图7-82所示。

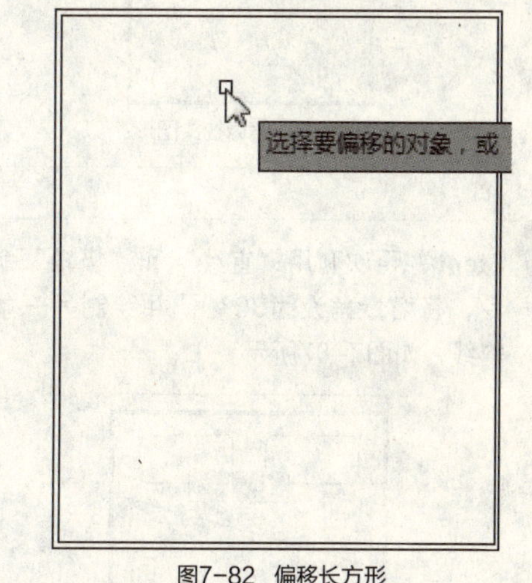

图7-82 偏移长方形

Step03 再次执行“绘图>矩形”命令，绘制一个长1800、宽100的长方形，作为床靠背的图形，如图7-83所示。

图7-83 绘制床靠背图形

Step04 再绘制一个长600、宽300及半径为50的圆角长方形，作为枕头图形，并将其放置在合适位置，如图7-84所示。

图7-84 绘制枕头图块

Step05 选择枕头图形，执行“修改>镜像”命令，指定床垂直中线的起点和终点作为镜像轴，完成枕头的镜像，结果如图7-85所示。

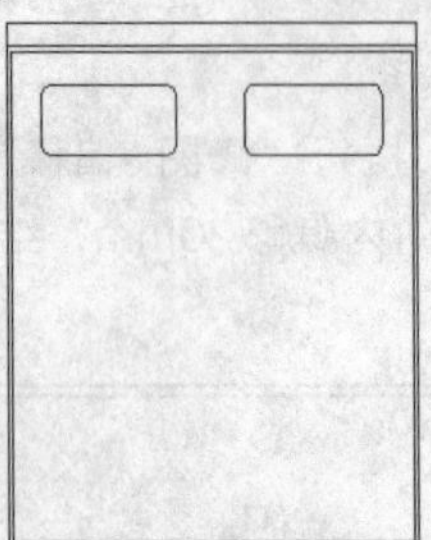
图7-85 镜像枕头图形

Step06 执行“绘图>直线”命令，启动极轴功能，将其增量角设为15°，并绘制斜线，如图7-86所示。

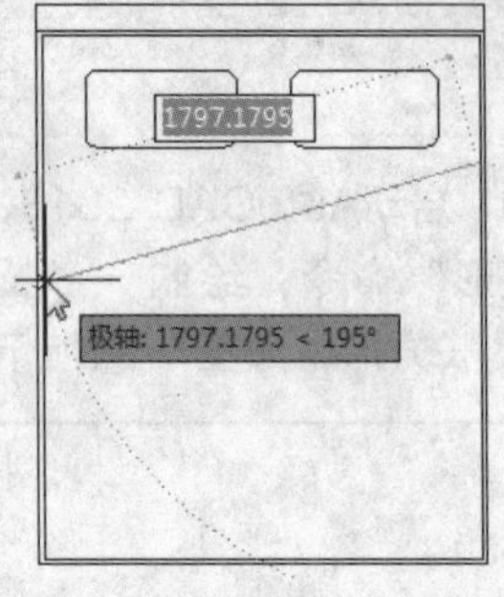

图7-86 绘制斜线

Step07 再次利用“直线”和“极轴”命令，将增量角设为30°，并绘制另一条斜线，如图7-87所示。

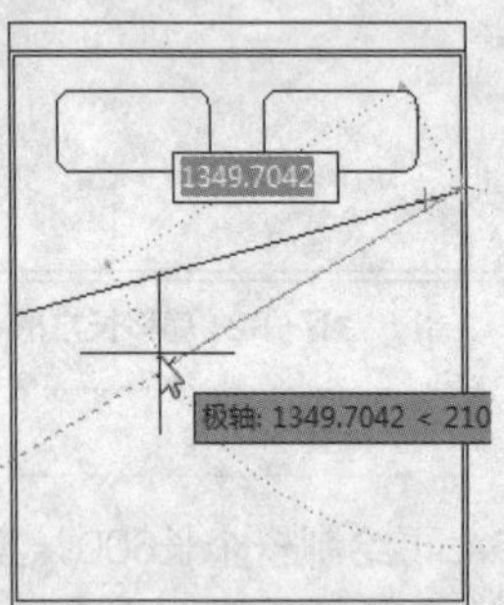

图7-87 绘制另一条斜线

Step08 执行“绘图>圆弧”命令，捕捉两个斜线的终点，绘制圆弧，完成被褥图形的绘制，如图7-88所示。

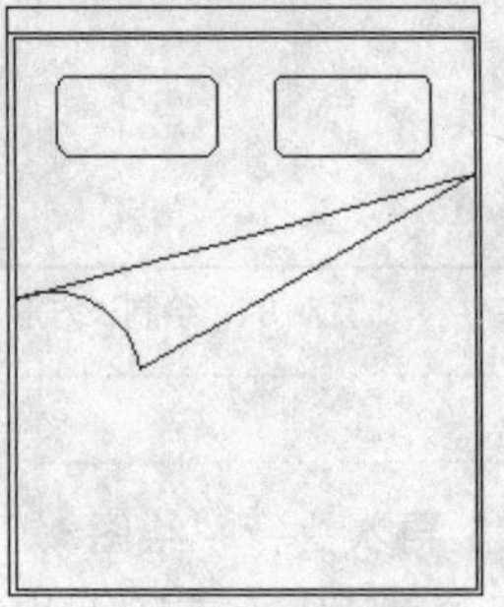
图7-88 绘制被褥图形

Step09 执行“绘图>矩形”命令，绘制一个长550mm、宽450mm的长方形，作为床头柜图形并放置在适当位置处，结果如图7-89所示。

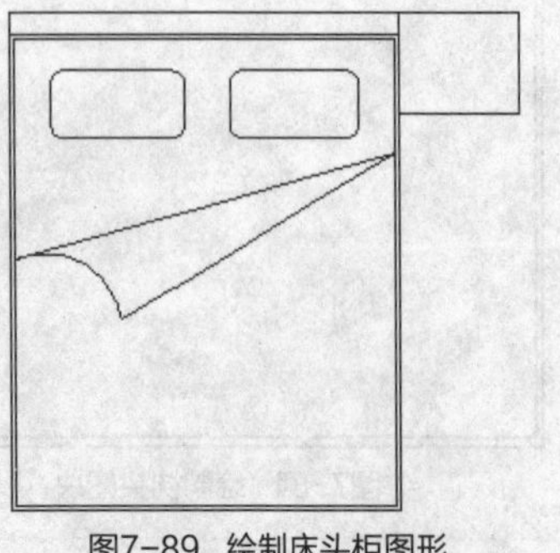
图7-89 绘制床头柜图形

Step10 执行“修改>偏移”命令，将床头柜图形向内偏移20mm，然后通过“圆”命令，绘制半径为100和半径为50的两个圆，放置在床头柜上的合适位置处，结果如图7-90所示。

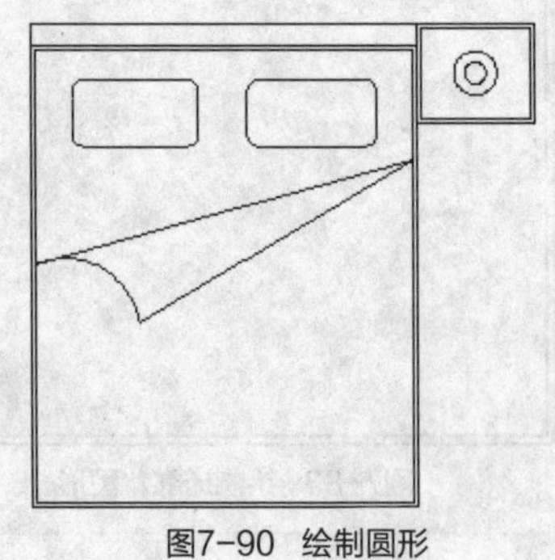
图7-90 绘制圆形

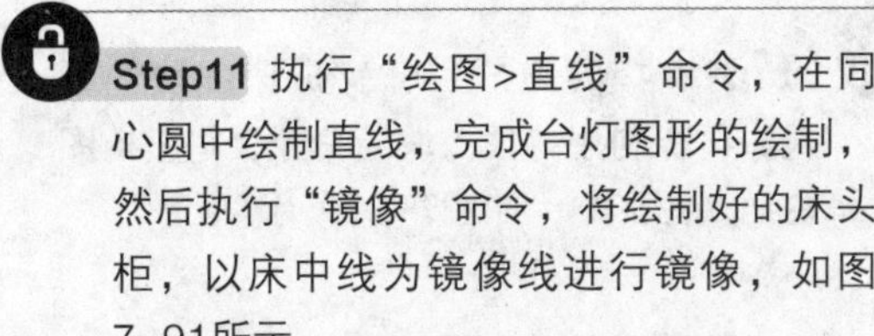

Step11 执行“绘图>直线”命令，在同心圆中绘制直线，完成台灯图形的绘制，然后执行“镜像”命令，将绘制好的床头柜，以床中线为镜像线进行镜像，如图7-91所示。

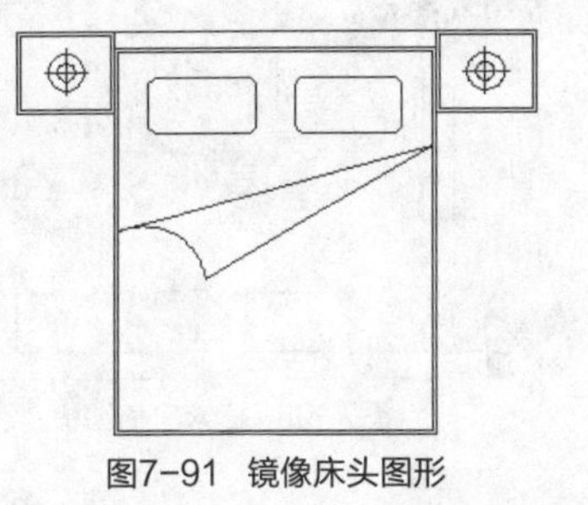

图7-91 镜像床头图形

Step12 执行“绘图>图案填充”命令，选择合适的图案，对被褥进行填充，然后执行“圆”命令，绘制圆，作为地毯图形，并通过“修剪”命令，对图形进行修剪，如图7-92所示。

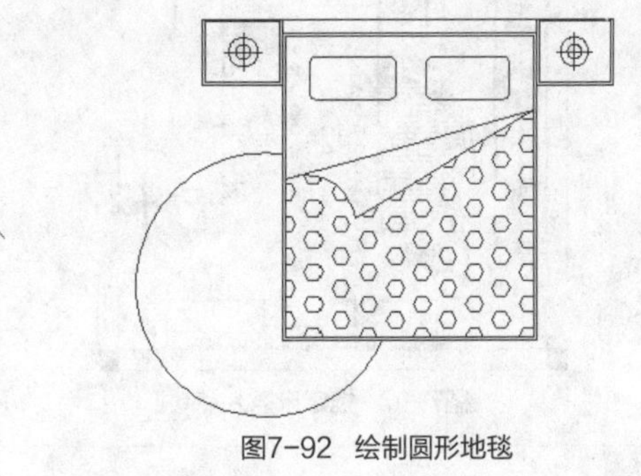

图7-92 绘制圆形地毯

Step13 结合“偏移”和“图案填充”命令，完成圆形地毯的填充，如图 7-93 所示。

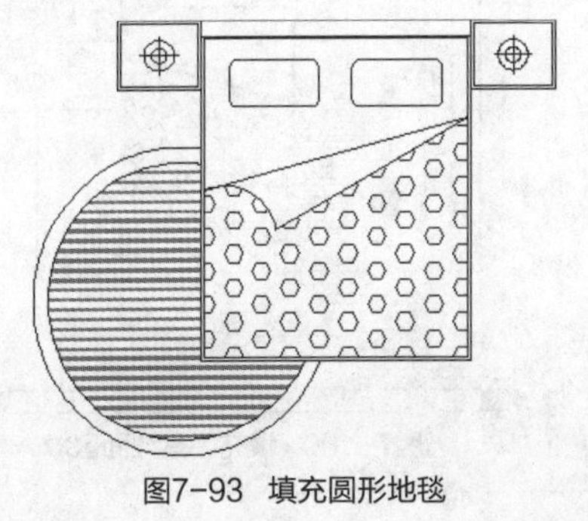

图7-93 填充圆形地毯

Step14 在“插入”选项卡的“块定义”面板中单击“写块”按钮，在打开的对话框中，指定好床图块基点，并选择好床图形，如图7-94所示。

图7-94 设置相关选项

Step15 选择好后，在“写块”对话框中，单击“文件名和路径”按钮，保存床图块，如图7-95所示。

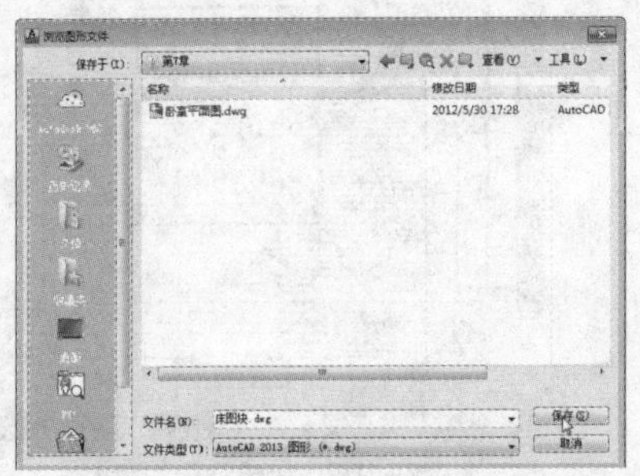

图7-95 保存床图块

Step16 打开“卧室平面图”素材文件，在“插入”选项卡的“块”面板中单击“插入”按钮，在“插入”对话框中，单击“浏览”按钮，如图7-96所示。

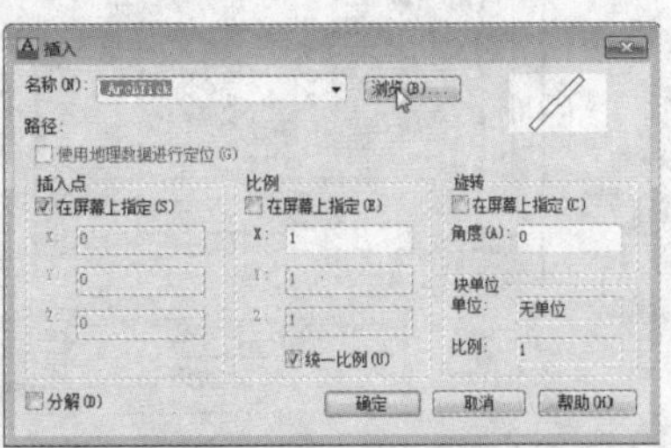

图7-96 插入块操作

Step17 在打开的对话框中，选择刚绘制的床图块，单击“确定”按钮，然后在绘图区中指定床图块的插入点，如图7-97所示。

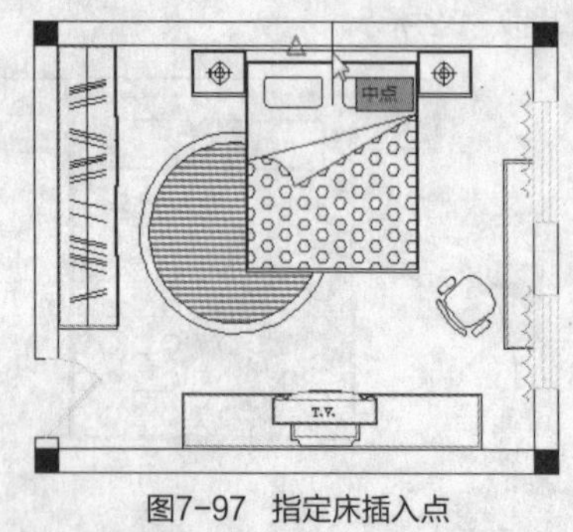

图7-97 指定床插入点

Step18 指定完成后，完成床图块的插入。再次利用“插入块”命令，将座椅图块插入图形中，如图7-98所示。

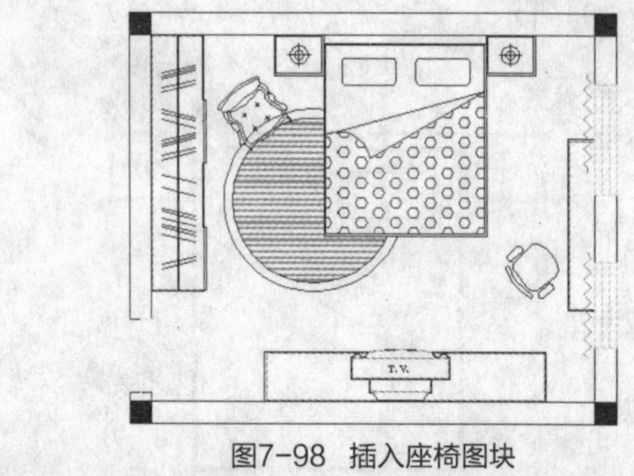

图7-98 插入座椅图块

Step19 执行“绘图＞直线”命令，将卧室区域划分成几个小块，如图7-99所示。

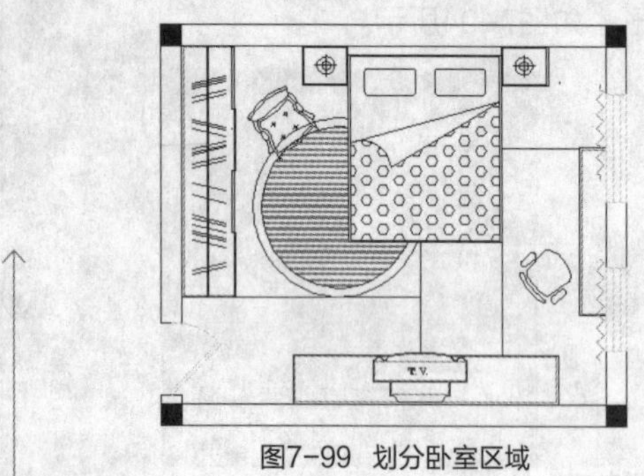

图7-99 划分卧室区域

Step20 执行“绘图>图案填充”命令，选择一款合适的地板图案，并设置好填充比例，将划分的一小块区域进行填充，如图7-100所示。

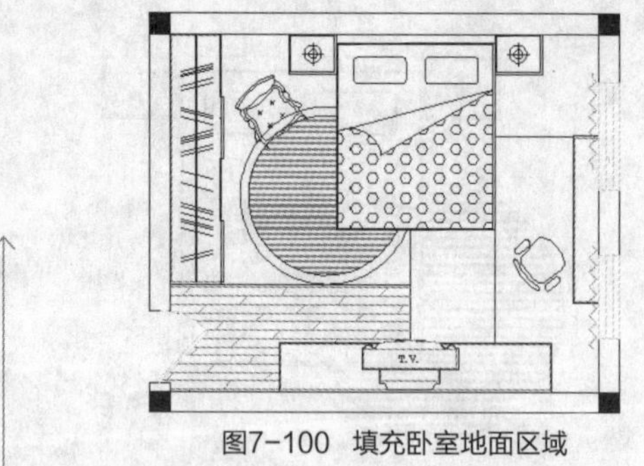

图7-100 填充卧室地面区域

Step21 参照上述操作，多次利用“图案填充”命令，对卧室地面剩余的区域进行填充，如图7-101所示。

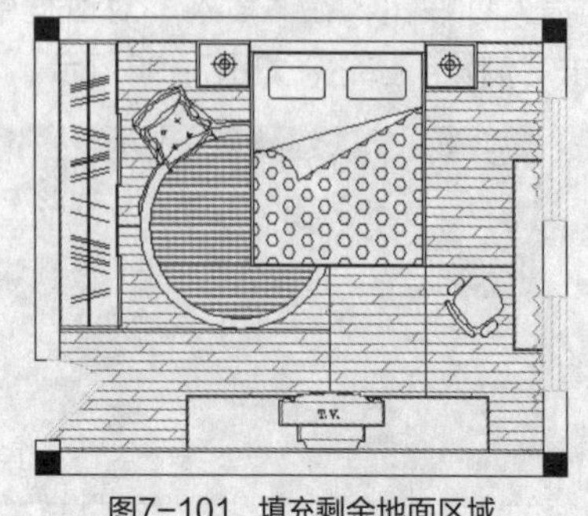

图7-101 填充剩余地面区域

Step22 利用“图案填充”命令，对卧室墙体进行填充。至此，完成整个图形的绘制，如图7-102所示。

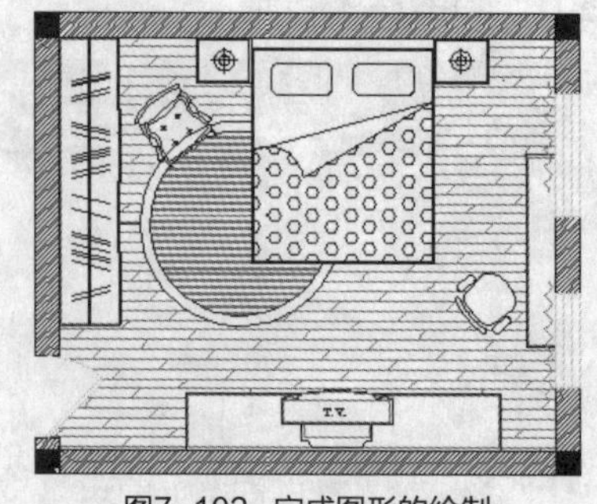

图7-102 完成图形的绘制

高手应用秘籍 AutoCAD动作录制器的应用

动作录制器主要用于创建自动化重复任务的动作宏，可以将用户的操作步骤录制下来，操作步骤中产生的参数将会显示在动作树列表中，供用户随时调用。

在“管理”选项卡“动作录制器”面板中单击“录制”按钮，在光标旁边将会出现红色圆形，表示当前为录制状态，此时用户即可进行录制操作。录制完成后，单击“动作录制器”面板中的“停止”按钮，在打开的“动作宏”对话框中，输入宏的路径和文件名，单击“确定”按钮，则可完成录制操作。用户只需单击“动作录制器”面板中的“播放”命令，即可进行播放操作。

当动作录制器处于录制状态时，每一个动作都由“动作树”中的一个节点表示。在“动作树”上的每个节点旁边均显示一个图标。动作录制器的图标含义如表7-1所示。

表7-1　动作树中节点图标的含义

图 标	动作节点名称	说 明
	动作宏	顶层节点，包含与当前动作宏相关联的所有动作
	绝对坐标点	绝对坐标值，在录制期间获取的点
	选择结果	使用的最终选择集，它包含每个子选择所对应的节点
	输入边数	指定多边形的边数
	相对坐标点	相对坐标值，基于动作宏的前一个点
	观察更改	切换为三维动态调整时的图标
	距离	设置的距离值
	命令	节点，其中包含命令的所有录制的输入
	提示信息	命令窗口的提示信息
	特性选项板	表示通过特性选项板来进行更改
	选项设置	更改选项中的设置
	特性	通过特性选项板来更改特性
	UCS 更改	将更改 UCS 坐标
	选择在宏中创建对象	仅选择在当前宏中的对象

用户若对当前录制的宏不满意，可在“动作录制器”面板中，单击“可用动作宏”下拉按钮，在下拉列表中选择“管理动作宏”命令，如图7-103所示，打开“动作宏管理器”对话框，选中要删除的宏，单击“删除”按钮即可，如图7-104所示。当然除了可删除宏操作，也可对宏进行其他管理操作，如复制、重命名以及修改等。用户可按作图需求，进行相关操作。

图7-103　选择相关命令选项

图7-104　删除录制宏操作

秒杀 工程疑惑

在AutoCAD中操作时，用户经常会遇见各种各样的问题，下面针对本章总结一些常见问题进行解答，包括删除外部参照、创建内部图块、修改图块以及保存外部图块等问题。

问 题	解 答
如何删除外部参照？	想要完全删除外部参照，就需将其进行分解，在此可使用“拆离”命令，删除外部参照和所有关联信息，具体操作步骤如下 ❶ 单击“插入”选项卡“参照”面板右下侧的按钮，打开“外部参照”选项板 ❷ 右击需删除的文件参照，在打开的快捷菜单中，选择“拆离”命令即可
为什么创建内部图块命令后，创建好的图块不在了？	在 AutoCAD 2013 中，使用创建内部图块的命令后，其创建好的图块就不再显示。此时，用户可进行以下操作 ❶ 执行“插入 > 块”命令，打开“插入”对话框 ❷ 单击“名称”下拉按钮，选择刚创建的内部图块选项，单击“确定”按钮即可
插入的图块如何进行修改？	通常都是先将图块分解后再进行编辑，执行“创建块”命令，将修改好的图块创建成新块即可。但该方法较为麻烦，若利用“编辑外部参照图块”的方法更为简便，具体操作如下 ❶ 打开所需修改的图块，在命令行中，输入 REFEDIT 并按 Enter 键，然后在绘图区中，选择图块 ❷ 在“参照编辑”对话框中，选中当前图块，单击“确定”按钮 ❸ 选择图块中所需修改的图形，按 Enter 键，即可对其进行更改 ❹ 修改完成后，单击“保存修改”按钮，在打开的提示框中，单击“确定”按钮，则可完成操作
当外部图块插入后，该图块是否与当前图形一同进行保存？	图块随图形文件保存与它是否是内部或外部图块没有关系，当外部图块插入到图形中后，该图块是当前文件的一部分，所以它会与当前图形一起被保存

AutoCAD 2013

CHAPTER

图形文本输入与表格的应用

绘制完一张图纸后，常会在图纸上进行简单的说明，这时就用到了文字与表格功能。AutoCAD在这些方面的功能非常强大，如接入单行文字与多行文字、文字编辑以及表格的插入与编辑等。本章将详细介绍这些功能的应用，方便用户使用。

学完本章您可以掌握如下知识点

知识点序号	知识点难易指数	知识点
1	★★	文字样式的设置方法
2	★★	单行、多行文字的输入方法
3	★★★	字段的使用方法
4	★★★	表格的使用

本章内容图解链接

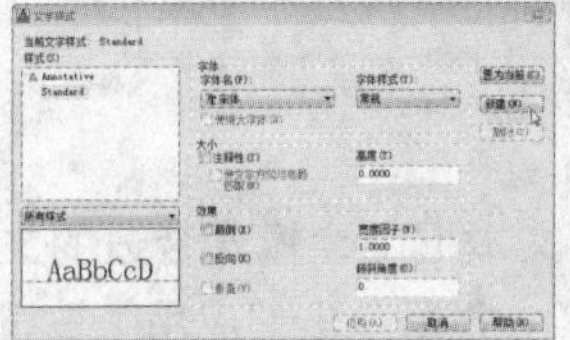

◎ 设置文字样式

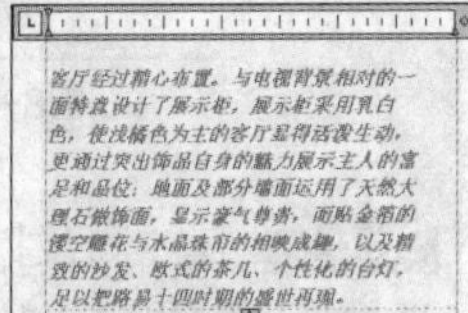

◎ 编辑文本段落

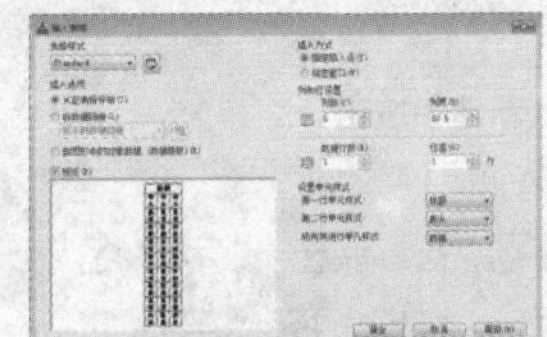

◎ 插入表格

◎ 调用外部表格

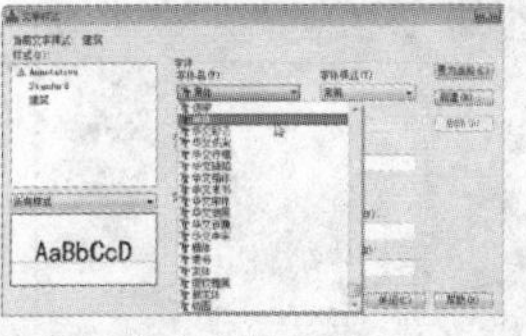

◎ 设置文字字体

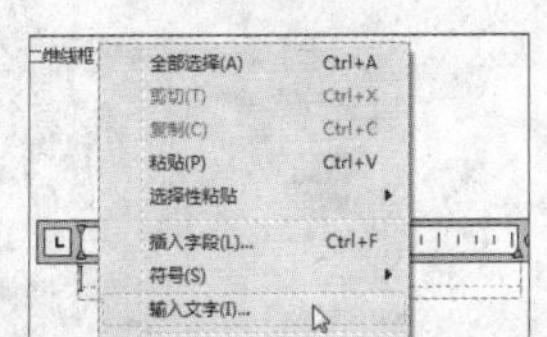

◎ 调用外部文本

◎ 更改字体颜色

◎ 填充相同文本

8.1 文字样式的设置

图形中的所有文字都具有与之相关联的文字样式，系统默认使用的样式是Standard，用户可根据图纸需要自定义文字样式，如文字的高度、大小和颜色等。

8.1.1 设置文字样式

在AutoCAD中，若要对当前文字样式进行设置，可通过以下三种方法操作。

1. 使用功能区命令操作

在"注释"选项卡"文字"面板中单击右下角按钮↘，在打开的"文字样式"对话框中，根据需要设置文字的字体、大小以及效果等参数选项，最后单击"确定"按钮即可。

2. 使用菜单栏命令操作

执行"格式>文字样式"命令，也可打开"文字样式"对话框，进行相关设置。

3. 使用快捷命令操作

用户可直接在命令行中，输入ST后按Enter键，同样可打开"文字样式"对话框并进行设置。

下面介绍创建文字样式的具体操作。

Step 01 执行"格式>文字样式"命令，在打开的"文字样式"对话框中，单击"新建"按钮，如图8-1所示。

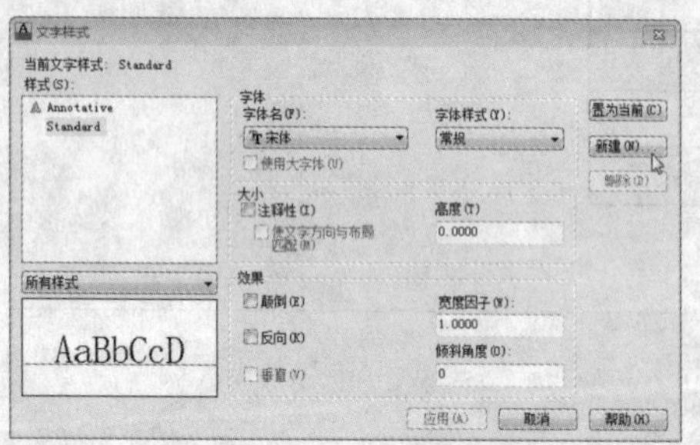

图8-1 单击"新建"按钮

Step 02 在"新建文字样式"对话框中，输入样式名称，这里输入"建筑"，然后单击"确定"按钮，如图8-2所示。

图8-2 输入样式名称

Step 03 返回上一级对话框后，单击"字体名"下拉按钮，选择所需字体，这里选择"黑体"，如图8-3所示。

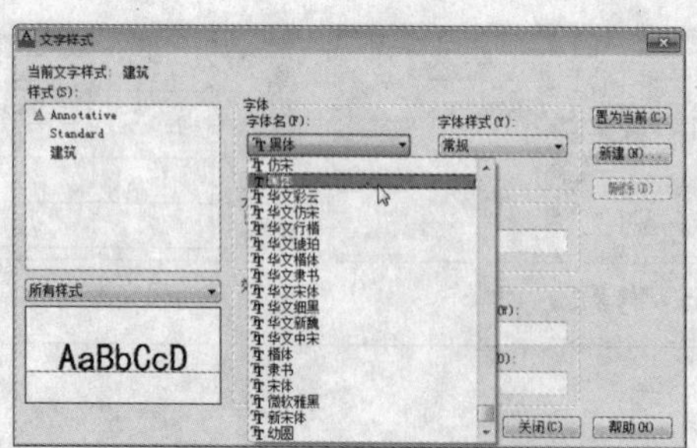

图8-3 设置文字字体

Step 04 在"高度"文本框中，输入合适的文字高度值，这里输入100，然后单击"应用"按钮和"关闭"按钮即可，如图8-4所示。

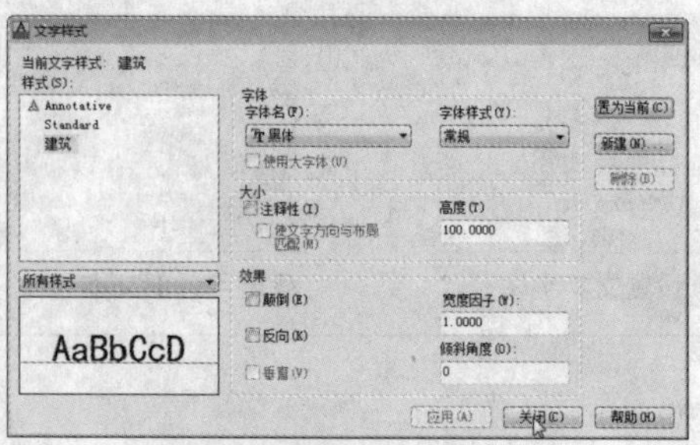

图8-4 完成样式设置

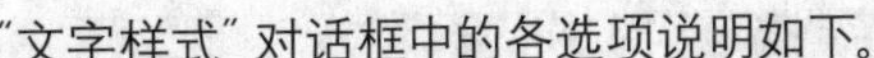

“文字样式”对话框中的各选项说明如下。

- 样式：在该列表中显示当前图形文件中的所有文字样式，并默认选择当前文字样式。
- 字体：在该选项组中，用户可设置字体名称和字体样式。单击“字体名”下拉按钮，则可选择文本的字体，该列表罗列出了AutoCAD软件中所有字体；单击“字体样式”下拉按钮，则可选择字体的样式，其默认为“常规”；勾选“使用大字体”复选框时，“字体样式”选项将变为“大字体”选项，并在该选项中选择大字体样式。
- 大小：在该选项组中，用户可设置字体的高度。单击“高度”文本框，输入文字高度值即可。
- 效果：在该选项组中，用户可对字体的效果进行设置。勾选“颠倒”复选框，可将文字上下颠倒显示，该选项只影响单行文字；勾选“反向”复选框，可将文字进行手纹反向显示；勾选“垂直”复选框，可将文字沿竖直方向显示；“宽度因子”选项可设置字符间距，输入小于1的值将缩小文字间距，输入大于1的值，将加宽文字间距；“倾斜角度”选项用于指定文字的倾斜角度，当角度为正值时，向右倾斜，角度为负值时，向左倾斜。
- 置为当前：该选项将选择的文字样式设置为当前文字样式。
- 新建：该选项可新建文字样式。
- 删除：该选项将选择的文字样式删除。

8.1.2 修改样式

创建好文字样式后，若用户对当前设置的样式不满意，可对其做出适当修改。打开“文字样式”对话框，选中要修改的文字样式，按照需求修改其字体和大小值即可，如图8-5所示。

除了以上方法外，用户也可在绘图区中双击输入的文本，在功能区中会打开“文字编辑器”选项卡，在“样式”和“格式”面板中，根据需要进行设置即可，如图8-6所示。

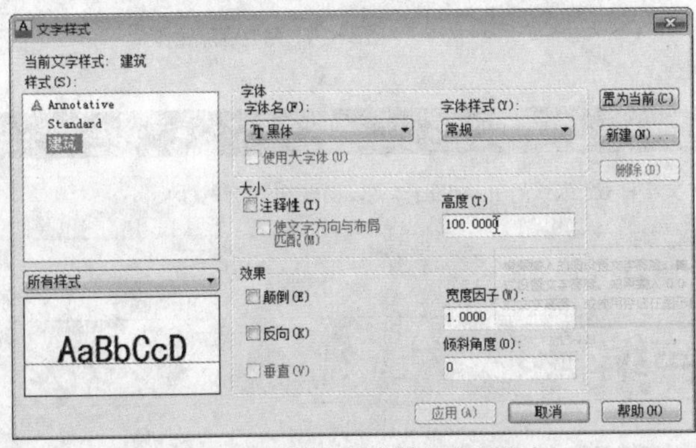

图8-5 使用“文字样式”对话框修改

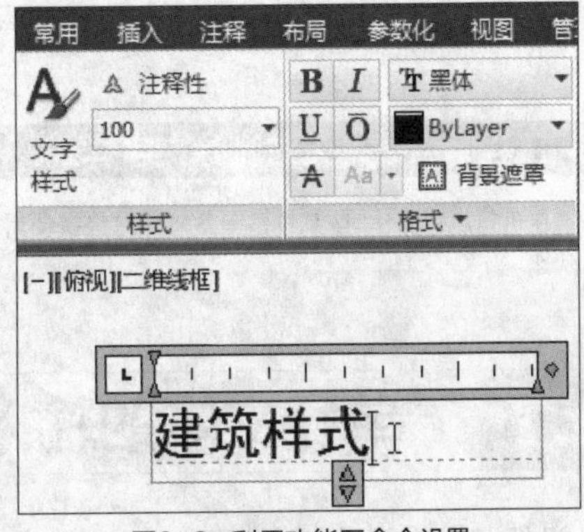

图8-6 利用功能区命令设置

8.1.3 管理样式

创建文字样式后，用户可以按照需要管理创建好的文字样式，例如更换文字样式的名称以及删除多余的文字样式等，下面对其具体操作进行介绍。

Step 01 执行“格式>文字样式”命令，打开“文字样式”对话框，在“样式”列表框中，选择所需设置的文字样式，单击鼠标右键，从弹出的快捷菜单中选择“重命名”命令，如图8-7所示。

Step 02 在文本编辑框中，输入要更换的文字名称，即可重命名当前文字样式，如图8-8所示。

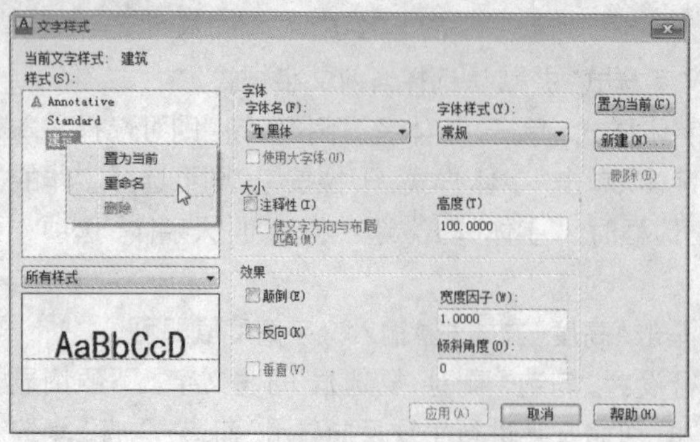

图8-7 选择“重命名”命令

Step 03 若想删除多余的文字样式，在“样式”列表框中选中并右击样式名称，从弹出的快捷菜单中选择“删除”命令，如图8-9所示。

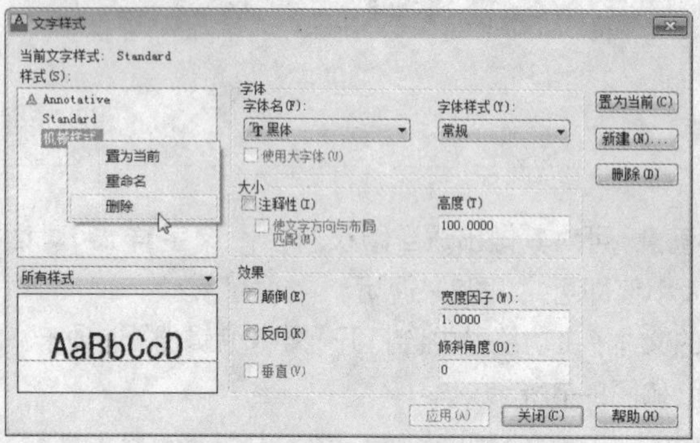

图8-9 选择“删除”命令

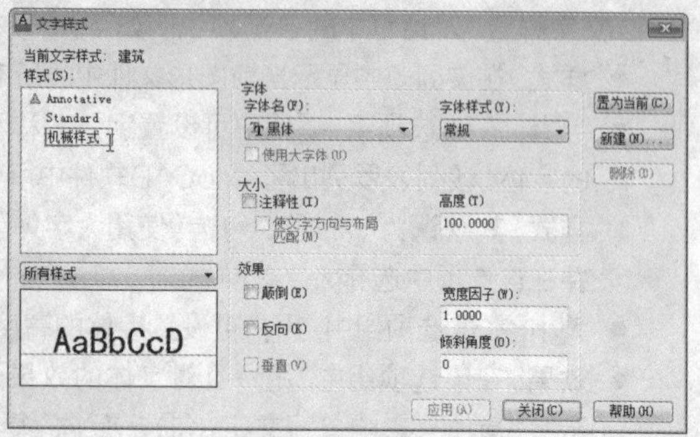

图8-8 完成设置

Step 04 在打开的系统提示框中，单击“确定”按钮即可，如图8-10所示。此外，用户也可在选中样式后单击右侧的“删除”按钮进行删除。

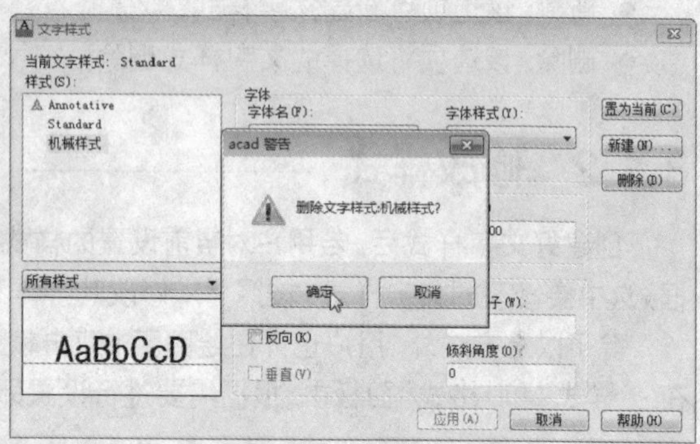

图8-10 完成删除操作

工程师点拨：无法删除文字样式

在进行删除操作时，系统是无法删除已经被使用了的文字样式、默认的Standard样式以及当前文字样式的。

8.2 单行文本的输入与编辑

设置好文字样式后，便可输入文本内容。使用“单行文字”输入的文本是一个独立完整的对象，用户可对其执行重新定位、格式修改以及其他编辑操作。

8.2.1 创建单行文本

单行文字常用于创建文本内容较少的对象。用户只需在“注释”选项卡“文字”面板中单击“多行文字”下拉按钮，选择“单行文字”命令，在绘图区中指定文本插入点，根据命令行提示，输入文本高度和旋转角度，其后在绘图区中输入文本内容，并按Enter键即可。

命令行提示如下。

```
命令：_text
当前文字样式："Standard" 文字高度：2.5000 注释性：否
指定文字的起点或 [ 对正 (J)/ 样式 (S)]:                    // 指定文字起点
指定高度 <2.5000>: 100                                     // 输入文字高度值
指定文字的旋转角度 <0>:                                     // 输入旋转角度值
```

命令行中各选项说明如下。

- 指定文字起点：在默认情况下，通过指定单行文字行基线的起点位置创建文字。
- 对正：在命令行中输入J后，即可设置文字的排列方式。AutoCAD为用户提供了多种对正方式，例如对齐、调整、居中、中间、右对齐、左上、中上、右上、左中、正中、右中和左下等。
- 样式：在命令行中输入S后，可设置当前使用的文字样式。在此可直接输入新文字样式的名称，也可输入"？"，一旦输入"？"后并按两次Enter键，则会在"AutoCAD文本窗口"中显示当前图形所有已有的文字样式。
- 指定高度：输入文字高度值。默认文字高度为2.5。
- 指定文字的旋转角度：输入文字旋转的角度值。默认旋转角度为0°。

下面举例具体介绍单行文字的输入方法。

Step 01 在"注释"选项卡"文字"面板中单击"单行文字"按钮，根据命令行提示，在绘图区中单击指定文字起点，如图8-11所示。

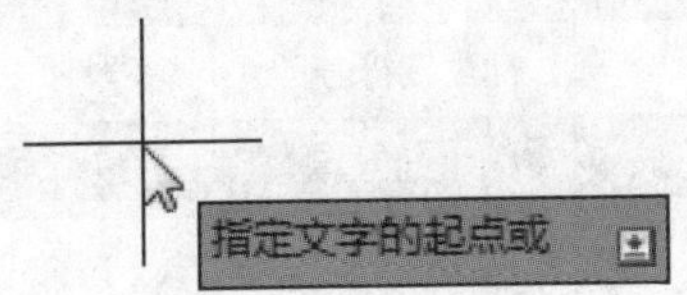

图8-11 指定文字起点

Step 02 根据提示输入文字高度值，这里输入100，按Enter键，如图8-12所示。

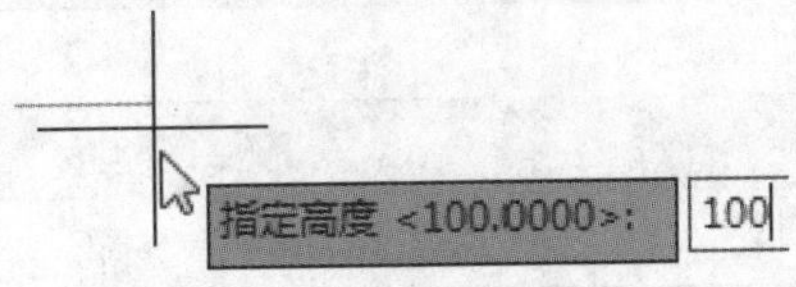

图8-12 输入文字高度值

Step 03 同样根据提示输入文字的旋转角度，这里输入0，按Enter键，如图8-13所示。

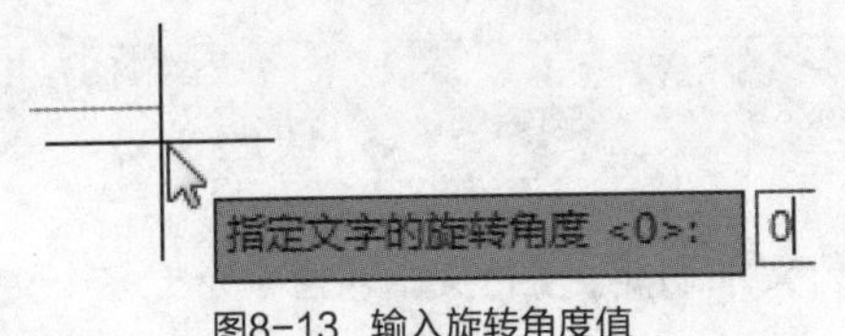

图8-13 输入旋转角度值

Step 04 在光标闪动的位置处输入相应文本内容，单击绘图区中任意空白处，并按Enter键，结束文本输入，如图8-14所示。

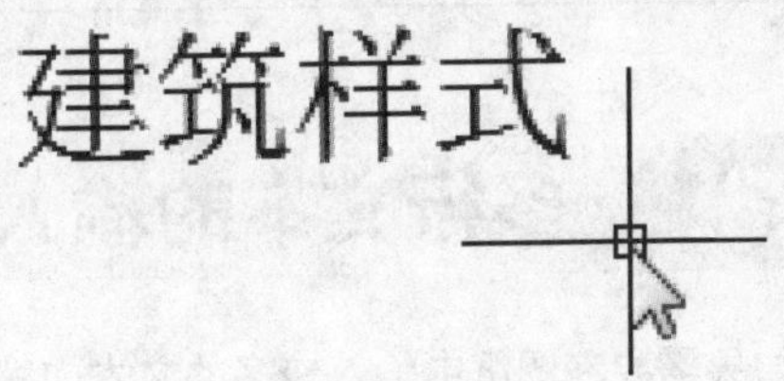

图8-14 完成单行文字的输入

8.2.2 编辑修改单行文本

输入好单行文本后，可对输入好的文本进行修改编辑操作。例如修改文字的内容、对正方式以及缩放比例。用户只需双击要修改的文本，如图8-15所示，当其进入可编辑状态后，即可更改当前文本内容，如图8-16所示。

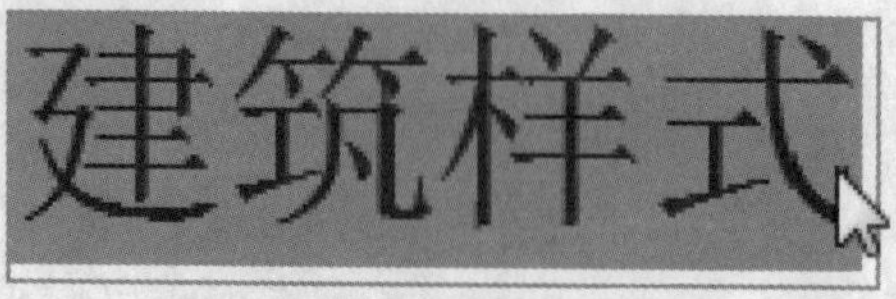

建筑样式

图8-15 双击选中文本内容

机械样式

图8-16 更改文本内容

如果用户需要对单行文本进行缩放或对正操作。首先选中该文本，执行菜单栏中的"修改>对象>文字"命令，在级联菜单中，根据需要选择"比例"或"对正"命令，然后根据命令行中的提示进行设置即可。

8.2.3 输入特殊字符

在文字输入的过程中，经常会输入一些特殊字符，例如直径、正负公差符号、文字的上划线和下划线等。这些特殊符号一般不能由键盘直接输入，因此，AutoCAD提供了相应的控制符，以实现这些标注要求。

执行"单行文字"命令，设置好文字的大小值后，在命令行中输入特殊字符的代码即可完成。常见特殊字符代码如表8-1所示。

表8-1 常用特殊字符代码表

特殊字符图样	特殊字符代码	说 明
字符	%%O	打开或关闭文字上划线
字符	%%U	打开或关闭文字下划线
30°	%%D	标注度符号
±3	%%P	标注正负公差符号
ø10	%%C	直径符号
∠	\U+2220	角度
≠	\U+2260	不相等
≈	\U+2248	几乎等于
Δ	\U+0394	差值

8.3 多行文本的输入与编辑

如果需要在图纸中输入较多的文本内容，则应使用多行文本功能。多行文本包含一个或多个文字段落，可作为单一的对象处理。

8.3.1 创建多行文本

多行文本又称段落文本，它是由两行或两行以上的文本组成。在"注释"选项卡的"文字"面板中单击"多行文字"按钮，在绘图区中指定文本起点，框选出多行文字的区域范围，如图8-17所示。此时则可进入文字编辑文本框，输入相关文本内容后，如图8-18所示，单击空白处任意一点即可退出。

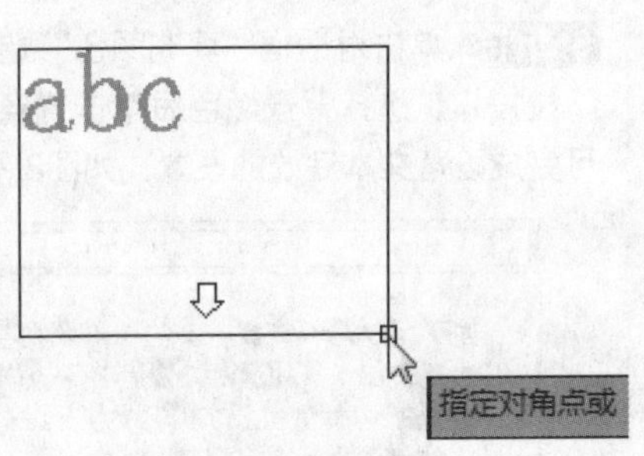

图8-17 框选文字范围

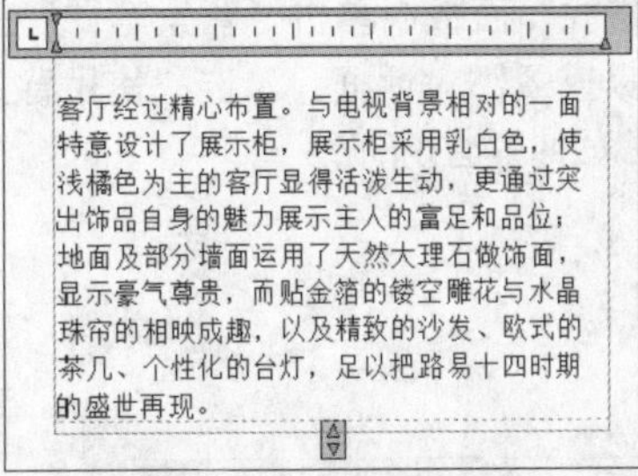

图8-18 输入多行文本

8.3.2 设置多行文本格式

输入多行文本内容后，用户可对其文本格式进行设置。如文本的字体、颜色和格式等进行设置。具体操作介绍如下。

Step 01 双击要设置的段落文本并选中，在“文字编辑器”选项卡的“格式”面板中单击“加粗”按钮，将文本字体加粗，如图8-19所示。

图8-19 设置文本加粗

Step 02 在“文字编辑器”选项卡的“格式”面板中单击“倾斜”按钮，将文本字体倾斜，如图8-20所示。

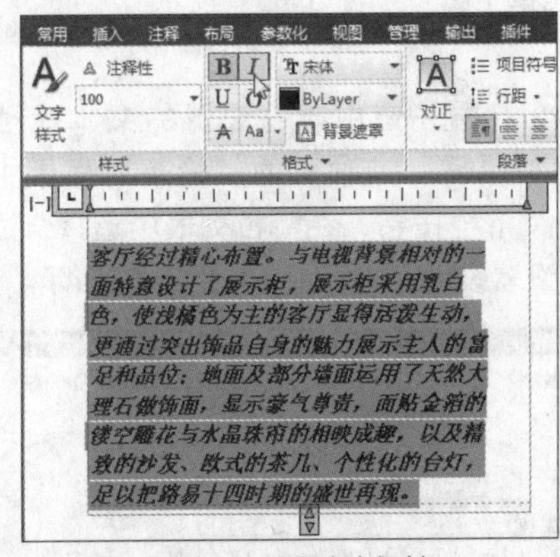

图8-20 设置文本倾斜

Step 03 单击“格式”面板中的“字体”下拉按钮，在下拉列表中选择新字体名称，可更改当前文本字体样式，如图8-21所示。

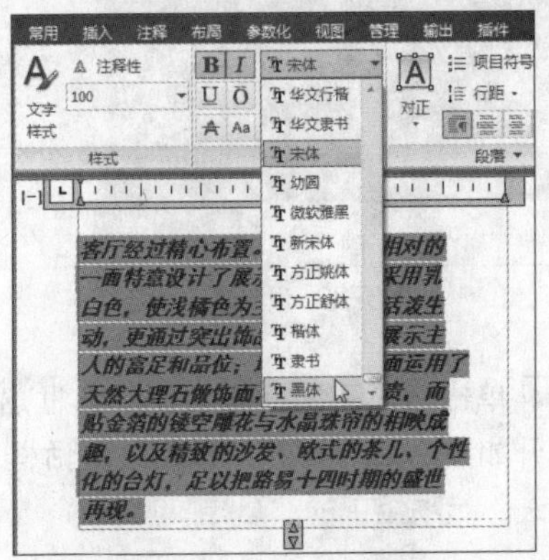

图8-21 设置文本字体

Step 04 在“格式”面板中单击“文本编辑器颜色库”下拉按钮，在颜色下拉列表中，选择新颜色，可更改当前文本颜色，如图8-22所示。

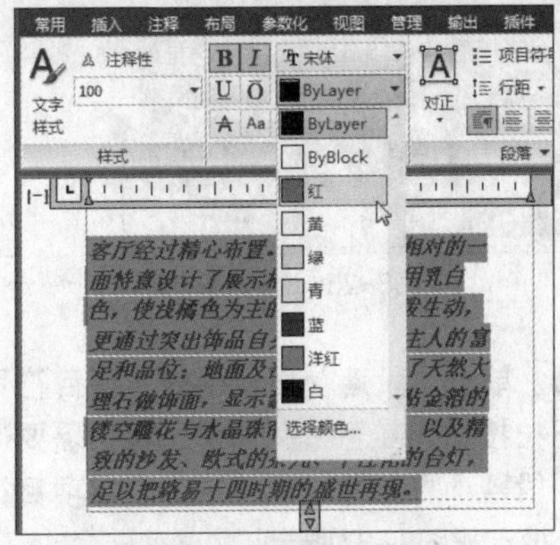

图8-22 设置文本颜色

Step 05 在“格式”面板中单击“背景遮罩”按钮，弹出“背景遮罩”对话框，勾选“使用背景遮罩”复选框，如图8-23所示。

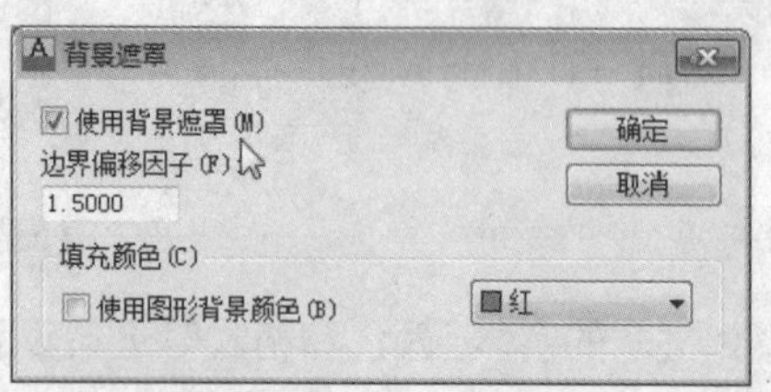

图8-23 “背景遮罩”对话框

Step 06 单击对话框“填充颜色”选项组中的颜色下拉按钮，选择背景颜色后单击“确定”按钮，即可完成段落文本底纹的设置，如图8-24所示。

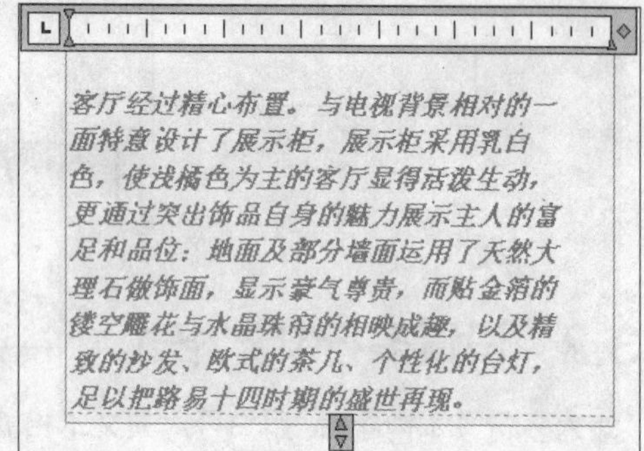

图8-24 完成文本底纹设置

8.3.3 设置多行文本段落

在AutoCAD中，用户可对多行文本的格式进行设置，还可对整个文本段落的格式进行设置，其具体操作介绍如下。

Step 01 双击并选中所需设置的文本段落，在“文字编辑器”选项卡的“段落”面板中单击“行距”下拉按钮，在下拉列表中选择合适的行距值，设置段落文本行距，如图8-25所示。

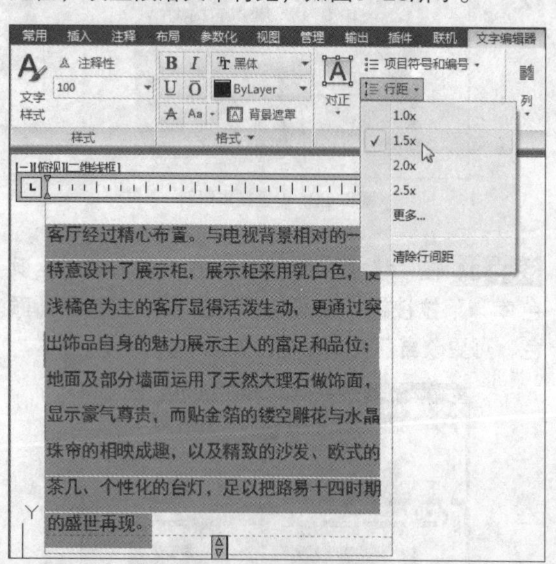

图8-25 设置段落行距

Step 02 单击“段落”面板中的“对正”下拉按钮，在下拉列表中，选择合适的排列方式，则可设置段落文本对齐方式，如图8-26所示。

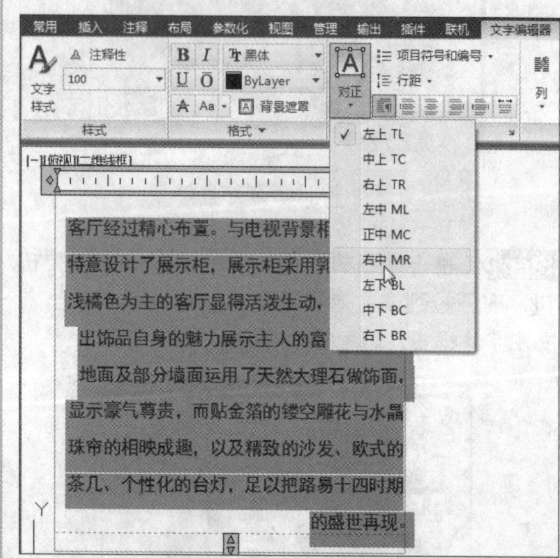

图8-26 设置对正方式

Step 03 单击“段落”面板中的“项目符号和编号”下拉按钮，在下拉列表中，根据需要选择需添加的段落项目符号，这里选择“以项目符号标记”选项，如图8-27所示。

Step 04 单击“段落”面板右侧对话框启动器按钮，打开如图8-28所示的“段落”对话框，设置“左缩进”选项组中的“悬挂”参数。

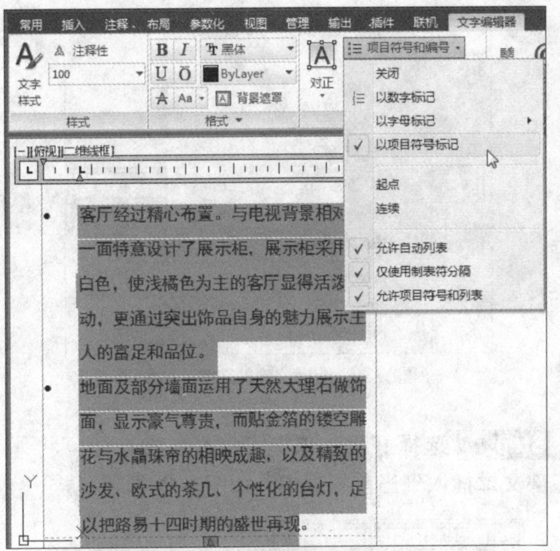

图8-27 设置段落项目符号

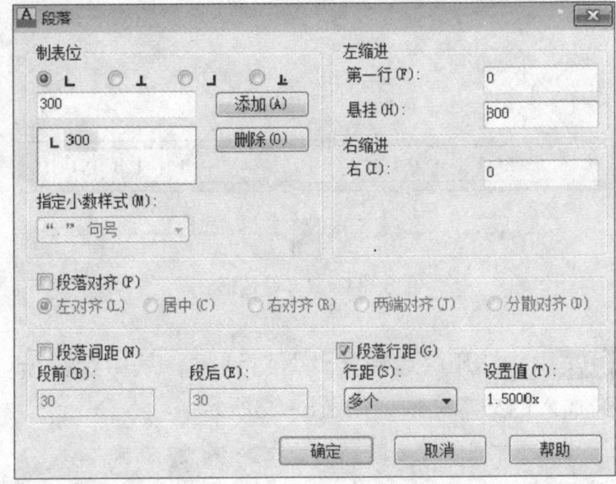

图8-28 “段落”对话框

Step 05 将“左缩进”选项组中的“悬挂”参数设置为0，单击“确定”按钮，则可完成段落缩进格式的设置，如图8-29所示。

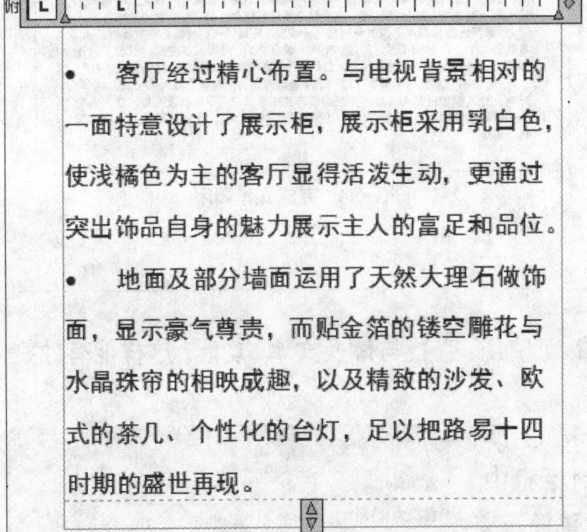

图8-29 设置段落缩进

Step 06 若勾选“段落间距”复选框，设置“段前”和“段后”值，则可完成段落间距的设置，如图8-30所示。再次设置段前段后值为40。

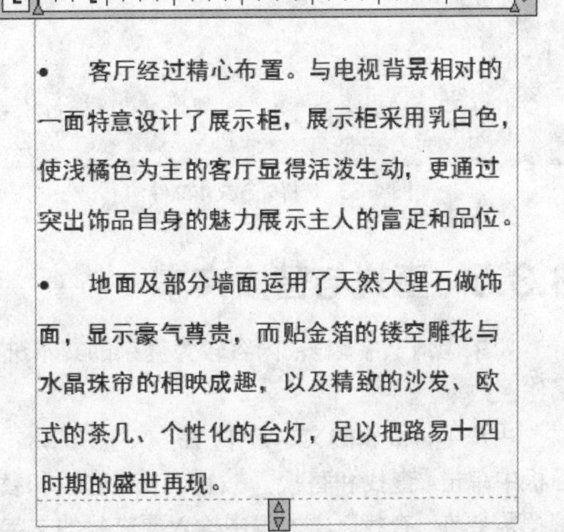

图8-30 设置段前段后值

8.3.4 调用外部文本

除了使用文本命令输入文本内容外，用户还可以直接调用外部文本。下面对其具体操作进行介绍。

Step 01 利用“多行文字”命令，在绘图区中框选出文字范围，进入文本编辑状态，如图8-31所示。

Step 02 在当前编辑框中，单击鼠标右键，从弹出的快捷菜单中选择“输入文字”命令，如图8-32所示。

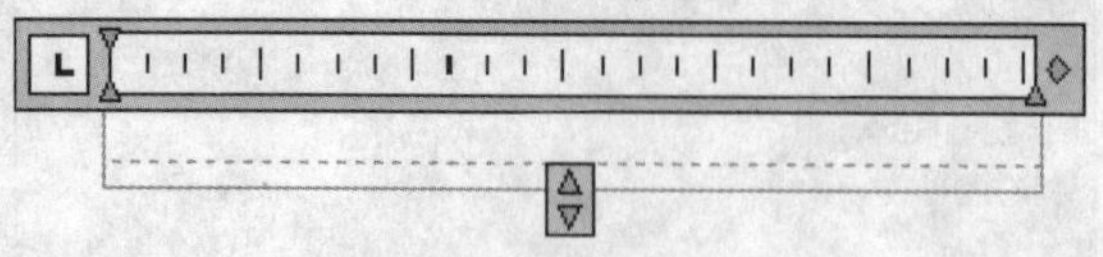
图8-31 文本编辑框

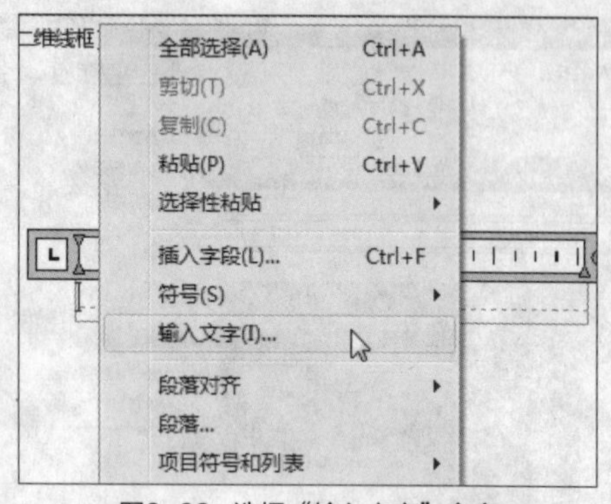

图8-32 选择“输入文字”命令

Step 03 打开“选择文件”对话框，从中选择所需插入的文本文件，如图8-33所示。

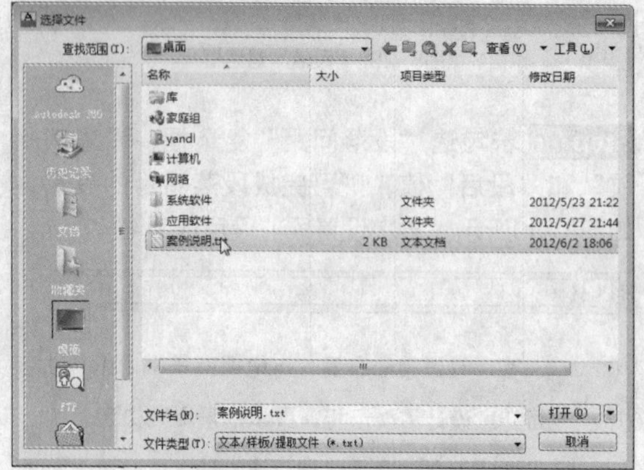

图8-33 选择外部文本文件

Step 04 选择好后，单击“打开”按钮即可将外部文本插入到当前图纸中，如图8-34所示。

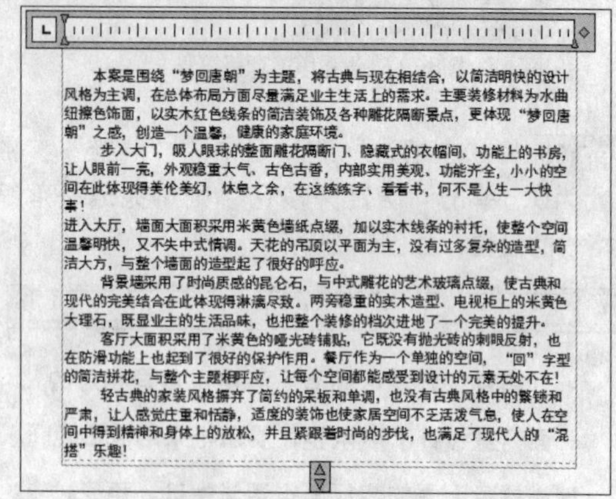

本案是围绕“梦回唐朝”为主题，将古典与现在相结合，以简洁明快的设计风格为主调，在总体布局方面尽量满足业主生活上的需求。主要装修材料为水曲纽擦色饰面，以实木红色线条的简洁装饰及各种雕花隔断景点，更体现“梦回唐朝”之感，创造一个温馨，健康的家庭环境。

步入大门，吸人眼球的整面雕花隔断门、隐藏式的衣帽间、功能上的书房，让人眼前一亮，外观稳重大气、古色古香，内部实用美观、功能齐全，小小的空间在此体现得美伦美幻，休息之余，在这练练字、看看书，何不是人生一大快事！

进入大厅，墙面大面积采用米黄色墙纸点缀，加以实木线条的衬托，使整个空间温馨明快，又不失中式情调。天花的吊顶以平面为主，没有过多复杂的造型，简洁大方，与整个墙面的造型起了很好的呼应。

背景墙采用了时尚质感的昆仑石，与中式雕花的艺术玻璃点缀，使古典和现代的完美结合在此体现得淋漓尽致。两旁稳重的实木造型、电视柜上的米黄色大理石，既显业主的生活品味，也把整个装修的档次进地了一个完美的提升。

客厅大面积采用了米黄色的哑光砖铺贴，它既没有抛光砖的刺眼反射，也在防滑功能上也起到了很好的保护作用。餐厅作为一个单独的空间，“回”字型的简洁拼花，与整个主题相呼应，让每个空间都能感受到设计的元素无处不在!

轻古典的家装风格摒弃了简约的呆板和单调，也没有古典风格中的繁锁和严肃，让人感觉庄重和恬静，适度的装饰也使家居空间不乏活泼气息，使人在空间中得到精神和身体上的放松，并且紧跟着时尚的步伐，也满足了现代人的“混搭”乐趣!

图8-34 完成文本调用

8.3.5 查找与替换文本

如果想对文字较多、内容较为复杂的文本进行编辑，可使用“查找与替换文本”功能。这样能有效提高作图效率。

用户可将编辑的文本选中，在“文字编辑器”选项卡“工具”面板中单击“查找和替换”按钮，在“查找和替换”对话框中，根据需要在“查找”文本框中输入要查找的文字，在“替换”文本框中输入要替换的文字，最后单击“全部替换”按钮，如图8-35所示。

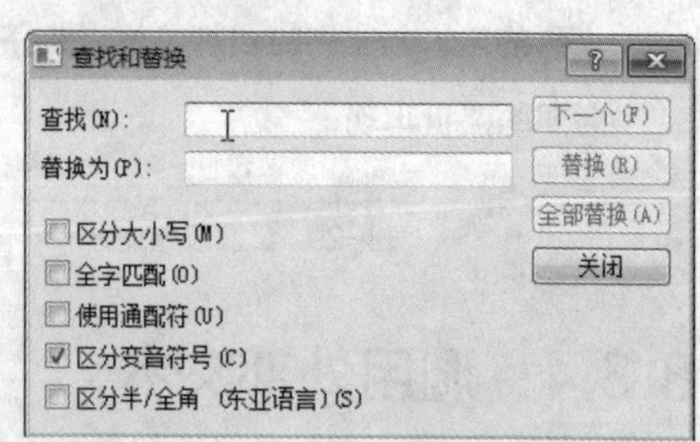

图8-35 “查找和替换”对话框

“查找和替换”对话框中各主要选项说明如下。

- 查找：该文本框用于输入要查找的内容，在此可输入相应的字符，也可以直接选择已存在的字符。
- 替换为：该文本框用于确定要替换的新字符。
- 下一个：单击该按钮可在指定的查找范围内查找下一个匹配的字符。
- 替换：该按钮用于将当前查找的字符替换为指定的字符。
- 全部替换：该按钮用于对查找范围内所有匹配的字符进行替换。
- 搜索条件（如区分大小写、全字匹配）：勾选这些查找条件，可精确定位所需查找的文本。

8.4 字段的使用

字段是包含说明的文字，这些说明用于显示可能会在图形制作和使用过程中需要修改的数据。字段可以插入到任意种类的文字（公差除外）中，如表单元、属性和属性定义中的文字。下面将对字段的插入和更新操作进行介绍。

8.4.1 插入字段

想要在文本中插入字段，可双击所有文本，进入多行文字编辑框，并将光标移至要显示字段的位置，然后单击鼠标右键，在弹出的快捷菜单中选择"插入字段"命令，打开"字段"对话框，从中选择合适的字段即可，如图8-36所示。

单击"字段类别"下拉按钮，在打开下拉列表中选择字段的类别，包括"打印、对象、其他、全部、日期和时间、图纸集、文档和已链接"这8类选项。

选择其中任意选项（如打印），将会打开与之相应的格式选项，从中进行适当的设置即可，如图8-37和图8-38所示。

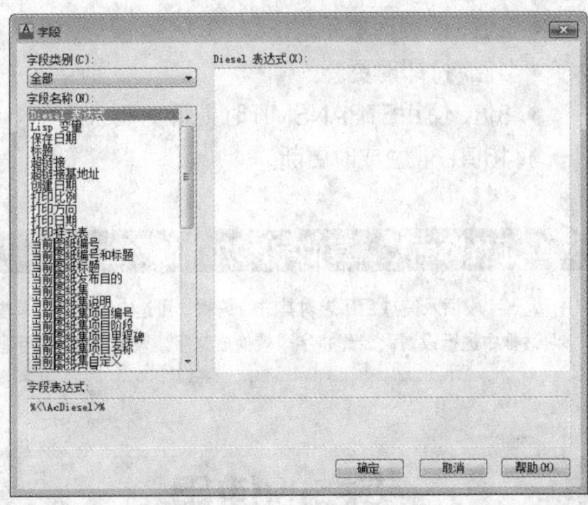

图8-36 "查找和替换"对话框

字段文字所使用的文字样式与其插入到文字对象所使用的样式相同。默认情况下，在AutoCAD中的字段将使用浅灰色显示。

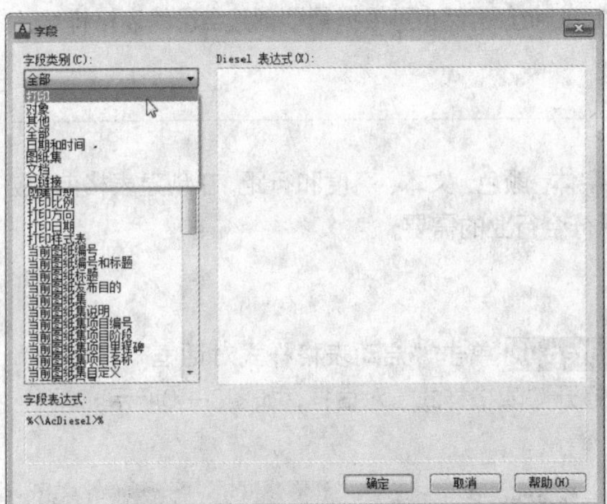

图8-37 选择"打印"类别选项

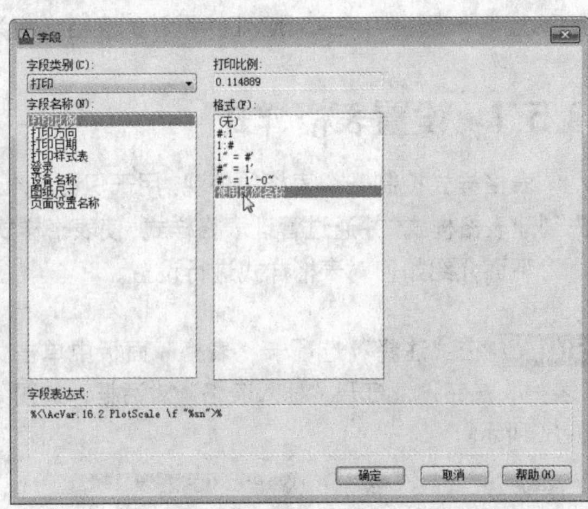

图8-38 选择打印比例格式

8.4.2 更新字段

更新字段时，将显示最新的值。在此可单独更新字段，也可在一个或多个选定文字对象中更新所有字段。在AutoCAD中，更新字段可通过以下方法操作。

1. 使用右键菜单命令操作

双击文本进入多行文字编辑框，选中字段文本，单击鼠标右键，在右键菜单中选择"更新字段"命令。

2. 使用快捷命令操作

在命令行中输入UPD后按Enter键，并根据提示信息，选择需更新的字段。

3. 使用位码操作

在命令行中输入FIELDEVAL后，按Enter键，根据提示信息，输入合适的位码。该位码是常用标注控制符中任意值的和。若是仅在打开、保存文件时更新字段，则可输入3。

常用标注控制符值说明如下。

- 0值：不更新。
- 1值：打开时更新。
- 2值：保存时更新。
- 4值：打印时更新。
- 8值：使用ETRANSMIT时更新。
- 16值：重生成时更新。

工程师点拨：其他字段功能的设置

当字段插入完成后，想对其进行编辑，可选中该字段，单击鼠标右键，在快捷菜单中选择"编辑字段"命令，则可在"字段"对话框中进行设置。若想将字段转换成文字，只需右击所需字段，在快捷菜单中选择"将字段转换为文字"命令即可。

8.5 表格的使用

表格是在行和列中包含数据的对象，用户可从空表格或表格样式中创建表格对象，也可以将表格链接到Excel电子表格中。在AutoCAD中默认的表格样式为Standard，当然也可根据需要创建自己的表格样式。

8.5.1 设置表格样式

表格样式控制一个表格的外观，用于保证标准的字体、颜色、文本、高度和行距。在创建表格前，应先创建表格样式，并通过管理表格样式，使表格样式更符合行业的需要。

下面介绍如何对表格样式进行设置。

Step 01 在"注释"选项卡"表格"面板中单击"表格"按钮，打开"插入表格"对话框，如图8-39所示。

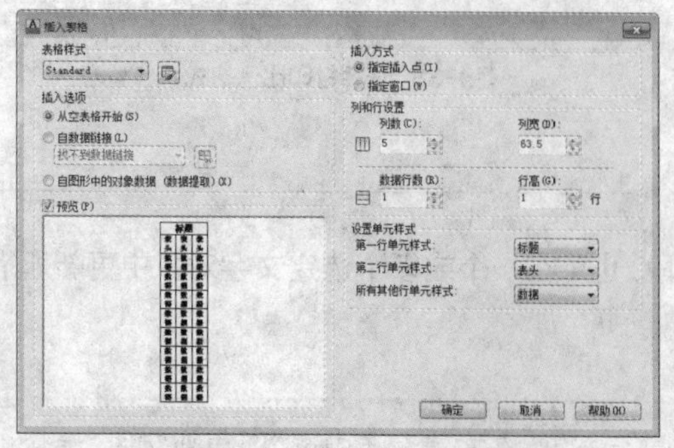

图8-39 "插入表格"对话框

Step 02 单击"启动表格样式对话框"按钮，打开"表格样式"对话框，如图8-40所示。

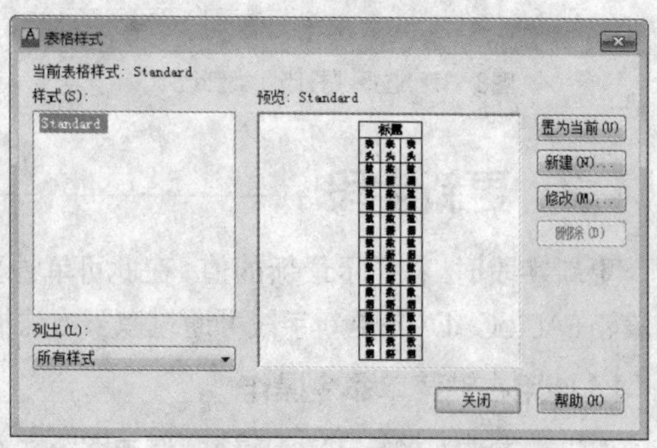

图8-40 "表格样式"对话框

Step 03 单击“新建”按钮，打开“创建新的表格样式”对话框，输入新样式名称，并单击“继续”按钮，如图8-41所示。

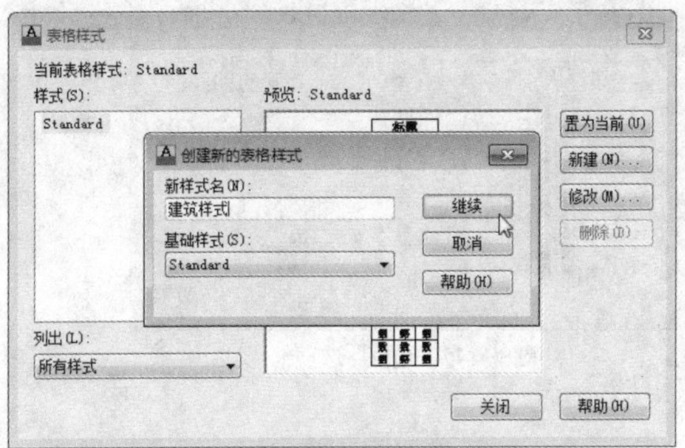

图8-41 “创建新的表格样式”对话框

Step 04 打开“新建表格样式”对话框，在“单元样式”下拉列表中，设置标题、数据、表头所对应的文字、边框等特性，如图8-42所示。

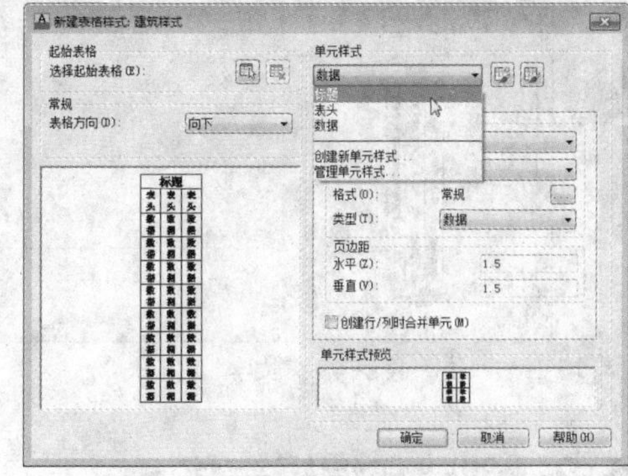

图8-42 “新建表格样式”对话框

Step 05 设置完成后，单击“确定”按钮，返回“表格样式”对话框。此时在“样式”列表中显示刚创建好的表格样式。最后单击“关闭”按钮退出。

在“新建表格样式”对话框中，用户可通过以下三种选项来对表格的“标题、表头和数据”样式进行设置。下面将分别对其选项进行说明。

1. 常规

在该选项卡中，用户可以对填充、对齐方式、格式、类型和页边距进行设置。该选项卡中的各选项说明如下。

- 填充颜色：设置表格的背景填充颜色。
- 对齐：设置表格单元中的文字对齐方式。
- 格式：设置表格单元中的数据格式。
- 类型：设置是数据类型还是标签类型。
- 页边距：设置表格单元中的内容距边线的水平和垂直距离。

2. 文字

在该选项卡中可设置表格单元中的文字样式、高度、颜色和角度等特性，如图8-43所示。

- 文字样式：选择可以使用的文字样式，单击其右侧的按钮，打开“文字样式”对话框，并创建新的文字样式。
- 文字高度：设置表单元中的文字高度。
- 文字颜色：设置表单元中的文字颜色。
- 文字角度：设置表单元中的文字倾斜角度。

3. 边框

在该选项卡中可以对表格边框特性进行设置，如图8-44所示。在该选项中，有8个边框按钮，单击其中任意按钮，可将设置的特性应用到相应的表格边框上。

- 线宽：设置表格边框的线宽。
- 线型：设置表格边框的线型样式。
- 颜色：设置表格边框的颜色。
- 双线：勾选该复选框，可将表格边框线型设置为双线。

- 间距：用于设置边框双线间的距离。

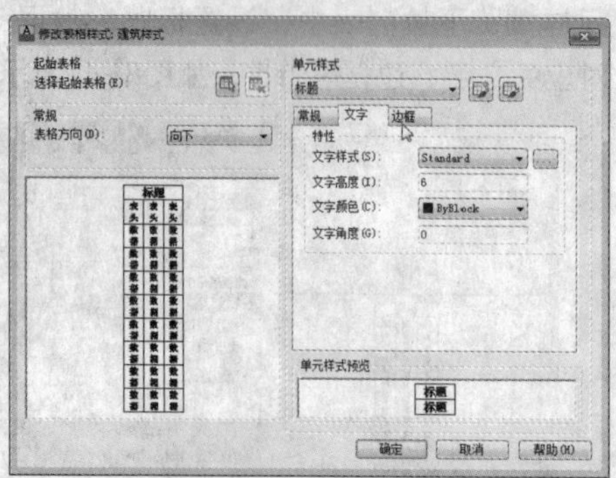
图8-43 “文字”选项卡

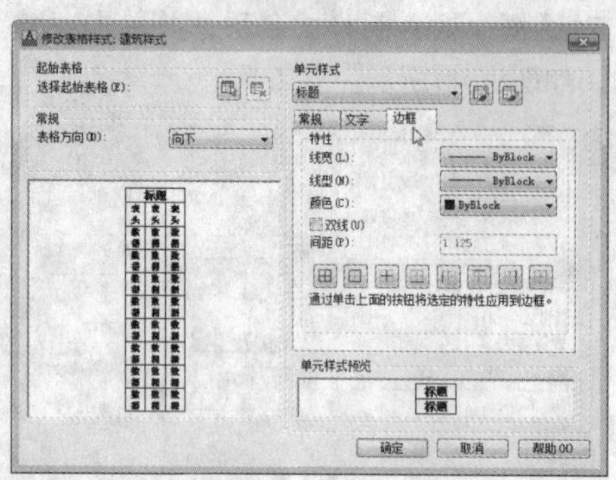
图8-44 “边框”选项卡

8.5.2 创建与编辑表格

表格颜色创建完成后，可使用“插入表格”命令创建表格。如果用户对创建的表格不满意，也可根据需要使用编辑命令，编辑表格。

1. 创建表格

在绘图区中插入表格的具体操作介绍如下。

Step 01 在“注释”选项卡的“表格”面板中单击“表格”按钮，打开“插入表格”对话框，在“列和行设置”选项组中，设置行数和列数值，在此设置行数为6，列数为4，如图8-45所示。

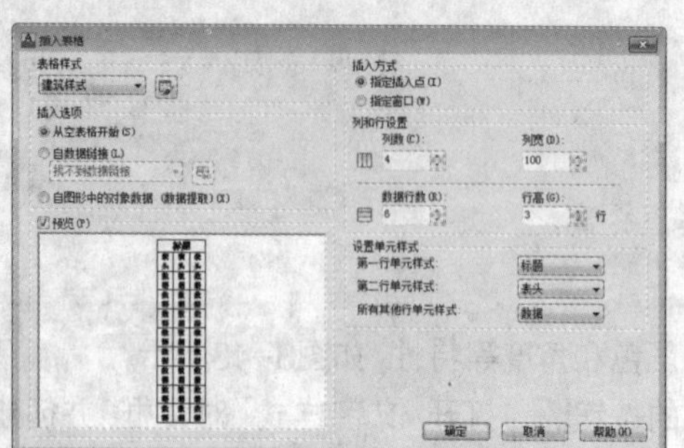
图8-45 设置表格的行数和列数

Step 02 设置好后，将列宽和行高设为合适的数值，如列宽设为100，行高设为3。单击“确定”按钮，根据命令行提示，指定表格插入点，如图8-46所示。

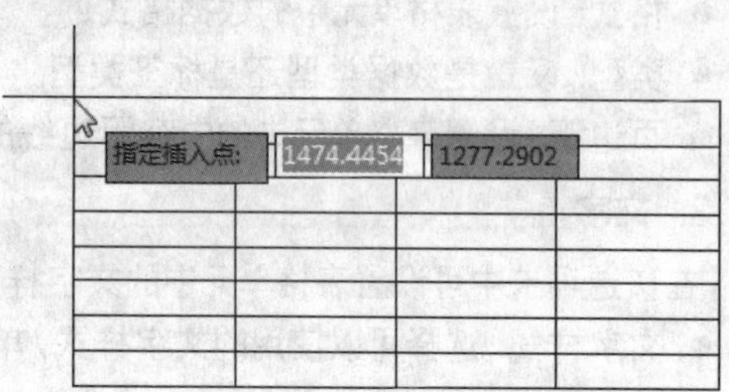

图8-46 指定插入点

Step 03 表格插入完成后，可进入文字编辑状态，这里输入装饰材料表，其结果如图 8-47 所示。

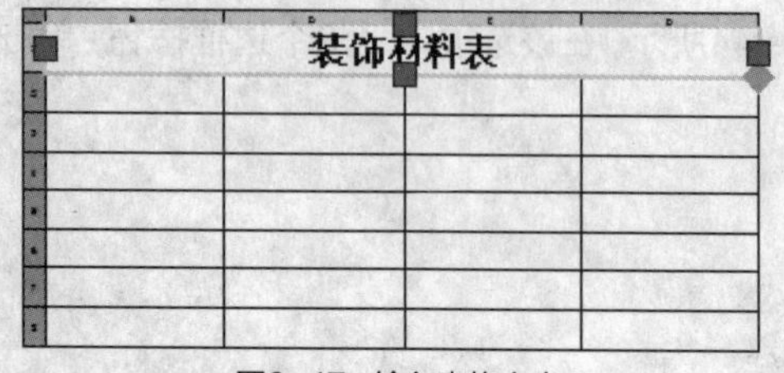

图8-47 输入表格文字

Step 04 输入好后按Enter键，便可进行下一行内容的输入，这里输入材料名称，其结果如图8-48所示。

图8-48 输入表格其他文字

Step 05 在该表格中，双击要输入内容的单元格，即可进行文字输入。

"插入表格"对话框中的各选项说明如下。

- 表格样式：在要创建表格的当前图形中选择表格样式。单击下拉按钮右侧"表格样式"对话框启动器按钮，创建新的表格样式。
- 从空表格开始：创建可以手动填充数据的空表格。
- 自数据链接：从外部电子表格中的数据创建表格。单击右侧按钮，可在"选择数据链接"对话框中进行数据链接设置。
- 自图形中的对象数据：用于启动"数据提取"向导。
- 预览：显示当前表格样式。
- 指定插入点：指定表格左上角的位置。可以使用定点设置，也可在命令行中输入坐标值。如果表格样式将表格的方向设为由下而上读取，则插入点应位于表格的左下角。
- 指定窗口：指定表格的大小和位置。该选项同样可以使用定点设置，也可在命令行中输入坐标值，选定此项时，行数、列数、列宽和行高取决于窗口的大小以及列和行设置。
- 列数：指定表格的列数。
- 列宽：指定表格列宽值。
- 数据行数：指定表格的行数。
- 行高：指定表格行高值。
- 第一行单元样式：指定表格中第一行的单元样式。系统默认为标题单元样式。
- 第二行单元样式：指定表格中第二行的单元样式。系统默认为表头单元样式。
- 所有其他行单元样式：指定表格中所有其他行的单元样式。系统默认为数据单元样式。

2. 编辑表格内容

创建表格后，用户可对表格进行剪切、复制、删除、缩放或旋转等操作，也可对表格内文字进行编辑。

(1) 编辑表格

选中所需编辑的单元格，在"表格单元"选项卡中，用户可根据需要对表格的行、列、单元样式、单元格式等元素进行编辑，如图8-49所示。

图8-49 "表格单元"选项卡

下面将对该选项卡中主要命令进行说明。

- 行：在该面板中，用户可对单元格的行进行相应操作，例如插入行、删除行。
- 列：在该面板中，用于可对选定的单元列进行操作，例如插入列、删除列。
- 合并：在该面板中，用户可将多个单元格合并成一个单元格，也可将已合并的单元格取消合并操作。
- 单元样式：在该面板中，用户可设置表格文字的对齐方式、单元格的颜色以及表格的边框样式等。
- 单元格式：在该面板中，用户可确定是否将选择的单元格进行锁定操作，也可以设置单元格的数据类型。
- 插入：在该面板中，用户可插入图块、字段以及公式等特殊符号。

- 数据：在该该面板中，用户可设置表格数据，如将Excel电子表格中的数据与当前表格中的数据进行链接操作。

⑵ 编辑表格文字

表格中的文字是可根据需要进行更改的。例如更换文字内容，修改文字大小、颜色和字体等。下面举例来介绍其具体操作。

Step 01 双击表格中所需修改的单元格内容，使其变成可编辑状态，如图8–50所示。

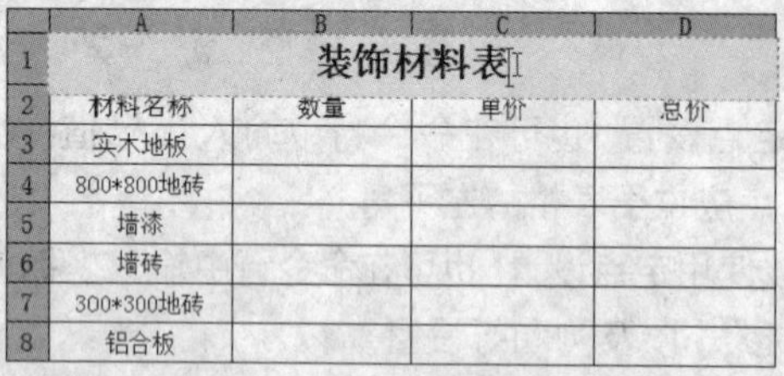

	A	B	C	D
1	装饰材料表			
2	材料名称	数量	单价	总价
3	实木地板			
4	800*800地砖			
5	墙漆			
6	墙砖			
7	300*300地砖			
8	铝合板			

图8–50 双击要编辑的单元格

Step 02 输入新的内容，单击绘图区空白处，完成表格内容的更改，如图8–51所示。

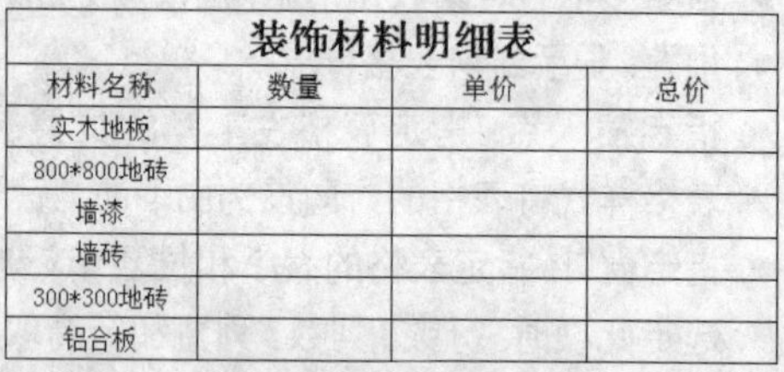

装饰材料明细表			
材料名称	数量	单价	总价
实木地板			
800*800地砖			
墙漆			
墙砖			
300*300地砖			
铝合板			

图8–51 完成内容的更改

Step 03 双击所需编辑的文本，使其转换成可编辑状态，然后选中文本，如图8–52所示。

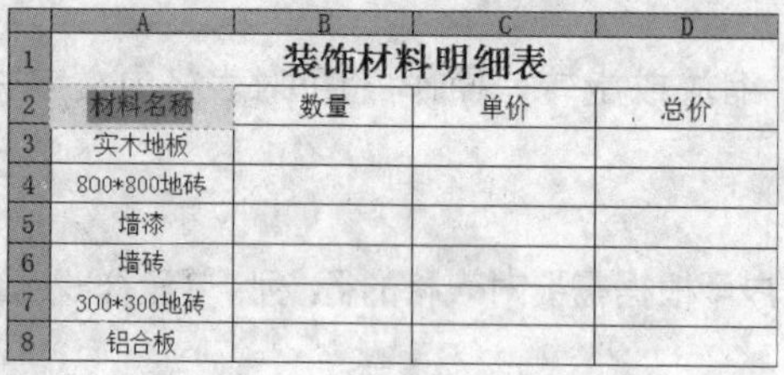

	A	B	C	D
1	装饰材料明细表			
2	材料名称	数量	单价	总价
3	实木地板			
4	800*800地砖			
5	墙漆			
6	墙砖			
7	300*300地砖			
8	铝合板			

图8–52 选择编辑文本

Step 04 在“文字编辑器”选项卡的“格式”面板中单击“字体”按钮，在下拉列表中，选择合适的字体选项，则可完成字体的更改，如图8–53所示。

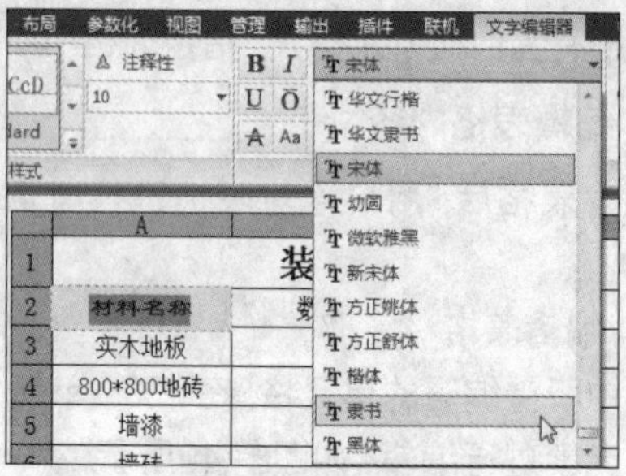

图8–53 修改字体

Step 05 按照同样的方法，完成其他文字字体的更改，结果如图8–54所示。

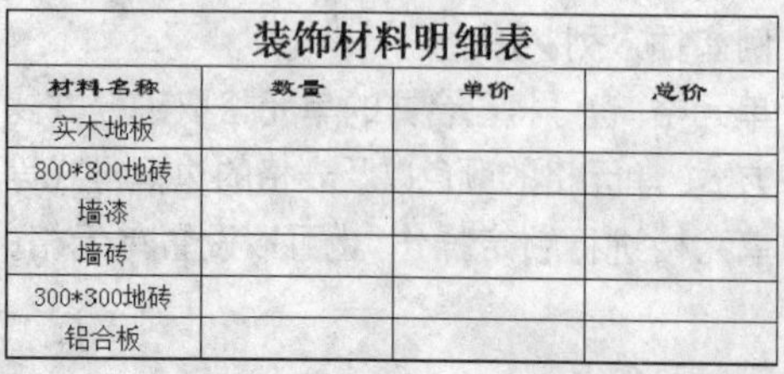

装饰材料明细表			
材料名称	数量	单价	总价
实木地板			
800*800地砖			
墙漆			
墙砖			
300*300地砖			
铝合板			

图8–54 完成剩余字体的修改

Step 06 选中文本，在“文字编辑器”选项卡“格式”面板中的“文字编辑器颜色库”下拉列表中，选择合适的颜色，即可完成字体颜色的更改，如图8–55所示。

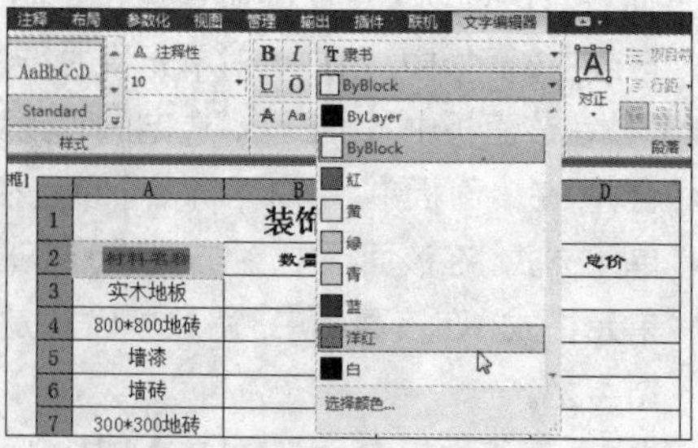

图8–55 更改字体颜色

参照上述操作方法，完成剩余文字颜色的更改。当然在“文字编辑器”选项卡中，用户还可对文字的大小、文字的样式以及排列方式等进行更改。在此将不再赘述。

8.5.3 调用外部表格

用户可利用“表格”命令创建表格，也可以从Microsoft Excel中直接复制表格作为AutoCAD表格对象粘贴到图形中。此外，还可以从外部直接导入表格对象。下面举例介绍调用外部表格的方法和技巧。

Step 01 打开“插入表格”对话框，单击“自数据链接”单选按钮，单击“启动‘数据链接管理器’对话框”按钮，打开“选择数据链接”对话框，如图8-56所示。

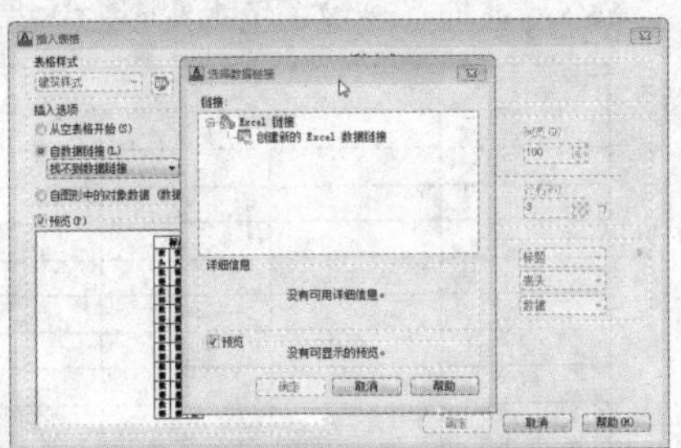

图8-56 “选择数据链接”对话框

Step 02 选择“创建新的Excel数据链接”选项，在“输入数据链接名称”对话框中，输入表格名称，如图8-57所示。

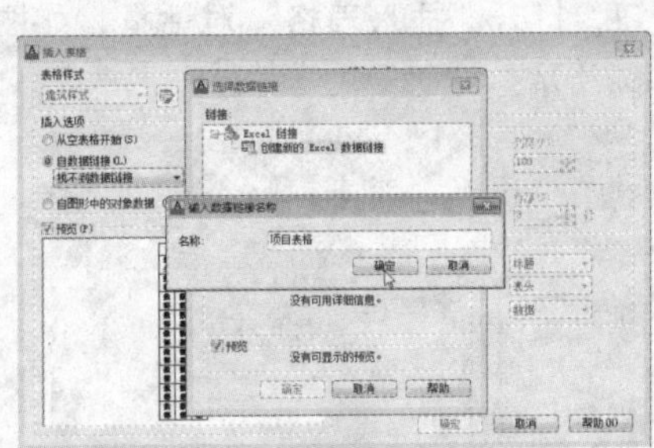

图8-57 输入表格名称

Step 03 单击“确定”按钮，在“新建Excel数据链接”对话框中，单击“浏览文件”文本框右侧按钮，如图8-58所示。

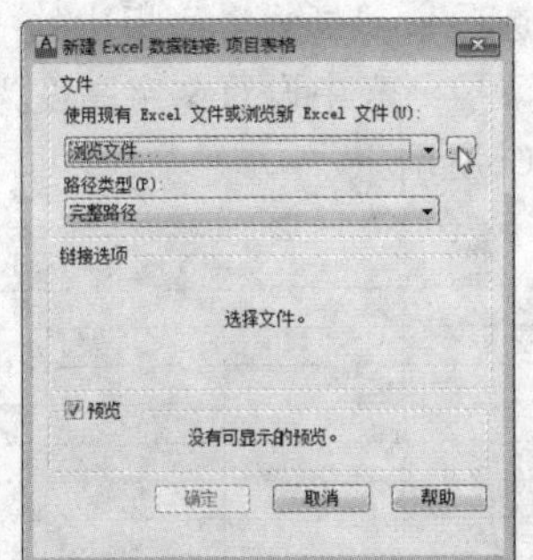

图8-58 “新建Excel数据链接”对话框

Step 04 在“另存为”对话框中，选择要调用的文件，单击“打开”按钮，如图8-59所示。

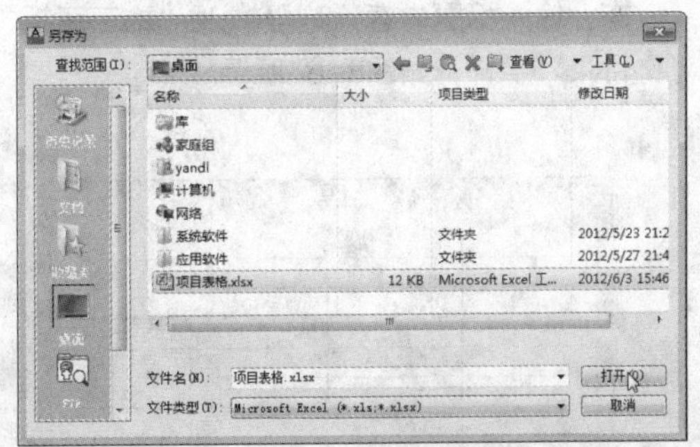

图8-59 “另存为”对话框

Step 05 在“新建Excel数据链接”对话框中，单击“确定”按钮，如图8-60所示，然后在绘图区中指定表格位置，完成调用操作，如图8-61所示。

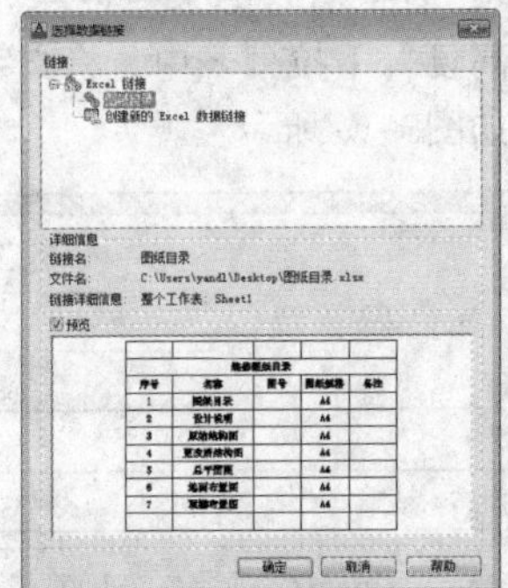

图8-60 选择调入文件

装修图纸目录				
序号	名称	图号	图纸规格	备注
1	图纸目录		A4	
2	设计说明		A4	
3	原始结构图		A4	
4	更改后结构图		A4	
5	总平面图		A4	
6	地面布置图		A4	
7	顶棚布置图		A4	

图8-61 调用外部表格效果

综合实例 绘制图纸目录表格

本章向用户介绍了文字、表格的创建编辑的操作方法。下面结合所学知识，绘制一张装修图纸目录表格，其中涉及到的命令有创建表格、编辑表格等。

Step01 启动AutoCAD 2013，在“注释”选项卡“表格”面板中单击“表格”按钮，打开“插入表格”对话框，如图8-62所示。

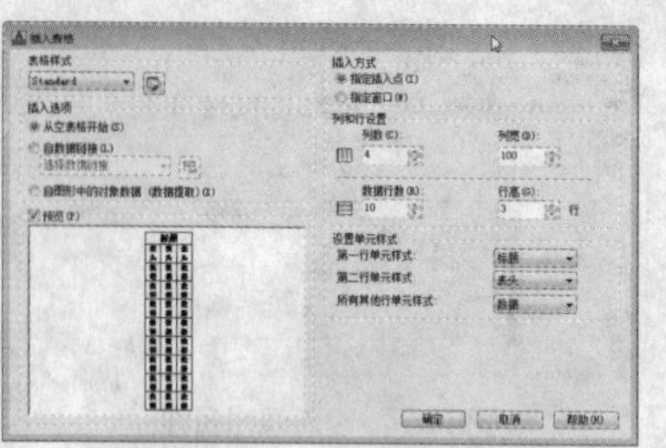

图8-62 “插入表格”对话框

Step02 将表格的行设为10，列设为4，单击“确定”按钮，并在绘图区中指定表格插入点，插入表格，结果如图8-63所示。

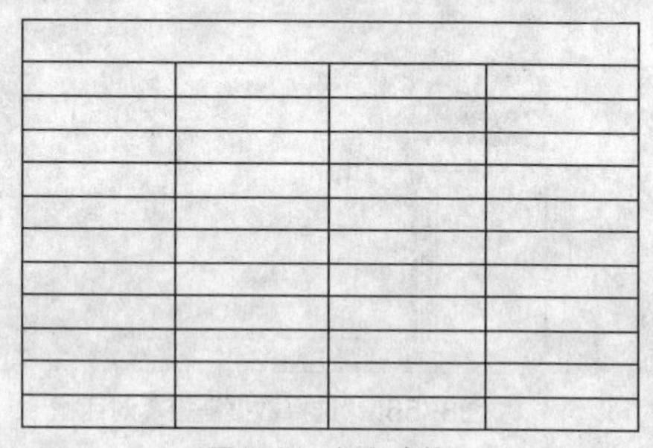

图8-63 插入表格

Step03 双击表格标题行，进入可编辑状态，输入标题内容，这里输入“施工图纸目录”字样，如图8-64所示。

图8-64 输入标题行内容

Step04 选中标题行内容，在“文字编辑器”选项卡“样式”面板中的“文字高度”下拉列表中设置文字高度为10，如图8-65所示。

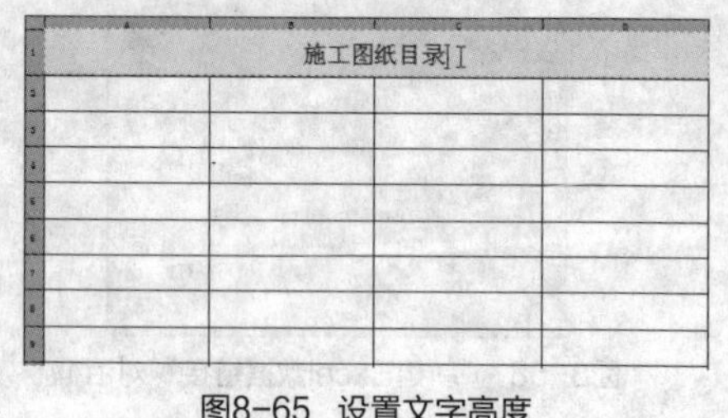

图8-65 设置文字高度

Step05 双击表头第一个单元格，当其变为可编辑状态后，输入表格表头内容，如图8-66所示。

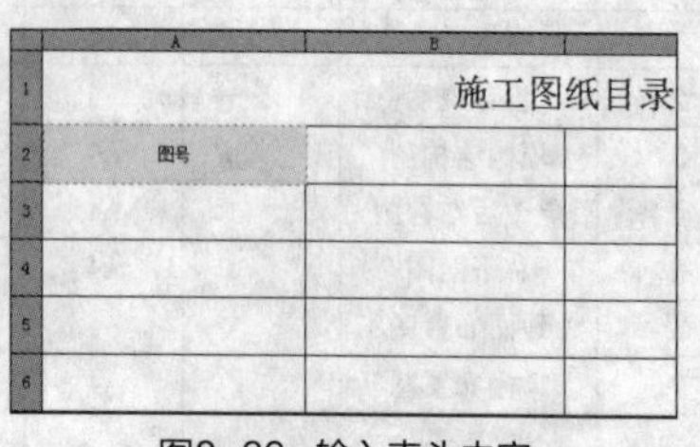

图8-66 输入表头内容

Step06 选中输入的文字内容，通过在“文字高度”下拉列表中，将文字高度设为8，如图8-67所示。

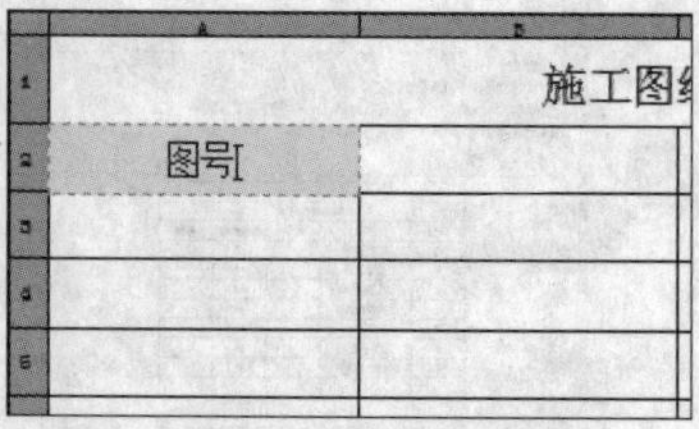

图8-67 设置文字高度

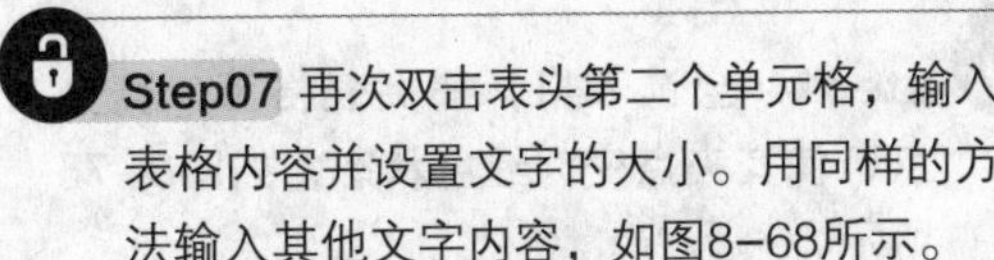

Step07 再次双击表头第二个单元格，输入表格内容并设置文字的大小。用同样的方法输入其他文字内容，如图8-68所示。

施工图纸目录			
图号	内容	页数	图纸规格

图8-68 完成表头剩余内容的输入

Step08 双击第3行第一个单元格，输入图号“1”，并将其文字高度设为10，结果如图8-69所示。

	A	B	C	D
1	施工图纸目录			
2	图号	内容	页数	图纸规格
3	1			
4				
5				
6				
7				
8				
9				
10				
11				
12				

图8-69 输入表格数据内容

Step09 单击该单元格，在“表格单元”选项卡的“单元样式”面板中，设置为“正中”排列方式，如图8-70所示。

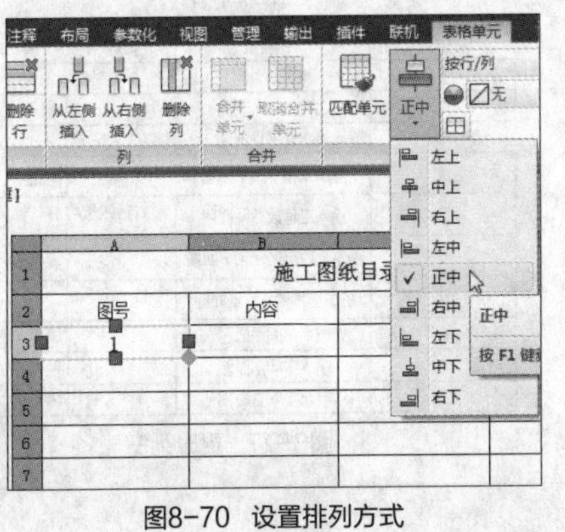

图8-70 设置排列方式

Step10 单击该单元格右下角的填充夹点，按住鼠标左键，将光标向下垂直移动，并捕捉表格底部端点，如图8-71所示。

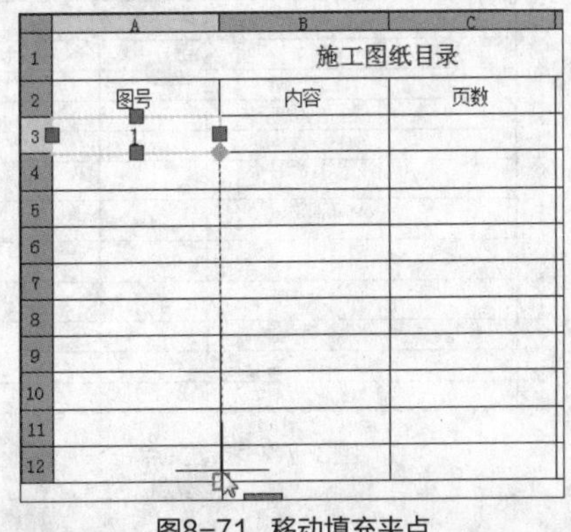

图8-71 移动填充夹点

Step11 完成后，表格将自动完成填充操作，如图8-72所示。

	A	B	C	D
1	施工图纸目录			
2	图号	内容	页数	图纸规格
3	1			
4	2			
5	3			
6	4			
7	5			
8	6			
9	7			
10	8			
11	9			
12	10			

图8-72 自动填充表格

Step12 双击第3行第二个单元格，输入图纸内容，并设置好文字大小，如图8-73所示。

	A	B	C	D
1	施工图纸目录			
2	图号	内容	页数	图纸规格
3	1	施工总说明		
4	2			
5	3			
6	4			
7	5			
8	6			
9	7			
10	8			
11	9			
12	10			

图8-73 输入表格内容

Step13 将输入好的文本内容设置为正中排列方式，并按照同样的方法，完成该列剩余内容的输入，如图8-74所示。

	A	B	C	D
1	施工图纸目录			
2	图号	内容	页数	图纸规格
3	1	施工总说明		
4	2	工程总体布置图		
5	3	输水管道平面图		
6	4	净水工程原始平面图		
7	5	净水工程改后平面图		
8	6	净水工程厂区绿化平面图		
9	7	应急蓄水池平、剖面图		
10	8	制水车间平面图		
11	9	制水车间剖面图		
12	10	制水车间立面图		

图8-74　输入表格剩余内容

Step14 全选表格，捕捉表格第二列夹点，使其夹点变为红色状态，如图8-75所示。

	A	B	C	D
1	施工图纸目录			
2	图号	内容	页数	图纸规格
3	1	施工总说明		
4	2	工程总体布置图		
5	3	输水管道平面图		
6	4	净水工程原始平面图		
7	5	净水工程改后平面图		
8	6	净水工程厂区绿化平面图		
9	7	应急蓄水池平、剖面图		
10	8	制水车间平面图		
11	9	制水车间剖面图		
12	10	制水车间立面图		

单击以更改列宽。
按 CTRL 键并单击以更改列宽并拉伸表格。

图8-75　捕捉夹点

Step15 捕捉完成后，将光标向右移至合适位置，指定新目标点，如图8-76所示。

	A	B	C	D
1	施工图纸目录			
2	图号	内容	页数	图纸规格
3	1	施工总说明		
4	2	工程总体布置图		
5	3	输水管道平面图		
6	4	净水工程原始平面图		
7	5	净水工程改后平面图		
8	6	净水工程厂区绿化平面图		
9	7	应急蓄水池平、剖面图		
10	8	制水车间平面图		
11	9	制水车间剖面图		
12	10	制水车间立面图		

平行

图8-76　移动夹点

Step16 指定完成后，用户便可调整当前的列宽，如图8-77所示。

施工图纸目录			
图号	内容	页数	图纸规格
1	施工总说明		
2	工程总体布置图		
3	输水管道平面图		
4	净水工程原始平面图		
5	净水工程改后平面图		
6	净水工程厂区绿化平面图		
7	应急蓄水池平、剖面图		
8	制水车间平面图		
9	制水车间剖面图		
10	制水车间立面图		

图8-77　更改列宽

Step17 输入表格第3列和第4列的表格内容，并设为“正中”对齐，如图8-78所示。

施工图纸目录			
图号	内容	页数	图纸规格
1	施工总说明	1	A4
2	工程总体布置图	1	A4
3	输水管道平面图	1	A4
4	净水工程原始平面图	1	A4
5	净水工程改后平面图	1	A4
6	净水工程厂区绿化平面图	1	A4
7	应急蓄水池平、剖面图	1	A4
8	制水车间平面图	1	A4
9	制水车间剖面图	1	A4
10	制水车间立面图	1	A4

图8-78　输入表格剩余内容

Step18 双击选中标题栏和表头文字，在“文字编辑器”选项卡“格式”面板中单击“加粗”按钮，将该字体加粗，如图8-79所示。

施工图纸目录			
图号	**内容**	**页数**	**图纸规格**
1	施工总说明	1	A4
2	工程总体布置图	1	A4
3	输水管道平面图	1	A4
4	净水工程原始平面图	1	A4
5	净水工程改后平面图	1	A4
6	净水工程厂区绿化平面图	1	A4
7	应急蓄水池平、剖面图	1	A4
8	制水车间平面图	1	A4
9	制水车间剖面图	1	A4
10	制水车间立面图	1	A4

图8-79　加粗字体

Step19 单击单元格，在“表格单元”选项卡“单元样式”面板中单击“偏移边框”按钮，打开“单元边框特性”对话框，如图8-80所示。

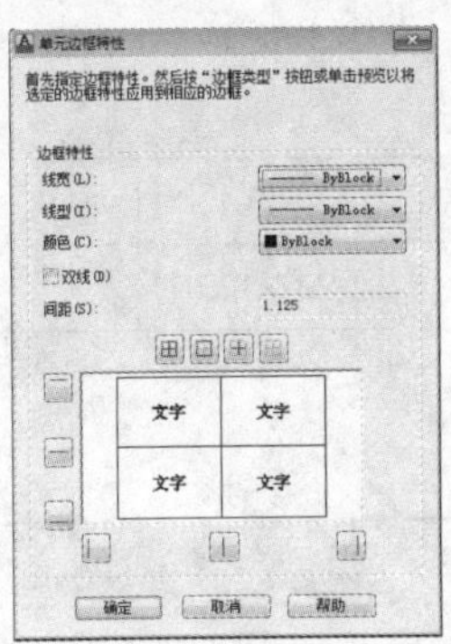

图8-80 “单元边框特性”对话框

Step20 勾选“双线”复选框，并将“间距”值设为10。单击“外边框”按钮，将表格边框设为双线，如图8-81所示。

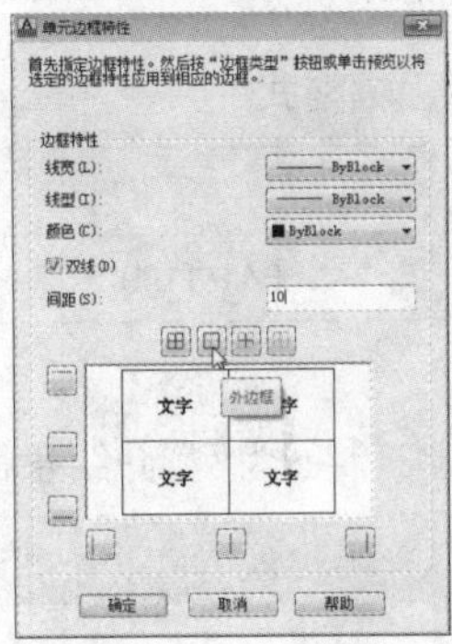

图8-81 设置双线距离

Step21 设置完成后，单击“确定”按钮，即可完成设置，如图8-82所示。

施工图纸目录			
图号	内容	页数	图纸规格
1	施工总说明	1	A4
2	工程总体布置图	1	A4
3	输水管道平面图	1	A4
4	净水工程原始平面图	1	A4
5	净水工程改后平面图	1	A4
6	净水工程厂区绿化平面图	1	A4
7	应急蓄水池平、剖面图	1	A4
8	制水车间平面图	1	A4
9	制水车间剖面图	1	A4
10	制水车间立面图	1	A4

图8-82 添加表格双线

Step22 单击表格标题栏，在“单元样式”面板中的“表格单元背景色”下拉列表中，选择合适的颜色，完成底纹设置，如图8-83所示。

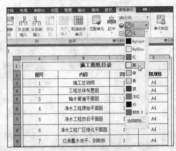

图8-83 选择单元格底纹颜色

Step23 同样通过“表格单元背景色”命令，将表头设置为合适的底纹颜色。至此图纸目录表格已经绘制完毕，效果如图8-84所示。

施工图纸目录			
图号	内容	页数	图纸规格
1	施工总说明	1	A4
2	工程总体布置图	1	A4
3	输水管道平面图	1	A4
4	净水工程原始平面图	1	A4
5	净水工程改后平面图	1	A4
6	净水工程厂区绿化平面图	1	A4
7	应急蓄水池平、剖面图	1	A4
8	制水车间平面图	1	A4
9	制水车间剖面图	1	A4
10	制水车间立面图	1	A4

图8-84 设置表头底纹

工程师点拨：快速填充相同的文本

如果填充相同的文本，可先选中两格相同的文本，然后在指定单元格右下角填充夹点，并移动光标至目标单元格右下角夹点处即可完成填充，如图8-85所示。

图8-85 填充相同文本

高手应用秘籍 标准文字、线型、图幅格式介绍

掌握一定的制图知识是必要的。只有通过规范制图，才能最大限度地将自己的设计理念完整表达。下面总结出了一些制图知识，供用户参考。

❶ 常用图幅格式

幅面代号	A0	A1	A2	A3	A4
尺　寸	841*1189	594*841	420*594	297*420	210*297

❷ 线型

下面以建筑制图为例，介绍各种线型使用范围。

线 型	尺 寸	主要用途
粗实线	0.3mm	平、剖面图中被剖切的主要建筑构造的轮廓线 室内外立面图的轮廓线 建筑装饰构造详图的建筑表面线
中实线	0.15mm~0.18mm	平、剖面图中被剖的次要建筑构造的轮廓线 室内外平、顶、立、剖面图中建筑构配件的轮廓线 建筑装饰构造详图及剖检详图中一般的轮廓线
细实线	0.1mm	填充线、尺寸线、尺寸界线、索引符号、标高符号、分割线
细虚线	0.1mm~0.13mm	室内平、顶面图中未剖切到的主要轮廓线 建筑构造及建筑装饰构配件不可见的轮廓线 拟扩建的建筑轮廓线 外开门立面图开门表示方式
细点划线	0.1mm~0.13mm	中轴线、对称线、定位轴线
细折断线	0.1mm~0.13mm	不需画全的断开界线

❸ 字体

汉字统一选用黑体，字高为300mm，高宽比1；数字及英文统一选用HZHT，字高为300mm，高宽比0.8；如对本图纸有注明，字体统一选用宋体，字高为300mm，高宽比1。

图纸名称字体统一选用黑体，中文字高600mm，高宽比0.8，数字字高500，高宽比0.8；数字与中文图名下粗横线平齐。

❹ 标高符号

标高符号为等腰直角三角形；数字以m（米）计单位，小数点后留三位；零点标高应写成±0.000，正数标高不标注"+"，负数标高应标注"-"。

❺ 尺寸符号

尺寸标注的尺寸为统一体，如需调整尺寸数字，可使用"尺寸编辑"命令来调整；尺寸界线距标注物体为2mm~3mm，第一道尺寸线距标注物体10mm~12mm，相邻尺寸线间距为7mm~10mm；半径、直径标注时箭头样式为实心闭合箭头；标注文字距尺寸线为1mm~1.5mm。

秒杀 工程疑惑

在AutoCAD中操作时，用户经常会遇见各种各样的问题，下面将总结一些常见问题进行解答，包括创建表格、文字输入、表格创建的其他方法以及文本修订操作等问题。

问 题	解 答
创建表格时，为什么设置的行数为 6，但在绘图区中插入的表格却有 8 行?	这是由于设置的行数是数据行的行数，而表格的标题栏和表头是排除在行数设置范围之外的。系统默认的表格都是会带有标题栏和表头的
除了使用“表格”命令创建表格外，还有没有其他方法?	在 AutoCAD 中，除了使用“表格”命令外，还可以使用“直线”和“文字”命令来进行表格创建。但该方法较为麻烦，不便于整体编辑操作。两种方法相比之下，使用“表格”命令较为方便
为什么在进行输入文字操作后，却看不见文字呢?	这是由于文字尺寸太小，用户无法看见。所以用户需使用以下方法进行操作 ❶ 当文字样式为默认状态下，在“注释”选项卡“文字”面板中单击“单行文字”按钮 ❷ 进入文字编辑框，输入文本内容 ❸ 选中刚输入的文本 ❹ 在“文字编辑器”选项卡“文字样式”面板中单击“文字高度”按钮，输入合适的高度值，按 Enter 键，即可完成 当然，在输入文字操作时，最好养成先设置文字样式，再输入文字的习惯
在 AutoCAD 中，是否可以对文字进行修订操作?	完全可以。但前提是，文本修订功能只限于在 AutoCAD 2013 中使用。具体操作如下 ❶ 双击要编辑的文本，进入可编辑状态 ❷ 选中文本，在“文字编辑器”选项卡的“格式”面板中单击“修订”按钮 A，此时选中的文本已完成修订 如果要取消修订，只需再次单击该命名，则可取消修订操作

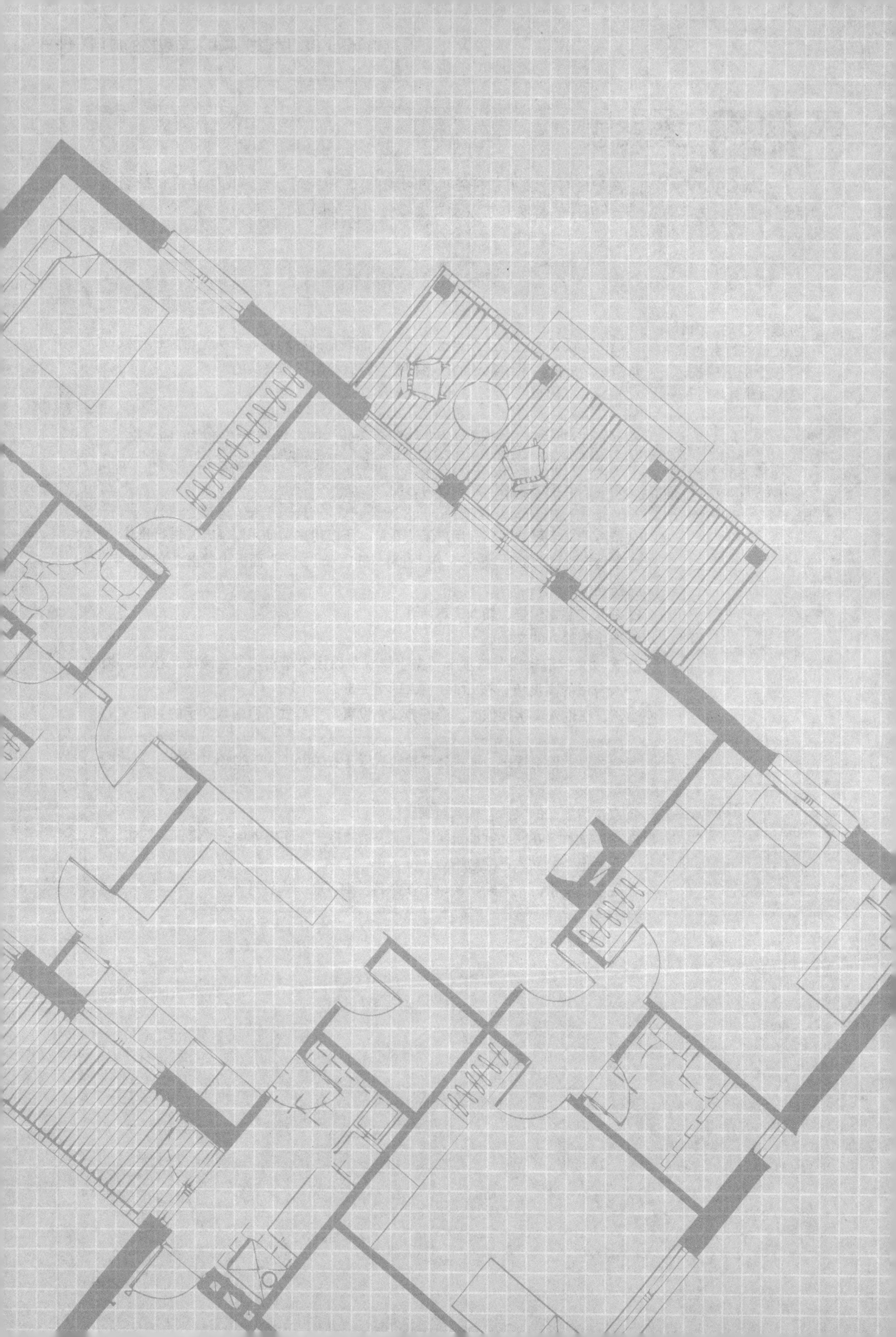

AutoCAD 2013

CHAPTER 09

图形标注尺寸的设置与应用

尺寸标注是向图纸中添加测量注释，它是设计图纸中不可缺少的组成部分。尺寸标注可精确地反映图形对象各部分的大小及其相互关系，是指导施工的重要依据。本章将介绍尺寸标注样式的设置以及各种尺寸标注命令的使用方法。

学完本章您可以掌握如下知识点

知识点序号	知识点难易指数	知识点
1	★	尺寸样式的设置
2	★★	尺寸标注的创建
3	★★★	引线标注样式的设置
4	★★★	引线标注的创建

本章内容图解链接

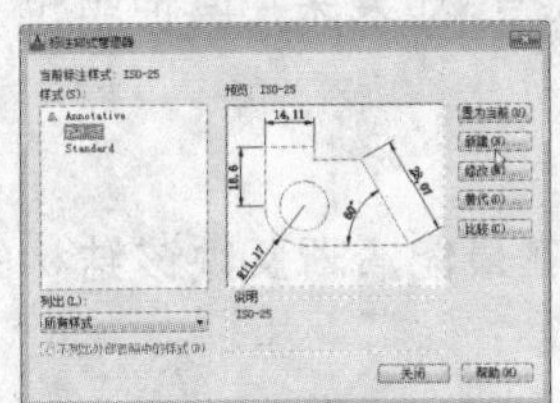

◎ 标注样式管理器

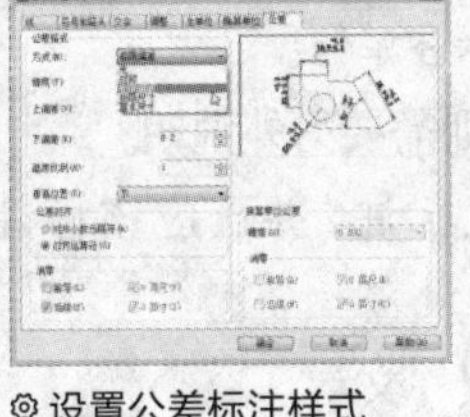

◎ 设置公差标注样式

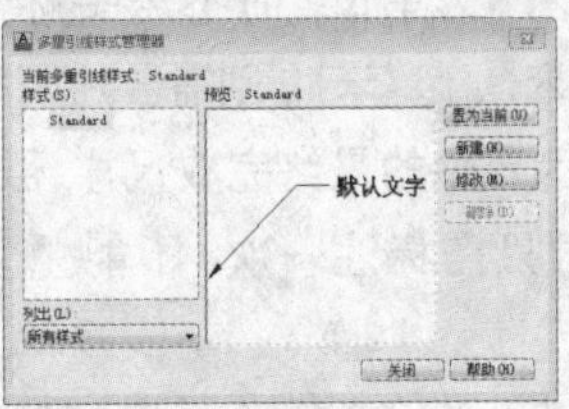

◎ 设置多重引线样式

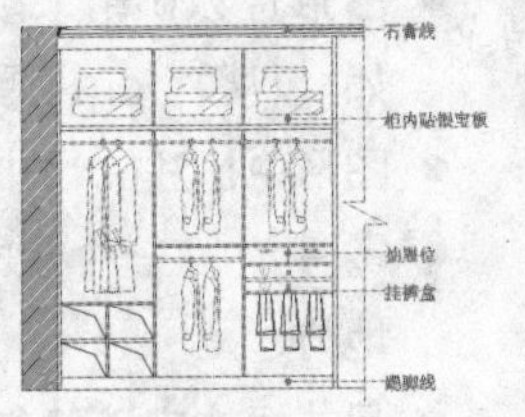

◎ 对齐引线标注

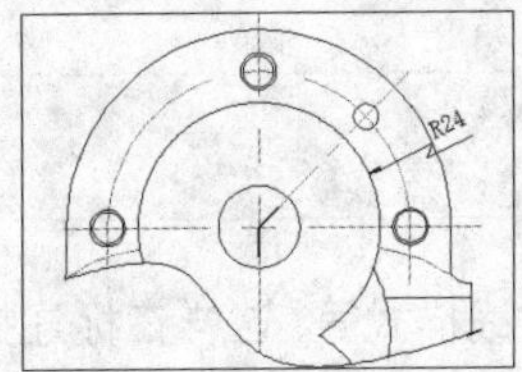

◎ 折弯半径标注

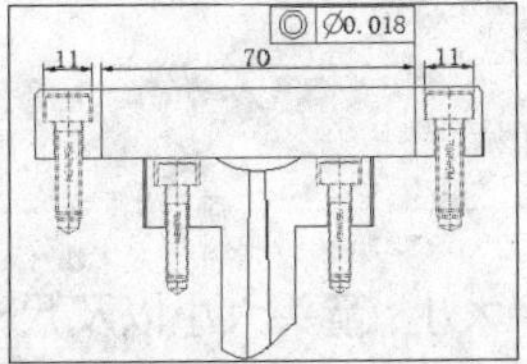

◎ 公差标注

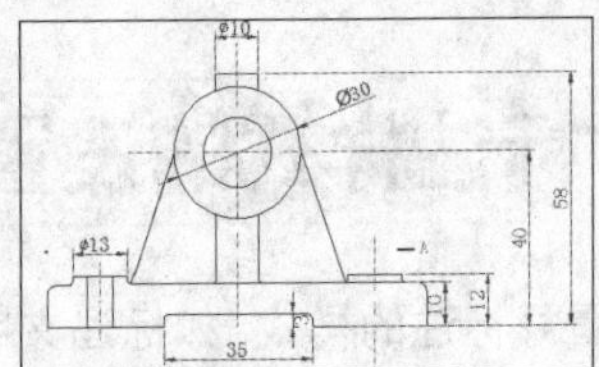

◎ 调整标注间距

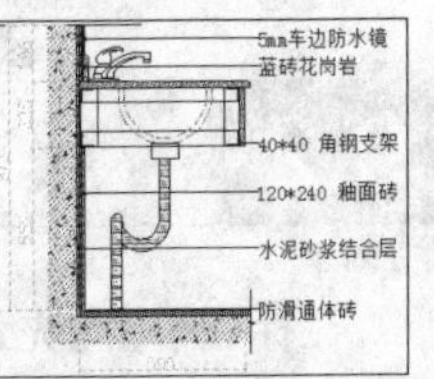

◎ 为洗手盒添加文件注释

9.1 尺寸标注的要素

尺寸标注能够直观地反映出图形尺寸。本节将介绍有关尺寸标注的相关知识，如尺寸标注的组成、标注原则等。

9.1.1 尺寸标注的组成

一个完整的尺寸标注由尺寸界线、尺寸线、尺寸文字、尺寸箭头以及中心标记等部分组成。下面将对其进行简单介绍。

- 尺寸界线：用于标注尺寸的界限。从图形的轮廓线、轴线或对称中心线引出，有时也可以利用轮廓线代替，用来表示尺寸的起始位置。一般情况下，尺寸界线应与尺寸线相互垂直。
- 尺寸线：用于指定标注的方向和范围。对于线性标注，尺寸线显示为一直线段；对于角度标注，尺寸线显示为一段圆弧。
- 尺寸文字：用于显示测量值的字符串，包括前缀、后缀和公差等。在AutoCAD中可对标注的文字进行替换。尺寸文字可放在尺寸线上，也可放在尺寸线之间。
- 尺寸箭头：位于尺寸线两端，标明尺寸线的真实位置。在AutoCAD中可对标注箭头的样式进行设置。
- 中心标记：标记圆或圆弧的中心点位置。

9.1.2 尺寸标注的原则

尺寸标注一般要求对标注的图形对象进行完整、准确、清晰的标注。在标注时，不能遗漏尺寸，要全方位放映出标注对象的实际情况。每个行业的标注标准都不太相同。相比较来说机械行业的尺寸标注要求较为严格。下面以机械制图为例，介绍其标注原则。

- 图形按照1:1的比例，与零件真实大小一样，零件的真实大小应该以图形标注为准，与图形的大小和绘图的精确度无关。
- 图形应以mm（毫米）为单位，而不需要标注计量单位的名称和代号，如果采用其他单位，如°（度）、cm（厘米）、m（米），则需要注明标注单位。
- 图形中标注的尺寸为零件的最终完成尺寸，否则需要另外说明。
- 零件的每一个尺寸只需标注一次，不能重复标注，并且应该标注在最能清晰反映该结构的地方。
- 尺寸标注应该包含尺寸线、箭头、尺寸界线和尺寸文字。

9.2 尺寸标注样式的设置

在标注前，应先设置好标注的样式，如标注文字大小、箭头大小以及尺寸线样式等。这样在标注操作时才能够统一。

9.2.1 新建尺寸样式

AutoCAD系统默认尺寸样式为Standard，若对该样式不满意，用户可通过"标注样式管理器"对话框创建新尺寸样式。下面对其具体操作介绍。

Step 01 执行"标注 > 标注样式"命令，打开"标注样式管理器"对话框，单击"新建"按钮，如图 9-1 所示。

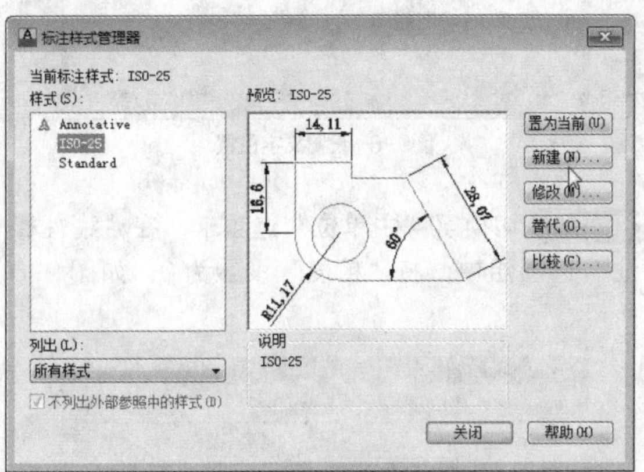

图9-1 "标注样式管理器"对话框

Step 02 在"创建新标注样式"对话框中，输入样式新名称，单击"继续"按钮，如图 9-2 所示。

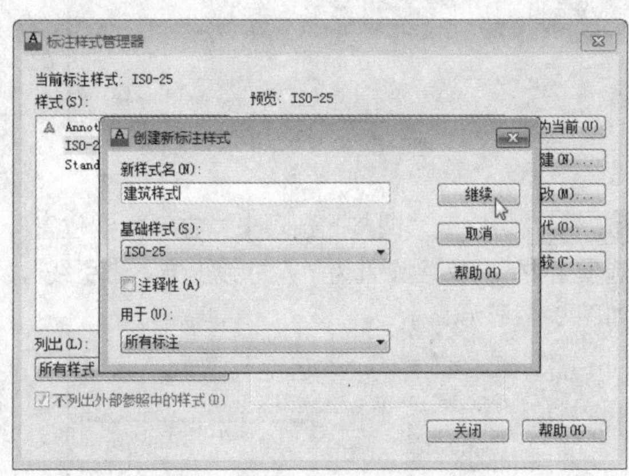

图9-2 "创建标注样式"对话框

Step 03 打开"新建标注样式"对话框，切换至"符号和箭头"选项卡。在"箭头"选项组中，将箭头样式均设为"建筑标记"，如图 9-3 所示。

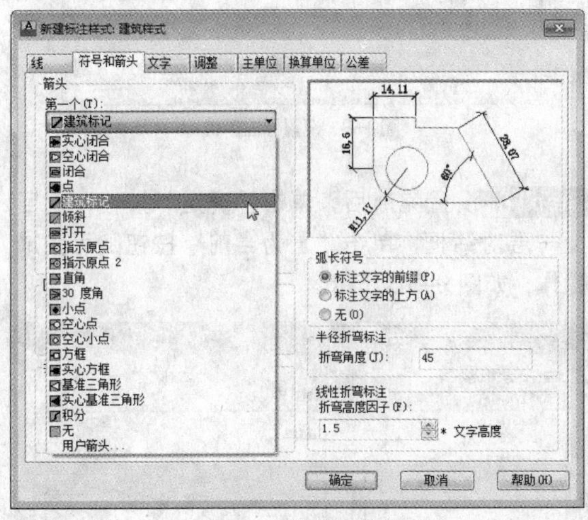

图9-3 设置箭头样式

Step 04 再将"箭头大小"设置为 50，如图 9-4 所示。

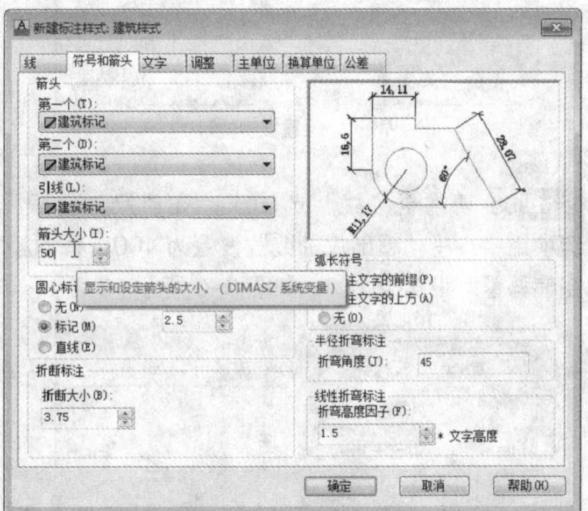

图9-4 设置箭头大小

Step 05 切换至"文字"选项卡，将"文字高度"设为 200，如图 9-5 所示。

Step 06 在"文字位置"选项组中，将"垂直"设置为"上"；将"水平"设置为"居中"，如图 9-6 所示。

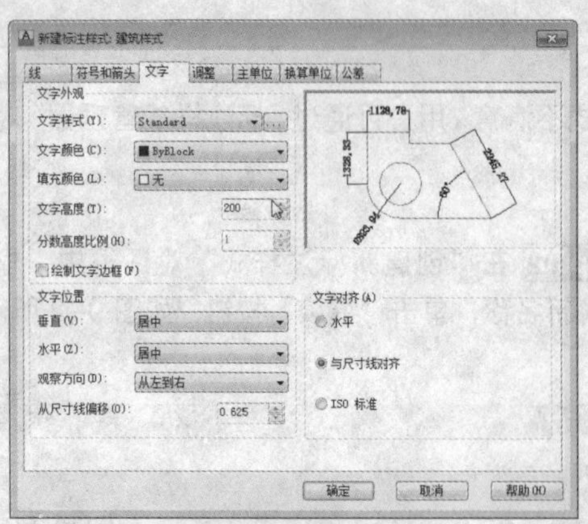
图9-5 设置文字大小

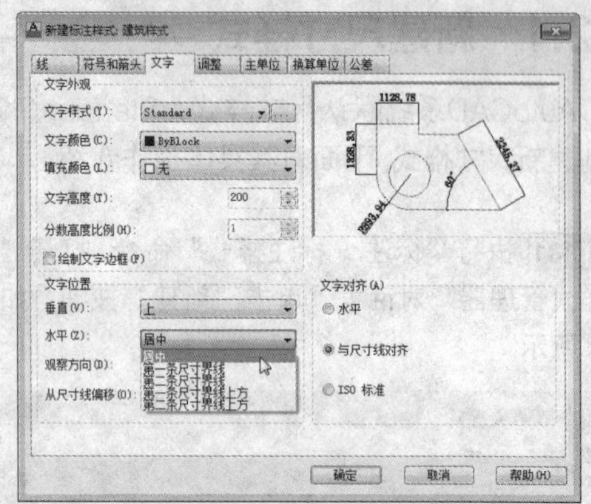
图9-6 设置文字位置

Step 07 切换至“调整”选项卡，在“文字位置”选项组中，将文字设置为“尺寸线上方，带引线”，如图 9-7 所示。

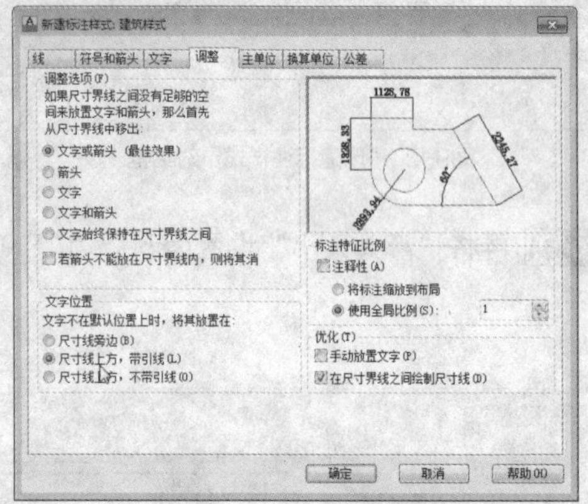
图9-7 设置文字位置

Step 08 切换至“主单位”选项卡，在“线性标注”选项组中，将“精度”设置为 0，如图 9-8 所示。

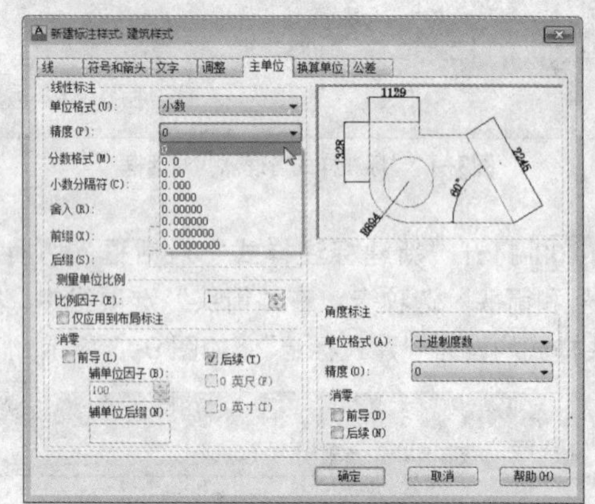
图9-8 设置标注单位

Step 09 切换至“线”选项卡，在“尺寸界限”选项组中，将“超出尺寸线”设置为 100，将“起点偏移量”设置为 200，如图 9-9 所示。

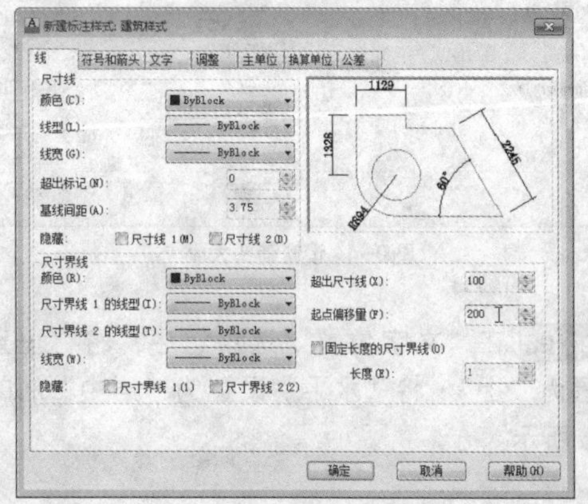
图9-9 设置尺寸界限

Step 10 设置完成后，单击“确定”按钮，返回上一层对话框，单击“置为当前”按钮则可完成操作，如图 9-10 所示。

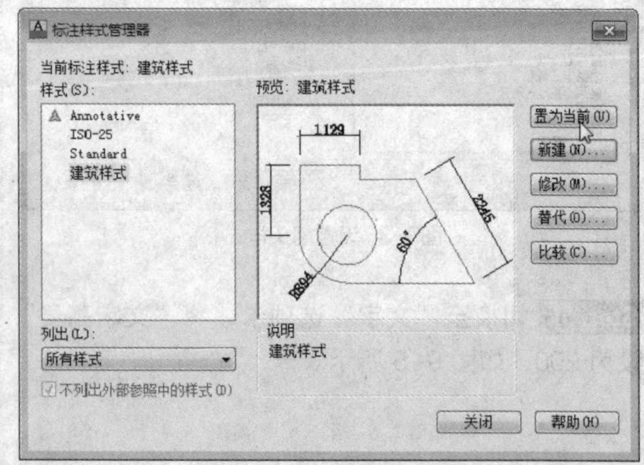
图9-10 完成设置操作

9.2.2 修改尺寸样式

尺寸样式设置好后，若不满意，用户也可对其进行修改操作。在“标注样式管理器”对话框中，选择要修改的样式后，单击“修改”按钮，在打开的“修改标注样式”对话框中设置即可。

1. 修改标注线

若要修改标注线，可在“修改标注样式”对话框中，切换至“线”选项卡，根据需要对其线的颜色、线型以及线宽等参数选项进行修改，如图9-11所示。

(1)“尺寸线”选项组主要用于设置尺寸的颜色、线宽、超出标记及基线间距属性。

- 颜色：设置尺寸线的颜色。
- 线型：设置尺寸线的线型。
- 线宽：设置尺寸线的宽度。
- 超出标记：调整尺寸线超出界线的距离。
- 基线间距：设置以基线方式标注尺寸时，相邻两尺寸线之间的距离。
- 隐藏：该选项用于确定是否隐藏尺寸线及相应的箭头。

(2)“尺寸界线”选项组主要用于设置尺寸界线的颜色、线宽、超出尺寸线的长度和起点偏移量，以及隐藏控制等属性。

- 颜色：设置尺寸界线的颜色。
- 线宽：设置尺寸界线的宽度。
- 尺寸界线1的线型/尺寸界线2的线型：用于设置尺寸界线的线型样式。
- 超出尺寸线：确定界线超出尺寸线的距离。
- 起点偏移量：设置尺寸界线与标注对象之间的距离。
- 固定长度的延伸线：将标注尺寸的尺寸界线都设置成一样长，尺寸界线的长度可在“长度”文本框中指定。

2. 修改符号和箭头

在“修改标注样式”对话框中，切换至“符号和箭头”选项卡，根据需要可修改箭头样式、箭头大小、圆心标注等参数，如图9-12所示。

(1)“箭头”选项组用于设置标注箭头的外观。

- 第一个/第二个：设置尺寸标注中第一个箭头与第二个箭头的外观样式。
- 引线：设置快速引线标注时的箭头类型。
- 箭头大小：设置尺寸标注中箭头的大小。

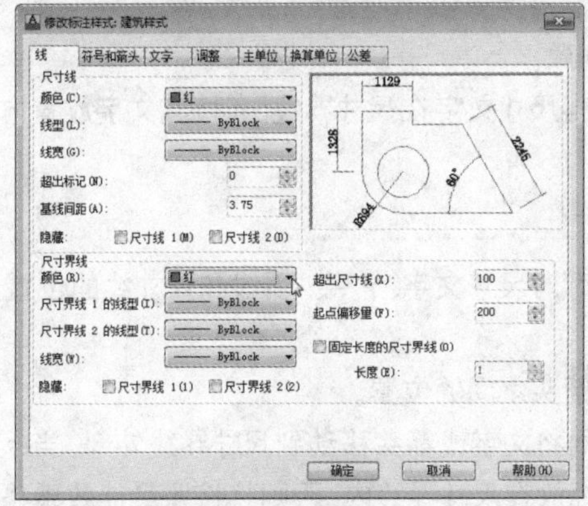

图9-11 “线”选项卡

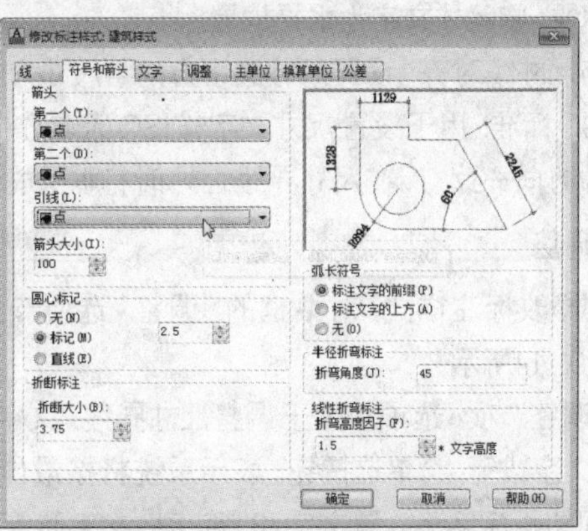

图9-12 “符号和箭头”选项卡

(2)"圆心标记"选项组用于设置是否显示圆心标记以及标记大小。

- "无"单选按钮：在标注圆弧类的图形时，取消圆心标记功能。
- "标记"单选按钮：显示圆心标记。
- "直线"单选按钮：标注出的圆心标记为中心线。

(3)"折断标注"选项组用于设置折断标注的大小。

(4)"弧长符号"选项组用于设置弧长标注中圆弧符号的显示。

- 标注文字的前缀：将弧长符号放置在标注文字的前面。
- 标注文字的上方：将弧长符号放置在标注文字的上方。
- 无：不显示弧长符号。

(5)"半径折弯标注"选项组用于半径标注的显示。半径折弯标注通常在中心点位于页面外部时创建。在"折弯角度"数值框中输入连接半径标注的尺寸界线和尺寸线的角度。

(6)"线型折弯标注"选项组可设置折弯高度因子的文字高度。

3. 修改尺寸文字

在"修改标注样式"对话框的"文字"选项卡中，可对文字的外观、位置以及对齐方式进行设置，如图9-13所示。

(1)"文字外观"选项组用于设置标注文字的格式和大小。

- 文字样式：选择当前标注的文字样式。
- 文字颜色：选择尺寸文本的颜色。
- 填充颜色：设置尺寸文本的背景颜色。
- 文字高度：设置尺寸文字的高度。如果选用的文字样式中，已经设置了文字高度，此时该选项将不可用。
- 分数高度比例：用于确定尺寸文本中的分数相对于其他标注文字的比例。
- "绘制文字边框"复选框：用于给尺寸文本添加边框。

(2)"文字位置"选项组用于设置文字的垂直、水平位置及距离尺寸线的偏移量。

- 垂直：确定尺寸文本相对于尺寸线在垂直方向上的对齐方式。
- 水平：设置标注文字相对于尺寸线和尺寸界线在水平方向的位置。
- 观察方向：用于观察文字的位置的方向的选定。
- 从尺寸线偏移：设置尺寸文字与尺寸线之间的距离。

(3)"文字对齐"选项组用于设置尺寸文字放在尺寸界线位置。

- 水平：将尺寸文字为水平放置。
- 与尺寸线对齐：设置尺寸文字方向与尺寸方向一致。
- ISO标准：用于设置尺寸文字按ISO标准放置，当尺寸文字在尺寸界线内时，其文字放置方向与尺寸方向一致，而在尺寸界线之外时将水平放置。

4. 调整

在"修改标注样式"对话框的"调整"选项卡中，可对尺寸文字、箭头、引线和尺寸线的位置进行调整，如图9-14所示。

(1)"调整选项"选项组用于调整尺寸界线、文字和箭头之间的位置。

- "文字或箭头"单选按钮：表示系统将按最佳布局将文字或箭头移动到尺寸界线外部。当尺寸界线间的距离足够放置文字和箭头时，文字和箭头都放在尺寸界线内，否则将按照最佳效果移动文字或箭头，当尺寸界线间的距离仅能容纳文字时，将文字放在尺寸界线内，而箭头放在尺寸界线外；当尺寸界线间的距离仅能够容纳箭头时，将箭头放在尺寸界线内，而文字放在尺寸界线外；当尺寸界线间的距离既不够放文字又不够放箭头时，文字和箭头都放在尺寸界线外。

- "箭头"单选按钮：表示AutoCAD尽量将箭头放在尺寸界线内，否则会将文字和箭头都放在尺寸界线外。
- "文字"单选按钮：表示当尺寸界线间距离仅能容纳文字时，系统会将文字放在尺寸界线内，箭头放在尺寸界线外。
- "文字和箭头"单选按钮：表示当尺寸界线间距离不足以放下文字和箭头时，文字和箭头都放在尺寸界线外。
- "文字始终保持在尺寸界线之间"单选按钮：表示系统会始终将文字放在尺寸界限之间。
- "若不能放在尺寸界线内，则消除箭头"单选按钮：表示当尺寸界线内没有足够的空间，系统则隐藏箭头。

(2)"文字位置"选项组用于调整尺寸文字的放置位置。

(3)"标注特征比例"选项组用于设置标注尺寸的特征比例，便于通过设置全局比例因子来增加或减少标注的大小。

- "注释性"单选按钮：将标注特征比例设置为注释性。
- "将标注缩放到布局"单选按钮：可根据当前模型空间视口与图纸空间之间的缩放关系设置比例。
- "使用全局比例"单选按钮：可为所有标注样式设置一个比例，指定大小、距离或间距。此外还包括文字和箭头大小，但并不改变标注的测量值。

(4)"优化"选项组用于对文本尺寸线进行调整。

- 手动放置文字：该选项忽略标注文字的水平设置，在标注时可将标注文字放置在用户指定的位置上。
- 在尺寸界线之间绘制尺寸线：该复选框表示始终在测量点之间绘制尺寸线，同时AutoCAD将箭头放在测量点之处。

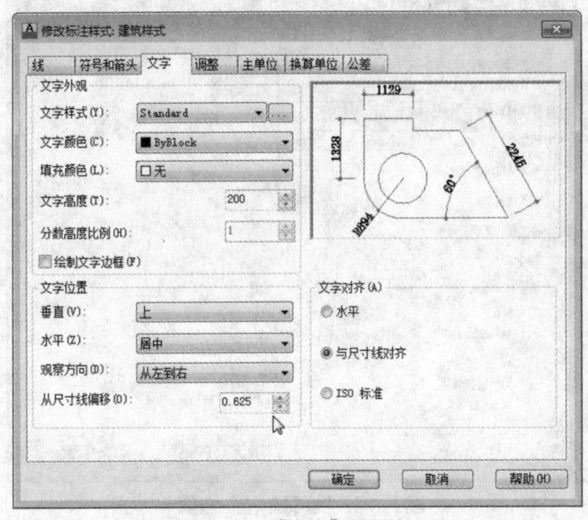

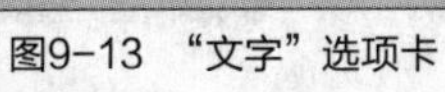
图9-13 "文字"选项卡

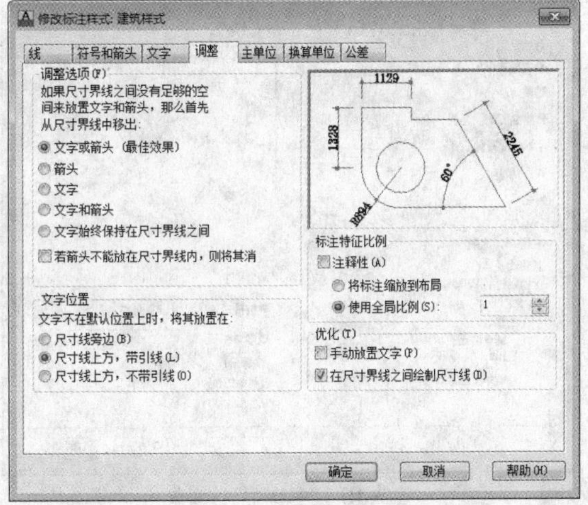

图9-14 "调整"选项卡

5. 修改主单位

在"修改标注样式"对话框的"主单位"选项卡中，可以设置主单位的格式与精度等属性，如图9-15所示。

⑴"线性标注"选项组用于设置线性标注的格式和精度。

- 单位格式：用来设置除角度标注之外的各标注类型的尺寸单位，包括"科学"、"小数"、"工程"、"建筑"、"分数"以及"Windows桌面"等选项。
- 精度：用于设置标注文字中的小数位数。
- 分数格式：用于设置分数的格式，包括"水平"、"对角"和"非堆叠"三种方式。在"单位格式"下拉列表中选择小数时，此选项不可用。
- 小数分隔符：该选项用于设置小数的分隔符，包括"逗点"、"句点"和"空格"三种方式。
- 舍入：用于设置除角度标注以外的尺寸测量值的舍入值，类似于数学中的四舍五入。
- 前缀、后缀：用于设置标注文字的前缀和后缀，用户在相应的文本框中输入文本符即可。
- 比例因子：设置测量尺寸的缩放比例，AutoCAD的实际标注值为测量值与该比例的积。若勾选"仅应用到布局标注"复选框，可设置该比例关系是否仅适应于布局。

⑵"消零"选项组用于设置是否显示尺寸标注中的前导和后续0。

⑶"角度标注"选项组用于设置标注角度时采用的角度单位。

- 单位格式：设置标注角度时的单位。
- 精度：设置标注角度的尺寸精度。
- 消零：设置是否消除角度尺寸的前导和后续0。

6. 修改换算单位

在"修改标注样式"对话框的"换算单位"选项卡中，可以设置换算单位的格式，如图9-16所示。

⑴ 显示换算单位：勾选该复选框时，其他选项才可用。在"换算单位"选项组中设置各选项的方法与设置主单位的方法相同。

⑵ 位置：该选项组可设置换算单位的位置，包括"主值后"和"主值下"两种方式。

- 主值后：将替换单位尺寸标注放置在主单位标注的后方。
- 主值下：将替换单位尺寸标注放置在主单位标注的下方。

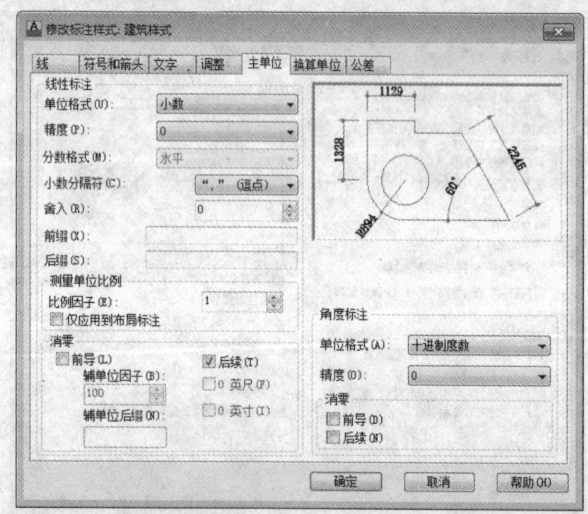

图9-15 "主单位"选项卡

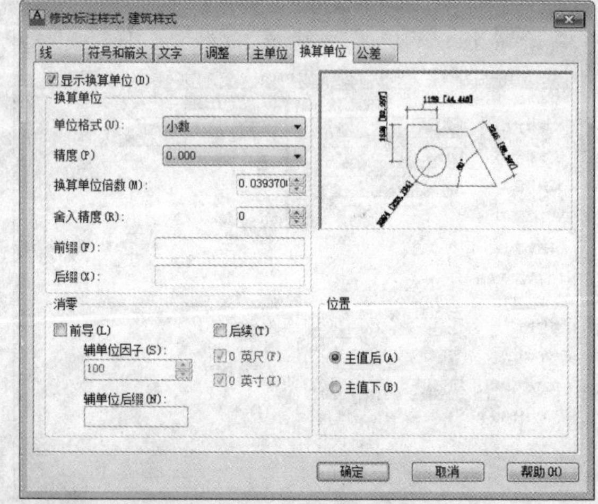

图9-16 "换算单位"选项卡

7. 修改公差

在"修改标注样式"对话框的"公差"选项卡中，可设置是否标注公差、公差格式以及输入上、下偏差值，如图9-17所示。

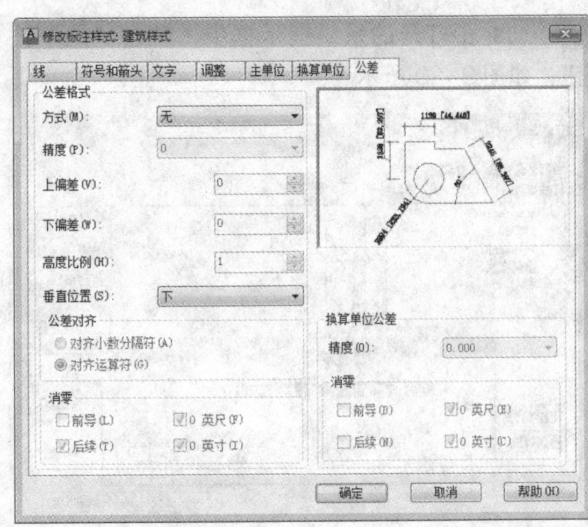

图9-17 “公差”选项卡

(1) “公差格式”选项组用于设置公差的标注方式。

- 方式：确定以何种方式标注公差。
- 精度：用于确定公差标注的精度。
- 上偏差/下偏差：用于设置尺寸的上偏差和下偏差。
- 高度比例：用于确定公差文字的高度比例因子。
- 垂直位置：控制公差文字相对于尺寸文字的位置，包括“上”、“中”和“下”三种方式。

(2) “公差对齐”选项组用于设置对齐小数分隔符和对齐运算符。

(3) “消零”选项组用于设置是否省略公差标注中的0。

(4) “换算单位公差”选项组用于对齐形位公差标注的替换单位进行设置。

9.2.3 删除尺寸样式

若想删除多余的尺寸样式，用户可在“标注样式管理器”对话框中进行删除操作。具体操作方法如下。

Step 01 打开“标注样式管理器”对话框，在“样式”列表中，选择要删除的尺寸样式，在此选择“建筑样式”，如图9-18所示。

图9-18 选择所需样式

Step 02 单击鼠标右键，在弹出的快捷菜单中，选择“删除”命令，如图9-19所示。

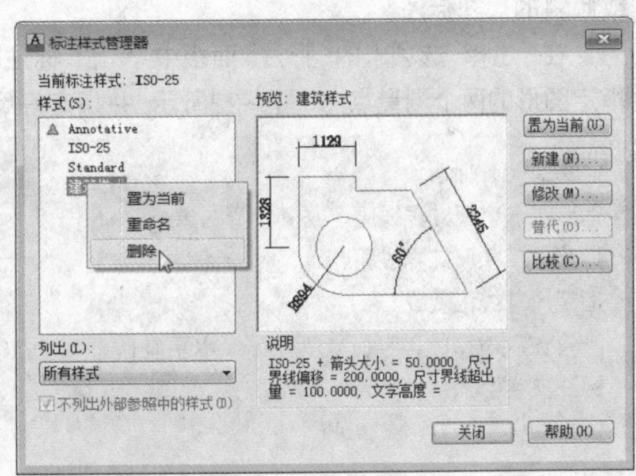

图9-19 选择“删除”命令

工程师点拨：管理标注样式

在“标注样式管理器”对话框中，除了可对标注样式进行编辑修改外，也可以进行重命名、删除和置为当前等管理操作。用户只需右击选中需管理的标注样式，在快捷菜单中，选择相应的命令即可。

Step 03 在打开的系统提示框中，单击“是”按钮，如图 9–20 所示。

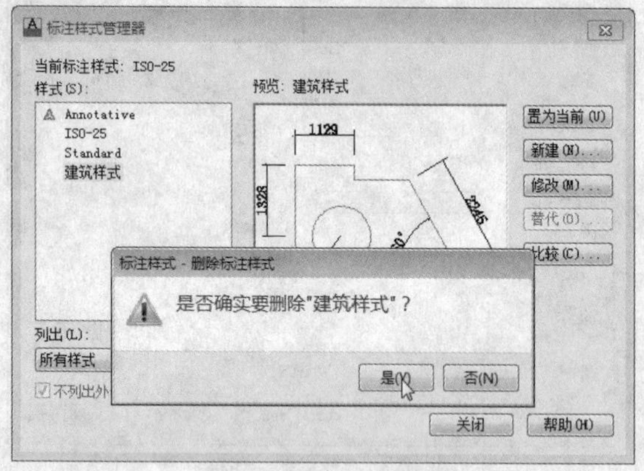

图9–20　确定是否删除

Step 04 返回上一层对话框，此时多余的样式已被删除，如图 9–21 所示。

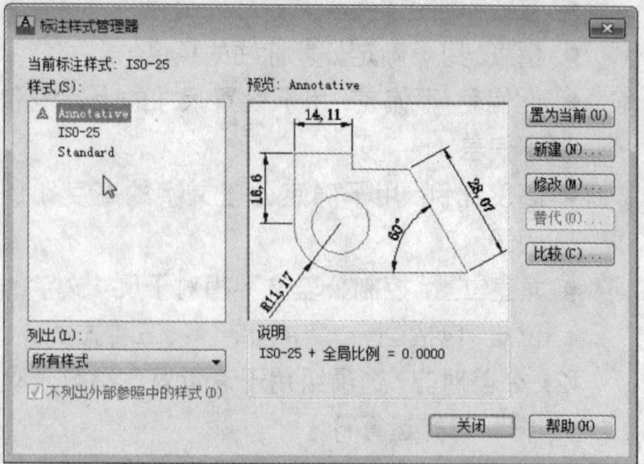

图9–21　完成删除

9.3　基本尺寸标注的应用

AutoCAD 软件提供了多种尺寸标注类型，包括标注任意两点间的距离、圆或圆弧的半径或直径值、圆心位置、圆弧或相交直线的角度等。

9.3.1　线性标注

线性标注用于标注图形的线型距离或长度。它是最基本的标注类型，可以在图形中创建水平、垂直或倾斜的尺寸标注。

在“注释”选项卡的“标注”面板中，单击“标注”下拉按钮，选择线性⊢⊣”选项，根据命令行的提示，指定图形的两个测量点，如图9–22所示，并指定好尺寸线的位置即可，如图9–23所示。命令行提示如下。

```
命令：_dimlinear
指定第一个尺寸界线原点或 < 选择对象 >:                    // 捕捉第一测量点
指定第二条尺寸界线原点：                                  // 捕捉第二测量点
指定尺寸线位置或
[ 多行文字 (M)/ 文字 (T)/ 角度 (A)/ 水平 (H)/ 垂直 (V)/ 旋转 (R)]:   // 指定好尺寸线位置
标注文字 = 784
```

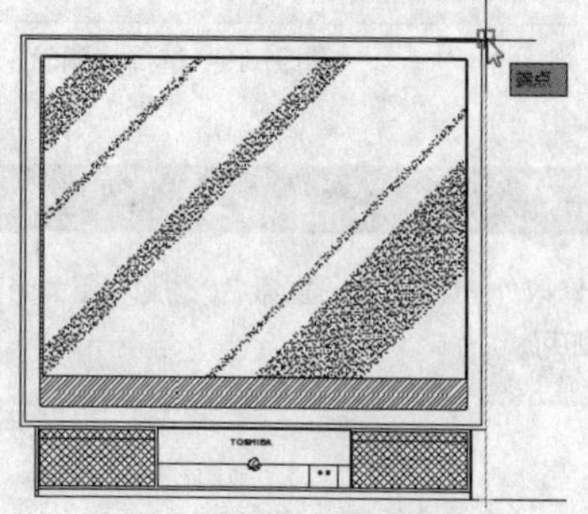

图9–22　捕捉测量点

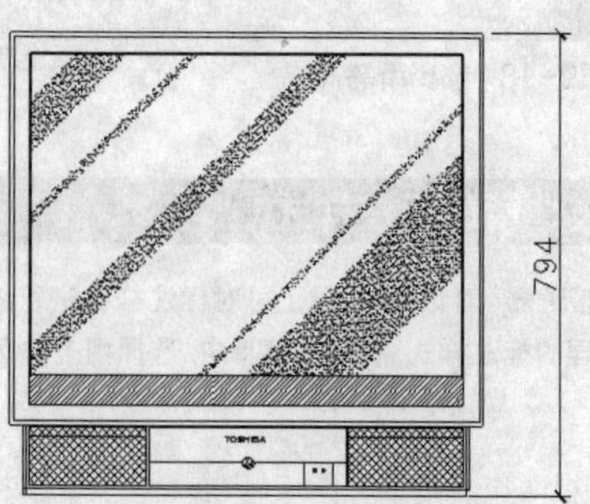

图9–23　指定尺寸线位置

命令行中各选项的含义如下。

- 多行文字：通过使用"多行文字"命令来编辑标注的文字内容。
- 文字：以单行文字的形式输入标注文字。
- 角度：设置标注文字方向与标注端点连线之间的夹角，默认为0。
- 水平/垂直：该选项用于标注水平尺寸和垂直尺寸。选择这两个选项时，用户可直接确定尺寸线的位置，也可选择其他选项来指定标注的标注文字内容或者标注文字的旋转角度。
- 旋转：该选项用于放置旋转标注对象的尺寸线。

9.3.2 对齐标注

对齐标注用于创建倾斜向上直线或两点间的距离。用户可在"标注"下拉列表中选择"对齐↖"选项，根据命令行提示，捕捉图形两个测量点，如图9-24所示，指定好尺寸线位置即可，如图9-25所示。

命令行提示如下。

```
命令 : _dimaligned
指定第一个尺寸界线原点或 < 选择对象 >:                // 捕捉第一测量点
指定第二条尺寸界线原点 :                              // 捕捉第二测量点
指定尺寸线位置或
[ 多行文字 (M)/ 文字 (T)/ 角度 (A)]:                  // 指定好尺寸线位置
标注文字 = 512
```

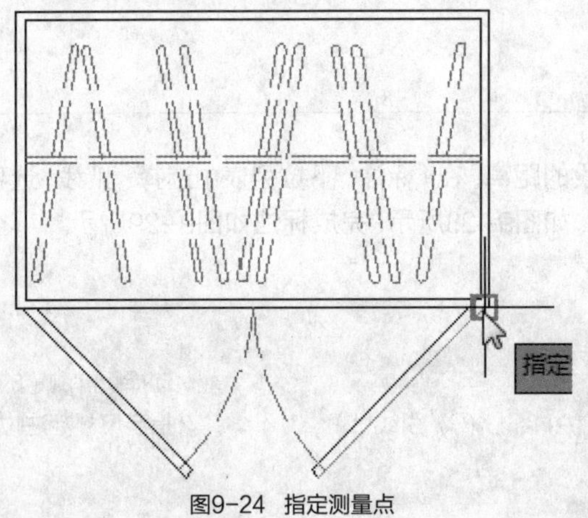

图9-24 指定测量点

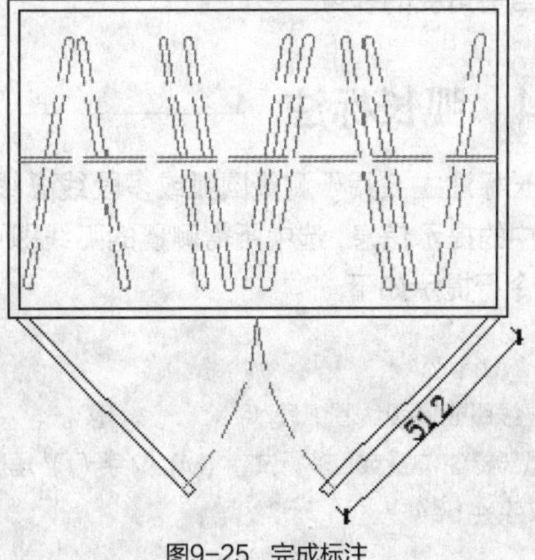

图9-25 完成标注

工程师点拨：线性标注和对齐标注的区别

线性标注和对齐标注都用于标注图形的长度。前者主要用于标注水平和垂直方向的直线长度；而后者主要用于标注倾斜方向上直线的长度。

9.3.3 角度标注

角度标注可准确测量出两条线段之间的夹角。角度标注默认方式为选择一个对象，有4种对象可以选择：圆弧、圆、直线和点。在"标注"下拉列表中选择"角度△"选项，根据命令行提示信息，选中夹角的两条测量线段，如图9-26所示，指定好尺寸标注位置即可，如图9-27所示。

命令行提示如下。

```
命令：_dimangular
选择圆弧、圆、直线或 < 指定顶点 >:                               // 选择夹角一条测量边
选择第二条直线：                                                 // 选择夹角另一条测量边
指定标注弧线位置或 [ 多行文字 (M)/ 文字 (T)/ 角度 (A)/ 象限点 (Q)]:   // 指定尺寸标注位置
标注文字 = 142
```

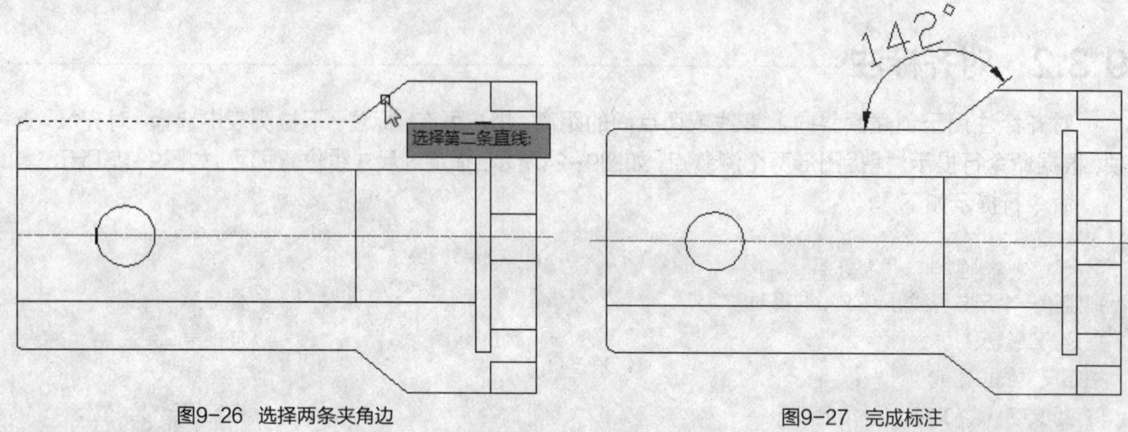

图9-26 选择两条夹角边　　图9-27 完成标注

在标注角度时，选择尺寸标注的位置很关键，当尺寸标注放置在当前测量角度之外，此时所测量的角度是当前角度的补角。

9.3.4 弧长标注

弧长标注主要用于测量圆弧或多段线弧线段的距离。在"标注"下拉列表中选择"弧线"选项，根据命令行中的提示信息，选中所需测量的弧线即可，如图9-28所示，完成标注如图9-29所示。

命令行提示如下。

```
命令：_dimarc
选择弧线段或多段线圆弧段：                                             // 选择所需测量的弧线
指定弧长标注位置或 [ 多行文字 (M)/ 文字 (T)/ 角度 (A)/ 部分 (P)/ 引线 (L)]:   // 指定尺寸标注位置
标注文字 = 664
```

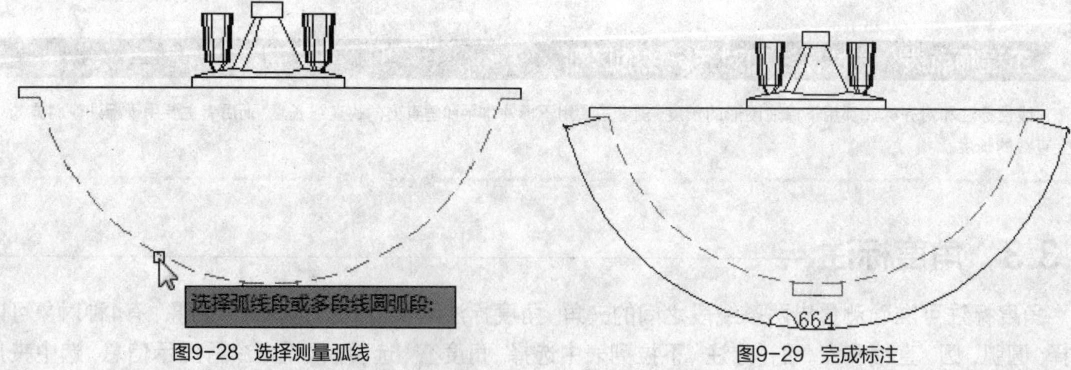

图9-28 选择测量弧线　　图9-29 完成标注

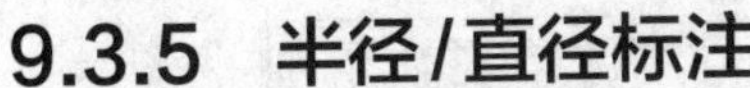

9.3.5 半径/直径标注

半径标注/直径标注主要用于标注圆或圆弧的半径或直径尺寸。在“标注”下拉列表中选择“半径”或“直径”选项，根据命令行中的提示信息，选中所需标注的圆的圆弧，如图9-30所示，并指定好尺寸标注位置点即可，如图9-31所示。

命令行提示如下。

```
命令：_dimradius
选择圆弧或圆：                                        // 选择圆弧
标注文字 = 17.5
指定尺寸线位置或 [ 多行文字 (M)/ 文字 (T)/ 角度 (A)]:    // 指定尺寸线位置
```

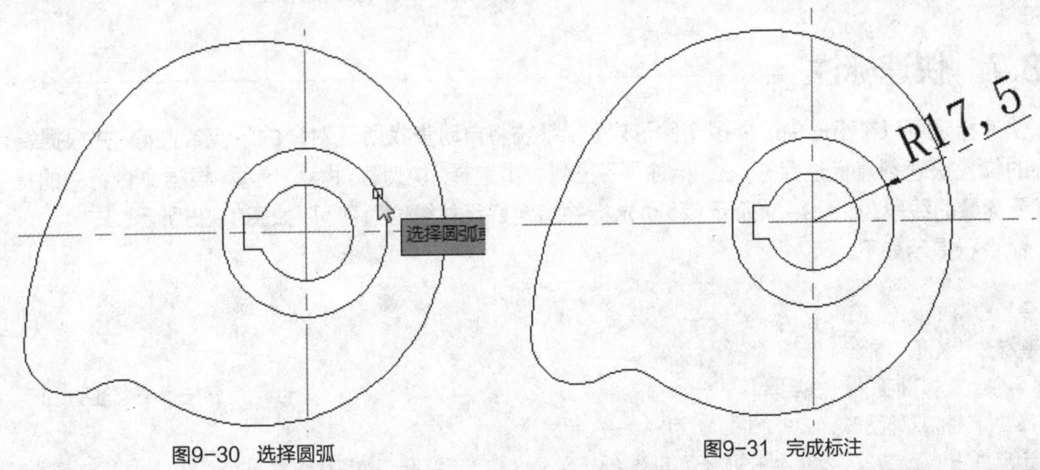

图9-30 选择圆弧　　图9-31 完成标注

工程师点拨：圆弧标注需注意

对圆弧进行半径或直径标注时，不需要直接沿圆弧进行设置。如果标注位于圆弧末尾之后，则将沿标注的圆弧的路径绘制延伸线。

9.3.6 连续标注

连续标注用于标注同一方向上连续的线性标注或角度标注，它是以上一个标注或指定标注的第二条尺寸界线为基准的连续创建。在“标注”下拉列表中选择“连续标注”选项，选择上一个尺寸界线，如图9-32所示，依次捕捉剩余测量点，按Enter键完成操作，如图9-33所示。

命令行提示如下。

```
命令：_dimcontinue
选择连续标注：                                          // 选择上一个标注界线
指定第二条尺寸界线原点或 [ 放弃 (U)/ 选择 (S)] < 选择 >:   // 依次捕捉下一个测量点
标注文字 = 600
指定第二条尺寸界线原点或 [ 放弃 (U)/ 选择 (S)] < 选择 >:
标注文字 = 400
选择连续标注：* 取消 *
```

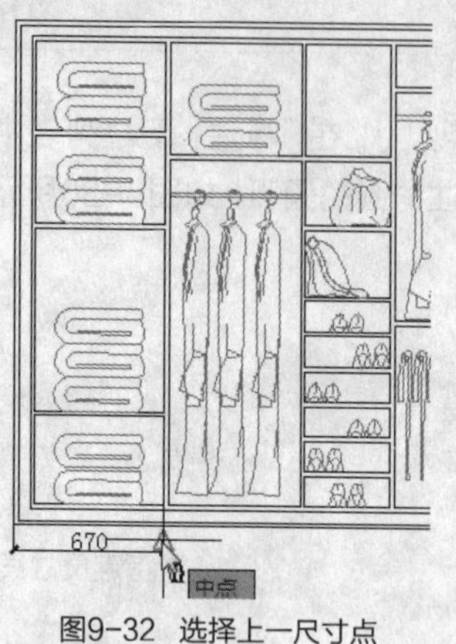

图9-32 选择上一尺寸点

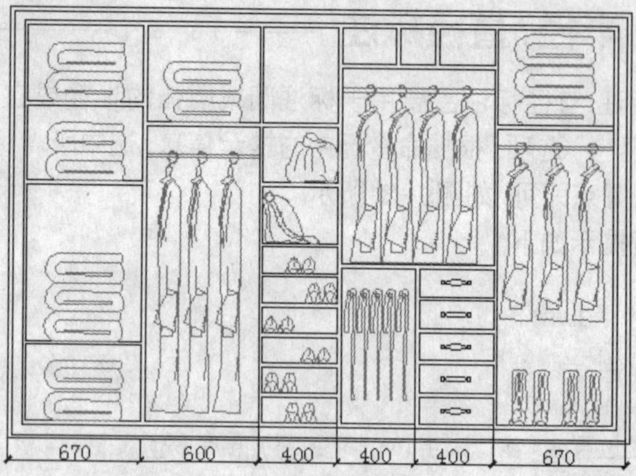

670 600 400 400 400 670

图9-33 完成连续标注

9.3.7 快速标注

快速标注可以在图形中选择多个图形对象，系统将自动查找所选对象的端点或圆心，并根据端点或圆心的位置快速创建标注尺寸。在"标注"下拉列表中选择"快速标注"选项，根据命令行中的提示，选择要测量的线段，如图9-34所示，移动光标并指定好尺寸线位置即可，如图9-35所示。

命令行提示如下。

```
命令：QDIM
关联标注优先级 = 端点
选择要标注的几何图形：找到 1 个                                    // 选择要标注的线段
选择要标注的几何图形：
指定尺寸线位置或 [ 连续 (C)/ 并列 (S)/ 基线 (B)/ 坐标 (O)/ 半径 (R)/ 直径 (D)/ 基准点 (P)/ 编辑 (E)/ 设置 (T)]
< 连续 >:                                                          // 指定尺寸线位置
```

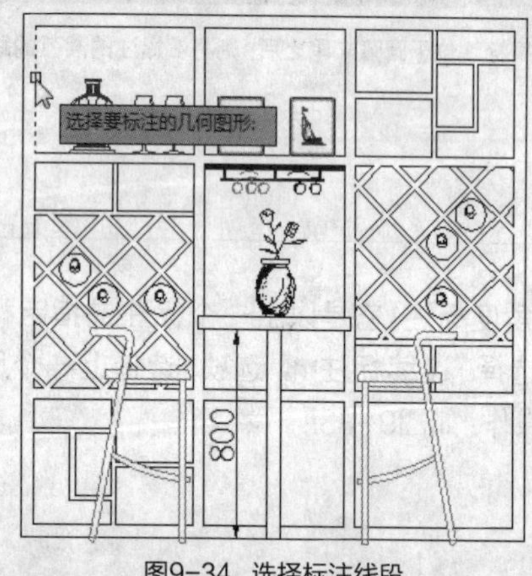

图9-34 选择标注线段

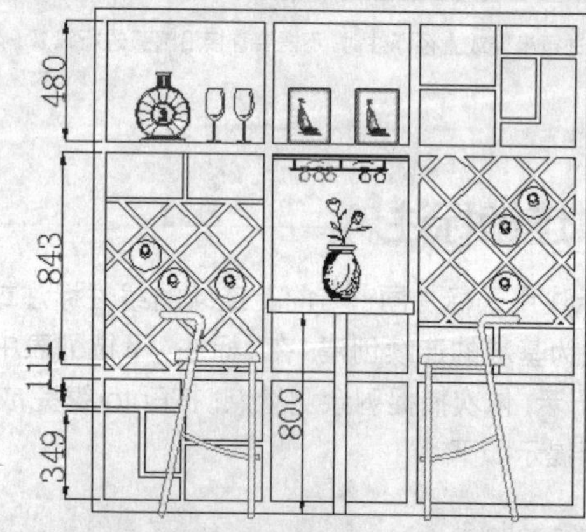

图9-35 完成快速标注

9.3.8 基线标注

基线标注又称为平行尺寸标注，用于多个尺寸标注使用同一条尺寸线作为尺寸界线的情况。在"标注"下拉列表中选择"基线"选项，选择要指定的基准标注，如图9-36所示，然后依次捕捉其他延伸线的原点，按Enter键即可创建出基线标注，如图9-37所示。

命令行提示如下。

```
命令 : _dimbaseline
选择基准标注 :                                          // 选择第一个基准标注界线
指定第二条尺寸界线原点或 [ 放弃 (U)/ 选择 (S)] < 选择 >:      // 依次捕捉尺寸测量点
标注文字 = 1900
指定第二条尺寸界线原点或 [ 放弃 (U)/ 选择 (S)] < 选择 >:
标注文字 = 2460
```

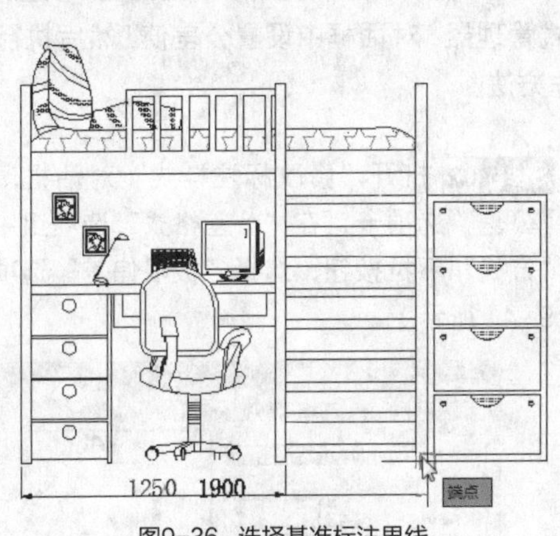

图9-36 选择基准标注界线

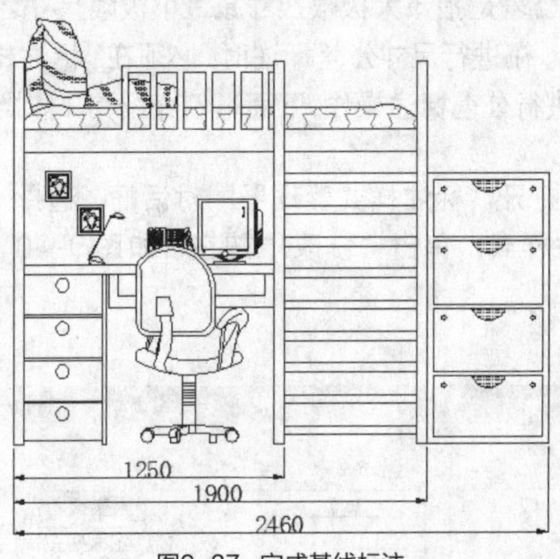

图9-37 完成基线标注

9.3.9 折弯半径标注

折弯半径标注主要用于圆弧半径过大，圆心无法在当前布局中显示的圆弧。在"标注"下拉列表中"折弯"选项，根据命令行提示，指定所需标注的圆弧，然后指定图示中心位置和尺寸线位置，如图9-38所示，最后指定折弯位置即可，如图9-39所示。

命令行提示如下。

```
命令 : _dimjogged
选择圆弧或圆 :                                        // 选择所需标注的圆弧
指定图示中心位置 :                                    // 选择图示中心位置
标注文字 = 24
指定尺寸线位置或 [ 多行文字 (M)/ 文字 (T)/ 角度 (A)]:      // 指定尺寸线位置
指定折弯位置 :                                        // 指定折弯位置
```

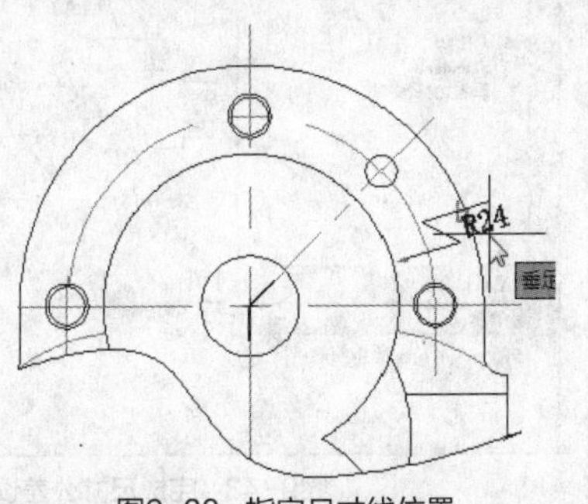

图9-38 指定尺寸线位置

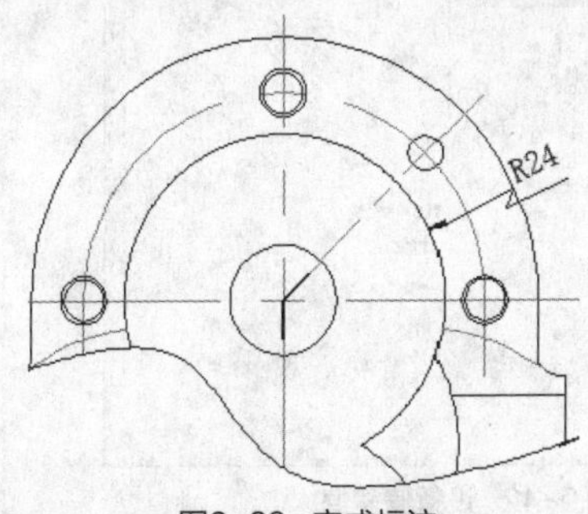

图9-39 完成标注

9.4 公差标注的应用

在机械制图中，公差标注的目的是确定机械零件的几何参数，使其在一定的范围内变动，以便达到互换或配合的要求。公差标注分为尺寸公差和形位公差。

9.4.1 尺寸公差的设置

尺寸公差是指最大极限尺寸减最小极限尺寸之差的绝对值，或上偏差减下偏差之差。它是尺寸容许的变动量。在进行尺寸公差标注时，必须在"标注样式管理器"对话框中设置公差值，然后执行标注命令，即可进行公差标注操作。下面举例介绍其具体操作方法。

Step 01 打开"标注样式管理器"对话框，选择一种标注样式，单击"修改"按钮，如图9-40所示。

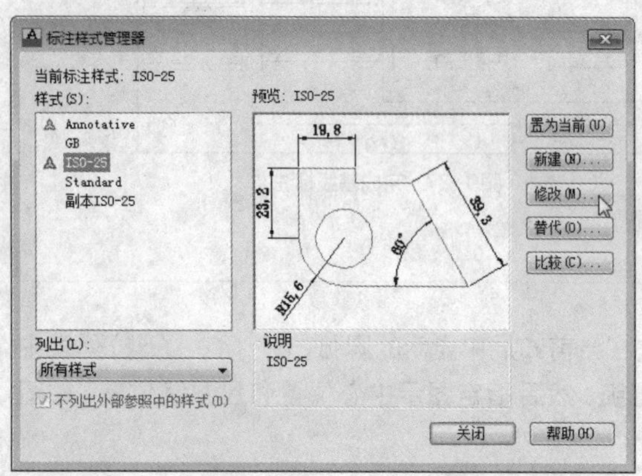

图9-40 单击"修改"按钮

Step 02 打开"修改标注样式"对话框，切换至"公差"选项卡，在"公差格式"选项组中，单击"方式"下拉按钮，选择"极限偏差"选项，如图9-41所示。

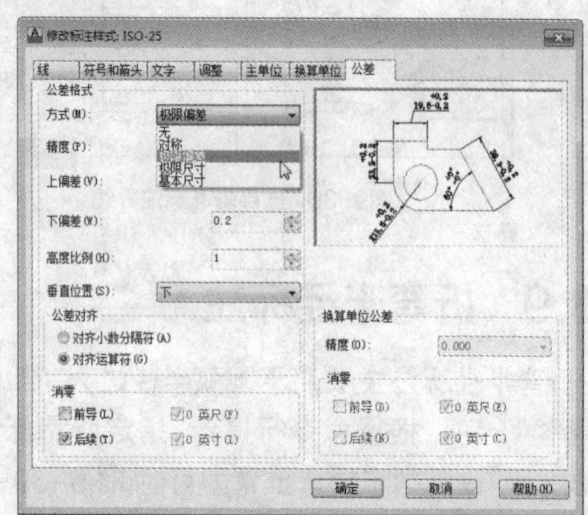

图9-41 选择"极限偏差"类型

Step 03 根据需要将"上偏差"和"下偏差"都设置为0.2，然后单击"确定"按钮，如图9-42所示。

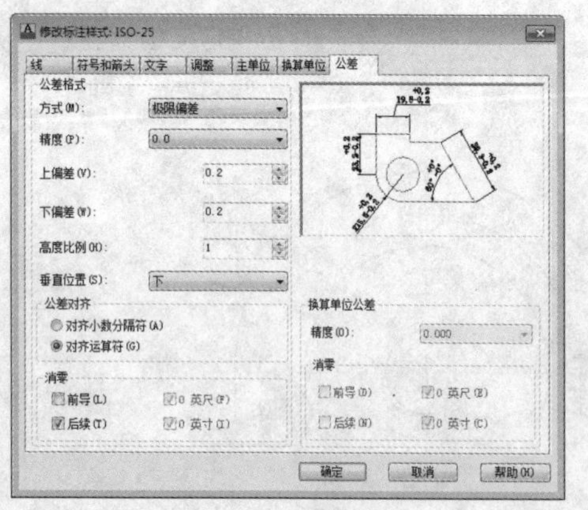

图9-42 设置偏差值

Step 04 返回对话框中，单击"关闭"按钮，完成尺寸公差设置，如图9-43所示。

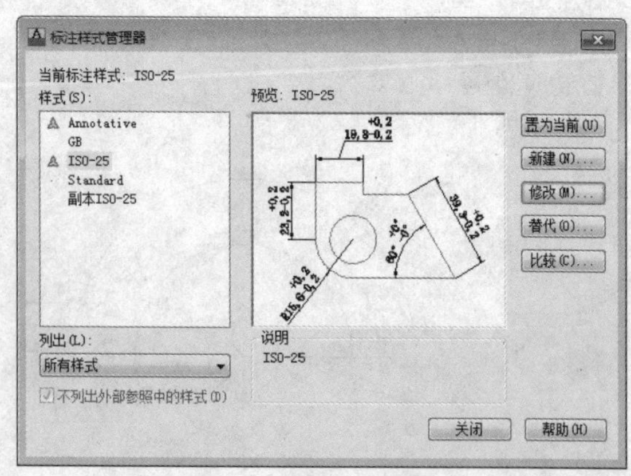

图9-43 完成尺寸公差设置

Step 05 执行“线性”标注命令，根据命令行的提示指定好两个测量点和尺寸线位置即可，如图 9-44 所示，标注结果如图 9-45 所示。

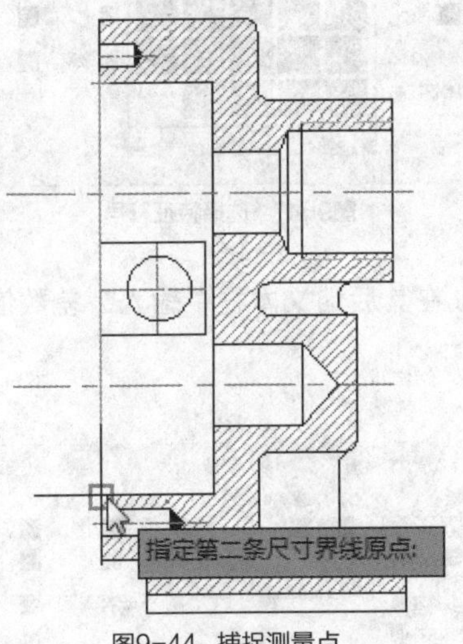

图9-44 捕捉测量点

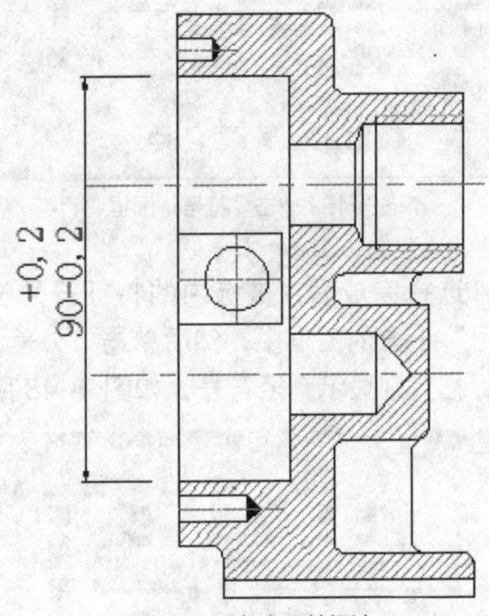

图9-45 完成公差标注

9.4.2 形位公差的设置

形位公差表示特征的形状、轮廓、方向、位置和跳动的允许偏差。它包括形状公差和位置公差两种。如表9-1所示为常用公差符号的整理归纳。

表9-1 形位公差符号图标

符 号	含 义	符 号	含 义
⌖	定位	⏥	平坦度
◎	同心 / 同轴	○	圆或圆度
⌯	对称	—	直线度
//	平行	⌓	平面轮廓
⊥	垂直	⌒	直线轮廓
∠	角	↗	圆跳动
⌭	柱面性	⌰	全跳动
Ø	直径	Ⓛ	最小包容条件（LMC）
Ⓜ	最大包容条件（MMC）	Ⓢ	不考虑特征尺寸（RFS）
Ⓟ	投影公差		

在“注释”选项的“标注”面板中单击“公差”按钮，打开“形位公差”对话框，根据需要指定特征控制框的符号和值，便可进行公差设置。形位公差的设置方法具体介绍如下。

Step 01 打开所需标注的图形，在“注释”选项卡的“标注”面板中单击“公差”按钮，打开“形位公差”对话框，单击“符号”下方的图标框，如图 9-46 所示。

Step 02 在“特征符号”对话框中，选择所需标注的特征符号，这里选择“同轴度”符号，如图 9-47 所示。

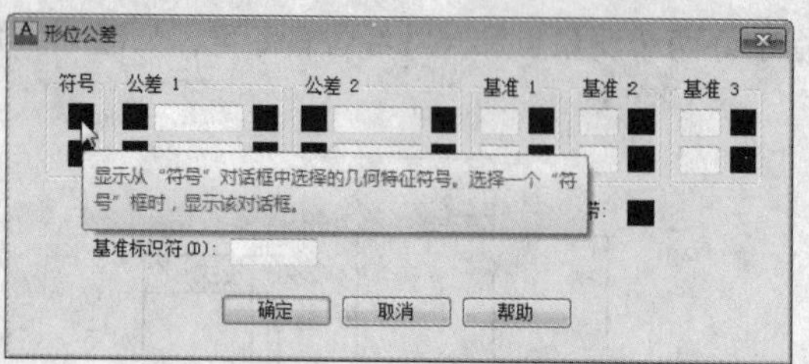

图9-46 单击"符号"图框

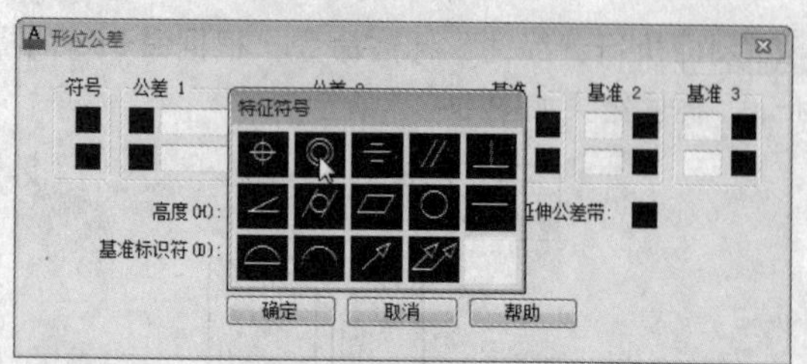

图9-47 选择特征符号

Step 03 选择完成后，被选中的特征符号将显示在"符号"下方的图框中，然后单击"公差 1"下方的图标框，则显示直径符号，如图 9-48 所示。

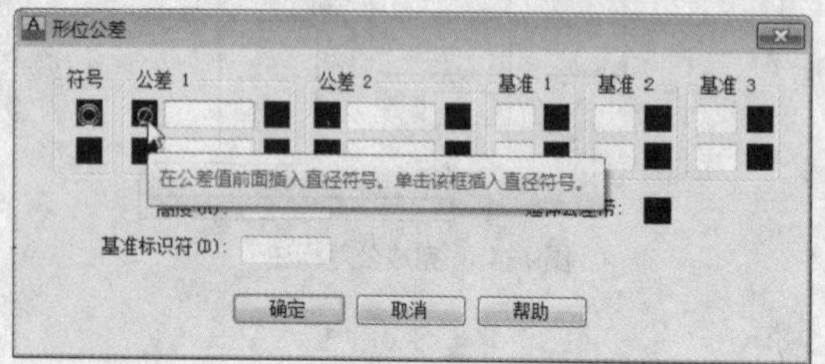

图9-48 单击"公差1"图标框

Step 04 在其后的文本框中输入公差数值，如图 9-49 所示。

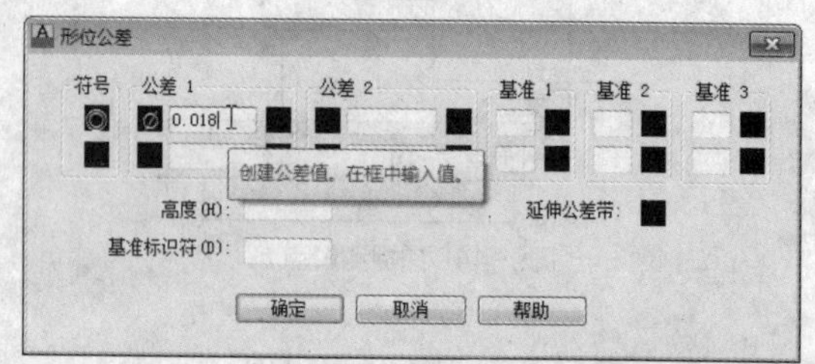

图9-49 输入公差值

Step 05 单击"确定"按钮，在绘图区中指定公差值插入点，如图 9-50 所示，完成形位公差的标注，结果如图 9-51 所示。

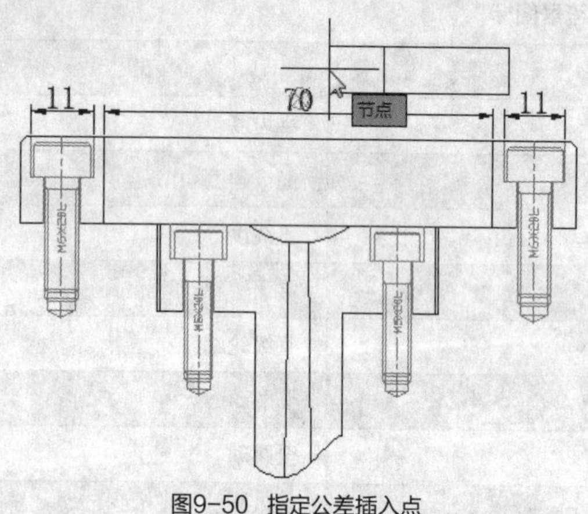

图9-50 指定公差插入点

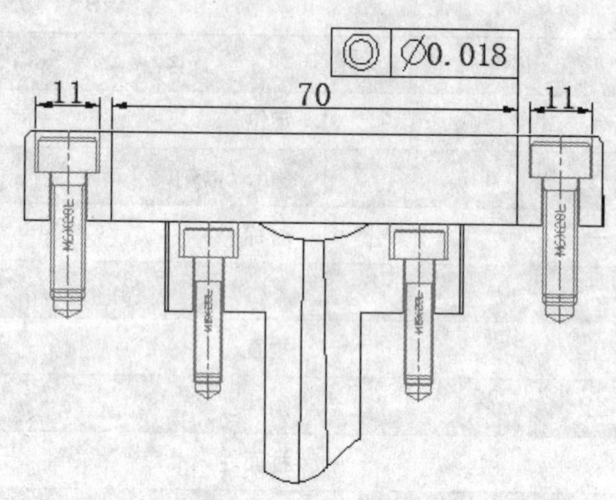

图9-51 完成公差标注

"形位公差"对话框中各选项说明如下。

- 符号：单击其下方的图标框，在打的开"特征符号"对话框中，选择合适的特征符号。
- 公差1：输入第一个公差值。单击左侧图框，可添加直径符号；而在右侧文本框中可输入公差值；单击右侧图框，可添加附加符号。
- 公差2：创建第二个公差值。输入方法与"公差1"相同。
- 基准1/基准2/基准3：设置公差基准和相应的包容条件。
- 高度：用于设置投影公差带的值。投影公差带控制固定垂直部分延伸区的高度变化，并以位置公差控制公差精度。
- 延伸公差带：单击图标框，可在延伸公差带值的后面插入延伸公差带符号。
- 基准标识符：用于创建由参照字母组成的基准标识符号。

9.5 尺寸标注的编辑

创建尺寸标注完毕后，若对该标注不满意，可使用各种编辑功能，对创建好的尺寸标注进行修改编辑，如修改尺寸标注文本、调整标注文字位置以及分解尺寸对象等。

9.5.1 编辑标注文本

如果要编辑标注的文本，可利用"编辑标注文字"命令。该命令可修改一个或多个标注文本的内容、方向、位置以及设置倾斜尺寸线等操作。下面分别对其操作进行介绍。

1. 修改标注内容

双击要修改的尺寸标注，在打开的文本编辑框中，输入新标注内容，然后单击绘图区的空白处即可，如图9-52和图9-53所示。当进入文本编辑器后，用户也可对文本的颜色、大小和字体进行修改。

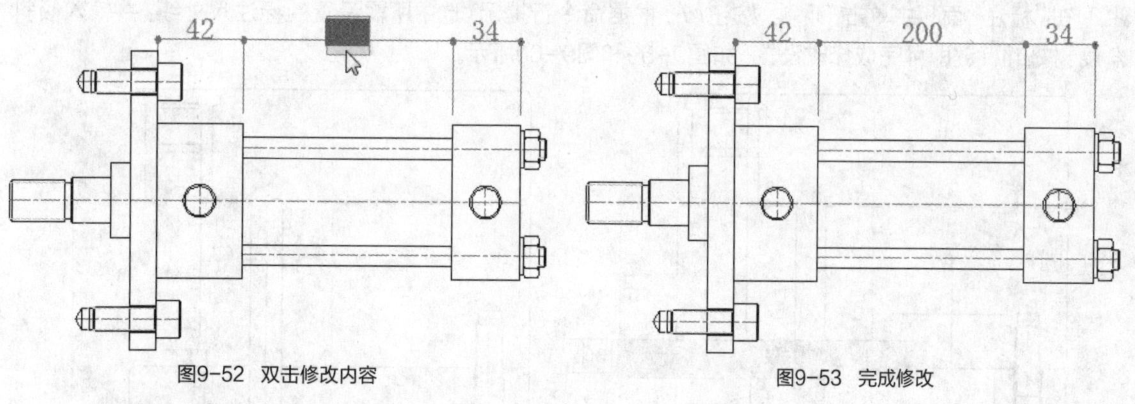

图9-52 双击修改内容　　图9-53 完成修改

2. 修改标注角度

在"注释"选项卡"标注"面板中单击"文字角度"按钮，根据命令行提示，选中需要修改的标注文本，并输入文字角度即可，如图9-54和图9-55所示。

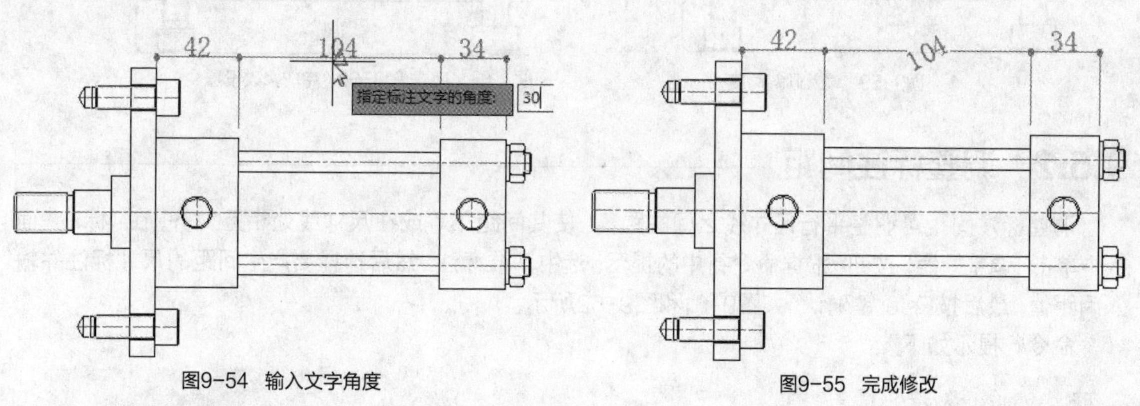

图9-54 输入文字角度　　图9-55 完成修改

3. 修改标注位置

在"标注"面板中单击"左对正"/"居中对正"/"右对正"按钮，根据命令行提示，选中需要编辑的标注文本即可作出相应的设置，如图9-56至图9-58所示。

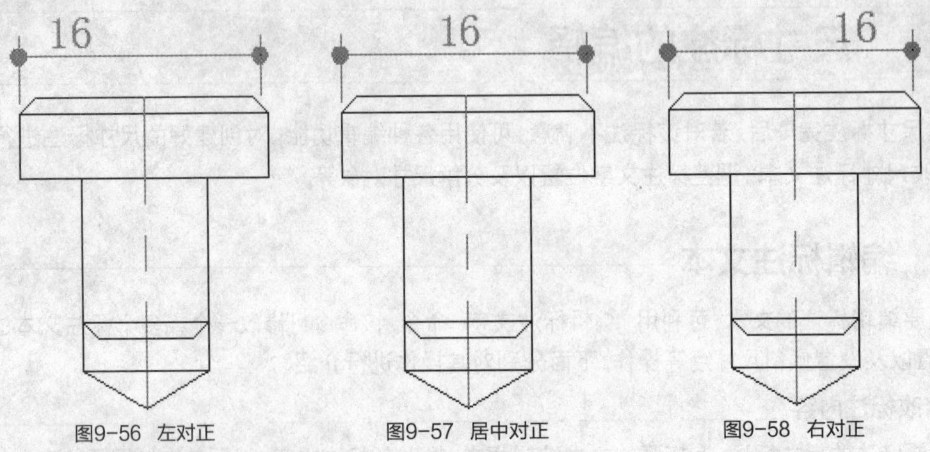

图9-56 左对正　　图9-57 居中对正　　图9-58 右对正

4. 倾斜标注尺寸线

在"标注"面板中单击"倾斜"按钮H，根据命令行提示，选中所需设置的标注尺寸线，并输入倾斜角度，按Enter键即可完成修改设置，如图9-59和图9-60所示。

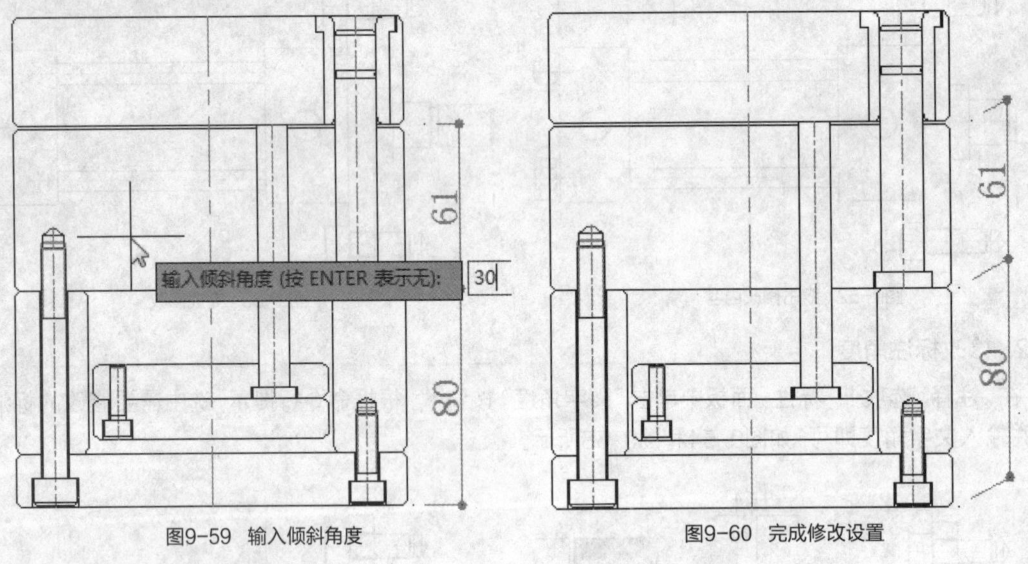

图9-59 输入倾斜角度　　图9-60 完成修改设置

9.5.2 调整标注间距

调整标注间距可调整平行尺寸线之间的距离，使其间距相等或在尺寸线处相互对齐。在"标注"面板中单击"调整间距"按钮，根据命令行中的提示，选中基准标注，然后选择要产生间距的尺寸标注并输入间距值，最后按Enter键确认，如图9-61和图9-62所示。

命令行提示如下。

```
命令：_DIMSPACE
选择基准标注：                                   // 选择基准标注
选择要产生间距的标注：指定对角点：找到 3 个         // 选择剩余要调整的标注线
选择要产生间距的标注：                           // 按 Enter 键
输入值或 [ 自动 (A)] < 自动 >: 10                 // 输入调整间距值，按 Enter 键
```

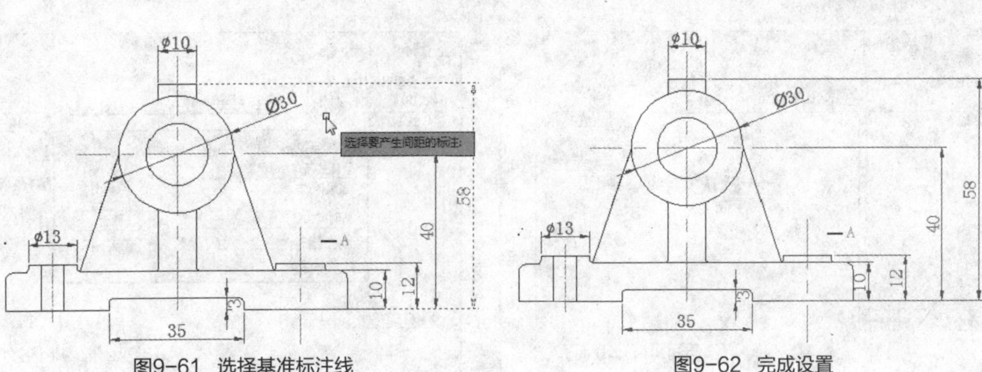

图9-61 选择基准标注线　　图9-62 完成设置

9.5.3 编辑折弯线性标注

折弯线型标注可以向线性标注中添加折弯线，以表示实际测量值与尺寸界线之间的长度不同。若显示的标注对象小于被标注对象的实际长度，则可使用该标注形式表示。在"标注"面板中单击"折弯线性"按钮，根据命令行提示，选择需要添加折弯符号的线性标注，按Enter键即可完成，如图9-63和图9-64所示。

命令行提示如下。

```
命令：_DIMJOGLINE
选择要添加折弯的标注或 [ 删除 (R)]:                    // 选择需折弯的线性标注
指定折弯位置 ( 或按 Enter 键 ):                         // 指定折弯点位置
```

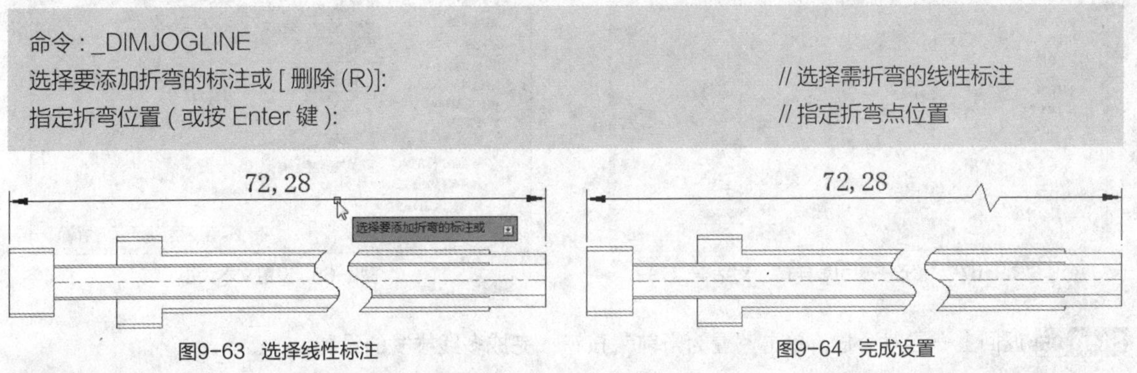

图9-63 选择线性标注　　图9-64 完成设置

9.6 引线标注的应用

在AutoCAD制图中，引线标注用于注释对象信息。它是从指定的位置处绘制出一条引线，以对图形中某些特定的对象进行注释说明。在创建引线标注的过程中，用户可以控制引线的形式和箭头的外观形式以及尺寸文字的对齐方式。

9.6.1 创建多重引线

创建多重引线前，通常都需要创建多重引线的样式。系统默认引线样式为Standard。如果想创建新的引线样式，可通过以下操作进行设置。

Step 01 在"注释"选项卡的"引线"面板中单击对话框启动器按钮，打开"多重引线样式管理器"对话框，如图 9-65 所示。

Step 02 单击"新建"按钮，在"创建新多重引线样式"对话框中，输入新样式名称，然后单击"继续"按钮，如图 9-66 所示。

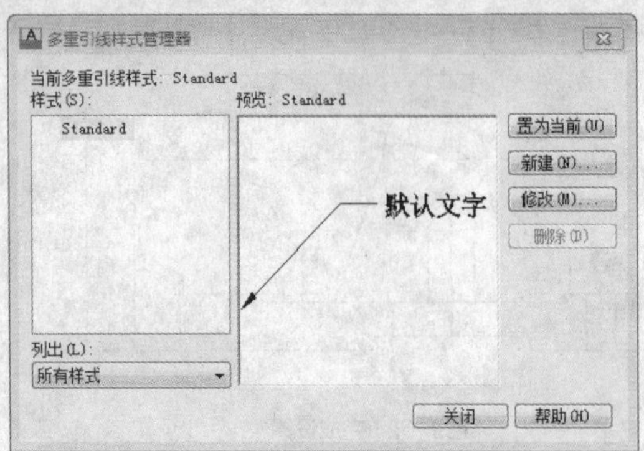

图9-65 “多重引线样式管理器”对话框

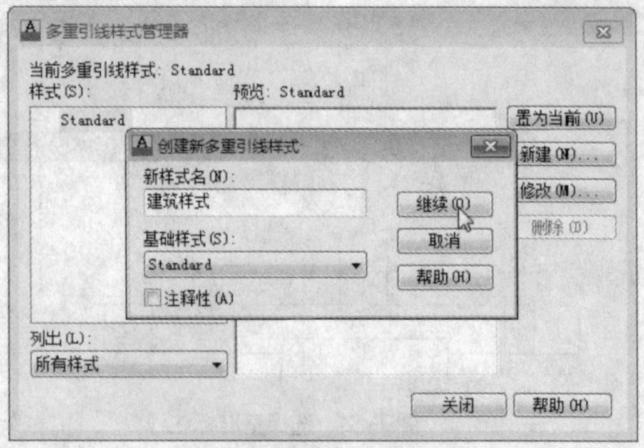

图9-66 输入新样式名称

Step 03 打开“修改多重引线样式”对话框，如图 9-67 所示。

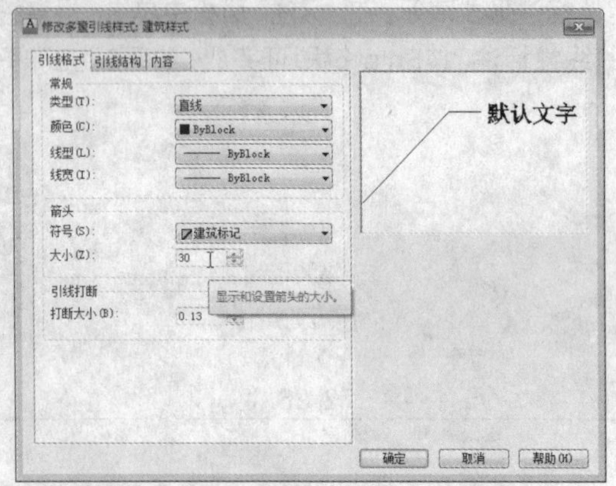

图9-67 “修改多重引线样式”对话框

Step 04 切换至“内容”选项卡，将“文字高度”设置为 100，单击“确定”按钮，如图 9-68 所示。

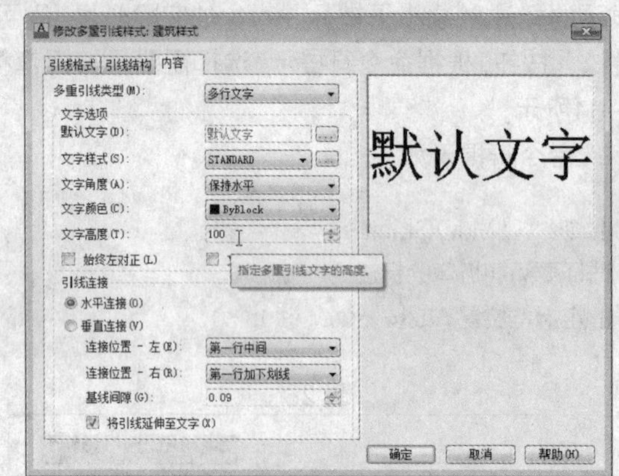

图9-68 设置文本大小

Step 05 返回上一层对话框，单击“置为当前”按钮，完成多线样式的设置。

引线样式设置完成后，便可进行多重引线的创建了。下面举例介绍创建引线的具体操作。

Step 01 在“注释”选项卡“引线”面板中单击“多重引线”按钮，根据命令行提示，在绘图区中指定引线的起点，移动光标，指定好引线端点位置，如图 9-69 所示。

Step 02 在光标处输入要注释的内容，然后单击空白区域，即可完成操作，如图 9-70 所示。

命令行提示如下。

```
命令：_mleader
指定引线箭头的位置或 [ 引线基线优先 (L)/ 内容优先 (C)/ 选项 (O)] < 选项 >:    // 指定引线起点位置
指定引线基线的位置：                                                     // 指定引线端点位置
```

工程师点拨：注释性多重引线样式

如果将多重引线样式设置为注释性，则无论文字样式或其他标注样式是否设为注释性，其关联的文字或其他注释都将为注释性。

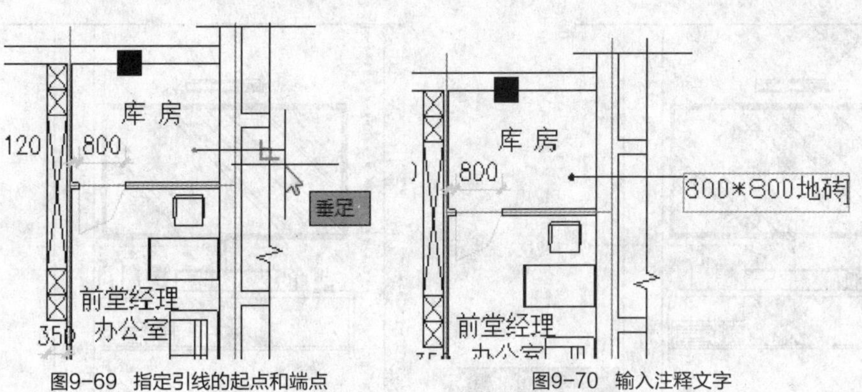

图9-69 指定引线的起点和端点　　图9-70 输入注释文字

9.6.2 添加/删除引线

在绘图中，如果遇到需要创建同样的引线注释时，只需要利用"添加引线"功能即可轻松完成操作。

在"引线"面板中单击"添加引线"按钮，根据命令行提示，选中创建好的引线注释，如图9-71所示，然后在绘图区中指定其他注释的位置点即可，如图9-72所示。

命令行提示如下。

```
命令:
选择多重引线:                                  // 选择共同的引线注释
找到 1 个
指定引线箭头位置或 [ 删除引线 (R)]:             // 指定好引线箭头位置
```

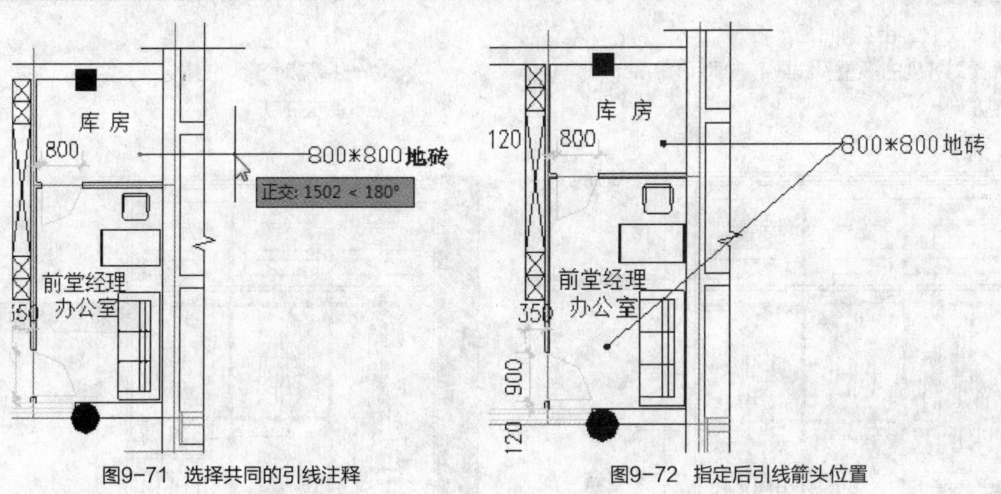

图9-71 选择共同的引线注释　　图9-72 指定后引线箭头位置

若想删除多余的引线标注，用户可在"标注"面板中单击"删除引线"按钮，根据命令行中的提示，选择需删除的引线并按Enter键即可，如图9-73和图9-74所示。

命令行提示如下。

```
命令:
选择多重引线:                                  // 选择多重引线
找到 1 个
指定要删除的引线或 [ 添加引线 (A)]:             // 选择要删除的引线
```

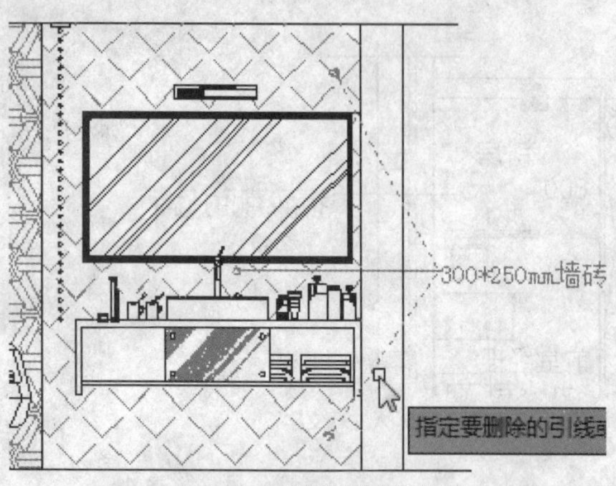

图9-73 选择要删除的引线

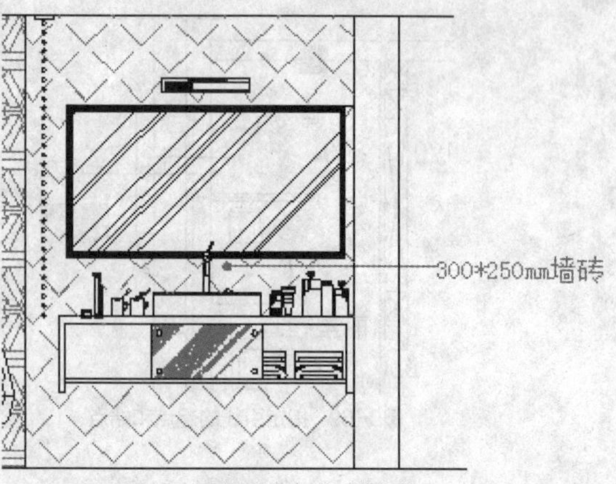

图9-74 完成删除操作

9.6.3 对齐引线

有时创建好的引线长短不一，画面不太美观。此时用户可利用"对齐引线"功能，将这些引线注释进行对齐操作。在"引线"面板中单击"对齐引线"按钮，根据命令行提示，选中所有需对齐的引线标注，如图9-75所示，然后选择需要对齐到的引线标注，并指定好对齐方向即可，如图9-76所示。

命令行提示如下。

```
命令：_mleaderalign
选择多重引线：指定对角点：找到 5 个
选择多重引线：                                  //选择所有需对齐的引线，按 Enter 键
当前模式：使用当前间距
选择要对齐到的多重引线或 [ 选项 (O)]:             //选择需对齐到的引线
指定方向：                                      //指定对齐方向
```

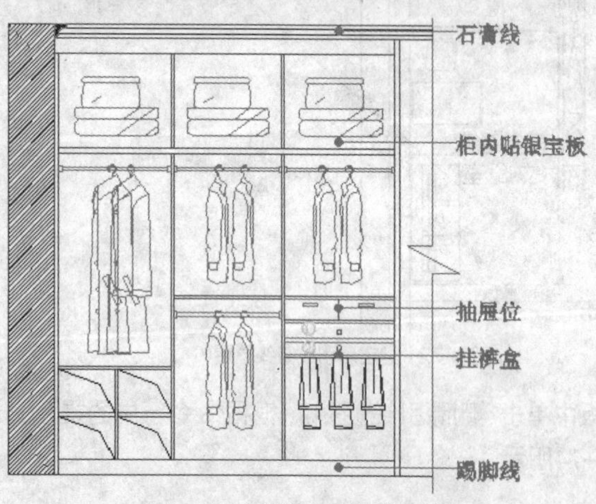

图9-75 选择需要对齐到的引线

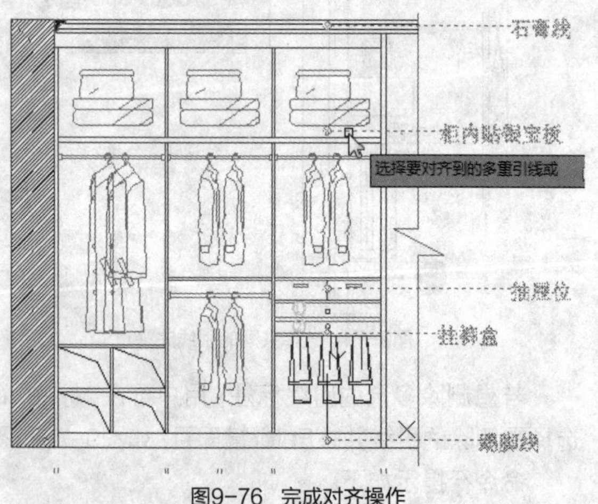

图9-76 完成对齐操作

综合实例 为洗手盆剖面图添加尺寸注释

本章向用户介绍了尺寸标注、引线注释的创建和编辑。下面结合以上所学知识，为洗手盆剖面图添加尺寸标注，涉及到的命令有尺寸的创建、尺寸样式的设置、引线样式的设置和创建等。

Step01 启动 AutoCAD 2013，执行“标注 > 标注样式”命令，打开“标注样式管理器”对话框，单击“新建”按钮，如图 9-77 所示。

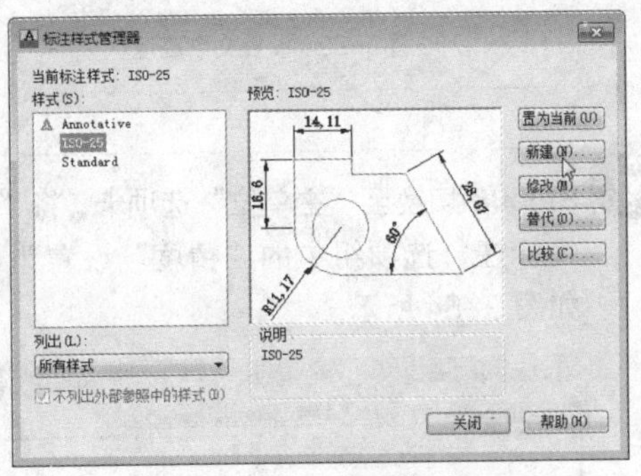

图9-77 单击“新建”按钮

Step02 在“创建新标注样式”对话框中，输入新标注样式名称，单击“继续”按钮，如图 9-78 所示。

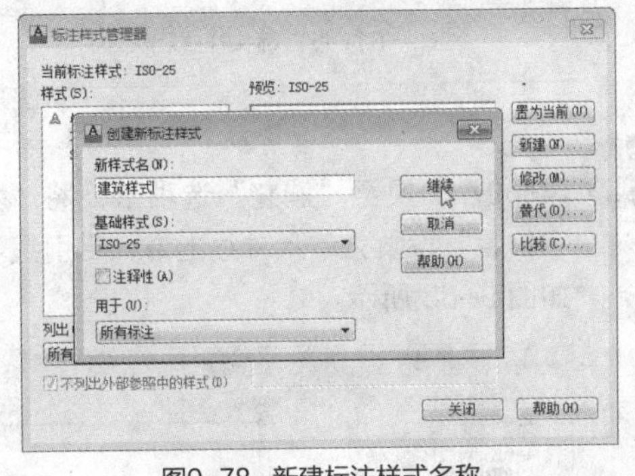

图9-78 新建标注样式名称

Step03 在“新建标注样式”对话框中，切换至“线”选项卡，将“尺寸线”和“尺寸界线”的颜色设置为绿色，如图9-79所示。

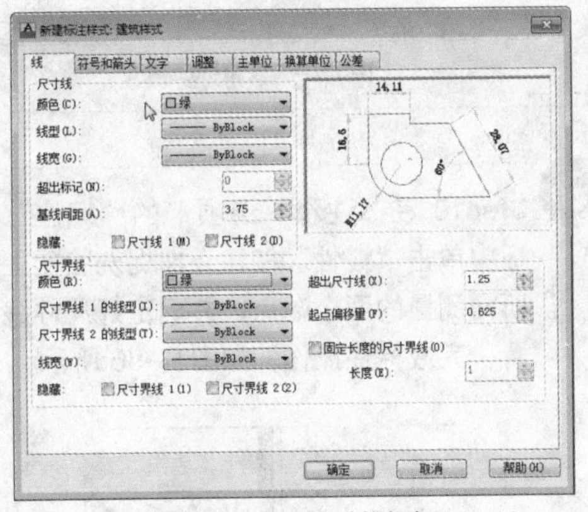

图9-79 设置尺寸线颜色

Step04 将“超出尺寸线”设置为 10，将“起点偏移量”设置为 50，如图9-80所示。

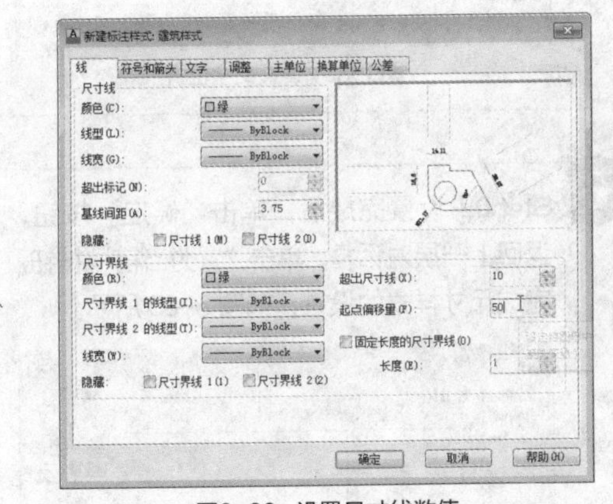

图9-80 设置尺寸线数值

Step05 切换至“符号和箭头”选项卡，将箭头样式设置为建筑标记，将“箭头大小”设为 10，如图 9-81 所示。

Step06 切换至“文字”选项卡，将“文字颜色”设为绿色，将“文字高度”设为 50，如图 9-82 所示。

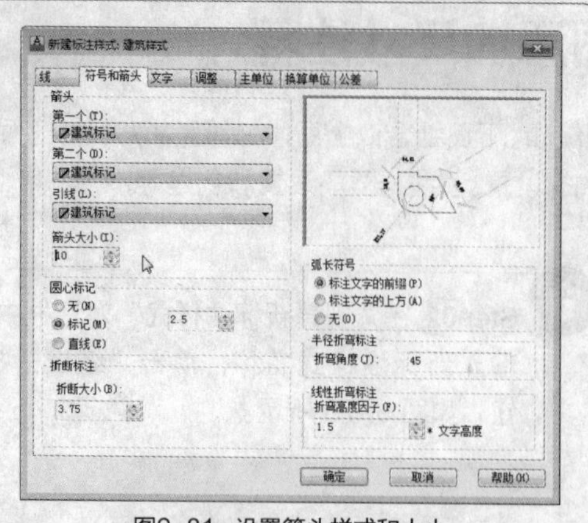
图9-81 设置箭头样式和大小

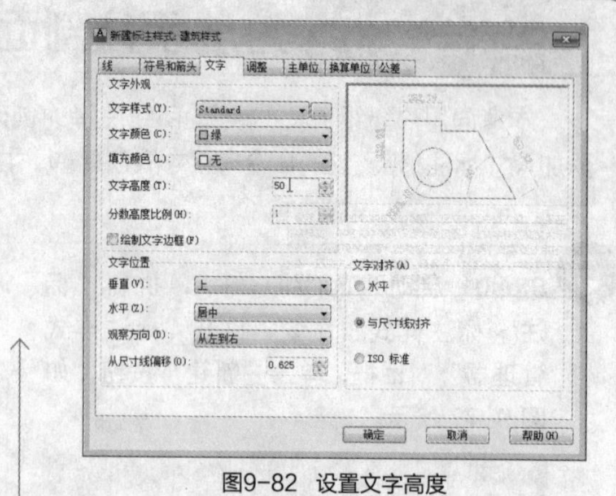
图9-82 设置文字高度

Step07 切换至“调整”选项卡，将“文字位置”设置为“尺寸线上方，带引线”，如图 9-83 所示。

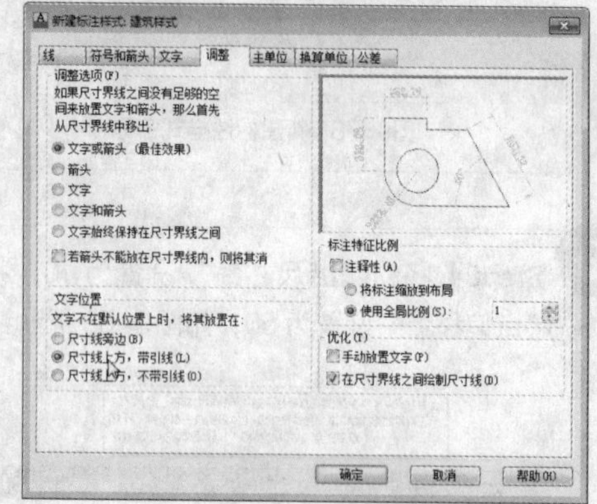
图9-83 设置文字位置

Step08 切换至“主单位”选项卡，将“线性标注”选项组中的“精度”设置为 0，如图 9-84 所示。

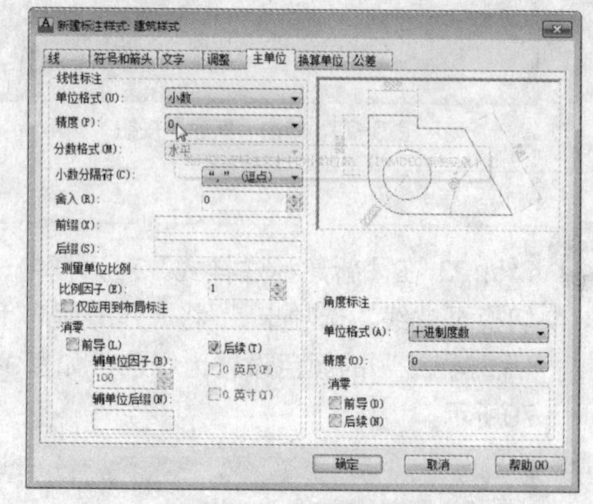
图9-84 设置标注精度

Step09 设置完成后，单击“确定”按钮，返回上一层对话框，单击“置为当前”按钮，完成尺寸样式的设置，如图 9-85 所示。

图9-85 完成尺寸样式的设置

Step10 在“注释”选项卡的“标注”面板中单击“线性”按钮，捕捉洗脸盆上方所需测量的两个端点，并确定好尺寸线位置，完成标注操作，如图 9-86 所示。

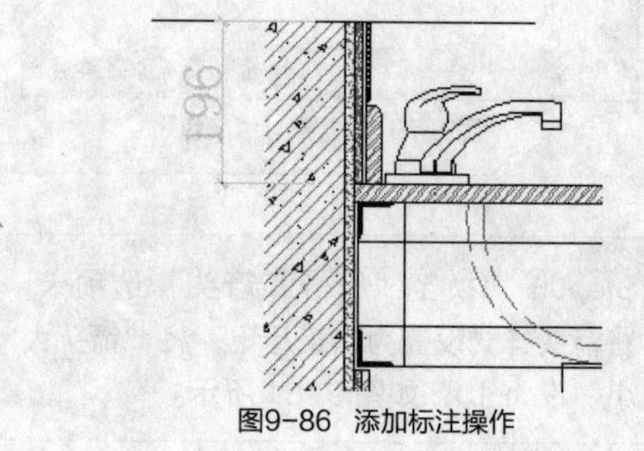

图9-86 添加标注操作

Step11 在“标注”下拉列表中选择“线性”选项，为洗脸台盆进行标注，如图9-87 所示。

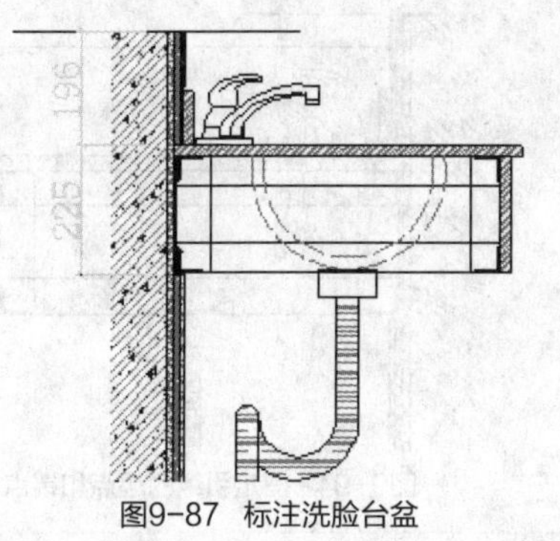

图9-87 标注洗脸台盆

Step12 再次通过“线性”命令，完成洗脸台盆剩余的尺寸标注，如图 9-88 所示。

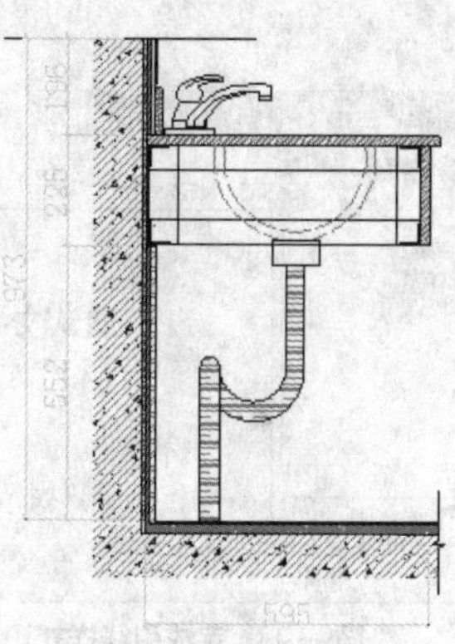

图9-88 完成剩下尺寸标注

Step13 打开“多重引线样式管理器”对话框，然后单击“新建”按钮，如图 9-89 所示。

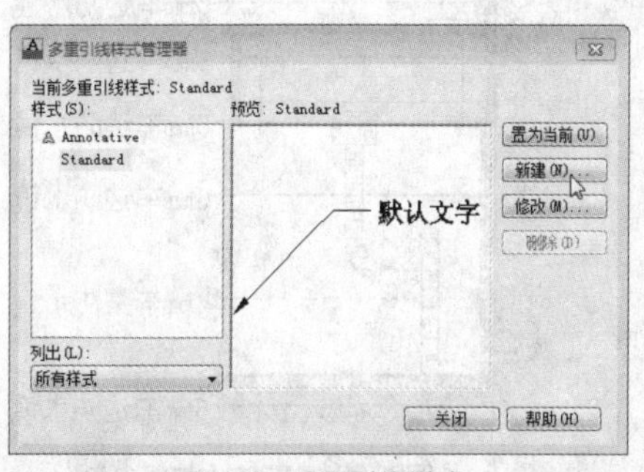

图9-89 设置引线样式

Step14 在“创建新多重引线颜色”对话框中，新建样式名，单击“继续”按钮，如图 9-90 所示。

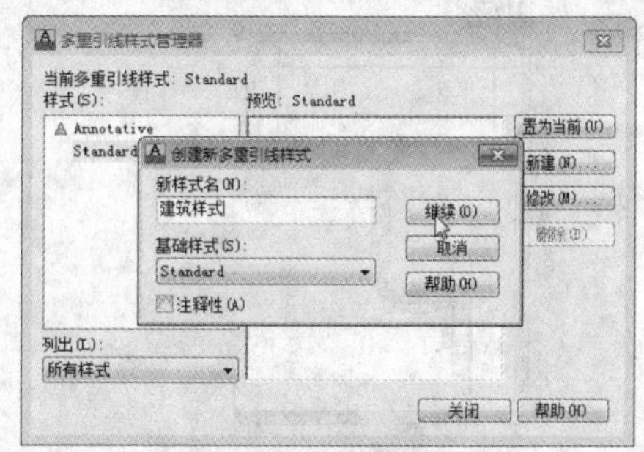

图9-90 新建样式名

Step15 在“修改多重引线样式”对话框中，切换至“引线格式”选项卡，将“箭头符号”设置为“点”，如图 9-91 所示。

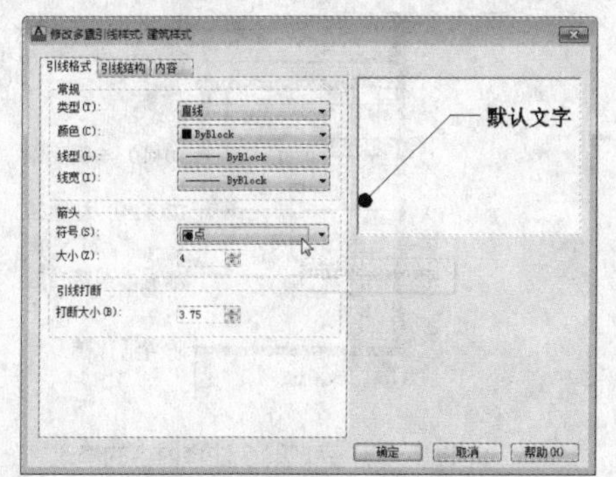

图9-91 设置箭头符号样式

Step16 将箭头大小设为 10，切换至“内容”选项卡，并将“文字高度”设为 50，单击“确定”按钮，如图 9-92 所示。

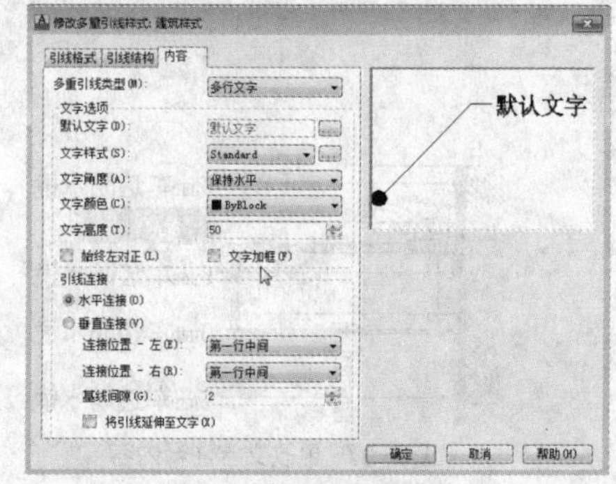

图9-92 设置文字高度

Step17 返回对话框，单击“置为当前”按钮，完成引线样式的设置，如图 9–93 所示。

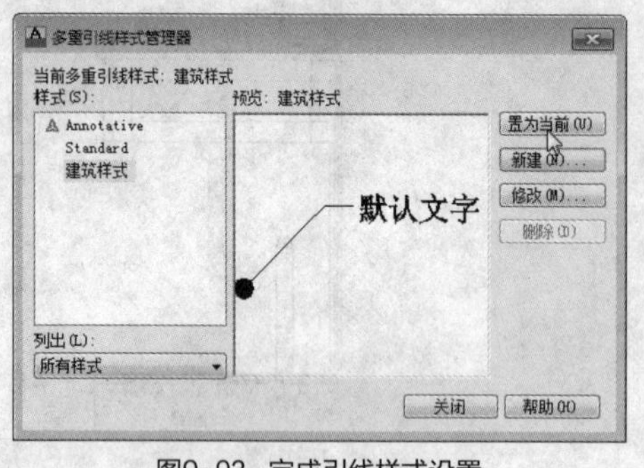

图9–93 完成引线样式设置

Step18 在“引线”面板中单击“多重引线”按钮，在绘图区中指定好引线起点和端点，如图 9–94 所示。

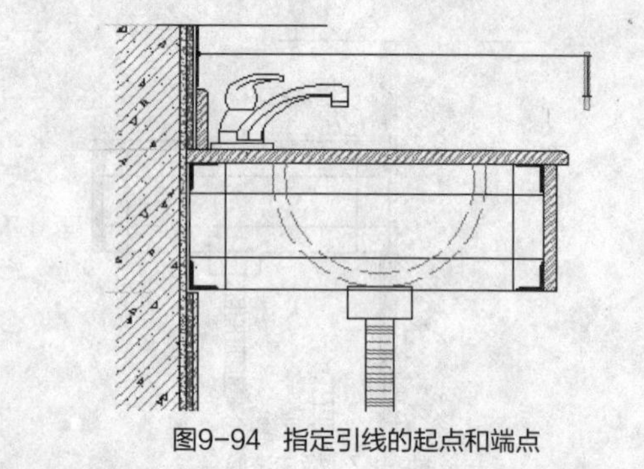

图9–94 指定引线的起点和端点

Step19 在光标位置对输入文本注释内容，如图 9–95 所示。

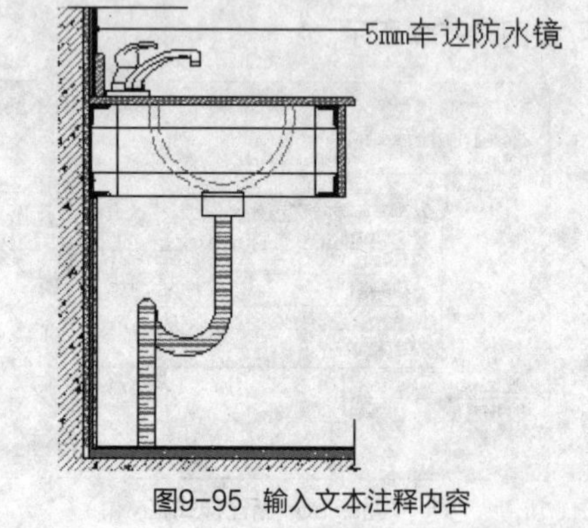

图9–95 输入文本注释内容

Step20 利用“复制”命令，多次复制设置好的引线注释，如图 9–96 所示。

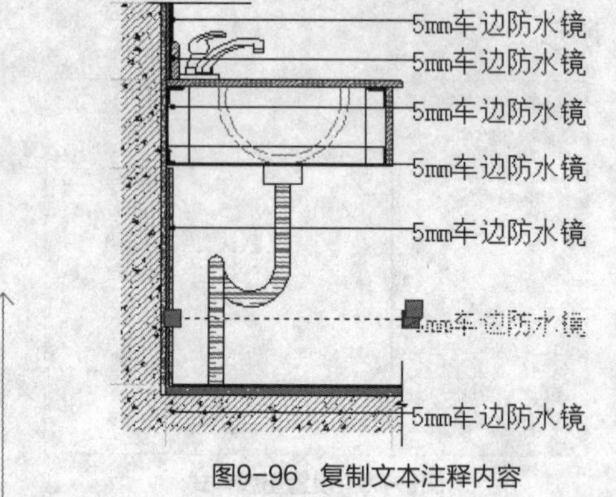

图9–96 复制文本注释内容

Step21 双击要修改的文字注释内容，当文字变成可编辑状态时，输入新注释的内容，如图 9–97 所示。

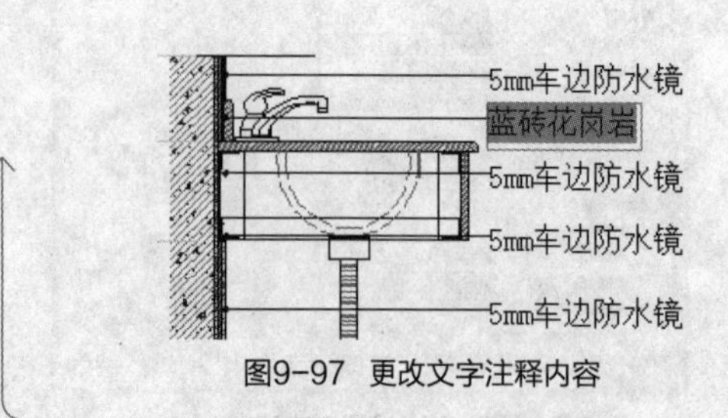

图9–97 更改文字注释内容

Step22 按照同样的操作方法，对剩余注释内容进行修改。至此完成对图形的标注操作，如图 9–98 所示。

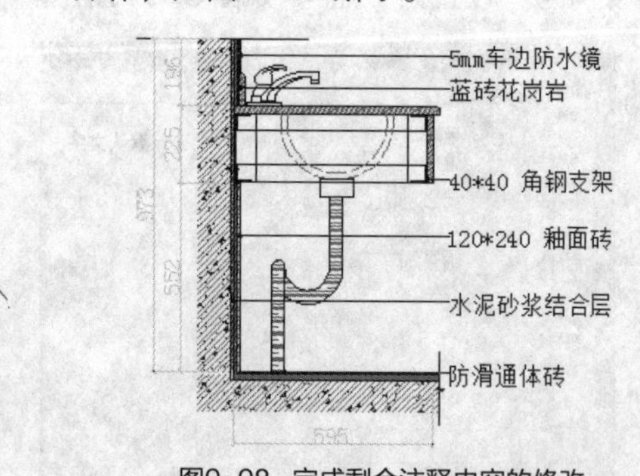

图9–98 完成剩余注释内容的修改

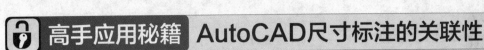

高手应用秘籍 AutoCAD尺寸标注的关联性

尺寸关联性定义几何对象和为其提供距离和角度的标注间的关系。当用户标注的尺寸按照自动测量的值标注，而尺寸标注按照尺寸关联模式标注时，改变被标注对象的大小后，所标注的尺寸也会有相关的变化。

❶ 设置尺寸关联模式

关联标注分为三种：关联标注、无关联标注和分解标注。用户在命令行中输入DIMASSOC，按Enter键，根据需要选择关联模式类型。其中，关联标注变量值为2；无关联标注变量值为1；分解标注变量为0。

命令行提示如下。

```
命令 : DIMASSOC
输入 DIMASSOC 的新值 <1>: 1                    // 输入标注变量值
```

- 关联标注：当与其相关联的图形对象被修改时，其标注尺寸将自动调整其测量值，如图9-98和图9-99所示。

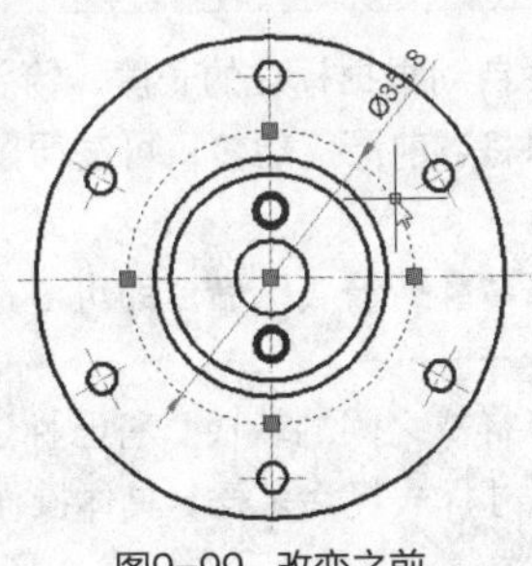

图9-99 改变之前

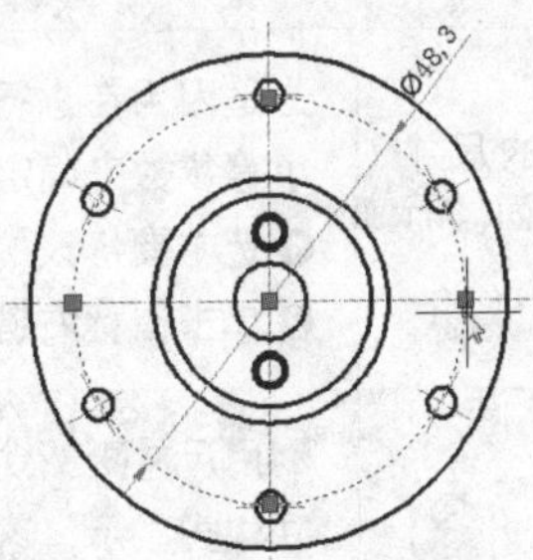

图9-100 改变之后

- 无关联标注：该类型与其测量的图形对象被修改后，其测量值不会发生变化。
- 分解标注：该类型包含单个对象而不是单个标注对象的集合。

❷ 重新关联

在“标注”面板中单击“重新关联”按钮，根据命令行提示，选定标注关联、重新关联的对象或对象上的点。

命令行提示如下。

```
命令 : _dimreassociate
选择要重新关联的标注 ...
选择对象或 [ 解除关联 (D)]: 找到 1 个                    // 选择所要设置关联的尺寸标注
选择对象或 [ 解除关联 (D)]:
指定第一个尺寸界线原点或 [ 选择对象 (S)] < 下一个 >:     // 选择图形第一个测量点
指定第二个尺寸界线原点 < 下一个 >:                       // 选择图形第二个测量点
```

命令行中各选项说明如下。

- 选择对象：重新寻找要关联的图形对象。选择完成后，系统将原尺寸标注改为对所选对象的标注，并建立关联关系。
- 指定尺寸界线第一、二个原点：指定尺寸线原点。该点与原尺寸可以是相同的点，也可以不相同。

秒杀 工程疑惑

在AutoCAD中操作时，用户经常会遇见各种各样的问题，下面总结一些常见问题并进行解答，包括尺寸标注不显示、引线标注的删除、尺寸箭头翻转以及更新尺寸等问题。

问　题	解　答
为什么从其他文件中调入的图块的尺寸标注不显示？	这是由于两个图形设置的尺寸样式不相同而造成的。此时只需在新文件中，进行以下操作即可 ❶ 打开“标注样式管理器”对话框，单击“修改”按钮 ❷ 在“修改标注样式管理器”对话框中，根据需要将标注的文字高度值进行修改 ❸ 修改完成后，返回对话框，单击“置为当前”按钮，关闭对话框即可
为什么使用“删除引线”命令后，无法删除当前引线？	在“标注”选项卡中的“删除引线”命令是针对使用“添加引线”命令后的引线进行删除操作的，对于单独创建的引线则无法删除 如果用户要删除引线，只需选中所需引线，按键盘上的 Delete 键即可
为什么绘制的尺寸箭头是在外面，而不是在里面？	这是因为在进行尺寸标注时，系统会自动根据标注的长度、箭头大小、文字大小等参数来确定箭头的位置。如果想将当前箭头翻转，可进行以下操作 ❶ 选中要修改的尺寸标注 ❷ 单击鼠标右键，在快捷菜单中选择“翻转箭头”命令即可
更新尺寸是什么？如何操作？	利用尺寸更新功能，可实现两个尺寸样式之间的转换。将已标注的尺寸以新尺寸样式显示，这样一来可使标注的尺寸样式灵活多样。具体操作如下 ❶ 在“标注”面板中单击“更新”按钮 ❷ 根据命令行提示，选择要更新的尺寸，按 Enter 键即可 当然用户也可直接在命令行中输入 DIMSTYLE，按 Enter 键，即可完成尺寸的更新操作

CHAPTER 10

图形的输出与发布

图形绘制完成后，往往需要将其输出并应用到实际工作中。图形输出一般采用打印机或绘制仪等设备。本章将详细介绍如何将绘制好的图形执行输出操作，例如打印图纸、发布图纸等。

学完本章您可以掌握如下知识点

知识点序号	知识点难易指数	知识点
1	★	图纸的输入与输出
2	★★	打印图纸
3	★★	布局空间的设置
4	★★★	网络的应用

本章内容图解链接

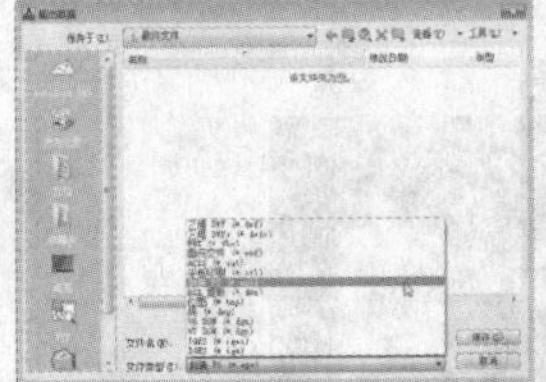

◎ 图纸的输出操作

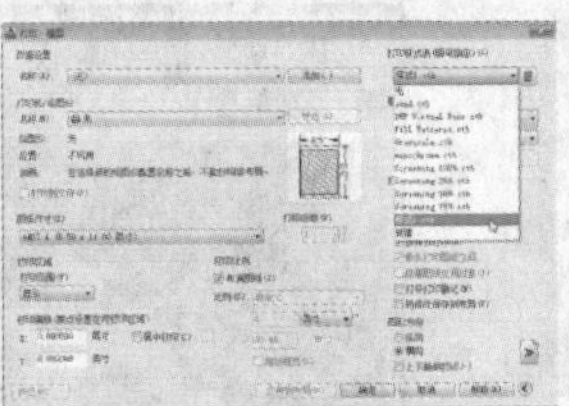

◎ 设置打印样式

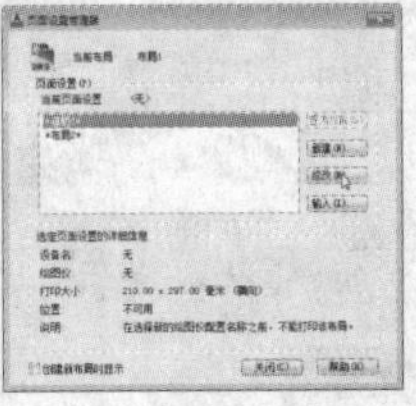

◎ 设置布局页面样式

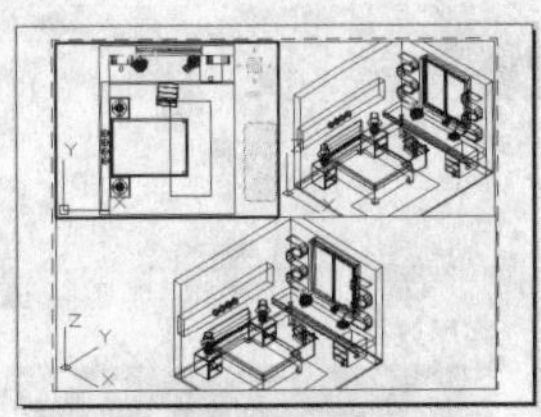

◎ 布局视口的设置

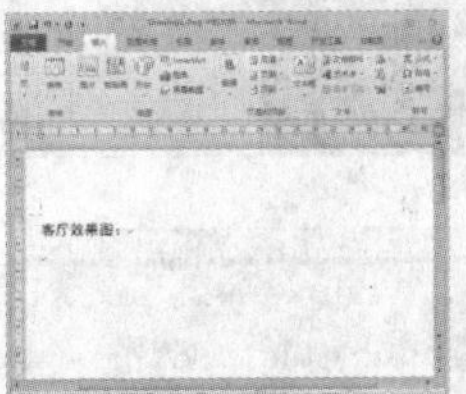

◎ 输入文本内容

◎ 插入图片

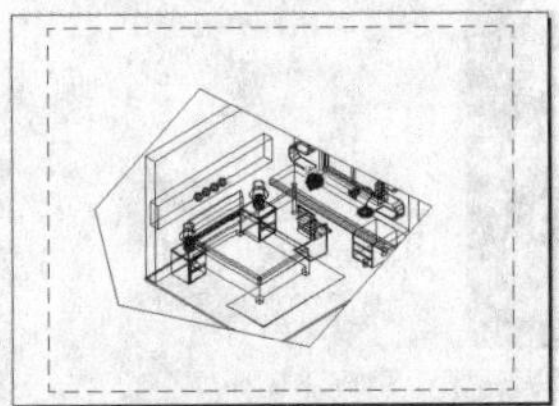

◎ 裁剪视口边界

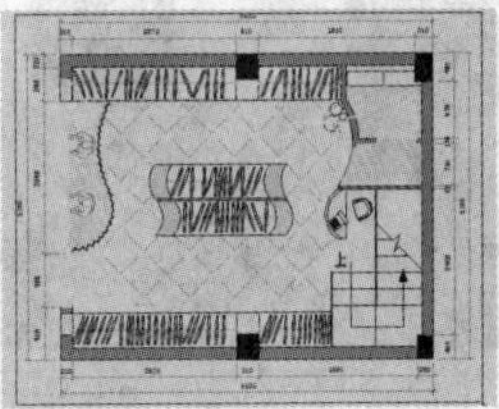

◎ 链接图片

10.1 图纸的输入与输出

AutoCAD提供的输入和输出功能，不仅可以将其他应用软件处理好的数据导入AutoCAD中，还可以将在AutoCAD中绘制好的图形输出成其他格式的图形。

10.1.1 插入 OLE 对象

在绘图时，用户可根据需要，选择插入其他软件的数据，也可借助其他应用软件在AutoCAD中进行处理操作。下面对其相关操作进行详细介绍。

Step 01 在“插入”选项卡“数据”面板中单击“OLE对象”按钮，打开“插入对象”对话框。在“对象类型”列表框中，选择应用程序，这里选择“Microsoft Word文档”选项，如图10-1所示。

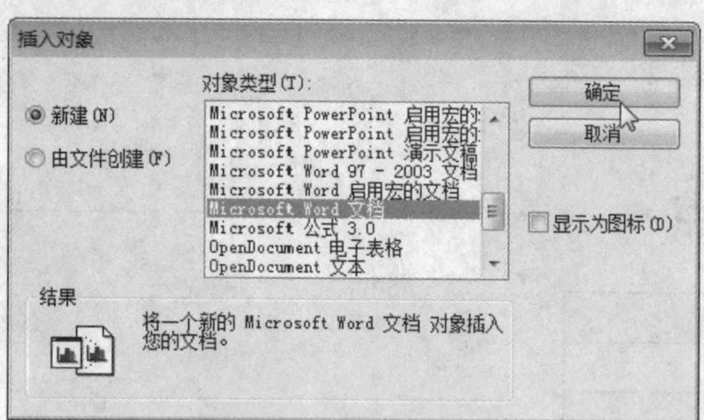

图10-1 选择应用程序

Step 02 单击“确定”按钮，系统自动启动Word应用程序，在打开的Word文档中，输入文本内容，如图10-2所示。

图10-2 输入文本内容

Step 03 在Word软件中，插入所需图片，放置在文章合适位置处，结果如图10-3所示。

图10-3 插入图片

Step 04 设置好后，关闭Word应用程序，此时在AutoCAD绘图区中则会显示相应的操作内容，结果如图10-4所示。

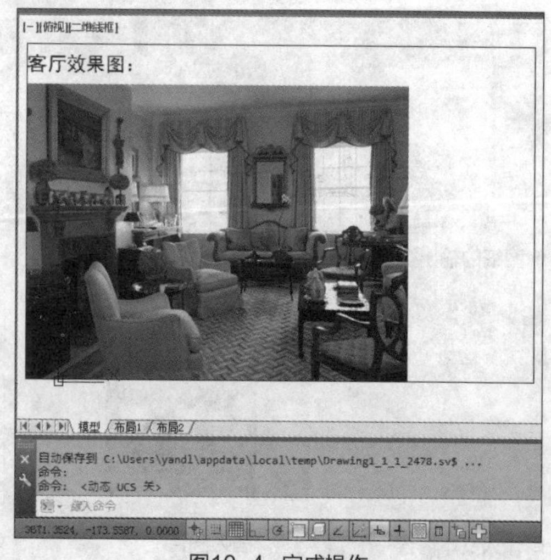

图10-4 完成操作

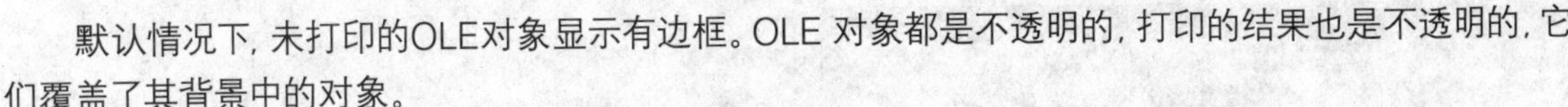

默认情况下，未打印的OLE对象显示有边框。OLE 对象都是不透明的，打印的结果也是不透明的，它们覆盖了其背景中的对象。

除了以上方法外，用户还可使用其他两种方法进行操作。

- 从现有文件中复制或剪切信息，并将其粘贴到图形中。
- 输入一个在其他应用程序中创建的现有文件。

10.1.2 输出图纸

用户可以根据需要将AutoCAD图形输出为其他格式，如位图BMP等。下面将以输出为EPS格式为例进行介绍。

Step 01 打开指定文件，在命令行中输入EXP并按Enter键，打开“输出数据”对话框，如图10-5所示。

图10-5 “输出数据”对话框

Step 02 在“文件类型”下拉列表中，选择“封装的PS（*.eps）”选项，如图10-6所示。

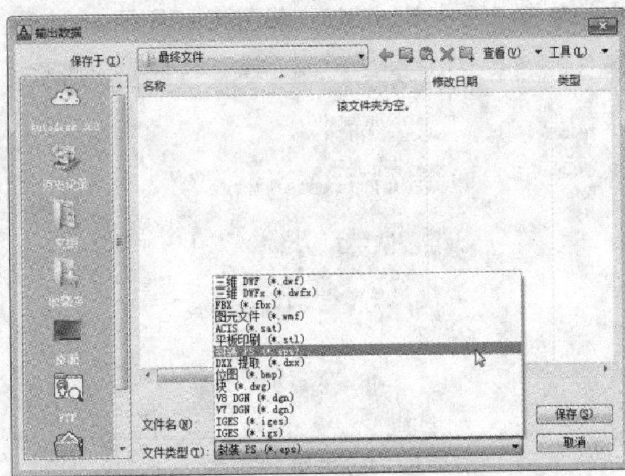

图10-6 选择输出类型

Step 03 设置保存路径与文件名，最后单击“保存”按钮。此时用户只需启动相关的应用程序便可打开输出的文件。

10.2 打印图纸

在AutoCAD中，用户可使用“打印”命令将图形通过打印机转化为实际的图纸。通常在打印之前需对打印样式及打印参数进行设置。

10.2.1 设置打印样式

打印样式用于修改图形的外观。选择某个打印样式后，图形中的每个对象或图层都具有该打印样式的属性。下面将对其操作进行具体介绍。

Step 01 在应用程序菜单中执行“打印>管理打印样式”命令，在弹出的对话框中，双击“添加打印样式表向导”文件，如图10-7所示。

Step 02 在“添加打印样式表”对话框中单击“下一步”按钮，如图10-8所示。

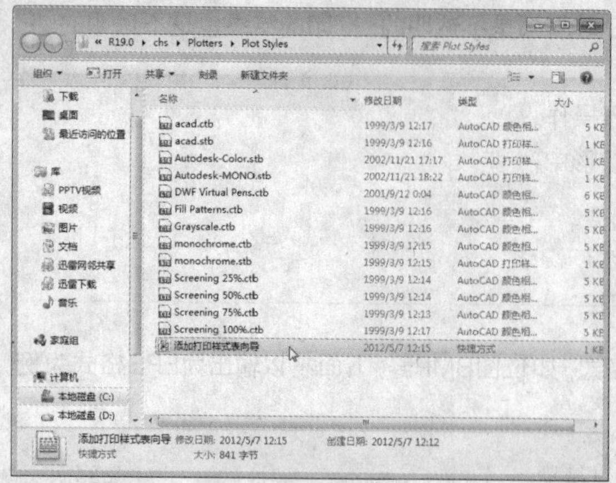

图10-7 资源管理器列表

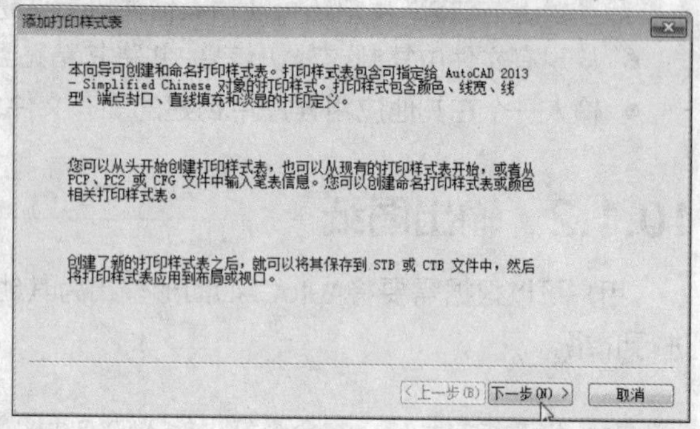

图10-8 “添加打印样式表”对话框

Step 03 在“添加打印样式表—开始”对话框中，单击“下一步”按钮，如图10-9所示。

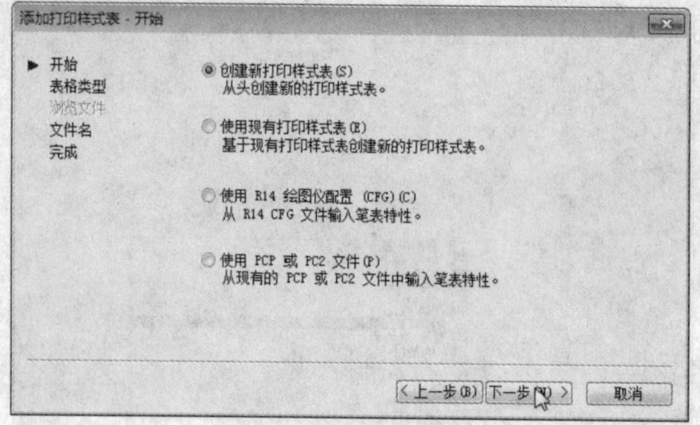

图10-9 “开始“对话框

Step 04 在“添加打印样式表—选择打印样式表”对话框中，单击“下一步”按钮，如图10-10所示。

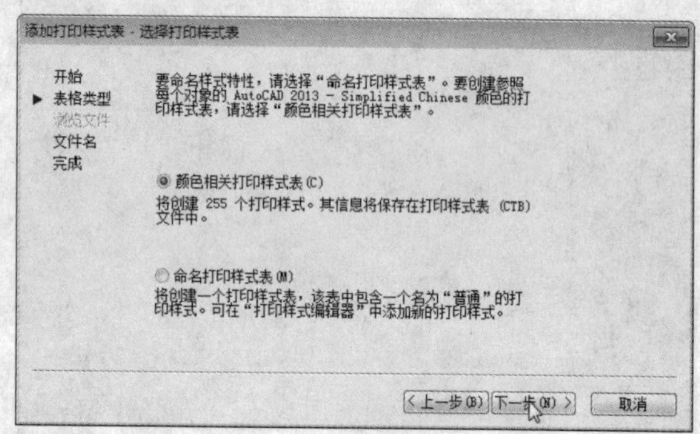

图10-10 “选择打印样式表”对话框

Step 05 在“添加打印样式表—文件名”对话框中，输入文件名，单击“下一步”按钮，如图10-11所示。

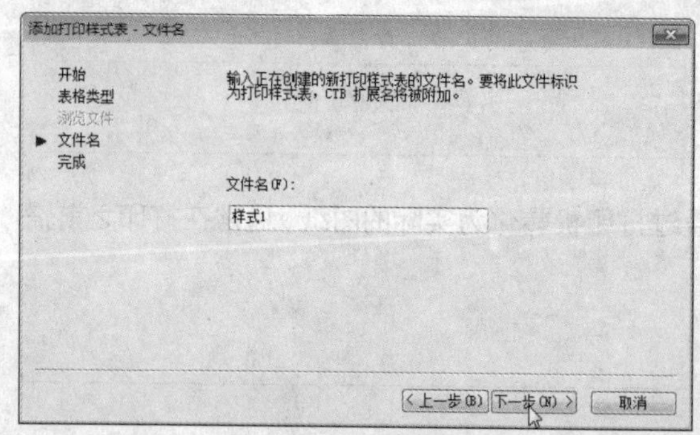

图10-11 输入文件名

Step 06 在“添加打印样式表—完成”对话框中，单击“完成”按钮，完成打印样式的设置，如图10-12所示。

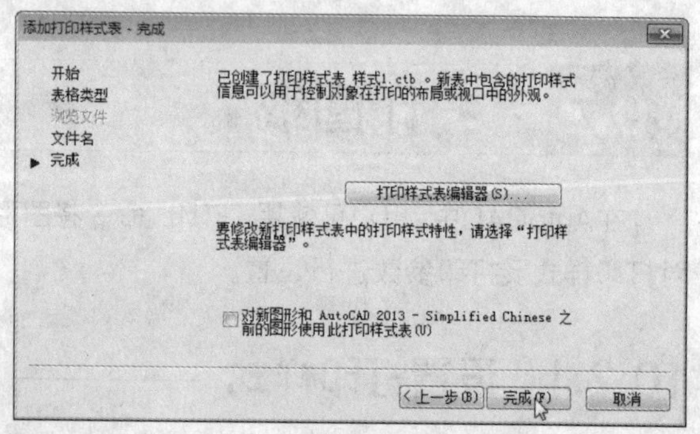

图10-12 完成打印样式设置

若要对设置好的打印样式进行编辑修改，可在应用程序菜单中执行“打印>打印”命令，打开“打印-模型”对话框，在“打印样式表”下拉列表中，选择要编辑的样式列表，如图10-13所示。随后单击右侧“编辑”按钮▤，在“打印样式表编辑器”对话框中，根据需要进行相关修改即可，如图10-14所示。

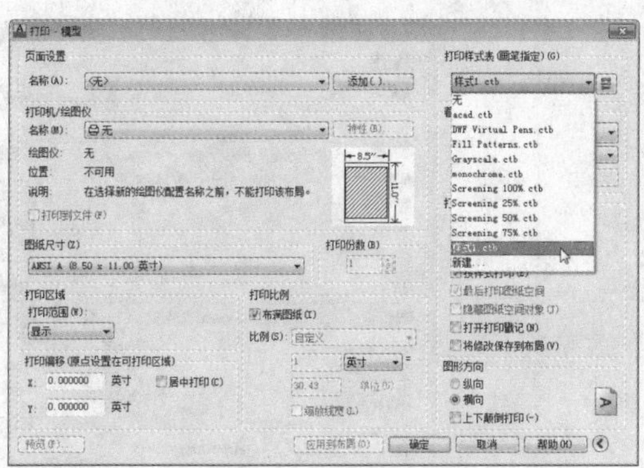
图10-13 选择打印样式选项

图10-14 修改打印样式

工程师点拨："打印样式表"选项不显示

在"打印-模型"对话框中，默认"打印样式"选项为隐藏。若要对其选项进行操作，只需单击"更多选项⊙"按钮，在打开的扩展列表框中则显示"打印样式表"选项。

10.2.2 设置打印参数

在应用程序菜单中执行"打印>打印"命令，打开"打印-模型"对话框，在此，用户可对其中一些相关打印参数进行设置。下面举例介绍具体操作方法。

Step 01 打开"打印-模型"对话框，在"打印机/绘图仪"选项组中，单击"名称"下拉按钮，选择打印机型号，如图10-15所示。

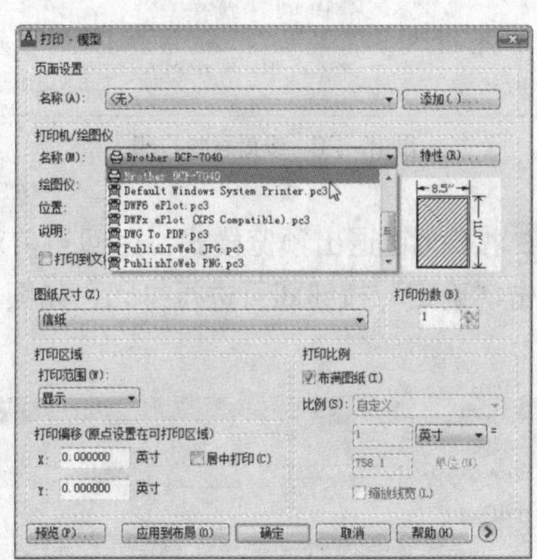
图10-15 选择打印机型号

Step 02 在"图纸尺寸"选项组中，选择要打印的图纸尺寸，这里选择A4，如图10-16所示。

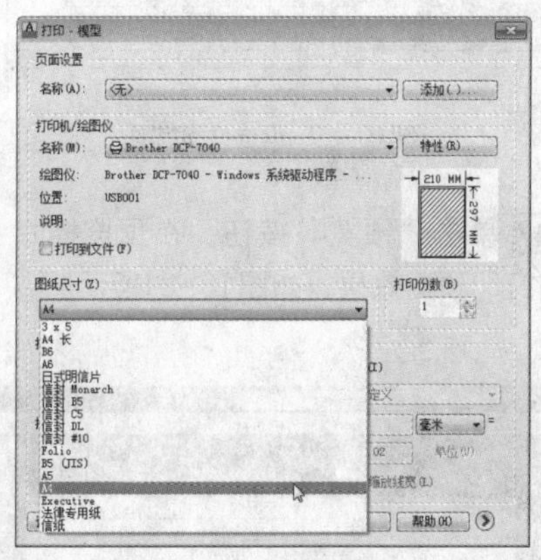
图10-16 选择打印尺寸

Step 03 在"打印份数"选项组中，输入打印的份数，这里选择"1"，如图10-17所示。

Step 04 在"打印区域"选项组中，单击"打印范围"下拉按钮，选择打印方式，这里选择"窗口"，如图10-18所示。

工程师点拨：设置打印参数需注意

在设定打印参数时，用户应根据与电脑连接的打印机的类型来综合考虑打印参数的具体值，否则将无法实施打印操作。

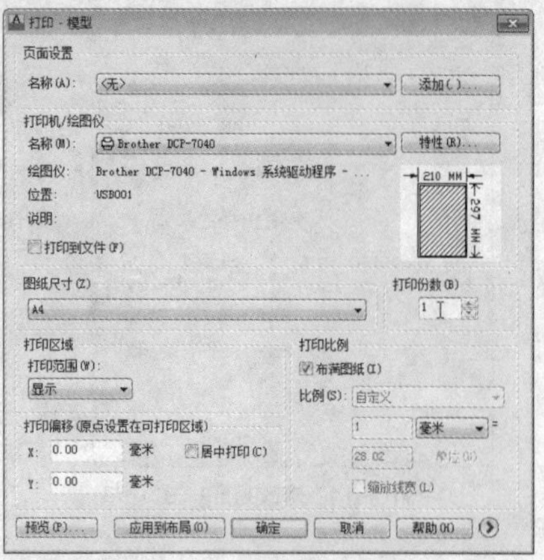

图10-17　确定打印份数

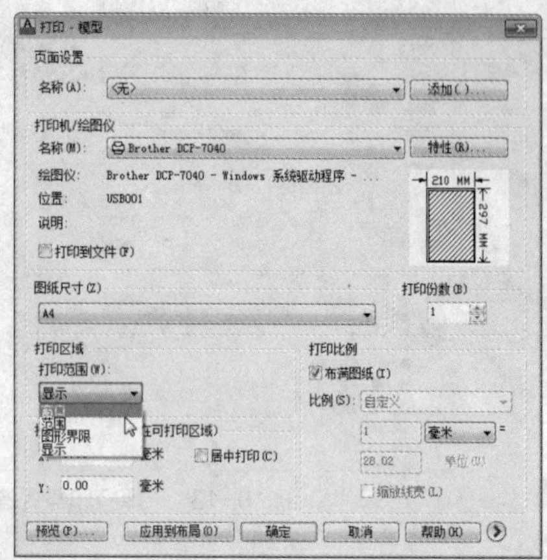

图10-18　选择窗口选项

Step 05 在绘图区中，利用鼠标框选出需打印的范围，如图10-19所示。

Step 06 返回对话框并勾选“打印偏移”选项组中的“居中打印”复选框，如图10-20所示。

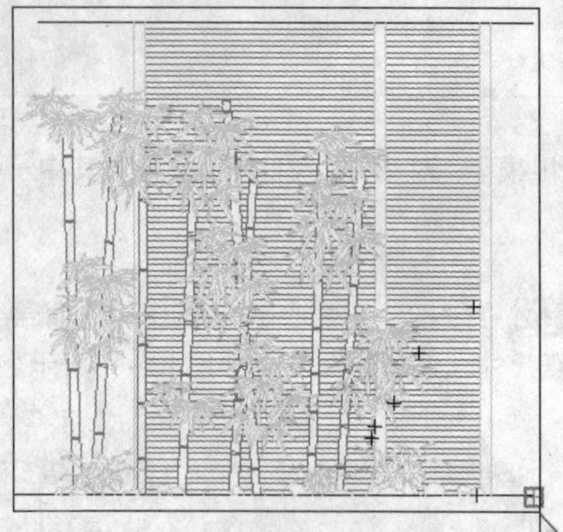

图10-19　框选打印范围

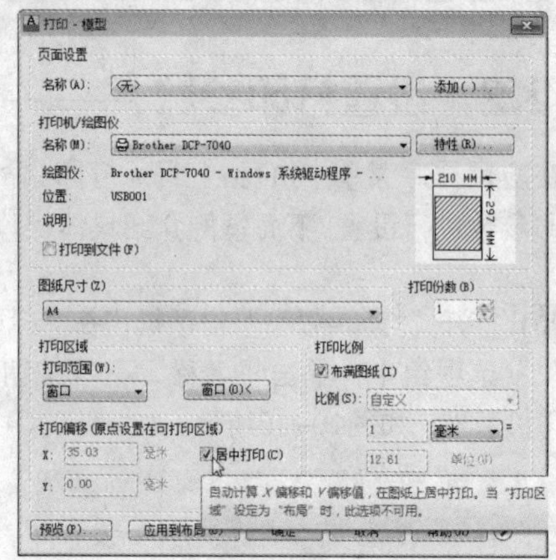

图10-20　设置居中打印

Step 07 单击“预览”按钮，在预览模式中，可查看到打印预览效果，如图10-21所示。

Step 08 按Esc键退出预览模式，返回当前对话框中，单击“确定”按钮即可进行打印，如图10-22所示。

图10-21　预览打印样式

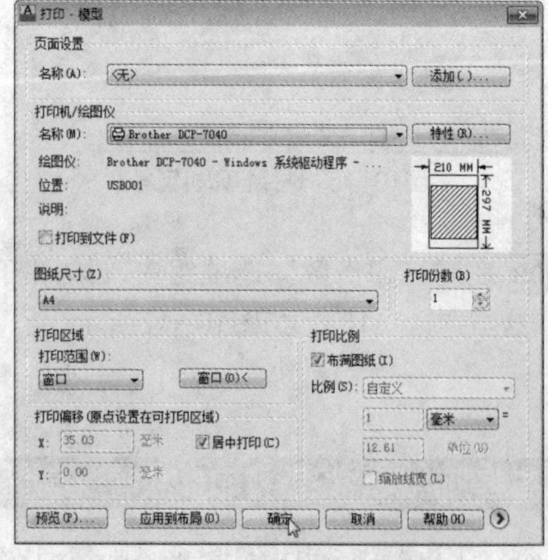

图10-22　完成打印参数设置

10.3 布局空间打印图纸

在AutoCAD中，布局空间用于设置在模型空间中图形的不同视图，主要是为了在输出图形时进行布置。在布局空间中查看到打印的实际情况，还可以根据需要创建布局。每个布局都保存在各自的“布局”选项卡中，可以与不同的页面设置相关联。

10.3.1 创建新布局空间

在单个图形中，用户可创建255个布局空间。而系统默认的布局空间为两个，如图10-23所示。若想创建更多的布局，可在“布局”选项卡的“布局”面板中的“新建”下拉列表中选择“新建布局”选项，根据命令行中的提示，输入布局名称即可，如图10-24所示。

命令行提示如下。

```
命令 : _layout
输入布局选项 [ 复制 (C)/ 删除 (D)/ 新建 (N)/ 样板 (T)/ 重命名 (R)/ 另存为 (SA)/ 设置 (S)/?] < 设置 >: _new
输入新布局名 < 布局 3>: 屋顶平面                                    // 输入新布局名称
```

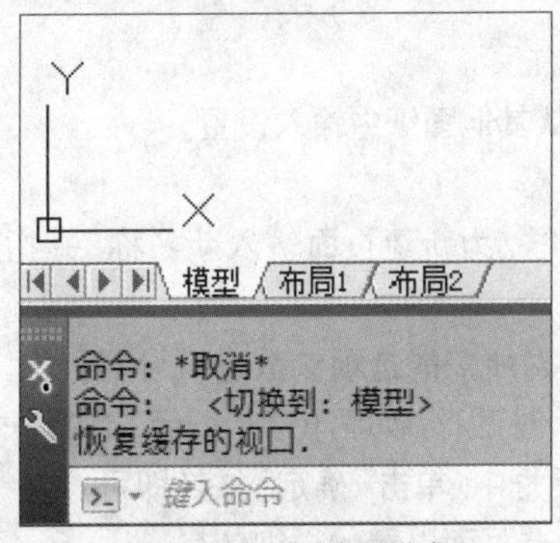

图10-23 默认布局模式

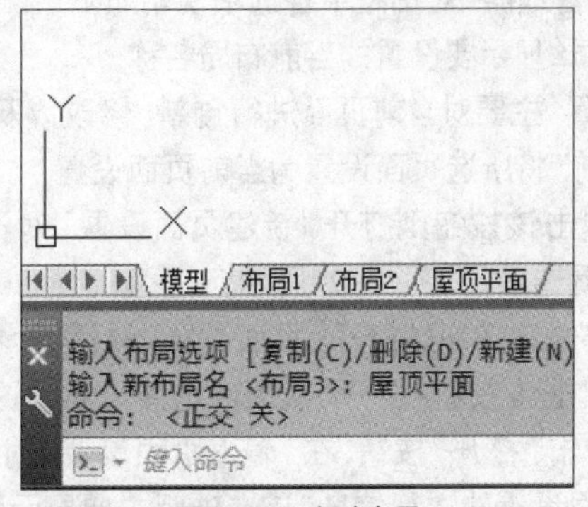

图10-24 新建布局

除了以上直接新建方法外，还可以通过在样板文件中创建。在“布局”面板的“新建”下拉列表中选择“从样板”选项，打开“从文件选择样板”对话框，如图10-25所示。选择所需图形样本文件，单击“打开”按钮，在“插入布局”对话框中，选择所需布局样板，即可实现样板布局的创建，如图10-26所示。

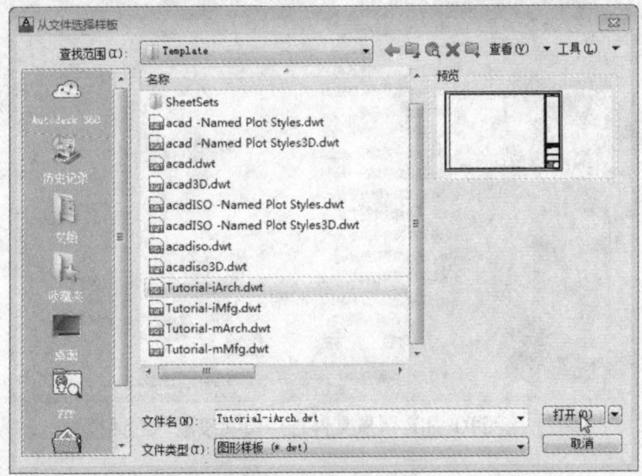

图10-25 选择样板文件

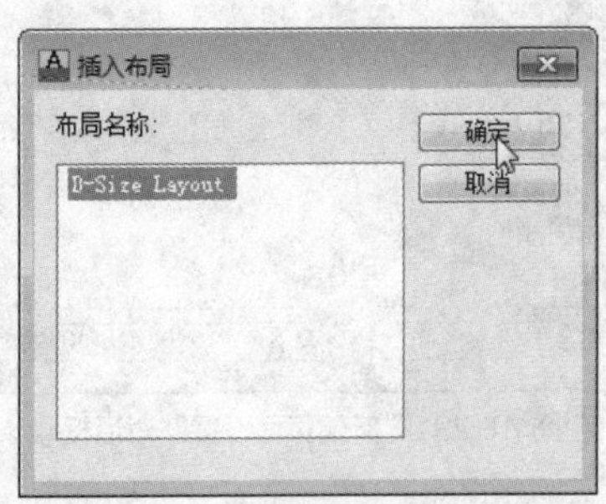

图10-26 创建样板布局

10.3.2 布局页面打印设置

新布局创建完成后，若想对其页面进行设置，可单击“布局”面板中的“页面设置”按钮，在打开的“页面设置管理器”对话框中，选择所需布局名称，如图10-27所示，单击“修改”按钮，在打开的“页面设置”对话框中，根据需要进行相关设置即可，如图10-28所示。

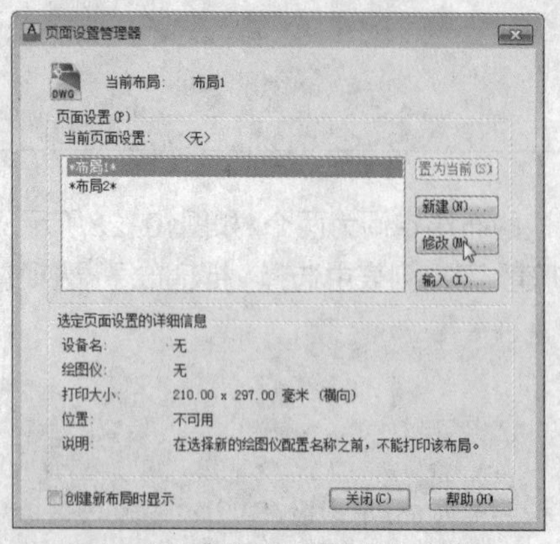

图10-27 “页面设置管理器”对话框

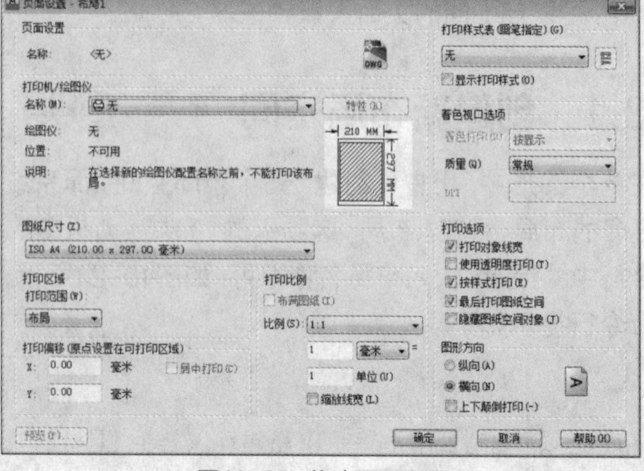

图10-28 修改页面设置

“页面设置管理器”对话框中各选项说明如下。

- 当前布局：显示要设置的当前布局名称。
- 页面设置：主要对当前页面进行创新、修改以及从其他图纸中输入设置。
- 置为当前：将所选页面设置为当前页面设置。
- 新建：单击该按钮则打开“新建页面设置”对话框，为新建页面输入新名称，并指定使用的基础页面设置选项，如图10-29所示。
- 修改：单击该按钮则打开“页面设置”对话框，并对所需的选项参数进行设置。
- 输入：单击该按钮，打开“从文件选择页面设置”对话框，如图10-30所示。选择一个或多个页面设置，单击“打开”按钮，在“输入页面设置”对话框中，单击“确定”按钮即可。
- 选定页面设置的详细信息：该选项组主要显示所选页面设置的详细信息。
- 创建新布局时显示：勾选该复选框，用来指定当选中新的布局选项卡或创建新的布局时，是否显示“页面设置”对话框。

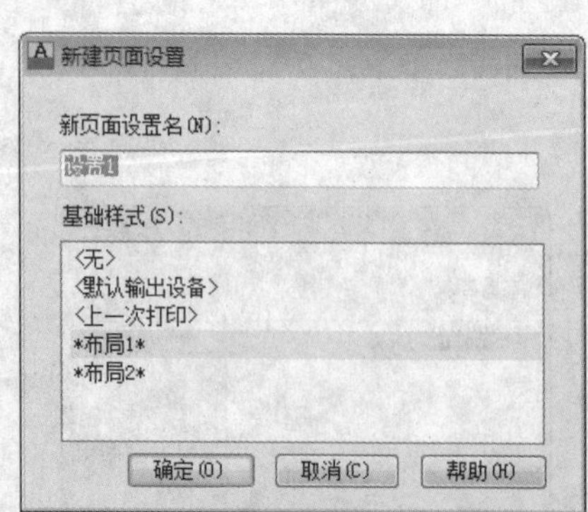

图10-29 “新建页面设置”对话框

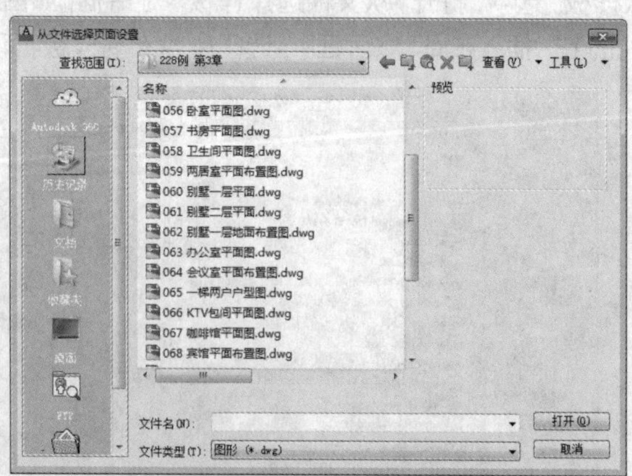

图10-30 “从文件选择页面设置”对话框

10.4 创建与编辑布局视口

在AutoCAD中，用户可在布局空间创建多个视口，以方便从各个不同角度查看图形。而在新建的视口中，用户可根据需要设置视口的大小，也可以将其移动至布局任何位置。

10.4.1 创建布局视口

在系统默认情况下，布局空间中只显示一个视口。如果用户想创建多个视口，就需要进行简单的设置，下面对其具体操作进行介绍。

Step 01 打开所需设置的图形文件，单击命令行上方的“布局1”标签，打开相应的布局空间，如图10–31所示。

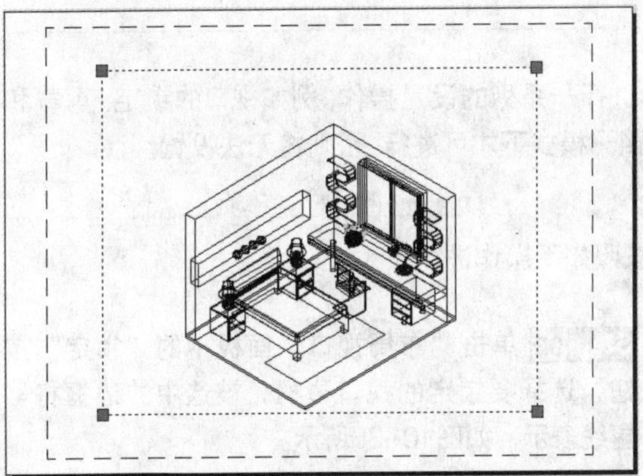

图10–31 打开布局空间并选中视口

Step 02 选中视口边框，按Delete键将其删除，如图10–32所示。

图10–32 删除视口

Step 03 单击“布局”选项卡“布局视口”面板中的“矩形”按钮，在布局空间中，指定视口起点，按住鼠标左键并拖动框选出视口范围，如图10–33所示。

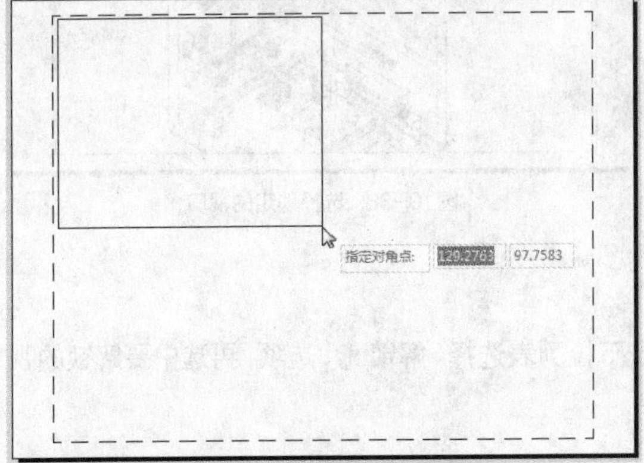

图10–33 框选视口范围

Step 04 释放鼠标左键并单击，即可完成视口的创建。此时，在该视口中会显示当前图形，如图10–34所示。

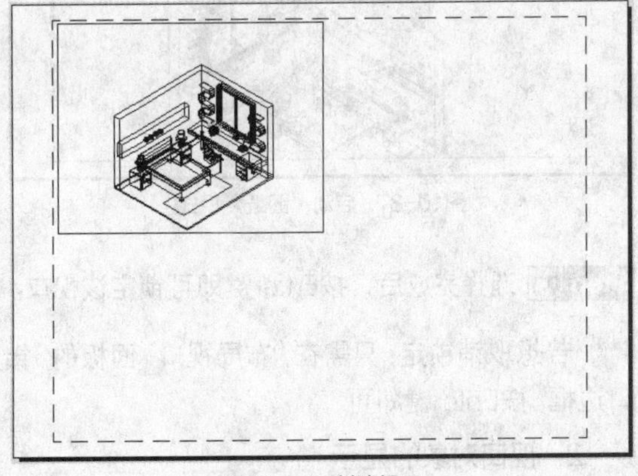

图10–34 创建视口

Step 05 再次单击“矩形”按钮，完成其他视口的绘制，如图10-35和图10-36所示。

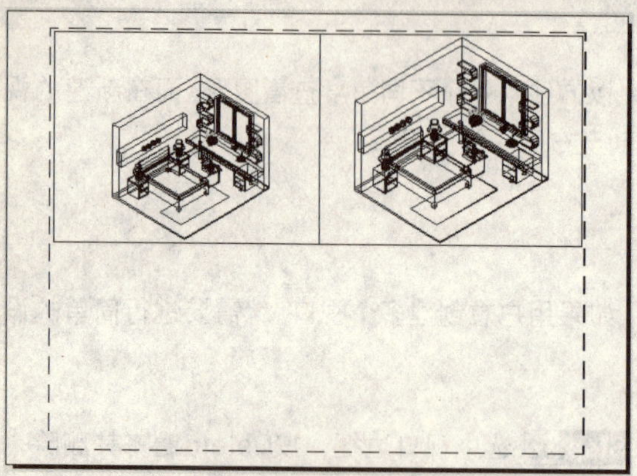
图10-35 创建第二个视口

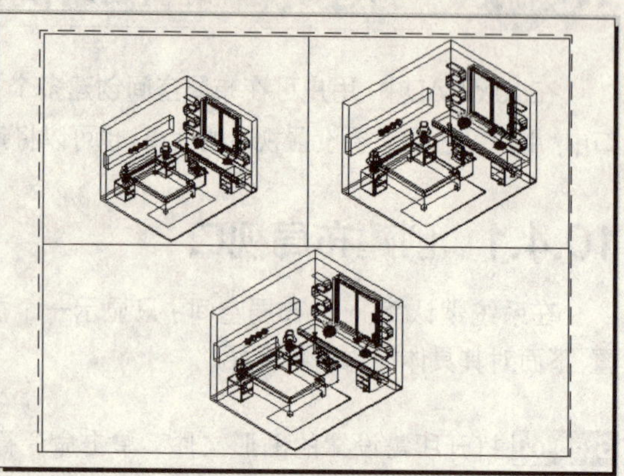
图10-36 创建第三个视口

10.4.2 设置布局视口

布局视口创建完成后，用户可根据需要对该视口进行一系列的设置操作，例如视口的锁定、剪裁和显示等。但对布局视口进行设置或编辑时，需要在“图纸”模式下才可进行，否则将无法设置。

1. 视口对象的锁定

如果想要将布局空间中的某个视口对象锁定，可按照如下操作进行。

Step 01 在状态栏中单击“图纸”按钮，启动图纸模式，此时在布局中，被选中的视口边框会加粗显示，如图10-37所示。

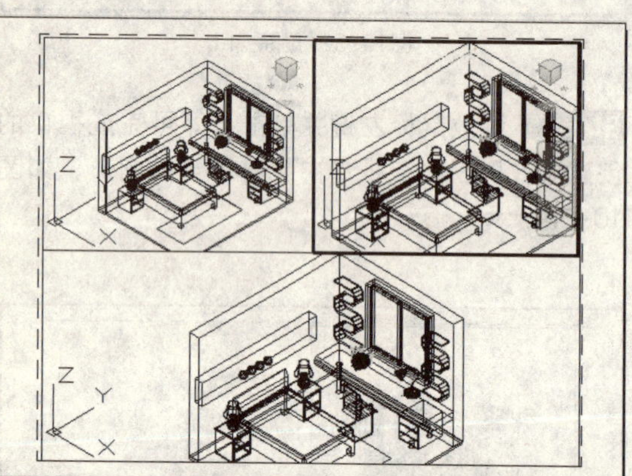

图10-37 启动“图纸”模式

Step 02 单击“布局视口”面板中的“锁定”按钮，选择要锁定的视口边框，被选中的边框将呈虚线表示，如图10-36所示。

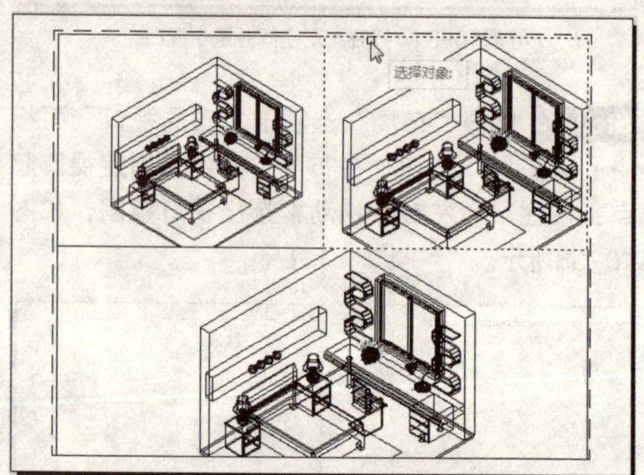

图10-38 选择锁定的视口

Step 03 选择完成后，按Enter键即可锁定该视口。

若想取消锁定，只需在“布局视口”面板的“锁定”下拉列表选择“解锁”选项，再选中要解锁的视口边框，按Enter键即可。

2. 视口对象的显示

如果想在多个视口中显示不同的视图角度，可按照以下操作进行设置。

Step 01 启动“图纸”模式，在布局空间中，选中所需更换显示的视口，如图10-39所示。

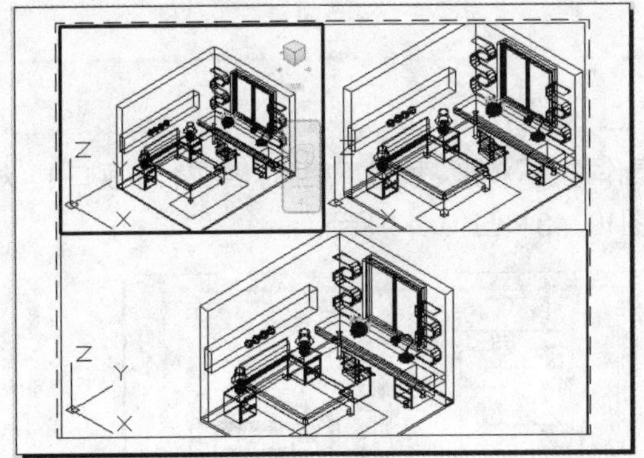

图10-39 选择视口

Step 02 在“视图”选项卡的“视图”面板的视图列表中选择所需更换的视图角度选项，这里选择“俯视”，如图10-40所示。

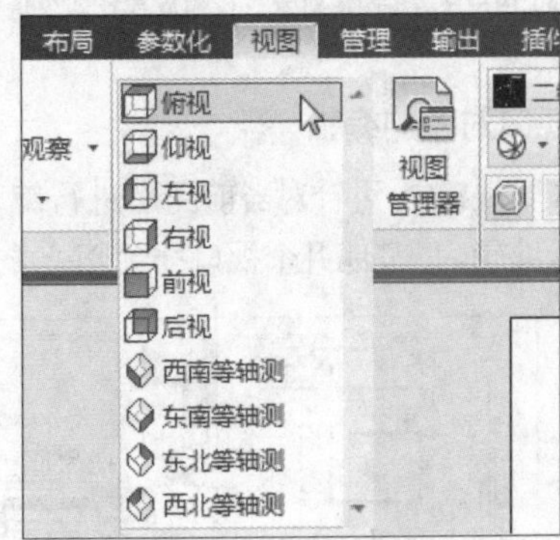

图10-40 选择视图角度

Step 03 选择完成后，被选中的视口发生了相应的变化，如图10-41所示。

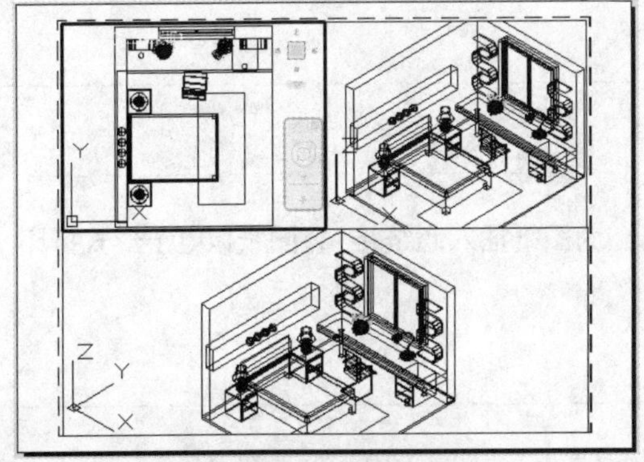

图10-41 俯视图显示

Step 04 选择其他需更换的视口，再次在视图列表中，选择其他视图角度，完成剩余视口视角的更换，如图10-42所示。

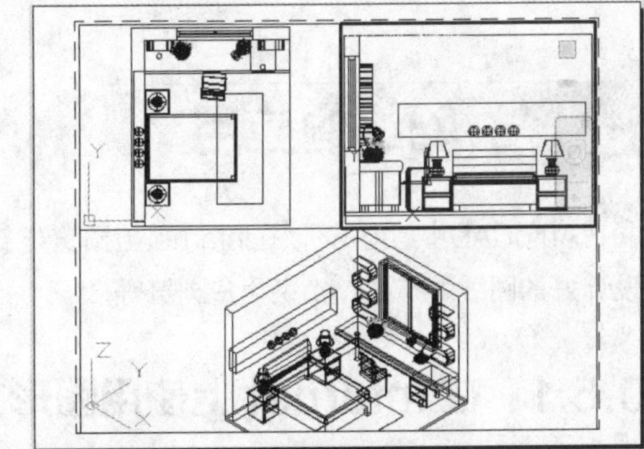

图10-42 左视图显示

3. 视口边界的剪裁

在“布局视口”面板中单击“剪裁”按钮，选中需要剪裁的视口边框，根据需要绘制剪裁的边线，完成后按Enter键即可。此时在剪裁界线之外的图形对象就会隐藏，如图10-43和图10-42所示。

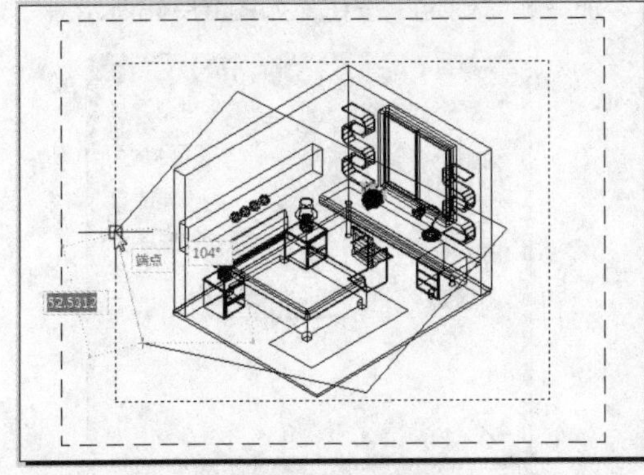

图10-43 绘制裁剪边界

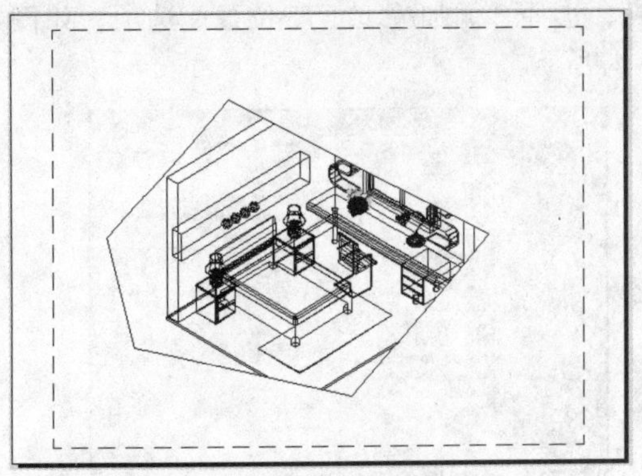

图10-44 完成裁剪

工程师点拨：视口裁剪显示设置

使用“剪裁”命令，只是将视口形状进行裁剪操作，而对于实际的图形对象没有任何影响，只不过在裁剪边线之外所显示的图形被隐藏。用户只需将图形对象进行缩放操作即可查看到全部图形。

4. 视口对象的编辑

在布局视口中，可针对当前图形进行编辑操作。其操作与在“模型”模式下相同。若在一个视口中，对图形进行编辑后，其他几个视口都会随之发生变化，如图10-43和图10-44所示。

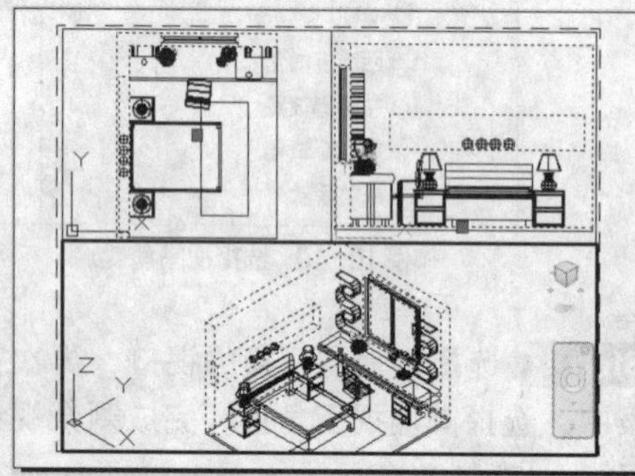

图10-45 选中墙体

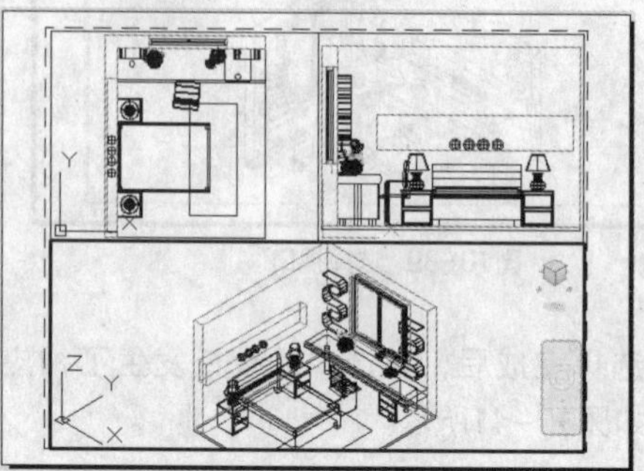

图10-46 改变墙体颜色

10.5 网络的应用

在AutoCAD中，用户可以在Internet上预览建筑图纸、为图纸插入超链接、将图纸以电子形式打印，将设计好的图纸发布到Web供用户浏览等。

10.5.1 在 Internet 上使用图形文件

AutoCAD中的“输入”和“输出”命令可以识别任何指向AutoCAD文件的有效URL路径。因此用户可以通过AutoCAD在Internet上执行打开和保存文件的操作。

Step 01 在应用程序菜单中执行“打开”命令，打开“选择文件”对话框，单击“工具”下拉按钮，选择“添加/修改FTP位置”选项，如图10-47所示。

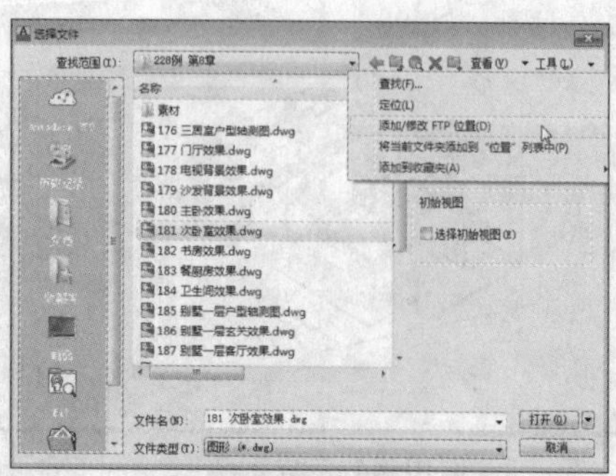

图10-47 选择相关选项

Step 02 在“添加/修改FTP位置”对话框中，根据需要设置FTP站点名称、登录名及密码，单击“添加”和“确定”按钮，如图10-48所示。

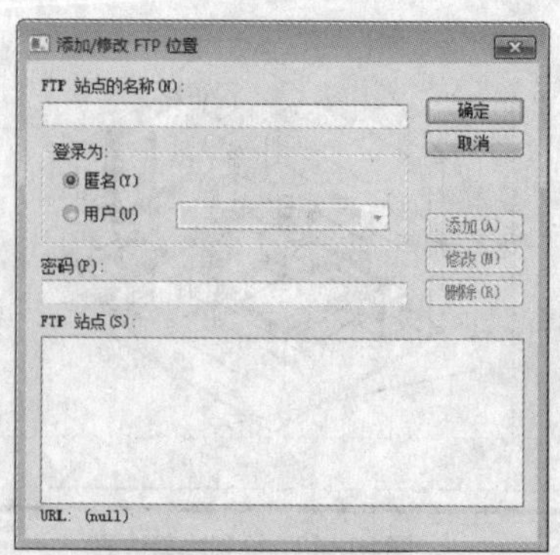

图10-48 设置相关操作

Step 03 设置完成后，返回至“选择文件”对话框，在左侧列表中，选择FTP选项，然后在右侧列表框中，双击FTP站点并选择文件，最后单击“打开”按钮即可。

10.5.2 超链接管理

超链接就是将AutoCAD中的图形对象与其他数据、信息、动画、声音等建立链接关系。利用超链接可实现由当前图形对象到关联图形文件的跳转。其链接对象可以是现有的文件或Web页，也可以是电子邮件地址等。

1. 链接文件或网页

在“插入”选项卡“数据”面板中单击“超链接”按钮，在绘图区中，选择要进行链接的图形对象，按Enter键，打开“插入超链接”对话框，如图10-49所示。

单击“文件”按钮，打开“浏览Web-选择超链接”对话框，如图10-50所示。在此选择要链接的文件并单击“打开”按钮，返回到上一层对话框，最后单击“确定”按钮完成链接操作。

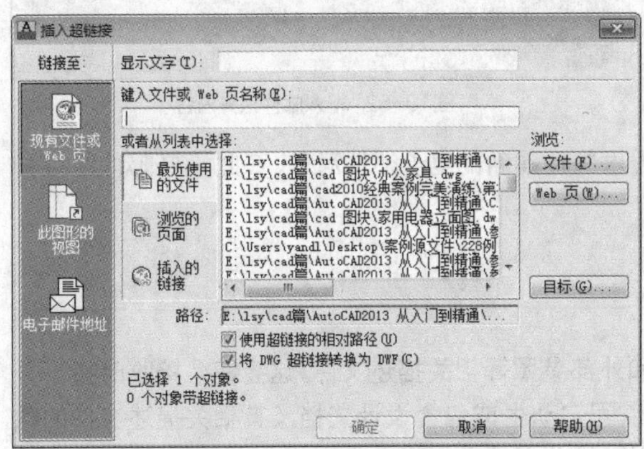

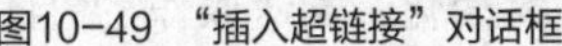
图10-49 “插入超链接”对话框

图10-50 选择需链接的文件

在带有超链接的图形文件中，将光标移至带有链接的图形对象上时，光标右侧会显示超链接符号和链接文件名称。此时按住Ctrl键并单击链接对象，即可按照链接网址切转到相关联的文件中。

“插入超链接”对话框中各选项说明如下。

- 显示文字：用于指定超链接的说明文字。
- 现有文件或Web页：用于创建到现有文件或Web页的超链接。
- 键入文件或Web页名称：用于指定要与超链接关联的文件或Web页面。
- 最近使用的文件：显示最近链接过的文件列表，用户可从中选择链接。
- 浏览的页面：显示最近浏览过的Web页面列表。
- 插入的链接：显示最近插入的超级链接列表。
- 文件：单击该按钮，在“浏览Web—选择超链接”对话框中，指定与超链接相关联的文件。
- Web页：单击该按钮，在“浏览Web”对话框中，指定与超链接相关联的Web页面。
- 目标：单击该按钮，在“选择文档中的位置”对话框中，选择链接到图形中的命名位置。
- 路径：显示与超链接关联的文件路径。
- 使用超链接的相对路径：用来为超级链接设置相对路径。
- 将DWG超链接转换为DWF：用于转换文件的格式。

2. 链接电子邮件地址

在"插入"选项卡"数据"面板中单击"超链接"按钮，在绘图区中，选择要链接的图形对象，按Enter键，在"插入超链接"对话框中，选择左侧"电子邮件地址"选项，如图10-51所示。然后在"电子邮件地址"文本框中输入邮件地址，并在"主题"文本框中，输入邮件消息主题内容，单击"确定"按钮即可，如图10-52所示。

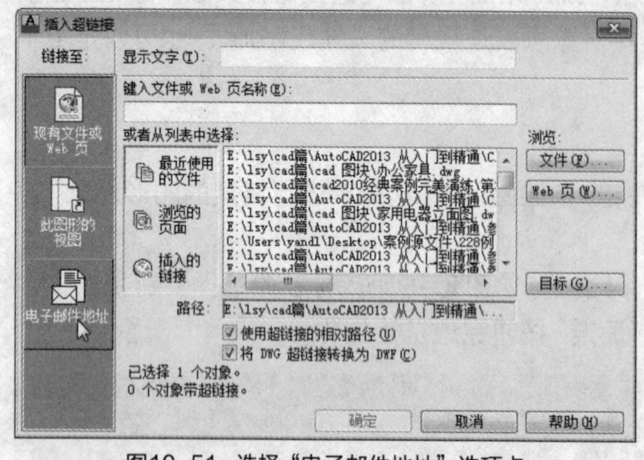

图10-51 选择"电子邮件地址"选项卡

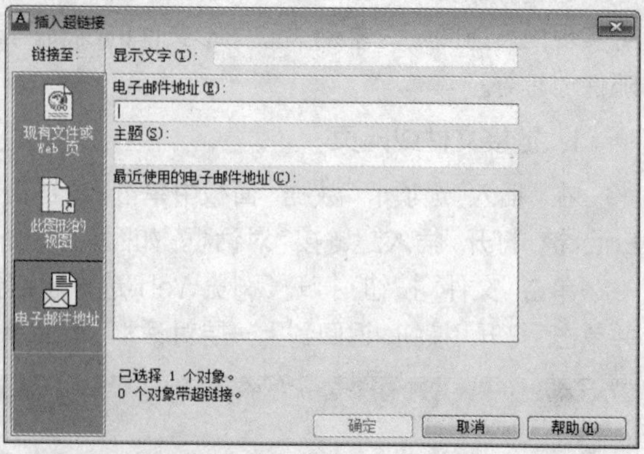

图10-52 输入邮件相关内容

在打开电子邮件超链接时，默认电子邮件应用程序将创建新的电子邮件消息。在此填好邮件地址和主题，最后输入消息内容并通过电子邮件发送。

10.5.3 电子传递设置

有时用户在发布图纸时，经常会忘记发送字体和外部参照等相关描述文件，这会使得接收时打不开收到的文档，从而造成无效传输。使用电子传递功能，可自动生成包含设计文档及其相关描述文件的数据包，然后将数据包粘贴到E-mail的附件中进行发送。这样就大大简化了发送操作，并且保证了发送的有效性。

在应用程序菜单中执行"发布"命令，在级联菜单中选择"电子传递"命令，打开"创建传递"对话框，分别在"文件树"和"文件表"选项卡中设置相应的参数即可，如图10-53和图10-54所示。

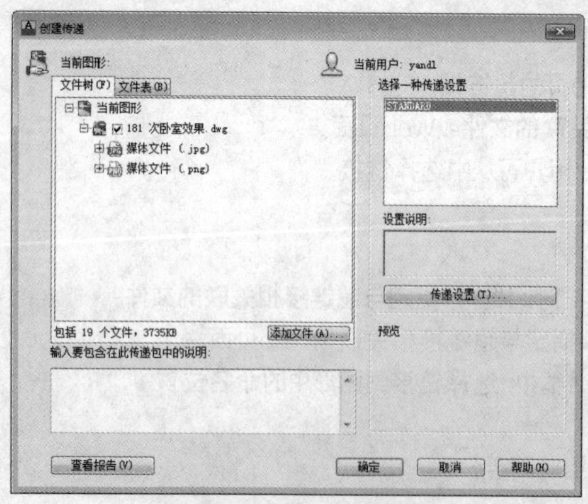

图10-53 "文件树"选项卡

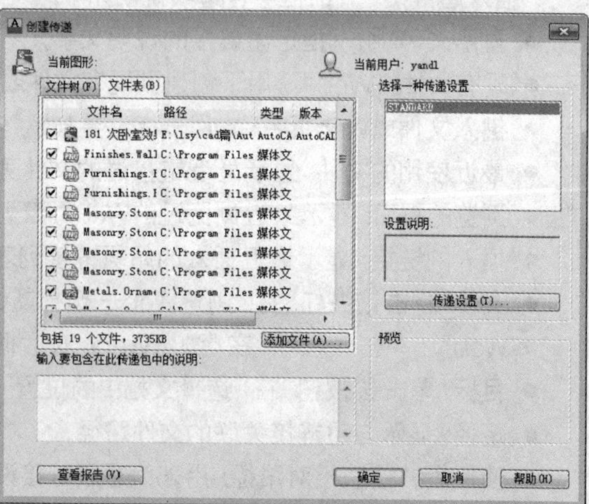

图10-54 "文件表"选项卡

在"文件树"或"文件表"选项卡中，单击"添加文件"按钮，如图10-55所示，将打开"添加要传递的文件"对话框，如图10-56所示，在此选择要包含的文件，单击"打开"按钮，返回到上一层对话框。

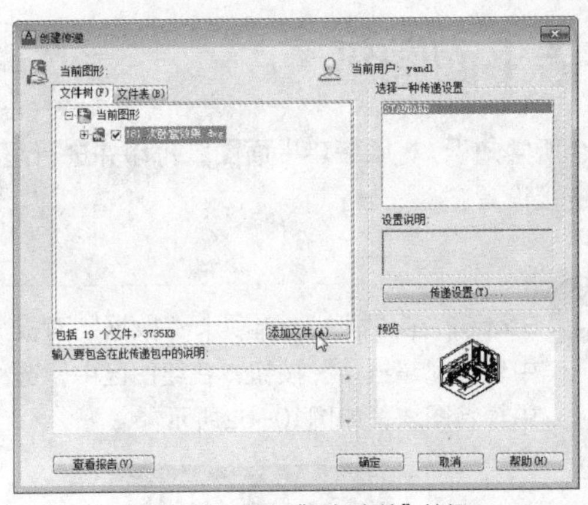
图10-55 单击“添加文件”按钮

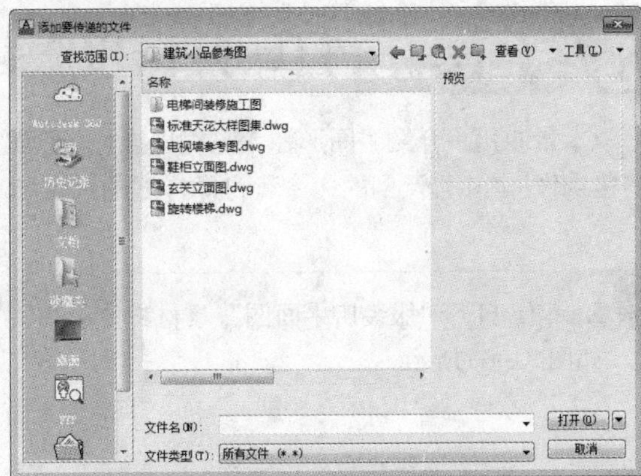
图10-56 选择所需文件

在“创建传递”对话框中单击“传递设置”按钮，打开“传递设置”对话框，单击“修改”按钮，如图10-57所示，打开“修改传递设置”对话框，如图10-58所示。

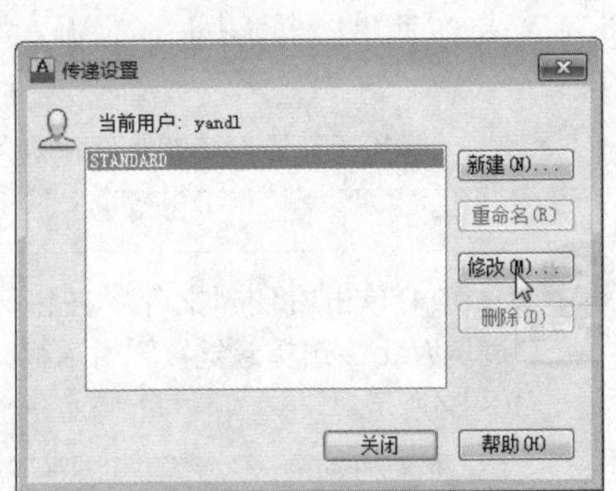
图10-57 “传递设置”对话框

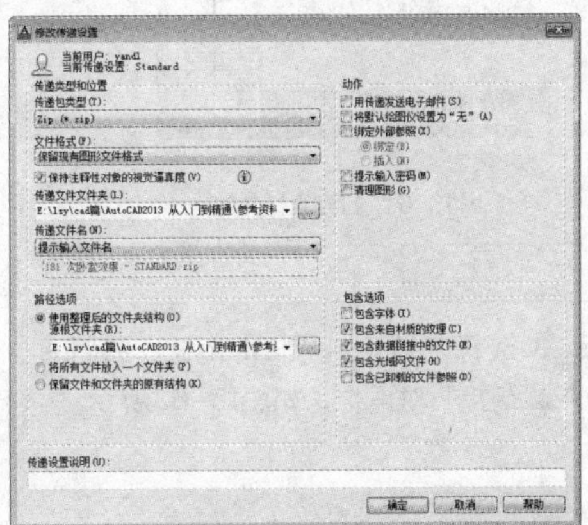
图10-58 设置传递包

在“修改传递设置”对话框中，单击“传递包类型”下拉按钮，选择“文件夹（文件集）”选项，指定要使用的其他传递选项，如图 10-59 所示。在“传递文件夹“选项组中，单击“浏览”按钮，指定要在其中创建传递包的文件夹，如图 10-60 所示。返回上一层对话框，再依次单击“关闭”、“确定”按钮，完成在指定文件夹中创建传递包的操作。

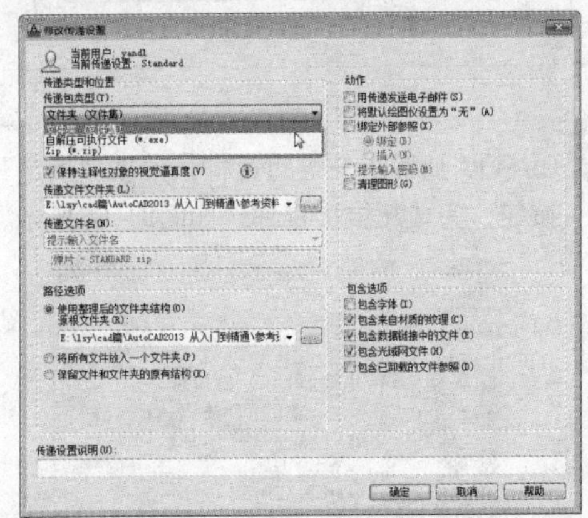
图10-59 选择传递包类型

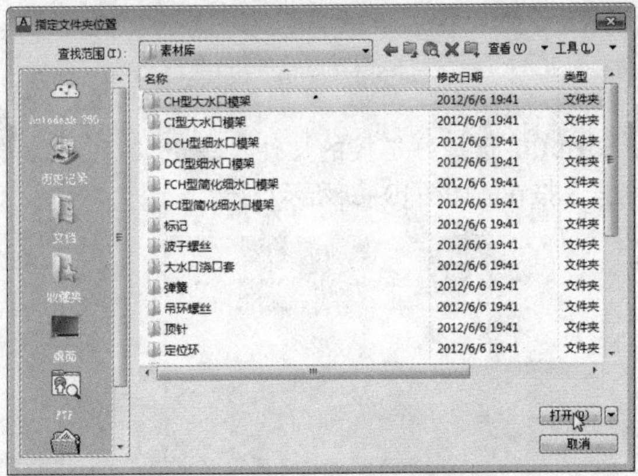
图10-60 选择创建传递包文件夹

综合实例 打印并链接服装店平面图纸

本章向用户介绍了图形输入与输出操作。下面结合所学知识，将服装店平面图纸打印并进行超链接操作。其中涉及到的命令有打印样式的设置和超链接设置。

Step01 打开“服装店平面图”素材文件，如图10-61所示。

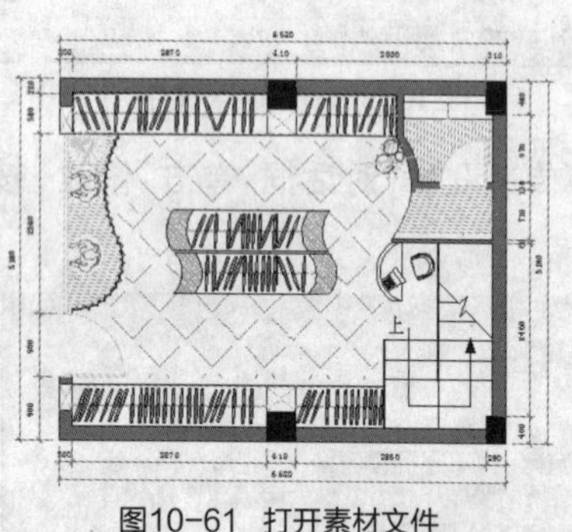

图10-61 打开素材文件

Step02 在“插入”选项卡“数据”面板中单击“超链接”按钮，在绘图区中，选中模特图块，如图10-62所示。

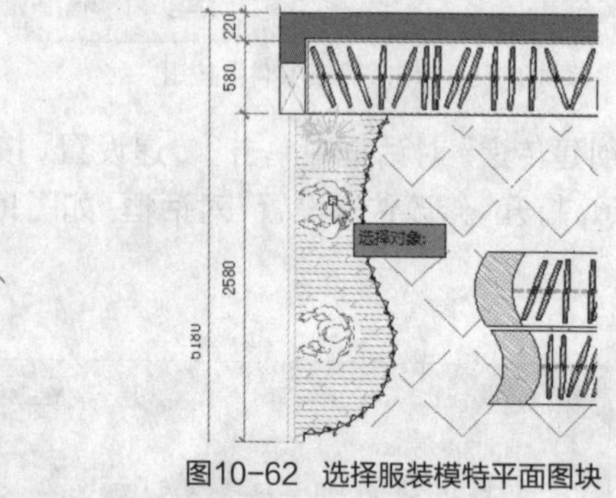

图10-62 选择服装模特平面图块

Step03 选择完成后，按Enter键，打开“插入超链接”对话框，如图10-63所示。

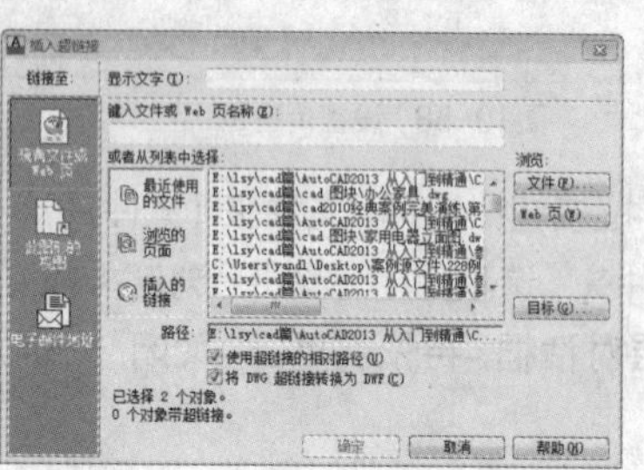

图10-63 “插入超链接”对话框

Step04 单击右侧“文件”按钮，打开“浏览Web－选择超链接”对话框，如图10-64所示。

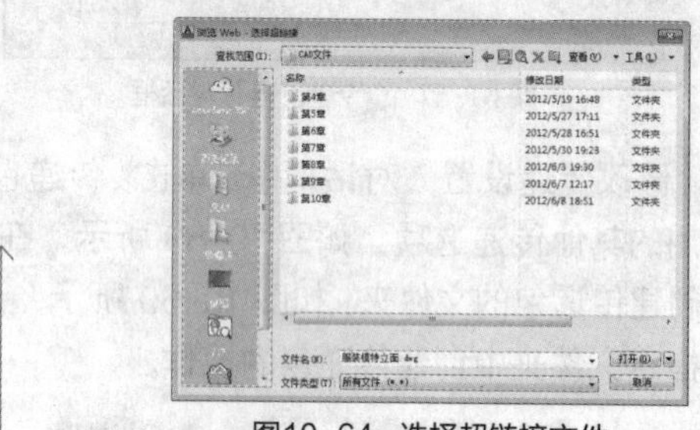

图10-64 选择超链接文件

Step05 选择好链接的文件，单击“打开”按钮，如图10-65所示。

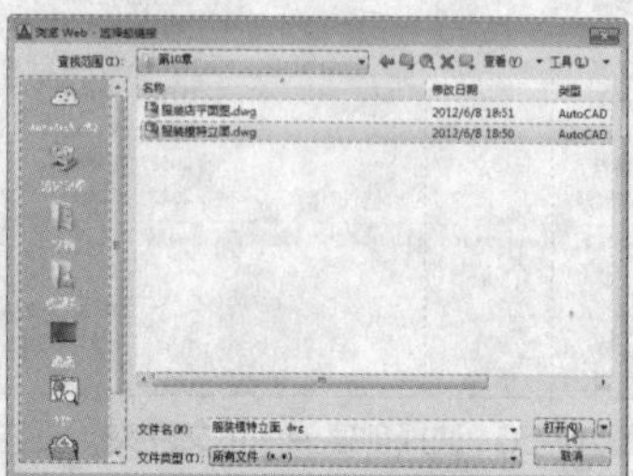

图10-65 选择链接文件

Step06 返回上一层对话框，单击“确定”按钮，完成超链接操作，如图10-66所示。

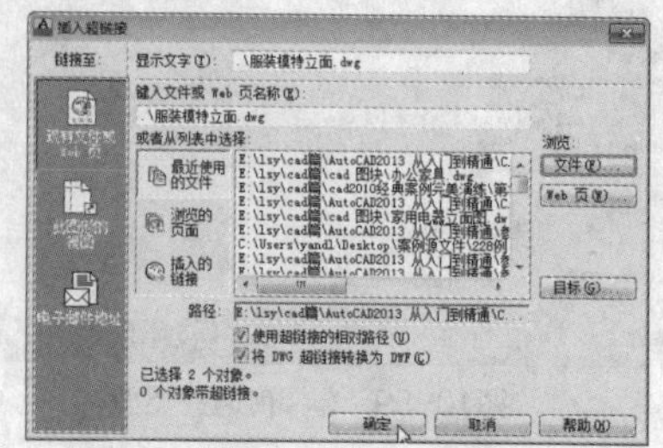

图10-66 完成超链接

Step07 将光标移至平面模特图块上，此时在光标右侧会显示该图块的链接信息，如图10-67所示。

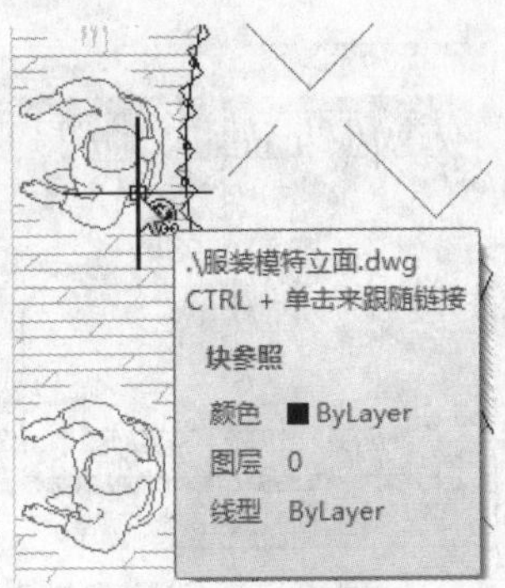

图10-67 显示链接信息

Step08 按住Ctrl键，单击该平面模特图块，则可切换至相关超链接的界面，结果如图10-68所示。

图10-68 切换链接界面

Step09 返回到服装店平面图界面，在应用程序菜单中执行“打印”命令，打开“打印 - 模型”对话框，如图10-69所示。

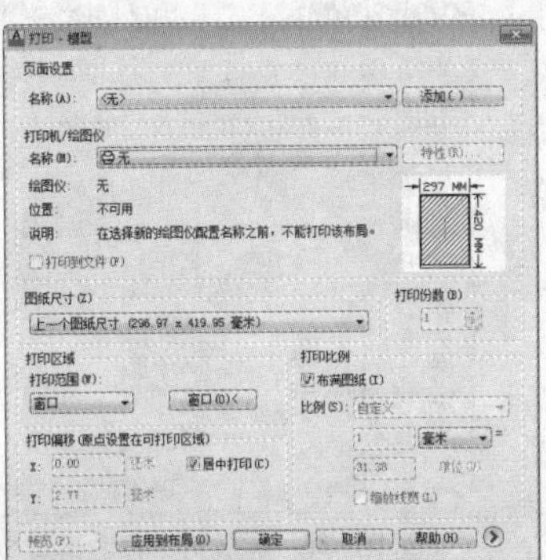

图10-69 “打印-模型”对话框

Step10 在“打印机/绘图仪”选项组中，设置好打印机的型号，如图10-70所示。

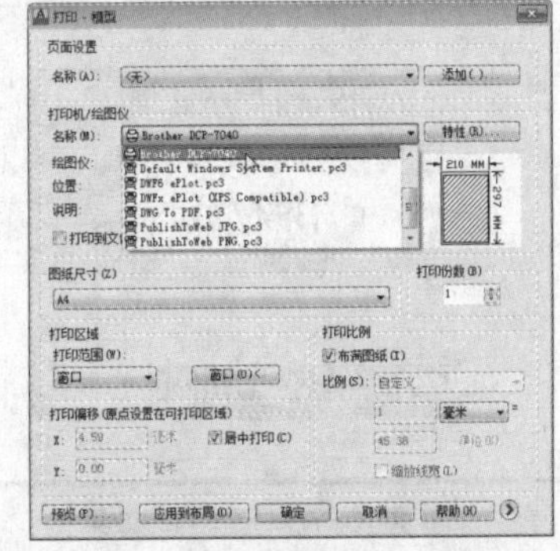

图10-70 设置打印机型号

Step11 将图纸尺寸设置为A4，如图10-71所示。

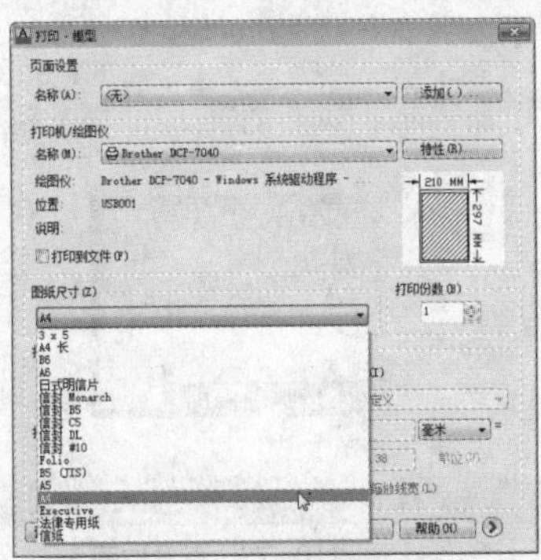

图10-71 设置图纸尺寸

Step12 将打印份数设置为“1”，如图10-72所示。

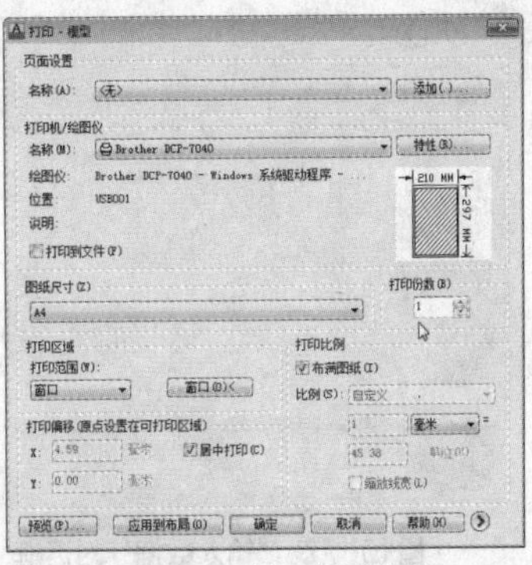

图10-72 输入打印份数

Step13 将打印范围设置为“窗口”，如图10-73所示。

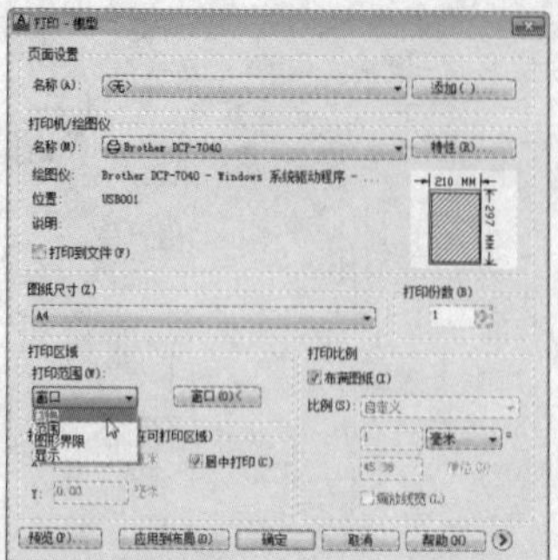

图10-73 设置打印范围

Step14 单击右侧“窗口”按钮，在绘图区中框选所要打印的图纸区域，如图10-74所示。

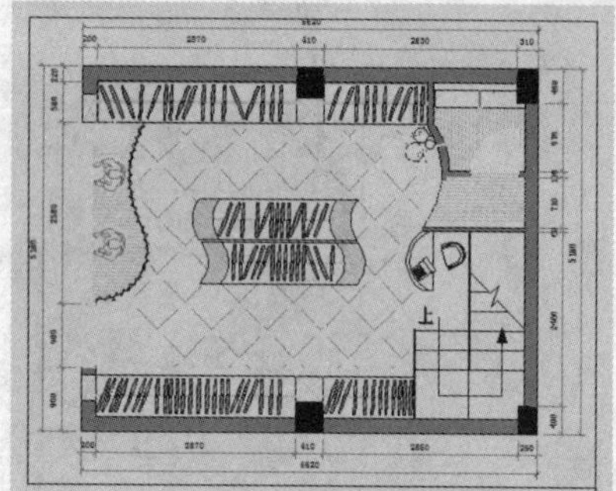

图10-74 框选打印范围

Step15 单击“预览”按钮，在打印预览界面中浏览打印效果，如图10-75所示。

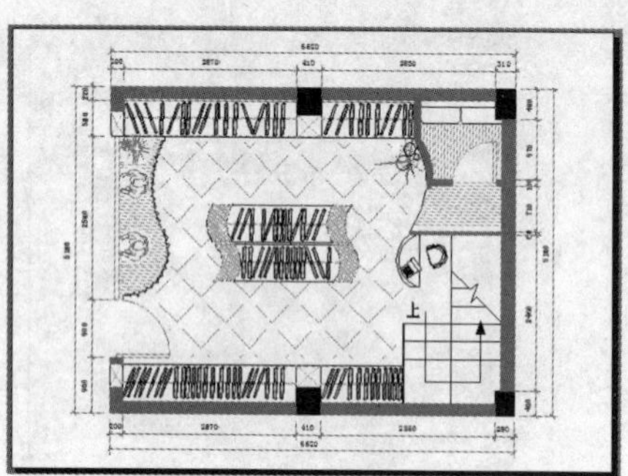

图10-75 预览打印效果

Step16 浏览完成后，按Esc键返回“打印-模型”对话框，单击“确定”按钮打印，如图10-76所示。

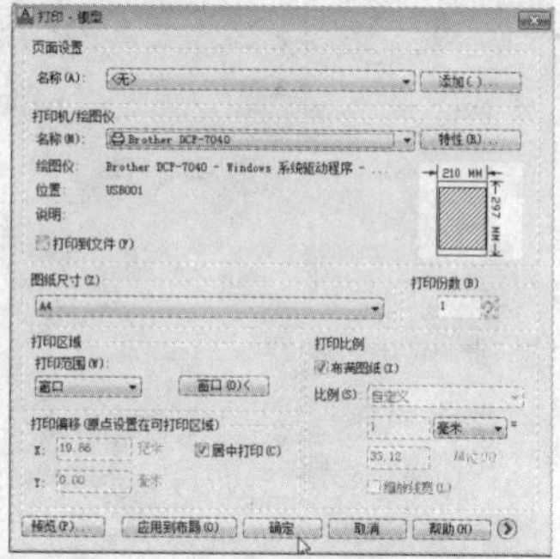

图10-76 完成打印参数设置

Step17 在应用程序菜单中执行“输出”命令，在级联菜单中，选择“其他格式”命令，打开“输入数据”对话框，如图10-77所示。

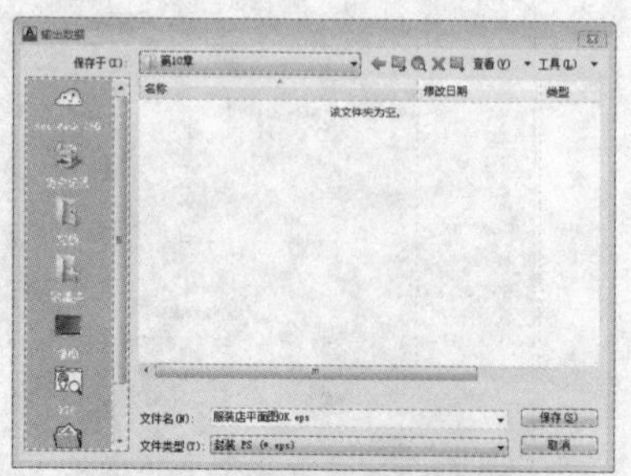

图10-77 “输入数据”对话框

Step18 将文件类型设为“位图（*.bmp）”格式，单击“保存”按钮。在绘图区中，框选图形，完成图形的输出，如图 10-78所示。

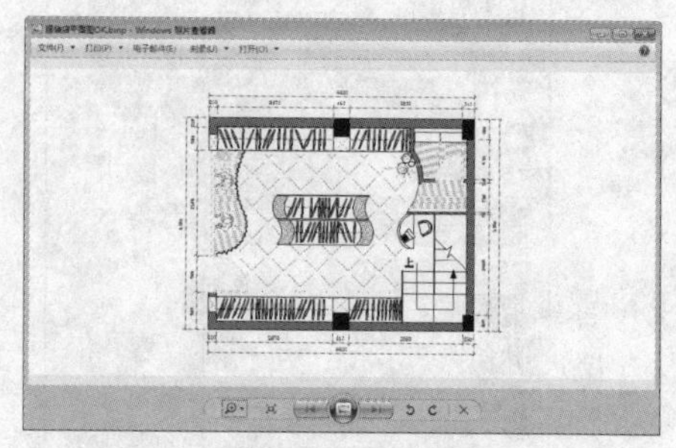

图10-78 查看位图

高手应用秘籍 AutoCAD图形的发布

用户可在网上发布一些自己的设计作品，方便和其他人交流学习。下面来介绍一下图形发布的具体操作。

Step 01 打开要发布的图形文件，在菜单栏中执行“文件>网上发布”命令，在“网上发布－开始”对话框中单击“创建新Web页”单选按钮，然后单击“下一步”按钮，如图10-79所示。

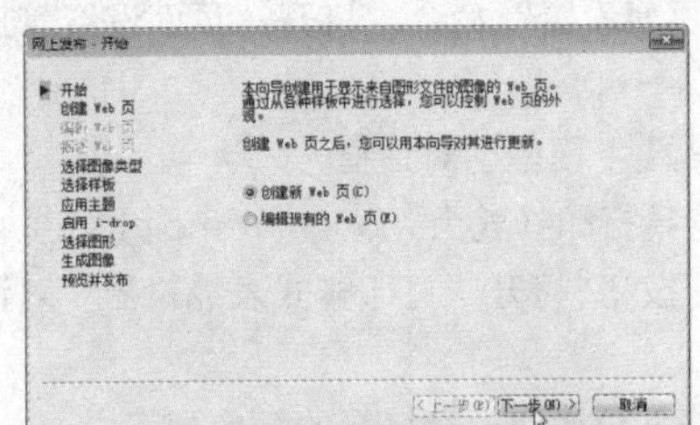

图10-79 “网上发布-开始”对话框

Step 02 在“创建Web页”对话框中输入图纸名称，单击“下一步”按钮，在“选择图像类型”对话框中设置图像类型和图像大小，单击“下一步”按钮，如图10-80所示。

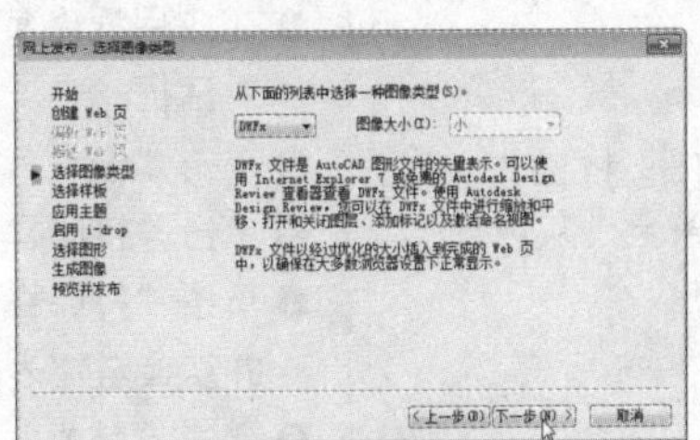

图10-80 创建Web页

Step 03 在“选择样板”对话框中选择一个样板，单击“下一步”按钮，在“应用主题”对话框中选择一个主题模式，单击“下一步”按钮，在“启用i－drop”对话框中勾选“启用i－drop”复选框，单击“下一步”按钮，如图10-81所示。

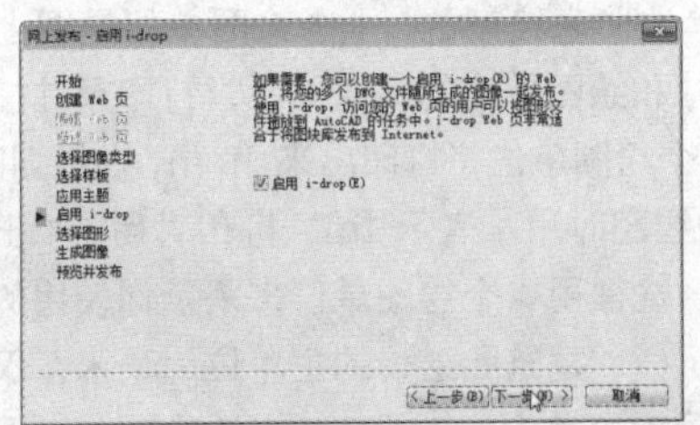

图10-81 设置图形类型和大小

Step 04 在“选择图形”对话框中单击“添加”按钮，单击“下一步”按钮。在打开对话框中勾选“重新生成已修改图形的图像”按钮，单击“下一步”按钮，如图10-82所示。

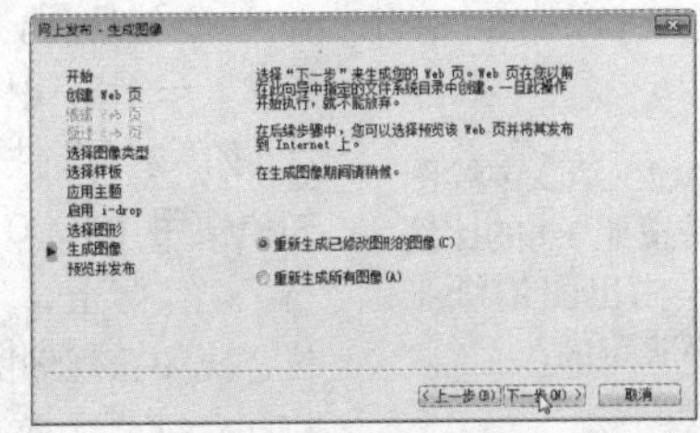

图10-82 选择样板

Step 05 在“预览并发布”对话框中单击“预览”按钮，然后单击“立即发布”按钮，在“发布Web”对话框设置发布文件位置，单击“保存”按钮，如图10-83所示。

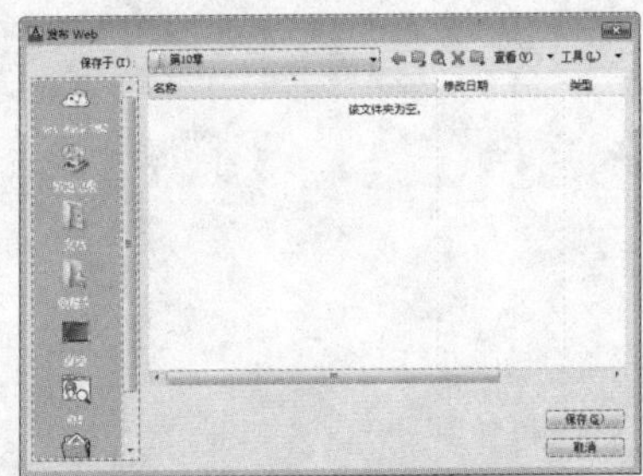

图10-83 保存发布文件位置

Step 06 保存后，在系统提示框中，提示“发布成功完成”，单击“确定”按钮即可，如图10-84所示。

图10-84 完成发布

秒杀 工程疑惑

在 AutoCAD 中操作时，用户会遇见各种各样的问题，下面总结一些常见问题来进行解答，包括打印样式的设置、设置图纸打印方向以及图纸出图比例等问题。

问 题	解 答
为什么打印出来的线条全是灰色?	由于 AutoCAD 默认的打印颜色是灰色。所以在设置前，需要对打印样式进行设置。其具体操作如下 ❶ 在应用程序菜单中执行“打印 > 页面设置”命令，打开“页面设置管理器”对话框 ❷ 单击“修改”按钮，打开“页面设置 – 模型”对话框 ❸ 单击“打印样式表”下拉按钮，选择打印样式为 monochrome.ctb ❹ 单击“打印样式表”旁的“编辑”按钮，打开“打印样式表编辑器”对话框，并切换至“表格视图”选项卡 ❺ 单击“特性”选项组中的“颜色”下拉按钮，在打开的颜色列表中，选择所需打印颜色即可
如何设置打印图纸方向?	系统默认的图纸打印方向为横向打印，如果想设置打印方向，可进行以下设置 ❶ 在应用程序菜单中执行“打印”命令，打开“打印 – 模型”对话框 ❷ 单击右下角“更多选项”按钮，打开扩展列表框 ❸ 在“图纸方向”选项组中，根据需要选择“横向”或“纵向”单选按钮即可
在 AutoCAD 中绘图时是按照 1:1 的比例还是由出图的纸张大小决定的?	在 AutoCAD 里，图形是按“绘图单位”来绘制的，1 个绘图单位是图上 1 的长度。一般在出图时有一个打印尺寸和绘图单位的比值关系，打印尺寸按毫米计，如果打印时按 1:1 来出图，则 1 个绘图单位将打印出来 1mm，在规划图中，如果使用 1:1000 的比例，则可以在绘图时用 1 表示 1m，打印时用 1:1 出图就行了。实际上，为了数据便于操作，往往用 1 个绘图单位来表示你使用的主单位，比如，规划图的主单位为米，机械、建筑和结构的主单位为毫米，仅仅在打印时需要注意。因此，绘图时先确定主单位，一般按 1:1 的比例，出图时再换算一下。按纸张大小出图仅仅用于草图

CHAPTER 11

三维绘图环境的设置

AutoCAD软件不仅能够绘制出漂亮的二维图形外，还可以运用三维命令绘制出精美的三维模型图。本章将介绍三维图形最基本的设置操作，其中包括三维视图样式的设置、三维坐标的设置、系统变量的设置及三维动态显示设置。用户需熟练掌握这些基本的三维操作，为以后绘制三维模型打下良好的基础。

学完本章您可以掌握如下知识点

知识点序号	知识点难易指数	知识点
1	★	三维建模坐标系的设置
2	★★	三维视点的设置
3	★★★	三维视图样式的设置
4	★★★	三维动态的显示设置

本章内容图解链接

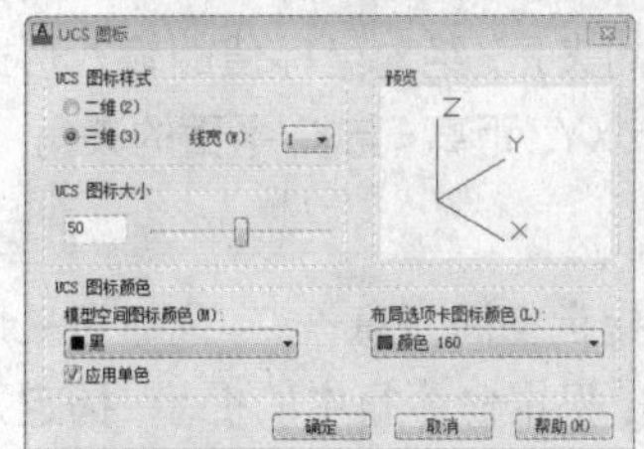

◎ 设置UCS坐标

◎ 三维视点的切换

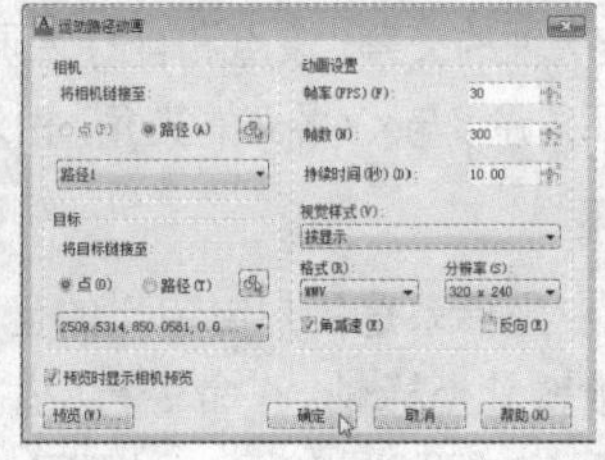

◎ 运动路径动画设置

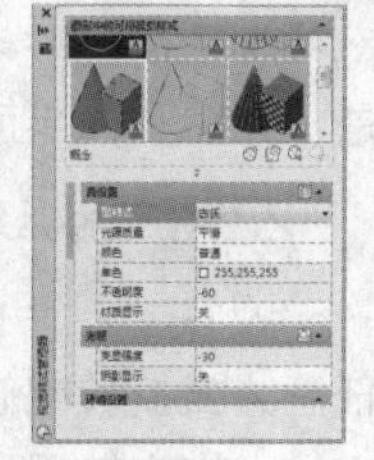

◎ 视图样式管理器

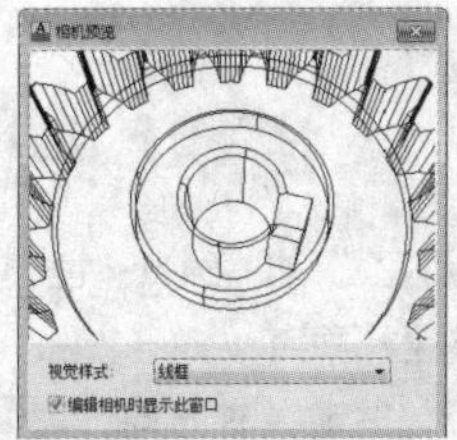

◎ “相机预览”面板

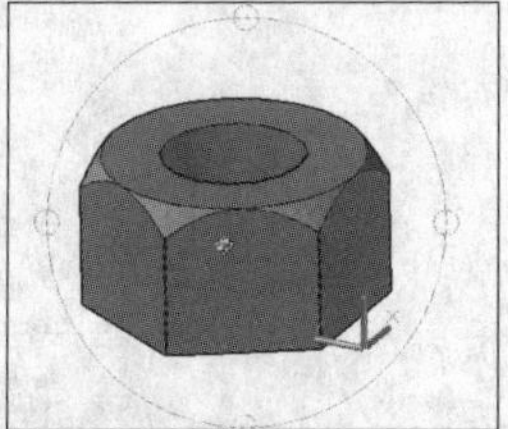

◎ 自由动态观察

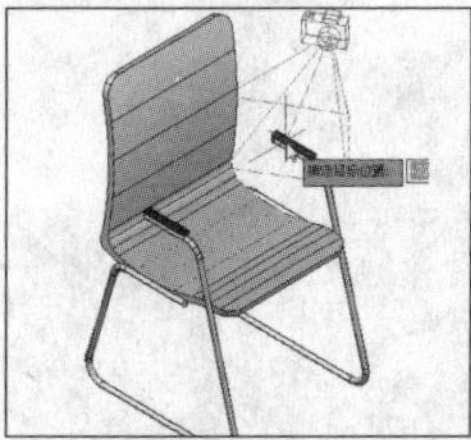

◎ 指定相机视点

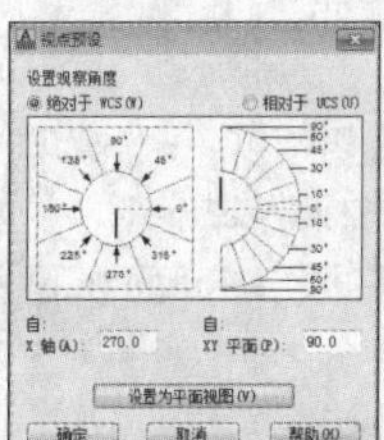

◎ “视点预设”对话框

11.1 三维建模的要素

绘制三维图形最基本的要素为三维坐标和三维视图。通常在创建实体模型时，需使用到三维坐标设置功能。而在查看模型各角度造型是否完善时，则需使用三维视图功能。总之，这两个基本要素缺一不可。

11.1.1 创建三维坐标系

绘制三维模型之前，需要调整好当前的绘图坐标。在AutoCAD中三维坐标分为两种：世界坐标系和用户坐标系。其中，世界坐标系为系统默认坐标系。它的坐标原点和方向固定不变。用户坐标系是根据绘图需求，用户改变了坐标原点和方向的，使用起来较为灵活。

1. 世界坐标系

世界坐标系表示方法包括直角坐标、圆柱坐标以及球坐标三种类型。

(1) 直角坐标

该坐标又称为笛卡尔坐标，用X、Y、Z三个正交方向的坐标值来确定精确位置。而直角坐标可分为两种输入方法：绝对坐标值和相对坐标值。

绝对坐标值的输入形式是：X，Y，Z。用户可直接输入X、Y、Z三个坐标值，并用逗号将其隔开。例如输入：30，60，50，其对应坐标值为：X为30，Y为60，Z为50的点。

相对坐标值的输入形式是：@X，Y，Z。其中输入的坐标数值表示该点与上一点之间的距离，在输入点坐标前需要添加相对符号@。例如输入："@30，60，50"，表示相对于上一点的X、Y、Z三个坐标值的增量分别为30，60，50。

(2) 圆柱坐标

用圆柱坐标确定空间一点的位置时，需要指定该点在XY平面内的投影点与坐标系原点的距离、投影点与X轴的夹角以及该点的Z轴坐标值。绝对坐标值的输入形式为：XY平面距离<XY平面角度，Z坐标；相对坐标值的输入形式是：@XY平面距离<XY平面角度，Z坐标。

(3) 球坐标

用球坐标确定空间一点的位置时，需要指定该点与坐标原点的距离，该点和坐标系原点的连线在XY平面上的投影与X轴的夹角，该点和坐标系原点的连线与XY平面形成的夹角。绝对坐标值的输入形式是：XYZ距离<平面角度<与XY平面的夹角；相对坐标值的输入形式是：@XYZ距离<与XY平面的夹角。

2. 用户坐标系

顾名思义，用户坐标系是用户自定义的坐标系。该坐标系的原点可指定空间任意一点，同时可采用任意方式旋转或倾斜其坐标轴。在命令行中输入命令UCS后按Enter键，根据命令行中的提示，指定好X、Y、Z轴方向，即可完成设置，如图11–1至图11–3所示。

命令行提示如下。

```
命令 : UCS
当前 UCS 名称 : * 世界 *
指定 UCS 的原点或 [ 面 (F)/ 命名 (NA)/ 对象 (OB)/ 上一个 (P)/ 视图 (V)/ 世界 (W)/X/Y/Z/Z 轴 (ZA)] < 世界
>:                                                  // 指定新的坐标原点
指定 X 轴上的点或 < 接受 >: < 正交 开 >                // 移动光标，指定 X 轴方向
指定 XY 平面上的点或 < 接受 >:                         // 移动光标，指定 Y 轴方向
```

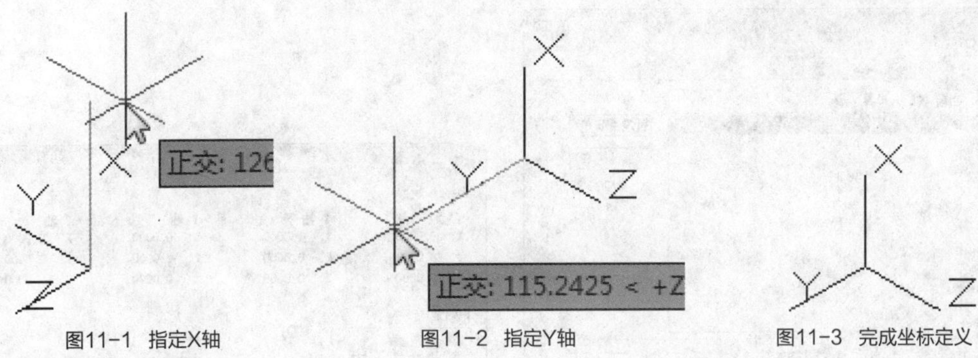

图11-1 指定X轴　　图11-2 指定Y轴　　图11-3 完成坐标定义

命令行中各选项说明如下。

- 指定UCS的原点：使用一点、两点或三点定义一个新的UCS。
- 面：用于将UCS与三维对象的选定面对齐，UCS的X轴将与找到的第一个面上的最近边对齐。
- 命名：按名称保存并恢复通常使用的UCS坐标系。
- 对象：根据选定的三维对象定义新的坐标系。
- 视图：以平行于屏幕的平面为XY平面建立新的坐标系，UCS原点保持不变。
- 世界：将当前用户坐标系设置为世界坐标系。
- X/Y/Z：绕指定的轴旋转当前UCS坐标系。
- Z轴：用指定的Z轴正半轴定义新的坐标系。

在AutoCAD中，用户可根据需要对用户坐标系特性进行设置。在菜单栏中，执行"视图>显示>UCS图标>特性"命令，打开"UCS图标"对话框，如图11-4所示。从中可对坐标系的图标颜色、大小以及线宽等参数进行设置，效果如图11-5所示。

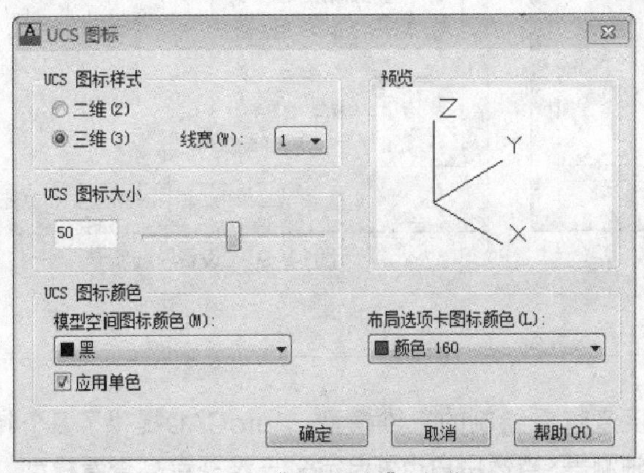

图11-4 "UCS图标"对话框

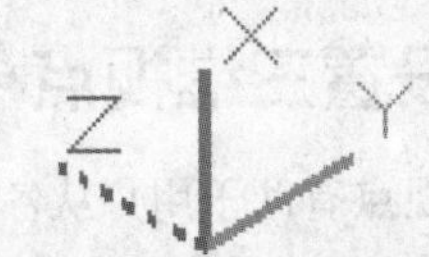

图11-5 设置坐标系效果

如果想要对用户坐标系进行管理设置，可在"视图"选项卡的"坐标"面板中单击右下角的箭头按钮 ↘，打开UCS对话框。用户可根据需要对当前UCS进行命名、保存、重命名以及UCS其他设置操作。其中"命名UCS"选项卡、"正交UCS"选项卡和"设置"选项卡的介绍如下。

- 命名UCS：该选项卡主要用于显示已定义的用户坐标系的列表并设置当前的UCS，如图11-6所示。其中，"当前UCS"用于显示当前UCS的名称；"UCS名称列表"列出当前图形中已定义的用户坐标系；单击"置为当前"按钮，可将被选中的UCS设置为当前使用；单击"详细信息"按钮，在"UCS详细信息"对话框中，显示UCS的详细信息，如图11-7所示。

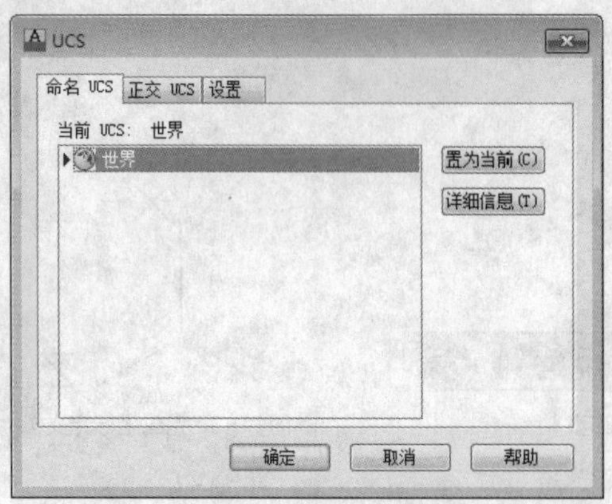

图11-6 “命令UCS”选项卡

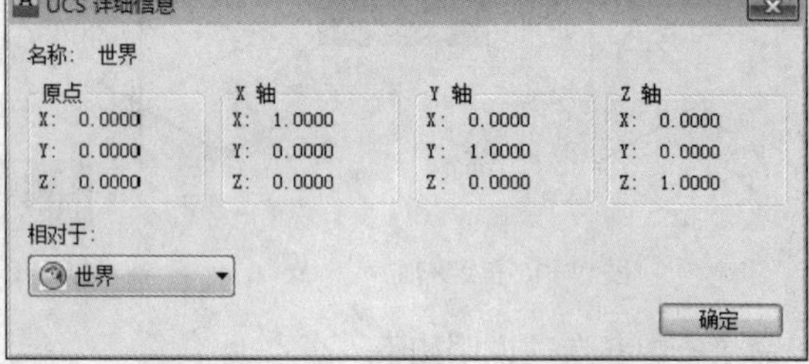

图11-7 “UCS详细信息”对话框

- 正交UCS：该选项卡用于将当前UCS改变为6个正交UCS中的一个，如图11-8所示。其中“当前UCS”列表框中显示了当前图形中的6个正交坐标系；“相对于”该列表框用来指定所选正交坐标系相对于基础坐标系的方位。
- 设置：该选项卡用于显示和修改UCS图标设置并保存到当前视口中。其中“UCS图标设置”选项组可指定当前UCS图标的设置；“UCS设置”选项组可指定当前UCS设置，如图11-9所示。

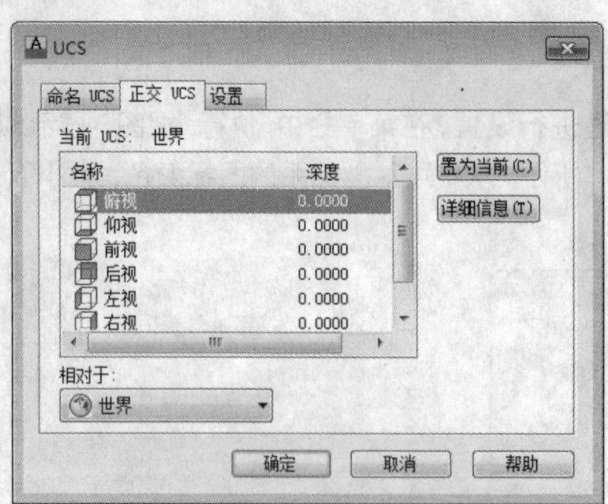

图11-8 “正交UCS”选项卡

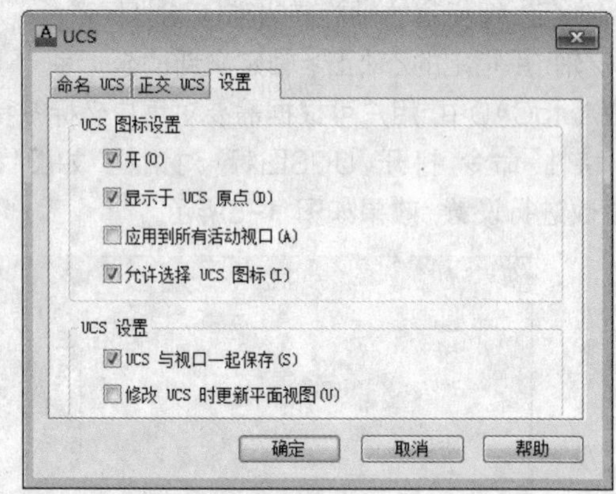

图11-9 “设置”选项卡

11.1.2 设置三维视点

使用三维视点有助于用户从各个角度来查看绘制的三维模型。AutoCAD提供了多个特殊三维视点，例如俯视、左视、右视、仰视、西南等轴测等。当然用户也可自定义三维视点来查看模型。

1. 自定义三维视点

用户可使用以下两种方法来根据绘图需要创建三维视点。一种是利用“视点”命令进行设置，另一种则是利用“视点预设”对话框进行设置。

(1) 使用“视点”命令设置

“视点”命令用于设置窗口的三维视图的查看方向，使用该方法设置视点是相对于世界坐标系而言的。在菜单栏中执行“视图>三维视图>视点”命令，此时在绘图区中会显示坐标球和三轴架，如图11-10所示。将光标移至坐标球上，并指定好视点位置，即可完成视点的设置。移动光标时，三轴架会随着光标的移动而发生变化，如图11-11所示。

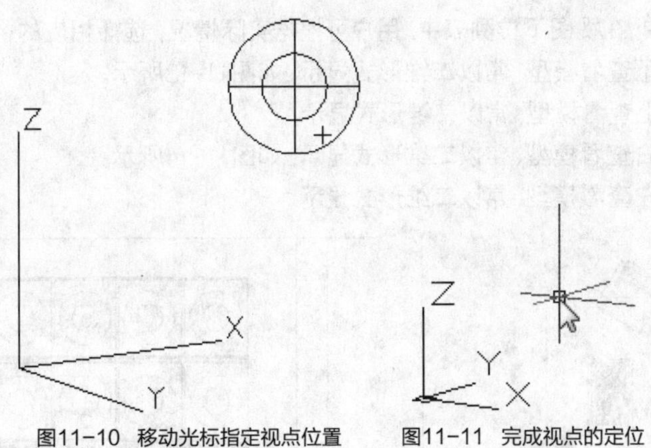

图11-10 移动光标指定视点位置 图11-11 完成视点的定位

用户也可在命令行中输入VPIONT后按Enter键，直接输入X、Y、Z坐标值，再次按Enter键，同样也可完成视点的设置。

命令行提示如下。

```
命令 : VPOINT
当前视图方向 : VIEWDIR=0.0000,0.0000,1.0000
指定视点或 [ 旋转 (R)] < 显示指南针和三轴架 >: 20,50,80          // 输入三维坐标点
正在重生成模型。
```

命令行中各选项说明如下。

- 指定视点：使用输入的X、Y、Z三点坐标，创建视点方向。
- 旋转：用于指定视点与原点的连线在XY平面的投影与X轴正方向的夹角，以及视点与原点的连线与XY平面的夹角。
- 显示指南针和三轴架：如果不输入坐标点，直接按Enter键，则会显示坐标球和三轴架，用户只需在坐标球中指定视点即可。

(2) 使用"视点预设"命令设置

在菜单栏中执行"视图>三维视图>视点预设"命令，在"视点预设"对话框中，根据需要选择相关参数选项即可完成操作，如图11-12所示。

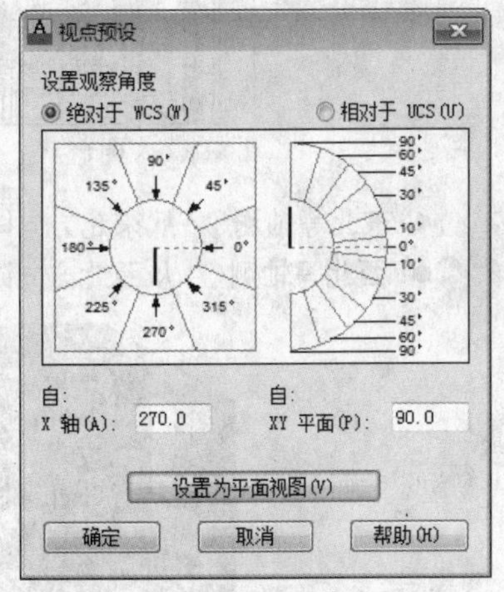

图11-12 "视点预设"对话框

"视点预设"对话框中各选项说明如下。

- 绝对与WCS：表示相对于世界坐标设置查看方向。
- 相对于UCS：表示相对于当前UCS设置查看方向。
- 自X轴：设置视点和相应坐标系原点连线在XY平面内与X轴的夹角。
- 自XY平面：设置视点和相应坐标系原点连线与XY平面的夹角。
- 设置为平面视图：设置查看角度，以相对于选定坐标系显示的平面视图。

2. 设置特殊三维视点

在默认情况下，系统提供了10种三维视点。在绘制图形时，这些三维视点也经常被用到。在"视图"

选项卡的“视图”面板中，在视图下拉列表中，用户可根据实际情况，选择相应的视点选项即可。

- 俯视：从上往下查看模型，常以二维形式显示，如图11-13所示。
- 仰视：从下往上查看模型，常以二维形式显示。
- 左视：从左往右查看模型，常以二维形式显示，如图11-14所示。
- 右视：从右往左查看模型，常以二维形式显示。

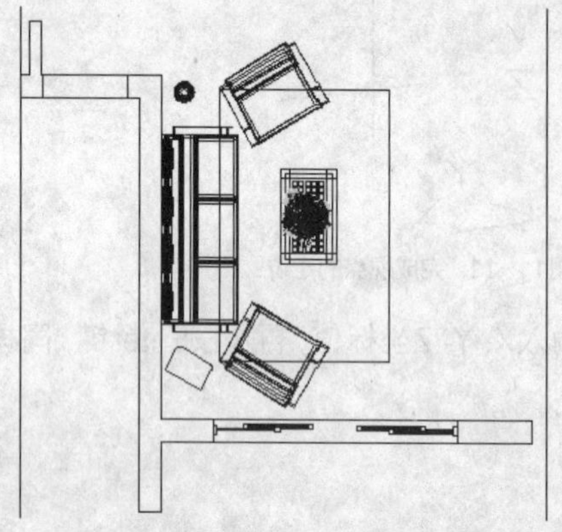

图11-13 客厅俯视图

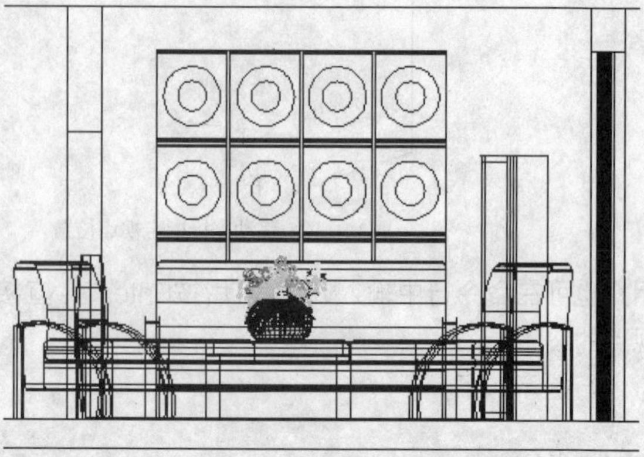

图11-14 客厅左视图

- 前视：从前往后查看模型，常以二维形式显示，如图11-15所示。
- 后视：从后往前查看模型，常以二维形式显示。
- 西南等轴测：从西南方向以等轴测方式查看模型。
- 东南等轴测：从东南方向以等轴测方式查看模型，如图11-16所示。

图11-15 客厅前视图

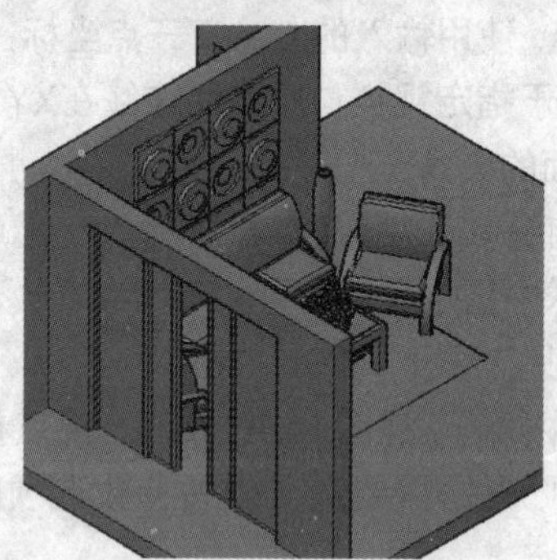

图11-16 客厅东南视图

- 东北等轴测：从东北方向以等轴测方式查看模型，如图11-17所示。
- 西北等轴测：从西北方向以等轴测方式查看模型，如图11-18所示。

图11-17 客厅东北视图

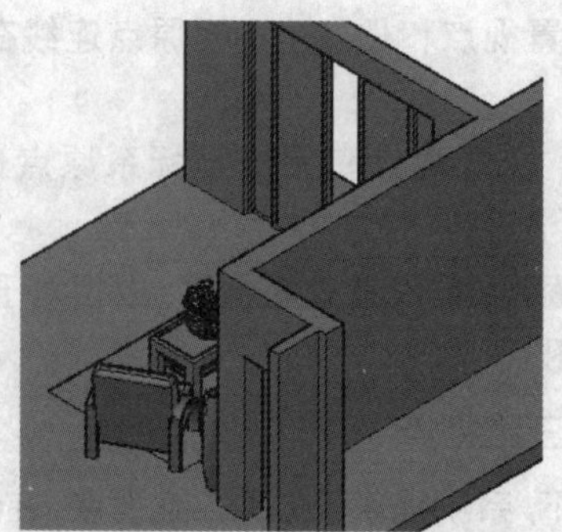

图11-18 客厅西北视图

11.2 三维视图样式的设置

通过选择不同的视觉样式可以直观地从各个视角来观察模型的显示效果，在AutoCAD 2013中，系统提供了视觉样式共有10种。当然用户也可自定义视图样式，并且运用视图样式管理功能，将自定义的样式运用到三维模型中。

11.2.1 视图样式的种类

这 10 种视图样式分别为二维线框、概念、隐藏、真实、着色、带边框着色、灰度、勾画、线框和 X 射线。用户可根据需要来选择视图样式，从而能够更清楚地查看三维模型。在"视图"选项卡"视图样式"面板中的"视图样式"下拉列表中，可切换样式种类。

- 二维线框样式：二维线框样式是以单纯的线框模式来表现当前的模型效果，该样式是三维视图的默认显示样式，如图11-19所示。
- 概念样式：概念样式是将模型背后不可见的部分进行遮挡，并以灰色面显示，从而形成比较直观的立体模型样式，如图11-20所示。

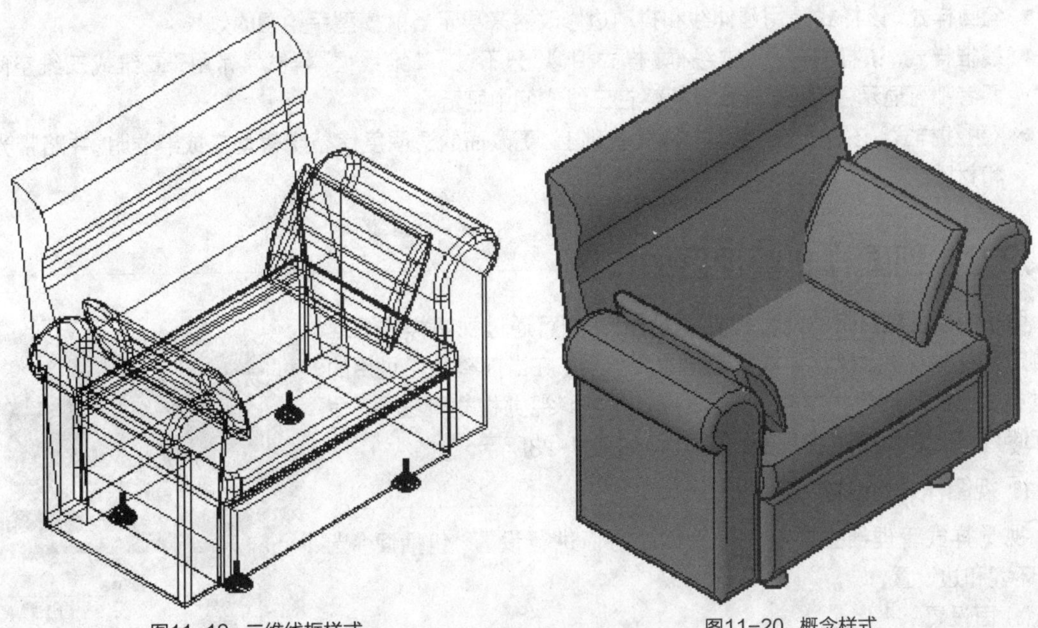

图11-19 二维线框样式　　图11-20 概念样式

- 隐藏样式：该视图样式与"概念"类似，概念样式是以灰度显示，而隐藏样式以白色显示，如图11-21所示。
- 真实样式：真实样式是在"概念"样式基础上，添加了简略的光影效果，并能显示当前模型的材质贴图，如图11-22所示。

工程师点拨：视觉样式与灯光的关联

视觉样式只是在视觉上产生了变化，实际上模型并没有改变。在概念模式下移动模型对象可以发现，跟随视点的两个平行光源将会照亮面。这两盏默认光源可以照亮模型中的所有面，以便从视觉上辨别这些面。

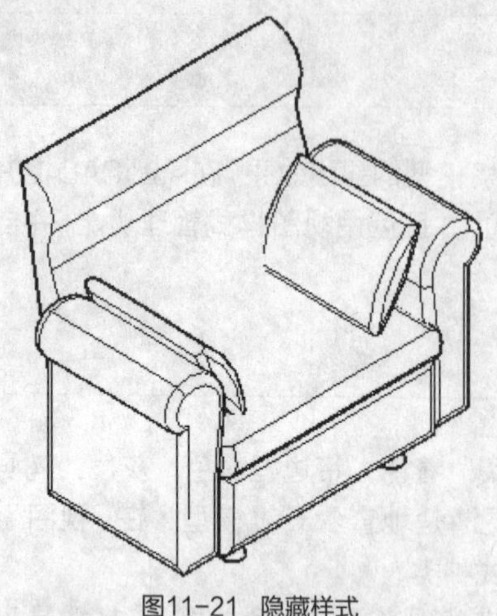
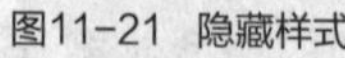
图11-21 隐藏样式

图11-22 真实样式

- 着色样式：该样式是将当前模型表面进行平滑着色处理，而不显示贴图样式。
- 带边框着色样式：该样式是在“着色样式”基础上，添加了模型线框和边线。
- 灰度样式：该样式在“概念”样式基础上，添加了平滑灰度的着色效果。
- 勾画样式：该样式是用延伸线和抖动边修改器来显示当前模型手绘图的效果。
- 线框样式：该样式与“二维线框”样式相似，只不过“二维线框”样式常常用于二维或三维空间，两者都可显示，而线框样式只能够在三维空间中显示。
- X射线样式：该样式在“线框”样式基础上，更改面的透明度使整个模型变成半透明，并略带光影和材质。

11.2.2 视图样式管理器的设置

除了使用系统自带的几种视觉样式外，用户可通过视图样式管理器自定义视觉样式。视觉样式管理器主要显示了在当前模型中可用的视觉样式。执行菜单栏中的“视图>视觉样式>视觉样式管理器”命令，即可打开“视觉样式管理器”选项板，如图11-23所示。

1. 视图样式的设置

视觉样式管理器主要针对模型四个方面进行设置。包括面、光照、环境和边设置。

⑴ 面设置

该选项组用于定义模型面上的着色情况。由于有着各种不同视觉样式，其“面设置”选项也会有所不同。在“面设置”选项组中，用户可对“面样式”、“光源质量”、“颜色”、“单色”、“不透明度”以及“材质显示”这几项参数进行设置。

图11-23 “视觉样式管理器”选项板

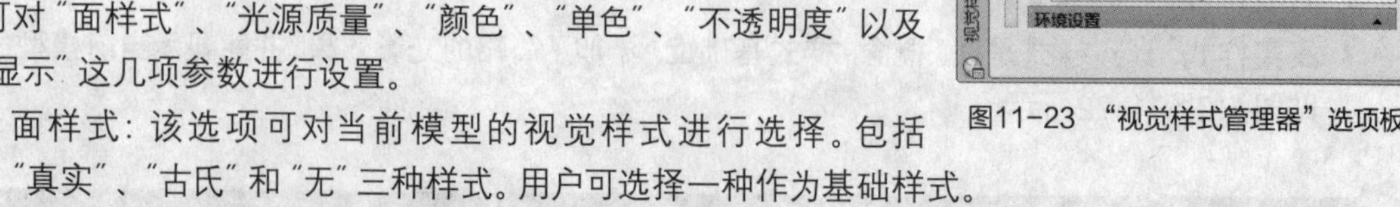

- 面样式：该选项可对当前模型的视觉样式进行选择。包括“真实”、“古氏”和“无”三种样式。用户可选择一种作为基础样式。
- 光源质量：该选项主要选择当前模型的光源平滑度。有“镶嵌面的”、“平滑”和“最平滑”三种选项可供选择。镶嵌面边光源会为每个面计算一种颜色，对象将显示得更加平滑；平滑光源通过将多边形各面顶点之间的颜色计算为渐变色，可以使多边形各面之间的边变得平滑，从而使对象具有平滑的外观。

- 颜色：该选项用于选择填充颜色的样式。有四种选项可供选择，其中包括“普通”、“单色”、“明”和“降饱和度”。
- 单色：该选项用于选择填充的颜色。需要注意的是，当“颜色”设置为“单色”或“明”时，该选项才可用，否则不可用。
- 不透明度：该选项可对模型透明度进行设置。
- 材质显示：该选项用于选择是否显示当前模型的材质。

(2) 光照

该选项组用于模型光照的亮度和阴影设置。

- 亮显强度：该选项用于设置模型光照强度和反光度。该选项只能在“着色”和“带边缘着色”两种视觉样式下可用。
- 阴影显示：该选项用于模型阴影的设置。其中“映射对象阴影”是模型投射到其他对象上的阴影；而“地面阴影”是模型投射到地面上的阴影；“无”是指无阴影。

(3) 环境设置

该选项组可使用颜色、渐变色填充、图像或阳光与天光作为任何模型的背景，即使它不是着色对象。其中，背景选项用于是否显示环境背景。需注意的是，要使用背景，需要创建一个带有背景的命名视图。

(4) 边设置

该选项组中的选项是根据不同的视觉样式而设定的。不同类型的边可以使用不同的颜色和线型来显示。用户还可以添加特效效果，例如边缘的抖动和外伸。

在着色模型或线框模型中，将边模式设置为“素线”，边修改器将被激活，分别设置外伸的长度和抖动的程度后，单击“外伸边”和“抖动边”按钮，将显示出相应的效果。外伸边是将模型的边沿四周外伸，抖动边将边进行抖动，看上去就像是用铅笔绘制的草图。

2. 视图样式的管理

在“视觉样式管理器”选项中，用户可单击“创建新的视觉样式”按钮，在“创建新的视觉样式”对话框中，输入新样式名称后单击“确定”按钮，如图11-24所示。此时在“视觉样式管理器”选项板中的样式浏览图中，可显示新创建的样式，如图11-25所示。

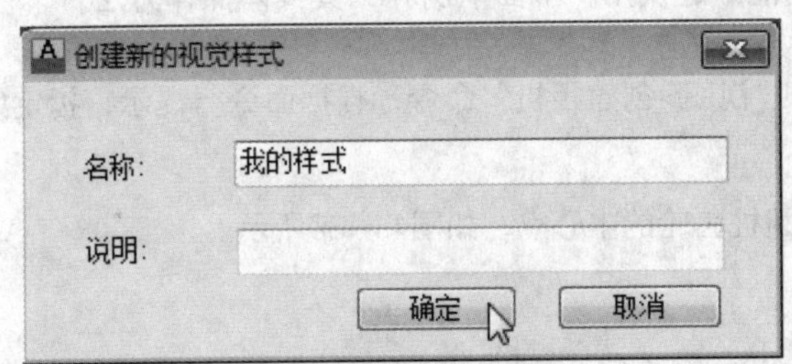

图11-24　创建样式名称

图11-25　创建的样式

如果想删除多余的样式，可在样式浏览视图中，右击所需删除的视觉样式，在快捷菜单中选择“删除”命令即可，如图11-26和图11-27所示。

如果想将选定的视觉样式应用与当前样式，可在该选项板中，单击“将选定样式应用于当前视口”按钮。同样，右击选中所需样式，在快捷菜单中选择“应用于当前视口”命令，也可完成操作，如图11-28所示。

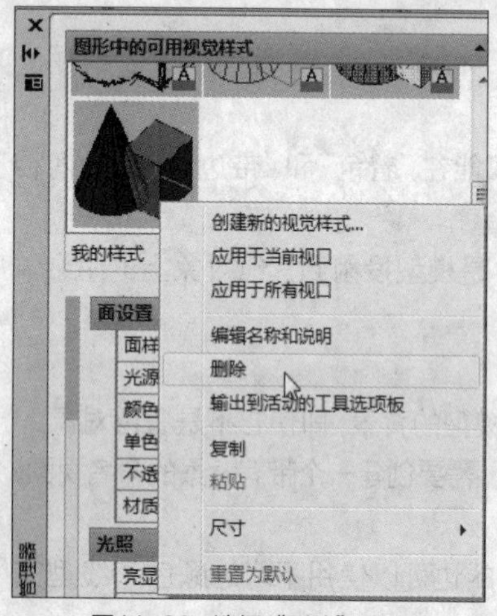

图11-26　选择“删除”选项

图11-27　完成删除操作

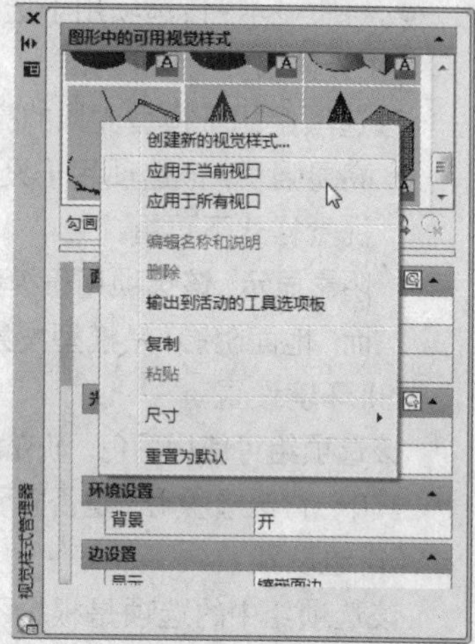

图11-28　应用当前视口

工程师点拨：无法删除的视图样式

在删除视图样式操作时需注意，系统自带的10种视觉样式以及应用于当前视口的样式是无法删除的。

11.3　三维动态的显示设置

AutoCAD中的三维动态显示功能是一个很实用的工具。使用这些动态显示工具能更好地观察三维模型，方便用户对模型进行编辑修改。

11.3.1　使用相机

在 AutoCAD 中，除了介绍的以上几种视点外，用户也可使用相机功能对当前模型中的任何一个角度进行查看。通常相机功能与运动路径动画功能一起使用。下面举例介绍其具体操作方法。

Step 01 打开所需图形文件，执行菜单栏中的“视图>创建相机”命令，根据命令行提示，指定好相机位置，如图11-29所示。

Step 02 根据提示指定好视点位置，这里指定圆柱齿轮的中心点，如图11-30所示。

命令行提示如下。

```
命令：_camera
当前相机设置：高度 =0 焦距 =50 毫米
```

```
指定相机位置:                                              //指定相机位置
指定目标位置:                                              //指定视点位置
输入选项 [?/ 名称 (N)/ 位置 (LO)/ 高度 (H)/ 坐标 (T)/ 镜头 (LE)/ 剪裁 (C)/ 视图 (V)/ 退出 (X)] < 退出 >: H
                                                           //设置相机高度
指定相机高度 <0>: 200                                      //输入相机高度值
输入选项 [?/ 名称 (N)/ 位置 (LO)/ 高度 (H)/ 坐标 (T)/ 镜头 (LE)/ 剪裁 (C)/ 视图 (V)/ 退出 (X)] < 退出 >:
```

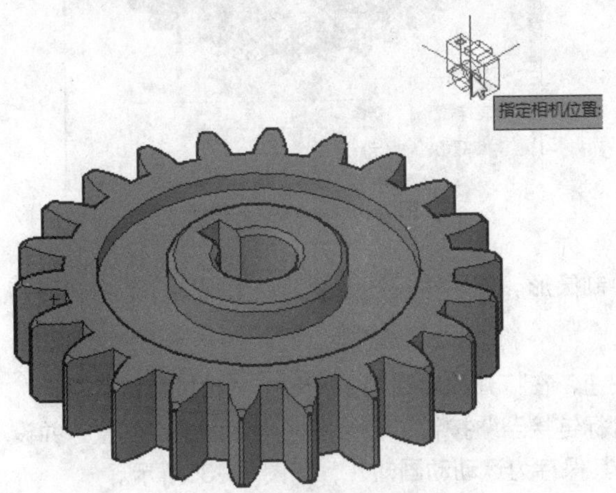

图11-29 指定相机位置

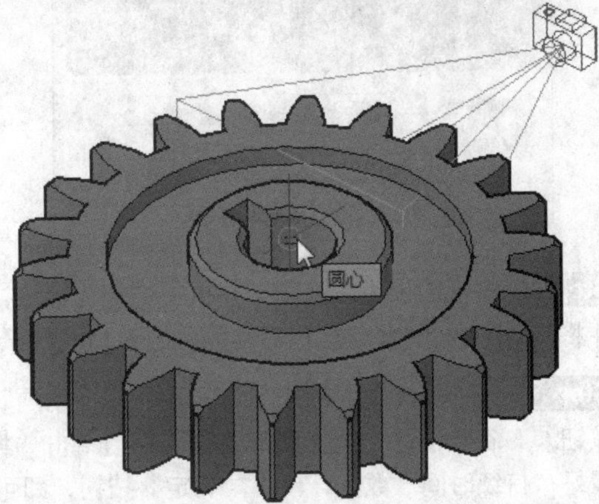

图11-30 指定视点位置

Step 03 在"视图"面板的视图列表中，选择刚创建的相机视图选项，将当前视图切换至相机视图，如图11-31所示。

Step 04 在相机视图中，选中相机图标，打开"相机预览"面板，如图11-32所示。

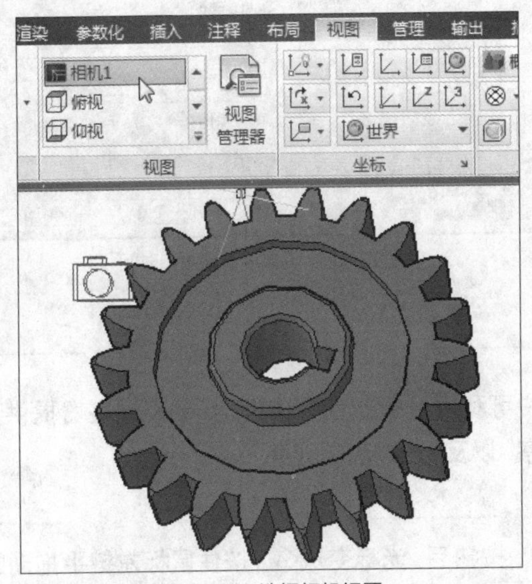

图11-31 选择相机视图

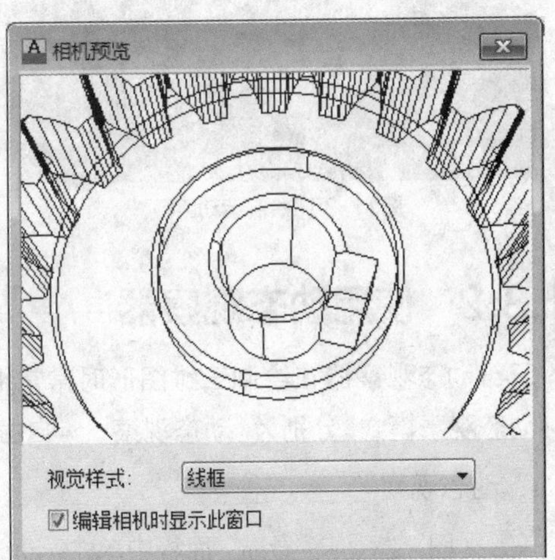

图11-32 "相机预览"面板

Step 05 在该面板中单击"视觉样式"下拉按钮，选择预览样式，这里选择"概念"，如图11-33所示。在绘图区中，选中相机图标并将其移动，此时在"相机预览"面板中，即可从各个角度查看该圆柱齿轮模型了，如图11-34所示。

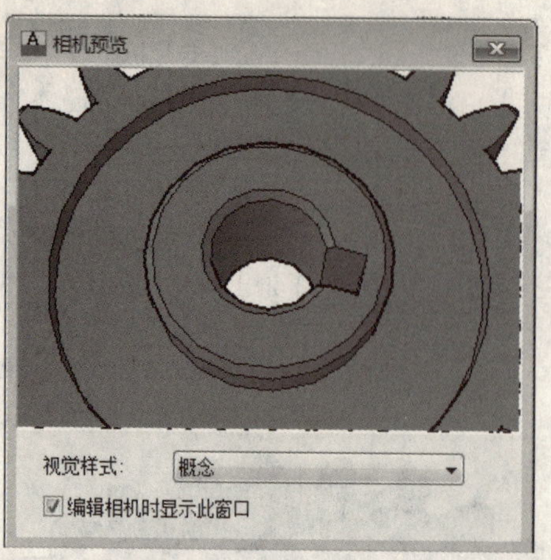

图11-33 设置视觉样式

图11-34 查看齿轮模型

Step 06 将视图设为左视图，并执行“圆”命令，绘制圆形。然后将视图设置为西南视图，选中圆形，并将其向Z轴方向移动至合适位置，如图11–35所示。

Step 07 在“视图”面板中单击“运行路径动画”按钮，在打开的对话框中，单击“相机链接至路径”按钮，在绘图区中选择圆形路径，然后单击“将目标链接至”按钮，在绘图区指定好视点位置，并设置好“持续时间”数值，单击“确定”按钮，即可将其保存为运动动画短片，如图11–36所示。

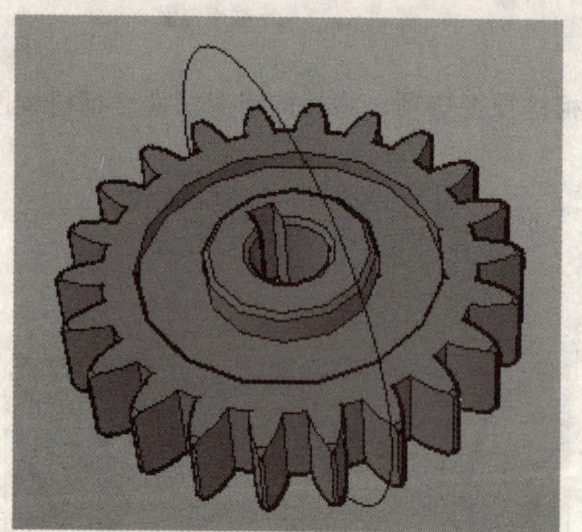

图11-35 绘制运动路径

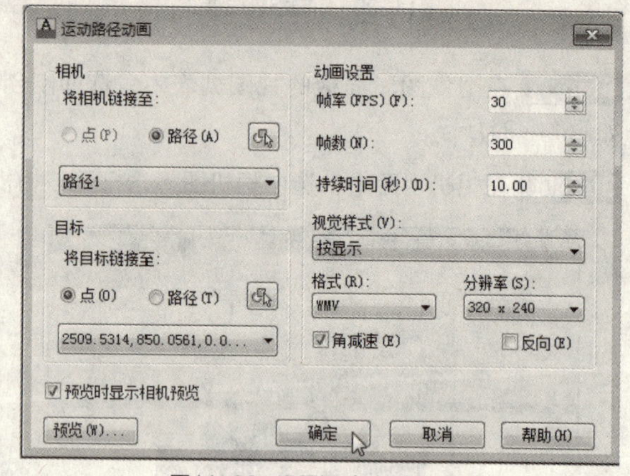

图11-36 设置运动动画和时间

11.3.2 使用动态观察器

三维动态观察器在绘制三维图形时常常用到。用户可利用观察器查看该模型。动态观察器提供了三种动态观察模式，分别为“动态观察”、“自由动态观察”以及“连续动态观察”。

1. 动态观察

在“视图”选项卡“导航”面板中单击“动态观察”按钮后，光标变成，按住鼠标左键平拖动鼠标，此时模型则会随着光标移动发生变化。当鼠标停止移动后，该模型也会停止在某个视角不动。

2. 自由动态观察

在“导航”面板的“动态观察”下拉列表中选择“自由动态观察”按钮，在绘图区中将会显示出一个圆球的空间。按住鼠标左键，移动光标可拖动该模型旋转，当光标移至圆球不同部位时，可以使用不同的方式旋转模型，如图11-37所示。

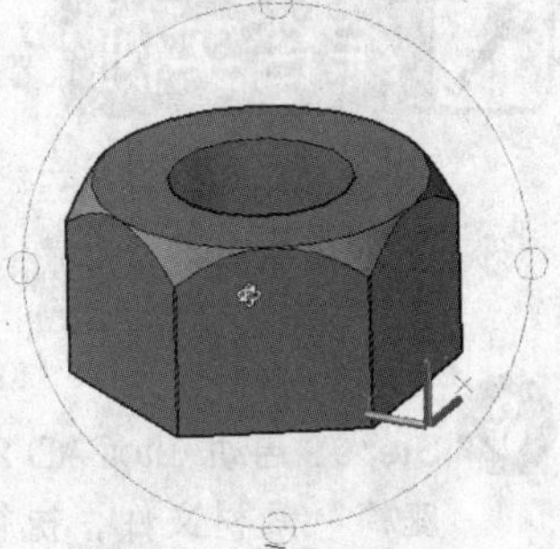

图11-37 自由动态观察

3. 连续动态观察

在“导航”面板中选择“连续动态观察”命令，可连续查看模型运动的情况。用户只需按住鼠标左键并向某方向移动，指定好旋转方向后释放鼠标，此时该模型将自动在自由状态下旋转。如果鼠标移动速度慢，则其模型旋转速度慢，反之则快。最后按Esc键退出该命令。

11.3.3 使用漫游与飞行

在AutoCAD中，用户可在漫游或飞行模式下，通过键盘和鼠标来控制视图显示。使用漫游功能查看模型时，其视平面将沿XY平面移动；而使用飞行功能时，其视平面将不受XY平面约束。

在菜单栏中执行“视图>漫游和飞行”命令，在级联菜单中，选择“漫游”命令，在打开的提示框中，单击“修改”按钮，打开“定位器”选项板，将光标移至缩略视图中，光标已变换成手型，此刻用户可对视点位置及目标视点位置进行调整，如图11-38所示。调整好后，利用鼠标滚轮，或键盘中的方向键，即可对当前模型进行漫游操作。

“飞行”功能操作与“漫游”相同，其区别就在于查看模型的角度不一样而已。

在菜单栏中执行“视图>漫游和飞行>漫游和飞行设置”命令，在打开的“漫游和飞行设置”对话框中，用户可对定位器、漫游\飞行步长以及每秒步数进行设置，如图11-39所示。其中“漫游/飞行步长”和“每秒步数”的数值越大，视觉滑行的速度越快。

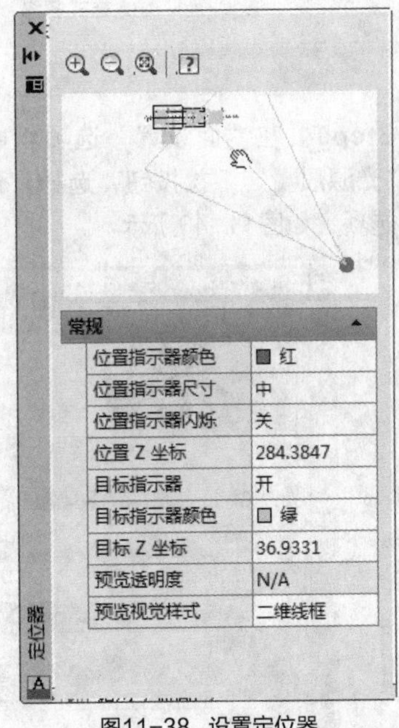

图11-38 设置定位器

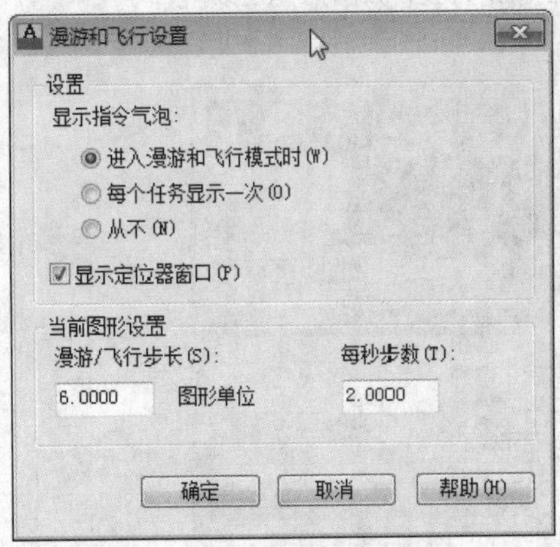

图11-39 设置漫游和飞行参数

综合实例 新建三维视觉样式并创建相机视图

本章向用户介绍了三维视图样式的设置和三维动态显示器的运用。下面以实例来巩固所学知识，涉及到的命令有视觉样式的创建、相机视图的创建以及运动路径动画的设置等。

Step01 启动AutoCAD 2013，打开“休闲座椅”素材文件，执行“视图>视觉样式>视觉样式管理器”命令，打开“视觉样式管理器”选项板，如图11-40所示。

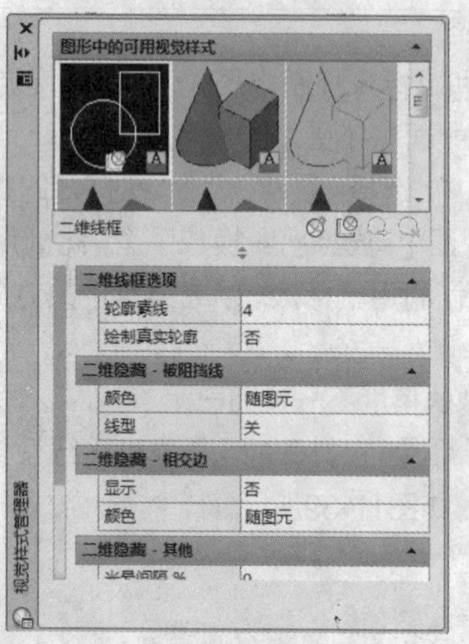

图11-40 打开“视觉样式管理器”选项板

Step02 单击“创建新的视觉样式”按钮，打开“创建新的视觉样式”对话框，输入新样式的名称，输入好后，按“确定”按钮，如图11-41所示。

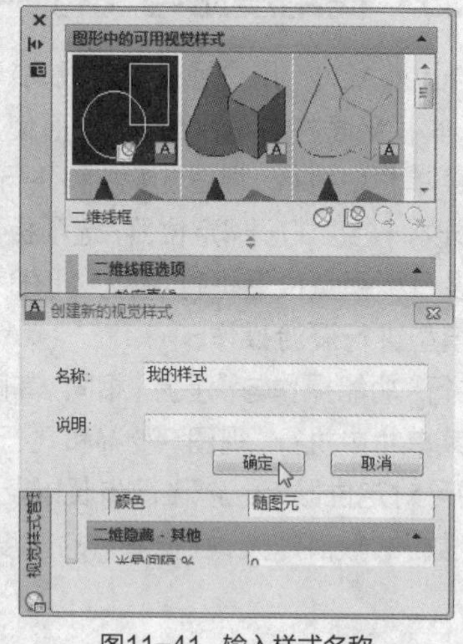

图11-41 输入样式名称

Step03 返回“视觉样式管理器”选项板，可查看到新的样式，如图11-42所示。

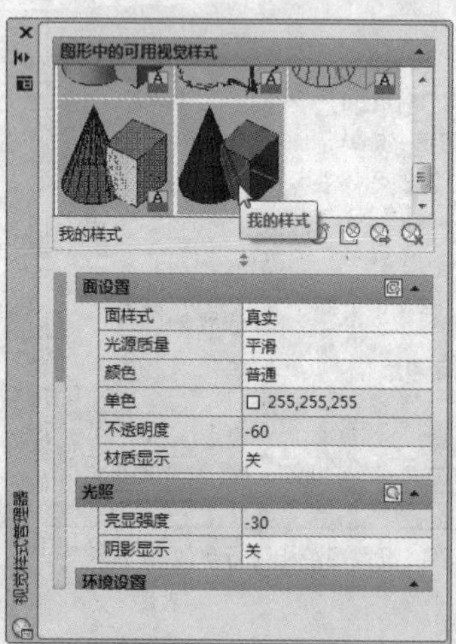

图11-42 显示新样式

Step04 在“面设置”选项组中，单击“光源质量”下拉按钮，选择“最平滑”选项，如图11-43所示。

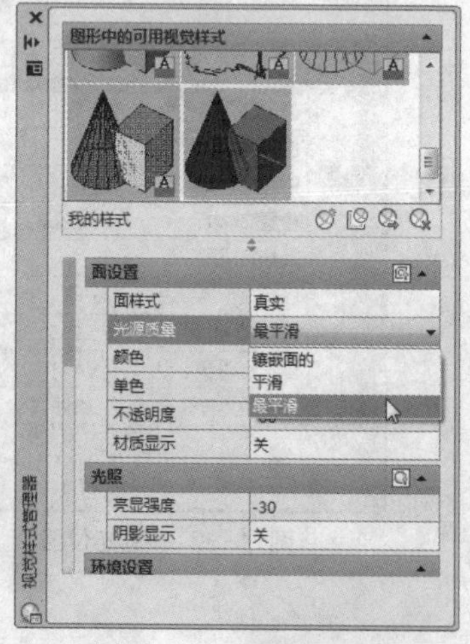

图11-43 设置光源质量

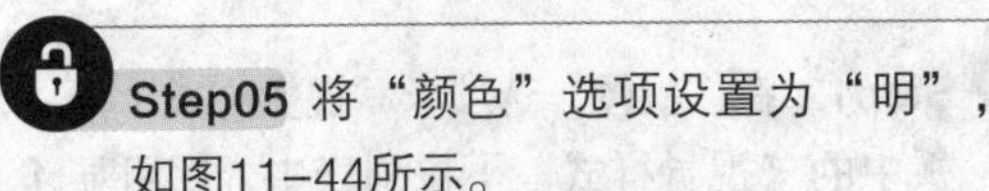

Step05 将“颜色”选项设置为“明”，如图11-44所示。

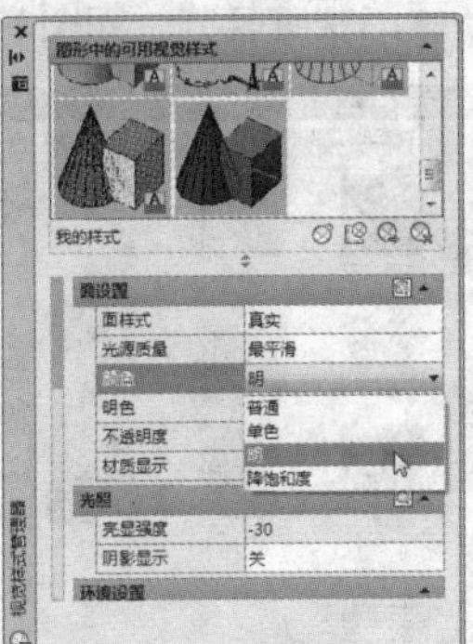

图11-44 设置颜色样式

Step06 将“明色”选项设置为“黄”，如图11-45所示。

图11-45 选择合适颜色

Step07 将“材质显示”设置为“材质”，如图11-46所示。

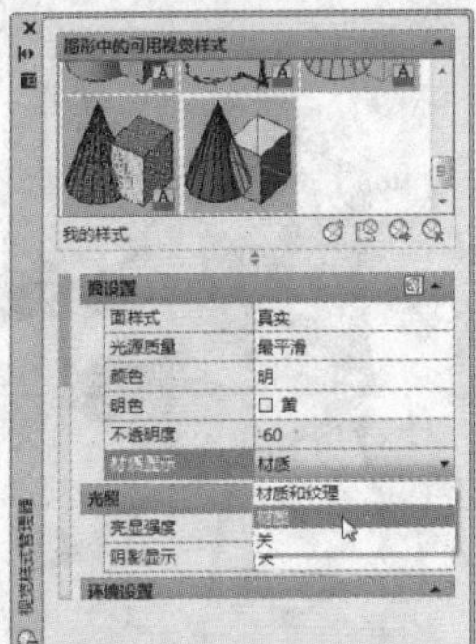

图11-46 材质显示设置

Step08 在“边设置”选项组中，将“显示”设置为“素线”，如图11-47所示。

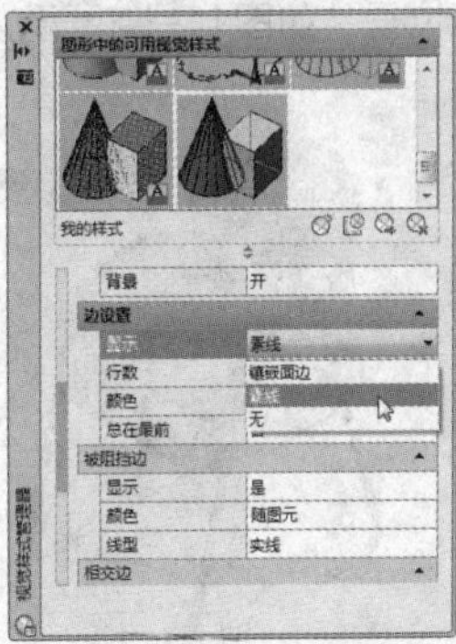

图11-47 边线设置

Step09 在“被阻挡边”选项组中，将“显示”设为“否”，如图11-48所示。

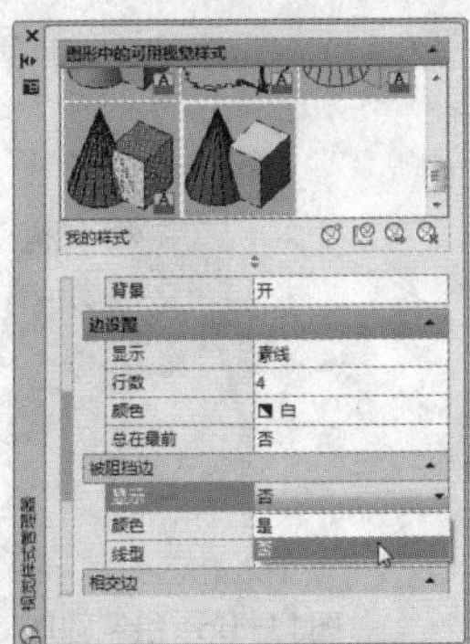

图11-48 不显示阻挡边

Step10 右击新样式视图，在快捷菜单中，选择“应用于当前视口”命令，如图11-49所示。

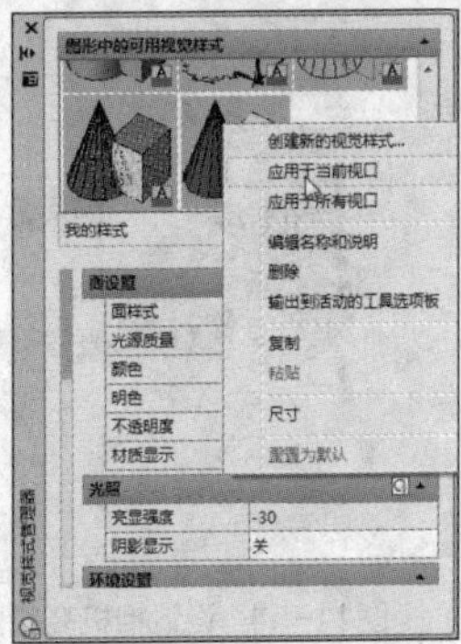

图11-49 置为当前

Step11 设置完成后，当前视图样式已发生了相应的变化，如图11-50所示。

图11-50 更改当前视图样式

Step12 在“视图”选项卡“视觉样式”面板中的“视觉样式”下拉列表中，即可显示刚新建的视觉样式，如图11-51所示。

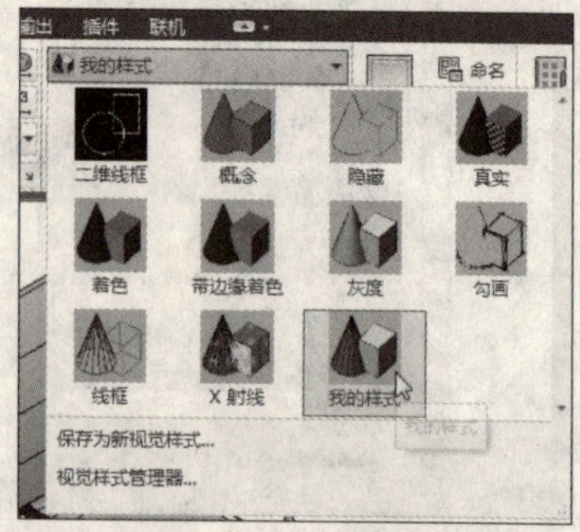

图11-51 显示新样式

Step13 创建相机视图。执行菜单栏中的“视图>创建相机”命令，根据提示，指定相机位置，如图11-52所示。

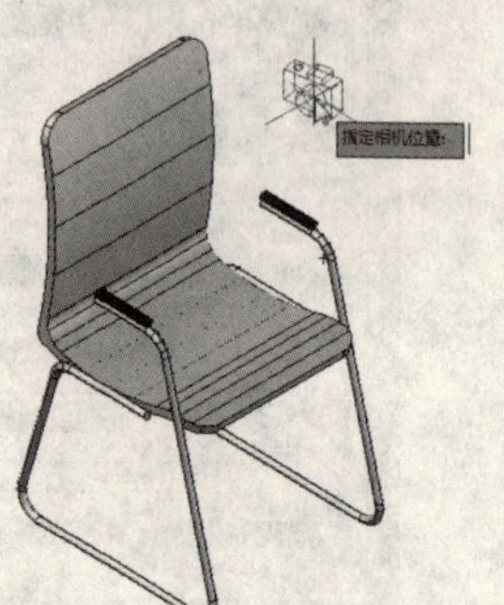

图11-52 指定相机位置

Step14 根据提示，指定相机视点位置，如图11-53所示。

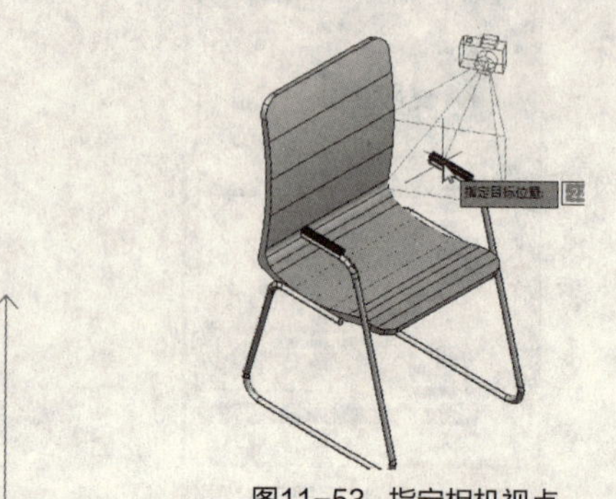

图11-53 指定相机视点

Step15 指定完成后，选择“高度”选项，将其高度值设为200，按两次Enter键，如图11-54所示。

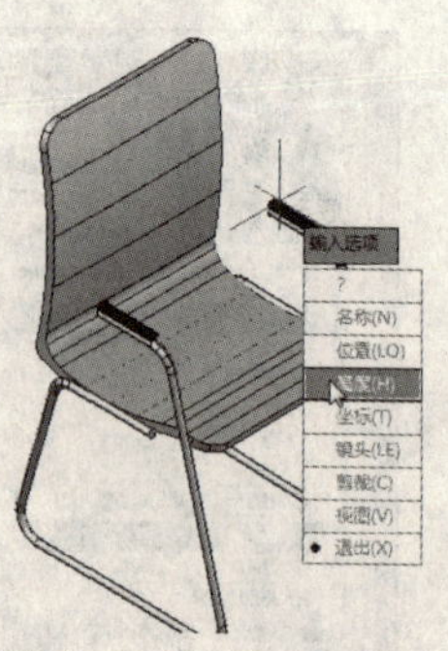

图11-54 设置相机高度值

Step16 执行“绘图>圆”命令，绘制一个半径为800mm的圆，如图11-55所示。

图11-55 绘制圆形

Step17 在“视图”选项卡“视图”面板的“视图”下拉列表中，选择“相机1”视图，将当前视图切换为相机视图，如图11–56所示。

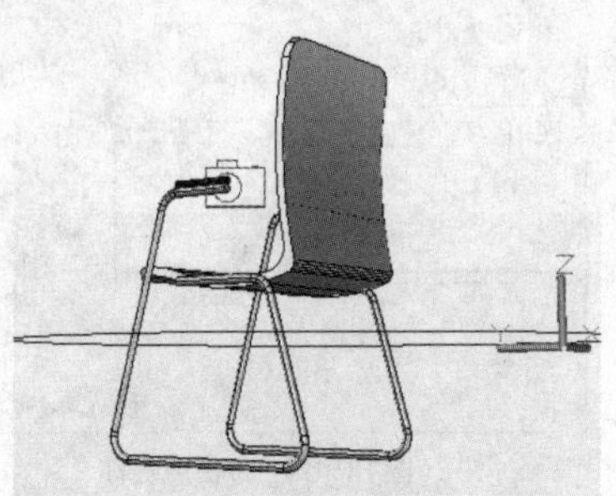

图11–56 相机视图

Step18 单击相机图标，将其移动至合适视角中，此时在“相机预览”界面中即可查看到视角预览效果，如图11–57所示。

图11–57 查看其他视角

Step19 执行菜单栏中的“视图>运动路径动画”命令，打开“运动路径动画”对话框，如图11–58所示。

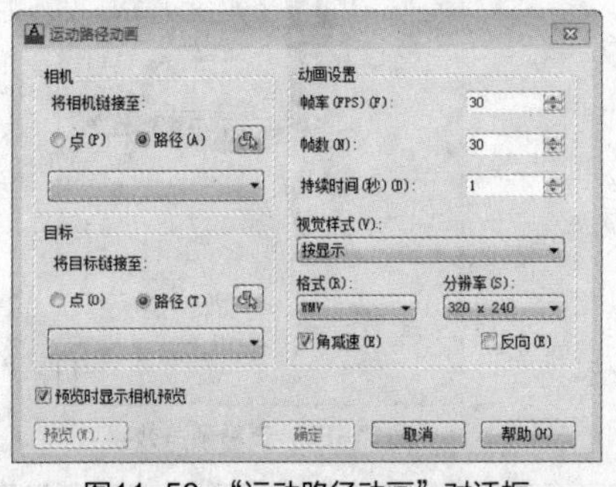

图11–58 “运动路径动画”对话框

Step20 在“相机”选项组中，单击“将相机链接至”下方的按钮，在绘图区中，选择圆形路径，如图11–59所示。

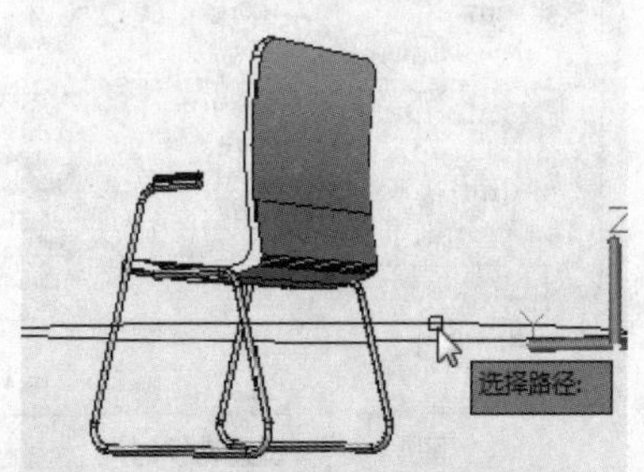

图11–59 选择圆形路径

Step21 选择完成后在打开的“路径名称”对话框中，输入路径名称，这里保持默认名称，如图11–60所示。

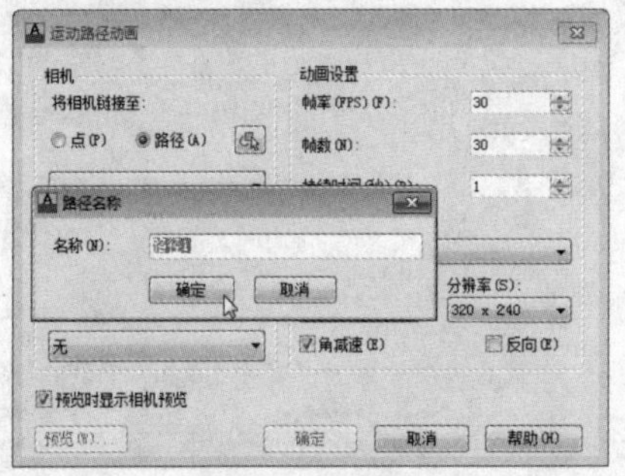

图11–60 输入路径名称

Step22 在“目标”选项组中，单击“将目标链接至”中的“点”单选按钮，如图11–61所示。

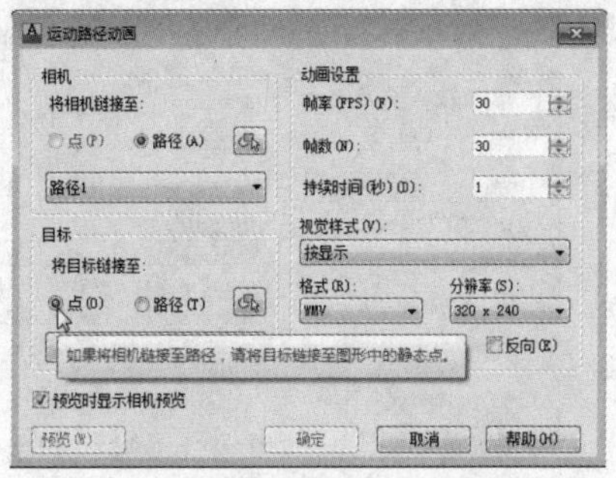

图11–61 单击“点”单选按钮

Step23 选择好后，单击该选项后的“选择”按钮，在绘图区中，指定好目标位置，如图11-62所示。

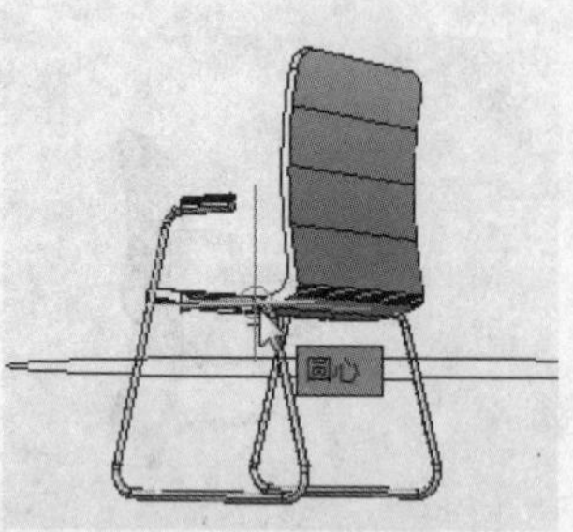

图11-62 指定目标点

Step24 在“点名称”对话框中，将目标点重命名，这里保持默认名称。单击“确定”按钮，如图11-63所示。

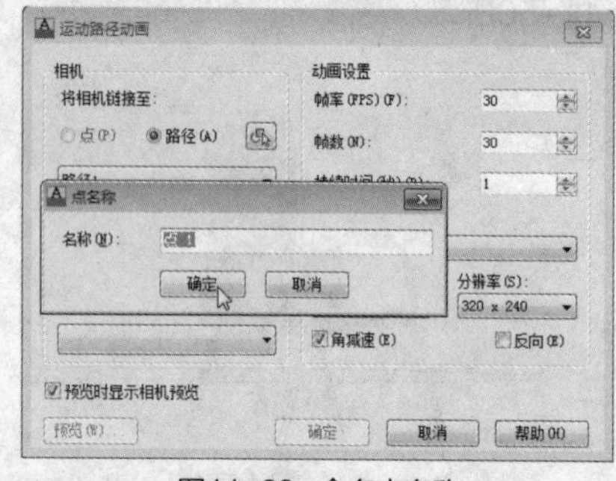

图11-63 命名点名称

Step25 在“动画设置”选项组中，将“持续时间”设置为15秒，如图11-64所示。

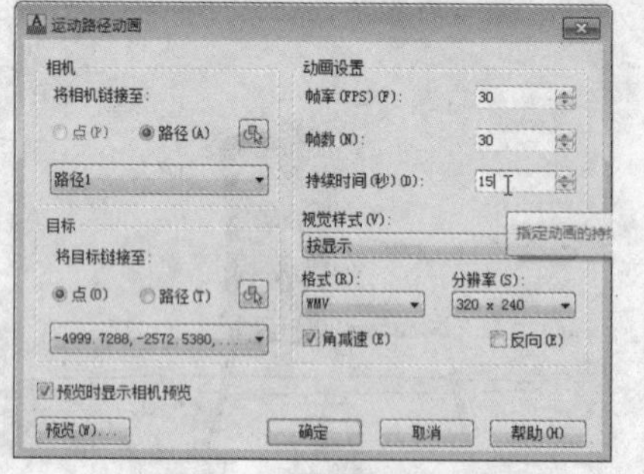

图11-64 设置持续时间

Step26 单击“预览”按钮，在打开的“动画预览”面板中，可查看到预览动画，如图11-65所示。

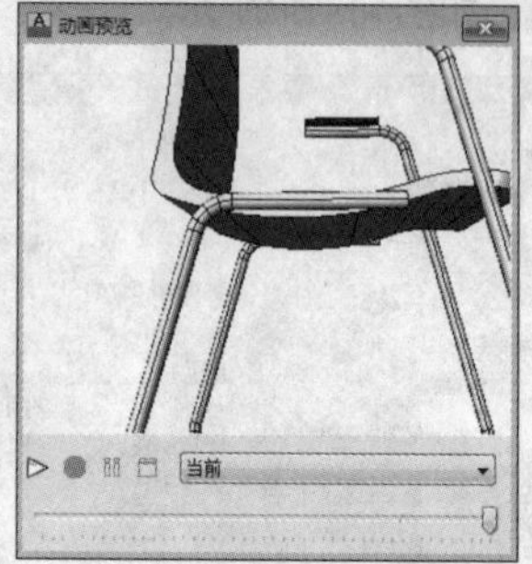

图11-65 查看预览效果

Step27 按Esc键返回至“运动路径动画”对话框。如需调整，可再次选择相机点和目标点，并按“确定”按钮，如图11-66所示。

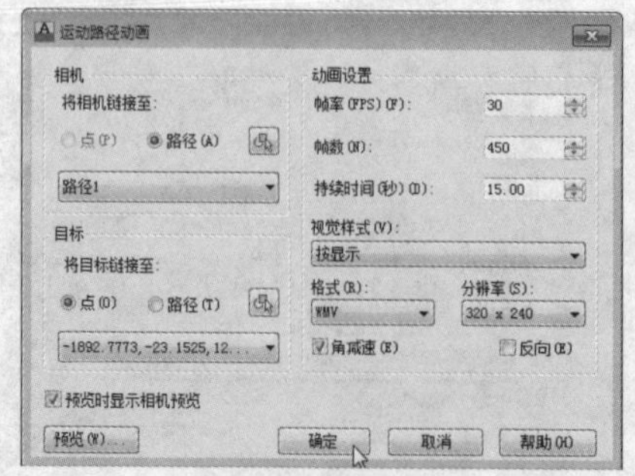

图11-66 完成设置

Step28 在“另存为”对话框中，设置好动画保存路径和名称，单击“保存”按钮，即可完成操作，如图11-67所示。

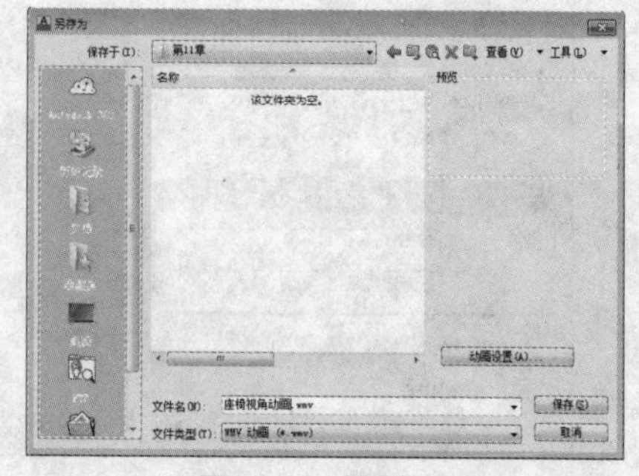

图11-67 保存操作

高手应用秘籍 AutoCAD常用系统变量的设置

通常，用户无需对AutoCAD中的系统变量值作修改和设置，取其缺省值就能正常工作。但有特殊要求时，就必须修改相关的系统变量。若能熟练地掌握一些常用系统变量的使用方法和功能，就能使工作更为便利、顺畅，并大大提高绘图水平和工作效率。下面将介绍几种常用变量的设置方法，供用户参考使用。

❶ PICKBOX 和 CURSORSIZE

这两个变量用于控制拾取框和十字光标的尺寸，绘图时可以适当修改其大小以适应我们的视觉要求。PICKBOX 缺省值为3，取值范围为0~32767；CURSORSIZE 缺省值为5，取值范围为1~100。

❷ APERTURE

该变量值用于控制对象捕捉靶区的大小，在进行对象捕捉时，其取值越大，就越可以在较远的位置捕捉到对象，当图形线条较密时，应设置得小一些；反之，可以设置得大一些方便操作。缺省值为10，取值范围为1~50。

❸ LTSCALE 和 CELTSCALE

这两个变量用于控制非连续线型的输出比率（即短线的长度和空格的间距），该变量的值越大，间距就越大。其中，LTSCALE 对所有的对象有效，CELTSCALE 只对新对象有效。对于某一对象来说：线型比率 =LTSCALE * CELTSCALE。这两个变量的缺省值均为 1，取值为正实数。

❹ SURFTAB1 和 SURFTAB2

该变量值用于控制三维网格面的经、纬线数量，值越大，图形的生成线越密，显示就越精确。缺省值为6，取值范围为2~32766。

❺ ISOLINES

使用该系统变量可以控制对象上每个曲面的轮廓线数目，数目越多，模型精度越高，但渲染时间也越长，有效取值范围为0~2047，默认值为4。

❻ FACETRES

使用系统变量FACETRES可以控制着色和渲染曲面实体的平滑度，该值越高，显示性能越差，渲染时间越长，有效的取值范围为0.01~10，默认值为0.5。

❼ DISPSILH

使用该系统变量可以控制是否将三维实体对象的轮廓曲线显示为线框，该系统变量还控制当三维实体对象被隐藏时是否绘制网格。该设置保存在图形中，清除此选项可以优化性能。

秒杀 工程疑惑

在AutoCAD中操作时，用户经常会遇见各种各样的问题，下面将总结一些常见问题进行解答，包括三维坐标恢复、二维命令与三维命令共用、三维模型轮廓显示以及系统变量值设置等问题。

问 题	解 答
如何恢复坐标?	在绘制三维图形时，时常为了作图需要，将坐标系进行调整。如果想恢复坐标的话，可在命令行中，输入命令 UCS，并按两次 Enter 键，即可恢复原始三维坐标
哪些二维绘图中的命令可以在三维中同样使用?	二维命令只能在 X、Y 面上或与该坐标面平行的平面上作图，例如“圆及圆弧”、“椭圆和圆环”、“多义线及多段线”、“多边形和矩形”及“文字及尺寸标注”等。使用这些命令时需弄清是在哪个平面上工作。其中直线、射线和构造线可在三维空间任意绘制，对于二维编辑命令均可在三维空间使用，但必须在 X、Y 平面内，只有“镜像”、“阵列”和“旋转”在三维空间有着不同的使用方法
三维模型在显示时，如何将轮廓边缘不显示?	系统默认的三维视觉样式是带有线型显示的，看起来像是轮廓线，如果想将其关闭，具体操作方法如下 ❶ 在绘图区左上方单击“视觉样式控件”，在下拉菜单中选择“视觉样式管理器” ❷ 在“视觉样式管理器”中选择“真实” ❸ 在“轮廓边”中设置显示模式为“否”，三维模型将隐藏线轮廓
FACETRES 何时必须将值设为 0?	当 FACETRES 变量值为 1 时，执行“隐藏”、“着色”命令时，无法查看到 FACETRES 的设置效果，此时需将 FACETRES 值设为 0

AutoCAD 2013

CHAPTER 12

三维模型的绘制

在上一章中介绍了三维建模的基本制图要领。本章中将介绍基本三维实体的绘制方法，如长方体、球体、圆柱体、多段体等。同时，还将介绍如何运用布尔运算命令，对基本三维实体进行简单的编辑操作。

学完本章您可以掌握如下知识点

知识点序号	知识点难易指数	知识点
1	★	三维基本实体的绘制
2	★★	二维图形拉伸成三维实体
3	★★★	布尔运算

本章内容图解链接

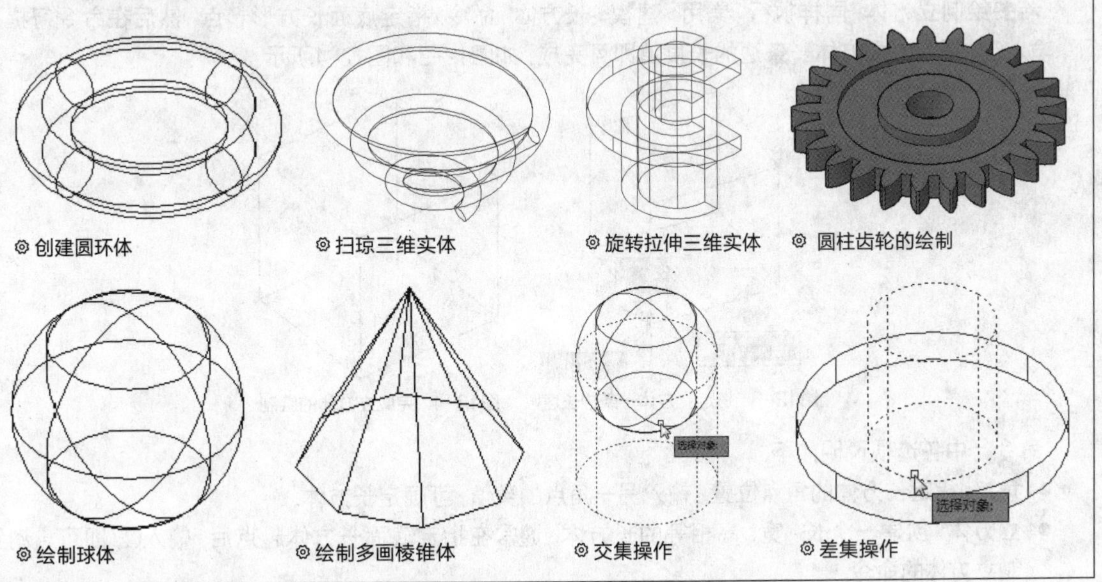

◎ 创建圆环体　◎ 扫琼三维实体　◎ 旋转拉伸三维实体　◎ 圆柱齿轮的绘制

◎ 绘制球体　◎ 绘制多画棱锥体　◎ 交集操作　◎ 差集操作

12.1 三维基本实体的绘制

实体模型是常用的三维模型，也是绘制一些复杂模型最基本元素。AutoCAD中心基本实体包括长方体、圆柱体、球体、圆锥体、圆环体、多段体和楔体。下面介绍这些基本实体的创建操作。

12.1.1 长方体的绘制

"长方体"命令可绘制实心长方体或立方体。执行菜单栏中的"常用>建模>长方体"命令，根据命令行提示，创建长方体底面起点，并输入底面长方形长度和宽度，如图12-1所示。然后移动光标至合适位置，输入长方体高度值即可完成创建，如图12-2所示。

命令行提示如下。

```
命令：_box
指定第一个角点或 [ 中心 (C)]:                                  // 指定底面长方形起点
指定其他角点或 [ 立方体 (C)/ 长度 (L)]: @400,400                // 输入底面长方形的长、宽值
指定高度或 [ 两点 (2P)] <400.0000>: 300                         // 输入长方体高度值
```

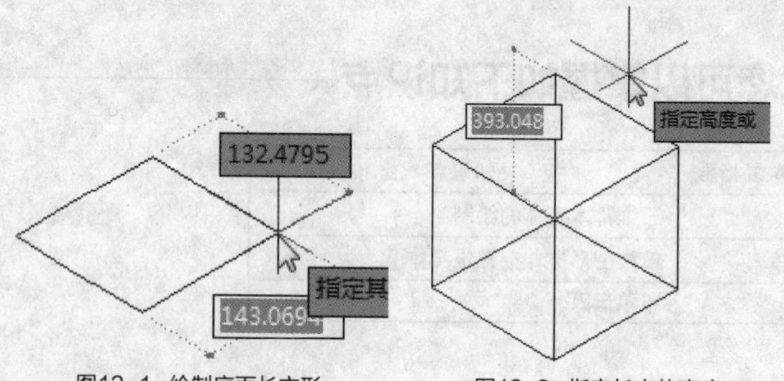

图12-1 绘制底面长方形　　图12-2 指定长方体高度

若要绘制立方体，同样执行"常用>建模>长方体"命令，指定底面长方形起点，然后在命令行提示下，输入C并指定好立方体一条边的长度值即可完成，如图12-3和图12-4所示。

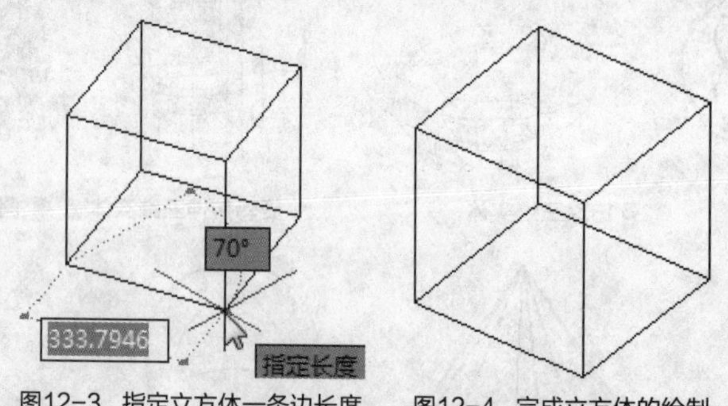

图12-3 指定立方体一条边长度　　图12-4 完成立方体的绘制

命令行中各选项说明如下。

- 角点：指定长方体的角点位置。输入另一角点的数值，可确定长方体。
- 立方体：创建一个长、宽、高相等的长方体。通常在指定底面长方体起点后，输入C，即可启动绘制立方体的命令。

- 长度: 输入方体的长、宽、高的数值。
- 中心点: 使用中心点功能创建长方体或立方体。

12.1.2 圆柱体的绘制

执行"常用>建模>圆柱体"命令, 根据命令行提示, 指定圆柱体底面圆心点, 并指定底面圆半径, 如图12-5所示, 然后指定好圆柱体高度值即可完成创建, 如图12-6所示。

命令行提示如下。

```
命令 : _cylinder
指定底面的中心点或 [ 三点 (3P)/ 两点 (2P)/ 切点、切点、半径 (T)/ 椭圆 (E)]:        // 指定底面圆心点
指定底面半径或 [ 直径 (D)] <147.0950>: 200                                        // 输入底面圆半径值
指定高度或 [ 两点 (2P)/ 轴端点 (A)] <261.9210>: 200                              // 输入圆柱体高度值
```

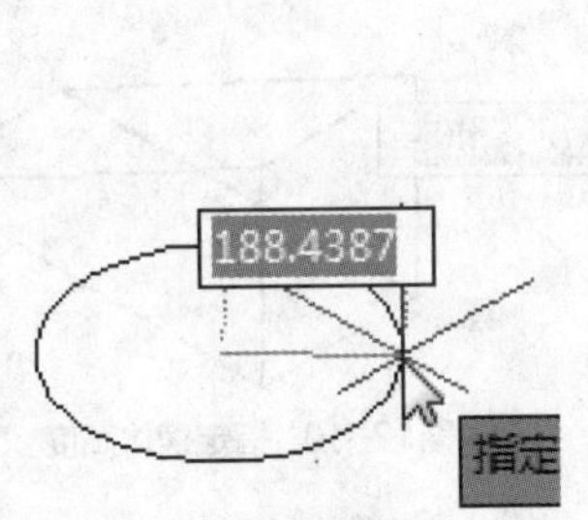

图12-5 指定底面圆心点和半径

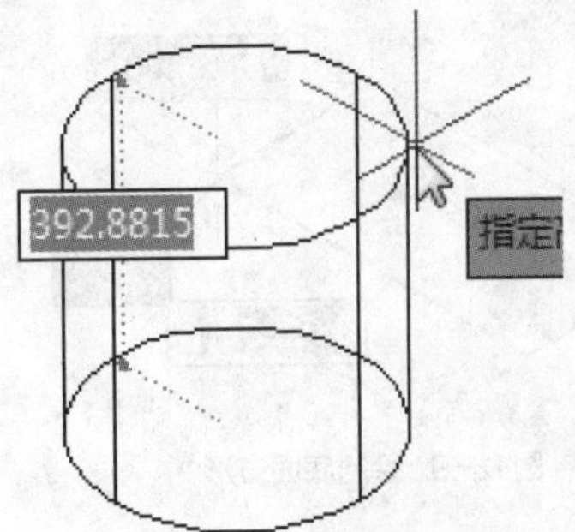

图12-6 指定圆柱体高度

绘制椭圆体的方法与圆柱体类似。同样执行"圆柱体"命令, 在命令行中输入E, 启动绘制椭圆的命令, 根据提示, 指定底面椭圆的长半轴和短半轴距离, 并输入椭圆柱高度值即可完成椭圆柱的绘制, 如图12-7和图12-8所示。

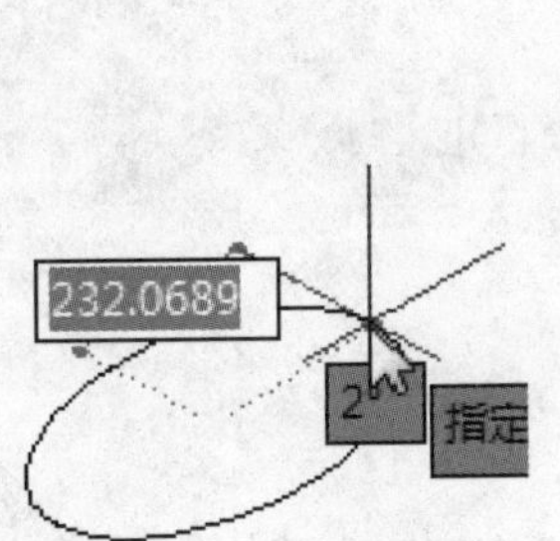

图12-7 绘制底面椭圆形

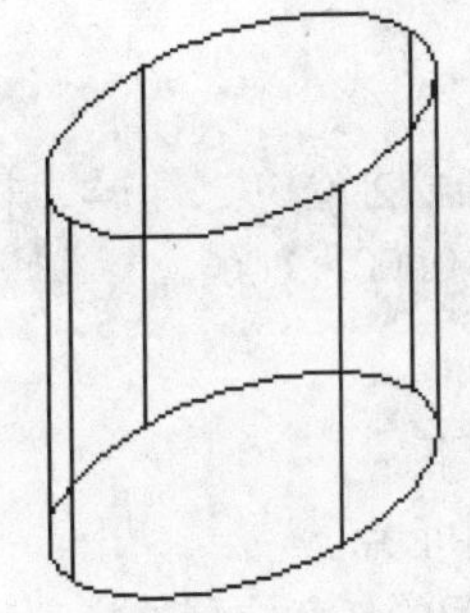

图12-8 完成椭圆柱的绘制

命令行各选项说明如下。

- 中心点: 指定圆柱体底面的圆心点。
- 三点: 通过两点指定圆柱的底面圆, 第三点指定圆柱体高度。
- 两点: 通过指定两点来定义圆柱底面直径。
- 相切、相切、半径: 定义具有指定半径, 且与两个对象相切的圆柱体底面。
- 椭圆: 指定圆柱体的椭圆底面。
- 直径: 指定圆柱体的底面直径。

● 轴端点：指定圆柱体轴的端点位置。此端点是圆柱体的顶面中心点，轴端点位于三维空间的任何位置，轴端点定义了圆柱体的长度和方向。

12.1.3 楔体的绘制

楔体绘制方法与长方形相似。执行"常用>建模>楔体"命令，根据命令行提示，指定楔体底面方形起点，并输入方形长、宽值，其后指定楔体高度值即可完成绘制，如图12-9和图12-10所示。

命令行提示如下。

```
命令：_wedge
指定第一个角点或[中心(C)]:                              //指定底面方形起点
指定其他角点或[立方体(C)/长度(L)]: @200,300              //输入方形的长、宽值
指定高度或[两点(2P)]<216.7622>: 100                      //输入高度值
```

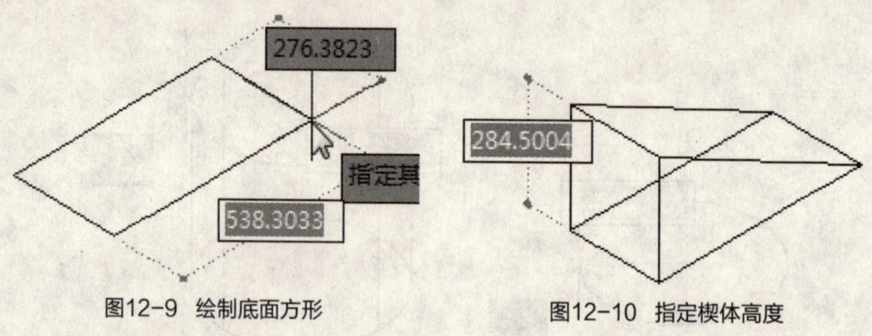

图12-9 绘制底面方形　　图12-10 指定楔体高度

12.1.4 球体的绘制

执行"常用>建模>球体"命令，根据命令行提示，指定圆心和球半径值即可完成绘制，如图12-11所示。

命令行提示如下。

```
命令：_sphere
指定中心点或[三点(3P)/两点(2P)/切点、切点、半径(T)]:       //指定圆心点
指定半径或[直径(D)]<200.0000>: 200                        //输入球半径值
```

命令行中各选项说明如下。

- 中心点：指定球体的中心点。
- 三点：通过在三维空间的任意位置处指定三个点来定义球体的圆周。三个点也可以定义圆周平面。
- 两点：通过在三维空间的任意位置处指定两点定义球体的圆周。
- 相切、相切、半径：通过指定半径定义可与两个对象相切的球体。

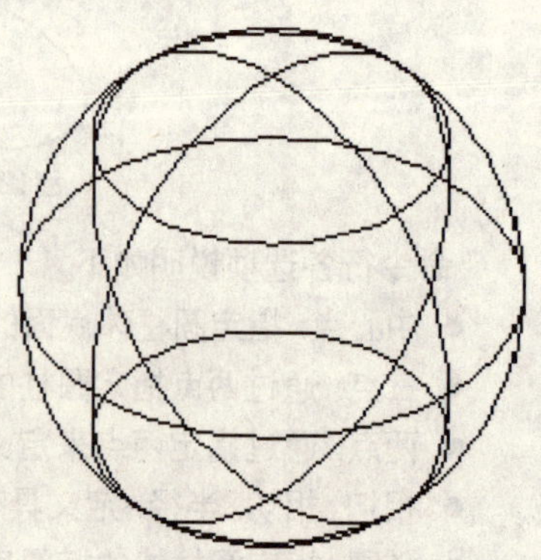

图12-11 绘制球体

12.1.5 圆环的绘制

圆环体由两个半径值定义，一个是圆环的半径，一个是从圆环体中心到圆管中心的距离。执行"常用>建模>圆环体◎"命令，根据命令行提示，指定圆环中心点，并输入圆环半径值，其后输入圆管半径值即可完成，如图12-12和图12-13所示。

命令行提示如下。

```
命令：_torus
指定中心点或 [ 三点 (3P)/ 两点 (2P)/ 切点、切点、半径 (T)]:          // 指定圆环中心点
指定半径或 [ 直径 (D)] <200.0000>:                                  // 指定圆环半径值
指定圆管半径或 [ 两点 (2P)/ 直径 (D)] <100.0000>: 50                // 指定圆管半径值
```

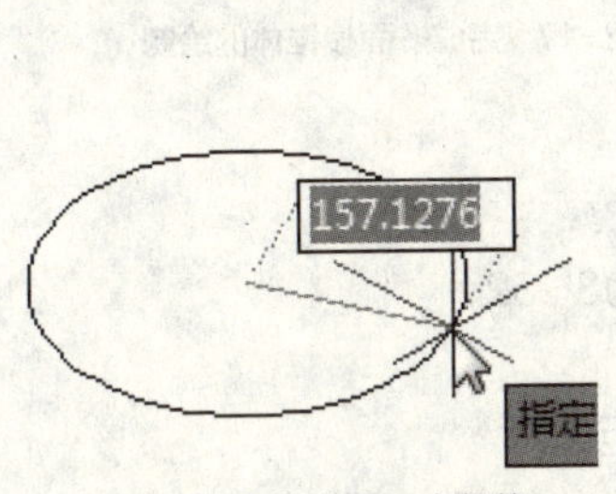

图12-12 指定圆环半径值

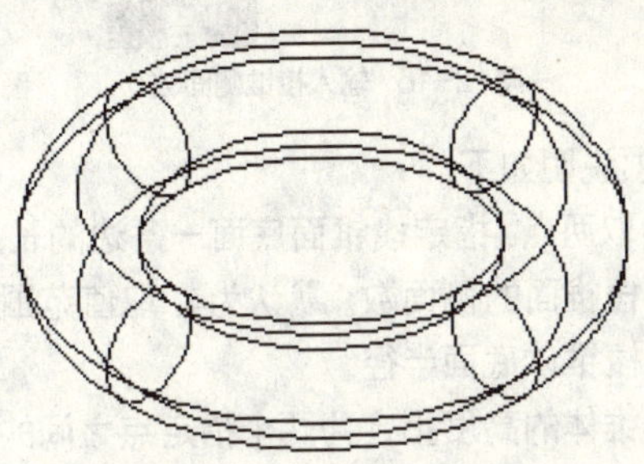

图12-13 指定圆管半径值

12.1.6 棱锥体的绘制

棱锥体是由多个倾斜至一点的面组成，棱锥体可由 3 个 ~32 个侧面组成。执行"常用 > 建模 > 棱锥体◭"命令，根据命令行提示，指定好棱锥底面中心点，并输入底面半径值或内接圆值，然后输入棱锥体高度值即可，如图 12-14 和图 12-15 所示。

命令行提示如下。

```
命令：_pyramid
 4 个侧面  外切
指定底面的中心点或 [ 边 (E)/ 侧面 (S)]:                              // 指定底面中心点
指定底面半径或 [ 内接 (I)] <113.1371>: 80                            // 输入底面半径值
指定高度或 [ 两点 (2P)/ 轴端点 (A)/ 顶面半径 (T)] <100.0000>:        // 输入棱锥体高度值
```

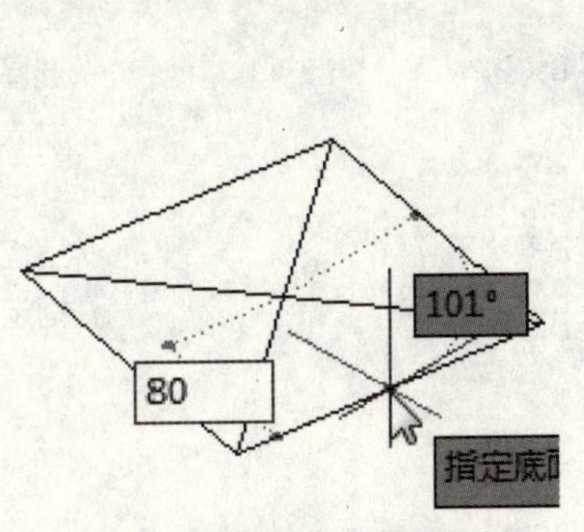

图12-14 绘制棱锥底面图形

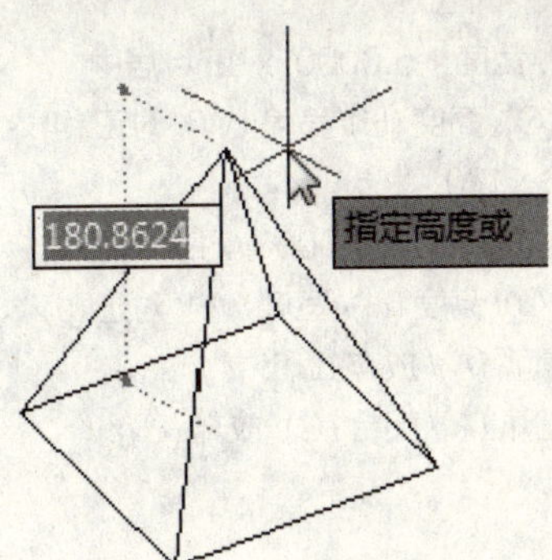

图12-15 指定棱锥高度

在AutoCAD中，棱锥体默认的侧面数4，如果想增加棱锥面，可在命令行中输入S，并输入侧面数，然后再输入棱锥底面半径和高度值即可，如图12-16和图12-17所示。

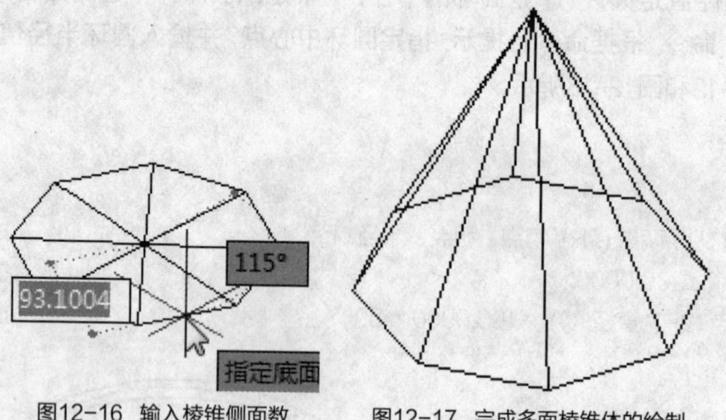

图12-16 输入棱锥侧面数　　图12-17 完成多面棱锥体的绘制

命令行各选项说明如下。

- 边：通过拾取两点，指定棱锥面底面一条边的长度。
- 侧面：指定棱锥面的侧面数。默认为4，取值范围为3~32。
- 内接：指定棱锥体底面半径。
- 两点：将棱锥体的高度指定为两个指定点之间的距离。
- 轴端点：指定棱锥体轴的端点位置，该端点是棱锥体的顶点。轴端点可位于三维空间中的任意位置，轴端点定义了棱锥体的长度和方向。
- 顶面半径：指定棱锥体的顶面半径，并创建棱锥体的平截面。

12.1.7 多段体的绘制

绘制多段体与绘制多段线的方法相同。默认情况下，多段体始终带有一个矩形轮廓。可以指定轮廓的高度和宽度。如果绘制三维墙体，就需要使用该命令。执行"常用 > 建模 > 多段体"命令，根据命令行提示，设置好多段体高度、宽度以及对正方式，然后指定多段体起点，再指定下一点即可，如图 12-18 和图 12-19 所示。

命令行提示如下。

```
命令：_Polysolid 高度 = 80.0000, 宽度 = 5.0000, 对正 = 居中
指定起点或 [ 对象 (O)/ 高度 (H)/ 宽度 (W)/ 对正 (J)] < 对象 >: h      //选择"高度"选项
指定高度 <80.0000>: 1200                                              //输入高度值
高度 = 1200.0000, 宽度 = 5.0000, 对正 = 居中
指定起点或 [ 对象 (O)/ 高度 (H)/ 宽度 (W)/ 对正 (J)] < 对象 >: w      //选择"宽度"选项
指定宽度 <5.0000>: 120                                                //输入宽度值
高度 = 1200.0000, 宽度 = 120.0000, 对正 = 居中
指定起点或 [ 对象 (O)/ 高度 (H)/ 宽度 (W)/ 对正 (J)] < 对象 >:         //指定多段体起点
指定下一个点或 [ 圆弧 (A)/ 放弃 (U)]:                                  //指定多段体下一点
指定下一个点或 [ 圆弧 (A)/ 闭合 (C)/ 放弃 (U)]:
```

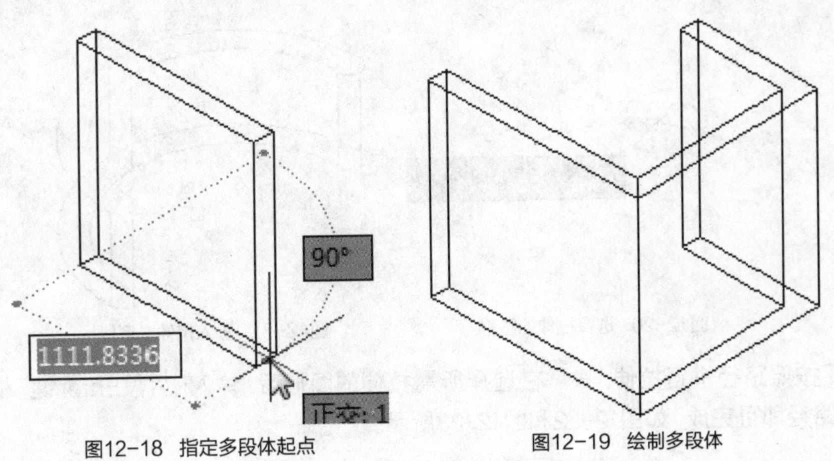

图12-18 指定多段体起点　　图12-19 绘制多段体

命令行各选项说明如下。

- 对象：指定要转换为实体的对象，该对象可以是直线、圆弧、二维多段线以及圆等对象。
- 高度：指定多段体高度值。
- 宽度：指定多段体的宽度。
- 对正：使用命令定义轮廓时，可将多段体的宽度和高度设置为左对正、右对正或居中。对正方式由轮廓的第一条线段的起始方向决定。
- 圆弧：将弧线添加到实体中。圆弧的默认起始方向与上次绘制的线段相切。

12.2 二维图形转换为三维实体

除了使用基本三维命令绘制三维实体模型外，还可使用拉伸、放样、旋转 、扫琼等命令，将二维图形转换成三维实体模型。

12.2.1 拉伸实体

拉伸命令可将绘制的二维图形沿指定高度或路径进行拉伸，从而将其转换成三维实体模型。拉伸的对象可以是封闭的多段线、矩形、多边形、圆、椭圆以及封闭样条曲线等。

执行“常用>建模>拉伸”命令，根据命令行的提示，选择拉伸的图形，输入拉伸高度值即可完成拉伸操作，如图12-20和图12-21所示。

命令行提示如下。

```
命令：_extrude
当前线框密度：ISOLINES=4，闭合轮廓创建模式 = 实体
选择要拉伸的对象或 [ 模式 (MO)]: _MO 闭合轮廓创建模式 [ 实体 (SO)/ 曲面 (SU)] < 实体 >: _SO
选择要拉伸的对象或 [ 模式 (MO)]: 找到 1 个                    // 选择需要拉伸的图形
选择要拉伸的对象或 [ 模式 (MO)]:
指定拉伸的高度或 [ 方向 (D)/ 路径 (P)/ 倾斜角 (T)/ 表达式 (E)] <100.0000>: 300     // 输入拉伸高度值
```

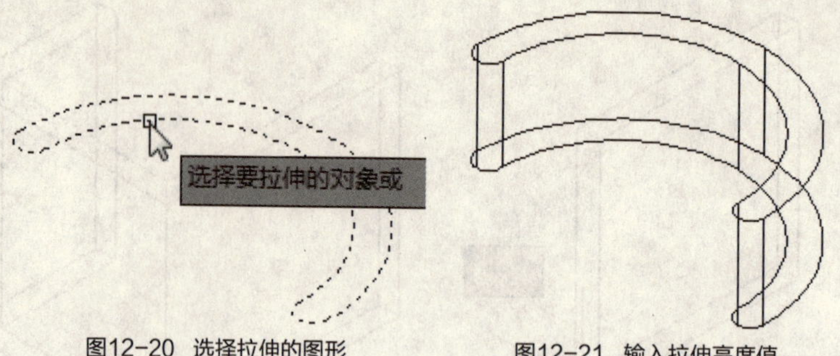

图12-20 选择拉伸的图形　　图12-21 输入拉伸高度值

如果需要按照路径进行拉伸，只需在选择所需拉伸的图形后，输入P后按Enter键，根据命令行提示，选择拉伸路径即可完成，如图12-22和图12-23所示。

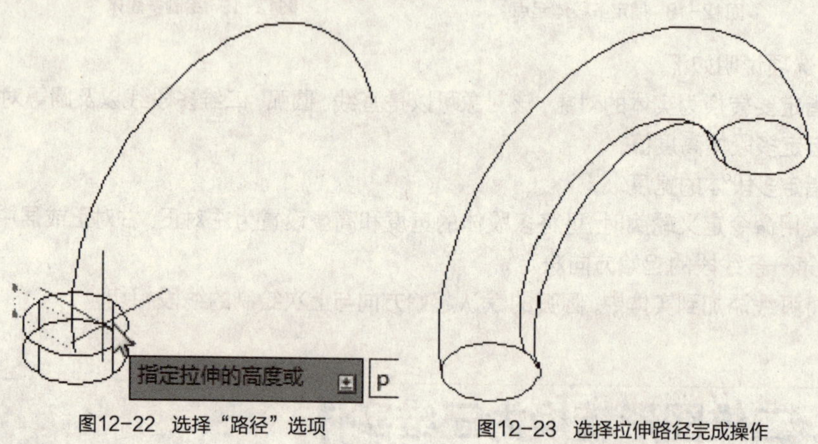

图12-22 选择"路径"选项　　图12-23 选择拉伸路径完成操作

命令行各选项说明如下。

- 拉伸高度：输入拉伸高度值。在此如果输入负数值，其拉伸对象将沿Z轴负方向拉伸；如果输入正数值，其拉伸对象将沿Z轴正方向拉伸。如果所有对象处于同一平面上，则将沿该平面的法线方向拉伸。
- 方向：通过指定的两点来指定拉伸的长度和方向。
- 路径：选择基于指定曲线对象的拉伸路径。拉伸的路径可以是开放的，也可是封闭的。
- 倾斜角：如果为倾斜角指定一个点而不是输入值，则必须拾取第二个点。用于拉伸的倾斜角是两个指定点间的距离。

工程师点拨：拉伸对象需注意

若在拉伸时倾斜角或拉伸高度适大，将导致拉伸对象或拉伸对象的一部分在到达拉伸高度前就已经聚集到一点，此时则无法拉伸对象。

12.2.2 旋转实体

"旋转"命令是通过绕轴旋转二维对象来创建三维实体。执行"常用>建模>旋转"命令，根据命令行提示，选择要拉伸的图形，并选择旋转轴，然后输入旋转角度即可完成，如图12-24和图12-25所示。

命令行提示如下。

```
命令：_revolve
当前线框密度：ISOLINES=4，闭合轮廓创建模式 = 实体
选择要旋转的对象或 [ 模式 (MO)]: _MO 闭合轮廓创建模式 [ 实体 (SO)/ 曲面 (SU)] < 实体 >: _SO
选择要旋转的对象或 [ 模式 (MO)]: 找到 1 个                          // 选择需旋转的图形
选择要旋转的对象或 [ 模式 (MO)]:
指定轴起点或根据以下选项之一定义轴 [ 对象 (O)/X/Y/Z] < 对象 >:            // 指定旋转轴两个端点
指定轴端点：
指定旋转角度或 [ 起点角度 (ST)/ 反转 (R)/ 表达式 (EX)] <360>: 270          // 输入旋转拉伸角度
```

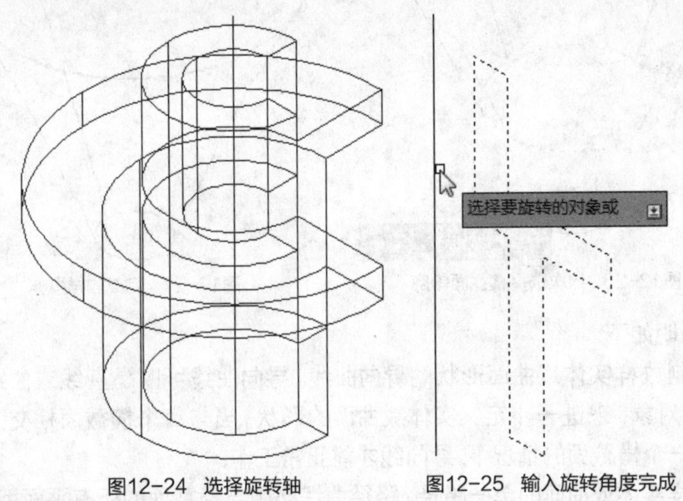

图12-24 选择旋转轴　　图12-25 输入旋转角度完成

命令行各选项说明如下。

- 轴起点：指定旋转轴的两个端点。当其旋转角度为正角时，将按逆时针方向旋转对象；当角度为负值时，按顺时针方向旋转对象。
- 对象：选择现有对象，此对象定义了旋转选定对象时所绕的轴。轴的正方向从该对象的最近端点指向最远端点。
- X轴：使用当前UCS的正向X轴作为正方向。
- Y轴：使用当前UCS的正向Y轴作为正方向。
- Z轴：使用当前UCS的正向Z轴作为正方向。

12.2.3 放样实体

使用放样命令可用两个或两个以上的横截面轮廓来生成三维实体模型。执行"常用>建模>放样"命令，根据命令行提示，依次选择所有横截面轮廓，按Enter键即可完成操作，如图12-26和图12-27所示。

命令行提示如下。

```
命令：_loft
当前线框密度：ISOLINES=4，闭合轮廓创建模式 = 实体
按放样次序选择横截面或 [ 点 (PO)/ 合并多条边 (J)/ 模式 (MO)]: _MO 闭合轮廓创建模式 [ 实体 (SO)/ 曲面
(SU)] < 实体 >: _SO
按放样次序选择横截面或 [ 点 (PO)/ 合并多条边 (J)/ 模式 (MO)]: 找到 1 个          // 依次选择横截面图形
```

```
按放样次序选择横截面或 [ 点 (PO)/ 合并多条边 (J)/ 模式 (MO)]: 找到 1 个，总计 2 个
按放样次序选择横截面或 [ 点 (PO)/ 合并多条边 (J)/ 模式 (MO)]: 找到 1 个，总计 3 个
按放样次序选择横截面或 [ 点 (PO)/ 合并多条边 (J)/ 模式 (MO)]: 选中了 3 个横截面
输入选项 [ 导向 (G)/ 路径 (P)/ 仅横截面 (C)/ 设置 (S)] < 仅横截面 >:          // 按 Enter 键
```

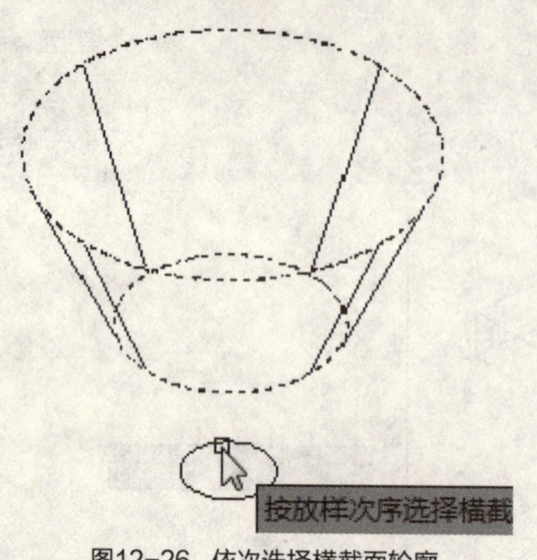

图12-26　依次选择横截面轮廓

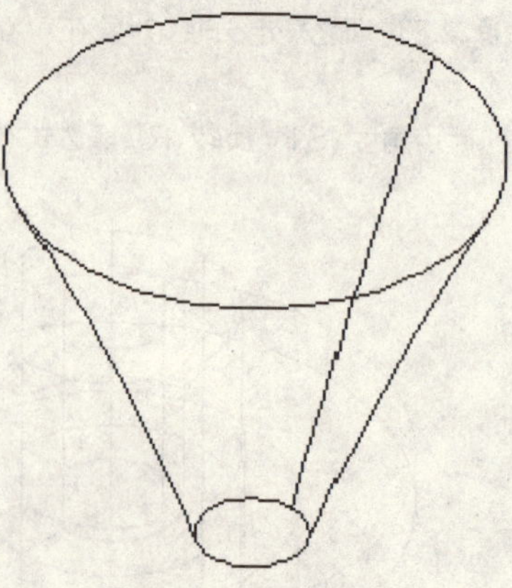
图12-27　完成放样操作

命令行各选项说明如下。

- 导向：指定控制放样实体或曲面形状的导向曲线。导向曲线可以是直线或曲线，可通过将其他线框信息添加至对象，来进一步定义实体或曲面的形状。当与每个横截面相交，并始于第一个横截面，止于最后一个横截面的情况下，导向线才能正常工作。
- 路径：指定放样实体或曲面的单一路径，路径曲线必须与横截面的所有平面相交。
- 仅横截面：选择该选项，则可在"放样设置"对话框中，控制放样曲线在其横截面处的轮廓。

12.2.4　扫琼实体

扫琼命令可通过沿开放或闭合的二维或三维路径，扫琼开放或闭合的平面曲线来创建新的三维实体。执行"常用>建模>扫琼"命令，选择要扫琼的图形对象，然后选择扫琼路径，即可完成扫琼操作，如图12-28和图12-29所示。

命令行提示如下。

```
命令 : _sweep
当前线框密度： ISOLINES=4，闭合轮廓创建模式 = 实体
选择要扫琼的对象或 [ 模式 (MO)]: _MO 闭合轮廓创建模式 [ 实体 (SO)/ 曲面 (SU)] < 实体 >: _SO
选择要扫琼的对象或 [ 模式 (MO)]: 找到 1 个
选择要扫琼的对象或 [ 模式 (MO)]:                              // 选择需扫琼的对象
选择扫琼路径或 [ 对齐 (A)/ 基点 (B)/ 比例 (S)/ 扭曲 (T)]:              // 选择要扫琼路径
```

工程师点拨：曲面和实体的生成

在进行扫琼操作时，可以同时扫琼多个对象，但这些对象都必须位于同一个平面中，如果沿一条路径扫琼闭合的曲线，则生成实体，如果沿一条路径扫琼开放的曲线，则生成曲面。

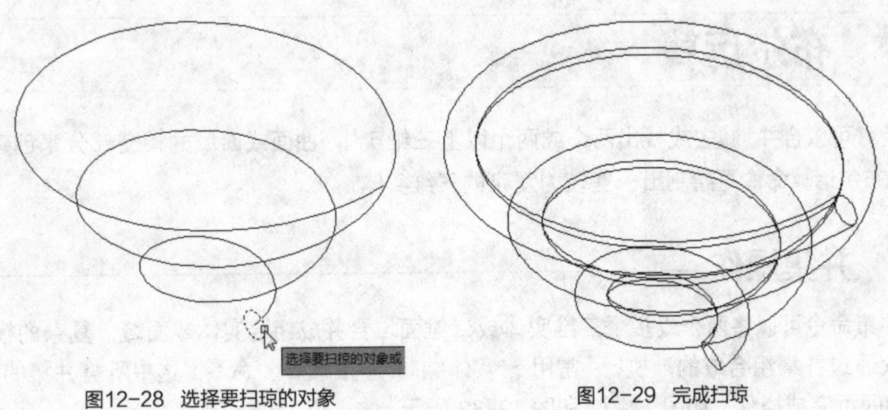

图12-28 选择要扫琼的对象　　图12-29 完成扫琼

命令行各选项说明如下。

- 对齐：指定是否对齐轮廓，使其作为扫琼路径切向的法线。
- 基点：指定要扫琼对象的基点，如果该点不在选定对象所在的平面上，那么该点将被投影到该平面上。
- 比例：指定比例因子进行扫琼操作，从扫琼路径开始到结束，比例因子将统一应用到扫琼对象上。
- 扭曲：设置被扫琼对象的扭曲角度。扭曲角度指定沿扫琼路径全部长度的旋转量。

12.2.5 按住 / 拖动

按住 / 拖动命令是通过选中对象的一个面域，将其进行拉伸操作。执行"常用 > 建模 > 按住 / 拖动"命令，选中所需的面域，移动光标，确定拉伸方向，并输入拉伸距离即可，如图 12-30 和图 12-31 所示。

命令行提示如下。

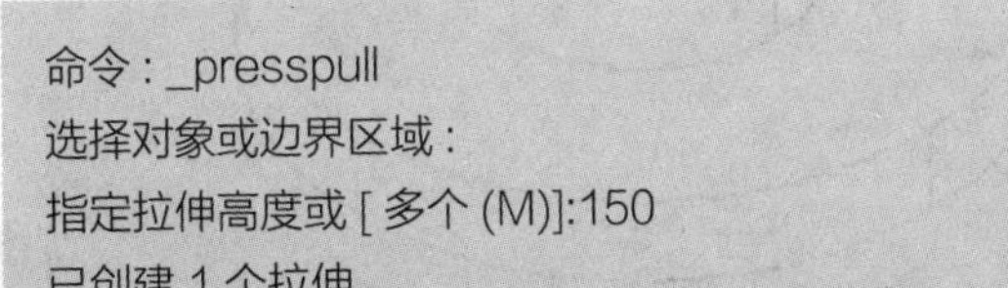

```
命令 : _presspull
选择对象或边界区域 :                    // 选择需要拉伸的面域
指定拉伸高度或 [ 多个 (M)]:150          // 移动光标，指定拉伸方向，并输入拉伸值
已创建 1 个拉伸
```

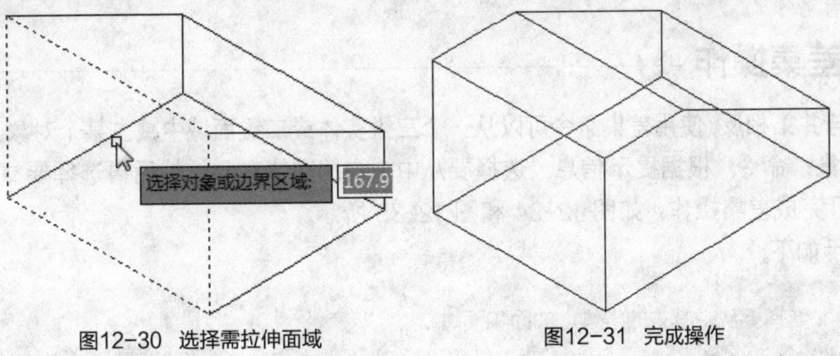

图12-30 选择需拉伸面域　　图12-31 完成操作

工程师点拨："按住/拖动"命令与"拉伸"命令的区别

"按住/拖动"命令与拉伸操作相似。但"拉伸"命令只限制在二维图形上操作，而"按住/拖动"命令无论是在二维或三维图形上都可进行拉伸。需要注意的是，"按住/拖动"命令的操作对象是一个封闭的面域。

12.3 布尔运算

布尔运算可以合并、减去或找出两个或两个以上三维实体、曲面或面域的相交部分来创建复合三维对象。运用布尔运算命令可绘制出一些较为复杂的三维实体。

12.3.1 并集操作

使用并集命令可以将两个或多个三维实体或二维面域合并成组合实体或面域，复杂的模型都是由简单的对象通过并集组合成的。执行"常用 > 实体编辑 > 并集"命令，选中所需并集的实体模型，按 Enter 键即可完成操作，如图 12-32 和图 12-33 所示。

命令行提示如下。

```
命令：_union
选择对象：找到 1 个
选择对象：找到 1 个，总计 2 个            // 选择所有需要合并的实体图形
选择对象：                                // 按 Enter 键，完成并集
```

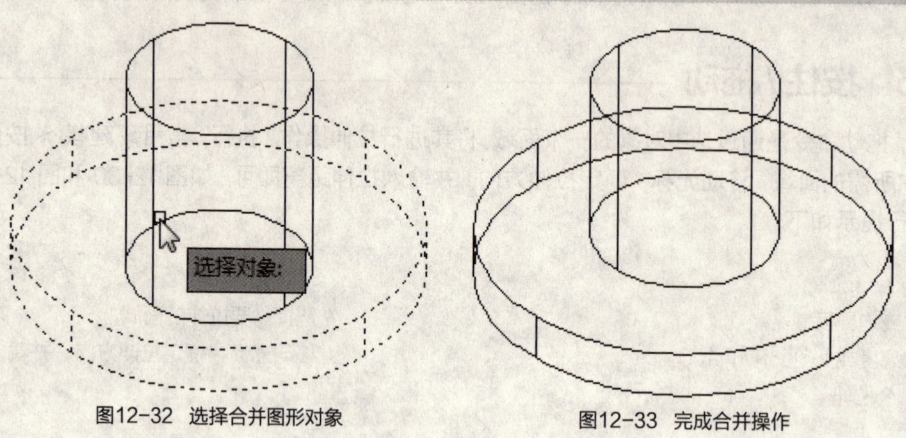

图12-32 选择合并图形对象　　图12-33 完成合并操作

12.3.2 差集操作

差集正好与并集相反，使用差集命令可以从一个三维实体或二维面域中减去某个对象。执行"常用 > 实体编辑 > 差集"命令，根据提示信息，选择要从中减去的实体对象，然后再选择要减去的实体对象，按 Enter 键即可完成差集操作，如图 12-34 和图 12-35 所示。

命令行提示如下。

```
命令：_subtract 选择要从中减去的实体、曲面和面域 ...
选择对象：找到 1 个                      // 选择要从中减去的模型
选择对象：选择要减去的实体、曲面和面域 ...
选择对象：找到 1 个                      // 选择要减去的模型
选择对象：                                // 按 Enter 键，完成操作
```

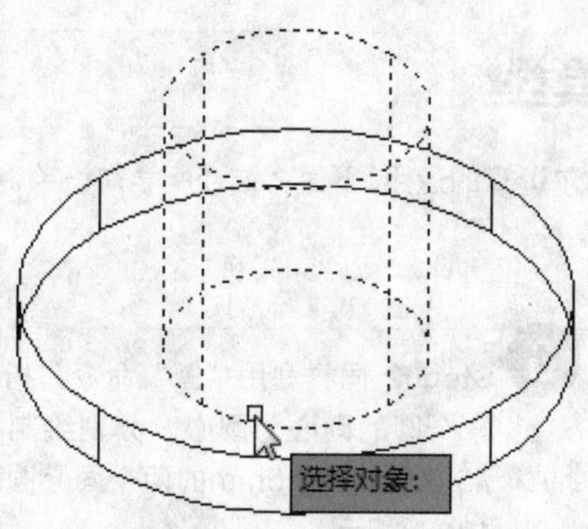

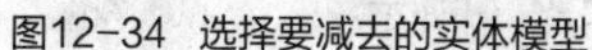

图12-34 选择要减去的实体模型

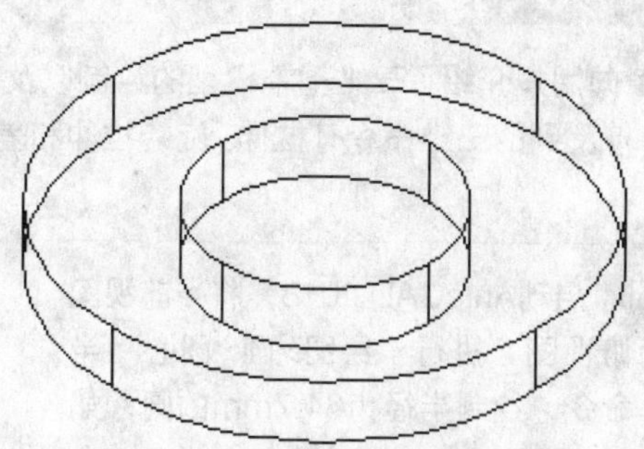

图12-35 完成差集操作

工程师点拨：执行差集命令需注意

执行"差集"的两个面域必须位于同一个平面上。但是，通过在不同的平面上选择面域集，可同时执行多个差集操作。系统会在每个平面上分别生成减去的面域。如果没有选定的共面面域，则该面域将被拒绝操作。

12.3.3 交集操作

交集是指从两个或两个以上重叠实体或面域的公共部分创建复合实体或二维面域，并保留两组实体对象的相交部分。执行"常用>实体编辑>交集"命令，选择要进行交集的实体对象，按Enter键即可完成交集操作，如图12-36和图12-37所示。

命令行提示如下。

```
命令：_intersect
选择对象：指定对角点：找到 2 个                    // 选择要进行交集的实体对象
选择对象：                                        // 按 Enter 键，完成操作
```

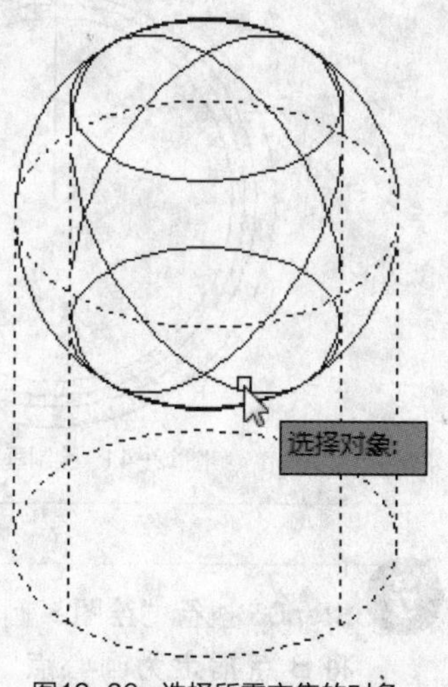

图12-36 选择所需交集的对象

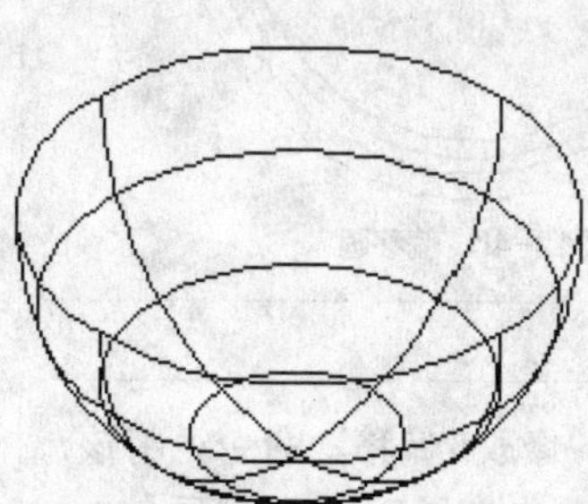

图12-37 完成交集操作

综合实例 绘制圆柱齿轮模型

本章向用户介绍了三维基本模型的绘制以及布尔运算的运用。下面将结合所学知识绘制圆柱齿轮模型，涉及到的三维命令有拉伸、旋转拉伸和差集等。

Step01 启动AutoCAD 2013，将当前视图设为俯视图，执行“绘图>圆>圆心、半径”命令，绘制半径为64.7mm的圆，如图12-38所示。

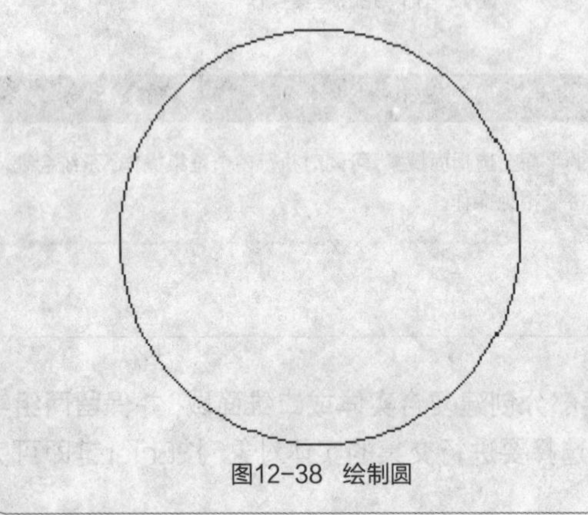

图12-38 绘制圆

Step02 同样利用“圆”命令，指定为第一个圆的圆心为圆心，分别绘制半径为73.5mm和80.5mm的两个同心圆，如图12-39所示。

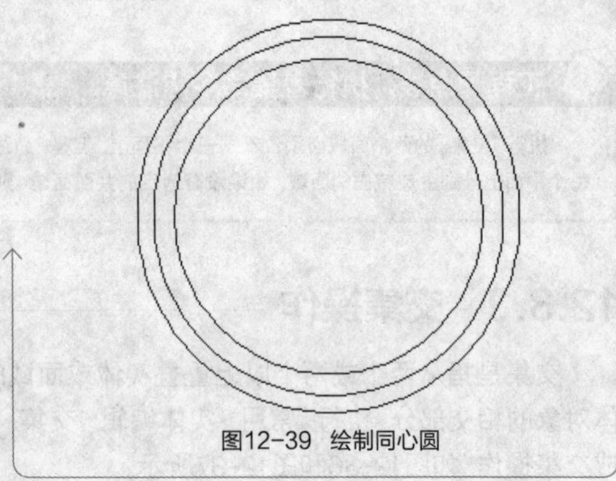

图12-39 绘制同心圆

Step03 执行“修改>偏移”命令，将半径为73.5mm圆向内偏移4mm，如图12-40所示。

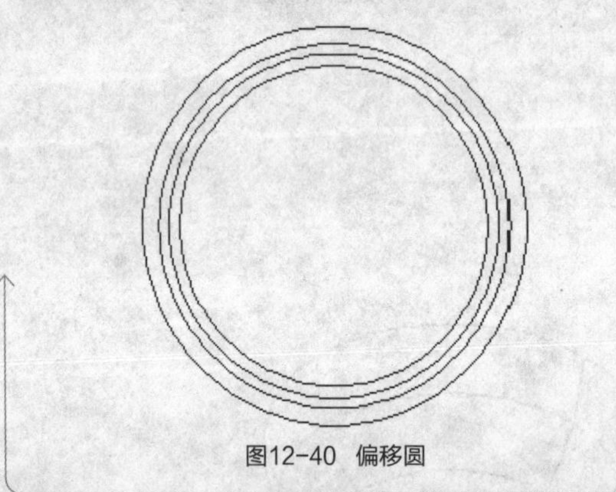

图12-40 偏移圆

Step04 执行“绘图>直线”命令，绘制圆半径作为辅助线，如图12-41所示。

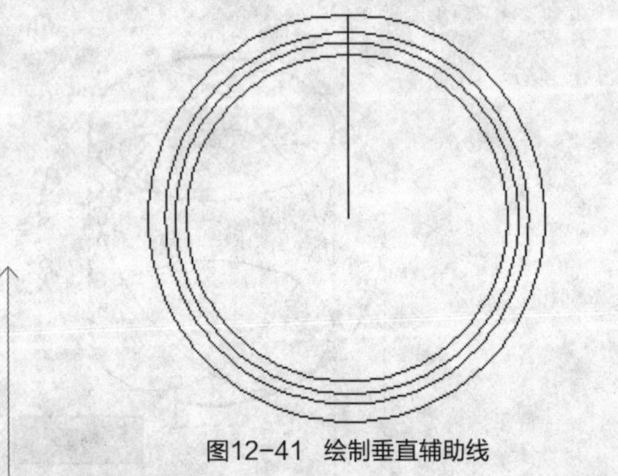

图12-41 绘制垂直辅助线

Step05 执行“修改>偏移”命令，将该垂直线辅助线向左偏移5mm，然后，再将该辅助线向右偏移20mm，如图12-42所示。

Step06 执行“绘图 > 圆心、半径”命令，将B点指定为圆心点，然后捕捉A点，完成辅助圆的绘制，如图12-43所示。

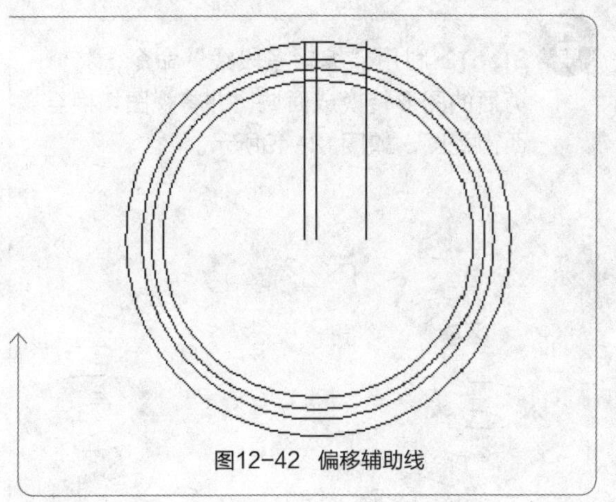

图12-42 偏移辅助线

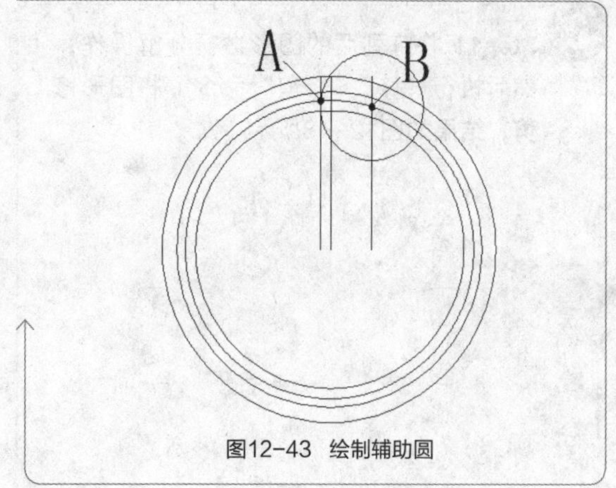

图12-43 绘制辅助圆

Step07 执行“修改>镜像”命令，以垂直辅助线为镜像中心，对辅助圆进行镜像操作，结果如图12-44所示。

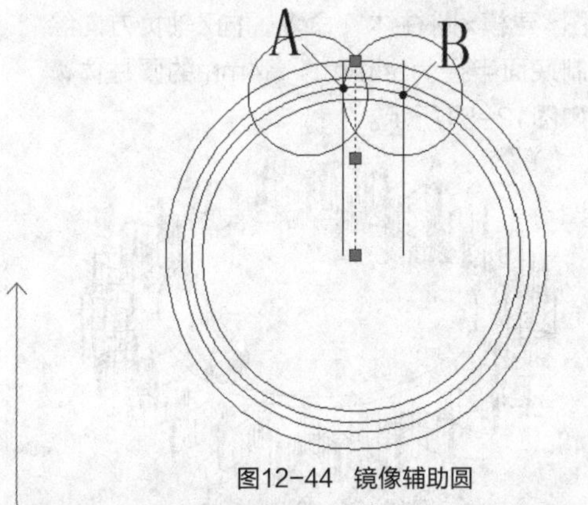

图12-44 镜像辅助圆

Step08 执行“修改>修剪”命令，将镜像后的图形进行修剪，完成圆柱一个齿轮图形的绘制，结果如图12-45所示。

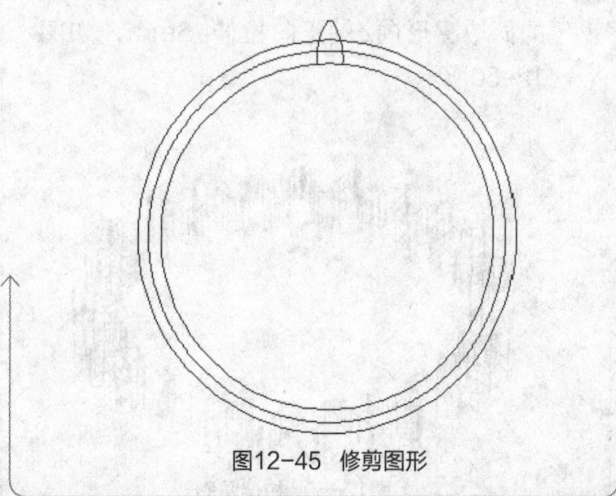

图12-45 修剪图形

Step09 执行“修改>陈列环形阵列”命令，以圆心为阵列中心，将圆柱齿轮图形进行阵列，阵列数为25，如图12-46所示。

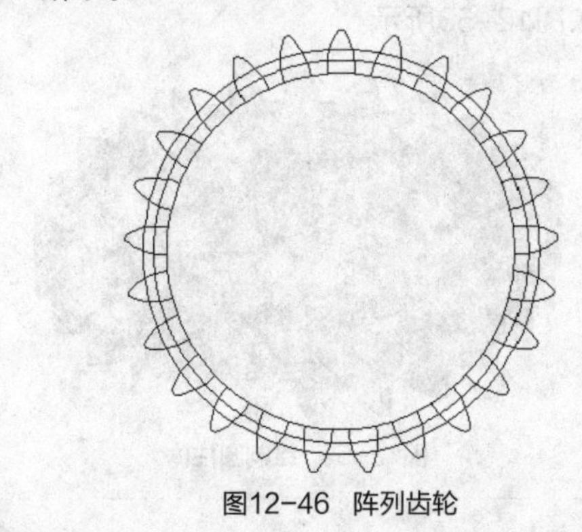

图12-46 阵列齿轮

Step10 将阵列后多余的线删除，其结果如图12-47所示。

图12-47 删除线

Step11 将阵列后的图形进行分解操作，然后执行“修改>修剪”命令，将图形修剪，结果如图12-48所示。

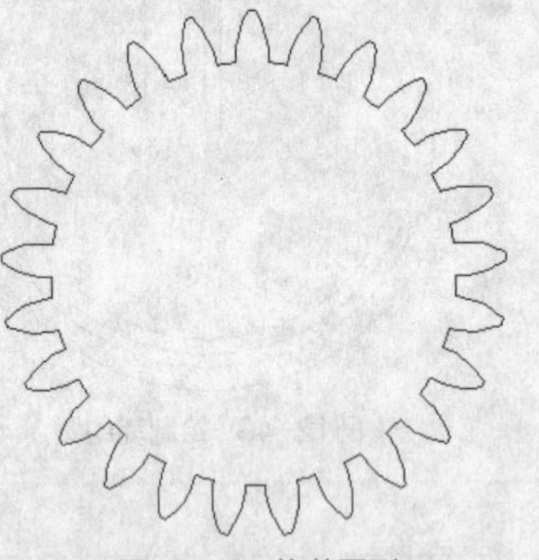

图12-48 修剪图形

Step12 利用“编辑多段线”命令，将修剪后的图形转换成面域，并将视图切换至西南视图，如图12-49所示。

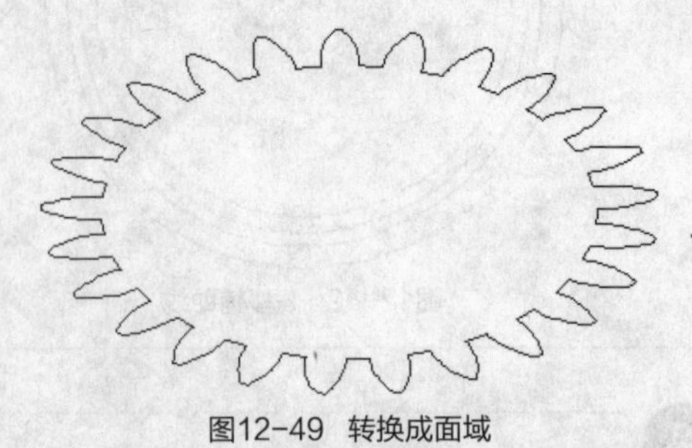

图12-49 转换成面域

Step13 执行“修改>拉伸”命令，将生成的面域图形向Z轴正向拉伸15mm，如图12-50所示。

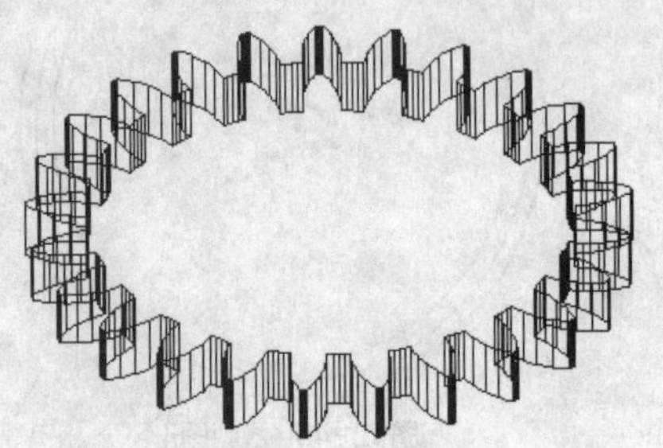

图12-50 拉伸图形

Step14 捕捉齿轮顶面圆心点，执行“绘图>建模>圆柱体”命令，向Z轴负方向绘制底面半径为54mm、高4mm的圆柱体，如图12-51所示。

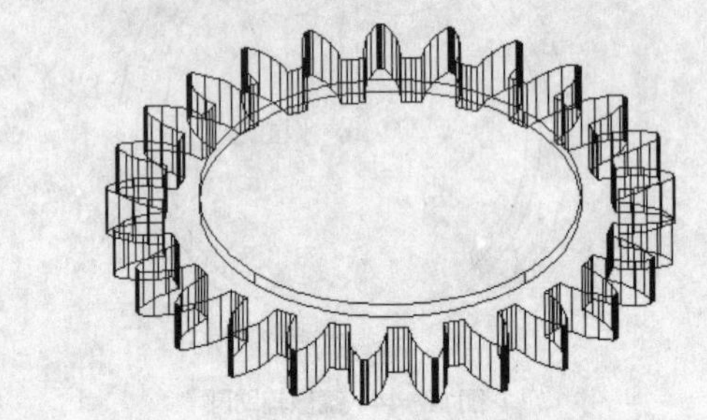

图12-51 绘制圆柱体

Step15 执行“修改>实体编辑>差集”命令，将绘制的圆柱从齿轮模型中减去，将视图样式切换至概念模式，结果如图12-52所示。

图12-52 执行差集命令

Step16 执行“绘图>建模>圆柱体”命令，捕捉刚减去的圆柱体底面圆心，绘制底面圆心为30mm、高为4mm的圆柱体，如图12-53所示。

图12-53 绘制圆柱体

Step17 将该圆柱体与齿轮模型合并，然后执行“绘图>建模>圆柱体”命令，捕捉刚绘制的圆柱体顶面圆心，向Z轴负向绘制底面半径为14mm、高15mm的圆柱体，如图12-54所示。

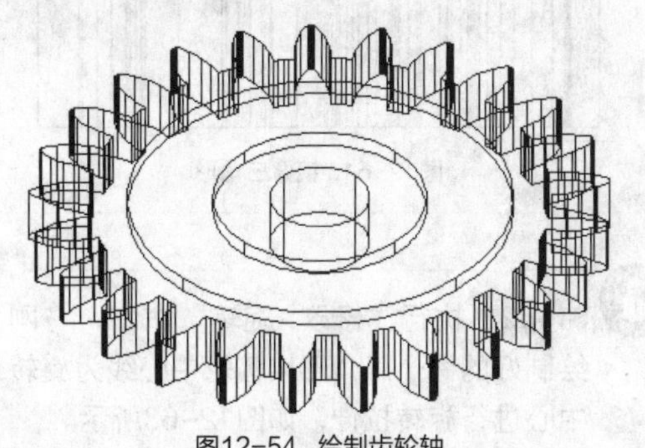

图12-54 绘制齿轮轴

Step18 执行“修改>实体编辑>差集”命令，将刚绘制的圆柱体从齿轮模型中减去，然后将视图设为“概念”样式，观察图形，结果如图12-55所示。

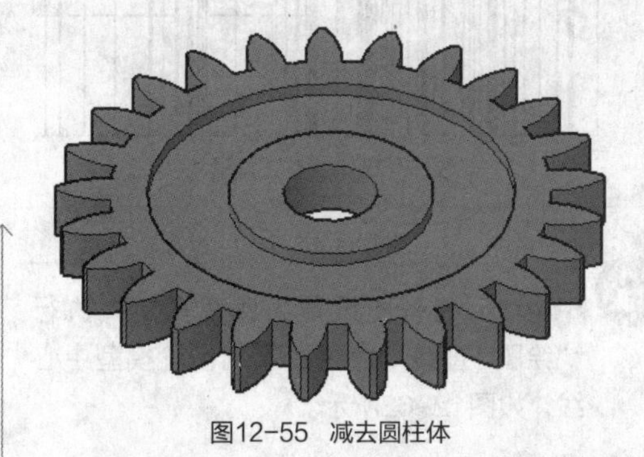

图12-55 减去圆柱体

Step19 在“三维建模”工作空间下，单击“常用”选项卡“建模”面板的“按住并拖动”按钮，选中刚减去的圆柱顶面，将该面向Z轴正向拉伸3mm，结果如图12-56所示。

图12-56 拉伸圆柱面

Step20 将当前视图设置为“左视图”，其结果如图12-57所示。

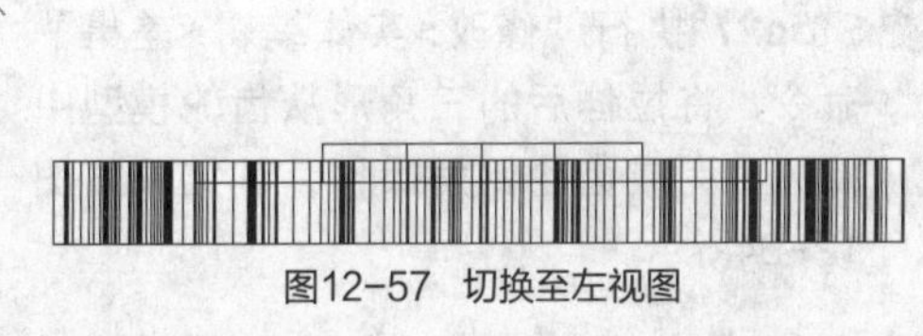

图12-57 切换至左视图

Step21 执行“绘图>多段线”命令，在命令行中输入FROM后按Enter键，并输入END，捕捉齿轮左侧起点，如图12-58所示。

图12-58 执行起点

Step22 在命令行中输入“@1，-1”，按Enter键，再输入“@3<45”，如图12-59所示。

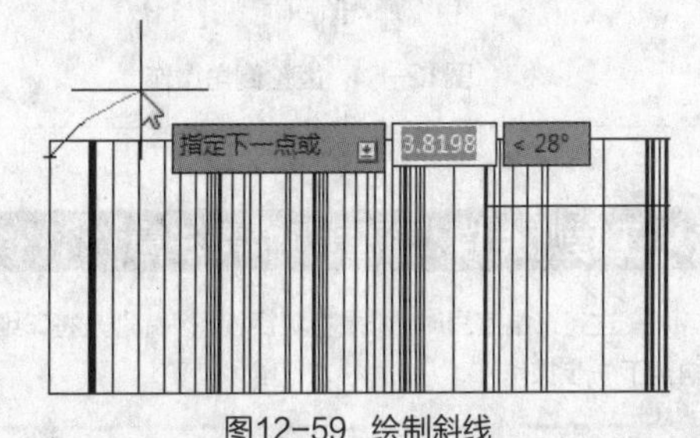

图12-59 绘制斜线

Step23 输入完成后，按 Enter 键，并输入“@-4，0”后按 Enter 键，然后再输入 C，完成三角形的绘制，如图12-60所示。

图12-60 绘制三角形

Step24 执行“修改>镜像”命令，将绘制好的三角形进行镜像操作，其结果如图12-61所示。

图12-61 镜像三角形

Step25 将视图设置为西南视图，执行“绘图>直线”命令，绘制齿轮模型中心线，如图12-62所示。

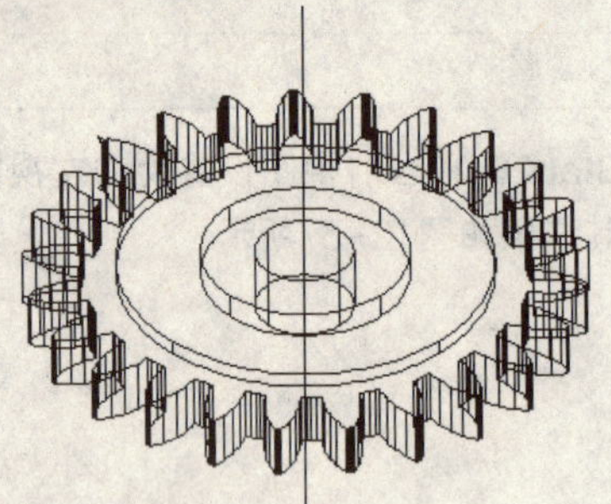
图12-62 绘制中心线

Step26 执行“修改>旋转”命令，将刚绘制好的两个三角形以齿轮中心线为旋转中心进行旋转拉伸，如图12-63所示。

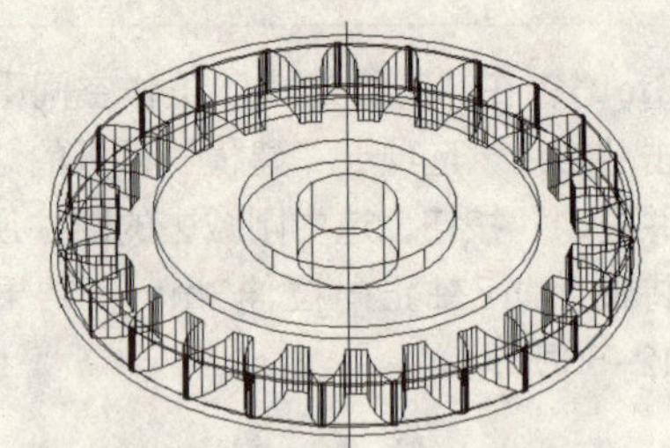
图12-63 旋转拉伸三角形

Step27 执行“修改>实体编辑>差集”命令，将拉伸后的三角形从齿轮模型中减去，完成齿轮倒角操作，其结果如图12-64所示。

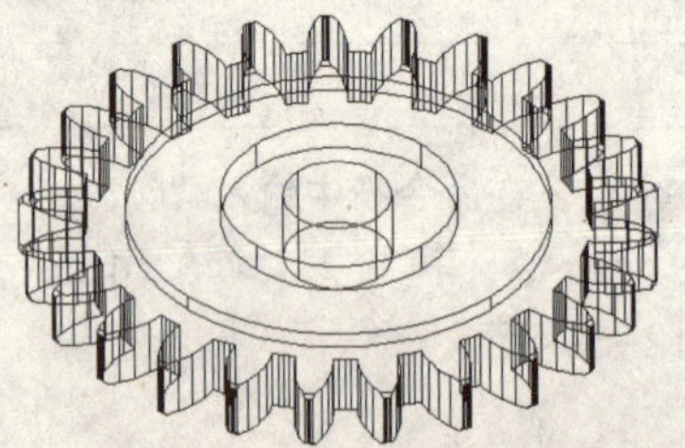
图12-64 齿轮倒角操作

Step28 将当前视图样式设为概念视图，即可查看齿轮模型效果，如图12-65所示。至此，齿轮模型已全部绘制完毕。

图12-65 概念视图样式

工程师点拨：视图切换需注意

在进行三维绘图时，如果将切换视图，特别是将二维视图切换至三维视图，需要先将UCS坐标进行恢复操作，否则将会直接影响至下一步操作。

高手应用秘籍 ViewCube导航器的应用

导航工具可以用于更改模型的方向和视图，通过放大或缩小对象，可以调整模型的显示细节，创建用于定义模型中某个区域的视图，还可以使用预设视图恢复已知视点和方向。在AutoCAD软件中包含了多个导航工具，下面将向用户介绍ViewCube导航工具的使用。

ViewCube是启用三维图形系统时显示得三维导航工具。通过ViewCube，用户可以在标准视图和等轴测视图间切换。ViewCube导航器位于绘图区右上方。当该导航器处于不活动状态时，以半透明显示，而将光标移至该导航器上方时，ViewCube导航器将变为活动状态，如图12-66所示。单击任意预览视图时，当前视图则会根据该导航器的更改而发生相应的变化，如图12-67所示。

图12-66 ViewCube导航器

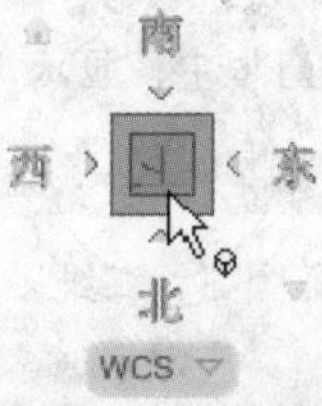

图12-67 选择预览视图

右击ViewCube导航器，打开相应的快捷菜单。在此提供了多个选项用于定义ViewCube的方向、切换平行模式和透视模式、为模型定义主视图，以及控制ViewCube的外观大小等，如图12-68所示。

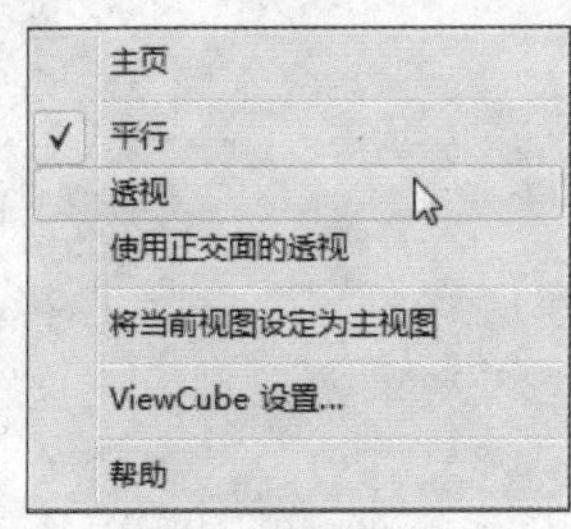

图12-68 右键菜单

用户可以通过单击ViewCube上的预定义区域，或拖动ViewCube来更改模型的当前视图。

ViewCube导航器提供了26个已定义区域，可以通过单击这些区域来更改模型的当前视图。这26个已定义区域按类别分为三组，即角、边和面。在这26个区域中有6个代表模型的标准正交视图，即上、下、前、后、左、右。通过单击该导航器中的一个面设置正交视图，如图12-69、12-70所示。

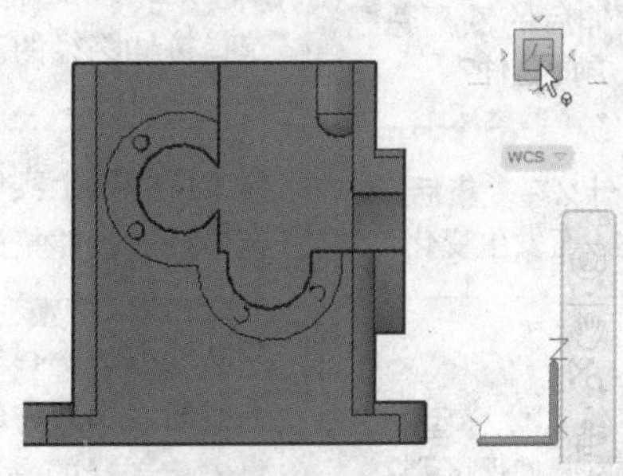

图12-69 选择面区域

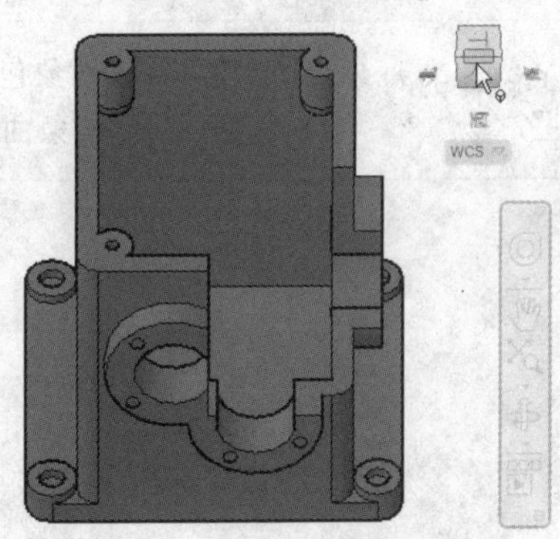

图12-70 选择边区域

ViewCube导航器支持两种不同的视图投影，即透视模式和平行模式。透视投影视图基于相机与目标点之间的距离进行计算。相机与目标点之间的距离越短，透视效果就越明显，平行投影视图用来显示所投影的模型中平行于屏幕的所有点。

秒杀 工程疑惑

在AutoCAD中操作时，用户经常会遇见各种各样的问题，下面总结一些常见问题并进行解答，包括多段体的设置、拉伸方向的设置、无法进行差集操作、三维实体与三维网格的区别以及拉伸路径的对象选项等问题。

问　题	解　答
如何将一条多段线转换成多段体？	通常都是先设置好多段体参数后，再进行多段体的绘制。如果要将现有图形对象迅速转换成多段体，可通过以下方法进行操作 ❶ 执行“多段体”命令，设置好多段体的厚度以及高度值，按 Enter 键 ❷ 根据命令提示，输入“O”，选择“对象”选项 ❸ 在绘图区中选择要转换的线段，按 Enter 键即可
为什么进行拉伸时，拉伸后的图形总是反方向拉伸？	沿指定路线拉伸时，拉伸方向取决于拉伸路径的对象与被拉伸对象的位置，在选择拉伸路径的对象时，拾取点靠近对象的哪一侧，就会向哪一方向进行拉伸
为什么在差集后，模型没有发生变化？	通常两个以上实体重叠在一起进行“差集”操作时，需先将要修剪的实体全部选中或进行并集操作。如果对单个实体修剪时，则直接进行“差集”命令即可
三维实体模型与三维网格如何区别？	单从外表上不容易看出是否是三维实体。利用 AutoCAD 2013 的提示功能可以很容易看出对象的属性及类型。将光标放置某对象上数秒，系统将显示提示信息。若选择的是三维实体模型，则在打开的信息框中，显示“三维实体”，反之会显示“网格”
拉伸路径的对象有哪些？	拉伸路径对象包括：直线、圆、圆弧、椭圆、椭圆弧、二维多段线、三维多段线、二维样条曲线、实体边、曲面边和螺旋线

AutoCAD 2013

CHAPTER 13

三维模型的编辑

完成三维模型的创建后，通常需要对其进行编辑。此时就需要用到三维编辑功能，例如三维移动、三维阵列、三维镜像和剖切等命令。本章将主要对三维编辑命令进行详细的介绍。通过学习这些命令可快速、准确地完成三维模型的绘制。

学完本章您可以掌握如下知识点

知识点序号	知识点难易指数	知识点
1	★	三维实体的编辑
2	★★	三维实体的修改
3	★★★	三维曲面的绘制

本章内容图解链接

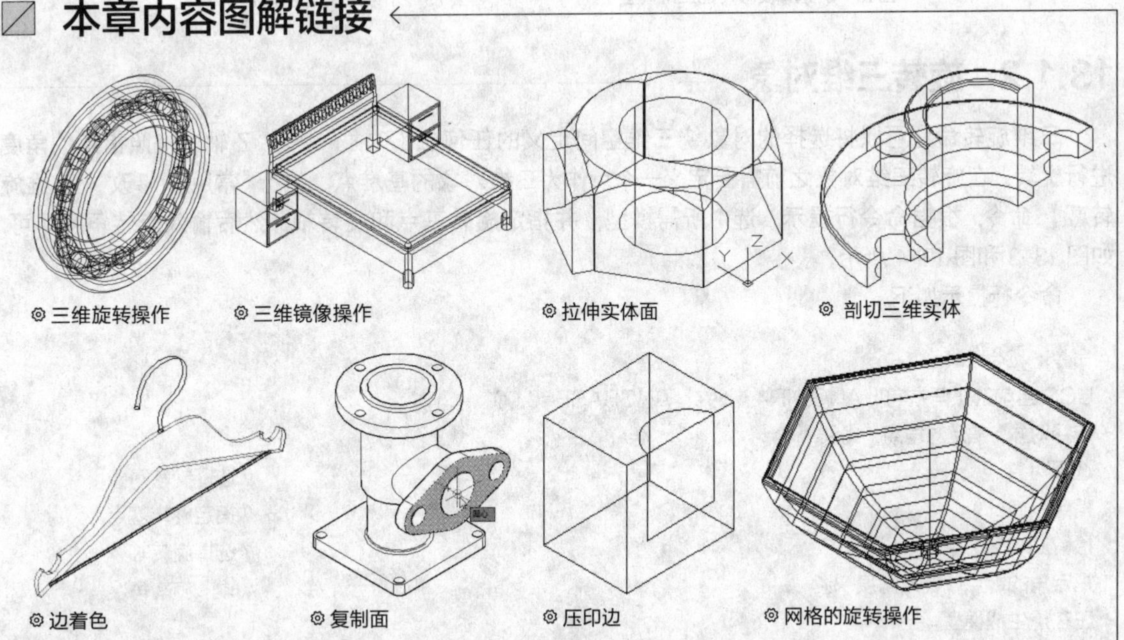

◎三维旋转操作 ◎三维镜像操作 ◎拉伸实体面 ◎剖切三维实体

◎边着色 ◎复制面 ◎压印边 ◎网格的旋转操作

13.1 三维对象的编辑

有时创建的三维对象达不到设计的要求，这就需要对三维对象进行编辑，如对三维对象执行移动、旋转、复制、镜像等操作。

13.1.1 移动三维对象

移动三维对象主要是调整对象在三维空间中的位置。其方法移动与二维图形相似。执行"常用>修改>三维移动"命令，根据命令行提示，选择所需移动的三维对象，并指定好移动基点，指定好新位置点，或输入移动距离即可完成移动，如图13-1和图13-2所示。

命令行提示如下。

```
命令：_3dmove
选择对象：找到 1 个
选择对象：                                                    // 选择要移动的三维模型
指定基点或 [ 位移 (D)] < 位移 >:                              // 指定移动基点
指定移动点 或 [ 基点 (B)/ 复制 (C)/ 放弃 (U)/ 退出 (X)]: 正在重生成模型    // 捕捉新目标基点
```

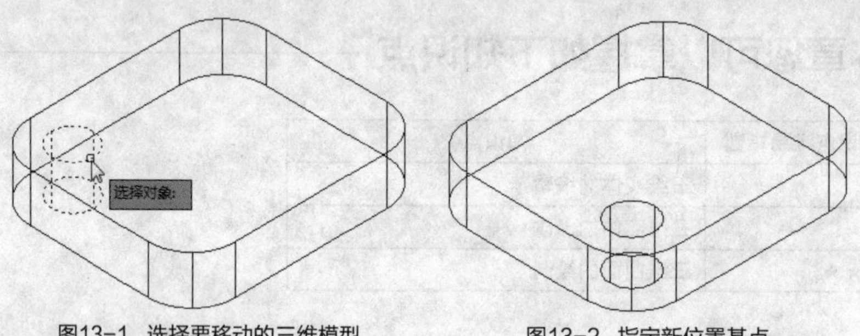

图13-1 选择要移动的三维模型　　图13-2 指定新位置基点

13.1.2 旋转三维对象

三维旋转命令可以将选择的对象绕三维空间定义的任何轴（X 轴、Y 轴、Z 轴）按照指定的角度进行旋转，在旋转三维对象之前需要定义一个点作为三维对象的基准点。执行"常用 > 修改 > 三维旋转"命令，根据命令行提示，选中所需模型，并指定旋转基点和旋转轴，然后输入旋转角度即可，如图 13-3 和图 13-4 所示。

命令行提示如下。

```
命令：_3drotate
UCS 当前的正角方向：ANGDIR= 逆时针  ANGBASE=0.00
选择对象：指定对角点：找到 1 个
选择对象：                                  // 选择旋转对象
指定基点：                                  // 指定旋转基点
拾取旋转轴：                                // 选择旋转轴
指定角的起点或键入角度：90                  // 输入旋转角度
正在重生成模型。
```

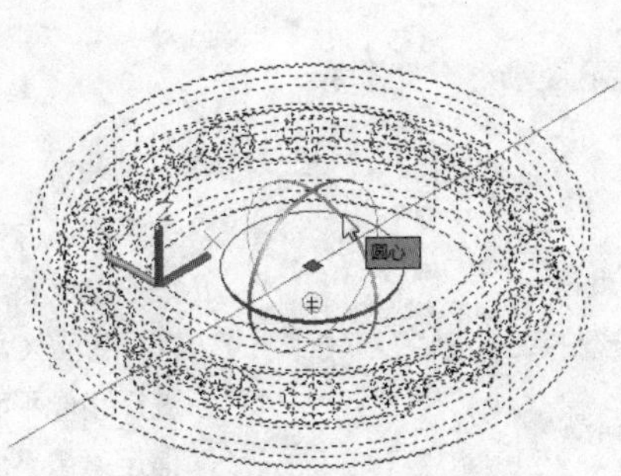

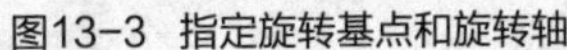
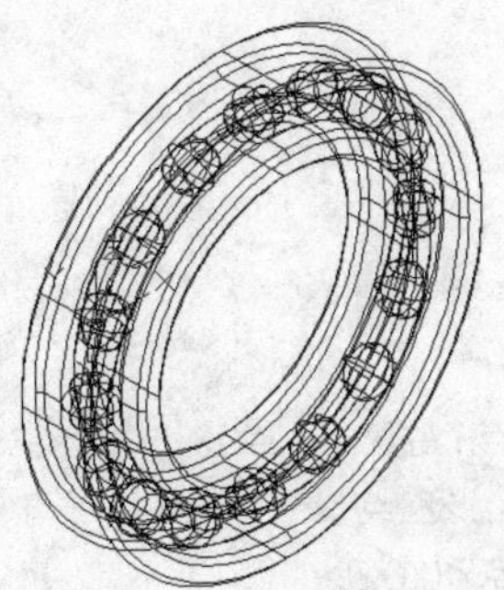

图13-3 指定旋转基点和旋转轴　　图13-4 完成旋转

命令行中各选项说明如下。

- 指定基点: 指定该三维模型的旋转基点。
- 拾取旋转轴: 选择三维轴, 并以该轴为中心进行旋转。这里三维轴为X轴、Y轴和Z轴。其中X轴为红色, Y轴为绿色, Z轴为蓝色。
- 角起点或输入角度: 输入旋转角度值。

13.1.3 对齐三维对象

三维对齐命令, 可将源对象与目标对象对齐。执行"常用 > 修改 > 三维对齐"命令, 根据命令行提示进行操作即可, 如图 13-5 至图 13-7 所示。

命令行提示如下。

```
命令 : _3dalign
选择对象 : 找到 1 个                              // 选择要对齐的三维对象
选择对象 :
 指定源平面和方向 ...
指定基点或 [ 复制 (C)]:                           // 选择要对齐的基点
指定第二个点或 [ 继续 (C)] <C>:                   // 按 Enter 键, 完成选择
 指定目标平面和方向 ...
指定第一个目标点 :                                // 选择目标对齐基点
指定第二个目标点或 [ 退出 (X)] <X>:               // 按 Enter 键, 完成操作
```

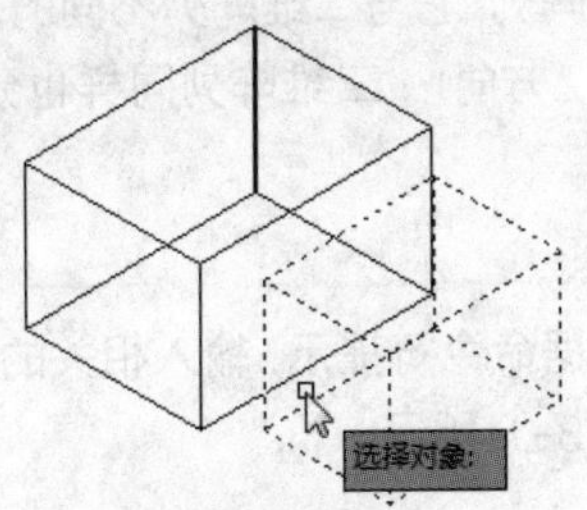

图13-5 选择对齐对象

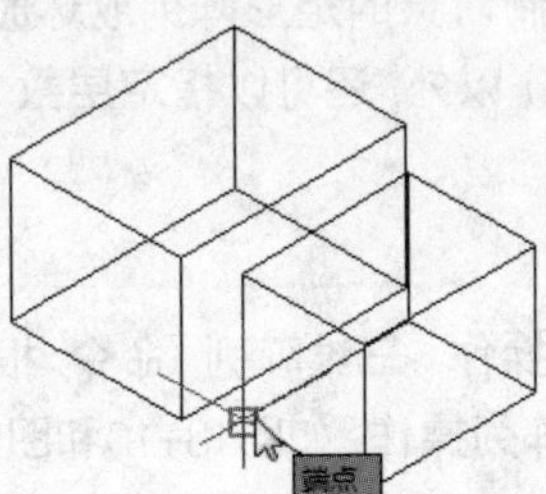

图13-6 选择源目标对齐点

图13-7 选择目标对齐基点

13.1.4 镜像三维对象

三维镜像命令是通过指定的镜像平面进行镜像。执行"常用 > 修改 > 三维镜像"命令, 根据命令行提示, 选中要镜像平面和平面上的镜像点, 即可完成镜像操作, 如图 13-8 和图 13-9 所示。

命令行提示如下。

```
命令：_mirror3d
选择对象：找到 1 个
选择对象：找到 1 个，总计 2 个                                   // 选择需镜像模型
选择对象：                                                        // 按 Enter 键
指定镜像平面（三点）的第一个点或[对象(O)/最近的(L)/Z 轴(Z)/视图(V)/XY 平面(XY)/YZ 平面(YZ)/ZX
平面(ZX)/三点(3)]<三点>: yz                                       // 选择镜像平面
指定 YZ 平面上的点 <0,0,0>:                                       // 指定镜像平面上的一点
是否删除源对象？[是(Y)/否(N)]<否>:                               // 按 Enter 键，完成镜像
```

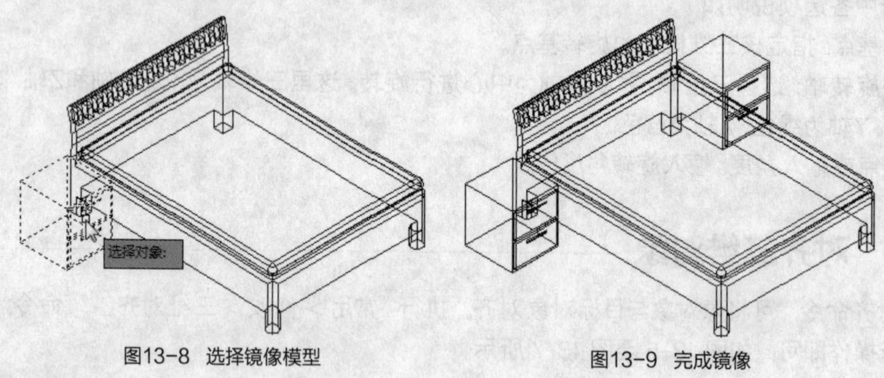

图13-8 选择镜像模型　　图13-9 完成镜像

命令行中各选项说明如下。

- 对象：选择需要镜像的三维模型。
- 三点：通过三个点定义镜像平面。
- 最近的：使用上次执行的三维镜像命令的设置。
- Z轴：根据平面上的一点和平面法线上的一点定义镜像平面。
- 视图：将镜像平面与当前视口中通过指定点的视图平面对齐。
- XY、YZ、ZX平面：将镜像平面与一个通过指定点的标准平面（XY、YZ、ZX）对齐。

13.1.5 阵列三维对象

三维阵列可以在三维空间中绘制对象的矩形阵列或环形阵列，它与二维阵列不同的是，三维阵列除了指定列数（X方向）和行数（Y方向）以外，还可以指定层数（Z方向）。三维阵列同样也分为矩形阵列和环形阵列两种模式。

1. 三维矩形阵列

在菜单栏中，执行"修改>三维操作>三维阵列"命令，根据命令行提示，输入相关的行数、列数、层数以及各个间距值，即可完成三维阵列操作，如图13-10和图13-11所示。

命令行提示如下。

```
命令：_3darray
选择对象：指定对角点：找到 1 个
选择对象：                                      // 选择阵列对象
输入阵列类型[矩形(R)/环形(P)]<矩形>:            // 选择阵列类型，默认为"矩形"阵列
```

```
输入行数 (---) <1>: 3                         // 输入行数
输入列数 (|||) <1>: 2                         // 输入列数
输入层数 (...) <1>: 1                         // 输入层数
指定行间距 (---): 500                         // 输入行间距值
指定列间距 (|||): 600                         // 输入列间距值
```

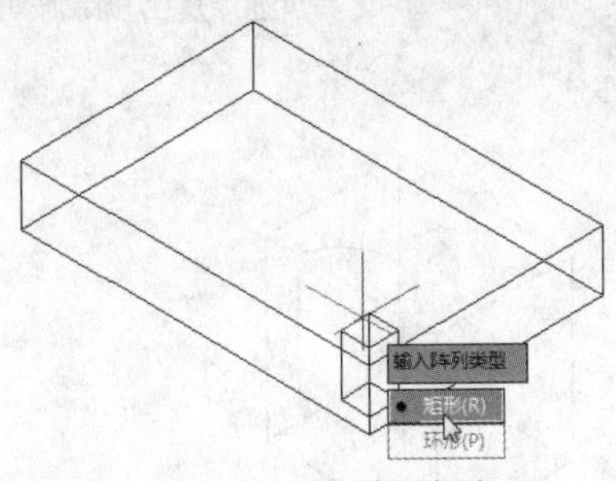

图13-10 选择阵列类型

图13-11 矩形阵列效果

2. 三维环形阵列

使用三维环形阵列命令，指定阵列角度、阵列中心以及阵列数值，如图13-12和图13-13所示。命令行提示如下。

```
命令：_3darray
选择对象：找到 1 个
选择对象：                                              // 选择要阵列的模型
输入阵列类型 [ 矩形 (R)/ 环形 (P)] < 矩形 >:p           // 选择"环形"选项
输入阵列中的项目数目：6                                 // 输入所要阵列的数目
指定要填充的角度 (+= 逆时针，-= 顺时针 ) <360>:          // 输入阵列角度
旋转阵列对象？ [ 是 (Y)/ 否 (N)] <Y>:                   // 选择"否"
指定阵列的中心点：                                      // 指定阵列轴起点
指定旋转轴上的第二点：                                  // 指定阵列轴端点
```

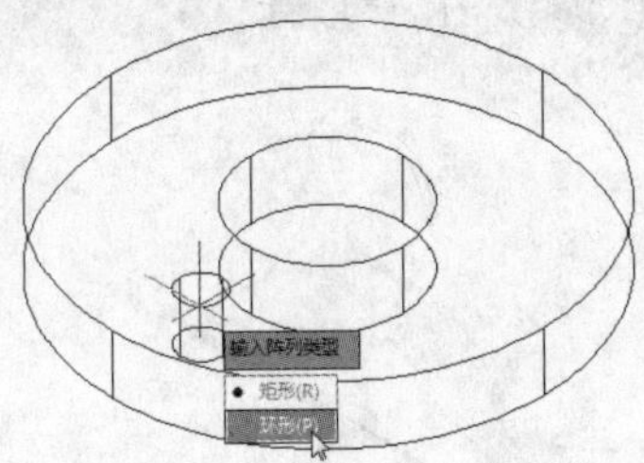

图13-12 选择环形类型

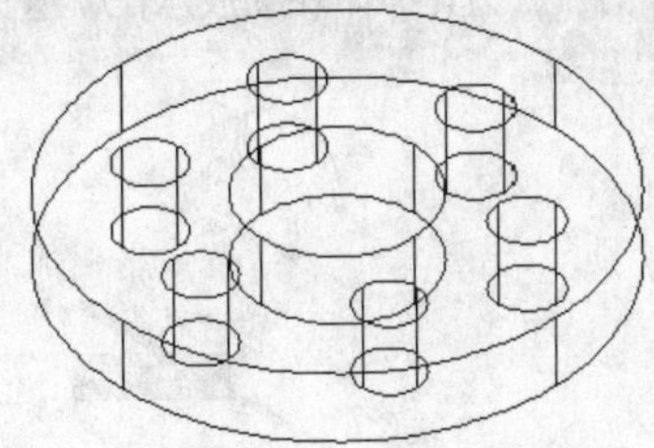

图13-13 环形阵列效果

13.1.6 编辑三维实体边

在AutoCAD中，用户可对三维实体边进行编辑。例如"压印边"、"着色边"、"复制边"等。

1. 压印边

压印边是在选定的图形对象上压印一个图形对象。压印对象包括圆弧、圆、直线、二维和三维多段线、椭圆、样条曲线、面域、体和三维实体。执行"常用>实体编辑>压印边"命令，根据命令行提示，分

别选择三维实体和需要压印图形对象，然后选择是否删除源对象即可，如图13-14和图13-15所示。

命令行提示如下。

```
命令：_imprint
选择三维实体或曲面：                                    // 选择三维实体
选择要压印的对象：                                      // 选择需压印的图形对象
是否删除源对象 [ 是 (Y)/ 否 (N)] <N>: y                // 选择是否删除源对象
选择要压印的对象：
```

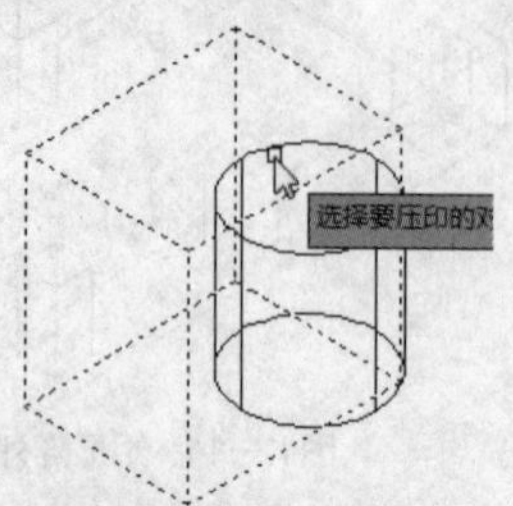

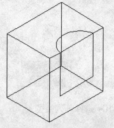

图13-14 选择压印图形对象　　图13-15 完成压印边操作

2. 着色边

着色边主要用于更改模型边线的颜色。执行“常用>实体编辑>着色边”命令，根据命令行提示，选择需要更改模型边线，然后在颜色面板中，选择所需的颜色即可，如图13-16和图13-17所示。

命令行提示如下。

```
命令：_solidedit
实体编辑自动检查：SOLIDCHECK=1
输入实体编辑选项 [ 面 (F)/ 边 (E)/ 体 (B)/ 放弃 (U)/ 退出 (X)] < 退出 >: _edge
输入边编辑选项 [ 复制 (C)/ 着色 (L)/ 放弃 (U)/ 退出 (X)] < 退出 >: _color
选择边或 [ 放弃 (U)/ 删除 (R)]:                                   // 选择模型边
输入边编辑选项 [ 复制 (C)/ 着色 (L)/ 放弃 (U)/ 退出 (X)] < 退出 >:    // 在打开的对话框中，选择所需颜色
实体编辑自动检查：SOLIDCHECK=1
输入实体编辑选项 [ 面 (F)/ 边 (E)/ 体 (B)/ 放弃 (U)/ 退出 (X)] < 退出 >: * 取消 *
```

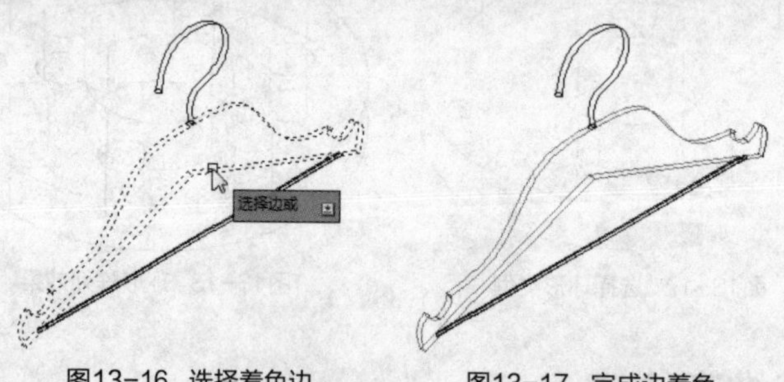

图13-16 选择着色边　　图13-17 完成边着色

3. 复制边

复制边用于复制三维模型的边。其操作对象包括直线、圆弧、圆、椭圆以及样条曲线。用户只需执行“常用>实体编辑>复制边”命令，根据命令提示，选择所要复制的模型边线，并指定好复制基点，其后指定新基点即可。

命令行提示如下。

```
命令：_solidedit
实体编辑自动检查： SOLIDCHECK=1
输入实体编辑选项 [ 面 (F)/ 边 (E)/ 体 (B)/ 放弃 (U)/ 退出 (X)] < 退出 >: _edge
输入边编辑选项 [ 复制 (C)/ 着色 (L)/ 放弃 (U)/ 退出 (X)] < 退出 >: _copy
选择边或 [ 放弃 (U)/ 删除 (R)]:                          // 选择所需复制的模型边线
选择边或 [ 放弃 (U)/ 删除 (R)]:
指定基点或位移：                                        // 选择复制基点
指定位移的第二点：                                      // 指定新基点
输入边编辑选项 [ 复制 (C)/ 着色 (L)/ 放弃 (U)/ 退出 (X)] < 退出 >:
实体编辑自动检查： SOLIDCHECK=1
输入实体编辑选项 [ 面 (F)/ 边 (E)/ 体 (B)/ 放弃 (U)/ 退出 (X)] < 退出 >:
```

13.1.7 编辑三维实体面

三维实体面的编辑与三维实体边的操作相似。实体面的编辑包括：拉伸面、移动面、偏移面、删除面、旋转面、倾斜面、复制以及着色面等命令。

1. 拉伸面

拉伸面是将选定的三维模型面拉伸到指定的高度或沿路径拉伸。一次可选择多个面进行拉伸。执行“常用 > 实体编辑 > 拉伸面”命令，根据命令提示，选择要拉伸的模型面，输入拉伸的高度值，或选择拉伸路径即可执行拉伸操作，如图 13-18 和图 13-19 所示。

命令行提示如下。

```
命令：_solidedit
实体编辑自动检查： SOLIDCHECK=1
输入实体编辑选项 [ 面 (F)/ 边 (E)/ 体 (B)/ 放弃 (U)/ 退出 (X)] < 退出 >: _face
输入面编辑选项
[ 拉伸 (E)/ 移动 (M)/ 旋转 (R)/ 偏移 (O)/ 倾斜 (T)/ 删除 (D)/ 复制 (C)/ 颜色 (L)/ 材质 (A)/ 放弃 (U)/ 退出 (X)] <
退出 >: _extrude
选择面或 [ 放弃 (U)/ 删除 (R)]: 找到一个面。                  // 选择三维模型面
选择面或 [ 放弃 (U)/ 删除 (R)/ 全部 (ALL)]:
指定拉伸高度或 [ 路径 (P)]: 10                              // 输入拉伸高度值
指定拉伸的倾斜角度 <0>:                                     // 连续按 Enter 键，完成操作
已开始实体校验。
已完成实体校验。
输入面编辑选项
[ 拉伸 (E)/ 移动 (M)/ 旋转 (R)/ 偏移 (O)/ 倾斜 (T)/ 删除 (D)/ 复制 (C)/ 颜色 (L)/ 材质 (A)/ 放弃 (U)/ 退出 (X)] < 退出 >:
```

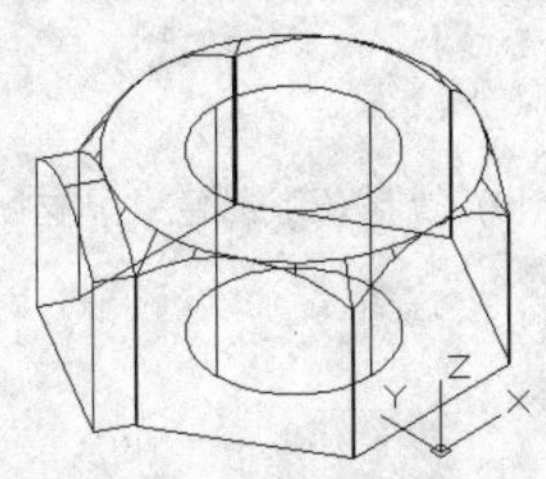

图13-18 选择所需拉伸的面

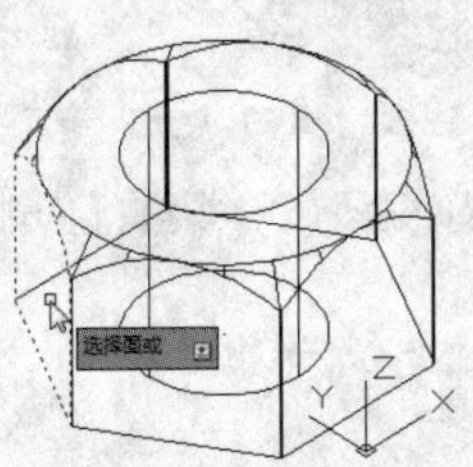

图13-19 完成拉伸

2. 移动面

移动面是将选定的面沿指定的高度或距离进行移动。用户一次也可以选择多个面进行移动。执行"常用>实体编辑>移动面"命令，根据命令提示，选择所需要移动的三维实体面，并指定移动基点，然后再指定新基点即可。

命令行提示如下。

```
命令：_solidedit
实体编辑自动检查：SOLIDCHECK=1
输入实体编辑选项 [面(F)/边(E)/体(B)/放弃(U)/退出(X)] <退出>: _face
输入面编辑选项
[拉伸(E)/移动(M)/旋转(R)/偏移(O)/倾斜(T)/删除(D)/复制(C)/颜色(L)/材质(A)/放弃(U)/退出(X)] <
退出>: _move
选择面或 [放弃(U)/删除(R)]: 找到一个面。
选择面或 [放弃(U)/删除(R)/全部(ALL)]:                    //选择所需移动的面
指定基点或位移：                                        //指定移动基点
指定位移的第二点：<正交 开>                              //指定新基点，完成移动
已开始实体校验。
已完成实体校验。
输入面编辑选项
[拉伸(E)/移动(M)/旋转(R)/偏移(O)/倾斜(T)/删除(D)/复制(C)/颜色(L)/材质(A)/放弃(U)/退出(X)] <
退出>:
```

3. 偏移面

偏移面是按指定距离或通过指定的点，将面进行偏移。如果值为正值，则增大实体体积，如果是负值，则缩小实体体积。执行"常用>实体编辑>偏移面"命令，根据命令提示，选择要偏移的面，并输入偏移距离即可完成操作，如图13-20和图13-21所示。

命令行提示如下。

```
命令：_solidedit
实体编辑自动检查：SOLIDCHECK=1
输入实体编辑选项 [面(F)/边(E)/体(B)/放弃(U)/退出(X)] <退出>: _face
输入面编辑选项
[拉伸(E)/移动(M)/旋转(R)/偏移(O)/倾斜(T)/删除(D)/复制(C)/颜色(L)/材质(A)/放弃(U)/退出(X)] <
退出>: _offset
选择面或 [放弃(U)/删除(R)]: 找到一个面。                 //选择偏移面
选择面或 [放弃(U)/删除(R)/全部(ALL)]:                    //按Enter键
指定偏移距离：10                                        //输入偏移距离，按Enter键
已开始实体校验。
已完成实体校验。
输入面编辑选项
[拉伸(E)/移动(M)/旋转(R)/偏移(O)/倾斜(T)/删除(D)/复制(C)/颜色(L)/材质(A)/放弃(U)/退出(X)] <
退出>:
```

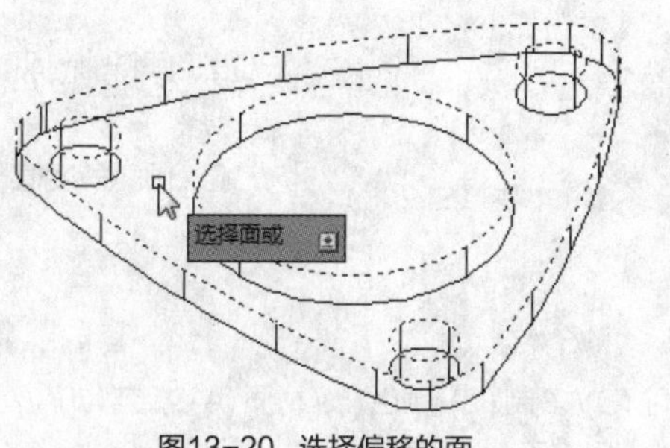

图13-20 选择偏移的面

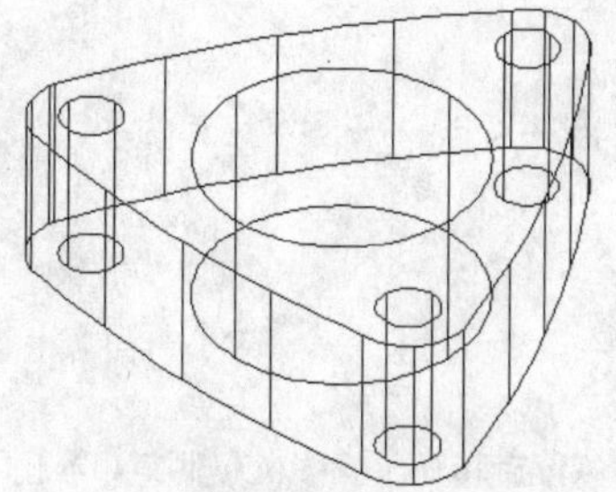

图13-21 完成偏移

4. 旋转面

旋转面是将选中的实体面，按照指定的轴进行旋转。执行"常用>实体编辑>旋转面"命令，根据命令提示，选择所需的实体面，并选择旋转轴，输入旋转角度后即可完成。

命令行提示如下。

```
命令：_solidedit
实体编辑自动检查：SOLIDCHECK=1
输入实体编辑选项 [ 面 (F)/ 边 (E)/ 体 (B)/ 放弃 (U)/ 退出 (X)] < 退出 >: _face
输入面编辑选项
[ 拉伸 (E)/ 移动 (M)/ 旋转 (R)/ 偏移 (O)/ 倾斜 (T)/ 删除 (D)/ 复制 (C)/ 颜色 (L)/ 材质 (A)/ 放弃 (U)/ 退出 (X)] <
退出 >: _rotate
选择面或 [ 放弃 (U)/ 删除 (R)]: 找到一个面。
选择面或 [ 放弃 (U)/ 删除 (R)/ 全部 (ALL)]:                                   // 选择所需旋转面
指定轴点或 [ 经过对象的轴 (A)/ 视图 (V)/X 轴 (X)/Y 轴 (Y)/Z 轴 (Z)] < 两点 >: y    // 选择旋转轴
指定旋转原点 <0,0,0>:                                                      // 指定旋转基点
指定旋转角度或 [ 参照 (R)]: 20                                               // 输入旋转角度
已开始实体校验。
已完成实体校验。
输入面编辑选项
[拉伸(E)/移动(M)/旋转(R)/偏移(O)/倾斜(T)/删除(D)/复制(C)/颜色(L)/材质(A)/放弃(U)/退出(X)]<退出>:
```

5. 倾斜面

倾斜面是按照角度将指定的实体面进行倾斜操作。倾斜角的旋转方向由选择基点和第二点的顺序决定。执行"常用>实体编辑>倾斜面"命令，根据命令提示，选择所需倾斜的面，并指定倾斜轴上的两个基点，然后输入倾斜角度即可完成，如图13-22和图13-23所示。

命令行提示如下。

```
命令：_solidedit
实体编辑自动检查：SOLIDCHECK=1
输入实体编辑选项 [ 面 (F)/ 边 (E)/ 体 (B)/ 放弃 (U)/ 退出 (X)] < 退出 >: _face
输入面编辑选项
[ 拉伸 (E)/ 移动 (M)/ 旋转 (R)/ 偏移 (O)/ 倾斜 (T)/ 删除 (D)/ 复制 (C)/ 颜色 (L)/ 材质 (A)/ 放弃 (U)/ 退出 (X)] <
退出 >: _taper
选择面或 [ 放弃 (U)/ 删除 (R)]: 找到一个面。
选择面或 [ 放弃 (U)/ 删除 (R)/ 全部 (ALL)]:                          // 选择需要的倾斜面
```

```
指定基点:                                                    // 指定倾斜轴的两个基点
指定沿倾斜轴的另一个点:
指定倾斜角度: 30                                             // 输入倾斜角度值
已开始实体校验。
已完成实体校验。
输入面编辑选项
[拉伸(E)/移动(M)/旋转(R)/偏移(O)/倾斜(T)/删除(D)/复制(C)/颜色(L)/材质(A)/放弃(U)/退出(X)] <退出>:
```

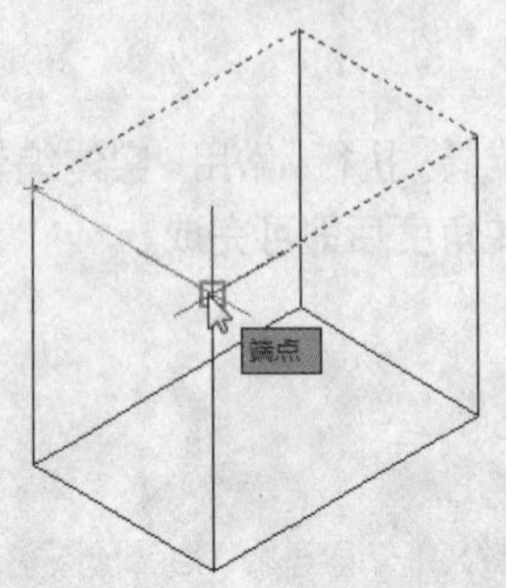

图13-22 执行倾斜轴两个基点

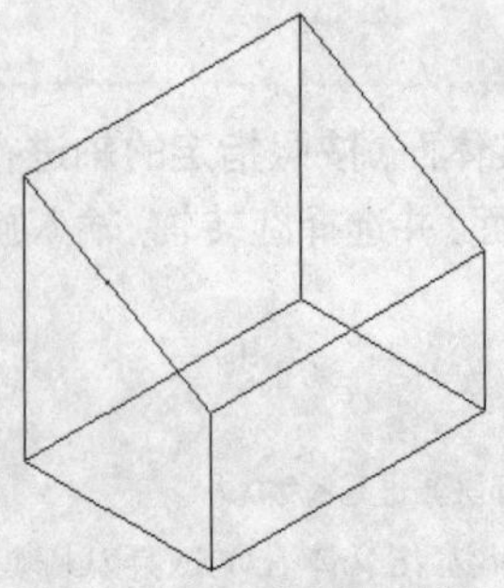

图13-23 完成倾斜面操作

6. 复制面

复制面是将选定的实体面进行复制操作。执行"常用>实体编辑>复制面"命令，选中所需复制的实体面，并指定复制基点，然后指定新基点即可，如图13-24和图13-25所示。

命令行提示如下。

```
命令: _solidedit
实体编辑自动检查: SOLIDCHECK=1
输入实体编辑选项 [面(F)/边(E)/体(B)/放弃(U)/退出(X)] <退出>: _face
输入面编辑选项
[拉伸(E)/移动(M)/旋转(R)/偏移(O)/倾斜(T)/删除(D)/复制(C)/颜色(L)/材质(A)/放弃(U)/退出(X)] <
退出>: _copy
选择面或 [放弃(U)/删除(R)]: 找到一个面。                        // 选择复制的实体面
选择面或 [放弃(U)/删除(R)/全部(ALL)]:
指定基点或位移:                                               // 指定复制基点
指定位移的第二点:                                             // 指定新复制基点
输入面编辑选项
[拉伸(E)/移动(M)/旋转(R)/偏移(O)/倾斜(T)/删除(D)/复制(C)/颜色(L)/材质(A)/放弃(U)/退出(X)] <退出>:
```

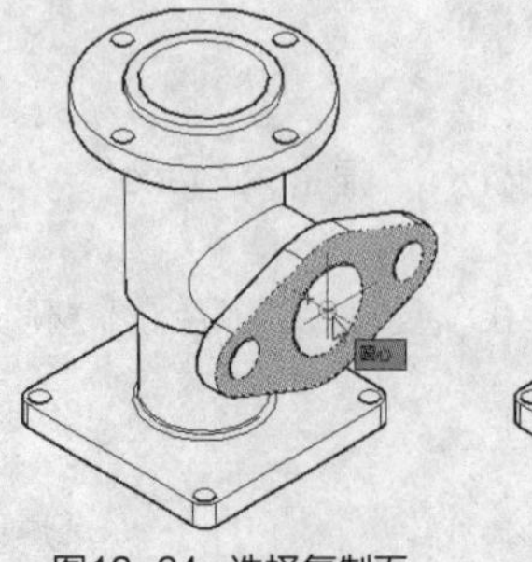

图13-24 选择复制面

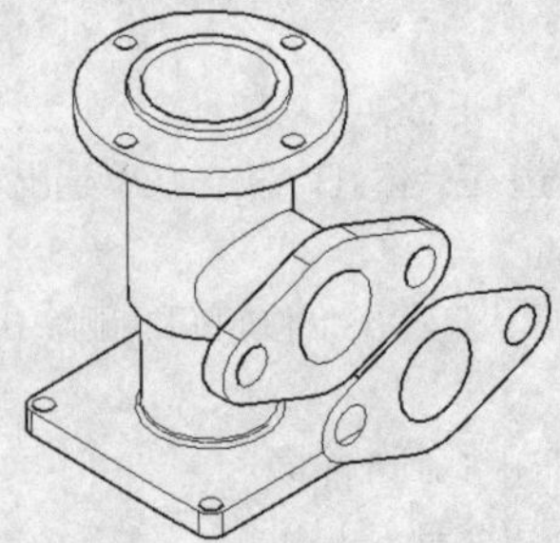

图13-25 完成复制操作

7. 删除面

删除面是删除实体的圆角或倒角面，使其恢复至原来基本实体模型。执行"常用>实体编辑>删除面"命令，选择要删除的倒角面后，按Enter键即可完成，如图13-26和图13-27所示。

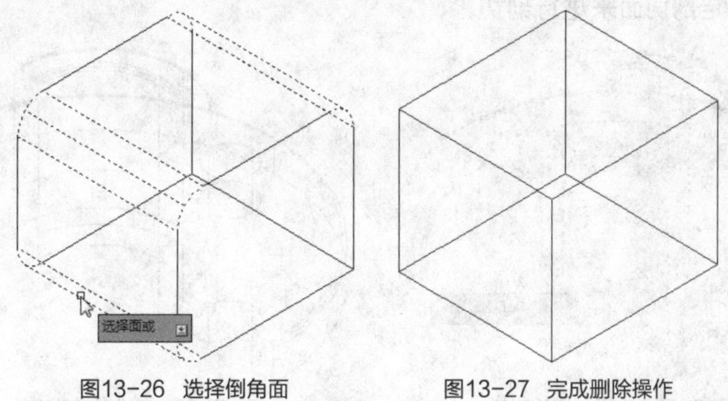

图13-26　选择倒角面　　　　图13-27　完成删除操作

工程师点拨："着色面"功能的用法

着色面与着色边的用法相似，都是将选中的实体面或实体边进行着色。选中所需着色的面，执行"常用>实体编辑>着色面"命令，在打开的颜色面板中，选择所需颜色即可。

13.2 三维对象的修改

对三维实体进行编辑时，不仅可对三维实体对象进行编辑，还可以将三维实体进行剖切、抽壳、倒圆角或倒直角操作。下面对其操作进行介绍。

13.2.1 剖切三维对象

剖切实体是通过剖切现有实体来创建新实体，用户可以通过多种方式定义剪切平面，包括指定点或者选择曲面或平面对象。执行"常用>实体编辑>剖切"命令，根据命令提示，选择要剖切的对象，然后选择剖切平面，并指定剖切点后按Enter键即可，如图13-28和图13-29所示。

命令行提示如下。

```
命令：_slice
选择要剖切的对象：找到 1 个                                   // 选择要剖切的实体
选择要剖切的对象：                                            // 按 Enter 键
指定切面的起点或 [ 平面对象 (O)/ 曲面 (S)/Z 轴 (Z)/ 视图 (V)/XY(XY)/YZ(YZ)/ZX(ZX)/ 三点 (3)] < 三点 >:zx
                                                              // 输入剖切平面
指定 ZX 平面上的点 <0,0,0>:                                    // 指定剖切平面上的点
在所需的侧面上指定点或 [ 保留两个侧面 (B)] < 保留两个侧面 >:      // 指定要保留侧面上的点
```

命令行中各选项说明如下。

- 平面对象：将剖切面与圆、椭圆、圆弧、椭圆弧等图形对齐进行剖切。
- 曲面：将剖切面与曲面对齐进行剖切。

- Z轴：通过平面上指定的点和Z轴上指定的一点来确定剖切平面以进行剖切。
- 视图：将剖切面与当前视口的视图平面对齐以进行剖切。
- XY、YZ、ZX：将剖切面与当前UCS的XY、YZ、ZX平面对齐来进行剖切。
- 三点：用三点确定剖切面来进行剖切。

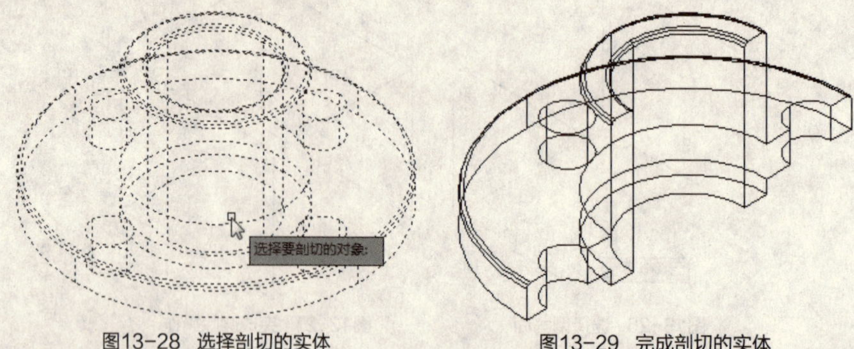

图13-28 选择剖切的实体　　图13-29 完成剖切的实体

13.2.2 抽壳三维对象

"抽壳"命令可以将三维实体转换为中空薄壁或壳体。将实体对象转换为壳体时，可以通过将现有面朝其原始位置的内部或外部偏移来创建新面。执行"常用>实体编辑>抽壳"命令，根据命令提示，选择要抽壳的实体，并选中要删除的实体面，然后输入抽壳距离值即可完成抽壳操作，如图13-30和图13-31所示。

命令行提示如下。

```
命令：_solidedit
实体编辑自动检查： SOLIDCHECK=1
输入实体编辑选项 [ 面 (F)/ 边 (E)/ 体 (B)/ 放弃 (U)/ 退出 (X)] < 退出 >: _body
输入体编辑选项
[ 压印 (I)/ 分割实体 (P)/ 抽壳 (S)/ 清除 (L)/ 检查 (C)/ 放弃 (U)/ 退出 (X)] < 退出 >: _shell
选择三维实体：                                                    // 选择三维实体
删除面或 [ 放弃 (U)/ 添加 (A)/ 全部 (ALL)]: 找到一个面，已删除 1 个。
删除面或 [ 放弃 (U)/ 添加 (A)/ 全部 (ALL)]:                          // 选择删除面
输入抽壳偏移距离：5                                                // 输入抽壳距离值
已开始实体校验。
已完成实体校验。
输入体编辑选项
[ 压印 (I)/ 分割实体 (P)/ 抽壳 (S)/ 清除 (L)/ 检查 (C)/ 放弃 (U)/ 退出 (X)] < 退出 >:
```

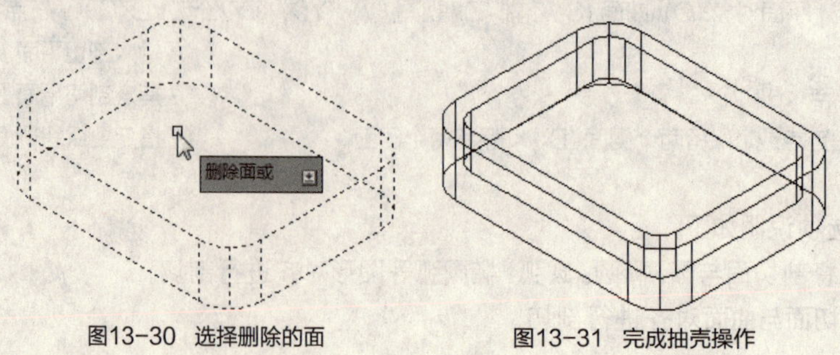

图13-30 选择删除的面　　图13-31 完成抽壳操作

13.2.3 三维对象倒圆角

三维倒圆角是指使用与对象相切，并且具有指定半径的圆弧连接两个对角。其方法与二维倒圆角的相似，且使用的命令也是一样的，执行"常用>修改>倒圆角"命令，根据命令提示，输入半径值，并选中要倒角的实体边即可，如图13-32和图13-33所示。

命令行提示如下。

```
命令 : FILLET
当前设置 : 模式 = 修剪，半径 = 0.0000
选择第一个对象或 [ 放弃 (U)/ 多段线 (P)/ 半径 (R)/ 修剪 (T)/ 多个 (M)]: r      // 选择“半径”选项
指定圆角半径 <0.0000>: 6                                                      // 输入半径值
选择边或 [ 链 (C)/ 环 (L)/ 半径 (R)]:                                          // 选项实体边
已拾取到边。
选择边或 [ 链 (C)/ 环 (L)/ 半径 (R)]:
已选定 1 个边用于圆角。
```

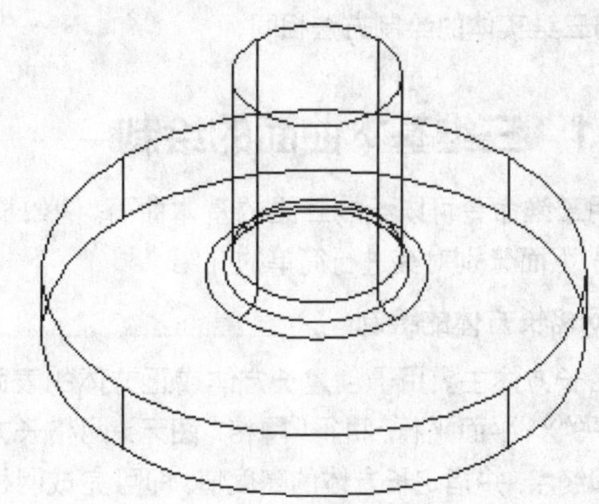

图13-32 选择实体边　　图13-33 完成倒圆角操作

13.2.4 三维对象倒直角

三维倒直角命令与二维倒角命令相同。执行"常用>修改>倒角"命令，根据命令提示，输入好倒角距离，选择所需倒角边即可，如图13-34和图13-35所示。

命令行提示如下。

```
命令 : _chamfer
(“修剪”模式 ) 当前倒角距离 1 = 0.0000，距离 2 = 0.0000
选择第一条直线或 [ 放弃 (U)/ 多段线 (P)/ 距离 (D)/ 角度 (A)/ 修剪 (T)/ 方式 (E)/ 多个 (M)]:   // 选择倒角边
基面选择 ...
输入曲面选择选项 [ 下一个 (N)/ 当前 (OK)] < 当前 (OK)>:                          // 按 Enter 键
指定基面的倒角距离 <5.0000>: 5                                                  // 输入基面倒角距离
指定其他曲面的倒角距离 <5.0000>:                                                // 输入其他曲面倒角距离
选择边或 [ 环 (L)]:                                                             // 再次选择倒角边
选择边或 [ 环 (L)]:
```

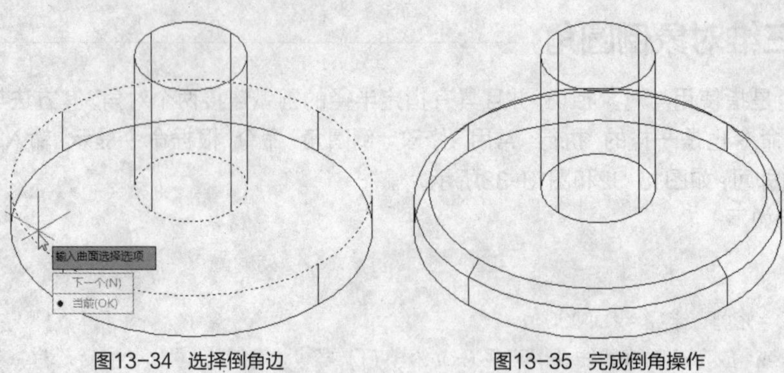

图13-34 选择倒角边　　图13-35 完成倒角操作

13.3 三维曲面的绘制

在以上章节中向用户介绍了三维实体模型的绘制，下面将介绍如何绘制三维曲面模型，其绘制方法基本上与三维实体的绘制方法相同。

13.3.1 三维基本曲面的绘制

使用三维命令可以绘制三维的基本曲面，例如长方体曲面、圆锥体曲面、球面、楔体曲面、网格、棱锥曲面等，下面分别对其进行简单的介绍。

1. 网格长方体的绘制

网格长方体主要用于创建长方体或正方体的表面。在默认情况下，长方体表面的底面总是与当前用户坐标系的XY平面平行。执行"网格>图元>网格长方体"命令，根据命令提示，指定长方体底面方形的起点和终点，并指定长方体的高度值，即可完成网格长方体的绘制，如图13-36所示。

2. 网格圆锥体的绘制

该命令可以创建以圆或椭圆为底面的网格圆柱体。默认情况下，网格圆柱体的底面位于当前 UCS 的 XY 平面上。圆柱体的高度与Z轴平行。执行"网格>图元>网格圆柱体"命令，指定底面中心点和底面半径值，再拖动光标指定圆柱体高度值，即可完成创建，如图13-37所示。

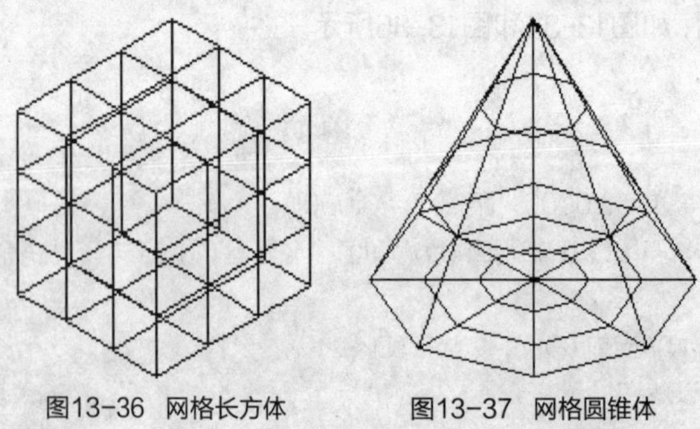

图13-36 网格长方体　　图13-37 网格圆锥体

3. 网格楔体的绘制

该命令可以创建面为矩形或正方形的网格楔体。默认情况下，将楔体的底面绘制为与当前 UCS 的XY平面平行，斜面正对第一个角点。楔体的高度与Z轴平行。执行"网格>图元>网格楔体"命令，指定好锲体底面的两个角点，并指定好锲体高度即可，如图13-38所示。

4. 网格圆柱体的绘制

该命令可以创建以圆或椭圆为底面的网格圆柱体。默认情况下，网格圆柱体的底面位于当前 UCS 的 XY 平面上。圆柱体的高度与Z轴平行。执行"网格>图元>网格圆柱体"命令，指定底面中心点和底面半径值，拖动光标指定圆柱体的高度值即可，如图13-39所示。

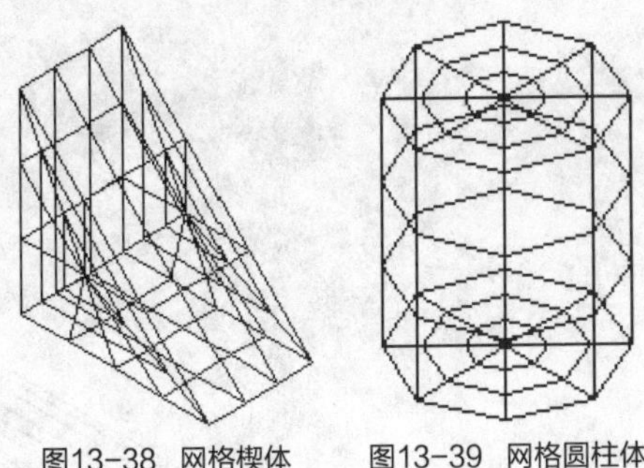

图13-38　网格楔体　　图13-39　网格圆柱体

13.3.2　三维特殊曲面的绘制

以上介绍的是基本三维曲面的绘制方法，下面将介绍一些三维特殊曲面的绘制方法，例如旋转网格、平移网格、直纹网格以及编辑网格。

1. 旋转网格

旋转网格是由一条轨迹线围绕指定的轴线旋转生成的曲面图形。其中间作为轨迹线的线段有直线、圆弧、圆、椭圆、椭圆弧、样条曲线、二维多段线及三维多段线等。执行"网格>图元>旋转网格"命令，根据命令提示，选择需要旋转的轨迹线，并选中旋转轴，其后输入旋转角度即可，如图13-40和图13-41所示。

命令行提示如下。

```
命令：_revsurf
当前线框密度：SURFTAB1=6  SURFTAB2=6
选择要旋转的对象：                                  //选择旋转轨迹线
选择定义旋转轴的对象：                              //选择旋转轴
指定起点角度 <0>:                                   //按 Enter 键
指定包含角 (+= 逆时针，-= 顺时针) <360>:            //输入旋转角度
```

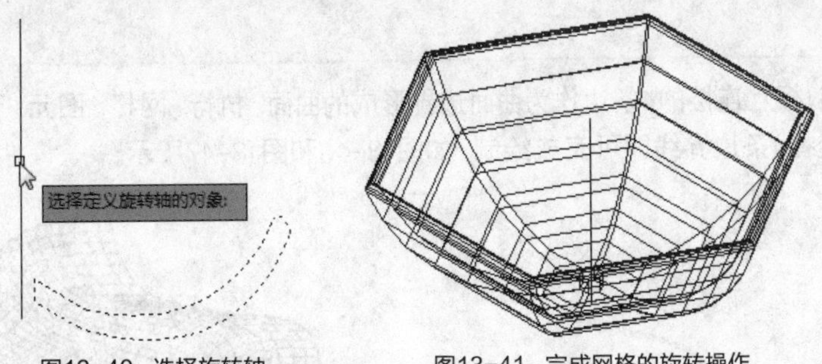

图13-40　选择旋转轴　　图13-41　完成网格的旋转操作

命令行中各选项说明如下。

- 起点角度：如果该值不为零，则平面将从生成路径曲线位置的某个偏移处开始旋转。
- 包含角：指定平面绕旋转轴旋转的角度值。

2. 平移网格

平移网格由轮廓曲线和方向矢量定义，轮廓曲线可以是直线、圆弧、圆、样条曲线、二维多段线及三维多段线等对象；方向矢量可以是直线或非闭合的二维多段线、三维多段线等对象。执行“网格>图元>平移网格”命令，根据命令提示即可进行绘制操作，如图13-42和图13-43所示。

命令行提示如下。

```
命令：_tabsurf
当前线框密度：SURFTAB1=6
选择用作轮廓曲线的对象：                                    // 选择轮廓曲线
选择用作方向矢量的对象：                                    // 选择方向线
```

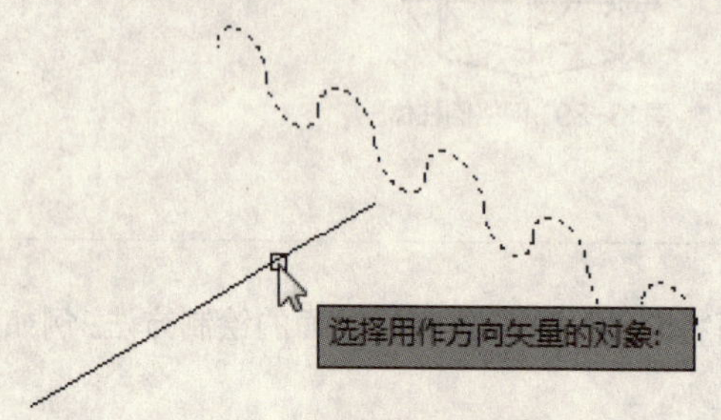

图13-42 选择方向矢量线段

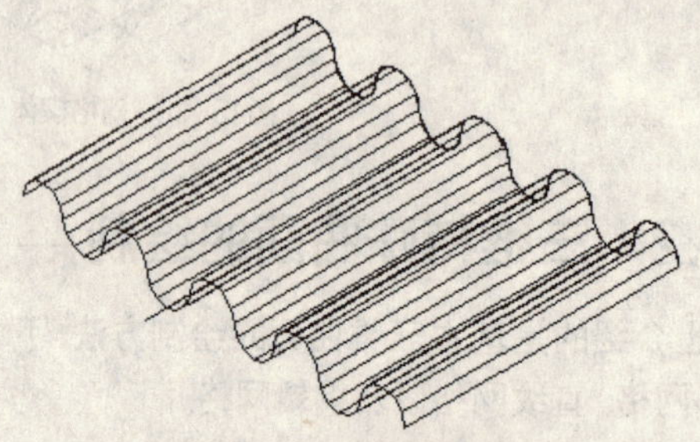

图13-43 完成平移网格操作

3. 直纹网格

该命令可以在两条直线或曲线之间创建网格。用户可以使用两种不同的对象定义直纹网格的边界：直线、点、圆弧、圆、椭圆、椭圆弧、二维多段线、三维多段线或样条曲线。执行“网格>图元>直纹网格”命令，根据命令提示，依次选择要定义的两条曲线即可绘制，如图13-44和图13-45所示。

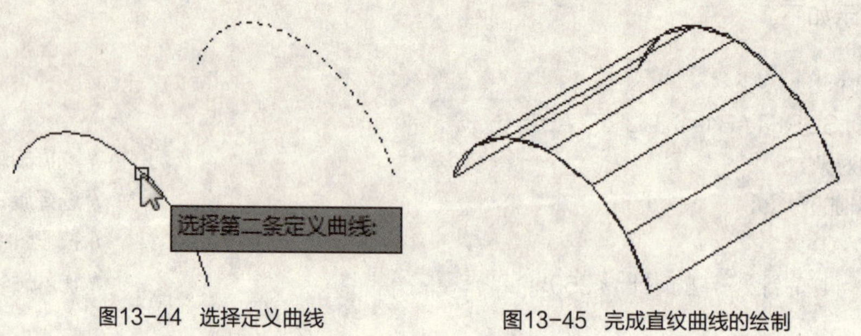

图13-44 选择定义曲线　　图13-45 完成直纹曲线的绘制

4. 边界网格

边界网格是指以相互连接的4条边作为曲面边界形成的曲面。执行“网格>图元>边界网格”命令，根据命令提示，依次选择4条边界线即可完成绘制，如图13-46和图13-47所示。

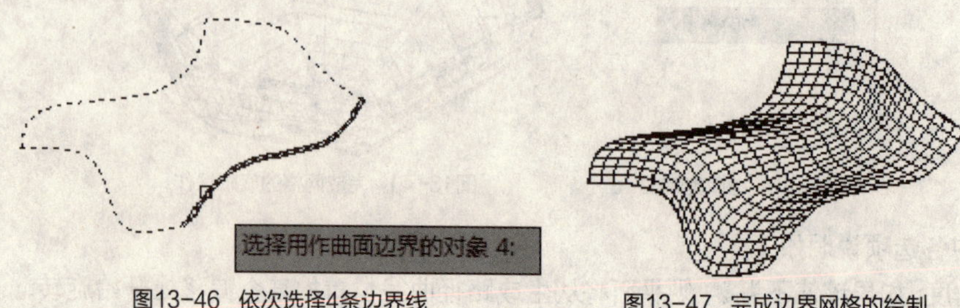

图13-46 依次选择4条边界线　　图13-47 完成边界网格的绘制

综合实例 绘制三通模型

本章主要向用户介绍了三维模型的编辑以及创建简单三维曲面的操作方法。下面将结合以上所学知识点来绘制三通模型，其中涉及到的三维命令有拉伸、三维镜像、差集及合并等。

Step01 启动AutoCAD 2013，将当前视图设置为西南视图，执行“绘图>建模>长方体”命令，绘制长80mm、宽80mm、高8mm的长方体，如图13-48所示。

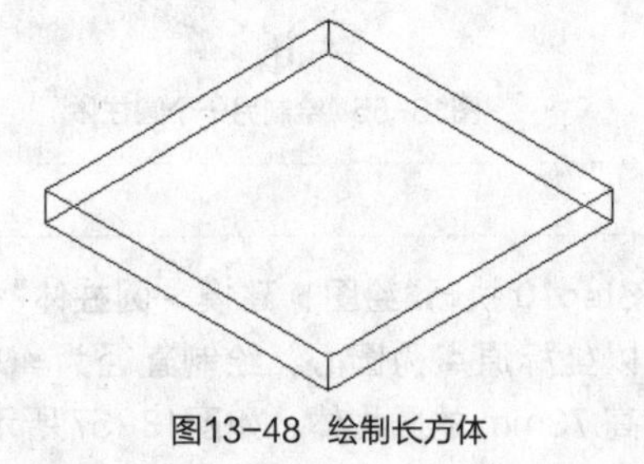

图13-48 绘制长方体

Step02 执行“修改>圆角”命令，将圆角半径设为5mm，将长方体四个角进行倒圆角操作，如图13-49所示。

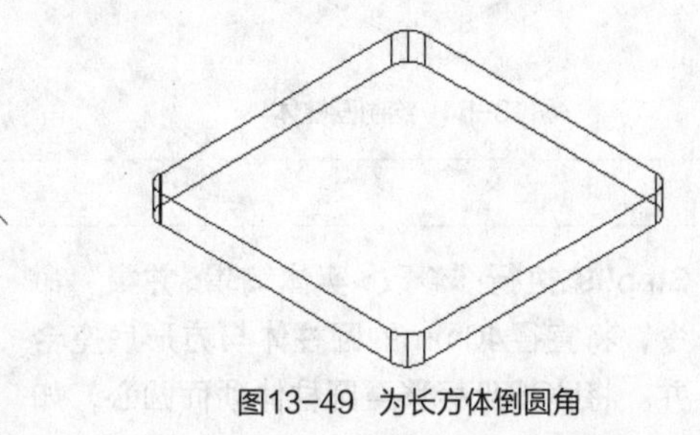

图13-49 为长方体倒圆角

Step03 执行“绘图 > 建模 > 圆柱体”命令，捕捉圆角圆心，绘制底面直径为7mm、高 8mm 的圆柱体，如图 13-50 所示。

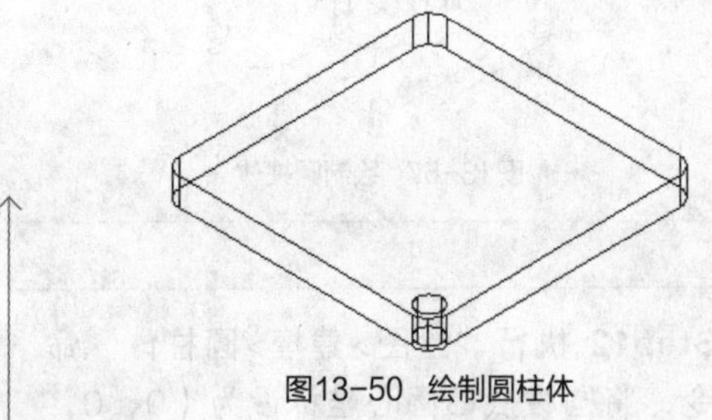

图13-50 绘制圆柱体

Step04 执行“修改>三维操作>三维镜像”命令，选中圆柱体，并以ZX平面为镜像中心，对圆柱体进行镜像操作，如图13-51所示。

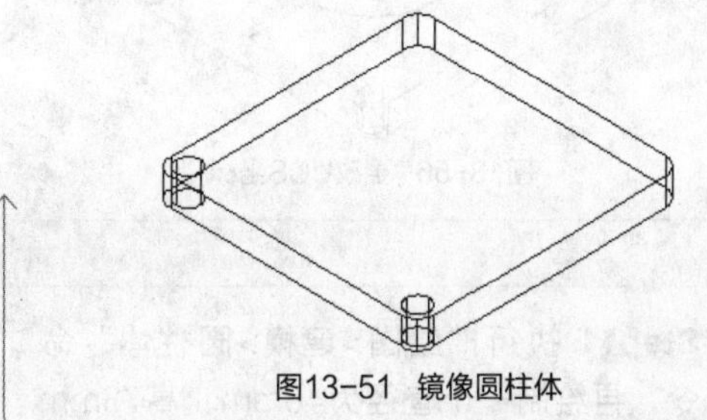

图13-51 镜像圆柱体

Step05 按照同样的方法，将镜像后的圆柱体以YZ平面进行镜像，如图13-52所示。

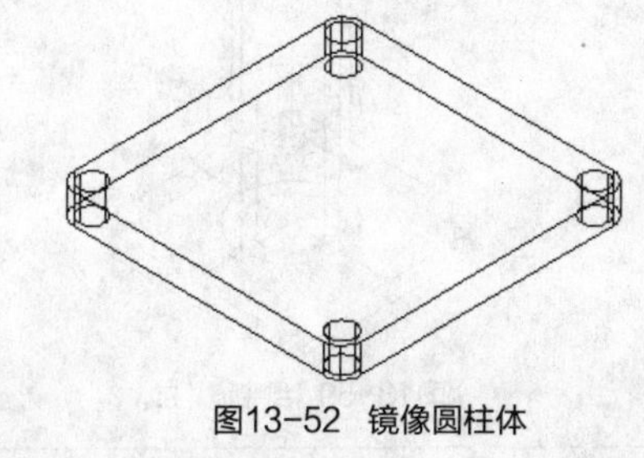

图13-52 镜像圆柱体

Step06 执行“修改>实体编辑>差集”命令，将四个圆柱体从长方体中减去，如图13-53所示。

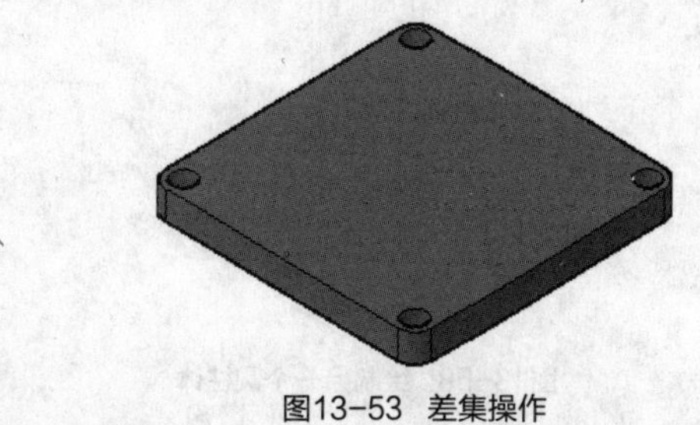

图13-53 差集操作

Step07 执行“绘图>建模>圆柱体”命令，捕捉长方体的中心点作为圆心，绘制直径为40mm、高40mm的圆柱体，如图13-54所示。

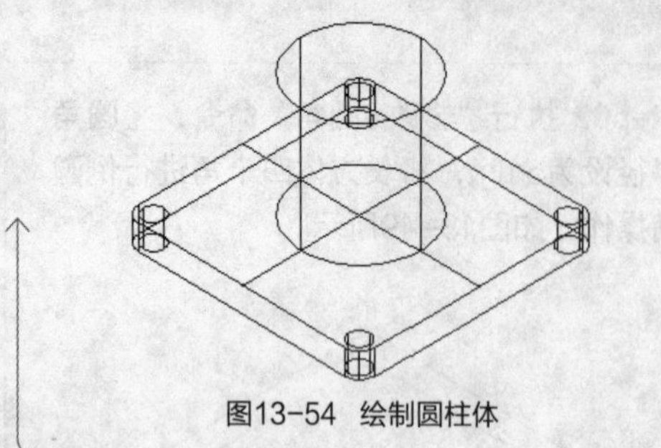

图13-54 绘制圆柱体

Step08 同样执行“绘图>建模>圆柱体”命令，并以长方体中心点为圆心，绘制直径为28mm、高40mm的圆柱体，如图13-55所示。

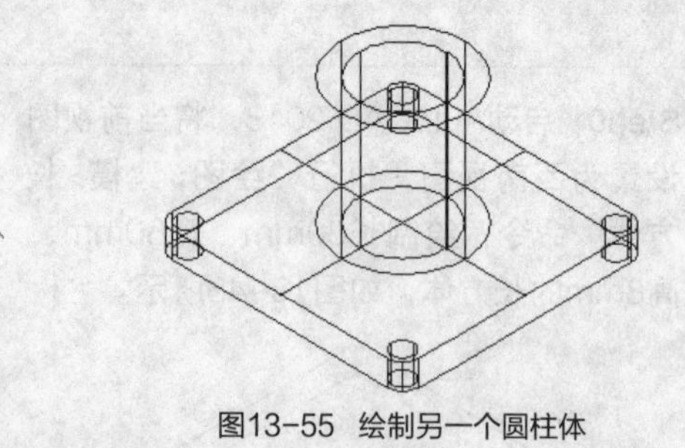

图13-55 绘制另一个圆柱体

Step09 执行“修改>实体编辑>并集”命令，将直径40mm的圆柱体与方形底座合并。将UCS坐标移至圆柱体顶面圆心，如图13-56所示。

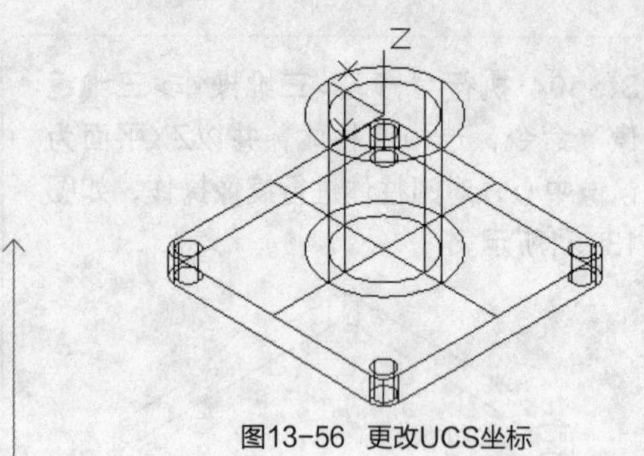

图13-56 更改UCS坐标

Step10 执行“绘图 > 建模 > 圆柱体”命令，以坐标原点为圆心，绘制直径为 40mm、高 73mm 的圆柱体，如图13-57 所示。

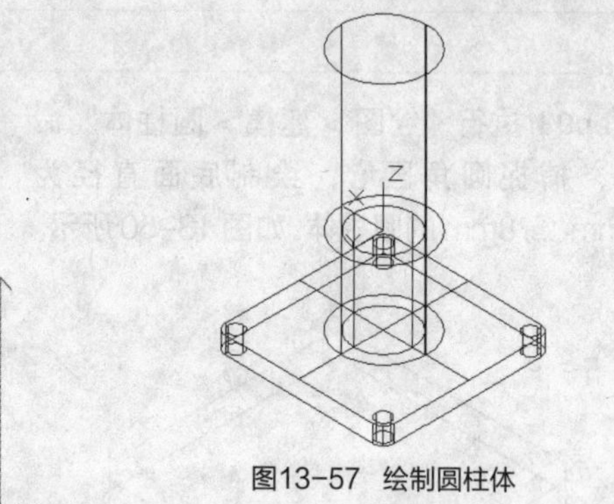

图13-57 绘制圆柱体

Step11 执行“绘图>建模>圆柱体”命令，再绘制一个直径为48mm、高73mm的圆柱体，如图13-58所示。

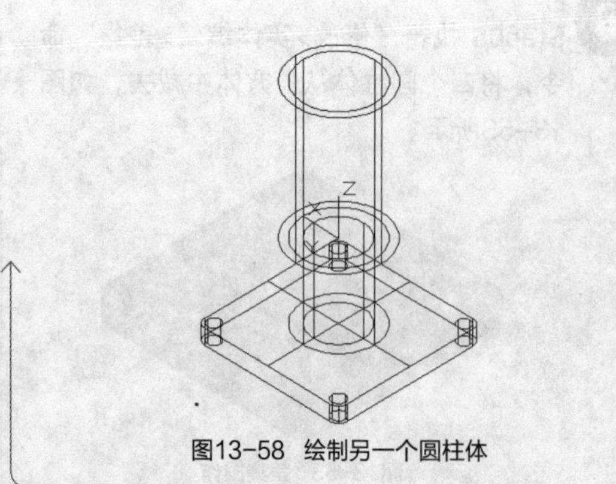

图13-58 绘制另一个圆柱体

Step12 执行“绘图>建模>圆柱体”命令，将圆柱底面圆心坐标设为（0，0，70），其后绘制直径48mm、高3mm的圆柱体，如图13-59所示。

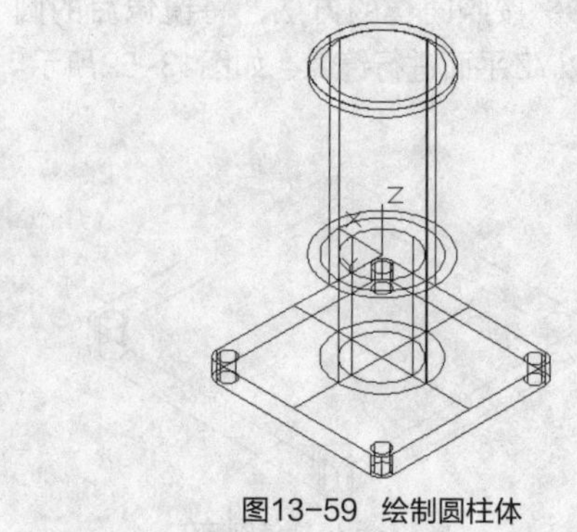

图13-59 绘制圆柱体

Step13 再次执行“绘图>建模>圆柱体”命令，将圆心坐标设为（0，0，63），绘制直径为80mm、高8mm的圆柱体，如图13-60所示。

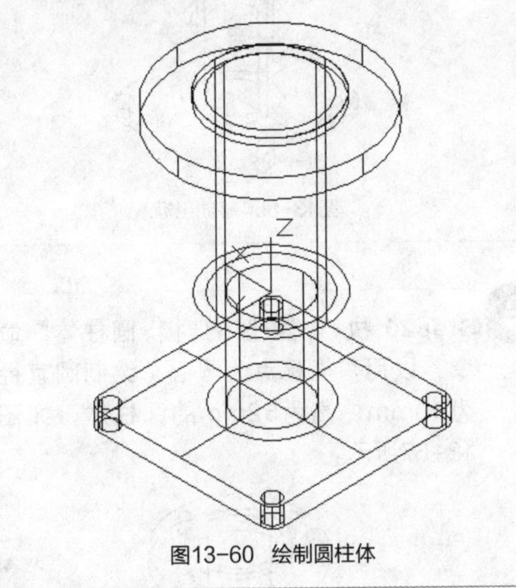

图13-60 绘制圆柱体

Step14 执行“绘图>建模>圆柱体”命令，指定圆心坐标为（33，0，62），绘制直径7mm、高8mm的圆柱体，如图13-61所示。

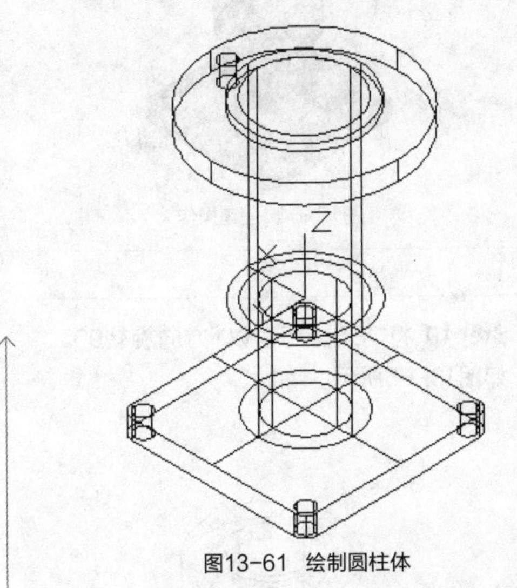

图13-61 绘制圆柱体

Step15 执行“修改>三维操作>三维阵列”命令，将刚绘制的小圆柱进行环形阵列，阵列数为4，结果如图13-62所示。

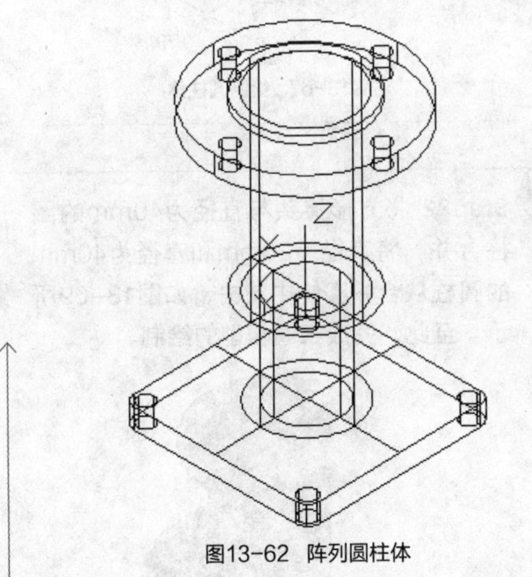

图13-62 阵列圆柱体

Step16 执行“修改>实体编辑>并集”命令，将方形接头与直径为48mm、高73mm、高为3mm圆柱以及80mm的圆柱合并，如图13-63所示。

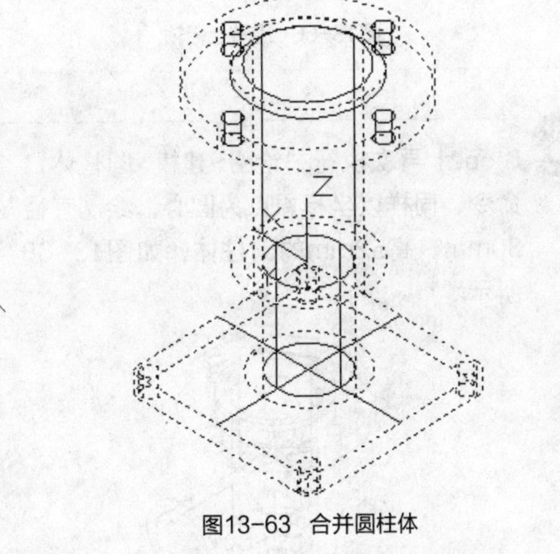

图13-63 合并圆柱体

Step17 执行“修改 > 实体编辑 > 差集”命令，将阵列后的四个小圆柱从直径为80mm 的圆柱体中减去，如图13-64所示。

Step18 将坐标移至方形接头中心位置，然后将该坐标向Z轴移至65mm，如图13-65所示。

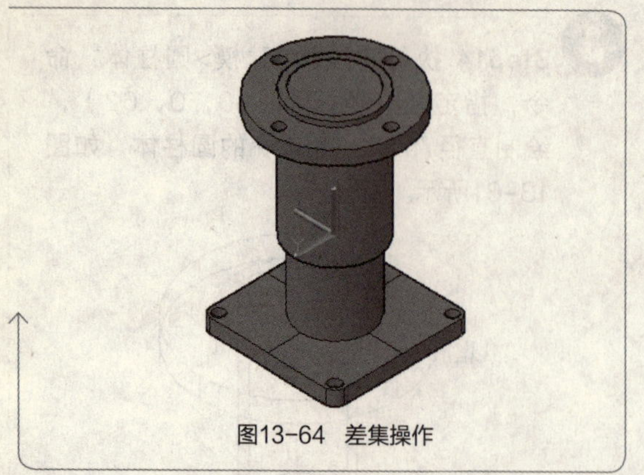
图13-64 差集操作

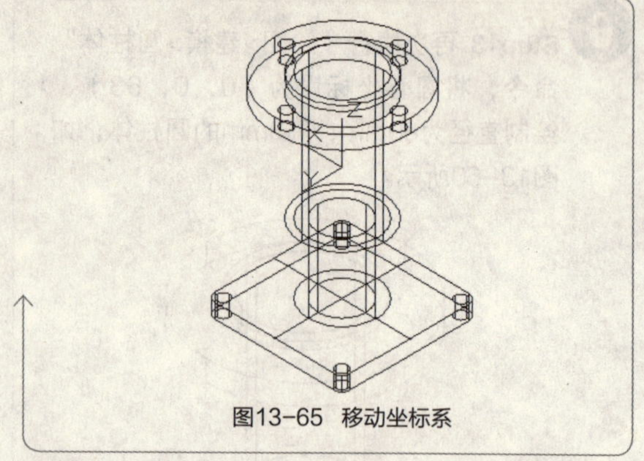
图13-65 移动坐标系

Step19 将UCS坐标系以Y方向旋转90°，如图13-66所示。

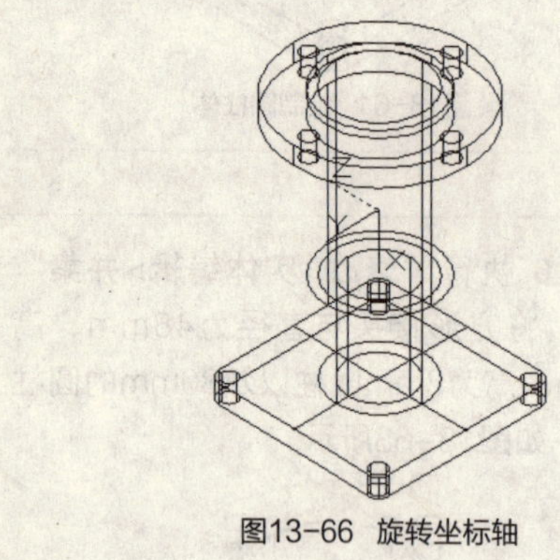
图13-66 旋转坐标轴

Step20 执行“绘图>建模>圆柱体”命令，以用户坐标点为圆心，绘制圆直径为40mm、高为52mm的圆柱体，如图13-67所示。

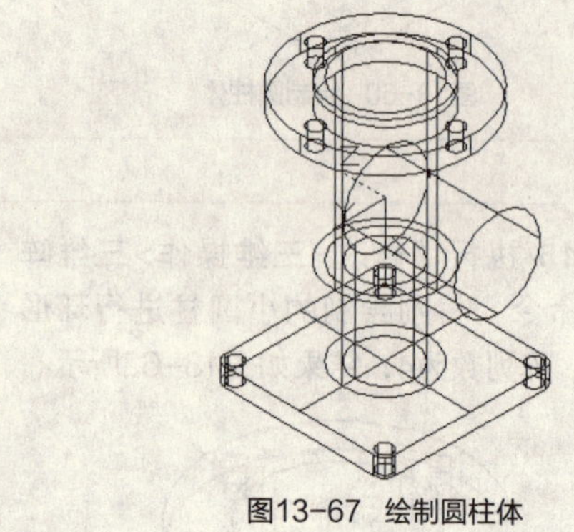
图13-67 绘制圆柱体

Step21 再次执行“绘图>建模>圆柱体”命令，同样以坐标原点为圆心，绘制直径30mm、高52mm的圆柱体，如图13-68所示。

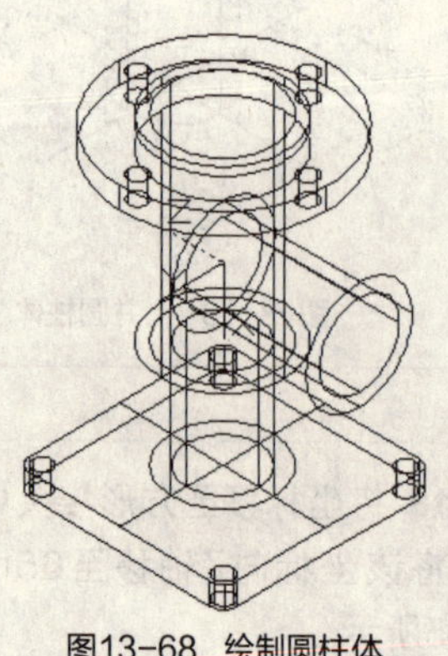
图13-68 绘制圆柱体

Step22 将方形接头与直径为40mm的圆柱合并，将直径为28mm和直径为40mm的圆柱从合并实体中减去，如图13-69所示。至此，完成三通模型的绘制。

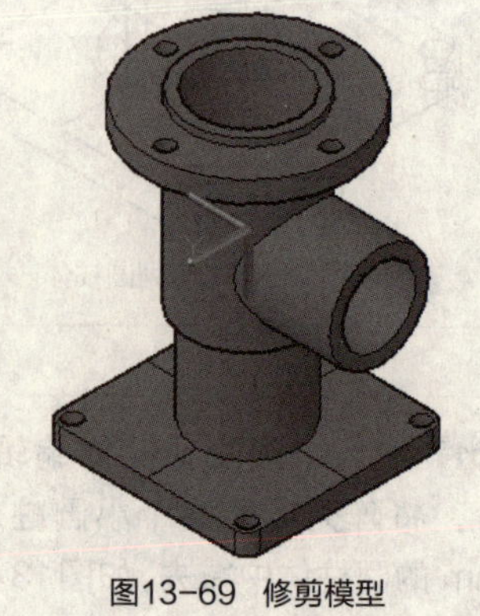
图13-69 修剪模型

高手应用秘籍 模型与图纸空间的联系和区别

模型空间是放置 AutoCAD 对象的两个主要空间之一。一般情况下，几何模型放置在模型空间中，而包含模型特定视图和注释的最终布局则位于图纸空间中。图纸空间用于创建最终的打印布局，而不用于绘图或设计工作。可以使用布局选项卡设计图纸空间视口。而模型空间用于创建图形，最好在"模型"选项卡中进行设计工作。如果仅仅绘制二维图形文件，那么模型空间和图纸空间没有太大差别，都可以进行设计工作。但如果是设计三维图形，那情况就完全不同了，只能在图纸空间中进行图形的文字编辑、图形输出等工作。

模型空间与图纸空间的关系如下。

❶ 平行关系

模型空间与图纸空间是平行关系，相当与二张平行放置的纸。

❷ 单向关系

如果把模型空间和图纸空间比喻成二张纸的话，那么模型空间在底部，图纸空间在上部，从图纸空间可以看到模型空间（通过视口），但从模型空间看不到图纸空间，因此它们是单向关系。

❸ 无连接关系

正因为模型空间和图纸空间相当于二张平行放置的纸张，所以它们之间没有连接关系，也就是说，要么画在模型空间，要么画在图纸空间。在图纸空间中激活视口，然后在视口内画图，它是通过视口画在模型空间上，尽管所处位置在图纸空间，相当于面对着图纸空间，把笔伸进视口到达模型空间编辑，这种无连接关系使得明明在图纸空间下方都仍把它称为模型空间，只是为了区别加个"浮动"。它不像图层，尽管对象被放置在不同的层内，但图层与图层之间的相对位置始终保持一致，对象的相对位置永远正确。模型空间与图纸空间的相对位置可以变化，甚至完全可以采用不同的坐标系，所以，至今尚不能做到部分对象放置在模型空间，部分对象放置在图纸空间。

然而从AutoCAD 2002版本开始，增加了DIMASSOC系统变量，该变量在尺寸标注方面有了突破。当DIMASSOC为2时，标在图纸空间上的尺寸标注与在模型空间上的被标对象建立了连接关系。

用户可以想象模型空间就像一张无限大的图纸，想画的图形尺寸是多少就输入多少，而图纸空间就像一张实际的图纸，如A1，A2，A3，A4这么大，所以，要想在图纸空间出图，需要在图纸空间内建立视口，目的是将模型空间的图形显示在图纸空间上。选中视口的边框，再查看属性即可调整显示比例，也就是说将模型空间的图形缩放到最终打印出的图纸上（如A1，A2，A3，A4），在图纸空间的同一张图纸上，可多建视口，以设定不同的视图方向，如主视，俯视，右视，左视等。

秒杀 工程疑惑

在AutoCAD中操作时，用户经常会遇见各种各样的问题，下面总结一些常见问题进行解答，包括创建三维建模的方式、编辑实体边的应用、三维镜像与二维镜像的区别、旋转网格平滑操作以及实体剖切显示设置等问题。

问　题	解　答
三维实体建模的方式有几种?	通常三维实体建模的方法有三种 ❶ 由二维图形沿着图形平面垂直方向或路径进行拉伸操作，或将二维图形绕着某平面进行旋转生成 ❷ 利用 AutoCAD 软件提供的绘制基本实体的相关函数，直接输入基本实体的控制尺寸，由 AutoCAD 直接生成 ❸ 使用并、交、差集操作建立复杂三维实体
三维实体边功能主要应用在哪些方面?	二维镜像是在一个平面内完成的，其镜像介质是一条线，而三维镜像是在一个立体空间内完成的，其镜像介质是一个面，所以在进行三维镜像时，必须指定面上的三个点，并且这三个点不能处于同一直线上
如何使旋转网格更平滑?	制作旋转网格与旋转生成实体的操作方法大致相同，但是生成的网格密度是由 SURFTAB1 和 SURFTAB2 系统变量来控制的，值越大创建的网格就越圆滑
为什么剖切实体后，没有显示剖切面?	通常在执行剖切操作时，都会选中要保留的实体侧面，这样才能显示剖切效果。如果不选择保留侧面，系统只显示实体剖切线，而不会显示剖切效果

CHAPTER 14

三维模型的渲染

完成三维实体模型的绘制后，为了能更好地将其效果表现出来，我们可以对模型添加合适的材质并进行渲染。这样一来，实体模型便能真实地展现在用户面前。与线框图形或着色图像相比，渲染的图像使人更容易想象3D对象的形状与大小。渲染的对象也使设计者更容易表达设计理念。本章将向用户介绍三维渲染的基础知识以及材质的创建与设置。

学完本章您可以掌握如下知识点

知识点序号	知识点难易指数	知识点
1	★★	材质贴图的设置与创建
2	★★	基本光源的创建与应用
3	★★★	模型的渲染设置

本章内容图解链接

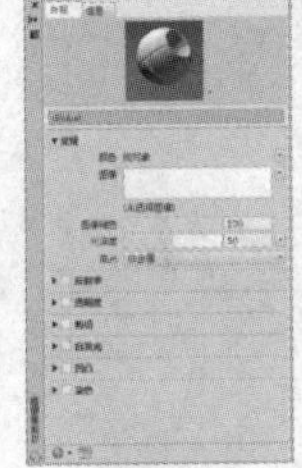

◎材质编辑器

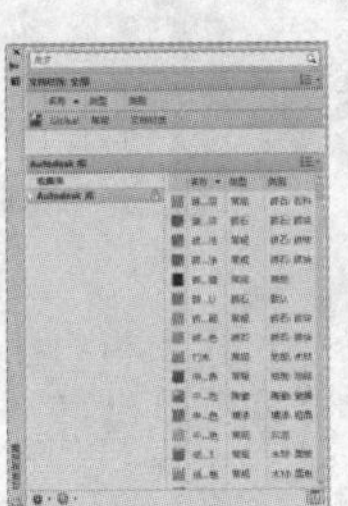

◎材质浏览器

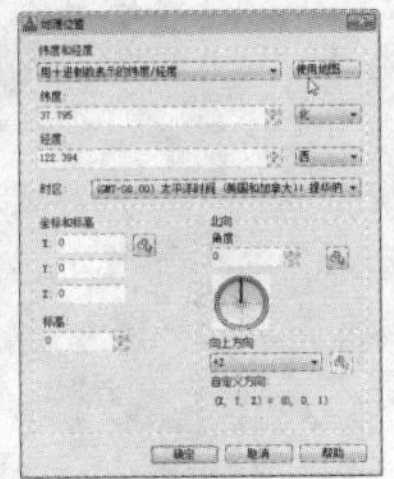

◎设置地理位置

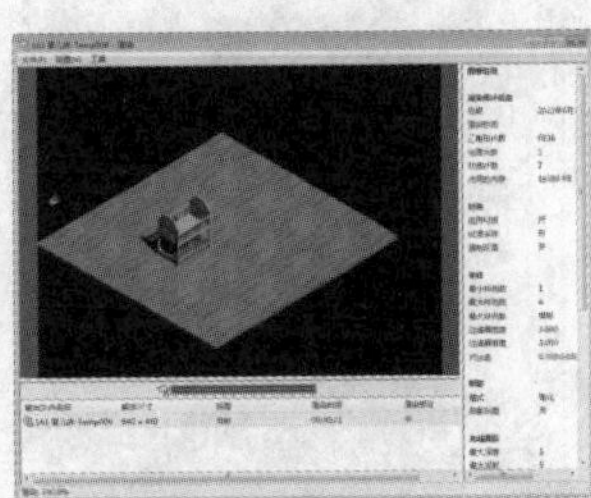

◎ 渲染窗口预览

◎ 天光设置

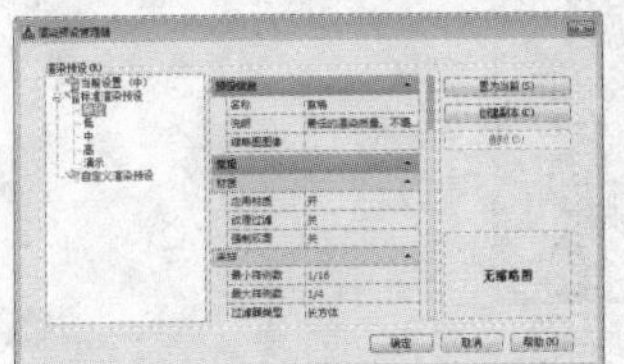

◎设置渲染等级参数

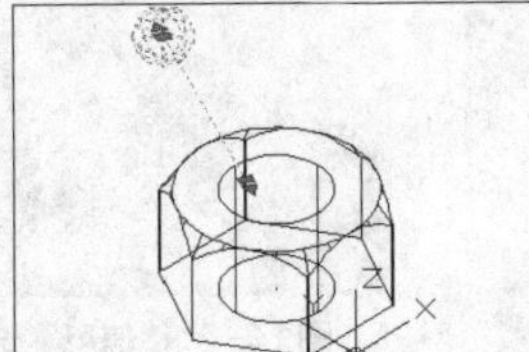

◎光域网

◎放大图像

◎渲染模型

14.1 材质和贴图的设置

在渲染模型前，需要对模型添加合适的材质贴图。在AutoCAD中，使用"材质"命令，可将材质附着到模型对象上，还可对创建的材质进行修改编辑，例如设置材质纹理、颜色和透明度等。

14.1.1 材质概述

在AutoCAD中，单击"渲染"选项卡"材质"面板右下方的箭头按钮，打开"材质编辑器"选项板，可对材质进行创建或编辑，如图14-1所示。

"材质编辑器"选项板是由不同的选项组组成的，包括常规、反射率、透明度、剪切、自发光、凹凸以及染色等。下面将对这些选项组进行简单说明。

- 外观：在该选项卡中，显示了图形中可用的材质样例以及材质创建编辑的各选项。系统默认材质名称为Global。
- 常规：单击该选择左侧按钮，在展开的列表中，用户可对材质的常规特性进行设置，如"颜色"和"图像"。单击"颜色"下拉按钮，在其列表中可选择颜色的着色方式；单击"图像"下拉按钮，在其列表中可选择材质的漫射颜色贴图。
- 反射率：在该选项组中，用户可对材质的反射特性进行设置。
- 透明度：在该选项组中，用户可对材质的透明度特性进行设置。完全不透明的实体对象不允许光穿过其表面，不具有不透明性的对象是透明的。
- 剪切：在该选项组中，用户可设置剪切特性。
- 自发光：在该选项组中，用户可对材质的自发光特性进行设置。当设置的数值大于0时，可使对象自身发光而不依赖图形中的光源。选择自发光时，亮度不可用。
- 凹凸：在该选择组中，用户可对材质的凹凸特性进行设置。
- 染色：在该选项组中，用户可对材质进行着色设置。
- 信息：在该选项卡中，显示了当前图形材质的基本信息，如图14-2所示。

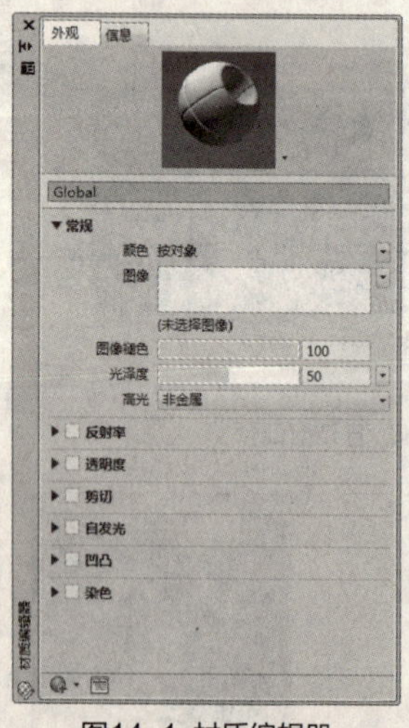

图14-1 材质编辑器

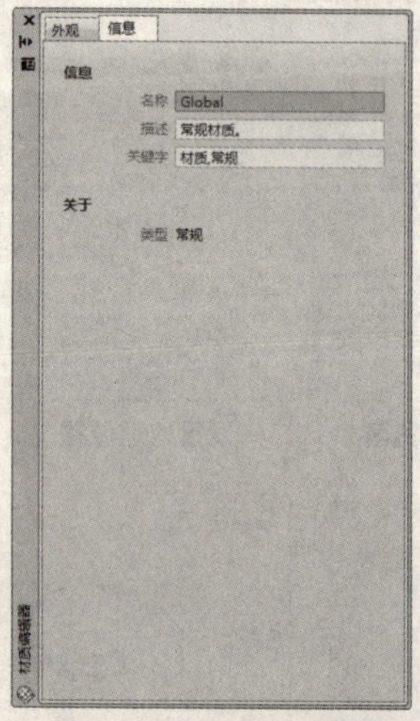

图14-2 "信息"选项卡

- 创建或复制材质：单击该按钮，在打开的列表中，用户可选择创建材质的基本类型选项，如图14-3所示。

● 打开/关闭材质浏览器：单击该按钮，可打开或关闭“材质浏览器”选项板，在该选项板中，用户可选择系统自带的材质贴图，如图14-4所示。

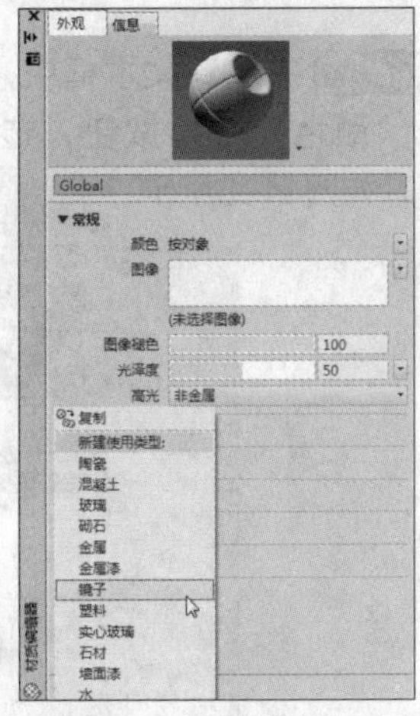

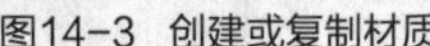
图14-3 创建或复制材质

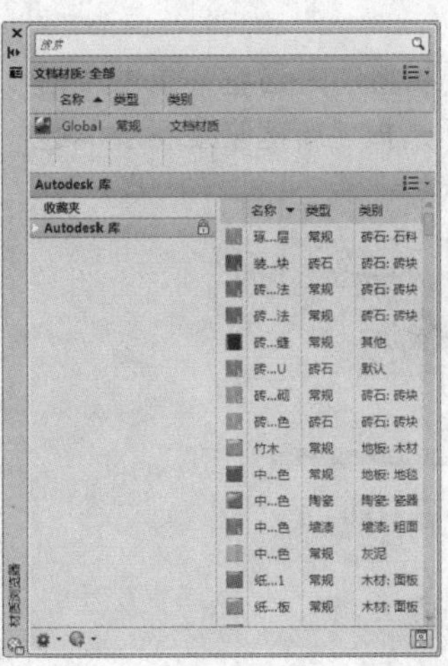

图14-4 “材质浏览器”选项板

14.1.2 创建新材质

在AutoCAD中，用户可通过两种方式创建材质。一种是使用系统自带的材质进行创建，另一种则是创建自定义材质。

1. 使用自带材质创建

在“渲染”选项卡“材质”面板中单击“材质浏览器”按钮，打开“材质浏览器”选项板，在“Autodesk库”选项组中，将光标放的所需材质的缩略图上，然后单击该材质的编辑按钮，如图14-5所示，在打开的“材质编辑器”选项板中，输入该材质的名称即可，如图14-6所示。

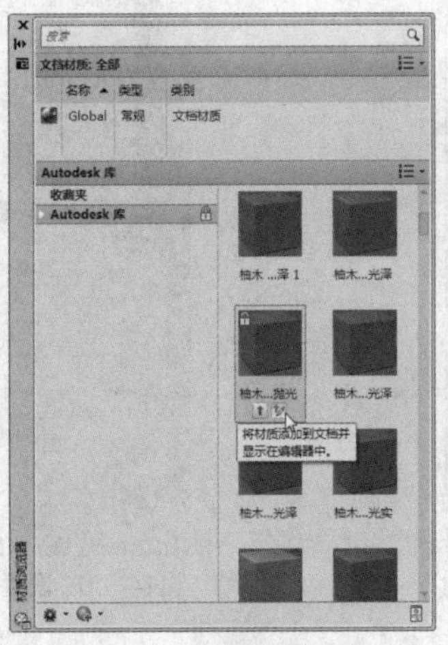

图14-5 选择所需材质图

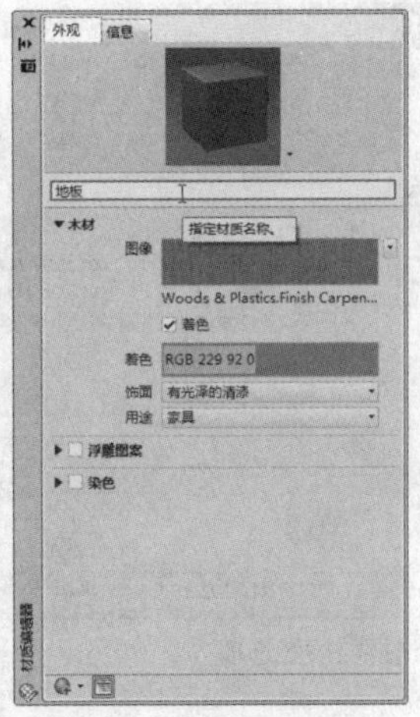

图14-6 创建材质名称

工程师点拨：Autodesk库显示设置

在“材质浏览器”选项板中，单击“Autodesk库”右侧扩展按钮，在打开的快捷列表中，用户可根据需要，设置材质缩略图显示效果。例如“查看类型”、“排列”或“缩略图大小”等。

2. 自定义新材质

如果用户想自定义新材质，那么可按照下面介绍的方法进行操作。

Step 01 打开“材质编辑器”对话框，单击“创建或复制材质”按钮，选择“新建常规材质”选项，结果如图14-7所示。

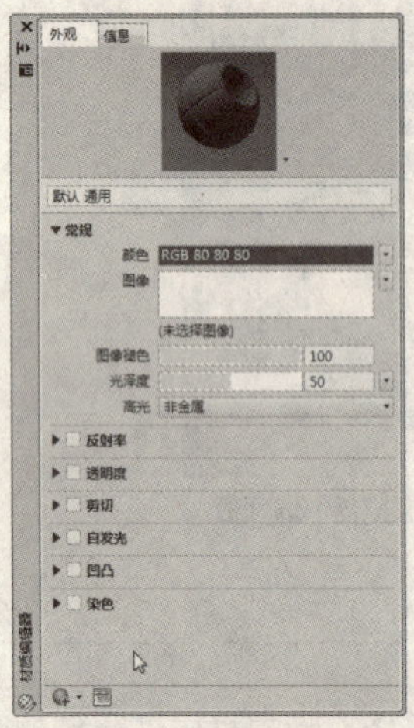

图14-7 新建常规材质

Step 02 在名称文本框中，输入材质新名称，单击“颜色”下拉按钮，选择“按对象着色”选项，如图14-8所示。

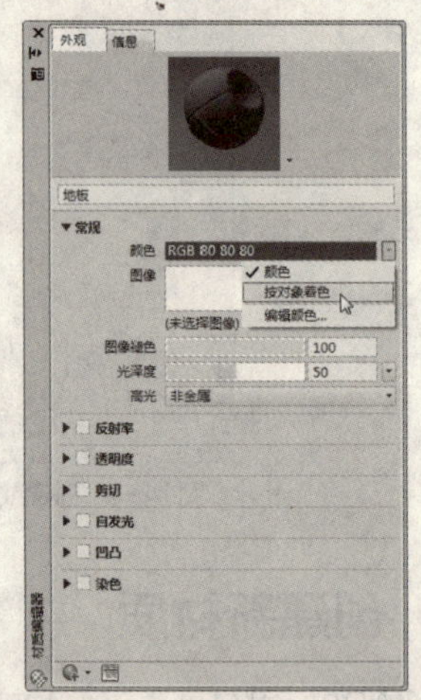

图14-8 输入材质名称并设置颜色

Step 03 单击“图像”文本框，在“材质编辑器打开文件”对话框中，选择要需要的材质图，如图14-9所示。

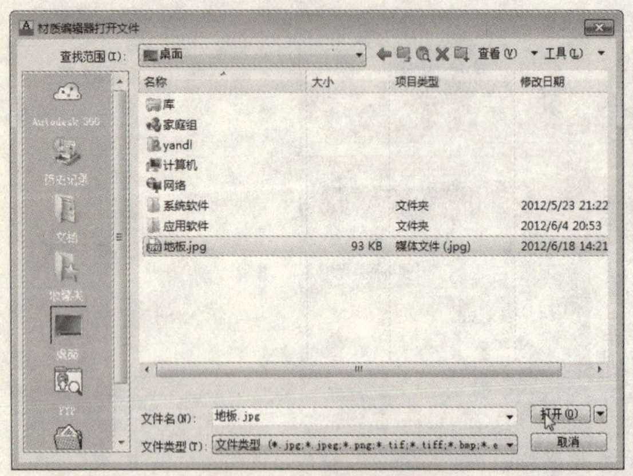

图14-9 选择材质图选项

Step 04 单击“打开”按钮，在“纹理编辑器-color”选项板中，用户可对材质的显示比例，位置等选项进行设置，如图14-10所示。

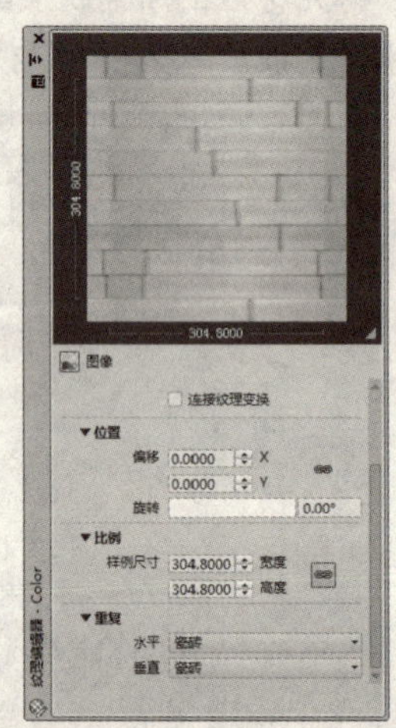

图14-10 设置材质图参数

Step 05 设置完成后，关闭该选项板，此时在“材质编辑器”选项板中将会显示自定义的新材质。

14.1.3 赋予材质

材质创建好后，用户可使用两种方法将创建好的材质赋予至实体模型上。一种是直接拖曳的方法赋予材质，另一种则是使用右键菜单方法。下面将对其具体操作进行介绍。

1. 使用鼠标拖曳法操作

单击"渲染"选项卡"材质"面板中的"材质浏览器"按钮，在"材质浏览器"选项板的"Autodesk库"中，选择需要的材质缩略图，按住鼠标左键，将该材质图拖至模型合适位置后释放鼠标即可，如图14-11所示。

2. 使用右键菜单操作

选择要赋予材质的模型，单击"材质浏览器"按钮，在打开的选项板中，右击所需的材质图，在打开的快捷菜单中，选择"指定给当前选择"命令即可，如图14-12所示。

将材质赋予到实体模型后，用户可执行"视觉>视图样式>真实"命令，即可查看赋予材质后的效果。

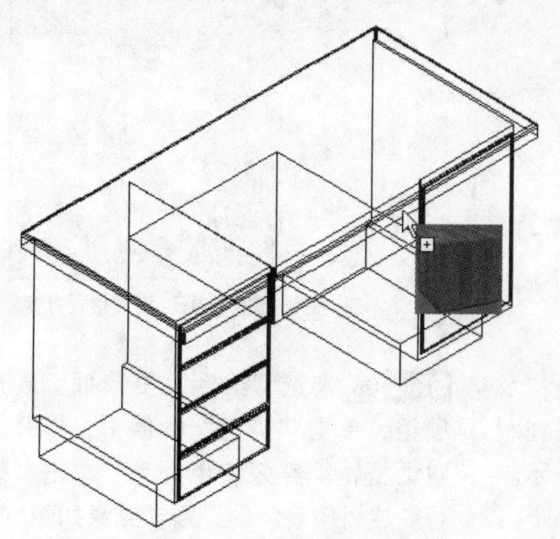

图14-11 使用鼠标拖曳操作

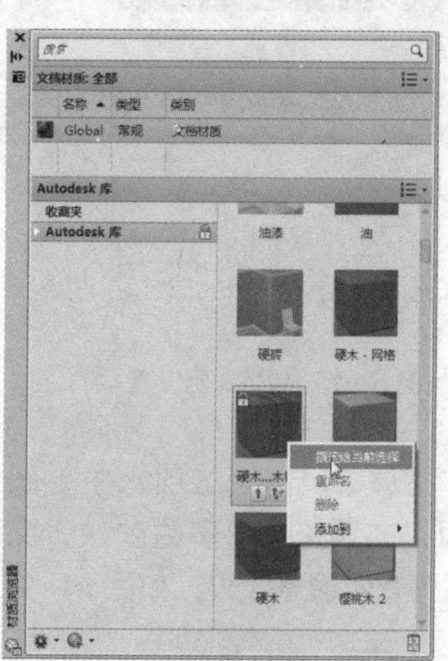

图14-12 快捷菜单操作

14.1.4 设置材质贴图

在执行完材质贴图操作后，有时会觉得当前材质不够满意，此时用户可对其进行修改编辑。具体操作介绍如下。

Step 01 单击"材质浏览器"按钮，在打开的选项板中，选择要修改的材质，单击右侧编辑按钮，如图14-13所示。

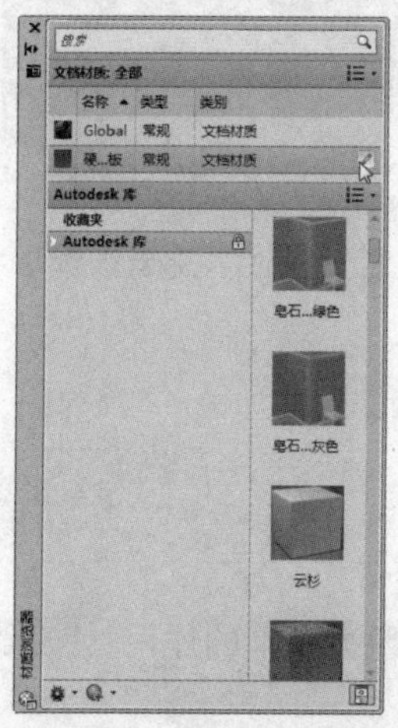

图14-13 单击编辑按钮

Step 02 在"材质编辑器"选项板中，单击"图像"选项中的材质图，打开"纹理编辑器"选项板，如图14-14所示。

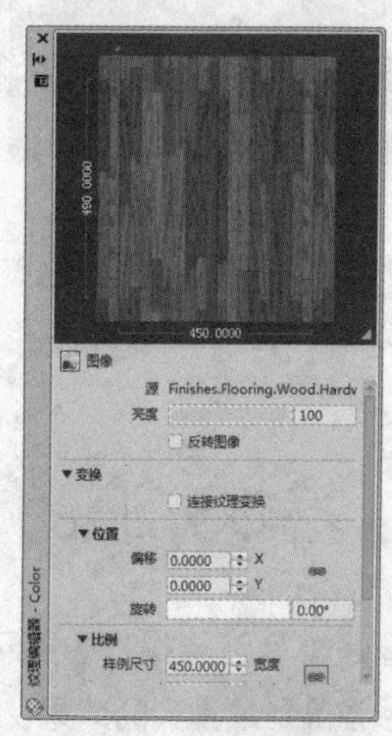

图14-14 材质纹理编辑器

Step 03 在“比例”选项组中，根据需要设置纹理比例值，这里将宽度和高度设为200，如图4-15所示。

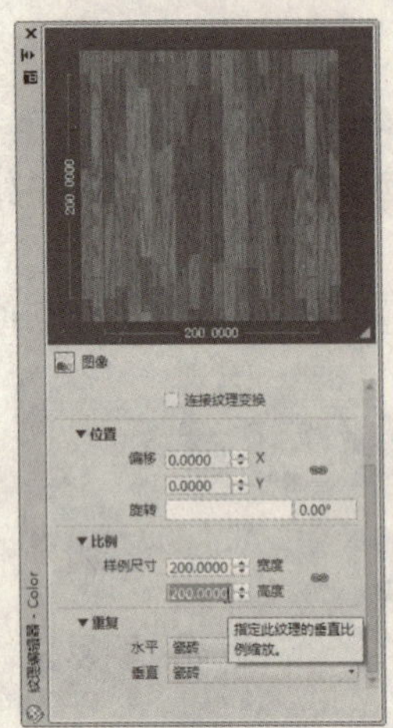

图14-15 纹理比例设置

Step 04 在“图像”选项组中，用户可调整材质亮度参数，如图14-16所示。最后关闭该选项板。

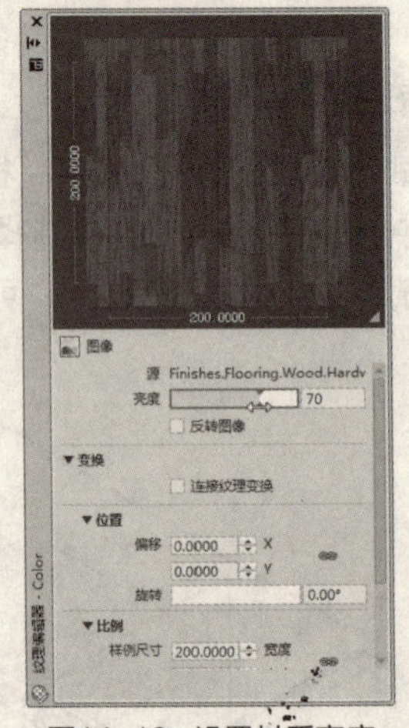

图14-16 设置材质亮度

Step 05 在“材质编辑器”选项板中，展开“反射率”选项组，并调整反射率的参数，此时在材质浏览图中即可查看调整效果，如图14-17所示。

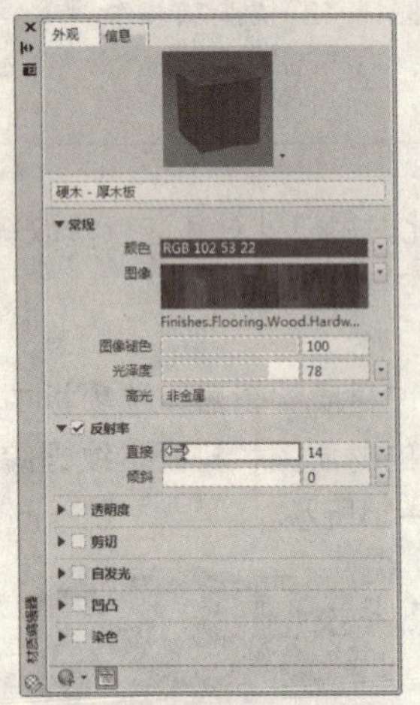

图14-17 设置材质反射率

Step 06 勾选“染色”复选框，展开“染色”选项组，单击“染色”数值框，打开“选择颜色”对话框，调整好着色颜色，单击“确定”按钮即可完成材质着色的设置，结果如图14-18所示。

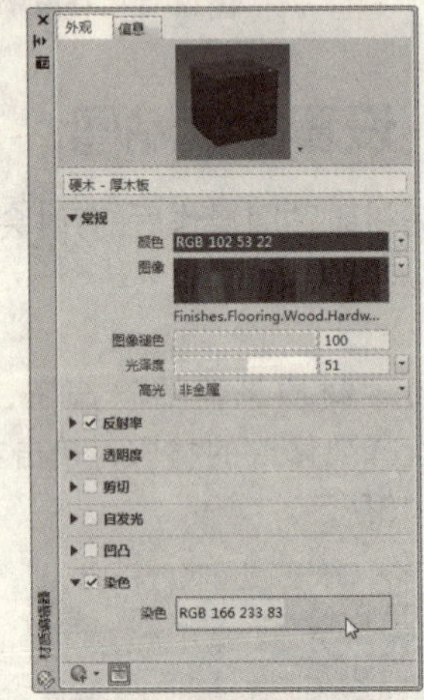

图14-18 调整材质颜色

用户也可以设置调整材质其他参数值，这里不一一介绍了。设置完成后，关闭该选项板，此时当前模型上的材质已发生了相应的变化。

14.2 基本光源的应用

设置光源是模型渲染操作中不可缺少的一步。光源主要起着照亮模型的作用，使三维实体模型在渲染过程中能够得到最真实的效果。

14.2.1 光源的类型

在AutoCAD中，光源的类型有4种：点光源、聚光灯、平行光以及光域网。若没有指定光源类型，系统会使用默认光源。默认光源没有方向和阴影，并且模型各个面的灯光强度都是一样的，自然其效果远不如添加设置光源后的效果了，如图14-19和图14-20所示。

图14-19 系统默认光源效果

图14-20 阳光状态效果

1. 点光源

点光源与灯泡类似，它是从一点向各个方向发射的光源。点光源将使模型产生较为明显的阴影效果，使用点光源可以达到基本的照明效果，如图14-21所示。

2. 聚光灯

聚光灯发射定向锥形光。它与点光源类似，也是从一点发出，但点光源的光线并没有可指定的方向，而聚光灯的光线是可以沿着指定的方向发射出锥形光束的。像点光源一样，聚光灯也可以手动设置为强度随距离衰减。但是，聚光灯的强度始终还是根据相对于聚光灯的目标矢量的角度衰减。此衰减由聚光灯的聚光角角度和照射角角度控制。聚光灯可用于亮显模型中的特定特征和区域，如图14-22所示。

3. 平行光

平行光源仅向一个方向发射统一的平行光光线。它需要指定光源的起始位置和发射方向，从而以定义光线的方向。平行光的强度并不随距离的增加而衰减；对于每个照射的面，平行光的亮度都与其在光源处相同，在照亮对象或照亮背景时，平行光很有用。

4. 光域网

光域网是具有现实中的自定义光分布的光度控制光源。它同样也需指定光源的起始位置和发射方向。光域网是灯光分布的三维表示。它将测角图扩展到三维，以便同时检查照度对垂直角度和水平角度的依赖性。光域网的中心表示光源对象的中心。任何给定方向中的照度与光域网和光度控制中心之间的距离成比例，沿离开中心的特定方向的直线进行测量，如图14-23所示。

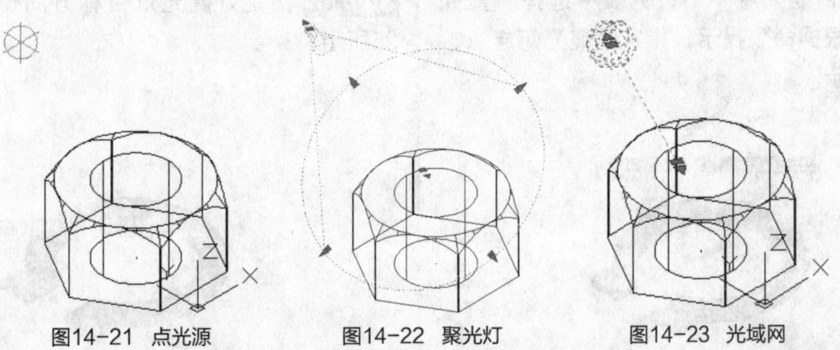

图14-21 点光源　　图14-22 聚光灯　　图14-23 光域网

14.2.2 创建光源

对光源类型有所了解后，用户可以根据需要创建合适的光源。单击"渲染"选项卡"光源"面板中的"创建光源"下拉按钮，在光源列表中，根据需要选择合适的光源类型，并根据命令提示，设置好光源位置及光源基本特性即可。

命令行提示如下。

```
命令：_spotlight
指定源位置 <0,0,0>:
（指定光源起始位置）
指定目标位置 <0,0,-10>:                              // 指定光源目标方向位置
输入要更改的选项 [名称(N)/强度因子(I)/状态(S)/光度(P)/聚光角(H)/照射角(F)/阴影(W)/衰减(A)/过滤颜色(C)/退出(X)] <退出>:          // 根据需要，设置相关光源基本属性
```

光源基本属性选项说明如下。

- 名称：指定光源名称。该名称可使用大、小写英文字母，数字，空格等多个字符。
- 强度因子：设置光源灯光强度或亮度。
- 状态：打开和关闭光源。若没有启用光源，该设置不受影响。
- 光度：测量可见光源的照度。当系统变量LIGHTINGUNITS设为1或2时，该光度可用。而照度是指对光源沿特定方向发出的可感知能量的测量。
- 聚光角：指定最亮光锥的角度。该选项只有在使用聚光灯光源时可用。
- 照射角：指定完整光锥的角度。照射角度取值范围为0~160之间。该选项同样在聚光灯中可用。
- 阴影：该选项包含多个属性参数，其中"关"表示关闭光源阴影的显示和计算；"强烈"表示显示带有强烈边界的阴影；"已映射柔和"表示显示大有柔和边界的真实阴影；"已采样柔和"表示显示真实阴影和基于扩展光源的柔和阴影。
- 衰减：该选项同样包含多个属性参数。其中"衰减类型"控制光线如何随距离增加而衰减，对象距点光源越远，则越暗；"使用界线衰减起始界限"指定是否使用界限；"衰减结束界限"：指定一点，光线的亮度相对于光源中心的衰减于该点结束。没有光线投射在此点之外，在光线的效果很微弱，以致计算将浪费处理时间的位置处，设置结束界限提高性能。
- 过滤颜色：控制光源的颜色。
- 矢量：通过矢量方式指定光源方向，该属性在使用平行光时可用。
- 光域网：指定球面栅格上的点的光源强度，该属性在使用光域网时可用。

下面以聚光灯为例，介绍创建光源的具体方法。

Step 01 在"创建光源"下拉列表中选择"聚光灯"选项，根据命令提示，指定好聚光灯起点，如图14-24所示。

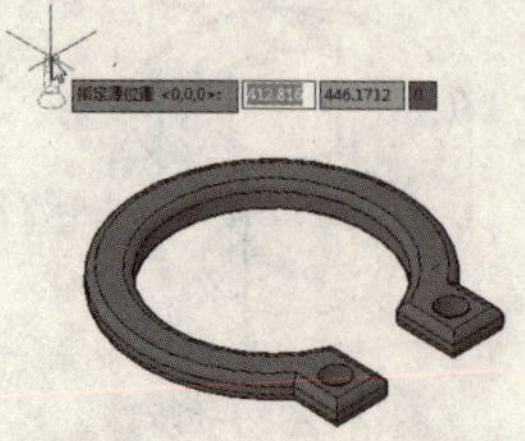

图14-24 指定聚光灯起点

Step 02 指定好聚光灯目标方向位置，如图14-25所示。

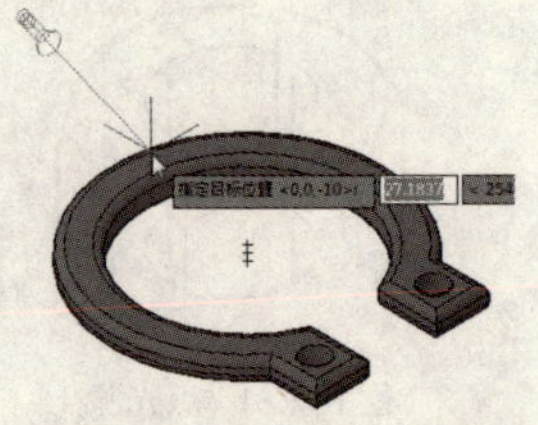

图14-25 指定聚光灯目标点

Step 03 在命令行或快捷菜单中，根据需要选择属性参数选项，若将属性参数都设为默认选项，只需按Enter键即可完成光源的创建，如图14-26和图14-27所示。

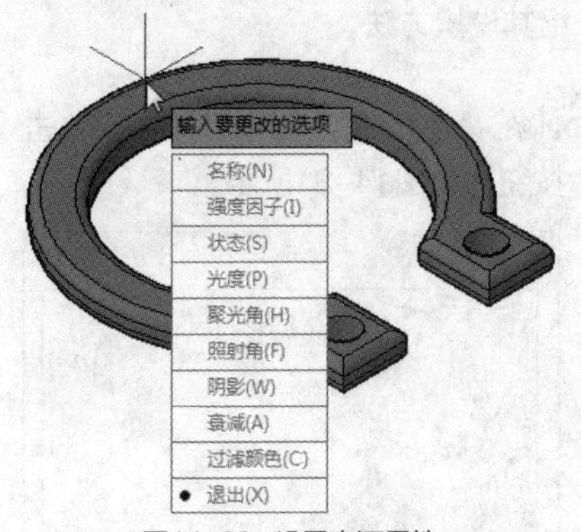

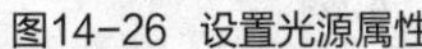

图14-26 设置光源属性

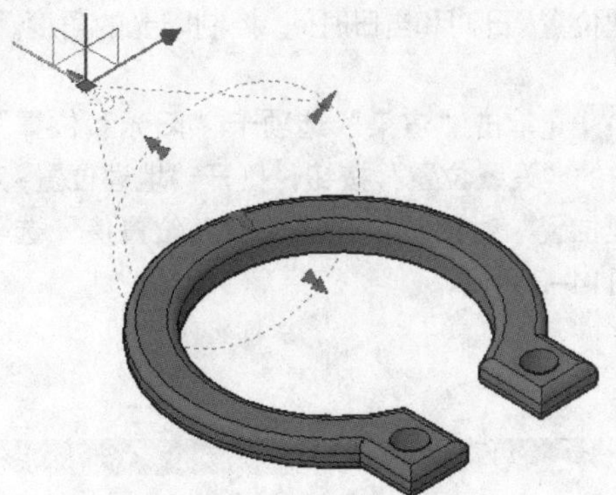

图14-27 完成光源的创建

工程师点拨：关闭系统默认光源

在执行光源创建命令后，系统会打开提示框，此时用户需关闭默认光源，否则系统会保持默认光源处于打开状态，从而影响渲染效果。

14.2.3 设置光源

光源创建完毕后，为了使图形渲染得更为逼真，通常都需要对创建的光源进行多次设置。在此用户可通过"光源列表"或"地理位置"对当前光源属性进行适当的修改。

1. 光源列表的查看

单击"渲染"选项卡"光源"面板右下侧的箭头按钮，打开"模型中的光源"选项板。该选项板按照光源名称和类型列出了当前图形中的所有光源。选中任意光源名称后，图形中的相应灯光将一起被选中。右击光源名称，从打开的快捷菜单中，用户可根据需要对该光源执行删除、特性和轮廓显示操作，如图14-28所示。

在快捷菜单中，选择"特性"命令，打开"特性"选项板，用户可根据需要对光源的基本属性进行修改设置，如图14-29所示。

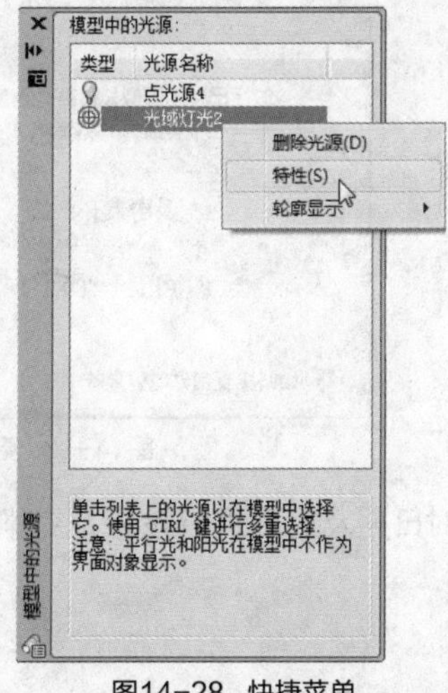

图14-28 快捷菜单

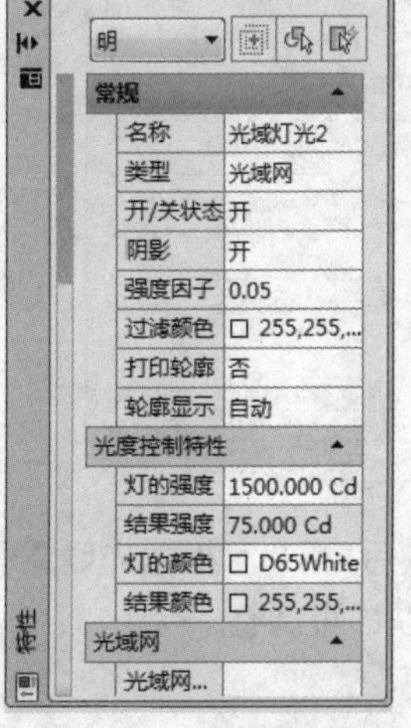

图14-29 "特性"选项板

2. 地理位置的设置

由于某些地理环境会对照射的光源产生一定的影响，所以在AutoCAD中，用户可为模型指定合适的地理位置、日期和当日时间，控制阳光的角度。下面举例来介绍其设置方法。

Step 01 单击“渲染”选项卡“阳光和位置”面板中的“设置位置”按钮，打开“地理位置-定义地理位置”对话框，选择“输入位置值”选项，如图14-30所示。

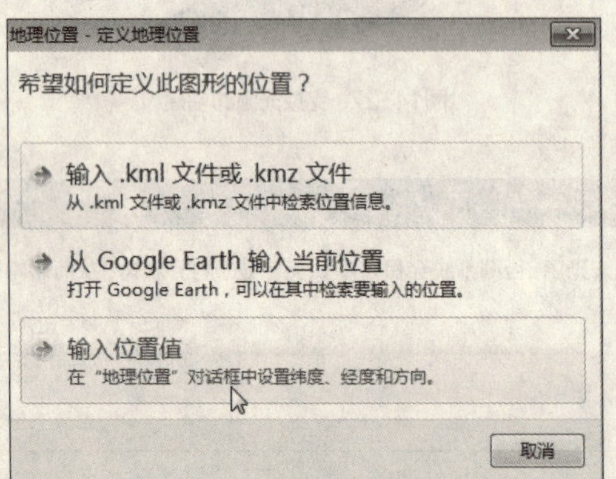

图14-30　选择相关选项

Step 02 在“地理位置”对话框中，单击“使用地图”按钮，如图14-31所示。

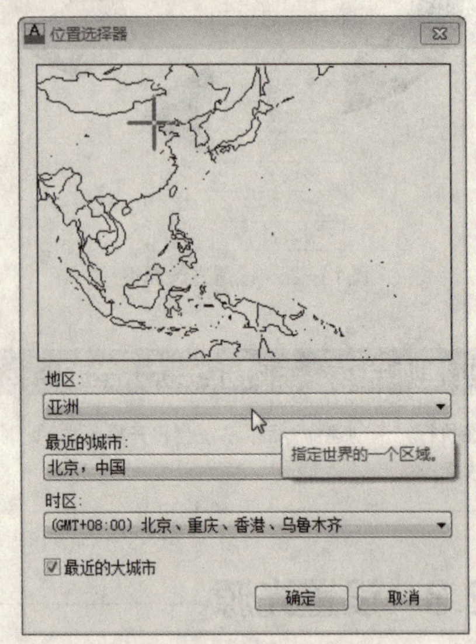

图14-31　使用地图

Step 03 在“位置选择器”对话框中设置位置和时区，然后单击“确定”按钮，如图14-32所示。

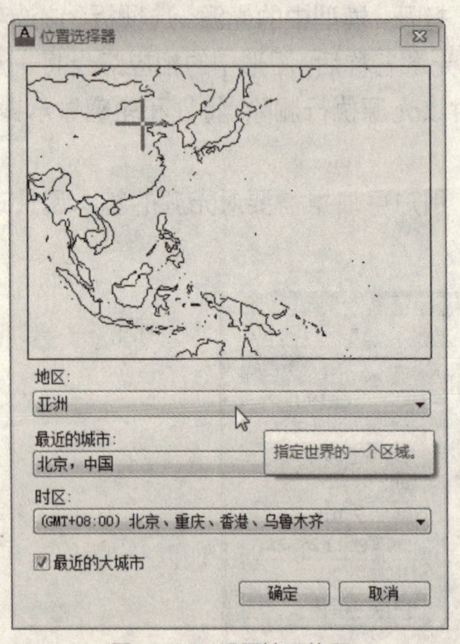

图14-32　设置地理位置

Step 04 在“地理位置-时区已更新”对话框中，选择“接受更新的时区”选项即可完成设置，如图14-33所示。

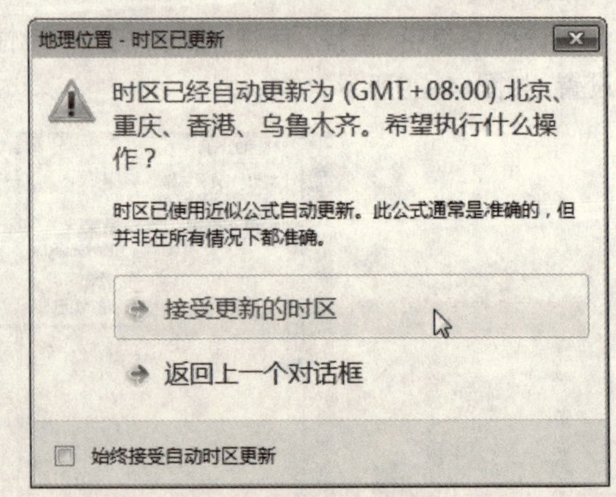

图14-33　更新时区

地理位置设置完成后，用户可根据光照要求，对日期及时间进行设置。在“阳光和位置”面板中，拖动“日期”或“时间”滑块即可调整。

14.3 三维模型的渲染

渲染是创建三维模型最后一道工序。利用AutoCAD 的渲染器可以生成真实准确的模拟光照效果，包括光线跟踪反射、折射和全局照明。而渲染的最终目的是通过多次渲染测试创建出一张具有真实照片感的演示图像。

14.3.1 渲染基础

单击"渲染"面板右下侧的箭头按钮 ，打开"高级渲染设置"选项板，用户可对渲染的级别、渲染大小、曝光类型等参数进行设置，如图14-34所示。

当用户指定一组渲染设置时，可以将其保存为自定义预设，以便能够快速地重复使用这些设置。使用标准预设作为基础，用户可以尝试各种设置并查看渲染图形的外观，如果效果满意，即可创建为自定义预设。

"高级渲染设置"选项板中主要选项组说明如下。

1. 常规

该选项组包含了影响模型渲染的方式、材质和阴影处理方式以及采样执行方式的设置。

(1) 渲染描述：该选项主要是对模型渲染的方式进行设置。

- 过程：控制渲染过程中处理的模型内容。
- 目标：确定渲染器用于显示渲染图形的输出位置。
- 输出文件名称：指定文件名和要储存渲染图像的位置。
- 输出尺寸：显示渲染图像的当前输出分辨率。
- 曝光类型：控制色调运算符。
- 物理比例：指定物理比例，默认为1500。

(2) 材质：该选项主要是对渲染器处理材质方式进行设置。

- 应用材质：应用用户定义并附着到图形中的对象表面材质。
- 纹理过渡：指定过滤纹理贴图的方式。
- 强制双面：控制是否渲染面的两侧。

(3) 采样：该选项用于控制渲染器执行采样的方式，如图14-35所示。

- 最小样例数：设定最小样率，该值表示每像素的样例数。
- 最大样例数：设定最大采样率。
- 过滤器类型：确定如何将多个样例组合为单个像素值。
- 过滤器宽度/高度：指定过滤区域的大小。增加过滤器宽度和过滤器高度值以柔化图像，但将增加渲染时间。对比色：单击右侧按钮，打开"选择颜色"对话框，从中可交互指定R、G、B的数值，如图14-36所示。
- 对比红色/蓝色/绿色：指定样例的红、蓝、绿分量数值。
- 对比Alpha：指定样例的Alpha分量的数值。

(4) 阴影：该选项主要对渲染图像阴影的显示方式进行设置。

- 模式：选择阴影显示模式，分为"简化、分类、分段"模式。
- 阴影贴图：控制是否使用阴影贴图来渲染阴影。
- 采样乘数：全局限制区域光源的阴影采样。

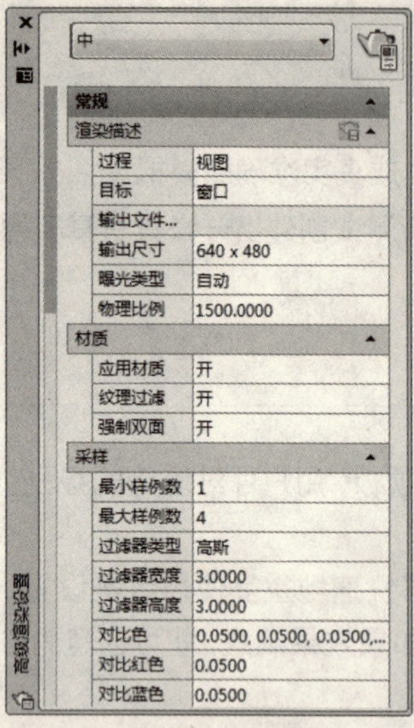

图14-34 “高级渲染设置”选项

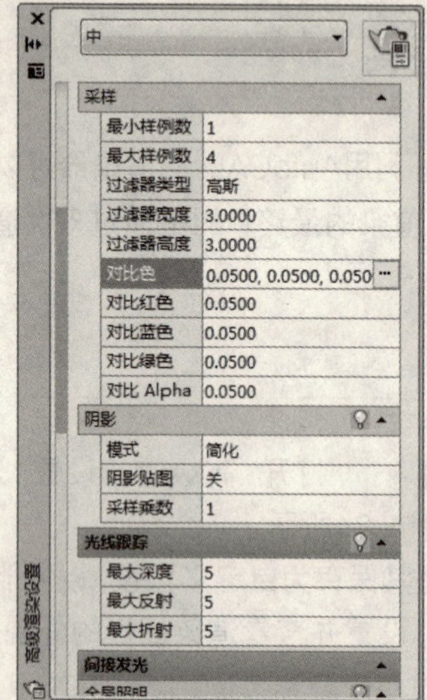

图14-35 “采样”选项组

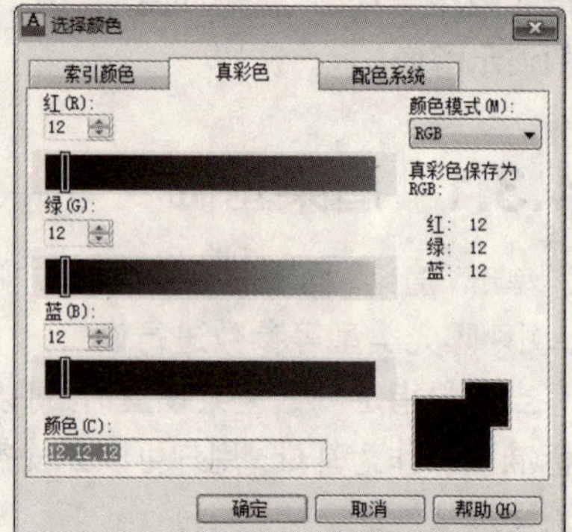

图14-36 “选择颜色”对话框

2. 光线跟踪

该选项组主要是对渲染图像的着色进行设置，如图14-37所示，包含了“最大深度”、“最大反射”、“最大折射”三个选项。

- 最大深度：限制反射和折射的组合。
- 最大反射：设定光线可以反射的次数。
- 最大折射：设定光线可以折射的次数。

3. 间接发光

该选项组主要是对场景照明方式进行设置。包含“全局照明”、“最终聚集”、“光源特性”三个选项，如图14-38所示。

(1) 全局照明：该选项主要对渲染场景的照明方式进行设置。

- 光子/样例：设定用于计算全局照明强度的光子数。
- 使用半径：确定光子的大小。
- 半径：指定计算照度时将在其中使用光子的区域。

(2) 最终聚集：该选项主要用于极端全局照明。

- 模式：控制最终采集动态设置。
- 光线：指定要从正被着色的点射出的最终聚集光线数。
- 半径模式：确定最终采集处理的半径模式。
- 最大半径：设置在其中处理最终采集的最大半径。
- 使用最小值：控制在最终采集处理过程中是否使用“最小半径”设置。
- 最小半径：设置在其中处理最终采集的最小半径。

(3) 光源特性：该选项用于计算间接发光时光源的操作方法。

- 光子/光源：设定每个光源发射的用于全局照明的光子数。
- 能量乘数：增加全局照明、间接光源、渲染图像的强度。

4. 诊断

该选项组主要是了解渲染器以特定方式工作的原因，包含“可见”和“处理”两个选项，如图 14-39所示。

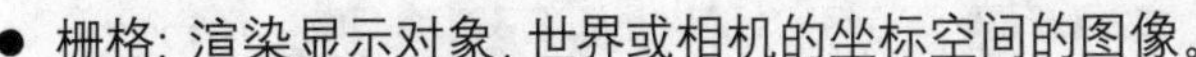

- 栅格：渲染显示对象，世界或相机的坐标空间的图像。
- 栅格尺寸：设置栅格的尺寸。
- 光子：渲染光子贴图的效果。
- BSP：使用BSP光线跟踪加速方法渲染使用的可视化参数。
- 平铺尺寸：确定渲染的平铺尺寸。
- 平铺次序：指定渲染图像时用于色块的方法。
- 内存限制：确定渲染时的内存限制。渲染器将保留其在渲染时使用的内存计数。

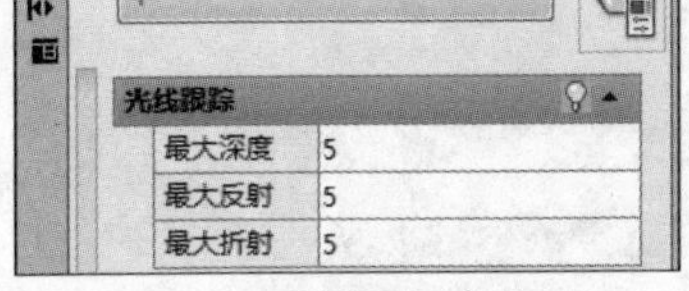

图14-37 “光线跟踪”选项组

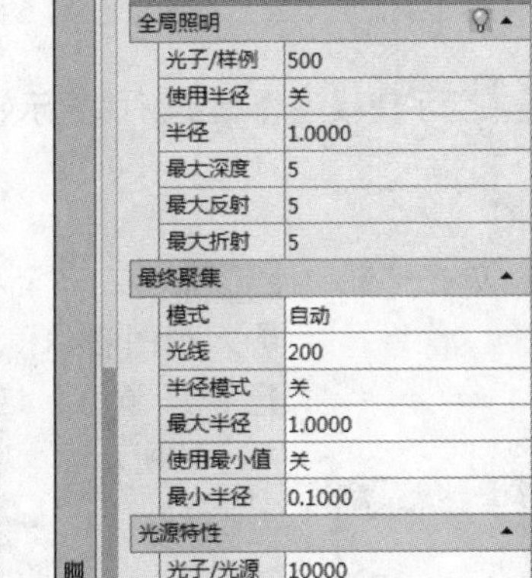

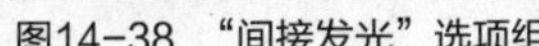

图14-38 “间接发光”选项组

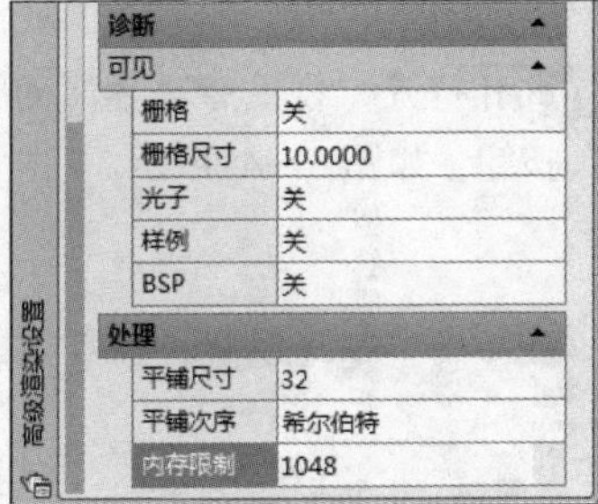

图14-39 “诊断”选项组

14.3.2 渲染等级

在执行渲染命令时，用户可根据需要对渲染的过程进行详细的设置。AutoCAD提供给用户5种渲染等级。渲染等级越高，图像越清晰，但渲染时间越长。下面将分别对这5种渲染等级进行简单说明。

- 草稿：该等级可使用户快速浏览实体的渲染效果，渲染速度快，渲染质量比较低。
- 低：使用该等级渲染模型时，不会显示阴影、材质和光源，而是会自动使用一个虚拟的平行光源。渲染速度较快，比较适用于一些简单模型的渲染。
- 中：使用该等级渲染时，则利用材质与纹理过滤功能渲染，但不会使用阴影贴图。该等级为AutoCAD默认渲染等级。
- 高：使用该等级进行渲染时，会根据光线跟踪产生折射、反射和阴影。该等级渲染出的图像较为精细，但渲染速度相对较慢。
- 演示：该渲染等级常用于最终渲染，其图像最精细，效果最好，但渲染时间最慢。

若想要对渲染等级进行调整，可在“高级渲染设置”选项板左上角的“选择渲染预设”下拉列表中，选择渲染等级，如图14-40所示。

如果要对渲染等级参数进行设置调整，可在“选择渲染预设”列表中，选择“管理渲染预设”选项，打开“渲染预设管理器”对话框，在其左侧选中所需渲染等级，随后在右侧列表框中便可对所需参数进行设置，如图14-41所示。

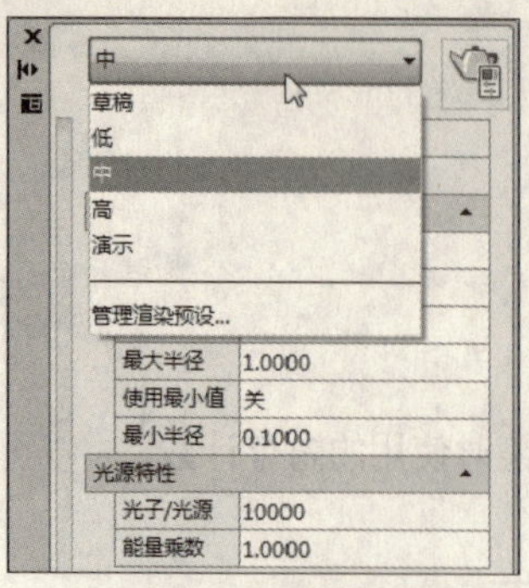

图14-40 选择渲染等级

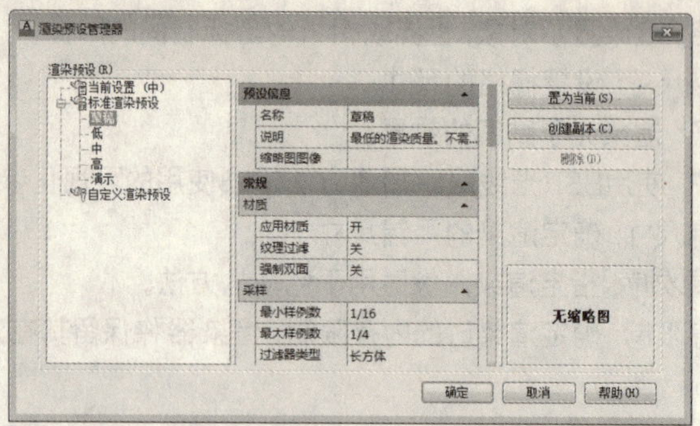

图14-41 设置渲染等级参数

14.3.3 设置渲染背景

在AutoCAD中默认渲染背景为黑色。为了使模型得到更好的显示效果，可对渲染后的背景颜色进行更改。下面对其操作方法进行介绍。

Step 01 打开“视图管理器”对话框，单击“新建”按钮，如图14-42所示。

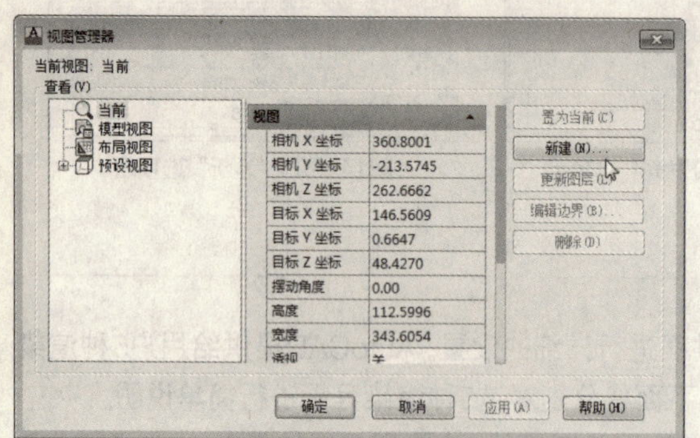

图14-42 新建视图

Step 02 在“新建视图/快照特性”对话框中，输入视图名称，然后单击“背景”下拉按钮，选择背景颜色，这里选择“渐变色”选项，如图14-43所示。

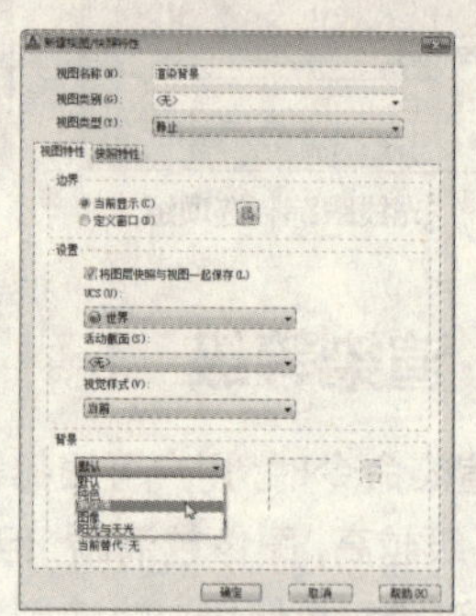

图14-43 设置背景颜色

Step 03 打开“背景”对话框，根据需要设置渐变颜色，如图14-44所示。

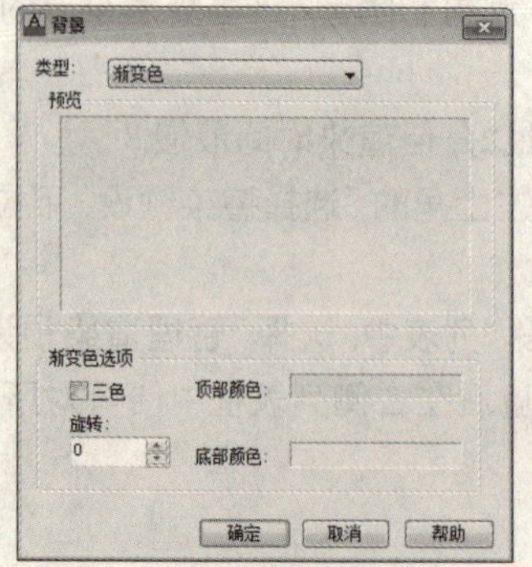

图14-44 设置背景颜色

Step 04 设置好后单击“确定”按钮，返回上一层对话框，单击“确定”按钮，返回“视图管理器”对话框，如图14-45所示。

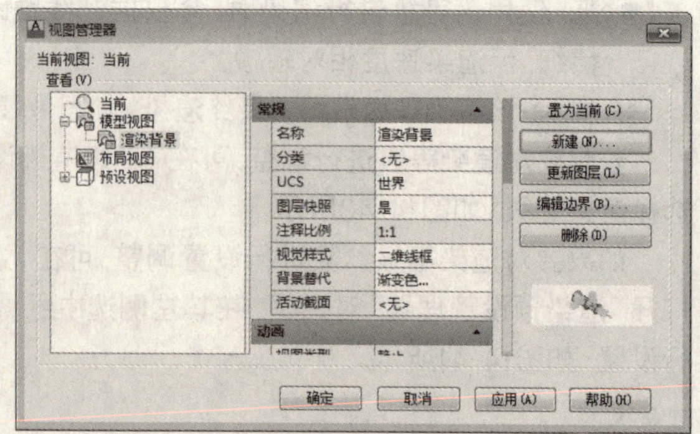

图14-45 完成设置

Step 05 单击“置为当前”按钮，最后再单击“应用”按钮，关闭该对话框，完成渲染背景色的设置操作。

14.3.4 渲染模型

当模型的材质与光源都设置完成后，可执行“渲染”命令将模型渲染。AutoCAD提供了两种渲染方法，一种是全屏渲染，另一种则是区域渲染。

1. 渲染

单击“渲染”选项卡“渲染”面板中的“渲染”按钮，在打开的渲染窗口中，系统将自动对当前模型进行渲染处理。该窗口共分为三个窗格，分别为“图像”、“统计信息”和“历史记录”，如图14-46所示。

下面将对渲染窗口各选项进行说明。

- 图像：该窗格位于窗口左上方，它是渲染器的主要输出目标。在该窗格中显示了当前模型的渲染效果。
- 统计信息：该窗格位于窗口右侧，从该窗格中可查看有关渲染的详细信息以及创建图像时使用的渲染设置参数。
- 历史记录：该窗格位于窗口左下方。从该窗格中可查看渲染进度以及最近渲染记录。

渲染结束后，在该渲染窗口中，执行“工具”命令，可将渲染图像放大或缩小设置，如图14-47所示，执行“视图”命令，可隐藏状态栏或统计信息窗格。

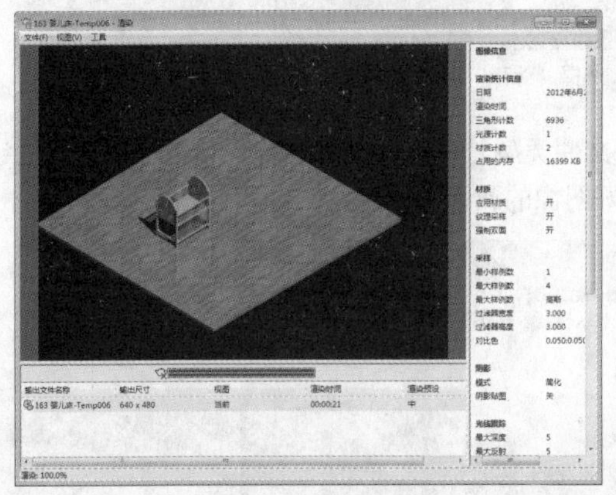

图14-46 渲染窗口

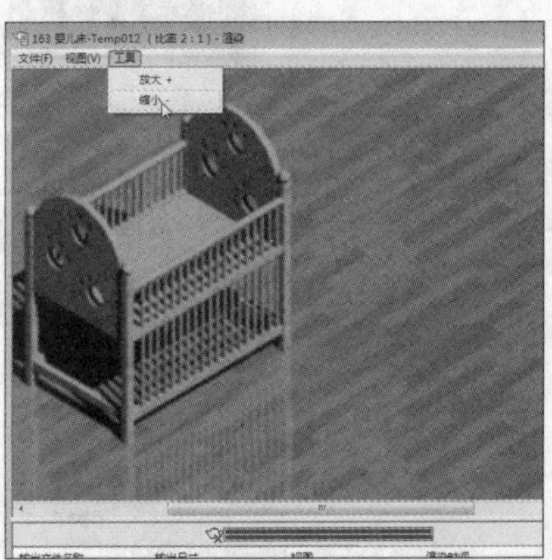

图14-47 放大图像

2. 渲染面域

单击“渲染”选项卡“渲染”面板中的“渲染面域”按钮，在绘图区域中，按住鼠标左键，拖曳出所需的渲染窗口，释放鼠标，此时被框选中的模型即可进行渲染操作，如图 14-48 和图 14-49 所示。该渲染较为快捷，并能够按照用户意愿进行有选择性的渲染。

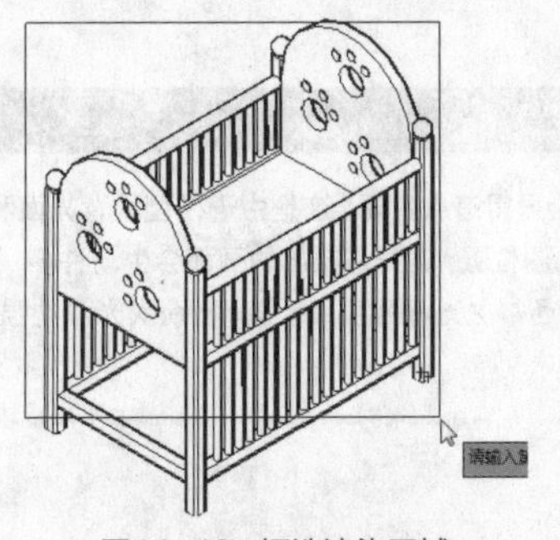

图14-48 框选渲染区域

图14-49 进行渲染操作

14.3.5 渲染出图

模型渲染完毕后，可将渲染结果保存为图片文件，以便做进一步处理。AutoCAD 渲染输出的格式包括 Bmp、Pcx、Tga、Tif、Jpg、Png，用户根据需要选择相应的图片格式输出即可。下面介绍具体操作过程。

Step 01 打开所需渲染的模型，单击“渲染”面板中的“渲染”按钮，将该模型渲染。

Step 02 在渲染窗口菜单栏中，执行“文件>保存”命令，如图14-50所示。

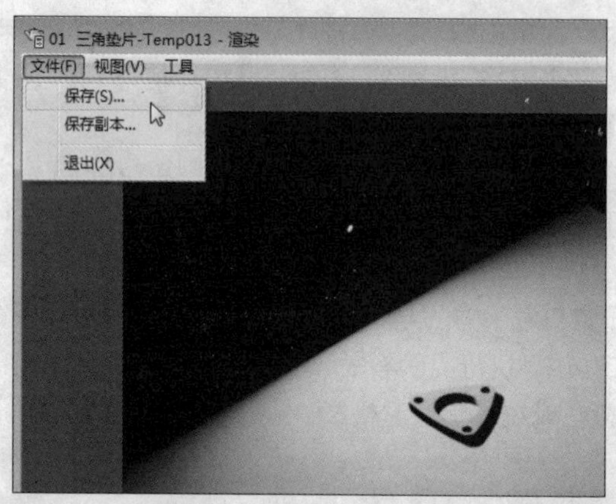

图14-50 选择“保存”命令

Step 03 打开“渲染输出文件”对话框，设置好文件类型，并输入文件名称，单击“保存”按钮，如图14-51所示。在打开“图像选项”对话框中设置好图像的属性即可。

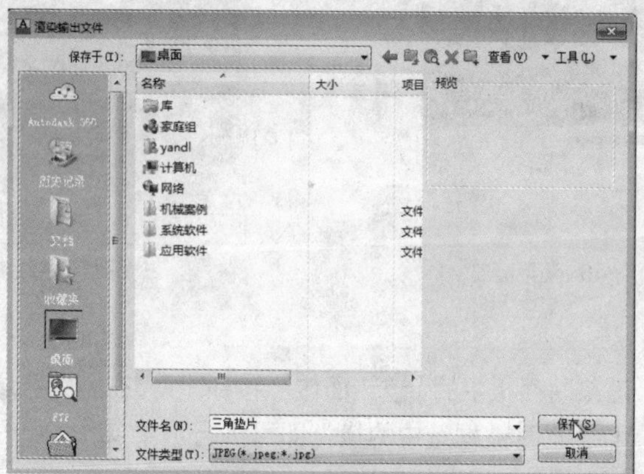

图14-51 设置文件类型

工程师点拨：适当添加多个光源

在AutoCAD中，如果使用一个光源照亮模型，渲染结果会显得有点生硬。这是由于模型的背光面和亮光面黑白太过鲜明而造成的。此时不妨在模型背光面适当添加一个光源，并调整好光源位置，这样渲染出的画面会生动许多。需要注意的是，如果添加了多个光源，就必须分清楚哪些光源为主光源，哪些为次光源。通常主光源强度因子较高，而次光源的强度因子较低。把握好主、次光源之间的参数及位置，是图形渲染的关键步骤之一。

综合实例 绘制六角螺母模型

本章主要向用户介绍了三维实体模型的渲染操作。下面结合以上所学知识来绘制六角螺母实体模型，涉及到三维命令有拉伸、圆锥体、差集、合并以及渲染等。

Step01 启动AutoCAD 2013，将当前视图设为俯视图，执行“绘图>多边形”命令，绘制一个内接圆半径为100mm的正六边形，如图14-52所示。

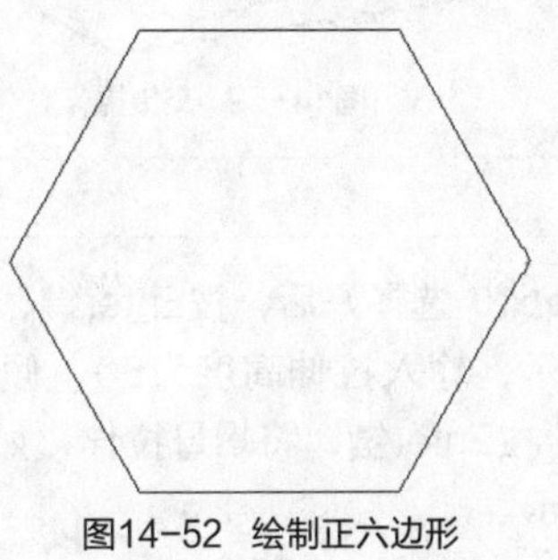

图14-52 绘制正六边形

Step02 执行“绘图>圆>圆心、半径”命令，以六边形中心点为圆心，绘制半径为50mm的圆形，如图14-53所示。

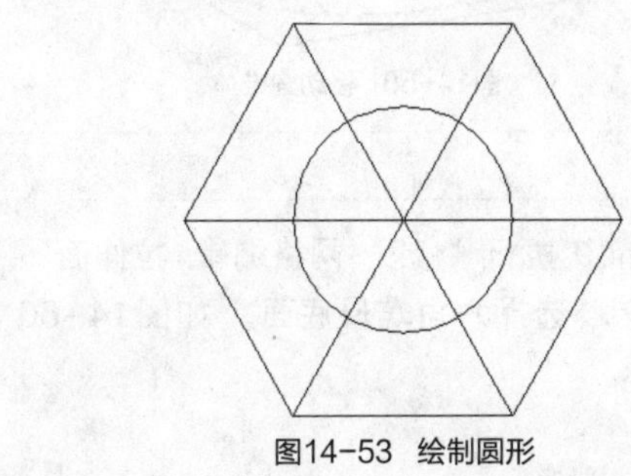

图14-53 绘制圆形

Step03 将视图设为西南视图，执行“修改>拉伸”命令，将六边形和圆都向Z轴正方向拉伸25mm，如图14-54所示。

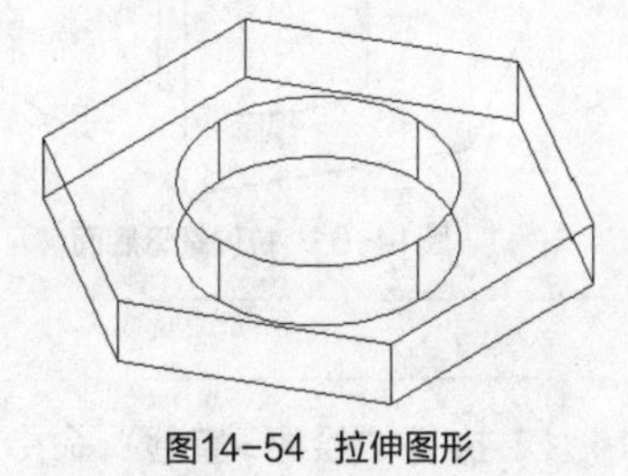

图14-54 拉伸图形

Step04 执行“修改>实体编辑>差集”命令，将圆柱体从六边体中减去，如图14-55所示。

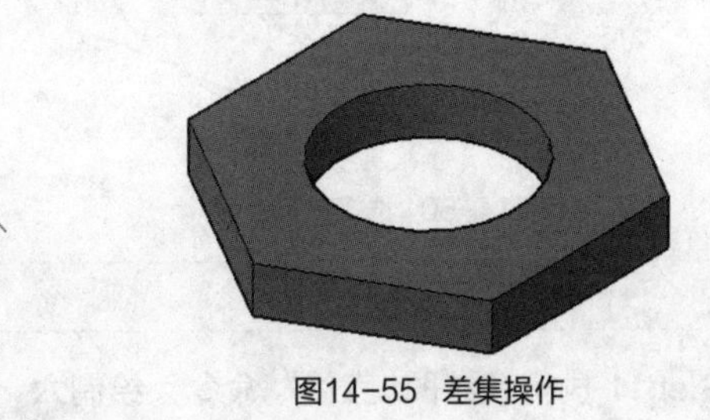

图14-55 差集操作

Step05 将UCS坐标移至圆柱体底面圆心位置处，如图14-56所示。

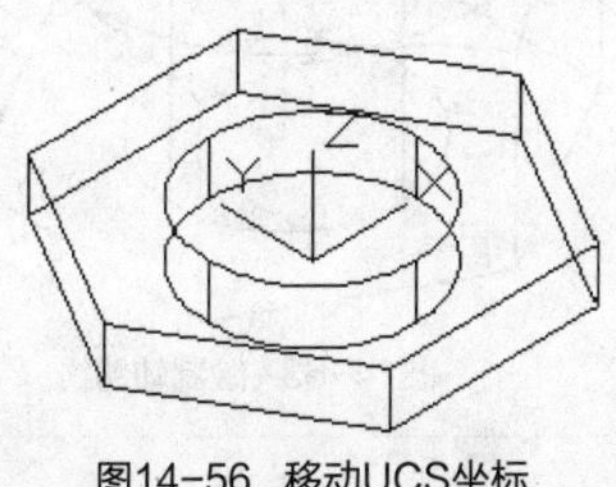

图14-56 移动UCS坐标

Step06 执行“绘图>建模>圆锥体”命令，以坐标原点为底面圆心，绘制半径为100mm，高70mm的圆锥体，如图14-57所示。

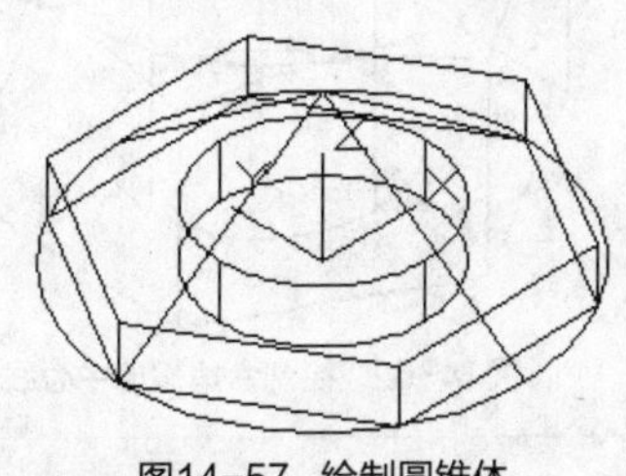

图14-57 绘制圆锥体

Step07 执行“修改>三维操作>三维移动”命令，将圆锥体向Z轴正方向移动15mm，如图14-58所示。

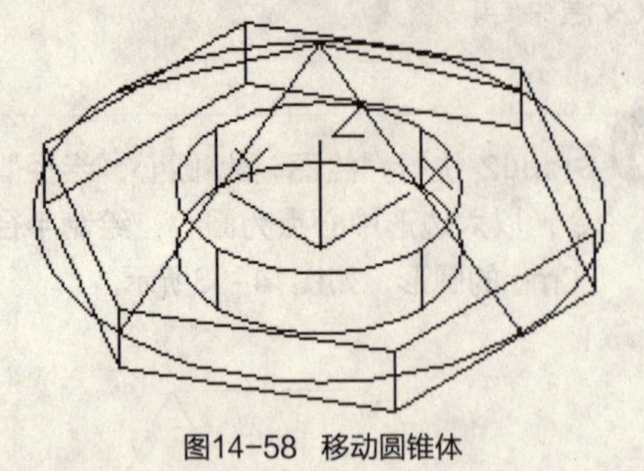

图14-58 移动圆锥体

Step08 执行“修改>实体编辑>交集”命令，将圆锥体和六边体进行交集操作，如图14-59所示。

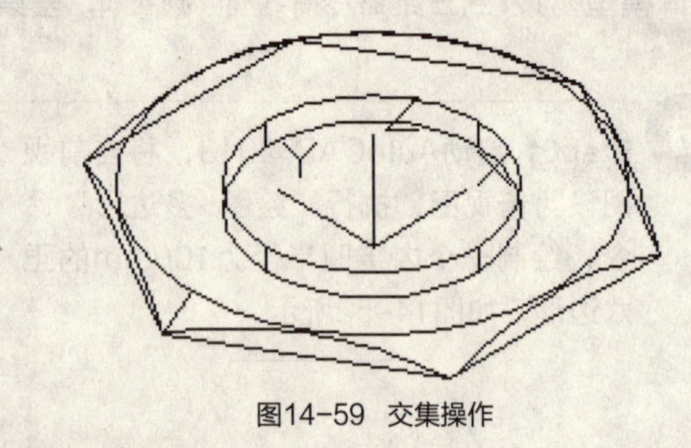

图14-59 交集操作

Step09 执行“修改>网格编辑>拉伸面”命令，选择六角螺母底面，如图14-60所示。

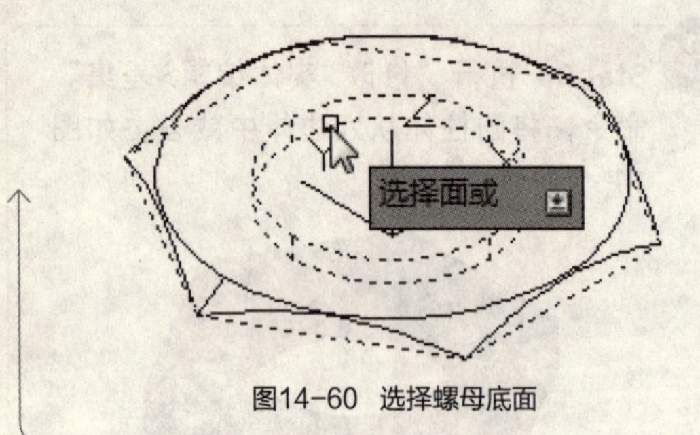

图14-60 选择螺母底面

Step10 选择好后，按Enter键，根据命令提示，输入拉伸高度为80，倾斜角度为0，按Enter键，将螺母拉伸，如图14-61所示。

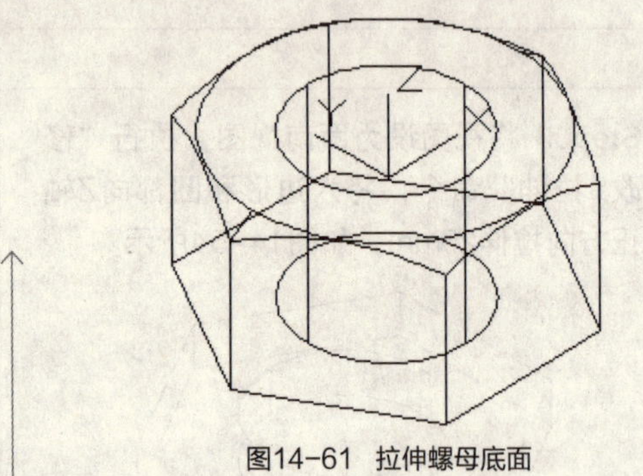

图14-61 拉伸螺母底面

Step11 执行“绘图>直线”命令，绘制六角螺母中心线，如图14-62所示。

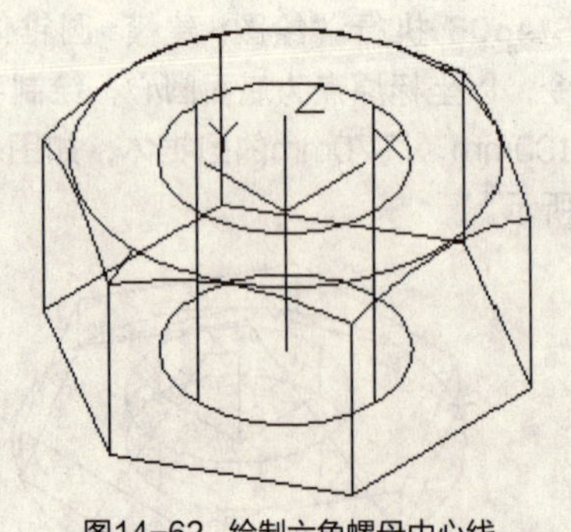

图14-62 绘制六角螺母中心线

Step12 执行“绘图>直线”命令，在模型旁绘制一条长100mm的线段，如图14-63所示。

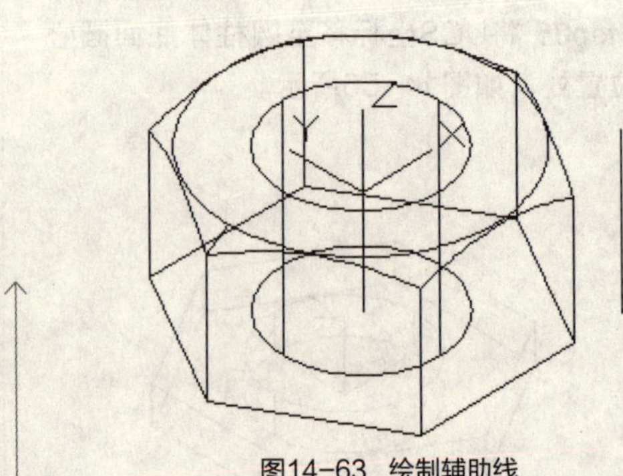

图14-63 绘制辅助线

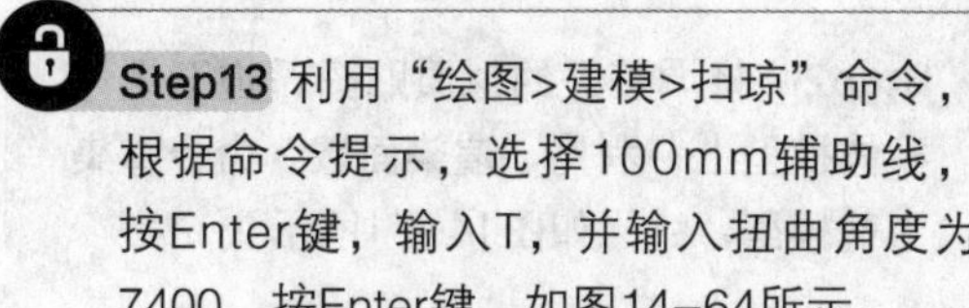

Step13 利用“绘图>建模>扫琼”命令，根据命令提示，选择100mm辅助线，按Enter键，输入T，并输入扭曲角度为7400，按Enter键，如图14-64所示。

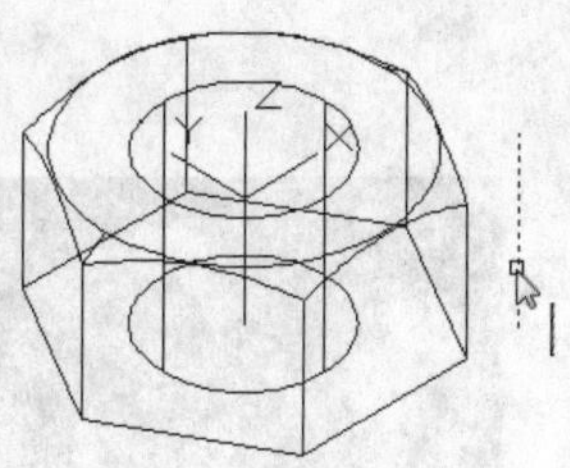

图14-64 设置扫琼参数

Step14 设置完成后，按Enter键，根据命令提示，选择螺母中心线，稍等片刻，即可完成扫琼操作，如图14-65所示。

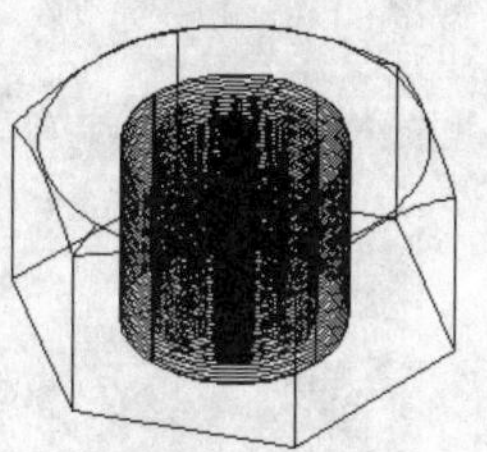

图14-65 扫琼操作

Step15 利用“修改>分解”命令，选择扫琼后的螺旋线，将其分解，然后删除其中一条螺旋线，如图14-66所示。

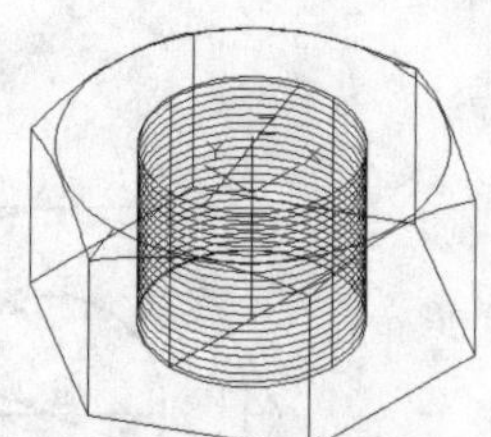

图14-66 分解螺旋线

Step16 单击“渲染”选项卡“材质”面板中的“材质浏览器”按钮，打开相应的选项板，如图14-67所示。

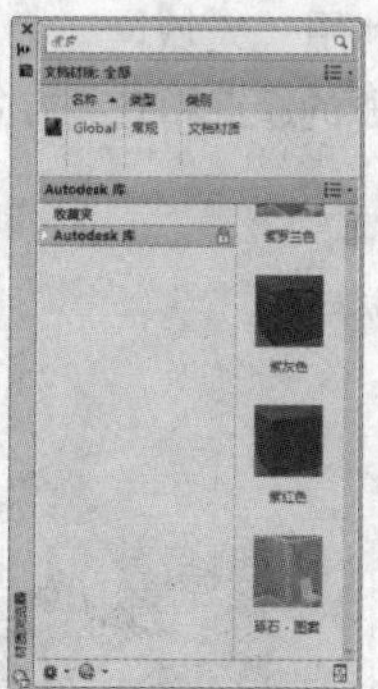

图14-67 合并圆柱体

Step17 在“Autodesk库”选项组中，选择合适的材质贴图，这里选择“抛光-银色”选项，单击编辑按钮，如图14-68所示。

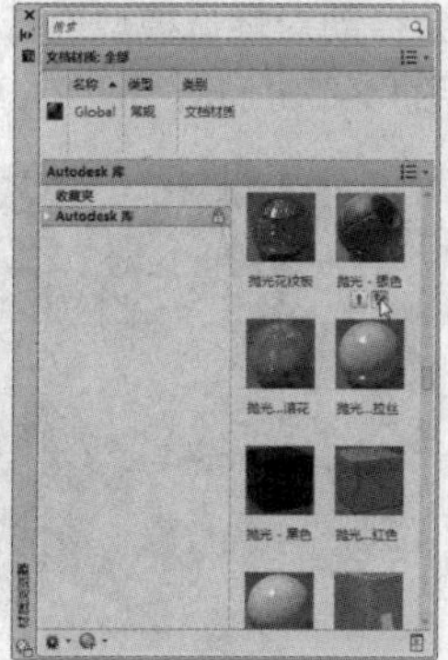

图14-68 选择材质贴图

Step18 在“材质编辑器”选项的“金属漆”选项组中，调整“高光扩散”选项，如图14-69所示。

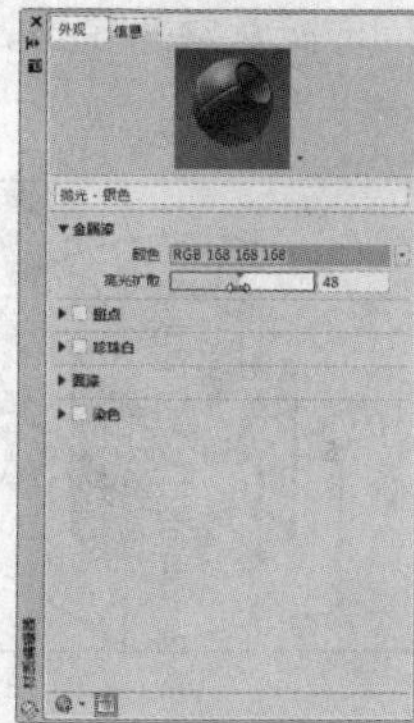

图14-69 调整参数

Step19 在“面漆”选项组中，调整好“光泽度”参数，如图14-70所示。

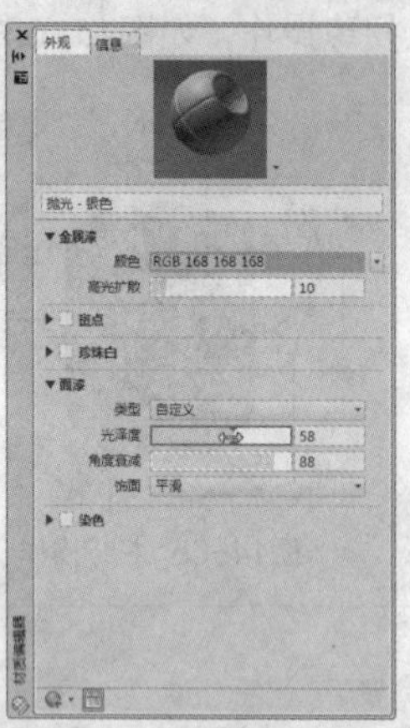

图14-70 调整光泽度

Step20 将调整好的材质贴图，拖至螺母实体模型上，利用“渲染面域”命令渲染当前模型，结果如图14-71所示。

图14-71 渲染模型

Step21 利用“光域网”命令，在绘图区中指定光源的起点和光线方向，如图14-72所示。

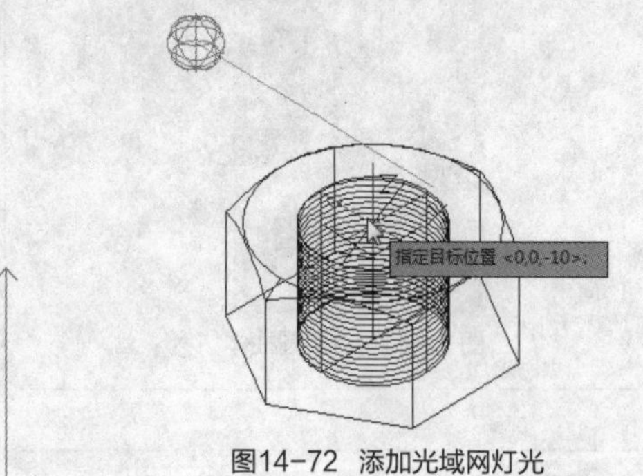

图14-72 添加光域网灯光

Step22 将强度因子设为默认。将视图来回切换以调整好光域网位置，如图14-73所示。

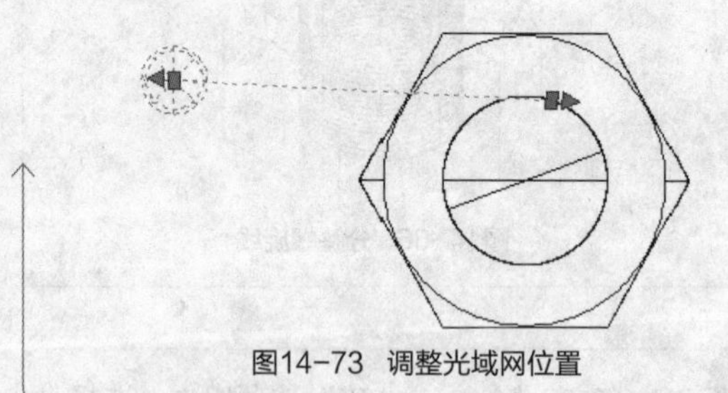

图14-73 调整光域网位置

Step23 利用“渲染面域”命令，按住鼠标左键的同时框选螺母模型，如图14-74所示。

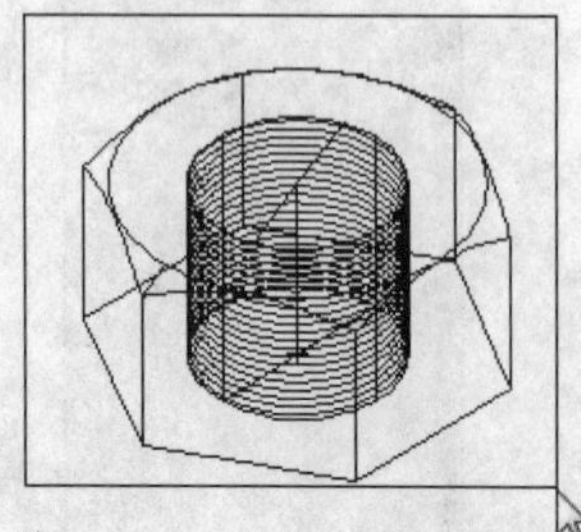

图14-74 框选要渲染的模型

Step24 框选完成后，释放鼠标左键，此时系统会自动对螺母模型进行渲染，渲染结果如图14-75所示。

图14-75 渲染模型

高手应用秘籍 三维渲染中阳光与天光的设置

阳光是一种类似于平行光的特殊光源。在AutoCAD中，阳光是模拟太阳光效果的光源，可以用于显示结构投射的阴影以及如何影响周围的区域。

阳光与天光是AutoCAD中自然照明的主要来源，如图14-76和图14-77所示。

图14-76 系统默认光源

图14-77 太阳光源

如果在AutoCAD中添加太阳光源，可单击"渲染"选项卡"阳光和位置"面板中的"阳光状态"按钮，即可完成添加。

天光的设置仅在光源单位为光度单位时可用，即LIGHTINGUNITS变量值为1或2时可用。当系统变量LIGHTINGUNITS变量值为0时，天空背景将被禁用。

"阳光与天光"背景可以在视图中交互调整，单击"阳光和位置"按钮，在"阳光特性"选项板的"天光特性"选项组中，单击"天光特性"按钮，在"调整阳光与天光背景"对话框中，用户可以更改阳光与天光特性并预览对背景所做的更改，如图14-78和图14-79所示。

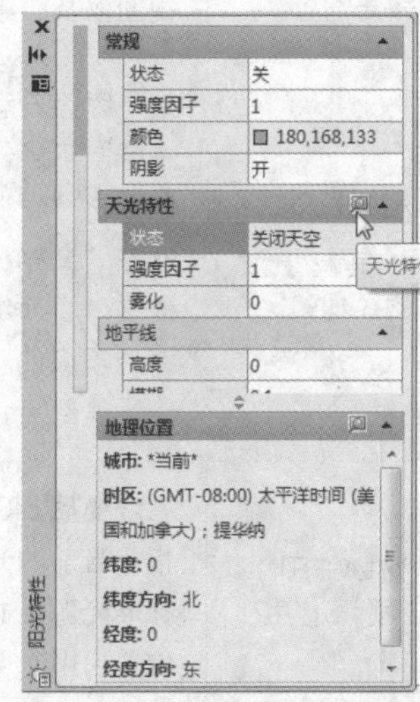

图14-78 选择"天光特性"命令

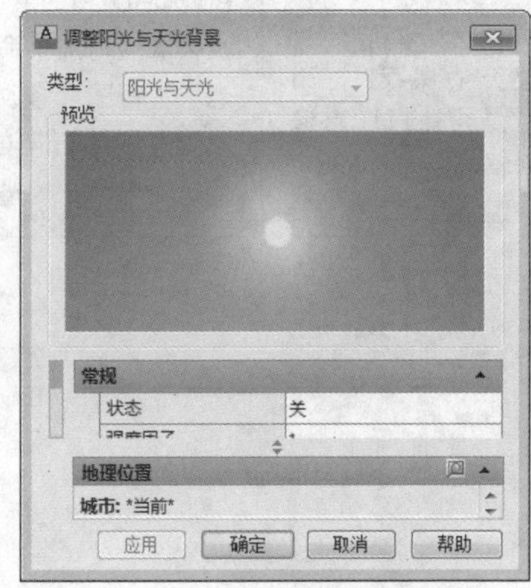

图14-79 天光设置对话框

设置完成后，单击"应用"按钮，关闭该对话框和"阳光特性"选项板，保持"阳光状态"功能开启状态，执行"渲染"命令，即可查看到天光渲染效果。

秒杀 工程疑惑

在AutoCAD中操作时，用户经常会遇见各种各样的问题，下面将总结一些常见问题并进行解答，包括渲染窗口无法显示、材质贴图比例参数的设置、系统变量LIGHTINGUNITS的设置、无法保存渲染效果等问题。

问　题	解　答
为什么添加了光源后，在渲染时，渲染窗口一片漆黑?	这是由于添加的光源位置不对而造成的。此时只需调整好光源的位置即可。 在三维视图中，调整光源位置，需要结合其他视图一起调整，例如俯视图、左视图以及三维视图，这样才能将光源调整到最好的状态
为什么在赋予了地板材质后，其材质没有地板的纹理?	这是因为没有设置材质的比例大小，从而形成材质纹理过密造成的。此时只需进行以下操作即可 ❶ 单击“材质浏览器”按钮，打开相应的选项板 ❷ 在“文档材质”列表中，选中地板材质，并单击材质后的编辑按钮 ❸ 在“材质编辑器”选项板中，单击“图像”下的地板图案，在“纹理编辑器”选项板的“比例”选项组中，调整好“样例尺寸”的“宽度”和“高度”参数值即可。数值越大，材质纹理越疏松，反之则越紧密
系统变量LIGHTINGUNITS有什么作用?	系统变量 LIGHTINGUNITS 控制的是使用常规光源还是使用光度控制光源，并指示当前的光学单位。其变量值为 0、1、2。其中 0 为未使用光源单位并启用标准光源；1 为使用美制光学单位并启用光度控制光源；2 为使用国际光源单位并启用光度
为什么渲染后的效果无法保存? 打印时是否能打印出渲染效果?	AutoCAD 中的渲染效果会在执行任何命令时消失，但不是真正意义上的消失，当再次执行渲染命令时又会出现先前设置好的渲染效果。所以不可以在渲染状态下进行图形修改，只有在非渲染状态下才可以修改图形 如果直接打印渲染效果的话，打印出的是渲染之前的效果，渲染效果只有通过渲染输出后才能进行打印

AutoCAD 2013

CHAPTER

室内施工图的绘制

室内施工图是用于表达建筑物室内装饰美化要求的施工图样，其制图与表达遵守现行建筑制图标准的规定。室内施工图以透视效果图为主要依据，采用正投影等投影法反映建筑的装饰结构、装饰造型、饰面处理，以及反映家具、陈设、绿化等布置内容。图纸内容一般包括平面布置图、地面布置图、天花布置图、装饰立面图、节点详图等。另外还有给排水、电气、暖通施工图。本章以三居室平面图为例，介绍AutoCAD软件在绘制室内施工图时的操作。

学完本章您可以掌握如下知识点

知识点序号	知识点难易指数	知识点
1	★	了解室内施工图的基本要求
2	★★	室内平面布置图的绘制方法
3	★★★	室内立面图的绘制方法
4	★★★★	室内节点图的绘制方法

本章内容图解链接

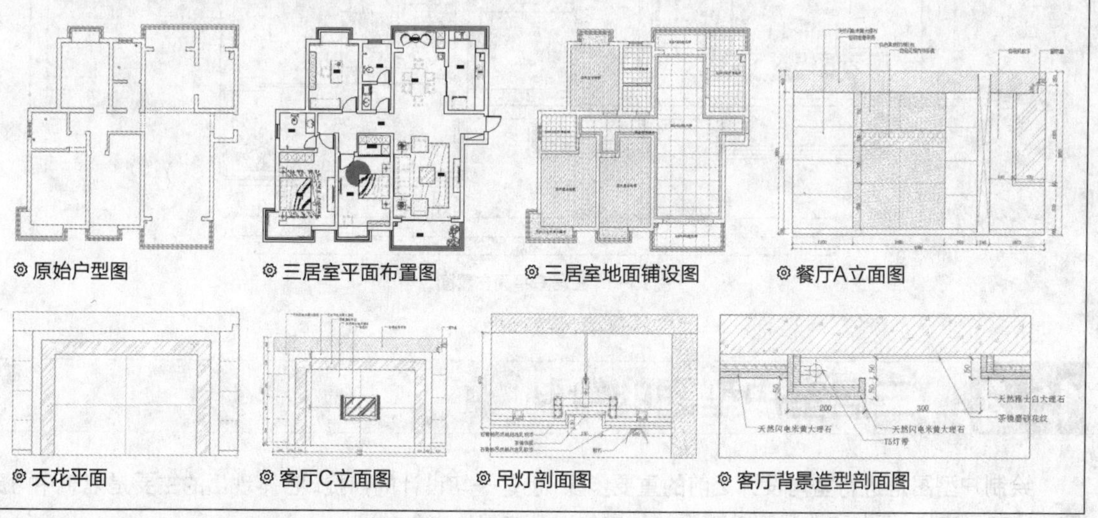

◎原始户型图 ◎三居室平面布置图 ◎三居室地面铺设图 ◎餐厅A立面图

◎天花平面 ◎客厅C立面图 ◎吊灯剖面图 ◎客厅背景造型剖面图

15.1 系统设计说明

此户型为三口之家，原有的建筑结构较为规整，根据户主要求，并未在原有建筑结构上进行改动，主要是在现有建筑结构条件下进行了更加合理的布局安排，如图15-1所示。

本套方案整体采用简洁现代的装修风格，整体色调把握上以白色和米黄为主。家具在搭配主体的基础上主要选择了较为柔软的材质；电视背景墙处理采用了不同的装饰材质，如石材和镜面等，增加了空间的延伸感；餐厅背景墙采用了镜面与白色软包的搭配处理，整体上继续了简洁现代的感觉，但又给人较强的设计感与空间的延伸感。其他墙面主要采用壁纸处理。在顶面处理上与墙面相互呼应，部分采用了镜面装饰，布局造型则和地面装饰相互照应，在满足功能分区的要求上增加了顶面的丰富程度，配合装饰大灯、筒灯及射灯等，营造出温馨舒适的家庭气氛。

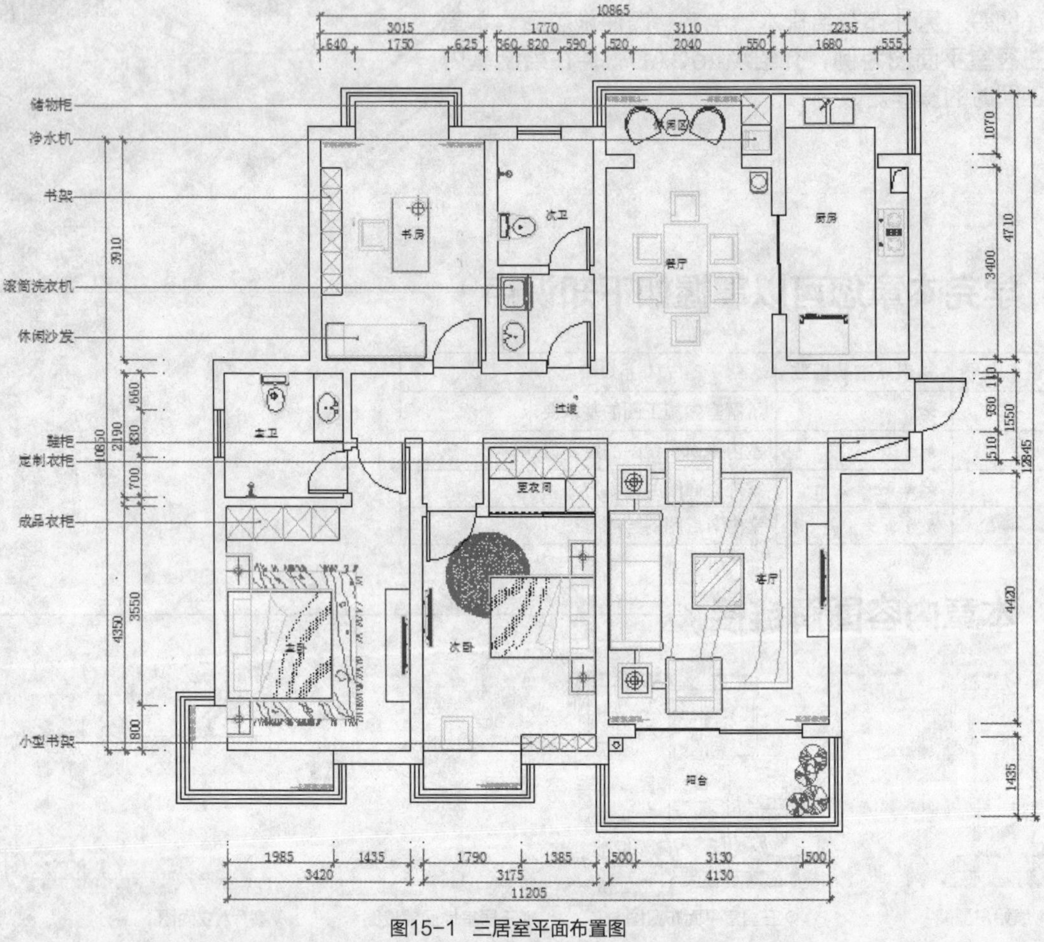

图15-1 三居室平面布置图

15.2 三居室户型图的绘制

绘制户型图是进行室内设计之前的重要步骤，也是一切设计的前提。它体现出的主要是建筑中门窗尺寸的定形定位，下水和地漏等基础设施的定位以及房屋的走向布局。

15.2.1 绘制三居室墙体

绘制户型图首先要绘制户型墙体轮廓，主要利用到"直线"、"偏移"、"圆角"等命令，下面介绍一下三居室墙体的绘制过程。

Step 01 启动AutoCAD 2013，打开"户型内轮廓图.dwg"，如图15-2所示。

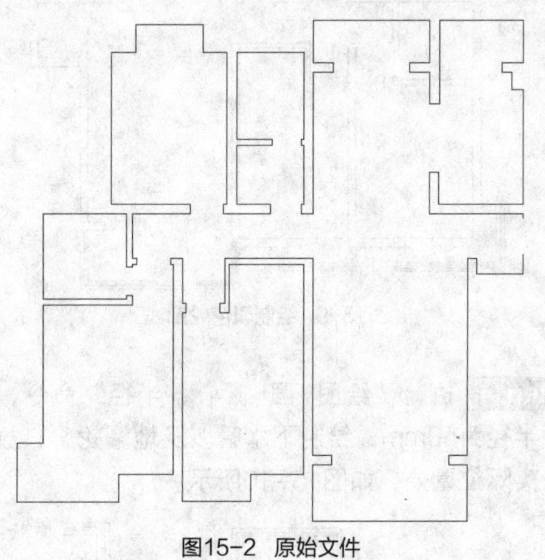

图15-2 原始文件

Step 02 执行"修改>偏移"命令，将内轮廓线向外偏移240mm，偏移出墙体厚度，如图15-3所示。

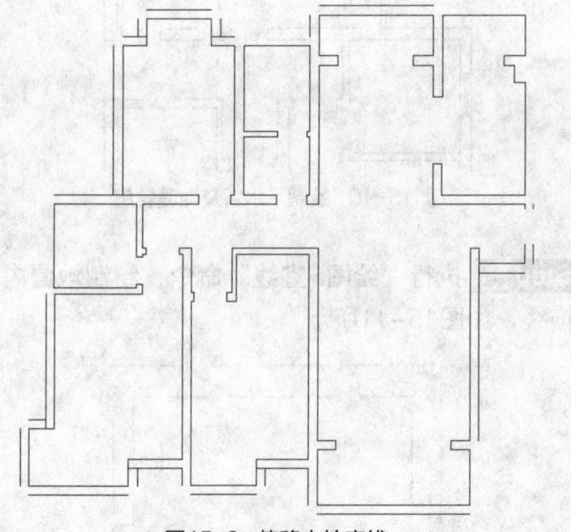

图15-3 偏移内轮廓线

Step 03 执行"修改>圆角"命令，默认圆角半径为0，连接墙体轮廓线，然后执行"修改>延伸"命令，区分墙体和窗户轮廓，如图15-4所示。

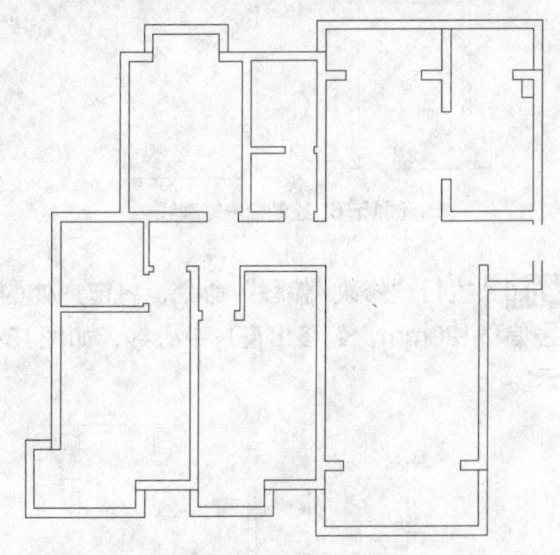

图15-4 连接墙体线

Step 04 执行"绘图>直线"命令，封闭入户处墙体轮廓，完成户型墙体的绘制，如图15-5所示。至此三居室墙体图绘制完毕。

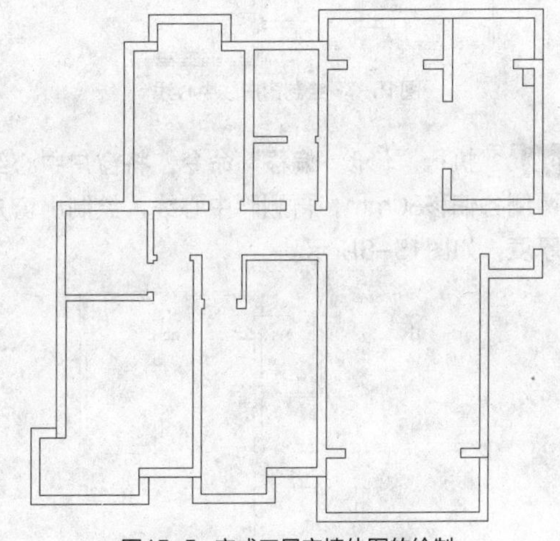

图15-5 完成三居室墙体图的绘制

15.2.2 绘制三居室窗户及其他设施

户型图中除墙体外还需要绘制窗户及其他一些设施，如房梁、下水、地漏、烟道等位置，为下一步设计做好准备。下面介绍窗户、梁以及各种设施的绘制过程。

Step 01 执行“绘图>直线”命令，根据内轮廓线上留出的基点绘制窗户宽度，如图15-6所示。

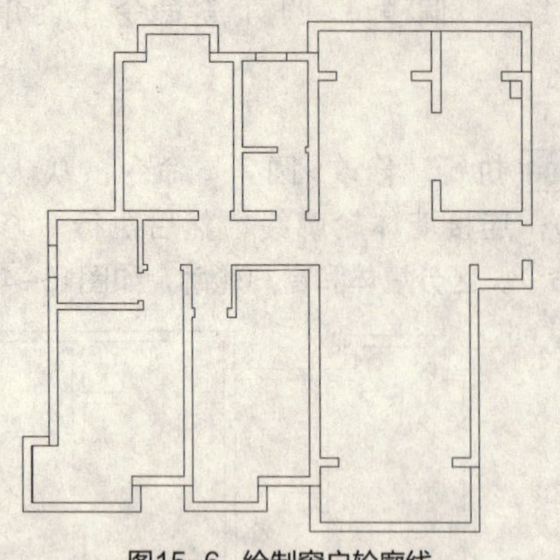

图15-6 绘制窗户轮廓线

Step 02 执行“修改>偏移”命令，将窗户处的墙体线偏移120mm，偏移出窗户中心线，如图15-7所示。

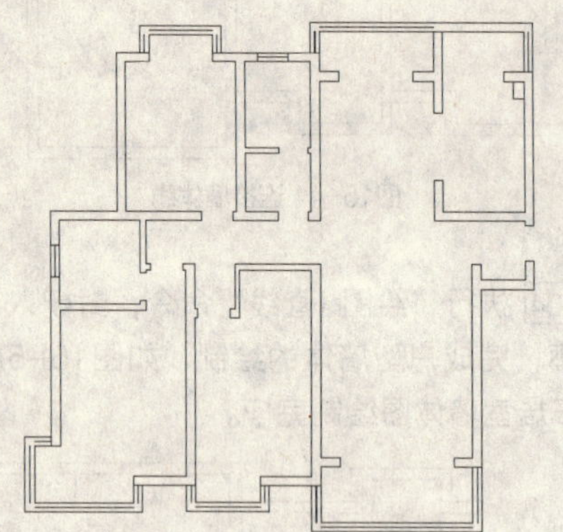

图15-7 绘制窗户线中心线

Step 03 执行“修改>偏移”命令，将窗户中心线向两侧各偏移30mm，再删除中心线，绘制出窗户扇厚度，如图15-8所示。

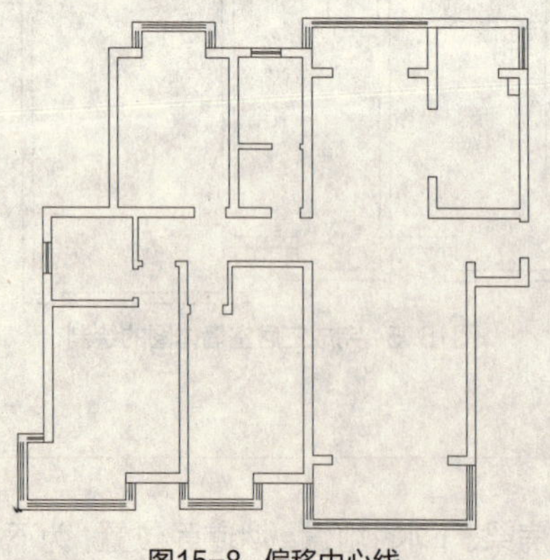

图15-8 偏移中心线

Step 04 执行“修改>圆角”命令，默认圆角半径为0，完成窗户扇的绘制。执行“绘图>直线”命令，绘制飘窗轮廓线，如图15-9所示。

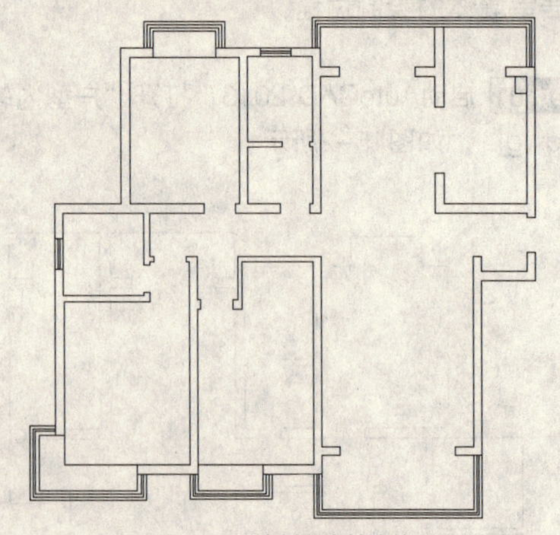

图15-9 绘制飘窗轮廓线

Step 05 执行“绘图>圆>圆心、半径”命令，设置半径为50mm，绘制下水管以及地漏轮廓，放置在实际位置处，如图15-10所示。

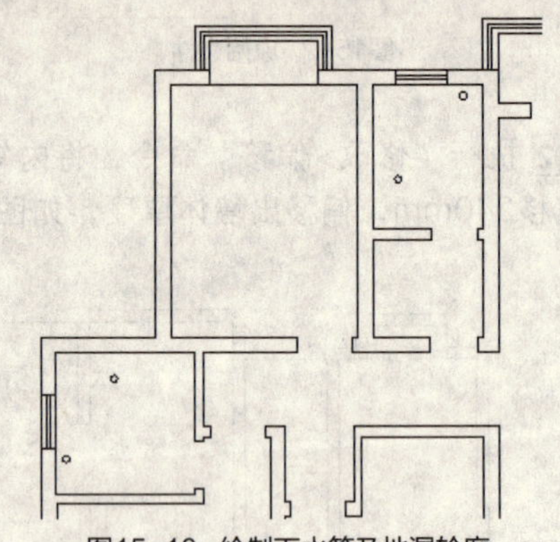

图15-10 绘制下水管及地漏轮廓

Step 06 执行“绘图>直线”命令，绘制地漏内部饰线，如图15-11所示。

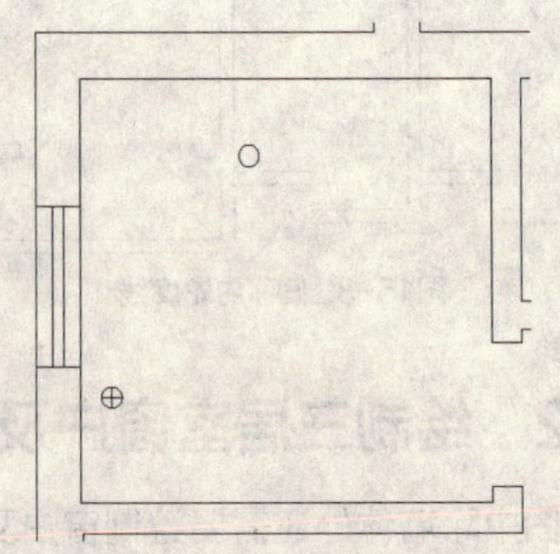

图15-11 绘制地漏内部饰线

Step 07 执行“绘图>直线”命令，绘制烟道轮廓，如图15-12所示。

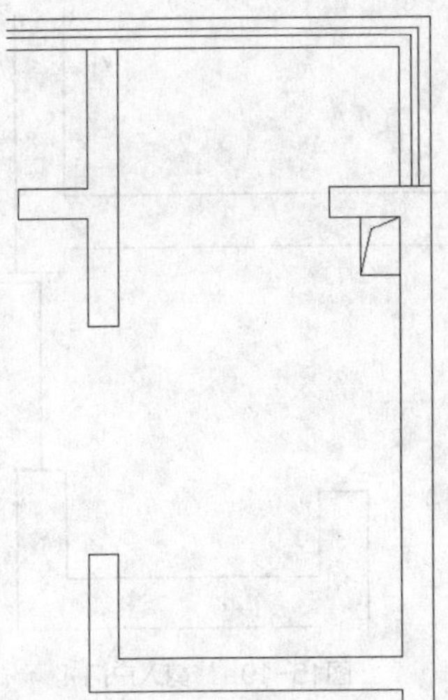

图15-12 绘制烟道轮廓线

Step 08 执行“绘图>直线”命令，绘制房梁的一条轮廓线，如图15-13所示。

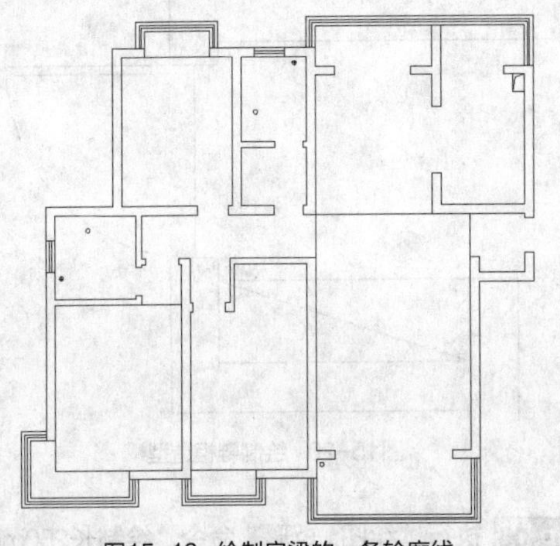

图15-13 绘制房梁的一条轮廓线

Step 09 执行“修改>偏移”命令，设置偏移距离为240mm，偏移出梁的宽度，如图15-14所示。

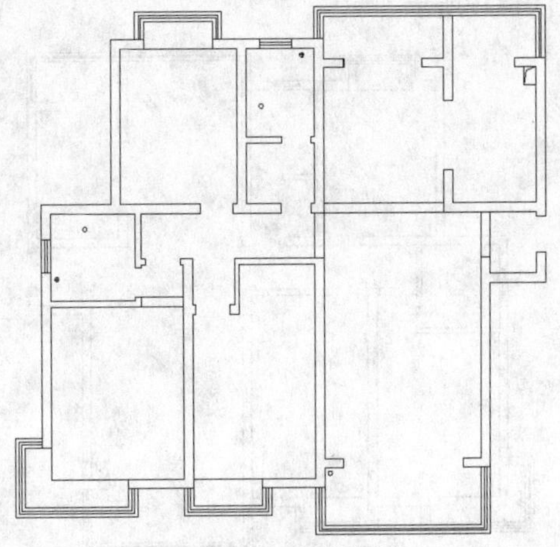

图15-14 偏移房梁线

Step 10 选择所有房梁轮廓线，在“特性”选项板中，设置轮廓线线型为虚线，其线型比例为5。至此已完成三居室户型图的绘制，如图15-15所示。

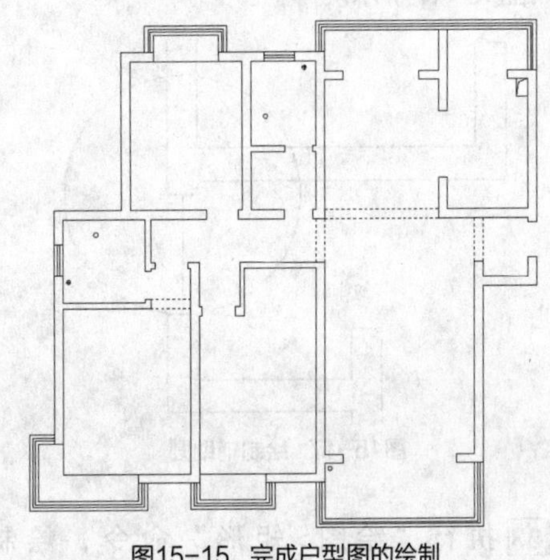

图15-15 完成户型图的绘制

15.3 三居室平面图的绘制

平面布置图是设计过程中首先涉及的内容。空间划分、功能分区是否合理都关系着最终的设计效果。它所表达的内容主要是建筑主体结构、各区域的家具、家电、装饰绿化的造型和位置。

15.3.1 绘制客厅平面图

在本户型中，客厅面积最大，是户型整体设计的重点，客厅平面的绘制主要利用到“矩形”、“插入块”命令。下面介绍一下客厅平面图的绘制过程。

Step 01 启动AutoCAD 2013，打开绘制好的“三居室户型图.dwg”，删除梁轮廓线和地漏轮廓，如图15-16所示。

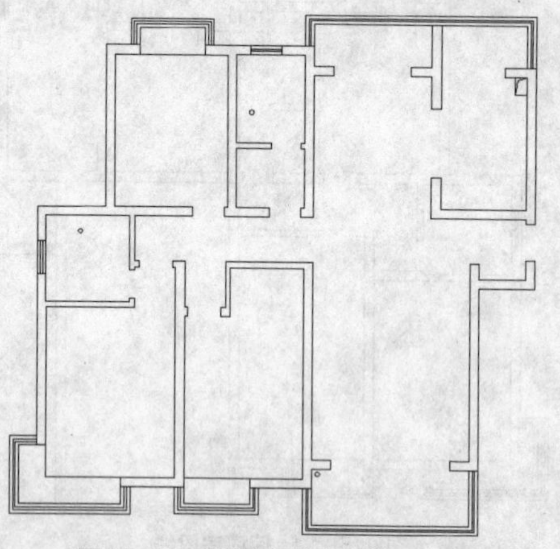

图15-16 删除房梁轮廓与地漏轮廓

Step 02 执行“绘图>直线”命令，绘制入户门的中心线，然后执行“绘图>圆>圆心、半径”命令，以直线上端点为圆心，绘制半径为950mm的圆，如图15-17所示。

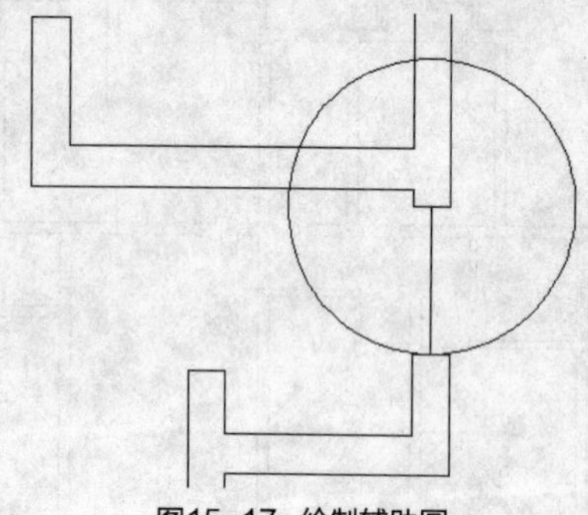

图15-17 绘制辅助圆

Step 03 执行“绘图>矩形”命令，绘制长930mm、宽40mm的长方形，并放置在入户位置处，如图15-18所示。

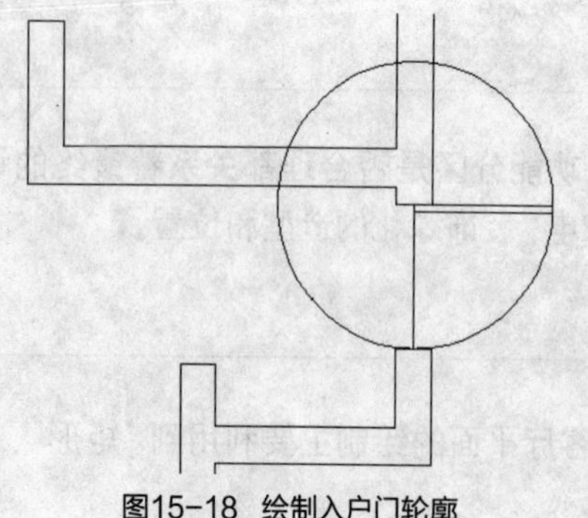

图15-18 绘制入户门轮廓

Step 04 执行“修改>修剪”命令，完成门的绘制，如图15-19所示。

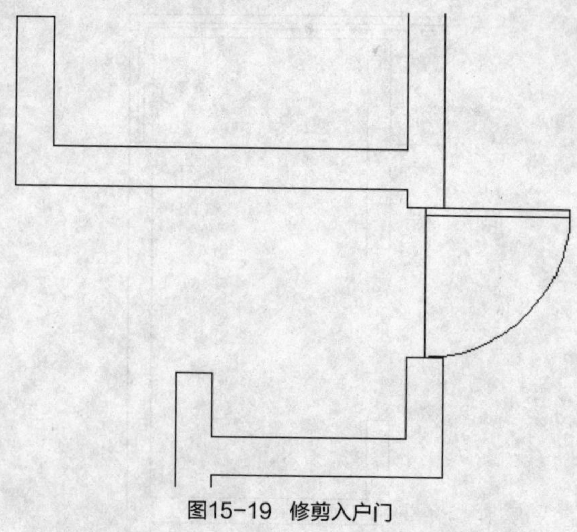

图15-19 修剪入户门

Step 05 执行“绘图>直线”命令，绘制鞋柜造型，如图15-20所示。

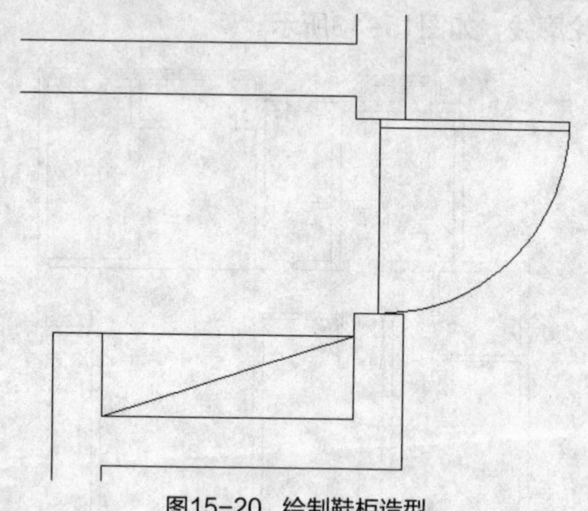

图15-20 绘制鞋柜造型

Step 06 执行“绘图>矩形”命令，绘制长250mm、宽250mm的长方形包水管，如图15-21所示。

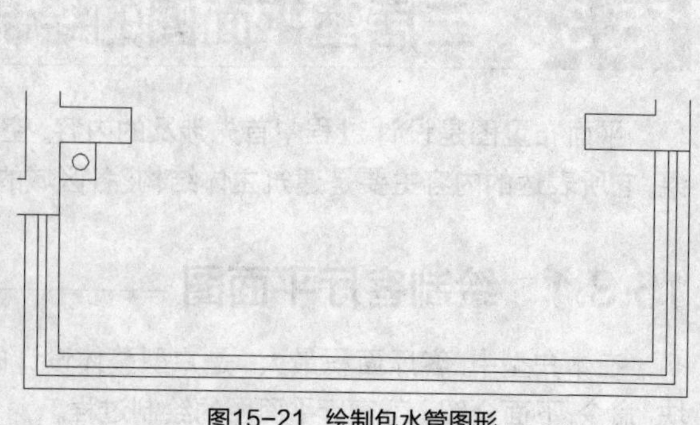

图15-21 绘制包水管图形

Step 07 执行“绘图>矩形”命令，绘制两个长1565mm、宽40mm的长方形，分别放置在阳台门洞位置，如图15-22所示。

图15-22 绘制阳台门

Step 08 执行“插入>块”命令，打开“插入”对话框，如图15-23所示。

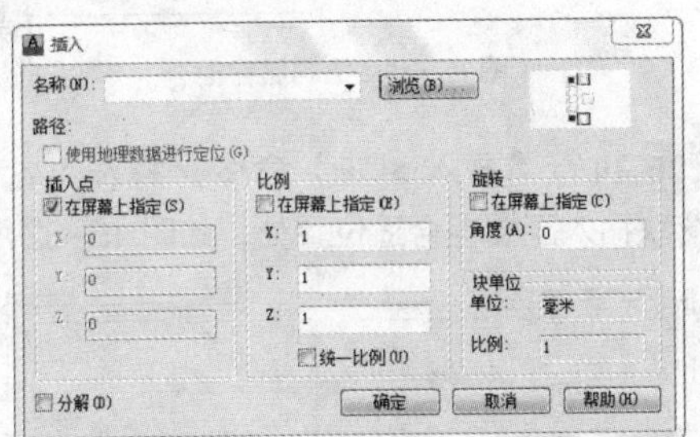

图15-23 “插入”对话框

Step 09 单击“浏览”按钮，打开“选择图形文件”对话框，如图15-24所示。

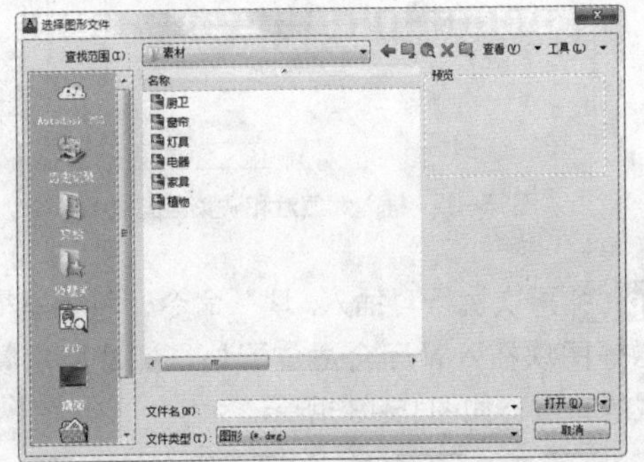

图15-24 “选择图形文件”对话框

Step 10 选择家具图块中的沙发图形，在绘图区中指定插入点，即可完成插入操作，如图15-25所示。

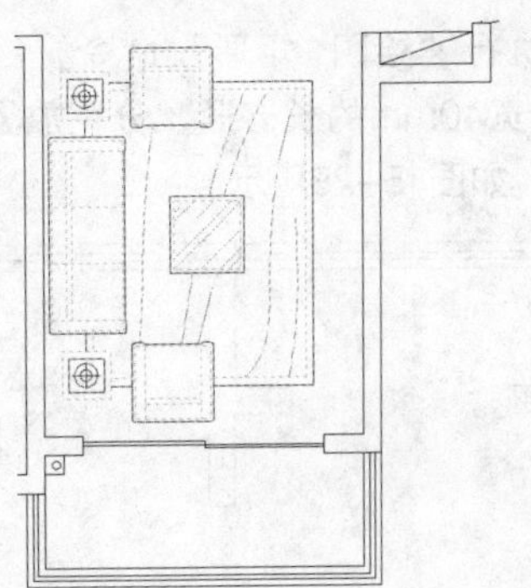

图15-25 插入沙发图形

Step 11 重复上述操作，继续添加电器图块中的电视机图形和植物图形，如图15-26所示。

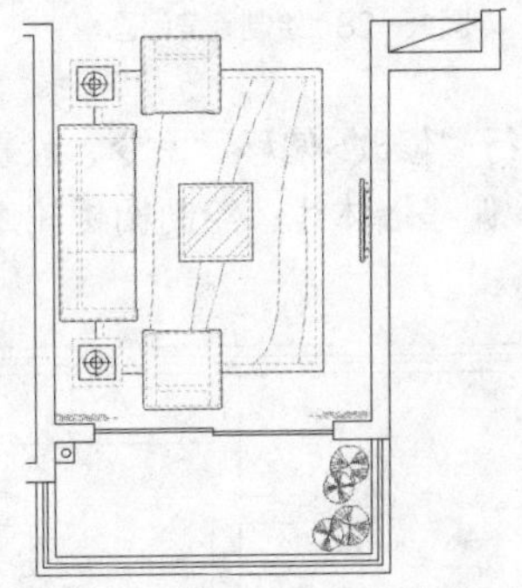

图15-26 插入植物和电视机图形

Step 12 执行“绘图>矩形”命令，绘制长2000mm、宽400mm的长方形，放置在电视机处，作为电视柜，如图15-27所示。至此已完成客厅区域的布置。

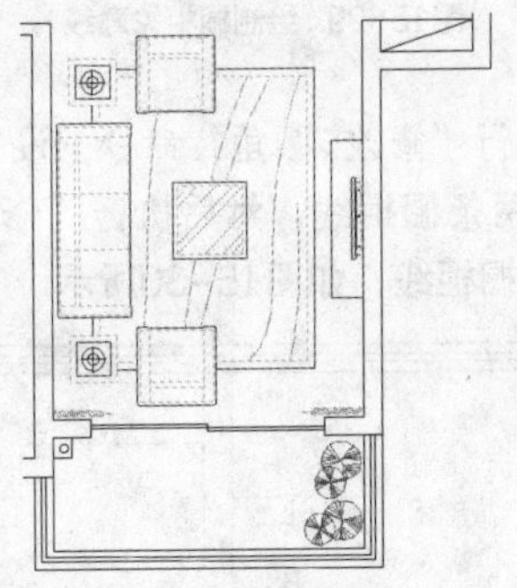

图15-27 完成客厅区域的布置

15.3.2 绘制厨房及餐厅平面图

绘制餐厅和厨房平面图主要用到“直线”、“偏移”、“插入块”等命令，其设计主要取决于空间对机能的要求和总体的设计目的，同时还要考虑到它的极限尺寸和人的操作范围，才能使布局尽善尽美。下面介绍一下餐厅和厨房平面图的绘制过程。

Step 01 执行“绘图>矩形”命令，绘制两个长880mm、宽40mm的长方形，分别放置在厨房门洞的位置，如图15-28所示。

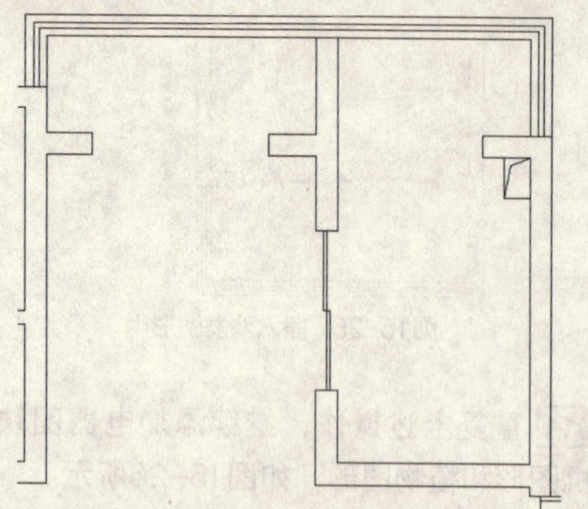

图15-28 绘制厨房门图形

Step 02 执行“修改>偏移”命令，设置偏移距离为600mm，偏移墙体线，绘制橱柜轮廓线，如图15-29所示。

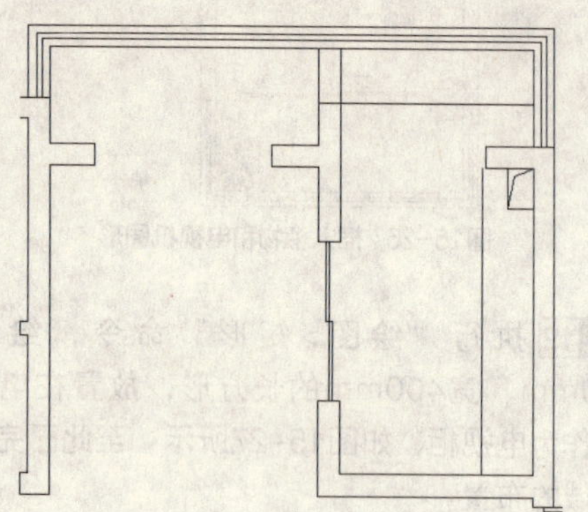

图15-29 绘制橱柜轮廓线

Step 03 执行“修改>圆角”命令，设置圆角尺寸为0，连接两条橱柜线，然后执行“修改>修剪”命令，修剪橱柜线，如图15-30所示。

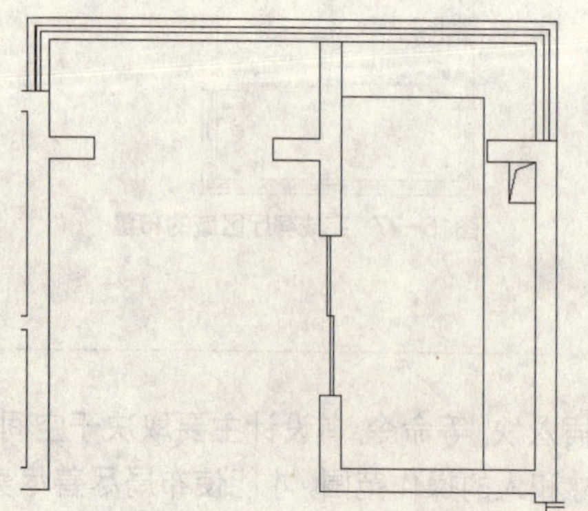

图15-30 修剪橱柜线

Step 04 执行“绘图>直线”命令，绘制餐厅阳台区域的储物柜，如图15-31所示。

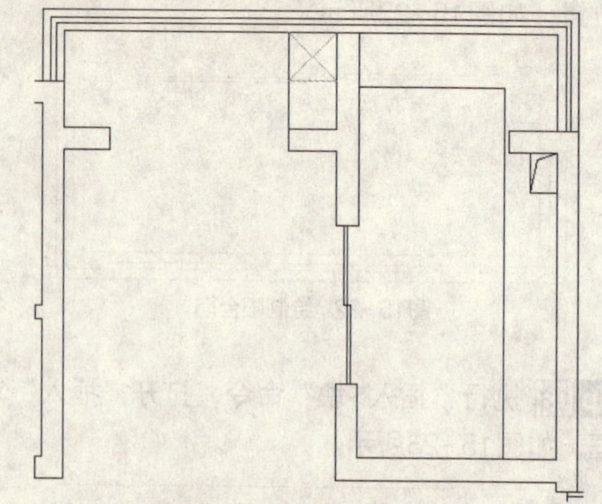

图15-31 绘制储物柜

Step 05 执行“插入＞块”命令，将洗菜盆和煤气灶图块插入至橱柜合适位置处，如图 15-32 所示。

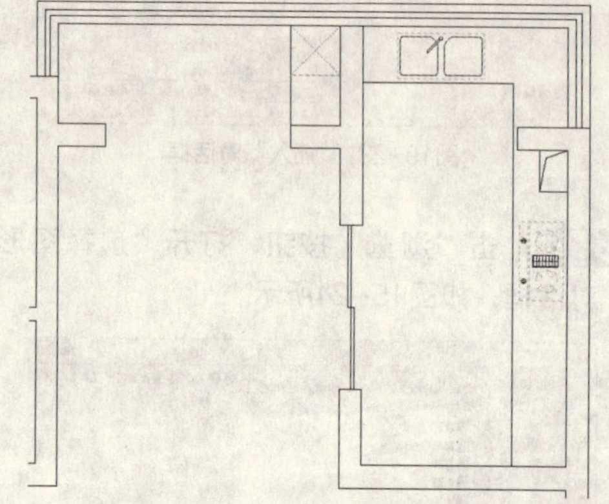

图15-32 插入煤气灶和洗菜盆图块

Step 06 再次执行“插入>块”命令，将餐桌椅、电器等图块插入餐厅合适位置处，完成厨房餐厅区域的布置，如图15-33所示。

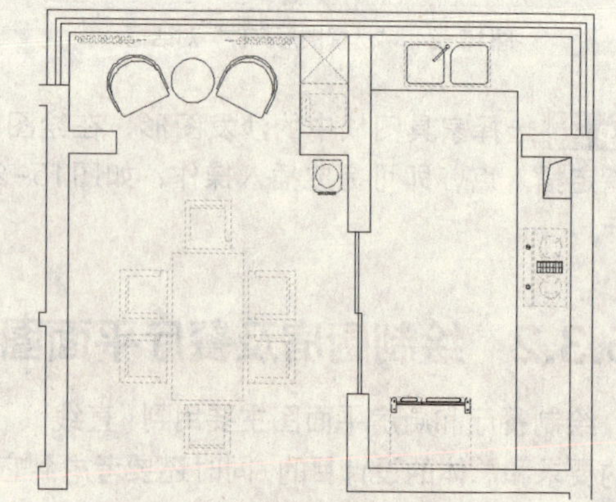

图15-33 完成厨房餐厅区域的布置

工程师点拨：厨房布置技巧

在布置厨房电器时，需注意摆放顺序。当业主进入厨房后，一般先洗菜，后切菜，最后再炒菜，所以在布置洗菜盆、煤气灶等用具时，需考虑做菜的先后顺序，否则会给住户带来不便。另外，抽油烟机的位置离烟道越近越好。

15.3.3 绘制卧室及主卫平面图

卧室主要分为睡眠区、贮存区和休闲区三大部分，本户型的设计比较合理，遵循了卧室空间，卫生间要根据空间大小和下水等设施位置来进行布局的原则。绘制本图主要利用到"直线"、"圆"、"矩形"、"块"等命令。下面介绍一下卧室和卫生间平面布局的绘制过程。

Step 01 执行"绘图>直线"命令，绘制卧室和卫生间门的中心线，如图15-34所示。

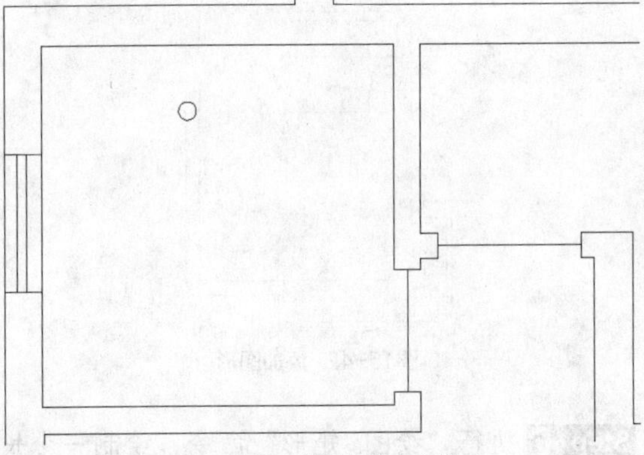

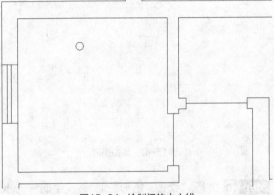

图15-34 绘制门的中心线

Step 02 执行"绘图>圆>圆心、半径"命令，分别以两条中心线的端点为圆心绘制半径为890mm和740mm的圆，如图15-35所示。

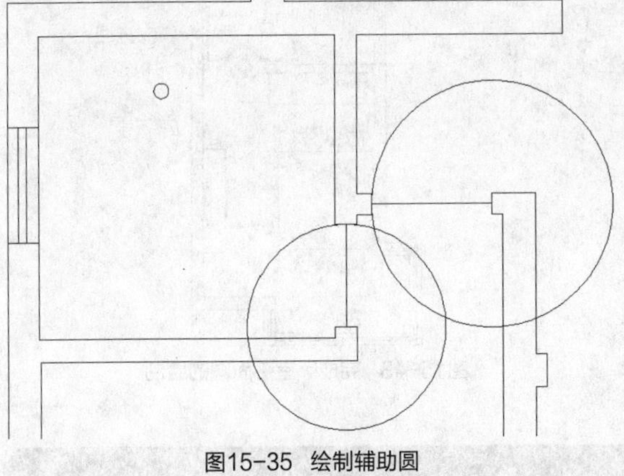

图15-35 绘制辅助圆

Step 03 执行"绘图>矩形"命令，绘制长890mm、宽40mm和长740mm、宽40mm的长方形，分别放置到门洞位置，如图15-36所示。

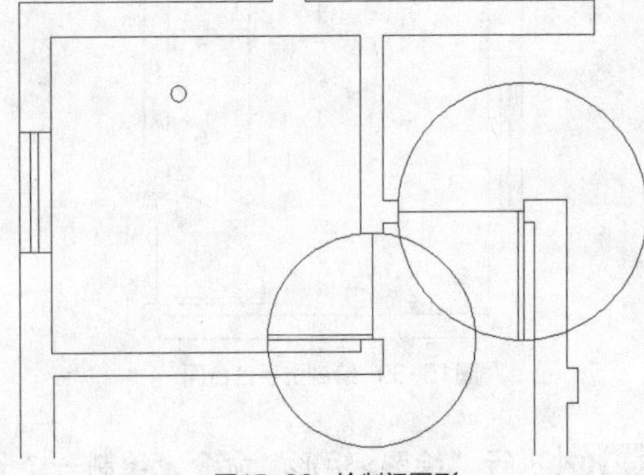

图15-36 绘制门图形

Step 04 执行"修改>修剪"命令，修剪出门的造型，如图15-37所示。

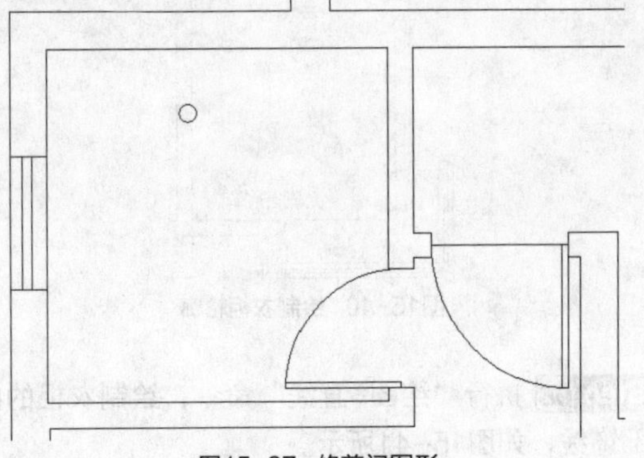

图15-37 修剪门图形

Step 05 执行"插入>块"命令，将马桶、洗手池、淋喷图块插入至主卫合适的位置，如图15-38所示。

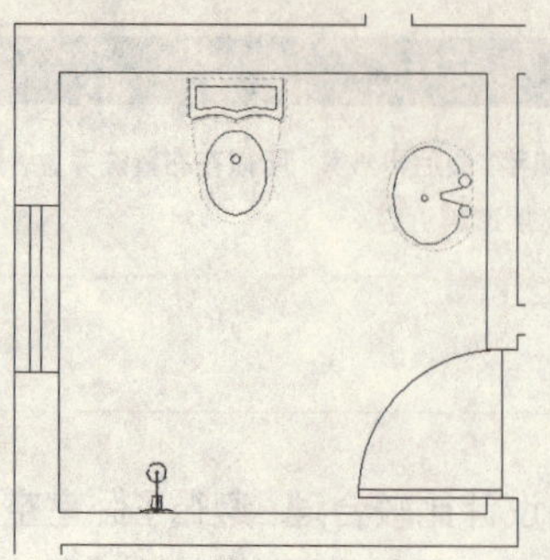

图15-38 插入图块

Step 06 执行“绘图>矩形”命令，绘制长1200mm、宽550mm的长方形，放置在洗手台位置，如图15-39所示。

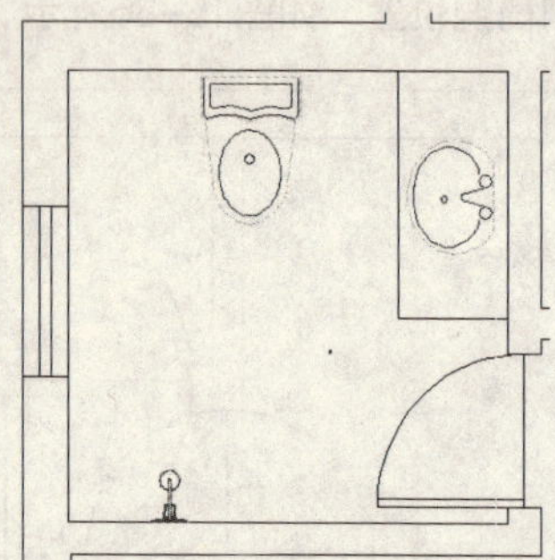

图15-39 绘制洗手台台面

Step 07 执行“绘图>矩形”命令，绘制一个长2100mm、宽600mm的长方形作为衣柜的轮廓，如图15-40所示。

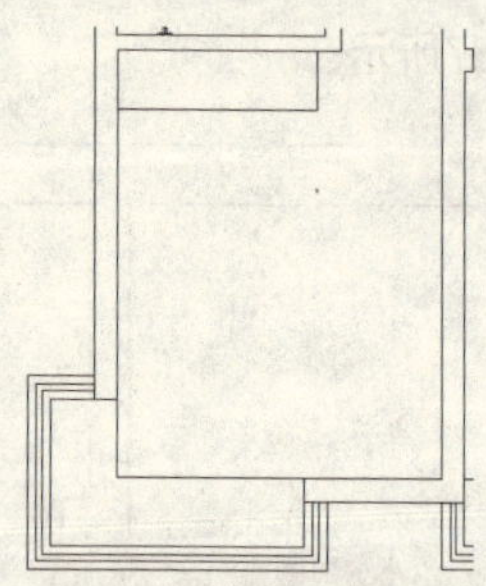

图15-40 绘制衣柜轮廓

Step 08 执行“绘图>直线”命令，绘制衣柜的内部饰线，如图15-41所示。

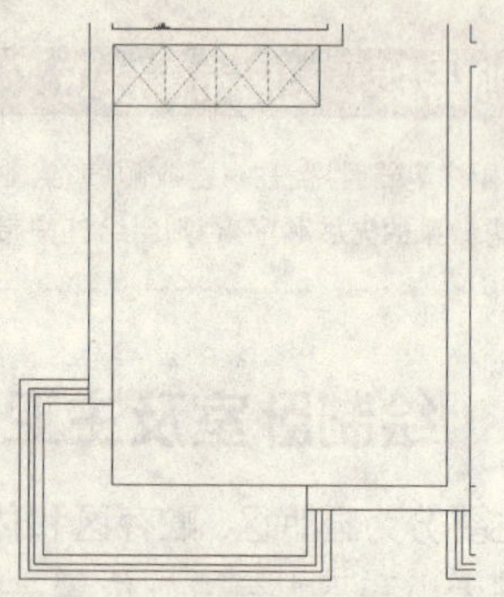

图15-41 绘制衣柜内部饰线

Step 09 执行“插入>块”命令，添加家具图块中床的图形和电器图块中的电视机图形，如图15-42所示。

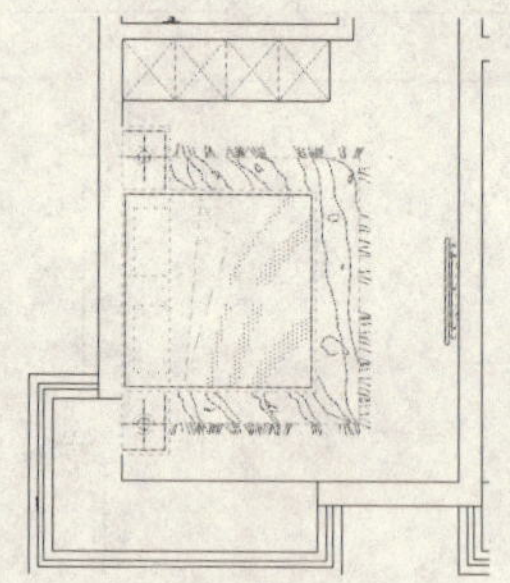

图15-42 添加图形

Step 10 执行“绘图>矩形”命令，绘制一个长2000mm、宽450mm的长方形，放置在电视机处作为电视柜，如图15-43所示。至此完成卧室及主卫平面的绘制。

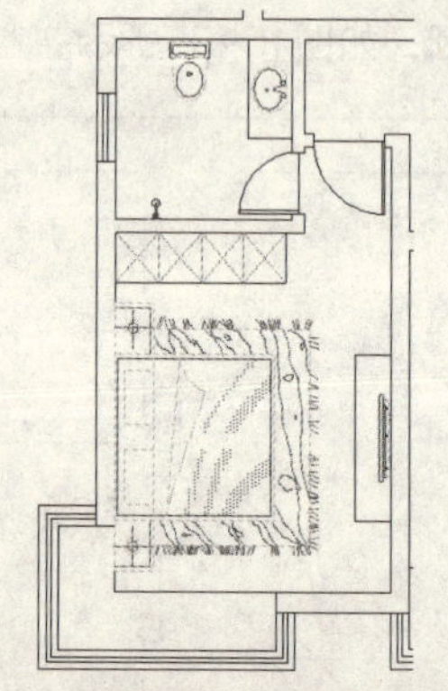

图15-43 完成卧室平面图的绘制

工程师点拨：绘制衣柜门需注意

衣柜门大致分为两种形式，双开门式和推拉门式。而在绘制衣柜平面图时，最好也能反映出来，常规双开门的门板宽度在400mm~600mm之间为最佳，推拉门板宽度在600mm~800mm为最佳。

15.4 三居室地面铺设图及天花平面图的绘制

地面铺设图主要用来表示地面的造型、材料名称、造型尺寸和工艺要求等。天花平面图主要是表示天花造型、各类设施的定形定位以及各部位的饰面材料和涂料的规格、名称等。

15.4.1 绘制地面铺设图

绘制地面铺设图使用的主要命令有"直线"命令和"填充"命令。利用直线划分区域，再利用不同的图案来表示不同的地面材料。下面介绍三居室地面铺设图的绘制过程。

Step 01 复制一份三居室平面布置图，如图19-44所示。

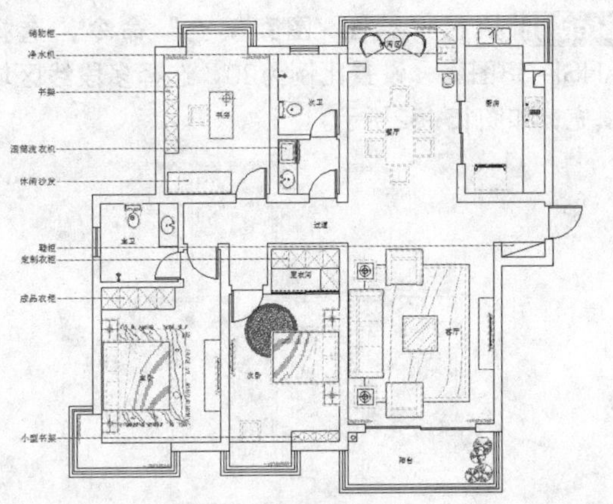

图15-44 复制图形

Step 02 删除三居室平面布置图中所有门和家具造型等，如图15-45所示。

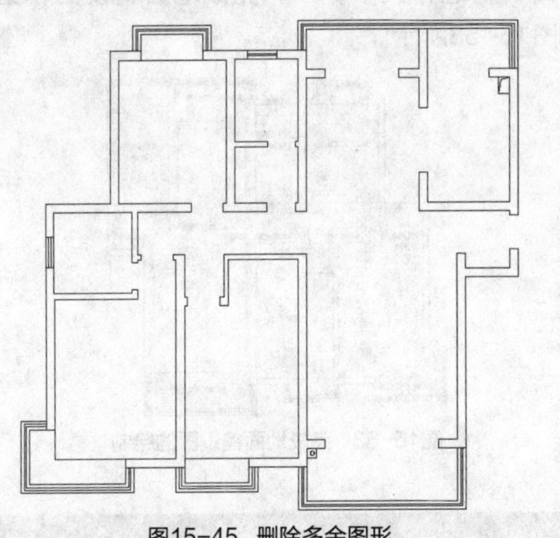

图15-45 删除多余图形

Step 03 执行"绘图>直线"命令，封闭门洞，划分地面区域，如图15-46所示。

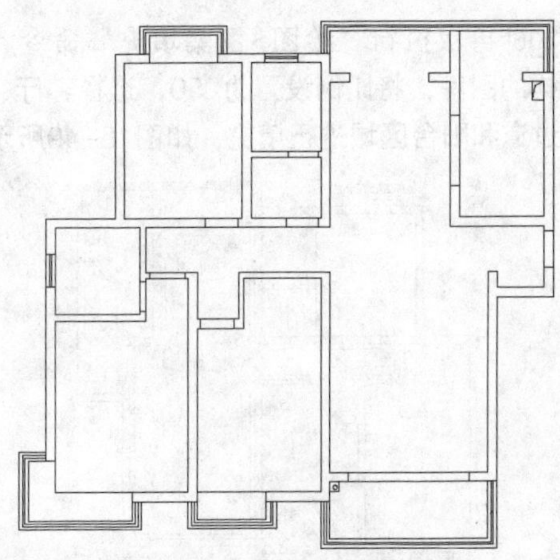

图15-46 划分地面区域

Step 04 执行"绘图>多段线"命令，描绘客厅、餐厅及过道区域，再执行"修改>偏移"命令，将多段线向内偏移150mm，如图15-47所示。

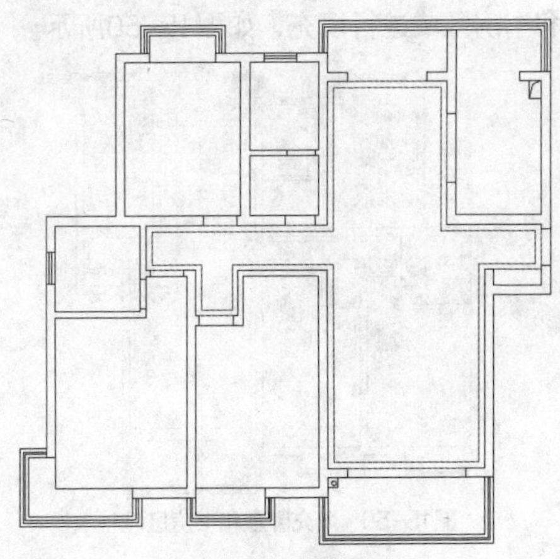

图15-47 偏移多段线

Step 05 执行"绘图>图案填充"命令，选择NET图案，设置角度为0°、比例为95，选择厨房和卫生间区域进行填充，如图15-48所示。

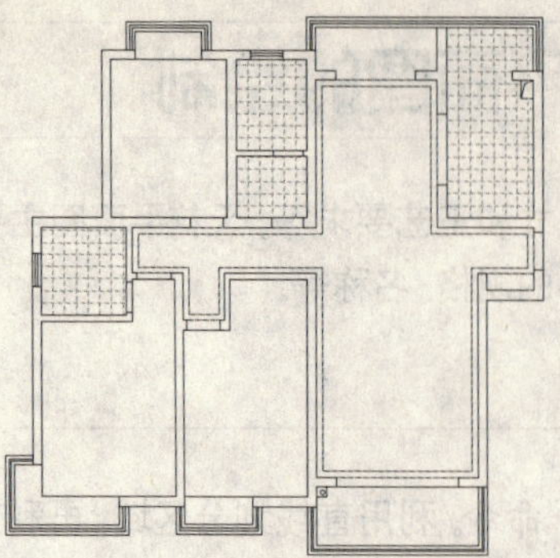

图15-48 填充厨房和卫生间区域

Step 06 再次执行“绘图>图案填充”命令，选择同样的图案，将比例设置为250，选择客厅、餐厅、过道和阳台区域进行填充，如图15-49所示。

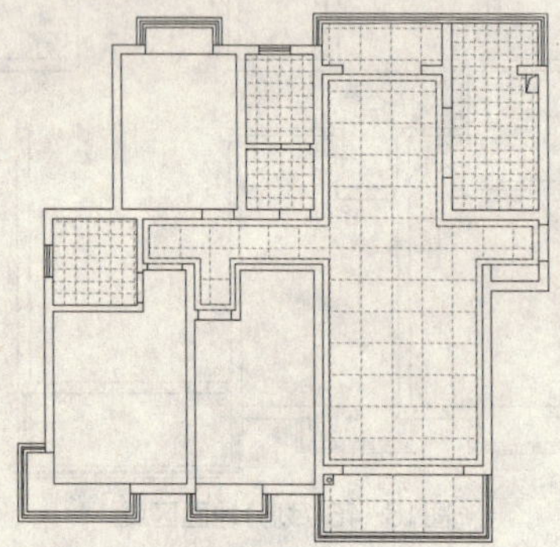

图15-49 填充客厅、餐厅和阳台区域

Step 07 执行“绘图>图案填充”命令，选择DLM-IT图案，设置角度为90°、比例为20，选择卧室和书房区域进行填充，如图15-50所示。

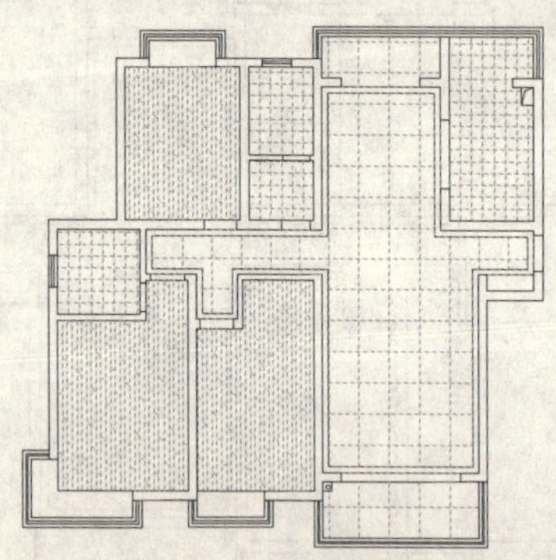

图15-50 填充卧室和书房区域

Step 08 执行“绘图>图案填充”命令，选择AR-CONC图案，设置比例为1.5，选择过门石和飘窗区域进行填充，如图15-51所示。

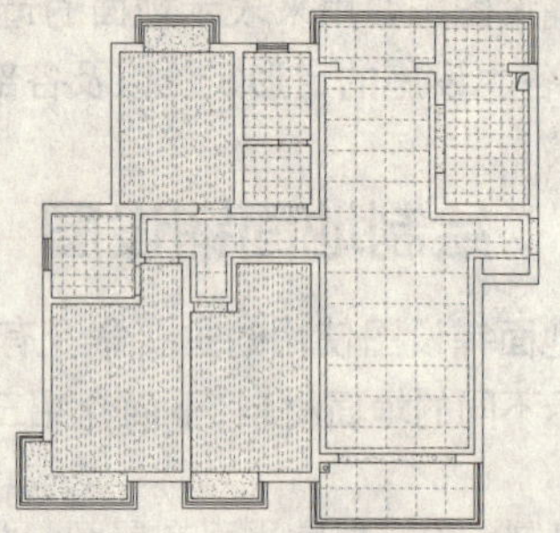

图15-51 填充过门石、飘窗区域

Step 09 执行“绘图>图案填充”命令，选择ANSI-38图案，设置比例为20，选择多段线区域填充，如图15-52所示。

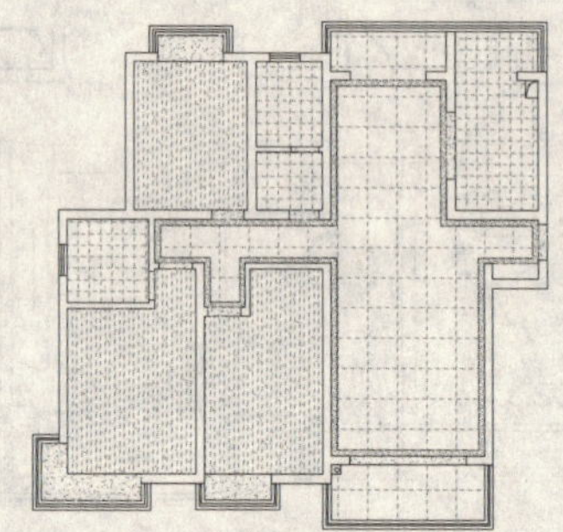

图15-52 填充多段线区域

Step 10 执行“绘图>文字>单行文字”命令，对地面材料进行文字标注，完成地面铺设图，结果如图15-53所示。

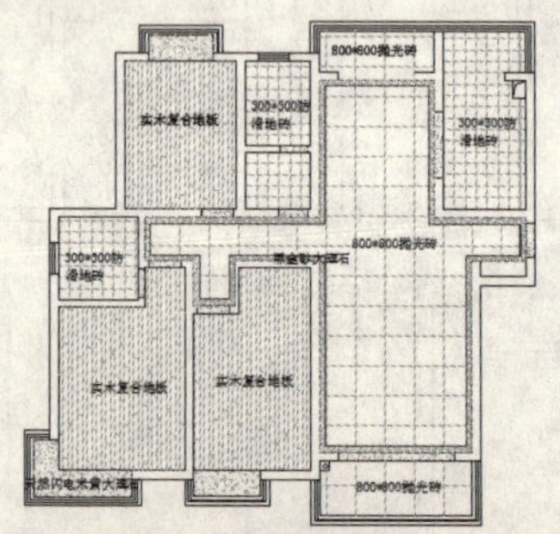

图15-53 完成地面铺设图的绘制

工程师点拨：地砖类型介绍

地砖是地面材料的一种，它的规格有多种。它有质坚、耐压耐磨，能防潮的特点。有的经上釉处理，具有装饰作用，按种类分可分为三种：釉面砖、瓷质砖和拼花砖，而本案所绘制的就是拼花砖。

15.4.2 绘制天花平面图

本户型的天花布局也是设计中的一个亮点，和墙面装饰造型及材料相互呼应，绘制本图主要利用"直线"、"矩形"、"偏移"、"块"等命令，下面介绍天花平面图的绘制过程。

Step 01 复制一份三居室平面布置图，删除三居室平面布置图中所有门和家具造型等，然后执行"绘图>直线"命令，封闭门洞，划分天花区域，如图15–54所示。

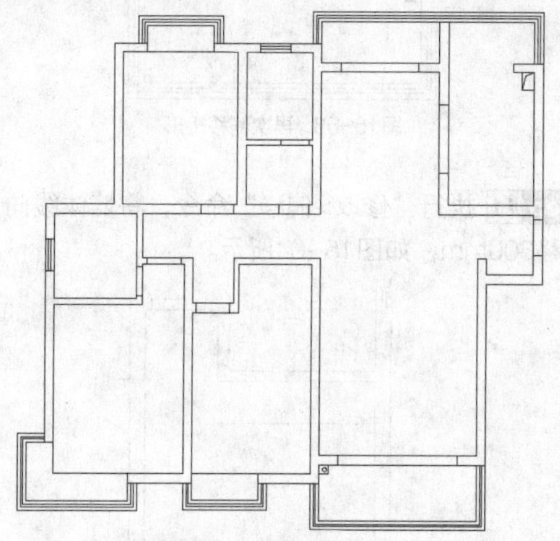

图15–54 划分天花区域

Step 02 执行"绘图>图案填充"命令，选择NET图案，设置角度为0°、比例为95，选择卫生间和厨房区域进行填充，如图15–55所示。

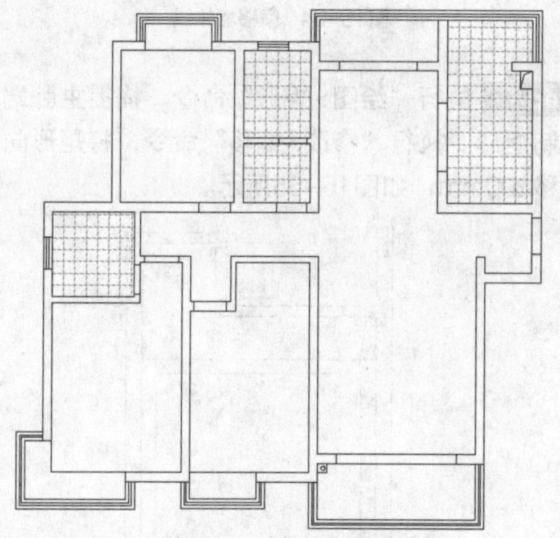

图15–55 填充卫生间和厨房区域

Step 03 执行"绘图>矩形"命令，绘制矩形。执行"修改>偏移"命令，向内分别偏移300mm和200mm，如图15–56所示。

图15–56 偏移矩形

Step 04 执行"修改>偏移"命令，将轮廓线向内偏移150mm，如图15–57所示。

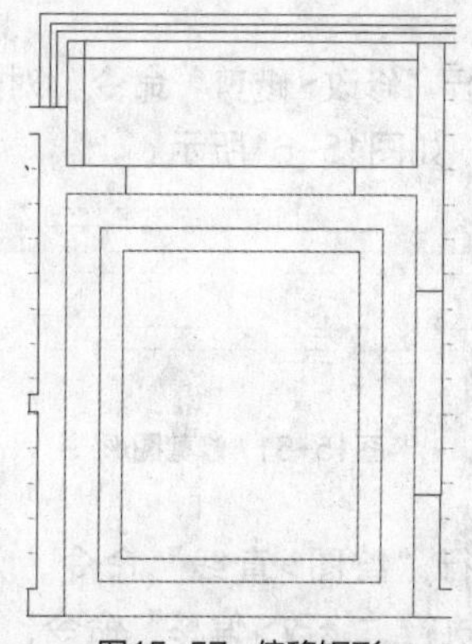

图15–57 偏移矩形

Step 05 执行"修改>圆角"命令，默认圆角尺寸，绘制窗帘盒轮廓，如图15–58所示。

图15–58 绘制窗帘盒轮廓

Step 06 执行“绘图>矩形”命令，捕捉过道区域的对角点，绘制矩形。执行“修改>偏移”命令，将其向内偏移250mm，如图15-59所示。

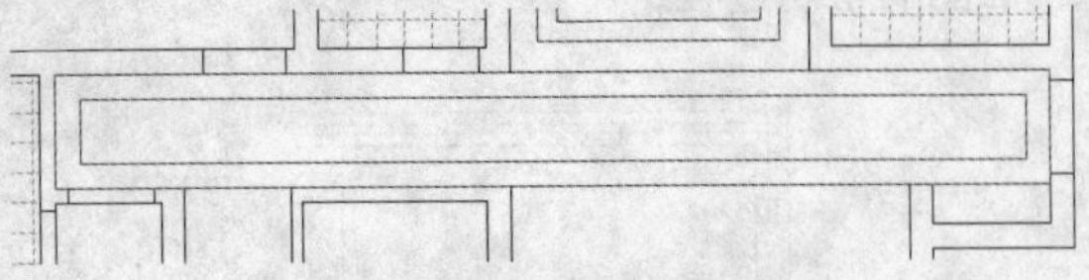

图15-59 偏移矩形

Step 07 执行“修改>分解”命令，分解矩形。执行“修改>偏移”命令，将矩形的宽边向右分别偏移1195mm、400mm、1195mm、400mm、1195mm、400mm、2510 mm、400mm、865mm、400mm，如图15-60所示。

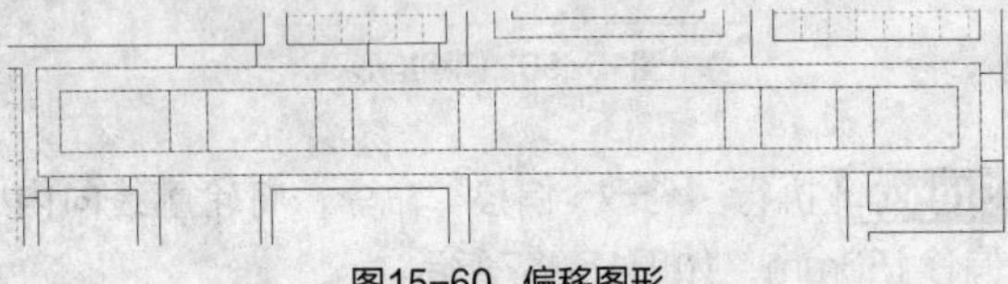

图15-60 偏移图形

Step 08 执行“修改>修剪”命令，对偏移后的图形进行修剪，如图15-61所示。

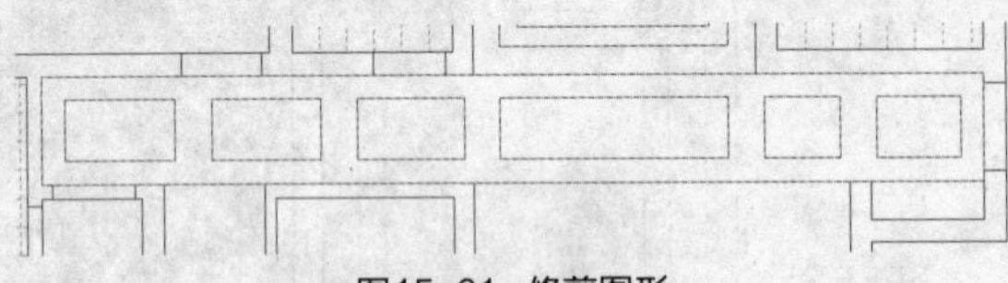

图15-61 修剪图形

Step 09 执行“绘图>直线”命令，沿墙体绘制一条直线。执行“修改>偏移”命令，将直线偏移150mm，如图15-62所示。

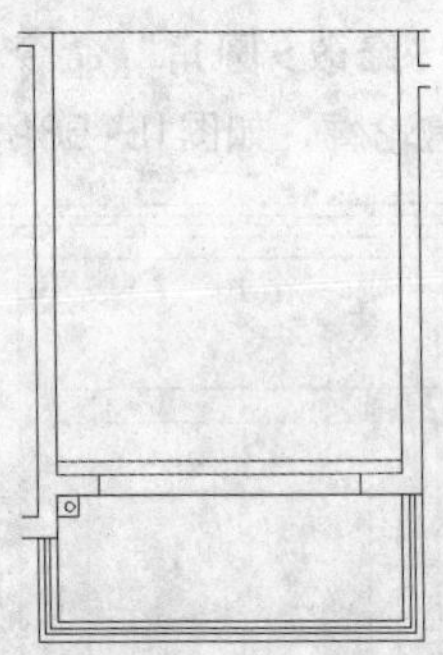

图15-62 偏移直线

Step 10 执行“绘图>矩形”命令，捕捉客厅区域对角点绘制矩形。执行“修改>偏移”命令，向内偏移300mm和150mm，如图15-63所示。

图15-63 再次偏移矩形

Step 11 执行“修改>偏移”命令，将墙体线向下偏移600mm，如图15-64所示。

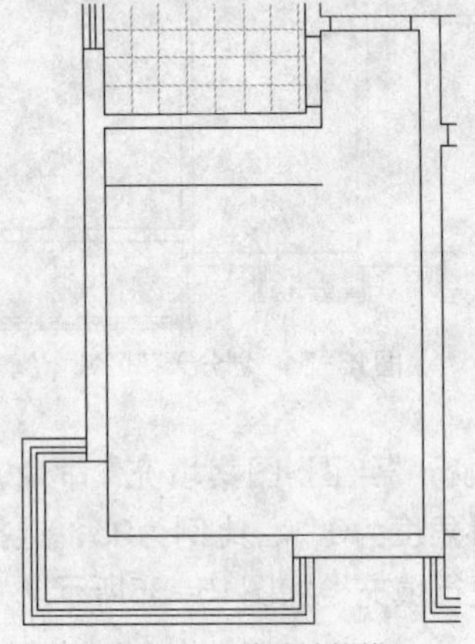

图15-64 偏移墙体线

Step 12 执行“绘图>矩形”命令，捕捉主卧端点绘制矩形。执行“修改>偏移”命令，将矩形向内偏移200mm，如图15-65所示。

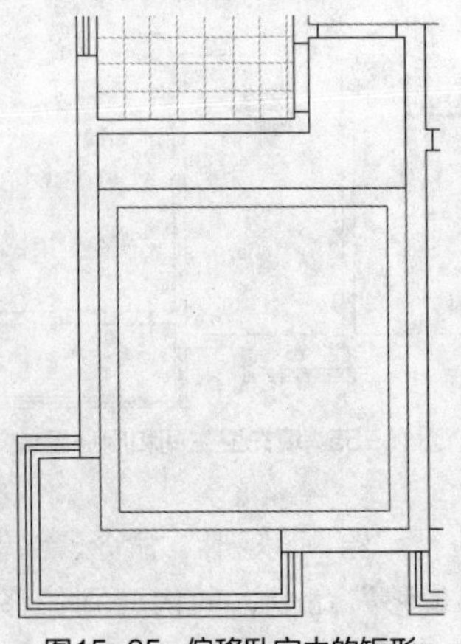

图15-65 偏移卧室中的矩形

Step 13 执行“绘图>矩形”命令，捕捉次卧角点绘制矩形。执行“修改>偏移”命令，将矩形向内偏移200mm，如图15-66所示。

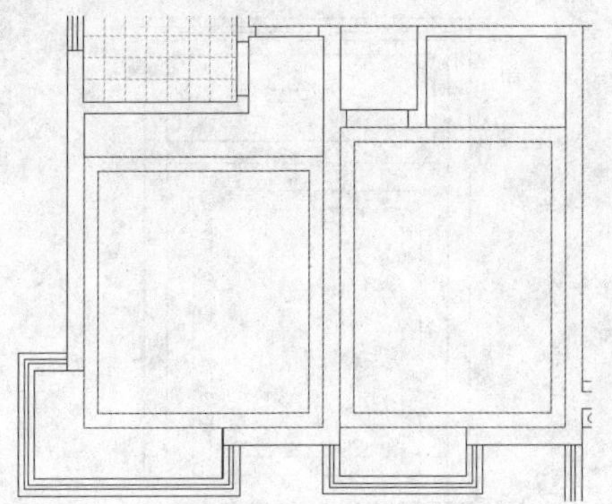

图15-66 偏移矩形

Step 14 执行“修改>偏移”命令，将书房墙面轮廓向上偏移600mm，如图15-67所示。

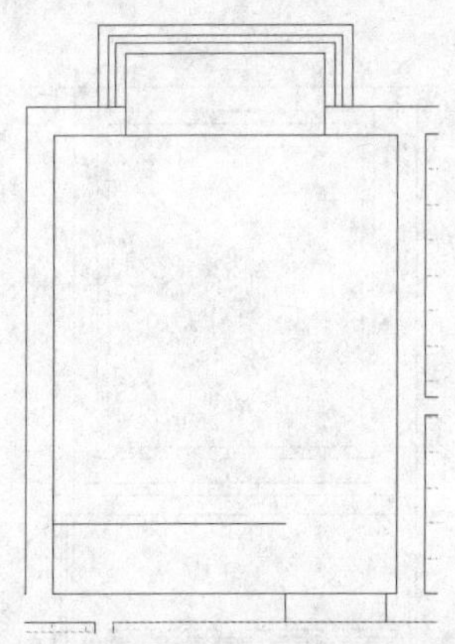

图15-67 偏移书房墙面

Step 15 执行“绘图>矩形”命令，捕捉书房角点绘制矩形。执行“修改>偏移”命令，将矩形向内偏移100mm，如图15-68所示。

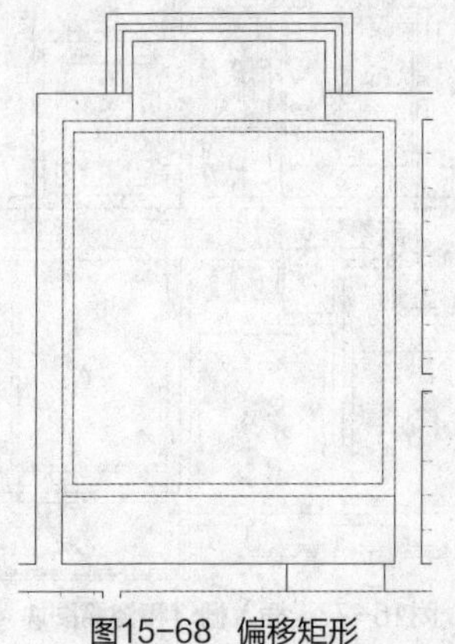

图15-68 偏移矩形

Step 16 删除多余轮廓线，执行“绘图>图案>填充”命令，选择合适的图案，填充吊顶区域，如图15-69所示。

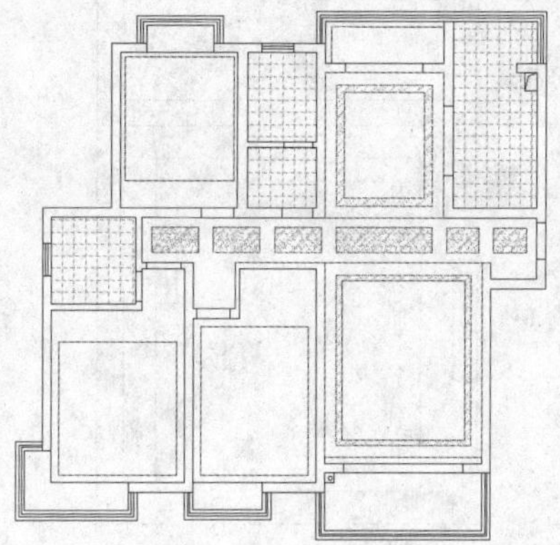

图15-69 填充吊顶区域

Step 17 执行“绘图>直线”命令，绘制对角线，如图15-70所示。

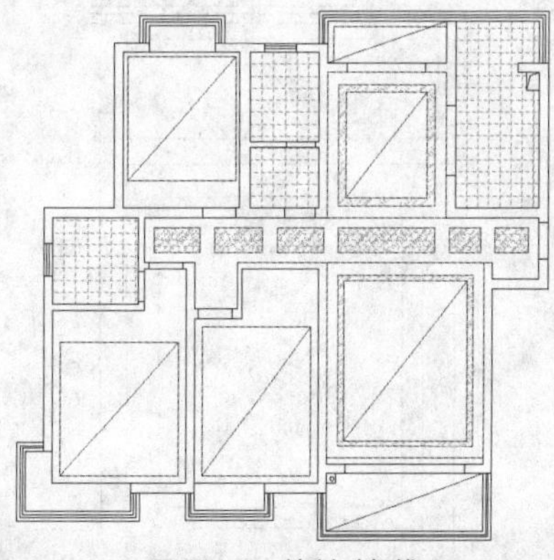

图15-70 绘制对角线

Step 18 执行“插入>块”命令，将吊灯和吸顶灯图块插入至吊灯合适位置处，并删除对角线，如图15-71所示。

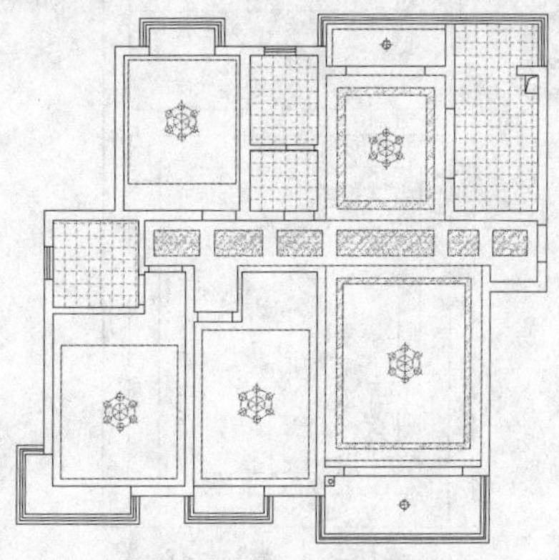

图15-71 插入灯具图块

Step 19 执行“绘图>直线”命令，捕捉中心点绘制直线，如图15-72所示。

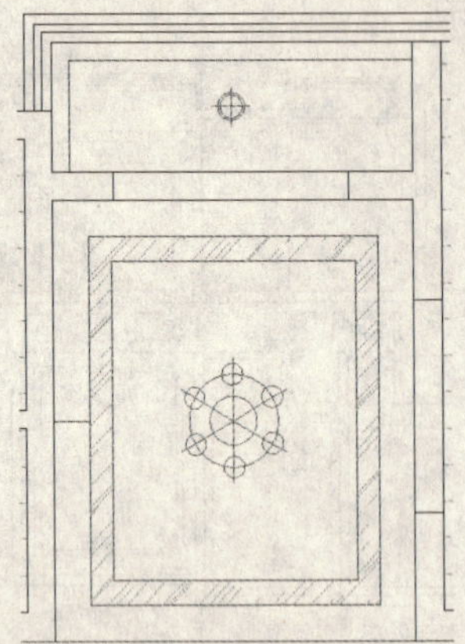

图15-72 绘制直线

Step 20 再次执行“插入>块”命令，选择灯具图块中的射灯图形并插入，如图15-73所示。

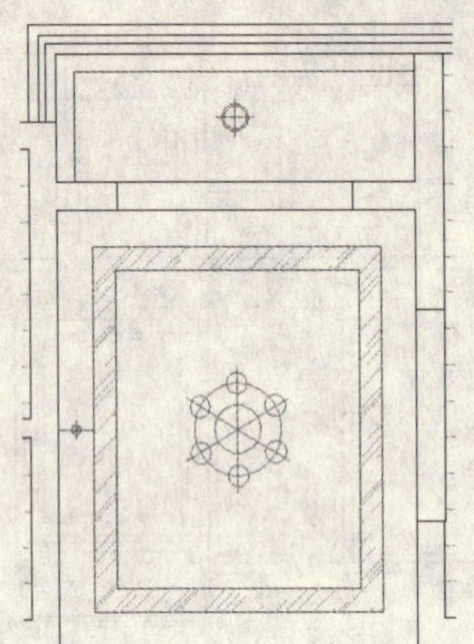

图15-73 插入射灯图块

Step 21 执行“编辑>复制”命令，设置复制距离为600mm，如图15-74所示。

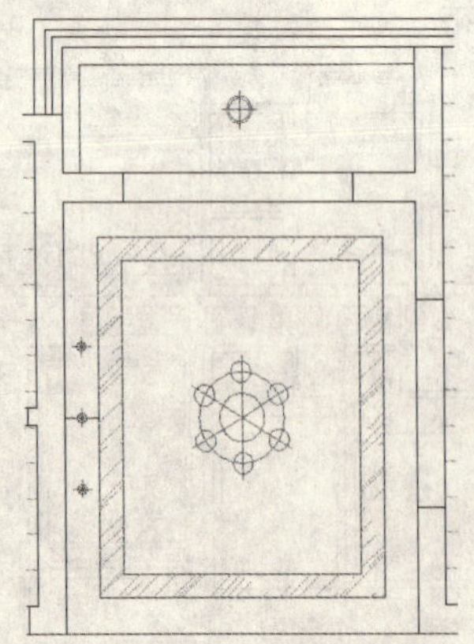

图15-74 复制射灯

Step 22 删除中心线和中间灯具，执行“修改>镜像”命令，镜像出另一侧的射灯，如图15-75所示。

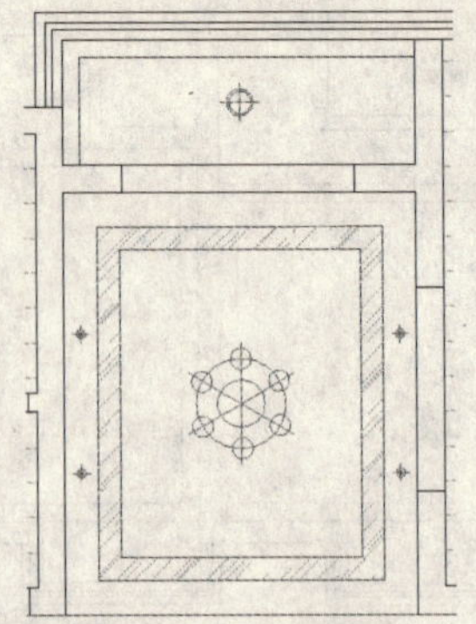

图15-75 镜像射灯

Step 23 再次执行“修改>镜像”命令，绘制客厅区域的所有射灯，射灯间距为1000mm，如图15-76所示。

图15-76 绘制客厅射灯

Step 24 执行“插入>块”命令，选择灯具图块中的格栅灯和浴霸图形并插入，如图15-77所示。

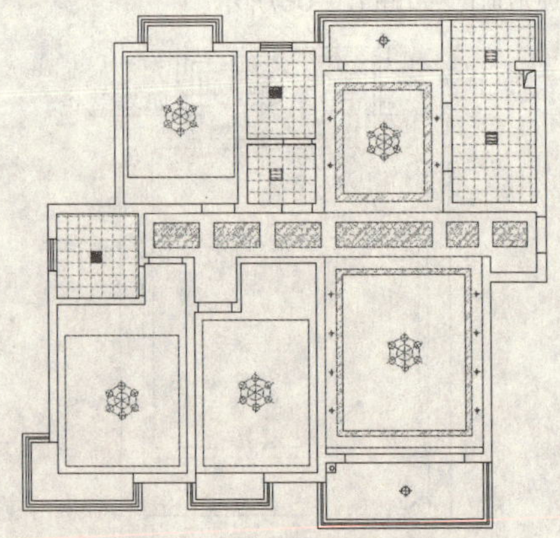

图15-77 插入栅灯和浴霸图块

Step 25 执行“绘图>直线”命令，绘制卧室和书房区域的直线，如图15-78所示。

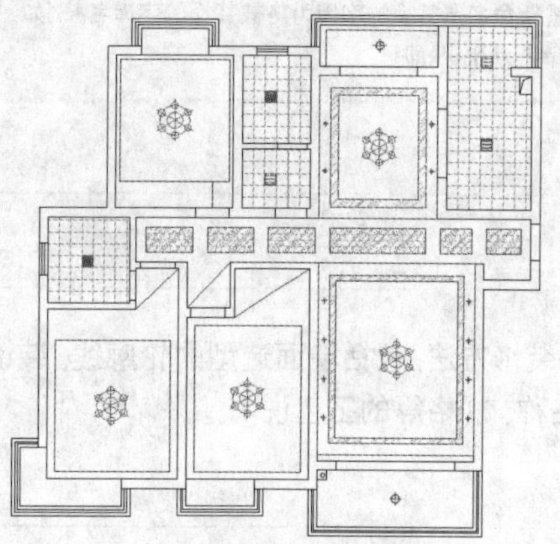

图15-78 绘制辅助斜线

Step 26 执行“插入>块”命令，选择灯具图块中的筒灯图形插入，如图15-79所示。

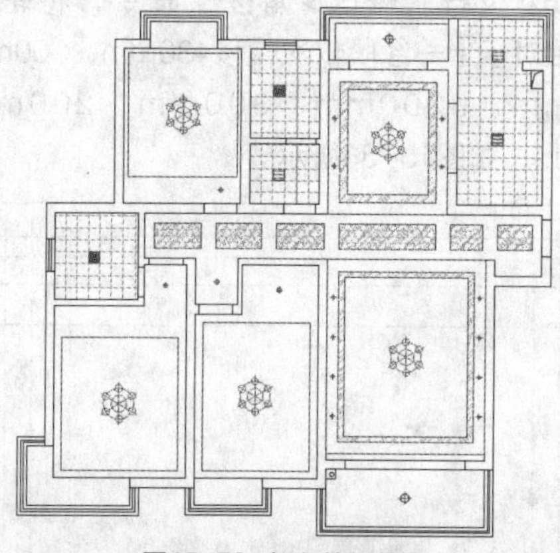

图15-79 插入筒灯图块

Step 27 执行“编辑>复制”命令，复制书房区域的筒灯，设置复制距离为1000mm，如图15-80所示。

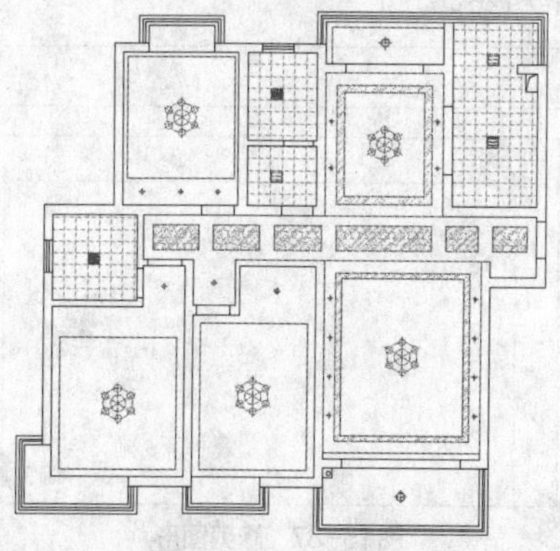

图15-80 复制筒灯

Step 28 执行“插入>块”命令，选择电器图块中的中央空调图形插入，结果如图15-81所示。

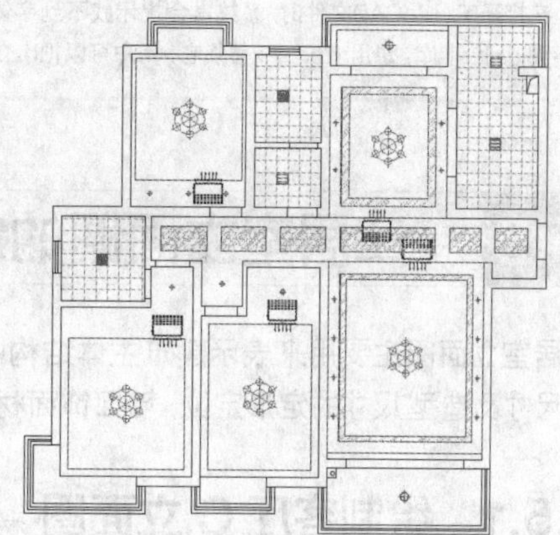

图15-81 插入中央空调图块

Step 29 复制标高符号，对图形进行标高，如图15-82所示。

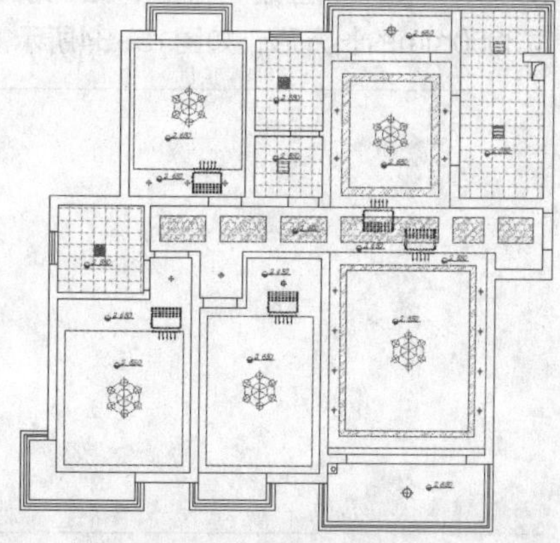

图15-82 输入标高

Step 30 执行“标记>快速标注”命令，对图形进行文字标注，完成天花平面图的绘制，结果如图15-83所示。

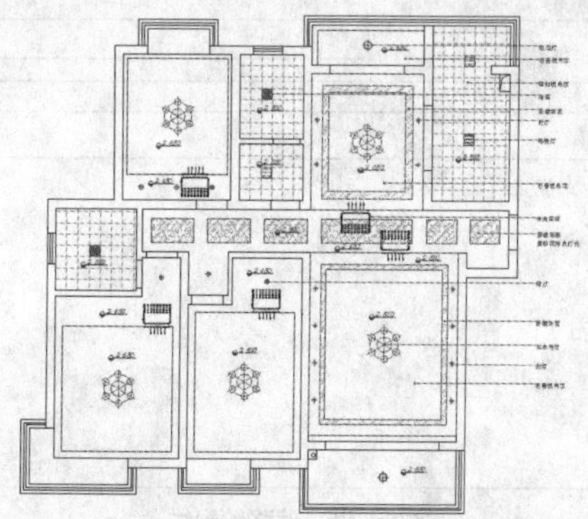

图15-83 完成天花平面图的绘制

工程师点拨：无法显示字体的解决方法

在打开某AutoCAD文件时，系统常会提示找不到字体，此时可复制并重新命名要替换的字库为将被替换的字库名。例如，提示找不到jd.shx字库，想用hztxt.shx替换它，用户可以把hztxt.shx复制一份，命名为jd.shx即可。

15.5 三居室立面图的绘制

居室立面图主要用来表示建筑主体结构中铅垂立面的装修方法，包括墙面造型的轮廓线、装饰件、墙面尺寸及造型尺寸的定形定位，墙面饰面材料、涂料的名称、规格等的工艺说明。

15.5.1 绘制客厅 C 立面图

客厅电视背景墙是整个居室设计的点睛之处，在本户型的电视背景墙立面图中，采用了石材和茶镜等材料，造型简单大方。下面来介绍客厅 C 立面图的绘制。

Step 01 执行“绘图>直线”命令，绘制长5060mm、宽3050mm的长方形，如图15-84所示。

图15-84 绘制长方形

Step 02 执行“修改>偏移”命令，将轮廓线相对于上一线段依次向下偏移250mm、150mm、200mm和300mm，如图15-85所示。

图15-85 偏移轮廓线

Step 03 执行“修改>偏移”命令，将轮廓线向右相对于上一线段依次偏移430mm、200mm、300mm、3200mm、300mm、200mm和280mm，如图15-86所示。

图15-86 偏移图形

Step 04 执行“修改>修剪”命令，修剪图形，如图15-87所示。

图15-87 修剪图形

Step 05 执行“修改>偏移”命令，将轮廓线相对于上一线段依次向下偏移1038mm、638mm、638mm和638mm，如图15-88所示。

图15-88 偏移直线

Step 06 执行“修改>修剪”命令，将偏移后的图形进行修剪，如图15-89所示。

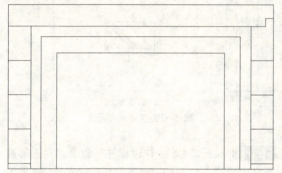

图15-89 修剪图形

Step 07 执行“绘图>直线”命令，绘制两条中心线，如图15-90所示。

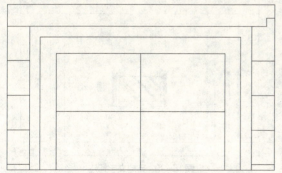

图15-90 绘制中心线

Step 08 执行“绘图>图案填充”命令，选择合适图形，设置角度为90°、比例为10，选择墙面区域进行填充，如图15-91所示。

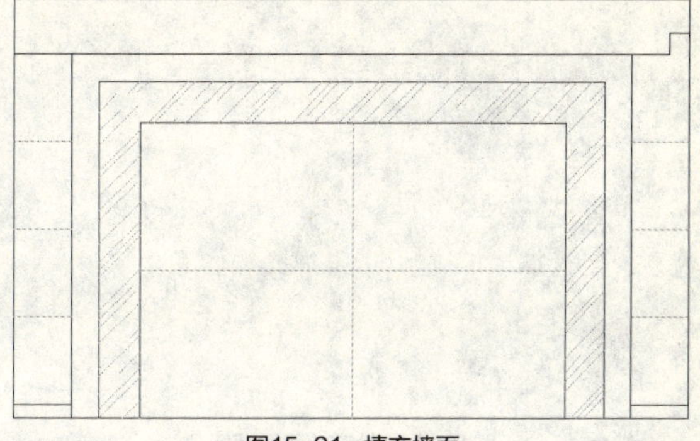

图15-91 填充墙面

Step 09 执行“绘图>直线”命令，绘制长150mm的十字花，设置线型为ACAD-ISO03W100，线型比例为3，如图15-92所示。

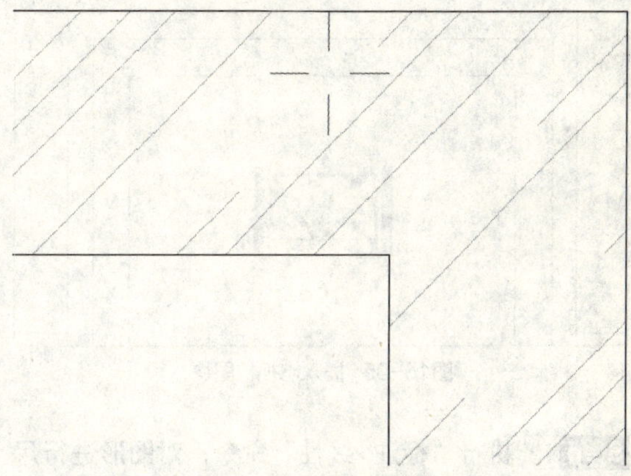

图15-92 绘制十字花形

Step 10 执行“编辑>复制”命令，复制一个十字花，放置到合适的位置，如图15-93所示。

图15-93 复制十字花形

Step 11 执行“绘图>图案填充”命令，选择合适图案，对墙面吊顶区域进行填充，如图15-94所示。

图15-94 填充墙面吊顶区

Step 12 执行“插入>块”命令，将电视机图块插入至图形合适位置处，如图15-95所示。

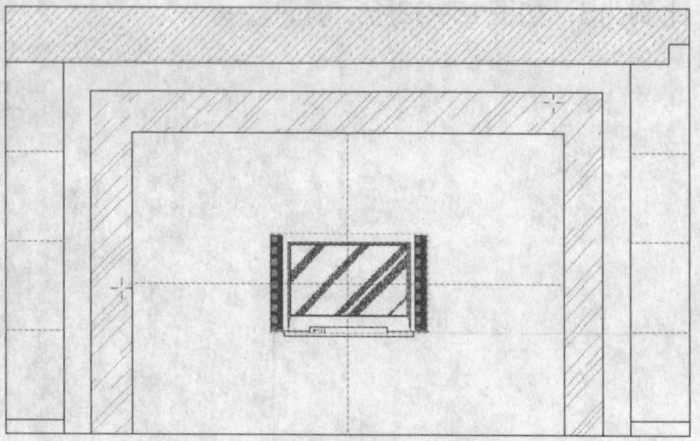

图15-95 插入电视机图块

Step 13 执行“标注>线性”命令，对图形进行尺寸标注，如图15-96所示。

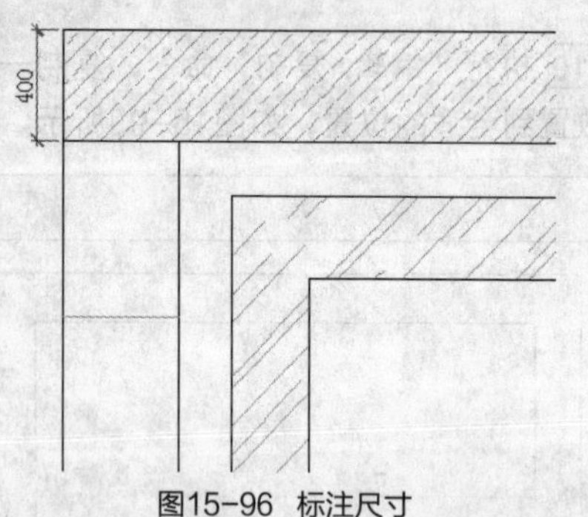

图15-96 标注尺寸

Step 14 执行“标注>连续”命令，对图形进行连续尺寸标注，如图15-97所示。

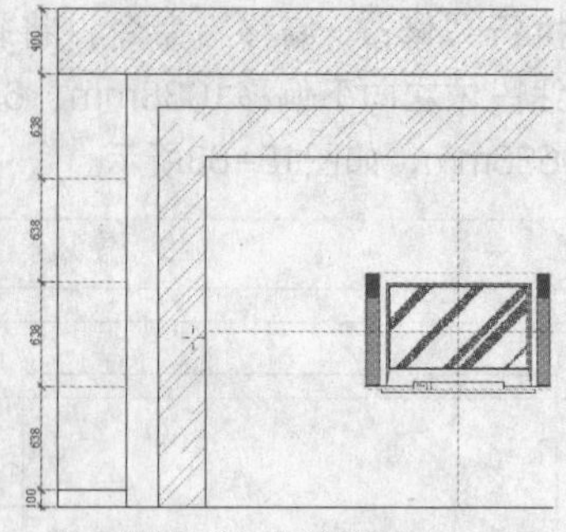

图15-97 标注剩余尺寸

Step 15 按照以上操作方法，完成所有的尺寸标注。如图15-98所示。

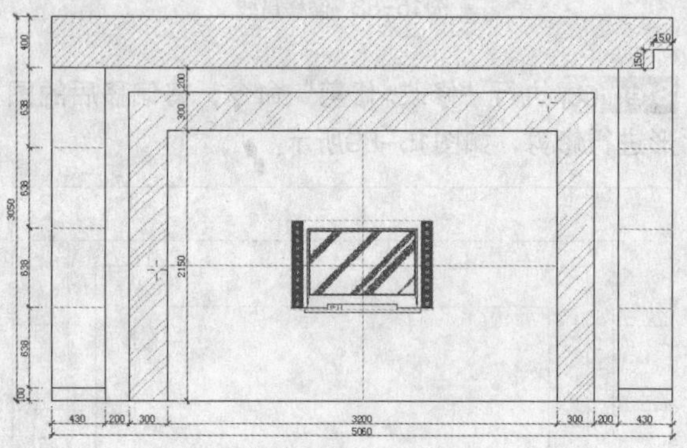

图15-98 完成尺寸标注

Step 16 执行“标注>快速标注”命令，对图形进行文字标注，如图15-99所示。至此客厅C立面图已绘制完毕。

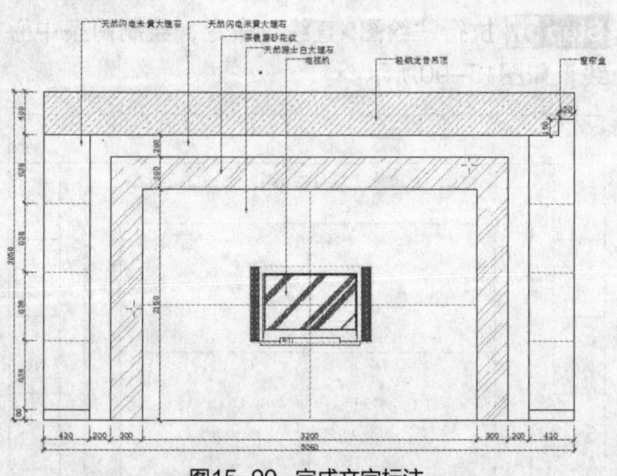

图15-99 完成文字标注

15.5.2 绘制餐厅A立面图

用餐区是比较温馨和谐的区域，部分采用柔软的白色皮纹饰面，为了与客厅区域协调，所以又采用石材、茶镜等装饰墙面。下面介绍餐厅A立面图的绘制过程。

Step 01 执行“绘图 > 直线”命令，绘制一个长4960mm、宽3050mm的长方形，如图15-100所示。

图15-100 绘制长方形

Step 02 执行“修改>偏移”命令，将轮廓线向下分别偏移250mm、150mm和1670mm，再向左分别偏移150mm、420mm、500mm和240mm，如图15-101所示。

图15-101 偏移直线

Step 03 执行“修改>修剪”命令，对偏移的图形进行修剪，如图15-102所示。

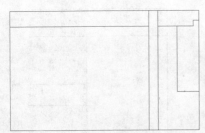

图15-102 修剪图形

Step 04 执行“修改>偏移”命令，将窗户轮廓偏移60mm，如图15-103所示。

图15-103 偏移线段

Step 05 执行“修改>圆角”命令，默认圆角尺寸，连接窗户轮廓，如图15-104所示。

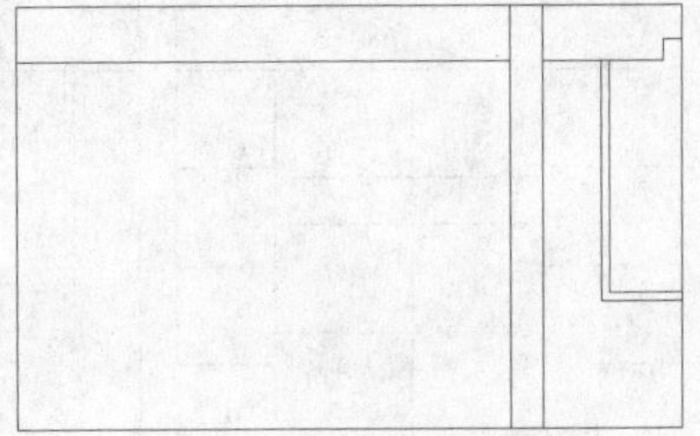

图15-104 连接窗户轮廓线

Step 06 执行“修改>偏移”命令，将轮廓线相对于上一线段依次向右偏移1200mm、900mm、900mm，再向下分别偏移1100mm、300mm、700mm、850mm，如图15-105所示。

图15-105 偏移直线

Step 07 执行“修改>修剪”命令，对偏移后的图形进行修剪，如图15-106所示。

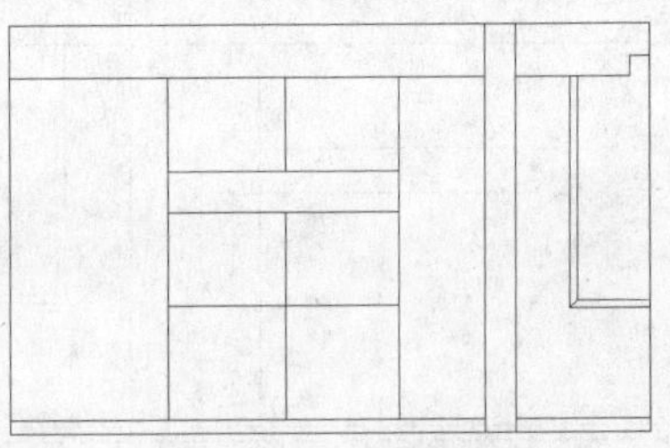

图15-106 修剪图形

Step 08 执行“修改>偏移”命令，将左边吊顶轮廓线向下偏移638mm，共偏移4次，如图15-107所示。

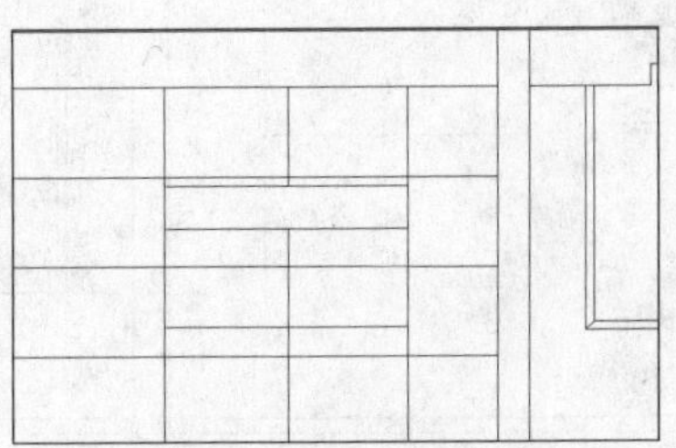

图15-107 偏移直线

Step 09 执行“修改>修剪”命令，对偏移后的图形进行修剪，如图15-108所示。

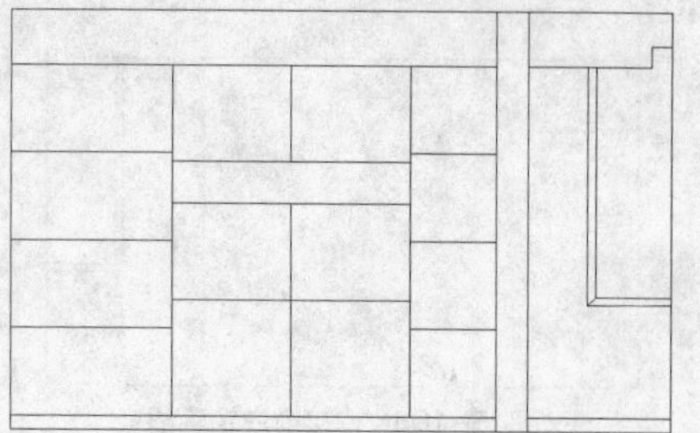

图15-108 修剪图形

Step 10 执行“绘图>直线”命令，绘制墙体饰线，如图15-109所示。

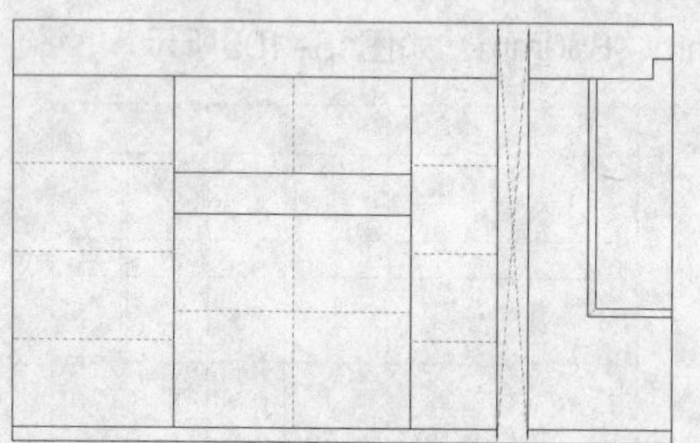

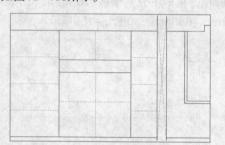

图15-109 绘制墙体饰线

Step 11 执行“绘图>图案填充”命令，选择合适的图形，对吊顶区域进行填充，如图15-110所示。

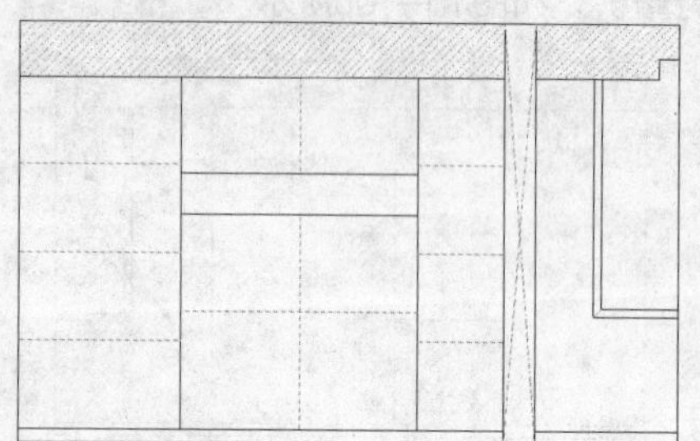

图15-110 填充吊灯区域

Step 12 执行“绘图>图案填充”命令，选择合适的图形，对窗户进行填充，如图15-111所示。

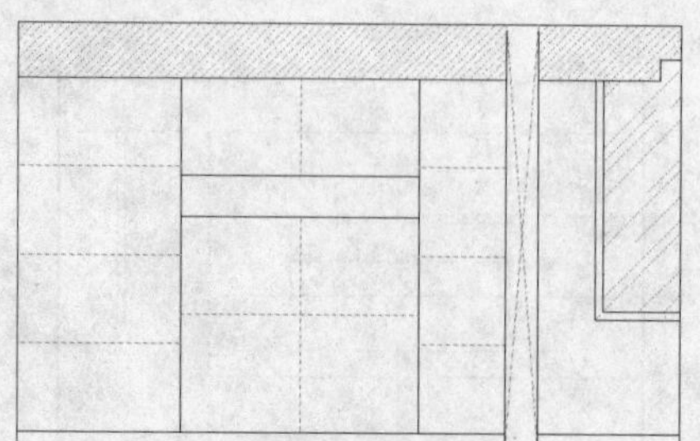

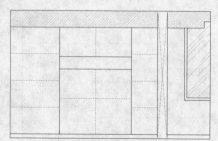

图15-111 填充窗户

Step 13 执行“绘图>图案填充”命令，选择合适的图形，对墙面区域进行填充，如图15-112所示。

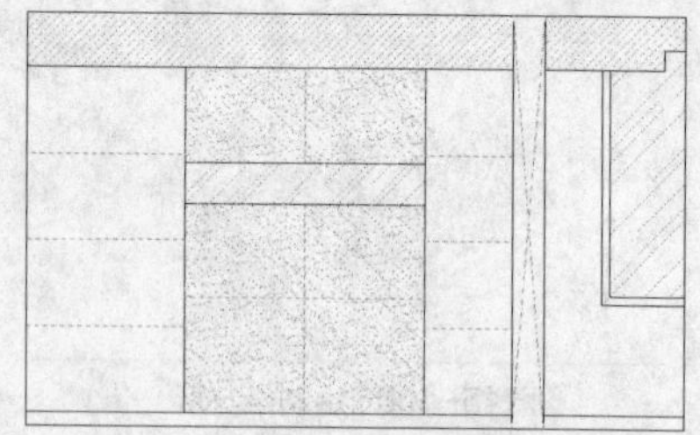

图15-112 填充墙面

Step 14 执行“绘图>图案填充”命令，选择合适的图形，对墙面其他区域进行填充，如图15-113所示。

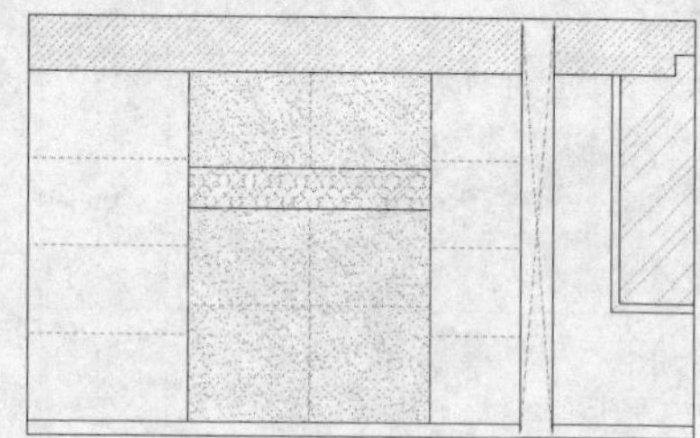

图15-113 完成墙体的填充

Step 15 执行“标注>线性”命令，对图形进行尺寸标注，如图15-114所示。

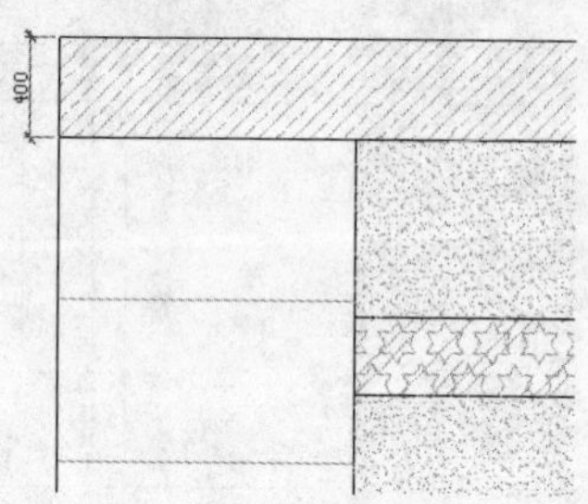

图15-114 标注尺寸

Step 16 执行“标注>连续”命令，对图形进行连续尺寸标注，如图15-115所示。

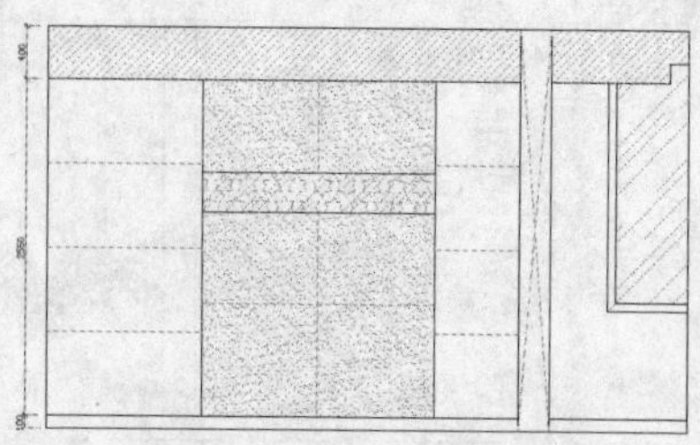

图15-115 连续标注尺寸

Step 17 按照以上操作方法，完成所有的尺寸标注，如图15-116所示。

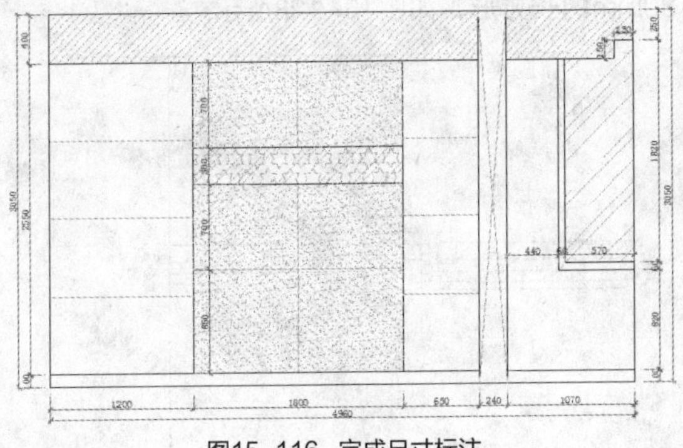

图15-116 完成尺寸标注

Step 18 执行“标注>快速标注”命令，对图形进行文字标注，如图15-117所示。

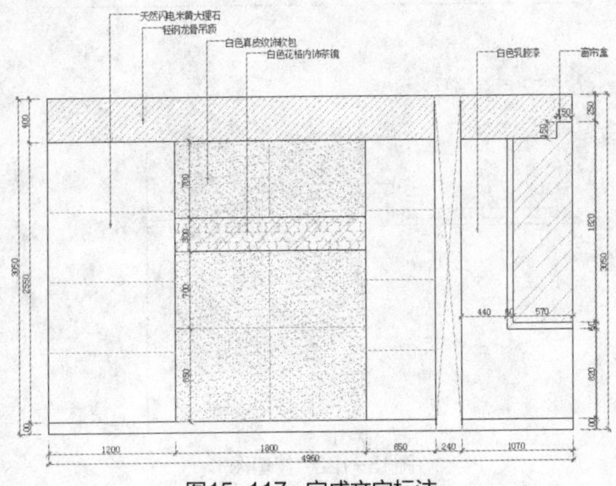

图15-117 完成文字标注

15.6 三居室节点图的绘制

节点图是指装修细部的局部放大图、剖面图和断面图等。主要表现墙面主要造型轮廓线和墙面次要轮廓线，还包括造型的尺寸标注以及文字说明等。

15.6.1 绘制客厅天花大样图

绘制本图中的天花大样图，主要利用“直线”、“矩形”、“偏移”、“修剪”以及“图案填充”等命令。下面来介绍天花剖面图的绘制过程。

Step 01 执行“绘图>直线”命令，绘制两条长1000mm、高800mm的直线，如图15-118所示。

图15-118 绘制直线

Step 02 执行“修改>偏移”命令，将横直线相对于上一线段依次向下偏移324mm、18mm、8mm、20mm、18mm、12mm，再将竖直线向左相对于上一线段依次偏移288mm、12mm、150mm、12mm，如图15-119所示。

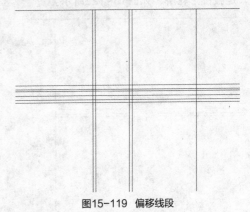

图15-119 偏移线段

Step 03 执行“修改>修剪”命令，将偏移后的线段进行修剪，如图15-120所示。

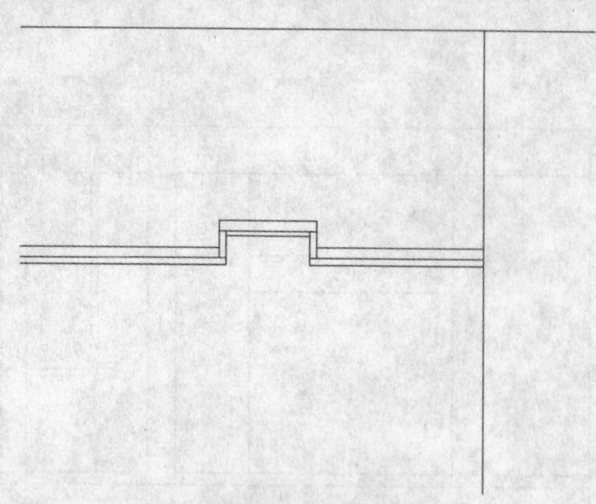

图15-120　修剪图形

Step 04 执行“修改>偏移”命令，将轮廓线向上偏移20mm和30mm，再将竖轮廓线向左右各偏移15mm，如图15-121所示。

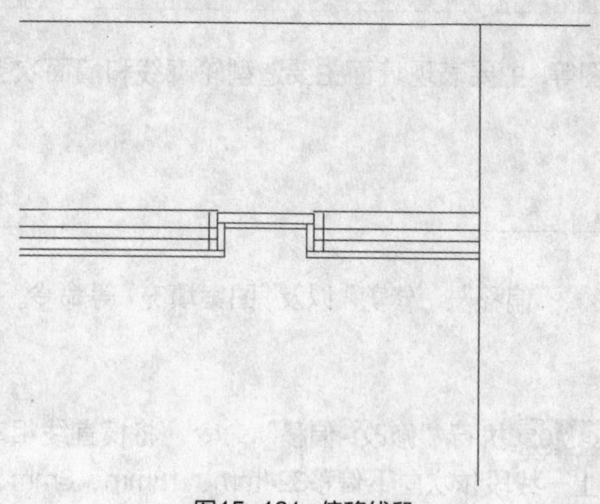

图15-121　偏移线段

Step 05 执行“修改>圆角”命令，默认圆角尺寸，连接图形轮廓，如图15-122所示。

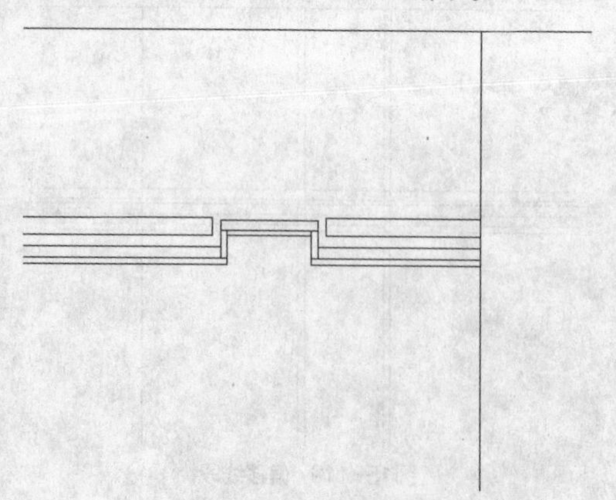

图15-122　连接图形轮廓

Step 06 执行“绘图>矩形”命令，分别绘制长280mm、宽30mm的长方形和两个长90mm、宽30mm的长方形，如图15-123所示。

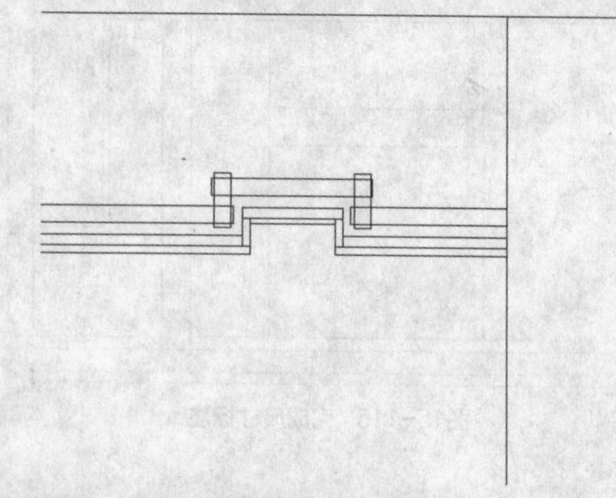

图15-123　绘制长方形

Step 07 执行“绘图>圆>圆心、半径”命令，绘制半径为2.5mm的圆，如图15-124所示。

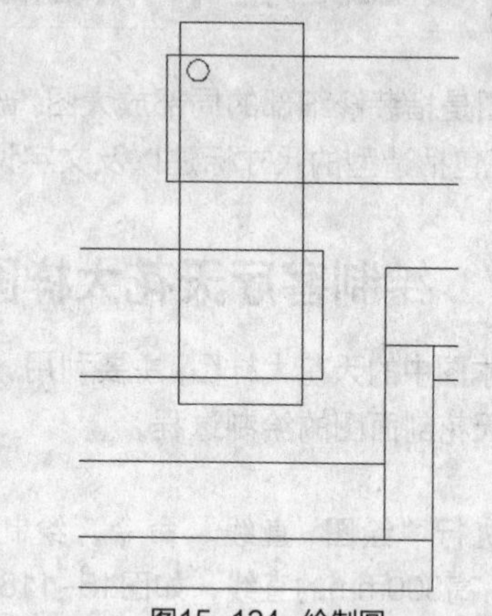

图15-124　绘制圆

Step 08 执行“编辑>复制”命令，复制圆形，如图15-125所示。

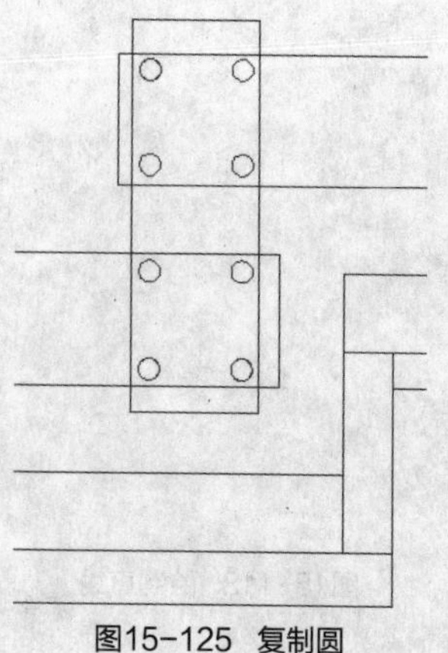

图15-125　复制圆

Step 09 执行“修改>镜像”命令，将左边的8个圆镜像到右边，如图15-126所示。

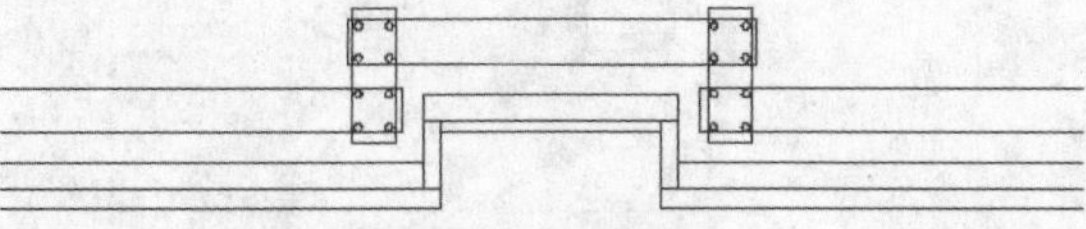

图15-126 镜像图形

Step 10 执行“插入>块”命令，将吊顶配件、T5灯具图块插入图形合适位置处，如图15-127所示。

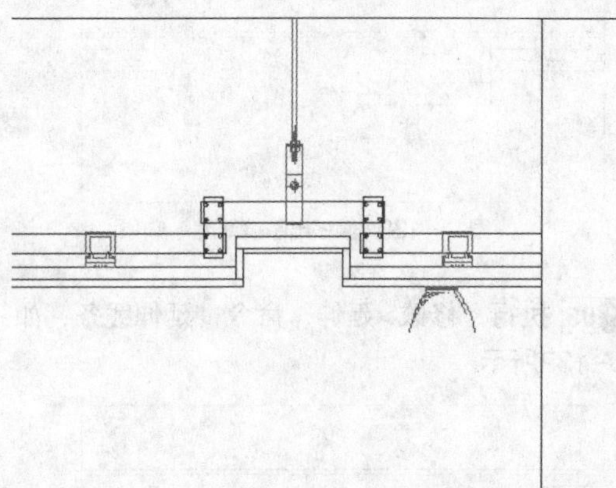

图15-127 插入图块

Step 11 执行“绘图>矩形”命令，绘制一个长900mm、宽600mm的矩形，并将其放置到图形中，如图15-128所示。

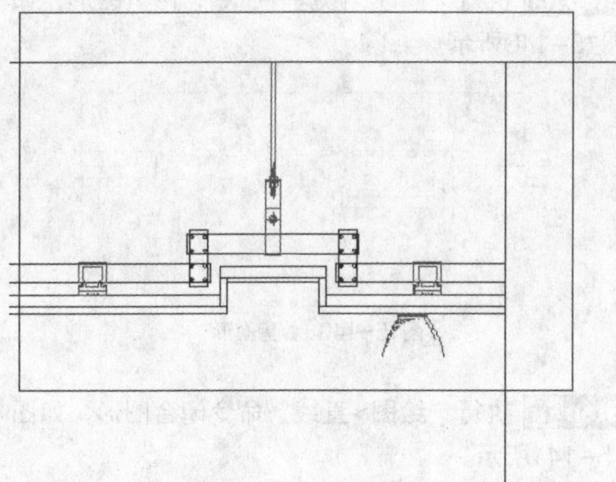

图15-128 绘制矩形

Step 12 执行“修改>修剪”命令，对图形进行修剪，如图15-129所示。

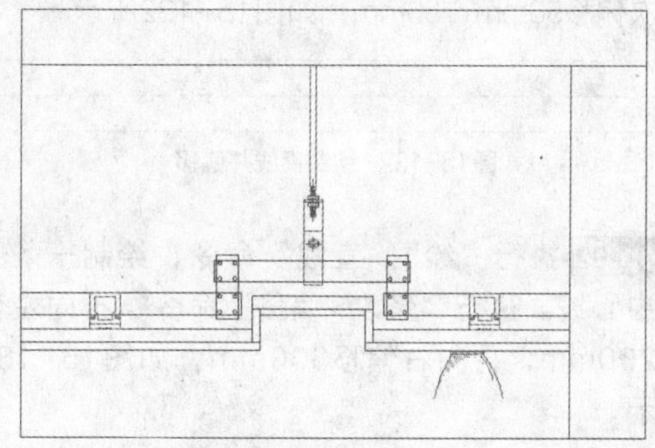

图15-129 修剪图形

Step 13 执行“绘图>图像填充”命令，选择适合的图形，填充墙面区域，如图15-130所示。

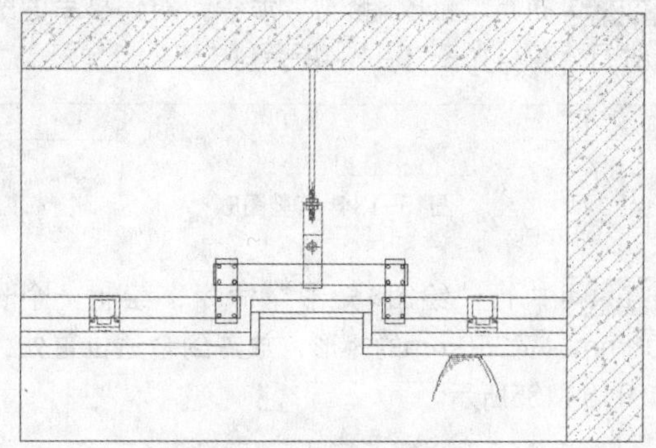

图15-130 填充墙面区域

Step 14 执行“标注>线性”命令，对图形进行尺寸标注，然后执行“标注>快速标注”命令，对图形进行文字标注，如图15-131所示。

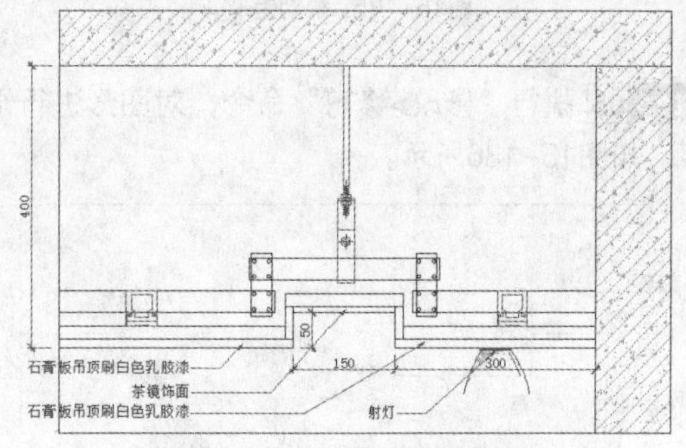

图15-131 完成吊灯剖面的绘制

15.6.2 绘制客厅背景造型剖面图

本图要绘制的剖面图是客厅电视机背景墙处的造型剖面，主要利用了“直线”、“偏移”、“修剪”和“延伸”等命令，下面介绍造型剖面图的绘制过程。

Step 01 执行“绘图>直线”命令，绘制长1000mm的直线。执行“修改>偏移”命令，将其向下依次偏移50mm、50mm，如图15-132所示。

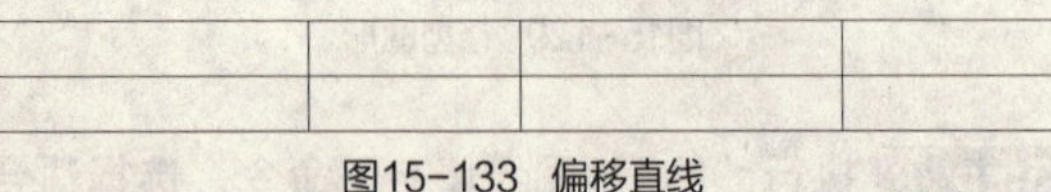

图15-132 绘制直线并偏移

Step 02 执行“绘图>直线”命令，绘制一条竖直中心线。执行“修改>偏移”命令，再向左偏移200mm，再向右偏移300mm，如图15-133所示。

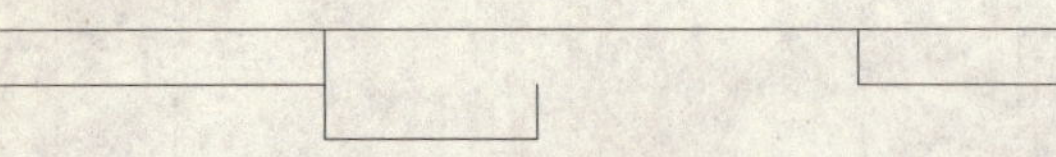

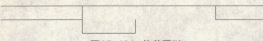

图15-133 偏移直线

Step 03 执行“修改>修剪”命令，对偏移后的图形进行修剪，如图15-134所示。

图15-134 修剪图形

Step 04 执行“绘图>矩形”命令，绘制一个长800mm、宽350mm的矩形，放置到合适位置处，如图15-135所示。

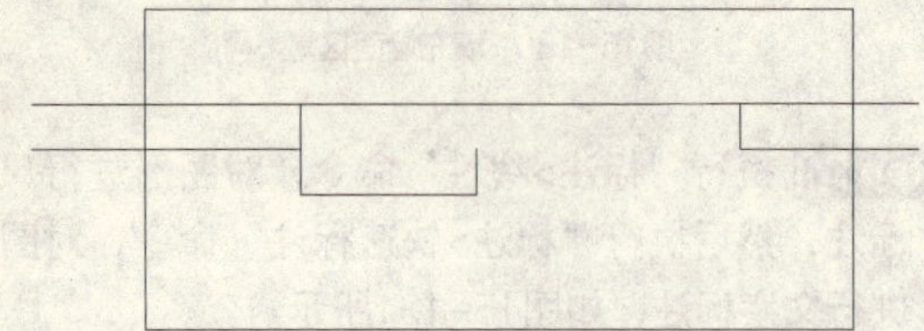

图15-135 绘制矩形

Step 05 执行“修改>修剪”命令，对图形进行修剪，如图15-136所示。

图15-136 修剪线段

Step 06 执行“修改>偏移”命令，将石膏板偏移12mm，将木工板再偏移18mm，如图15-137所示。

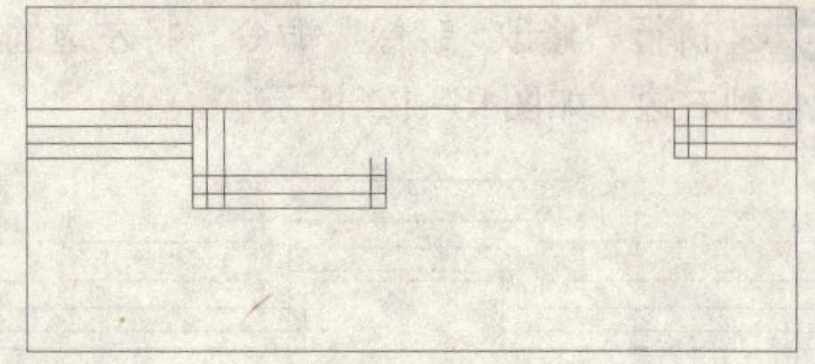

图15-137 偏移图形

Step 07 执行“修改>偏移”命令，将茶镜偏移8mm，如图15-138所示。

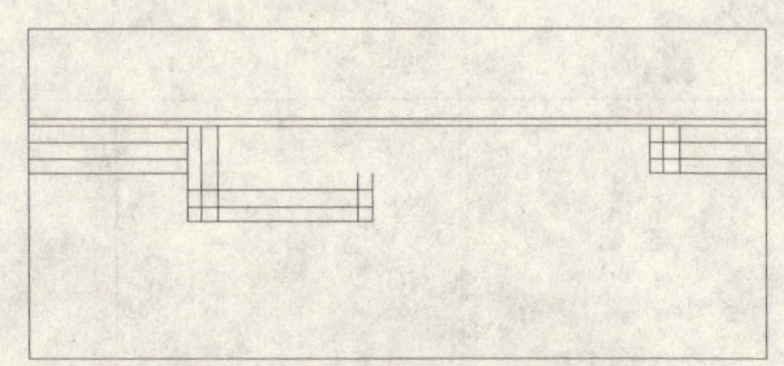

图15-138 偏移出茶镜厚度

Step 08 执行“修改>延伸”命令，延伸线条，如图15-139所示。

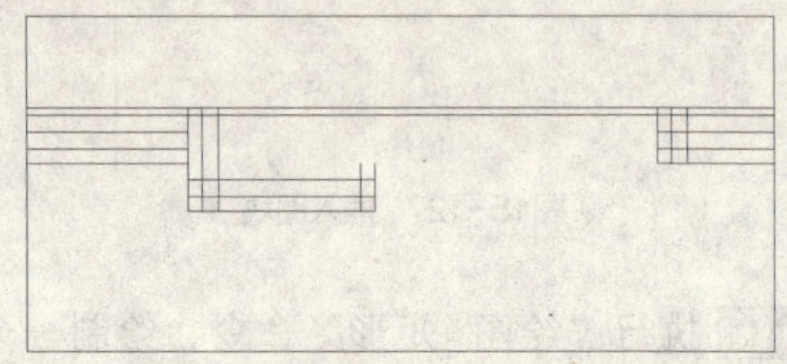

图15-139 延伸线段

Step 09 执行“修改>修剪”命令，修剪图形，如图15-140所示。

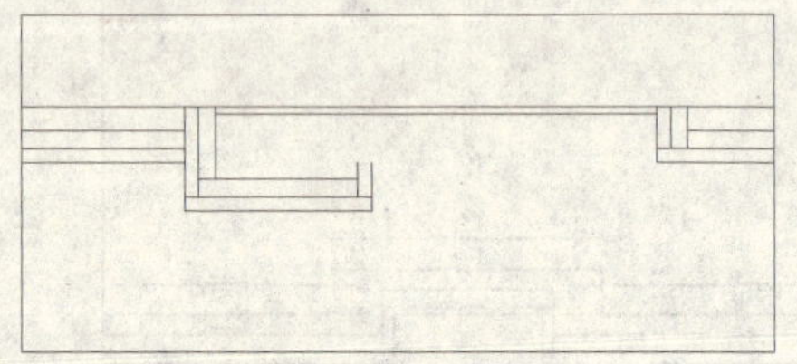

图15-140 修剪图形

Step 10 执行“绘图>直线”命令闭合图形，如图15-141所示。

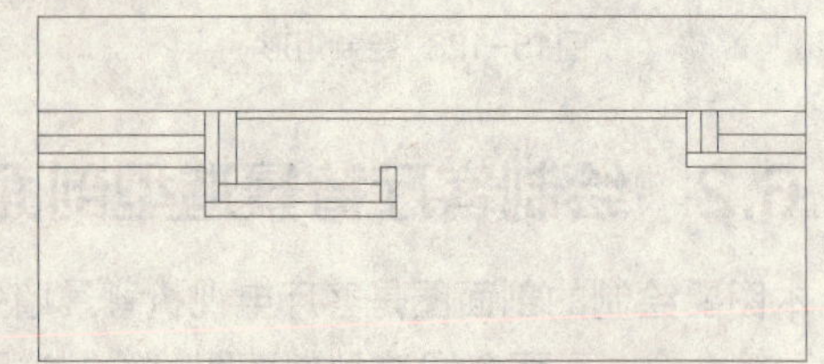

图15-141 绘制直线

Step 11 执行“插入>块”命令，将灯具T5图块插入至图形合适位置处，如图15-142所示。

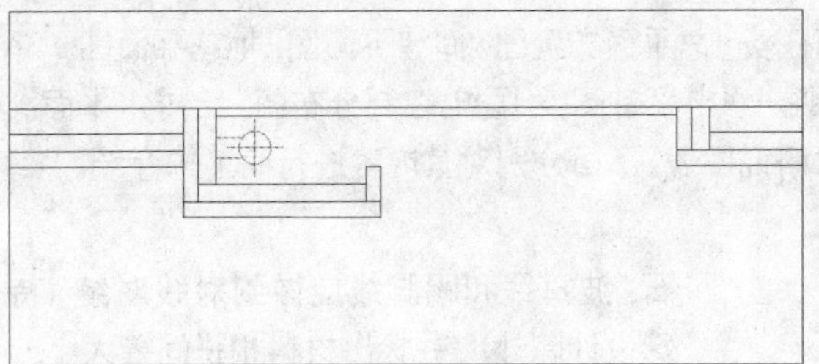

图15-142 插入图块

Step 12 执行“绘图>图案填充”命令，选择合适的图形，对墙面区域进行填充，如图15-143所示。

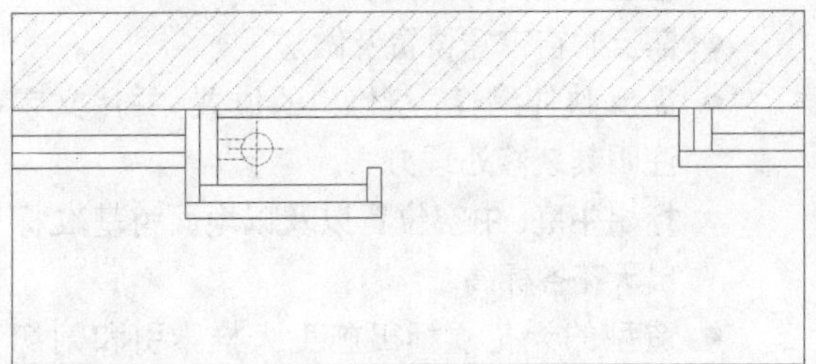

图15-143 填充墙面

Step 13 执行“绘图>图案填充”命令，选择预定义中的图形AR-CONC，设置角度为0°、比例为0.5，对墙面区域进行填充，如图15-144所示。

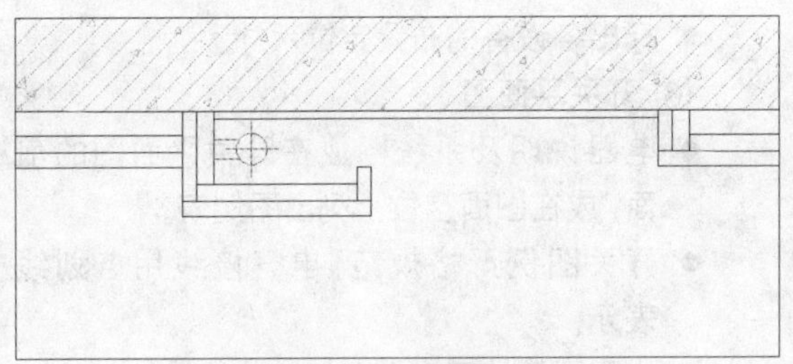

图15-144 填充墙面其他区域

Step 14 执行“绘图>图案填充”命令，选择预定义中的图形AR-SAND，设置角度为0°、比例为0.1，对部分石材进行填充，如图15-145所示。

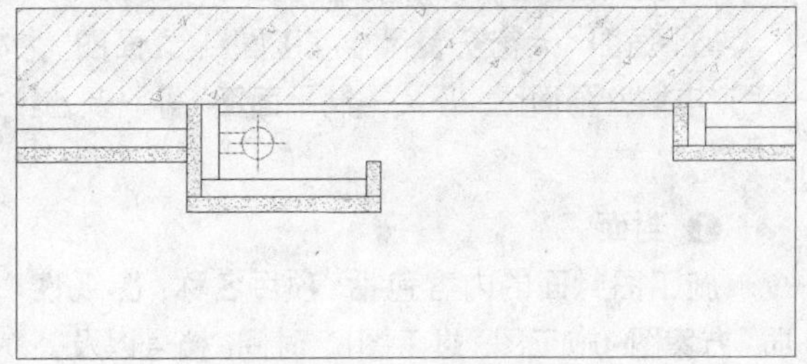

图15-145 填充石材图形

Step 15 执行“绘图>图案填充”命令，选择预定义中的图形CORK，设置角度为0°、比例为2，对木工板部分填充，如图15-146所示。

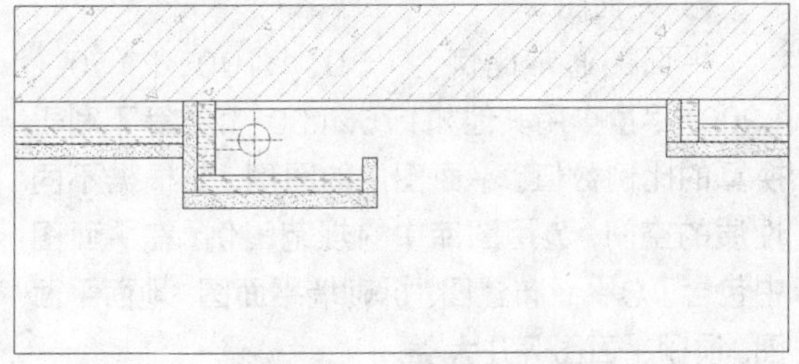

图15-146 填充木工板图形

Step 16 执行“标注>线性”命令，对图形进行尺寸标注。执行“标注>快速标注”命令，对图形进行文字标注，如图15-147所示。

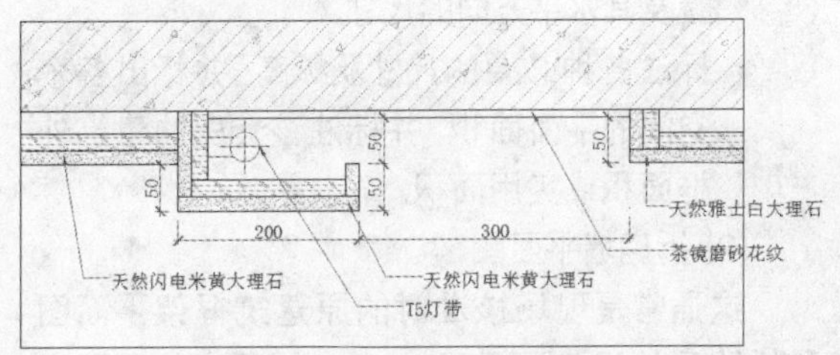

图15-147 添加文字注释

高手应用秘籍 室内装潢施工图纸的技术要求

完整的施工设计图纸应包括：封面、目录、平面图类（总平面布置图、间墙平面图、地花平面图、天花平面图、天花安装尺寸施工图）、立面图、大样图、水电设备图类（弱电控制分布图、给排水平面图、电插座平面图、开关控制平面图）等以及各种材料说明表。下面分别对其内容进行简单的介绍。

❶ 封面

施工图封面的内容包括：项目名称、图纸性质（方案图、施工图、竣工图）、时间、档号以及公司名称等。

❷ 图纸目录表

施工图纸目录应严格与具体图纸图号相对应，制作详细的索引，方便用户查阅。

❸ 平面图

平面图通常比例为1:50、1:100、1:150、1:200，尽量少用其他如1:75、1:30、1:25等不利于换算的比例数值。平面图中的图例，要根据不同性质的空间，选用图库中的规范图例。在平面图中包含了总平面布置图、拆砌墙平面图、地面平面图、顶棚平面图等几大类。

(1) 总平面布置图

- 能反映家具及其他设置（如卫生洁具、厨房用具、家用电器、室内绿化）的平面布置。
- 能反映各房间的分布及形状大小，门窗位置及其水平方向的尺寸。
- 标注各种必要的尺寸及标高，并标出各个空间的平面面积，并标注该套房的建筑外框面积或实用面积。

(2) 拆砌墙平面图

这通常是现场核准时的原建筑框架平面图和拆改后的间墙平面图，应与总平面布置图配合展示，方便业主对照。在该平面图上需标出剪力墙、原有墙、新建墙以及玻璃墙等。标明新建墙体厚度及材质，平面完成地面的高度，预留门洞尺寸，预留管井及维修口位置、尺寸。

(3) 地面平面图

- 需反映楼面铺装构造、材料规格名称、制作工艺要求等。用不同的图例表示出不同的材质，并在图面空位上列出图例表。
- 标出起铺点，注意地面石、门槛石、挡水石、波打线和踢脚线应做到对线对缝（特殊设计除外），并标出材料相拼间缝大小、位置、完成面、地面填充台高度。

(4) 顶棚平面图

- 需反映天花表面处理方法、主要材质、天花平面造型、天花灯具、各设备布置形式。暗装灯具用点画线表示。
- 需反映窗帘盒位置及做法。
- 需反映伸缩逢、检修口的位置，并用文字注明其装修处理方式。
- 标出中庭、中空位置以及以地面为基准标出天花各标高。
- 造型的天花须标出施工大样索引和剖切方向。

(5) 顶棚安装尺寸图

- 需标出灯具布置定位、灯孔距离（以孔中心为准）。
- 标出天花造型的定位尺寸。
- 标出各设备的布置定位尺寸。

(6) 开关平面图

- 电器说明及系统图放在开关平面图的前面，或在图面空位上列出图例表。
- 开关图例严格规范，电气接线用点划线表示。
- 注明开关的高度（如H1300）。
- 感应开关、电脑控制开关位置要注意其使用说明及安装方式。
- 开关位置的美观性要从墙身及摆设品方面作综合考虑。

(7) 插座平面图

- 用图例标出各种插座，并在图面空位上列出图例表。
- 平面家具摆设应以浅灰色细线表示，方便插座图例一目了然。

- 标出各插座的高度和离墙尺寸。普通插座高度通常为300mm；台灯插座高度通常为750mm；电视、音响设备插座通常为500mm~600mm；冰箱、厨房预留插座通常为1400mm；分体空调插座的高度通常为2300mm~2600mm。
- 弱电部分插座（如电视接口、宽带网接口、电话线接口），高度和位置应与插座相同。
- 强弱电分管分组预埋，参见强弱电施工规范。

⑻ 给排水平面图

- 根据平面标出给水口、排水口位置和高度，根据选用的洁具、厨具定出标高（操作台面的常规高度为780mm~800mm）。
- 标出生活冷水管、热水管的位置和走向。
- 标出空调排水走向。
- 标出分水位坡度及地漏的位置，要考虑排水效果。

❹ 立面图

立面图的常用比例为1:20，1:25，1:30，1:50。反映投影方向可见的室内轮廓线、墙面造型以及尺寸、标高、工艺要求，并反映固定家具、装饰物、灯具等的形状及位置。

立面要根据天花平面画出其造型剖面，其中暗装灯具用点画线表示，门的开启符号用虚线表示。尽量在同一张图纸上画齐同一空间内的各个立面，并于立面图上方或下方插入该空间的分平面图（局部），如果让业主清晰地了解该立面所处的位置。

当单面墙身不能在一个立面完全表达时，应在适宜位置用折断符号断开，并用直线连接两段立面。图纸布置要比例合适、饱满、序号应按顺时针方向编排；注意线型的运用，通常前粗后细。要标出剖面、大样索引（索引应为双向）；立面编号用英文大写字母符号表示。

❺ 大样图

大样图的常用比例为1:20、1:10、1:5、1:2、1:1。有特殊造型的立面、天花均要画局部剖面图及大样图，详细标注尺寸、材料编号、材质及做法。在大样图中，需反映各面本身的详细结构、材料及构件间的连接关系并标明制作工艺，室内配件设施的安装、固定方式。

独立造型和家具等需要在同一图纸内画出平面、立面、侧面、剖面及节点大样，而剖面及节点标注编号用英文小写字母符号表示，并为双向索引。需要注意的是，所有的剖面符号方向均要与其剖面大样图一致。

秒杀 工程疑惑

在 AutoCAD 中操作时，用户经常会遇见各种各样的问题，下面总结一些常见问题并进行解答，包括如何打开多个 AutoCAD 文件、文字输入方向的设置、无法编辑图块、格式刷无法操作等问题。

问　题	解　答
如何在 AutoCAD 中同时打开多个文件?	如果在 AutoCAD 中同时打开多个图形文件，可以用以下两种操作方法进行 (1)在应用程序菜单中单击“打开”命令，打开“选择文件”对话框，按 Ctrl 键的同时选中多个需要打开的文件，单击“打开”按钮即可 (2)直接在资源管理器中，选中多个需要打开的 AutoCAD 文件，按住鼠标左键，将其拖入软件中即可
在 AutoCAD 中为什么文字写出来总是横向的?	这是由于选择的文字字体格式不正确造成的。用户在选择字体时，不要选择前面带“@”的字体格式，并且在设置字体角度时输入 0 即可
为什么调入图块后，不能够对该图块进行编辑修改?	在调入图块后，该图块是一个整体，不能直接对其进行操作。若想将图块进行修改，则可利用“分解”命令，将该图块分解，便可进行修改操作了。如果使用“分解”命令，不能将当前图块分解，则考虑该图块所在的图层是否被锁定，只有图层解锁后，才能进行分解。若以上操作都无法分解的话，此时就该考虑该图块是否被编组，如果图块编组后，利用“解除编组”命令，才能对图块进行编辑操作
格式刷刷不了线型、颜色，怎么办?	只需在命令行中输入 MA 并按 Enter 键，选中源图形，并根据命令行的提示，输入 S 后按 Enter 键，然后在打开的对话框中，勾选所需格式刷的对象即可

AutoCAD 2013

CHAPTER 16

机械零件图的绘制

机械制图用图样来精确表示机械的结构形状、尺寸大小、工作原理和技术要求。图样由图形、符号、文字和数字等组成，是表达设计意图和制造要求以及交流经验的技术文件。本章将通过机械图形的绘制实例来向用户介绍机械制图的基本知识、要领以及技巧等。

学完本章您可以掌握如下知识点

知识点序号	知识点难易指数	知识点
1	★	了解机械制图的基本要求
2	★★	机械轴承支座的绘制方法
3	★★	机械法兰盘零件图的绘制方法
4	★★★	滚动轴承的绘制方法

本章内容图解链接

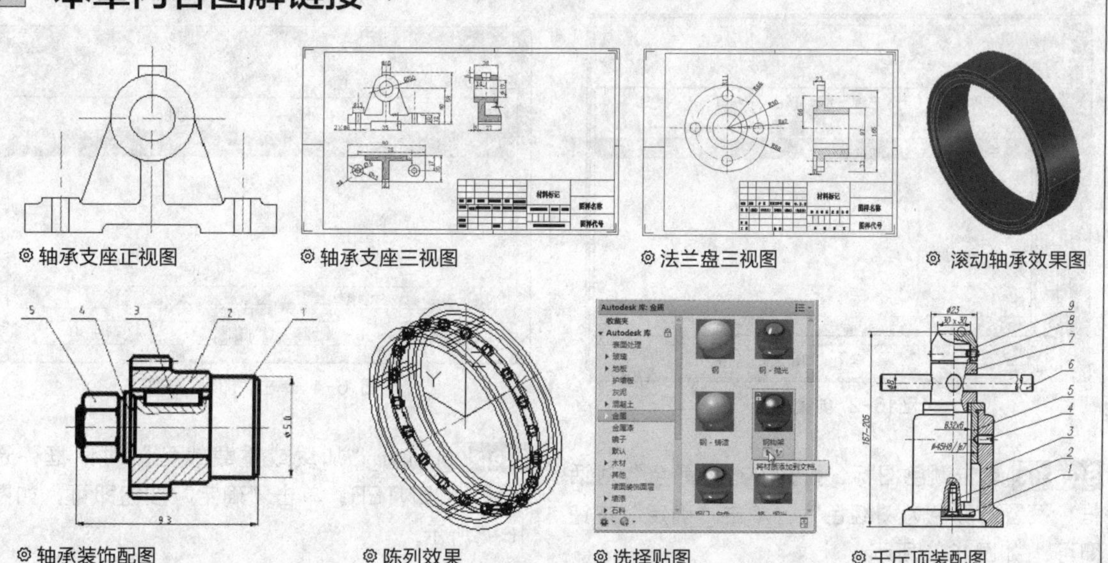

轴承支座正视图　轴承支座三视图　法兰盘三视图　滚动轴承效果图

轴承装饰配图　陈列效果　选择贴图　千斤顶装配图

16.1 绘制轴承支座零件图

轴承支座是专门用来安装轴承的，下面介绍绘制轴承支座正立面图、侧立面图和添加尺寸标注的操作步骤。其中将用到"修剪"、"偏移"、"倒角"、"镜像"和"插入块"等命令。

16.1.1 绘制轴承支座正立面图

绘制轴承支座零件图要首先设置图层，然后利用"偏移"、"圆"、"倒角"和"镜像"等命令绘制支座正立面图。绘制步骤如下。

Step 01 启动AutoCAD 2013，单击"常用"选项卡"图层"面板中的"图层特性"按钮，打开图层特性管理器，如图16-1所示。

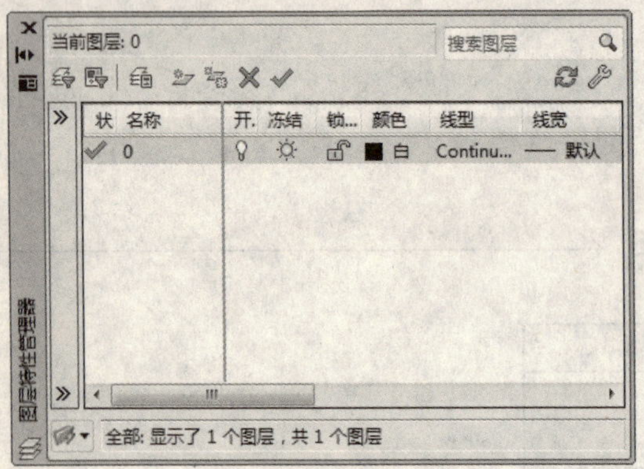

图16-1 图层特性管理器

Step 02 单击"新建图层"按钮，新建"中心线"图层，并输入名称为"中心线"，如图16-2所示。

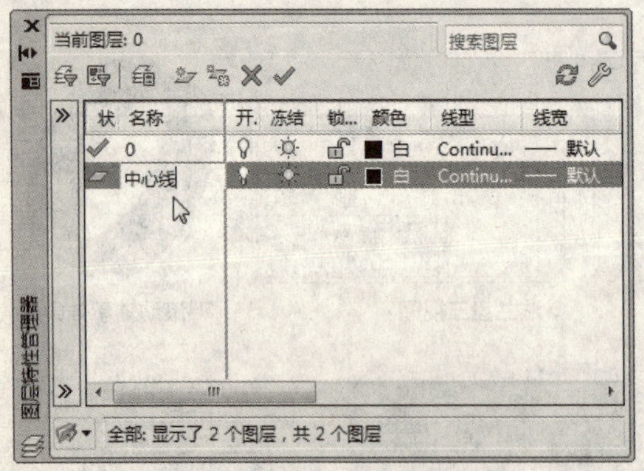

图16-2 创建图层

Step 03 单击颜色图标，打开"选择颜色"对话框，设置其颜色为"红色"，单击"确定"按钮即可，如图16-3所示。

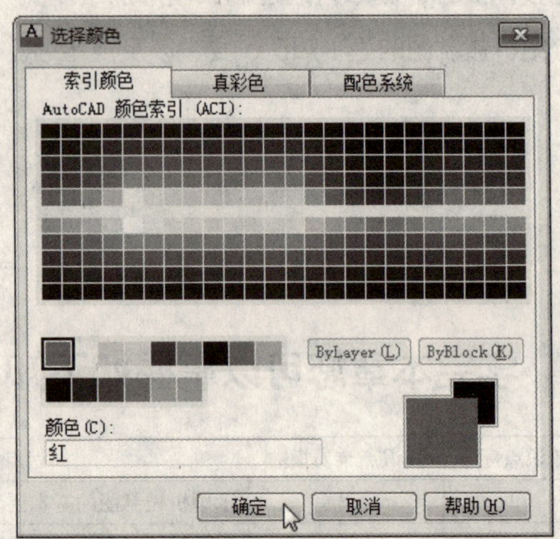

图16-3 选择颜色

Step 04 单击Continuous线型图标，打开"选择线型"对话框，单击"加载"按钮，如图16-4所示。

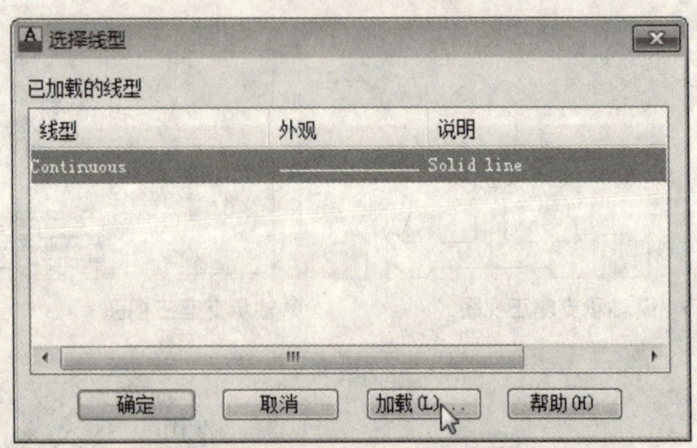

图16-4 单击"加载"按钮

Step 05 打开"加载或重载线型"对话框，选择线型CENTER，单击"确定"按钮即可，如图16-5所示。

图16-5 选择线型

Step 06 返回到上一对话框中，选择刚加载的CENTER线型，单击“确定”按钮，如图16-6所示。

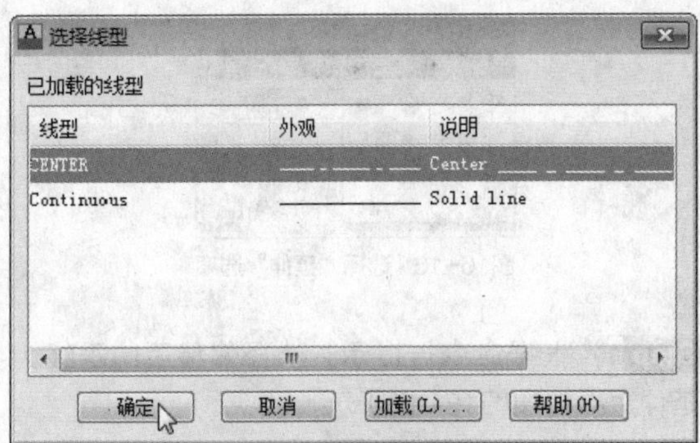

图16-6 选择加载线型

Step 07 单击线宽图标，打开“线宽”对话框，选择线宽为0.15mm。用同样的方法，在图层特性管理器中创建其他图层，如图16-7所示。

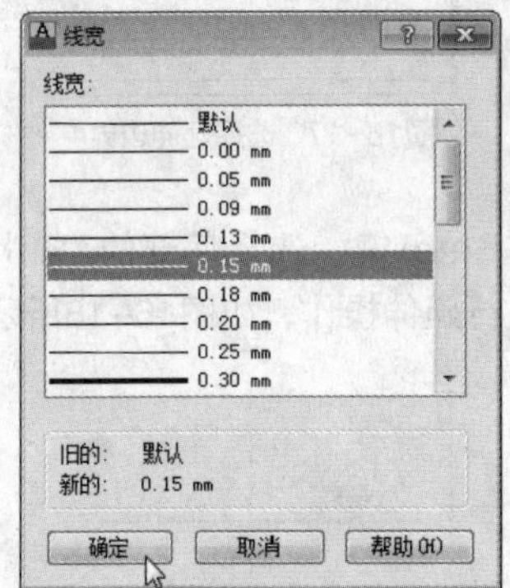

图16-7 选择线宽

Step 08 选择“中心线”图层，单击“置为当前”按钮，将该图层设置为当前图层，如图16-8所示。

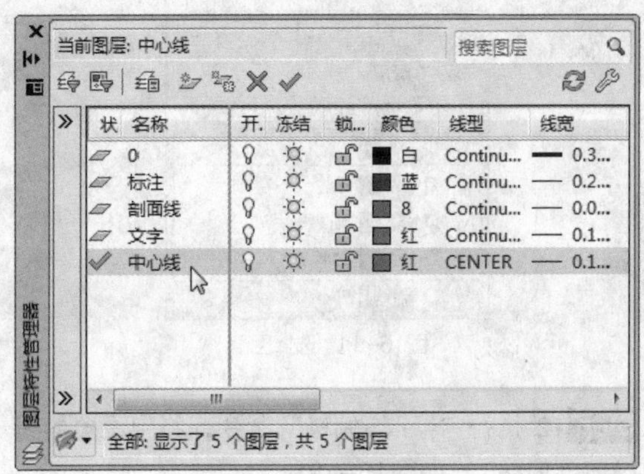

图16-8 置为当前层

Step 09 执行“绘图>直线”命令，绘制两条相互垂直的中心线，如图16-9所示。

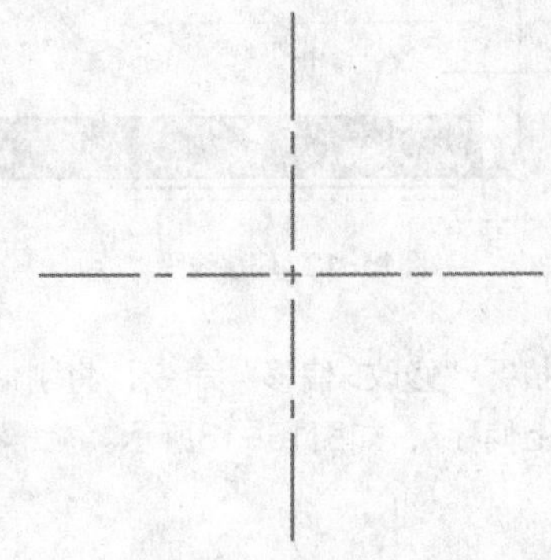

图16-9 绘制中心线

Step 10 执行“修改>偏移”命令，将水平中线向下偏移40，如图16-10所示。

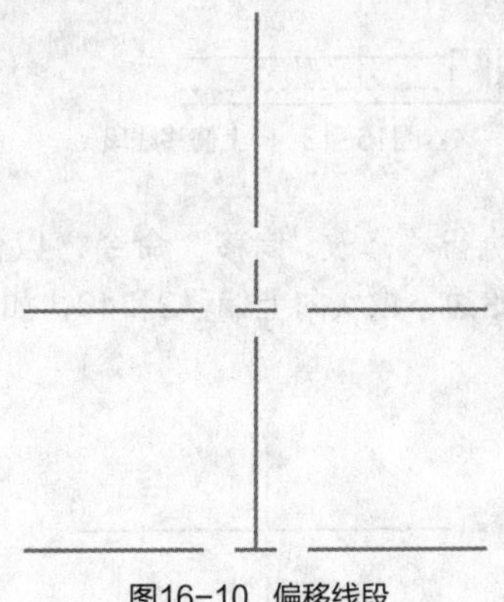

图16-10 偏移线段

Step 11 选中偏移后的线段，然后单击“常用”选项卡“图层”面板中的“图层”下拉按钮，打开下拉列表，选择“0图层”，如图16-11所示。

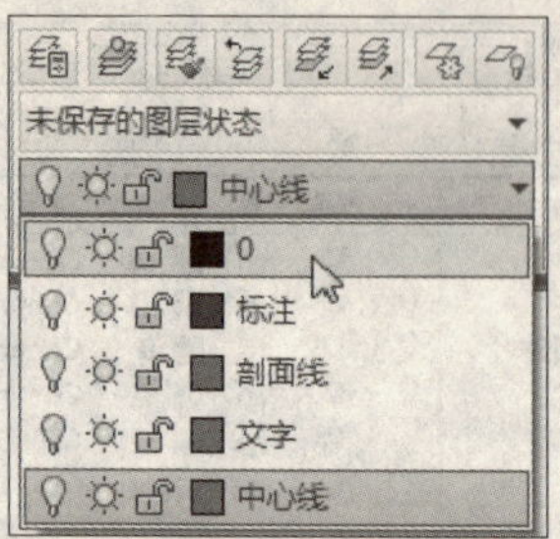

图16-11 选择图层

Step 12 执行“修改>偏移”命令，将刚设置的线段向上偏移3，如图16-12所示。

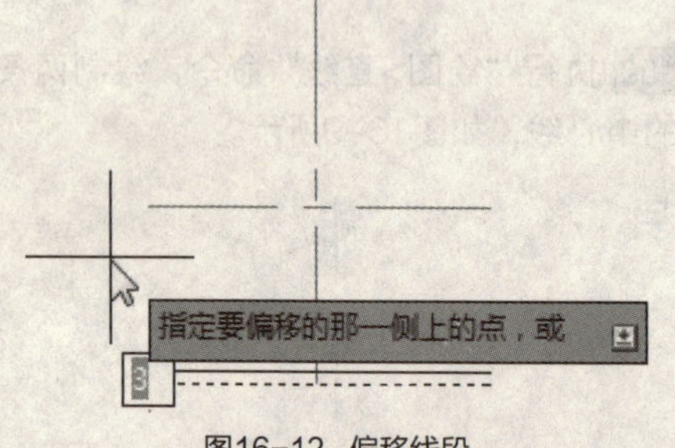

图16-12 偏移线段

Step 13 执行“修改>偏移”命令，将刚偏移后的线段，向上偏移7，如图16-13所示。

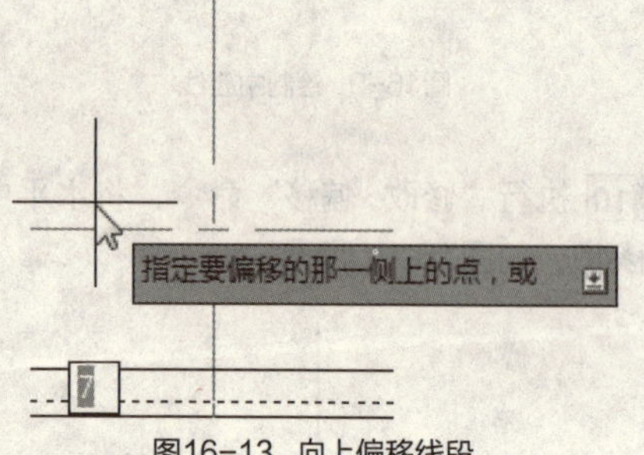

图16-13 向上偏移线段

Step 14 执行“修改>偏移”命令，以偏移后的线段为起始边，依次向上偏移2和46，如图16-14所示。

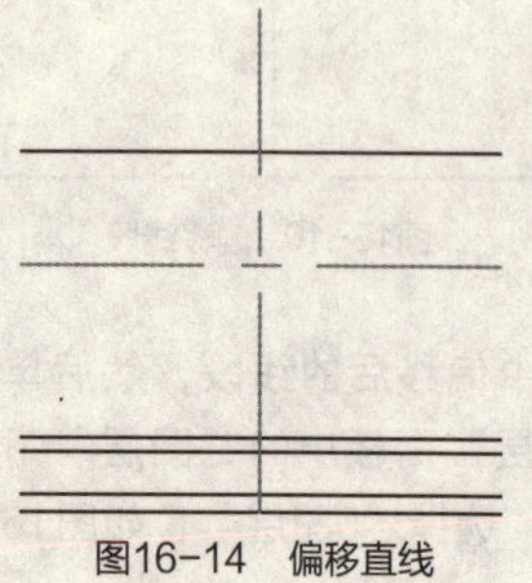
图16-14 偏移直线

Step 15 再次执行“修改>偏移”命令，将垂直中心线向左偏移45，并更改其图层为“0图层”，如图16-15所示。

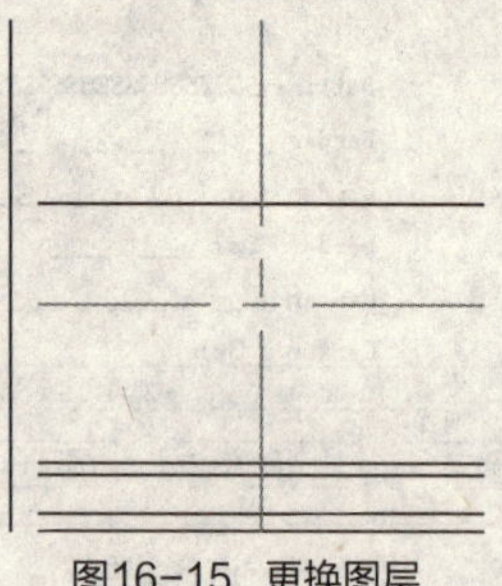
图16-15 更换图层

Step 16 单击“常用”选项卡“修改”面板中的“修剪”下拉按钮，选择“延伸”选项，如图16-16所示。

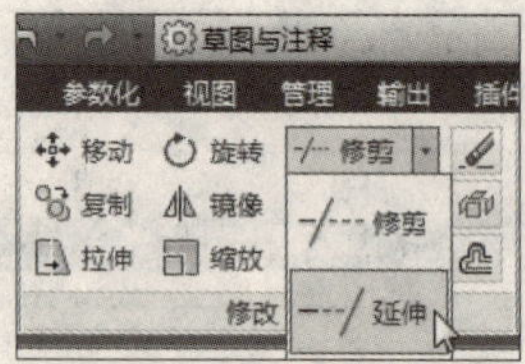

图16-16 选择“延伸”选项

Step 17 根据命令行提示，选择偏移后的垂线为延伸边界，如图16-17所示。

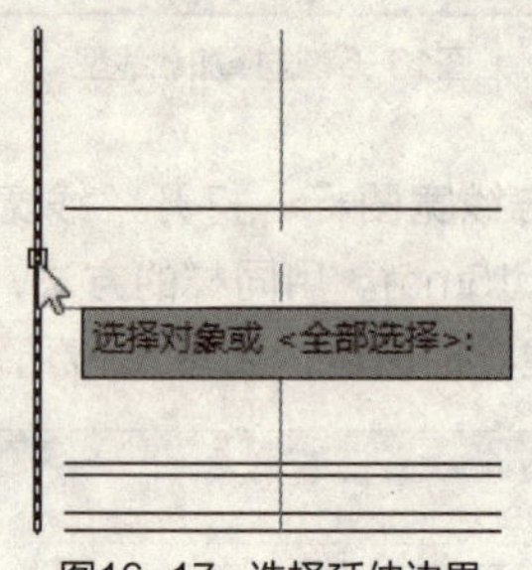

图16-17 选择延伸边界

Step 18 按Enter键，选择底部的4条水平线段为延伸对象进行延伸操作，如图16-18所示。

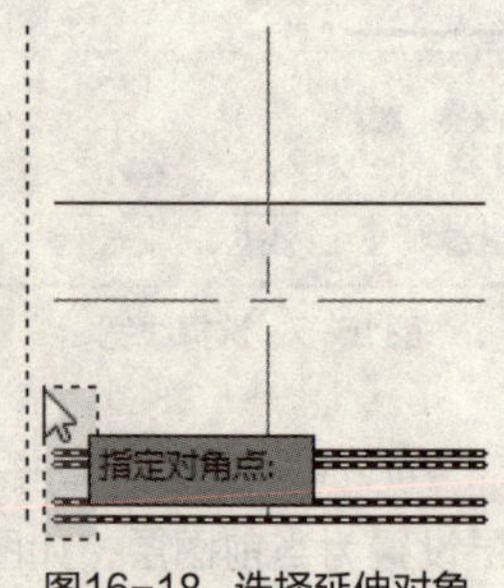

图16-18 选择延伸对象

Step 19 执行“修改>偏移”命令，以偏移后的垂线为起始边，向右依次偏移12.5和15，如图16–19所示。

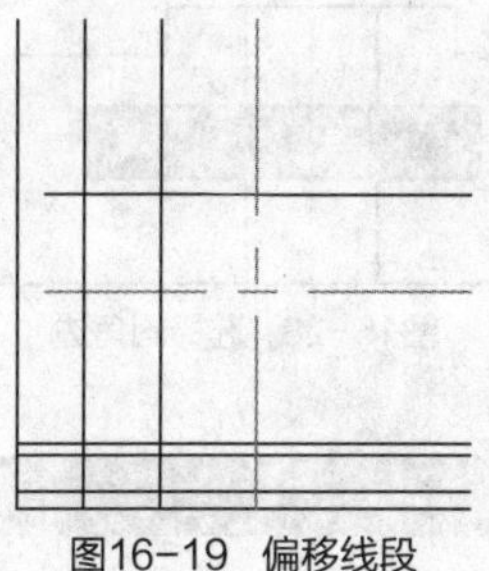

图16–19 偏移线段

Step 20 将偏移距离为12.5的线段设置在“中心线”图层上，如图16–20所示。

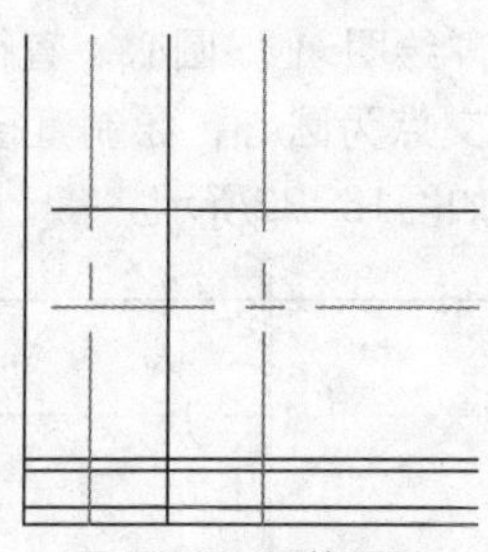

图16–20 更换图层

Step 21 执行“修改>修剪”命令，对线段进行修剪，选择剪切边，然后选择要修剪的对象，如图16–21所示。

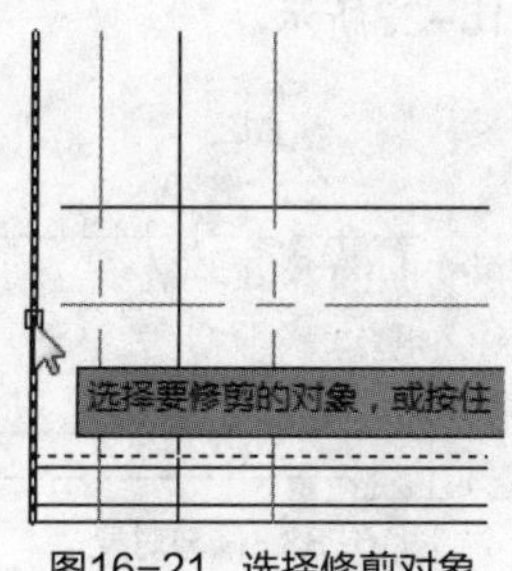

图16–21 选择修剪对象

Step 22 执行“修改>修剪”命令，继续进行修剪线段的操作，如图16–22所示。

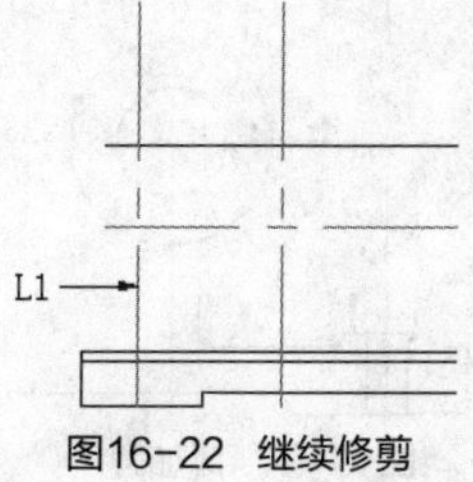

图16–22 继续修剪

Step 23 执行“修改>偏移”命令，将线段L1向左依次偏移3和6.5，并将其设置在“0图层”上，如图16–23所示。

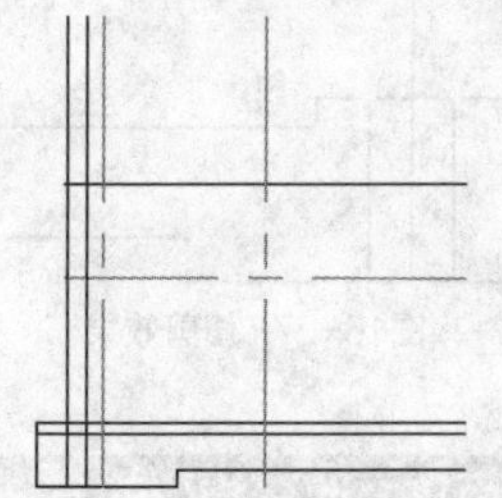

图16–23 偏移线段并更换图层

Step 24 执行“修改>镜像”命令，以线段L1为镜像线，将偏移后的垂线镜像复制，如图16–24所示。

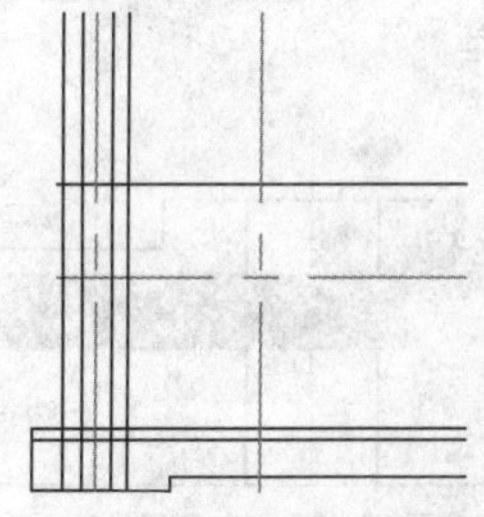

图16–24 镜像复制线段

Step 25 执行“修改>修剪”命令，修剪线段，选择剪切边界，如图16–25所示。

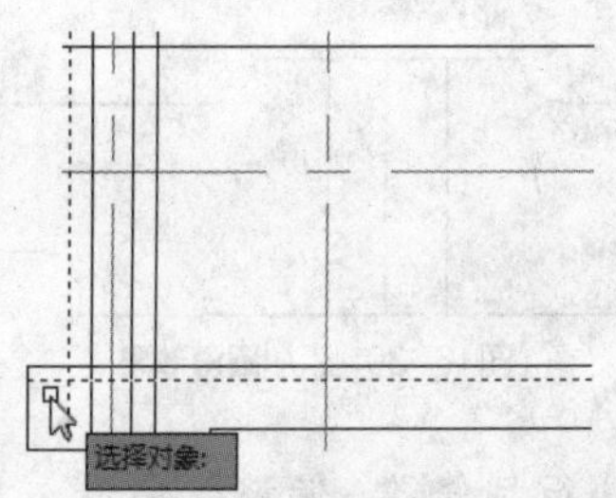

图16–25 选择修剪边界

Step 26 根据命令行的提示，选择修剪对象，修剪后的效果如图16–26所示。

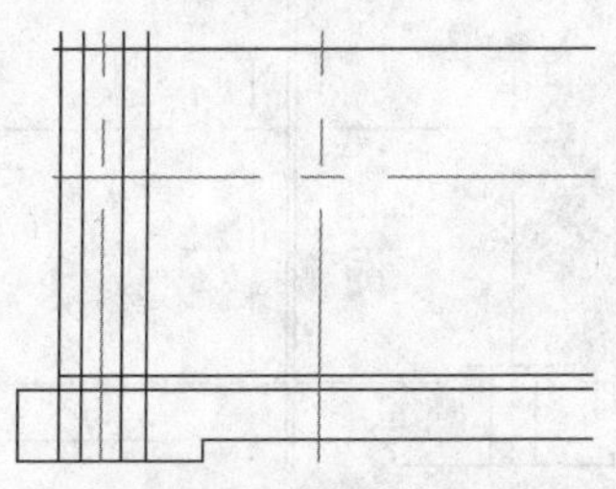

图16–26 修剪效果

Step 27 继续执行“修改>修剪”命令，对其余线段进行修剪操作，如图16-27所示。

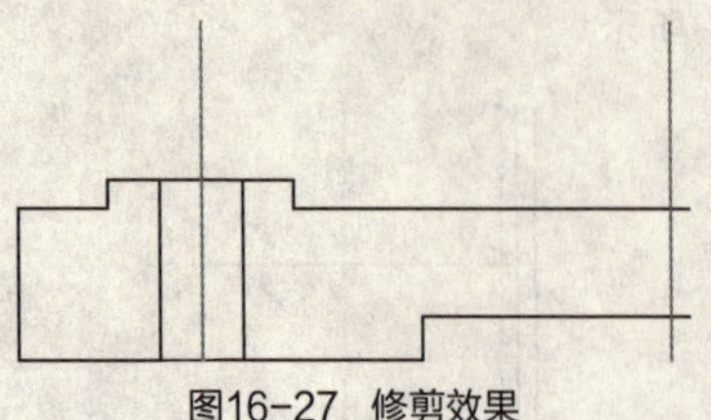
图16-27 修剪效果

Step 28 执行“修改>圆角”命令，设置半径为2，选择圆角边，如图16-28所示。

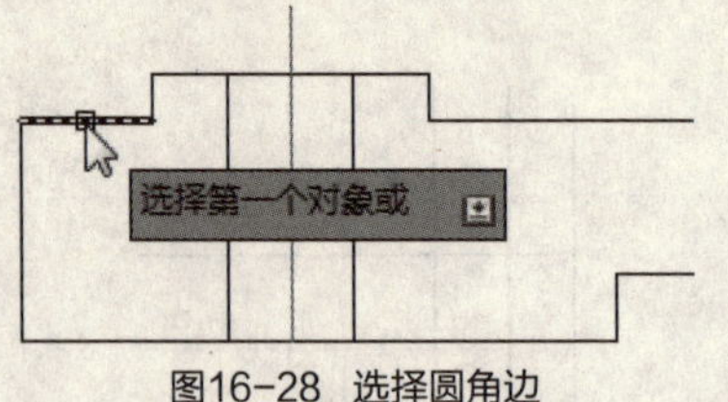

图16-28 选择圆角边

工程师点拨：改变线型的方法

改变线型有两种操作方法，第一种方法是直接在“特性”选项板中，选择“线型”下拉按钮，并在列表中选择合适的线型进行改变；第二种方法，则是在命令行里输入命令CHPROP，根据命令行的提示进行设置。

Step 29 根据命令行的提示，选择第二个对象，如图16-29所示。

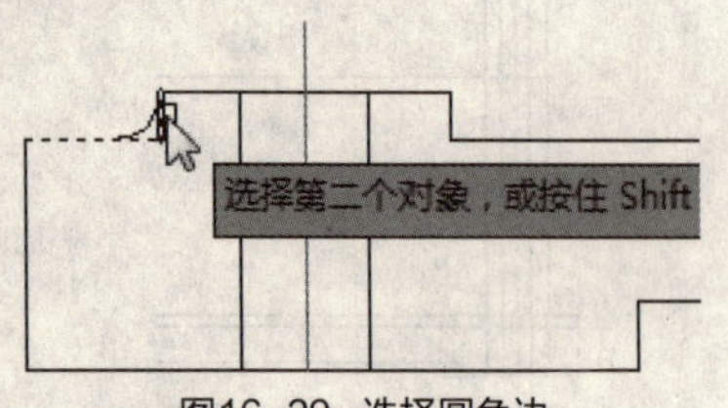

图16-29 选择圆角边

Step 30 执行“修改>圆角”命令，对其他线段进行圆角操作，如图16-30所示。

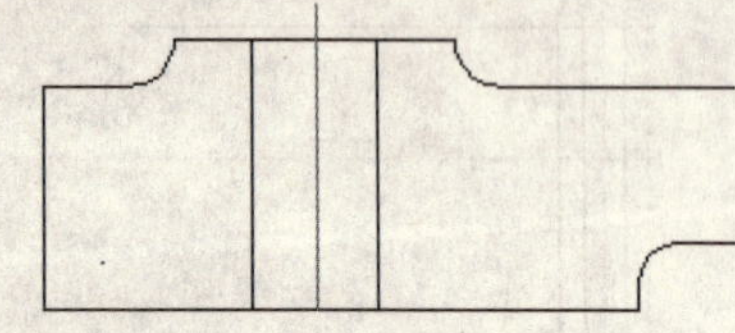
图16-30 添加圆角效果

Step 31 执行“修改>偏移”命令，将垂直中心线分别依次向左偏移4和5，并更改其为“0图层”，如图16-31所示。

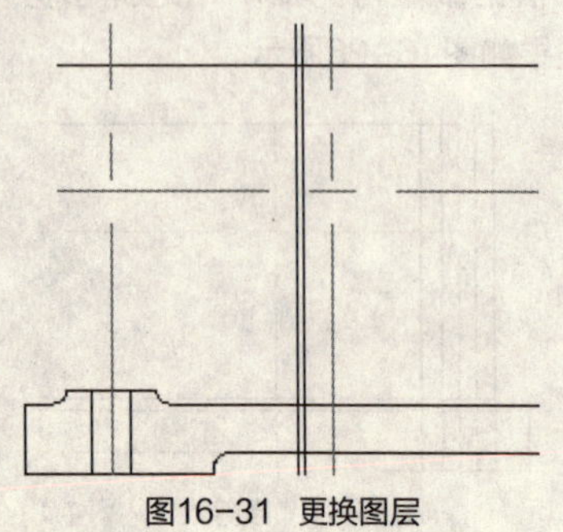
图16-31 更换图层

Step 32 执行“绘图>圆>圆心、直径”命令，以两条中心线的交点为圆心，绘制直径分别为16和30的两个圆，如图16-32所示。

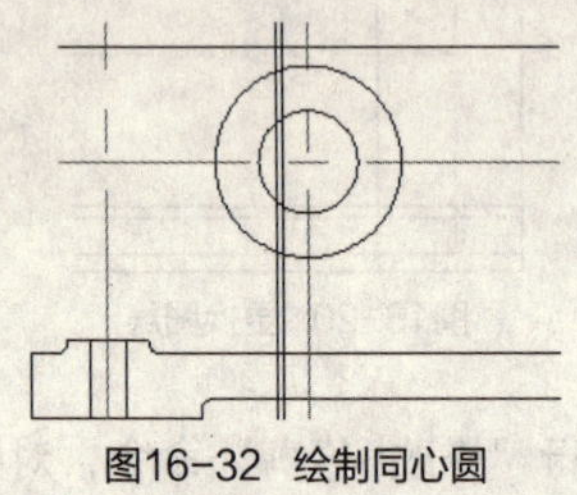
图16-32 绘制同心圆

Step 33 执行“修改>修剪”命令，对圆与线段进行修剪，如图16-33所示。

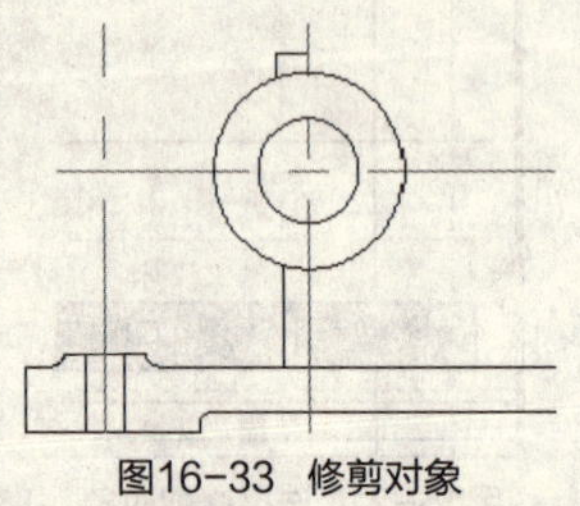
图16-33 修剪对象

Step 34 执行“修改>圆角”命令，设置圆角半径为2，为图形添加圆角，如图16-34所示。

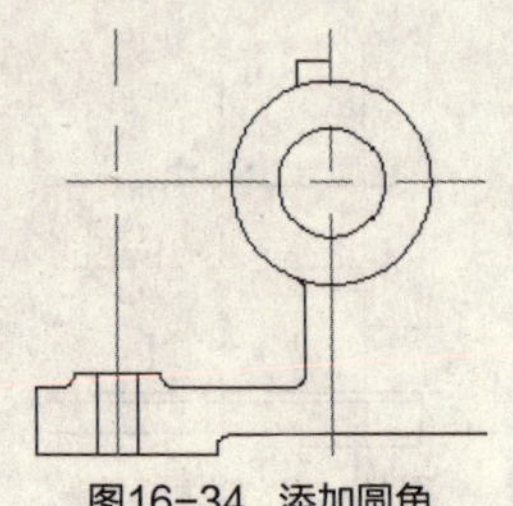
图16-34 添加圆角

工程师点拨：利用倒圆角连接线段

通常在连接两条直角边线时，都会使用"延长"命令或"拉伸"命令，将两条边线连接。此时，用户还可使用"倒圆角"命令进行操作。在执行"倒圆角"命令后，只需将圆角半径设为0，然后选择两条直角边即可快速连接该线段。

Step 35 在状态栏中右击"对象捕捉"按钮，在快捷菜单中选择"设置"命令，打开"草图设置"对话框，勾选"象限点"和"中点"复选框，如图16-35所示。

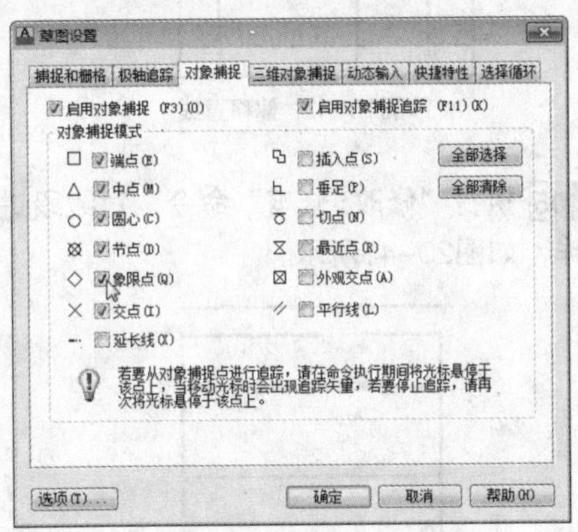

图16-35 设置"对象捕捉"

Step 36 执行"绘图 > 直线"命令，连接大圆左侧的象限点与其中一个圆角的中点，如图 16-36 所示。

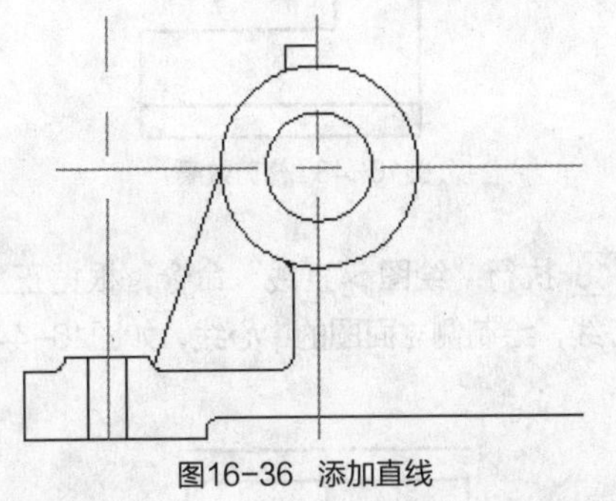

图16-36 添加直线

Step 37 执行"修改>镜像"命令，选择镜像对象，进行镜像复制操作，如图16-37所示。

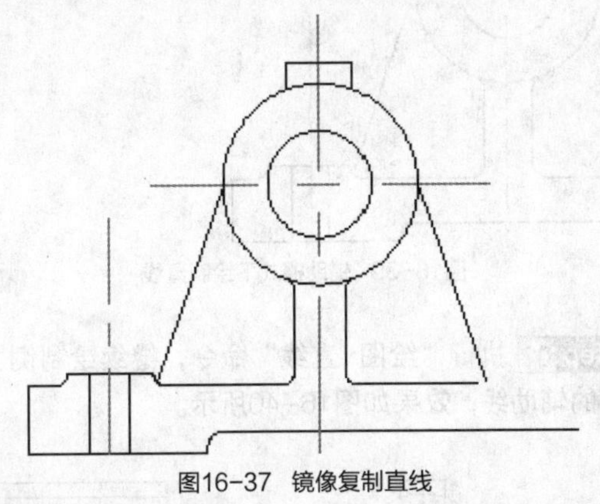

图16-37 镜像复制直线

Step 38 再次执行"修改>镜像"命令，对其余部分进行镜像复制，轴承支座正立面图绘制完成，如图16-38所示。

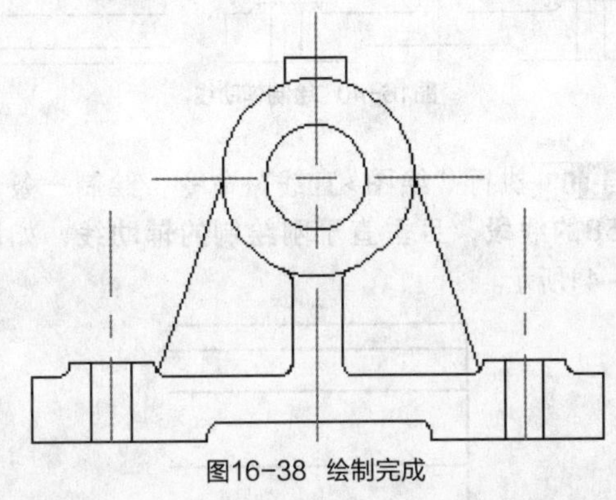

图16-38 绘制完成

工程师点拨：绘制三视图的方法

机械零件制图共分为三大块：主视图、侧视图和俯视图。必要时还需绘制零件剖视图等。而利用捕捉延长线的方式，根据零件主视图绘制其侧立面及剖视图是很方便的。只需打开"捕捉延长线"命令，利用"直线"命令，然后将光标放置图形线段上，此时系统将自动显示此线段的延长线，从而根据此延长线来绘制直线。

16.1.2 绘制轴承支座侧立面图和剖视图

使用"直线"、"图案填充"和"修剪"等命令，根据支座正立面图绘制其侧立面图和剖视图。具体绘制步骤如下。

Step 01 启动“极轴追踪”和“对象捕捉追踪”模式。执行“绘图>直线”命令，根据正立面图来绘制侧立面辅助线，如图16-39所示。

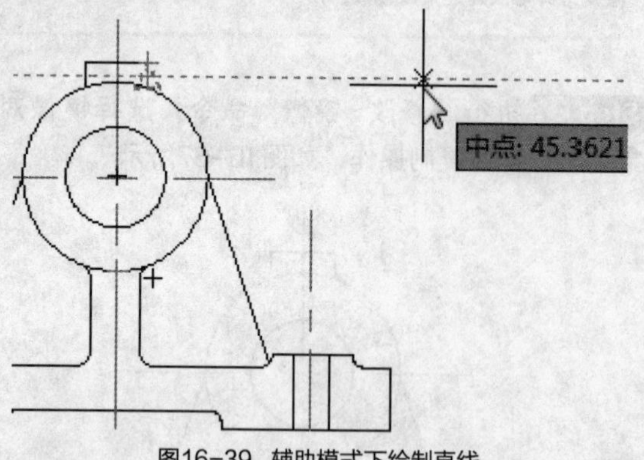

图16-39 辅助模式下绘制直线

Step 02 执行“绘图>直线”命令，继续绘制侧立面的辅助线，效果如图16-40所示。

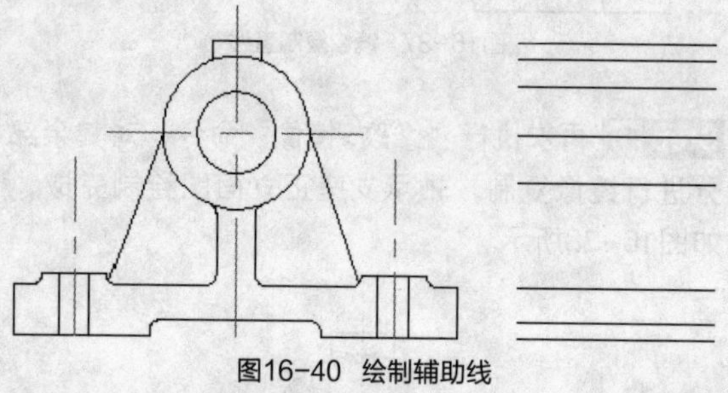
图16-40 绘制辅助线

Step 03 执行“绘图>直线”命令，绘制一条长为58的线段，且垂直于刚绘制的辅助线，如图16-41所示。

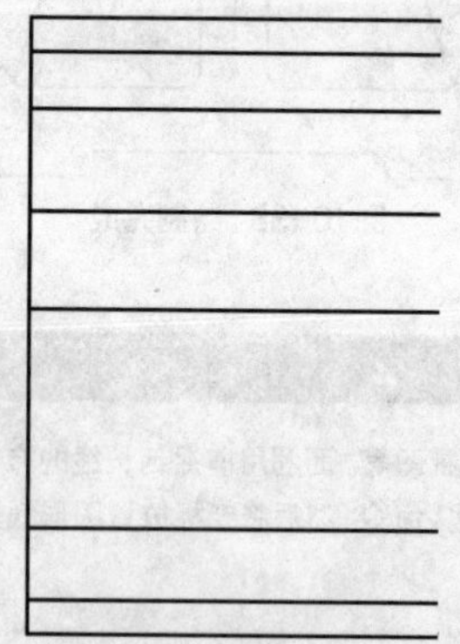
图16-41 绘制直线

Step 04 执行“修改>偏移”命令，以竖直线段为起始边，向右相对于上一线段依次偏移5、8、15和4，如图16-42所示。

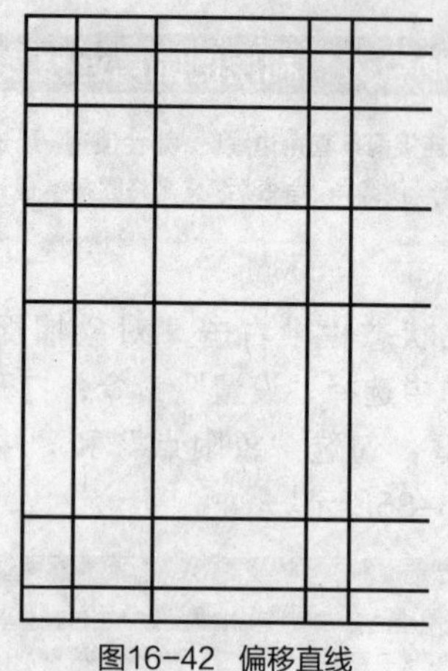
图16-42 偏移直线

Step 05 执行“修改>修剪”命令，对线段进行修剪操作，如图20-43所示。

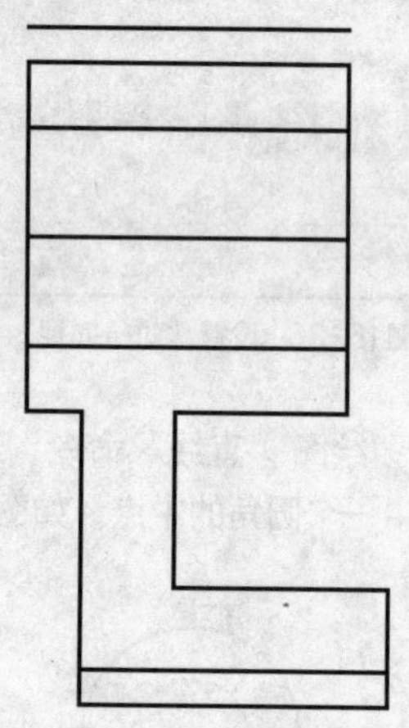
图16-43 修剪效果

Step 06 执行“绘图>直线”命令，根据正立面图的中心线，绘制侧立面图的中心线，如图16-44所示。

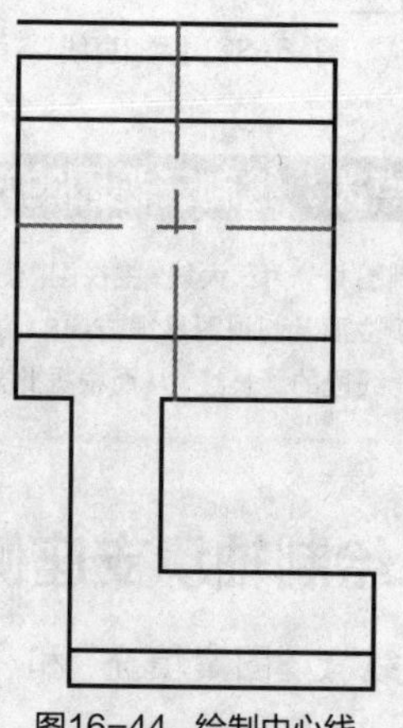
图16-44 绘制中心线

Step 07 执行“修改>偏移”命令，将顶部的线段，向下偏移6，如图16-45所示。

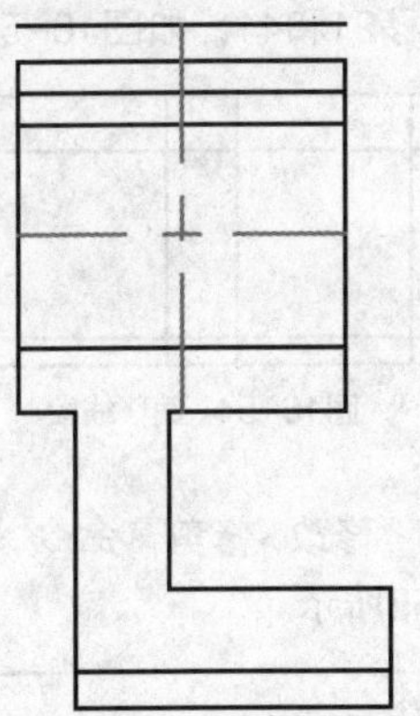

图16-45 向下偏移线段

Step 08 执行“修改>偏移”命令，将垂直中心线分别向左、向右偏移5，并设置其为“0图层”，如图16-46所示。

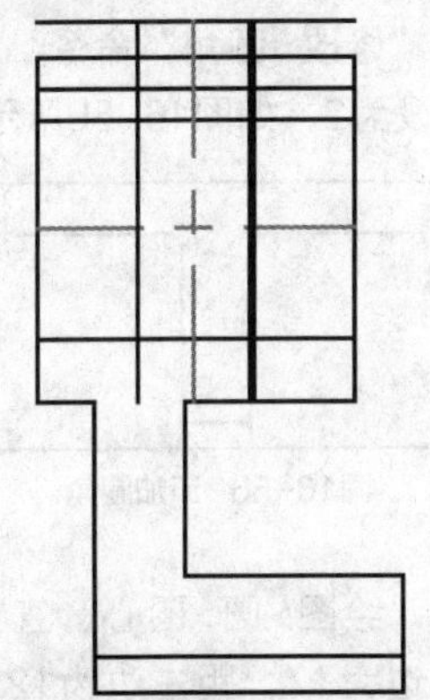

图16-46 偏移后更改图层

Step 09 执行“修改>修剪”命令，将偏移的线段进行修剪操作，如图16-47所示。

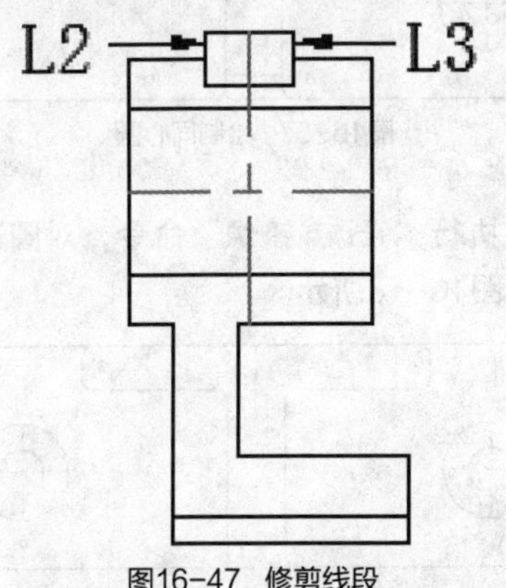

图16-47 修剪线段

Step 10 执行“修改>偏移”命令，将直线L2和L3各向内偏移0.75，如图16-48所示。

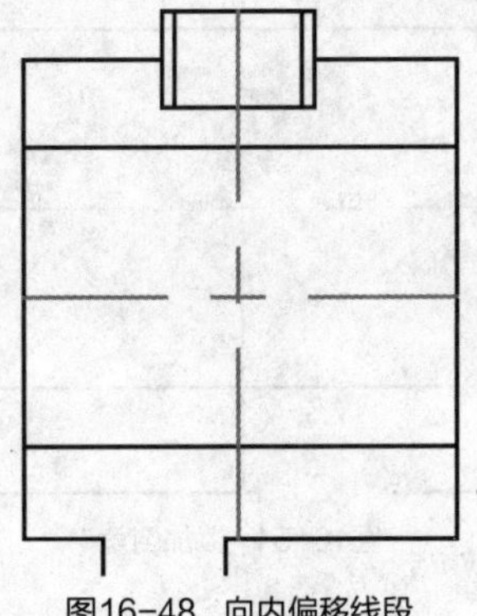

图16-48 向内偏移线段

Step 11 选中偏移后的两条直线，拉伸底部的节点至合适的位置，如图16-49所示。

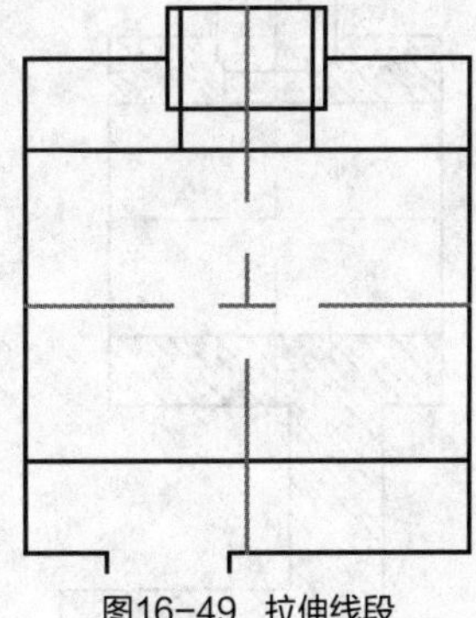

图16-49 拉伸线段

Step 12 执行“修改>修剪”命令，对线段进行修剪操作，如图16-50所示。

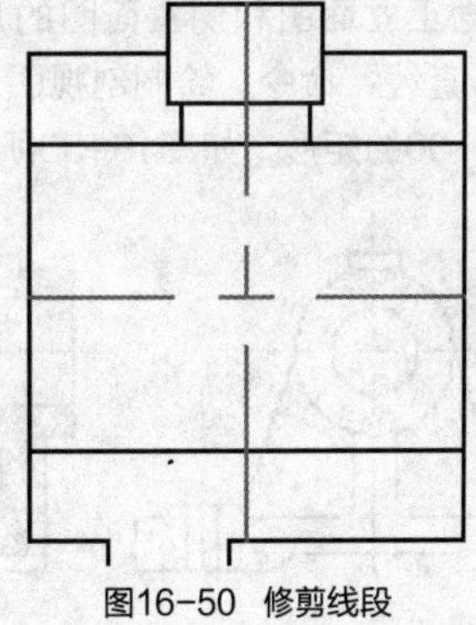

图16-50 修剪线段

Step 13 执行“修改>倒角”命令，根据命令行提示，选择“角度”选项，设置倒角长度为1，距离为45，如图16-51所示。

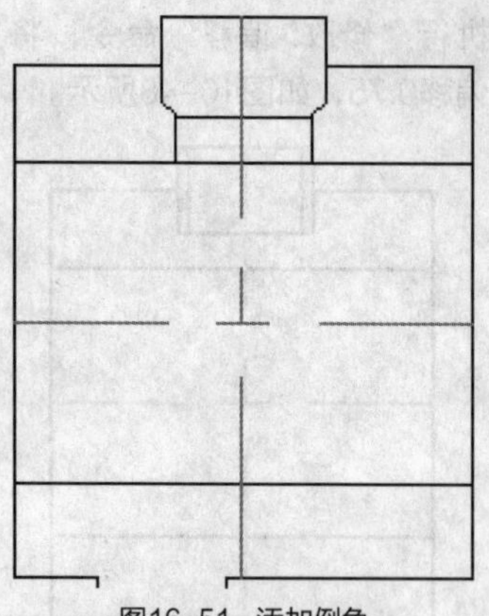

图16-51 添加倒角

Step 14 将“剖面线”置为当前层，执行“绘图>图案填充”命令，选择ANSI31图案，比例设为0.3，侧立面图绘制完成，如图16-52所示。

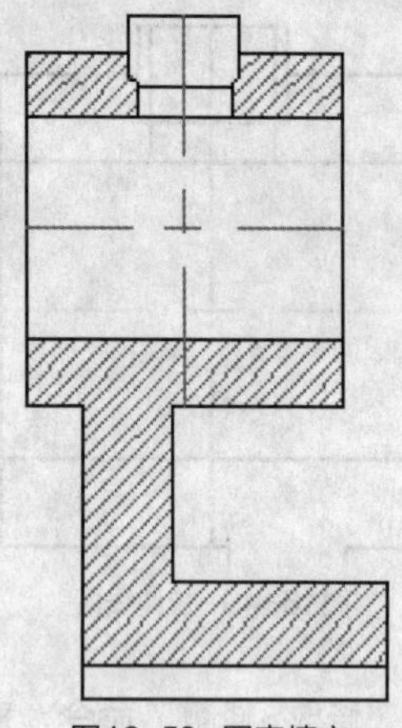

图16-52 图案填充

Step 15 根据正立面图和侧立面图的尺寸数据，执行“绘图>直线”命令，绘制剖视图的轮廓线，一个边长90×30的矩形，如图16-53所示。

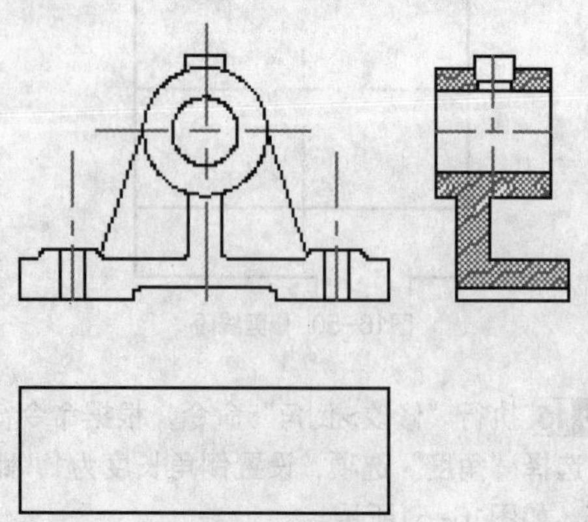

图16-53 绘制矩形

Step 16 执行“修改>偏移”命令，将顶部线段向下偏移6，底部线段向上偏移3，然后，两边竖直线段各向内偏移21和41，如图16-54所示。

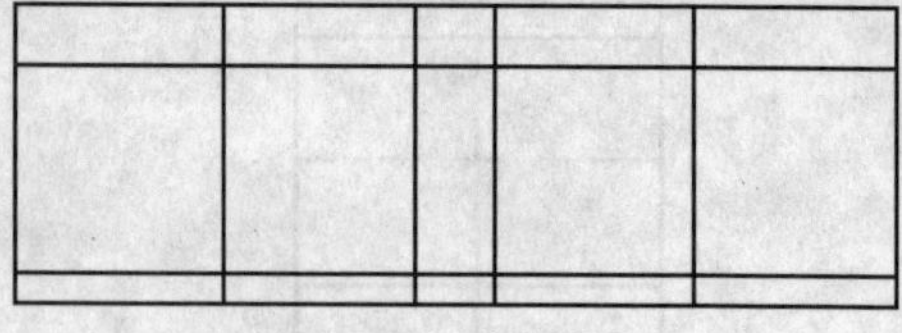

图16-54 偏移线段

Step 17 执行“修改>修剪”命令，对线段进行修剪，如图16-55所示。

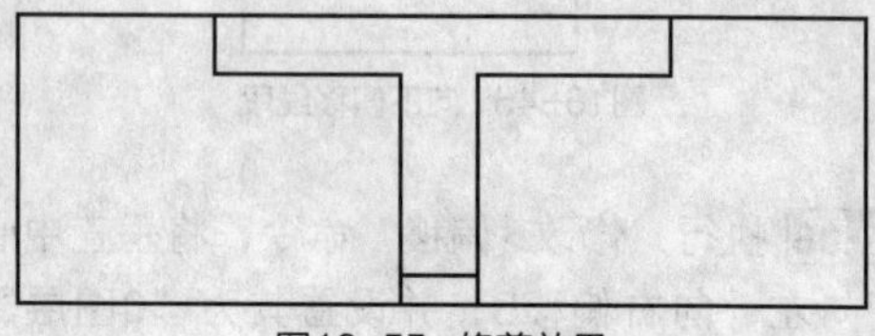

图16-55 修剪效果

Step 18 执行“修改>圆角”命令，对线段添加圆角，圆角半径设为2，如图16-56所示。

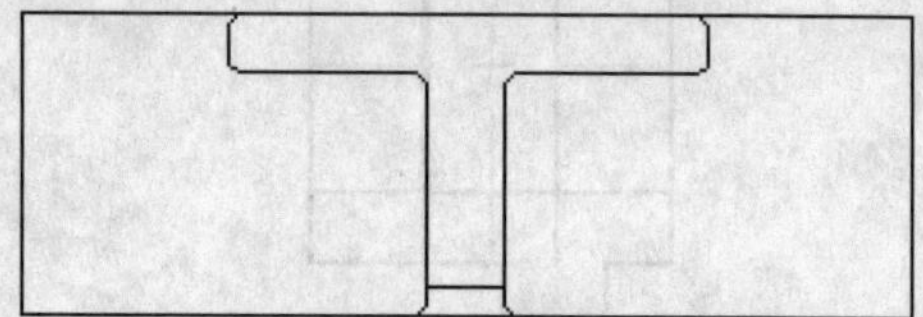

图16-56 添加圆角

Step 19 执行“绘图>圆>圆心、直径”命令，绘制圆心距顶部边为17，距左边为12.5，直径分别为6和13的同心圆，如图16-57所示。

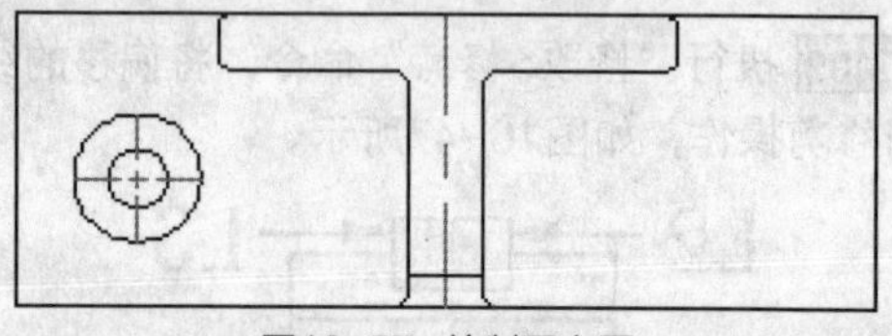

图16-57 绘制同心圆

Step 20 执行“修改>镜像”命令，对圆进行镜像复制，如图16-58所示。

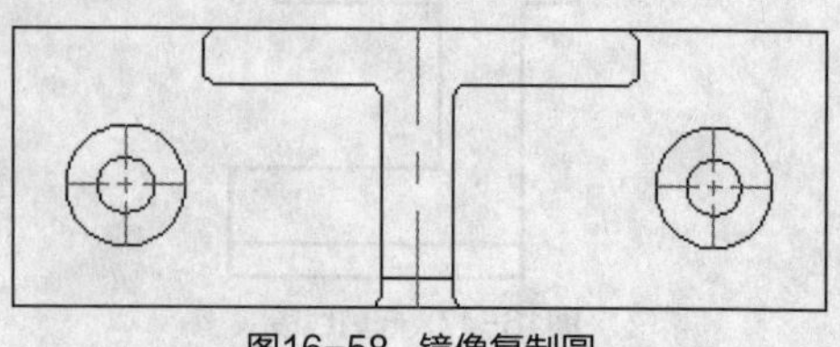

图16-58 镜像复制圆

Step 21 执行“绘图>图案填充”命令，选择图案，并设置填充比例，如图16-59所示。

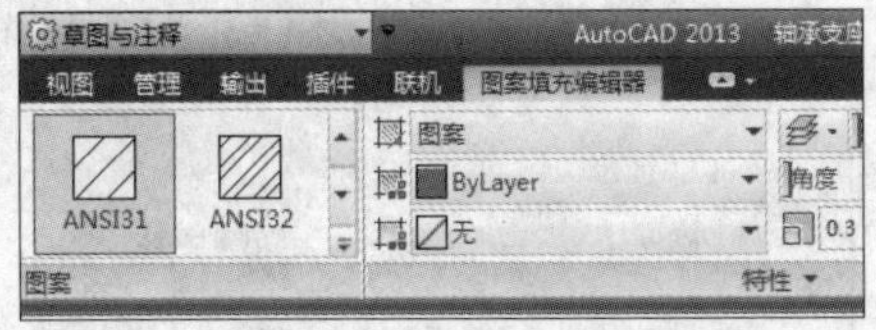

图16-59 选择填充图案

Step 22 在绘图区中，选择需要填充的区域，即可完成图案填充，如图16-60所示。

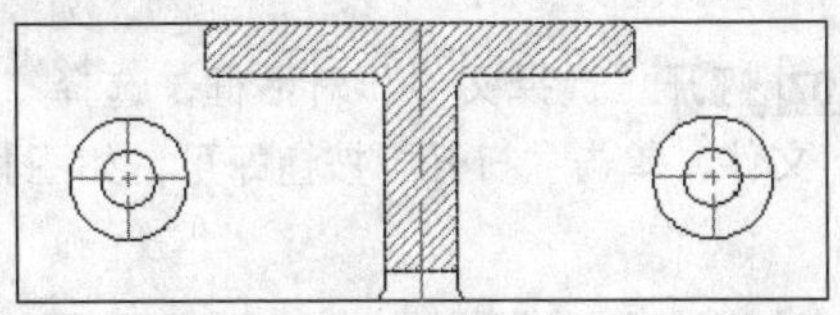

图16-60 填充效果

Step 23 执行“修改>圆角”命令，设置圆角半径为5，先选择添加圆角的第一个对象，如图16-61所示。

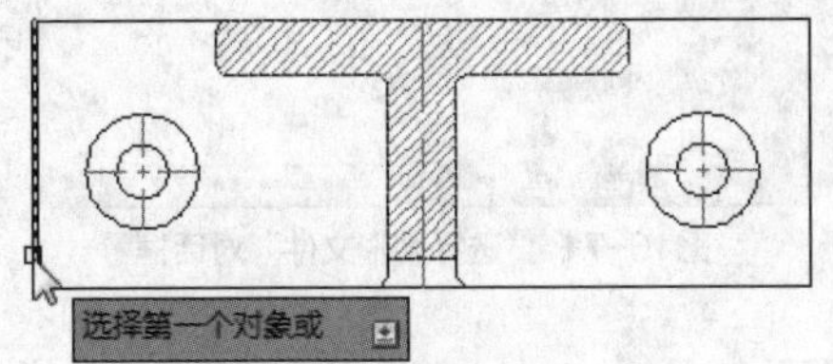

图16-61 选择圆角边

Step 24 根据命令行的提示，再选择添加圆角的第二个对象，如图16-62所示。

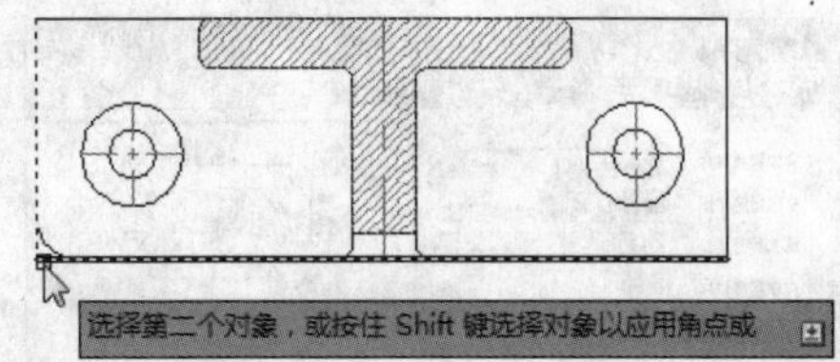

图16-62 选择另外一条边

Step 25 按照相同的方法，为另一个角添加圆角操作，如图16-63所示。

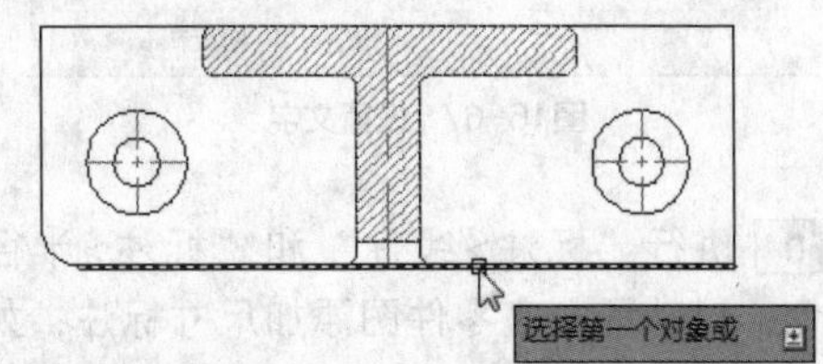

图16-63 继续添加圆角

Step 26 添加完圆角后，轴承支座正立面图绘制完成，如图16-64所示。

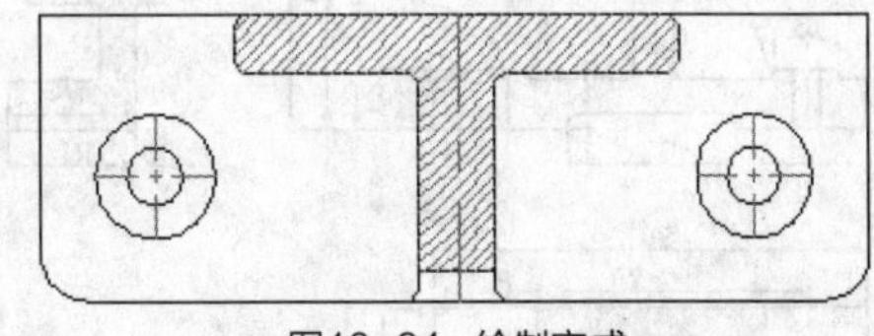

图16-64 绘制完成

16.1.3 设置尺寸标注

下面将为轴承支座零件图添加尺寸标注，通常在标注前都需对尺寸样式等进行设置。

Step 01 单击“注释”选项卡“标注”面板右下角的箭头按钮，打开“标注样式管理器”对话框，单击“修改”按钮，如图16-65所示。

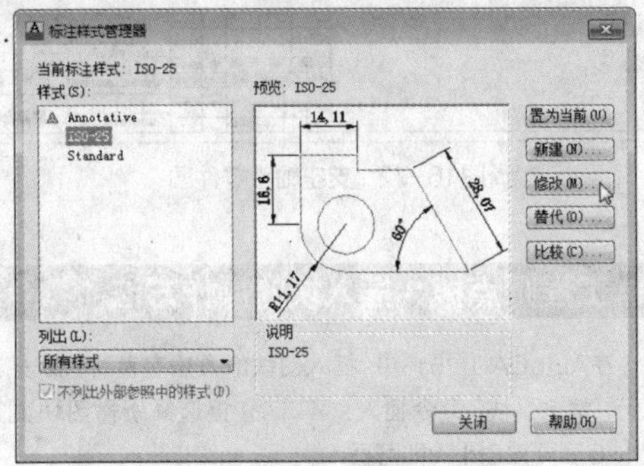

图16-65 “标注样式管理器”对话框

Step 02 打开“修改标注样式”对话框，在“箭头和符号”选项卡中，设置箭头大小为3，如图16-66所示。

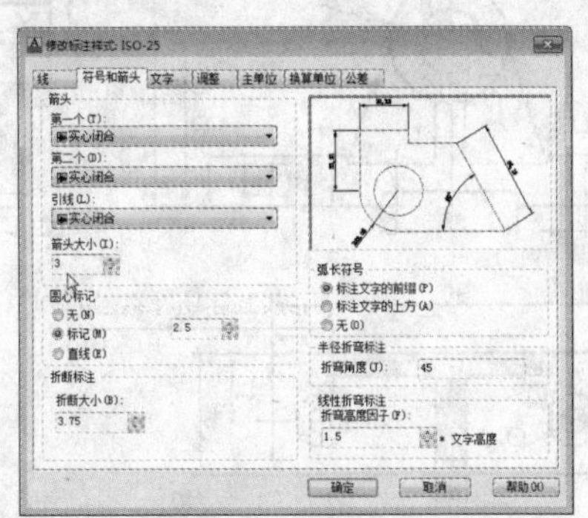

图16-66 设置箭头大小

Step 03 在“文字”选项卡中，设置字高为5，单击“确定”按钮即可，如图16-67所示。

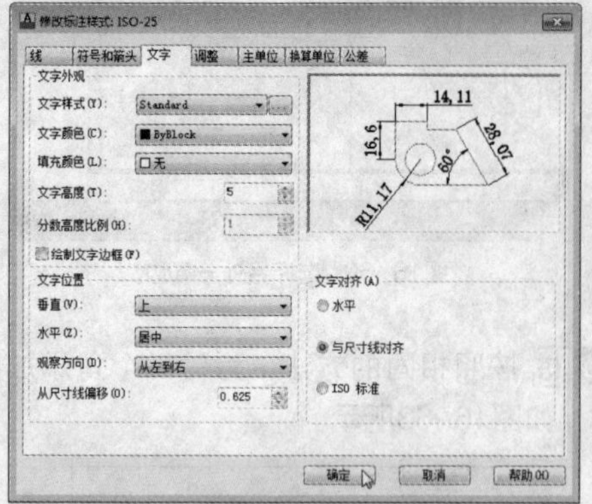

图16-67 设置文字

Step 04 执行“标注>线性”和“标注>半径”等命令，对轴承支座零件图添加尺寸标注，如图16-68所示。

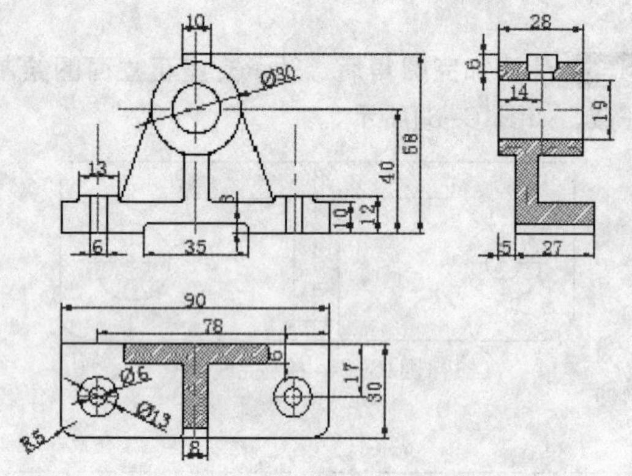

图16-68 添加尺寸标注

Step 05 双击要修改的文字文本，在数值前输入“%%C”，添加直径符号，如图16-69所示。

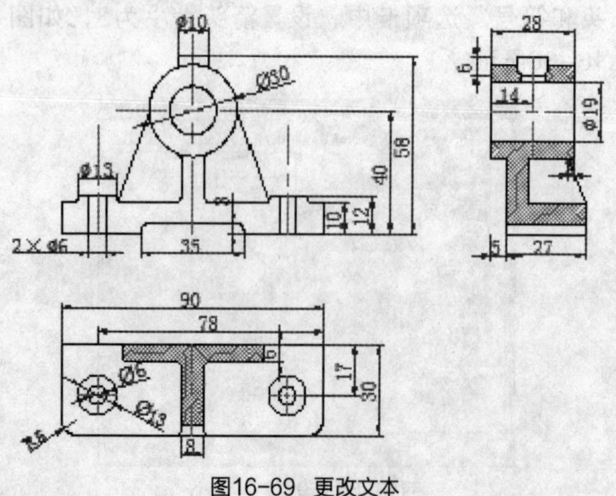

图16-69 更改文本

Step 06 执行“插入>块”命令，打开“插入”对话框，单击“浏览”按钮，如图16-70所示。

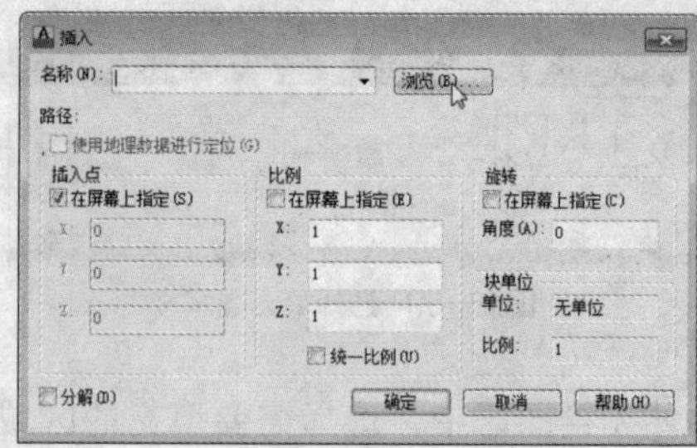

图16-70 “插入”对话框

Step 07 打开“选择文件”对话框，选择“图框.dwg”文件，单击“打开”按钮即可，如图16-71所示。

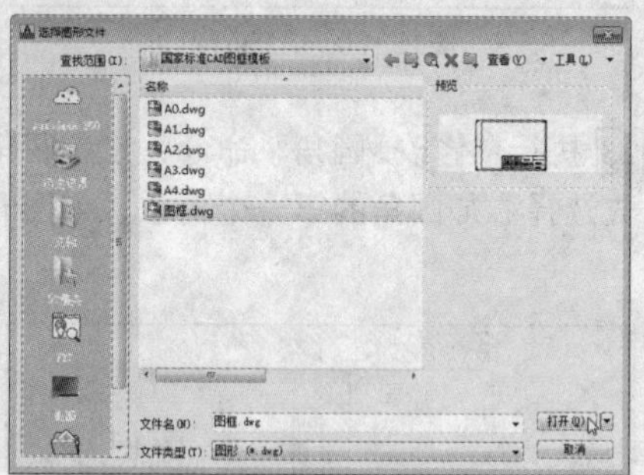

图16-71 “选择图形文件”对话框

Step 08 返回到上一对话框中，单击“确定”按钮，将图框放置在合适的位置处，支座轴承零件图绘制完成，如图16-72所示。

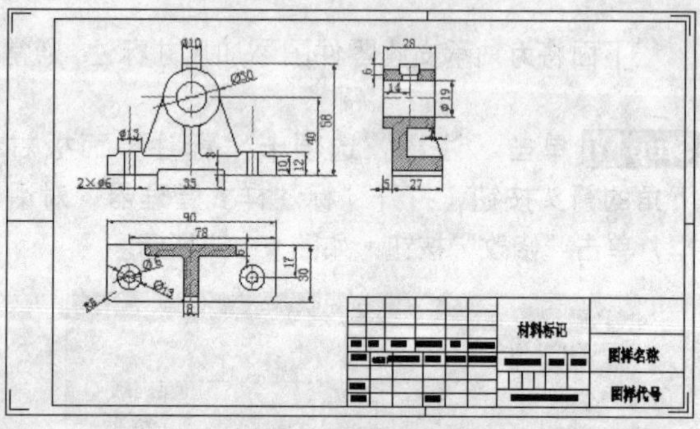

图16-72 支座轴承零件图

工程师点拨：插入块的操作方法

在AutoCAD 2013中，插入图块的方法有两种，第一，执行“插入>块”命令插入；第二，直接选择所需图块，按Ctrl+C后再按Ctrl+V即可插入。

16.2 绘制法兰盘零件图

本节以绘制法兰盘零件图为例，其中用到的命令包括“圆”、“环形阵列”、“偏移”、“图案填充”和“尺寸标注”等。

16.2.1 绘制法兰盘平面图

绘制法兰盘零件图时，首先要创建图层，然后使用“圆”、“环形阵列”等命令进行绘制。绘制方法介绍如下。

Step 01 打开图层特性管理器，创建“中心线”图层，设置其颜色为“红色”，线型为CENTER，线宽为0.15mm。用同样的方法创建其他图层，如图16-73所示。

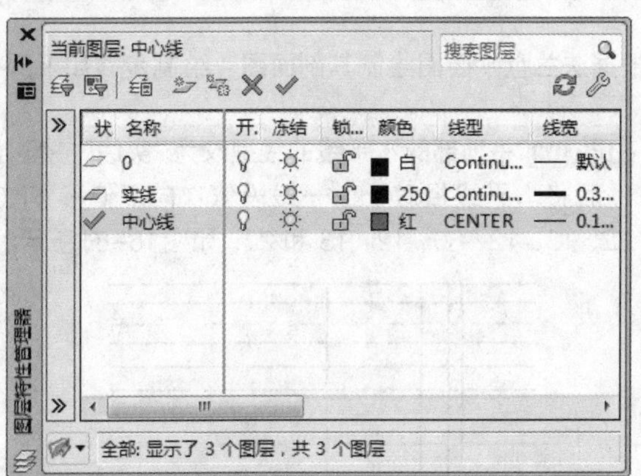

图16-73 创建图层

Step 02 将“中心线”置为当前层，执行“绘图>直线”命令，绘制两条相互垂直的中心线，如图16-74所示。

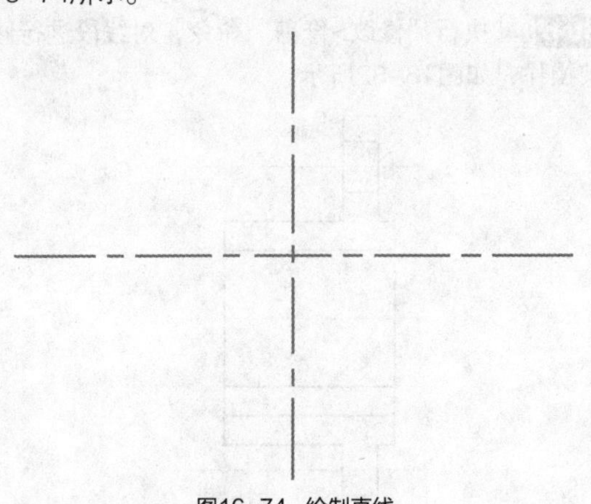

图16-74 绘制直线

Step 03 执行“绘图>圆>圆心、半径”命令，以中心线的交点为圆心，分别绘制半径为30、42、66和88的同心圆，如图16-75所示。

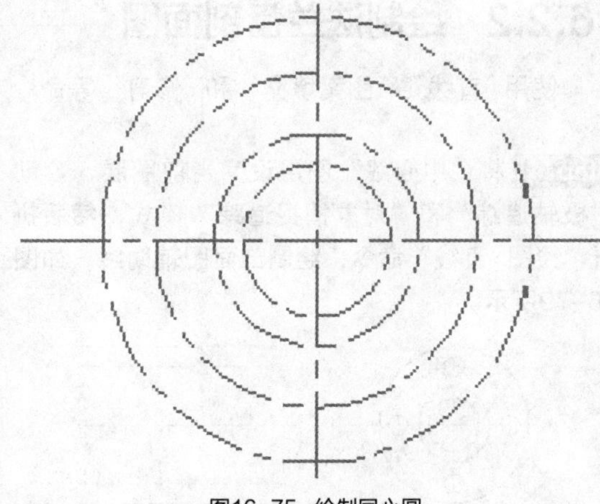

图16-75 绘制同心圆

Step 04 选中半径为30、42和88三个圆，将其线型设置为“实线”线型，如图16-76所示。

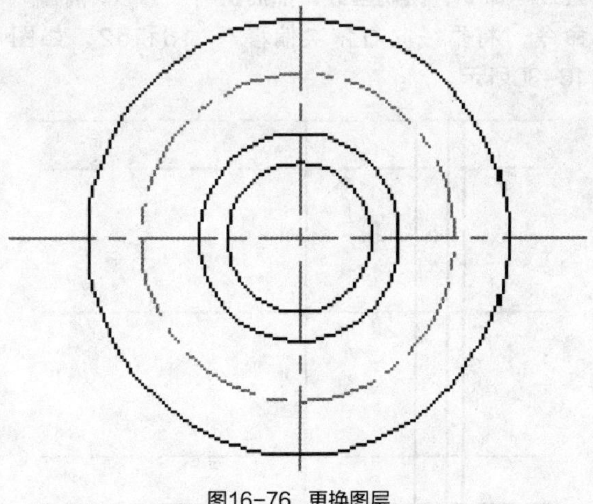

图16-76 更换图层

Step 05 将“实线”层置为当前层层。执行“绘图>圆>圆心、半径”命令，以半径66的圆的顶部象限点为圆心，绘制半径为11的圆，如图16-77所示。

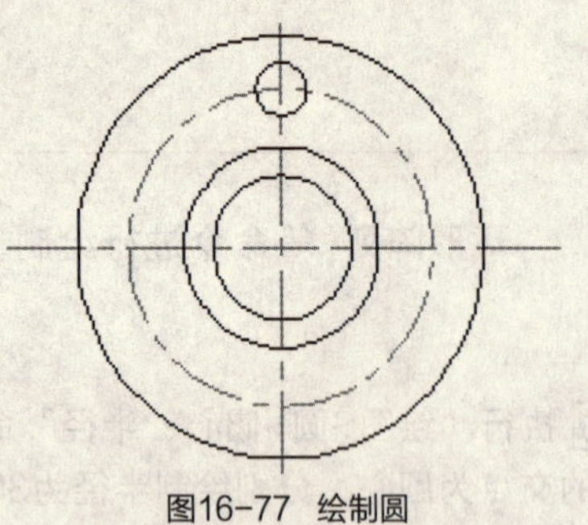
图16-77 绘制圆

Step 06 执行“修改>陈列>环形阵列”命令，将半径为11的圆进行360° 环形阵列，设置圆心为阵列中心点，项目数为4，如图16-78所示。法兰盘平面图绘制完成。

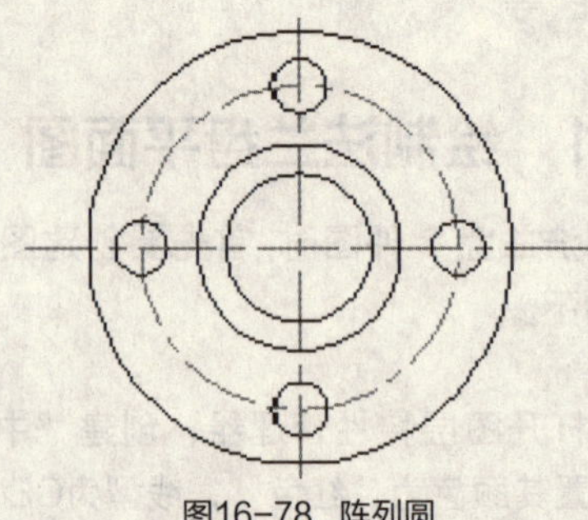
图16-78 阵列圆

16.2.2 绘制法兰盘剖面图

使用〝直线〞、〝图案填充〞和〝修剪〞等命令，根据法兰盘平面图绘制其剖面图，绘制步骤如下。

Step 01 将“中心线”图层设为当前图层，启动“极轴追踪”和“对象捕捉追踪”模式，然后执行“绘图>直线”命令，绘制剖面图辅助线，如图16-79所示。

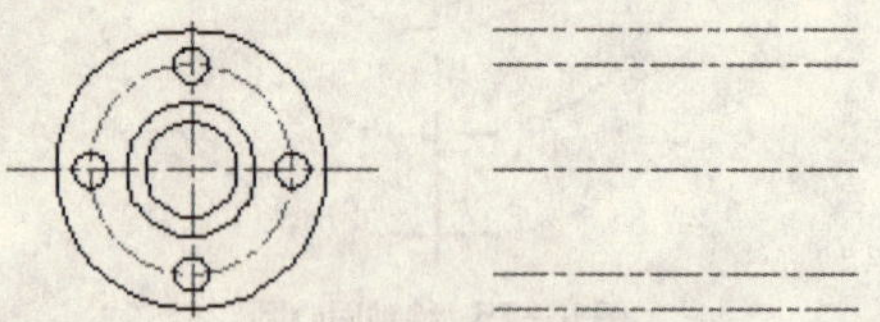
图16-79 绘制辅助线

Step 02 将“实线”层置为当前层，执行“绘图>直线”命令，绘制垂线，然后执行“修改>偏移”命令，将垂线向右依次偏移7、16和52，如图16-80所示。

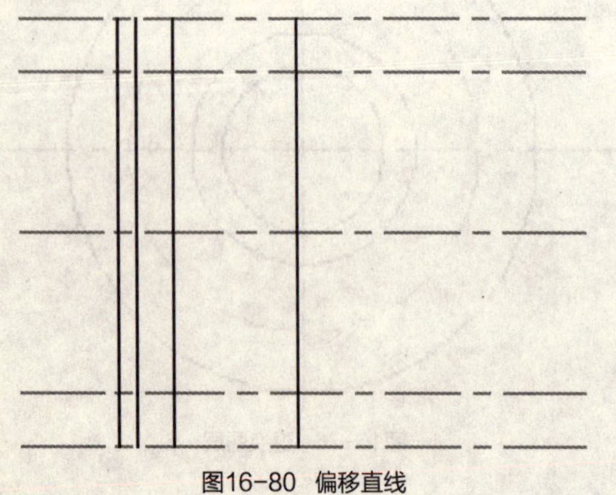
图16-80 偏移直线

Step 03 将顶部的水平线的线型改为“实线”线型，然后将水平线相对于上一线段依次向下偏移 11、22、13、12、60、12、13 和 22，如图16-81所示。

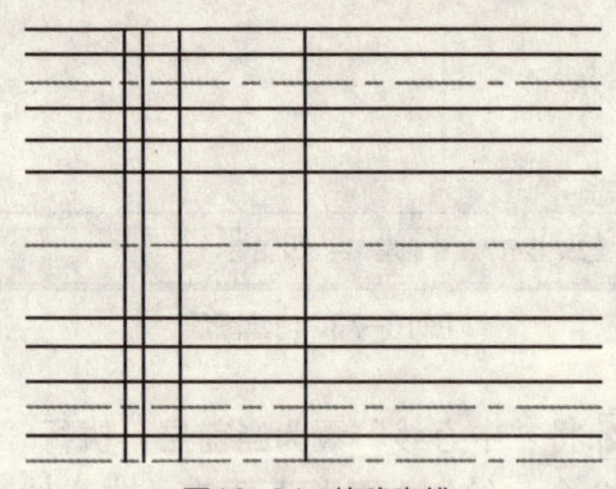
图16-81 偏移直线

Step 04 执行“修改>修剪”命令，对线段进行修剪操作，如图16-82所示。

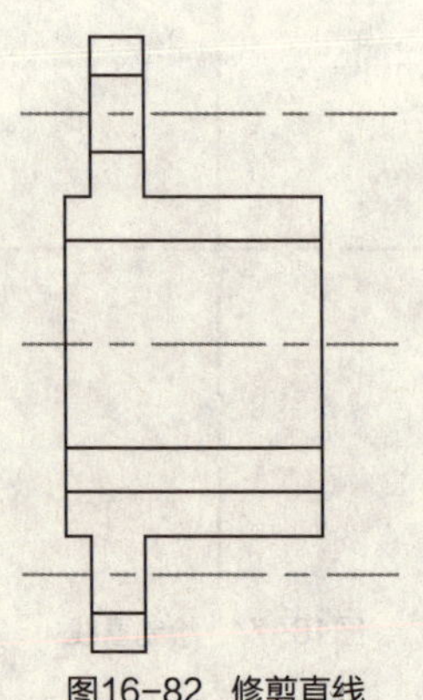
图16-82 修剪直线

Step 05 执行“绘图>图案填充”命令，选择ANSI31图案，设置颜色为8，将所需图形进行填充，如图16-83所示。

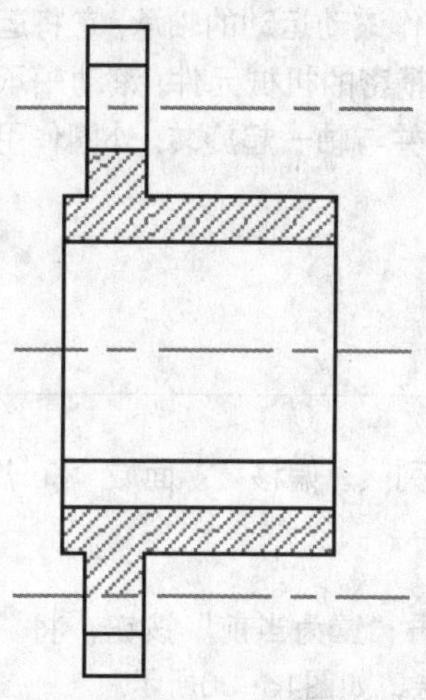

图16-83 填充图案

Step 06 单击“注释”选项卡“标注”面板的对话框启动器按钮，打开“标注样式管理器”对话框，单击“修改”按钮，打开相应的对话框，设置字体大小为10，箭头大小为5，如图16-84所示。

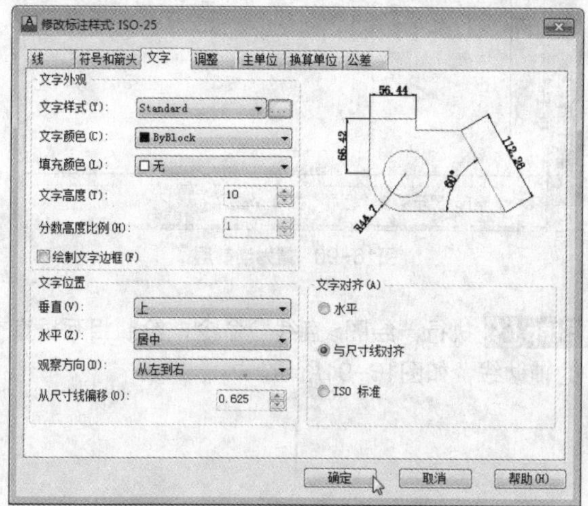

图16-84 尺寸标注样式

Step 07 执行“标注>线性”和“标注>半径”标注命令，对法兰盘进行尺寸标注操作，如图16-85所示。

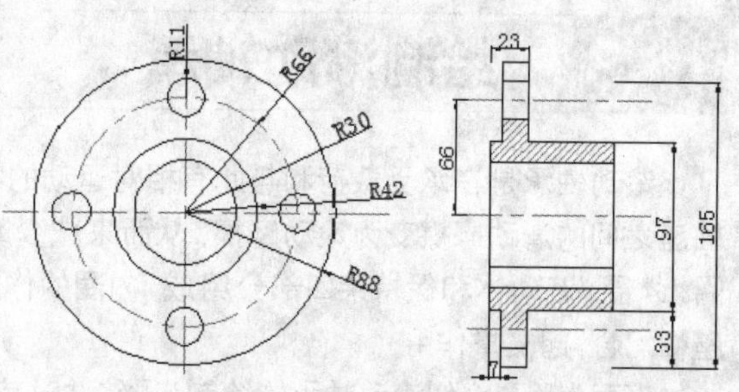

图16-85 添加尺寸标注

Step 08 执行“插入>块”命令，打开相应对话框，单击“浏览”按钮，选择“图框”插入对象，如图16-86所示。

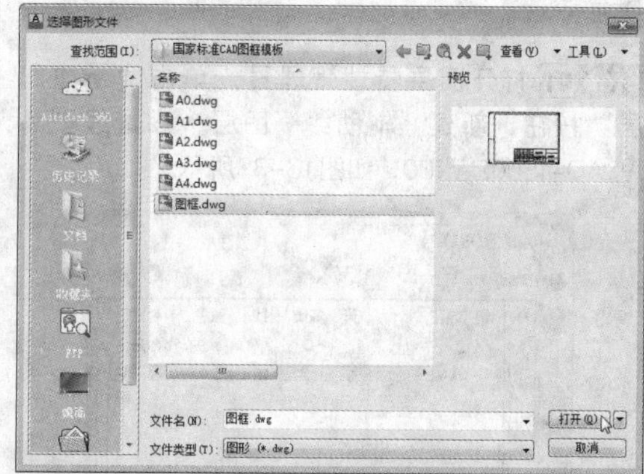

图16-86 插入图框

Step 09 将图框放置在合适的位置处，至此，法兰盘零件图绘制完成，如图16-87所示。

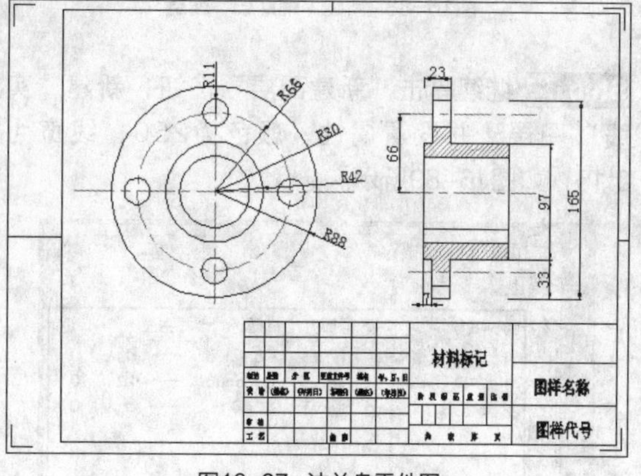

图16-87 法兰盘零件图

16.3 绘制滚动轴承

滚动轴承是在承受载荷和与此有相对运动的零件间有滚动体作滚动运动的轴承。它将运转的轴与轴座之间的滑动摩擦变为滚动摩擦，从而来减少摩擦损失的一种精密的机械元件。滚动轴承一般由内圈、外圈、滚动体和保持架四部分组成，内圈的作用是与轴相配合并与轴一起旋转；外圈作用是与轴承座相配合，起支撑作用。

下面为用户介绍滚动轴承的绘制步骤，并对其添加材质等。

16.3.1 绘制滚动轴承轮廓

在本案例中，将运用到“构造线”、“分解”、“球体”、“三维阵列”、“偏移”、“面域”和“旋转”等操作命令。

Step 01 打开图层特性管理器，单击“新建图层”按钮，新建“辅助线”图层，设置线型为ACAD-IS002W100，如图16-88所示。

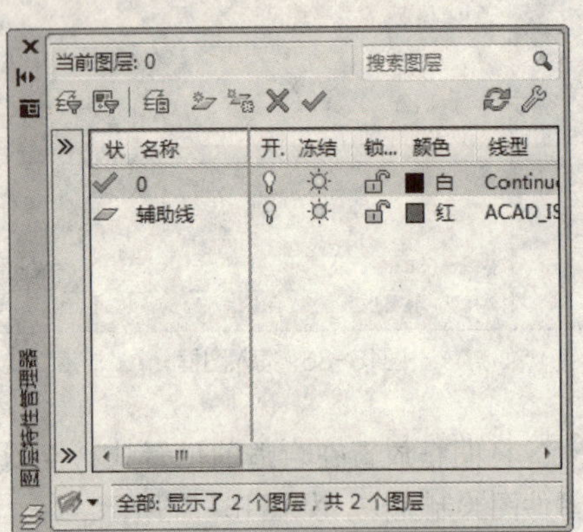

图16-88 新建“辅助线”图层

Step 02 继续单击“新建图层”按钮，新建“实线”图层，并设置属性，颜色为250、线宽为0.15，如图16-89所示。

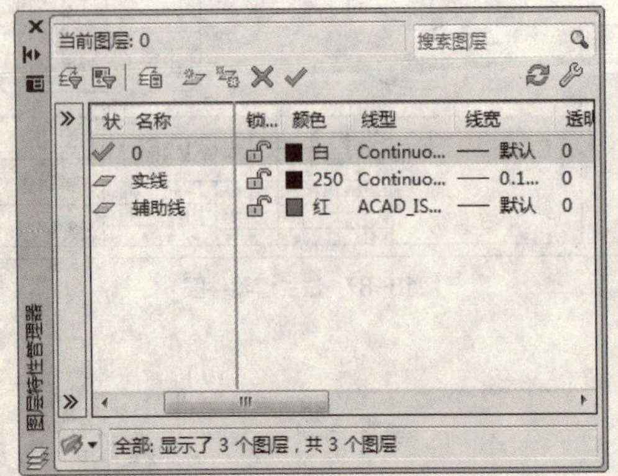

图16-89 新建“实线”图层

Step 03 单击“置为当前”按钮，将“辅助线”层置为当前层，如图16-90所示。

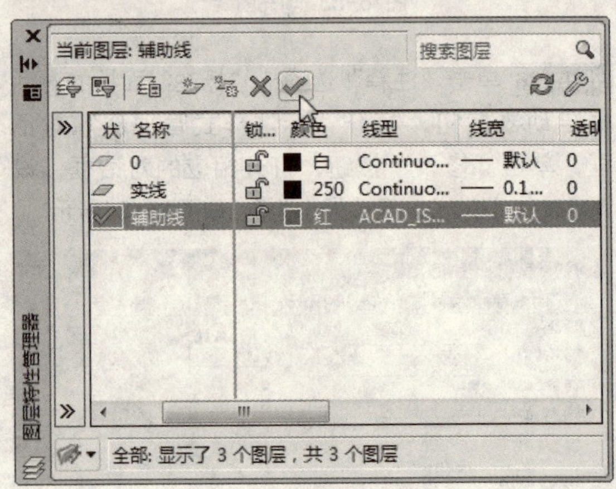

图16-90 置为当前层

Step 04 执行“绘图>直线”命令，绘制相互垂直的辅助线，如图16-91所示。

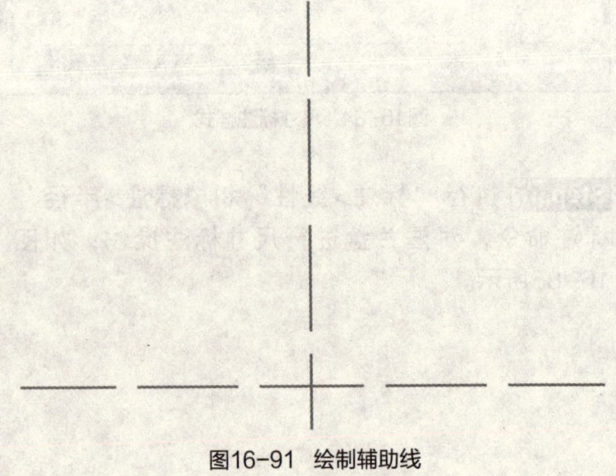

图16-91 绘制辅助线

Step 05 单击“图层”下拉按钮，在下拉列表中选择“实线”层，将其置为当前层，执行“绘图>矩形”命令，距辅助线的交点大约9个单位的地方，指定矩形角点，如图16-92所示。

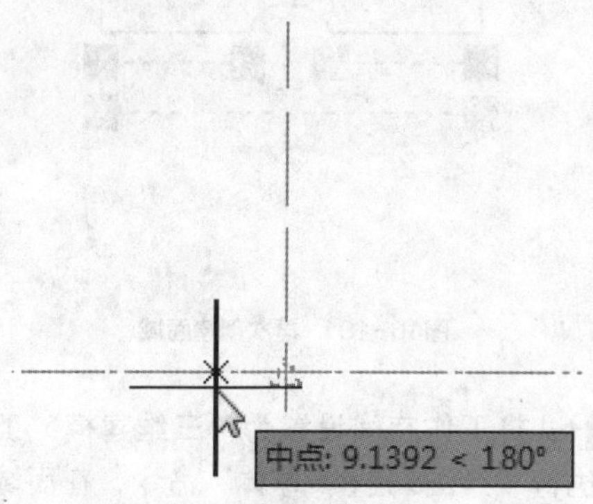

图16-92 绘制矩形

Step 06 确定角点后，绘制短边为18和长边为20的矩形，并执行“修改>分解”命令，将矩形分解，如图16-93所示。

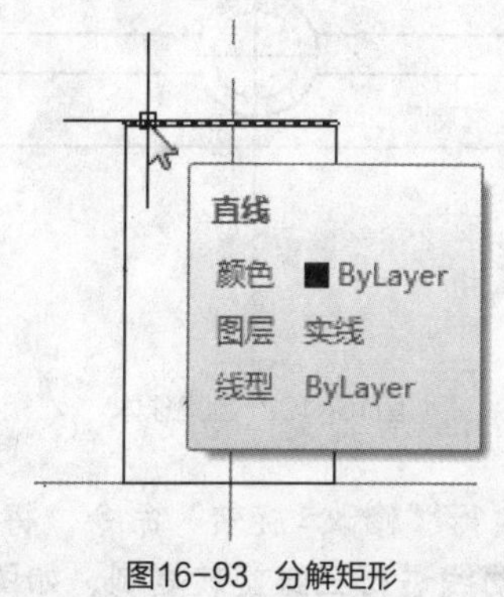

图16-93 分解矩形

Step 07 执行“修改>偏移”命令，将顶部的边向上偏移3和6，如图16-94所示。

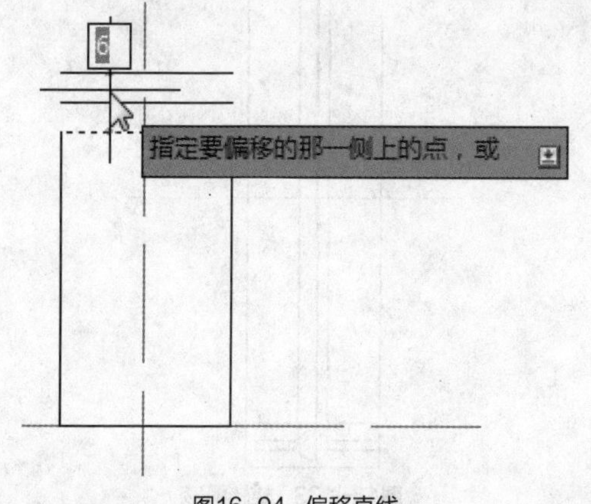

图16-94 偏移直线

Step 08 将“辅助线”层置为当前层，然后执行“绘图>直线”命令，绘制相交的辅助线，如图16-95所示。

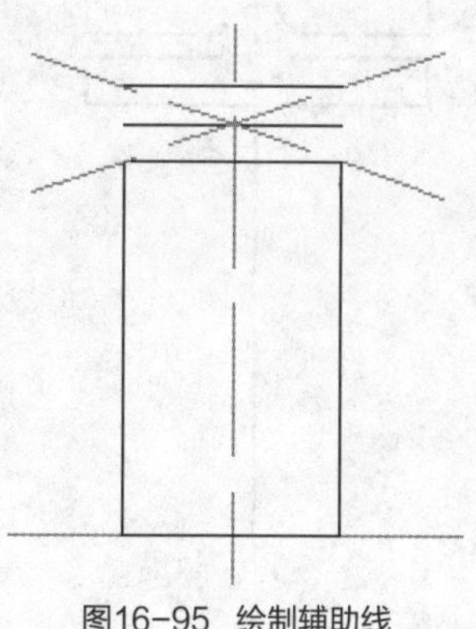

图16-95 绘制辅助线

Step 09 将“实线”层置当前层，执行“绘图>圆>圆心、半径”命令，以刚绘制的辅助线的交点为圆心，绘制半径为2的圆，如图16-96所示。

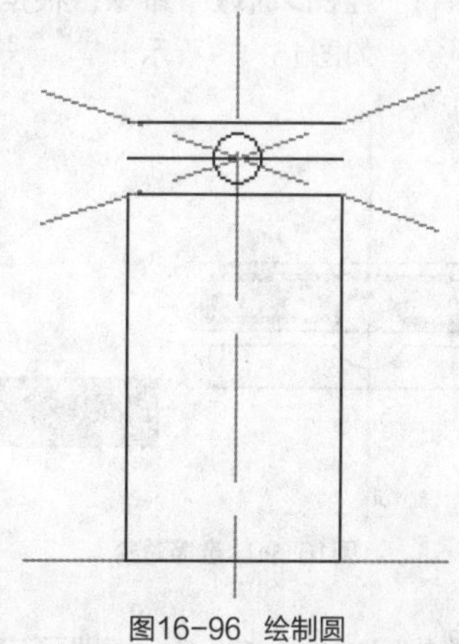

图16-96 绘制圆

Step 10 执行“绘图>直线”命令，水平连接辅助线与圆的交点，并将两端封闭，如图16-97所示。

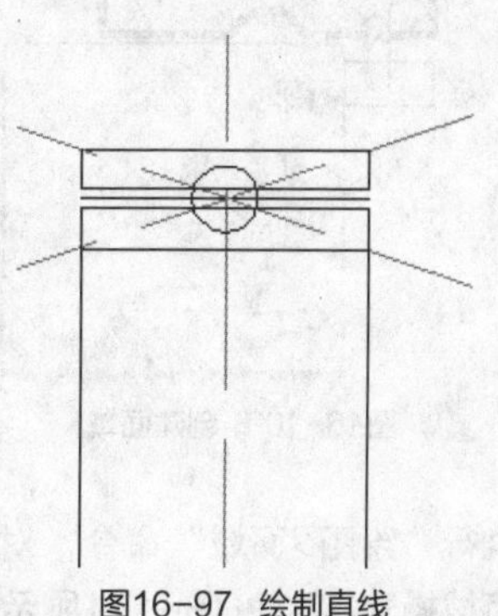

图16-97 绘制直线

Step 11 执行“修改>修剪”和“编辑>删除”命令，修剪多余的线段，结果如图16-98所示。

图16-98 修剪图形

Step 12 执行“绘图>面域”命令，根据命令行提示，选择对象，如图16-99所示。

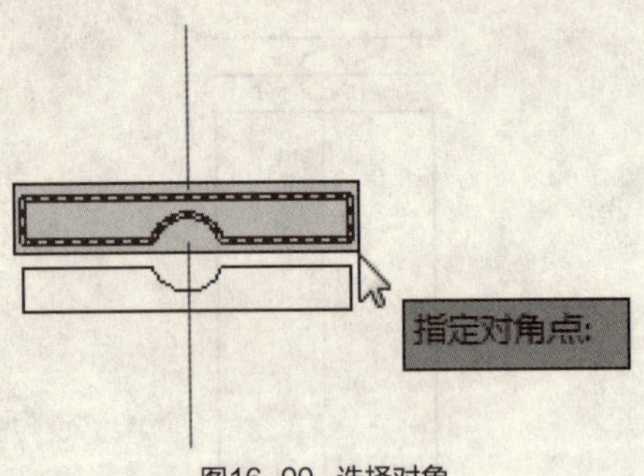

图16-99 选择对象

Step 13 选择完成后，按Enter键即可完成面域的创建，如图16-100所示。

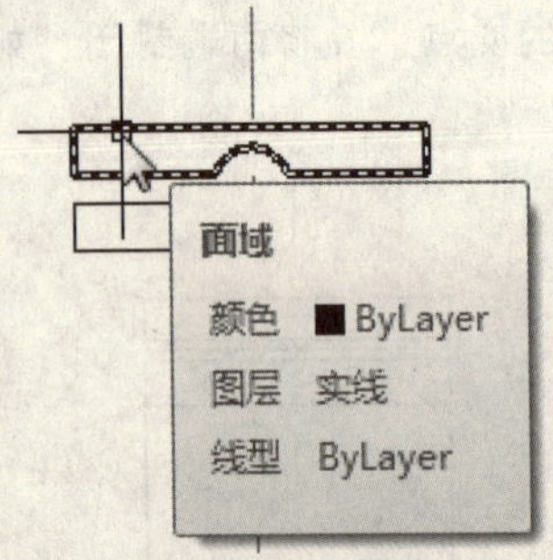

图16-100 创建面域

Step 14 执行“绘图>面域”命令，对下半部分的区域进行面域操作，如图16-101所示。

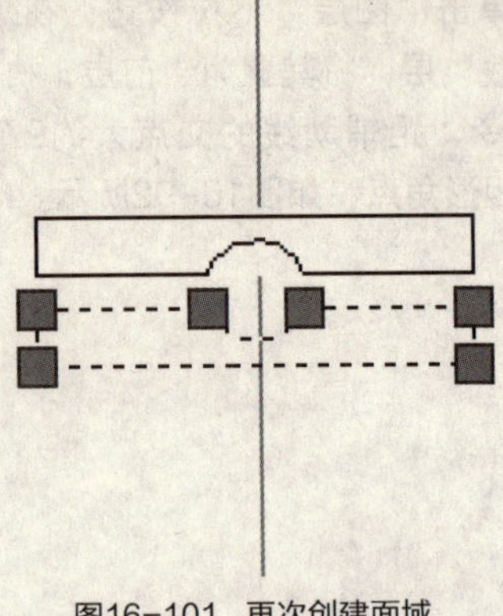

图16-101 再次创建面域

Step 15 将工作空间设置为“三维建模”工作空间，执行“绘图>建模>球体”命令，在面域中间添加球体，如图16-102所示。

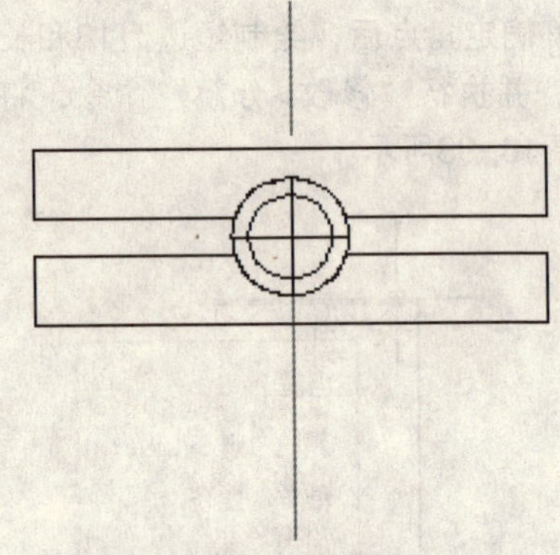

图16-102 创建球体

Step 16 执行“修改>旋转”命令，将两个面域绕底部辅助线进行三维旋转复制，如图16-103所示。

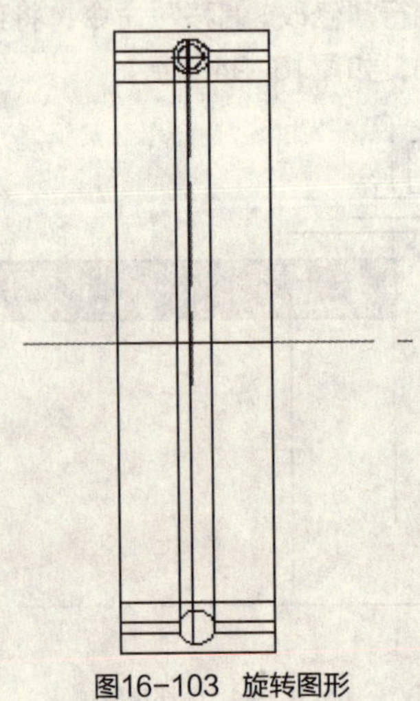

图16-103 旋转图形

Step 17 在命令行中输入命令UCS，确定坐标系的水平方向，如图16-104所示。

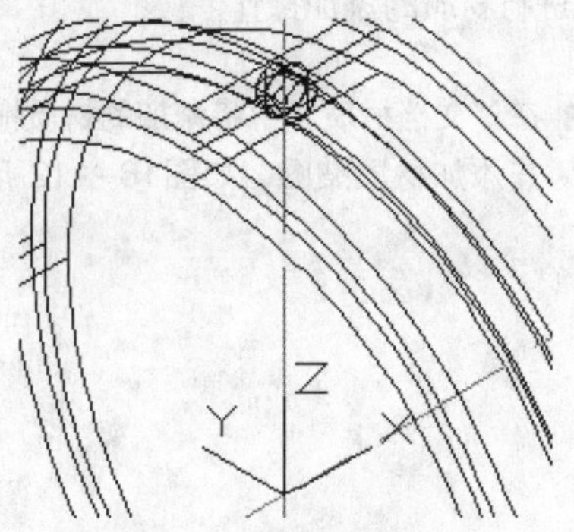

图16-104 创建用户坐标系

Step 18 执行“视图>三维视图>西南等轴测”命令，如图16-105所示。

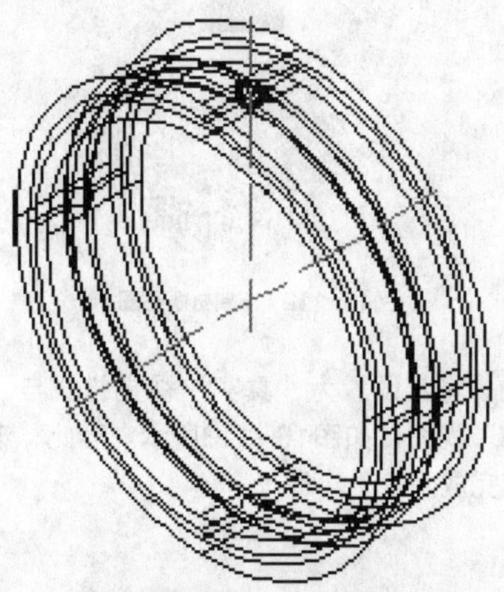

图16-105 更换视图

Step 19 在菜单栏中执行“修改>三维操作>三维阵列”命令，旋转球体为环形阵列对象，如图16-106所示。

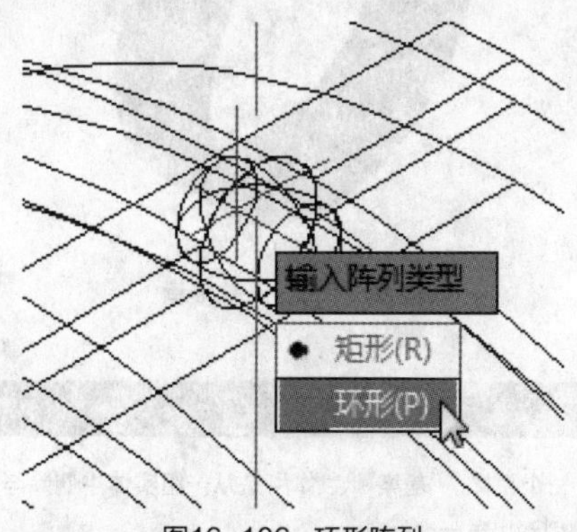

图16-106 环形阵列

Step 20 根据命令行的提示，输入阵列中的项目数目为20，如图16-107所示。

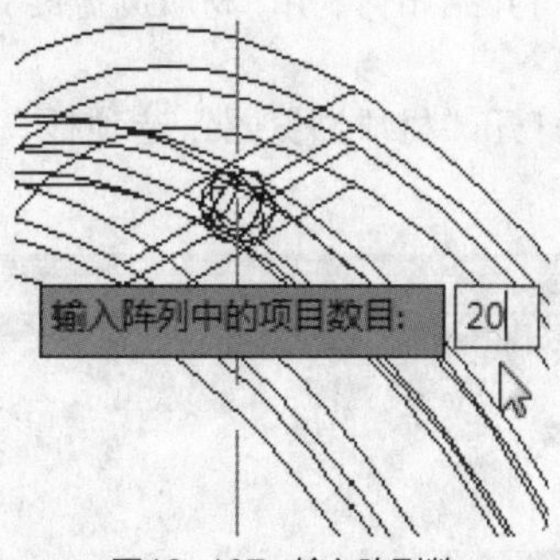

图16-107 输入阵列数

Step 21 指定填充角度为360°，然后指定阵列中心点为坐标系原点，第二点为X轴方向上直线的端点，如图16-108所示。

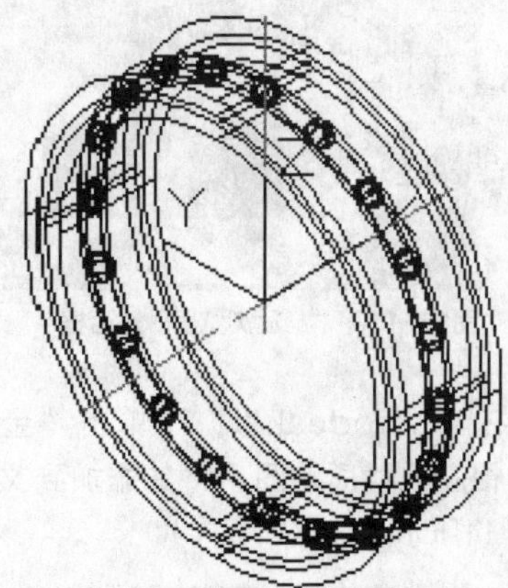

图16-108 阵列效果

Step 22 在“常用”选项卡“视图”面板的“视觉样式”下拉列表中，选择“概念”命令，设置为左视图，如图16-109所示。

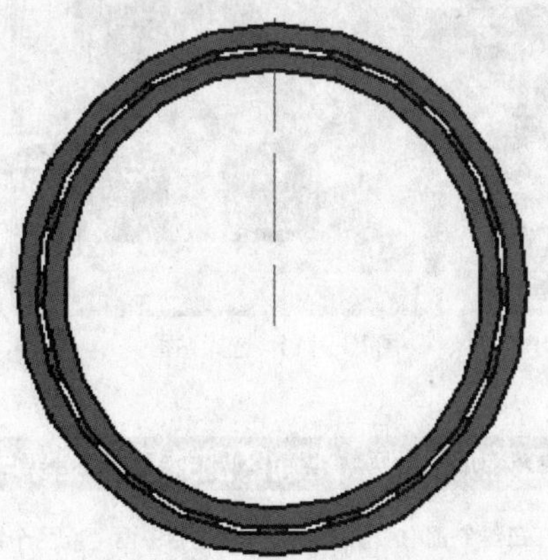

图16-109 更换为左视图

16.3.2 渲染滚动轴承

下面将介绍如何利用"材质浏览器"选项板，对滚轮轴承进行材质的添加操作。

Step 01 打开"材质浏览器"选项板，如图16-110所示。

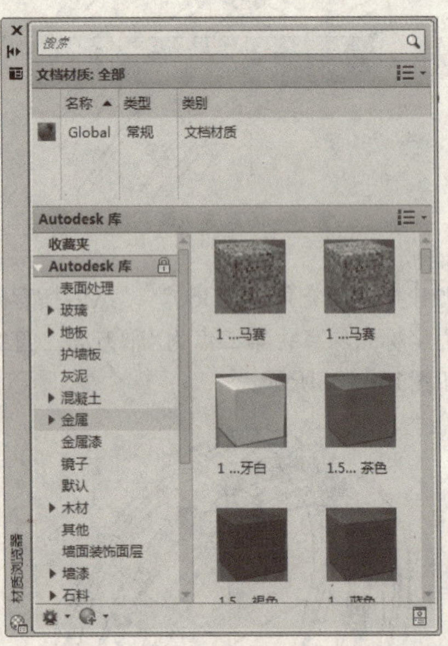

图16-110 "材质浏览器"对话框

Step 02 在"Autodesk库"下单击"金属"选项，选择相应的材质贴图，将其添加到文档中，如图16-111所示。

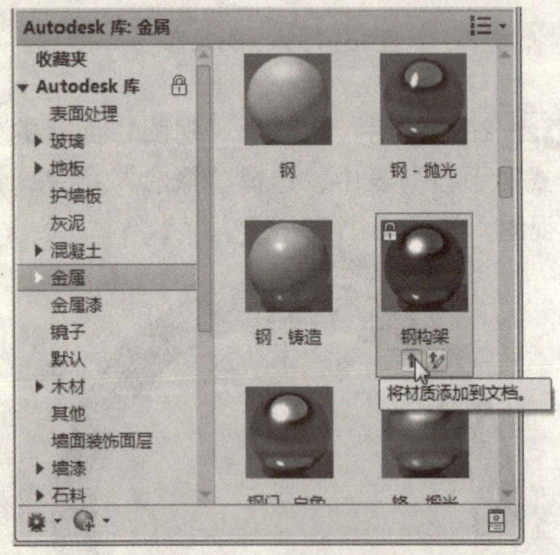

图16-111 选择贴图

Step 03 在"文档材质"中将添加的材质拖曳到模型上，为其添加材质贴图，如图16-112所示。

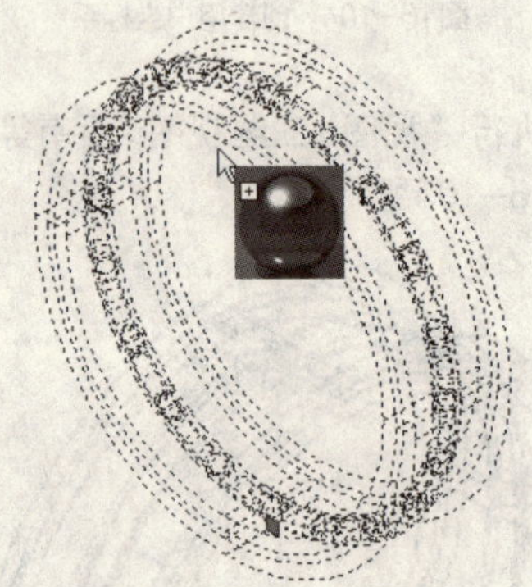

图16-112 拖拽材质贴图

Step 04 将其设置为"真实"视觉样式与"西南等轴测"视图，如图16-113所示。至此，滚轮轴承绘制完成。

图16-113 滚轮轴承

工程师点拨：正确区别并集、差集与交集

在三维制图中，"并集"作用是合并两个或两个以上的实体，使它成为一个整体。"差集"作用是从一组实体中删除与另一组实体的公共区域。"交集"则是将两个以上具有重叠实体的公共部分合并，创建出另一个实体。

高手应用秘籍 绘制机械装配图的方法

机械装配图是表达机器及部件各组成部分连接、装配关系的图样。是指导机器或部件安装、检验、调试、操作、维护的重要参考资料。在设计过程中通常先按设计要求画出装配图以表达机器或部件的工作原理、传动路线和零件间的装配关系，并通过装配图表达各零件的作用、结构和它们之间的相对位置与连接方式，以便拆画零件图。

用AutoCAD绘制装配图的方法有以下三种。

❶ 直接绘制装配图

该方法主要是利用二维绘图、编辑、设置和层控制等命令，按照装配图的绘制步骤绘制装配图。以轴零件图为例，如图16-114所示，先从主要零件开始绘制，然后再进行标注尺寸、编序号等操作。通过该方法绘制出的二维装配图，各零件尺寸精确且在不同的图层，为修改设计后从装配图拆画零件图提供了方便。

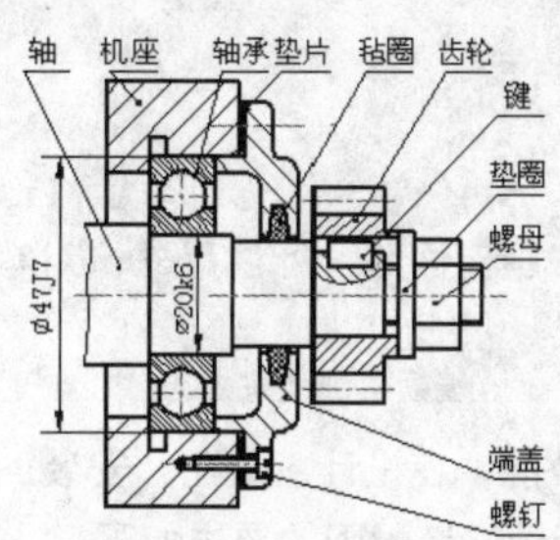

图16-114 轴承装配图

❷ 图块插入方法绘制

图块插入法是将装配图中的各部位的图形先保存为图块，然后在按零件间的相对位置逐个将图块插入，拼画成装配图，如图16-115所示的是千斤顶装配图。

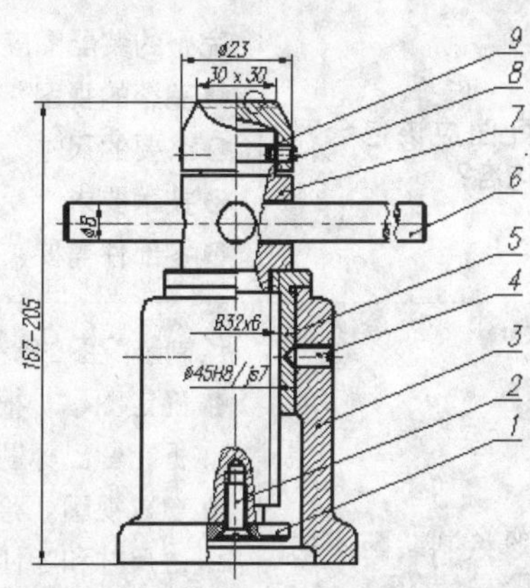

图16-115 千斤顶装配图

❸ 使用设计中心插入图块方法绘制

设计中心是一个集成化的图形组织和管理工具。利用设计中心，可方便快速地浏览或使用其他图形文件中的图形、图块、图层和线型等信息，大大提高了绘图效率。在绘制零件图时，为了装配方便，可将零件图的主视图或其他视图分别定义成块。这里需注意，在定义块时应不包括零件的尺寸标注和定位的中心线，块的基点应选择在与其有装配定位关系上的点，最后按照装配顺序将零件图块依次插入至图形中即可。

秒杀 工程疑惑

在绘制装配图时，用户经常会遇见各种各样的问题，下面将总结一些常见问题来解答，包括装配图包含的内容、装配图绘制步骤、读懂装配图的前提要求以及常用机械制图的软件问题。

问　题	解　答
装配图应该包含哪些内容?	完整的装配图应包含以下几项内容 ❶ 完整的视图 ❷ 必要的尺寸 ❸ 技术要求 ❹ 零部件需要、明细栏和标题栏
一般绘制装配图的步骤是什么?	绘制装配图的步骤有如下几步 ❶ 确定图幅。根据部件大小、视图数量，确定画图的比例、图幅大小，绘制图框，留出标题栏和明细栏位置 ❷ 布置视图。绘制各视图的主要基线，并在各视图之间留有适当间隔，以便标注尺寸和零件编号 ❸ 绘制主要装配线 ❹ 绘制其他装配线以及细部结构 ❺ 完成装配图。检查无误后，加深图线，画剖面线，标注尺寸，对零件进行编号，填写明细栏、标题栏以及技术要求
如何读懂装配图的要求?	读懂装配图是工程技术人员必备的一种技能，在设计、装配、安装、调试以及进行技术交流时，都需要读懂装配图。而读懂装配图的要求如下 ❶ 了解零部件的功能、使用性能和工作原理 ❷ 弄清各零部件的左右和它们之间的相对位置、装配关系和连接固定方式 ❸ 弄懂各零部件的结构形状 ❹ 了解各部件的尺寸和技术要求
常用的机械制图软件有哪些?	通常会使用 AutoCAD 绘制二维机械图，使用 PRO-ENGINEER/SOLIDWORK 软件绘制三维机械模型图。而在制造过程中，常用的软件包括 UG（3D 模具制造）、CAXA/INTELLICAD（看图及简单设计）等

AutoCAD 2013

CHAPTER

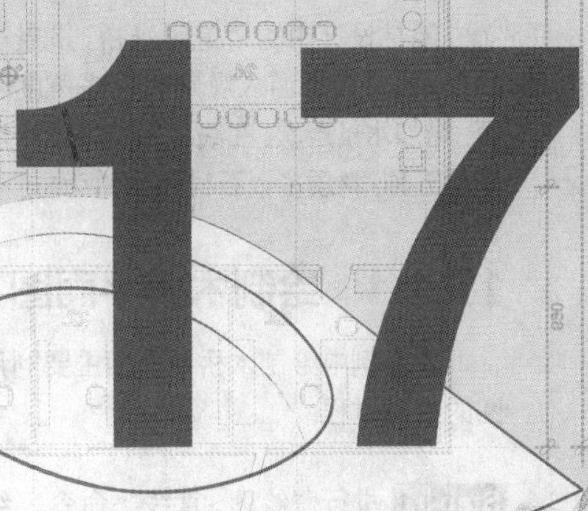

17 园林图形的绘制

在进行园林设计时，要经过规划、初步设计、技术设计和施工设计这几个阶段，每个阶段都要绘制相应的图纸。为了表达园林设计的内容和意图，并组织各工程的施工，必须绘制出园林工程图。在绘图中，建筑、道路、水池、广场的设计都可用绘图工具来绘制。

学完本章您可以掌握如下知识点

知识点序号	知识点难易指数	知识点
1	★	了解园林制图的基本要求
2	★★	木桥平面、立面图的绘制
3	★★	凉亭平面、立面图的绘制
4	★★★	小景平面、立面图的绘制

本章内容图解链接

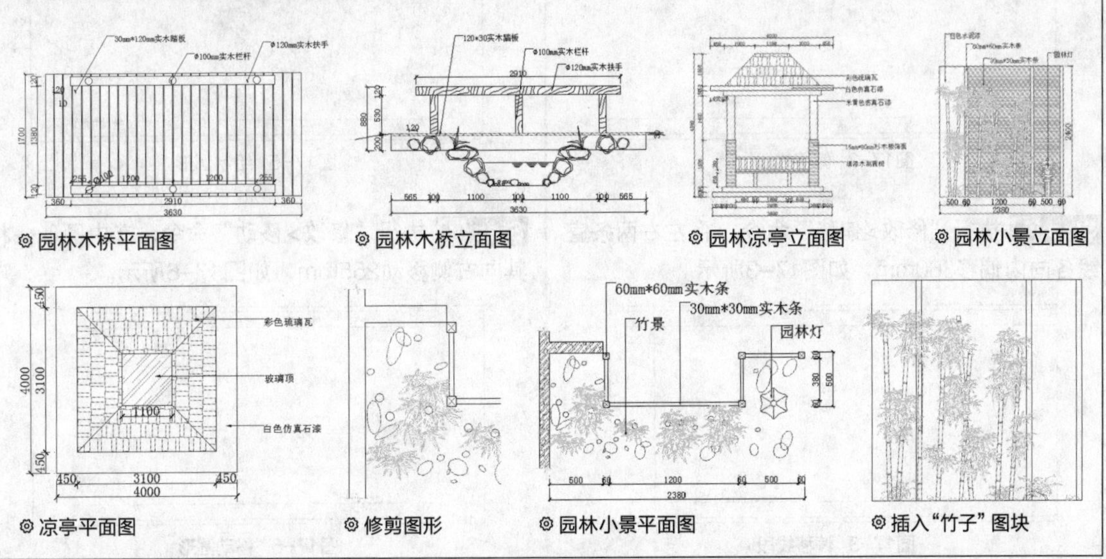

◎ 园林木桥平面图　◎ 园林木桥立面图　◎ 园林凉亭立面图　◎ 园林小景立面图

◎ 凉亭平面图　◎ 修剪图形　◎ 园林小景平面图　◎ 插入"竹子"图块

17.1 园林木桥的绘制

园林设计中的桥是风景桥，是景观设计中的一个重要组成部分。其具有三个作用：一可以作为悬空的道路，并变换游人观景的视线角度；二是点缀水景，凌空的建筑本身常常就是园林一景；三是分隔水面，增加水景层次，在线（路）与面（水）之间起中介作用。园桥种类也较多，分为平桥、曲桥、拱桥、屋桥、亭桥五种，材质多以石材和木材为主，本案例中绘制的就是木质的平桥。

17.1.1 绘制木桥平面图

本案例中绘制木桥平面图主要利用“直线”、“圆”、“偏移”、“修剪”等命令，下面介绍一下木桥平面图的绘制过程。

Step 01 执行“绘图>直线”命令，绘制长3630mm、宽1700mm的长方形，如图17-1所示。

图17-1 绘制长方形

Step 02 执行“修改>偏移”命令，将上下两条直线各向内依次偏移40mm、120mm，如图17-2所示。

图17-2 偏移线段

Step 03 执行“修改>偏移”命令，将左右两条直线各向内偏移360mm，如图17-3所示。

图17-3 偏移线段

Step 04 执行“修改>修剪”命令，对偏移后的线段进行修剪，结果如图17-4所示。

图17-4 修剪线段

Step 05 执行“绘图>圆”命令，绘制半径为50mm的圆，并放置在图形合适位置处，如图17-5所示。

图17-5 绘制圆形

Step 06 执行“修改>移动”命令，选中圆形，将其向右侧移动255mm，如图17-6所示。

图17-6 移动圆形

Step 07 执行“编辑>复制”命令，输入复制距离为1200mm，复制两个圆，如图17-7所示。

图17-7 复制圆

Step 08 执行“修改>镜像”命令，以长方形水平中线为镜像线，对圆形进行镜像操作，如图17-8所示。

图17-8 镜像圆

Step 09 执行“修改>偏移”命令，将左侧轮廓线向右侧依次偏移120mm、10mm，如图17-9所示。

图17-9 偏移轮廓线

Step 10 多次执行“修改>偏移”命令，将偏移后的线段向右依次偏移120mm、10mm，如图17-10所示。

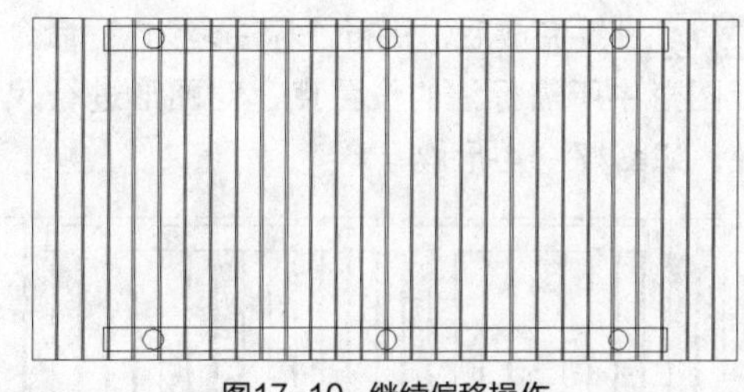

图17-10 继续偏移操作

工程师点拨：使用多次偏移的技巧

通常，在命令行中输入O后，输入偏移距离，并指定偏移线段和偏移方向后，即可完成一次偏移。如果要重复多次偏移操作时，只需在第一次偏移操作完成后，按Enter键，直接选择偏移线段，则可将其进行第二次或更多次偏移，但这仅限于偏移距离相同的情况下使用。如果偏移不同距离的线段，此时使用“复制”命令较为方便。

Step 11 执行“修改>修剪”命令，对偏移后的图形进行修剪，其结果如图17-11所示。

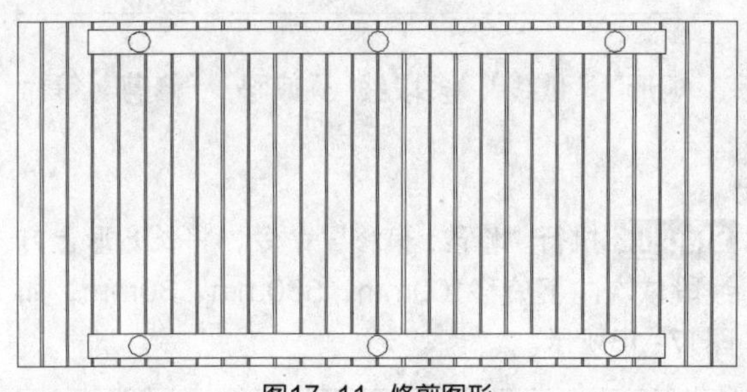

图17-11 修剪图形

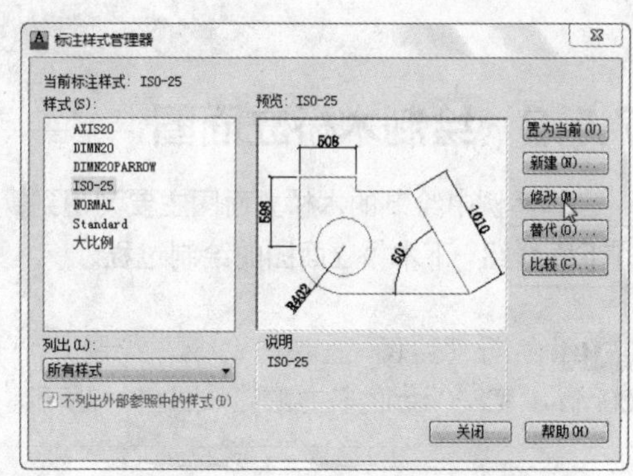

图17-12 “标注样式管理器”对话框

Step 12 执行“标注>标注样式”命令，打开“标注样式管理器”对话框，单击“修改”按钮，如图17-12所示。

Step 13 在打开的“修改标注样式”对话框中，根据需要对文字、箭头以及位置进行调整，如图17-13所示。

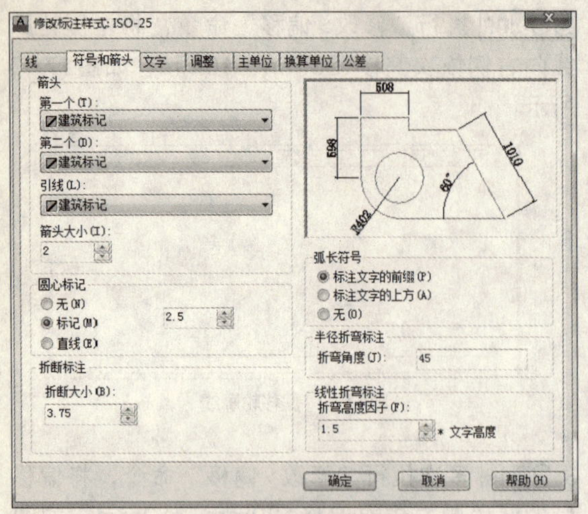

图17-13 设置标注属性

Step 14 设置完成后，执行“标注>线性”命令，捕捉图形中所需标注的位置点，对图形进行尺寸标注，如图17-14所示。

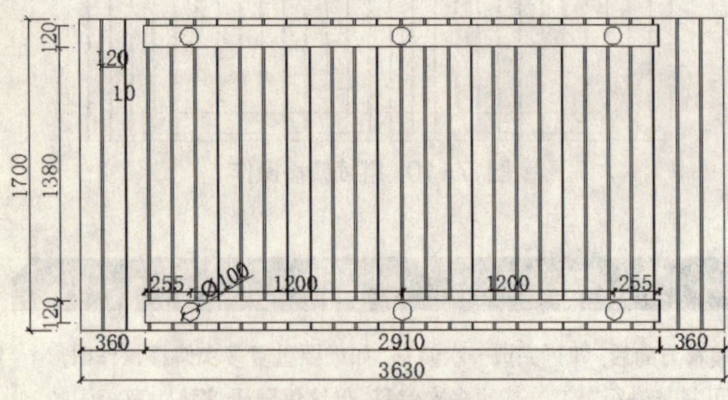

图17-14 标注尺寸

Step 15 单击“注释”选项卡“引线”选项组的对话框启动器按钮。在打开的“多重引线样式管理器”对话框中，单击“修改”按钮，在打开的对话框中，对引线样式进行设置，如图17-15所示。

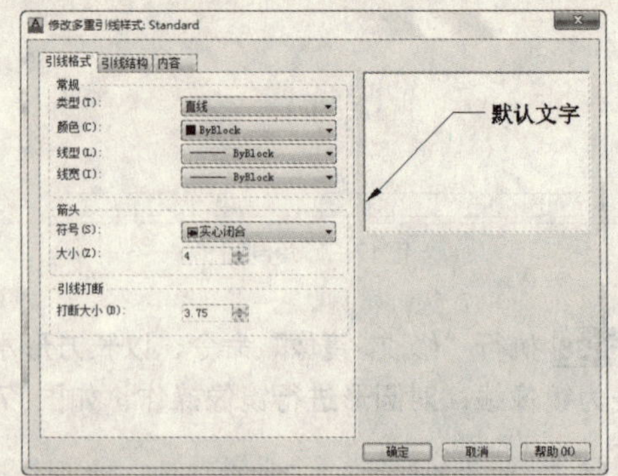

图17-15 设置引线样式

Step 16 执行“标注>多重引线”命令，在图形中指定所需标注位置和文字位置，并输入标注内容，完成文字注释，如图17-16所示。至此，木桥平面图已绘制完毕。

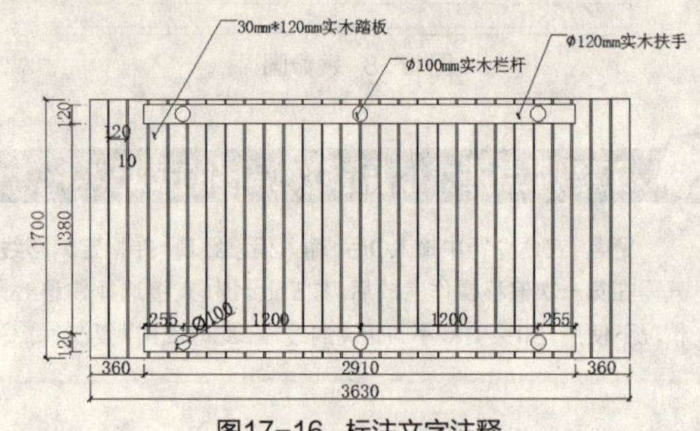

图17-16 标注文字注释

17.1.2 绘制木桥立面图

在本案例中绘制的木桥立面图主要利用到“直线”、“矩形”、“弧线”、“多段线”、“偏移”、“修剪”等命令。下面介绍一下木桥立面图的绘制过程。

Step 01 执行“绘图>直线”命令，绘制一个长3630mm、宽880mm的长方形，如图17-17所示。

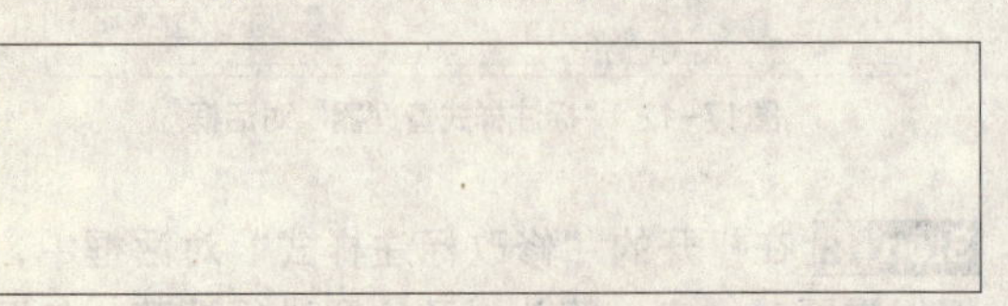

图17-17 绘制长方形

Step 02 执行“修改>偏移”命令，将长方形上方线段依次向下偏移100mm、530mm、30mm，如图17-18所示。

图17-18 偏移线段

Step 03 执行“修改>偏移”命令，从长方形两侧线段依次向内偏移360mm、205mm、100mm、1100mm，如图17-19所示。

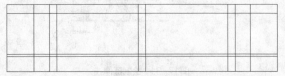

图17-19 偏移线段

Step 04 执行“修改>修剪”命令，对偏移后的图形进行修剪，其结果如图17-20所示。

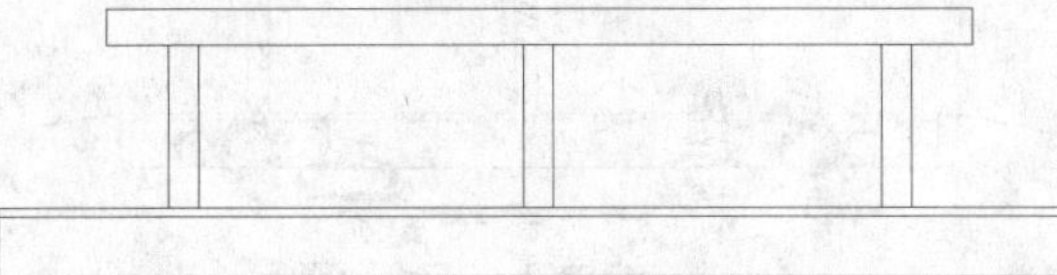

图17-20 修剪图形

Step 05 执行“绘图>矩形”命令，绘制长120mm、宽30mm的长方形，结果如图17-21所示。

图17-21 绘制长方形

Step 06 执行“编辑>复制”命令，输入复制距离为130mm，复制多个长方形，其结果如图17-22所示。

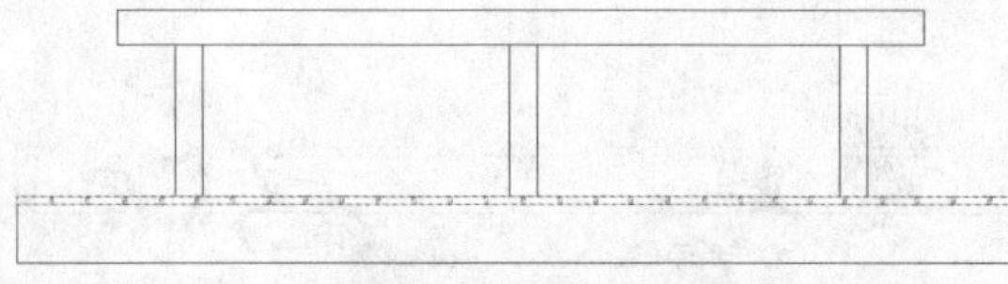

图17-22 复制长方形

工程师点拨：石块的绘制方法

在平、立面图形中，通常只用线条勾勒石块轮廓，很少采用光线、质感的表现方法，以免显得凌乱。用线条绘制轮廓时，轮廓线要粗些，石块面、纹理用较细、较浅的线条稍加描绘即可。

Step 07 执行“修改>偏移”命令，将图形最下方的轮廓线向下依次偏移180mm、320mm，结果如图17-23所示。

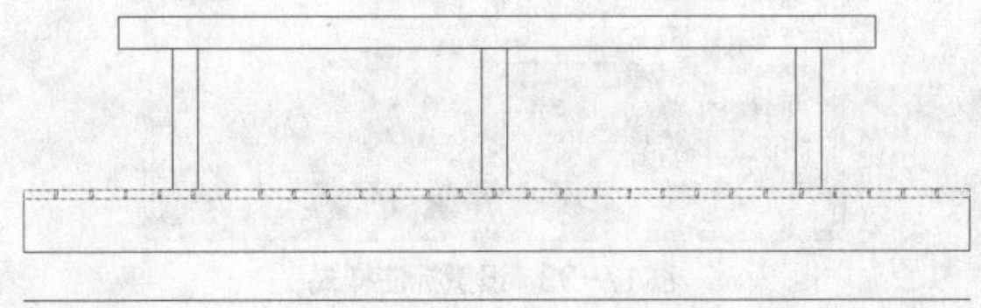

图17-23 偏移轮廓线

Step 08 执行“绘图>多段线”命令，绘制出石块造型，如图17-24所示。

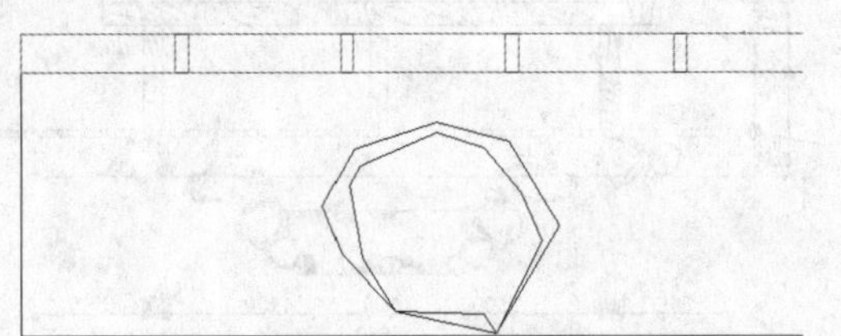

图17-24 绘制石块造型

Step 09 按照以上绘制石块的方法，绘制多个石头造型和植物造型，如图17-25所示。

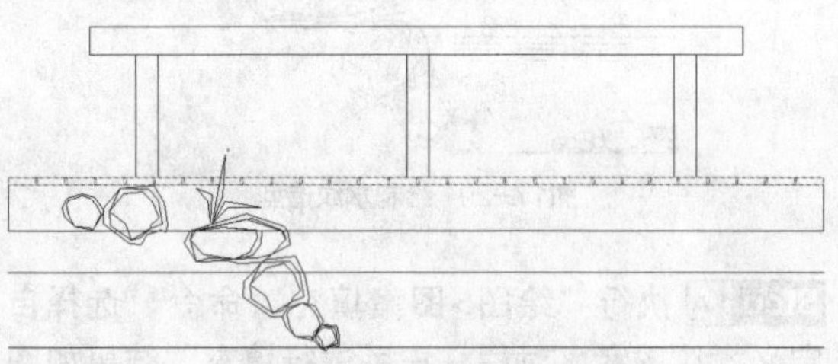

图17-25 绘制其他石块造型

Step 10 执行“修改>镜像”命令，镜像出另一侧的石头和植物，如图17-26所示。

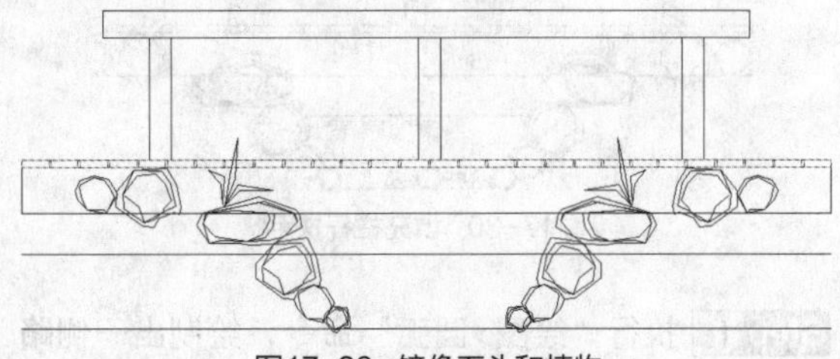

图17-26 镜像石头和植物

Step 11 执行“修改>修剪”命令，对图形中多余的线段进行修剪，如图17-27所示。

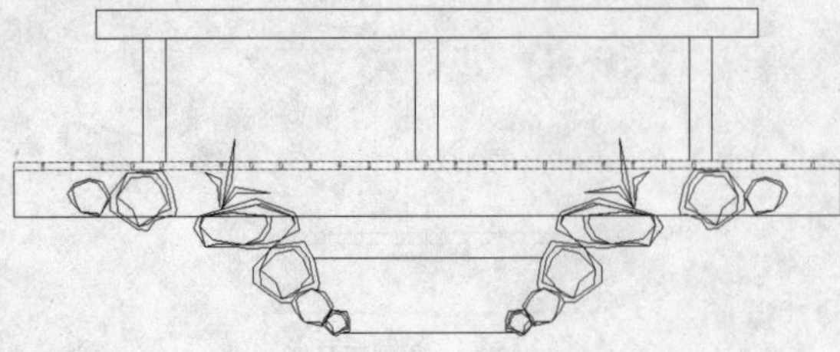

图17-27 修剪图形

Step 12 执行“绘图>样条曲线”命令，绘制水底多个卵石造型，如图17-28所示。

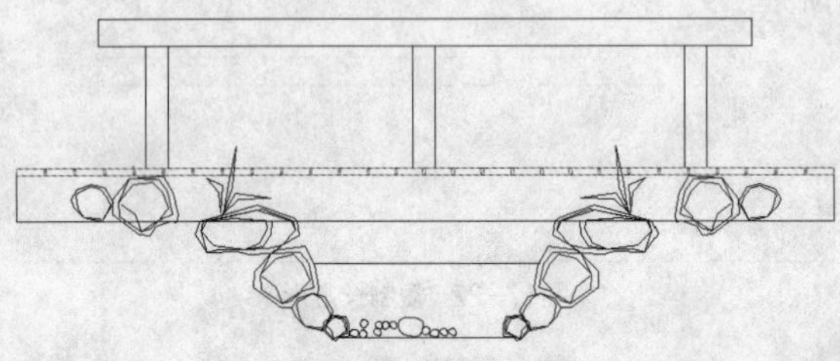

图17-28 绘制卵石造型

Step 13 执行“绘图>直线”命令，绘制水纹造型，如图17-29所示。

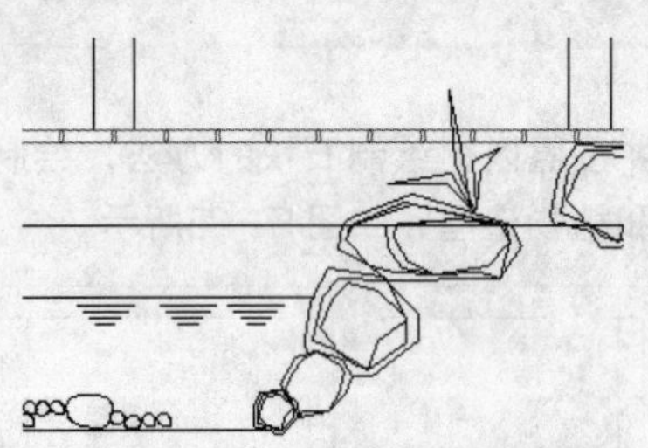

图17-29 绘制水纹造型

Step 14 执行“绘图>图案填充”命令，选择自定义木纹图案，对栏杆扶手进行填充，结果如图17-30所示。

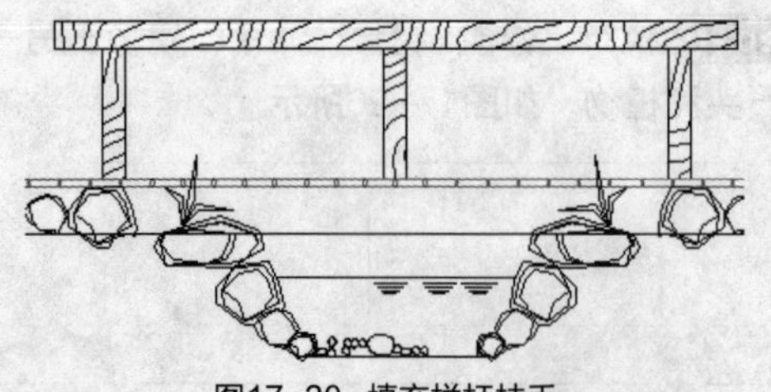

图17-30 填充栏杆扶手

Step 15 执行“绘图>圆弧”命令，绘制出一侧路的延伸轮廓线，如图17-31所示。

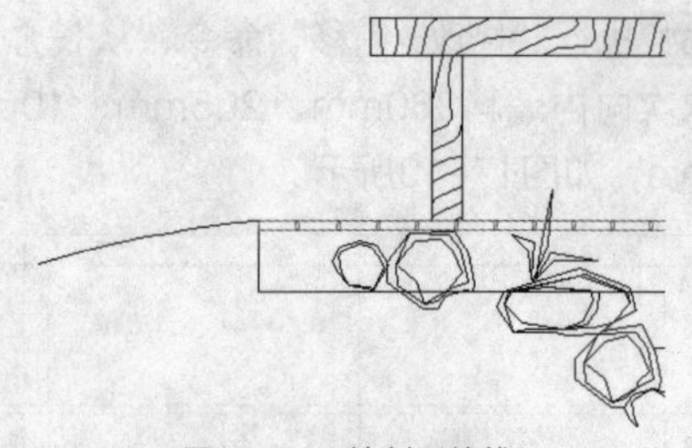

图17-31 绘制延伸线

Step 16 执行“修改>镜像”命令，镜像出另一侧延伸轮廓线，如图17-32所示。

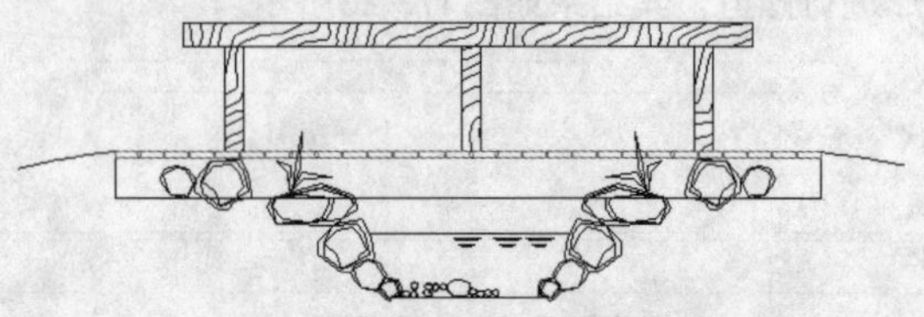

图17-32 镜像延伸线

Step 17 执行“标注>标注样式”命令，在打开的对话框中，单击“修改”按钮，然后在“修改标注样式”对话框中，对标注样式进行设置，如图17-33所示。

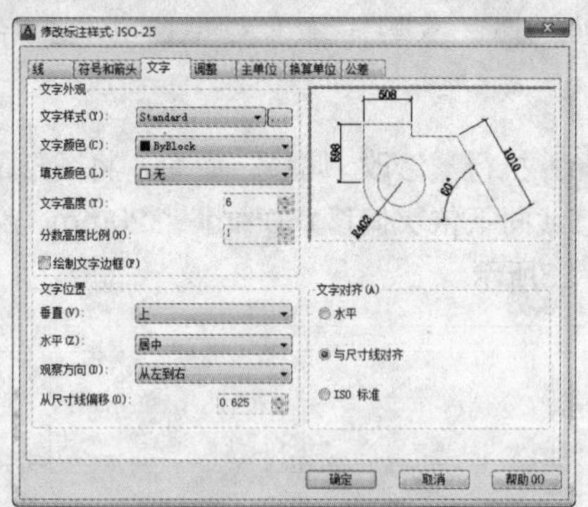

图17-33 设置标注样式

Step 18 执行“标注>线性”命令，指定图形测量点及尺寸文字的位置，完成图形的尺寸标注，如图17-34所示。

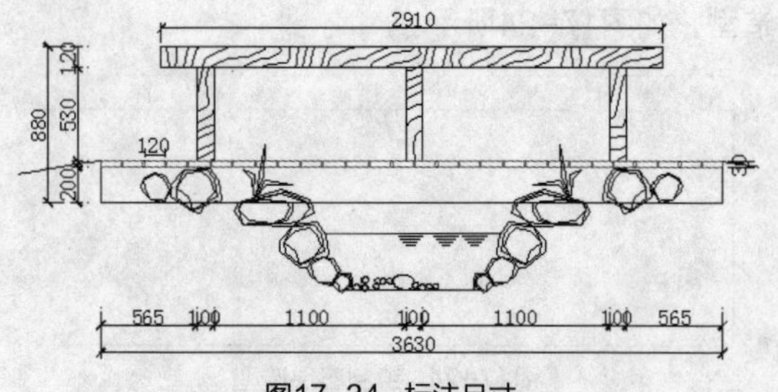

图17-34 标注尺寸

Step 19 打开“多重引线样式管理器”对话框，单击“修改”按钮，弹出“修改多重引线样式”对话框中，设置引线样式，结果如图17-35所示。

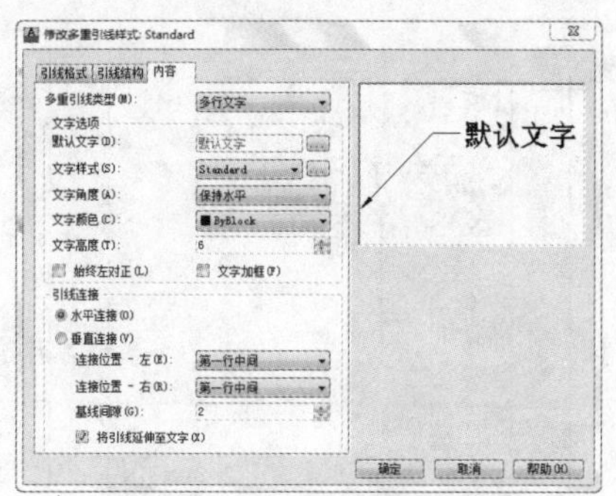

图17-35 设置引线样式

Step 20 执行“标注>多重引线”命令，对图形进行文字注释，如图17-36所示。至此，木桥立面图已全部绘制完毕。

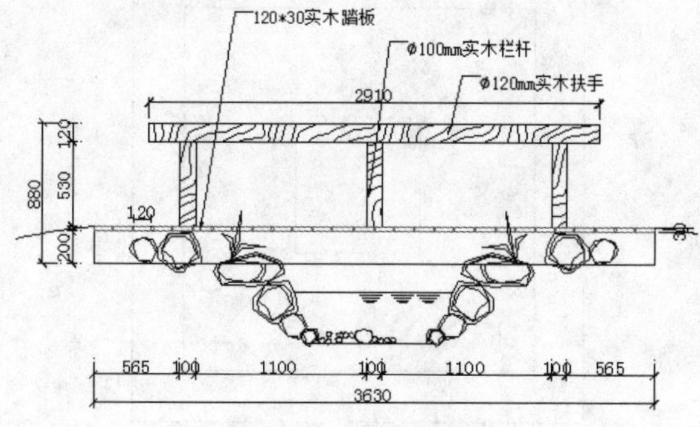

图17-36 标注文字注释

工程师点拨：园林栏杆的形式

在园林建筑中，栏杆除了具有防护功能外，也是园林组景中大量出现的重要小品之一，有一定的装饰作用。栏杆有样式镂空和实体两种形式。镂空的由立杆、扶手构成，有的架设横档或花饰部件。而实体由栏板、扶手构成，当然也有局部的镂空样式。此外，栏杆还可设计成坐凳或靠背式。栏杆的设计应综合考虑安全、适用、美观、节省空间和施工方便等诸多因素。

17.2 园林凉亭的绘制

园林中的亭子通常是建在路旁或花园等风景比较好的地方，供人歇足赏景。其面积较小，大多只有顶没有墙，是用来点缀园林景观的一种园林小品。

17.2.1 绘制凉亭平面图

绘制本案例中的凉亭平面图需要利用“矩形”、“直线”、“偏移”、“填充”等命令，下面介绍凉亭平面图的绘制过程。

Step 01 执行“绘图>矩形”命令，绘制长4000mm、宽4000mm的正方形，如图17-37所示。

图17-37 绘制正方形

Step 02 执行“修改>偏移”命令，将正方形向内依次偏移450mm、1000mm，如图17-38所示。

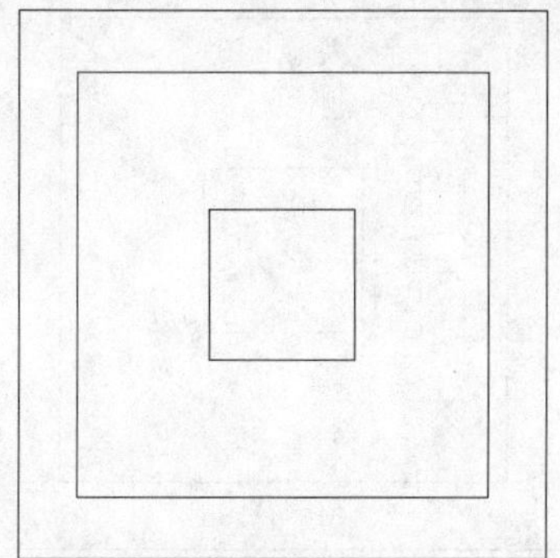

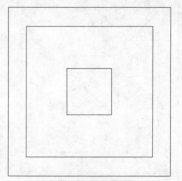

图17-38 偏移正方形

Step 03 执行“绘图>直线”命令，绘制直线，将里层的两个正方形连起来，如图17-39所示。

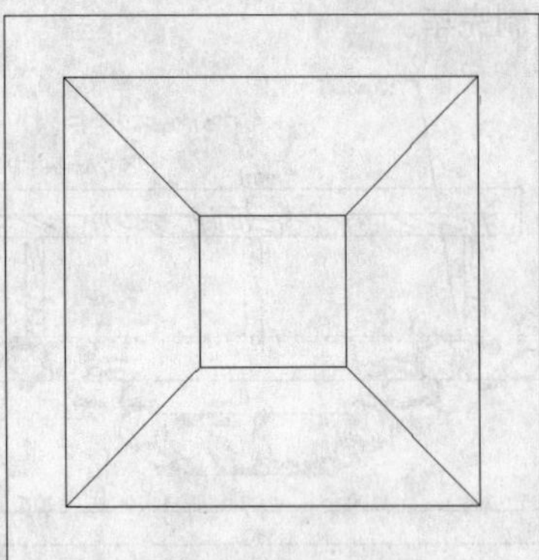

图17-39 绘制直线

Step 04 执行“绘图>图案填充”命令，选择ARRROOF图案，设置角度为45、比例为15，选择中心区域来填充，如图17-40所示。

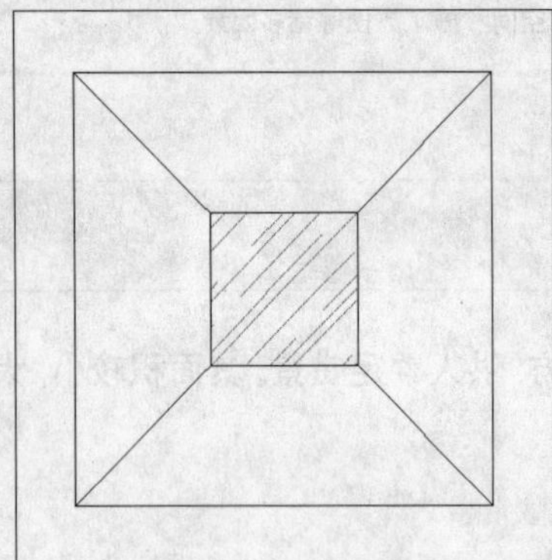

图17-40 填充图形

Step 05 执行“绘图>图案填充”命令，选择AR-RS-HKE图案，设置角度为270、比例为1，图案填充原点设为“左上”填充，如图17-41所示。

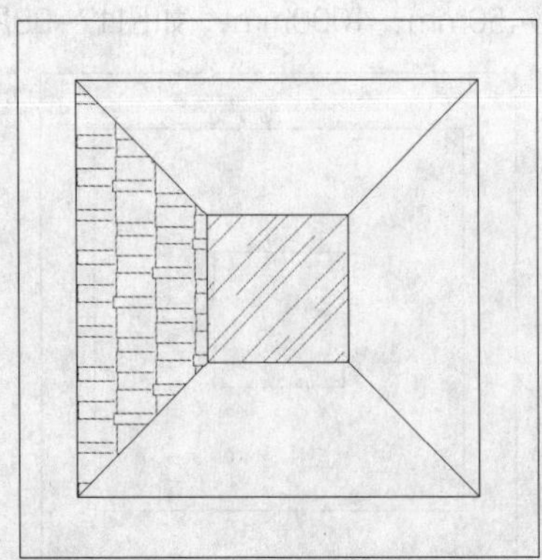

图17-41 填充图形

Step 06 执行“绘图>图案填充”命令，选择AR-RSHKE图案，设置角度为180、比例为1，为图形填充图案，如图17-42所示。

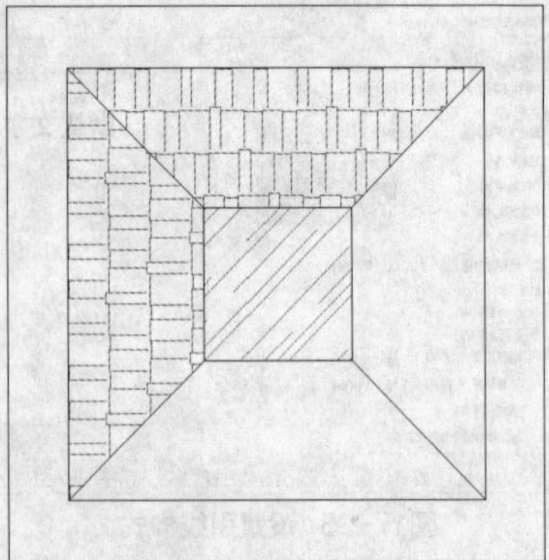

图17-42 填充图形

Step 07 执行“绘图>图案填充”命令，选择相同的图案，设置角度为90、比例为1，对图形进行填充，如图17-43所示。

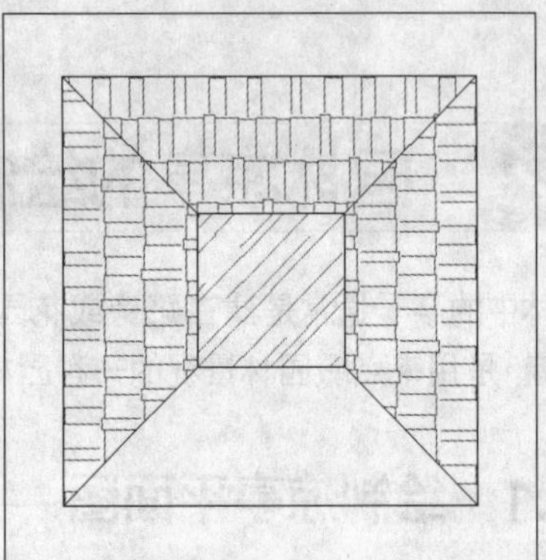

图17-43 填充图形

Step 08 按照以上操作方法，完成剩余图形的填充，如图17-44所示。

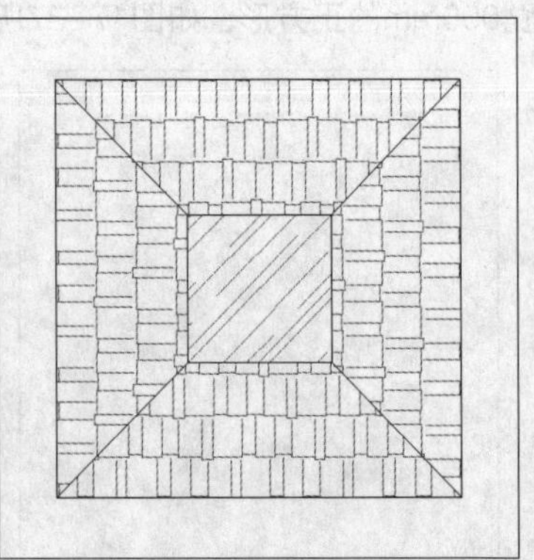

图17-44 填充剩余图形

Step 09 打开“修改标注样式”对话框，对标注样式进行设置，如图17-45所示。

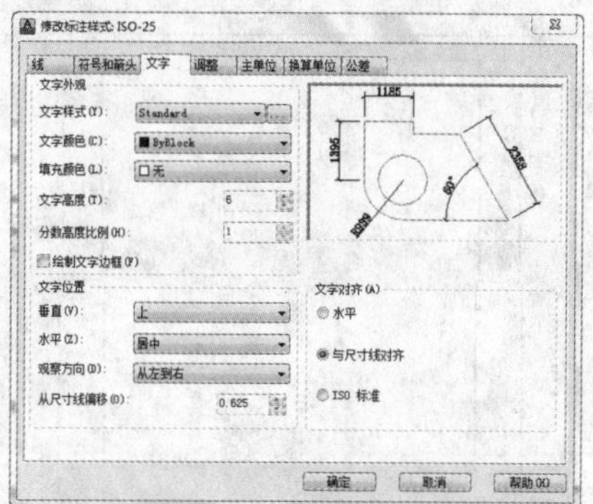

图17-45 设置标注样式

Step 10 单击“标注”面板中的“线性”按钮，对图形进行尺寸标注，如图17-46所示。

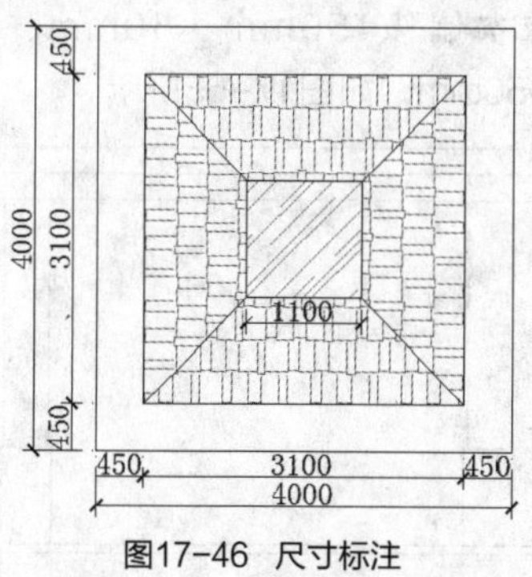

图17-46 尺寸标注

Step 11 打开“修改多重引线样式”对话框中，设置引线样式，结果如图17-47所示。

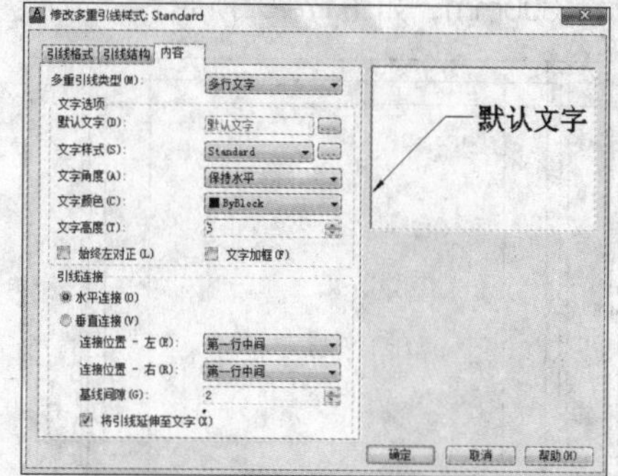

图17-47 设置引线样式

Step 12 单击“多重引线”按钮，对图形进行文字注释，如图17-48所示。至此凉亭平面图已全部绘制完毕。

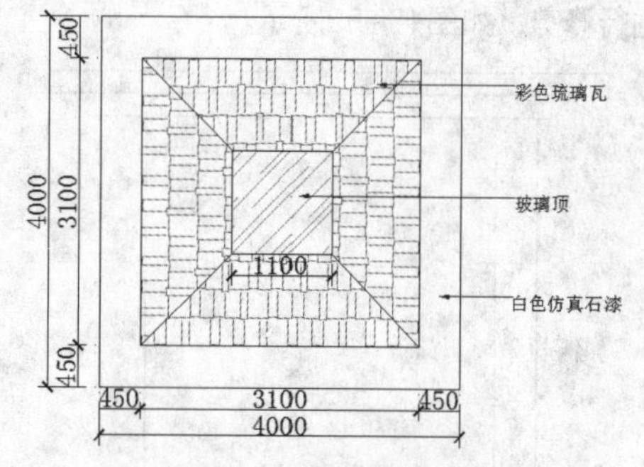

图17-48 添加文字注释

17.2.2 绘制凉亭立面图

绘制本案例中的凉亭立面图需要利用"矩形"、"直线"、"偏移"、"填充"等命令，下面就介绍一下凉亭平面图的绘制过程。

Step 01 执行“绘图>直线”命令，绘制长4000mm、宽3500mm的长方形，如图17-49所示。

图17-49 绘制长方形

Step 02 执行“修改>偏移”命令，将长方形上下两条边各向内依次偏移150mm，结果如图17-50所示。

图17-50 偏移线段

Step 03 执行“修改>偏移”命令，将长方形两侧线段向内各依次偏移50mm、300mm、50mm、100mm、300mm，如图17-51所示。

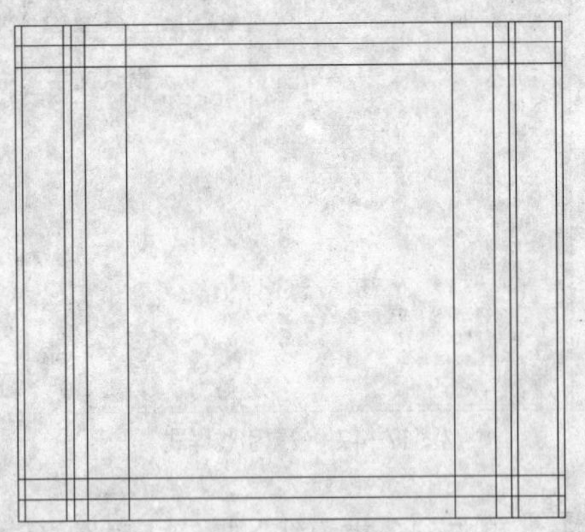

图17-51 偏移线段

Step 04 执行“修改>修剪”命令，对偏移后的图形进行修剪，如图17-52所示。

图17-52 修剪图形

Step 05 执行“修改>偏移”命令，将底部轮廓线向上偏移1500mm，将立柱轮廓线向内偏移20mm，如图17-53所示。

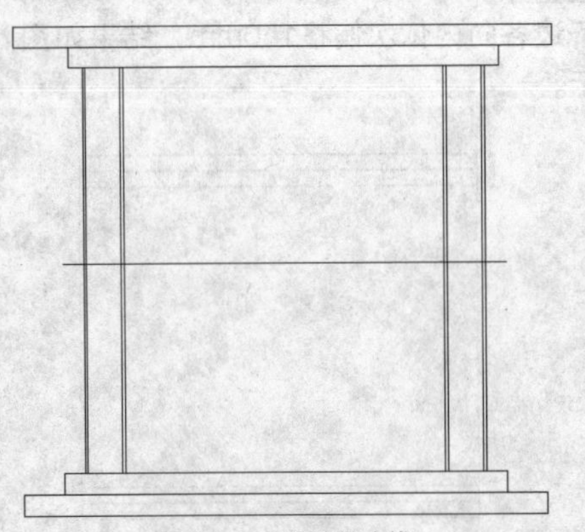

图17-53 偏移轮廓线

Step 06 执行“修改>修剪”命令，对偏移后的图形进行修剪，如图17-54所示。

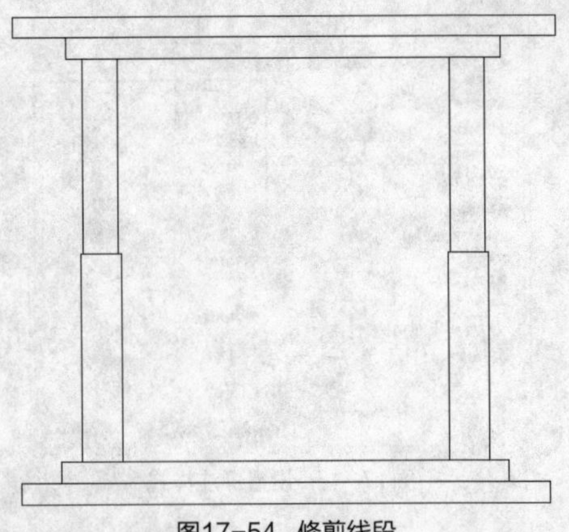

图17-54 修剪线段

Step 07 执行“修改>偏移”命令，将底部轮廓线向上依次偏移450mm、50mm、50mm、350mm、50mm，如图17-55所示。

图17-55 偏移底部轮廓线

Step 08 执行“修改>修剪”命令，对偏移后的图形进行修剪，如图17-56所示。

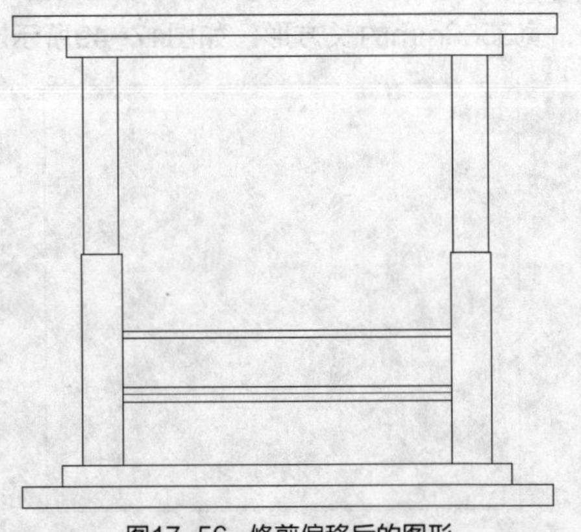

图17-56 修剪偏移后的图形

Step 09 执行“修改>偏移”命令，将立柱轮廓线两侧各向内偏移600mm、100mm，如图17-57所示。

图17-57 偏移线段

Step 10 执行“修改>修剪”命令，对偏移后的图形进行修剪，如图17-58所示。

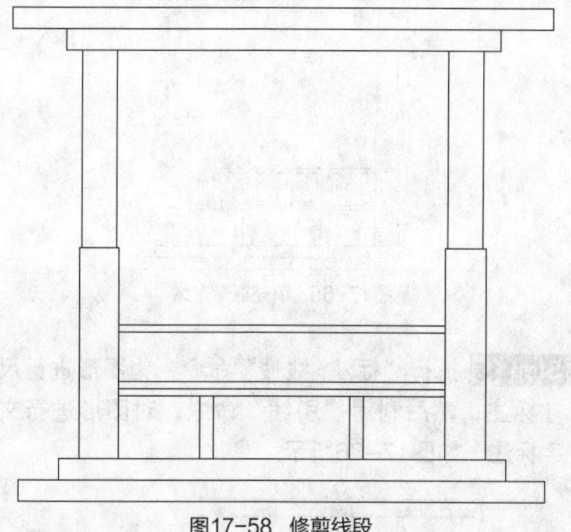

图17-58 修剪线段

Step 11 执行“修改>偏移”命令，将顶部轮廓线向上偏移1000mm，如图17-59所示。

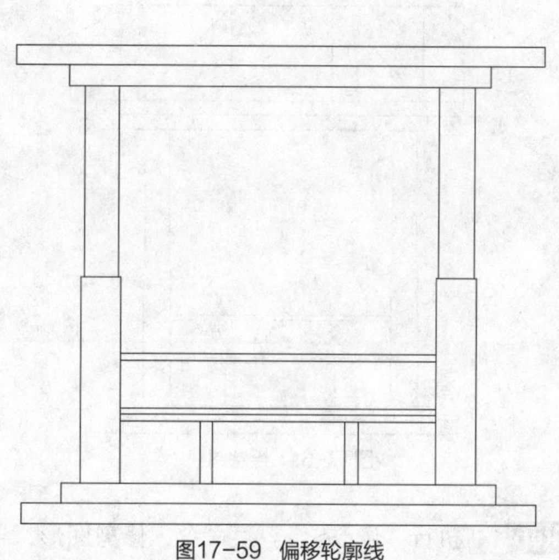

图17-59 偏移轮廓线

Step 12 执行“绘图>直线”命令，绘制竖直线。并将其向右依次偏移450mm、1000mm、1100mm、1000mm，如图17-60所示。

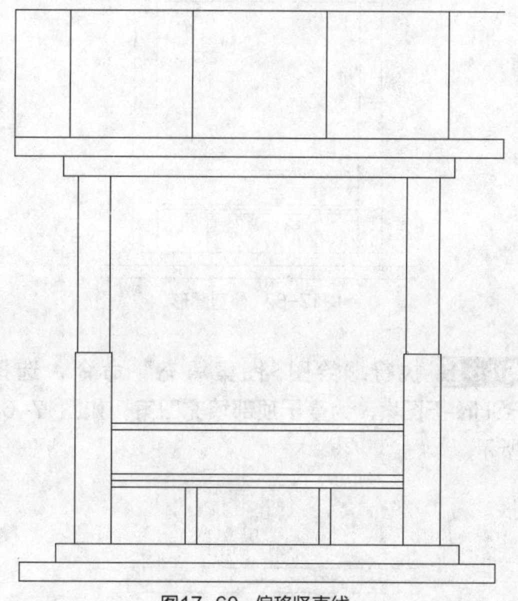

图17-60 偏移竖直线

工程师点拨：园林设计的原则

在进行园林设计时，需遵循适用、经济、美观这三个原则。这三个原则之间紧密联系，不可分割。单纯追求适用或经济，而不考虑美观，会降低园林水准，失去吸引力。如果单纯追求美观，而不考虑其他原则，则会产生某种偏差，或因缺乏经济基础而导致设计方案成为纸上谈兵。

Step 13 执行“绘图>直线”命令，绘制两条斜线，如图17-61所示。

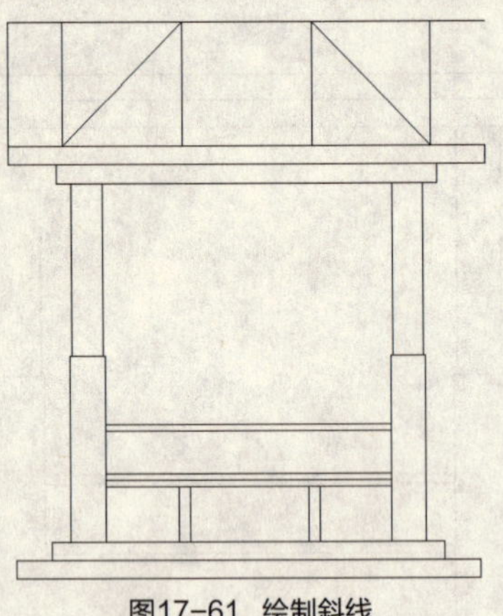

图17-61 绘制斜线

Step 14 执行“修改>修剪”命令，修剪图形，再删除多余线条，如图17-62所示。

图17-62 修剪图形

Step 15 执行“绘图>图案填充”命令，选择RSHK-E图案，为亭子顶部填充图案，如图17-63所示。

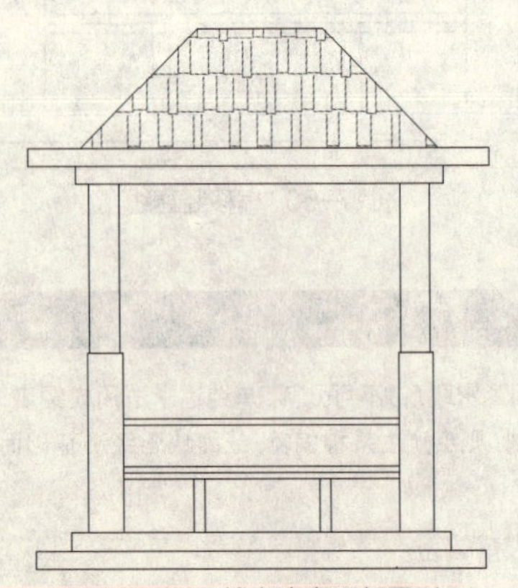

图17-63 填充凉亭顶部图形

Step 16 执行“绘图>图案填充”命令，选择ANSI-32图案，设置角度为135、比例为12，为立柱填充图案，如图17-64所示。

图17-64 填充立柱图形

Step 17 执行“绘图>图案填充”命令，选择ANSI3-2图案，设置角度为45、比例为20，填充靠背区域，如图17-65所示。

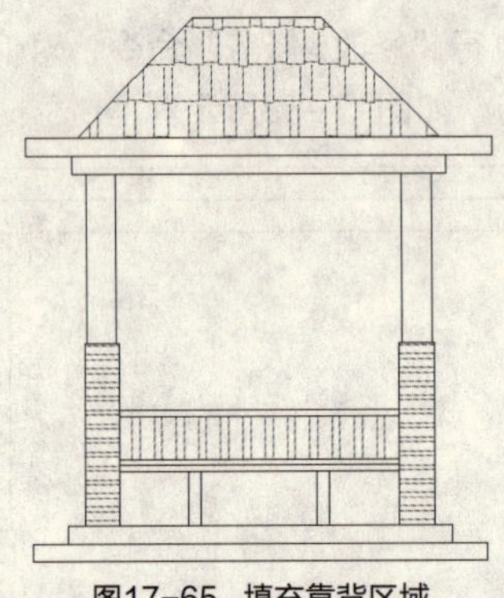

图17-65 填充靠背区域

Step 18 执行“标注>线性”命令，为图形进行尺寸标注，然后利用“引线”命令，对图形进行文字标注，如图17-66所示。

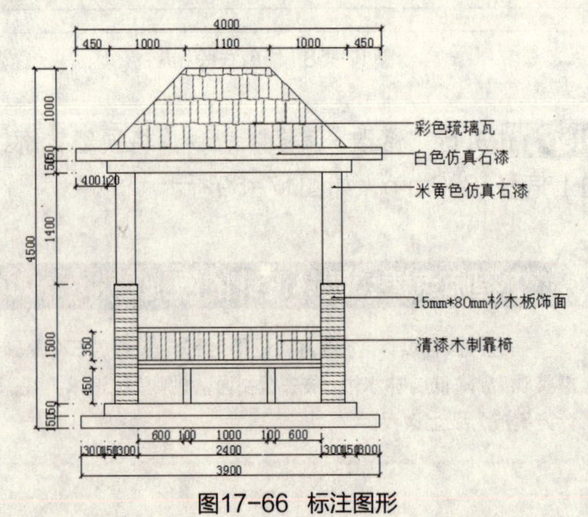

图17-66 标注图形

17.3 园林小景的绘制

园林小景是以植物造景为主，利用街头巷尾、社区等有限的绿地空间建成的浓缩园林景观。小景空间不在于大，而在于能结合多种园林风格，利用有限的空间和素材来表现出景观的人文气息和内涵。

17.3.1 绘制小景平面图

绘制本案例中的小景平面图主要是利用"直线"、"矩形"、"圆"、"椭圆"、"偏移"、"修剪"、"填充"等命令，下面介绍小景平面图的绘制过程。

Step 01 执行"绘图>直线"命令，绘制一条直线。执行"修改>偏移"命令，将其偏移100mm，如图17-67所示。

图17-67 绘制并偏移直线

Step 02 执行"绘图>直线"命令，向右绘制长500mm、宽100mm的长方形，结果如图17-68所示。

图17-68 绘制长方形

Step 03 执行"绘图>矩形"命令，绘制一个长60mm、宽60mm的正方形，如图17-69所示。

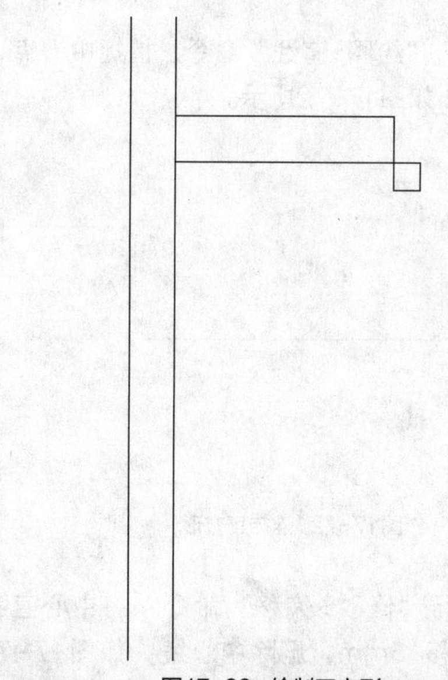

图17-69 绘制正方形

Step 04 执行"编辑>复制"命令，向右再复制出两个正方形，输入复制距离分别为1260mm、560mm，如图17-70所示。

图17-70 复制正方形

Step 05 执行“编辑>复制”命令，向下再复制两个正方形，输入复制距离为440mm，如图17-71所示。

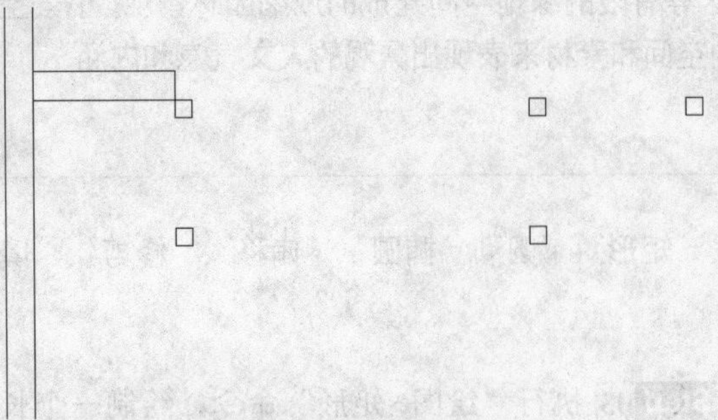

图17-71 复制正方形

Step 06 执行“绘图>直线”命令，捕捉中心点，连接正方形，如图17-72所示。

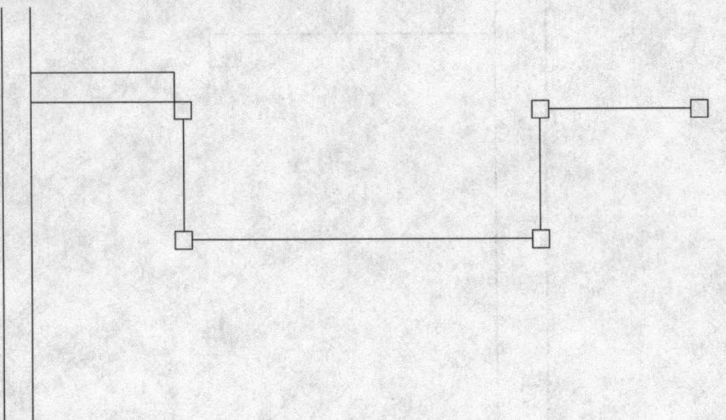

图17-72 连结正方形

Step 07 执行“修改>偏移”命令，将中心直线向两侧各偏移15mm，删除中心线，如图17-73所示。

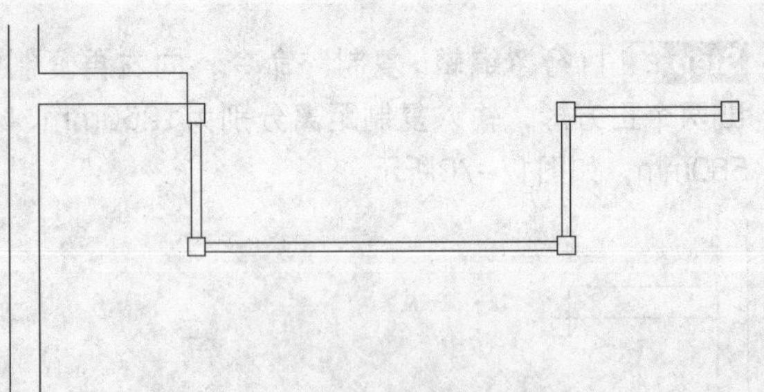

图17-73 偏移线段

Step 08 执行“绘图>直线”命令，绘制正方形中的饰线，如图17-74所示。

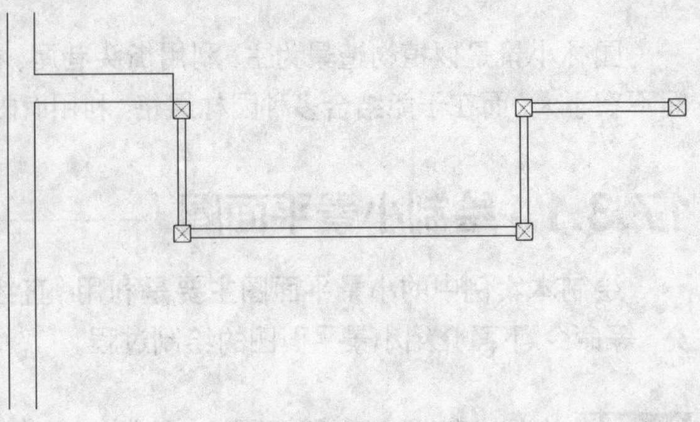

图17-74 绘制装饰线

Step 09 执行“绘图>椭圆”命令，绘制多个椭圆形，如图17-75所示。

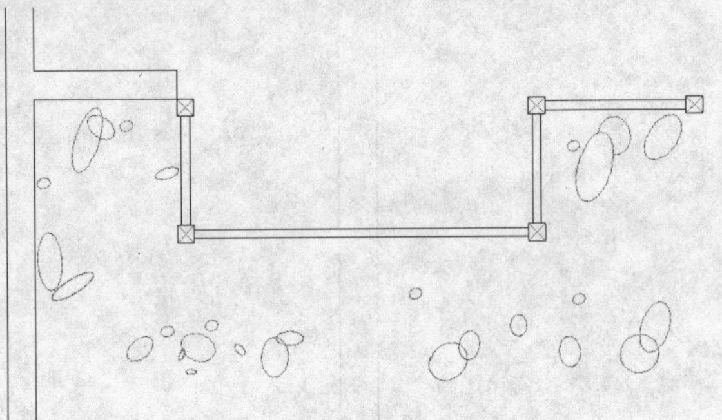

图17-75 绘制椭圆形

Step 10 执行“绘图>圆”命令，绘制半径为25mm的圆，如图17-76所示。

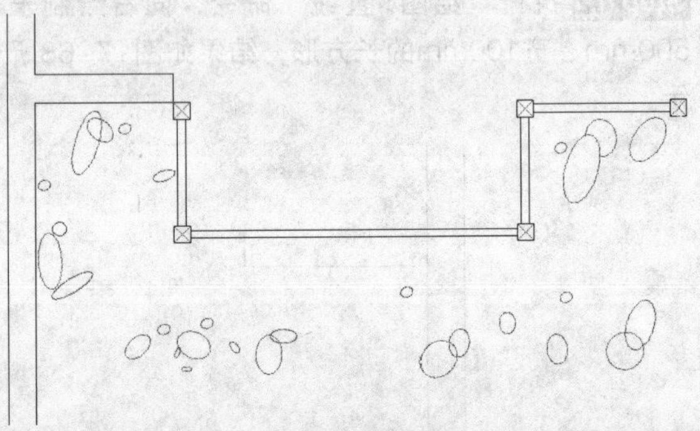

图17-76 绘制圆形

工程师点拨：园林围墙的功能

园林围墙作为围护建筑，主要起到防卫作用。同时，围墙又可用于分隔空间，丰富景致层次及控制、引导游览路线等，是空间构图的一项重要手段。围墙分为多种形式，有云墙、梯级形墙、镂空墙、平墙等。利用围墙可将空间进行巧妙的划分，同时，围墙的延伸性和方向性能使观赏者自如进入组景的空间，使其宛如置身于逐渐展开的园林画卷中。

Step 11 执行“复制”命令，复制出多个圆形，如图17–77所示。

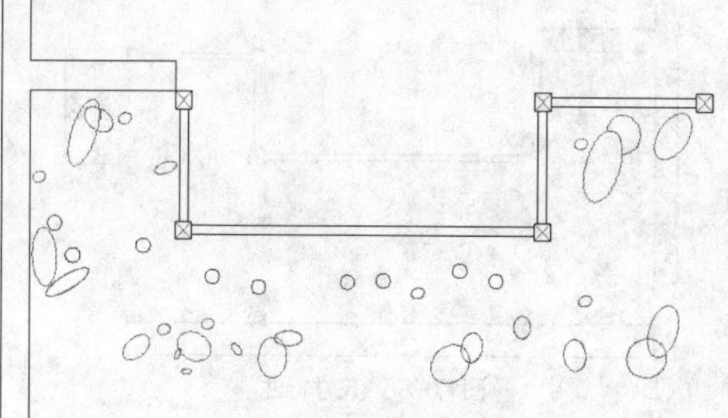

图17–77 复制圆形

Step 12 执行“插入>块”命令，打开“插入”对话框，如图17–78所示。

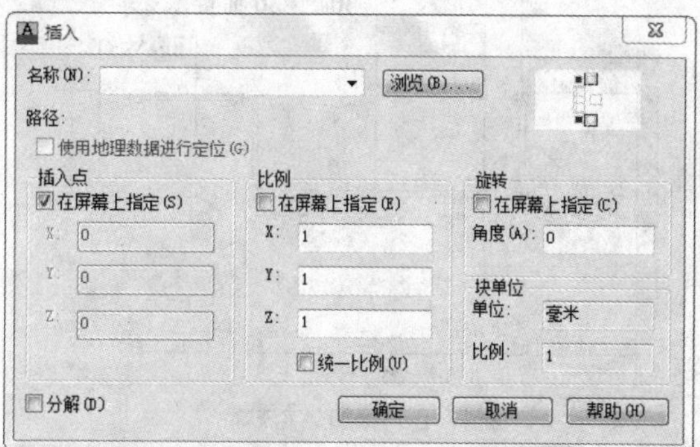

图17–78 “插入”对话框

Step 13 单击“浏览”按钮，打开“选择图形文件”对话框，如图17–79所示。

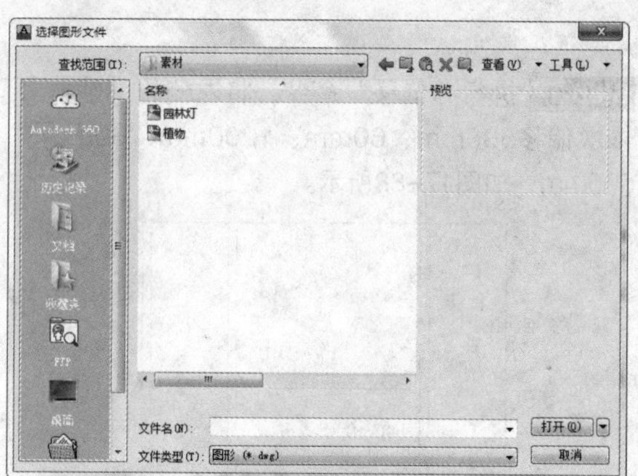

图17–79 “选择图形文件”对话框

Step 14 选择竹子和园林灯图块，将其插入图形合适位置，如图17–80所示。

图17–80 插入图块

Step 15 执行“修改>修剪”命令，修剪图形。执行“多段线”命令，绘制打断线，如图17–81所示。

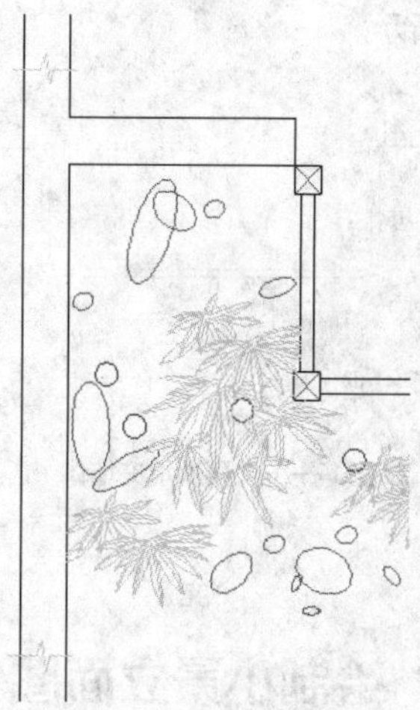

图17–81 绘制打断线

Step 16 执行“修改>修剪”命令，对绘制好的图形进行修剪，如图17–82所示。

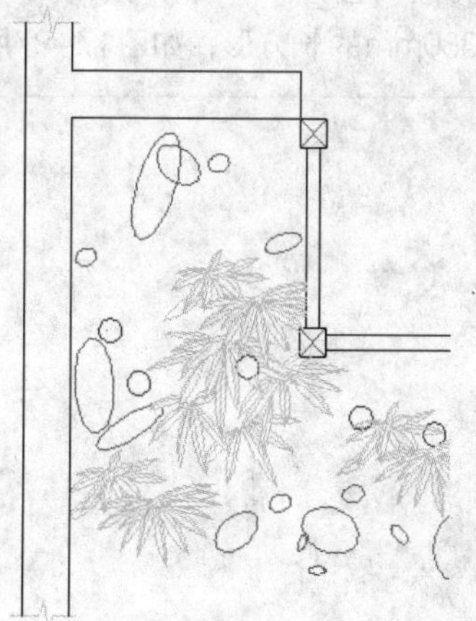

图17–82 修剪图形

Step 17 执行“图案填充”命令，选择ANSI3-2图案，比例为5，选择墙体区域进行填充，如图17-83所示。

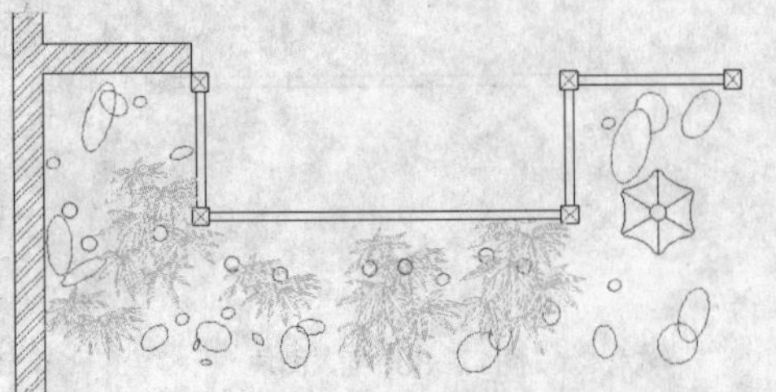

图17-83 填充墙体

Step 18 执行“图案填充”命令，选择AR-CONC图案，比例为0.5，选择墙体区域进行填充，如图17-84所示。

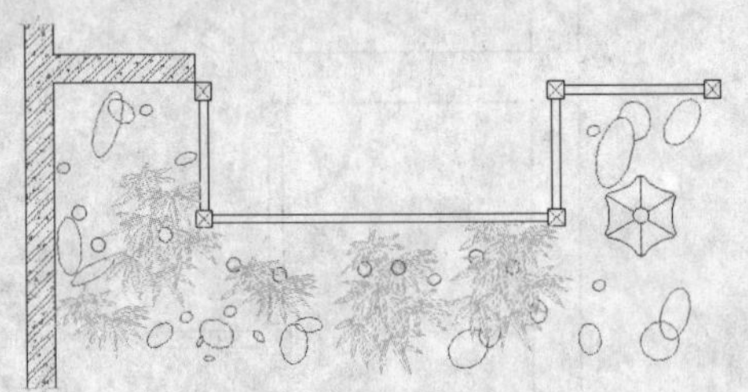

图17-84 再次填充墙体

Step 19 执行“线性”命令，对图形进行尺寸标注，如图17-85所示。

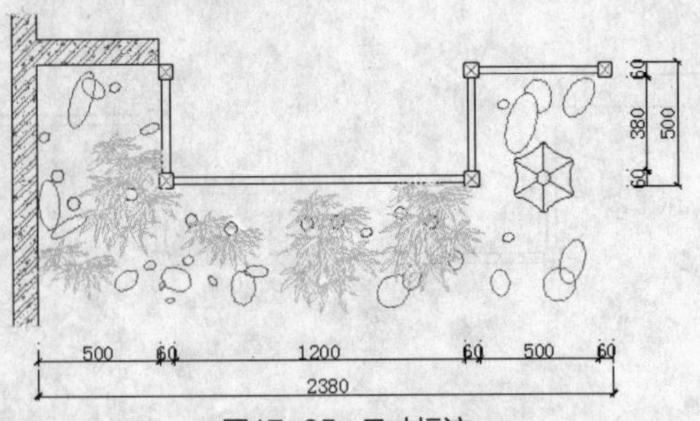

图17-85 尺寸标注

Step 20 执行“快速引线”命令，对图形进行文字标注，如图17-86所示。

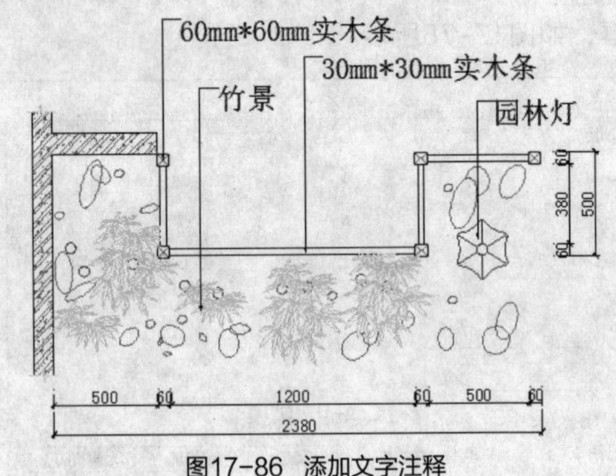

图17-86 添加文字注释

17.3.2 绘制小景立面图

绘制本图例中的小景立面图主要是利用“直线”、“插入”、“填充”、“偏移”、“修剪”等命令，下面介绍小景立面图的绘制过程。

Step 01 执行“直线”命令，绘制一个长2400mm、宽2380mm的长方形，如图17-87所示。

图17-87 绘制长方形

Step 02 执行“偏移”命令，将左侧轮廓线向右依次偏移500mm、60mm、1200mm、60mm、500mm，如图17-88所示。

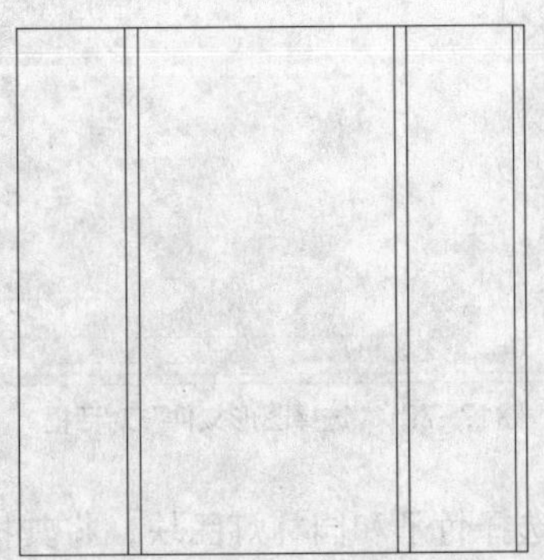

图17-88 偏移线段

Step 03 执行“绘图>椭圆”命令，绘制多个椭圆形卵石，如图17-89所示。

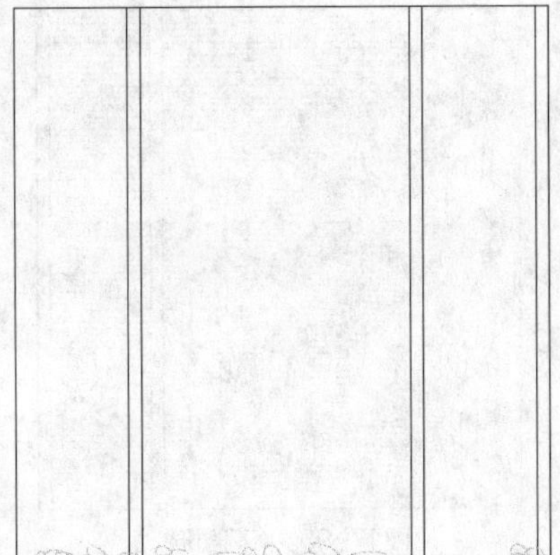

图17-89 绘制卵石

Step 04 执行“修改>修剪”命令，对图形进行修剪，如图17-90所示。

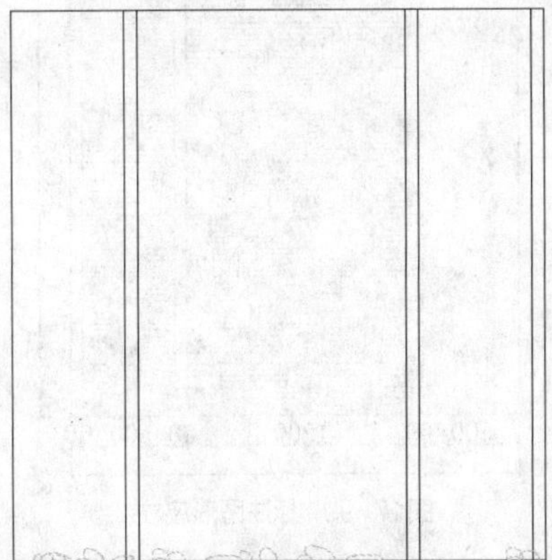

图17-90 修剪图形

Step 05 执行“绘图>多段线”命令，绘制石块轮廓，如图17-91所示。

图17-91 绘制石块

Step 06 执行“插入>块”命令，打开“插入”对话框，如图17-92所示。

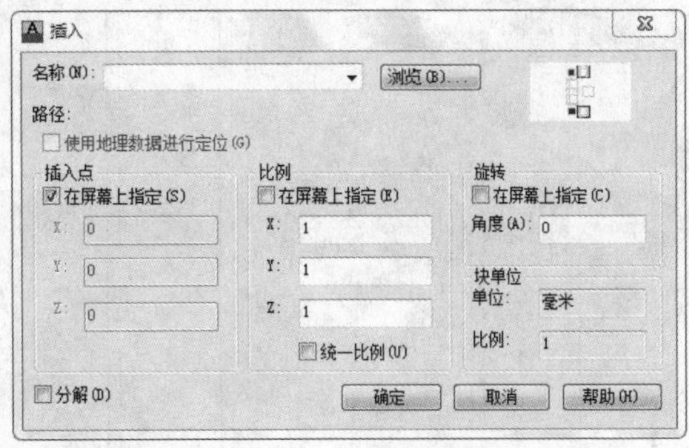

图17-92 “插入”对话框

Step 07 单击“浏览”按钮，打开“选择图形文件”对话框，如图17-93所示。

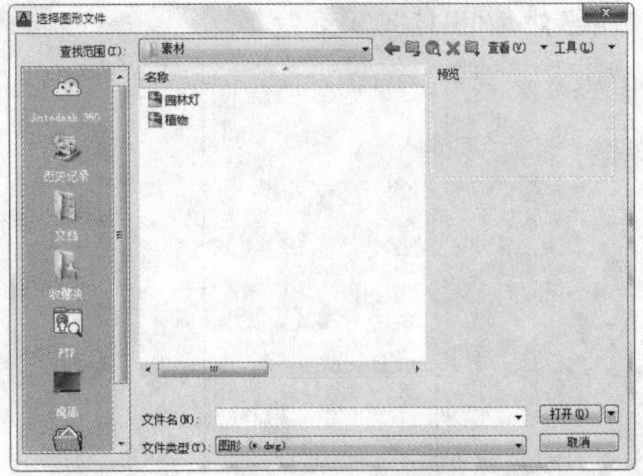

图17-93 “选择图形文件”对话框

Step 08 选择花草图块，将其插入至图形合适位置，并进行复制操作，如图17-94所示。

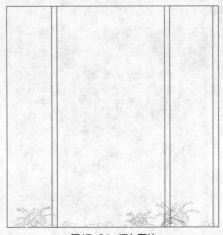

图17-94 插入图块

Step 09 选择竹子立面图块，将其插入至图形合适位置处，如图17-95所示。

图17-95 插入竹子图块

Step 10 选择园林灯立面图块，将其插入图形合适位置处，如图17-96所示。

图17-96 插入图块

Step 11 执行“修改>偏移”命令，将轮廓线向下依次偏移30mm，如图17-97所示。

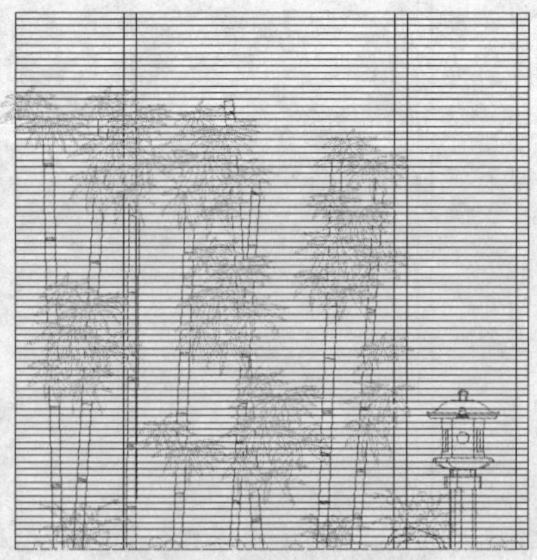

图17-97 偏移轮廓线段

Step 12 执行“修改>修剪”命令，对偏移后的图形进行修剪，如图17-98所示。

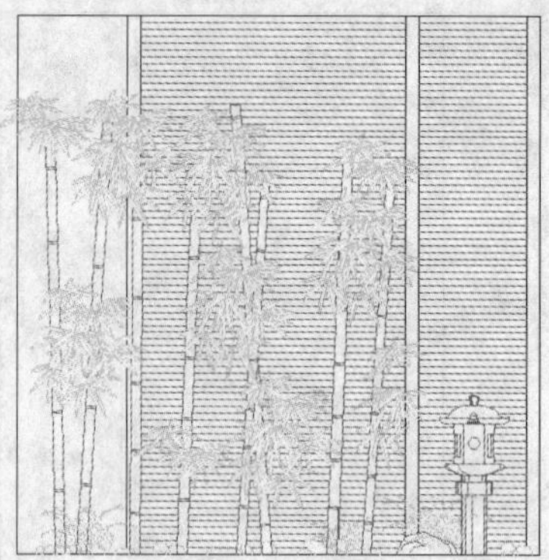

图17-98 修剪图形

Step 13 执行“标注>线性”命令，对图形进行尺寸标注，如图17-99所示。

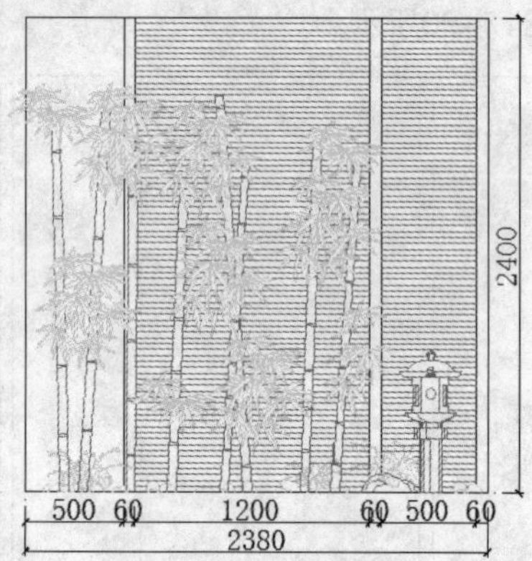

图17-99 标注图形尺寸

Step 14 执行“标注>快速引线”命令，对图形进行文字标注，如图17-100所示。

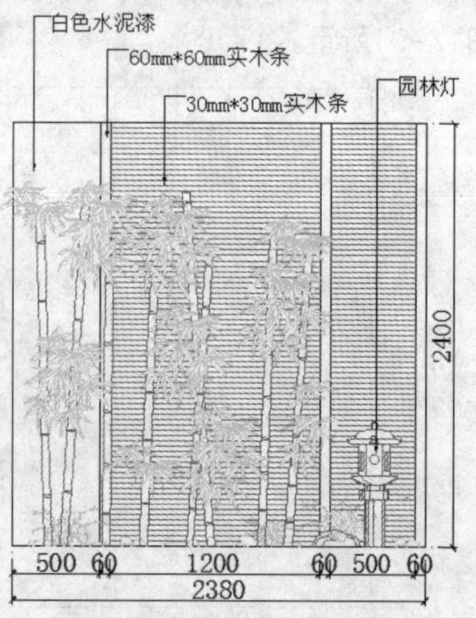

图17-100 添加文字标注

高手应用秘籍 园林工程图的绘制方法

在园林工程中，图纸是重要的技术文件，是设计者表达设计意图和思想的载体，是工程施工的依据，是所有参建单位和个人都必须遵守的准则。

❶ 绘图前的准备工作

一般小型公园的面积都不大，但内容较为复杂，绘图前应准备好较详细的线状地形图。图中要能反映出现有建筑，道路，线状树，地上杆线以及上、下水，热力，电力的井位。为了避免园林工程和地下管线产生矛盾，还应准备准确的综合管线图，图中应有各种管线的平面位置和埋置深度。

❷ 总平面图的绘制

总平面图反映了公园各组成部分的平面关系，图中只需表现线状树，而常用比例为1:500～1:2000。一般绘制步骤如下。

- 用细线绘制现状地形及主要地上物，用红色线段绘制综合管线图。
- 用中粗线绘制新建道路、活动场地和水池等构筑物。用粗线绘制新建园林建筑和其他园林设施。
- 对景、借景等风景透视线用虚线表示。绘制透视线的目的是表明设计意图，以在施工建设中予以重视。
- 在设计的公园中应标明作为定点放线依据的可靠地上物，如原有的建筑、山石、大树等。若没有可靠的地上物作为定点放线的依据时，应特别将附近的建筑、道路、电线杆、大树等地上物绘制在图上，标出新设计建筑、场地、道路等设施的定位尺寸。如以方格网作为定点放线的依据，图中应将园林设施的坐标位置标注清楚。
- 在图中一般还应标出新设计道路、广场、建筑和其他园林设施的外形尺寸。总平面图中的尺寸单位为“米”。
- 最后注写设计说明、指北针、比例尺和图签、图名等。

❸ 种植设计图的绘制

种植设计图一般用1:100～1:500的比例绘制。该设计图主要是平面图中的树丛、树群及花坛设计，应配以透视图或立面图以反映树木的配合，其绘制方法如下。

- 用粗线绘制建筑平面，中粗线绘制道路、水池等构筑物，红线绘制管线平面位置图。
- 确定各种树木的种植位置，根据设计要求，在图纸上绘制种植位置的“黑点”。
- 分别绘制出不同树种的树冠线，二树冠的平面符号。应能在图纸上区分大乔木、中小乔木、常绿针叶树、花灌木等。
- 标注树种名称及数量。简单的设计可用文字注写在树冠线附近，较复杂的种植设计可用数字号码代表不同树种，然后用表说明树木名称和数量。相同的树木可用细线连接。
- 注明株行距和定点放线的依据。成排种植的规整树木，在种植地段上标注几处即可。要把自然种植的树木之间的距离都写在图纸上是比较困难的，这时只标注重点树木的施工定点尺寸。一般可根据地上物与自然点的大致距离来确定种植位置，也可在种植设计图上按一定距离绘制方格网，这时重点树的坐标位置也应在图上标注清楚。
- 在图纸空白处绘制植物表，其内容包括树种、数量、规格以及苗木来源。最后写设计说明，并绘制指北针比例尺和图签。

秒杀 工程疑惑

在绘制园林图时，用户经常会遇见各种各样的问题，下面将总结一些常见问题来进行解答，包括园林花坛布置形式、总平面图和植物图的区别、园林景观与园林规划的区别以及常用园林制图的软件问题。

问　题	解　答
园林中花坛的布置形式有几种？	花坛主要有花丛式花坛、模纹花坛（包括毛毡花坛、浮雕式花坛等）、标题式花坛（包括文字标语花坛、图徽花坛、肖像花坛等）、立体模型式花坛（包括日晷花坛、时钟花坛及模拟多种立体物像的花坛）等 4 个基本类型 从花坛的组成形式上看，花坛通常可分为独立花坛、组群花坛、带状花坛和立体花坛 4 类
在园林作图中，总平面图和植物图的区别是什么？在总平面图中需要画出什么内容？在植物种植图中需要画出地面铺装以及标高等内容吗？	总平面图与植物种植图的差别不大。总平面图上包含了一切可看清的东西，当然，花草树木等都是需要在总平面图中详细画出的 对于植物种植图最重要在的就是在图边上列表说明各个植物图例所表示的植物以及植物的直径或株距。在不影响植物清晰程度的情况下，还是要画出地面铺装的 另外，一定要用网格表示种植的位置
园林景观设计与园林规划设计的区别是什么？	园林景观设计主要设计景观生态方面的内容。景观的生态性并不是新鲜的概念。无论在怎样的环境中建造，景观都要与大自然保持密切的联系，这就必然涉及景观、人类、自然三者间的关系问题 园林规划设计主要是城市规划、小区规划、道路规划等，相对而言更强调整体
常用的园林制图软件有哪些？	通常可用以下三种软件进行制作 ❶ 利用 AutoCAD 软件绘制园林施工图 ❷ 利用 Photoshop 软件为绘制好的园林图纸上色并修饰 ❸ 利用 3ds Max 软件创建空间立体效果

CHAPTER 18

电气图的绘制

电气图是用来阐述电气工作原理、描述电气产品构造和功能，并提供产品安装和使用方法的一种简图。其主要以图形符号、线框或简化外表来表示电气设备或系统中各有关组成部分的连接方式。

学完本章您可以掌握如下知识点

知识点序号	知识点难易指数	知识点
1	★	了解电气制图的基本要求
2	★★	常用电气符号的绘制
3	★★★	录音机电路图的绘制

本章内容图解链接

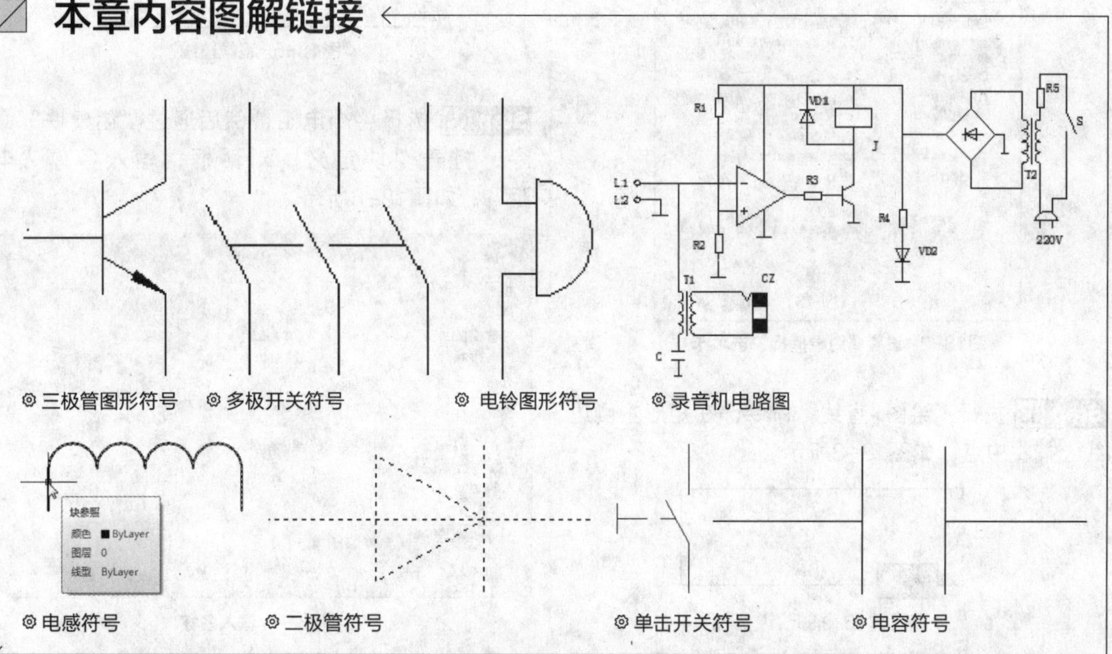

◎三极管图形符号 ◎多极开关符号 ◎电铃图形符号 ◎录音机电路图

◎电感符号 ◎二极管符号 ◎单击开关符号 ◎电容符号

18.1 常用电气符号的绘制

绘制电气图时，有一些电气元件经常被用到。下面介绍利用AutoCAD 2013的绘图命令来绘制常见电气元件的方法。

18.1.1 绘制无源器件

最常见的无源器件有电阻、电容和电感。绘制这些器件时，将使用到“矩形”、“对象捕捉”、“直线”、“镜像”、“块”、“分解”、“圆弧”等命令。

1. 电阻

下面介绍电阻的绘制步骤。

Step 01 执行“绘图>矩形”命令，根据命令行的提示，选择“尺寸”选项，绘制长、宽分别为30和10的矩形，如图18-1所示。右击状态栏中“对象捕捉”按钮，选择“设置”选项。

图18-1 绘制矩形

Step 02 打开“草图设置”对话框，切换至“对象捕捉”选项卡，勾选“中点”复选框，如图18-2所示。

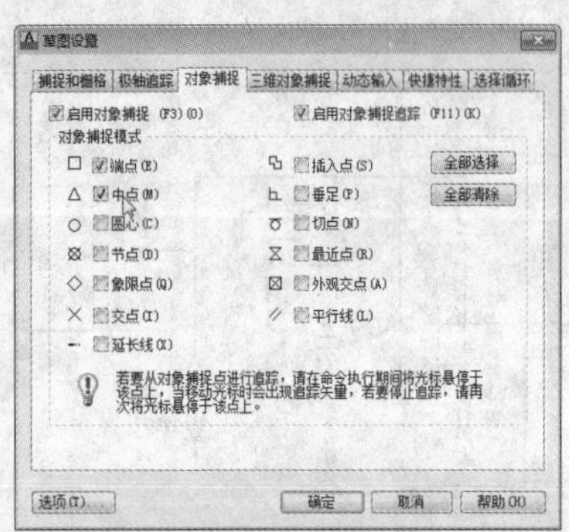

图18-2 设置“对象捕捉”选项卡

Step 03 执行“绘图>直线”命令，在矩形左侧边线上捕捉中点，如图18-3所示。

图18-3 捕捉点

Step 04 启动“正交模式”，将光标移至矩形左侧，绘制一条长度为10的直线，如图18-4所示。

图18-4 绘制直线

Step 05 执行“修改>镜像”命令，以矩形上下两条边的中点为镜像点，绘制电阻右侧引线，如图18-5所示。

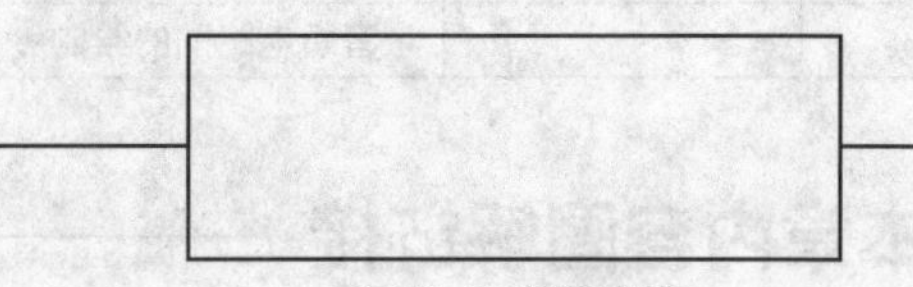

图18-5 镜像直线

Step 06 选择整个电阻，然后通过“创建块”命令，打开“块定义”对话框，输入名称“电阻”，如图18-6所示。

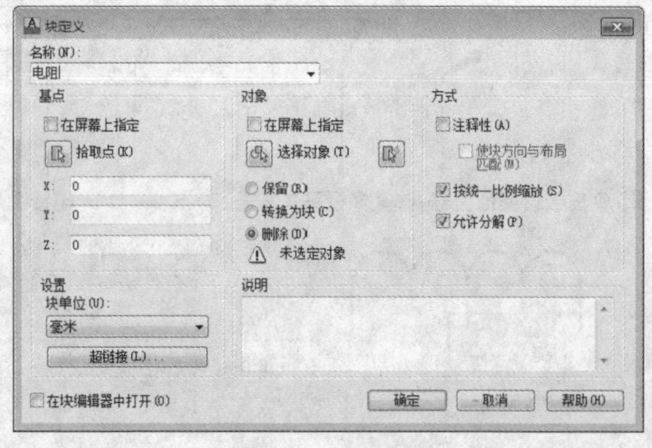

图18-6 输入名称

Step 07 单击“拾取点”按钮，返回到绘图区，选取插入点，如图18-7所示。

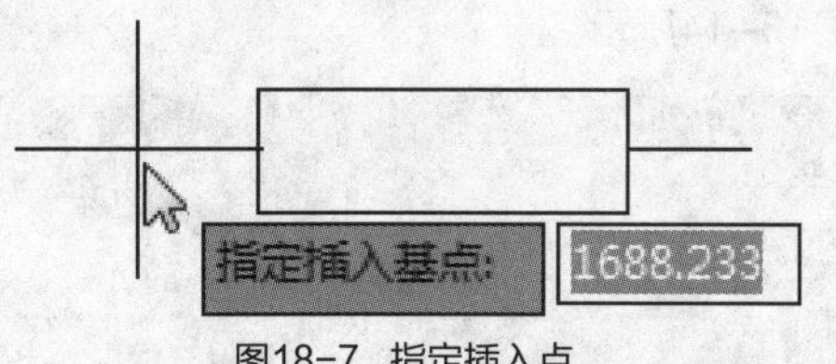

图18-7 指定插入点

Step 08 返回到对话框中，单击“确定”按钮，即可创建完成，如图18-8所示。

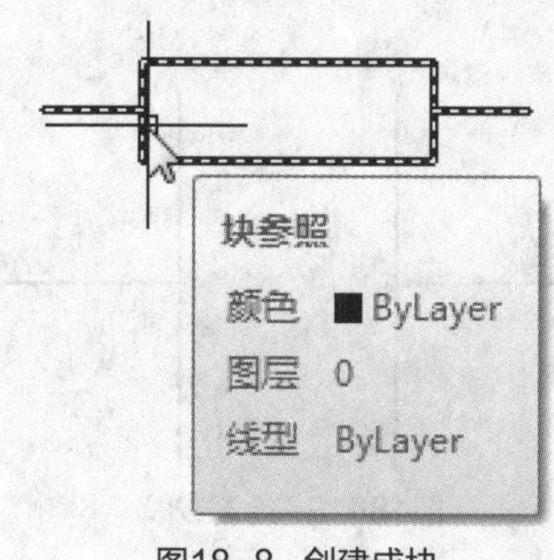

图18-8 创建成块

2. 电容

下面介绍电容的绘制步骤。

Step 01 执行“绘图>矩形”命令，绘制一个长度为9、宽度为15的长方形，结果如图18-9所示。

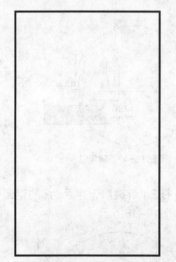

图18-9 绘制矩形

Step 02 执行“修改>分解”命令，选择矩形，按Enter键对其进行分解操作，结果如图18-10所示。

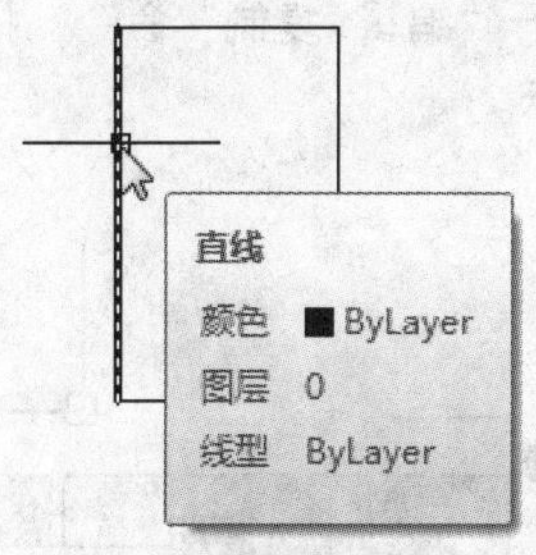

图18-10 分解矩形

Step 03 选择矩形的上下两条边，按Delete键将其删除，如图18-11所示。

图18-11 删除上下两条边

Step 04 执行“绘图>直线”命令，捕捉左边直线的中点向左绘制长度为17.5的水平直线，如图18-12所示。

图18-12 绘制直线

Step 05 执行“绘图>直线”命令，捕捉右边直线的中点，向右绘制长度为17.5的水平直线，如图18-13所示。

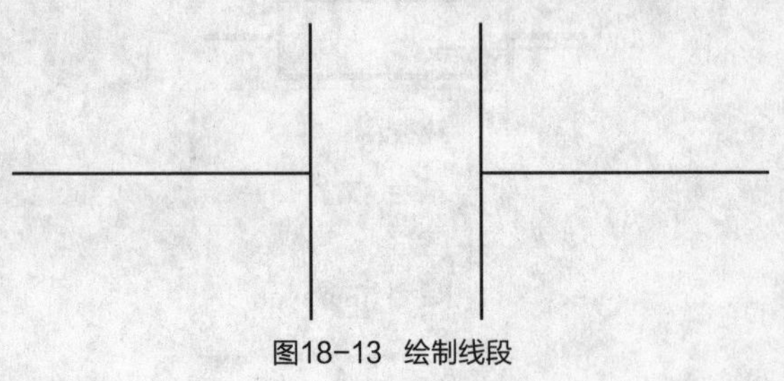

图18-13 绘制线段

Step 06 选择电容图形对象，执行“创建块”命令，然后输入块名称，单击“确定”按钮即可，如图18-14所示。

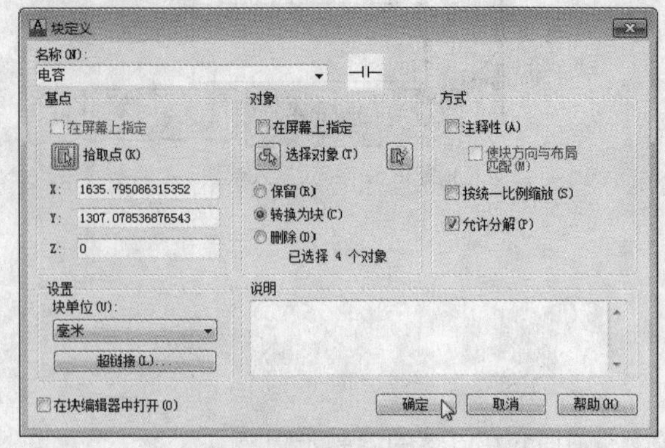

图18-14 创建块

3. 电感

下面介绍电感的绘制步骤。

Step 01 执行“绘图>圆弧”命令，根据命令行的提示，输入“0,0”，指定圆弧起点，如图18-15所示。

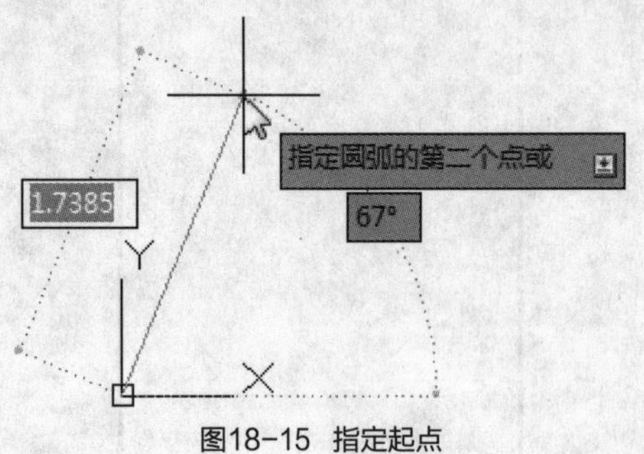

图18-15 指定起点

Step 02 选择“圆心”选项，指定圆心为“@-6,0”，如图18-16所示。

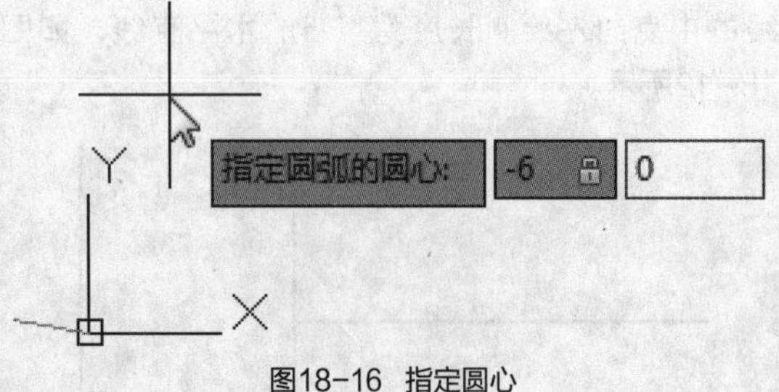

图18-16 指定圆心

Step 03 指定圆心后，选择“角度”选项，确定包含角为180°，如图18-17所示。

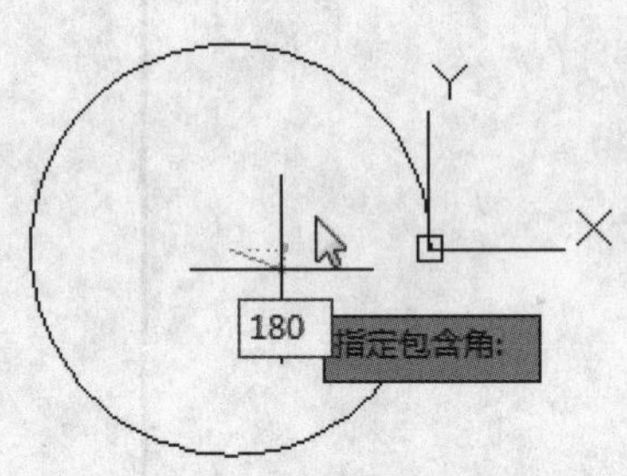

图18-17 确定包含角

Step 04 按Enter键后，半径为6的半圆弧则绘制完成，如图18-18所示。

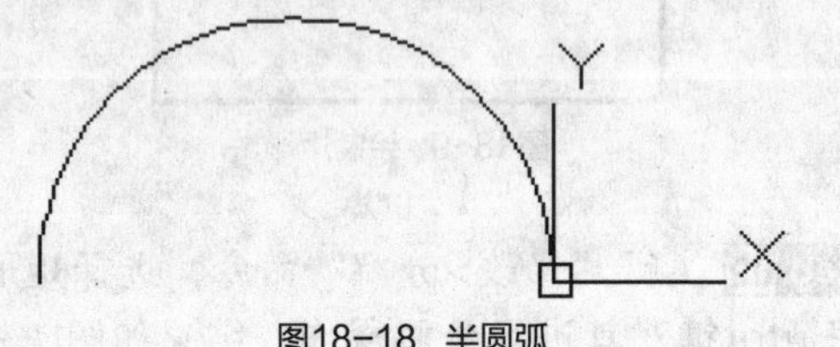

图18-18 半圆弧

Step 05 执行“编辑>复制”命令，指定基点，如图18-19所示。

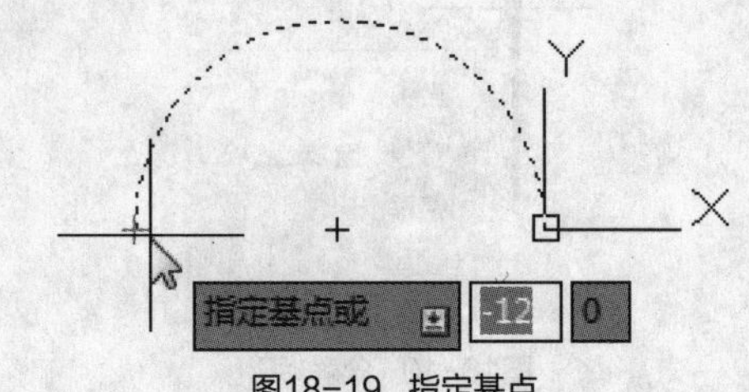

图18-19 指定基点

Step 06 向右依次绘制出相连的三个半圆弧，如图18-20所示。

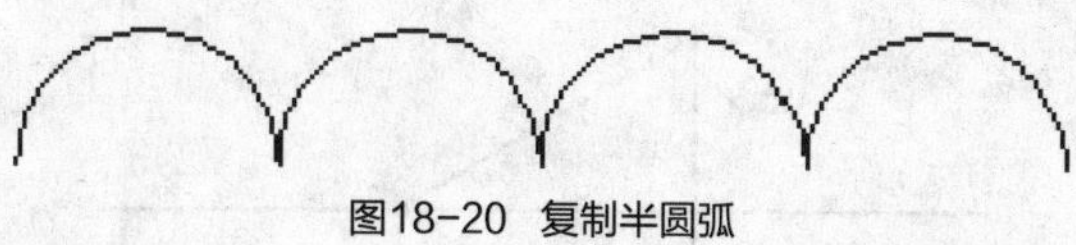

图18-20 复制半圆弧

Step 07 执行“绘图>直线”命令，捕捉电感圆弧左端点，向下绘制长度为10的垂直线，如图18-21所示。

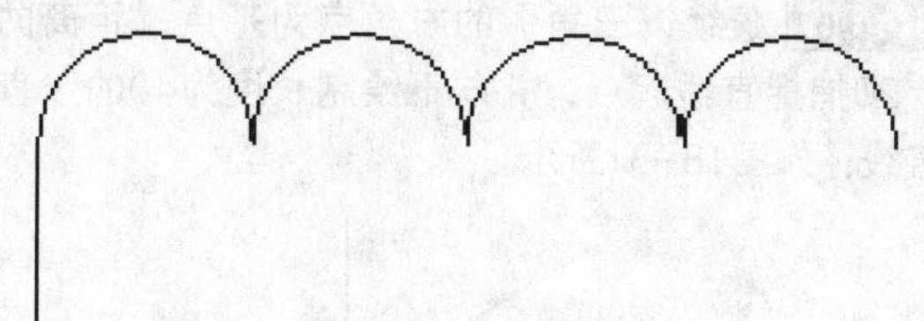

图18-21 绘制线段

Step 08 执行“修改>镜像”命令，指定镜像点，将直线进行镜像复制，如图18-22所示。

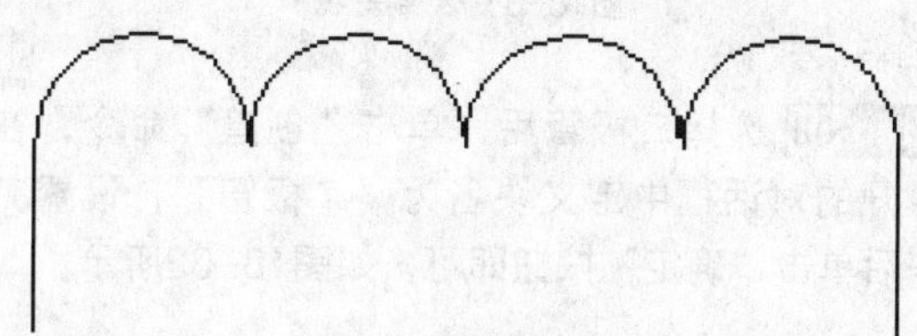

图18-22 镜像线段

Step 09 选择整个电感后，单击“创建块”命令，在打开的对话框中定义块名为“电感”，指定拾取点，如图18-23所示。

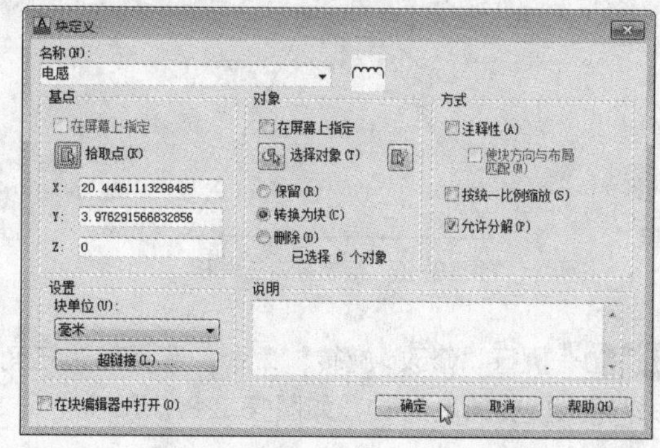

图18-23 打开“块定义”对话框

Step 10 单击“确定”按钮，“电感”图块创建完成，最终效果如图18-24所示。

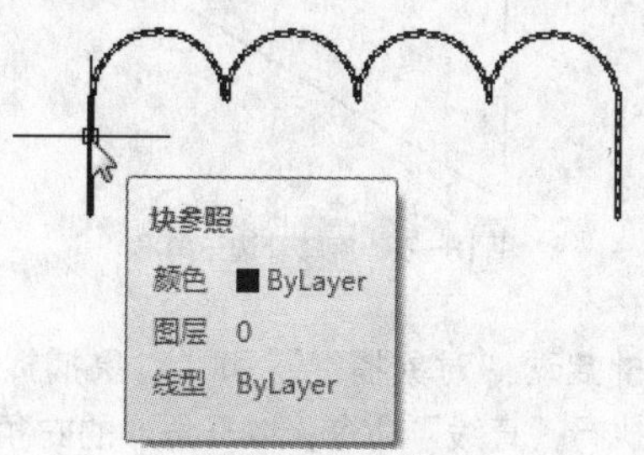

图18-24 电感符号

18.1.2 绘制半导体

半导体是指常温下导电性能介于导体与绝缘体之间的材料。最常见的半导体器件有二极管和三极管。

1. 绘制二极管

下面介绍二极管的绘制步骤。

Step 01 执行“绘图 > 多边形”命令，绘制等边三角形，指定边数为 3 且内接于圆，如图18-25所示。

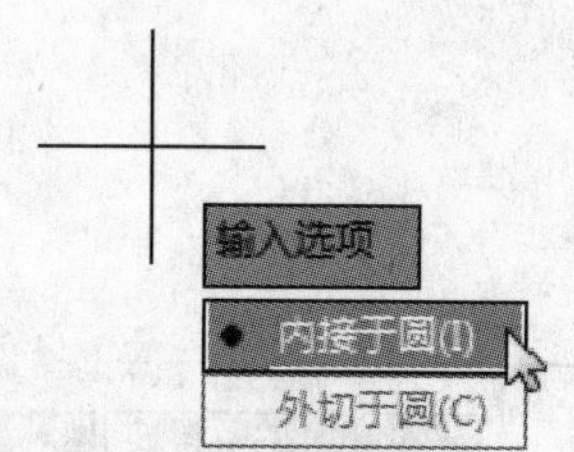

图18-25 选择“内接于圆”选项

Step 02 根据命令行的提示，指定圆的半径为20，如图18-26所示。

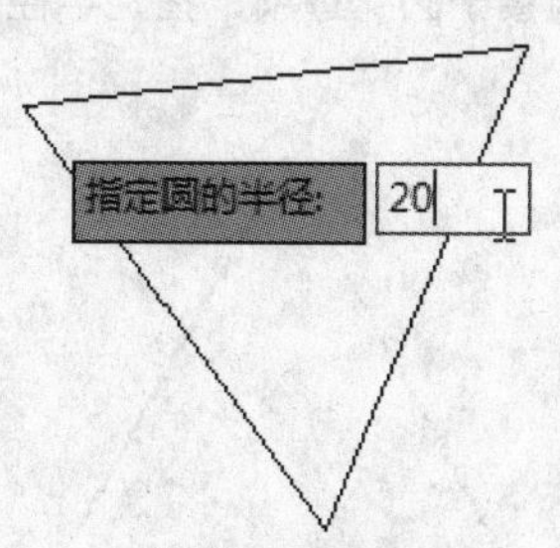

图18-26 指定圆半径

Step 03 确定圆半径后，按Enter键，等边三角形绘制完成，如图18-27所示。

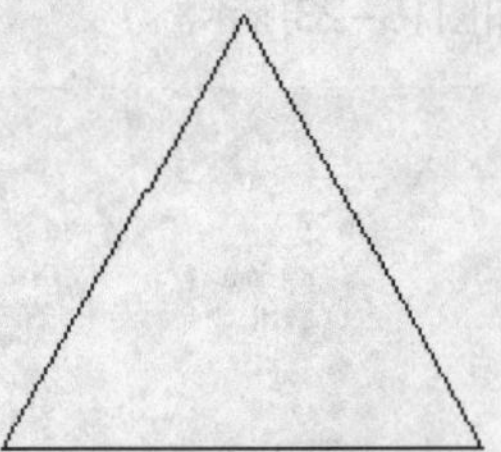

图18-27 绘制等边三角形

Step 04 执行“修改>旋转”命令，选择等边三角形，输入旋转角度为30，如图18-28所示。

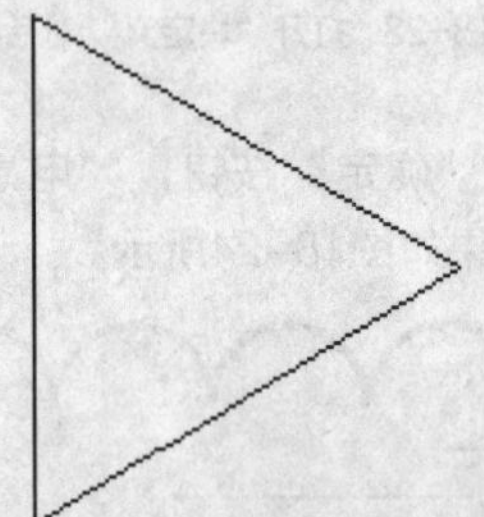

图18-28 旋转等边三角形

Step 05 启动“对象捕捉”和“对象捕捉追踪”模式，执行“直线”命令，以三角形的右角点为基点，向右选取距离为30的点，如图18-29所示。

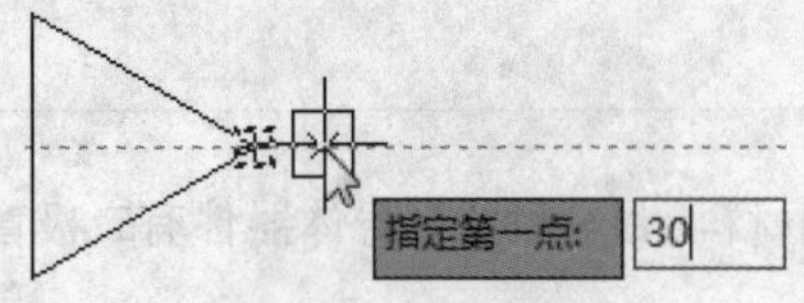

图18-29 指定点

Step 06 指定完起点后，向左绘制长度为90的水平直线，如图18-30所示。

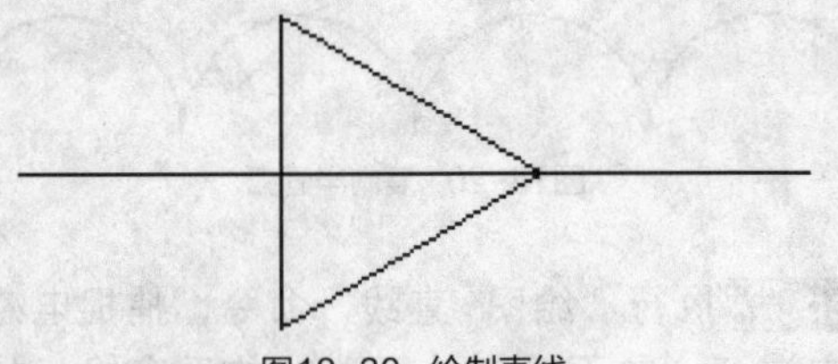

图18-30 绘制直线

Step 07 继续以三角形的右角点为基点，距离向上20捕捉直线起点，并向下绘制长度为40的竖直直线，如图18-31所示。

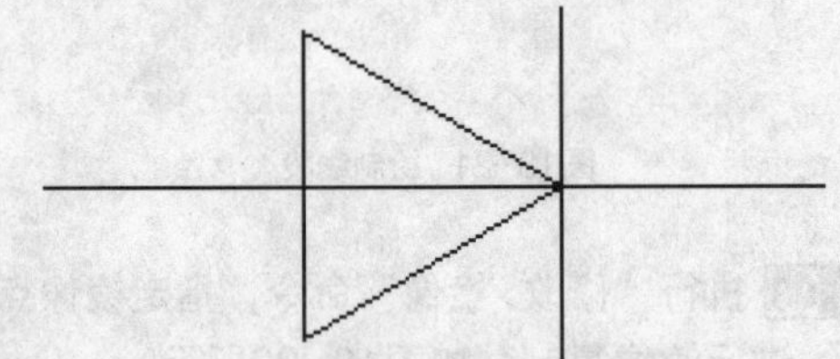

图18-31 绘制垂线

Step 08 选择二极管后，单击“创建”命令，在打开的对话框中定义块名为“二极管”，设置完毕后单击“确定”按钮即可，如图18-32所示。

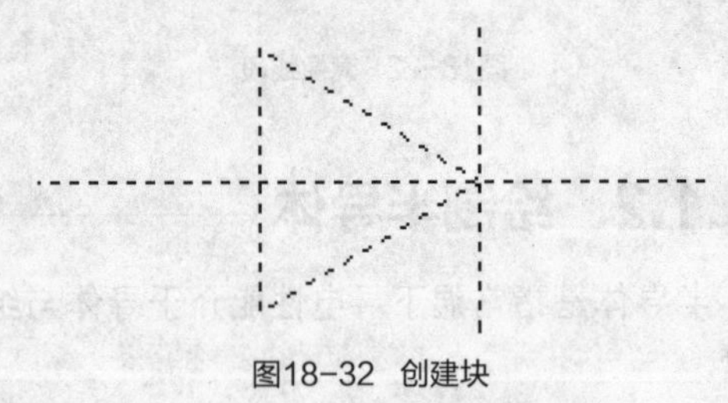

图18-32 创建块

2. 绘制三极管

下面介绍三极管的绘制步骤。

Step 01 执行“绘图>多边形”命令，确定边数为3，选择“内接于圆”选项，指定半径为20，如图18-33所示。

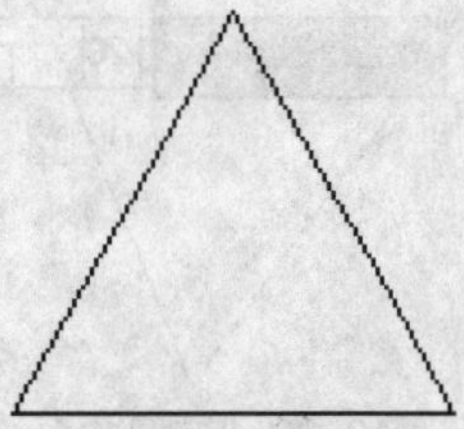

图18-33 绘制等边三角形

Step 02 执行“修改>旋转”命令，以三角形的左下角点为基点，如图18-34所示。

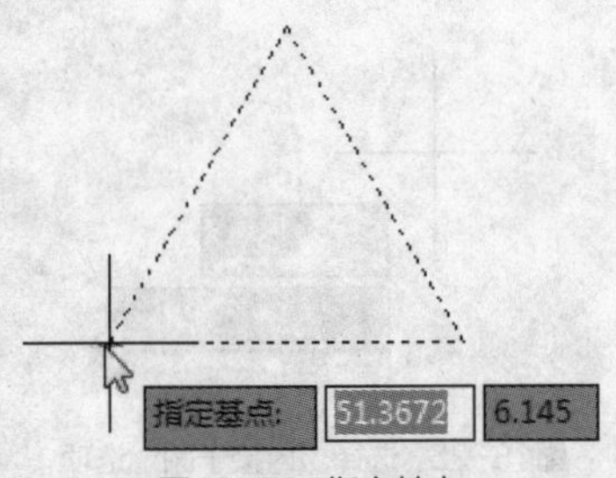

图18-34 指定基点

Step 03 顺时针旋转三角形，指定旋转角度为-30，如图18-35所示。

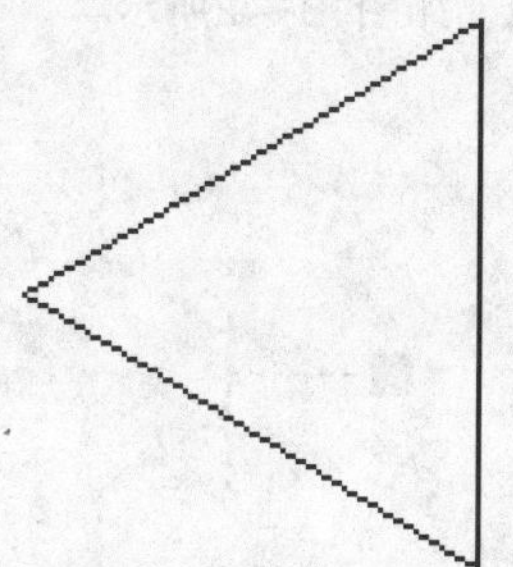

图18-35 旋转三角形

Step 04 执行“修改>分解”命令，将三角形分解，然后执行“修改>移动”命令，将右边的线段向左水平移动20，如图18-36所示。

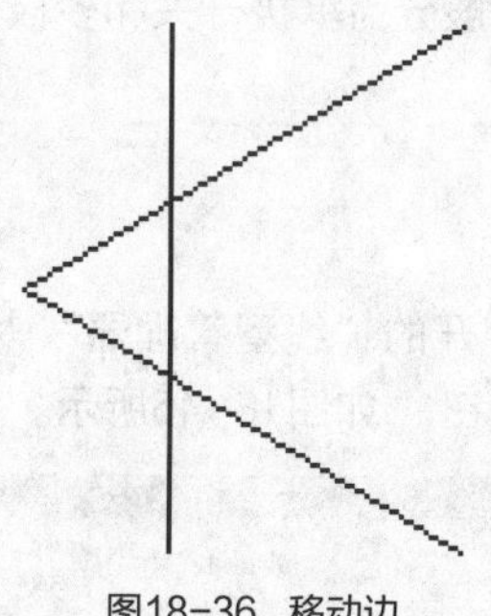

图18-36 移动边

Step 05 执行“修改>修剪”命令，将竖直线段左边的部分修剪掉，如图18-37所示。

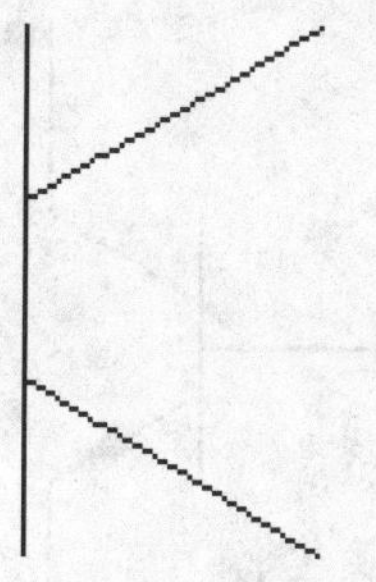

图18-37 修剪线段

Step 06 执行“绘图>直线”命令，绘制长度为25的水平直线和两条竖直直线，如图18-38所示。

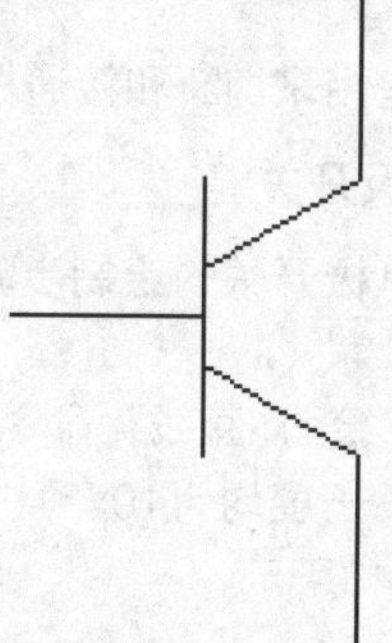

图18-38 绘制直线

工程师点拨：其他常用二极管符号

NPN型晶体三极管与PNP型相反，NPN型的电晶体是以洞（带正电）为多数载子，而PNP型则相反，它是以电子（带负电）为多数载子。它们的图形符号很相似，所以用户在制图时需仔细区分。

Step 07 执行“绘图>多段线”命令，绘制下部分斜线上的箭头，起点宽度为0，如图18-39所示。

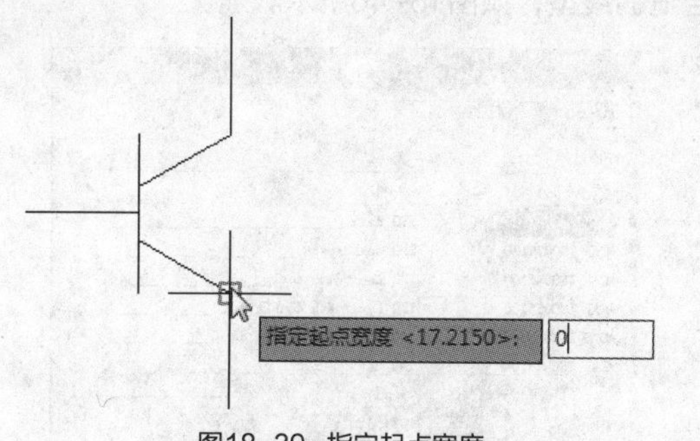

图18-39 指定起点宽度

Step 08 设置端点宽度为3，选择斜线的中点，如图18-40所示。

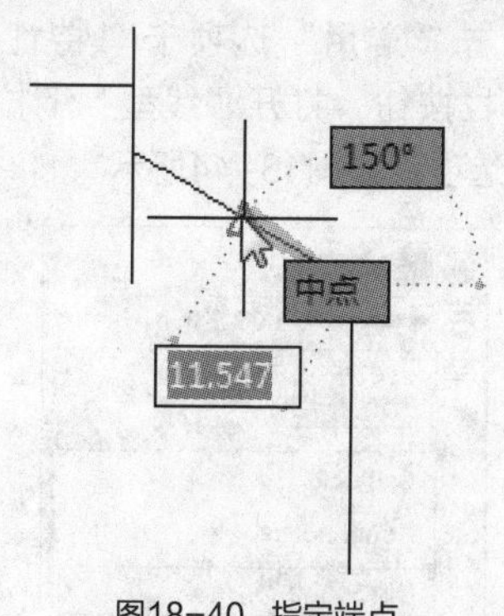

图18-40 指定端点

Step 09 指定点之后，箭头添加完成，如图18-41所示。

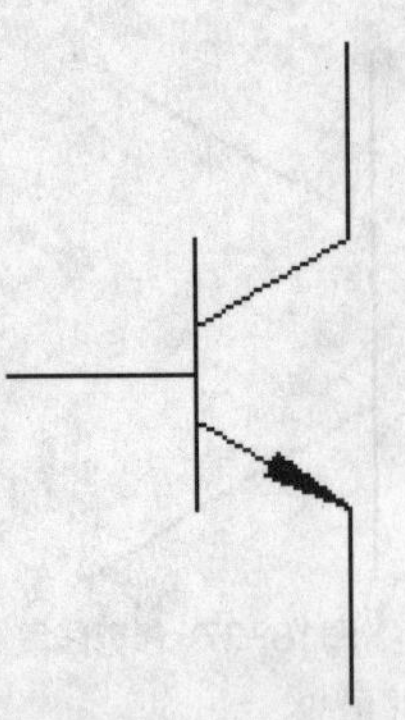

图18-41 添加箭头

Step 10 选定图形后，通过“创建块”命令，在打开的对话框中，输入名称，单击“确定”按钮即可创建完成，如图18-42所示。

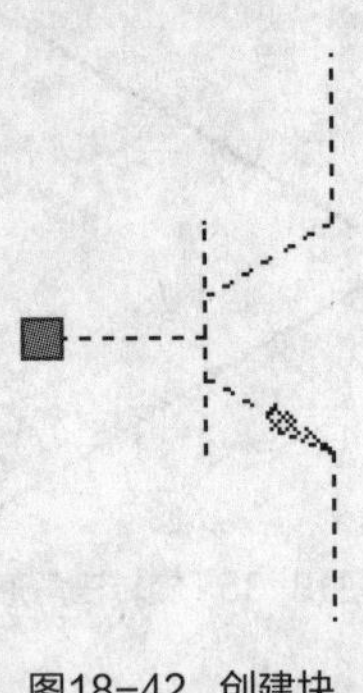

图18-42 创建块

18.1.3 绘制开关符号

按钮开关是用来切断和接通控制电路的低压开关电器。开关一般分为单极开关和多极开关两种。

1. 绘制单极开关

下面介绍单极开关的绘制步骤。

Step 01 执行“绘图>直线”命令，打开“正交”模式，绘制三条长度均为10、且首尾相连的竖直直线，如图18-43所示。

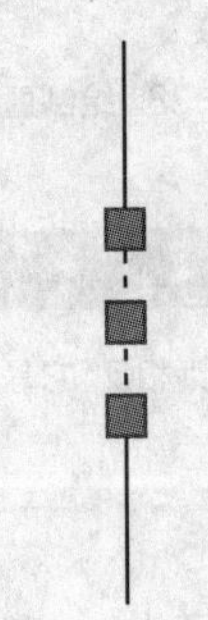

图18-43 绘制直线

Step 02 单击“常用”选项卡“特性”面板中“线型”下拉按钮，打开“线型”下拉列表，选择“其他”选项，如图18-44所示。

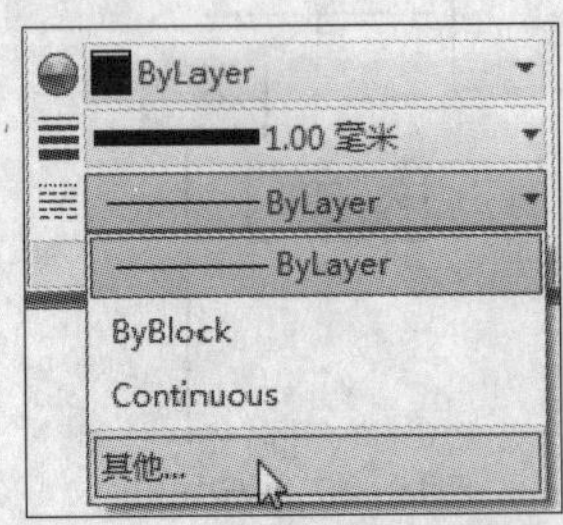

图18-44 选择“其他”选项

Step 03 在打开的“线型管理器”对话框中，单击“加载”按钮，如图18-45所示。

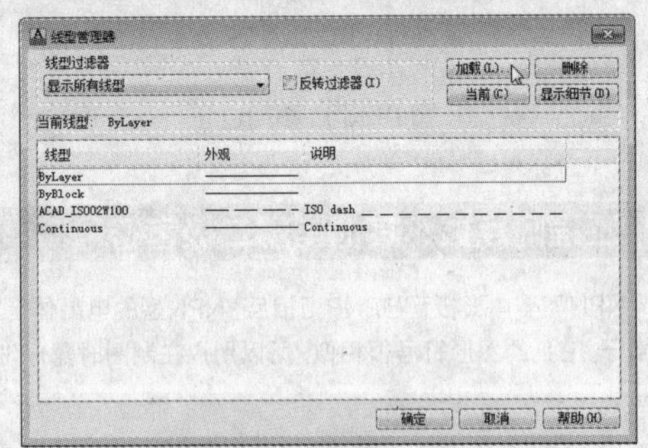

图18-45 打开对话框

Step 04 打开“加载或重载线型”对话框，选择合适的线型，如图18-46所示。

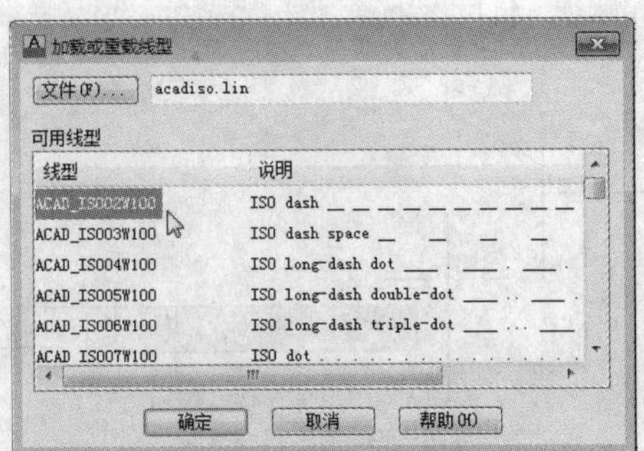

图18-46 选择线型

Step 05 返回上一对话框，选择要加载的线型，单击“当前”按钮，则将该线型设定为当前线型，然后单击“确定”按钮即可，如图18-47所示。

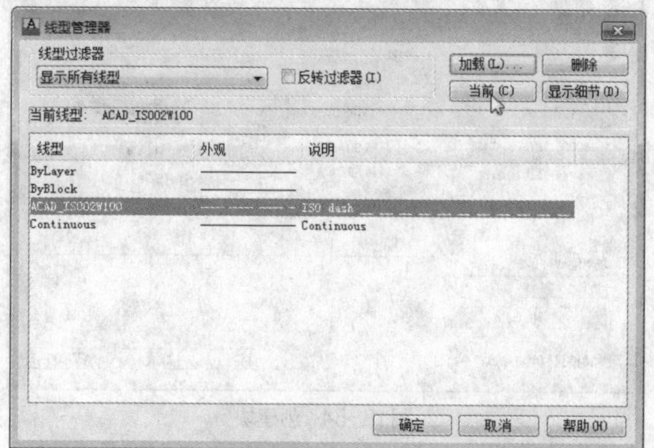

图18-47 加载线型

Step 06 单击“绘图>直线”命令，捕捉中间线段的中点，然后向左绘制长度为15的水平线，如图18-48所示。

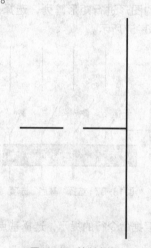

图18-48 绘制虚线

Step 07 在线型下拉列表中选择CONTINUOUS线形并置为当前线型，如图18-49所示。

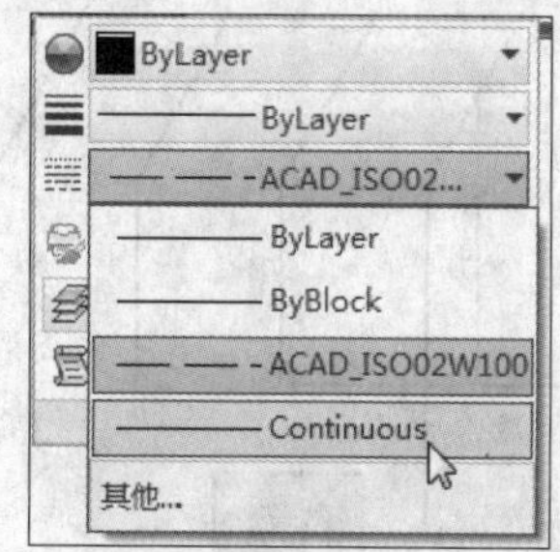

图18-49 更改线型

Step 08 执行“绘图>直线”命令，绘制长度为6的竖直直线，该线段的中点为虚线的左端点，如图18-50所示。

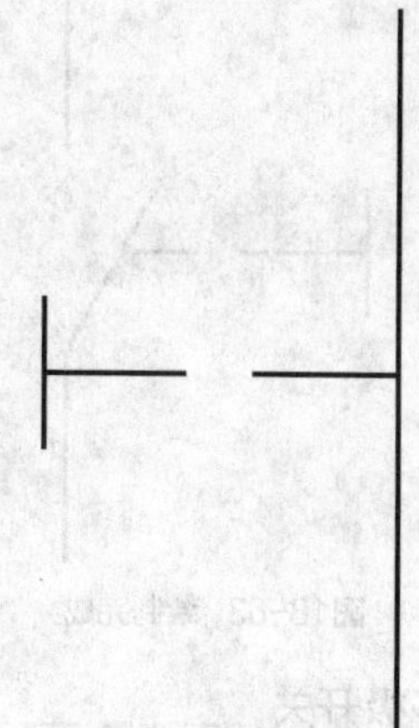

图18-50 绘制垂线

Step 09 执行“修改>旋转”命令，以中间线段的下端点为基点，如图18-51所示。

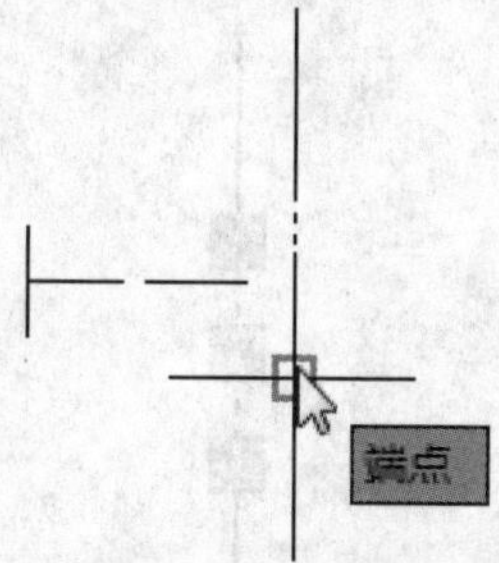

图18-51 指定基点

Step 10 将中间的线段逆时针旋转30°，如图18-52所示。

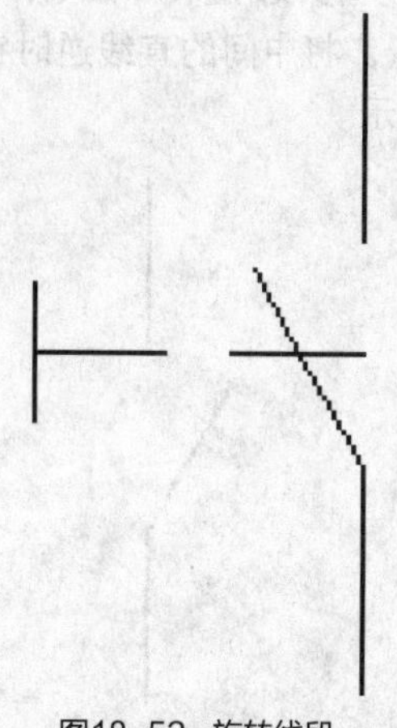

图18-52 旋转线段

Step 11 以倾斜的直线为剪切边，将虚线修剪，如图18-53所示。

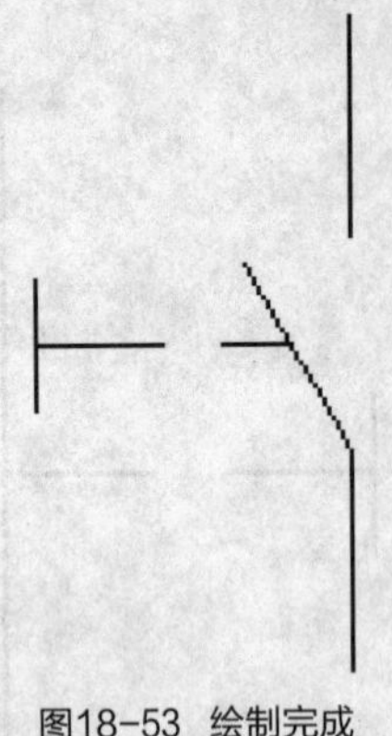

图18-53　绘制完成

Step 12 选择整个图形对象后，单击“创建”命令，将其创建成块，如图18-54所示。

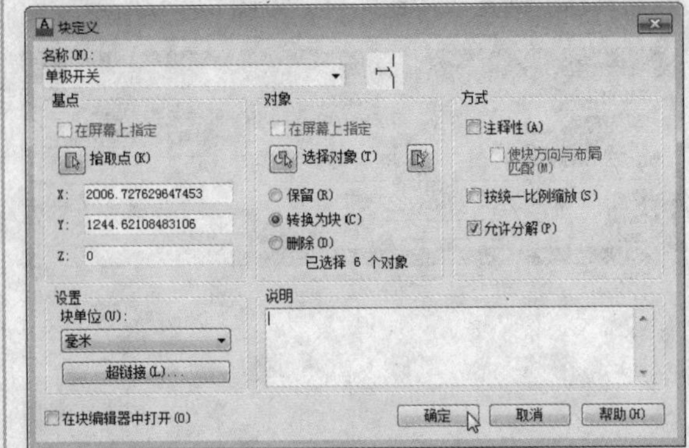

图18-54　创建块

2. 绘制多极开关

下面介绍多极开关的绘制步骤。

Step 01 执行“绘图>直线”命令，绘制长度均为10的三条垂直线，如图18-55所示。

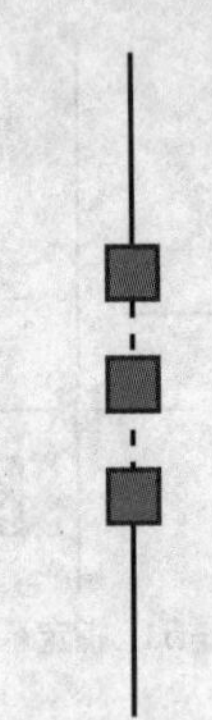

图18-55　绘制直线

Step 02 执行“修改>旋转”命令，以中间直线的下端点为基点，将中间的直线逆时针旋转30°，如图18-56所示。

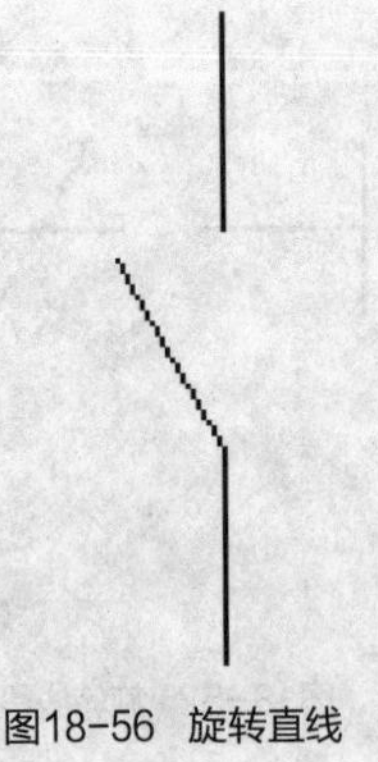

图18-56　旋转直线

Step 03 执行“修改>阵列>矩形阵列”命令，对刚绘制的图形进行矩形阵列，选择“基点”选项，如图18-57所示。

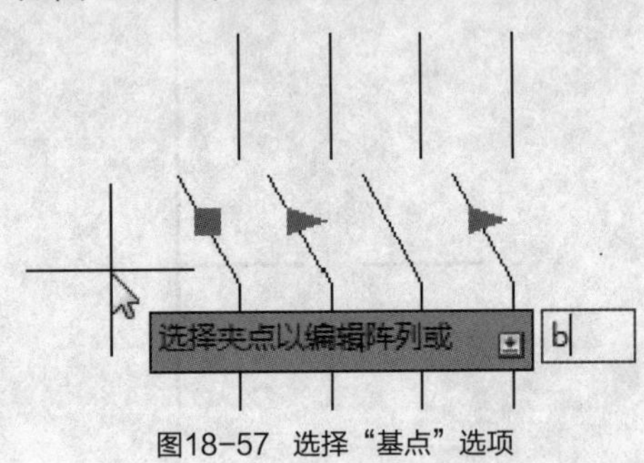

图18-57　选择“基点”选项

Step 04 根据命令行的提示，选择基点，如图18-58所示。

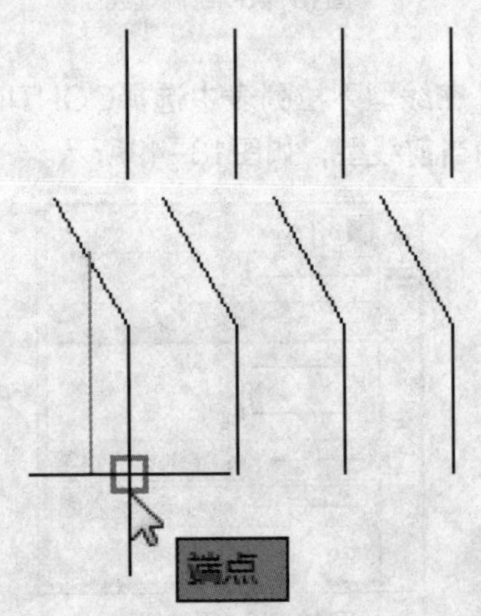

图18-58　指定基点

Step 05 选择“计数”选项，确定列数为3，如图18-59所示。

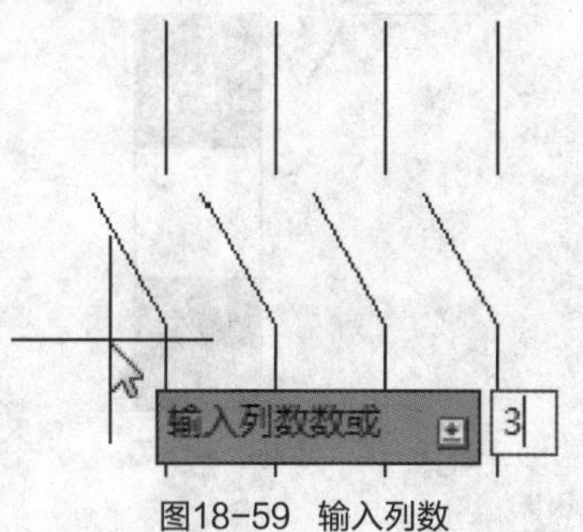

图18-59 输入列数

Step 06 按Enter键，指定行数为1，选择“间距”选项，如图18-60所示。

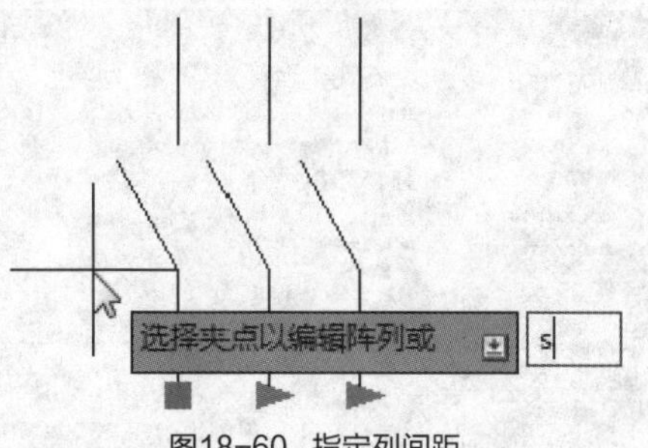

图18-60 指定列间距

Step 07 指定列间距为10，阵列效果如图18-61所示。

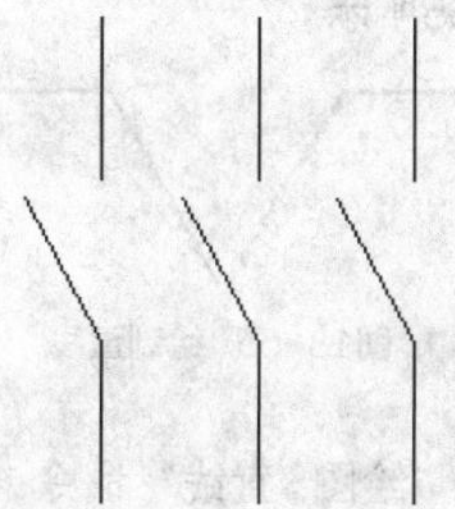
图18-61 阵列效果

Step 08 在线型下拉列表中选择线型ACAD_ISO02W100，执行“绘图>直线”命令，依次捕捉两边旋转线段的中点，如图18-62所示。

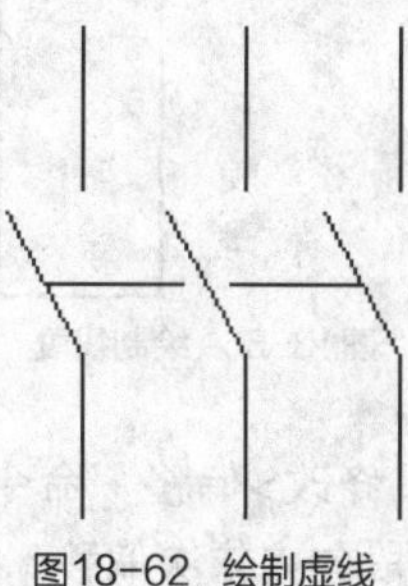
图18-62 绘制虚线

18.2 绘制录音机电路图

下面以录音机电路图为例，介绍电路图基本的绘制方法。涉及到的命令有"正多边形"、"旋转"、"分解"、"图案填充"等命令。

18.2.1 绘制录音机电路

下面介绍绘制录音机电路的操作步骤。

Step 01 执行“绘图>多边形”命令，绘制一个内切于圆的正三角形，圆的半径设置为3，如图18-63所示。

图18-63 绘制等边三角形

Step 02 执行“修改>旋转”和“修改>分解”命令，将三角形进行180°旋转，并将其分解，然后将水平边删除，如图18-64所示。

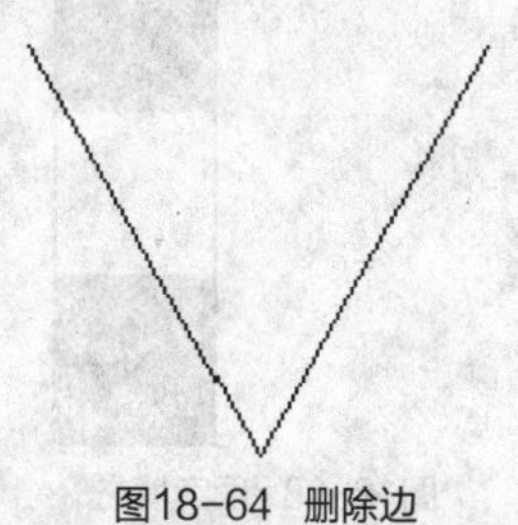
图18-64 删除边

Step 03 执行“绘图>直线”命令，以上部两个端点为直线的起点，向两边绘制长度均为8的水平线段，如图18-65所示。

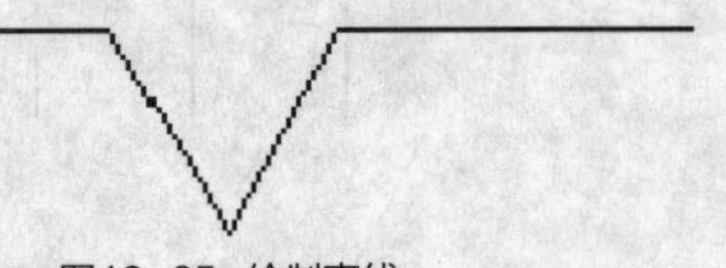
图18-65 绘制直线

Step 04 执行“绘图>直线”命令，绘制两条长为24的垂直线段和一条长为8的水平线段并组成一个矩形，如图18-66所示。

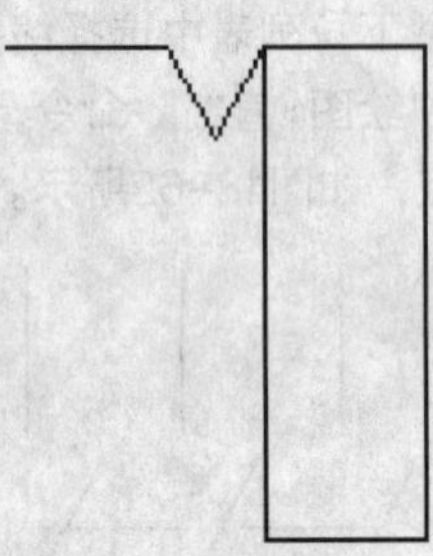
图18-66 绘制线段

Step 05 执行“修改>偏移”命令，将相互平行且长度为8的线段向内依次偏移8，如图18-67所示。

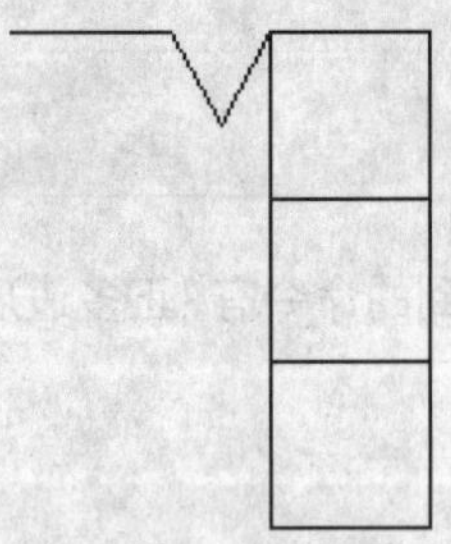
图18-67 偏移线段

Step 06 执行“绘图>图案填充”命令，选择SOLID图案，然后对指定区域进行填充，如图18-68所示。

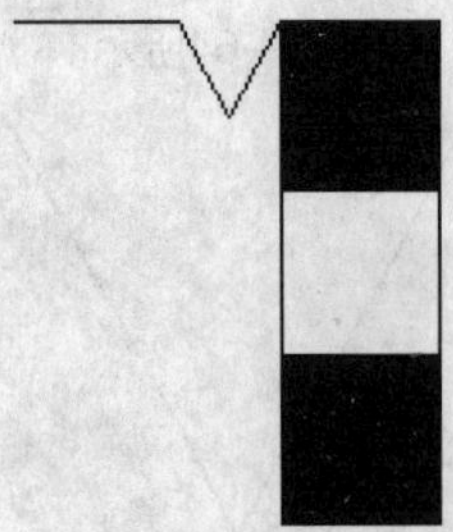
图18-68 图案填充

Step 07 执行“绘图>直线”命令，在底部添加一条长度为10的水平线段，如图18-69所示。

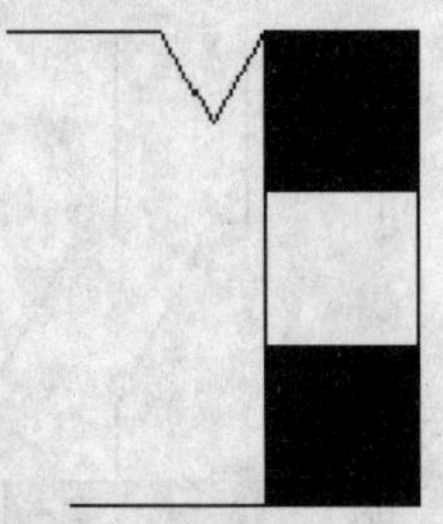
图18-69 绘制水平线段

Step 08 选择整个图形对象，单击“创建”命令，打开对话框，输入块名称，将其创建成块，如图18-70所示。

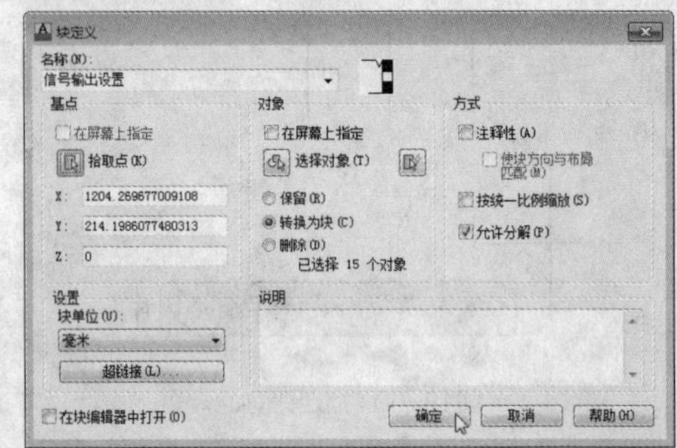

图18-70 创建块

Step 09 执行“绘图>多边形”命令，绘制一个内切于圆的正三角形，圆的半径为20，如图18-71所示。

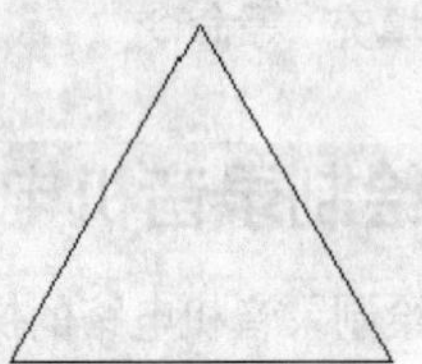
图18-71 绘制三角形

Step 10 执行“修改>旋转”命令，将三角形旋转30°，如图18-72所示。

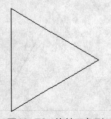

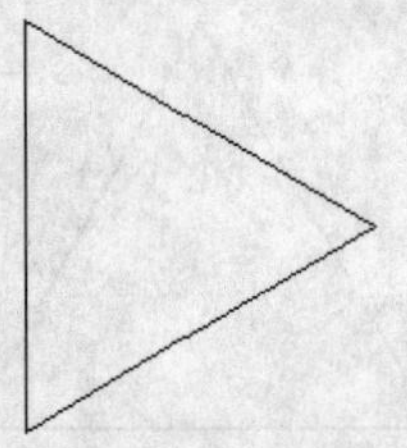
图18-72 旋转三角形

Step 11 分别执行“修改>分解”和“修改>偏移”命令，将三角形分解，并将竖直的线段向右偏移15，如图18-73所示。

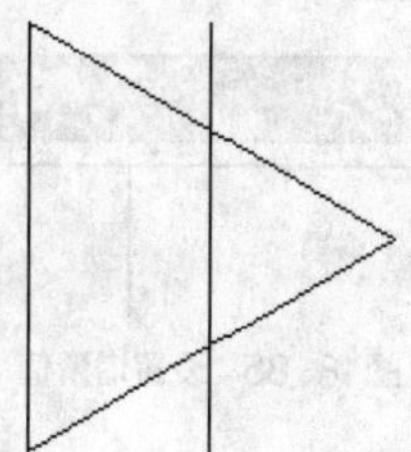
图18-73 偏移线段

Step 12 执行“绘图>直线”命令，以偏移直线与两条斜边相交的点为起点，向左绘制两条长度为30的水平直线，如图18-74所示。

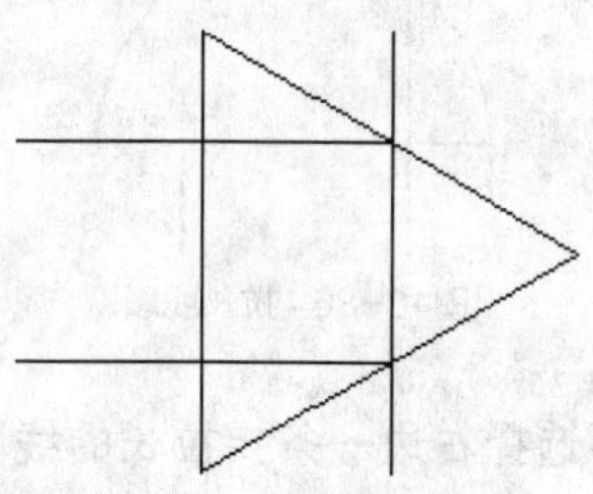
图18-74 绘制线段

Step 13 执行“绘图>直线”命令，以三角形右边的端点为起点，向右绘制一条长度为10的水平直线，如图18-75所示。

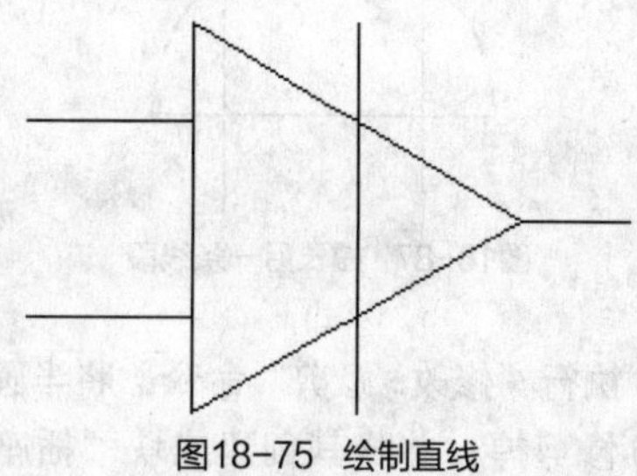
图18-75 绘制直线

Step 14 执行“修改>修剪”命令，将三角形内的多余部分修剪掉，如图18-76所示。

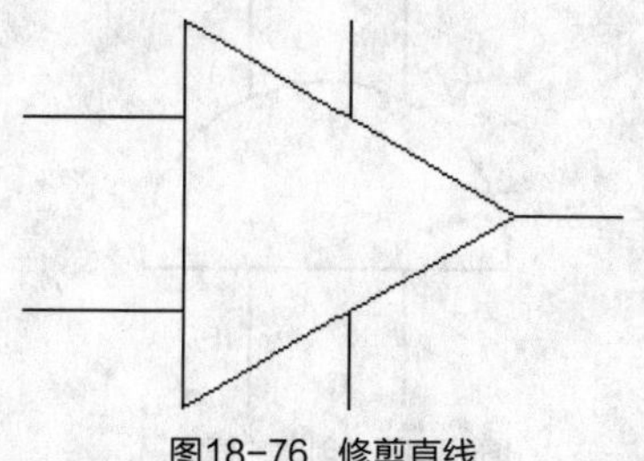
图18-76 修剪直线

Step 15 单击“注释”选项卡”文字”面板右下角箭头按钮，打开对话框，进行相关参数设置，单击相应的按钮即可，如图18-77所示。

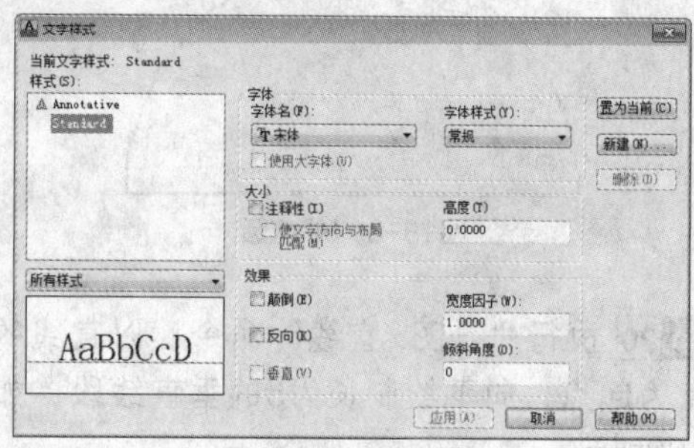

图18-77 设置文字样式

Step 16 执行“绘图>文字>多行文字”命令，为图形添加符号“+”和符号“-”，如图18-78所示。

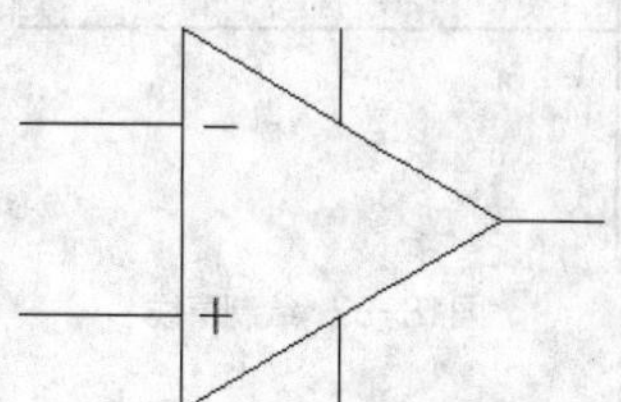

图18-78 添加文字注释

Step 17 在“插入”选项卡“块定义”面板中单击“创建块”按钮，将块定义为“比较器”，如图18-79所示。

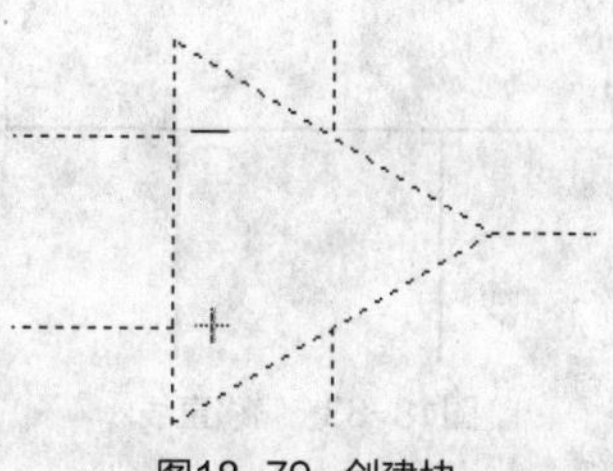

图18-79 创建块

Step 18 执行“绘图>圆>圆心、半径”和“绘图>直线”命令，绘制一个半径为7的圆，并绘制出其水平直径，如图18-80所示。

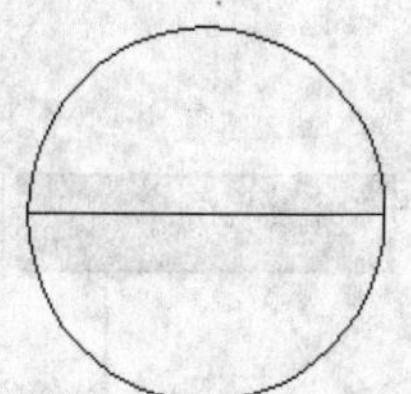
图18-80 绘制圆与直线

Step 19 执行“修改>修剪”命令，以直线为剪切边，将圆的下半部分修剪掉，如图18-81所示。

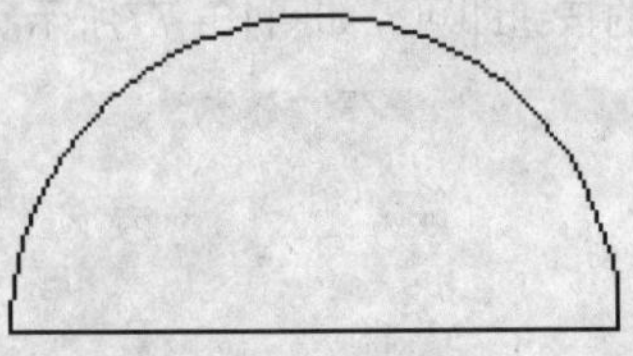

图18-81 修剪圆

Step 20 执行“绘图>直线”命令，以直线的左端点为起点，向下绘制长为5的垂直线段，如图18-82所示。

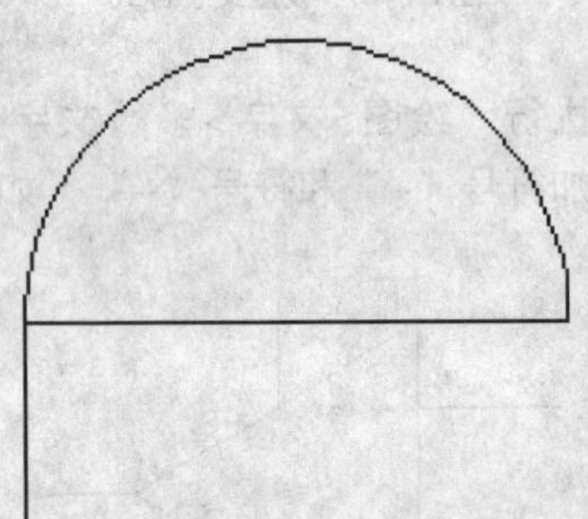

图18-82 绘制直线

Step 21 执行“修改>偏移”命令，将该线段向右偏移4和10，删除原直线，如图18-83所示。

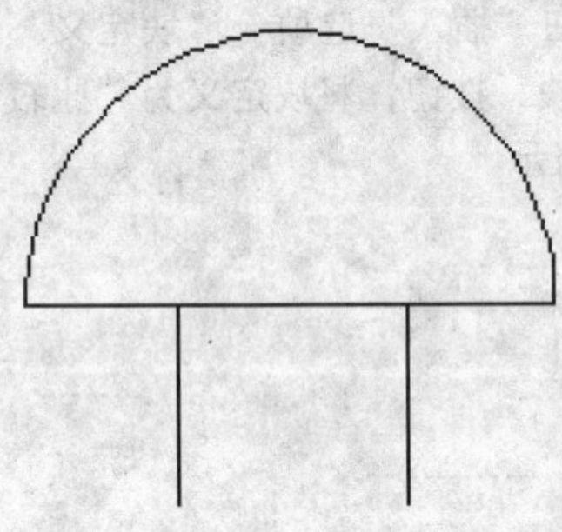

图18-83 偏移直线

Step 22 执行“修改>拉长”命令，根据命令行提示选择“增量”选项，如图18-84所示。

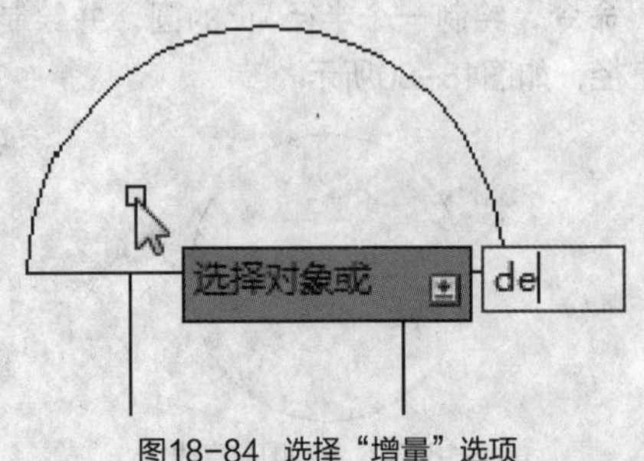

图18-84 选择“增量”选项

Step 23 输入增量值为14，如图18-85所示。

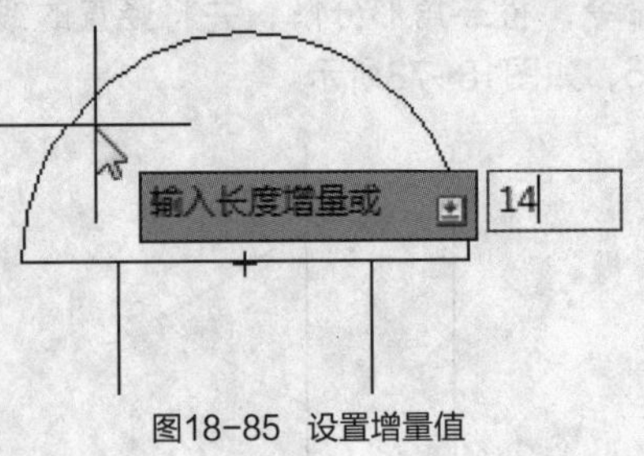

图18-85 设置增量值

Step 24 选择左边的线段，效果如图18-86所示。

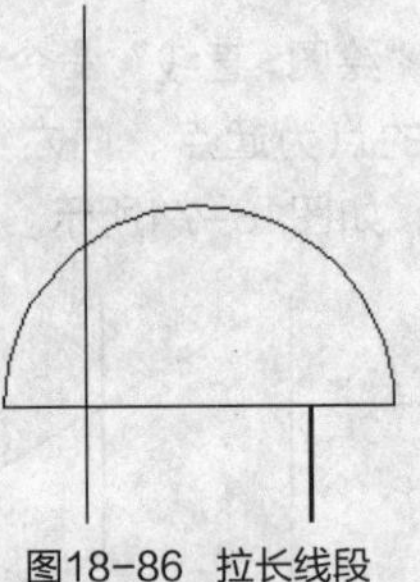

图18-86 拉长线段

Step 25 再选择右边一条要拉长的线段，效果如图18-87所示。

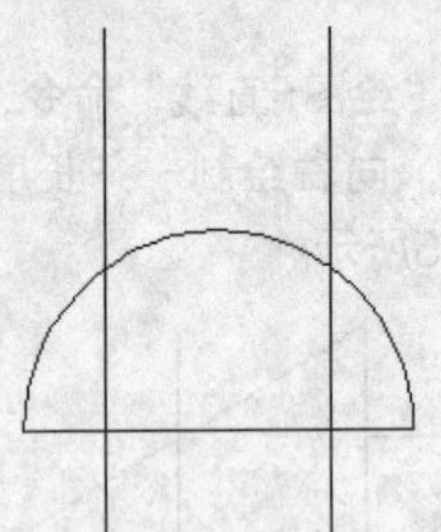

图18-87 拉长另一条线段

Step 26 执行“修改>修剪”命令，将半圆内部的多余部分修剪掉，并将其创建成块“插座”，如图18-88所示。

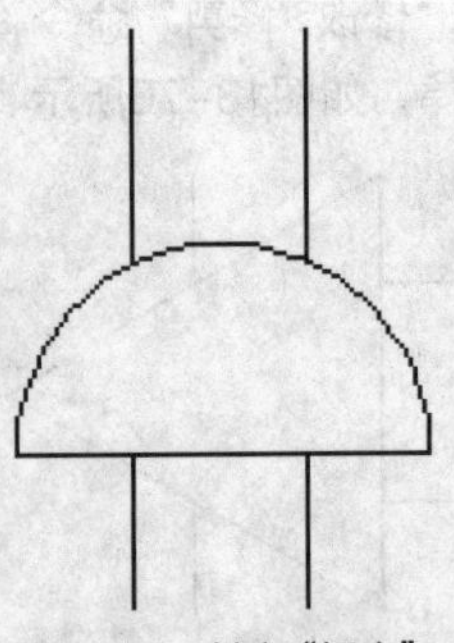

图18-88 创建“插座”

Step 27 执行“绘图>起点、端点、半径圆弧”和“编辑>复制”命令，绘制半径为3的圆，并向右依次复制三个，如图18-89所示。

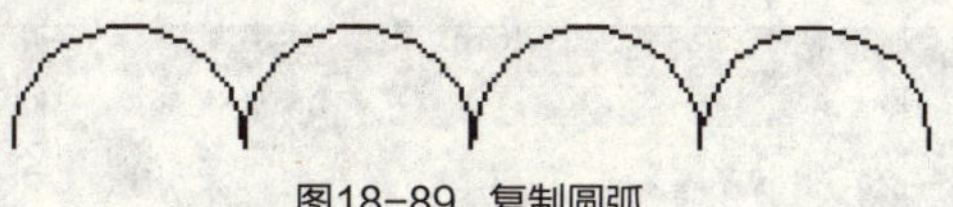

图18-89 复制圆弧

Step 28 执行“修改>旋转”和“绘图>直线”命令，将刚绘制好的4个半圆弧旋转90°，并用直线连接，如图18-90所示。

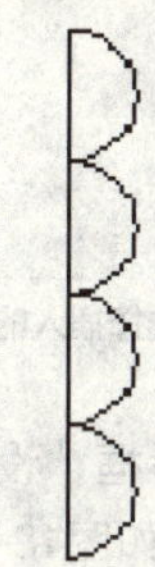

图18-90 旋转圆弧

Step 29 执行“修改>偏移”命令，将刚绘制的直线向右偏移12，然后删除原直线，如图18-91所示。

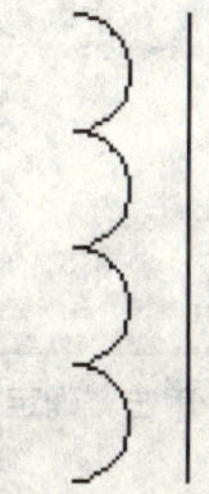

图18-91 偏移直线

Step 30 执行“修改>镜像”命令，将四联圆弧以垂直线为镜像线，镜像一个到其右侧，并将其创建为块“变压器”，如图18-92所示。

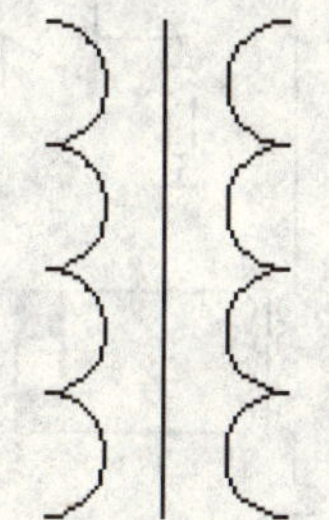

图18-92 镜像圆弧

Step 31 执行“绘图>圆>圆心、半径”和“编辑>复制”命令，绘制半径为1.5的圆，以圆心为基点并向下距离10个单位的地方复制一个圆，竖直排列，如图18-93所示。

图18-93 绘制圆

Step 32 执行“绘图>直线”命令，启动“正交”模式，依次绘制6条直线，各直线的位置和尺寸如图18-94所示。

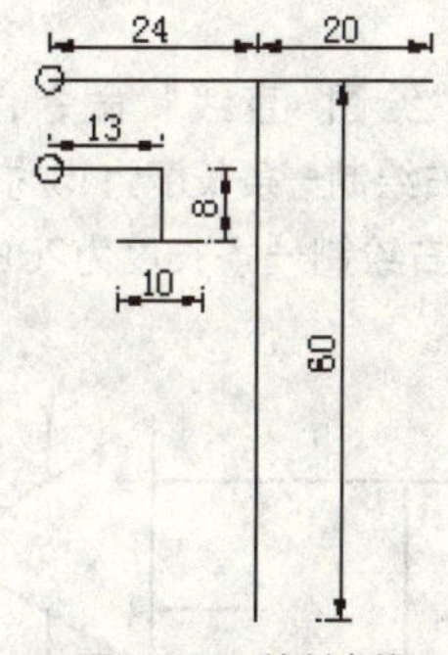

图18-94 绘制直线

Step 33 执行“修改>修剪”命令，将圆内的直线修剪掉，如图18-95所示。

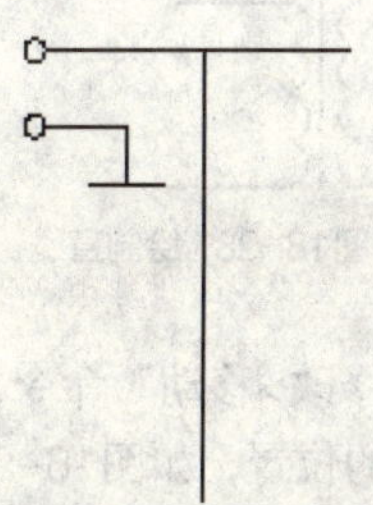

图18-95 修剪线段

Step 34 执行“修改>移动”命令，将绘制完成的“比较器”移至合适的地方，如图18-96所示。

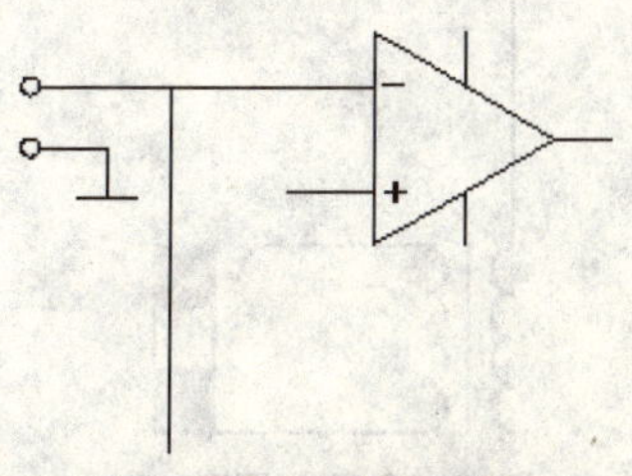

图18-96 移动图形对象

Step 35 执行“修改>移动”命令，将变压器移至合适的位置，如图18-97所示。

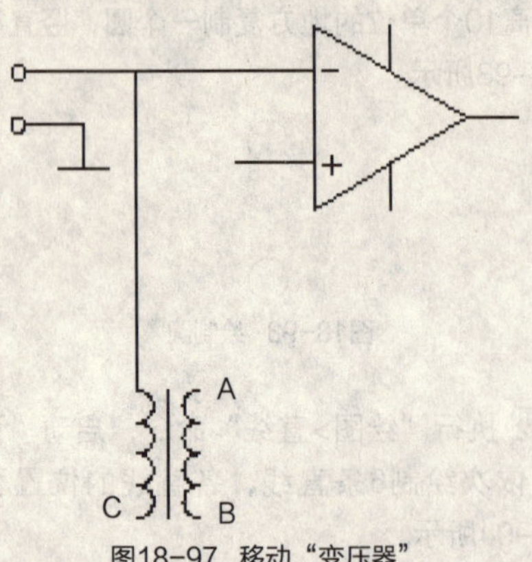

图18-97 移动“变压器”

Step 36 执行“绘图>直线”命令，捕获图18-97中的A点，向右绘制一条长度为15的水平直线，接着捕获B点，向右绘制一条长度为20的水平直线，如图18-98所示。

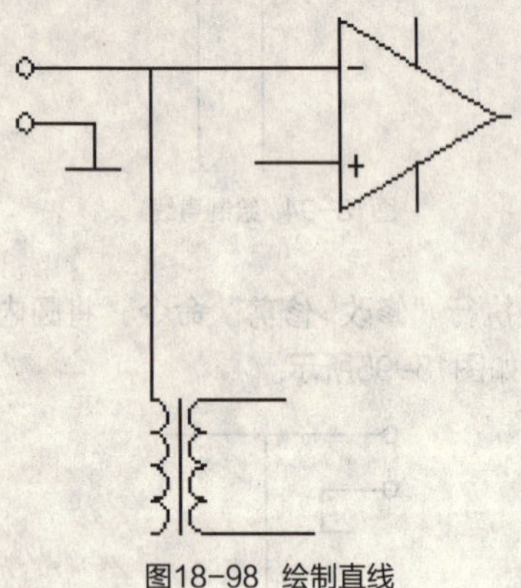
图18-98 绘制直线

Step 37 执行“修改>移动”命令，将“信号输出设置”移至合适的位置，如图18-99所示。

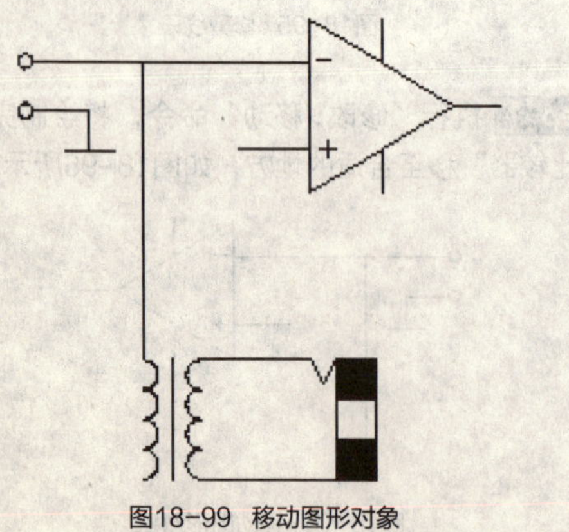
图18-99 移动图形对象

Step 38 执行“插入>块”命令，将前面绘制的电容符号插入到图形当中，打开“选择图形文件”对话框，选择插入对象，如图18-100所示。

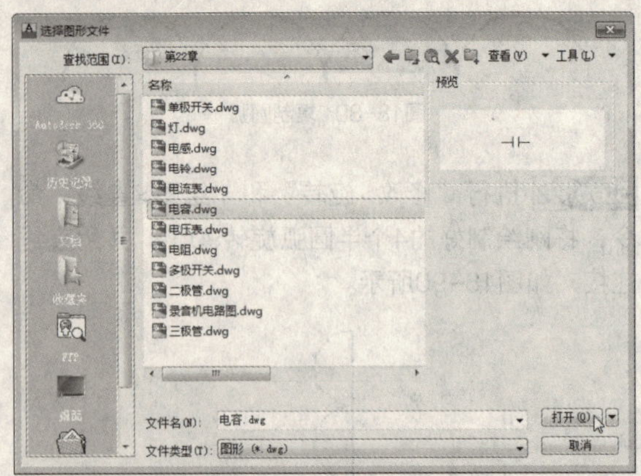

图18-100 选择插入的图形对象

Step 39 返回上一对话框，设置其中的参数，单击“确定”按钮即可，如图18-101所示。

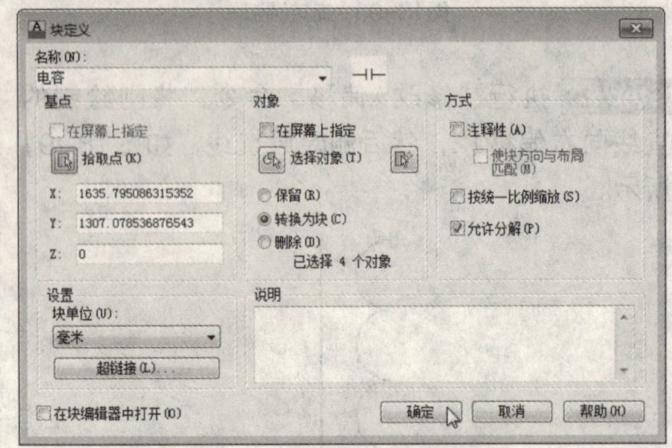

图18-101 单击“确定”按钮

Step 40 执行“修改>移动”命令，将电容符号以C点为基点放置在合适的位置处，如图18-102所示。

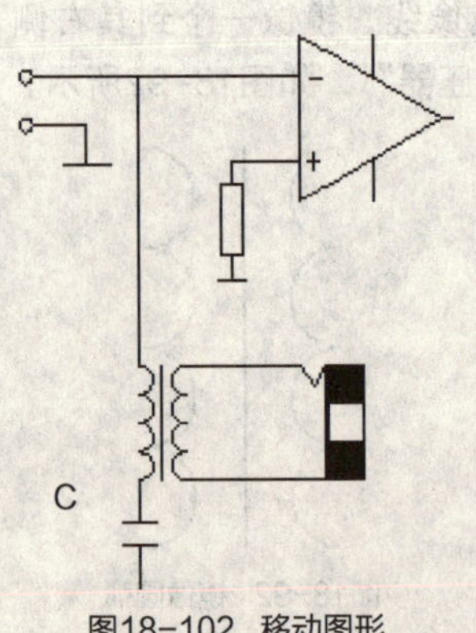

图18-102 移动图形

Step 41 执行“绘图>直线”命令，以电容的底部端点为中点，绘制一条长为6的水平直线，如图18-103所示。

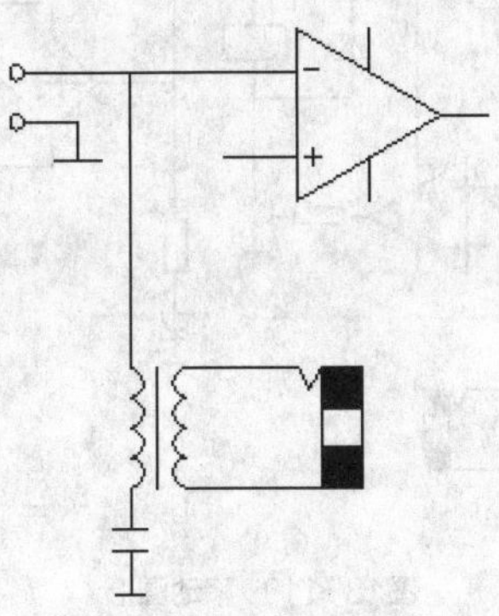

图18-103 绘制水平线

Step 42 执行“绘图>直线”和“插入>块”命令，依次插入二极管、三极管、电阻等电气元件，插入比例均为0.25。插入过程中根据需要绘制导线，如图18-104所示。

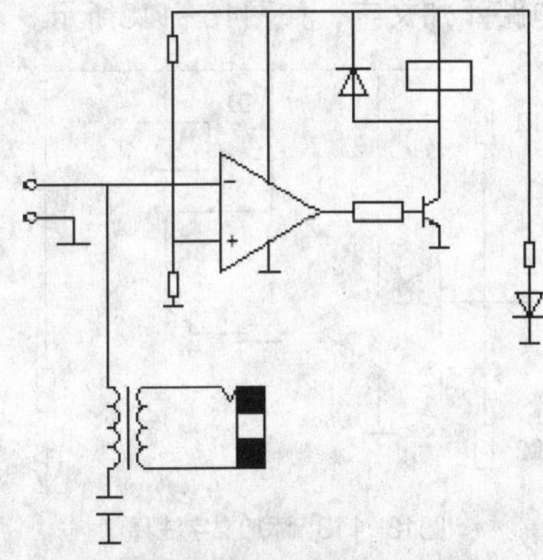

图18-104 插入电气元件图块

Step 43 执行“绘图>多边形”和“修改>旋转”命令，绘制一个外切于圆的四边形，圆的半径为10。然后将其旋转45°，如图18-105所示。

图18-105 绘制四边形

Step 44 执行“插入>块”命令，将块“二极管”插入到四边形的中心位置，设置插入比例，如图18-106所示。

图18-106 插入块“二极管”

Step 45 执行“绘图>直线”命令，依次绘制若干个水平和竖直直线，如图18-107所示。

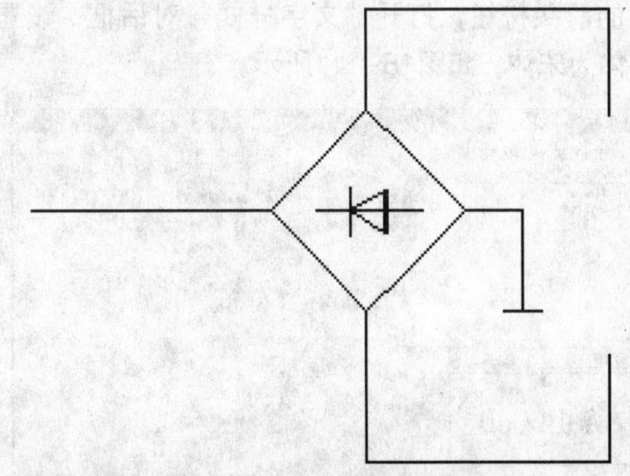

图18-107 绘制直线

Step 46 执行“插入>块”命令，将变压器块插入到图形中并放置在合适的位置处，如图18-108所示。

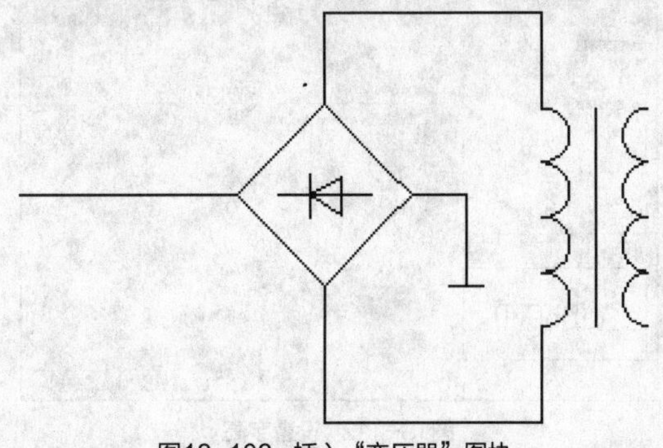

图18-108 插入“变压器”图块

Step 47 执行“绘图>直线”和“插入>块”命令，将电阻、开关和插座等电气元件插入到图形中，并绘制导线，如图18-109所示。

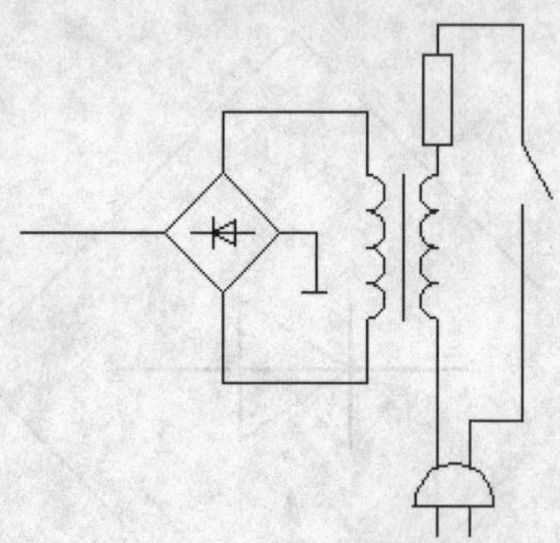

图18-109 插入图块

Step 48 执行“修改>移动”命令，将之前绘制的图形移动后放置合适的位置，如图18-110所示。

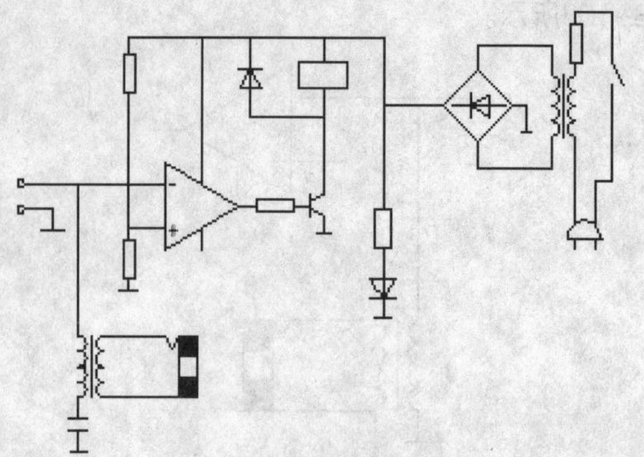

图18-110 移动图形

18.2.2 添加文字注释

录音机电路图绘制完毕后，下面对其电路添加文字说明，具体操作如下。

Step 01 单击“注释”选项卡“文字”面板右下角的箭头按钮，打开“文字样式”对话框，设置字体为宋体，如图18-111所示。

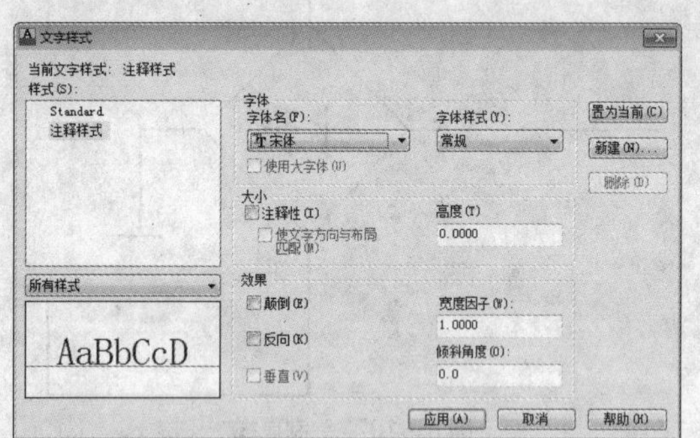

图18-111 设置字体

Step 02 设置文字高度为15，依次单击“应用”、“置为当前”和“关闭”按钮，如图18-112所示。

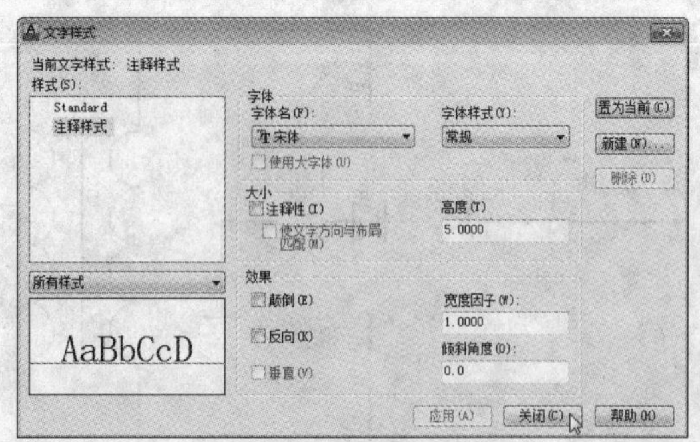

图18-112 设置字高

Step 03 执行“绘图>文字>多行文字”命令，为录音机电路添加文字，如图18-113所示。

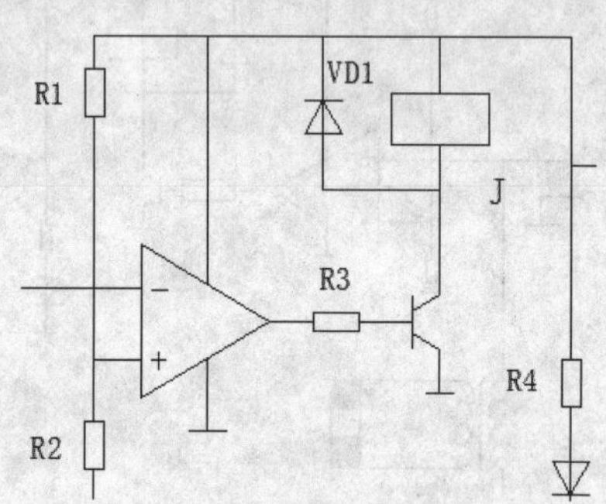

图18-113 添加文字注释

Step 04 执行“绘图>文字>多行文字”命令，为录音机电路添加文字注释，如图18-114所示。至此，录音机电路图绘制完成。

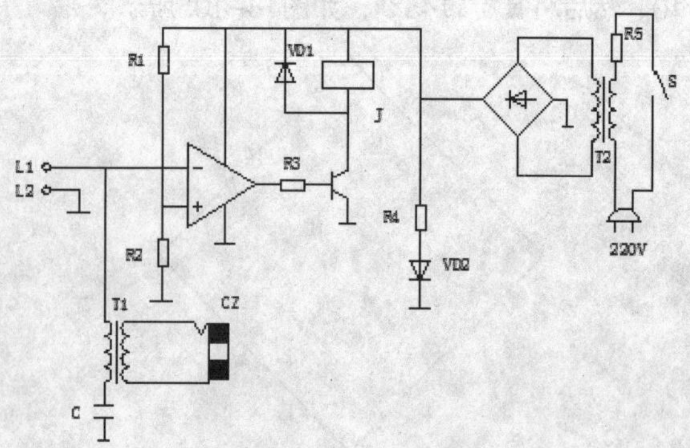

图18-114 录音机电路图

高手应用秘籍 电气图的种类介绍

电气图是用电气符号、带注释的围框或简化外形来表示的电气系统或设备中组成部分及其连接关系的一种图。通常电气图可分为以下几种。

❶ 系统图或框图

该图是用符号或带注释的框来概略表示系统或分系统的基本组成、相互关系及其主要特征的一种简图，如图18-115所示。

❷ 电路图

该图是将图形符号按工作顺序排列，详细表示电路、设备或成套装置的全部组成和连接关系，而不考虑其实际位置的一种简图。目的是便于详细理解作用原理、分析和计算电路特性，如图18-116所示。

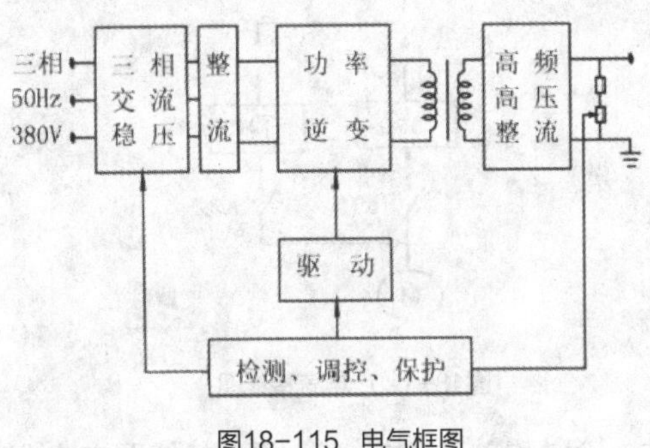

图18-115　电气框图

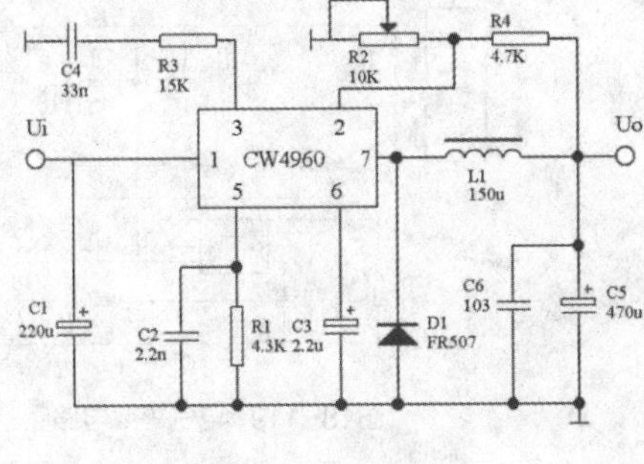

图18-116　电路图

❸ 功能图

该图是表示理论的或理想的电路而不涉及实现方法的一种图，其用途是提供绘制电路图或其他有关图的依据。

❹ 逻辑图

该图主要用二进制逻辑（与、或、异或等）单元图形符号绘制的一种简图，其中，只表示功能而不涉及实现方法的逻辑图叫纯逻辑图，如图18-117所示。

❺ 功能表图

该图是表示控制系统的作用和状态的一种图，如图18-118所示。

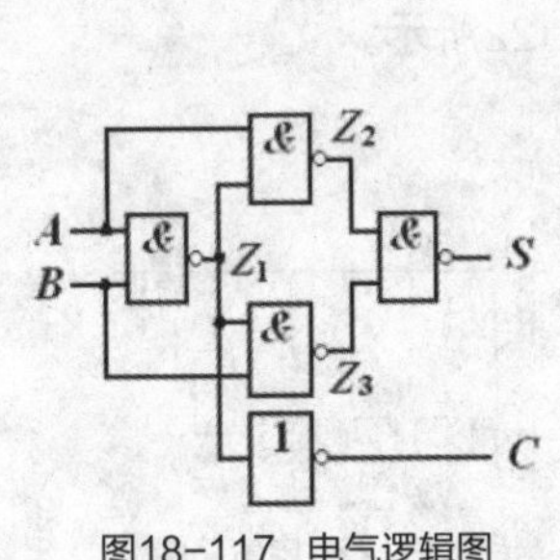

图18-117　电气逻辑图

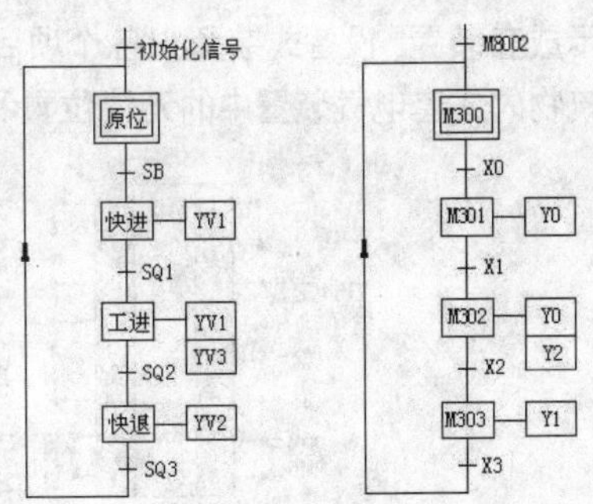

图18-118　电气功能表图

❻ 等效电路图

表示理论或理想的元件（如R、L、C）及其连接关系的一种功能图，如图18-119所示。

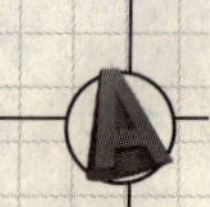

❼ 程序图

详细表示程序单元和程序片及其互连关系的一种简图。

❽ 设备元件表

把成套装置、设备和装置中各组成部分和相应数据列成的表格，其用途是表示各组成部分的名称、型号、规格和数量等。

❾ 端子功能图

表示功能单元全部外接端子，并用功能图、表图或文字表示其内部功能的一种简图。

❿ 接线图或接线表

表示成套装置、设备或装置的连接关系，用以进行接线和检查的一种简图或表格，如图18-120所示。

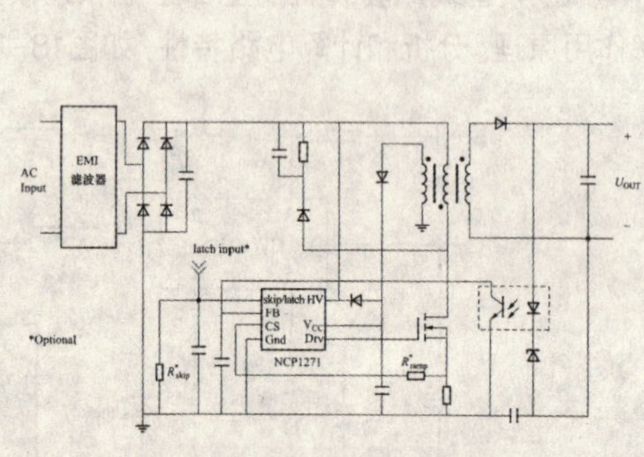

图18-119 电气等效电路图

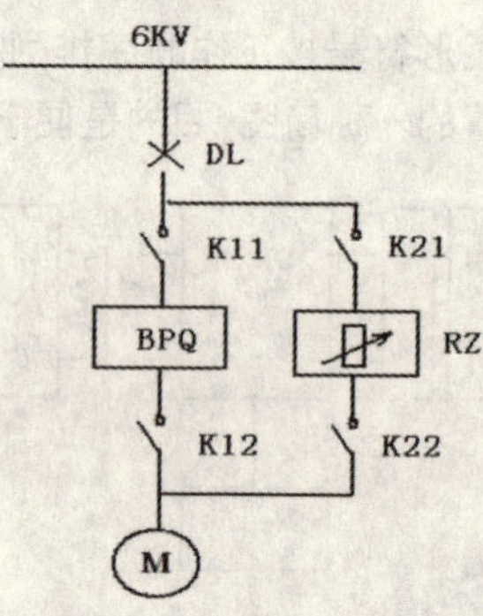

图18-120 电气接线图

- 单元接线图或单元接线表：表示成套装置或设备中一个结构单元内的连接关系的接线图或接线表。
- 互连接线图或互连接线表：一种表示成套装置或设备的不同单元之间的连接关系的接图或接线表。
- 端子接线图或端子接线表：表示成套装置或设备的端子，以及接在端子上的外部接线的一种接线图或接线表，如图 18-121 所示。
- 电费配置图或电费配置表：提供电缆两端位置，必要时还包括电费功能、特性和路径等信息的一种接线图或接线表。

⓫ 数据单

对特定项目给出详细信息的资料。

⓬ 简图或位置图

表示成套装置、设备或装置中各个项目的位置的一种简图。用图形符号绘制，用来表示一个区域或一个建筑物内成套电气装置中的元件位置和连接布线，如图18-122所示。

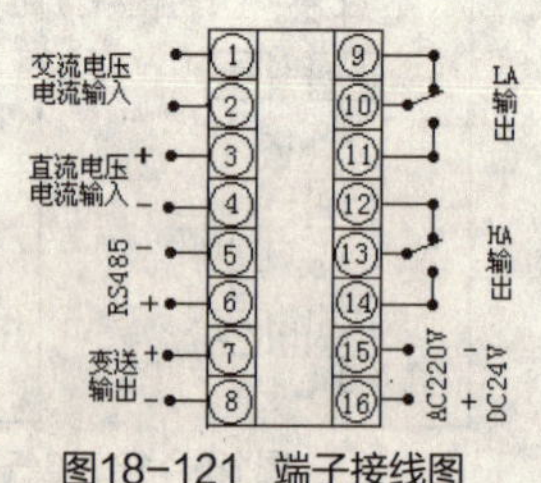

图18-121 端子接线图

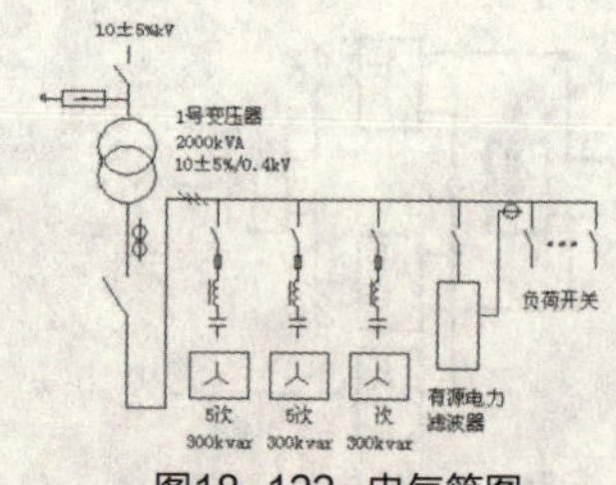

图18-122 电气简图

秒杀 工程疑惑

在AutoCAD中操作时，用户经常会遇见各种各样的问题，下面总结一些常见问题并进行解答，包括电气图形符号的组成元素、电气工程识图的基本方法、建筑电气平面图与实际接线图的区别等问题。

问　题	解　答
电气图形符号是由哪些符号组成的?	电气图所使用的图形符号通常由一般符号、符号要素、限定符号、方框符号和组合符号组成 ❶ 一般符号：它是用来表示一类产品和此类产品特征的一种简单符号 ❷ 符号要素：它是一种具有确定意义的简单图形，不能单独使用。符号要素必须同其他图形组合后才能构成一个设备或概念的完整符号 ❸ 限定符号：它是用来提供附加信息的一种加在其他符号上的符号。通常它不能单独使用。有时一般符号也可用作限定符号 ❹ 方框符号：它是用来表示元件、设备等的组合及其功能的一种简单图形符号。既不给出元件、设备的细节，也不考虑所有连接。通常使用在单线表示法中，也可用在全部输入和输出接线的图形中 ❺ 组合符号：它是通过以上已规定的符号进行适当组合所派生出来的符号。表示某些特定装置或概念的符号
读懂电气工程图的基本方法是什么?	通常读懂电气图的方法有以下几种 ❶ 结合电工、电子技术理论知识读图 ❷ 结合电气元件的结构和工作原理识图 ❸ 结合典型电路识图 ❹ 结合相关图纸识图 ❺ 结合电气制图的基本要求识图
建筑电气图纸的基本规则是什么?	通常原理图可分为电源电路、主电路、控制电路、信号电路和照明电路。其中电源电路画成水平线，相序由上而下排列，中性线和保护地线画在相线下面。直流电源正极在上，负极在下；主电路是受电动力装置及保护器，画在原理图左侧；控制电路、信号电路、照明电路绘图时要跨在两相电源线之间，依次垂直画在右侧，耗能元件画在电路下方，电器触点画在耗能元件上方。 原理图中各电气触点按常态画出；电器按照统一国家标号画出；同一电器的各元件按其作用分画在不同电路中；必须标以相同文字符号

附录A

AutoCAD 2013快捷键汇总

快捷键/组合键	功能
F1	获取帮助
F2	实现作图窗和文本窗口的切换
F3	控制是否实现对象自动捕捉
F4	数字化仪控制
F5	等轴测平面切换
F6	控制状态行上坐标的显示方式
F7	栅格显示模式控制
F8	正交模式控制
F9	栅格捕捉模式控制
F10	极轴模式控制
F11	对象追踪式控制
Ctrl+1	打开特性对话框
Ctrl+2	打开图象资源管理器
Ctrl+6	打开图象数据原子
Ctrl+B	栅格捕捉模式控制
Ctrl+C	将选择的对象复制到剪切板上
Ctrl+F	控制是否实现对象自动捕捉
Ctrl+G	栅格显示模式控制
Ctrl+J	重复执行上一步命令
Ctrl+K	超级链接
Ctrl+N	新建图形文件
Ctrl+M	打开选项对话框
Ctrl+O	打开图象文件
Ctrl+P	打开打印对说框
Ctrl+S	保存文件
Ctrl+U	极轴模式控制
Ctrl+v	粘贴剪贴板上的内容
Ctrl+W	对象追踪式控制
Ctrl+X	剪切所选择的内容
Ctrl+Y	重做
Ctrl+Z	取消前一步的操作

AutoCAD 2013常用命令一览表

命令范围	命令名称	快捷键	命令范围	命令名称	快捷键
绘图命令	ARC（圆弧）	A		DIMDIAMETER（直径标注）	DDI
	BLOCK（块定义）	B		DIMANGULAR（角度标注）	DAN
	CIRCLE（圆）	C		DIMCENTER（中心标注）	DCE
	FILLET（倒圆角）	F		DIMORDINATE（点标注）	DOR
	BHATCH（填充）	H		TOLERANCE（标注形位公差）	TOL
	INSERT（插入块）	I		QLEADER（快速引出标注）	LE
	LINE（直线）	L		DIMBASELINE（基线标注）	DBA
	MTEXT（多行文本）	T		DIMCONTINUE（连续标注）	DCO
	WBLOCK（定义块文件）	W		DIMEDIT（编辑标注）	DED
	DONUT（圆环）	DO		DIMOVERRIDE（替换标注系统变量）	DOV
	DIVIDE（等分）	DIV	修改命令	ADCENTER（设计中心“Ctrl+2”）	ADC
	ELLIPSE（椭圆）	EL		PROPERTIES（修改特性“Ctrl+1”）	CH
	PLINE（多段线）	PL		MATCHPROP（属性匹配）	MA
	XLINE（射线）	XL		STYLE（文字样式）	ST
	POINT（点）	PO		COLOR（设置颜色）	COL
	MLINE（多线）	ML		LAYER（图层操作）	LA
	POLYGON（正多边形）	POL		LINETYPE（线形）	LT
	RECTANGLE（矩形）	REC		LTSCALE（线形比例）	LTS
	REGION（面域）	REG		LWEIGHT （线宽）	LW
	SPLINE（样条曲线）	SPL		UNITS（图形单位）	UN
修改命令	ERASE（删除）	E		ATTDEF（属性定义）	ATT
	MOVE（移动）	M		ATTEDIT（编辑属性）	ATE
	OFFSET（偏移）	O		BOUNDARY（边界创建）	BO
	STRETCH（拉伸）	S		ALIGN（对齐）	AL
	EXPLODE（分解）	X		QUIT（退出）	EXIT
	COPY（复制）	CO		EXPORT（输出其它格式文件）	EXP
	MIRROR（镜像）	MI		IMPORT（输入文件）	IMP
	ARRAY（阵列）	AR		OPTIONS（自定义CAD设置）	OP
	ROTATE（旋转）	RO		PLOT（打印）	PRINT
	TRIM（修剪）	TR		PURGE（清除垃圾）	PU
	EXTEND（延伸）	EX		REDRAW（重新生成）	R
	SCALE（比例缩放）	SC		RENAME（重命名）	REN
	BREAK（打断）	BK		SNAP（捕捉栅格）	SN
	PEDIT（多段线编辑）	PE		DSETTINGS（设置极轴追踪）	DS
	DDEDIT（修改文本）	ED		OSNAP（设置捕捉模式）	OS
	LENGTHEN（直线拉长）	LEN		PREVIEW（打印预览）	PRE
	CHAMFER（倒角）	CHA	三维命令	3DARRAY（三维阵列）	3A
尺寸标注命令	DIMSTYLE（标注样式）	D		3DORBIT（三维动态观察器）	3DO
	DIMLINEAR（直线标注）	DLI		3DFACE（三维表面）	3F
	DIMALIGNED（对齐标注）	DAL		3DPOLY（三维多义线）	3P
	DIMRADIUS（半径标注）	DRA		SUBTRACT（差集运算）	SU